O ESSENCIAL
DE VIGOTSKI

Dados Internacionais de Catalogação na Publicação (CIP)
(Câmara Brasileira do Livro, SP, Brasil)

Vigotski, L. S., 1896-1934
   O essencial de Vigotski / L. S. Vigotski ; orgs. Robert W. Rieber, David K. Robinson ; tradução de Priscila Nascimento Marques e Caesar Souza. – Petrópolis, RJ : Vozes, 2024.

   Título original: The essential Vygotsky.
   ISBN 978-85-326-6771-7

   1. Linguagem 2. Pensamento 3. Psicologia educacional 4. Psicologia infantil 5. Vygotsky, Lev Semenovich, 1896-1934 I. Rieber, Robert W. II. Robinson, David K. III. Título.

24-190754   CDD-370.15

Índices para catálogo sistemático:
1. Vigotski : Psicologia educacional   370.15
Tábata Alves da Silva – Bibliotecária – CRB-8/9253

L. S. VIGOTSKI

Textos organizados por
ROBERT W. RIEBER e
DAVID K. ROBINSON

O ESSENCIAL DE VIGOTSKI

Tradução direta do russo por Priscila Nascimento Marques
Tradução dos textos introdutórios do inglês por Caesar Souza

EDITORA VOZES

Petrópolis

© Springer Science+Business Media, New York, 2004

Primeira publicação em inglês com o título *The Essential Vygotsky*, editada por Robert W. Rieber e David Robinson, 1ª edição.

Esta edição foi traduzida e publicada sob a licença de Springer Science+Business Media, LLC, parte da Springer Nature.

A Springer Science+Business Media, LLC, parte da Springer Nature, não se responsabiliza pela exatidão desta tradução.

Tradução se baseou no original em inglês intitulado *The essential Vygotsky* e nos textos da obra reunida de Vigotski em russo.

Direitos de publicação em língua portuguesa:
2024, Editora Vozes Ltda.
Rua Frei Luís, 100
25689-900 Petrópolis, RJ
www.vozes.com.br

CONSELHO EDITORIAL

Diretor
Volney J. Berkenbrock

Editores
Aline dos Santos Carneiro
Edrian Josué Pasini
Marilac Loraine Oleniki
Welder Lancieri Marchini

Conselheiros
Elói Dionísio Piva
Francisco Morás
Gilberto Gonçalves Garcia
Ludovico Garmus
Teobaldo Heidemann

Secretário executivo
Leonardo A.R.T. dos Santos

PRODUÇÃO EDITORIAL

Aline L.R. de Barros
Marcelo Telles
Mirela de Oliveira
Otaviano M. Cunha
Rafael de Oliveira
Samuel Rezende
Vanessa Luz
Verônica M. Guedes

Conselho de projetos editoriais
Isabelle Theodora R.S. Martins
Luísa Ramos M. Lorenzi
Natália França
Priscilla A.F. Alves

Editoração: Piero Kanaan
Revisão gráfica: Fernando Sergio Olivetti da Rocha
Diagramação: Editora Vozes
Capa: Érico Lebedenco

ISBN 978-85-326-6771-7 (Brasil)
ISBN 978-1-4757-1010-6 (Alemanha)

Este livro foi composto e impresso pela Editora Vozes Ltda.

Sumário

Apresentação à edição brasileira, 9

Prólogo: lendo Vigotski, 11

    Por que Vigotski é relevante hoje?, 13

    A publicação de *Pensamento e linguagem*, 13

    Descobrindo Vigotski, 15

    O "*boom* de Vigotski", 16

Prefácio, 19

Agradecimentos, 25

Um diálogo com Vigotski, 29

Introdução a Pensamento e linguagem, 41

Seção I – Problemas de psicologia geral: PENSAMENTO E LINGUAGEM, 67

    Introdução à seção, 69

    1 Problema e método de pesquisa, 75

    2 Raízes genéticas do pensamento e da linguagem, 93

    3 Pensamento e palavra, 129

    4 A percepção e seu desenvolvimento na infância, 207

    5 As emoções e seu desenvolvimento na infância, 229

Seção II – Fundamentos de defectologia (psicologia anormal e problemas de aprendizagem), 253

Introdução à seção, 255

6 Introdução: PROBLEMAS FUNDAMENTAIS DA DEFECTOLOGIA CONTEMPORÂNEA, 261

7 Infância difícil, 299

8 Sobre a questão da dinâmica do caráter infantil, 315

9 O coletivo como fator de desenvolvimento da criança com deficiência, 331

Seção III – Problemas da teoria e história da psicologia: CRISE NA PSICOLOGIA, 359

Introdução à seção, 361

10 O sentido histórico da crise da psicologia: INVESTIGAÇÃO METODOLÓGICA, 367

Seção IV – A história do desenvolvimento das funções psíquicas superiores, 545

Introdução à seção, 547

11 A estrutura das funções psíquicas superiores, 565

12 O domínio da atenção, 589

Seção V – Psicologia infantil: A CONCEPÇÃO DE DESENVOLVIMENTO PSICOLÓGICO DE VIGOTSKI, 631

Introdução à seção, 633

13 O desenvolvimento do pensamento do adolescente e a formação de conceitos, 651

14 A dinâmica e a estrutura da personalidade do adolescente, 739

15 A crise dos 7 anos, 769

Seção VI – Legado científico: INSTRUMENTO E SIGNO NO DESENVOLVIMENTO DA CRIANÇA, 783

Introdução à seção, 785

16 O problema do intelecto prático na psicologia dos animais e na psicologia da criança, 803

17 A função dos signos no desenvolvimento dos processos psíquicos superiores, 841

18 Operações sígnicas e a organização dos processos psíquicos, 861

19 Análise das operações sígnicas da criança, 871

Anexo, 891

Referências, 895

Apresentação à edição brasileira

Nesta edição, os textos de autoria de Vigotski foram traduzidos diretamente do original russo. Foi empregado, com pequenas alterações, o sistema de transliteração elaborado pelo curso de russo da USP. Contudo, diferentemente do estabelecido por esse sistema, optou-se por não fazer distinção entre "i" (и) e "i" duro (ы), de modo que ambos foram transliterados simplesmente como "i" em português. Isso explica a grafia do nome do autor adotada aqui, que, ademais, coincide com a maioria das edições brasileiras existentes. Outra diferença em relação ao padrão da USP é a transliteração da letra "щ" por "sch" (e não por "chtch"). Nomes próprios e demais termos em russo foram acentuados respeitando a sílaba tônica do original.

As traduções tomaram por base as *Obras reunidas* em seis volumes, publicadas em russo entre 1982 e 1984. A fonte exata da tradução é informada em nota de rodapé a cada capítulo. Para o capítulo 10, intitulado "O sentido histórico da crise na psicologia", excepcionalmente, tomou por base não apenas o original presente nas *Obras reunidas* em russo, mas considerou as correções e complementos apresentados por Ekaterina Zavershneva e Maksim Osipov como resultado de um minucioso trabalho arquivístico com o manuscrito original. É a primeira vez que essa versão corrigida é traduzida para o português.

O volume é fartamente anotado pelos editores da publicação do texto em russo, pelos organizadores da edição em inglês e também conta com notas explicativas ou comentários acerca desta tradução para português. As obras e autores referenciados por Vigotski foram acrescentadas ao fim do livro sempre que foi possível localizar essas informações.

A tradutora

Prólogo: lendo Vigotski

Michael Cole, Laboratório de Cognição Humana Comparativa, Universidade da Califórnia, San Diego

Escrever um prólogo para uma coleção como esta é verdadeiramente surpreendente para mim, por muitas razões. Faz mais de quarenta anos desde a primeira vez que encontrei o nome de Lev Semenovich Vigotski, um estudioso russo que nasceu pouco antes do começo do século XX. Em virtude de minha formação, em meados do século XX, como psicólogo experimental especializado em aprendizado, fui razoavelmente formado naquele modelo de ciências comportamentais positivistas que assumiam como verdade simples que os erros dos originadores da disciplina de Psicologia eram uma coisa do passado. Para minha geração de psicólogos experimentais, a história da psicologia era a história inspiradora desse longo caminho de erros que têm sido superados por avanços científicos recentes. Essa história servia, basicamente, como uma advertência sobre não sucumbir às tentações da especulação subjetiva, não científica, mas, em vez disso, dominar os métodos quantitativos que haviam sido introduzidos em anos recentes, conduzindo a psicologia de seu passado obscuro para um futuro genuinamente científico que beneficiará a humanidade.

Um corolário dessa visão de mundo científica era uma forte reivindicação à continuidade das espécies, de modo que leis gerais do comportamento humano poderiam ser estudadas tão efetivamente pelo estudo do comportamento de ratos como pelo estudo do comportamento de alunos do segundo ano da faculdade; a escolha dos "sujeitos" era meramente uma questão de conveniência. Com ratos havia a vantagem de podermos controlar suas histórias com impunidade moral, enquanto ao menos alguma consideração tinha de ser dada para evitar prejudicar os graduandos. Por outro lado, ratos tinham de ser cuidados durante o fim de semana, enquanto graduandos eram a responsabilidade de funcionários da universidade que aplicavam os procedimentos de *in loco parentis*.

É desnecessário dizer, as mesmas noções de continuidade se aplicavam às diferenças de idade. O estudo de crianças era uma iniciativa relativamente pequena e de *status* relativamente baixo. O principal mecanismo de mudança desenvolvimental favorecido por psicólogos era o de aprender a partir do ambiente, usando procedimentos que haviam, muitas vezes, sido diretamente moldados a partir de procedimentos inicialmente desenvolvidos para estudar ratos, cães e gatos.

Outra crença amplamente sustentada, que admitia algumas exceções, era a de que, em geral, a psicologia científica poderia ser adequadamente dominada com o conhecimento somente da leitura em inglês, e, além disso, restringida, basicamente, à pesquisa conduzida nos Estados Unidos. As poucas exceções a essa regra não formam, até onde posso dizer, qualquer padrão. Experimentos de Frederick Barlett sobre lembrança eram bem conhecidos, mas não seu livro sobre pensamento. Pavlov era, claro, leitura exigida porque os comportamentalistas americanos das décadas de 1920 e 1930 adotaram reflexos condicionados como um mecanismo importante de aprendizado, mas suas teorias fisiológicas foram amplamente ignoradas.

Essa situação estava, é claro, para mudar. Em retrospecto, os sinais de mudança eram generalizados. Alguns eram geopolíticos. Quando a União Soviética colocou um satélite no espaço, o termo *sputnik* entrou na língua inglesa, e, repentinamente, uma psicologia da aprendizagem que pudesse transformar a educação americana se tornou uma necessidade nacional urgente. Físicos, biólogos e matemáticos eminentes iniciaram projetos conjuntos de pesquisa com psicólogos. Talvez não por acidente, os psicólogos começaram a considerar a possibilidade de que ratos, afinal, não oferecessem um modelo adequado de aprendizagem a estudantes de graduação. Considero mais que acidental o fato de a "revolução cognitiva" ter começado em Cambridge, Massachusetts. Onde, de algum modo, professores de alguns departamentos em Harvard e no MIT descobriram diferentes disciplinas, além do outro extremo da Massachusetts Avenue (que conecta aquelas reverenciadas instituições).

Por que Vigotski é relevante hoje?

Então, uma das primeiras coisas a pensar é porque você está lendo o prólogo de uma seleção de ensaios de um psicólogo soviético, judeu, bielorrusso, que morreu há sete décadas, após uma breve carreira. Pouco do seu trabalho foi publicado durante sua vida, mesmo na Rússia, e o número de cópias dessas publicações foi muito pequeno. Parte de seu trabalho era conhecida por alguns especialistas em desenvolvimento humano e psicologia anormal durante sua vida, graças, em grande parte, aos esforços de Alexander Luria, um editor contribuinte do *Journal of Genetic Psychology*, e, em parte, a Eudeni Hanfmann, que reproduziu a pesquisa de Vigotski sobre formação de conceitos e publicou-a em inglês. Contudo, Vigotski não era bem conhecido em seu país e não tinha a estatura internacional de seu grande contemporâneo, Piaget, nem de Werner, Kohler, Gesell e outras "figuras paternas" do estudo do desenvolvimento humano. Foi somente nas últimas duas décadas que o trabalho de Vigotski se tornou influente na Rússia e na cena internacional, onde parte de sua produção foi traduzida para várias línguas. Tem sido influente não somente entre psicólogos desenvolvimentais, mas tem se tornado cada vez mais importante em outras disciplinas, como na Antropologia e na Sociologia e na aplicação da Psicologia em áreas como educação, desenho de interface humanos-computador, e na organização do trabalho. O que pode explicar esse "*boom* de Vigotski" em anos recentes?

A publicação de *Pensamento e linguagem*

Antes de 1962, quando a MIT Press publicou uma tradução de *Pensamento e linguagem* de Vigotski, ele era mais bem conhecido nos Estados Unidos por uma tarefa de classificação de blocos que se assemelhava a métodos de classificação usados por psicólogos americanos. Essa tradução foi abençoada por duas circunstâncias. Primeiro, a tradutora principal, Eugênia Hanfmann, era a filha de um emigrado russo que estudou na Alemanha com Kurt Lewin, e para quem Vigotski era mais do que um mito do passado. Segundo, Jerome Bruner, um líder na organização da revolução cognitiva nos Estados Unidos, escreveu o prefácio do livro. (Ele também contribuiu com uma introdução ao presente volume.) A formação de Bruner incluía um tempo com William McDougall, um inglês que se tornou um dos gigantes da psicologia americana inicial. À época, o Departamento de Relações Sociais de Harvard mantinha uma faculdade interdisciplinar historicamente orientada que respeitava as contribuições intelectuais de psicólogos do passado de muitos países, assim como as contribuições potenciais de outras ciências sociais à psicologia. Consequentemente, Bruner foi capaz de estabelecer conexões entre as ideias de Vigotski e as de outros estudiosos anteriormente influentes, de modo a criar uma "ponte intergeracional" com a década de 1960. Além disso, Bruner se voltou ao estudo do papel da cultura no desenvolvimento infantil com foco especial na educação, e com isso pôde apreciar a importância da formulação de Vigotski de psicologia histórico-cultural e expressar essa importância de uma forma compreensível.

A despeito dessas vantagens auspiciosas, a publicação de *Pensamento e linguagem* não evocou um interesse massivo por Vigotski, embora seu trabalho tenha começado gradualmente a atrair mais atenção. Há várias razões potenciais para seu modesto impacto. Primeiro, a ameaça de conflito entre os Estados Unidos e a URSS ter atingido seu zênite naquele ano, com a crise dos mísseis em Cuba. Uma pessoa mostrar entusiasmo por um psicólogo soviético que se declarava um marxista podia, no mínimo, atrair suspeitas sobre suas lealdades. Os tradutores, de fato, cortaram uma boa porção do livro com base no que consideraram ou repetitivo ou polêmico. Contudo, Marx, Engels e Plekhánov permaneceram no texto, mesmo que sua aparição fosse breve. Segundo, o livro ainda exigia uma familiaridade razoável com uma variedade ampla de psicólogos do início do século XX e presumia um interesse pela psicologia desenvolvimental, características que dificilmente encontrariam um público amplo na época. Com a exceção do experimento da classificação de blocos, o trabalho não ofereceu um paradigma experimental simples que pudesse ser expandido para abranger uma parte importante do campo de desenvolvimento cognitivo. Talvez, também importante na época tenha sido a fascinação americana por Piaget, que ofereceu tarefas cognitivas fáceis de repetir e que questionou diretamente a noção americana dominante de que o aprendizado é a principal força no desenvolvimento cognitivo, gerando, assim, uma indústria inteira de pesquisa destinada a provar que estava errado.

Por encargo do destino, eu tinha somente uma familiaridade mínima com o trabalho de Vigotski quando fui para a URSS no outono de 1962 com uma bolsa de pós-doutorado trabalhando sob a orientação de Alexander Luria. Não escolhi trabalhar com Luria por ele ser colega de Vigotski. Não sabia que era, e teria dado pouca importância ao fato, caso soubesse. Em vez disso, fiquei atraído pela pesquisa que Luria havia publicado usando métodos de condicionamento pavlovianos para estudar a aquisição do significado das palavras, que era denominado "condicionamento semântico". Dividi meu ano em Moscou entre a pesquisa sobre retenção ou perda do condicionamento semântico em pacientes com lesões em partes diferentes do cérebro, o estudo do condicionamento de evitação em cães em um laboratório no Instituto de Atividade Nervosa Superior, e a pesquisa com E.N. Sokolov e seus alunos sobre reflexos orientadores e psicofísica.

Embora Luria ocasionalmente me encorajasse a ler Vigotski (na verdade, *Pensamento e linguagem* foi publicado em 1962 graças à sua iniciativa), eu, na verdade, passei pouco tempo tentando entender seu trabalho. A única versão dos escritos de Vigotski à qual eu tinha acesso foi em russo (o correio era lento entre Cambridge e Moscou naquela época). E, até onde posso dizer, havia pouca diferença entre Vigotski, com sua ideia de que as palavras começam a mediar o pensamento quando as crianças adquirem a linguagem, e os neocomportamentalistas americanos que, começando com Margaret Kuenne no fim da década de 1940, tinham praticamente o mesmo argumento (Kendler; Kendler, 1962; Kuenne, 1946). Eu não estava particularmente interessado em desenvolvimento infantil na época, e não vi a importância geral dessas afirmações.

Descobrindo Vigotski

Já escrevi sobre o longo e lento processo por meio do qual passei a apreciar e, no fim, a admirar muito o trabalho de Vigotski e de seus alunos (Cole, 1979). E, é claro, Luria foi responsável por grande parte desse processo, assim como desempenhou um papel central em trazer Vigotski à atenção da psicologia mundial.

Um evento crítico foi totalmente serendipitoso. Fui enviado à África para tratar de desenvolvimento e educação, e em um estado de total ignorância sobre a literatura apropriada de consulta sobre esse tópico, contatei Luria para lhe perguntar sobre seu trabalho na Ásia Central, trabalho que ele planejou com Vigotski. Em parte, queria obter uma especificação melhor das tarefas que haviam usado, uma vez que poderiam fornecer um ponto de partida útil para o meu trabalho, independentemente do que pudesse ser. Mas também queria entender qual era relevância *teórica* de seu trabalho intercultural, com respeito a temas como condicionamento semântico e recuperação de dano cerebral. E por que havia tanta ênfase no desenvolvimento?

O segundo evento crucial foi uma simples extensão dos incansáveis esforços de Luria para conseguir publicar mais trabalhos de Vigotski em inglês. Grato pelos esforços que ele havia empreendido em meu benefício enquanto eu era bolsista de pós-doutorado em Moscou, concordei em ajudá-lo em dois projetos entrelaçados. Um foi a tradução e publicação de dois livros de Vigotski: *A história do desenvolvimento de funções psicológicas superiores* e *Instrumento e símbolo no desenvolvimento infantil*, o segundo talvez com coautoria de Luria, embora não suspeitasse disso naquela época (cf. Vigotski, 1987a). O outro projeto foi a edição e publicação da autobiografia de Luria (Luria, 1979), cuja breve versão eu havia traduzido anteriormente para a série sobre a história da psicologia na autobiografia (Luria, 1974).

Ambos os projetos terminaram sendo extraordinariamente difíceis. Recrutei o auxílio de minhas colegas Vera John-Steiner e Sylvia Scribner, com a tradução dos trabalhos de Vigotski, e passei muito tempo me familiarizando com as fontes das ideias de Luria ao trabalhar com as citações em sua autobiografia. Em breve ficou claro que os dois projetos eram relacionados, pois um grande número das citações "fora de moda" que encontrei enquanto lia Vigotski eram as mesmas citações que encontrei em Luria. Junto à minha pesquisa na África, que me levou inevitavelmente aos tópicos de cultura, desenvolvimento cognitivo e educação, estavam criadas as condições que me permitiram dar sentido tanto a Luria quanto a Vigotski.

O *"boom* de Vigotski"

Recebi de Luria os manuscritos de Vigotski no começo da década de 1970. Mas mesmo com a ajuda de meus hábeis colegas especialistas e uma boa tradução a partir da qual trabalhar, não pude convencer o proprietário da editora com que Luria havia feito arranjos que valia a pena publicar os manuscritos. Todos os problemas que experienciei anteriormente permaneceram postos. O trabalho parecia datado; as polêmicas, opacas ou ultrapassadas; e o produto geral com certeza produziria desastre fiscal, para não dizer embaraço pessoal.

Diante dessa barreira aparentemente intransponível e com a ajuda de Luria, a quem visitava a cada ano ou dois e com quem me correspondia regularmente, fomos capazes de produzir uma seleção razoável de leituras dos dois manuscritos que ele me havia entregado. A essas acrescentei vários ensaios de natureza aplicada, de modo que os leitores pudessem ver como os argumentos teóricos abstratos funcionavam na prática. O resultado, intitulado *Formação social da mente* [coletânea de textos originalmente publicada em inglês com o título *Mind in society*], foi publicado em 1978. Soltei um grande suspiro de alívio: finalmente cumpri minha obrigação para com Luria e o proprietário da editora, graças, em grande medida, ao trabalho árduo de minhas colegas.

O que aconteceu em seguida foi totalmente inesperado. Por razões que nunca soube, o filósofo Stephen Toulmin (1978) foi incumbido da análise do livro para a New York Review of Books. Ele intitulou seu artigo "O Mozart da psicologia". Essa análise argumentava, como Sylvia Scribner e eu havíamos feito em nossa introdução, que o trabalho de Vigotski era de grande relevância *contemporânea*, a despeito do fato de ter sido publicado pela primeira vez quarenta anos antes. Com efeito e em suma, as insuficiências da psicologia com as quais Vigotski lidava na década de 1920 – em particular a falha em reconhecer a centralidade da cultura e da história no funcionamento psicológico humano – não haviam sido superadas por seus sucessores científicos. Em vez disso, suas insatisfações com os psicólogos do começo do século XX se aplicavam com a mesma justificativa no fim do século.

Nosso grupo havia se convencido de que Vigotski e seus colegas tinham, na verdade, formulado uma metapsicologia que abrangia a filogenia, a história cultural, a ontogenia e a dinâmica momento a momento do funcionamento psicológico humano como um processo de desenvolvimento da vida inteira. Toulmin, para nossa grande surpresa, concordou e comunicou fortemente seu juízo para um público leitor muito amplo.

Agora, faz 25 anos que *Formação social da mente* foi publicado. Recentemente, em um intervalo de poucos anos, Vigotski se tornou uma tendência, e, como com todas as tendências, a grande notoriedade trouxe tanto evolução genuína como cópias baratas. Na ex-URSS, Vigotski, que era um homem praticamente esquecido em 1978, exceto por alguns de seus seguidores de idade avançada e de um punhado de estudiosos mais jovens, havia se tornado uma indústria caseira gerando não só livros e artigos, mas departamentos e institutos inteiros.

Nos Estados Unidos, há agora duas traduções adicionais de *Pensamento e linguagem* (Vigotski, 1986, 1987a); e há dezenas de livros dedicados às suas ideias, origens, virtudes, insuficiências etc. Este livro fornece aos leitores seleções cuidadosamente escolhidas de uma série ampla de seus escritos. A maior coleção de escritos de Vigotski, mas não todos eles, pode ser encontrada em *The collected works*, agora disponível em inglês devido aos grandes esforços do editor geral Robert Rieber (Vigotski, 1987b).

Com ensaios introdutórios de vários estudiosos que examinaram cuidadosamente Vigotski, os leitores encontrarão aqui um ótimo exemplo de seu trabalho nos principais domínios que investigou. A leitura não será fácil. Requer paciência e reflexão. Falando a partir de minha experiência de vida, o tempo e esforço requeridos mais que recompensarão os leitores e abrirão novas perspectivas no pensamento sobre a natureza humana, cada uma delas fornecendo material para um trabalho de uma vida.

Prefácio

Robert W. Rieber
Universidade da Cidade de Nova York

David K. Robinson
Universidade Estadual Truman

O essencial de Vigotski é uma seleção de escritos de Lev Semenovich Vigotski (1896-1934), extraída dos seis volumes de *The collected works of L.S. Vigotski*, que foram publicados tanto em russo (1982-1984) como traduzidos para o inglês (1987-1999). Os editores se esforçaram para escolher as contribuições mais importantes e interessantes de todos os tipos de escritos de Vigotski e, assim, de todos os seis volumes, de modo a refletirem o propósito geral do programa que Vigotski estava desenvolvendo na época de sua precoce morte.

Os ensaios introdutórios para cada seção a seguir explorarão vários aspectos da biografia de Vigotski a fim de explicar algumas partes de seu trabalho e de seus escritos, mas os elementos fundamentais de sua vida podem ser mencionados brevemente aqui. Lev Semenovich Vigotski nasceu em uma família judaica bem-educada no Império Russo, em Orsha, Belarus, em 5 de novembro de 1896. Logo a família se mudou para uma cidade maior da região, Gomel, onde o pai trabalhou em um banco. (Como o psicólogo veio a mudar a grafia de seu nome, substituindo *d* por *t*, permanece um mistério). Havia oito filhos e Lev era o segundo. Ele foi educado em casa e, em 1911, entrou em uma escola clássica particular. Recebendo a medalha de ouro na graduação (primeiro lugar em sua classe), Vigotski se inscreveu na Universidade Imperial de Moscou em 1913 e estudou na Faculdade de Direito. Simultaneamente aos estudos jurídicos, fez cursos na Faculdade de História e Filologia na Universidade de Shanyavsky, uma instituição coeducacional e vanguardista na Moscou pré-revolucionária. Parece provável que Vigotski tenha feito contatos em ambas as escolas e conquistado a reputação de um aluno brilhante e ativo. Sabemos, por exemplo, que fez cursos com P.P. Blonsky, G.G. Shpet e G.I. Chelpanov no recém-aberto Instituto de Psicologia em Moscou.

Enquanto a Rússia sofria terríveis derrotas na Grande Guerra, Vigotski terminava seus cursos universitários. Para a Universidade de Shanyavsky ele escreveu uma tese em 1916, "Tragédia do Príncipe Hamlet da Dinamarca", seu primeiro escrito importante (um dos quais incluídos em Vigotski, 1971). Devido às guerras e à revolução, os eventos no período seguinte de sua vida não são claros, mas foram indubitavelmente muito difíceis. Ele retornou à sua família em Gome, onde trabalhou como professor de escola e/ou como instrutor em uma escola de formação de professores, e permaneceu lá durante a ocupação germânica, a Revolução Bolchevique e a Guerra Civil, uma época de fome para o povo naquela região. Em 1920, Vigotski sofreu seu primeiro ataque agudo de tuberculose, a doença que repetidamente interrompeu sua vida e terminaria matando-o.

O retorno de Vigotski ao centro da vida intelectual russa foi marcado por sua participação no Segundo Congresso Psiconeurológico Russo, em Petrogrado (que em breve seria renomeada Leningrado), realizado em janeiro de 1924. Ele deu uma palestra que foi mais tarde publicada como "Consciência como um problema na psicologia do comportamento". No fim daquele ano notável pela morte de Lenin, Vigotski se casou e aceitou uma posição no Instituto de Psicologia de Moscou, cuja diretoria havia recentemente passado de G.I. Chelpanov para K.N. Kornilov. Seu trabalho inicial lá se concentrou no que os russos chamavam (e ainda chamam) "defectologia", uma combinação de psicologia anormal e educação especial. Vigotski trabalhou diretamente com crianças que haviam ficado órfãs e debilitadas pelas devastações das guerras recentes e das rebeliões revolucionárias. No verão de 1925, ele chegou a viajar para o leste da Europa para apresentar parte desse trabalho. No ano seguinte, contudo, Vigotski sofreu um segundo ataque potencialmente fatal de sua doença, de modo que passou um período acamado, lendo e repensando suas abordagens teóricas. Nessa época, ele havia claramente emergido como um pensador importante no Instituto, e mesmo psicólogos que haviam chegado lá antes dele, como A.N. Leontiev e A.R. Luria, estiveram claramente sob sua influência.

Em 1929, Vigotski e um grupo de estudos visitou Tashkent. Luria permaneceu lá para realizar estudos etnopsicológicos extensos até 1931, pois seu mentor estava doente demais para prosseguir. Enquanto Vigotski continuava sua escrita e pesquisa em Moscou, a repressão stalinista começou a afetar seus alunos e colegas. P.P. Blonsky e A.B. Zalkind, líderes no movimento educacional mais amplo chamado "pedologia", perderam suas vidas. Outros foram dispersados pelo exílio interno, e um grupo importante, incluindo Luria e Leontiev, buscaram refúgio em Kharkov, a capital ucraniana na época. Vigotski fez algumas viagens para lá e para Leningrado enquanto sua saúde em declínio permitiu, mas em 11 de junho de 1934, após um mês de hemorragias sérias, ele morreu em um sanatório de Moscou e foi enterrado no Cemitério Novodevichy. A ideologia stalinista terminou assentada na "reflexologia" pavloviana como a abordagem soviética apropriada para a psicologia humana, e os alunos e admiradores de Vigotski estavam impossibilitados de sequer se referir aos nomes de seus professores em suas publicações até bem depois da morte de Lenin.

A apreciação do trabalho de Vigotski, há muito devida, tem aumentado gradualmente. Ele apareceu no horizonte da psicologia profissional brevemente, após a Primeira Guerra Mundial; então, seu trabalho ficou perdido nas ondas de repressão stalinista e na Guerra Fria. Embora alguns de seus escritos tivessem começado a aparecer um pouco antes, o primeiro sucesso pode, de fato, ter ocorrido nos Estados Unidos, em vez de na União Soviética: a publicação da MIT Press de uma tradução inglesa de *Pensamento e linguagem* (Vigotski, 1962). Certamente, Vigotski havia sido continuamente reverenciado, ao menos privadamente, por um número seleto de pessoas, uma vanguarda na Rússia e em outros lugares, durante um período em que o behaviorismo era o paradigma dominante na tradição da psicologia. Após trabalhar em Moscou com Luria e outros que foram inspirados por Vigotski, Michael Cole uniu forças com alguns outros ocidentais (incluindo Jerome Bruner) e, no fim da década de 1960, começou a trazer o trabalho russo em psicologia, incluindo o de Vigotski, para um público ocidental.

Esse interesse aumentou gradualmente ao longo da década de 1980 nos Estados Unidos (e, interessantemente, também na União Soviética); a atenção maior correspondia a um aumento no interesse pela pesquisa quantitativa em psicologia. Cole (1996), por exemplo, chegou a relacionar essa tendência retroativamente ao projeto original de Wilhelm Wundt, o casamento das abordagens experimentais e histórico-naturais da psicologia. Durante a década de 1980, construcionistas sociais (Gergen, 1994; Gergen; Davis, 1985) ampliaram o interesse em Vigotski, assim como o crescente interesse pela psicologia teórica na Europa. Ao mesmo tempo, em muitos lugares, havia um interesse crescente pela neuropsicologia, que chamava atenção para as contribuições de Luria, um dos associados mais importantes de Vigotski.

O Grupo Europeu de Teoria e Atividade em Psicologia Teórica começou na década de 1980, com seu nome derivando de um conceito promovido por Leontiev. Desde 1986, a Sociedade Internacional para Pesquisa Cultural e Atividade (Iscar) tem se encontrado anualmente, sob títulos e acrônimos variáveis. Embora poucos de seus membros se identificassem como discípulos de Vigotski, eles claramente encontram inspiração na abordagem histórico-cultural, a marca oficial de seu trabalho. O interesse em Vigotski cresceu durante o clímax da Guerra Fria na década de 1980 e durante a época otimista que seguiu seu fim; o interesse continua hoje nos países pós-soviéticos. Poderíamos chamar esses grupos neovigotskianos; eles muitas vezes invocam seu nome, analisam seus trabalhos à luz das preocupações presentes, e, de diversos modos, são influenciados pelo pensamento de Vigotski.

Os editores decidiram seguir a estrutura da versão inglesa dos *The collected works*, que tem uma ordem diferente daquela escolhida pelos editores soviéticos. Poderíamos facilmente argumentar que a ordenação soviética seria melhor, ou, talvez, que uma ordem cronológica, ou outra organização, seria ideal. Contudo, nosso arranjo escolhido oferece a leitores sérios a conveniência de poder usar *O essencial de Vigotski* como um manual introdutório e depois facilmente se dirigir aos seis volumes dos *The collected works* em inglês para uma leitura mais extensiva. Para dar aos leitores um gosto das fontes nos seus volumes, incluímos as referências e notas (de editores russos e ingleses) somente para a Seção I. Quaisquer citações nas outras seções se referem a materiais nos volumes correspondentes dos *The collected works*.

A lista seguinte mostra a ordem de volumes na edição inglesa dos *The collectes works* (1987b), a fonte direta de *O essencial de Vigotski*, com os números de volume e títulos correspondentes da edição russa (1982b):

Vol. 1. Problemas de psicologia geral

2. *Problemy obshchei psikhologii*

Vol. 2. Fundamentos da defectologia

3. *Osnovy defektologii*

Vol. 3 Problemas da teoria e história da psicologia

1. *Voprosy teorii i istorii psikhologii*

Vol. 4. História do desenvolvimento das funções psíquicas superiores

3. *Problemy razvitiia psykhiki*

Vol. 5. Psicologia infantil

4. *Detskaia psikhologiia*

Vol. 6. Legado científico

6. *Nauchnoe narledstvo*

Na verdade, uma nota de advertência sobre o texto é apropriada. Mesmo usando o "texto russo" original, *Sobranie sochinenii* (1982b), não podemos estar certos sobre a pureza do texto de Vigotski. Editores russos, inspirados por Luria, e habilmente presididos por A.V. Zaporozhets, claramente fizeram seu melhor, e psicólogos e historiadores intelectuais sempre estarão em dívida por esse trabalho monumental. Ainda assim, deve ser feito um trabalho atento com os materiais manuscritos, muitos deles ainda na posse da família de Vigotski (cf. Vygodskaya; Lifanova, 1996). Até mesmo os editores russos admitem que as "obras reunidas" não são a "obra completa"; eles chamam atenção, particularmente, para muitas análises e ensaios iniciais que não foram incluídos.

Mesmo em alguns dos trabalhos mais importantes há dúvidas sobre o texto. Um exemplo é discutido na introdução à Seção III deste volume. Elkhonon Goldberg contou a um dos editores (RWR) a história de outro problema textual. Quando Luria começou o projeto para as obras reunidas, estava interessado, é claro, em encontrar o texto completo de "Instrumento e signo", que se tornou um importante conceito vigotskiano nos anos intervenientes (cf. Seção VI). Contudo, examinando os documentos de Vigotski, só puderam localizar uma versão *inglesa* de seu famoso trabalho. Luria atribuiu a Goldberg a tarefa de traduzir a versão inglesa e produzir a russa! O original russo aparentemente foi perdido.

Isso levanta uma linha interessante de questões. Por que havia um texto em inglês que até aquela época nunca aparecera publicado? Houve alguma vez um original russo? Como Goldberg conta, Luria e Vigotski haviam planejado participar de uma conferência na Universidade de Yale em 1929. Luria de fato participou e apresentou seu trabalho, "O novo método de reações motoras expressivas no estudo de traços afetivos" (Luria, 1930). Vigotski aparentemente também planejava participar, para apresentar "Instrumento e signo", mas provavelmente a doença (ou talvez a política ou algum problema de urgência pessoal) o impediu de fazer a viagem ao Novo Mundo. É interessante pensar que Vigotski estava planejando vir a Yale, agora que muitas aulas de psicologia nos Estados Unidos, particularmente cursos sobre desenvolvimento infantil, regularmente invocam o nome de Vigotski. Esse é somente um exemplo extremo dos esforços que os editores russos tiveram de fazer a fim de coligir o trabalho desse pensador seminal na psicologia. Estudos críticos de materiais de origem e manuscritos ainda têm de ser feitos. Pessoas que estejam se familiarizando com esse escritor interessante lendo este livro talvez algum dia o façam.

Em sua revisão de *Formação social da mente*, um artigo importante que marcou a redescoberta de Vigotski por um público leitor ocidental mais amplo, Stephen Toulmin (1978) chamou Vigotski o "Mozart da psicologia". Provavelmente, ele escolheu esse termo porque, como o grande compositor, Vigotski foi uma criança prodígio muito influente que morreu muito cedo. Toulmin poderia igualmente tê-lo chamado o "Leonardo da psicologia", uma vez que Vigotski explorou a psicologia da arte assim como os fundamentos da ciência; do mesmo modo, ele deixou muitos trabalhos não publicados e teve uma influência oculta ou retardada sobre seus seguidores. Os leitores dedicados de *O essencial de Vigotski* podem se juntar ao processo pelo qual esse importante pensador certamente será elevado às posições mais altas da história da psicologia.

Agradecimentos

A produção de um livro como este exige os esforços de um coletivo, como Vigotski diria. Os editores desejam agradecer a todos os colaboradores, cujos ensaios introdutórios não só provocam o pensamento como também refletem paciência e cooperação. Mariclaire Cloutier, Sharon Panulla, Herman Makler e Joseph Zito da Kluwer/Plenum têm nossa eterna gratidão por seu talento e profissionalismo. O editor júnior (DKR) também agradece a seus alunos assistentes – Ryan Buck, Greg Mueller e Thomas Stuart, sem os quais ele simplesmente não poderia ter terminado sua parte do trabalho.

Há um tipo de reclamação hipócrita sempre feita a uma originalidade, com este propósito inconsistente: a humanidade está ávida por receber o que é novo desde que seja contado do modo antigo (Rush, 1980).

Um diálogo com Vigotski[1]

Robert W. Rieber
Universidade da Cidade de Nova York

Esse diálogo e livro são para você, e você pagou o preço.
Portanto, faça seu significado se cumprir lendo-o duas vezes.

Interrogador: O que é uma teoria e para que serve?

Vigotski: É um plano ou conjunto de princípios orientadores que fornecem uma explicação sobre intenções humanas.

I: Entendo, mas de onde vem a teoria?

V: Oh, você quer dizer o que leva você a teorizar? Esse é um tema muito complicado, mas vamos deixar algo claro desde o início. Você não nasceu com uma teoria, e ela não veio da cabeça de Zeus.

I: Você se criou, é isso?

V: Não exatamente. Deixe-me colocar isso deste modo: você se baseia em ideias que já estão por aí, e as constrói de modo que facilitarão sua habilidade de descobrir as respostas às perguntas nas quais você está interessado.

I: Um plano de ação, como um plano de batalha, é isso?

V: Exatamente.

---

1. Este é um metálogo, um diálogo imaginário, com Vigotski em algum momento durante os últimos anos de sua vida. A visão que ele expressa aqui se baseia em ideias discutidas neste livro (cf. notas parentéticas para sua localização). Contudo, as afirmações de suas ideias neste metálogo são interpretações minhas do que acredito que Vigotski provavelmente queria dizer. Interpretações são inevitáveis quando tentamos entender os escritos de grandes pensadores. Espero que minhas interpretações estimulem e facilitem suas interpretações, de modo que possam emergir ainda mais acuradas do que as minhas.

I: Ela vem de seu cérebro, de sua mente ou de algo fora de você?

V: Você tem de ser cuidadoso, ou pode cair em uma armadilha quando coloca uma pergunta como essa. Ela não vem de lugar algum – de seu cérebro, de sua mente ou daqui ou dali ou da Praça Vermelha.

I: Como evitar a armadilha, então?

V: Assumindo que seu plano e seu objetivo – ou seja, suas respostas às suas perguntas – não são "coisas em si", mas processos que têm níveis múltiplos de abstração e determinação. Por exemplo, são históricas, sociais e pessoais, mas não um nível único isolado.

I: Como você determina uma em relação à outra?

V: O que você tem de ter em mente é que não deveria buscar por entidades. Seu objetivo é prestar atenção aos processos de interação.

I: Mas, com certeza, um aspecto pode terminar sendo mais importante do que outro.

V: Talvez, mas a pergunta deveria ser reconstruída para perguntar: Importante para que?

I: Oh, nunca pensei nisso.

V: Bom, agora, pode começar a pensar nisso.

I: Hmm, o que você quer dizer com pensar?

V: Você pode considerar que esse conceito de pensar é algo como a contemplação de uma ação, mas vem de processos de interação dentro de mim, pelos quais estou estimulando uma atividade em você. Considere, por um momento, a possibilidade de que, no ato comunicativo, não estou realmente certo do que penso até me ouvir dizendo-o. Em outras palavras, meu pensamento ou meu diálogo interativo comigo, que ainda não tem maturidade expressiva, obtém significado do retorno que recebo enquanto me ouço (cf. introduções de Bruner e Rieber à Seção I sobre pensamento e linguagem).

I: Você quer dizer, meu pensamento não está apenas na minha cabeça? É isso que você quer dizer com fala interior?

V: Exatamente. Não pode estar tudo em você apenas, porque você é um animal social e político, como Aristóteles indicou há muitos anos. Aquilo sobre o que estamos falando emerge não apenas de nosso monólogo interno, mas também de nossa história e da história de nossa história.

I: Isso é muito complexo. Qual é a história de nossa história? Você pode simplificar isso um pouco?

V: Oh, claro, você pode simplificar quase qualquer coisa. Mas não quero orientar mal seu pensamento. A história de nossa história é uma metáfora para a relação entre seu desenvolvimento pessoal e o desenvolvimento da sociedade e o desenvolvimento das espécies em geral. (Cf. introdução à Seção IV, sobre funções psíquicas superiores). Sua história pessoal de sua vida não pode estar inteiramente separada das vidas de outras pessoas em geral. Em outras palavras, estou falando sobre a relação entre ontogenia e filogenia como aplicada à sociedade como um todo.

I: Você parece estar sugerindo que tudo está conectado de algum modo.

V: Sim, estou. A razão pela qual enfatizo isso é que há um grande perigo se rompermos os padrões dessas conexões. De fato, quando você se apercebe de que estão rompidos, você deve emendá-los. Se você não o fizer, está fadado a criar uma perigosa armadilha epistemológica. É verdade que você pode ter de extrair algumas abstrações ou elementos do processo inteiro para descobrir ou testar algo no qual está interessado. Mas seu maior propósito deve sempre ser mantido em mente, e esse propósito é ver como tudo isso se encaixa no padrão total das coisas. Em outras palavras, se você romper o padrão que conecta a aprendizagem dos aspectos cognitivos, emocionais e conotativos da mente, você cria o perigo de interferir em sua habilidade para compreender a visão natural da natureza humana.

I: É como se você estivesse viajando na "estrada real do pragmatismo".

V: Se você preferir, sim. Nosso propósito é obter tanta informação prática quanto possível de nossas inferências teóricas para ver se fazem uma diferença e afetam positivamente nossa forma de vida.

I: Como você pode saber se essas informações fazem uma diferença?

V: Você pode saber, pelas observações e validações consensuais das observações, se você mudou ou não as coisas na direção que correspondia às suas inferências. Por exemplo, uma mudança em A pode resultar em uma mudança em B. Se resulta, você produziu uma diferença.

I: Certo, e se a diferença não faz uma diferença. O que ocorre, então?

V: Você está certo, todas as diferenças não são iguais, e algumas são mais iguais do que outras. Mas qualquer nova informação que você descobrir fará uma diferença. Você, então, tem de explorar as qualidades e quantidades das diferenças que você obteve e fazer um juízo de valor sobre elas.

I: Certo, isso parece bom, mas acho que estou um pouco confuso sobre a diferença entre o que chamamos teoria e o que chamamos método.

V: Não estou surpreso. Pessoas demais tendem a bifurcar teoria a partir de método, e isso não me parece natural. Há relações recíprocas entre os dois (várias introduções de seções discutem a relação entre teoria e método; p. ex., a Seção IV, sobre funções psíquicas superiores).

I: Assim, parece que reciprocidades indiretas são responsáveis por diferenças que você encontra ao tentar responder às perguntas que você faz.

V: De algum modo, sim. Porém, você precisa ter cuidado com relação às perguntas que faz. Elas podem lhe ajudar com suas soluções ou lhe desviar delas. Contudo, perguntas impertinentes podem dar origem a respostas pertinentes. Lembre-se, no século XVIII, Joseph Priestley de fato descobriu o oxigênio fazendo algumas perguntas impertinentes (1965).

I: Como você pode dizer em que direção as coisas vão nesse esforço; ou seja, o que é teoria e o que é método?

V: Ora, você não vê como suas perguntas vêm desorientando-o? Por que tem de ser um ou o outro quando ambos são parte de um processo de interação? Considere a possibilidade de que sua teoria ajudará você a reconhecer o método mais importante ou útil.

I: Como isso ocorre?

V: Ocorre se os métodos produzem um resultado útil.

I: Essa discussão está relacionada a sua *zona de desenvolvimento proximal*?

V: Sim, exatamente. Minha teoria abriu a porta para a noção de zona de desenvolvimento proximal porque a teoria levou à ideia de habilidades mentais não apenas como entidades no organismo. Habilidades mentais podem emergir durante a infância de muitas fontes diferentes. Essas fontes são processos internos e externos ao organismo. Quando se trata de mensurar habilidades mentais, ou seja, testes de inteligência, a psicologia, particularmente a psicologia americana, falando metaforicamente, está tentando medir o "tamanho da mente da criança" pela sombra que ela faz. Inversamente, gostaria de medir a mente da criança pela luz assistida que ela emite e (cf. introdução de Bruner à Seção I, e a introdução à Seção IV, para mais sobre a ZDP).

I: Hmm. Essa é uma ideia diferente. Deve ter exigido muito tempo e esforço para obter tudo isso.

V: É claro, qualquer resultado positivo exige muito trabalho, tempo e esforço.

I: Dizem que você é uma pessoa determinada e que produz muito e muito rapidamente.

V: Provavelmente estão certos, mas você tem de se dar conta de que estou respondendo às condições dos tempos. Queremos iniciar um novo modo de ajudar a psicologia a trabalhar para a sociedade e para as pessoas que vivem nela. Não se esqueça de que o regime dos Romanov era uma abominação para o povo russo.

I: É claro, entendo isso, mas por que voltar no tempo é tão importante para sua teoria?

V: Não me entenda mal, não é apenas voltar no tempo que é importante, embora seja importante entender suas raízes históricas. Você deve também saber como capitalizar o interesse da história para o presente assim como para o futuro. A fim de não cometer os mesmos erros, devemos saber como o passado influencia o presente.

I: Meu Deus, você fala como William James – inclusive como um capitalista.

V: Bem, eu gosto de William James, mas não sou um capitalista. Você não deve se equivocar em relação a palavras que são usadas para representar conceitos figurativamente.

I: Você está certo, e me desculpe. Esse é um mau hábito que muitas pessoas têm.

V: Compreendo. Vamos prosseguir com essa entrevista. O tempo está terminando, e tenho uma reunião em seguida.

I: Antes de se tornar psicólogo, você estudou literatura na universidade, certo?

V: Sim, formalmente falando, mas você deve lembrar que a literatura não está separada da psicologia. Shakespeare, Dostoiévski e muitas outras grandes figuras literárias foram de muitos modos psicólogos. Considere *Hamlet*, por exemplo. Está cheio de percepções psicológicas.

I: Você escreveu sobre Hamlet e Shakespeare no começo de sua carreira, certo?[2]

V: Sim, escrevi, e tenho certeza de que teve algo a ver com eu me tornar psicólogo.

I: Cada vez mais penso que você soa como William James.

V: Bem, eu lhe disse que gosto muito de seu trabalho, mas não sou William James. Gosto de seu trabalho porque suas percepções nos tornaram capazes de ver adiante. Reconheço a antiga ideia newtoniana de que vemos adiante se nos colocarmos sobre os ombros de gigantes, mas também reconheço a importância de evitar os problemas que vêm de uma tendência de permanecer sobre os ombros de anões que pensam ser gigantes. Não deveríamos separar a importância do passado de seu efeito sobre o presente, e é muito importante dirigir nossas visões para a atividade útil em benefício da sociedade como um todo.

I: Suponho que é por isso que você escreveu o livro que chamou *A crise na psicologia*.

V: Sim, esperava que nos despertasse de nosso sono profundo. Para mudar algo, primeiro temos de reconhecer qual é o problema, e devemos fazer nossas mudanças agora antes que seja tarde demais. Temos de ter em mente que a palavra "crise" implica tanto oportunidade como perigo. Portanto, devemos tirar vantagem da situação de crise antes que tire vantagem de nós (cf. Seção III, sobre a "crise").

I: Parece muito razoável. Contudo, alguns psicólogos pensam que você é muito polêmico e pessimista sobre o estado atual das coisas. Você tem uma tendência de desprezar muitas outras teorias.

V: Estou muito ciente do que você está dizendo; contudo, para reparar qualquer coisa você deve ter uma visão clara dos problemas antes que possa fazer quaisquer mudanças. É o único modo de frear um sistema descontrolado equivocado. Talvez eu seja, às vezes, um pouco crítico demais, mas temos andado na esteira de teorias e métodos antigos por muito tempo.

I: Suponho que você esteja certo, mas você tem uma tendência a alienar outros psicólogos com suas críticas frontais e com seu pessimismo.

V: Se você entende por pessimismo que eu pareço ver o mundo do modo como realmente é em vez do modo como gostaria que fosse, então, sou culpado de pessimismo.

---

2. Cf. Vigotski (1971).

I: Agora, isso soa sarcástico e talvez um pouco como objeção semântica.

V: Talvez. Entenda como quiser, mas para fazer uma diferença devemos mudar as coisas agora. Não podemos nos dar ao luxo de ser cautelosos por aí; temos de assumir uma posição forte.

I: John Dewey veio à Rússia no começo da década de 1920, e ele pareceu gostar no novo plano russo para seu sistema educacional. Se não estou enganado, ele inclusive pensava que era melhor do que o que tinham na América, e ele concordou em fazer recomendações de melhorias às autoridades russas. Por que você pensa que não aceitaram suas recomendações?

V: Você deve entender que admiro muito o trabalho de Dewey, e que o elogiei em meus escritos. Mas essa é uma história longa e complicada. Em suma, posso lhe dizer que muitas das reformas educacionais de Dewey já estavam em nosso plano pedagógico. É por isso que estávamos tão interessados em suas ideias. Contudo, Dewey pensava que havia um perigo em nosso sistema que interferia nas liberdades individuais, ou "individualismo", como ele chamava – o que quer que quisesse dizer com isso[3]. Isso posto, as autoridades decidiram ver como nossas ideias funcionariam, e nós mesmos as experimentamos.

I: Você acha que enfatizar demais o social trazia o perigo de minar os indivíduos?

V: Talvez, mas tínhamos de nos virar com o que tínhamos, um passo por vez. Gostávamos muito das ideias de Dewey, mas ele não era russo; não entendia a alma russa.

I: Gostaria que você esclarecesse para mim o papel dos indivíduos em sua teoria. Compreendo que os indivíduos não são o foco principal, mas uma parte de um sistema interativo. Mas após ler seu material (Seção IV, sobre funções psíquicas superiores e Seção V, sobre psicologia infantil), é como se os indivíduos fossem insignificantes. É esse o sentido?

V: Não tenho certeza se entendo o que você quer dizer com "insignificante". Certamente, não negamos que há indivíduos, mas o que estamos tentando evitar é o "individualismo" que grande parte da psicologia tem defendido até agora. Isso posto, o que você deve entender é que independentemente do papel dos indivíduos, não podemos responder à pergunta de modo abstrato; ou seja, só pode ser respondida significativamente em

---

3. Cf. ex. Dewey (1929, p. 167).

referência à situação particular relacionada à pergunta que você está fazendo. Tenho certeza de que você lembra da afirmação de John Donne: "nenhuma pessoa é uma ilha".

I: Que papel a intencionalidade desempenha em sua teoria?

V: A noção de intencionalidade tem sido um tema controverso por muito tempo. Brentano a levantou em seu trabalho clássico: Psicologia de um ponto de vista empírico. Minha abordagem é afirmar que a intencionalidade com certeza desempenha um papel importante na natureza humana; contudo, não é uma coisa separada da mente. Em vez disso, sugeriria que as pessoas têm muitas intenções. A natureza dessas depende grandemente do que ocorre a você em um ponto particular de sua vida. A duração de sua vida, as circunstâncias que cercam você, e assim por diante, são todos fatores que produzem diferentes tipos de intenções. Por exemplo, algumas intenções não são intenções até que alguma condição seja satisfeita. Em outras palavras, intenções são intenções contingentes. São "estímulos para a ação" ou forças motivadoras da vida. A vida é contingente sob muitas circunstâncias. (A introdução à Seção VI sobre instrumento e signo explica que "processos mentais são mais do que simplesmente mentais").

I: Isso é similar a estar pronto para atividade?

V: Exatamente. E quando são uma parte da atividade, as intenções são realizadas. Você vê, essa questão da intenção é um dos conceitos mais obscuros e difíceis de clarificar em qualquer processo interativo, particularmente quando você está tratando de um processo interativo que lida com mente e sociedade. Isso é crucial quando se trata de abordar o comportamento antissocial, ou seja, se uma pessoa deve ou não ser considerada responsável por suas ações.

I: Compreendo que você deixa espaço para intenções serem algo como segredos dos indivíduos. Isso é correto?

V: Não há dúvida de que as pessoas muitas vezes ocultam suas intenções, deliberada ou inconscientemente.

I: Em outras palavras, você pode ter intenções inconscientes como motivações inconscientes. É isso que você quer dizer?

V: Sim. Certamente, as pessoas podem ser motivadas por coisas das quais não estão conscientes. Por vezes, contudo, é melhor estar consciente; e, por vezes, não. Depende das circunstâncias. Se estivesse consciente de cada estimulação que estivesse vindo de dentro ou de fora de você, você não seria capaz de processar coisa alguma e provavelmente ficaria imobilizado.

I: Como sua teoria difere da teoria de Freud com relação à intenção inconsciente?

V: O trabalho de Freud foi muito importante na história da psicologia. Eu e Luria nos interessamos por seu trabalho quando chegou à Rússia pela primeira vez[4]. Mas, em breve, descobrimos que a teoria de Freud se originava da pessoa individual e que apenas gradualmente notou a importância da parte social da psicologia. Sim, ele tinha um tipo de perspectiva diacrônica, mas mesmo quando chegou à parte social de sua teoria, levou tudo de volta para seus fundamentos equivocados de que era tudo uma parte de: "pulsões instintivas, libido e agressão". Isso é muito dualista e reducionista para meu gosto. (A Seção III critica a psicanálise. Para discussões sobre interacionismo como oposto a reducionismo, cf. as introduções às Seções IV e VI.)

I: E sobre Adler?

V: Ora, é claro, ele rompeu com Freud pelas razões que recém mencionei, e foi um bom socialista em sua política, mas não parece ter se importado muito com as ideias filosóficas marxistas. Mas, para piorar as coisas, ele chamou sua psicologia de psicologia individual e foi também um tipo de dualista no sentido de que fatores sociais pareciam não desempenhar um papel na causação de problemas mentais. É claro que tinha essa ideia de interesse social, mas, do modo como a descreveu, parece ser um caso individual.

I: Você parece ter opiniões similares sobre Henri Bergson.

V: Sim, Bergson também parece ser dualista e chega muito próximo de se tornar um materialista, e me preocupei, uma vez que era tão popular, que atualmente muitos se equivocariam caso adotassem sua teoria. Não me entenda mal: ele é um grande pensador, mas sua psicologia não é algo que gostaria de promover.

I: Deixe-me propor uma questão a você que pode parecer impertinente, mas assumo que você fornecerá uma resposta pertinente. O que faz o mundo "girar"? O que quero dizer é: Quem e o que move o mundo?

---

4. Sobre a supressão da psicologia freudiana na União Soviética, na época da morte de Vigotski, em 1934, cf. Miller (1998).

V: Presumo que você se refere à minha visão de mundo? O que faz as coisas acontecerem na cultura mundial: instituições sociais são fundamentalmente o que faz o mundo o que é.

I: Você pode ser mais específico?

V: Bem, por exemplo, você poderia mencionar primeiro essas três instituições juntas: governo, corporações e crime organizado, porque, em grande parte do mundo ocidental, eles estão tão relacionados que é difícil dizer qual é qual em qualquer momento. Mas, então, você também tem a instituição da educação e a instituição da ciência. Lembre-se de que todas essas instituições estão inter-relacionadas; cada uma tem um efeito sobre a outra. Eventos estão no assento guiando indivíduos e instituições para o melhor ou para o pior. Os indivíduos são parte do processo, mas se você não faz as instituições funcionarem, os indivíduos estão perdidos. O trabalho da psicologia é descobrir o melhor modo de auxiliar tanto o processo quanto os indivíduos que são parte dele[5].

I: O que você quer dizer com o epitáfio no começo de seu livro sobre a crise na psicologia (Seção II neste volume), que diz: "a pedra que os construtores rejeitaram se tornou a fundação?"

V: Significa que omitiram o tempo, espaço e as pessoas que a construíram. Colocamos a fundação onde realmente pertencia – eles não.

I: Se pudesse recomeçar sua carreira, você faria qualquer coisa diferentemente?

V: Deixe-me fazer uma enorme simplificação, porque vejo que estou atrasado para minha conferência. Eu provavelmente faria a mesma coisa. Mas o experimento nunca foi realmente realizado, e não podemos saber se será bem-sucedido a menos que tentemos.

---

5. Compare a anedota reveladora que abre um livro de outro psicólogo social da época (Allport, 1933, p. 3). Em uma reunião da faculdade de uma grande universidade, uma proposta para uma nova política administrativa estava sendo discutida. O debate foi longo e intenso antes que uma votação final de adoção fosse feita. Enquanto os professores saíam da sala, um instrutor continuou com um dos antigos deãos. "Bem", observou o segundo funcionário, "pode ser um pouco difícil para algumas pessoas; mas sinto que, no longo prazo, o novo plano servirá os melhores interesses da instituição". "Você quer dizer que serão pelo bem dos alunos?", perguntou o mais jovem. "Não", o deão respondeu, "quer dizer que será para a instituição inteira". "Oh, você quer dizer que beneficiará a faculdade e os alunos". "Não", disse o deão, um pouco irritado, "não quero dizer *isso*; quero dizer que será uma boa coisa para a própria instituição". "Talvez, você queira dizer os administradores, então – ou o presidente da universidade?" "Não, quero dizer a instituição, a *instituição*! Jovem, você não sabe o que é uma instituição?"

I: Fascinante, nunca pensei sobre isso desse modo, e não posso argumentar com você.

V: Bom, deixe-me ir para minha reunião. E, assim, como Shakespeare gostava de dizer: "Coragem".

I: Muito honrado e grato.

V: Por nada.

Com um estilo cognitivo ativo, espinosesco, Vigotski virou a vida de dentro para fora – conduzindo a evolução cultural semiótica para a história pessoal –, respaldando níveis cerebrais em estágios desenvolvimentais enquanto fundia o mundo externo no mundo interno. Com tudo isso uma nova teoria nasceu. Em suma, Vigotski foi um intelectual revolucionário. Tudo o que mencionamos certamente o coloca fora do pensamento psicológico tradicional. Se estivesse em qualquer "tradição", poderia ser uma tradição como definida pelo pensamento seminal do grande clínico londrino Hughlings Jackson, que também discutiu a fala interna, o desenvolvimento biológico, a evolução e a dissolução (um conceito que foi influenciado por Spencer e que depois o influenciou). Contudo, mesmo Jackson não enfatizou uma perspectiva historicamente diacrônica sobre o desenvolvimento psicológico, o que deve permanecer como a contribuição mais importante de Vigotski para o pensamento psicológico.

Introdução a Pensamento e linguagem[6]

Jerome Bruner
Universidade de Nova York

Há 25 anos, tive o privilégio de escrever uma introdução à primeira tradução do clássico de Vigotski, *Pensamento e linguagem* (1962). No parágrafo de abertura dessa introdução, comentei:

> Lev Semenovich Vigotski... em seus tempos de estudante na Universidade de Moscou... leu ampla e avidamente nos campos da linguística, ciências sociais, psicologia, filosofia e artes. Seu trabalho sistemático na psicologia começou apenas em 1924. Dez anos depois, ele morreu de tuberculose aos 38 anos [na verdade, 37]. Nesse período, com a colaboração de alunos e colegas competentes como Luria, Leontiev e Sakharov, lançou uma série de investigações em psicologia desenvolvimental, educação e psicopatologia, muitas das quais foram interrompidas por sua morte prematura. O presente volume, publicado postumamente em 1934, reúne uma fase importante do trabalho de Vigotski, e embora seu tema principal seja a relação de *Pensamento e linguagem*, é mais profundamente a apresentação de uma teoria altamente original e reflexiva de desenvolvimento intelectual. A concepção de desenvolvimento de Vigotski é ao mesmo tempo uma teoria da educação.

Antes da tradução desse livro, em 1962, não havia escritos extensos de Vigotski disponíveis em inglês, apenas alguns artigos mais curtos. Desde então, muitos trabalhos importantes têm relatado ou comentado sua obra – o volume de Michael Cole e seus colaboradores (1978); os ricos volumes de Alexander Romanovich Luria (1961, 1976, 1979), que apresentam e expandem muitas das ideias de Vigotski; e o útil volume sinótico de James

---

6. Esta é uma versão ligeiramente alterada de "Prologue to the English Edition" (Vigotski, 1987a, p. 1-16).

Wertsch (1985) sobre o pensamento de Vigotski. Todos sugeriram que *Pensamento e linguagem* é, por assim dizer, somente a ponta de um *iceberg*, que a profundidade de Vigotski era muito maior do que o livro sugeria. Os seis volumes de *Collected works* (1987b) confirmam esse ponto dramaticamente. E, assim, abrimos *O essencial de Vigotski* com capítulos desse trabalho, retraduzidos e republicados em 1987 como *Pensamento e linguagem*.

Vigotski não foi somente um psicólogo; foi também um teórico cultural, um estudioso profundamente comprometido em compreender não simplesmente a pessoa, concebida como um "organismo" independente, mas o humano como uma expressão da cultura. Quando comentei há um quarto de século que a visão de Vigotski sobre desenvolvimento era também uma teoria da educação, não tinha consciência de metade disso. De fato, sua teoria educacional é uma teoria de transmissão cultural e uma teoria do desenvolvimento. Pois, para Vigotski, "educação" implica não apenas o melhoramento do potencial da *pessoa*, mas a expressão histórica e o desenvolvimento da cultura humana da qual viemos. É a serviço tanto de uma teoria psicológica como de uma teoria cultural que Vigotski coloca uma ênfase tão grande no papel da linguagem na vida mental humana e em seu cultivo durante o crescimento. Para Vigotski, a linguagem é um resultado de forças históricas que lhe deram forma e um instrumento de pensamento que o molda. No fim, como veremos, isso é também libertador: o meio pelo qual os humanos atingem algum grau de liberdade tanto de sua história como de sua herança biológica. Ao dominar a linguagem em todas as suas formas – no diálogo científico, artístico e espontâneo – a pessoa reflete a história. Mas Vigotski *não* apoia o dogma marxista soviético que, então, via os humanos como meros "produtos" da história e das circunstâncias. Para ele, o núcleo do problema é a interação de humanos e seus instrumentos, particularmente o instrumento simbólico da linguagem. No fim, Vigotski flerta com a ideia de que o uso da linguagem cria a consciência e o livre-arbítrio.

Em momento algum desconsidere o objetivo de Vigotski. Como Karl Marx, ele estava em busca de uma teoria do desenvolvimento que incluísse um determinismo científico e histórico e um princípio de espontaneidade. A espontaneidade não trata tanto de "superar" a história quanto de voltá-la a novos usos, convertendo-a, por assim dizer, de um destino em um instrumento. E, é claro, uma das principais dádivas da história humana é a linguagem e suas formas de uso. Ele sempre esteve intrigado com os poderes inventivos dos quais a linguagem dotava a mente – na fala comum, nos romances de Tolstói, nas peças de Tchekhov, no *Diário* de Dostoiévski, nas direções de palco de Stanislávski, no brincar das crianças.

O marxismo de Vigotski está mais próximo de Althusser (1978), Habermas (1971) e da Escola de Frankfurt do que do marxismo soviético de sua época ou depois. Não surpreende, portanto, que seu trabalho tivesse sido suprimido no começo da década de 1930. Era interessante o bastante, contudo, para circular clandestinamente de mão em mão e, pelo testemunho de Luria, afetar uma geração inteira de psicólogos. A razão oficial dada para a supressão foi que sua monografia sobre os camponeses do Cazaquistão e do Curdistão violou a interdição contra atribuir processos mentais falhos a camponeses, particularmente em uma época em que o campesinato da Rússia estava experienciando a coletivização. Minha conjectura é que, em vez disso, a vigorosa adoção de Vigotski do lugar da consciência na vida mental tornou-o suspeito dos ideólogos stalinistas cada vez mais rígidos, que desconsideravam questões psicológicas. Após a supressão ter sido suspensa, a "batalha da consciência" passou oficialmente para uma posição central na psicologia soviética, em que seguidores de Vigostski se organizaram contra pavlovianos ortodoxos como Ivanov-Smolensky. Com o tempo, com a aceitação da teoria de Pavlov do "sistema do segundo sinal", a atmosfera melhorou. A teoria vigostkiana poderia ser refraseada na linguagem do sistema do segundo sinal de forma a capturar a distinção entre estímulos que atuam diretamente no sistema nervoso (o sistema do primeiro sinal) e aqueles que são mediados pela linguagem e conceitos (o segundo).

É muito evidente, uma vez mais, que a ação instrumental está no centro do pensamento de Vigotski – ação que usa instrumentos tanto físicos quanto simbólicos para atingir seus fins. Ele faz uma descrição de como, no fim, usamos a natureza e o conjunto de ferramentas da cultura para obter controle sobre o mundo e sobre nós mesmos. Mas há algo novo em seu tratamento desse tema, ou talvez seja meu novo reconhecimento de algo que estava aí antes. Pois agora há uma nova ênfase no modo pelo qual, pelo uso de instrumentos, mudamos nós mesmos e nossa cultura. A leitura que Vigotski faz de Darwin é surpreendentemente próxima à da primatologia moderna (ex.: Washburn; Howell, 1960), que também repousa no argumento de que a evolução humana é alterada por instrumentos manufaturados, cujo uso então cria um modo de vida técnico-social. Quando essa mudança ocorre, a seleção "natural" se torna dominada por critérios culturais e favorece aqueles capazes de se adaptarem à forma de vida que usa instrumentos e cultura. Pelo argumento de Vigotski, instrumentos, sejam eles práticos ou simbólicos, são, inicialmente, "externos", usados externamente na natureza ou na comunicação com outros. Mas os instrumentos afetam seus usuários: a linguagem, primeiro usada como um instrumento comunicativo, finalmente modela as mentes daqueles que se adaptam ao seu uso. Seu epígrafo escolhido de Francis Bacon, usado em *Pensamento e linguagem*, não poderia ser mais apropriado: nem a mão nem a mente bastam; os instrumentos e mecanismos que empregamos finalmente os moldam.

Vigotski foi um intelectual engajado e um filho de seus tempos revolucionários. Ele não tratava temas psicológicos separadamente dos temas que na época preocupavam a vida intelectual russa. Ele estava em contato estreito com o pensamento linguístico como representado por Jakobson, Trubetskoy e os assim chamados formalistas de Leningrado. Na verdade, seus estudos de linguística precederam seu trabalho formal em psicologia. A ênfase no sentido, por exemplo, era central naquela tradição linguística. Foi Jakobson (1978), sobretudo, seguindo as pegadas de seu professor Baudouin de Courtenay, que enunciou pela primeira vez o princípio segundo o qual mesmo o sistema de sons da linguagem não deveria ser entendido pela análise baseada nos grupos de músculos implicados na produção do som, mas pela compreensão de como mudanças sonoras afetavam o sentido – o famoso conceito de fonema.

E, naqueles dias, Vladimir Propp (1968) estava formulando uma teoria da estrutura de lendas populares que concebia os personagens e os elementos da trama como funções ou constituintes da estrutura da trama como um todo. O espírito do trabalho daquela época era decididamente "de cima para baixo": funções superiores controlavam funções inferiores, fossem lexemas dominando fonemas ou tramas dominando personagens e episódios. Na verdade, Roman Jakobson gostava de afirmar, anos mais tarde, que a abordagem de Vigotski da psicologia, bem como da linguagem, estava muito mais na "tradição intelectual russa superior" do que a abordagem de baixo para cima dos reflexologistas pavlovianos.

O mesmo pode ser dito do tratamento de Vigotski do papel da consciência, que discutirei com mais detalhes adiante. A teoria literária russa (particularmente, a poética) – e Vigotski era bem versado nesses debates – colocava grande ênfase na linguagem poética como um instrumento para estimular a consciência. O crítico Viktor Chklovsky (1965), por exemplo, introduziu o conceito de *otstranenie*, o "fazer do comum estranho", e propôs que era o meio que o poeta usava para criar consciência nos leitores. E poetas como Mayakovsky, Mandelshtam e Akhmatova se consideravam engajados em uma luta pela nova consciência. Assim, quando Vigotski argumentou que "subir ao nível superior" conceitualmente com a ajuda da linguagem também aumentava a consciência, ele não estava fazendo sua proposta em um vácuo cultural. Contudo, permitam-me dizer, ele se opunha veementemente a qualquer visão bergsoniana de consciência autônoma. Esse "idealismo burguês" não era para ele. Em vez disso, a consciência emerge da interação de processos mentais superiores com o instrumento da linguagem. Mas, a despeito de todos os seus apelos ao materialismo dialético, ele nunca escapou da suspeita dos ideologistas oficiais. Se o fato de ser judeu não despertou sua desconfiança, seu cosmopolitismo o fez, pois seus escritos são cheios de referências ao trabalho de investigadores alemães, franceses, suíços e americanos.

Mais adiante, também gostaria de falar mais sobre as raízes russas das ideias de Vigotski acerca do papel do diálogo na linguagem e na consciência. Aqui, ele foi influenciado pelas ideias do diretor de palco Stanislávski (a quem ele cita) e, possivelmente, de forma indireta pelas ideias do linguista Bakhtin (1981). Ele rejeitava a noção de que o desenvolvimento humano pudesse ser visto como uma realização independente. Começa com um processo conversacional, dialógico, e depois se move para dentro e se torna a "fala interior" do pensamento. Permitam-me que me volte diretamente para esse tema agora.

O "movimento para dentro" da fala em nenhum lugar está melhor ilustrado do que na agora famosa ideia de Vigotski sobre a zona de desenvolvimento proximal (ZDP). É um conceito extraordinário de Vigotski, mas também serve para dar conectividade a uma série ampla de seu pensamento. Refere-se ao fato bruto, talvez celebrado pela primeira vez no *Menon* de Platão, em que ele discute o aparente "conhecimento" de geometria do jovem escravo enquanto é questionado apropriadamente por Sócrates, segundo o qual aprendentes ignorantes podem compreender muito melhor um tema quando estimulados ou "respaldados" por uma pessoa especialista do que quando tentam fazê-lo sozinhos. A ideia da ZDP foca a atenção no papel do diálogo como um precursor da fala interior; nesse caso, o diálogo entre um professor mais especializado e um aprendente menos especializado. Quando o conceito é explicado no diálogo, o aprendente é capaz de refletir no diálogo, usar suas distinções e conexões para reformular seu pensamento. O pensamento, então, é uma realização individual e social.

Há outra consequência que resulta desse aprendizado "assistido", e que está associada à consciência e à volição. Pois quando subimos ao nível conceitual superior – como no caso de passarmos da aritmética à álgebra com a ajuda de professores – obtemos um controle consciente do conhecimento, o que Piaget, em outro contexto, chama de *prise de conscience*, uma tomada de consciência. Vigotski (como Platão, Piaget e outros que confrontaram esse enigma) nunca foi completamente capaz de explicar como a consciência assume o controle. A "fala interior" estava plenamente implicada, mas *como* a linguagem serve como um instrumento de consciência escapou a Vigotski e a todos nós. Seu aluno, Luria (1976), estudando o papel da linguagem nas ações de crianças muito pequenas, deu o primeiro passo na direção de solver esse enigma com um experimento, mostrando que um dos papéis da linguagem no pensamento é ajudar a inibir a ação, em que a inibição ocorre na forma de um comando para si. A implicação (e retornaremos a ela adiante) é que a consciência e a ação direta se encontram em uma relação inversa entre si. Mas a inibição da ação era somente uma função da fala interior.

Muito mais importante para Vigotski e Luria era uma função "organizacional" geral da fala interior pela qual um mundo complicado de estímulos era conscientemente traduzido em uma estrutura significativa e sintaticamente bem-formada. Um exemplo foi fornecido anos mais tarde em um estudo sobre o aprendizado condicional em crianças pequenas executado novamente por Luria (1976). Elas deveriam discriminar entre a silhueta de um avião quando fosse exibido contra um pano de fundo amarelo e quando aparecesse contra um pano de fundo cinza. No começo, não puderam fazer a discriminação. Mas quando as crianças consciente e deliberadamente aprenderam a fórmula "aviões só podem voar quando está ensolarado, mas não quando está nublado", dominaram a tarefa. Sem a intermediação dessa fórmula verbal, elas fracassaram.

Mas isso também não foi o bastante (embora tivesse agradado a Vigotski). Ele igualmente se interessou sobre como linguagem e pensamento conseguiam se combinar tão bem; na verdade, tão bem que dificilmente havia uma situação em que não encontrássemos palavras para corresponder à experiência. Recordem que ele acreditava que havia duas "correntes", uma do pensamento e a outra da linguagem, e que "fluíam" juntas com o efeito de que a linguagem dava forma e direção consciente ao pensamento. Como cruzamos o aparentemente "incruzável rubicão que separa o pensamento da fala?" A solução que propôs é surpreendentemente diferente daquela proposta por Benjamin Lee Whorf (1956), que via a combinação de linguagem e pensamento na forma de uma correspondência entre léxico e gramática de um lado, e conceitos do outro. Vigotski rejeita essas noções de correspondência. Para explicar seu ponto (no capítulo conclusivo de *Pensamento e fala*), ele se volta às artes literárias e faz a seguinte observação:

> O problema do pensamento que se oculta por trás das palavras foi enfrentado, talvez antes do que pelos psicólogos, por artistas do palco. Particularmente no sistema de Stanislávski encontramos uma tentativa de recriar o subtexto de cada réplica no drama, ou seja, revelar o pensamento e o desejo que estão por trás de cada enunciado. Vejamos um exemplo. Tchátski diz a Sofia: "Bem-aventurado quem acredita que para si no mundo há acolhida".
>
> O subtexto dessa frase é identificado por Stanislávski pelo seguinte pensamento: "Vamos parar com essa conversa". Teríamos igual direito de analisar essa mesma frase como expressão de outro pensamento: "Eu não acredito no senhor. O senhor está dizendo palavras de consolo para me acalmar". Poderíamos, ainda, acrescentar outro pensamento, que poderia igualmente ter sido expresso por essa frase: "Por acaso o senhor não vê como está me torturando. Eu gostaria de acreditar no senhor. Isso seria uma satisfação para mim". A frase viva, dita por uma pessoa viva, sempre tem um subtexto que atrás do qual se esconde um pensamento. Nos exemplos apresentados anteriormente, por meio dos quais tentamos mostrar a não coincidência entre sujeito e predicado psicológico e gramatical, nós interrompemos nossa análise e não a concluímos. Um mesmo pensamento pode ser expresso por meio de diferentes frases, assim como uma mesma frase pode servir para expressar diferentes pensamentos. A própria não coincidência entre a estrutura gramatical e psicológica da frase é determinada, em primeiro lugar, pelo pensamento que a frase expressa. Por trás da resposta "O relógio caiu", que se segue à pergunta: "Por que o relógio parou?", poderia estar o pensamento: "Não é minha

culpa por não estar funcionando, ele caiu". Mas o mesmo pensamento poderia ser expresso por outras palavras: "Eu não tenho o costume de mexer nas coisas dos outros, eu estava apenas tirando o pó". Se o pensamento for uma justificativa, ele poderia ser expresso por qualquer uma dessas frases. Nesse caso, frases de significados diversos poderiam expressar um mesmo pensamento.

Assim, chegamos à conclusão de que o pensamento não coincide diretamente com a expressão verbal. O pensamento não é constituído de palavras, tal qual a linguagem. Se eu quiser transmitir o seguinte pensamento: "hoje eu vi um garoto com uma blusa azul correndo descalço pela rua", eu não vejo separadamente o garoto, a blusa, o fato de que ela é azul, o fato de que ele está sem sapatos, o fato de que ele está correndo. Eu vejo tudo isso de uma vez, em um ato só, mas na linguagem decomponho a cena por meio de palavras separadas. Com frequência, o orador no decorrer de alguns minutos desenvolve um mesmo pensamento. Esse pensamento está em sua mente como um todo, que não emerge gradualmente, em unidades isoladas, tal qual ocorre com a linguagem. *Aquilo que está contido de forma simultânea no pensamento, na linguagem é desencadeado de forma sucessiva.* O pensamento poderia ser comparado a uma nuvem que paira, que se carrega por uma chuva de palavras. Por isso, o processo de passagem do pensamento para a linguagem é um processo extremamente complexo de decomposição do pensamento e de sua recriação em palavras. É exatamente devido ao fato de que o pensamento não apenas não coincide com a palavra, como tampouco coincide com o significado das palavras nas quais ele se expressa, que o caminho do pensamento à palavra passa pelo significado. Em nossa linguagem sempre há um pensamento de fundo, um subtexto oculto. Uma vez que é impossível passar do pensamento à palavra, o que sempre exige que se trace um caminho complexo, surgem queixas quanto à imperfeição da palavra e lamentos a respeito do caráter inexprimível do pensamento... (Vigotski, 1962, p. 105-106).

E isso o leva ao passo final nesse argumento surpreendentemente moderno, que o coloca muito próximo da teoria dos atos de fala, de Austin (1962) e Searle (1969) e da distinção de Grice (1969) entre sentido dos enunciadores e sentido atemporal.

Resta-nos, por fim, dar um derradeiro e conclusivo passo na análise dos planos internos do pensamento verbal. O pensamento ainda não é a última instância desse processo. O próprio pensamento nasce não de outro pensamento, mas de uma esfera motivadora de nossa consciência que abarca nossas inclinações e necessidades, nossos interesses e impulsos, nossos afetos e emoções. Por trás do pensamento há uma tendência afetiva e volitiva. Apenas ela pode dar uma resposta ao derradeiro "por quê?" na análise do pensamento [...]. Uma compreensão completa e efetiva do pensamento alheio só se torna possível quando descobrimos seu verdadeiro fundo afetivo-volitivo. O estabelecimento dos motivos que levam ao surgimento de um pensamento e que orientam seu curso pode ser ilustrado pelo exemplo que já apresentamos da revelação do subtexto em uma interpretação cênica de determinado papel. Por trás de cada réplica do personagem do drama há, como ensina Stanislávski, um desejo voltado à execução de certas tarefas volitivas. Aquilo que, nesse caso, deve ser recriado pelo método da interpretação cênica em uma linguagem viva é sempre o momento inicial de qualquer ato do pensamento verbal [...]. Por trás de cada enunciado há uma tarefa volitiva (Vigotski, 1962, p. 107).

O que é especialmente interessante sobre a concepção de Vigotski é que não só cada ato de fala é guiado pela intenção ilocucionária, como em Austin ou Searle, mas que as intenções ilocucionárias são, por assim dizer, múltiplas. Ou seja, uma enunciação é guiada por intenções comunicativas convencionais e manifestas como solicitar, indicar, prometer etc., e também por um subtexto mais latente de sentido intencional que é de natureza idiossincrática e relacionado inteiramente com a interação dos caracteres envolvidos na comunicação. É aí que o método de Stanislávski lhe serve de modelo. E você encontrará na conclusão no fim do capítulo de *Pensamento e linguagem* uma *explication du texte* detalhada de uma comunicação entre três personagens em uma peça ilustrando essa interpretação de níveis múltiplos que deve ser realizada entre os interlocutores para que compreendam o sentido completo. Então, ele conclui com a seguinte caracterização de "o drama vivo do pensamento verbal":

Na compreensão da linguagem de outrem sempre há incompreensão apenas de algumas palavras, mas não do pensamento do interlocutor. Mas mesmo quando entendemos o pensamento do interlocutor sem entendermos o motivo pelo qual esse pensamento é enunciado, temos uma compreensão incompleta. Do mesmo modo, na análise psicológica de qualquer enunciado chegamos ao fim apenas quando revelamos o último e mais recôndito plano interno do pensamento verbal: sua motivação. Assim encerramos nossa análise (Vigotski, 1962).

E, assim, vemos Vigotski revelado. Nós o vemos como um interpretativista que, no sentido de Geertz (1973), insiste em que "interpretação densa" é indispensável para a extração de sentido, interpretação que leva em conta não somente a gramática, o léxico e as convenções do contexto social, mas também as intenções e os desejos subjacentes dos atores na situação. Em qualquer ato de fala, portanto, exigências culturais e históricas, assim como pessoais e idiossincráticas, são expressas pelos falantes e devem ser interpretadas pelos ouvintes. Aprender a *falar*, adquirir o *uso* da linguagem, deve, então, ser visto não simplesmente como dominar as palavras, ou a gramática, ou as convenções ilocucionárias, mas como textualizar a intenção da pessoa e situar a locução apropriadamente em um contexto pessoal envolvendo outra pessoa com quem partilha uma história, ainda que breve. É isso que Vigotski está tentando ilustrar em sua citação das direções de palco de Stanislávski.

Mencionei anteriormente o envolvimento de Vigotski nos debates linguístico-literários da Rússia pós-revolucionária de seus anos formadores. Permitam-me dizer algo mais sobre outras ideias que podem ter provindo desse envolvimento. Para os formalistas russos, por exemplo, a essência da literatura era a relação entre uma *fábula* e seu *syuzhet* – entre um "tema" ou pensamento atemporal que se encontra por trás de uma história e sua linearização sequencial, tanto na trama como na linguagem. Vigotski também via a relação de *Pensamento e linguagem* desse modo. O pensamento era, por assim dizer, simultâneo; a linguagem era sucessiva. O problema para os falantes não era converter esse pensamento onipresente na forma linear da fala em uma situação particular. Não foi coincidência que Vigotski tenha encontrado inspiração em Stanislávski. Isso era mais da "russidade superior" de Vigotski.

Permitam-me acrescentar a essa discussão o lugar da "consciência". Já mencionei sua centralidade nos debates literários russos – particularmente nos debates dos simbolistas, acmeístas e futuristas que circulavam primeiro nos cafés de Leningrado e depois se espalharam pela Rússia literária nas décadas de 1920 e 1930. Como observado anteriormente, o crítico Chklovsky (1965) tipicamente proclamava a função de elevação da consciência da poesia e invocava *otstranenie* ("tornar o familiar estranho") como seu principal instrumento linguístico. Outros estavam preocupados, de diferentes modos, com o que forma a imaginação. Uma dessas vozes era a de Bakhtin (1981), cuja discussão sobre a "imaginação dialógica" também tocava a estimulação e a formação da consciência e do sentido. Seu interesse era na ideia de "vozes" que entram na construção da ficção e no modo pelo qual a voz, nesse sentido, era um elemento na imaginação e no pensamento. É difícil saber quão bem se conheciam Bakhtin e Vigotski. Mas obviamente a ideia de uma imaginação dialógica era muito atual na Rússia pós-revolucionária e mesmo o avidamente modernista e excêntrico Anatoly Lunarcharsky, o excêntrico comissário de educação pública de Lenin, apreciava sua importância para a teoria marxista da mente e da cultura e deu a ela sua bênção pública (ex.: Hughes, 1981). Infelizmente, Lunacharsky não permaneceu muito na função; suas bênçãos nunca se tornaram ação oficial. Bakhtin, combatido pelo que já se tornara a velha guarda, foi exilado no distante Cazaquistão, e o trabalho de Vigotski foi banido. Mas, ironicamente, a discussão sobre o papel do diálogo na formação do pensamento e da imaginação tem hoje um lugar ainda mais elevado na agenda do debate contemporâneo na teoria literária e psicologia do que quando foi introduzido pela primeira vez. Bakhtin e Vigotski se tornaram figuras mundiais póstumas: o que outrora foi um tema russo em perigo de extinção cultural se tornou um tópico de discussão mundial.

O renomado teórico linguista russo V.I. Ivanov (1982), elogiando Roman Jakobson, caracterizou-o como um "visitante do futuro". Acredito que descreve igualmente bem a geração pós-revolucionária inteira de pensadores literário-linguístico-filosóficos da qual Vigotski era uma parte tão incandescente. Eles eram, na verdade, "visitantes do futuro", como ficará evidente aos leitores que examinam as páginas deste volume.

As seis conferências de Vigotski sobre desenvolvimento humano revelam a verdadeira profundidade e os detalhes derivacionais de seu pensamento. (As conferências 1 e 4 são reproduzidas na publicação presente como capítulos 4 e 5; todas as seis estão no Volume 1 de *The collected works.*) Embora escritas há meio século e baseadas nos achados de pesquisas daquele tempo distante, têm um extraordinário toque de modernidade. Elas lidam sucessiva e cumulativamente com os problemas clássicos da psicologia: percepção, memória, pensamento, emoção, imaginação e vontade, tratados da perspectiva do desenvolvimento. São obras-primas atemporais: elegante e poderosamente argumentadas, ágeis e repletas de surpresas. O filósofo Stephen Toulmin (1978) outrora se referia a Vigotski com "o Mozart da psicologia". Ler essas conferências é como ouvir Hafner de Júpiter. Você entende por que a reputação de Vigotski luzia tanto para aqueles sofisticados estudantes de Moscou há meio século e por que seus escritos banidos circulavam tão amplamente entre eles.

Proponho apresentar o argumento de cada conferência por sua vez, de modo a auxiliar os leitores não familiarizados à primeira vista com a forma pela qual os temas são levantados a entender o escopo e a ousadia da abordagem de Vigotski. No fim, tentarei juntá-las em uma perspectiva mais ampla.

Na conferência de abertura sobre o desenvolvimento da percepção (Conferência 1, incluída no presente volume), Vigotski começa com um enigma. Se aceitamos o trabalho dos psicólogos da Gestalt, como devemos explicar o fato de que a percepção adulta difere tão surpreendentemente da percepção das crianças pequenas? Como pode a percepção inicial ser organizada e imatura? Vigotski, como os gestaltistas, rejeita a abordagem associacionista da percepção com base em que a teoria da memória (o que uma teoria da associação necessariamente é) não pode explicar a percepção. Como pode o passado, organizado pela memória, explicar uma percepção presente? Como a memória, em primeiro lugar, assume sua forma corrente a menos que tenha sido formada igualmente pela natureza da percepção? Nenhuma função mental presente pode ser "explicada" pela associação sem um apelo a essa questão. Deve haver também princípios que operam na percepção e que precedem qualquer influência que a memória possa ter sobre ela, associativa ou outra.

Para formular seu argumento, ele explora vários fenômenos clássicos na percepção: as *constâncias* (por que o branco parece branco mesmo na sombra, ou um prato raso parece circular mesmo visto em ângulo, por que as pessoas, por exemplo, não parecem mudar de tamanho tão drasticamente quanto o tamanho de suas imagens retinais em nosso olho quando caminham para longe de nós etc.); a premência do *sentido* na percepção (quão difícil é para qualquer coisa parecer totalmente sem sentido); e como percebemos em uma imagem bidimensional o que representa em um mundo tridimensional. Ele lamenta que a psicologia da Gestalt não consiga explicar melhor o desenvolvimento de qualquer um desses fenômenos do que os associacionistas, cujos erros eles deploram.

Não recapitularei seu argumento inteiramente aqui por medo de roubar dos leitores o prazer, pois as conferências são cheias de suspense. Mas deixe-me estimular seu apetite com um exemplo. As constâncias se desenvolvem ao longo do tempo durante o desenvolvimento: isso se sabe. Semelhante às constâncias é a ilusão tamanho-peso: de dois objetos levantados de igual peso físico, o menor quase invariavelmente será considerado mais pesado. Vigotski vê isso como uma forma de "conservação da densidade". Se a ilusão não se desenvolve com a idade, é usualmente sintomática de subnormalidade mental severa. Isso sugere fortemente que algumas outras funções mentais estão se "fundindo" com a percepção durante o crescimento que permite a compreensão de informações de estímulos mais relacionadas (tanto o tamanho *como* o peso de um objeto).

Também sabemos que algumas crianças subnormais tendem, igualmente, a não "perceber sentido" em eventos. Considere a emergência de vários fenômenos no desenvolvimento da percepção pictorial quando a criança fica mais velha. As crianças mais jovens, diante da tarefa de interpretar imagens, primeiro relatam objetos isolados. Depois, quando mais velhas, relatam os objetos em ação. Quando mais velhas ainda, relatam traços ou propriedades dos objetos. E, finalmente, atingem uma idade em que podem relatar a cena geral. Como podemos reconciliar esse achado com um comum, relatado pelos psicólogos da Gestalt em estudos não pictoriais, a percepção do mundo real, de que as crianças percebem primeiro propriedades globais do mundo visual e apenas gradualmente são capazes de isolar suas partes?

Vigotski observa que há diferença entre perceber o mundo e interpretar uma imagem: a segunda envolve mais do que processamento perceptual. Algum outro processo está envolvido. Ele comenta (quase com alegria!) que a ordem de emergência dos "estágios" da criança na percepção pictórica corresponde precisamente à ordem de aquisição de partes da fala: primeiro, ela aprende nomes para objetos; depois, verbos para ações; em seguida, adjetivos para traços ou propriedades, e, finalmente, sentenças para a cena geral. Ele oferece uma hipótese: Será que a organização do desenvolvimento da percepção de uma imagem não depende da fusão do pensamento dependente da linguagem com o processo de percepção? Não é melhor considerar isso como a percepção entrando no domínio de processos de ordem superior que podem então usar processos de ordem inferior de modo instrumental? Obviamente, o *potencial* para lidar com a cena toda está lá desde o início, mas ainda não está organizado analiticamente, como seria necessário para a interpretação de imagens. Ele diz, meio ironicamente: "na realidade, como seria difícil se a criança só conseguisse perceber situações integrais dotadas de sentido aos 10 ou 12 anos!" (Vigotski, 1987a, p. 298, ênfase acrescida). O que a criança pode relatar em uma tarefa artificializada (como a interpretação de imagens) depende de como suas capacidades perceptuais interagem com outras funções mentais.

Ele, depois, relata um estudo seu que inverte o sentido da questão inteira. Deixe outra função interagir com a percepção, dessa vez o brincar imaginativo com outras crianças. Agora, a criança que, em um experimento estrito de olhar para imagens, poderia nomear somente objetos isolados, descreverá a cena *completa* para seus companheiros com considerável imaginação: "no processo de desenvolvimento infantil sempre observamos aquilo que convencionou-se chamar alteração das ligações e relações interfuncionais" (Vigotski, 1987a, p. 299). As funções interativas produzem novos poderes e criam novos sistemas funcionais. Podemos considerar a percepção isoladamente, mas devemos sempre levar em conta outras funções mentais com que ela interage. O desenvolvimento perceptual é o desenvolvimento de novas conexões funcionais entre percepção e outras funções.

A conferência sobre memória (Conferência 2, não incluída neste trabalho) foca imediatamente o problema da representação. Após rejeitar esforços "idealistas burgueses" para lidar com a relação entre mente e cérebro, para ver a memória como a "ponte entre consciência e matéria", ele toma como seu ponto de partida experimentos conhecidos de Gottschaldt e Zeigarnik. O primeiro mostrou que independentemente de quanto uma pessoa praticou a lembrança de certas formas geométricas abstratas, a prática não teve qualquer efeito sobre quão bem ela foi capaz de reconhecer aquelas mesmas figuras quanto foram inseridas e disfarçadas em figuras mais complexas. Isso demonstrou para Vigotski que a memória depende de leis estruturais que governam a atividade mental, nesse caso, leis da integridade figural. O mesmo ocorreu com o achado de Zeigarnik. Em seu experimento ainda conhecido, pessoas eram mais capazes de recordar tarefas incompletas do que as que haviam completado. Isso implica imediatamente o papel da *intenção* na memória. Para Vigotski, ambos os estudos mostram que a memória não é autônoma, que assume formas múltiplas, e que não pode ser explicada por uma generalização única como as leis da associação. Pois o que essas leis têm a ver com temas como intenção?

Finalmente, sabemos que a memória depende da organização significativa que podemos impor ao material a ser lembrado. Quando um material inicialmente sem sentido pode ser representado de um modo significativo, é garantido que vamos lembrar após um único contato.

Quando nos voltamos à memória das crianças, a primeira coisa que observamos é quão surpreendentemente boa é sua memória crua, com o aprendizado da linguagem sendo o principal exemplo. Então, o que se desenvolve? Devemos distinguir entre memória *direta* e *mediada*, sendo a segunda possibilitada por todos os tipos de auxílios mnemônicos, de fitas amarradas nos dedos a anotações e resumos. O principal instrumento da memória mediada é, com certeza, a formulação verbal ou reformulação do que foi encontrado e necessita ser lembrado. Por meio dessa formulação e reformulação, a memória é convertida de uma atividade involuntária e automática em uma função consciente, intencional e instrumental. O progresso da memória direta para a memória indireta, além disso, caracteriza não só o desenvolvimento da criança, mas a emergência do humano da cultura moderna. Assim, no começo da vida, o pensamento da criança depende da memória. Com o tempo e o desenvolvimento, a memória se torna cada vez mais dependente do pensamento, de atos de formulação e reformulação.

E, então, temos a conferência sobre pensamento, uma gema polida de argumentação intelectual russa (Conferência 3, não incluída neste volume). Começa com um ataque à associação, seu alvo de abertura em todas as conferências. Os associacionistas, ele acusa, têm uma concepção tão abstrata e indiferenciada de pensamento que são forçados para sempre a produzir mecanismos especiais para explicar eventos recém-observados. Assim, por exemplo, eles necessitam de processos especiais para lidar com temas do senso comum, como o fato de que o pensamento é, geralmente, dirigido por objetivos e que muito frequentemente exibe um padrão muito lógico e ordenado. Para explicar esses temas comuns, eles invocam a ideia de perseveração. A perseveração contrabalança a associação: o fluxo de pensamento é, portanto, desacelerado de "um galope ou torvelinho de ideias" (o fluxo de associação) e, todavia, graças ao equilíbrio dos dois processos, não se atola em obsessão estática (perseveração). Desequilíbrios entre as duas tendências são invocados pelos associacionistas para explicar várias doenças mentais. O desenvolvimento do pensamento na criança é também explicado nesses termos. O término do crescimento é o equilíbrio das duas tendências.

Mas, para Vigotski, todo equilíbrio no mundo não pode explicar por que, em primeiro lugar, o pensamento tende a uma forma lógica e serve à realização das intenções humanas. Vigotski vê que as insuficiências do associacionismo provocaram três esforços corretivos. O primeiro, o comportamentalismo, reafirmava a antiga posição em termos "objetivos", mas em vão. A frequência e o reforço, relacionados ao comportamento aberto, não faziam mais do que antigas leis mentalistas de associação na explicação da intencionalidade e da lógica ordenada do pensamento. O segundo corretivo era a ideia de uma "tendência determinante" que impele o pensamento para objetivos. Embora pudesse explicar a intencionalidade, ainda deixava de explicar a lógica interna do pensamento. O terceiro esforço corretivo era a psicologia de ato que argumentava (e tentava demonstrar) que o pensamento era não sensível ou "não imagético" e, portanto, não governado pela associação. A "racionalidade" é, então, estipulada como um traço desse processo não sensível, assim como a associatividade é estipulada como uma propriedade de processos imagéticos. Vigotski descarta isso como um dualismo de posição e acusa os psicólogos de ato de arrastar o vitalismo à explicação da mente. Vigotski descarta as três visões – behaviorismo, tendências determinantes e psicologia de ato – como extremamente insuficientes para lidar com questões do desenvolvimento humano.

Ele, então, dirige-se, apreciativamente, a Piaget, mas com uma incisividade crítica. Sua crítica será território familiar para os leitores modernos e necessita de poucos comentários adicionais. Com efeito, ele aplaude a descrição de Piaget do processo de crescimento, mas reclama sobre a falta total de um mecanismo em seu sistema para explicar como ou por que o crescimento ocorre – uma reclamação comum meio século depois.

Vigotski propõe abordar o problema de um modo novo. Para ele, é claro, o tema-chave é a relação entre pensamento e fala durante o crescimento. Ele rejeita tanto a proposta de Würzburg de que "a palavra nada mais é do que a vestimenta externa do pensamento" como a fórmula comportamentalista de que o pensamento é fala, mas ocorrendo subvocalmente. Um paradoxo serve de ponto de partida para Vigotski, a saber: no domínio por parte da criança da fala enunciada ou vocal, ela progride de palavras simples a frases de duas palavras a sentenças simples, e assim por diante. Todavia, no nível semiótico ou "significativo", os significados que são inerentes à enunciação da criança começam como que expressando sentenças completas (a assim chamada holófrase) e apenas gradualmente se diferenciam para expressar significados que correspondem a frases ou a palavras simples. Em suma, a fala externa progride da parte para o todo; o significado, do todo para a parte. Expressaríamos essa ideia hoje dizendo que a linguagem inicial é altamente dependente do contexto ou intencionalmente inserida, e que, como Grace de Laguna argumentou, não pode ser compreendida sem o conhecimento do contexto e do estado no qual é enunciada. Apenas gradualmente o significado da criança passa a ser mais ou menos diretamente identificável em sua enunciação efetiva. Vigotski argumenta que é por essa razão que a criança, ainda que capaz apenas de *enunciar* palavras individuais, é capaz de *representar no brincar* o significado completo contido em uma "enunciação de uma palavra". Pois representar no brincar envolve processos diferentes daqueles do representar na fala.

O próximo passo em seu argumento é importante e já familiar aos leitores. Na fala, geralmente, formas sintáticas ou gramaticais *não* identificam unicamente apenas um significado. Lexical e gramaticalmente, a *polissemia* predomina. O significado nunca é completamente determinado pela enunciação, e não corresponde diretamente a ela. O último capítulo de *Pensamento e linguagem* inclui uma citação de *O diário de um escritor*, de Dostoiévski. Cinco trabalhadores têm um diálogo complicado por cinco minutos, embora a única palavra que todos enunciam é um nome proibido não usado em companhias mistas. Entonação e circunstâncias determinam seu significado no contexto. Vigotski conclui que se a linguagem opera desse modo, então "o trabalho da criança em uma palavra não está terminado quando seu significado é aprendido" (Vigotski, 1962, p. 322). Não podemos dizer que ela dominou a linguagem quando, aos 5 ou 6 anos, dominou seu léxico e gramática. Ela também deve entender quando, sob que condições e como combinar linguagem com suas intenções e como, então, fazer isso com a sutileza apropriada. O que está em questão, como diríamos hoje, é dominar a pragmática de uma língua – as formas e funções de seu uso.

Com o desenvolvimento das funções psíquicas superiores, a criança é, finalmente, capaz de refletir, voltar-se para sua linguagem e seu pensamento, e diferenciá-los e integrá-los ainda mais. Para leitores de Piaget, é claro, essa realização será reconhecida como afim a "operações formais" em que o objeto do pensamento não é mais o mundo como tal, mas proposições sobre o mundo. Mas, para Vigotski, diferente de Piaget, não há "estágio", mas apenas um desdobramento progressivo do significado inerente na linguagem por meio da interação de fala e pensamento. E, como sempre com Vigotski, é uma progressão de fora para dentro, com o diálogo sendo uma parte importante do processo.

Vigotski, depois, dirige-se para a emoção. (A Conferência 4 está incluída neste volume como capítulo 5). Ele começa, dessa vez, com uma crítica incisiva ao pensamento pós-darwinista. Desde a publicação de *A expressão das emoções nos humanos e animais* (1872), de Darwin, as emoções sempre foram interpretadas "retrospectivamente": como remanescentes da expressão do instinto animal. Emoções são rudimentos, "os ciganos de nosso psiquismo". "O medo é fuga inibida; a raiva, luta inibida [...] vestígios que são infinitamente enfraquecidos em sua expressão exterior e em seu fluxo interior" (Vigotski, 1962, p. 326). O resultado da infância foi uma história de supressão e enfraquecimento. Ele considera Ribot absurdo por celebrar a gloriosa "história da morte de todo um campo da vida psíquica".

Embora a teoria James-Lange tivesse o efeito de libertar a emoção de suas raízes filogenéticas, a fórmula "somos tristes porque choramos" ainda mantém a emoção vinculada ao seu antigo *status* como um acompanhamento de ação instintiva mais ou menos primitiva. Ela dota a emoção de uma "natureza materialista". Com o tempo, na verdade, James modificou sua visão e propôs que a teoria original se sustentava somente para as emoções inferiores herdadas de animais inferiores, mas não para as mais elevadas e sutis como o sentimento religioso, o prazer estético e o resto. Essas eram, para ele, *sui generis*. Vigotski considera o recuo de James ainda pior do que a formulação original. Para ele, a teoria James-Lange foi um passo atrás de Darwin; introduziu um dualismo psicofísico equivocado na psicologia e, quando James excetuou as emoções suaves como surgindo *sui generis*, terminou em uma mixórdia metafísica na qual havia agora emoções puramente "mentais" cuja derivação histórica ficou sem explicação.

Não surpreende, então, diz Vigotski, que a teoria James-Lange em breve tenha sofrido ataques liderados por W.B. Cannon. O livro clássico de Cannon sobre dor, fome, medo e raiva (Cannon, 1929) foi traduzido ao russo, e sabemos, via registros, que ele palestrou na Rússia e visitou o laboratório de Pavlov. Não sei se Vigotski assistiu às suas conferências, mas a Conferência 4 revela um conhecimento atento do trabalho de Cannon. Pois, enquanto Cannon fingiu lealdade a James, as conclusões de sua pesquisa deixaram a teoria de James em pedaços e deram a Vigotski exatamente a chave de que necessitava.

> Se James diz "estamos com raiva porque choramos", na visão de Cannon, é preciso alterar essa ideia e dizer "não estamos com raiva, como-

vidos, emocionados, não vivenciamos as mais diversas emoções porque choramos"... Cannon, com base em seus dados experimentais, nega que haja uma ligação unívoca entre as emoções e suas expressões corporais: Cannon mostra que a expressão corporal não é específica para a natureza psíquica da emoção (Vigotski, 1962, p. 329).

Então, mais tarde, Cannon mostrou que mesmo quando animais eram simpatectomizados, suas vísceras inteiramente dessensibilizadas, reações emocionais ainda podiam ser evocadas por situações apropriadas. E, mais tarde ainda, foi descoberto que uma injeção de adrenalina em humanos não produzia necessariamente reações emocionais, mas que, na maioria dos casos, o resultado era "emoção fria" na qual a pessoa se sentia estimulada, mas não sabia sobre o que estava estimulada. Essas eram as aberturas de que necessitava Vigotski.

Ele conclui a partir das pesquisas de Cannon que a função original da emoção deve ter sido a facilitação ou preparação de ação instintiva apropriada. O que evanesce nos humanos não é a emoção, mas seus vínculos originais com ações instintivas. Nos humanos, com seu sistema instintivo atenuado, a emoção assume novas funções. Move-se da periferia ao centro, por assim dizer; para o córtex cerebral, onde tem um *status* equivalente a outros processos cerebrais centrais. Pode agora interagir com esses outros processos. Como com outros processos, então, o desenvolvimento das emoções não pode ser compreendido separadamente de suas conexões com outros processos mentais. E é desse ponto de vista que Vigotski começa sua investigação.

Freud é o pioneiro na rejeição da primazia orgânica das emoções. Foi ele que deu a elas um papel na vida mental propriamente dita. Mas Vigotski descarta as afirmações substantivas de Freud como "falsas", embora comentando: "Se tirarmos uma conclusão puramente formal de suas investigações, parece-me que ela continua correta" (Vigotski, 1962, p. 333) – por exemplo, a descoberta de Freud de que o conflito é uma fonte de ansiedade. Ele também aplaude Freud por reconhecer que as emoções da criança e do adulto são diferentes.

Mas sua maior aprovação é dirigida a Karl Bühler e sua agora praticamente esquecida distinção entre *Endlust*, *Funktionslust* e *Vorlust*: prazer derivado respectivamente da *consumação* de um ato, da *realização* efetiva do ato e de sua *antecipação*. A atividade instintiva é caracterizada por *Endlust*. Mas o desenvolvimento de habilidades em uma ação, mesmo uma inicialmente instintiva, depende do aumento do prazer na própria realização, *Funktionslust*. Finalmente, o planejamento e a ponderação de alternativas se tornam possíveis somente com *Vorlust*. Vigotski vê essa progressão como fornecendo um modelo para o desenvolvimento da emoção.

Ele combina essas distinções a outros conjuntos, um atribuído a Claparede; o outro, a Kurt Lewin. Claparede distingue entre emoção e sentimento: a primeira é afeto acompanhado por ação, o segundo é afeto sem ação. A distinção de Lewin é entre afeto direto e deslocado – parte de sua noção de substituição pela qual o afeto estimulado por um processo mental pode ser deslocado para outros processos mentais que têm valor substitutivo para o primeiro.

Bühler, Claparede e Lewin, na compreensão de Vigotski, demonstram formas pelas quais a emoção é convertida de um papel *externo* a um papel *interno* na vida mental – o "movimento para o centro" da emoção humana, um processo no qual a emoção se torna cada vez mais dominada pelos processos centrais em vez de ser perifericamente estimulada como na teoria de James-Lange. Quando reconhecemos essa tendência desenvolvimental centrípeta na emoção, torna-se possível compreender com mais clareza temas como a atividade mental perturbada do esquizofrênico. Nessa doença, processos emocionais "autistas" passam a dominar a vida mental e a usar processos de solução de problemas racionais como seu instrumento, em vez do contrário, como na imaginação normal. Essa ideia leva Vigotski diretamente para sua penúltima conferência.

É sobre o desenvolvimento da imaginação (Conferência 5, não incluída neste volume). "A própria fundação da imaginação é a introdução de algo novo... a transformação... de modo que algo novo... emerge" (Vigotski, 1987a, p. 339). A imaginação, é claro, contém representações do passado; mas traz a elas algo que é igualmente produtivo, algo que vai além da memória. Mas mesmo a fuga da fantasia, por mais transformada que possa ser, é legítima e determinada. "Assim, uma dada representação [fantasia] pode lembrar a pessoa de seu oposto, mas não de algo inteiramente não relacionado", pois a imaginação "está profundamente enraizada na memória" (Vigotski, 1987a, p. 341).

De onde vem a atividade produtiva e transformadora da imaginação? Vigotski considera primeiro a ideia de egocentrismo de Piaget, que ele considera uma extensão da ideia de Freud de processo primário: a de que o pensamento da criança pequena é, em primeiro lugar, uma busca desejosa por prazer, não relacionada a restrições da realidade como a compatibilidade meios-fins. É também inconsciente e incomunicável. Mas Vigotski não considera essa visão convincente de uma perspectiva filogenética. É impossível imaginar que o pensamento surja primeiro de uma forma primitiva com a função simples e única de produzir prazer sem consideração pela realidade. Além disso, observações de crianças *não* revelam que elas obtêm satisfação de recompensas imaginadas; mas, em vez disso, da coisa real, da satisfação de necessidades *reais*. Elas notavelmente não são consoladas por prazeres imaginários.

Finalmente, temos de questionar a natureza "não verbal" da imaginação inicial em vista da surpreendente falta de imaginação lúdica em crianças que, em decorrência da surdez, autismo ou outras deficiências, têm o desenvolvimento da fala retardado. Se a imaginação lúdica fosse não verbal, esse déficit não estaria presente. Além disso, afásicos que perdem sua capacidade de falar também mostram um marcado declínio em ludicidade e imaginação, e até mesmo perdem a capacidade de fingir. "A fala dá à criança o poder de se libertar da força de impressões imediatas e de ir além se seus limites" (Vigotski, 1987a, p. 346). Disso devemos concluir que o desenvolvimento da imaginação está vinculado não apenas ao desenvolvimento da linguagem, mas também ao seu desenvolvimento concomitante aos processos mentais. Nessa linha de raciocínio, Vigotski conclui que deve haver algo profundamente falho na primazia concedida por Freud e Piaget ao processo primário ou ao egocentrismo no desenvolvimento da imaginação.

Assim, ele rejeita a visão de que a imaginação é um processo guiado por paixões ou emoções, mesmo inicialmente. Ele inclusive questiona se a imaginação irrealista ou fantasia é sempre mais emocional do que o pensamento orientado pela realidade. Como é "legal" quando, por exemplo, planejamos algo complicado cujo resultado é crucial para nosso bem-estar? Na visão de Vigotski, seria muito melhor se olhássemos mais atentamente para as diferentes formas que a imaginação assume – seja realista ou fantástica – e investigássemos o que envolvem sob a forma da interação de diferentes processos mentais na produção de seus efeitos.

Uma primeira conclusão de um exame assim é que devemos parar de fazer uma distinção contrastante entre imaginação "autista" ou "de devaneio", por um lado, e imaginação e pensamento "realistas", produtivamente inventivos. Ambos podem ser conscientes ou não. Ambos podem ser afetivamente carregados ou não. A diferença entre eles é relativa, não absoluta. Pareceria que o ponto de partida de cada um está relacionado ao surgimento da fala, e imaginação e fala parecem se desenvolver como uma unidade. Além disso, quando examinamos o pensamento efetivo, "orientado pela realidade", fica claro que há muitos aspectos dele que são muito fantásticos. "Nenhuma cognição acurada da realidade é possível sem um certo elemento de imaginação, uma certa fuga das impressões imediatas, concretas, solitárias nas quais essa realidade é apresentada nos atos elementares da consciência" (Vigotski, 1987a, p. 349).

Todavia, seria errado *não* distinguir, de algum modo, entre pensamento realista e imaginação. Embora ambos, certamente, liberem a pessoa do aqui e do agora, fazem isso por meios diferentes e com propósitos diferentes. E é a esses temas, a saber, de propósito e intenção, que a última conferência de Vigotski se dedica (Conferência 6, não incluída neste volume). Como, por um ato da vontade, uma pessoa se "liberta" por saltos de imaginação ou de pensamento?

Ele começa rejeitando teorias que reduzem a volição a processos não volitivos. Com uma primeira lança, ele descarta sua *bete noir*, o associacionismo. Ele argumenta que por mais elaborada que seja uma cadeia de associações que supomos existir, sua elaboração não pode produzir volição – a menos que postulemos secretamente algum passo de "volição" entrando ao longo do caminho. Mesmo o truque associacionista de Ebbinghaus – que afirma que, quando um ato leva a um resultado, a associação entre eles se torna reversível e, assim, permite à pessoa antecipar um a partir do outro – falha, pois a pessoa tem de introduzir em "antecipação" um *deus ex machina*.

Ele também rejeita teorias que introduzem processos volitivos vitalistas operando *ab initio*. Quanto à teoria herbatiana e outras teorias que introduzem uma vontade externa, falham em especificar como essa força externa surge e como passa depois a interagir com outros processos. Mas o que é revelador sobre a teoria de Herbart e outras teorias de volição autônoma é que sempre inserem a operação da vontade nos processos de resolução de problemas a fim de explicar a ação racional mantida na direção correta, pois parece ser aí que um processo diretivo é necessário.

Como se orientar entre a Cila de um determinismo fútil sobre a vontade e o Caríbdis de uma teleologia insípida? Como manter uma abordagem científica e ainda honrar o que é mais essencial sobre a ação voluntária – sua liberdade? Vigotski ficou muito impressionado com a abordagem de Kurt Lewin para esse dilema. Lewin, para simplificar o argumento, demonstrou uma diferença entre adultos e crianças em termos da capacidade das últimas de iniciar e sustentar uma intenção "arbitrária", não naturalmente relacionada à situação na qual a pessoa se encontra. Os adultos não só podem perseguir intenções arbitrárias, como também transformar a situação na qual um ato arbitrário ocorre em uma que lhes pareça mais "racional". Se, por exemplo, temos de esperar para que algo aconteça, cujo tempo de ocorrência está aleatoriamente programado (desconhecido para nós, é claro), encontramos modos de "dar sentido" à arbitrariedade – o que Lewin chamava "mudar o campo psicológico". Isso tudo sugere a Vigostski que a "vontade" envolve uma habilidade de nos convencermos a uma ação, independentemente de quão arbitrária, e de transformar ou racionalizar a situação na qual devemos agir de uma forma que faça algum sentido. Ele chega a ponto, inclusive, de citar uma observação neurológica de Kurt Goldstein sugerindo que essa forma de "autoinstrução" pode envolver uma única estrutura neurológica. Ele termina com uma típica questão vigotskiana: poderia ser que a rota para o aprendizado da autoinstrução passe pelo aprendizado de repetir para nós mesmos os comandos que outros nos deram externamente, até que, finalmente dotados da plenitude da linguagem, possamos constituir nossos comandos novos e mesmo arbitrários e usá-los como quisermos?

O argumento de Vigotski sobre a natureza e o desenvolvimento da "vontade" não é, infelizmente, um argumento surpreendentemente convincente. Como outros filósofos e psicólogos antes (e depois) dele, ele é desviado de sua usual marcha conclusiva por esse intratável conjunto de temas. Mas, com tudo isso, ele argumenta sua posição e consegue, ao menos, fazê-lo de um modo consistente com as conferências anteriores. Ele ataca os materialistas e idealistas de forma implacável. Ele aponta para a importância da integração de funções. Finalmente, consegue argumentar de forma interessante, embora não convincente, a favor da centralidade da linguagem e da fala interna na mediação da ação "voluntária".

Volição é um tópico que raramente surge para discussão na psicologia contemporânea. É usualmente oculta em teorias da motivação ou atenção ou em discussões sobre o si-mesmo – em cujos contextos seus dilemas filosóficos podem ser ocultos por trás de uma massa de dados. Acho que Vigotski *teve* de confrontar o tema da vontade, não tanto porque fosse um filho de sua época, mas porque era dedicado ao conceito da autorregulação, um conceito que exige assumir uma posição sobre o tema da vontade. Não surpreende que o uso reflexivo da linguagem receba um lugar tão proeminente na "consecução" da vontade. Pois a linguagem é a chave em seu sistema de teoria cultural-psicológica. Os humanos, que vivem por sua história, aprendem essa história pela linguagem. No fim, libertam-se dessa história pelo instrumento que a história colocou em suas mãos – a linguagem. É um fio prometeico que Vigotski tece.

Agora, permitam-me resumir o que parecem ser, ao menos para este leitor, os temas formadores do pensamento de Vigotski, tanto em *Pensamento e linguagem* como nas seis conferências. Talvez possa fazê-lo melhor no estilo da linguística, expondo uma lista de contrastes críticos que estruturam seu pensamento. No mínimo, a lista deveria conter o seguinte:

Interno (central) *versus* externo (periférico)

Interdependente *versus* autônomo

Ordenado *versus* encadeado

Simbólico *versus* biológico

Profundidade *versus* superfície

Histórico *versus* ahistórico

Para Vigotski, tornar-se humano implica a "centralização" ou cerebralização de processos mentais, seja no desenvolvimento, na história cultural ou na filogênese. A emoção se move para dentro e escapa ao controle periférico. A fala começa externamente e termina como fala interna. A imaginação é a brincadeira internalizada.

Processos se internalizam, e, assim, tornam-se suscetíveis à interação com outros processos. A interatividade, "interfuncionalidade", torna-se a regra da maturidade. A existência de processos autônomos é um sinal de imaturidade, de patologia, de primitividade filogenética. A percepção operando por si, por exemplo, produz a sintomatologia de subnormalidade mental.

Por meio da interação, processos mentais humanos se tornam ordenados, sistêmicos, lógicos e orientados por objetivos. Pela realização da ordem generativa na interação tornamo-nos livres da imediação da sensação, livres do encadeamento de associações, capazes de aplicar a lógica à ação prática. Kurt Goldstein disse, certa vez, em um seminário, que onde quer que encontremos atividade mental associativa, com certeza, encontramos patologia. Vigotski teria aplaudido.

O principal instrumento de integração e ordem na vida mental humana é a linguagem, usada no serviço de outras funções psíquicas superiores. A linguagem, para Vigotski, contudo, não deve ser considerada no sentido de Saussure (1955) como um sistema de signos, mas como um sistema poderoso de instrumentos para uso – inicialmente em conversa, mas, progressivamente, e uma vez atingida a introspecção, na percepção, na memória, no pensamento e na imaginação, mesmo no exercício da vontade. Em contraste, há o sistema biológico, operando pelo que mais tarde seria chamado de sistema do primeiro sinal. Para Vigotski, parece haver um Rubicão que é cruzado, indo da evolução biológica para a cultural, algum ponto em que Prometeu rouba o fogo dos deuses.

Devido à mediação do sistema da linguagem na vida mental e porque a linguagem natural é necessariamente polissêmica, a conduta da vida mental requer interpretação. Isso implica que toda ação humana, por ser mediada pela linguagem, está sujeita a múltiplas interpretações. Sempre haverá uma manifestação de "superfície" que constitui a interpretação superficial do que parece estar ocorrendo no comportamento humano. Todavia, há também uma interpretação alternativa do que algo "significa", e é essa existência de "subtextos" no comportamento humano que dá a ele e à sua interpretação profundidade, tanto na vida como na arte.

Finalmente, na medida em que a linguagem não é somente um instrumento da mente, mas um produto da história humana, o funcionamento mental humano é um produto da história. Mas, paradoxalmente, é a produtividade sistêmica do uso da linguagem humana que nos possibilita nos elevarmos acima da história e alterar seu curso: para atingir o nível elevado jamais povoado antes, mesmo por um membro de nossa espécie usuária da linguagem.

Vigostski foi um dos grandes teóricos da primeira metade desse século, junto a Freud, McDougall, Piaget e alguns outros. Como com eles, suas ideias estão situadas em sua época; mas, como com os melhores deles, essas ideias ainda indicam o caminho para o futuro de nossa disciplina.

Seção I
Problemas de psicologia geral

PENSAMENTO E LINGUAGEM

Introdução à seção

Robert W. Rieber
Universidade da Cidade de Nova York

Esta seção inclui três capítulos do livro de Vigotski *Pensamento e linguagem* (original russo, 1934), bem como duas conferências relacionadas sobre psicologia. Os editores russos das obras reunidas de Vigotski consideravam esse livro como o mais conhecido de seus trabalhos. "É um sumário dos achados de seus esforços científicos e uma tentativa de identificar direções possíveis para pesquisas futuras" (Vigotski, 1987b, p. 375). *Pensamento e linguagem* foi publicado no ano da morte do psicólogo, reunindo alguns dos artigos publicados desde 1929 e culminando no capítulo 7, "Pensamento e palavra", escrito especialmente para o livro finalizado. Esse foi o primeiro livro de Vigotski a ser publicado em inglês: uma tradução abreviada intitulada *Thought and language* [Pensamento e linguagem] (Vigotski, 1962), com um prefácio de Jean Piaget. Quando a Kluwer Academic/Plenum publicou os *The collected works* [Obras reunidas] em tradução para o inglês, os editores escolheram produzir primeiro o volume contendo esse livro, que na edição russa era o Volume 2, com *Problems of theory and history of psychology* [Problemas de teoria e história da psicologia] (cf. Seção III abaixo) como o primeiro volume. Obviamente, as pessoas que começaram a se interessar mais pelo trabalho de Vigotski no Ocidente concordam com os editores russos e consideram *Pensamento e linguagem* a melhor introdução ao pensamento de Vigotski, maduro como era no momento de sua morte prematura. Bruner escreveu um novo prefácio ao primeiro volume de *Obras reunidas*, que é reproduzido neste volume. Como Bruner discute cada capítulo de *Pensamento e linguagem* e todas as conferências relacionadas, esta introdução acrescentará apenas alguns breves comentários.

É importante lembrar que *Pensamento e linguagem* trata não apenas a psicolinguística e a psicologia da fala; sob muitos aspectos, representa a abordagem de Vigotski da psicologia geral. Mais do que isso, o pensamento psicológico de Vigotski caracteriza sua abordagem da teoria cultural. Vigotski exerceu seus poderes intelectuais completos durante o estimulante (mas, no fim, trágico) período inicial da União Soviética (1924-1934), de modo que seus escritos representam um esforço otimista, uma energia que ainda pode inspirar.

Desse contexto mais amplo do trabalho de Vigotski, vamos nos voltar aos fundamentos de suas teorias sobre pensamento e fala; em particular, seu desenvolvimento na criança. Na verdade, *Pensamento e linguagem* apareceu após quase uma década de trabalho de Vigotski com crianças em educação especial (cf. Seção II sobre defectologia). Quanto à relação entre linguagem e cognição, Vigotski concebe o desenvolvimento da linguagem a partir de processos desenvolvimentais internalizados na criança. Cognição e linguagem emergem de um processo internalizado pré-verbal no qual o significado se dá durante o desenvolvimento cognitivo, antes que a criança sequer seja capaz de se envolver em relações interpessoais usando palavras. Compreender esse processo integrativo pensar e falar internalizado, por vezes referido como "linguagem interna", é crucial para compreender os desenvolvimentos posteriores na experiência de vida da criança. A consciência se desenvolve a partir desse processo inicial de difusão de pensamento e palavra durante o período pré-verbal. Pensamento e fala não são independentes; em vez disso, desenvolvem-se a partir do mesmo "estofo mental". Vigotski reconhece a importância dos signos simbólicos e de seu significado: são essenciais para fundamentar diferentes níveis de realização, como instrumentos para construir o respaldo do conhecimento.

Vigotski vê a linguagem como o instrumento dos instrumentos no desenvolvimento de processos mentais. Mudanças que ocorrem no desenvolvimento da construção do mundo real da criança não podem se dar sem uma base sólida para eventos interiores de linguagem, assim como para a socialização e comunicação interpessoal. A realidade psicológica, para Vigotski, abrange a emergência e o desdobramento das conexões da criança entre experiências cognitivas e afetivas; assim, essa realidade é empiricamente determinada pelos eventos fundamentais experienciados na vida. A história da cultura da criança é entremeada por sua história pessoal, uma vez que a cultura forma a fundação para o desenvolvimento da habilidade compartilhada para se comunicar com outros por meio do instrumento simbólico da fala. A capacidade genética para a linguagem não é de modo algum determinista, em termos de produzir o subproduto final do comportamento linguístico; em vez disso, é vista como uma capacidade com a qual, em condições normais, todas as crianças nascem.

As atividades cognitivas e linguísticas da criança em desenvolvimento não são basicamente compreendidas em termos de eventos egocêntricos, mas como processos socialmente influenciados que desenvolvem o si-mesmo, sempre em relação a outras pessoas importantes e eventos externos na vida da criança. Esses processos são indistinguíveis das vontades e dos desejos egocêntricos. Durante o desenvolvimento, aspectos qualitativos e quantitativos de cognição e linguagem não se desenvolvem em paralelo, mas emergem de um todo interativo; cognição e linguagem progridem por vezes mais em concordância entre si, por vezes menos. Pensar e falar podem ter raízes inteiramente diferentes em seu desenvolvimento genético. Cognição e fala podem emergir junto a diferentes modalidades, que podem ser mais ou menos dependentes uma da outra. Além disso, essa relação entre cognição e linguagem não é necessariamente constante ao longo do desenvolvimento da criança. A fase pré-linguagem no desenvolvimento dos aspectos cognitivos e comunicativos do comportamento da criança é muito importante e experiências emocionais nos primeiros cinco anos de vida são eventos sociais importantes que podem afetar desenvolvimentos futuros na vida da criança.

Sobre os problemas de pensamento e fala, é útil comparar a abordagem e as teorias de Vigotski com outras conhecidas, particularmente a teoria do desenvolvimento cognitivo de Jean Piaget (cujos primeiros trabalhos Vigotski leu e criticou) e com a abordagem psicológica da linguística estrutural de Noam Chomsky (cuja carreira começou após a morte de Vigotski). Os três lidam com problemas similares (Rieber, 1983). Para Piaget (assim como para Vigotski), todas as habilidades cognitivas, incluindo a linguagem, resultam de um processo de construção, que vai de processos biológicos básicos até o pensamento científico mais elevado. Para Chomsky, grande parte da linguagem e da cognição é inata ou ao menos pré-programada, e é a estrutura dessa programação que merece a mais elevada atenção: a caracterização de Chomsky dessa estrutura envolve sua gramática generativo-transformacional de "estruturas profundas".

Em um pequeno panfleto inserido em algumas cópias da publicação de 1962 de *Pensamento e linguagem* (Vigotski, 1962), Piaget destacou suas diferenças com Vigotski (Piaget, 1962). Piaget ressalta que não adota o individualismo do tipo que precede relações com outras pessoas, como Vigotski afirma. Contudo, Piaget acreditava que Vigotski estava correto em indicar que Piaget simplificava demais as semelhanças entre egocentrismo e autismo, sem indicar suficientemente as diferenças. Piaget usa exemplos como o brincar e os sonhos das crianças, e relaciona os fenômenos observados às noções de Bleuler de pensamento não dirigido e autista. Piaget descreve isso em sua terminologia própria como a predominância da assimilação sobre a acomodação no brincar inicial das crianças. Ele prossegue, então, concordando que Vigotski está correto novamente em sua objeção de que o "princípio do prazer" geneticamente emerge antes do "princípio de realidade", como Freud afirmava. Piaget admite que simplificou demais essa sequência sem criticá-la. Ele, contudo, objeta a crítica de Vigotski de que pretendia separar pensamento de comportamento, ou que enfatizasse aspectos linguísticos mais do que deveria.

Piaget observa que provavelmente poderia ter evitado parte da crítica de Vigotski caso tivesse escrito *O julgamento moral da criança* (Piaget, 1932b) antes de *A linguagem e o pensamento da criança* (Piaget, 1923). Contudo, a ordem dessas publicações não pode ser mudada em retrospecto. Para sua fonte sobre Piaget, ocorre que Vigotski, de fato, usou uma tradução russa (1932) que incluía dois dos trabalhos de Piaget, *A linguagem e o pensamento da criança* e *Julgamento e raciocínio na criança* (original francês, 1924), mas não o trabalho de 1932 sobre o julgamento moral (cf. nota de rodapé do editor, Vigotski, 1993, p. 332).

Piaget concorda com Vigotski que formas linguísticas são igualmente socializadas e diferem somente em função. Contudo, ele afirma que o conceito de socialização de Vigotski é ambíguo e prefere esclarecê-lo do seguinte modo: a fala egocêntrica é confusa porque pode ter dois significados, que deveriam ser diferenciados em (1) fala que não pode ser racionalmente partilhada com outros e (2) fala que não é para ser partilhada com outros. Piaget insiste que Vigotski não faz essa diferenciação e, assim, introduz confusão no papel da socialização na fala egocêntrica.

Chomsky reconhece a importância do ambiente no desenvolvimento e na estrutura da linguagem; contudo, ele tenta trazer à tona as contribuições distintas da biologia e do ambiente. Para Piaget, como para Vigotski, não há dúvida de uma separação assim: sistemas verbal e não verbal estão inter-relacionados; a linguagem não constitui a estrutura da lógica, mas é moldada por uma lógica que é gerada pelo aprendizado em uma cultura. Embora Piaget enfatizasse o desenvolvimento cognitivo da criança no mundo de coisas (e seus estágios de desenvolvimento foram hipostasiados na literatura da psicologia do desenvolvimento), Vigotski estava basicamente preocupado com o desenvolvimento da criança na sociedade, no mundo das mentes, e via o processo mais como um dar e tomar contínuo e incremental do que de acordo com estágios distintos.

Em seu "posfácio à edição russa", Alexander Luria (1982) descreve os capítulos de *Pensamento e linguagem* e as quatro conferências de psicologia. O capítulo 1, "Problema e método de pesquisa", descreve que estudos da relação entre pensamento e fala não são novos, tendo sido proeminentes na psicologia de associação tradicional, mas que o problema é basicamente inexplorado na psicologia científica moderna. A Escola de Würzburg de psicologia do pensamento foi numa direção promissora, mas os comportamentalistas americanos e os reflexologistas soviéticos simplesmente evitaram o tema. Vigotski destaca brevemente sua abordagem própria do problema no primeiro capítulo. O capítulo 2, "O problema de fala e pensamento na teoria de Piaget", e o capítulo 3, "A teoria de Stern do desenvolvimento da fala", são omitidos no presente volume. Esses capítulos revisam e criticam o trabalho de psicólogos infantis proeminentes antes de Vigotski seguir sua abordagem.

No capítulo 4, "Raízes genéticas do pensamento e da fala", Vigotski ataca as suposições comuns de que a palavra é sempre a portadora do conceito e que o conceito fornece a fundação para o pensamento. Ele propõe, em vez disso, que o pensamento humano se desenvolveu de duas raízes independentes: de *ações práticas* de animais e do *uso animal da fala* para interação social. Ele prova essa distinção mencionando estudos de Wolfgang Köhler com macacos, que realizavam tarefas complexas sem fala relacionada. O presente volume omite os próximos dois capítulos. O capítulo 5, "Um estudo experimental do desenvolvimento do conceito", apresenta os experimentos Vigotski-Sakharov sobre a formação de conceitos em crianças e adultos normais e patológicos. O capítulo 6, "O desenvolvimento de conceitos científicos na infância", analisa o tema mais restrito do desenvolvimento do *conceito científico*, como Vigotski chamava o conceito não espontâneo.

O capítulo 7, "Pensamento e palavra", lida com o *mecanismo interno* da formação do significado das palavras. O pensamento começa como uma intenção ou tendência geral das pessoas, ainda não incorporado na palavra, mas nela finalizado e formado. O pensamento se desenvolve a partir do todo, enquanto a palavra se desenvolve a partir da parte. O pensamento se transforma na expressão desenvolvida por meio da *fala interior*, que preserva todas as funções da interação social, o lugar da transição da fala egocêntrica para a fala interior. Uma dinâmica assim alude às relações entre outras formas de fala, *e.g.*, escrita e oral. O resto do capítulo explora o *sentido* e o *subtexto* da palavra e da expressão, usando exemplos da literatura russa. Vigotski enfatiza que o vínculo final na compreensão do significado da palavra, o objetivo e motivo da expressão, é carregado de emoção e personalidade.

Na primavera de 1932, Vigotski deu um curso de seis conferências no Instituto de Pedagogia de Leningrado, e o presente volume reproduz duas delas. A Conferência 1, "Percepção e seu desenvolvimento na infância", revê trabalhos experimentais importantes sobre a percepção, com uma apreciação particular da Escola da Gestalt na Alemanha, que enfatizava uma abordagem integral dos fenômenos mentais, como Vigotski fez. A Conferência 4, "Emoções e seu desenvolvimento na infância", critica as estreitas abordagens biológicas para compreender as emoções, incluindo a teoria James-Lange, assim como a proposta por Walter Cannon. Vigotski indica que as emoções são mais bem compreendidas pela análise das relações criadas entre emoções e a estrutura da atividade, *i.e.*, uma abordagem de sistemas. O presente volume omite as conferências sobre memória, pensamento, imaginação e o problema da vontade (capítulos 2, 3, 5 e 6, respectivamente), que são orientados ao desenvolvimento infantil.

1
Problema e método de pesquisa[7/8]

---

7. Trabalho publicado em 1934. Trata-se da obra mais conhecida de Vigotski, na qual apresenta o resultado de sua produção científica e, ao mesmo tempo, indica novas perspectivas. A história da criação deste livro é a seguinte. Entre o fim de 1933 e o começo de 1934, concluiu-se o primeiro conjunto de pesquisas realizado por Vigotski e seus colaboradores (A.N. Leontiev, A.R. Luria, A.V. Zaporójets, L.S. Sákharov, J.I. Chif, L.I. Bójovitch, N.G. Morózova, L.S. Slávina, I.M. Solovióv, L.V. Zankov, E.I. Páchkovskaia e outros) no bojo da teoria histórico-cultural. A hipótese, que estava na base da teoria, da mediação das funções psíquicas superiores por "instrumentos psicológicos" foi verificada com base em materiais da maior parte das funções psíquicas (memória, cf. Leontiev, 1931); (atenção, cf. Vigotski, 1928) (pensamento, cf. Sakharov, 1930); (Chif, 1935). Os principais materiais deste último trabalho foram obtidos sob orientação de L.S. Vigotski em 1932. Surgiu a necessidade de apresentar uma conclusão para o trabalho realizado e apontar novas perspectivas. Isso era exigido também pelas circunstâncias exteriores. O antigo "grupo de Vigotski" se separou. Leontiev, Zaporójets, Bójovitch e alguns outros se mudaram para a Academia de Psiconeurologia da Ucrânia em Kharkiv, onde começaram a elaborar um programa teórico próprio. Ligado a isso, e às duras críticas às quais foi submetida a teoria histórico-cultural então, Vigotski considerou necessário explicitar claramente os fundamentos da posição de sua teoria. Servem a este propósito o manuscrito "História do desenvolvimento das funções psíquicas superiores", de 1931-1932 (a primeira parte foi publicada em 1960 no livro L.S. Vigotski, *Desenvolvimento das funções psíquicas superiores: dos trabalhos inéditos*; a segunda parte foi publicada pela primeira vez nas Obras reunidas, vol. 3), a mencionada conferência de 1933-1934 sobre os problemas fundamentais da teoria de Vigotksi (cf. Vigotski, 1968), mas principalmente no livro *Pensamento e linguagem*.

Do ponto de vista da composição, *Pensamento e linguagem* é uma coletânea de artigos de Vigotski, que podem ser analisados como obras acabadas, unidas por problemas, métodos e resultados de resolução. Primeiramente foi escrito o artigo "Raízes genéticas do pensamento e da linguagem" (cf. Vigotski, 1929a) que, como o artigo que se junta a ele "Sobre a questão do intelecto dos antropoides em relação ao trabalho de W. Köhler" (cf. Vigotski, 1929b), foi dedicado a uma questão de importância fundamental para o autor: a análise *das* principais posições de Köhler em relação às principais posições da teoria histórico-cultural. Esse artigo compõe o quarto capítulo de *Pensamento e linguagem*. O artigo "O problema da linguagem e do pensamento da criança na teoria de J. Piaget", que fora publicado como prefácio ao livro *Pensamento e linguagem* da criança, de Piaget, compõe o segundo capítulo de *Pensamento e linguagem*. A análise da teoria de Piaget não tinha para Vigotski uma importância menor do que a análise *dos* trabalhos de Köhler. Por fim, o quinto capítulo, "Pesquisa experimental do desenvolvimento de conceitos" está próximo também do trabalho do aluno de Vigotski, Sákharov, "Sobre os métodos de pesquisa *dos* conceitos", bem como da palestra de Vigotski proferida no Instituto Pedagógico de Leningrado em 20 de maio de 1933, intitulada "Desenvolvimento de conceitos cotidianos e científicos na idade escolar" (cf. Vigotski, 1935).

Os demais capítulos de *Pensamento e linguagem*, como mostra o próprio autor no prefácio, foram escritos pela primeira vez especialmente para o livro, finalizado em 1934. A reedição da obra aconteceu em 1956 em L.S. Vigotski, *Pesquisas psicológicas selecionadas*. Em 1962, esse livro foi traduzido para o inglês e editado com prefácio de Bruner e posfácios de Piaget nos Estados Unidos. Desde então, ele foi reiteradamente reeditado em muitos idiomas estrangeiros. A presente publicação tomou por base a edição de 1956, preparada por Leontiev e Luria, bem como pela filha de Vigotski, Guita L. Vigodskaia.

8. Traduzido a partir do v. 2, "Problemi obschei psikhologuii", de *Sobranie Sotchinénii v chesti tomakh* (Vigotski, 1982b, p. 10-23) que também corresponde ao primeiro capítulo do livro *Pensamento e linguagem* [N.T.].

O problema do pensamento e da linguagem pertence a um conjunto de problemas psicológicos no qual a questão da relação entre as diferentes funções psíquicas e entre os diferentes tipos de atividade da consciência aparece em primeiro plano. Um aspecto central de todo esse problema é, evidentemente, a questão da *relação entre pensamento e palavra*. Todas as demais questões ligadas a esse problema são como que secundárias e estão logicamente subordinadas a essa questão primeira e fundamental, sem cuja resolução é impossível até mesmo colocar corretamente cada uma das demais questões mais particulares. Não obstante, justamente o problema das ligações e relações interfuncionais, por incrível que pareça, é um tema praticamente inexplorado e novo para a psicologia contemporânea.

O problema do pensamento e da linguagem – que é tão antigo quanto a própria ciência da psicologia – justamente nesse ponto, isto é, no que diz respeito à relação entre pensamento e palavra, é o menos elaborado e o mais obscuro. A análise atomizada e funcional, que predominou na ciência psicológica ao longo da última década, levou a que cada função psíquica fosse analisada de forma isolada; o método psicológico de conhecimento foi elaborado e aperfeiçoado para aplicação no estudo desses processos separados, isolados, destacados, ao passo que o problema da ligação entre as funções, o problema da organização delas na estrutura integral da consciência permaneceu fora do campo de atenção dos pesquisadores.

Não é novidade para a psicologia contemporânea que a consciência aparece como um todo único e que as funções isoladas estão ligadas na atividade mútua em uma totalidade[9] inseparável. Mas a totalidade da consciência e as ligações entre cada função em geral eram antes apenas postuladas pela psicologia, ao invés de serem tomadas como objeto de pesquisa. Ademais, ao postularem a totalidade funcional da consciência, a psicologia colocou em sua base, ao lado dessa assunção irrefutável, como fundamento de suas pesquisas, postulados tacitamente aceitos, embora evidentemente não formulados e completamente falsos, que implicaram no reconhecimento do caráter inalterável e constante das ligações interfuncionais da consciência, e pressupõe que a percepção está sempre e da mesma forma ligada à atenção,

---

9. O termo russo *edínstvo*, aqui traduzido por "totalidade", também poderia ser traduzido como "unidade" ou "união". A opção visa a evitar confusão com o termo *edinítsa*, este, sim, traduzido por "unidade", como na expressão "método de análise por unidades", noção central para o presente texto. Em inglês, Nikolai Veresov, importante estudioso contemporâneo de Vigotski, propõe *unity* para *edínstvo* e *unit* para *edinítsa* [N.T.].

a memória está sempre e da mesma forma ligada à percepção, o pensamento à memória etc. Evidentemente a consequência disso foi que as ligações interfuncionais apareceram como algo que pode ser colocado entre parênteses na qualidade de multiplicador, de algo que pode não ser levado em conta na elaboração de operações investigativas sobre as funções isoladas e separadas que restaram dentro dos parênteses. Graças a tudo isso, como foi dito, o problema da relação é a parte menos elaborada de toda problemática da psicologia contemporânea.

É impossível que isso não se manifestasse gravemente também no problema do pensamento e da linguagem. Se analisarmos a história do estudo desse problema, poderemos facilmente nos convencer de que todo o tempo escapou do pensamento dos pesquisadores o ponto central sobre a relação entre pensamento e palavra, e o centro de gravidade de todo o problema foi movido e deslocado para outro ponto, ligando-se a alguma outra questão.

Se tentarmos formular em poucas palavras os resultados de trabalhos históricos sobre o problema do pensamento e da linguagem na psicologia científica, seria possível dizer que a resolução desse problema, oferecida por diversos pesquisadores, oscilou sempre de forma constante – dos tempos mais remotos até os nossos dias – entre dois polos extremos, isto é, entre a *identificação*, a plena *fusão entre pensamento e palavra*, e a mais plena, metafísica e absoluta *ruptura e separação* entre eles. Ao expressarem um desses extremos em seu aspecto puro ou ao uni-los em suas construções, ocupando como que um ponto intermediário entre eles, mas de todo modo sempre se deslocando pelo eixo estabelecido entre tais polos, diversas teorias sobre o pensamento e a linguagem giraram em torno do mesmo círculo vicioso, para o qual até hoje não foi encontrada saída. Partindo da antiguidade, da identificação entre pensamento e linguagem por meio da linguística psicológica, segundo a qual o pensamento é "linguagem menos som", até os psicólogos e reflexólogos americanos contemporâneos, que analisam o pensamento como reflexo inibido, que não se manifesta em seu componente motor, desenha-se uma só linha de desenvolvimento de uma mesma ideia, isto é, da identificação entre pensamento e linguagem. Naturalmente, todas as teorias que aderem a essa linha, pela própria essência de suas concepções sobre a natureza do pensamento e da linguagem, encontraram-se sempre diante da impossibilidade não apenas de resolver, mas até mesmo de colocar a questão sobre a relação entre pensamento e palavra. Se o pensamento e a palavra coincidissem, se fossem a mesma coisa, não poderia haver nenhuma relação entre eles, e isso tampouco poderia ser objeto de pesquisa, assim como é impossível imaginar que a relação de uma coisa consigo mesma possa vir a ser um objeto de pesquisa. Aquele que funde pensamento e linguagem fecha para si mesmo o caminho para a colocação do problema sobre a relação entre pensamento e palavra e torna esse problema insolúvel de antemão. O problema não é resolvido, apenas contornado.

À primeira vista, poderia parecer que a teoria mais próxima do polo oposto, que propõe a ideia da independência entre pensamento e linguagem, estaria em uma posição mais favorável em relação às questões que aqui nos interessam. Aqueles que olham para a linguagem como expressão externa do pensamento, como seu vestuário; aqueles que, assim como os representantes da Escola de Würzburg[10] tentam libertar o pensamento de todo o sensível, inclusive da palavra, e imaginam a relação entre pensamento e palavra como uma ligação puramente exterior; estes, de fato, não apenas colocam, como tentam, à sua maneira, resolver o problema da relação entre pensamento e palavra. Contudo, tal resolução, proposta por diferentes orientações psicológicas, sempre mostram não terem condições não apenas de resolver, como também de colocar o problema, e, ainda que não contornem o problema (como fazem os pesquisadores do primeiro grupo), eles cortam o nó ao invés de desatá-lo. Ao decomporem o pensamento verbal em seus elementos constituintes, mutuamente estranhos entre si, isto é, o pensamento e a palavra, esses pesquisadores, depois de terem estudado as propriedades puras do pensamento como tal, independentemente da linguagem, e da linguagem como tal, independentemente do pensamento, tentam representar a ligação entre um e outro como uma dependência exterior mecânica entre dois processos distintos.

---

10. A Escola de Würzburg é linha de pesquisa em psicologia do pensamento, formada no começo do século XX no Instituto de Psicologia da cidade de Würzburg (Alemanha). Seu fundador foi Oswald Külpe e os representantes mais conhecidos foram Narziss Kaspar Ach e Karl Bühler. No plano filosófico, baseavam na fenomenologia de Brentano e Husserl. Em termos propriamente psicológicos, colocavam-se contra a perspectiva associacionista, predominante no fim do século XIX, segundo a qual o pensamento se reduz a uma combinação de representações segundo as leis da associação. Segundo os representantes da Escola de Würzburg, pensamentos sem imagem são possíveis: o que se vivenciam não são as imagens, mas as relações e disposições especiais. A Escola de Würzburg elaborou uma série de métodos (do tipo de uma auto-observação refinada) para o estudo do pensamento e obtiveram uma grande quantidade de fatos. Em termos de seus pressupostos filosóficos e metodológicos, a Escola de Würzburg era muito distante de Vigotski, mas os procedimentos concretos por ela elaborados exerceram indubitável influência sobre ele. Em primeiro lugar, isso vale para os procedimentos de Ach (para mais detalhes cf. o quinto e o sétimo capítulos de *Pensamento e linguagem*).

A título de exemplo, seria possível indicar a tentativa de um autor contemporâneo [3] de, mediante esse procedimento de decomposição do pensamento verbal em suas partes constituintes, estudar a ligação e a interação entre ambos os processos. Com o resultado dessa pesquisa, o autor chega à conclusão de que processos motores da linguagem desempenham um papel importante, contribuindo para um melhor fluxo do pensamento. Eles ajudam nos processos de compreensão, quando, diante de um material verbal complexo, a linguagem interna realiza o trabalho que contribui para a melhor fixação e assimilação do que foi compreendido. A seguir, esses mesmos processos adquirem, em seu fluxo, uma certa forma de atividade operante quando se junta a eles a linguagem interna, que ajuda a tatear, captar e distinguir o importante do que não importa durante o movimento do pensamento. Por fim, a linguagem interna desempenha um papel de fator facilitador na passagem do pensamento para a linguagem sonora.

Apresentamos esse exemplo apenas para mostrar que, ao decompor o pensamento verbal enquanto uma formação psicológica única em seus elementos constituintes, não resta nada ao pesquisador a não ser estabelecer entre esses processos elementares uma interação puramente exterior, como se se tratasse de duas formas de atividade diferentes, internamente não relacionadas entre si. Essa posição mais favorável em que se encontram os representantes da segunda orientação significa que, para eles, em todo caso, torna-se possível a colocação do problema sobre a relação entre pensamento e linguagem. Nesse sentido, eles são superiores. Porém, sua debilidade consiste em que a própria colocação do problema é incorreta e exclui qualquer possibilidade de resolver corretamente a questão, pois o método por eles adotado de decomposição de um todo integral em seus elementos impossibilita o estudo das relações internas entre pensamento e palavra. Dessa forma, a questão se apoia no método de pesquisa; parece-me que, se colocarmos a questão do problema da relação entre pensamento e linguagem desde o começo, será preciso também explicitar de antemão quais métodos devem ser empregados na investigação desse problema, os quais permitam que ele seja resolvido com sucesso.

Parece-me ser necessário distinguir os dois tipos de análise empregadas pela psicologia. A investigação de quaisquer formações psíquicas pressupõe, necessariamente, análise. Não obstante, essa análise pode assumir duas formas fundamentalmente distintas. Acredito que, dentre elas, uma é responsável por todos os fracassos experimentados pelos pesquisadores que tentaram resolver esse problema de séculos, ao passo que a outra é o único ponto de partida correto para que se possa dar nem que seja o primeiro passo em direção a resolução.

A primeira forma de análise psicológica pode ser chamada de decomposição de todos psicológicos complexos em elementos. Ela pode ser comparada à análise química da água, que a decompõe em hidrogênio e oxigênio. A marca fundamental desse tipo de análise é o fato de que ela leva à obtenção de produtos que são estranhos em relação ao todo analisado, a elementos que não contêm as propriedades inerentes do todo como tal, e que são dotadas de novas propriedades que jamais poderiam se manifestar no todo. Ao pesquisador que, desejando resolver o problema do pensamento e da linguagem, decompõe-no em linguagem e pensamento, ocorre o mesmo que aconteceria a qualquer pessoa que procurasse a explicação científica para certas propriedades da água – por exemplo, por que ela apaga o fogo ou porque se pode aplicar a Lei de Arquimedes à água – recorresse à decomposição da água em oxigênio e hidrogênio como forma de explicar essas propriedades. Essa pessoa se surpreenderia ao descobrir que o hidrogênio queima e o oxigênio mantém o fogo aceso, de forma que ele jamais seria capaz de, a partir desses elementos, explicar as propriedades inerentes ao todo. Isso vale para a psicologia, que decompõe o pensamento verbal em elementos isolados com vistas a explicar suas propriedades mais essenciais, inerentes a ele como um todo, para depois, em vão, buscar esses elementos da totalidade, inerentes ao todo. No processo de análise eles evaporam, desaparecem, nada resta a não ser buscar uma interação exterior e mecânica entre os elementos para que, assim, seja possível reconstruir de modo puramente especulativo as propriedades que desapareceram no processo de análise, mas que devem ser explicadas.

Essencialmente, esse tipo de análise que nos leva a produtos que não carregam as propriedades inerentes ao todo, não é, do ponto de vista do problema para cuja resolução ele é proposto, uma análise no sentido próprio da palavra. Temos o direito, antes, de examiná-lo como método de conhecimento oposto em relação à análise e em certo sentido contrário a ela. De fato, a fórmula química da água, que lida igualmente com todas as suas propriedades, aplica-se igualmente a todas as suas formas, seja um grande oceano ou uma gota de chuva. Por isso, a decomposição da água em elementos não pode ser o caminho que nos permitirá explicar suas propriedades concretas. Trata-se, antes, de um caminho para a elevação ao geral do que uma análise, ou seja, o desmembramento no sentido próprio da palavra. Da mesma forma, esse tipo de análise aplicado a formações integrais psicológicas tampouco é uma análise que permita explicar toda diversidade concreta, toda especificidade das relações entre palavra e pensamento, com as quais nos deparamos em observações cotidianas, ao acompanharmos o desenvolvimento do pensamento verbal na infância, o funcionamento do pensamento verbal em suas mais diversas formas.

Também na psicologia essa análise se transforma em seu oposto, e, ao invés de explicar as propriedades concretas e específicas do todo estudado, ela eleva esse todo a uma diretriz mais geral, uma diretriz que é capaz de nos explicar apenas algo relativo a toda linguagem e ao pensamento em toda sua universalidade abstrata, sem possibilidade de conceber regularidades concretas que nos interessam. Ademais, a aplicação irregular dessa análise por psicólogos leva a erros graves, uma vez que ignoram o aspecto da totalidade e da integridade do processo estudado e substituem as relações internas da totalidade por relações externas e mecânicas entre dois processos distintos e alheios entre si. Em nenhum lugar os resultados desse tipo de análise se manifestaram de forma tão evidente quanto no campo da teoria sobre o pensamento e a linguagem. A própria palavra – que aparece como uma totalidade viva de som e significado e que, como uma célula viva, contém em seu aspecto mais simples as propriedades fundamentais inerentes ao pensamento verbal como um todo – termina, como resultado desse tipo de análise, fracionada em duas partes, entre as quais o pesquisador tenta estabelecer uma ligação associativa, exterior e mecânica.

Som e significado não estão ligados entre si na palavra. Segundo um dos mais importantes representantes da linguística contemporânea, esses dois elementos, unificados no signo, vivem de forma totalmente isolada. Não surpreende, portanto, que tal perspectiva tenha trazido apenas resultados lamentáveis para o estudo dos aspectos fonético e semântico da língua. O som, separado do pensamento, perderia todas as suas propriedades específicas, justamente aquelas que o tornam um som da linguagem humana e que o distingue de todo o resto dentro no reino dos sons existentes na natureza. Por isso, no som privado de sentido passaram a estudar apenas suas propriedades físicas e psíquicas, ou seja, aquilo que não é específico daquele som, mas o que ele tem em comum com todos os demais sons existentes na natureza, e, por conseguinte, tal estudo não foi capaz de explicar por que um som dotado de tais e tais propriedades físicas e psíquicas é um som da linguagem humana e o que o torna tal. Da mesma forma, o significado separado do aspecto sonoro da palavra se converteria em uma representação pura, um ato puro do pensamento, que seria estudado separadamente na qualidade de conceitos que se desenvolvem e vivem de forma independente de seu portador material. A improdutividade da semântica e da fonética clássicas é, em grande medida, determinada justamente por essa separação entre som e significado, por essa decomposição da palavra em elementos isolados.

Do mesmo modo, também na psicologia, o desenvolvimento da linguagem infantil foi estudado do ponto de vista de sua decomposição em desenvolvimento do aspecto sonoro e fonético da linguagem e o aspecto do seu sentido. A história da fonética infantil, estudada nos mínimos detalhes, revelou-se, por um lado, totalmente incapaz de unir, ainda que no aspecto mais elementar, o problema dos fenômenos aqui relacionados. Por outro lado, o estudo do significado da palavra infantil levou os pesquisadores a uma história autônoma e independente do pensamento infantil, a qual não tinha nenhuma ligação com a história fonética da língua infantil.

Acreditamos que o aspecto decisivo e de virada em toda teoria sobre o pensamento e a linguagem é a passagem dessa análise para uma de outro tipo. Esse outro tipo pode ser designado como análise que desmembra um todo único e complexo em unidades. Por unidade subentende-se o produto da análise que, diferentemente dos elementos, contém *todas as propriedades fundamentais inerentes ao todo*, e que, ademais, constituem partes vivas indivisíveis dessa totalidade. Não é a fórmula química da água, mas do estudo das moléculas e do movimento molecular que passa a ser a chave para a explicação das propriedades da água. Da mesma forma que a célula viva, que contém todas as propriedades fundamentais da vida, inerentes ao organismo vivo, é a verdadeira unidade da análise biológica.

A psicologia que deseja estudar unidades complexas precisa compreender isso. Ela deve substituir os métodos de decomposição em elementos por métodos de análise que desmembre em unidades[11]. Ela deve encontrar essas

---

11. A ideia de dois métodos de análise (por unidades e por elementos) é uma das favoritas de Vigotski. A primeira vez que ela foi expressa, junto do exemplo característico da molécula de água e dos átomos de hidrogênio e oxigênio, foi em *Psicologia da arte* (1971).

propriedades não decomponíveis, que conservam as propriedades inerentes a determinado todo com uma totalidade, unidades em que essas propriedades são apresentadas em seu aspecto oposto, e, mediante esse tipo de análise, ela deve buscar solucionar questões concretas que surgem.

Qual é a unidade indivisível e que conserva as propriedades inerentes ao pensamento verbal como um todo? Parece-nos que essa unidade pode ser encontrada no aspecto interno da palavra, em seu significado.

O aspecto interno da palavra até hoje praticamente não foi submetido a investigações especiais. O significado da palavra está tão diluído no mar de todas as demais representações de nossa consciência ou de todos os demais atos de nosso pensamento, como o som que foi separado do significado e foi diluído no mar de todos os demais sons existentes na natureza. Por isso, assim como ocorre no caso do som da linguagem humana quando a psicologia contemporânea não é capaz de dizer nada que seja específico sobre o som da linguagem humana, também no campo do estudo do significado da palavra a psicologia não é capaz de dizer nada, exceto aquilo que caracteriza em igual medida o significado da palavra e todas as demais representações e pensamentos da nossa consciência.

Assim ficou a questão para a psicologia associacionista[12], assim fundamentalmente fica a questão na psicologia estrutural contemporânea. Na palavra nós sempre conhecíamos apenas seu aspecto externo, que está voltado para nós. O outro, isto é, o aspecto interno, seu significado, tal qual a outra face da Lua, permanecia e permanece até hoje desconhecido e não estudado. Não obstante, é nesse outro lado que se oculta a possibilidade de resolver o problema que nos interessa em relação ao pensamento e à linguagem, pois é justamente no significado da palavra que está atado o nó da totalidade que chamamos de pensamento verbal.

---

12. Psicologia associacionista; associacionismo é uma orientação que predominou na ciência filosófica e psicológica na Europa entre os séculos XVII e XIX (Hobbes, Espinosa, Locke, Berkeley, Hartley, Mill, Bain e outros). Inclui uma variedade de correntes distintas e variadas, em particular o associacionismo materialista de Hartley e o idealista de Berkeley. Como corrente científica concreta começou a ser elaborada na psicologia no século XIX. Para todos os tipos de associacionismo é característica a presença de um princípio único, a associação, por meio da qual são explicados diferentes processos psíquicos (memória, atenção, pensamento etc.). Destacam-se alguns tipos de associacionismo: por contiguidade, por semelhança etc. O século XX na psicologia começa como um século de crise do associacionismo, em que surgem concepções que se opõem a ele vindas de muitas outras orientações. No momento da composição de *Pensamento e linguagem*, o associacionismo estava totalmente solapado.

Para explicitar isso será preciso dizermos algumas palavras sobre a compreensão teórica da natureza psicológica do significado da palavra. Nem a psicologia associacionista, nem a estrutural, oferecem, como veremos no curso de nossa pesquisa, uma resposta minimamente satisfatória à pergunta sobre a natureza do significado da palavra. Entretanto, a investigação experimental exposta a seguir e a análise teórica mostram que aquilo que há de mais essencial, de mais determinante na natureza interna do significado da palavra não está onde se costuma procurar.

A palavra nunca se relaciona com um determinado objeto específico, mas com *todo um grupo ou com toda uma classe de objetos*. Em função disso, toda palavra representa uma generalização oculta, toda palavra já generaliza e, do ponto de vista da psicologia, o significado da palavra é antes de tudo uma generalização. Mas a generalização, como se pode ver facilmente, é um extraordinário *ato verbal do pensamento*, que reflete a realidade de modo totalmente diferente de como ela é refletida pelas sensações e percepções diretas.

Quando dizem que o salto dialético [4] não é apenas uma passagem da matéria não pensante para a sensação, mas uma passagem da sensação para o pensamento, isso quer dizer que o pensamento reflete a realidade na consciência de forma qualitativamente diferente do que a sensação imediata. Parece haver total fundamento para se supor que essa diferença qualitativa da unidade seja principal e fundamentalmente o *reflexo generalizado da realidade*. Em função disso, podemos concluir que o significado da palavra, cujo aspecto psicológico acabamos de tentar revelar, sua generalização, aparece como ato do pensamento no sentido próprio do termo. Contudo, o significado constitui parte indissociável da linguagem exatamente na mesma medida em que pertence ao reino do pensamento. Desprovida de significado, a palavra deixa de fazer parte do reino da linguagem. Por isso, o significado pode igualmente ser analisado tanto enquanto fenômeno da linguagem por sua natureza como enquanto fenômeno ligado ao campo do pensamento. Não se pode falar do significado da palavra da forma como falávamos livremente acerca dos elementos da palavra, tomados separadamente. O que é o significado da palavra? Linguagem ou pensamento? Ele é linguagem e pensamento ao mesmo tempo, pois é uma *unidade do pensamento verbal*. Se é assim, é evidente que o método de pesquisa do problema em foco não pode ser outro senão um método de análise semântica, um método de análise do aspecto do sentido da linguagem, *um método de estudo do significado da palavra*. Por esse caminho, podemos esperar uma resposta direta para as questões que nos interessam relativas ao pensamento e à linguagem, pois essa relação está contida na unidade selecionada por nós, e, ao estudarmos o desenvolvimento, o funcionamento, a estrutura e o movimento geral dessa unidade, poderemos descobrir muitas coisas que nos permitirão elucidar a questão sobre a relação entre pensamento e linguagem, a questão da natureza do pensamento verbal.

Os métodos que pretendemos aplicar ao estudo das relações entre pensamento e linguagem têm a vantagem de permitirem unir todos os méritos próprios da análise com a possiblidade de estudo sintético das propriedades inerentes a uma determinada totalidade complexa como tal. Podemos facilmente nos convencer disso com base no exemplo de um outro aspecto do problema em foco, que também sempre permaneceu nas sombras. A função primária da linguagem é comunicativa. A linguagem é antes de tudo um *meio de comunicação social*, um meio de expressão e compreensão. Essa função da linguagem, também na análise que decompõe em elementos, costumou ser separada da função intelectual, e ambas as funções foram atribuídas à linguagem de forma paralela e independente entre si. É como se a linguagem acumulasse as funções de comunicação e de pensamento, mas quais relações existem entre essas funções? O que determina a presença de ambas as funções na linguagem? Como ocorre o desenvolvimento de ambas e como elas se unem estruturalmente entre si? Tudo isso permaneceu e permanece até hoje não investigado.

Não obstante, o significado da palavra constitui, em igual medida, uma unidade dessas duas funções da linguagem, assim como uma *unidade do pensamento*. A impossibilidade de uma comunicação direta entre almas é evidentemente um axioma para a psicologia científica. Sabe-se que a comunicação não mediada pela linguagem ou por algum outro sistema de signos ou meio de comunicação, como se observa no mundo animal, é possível apenas de forma muito primitiva e extremamente limitada. Em essência, essa comunicação com ajuda de movimentos expressivos não pode ser chamada de comunicação, mas de *contágio*. Um ganso assustado que, ao se deparar com um perigo, faz levantar todo o bando com um grito, não está exatamente comunicando ao bando sobre o que viu, mas contagiando-o com seu espanto.

A comunicação fundamentada na compreensão racional e na transmissão intencional de pensamento e vivências exige, necessariamente, certo *sistema de meios*, cujo protótipo foi, é e sempre será a *linguagem humana*, que surgiu da necessidade de se comunicar no processo de trabalho. Porém, nos últimos tempos a questão foi apresentada de forma peculiar, com predomínio de uma concepção extremamente simplificada na psicologia. Supunha-se que o meio de comunicação seria o signo, a palavra, o som. Contudo, esse erro decorreu apenas da análise que decompõe em elementos, que foi incorretamente aplicada para a resolução de todo o problema da linguagem.

A palavra na comunicação é fundamentalmente apenas o aspecto externo da linguagem, de modo que se supôs que o som por si só seria capaz de associar-se com qualquer vivência, com qualquer conteúdo da vida psíquica e, em função disso, seria capaz de transmitir ou comunicar esse conteúdo ou essa vivência a outra pessoa.

Contudo, um estudo mais afinado do problema da comunicação, dos processos de compreensão e de seu desenvolvimento na infância levou os pesquisadores a uma conclusão totalmente diferente. Ocorre que, assim como é impossível a comunicação sem signos, ela também é impossível sem significado. Para transmitir alguma vivência ou conteúdo da consciência a outra pessoa, não há outro caminho a não ser relacionar o conteúdo transmitido a uma determinada classe, a um determinado grupo de fenômenos, e isso, como sabemos, necessariamente exige *generalização*. Dessa forma, ocorre que a *comunicação necessariamente pressupõe generalização e desenvolvimento do significado da palavra*, ou seja, a generalização se torna possível mediante o desenvolvimento da comunicação. Assim, as formas superiores, próprias do ser humano, de comunicação psíquica só são possíveis porque a pessoa, com ajuda do pensamento, reflete a realidade de forma generalizada. No campo da consciência instintiva, na qual predominam a percepção e o afeto, é possível apenas o contágio, mas não a compreensão e a comunicação no sentido próprio da palavra. Edward Sapir explicou muito bem isso em seus trabalhos de psicologia da linguagem. Ele diz: "A língua elementar deve estar ligada a todo um grupo, a uma determinada classe de nossa experiência. O mundo da experiência deve ser extremamente simplificado e generalizado para que seja possível simbolizá-lo. Apenas assim a comunicação se torna possível, pois a experiência isolada vive na consciência isolada e, a rigor, não é comunicada. Para que ela se torne comunicável, ela deve ser relacionada a uma determinada classe, que é tacitamente aceita pela sociedade como totalidade". Por isso, Sapir vê o significado da palavra não como símbolo de uma percepção isolada, mas como um símbolo da compreensão.

Com efeito, basta tomar qualquer exemplo para que nos convençamos dessa ligação entre comunicação e generalização, essas duas funções fundamentais da linguagem. Quero comunicar a alguém que estou com frio. Posso fazer essa pessoa compreender isso com ajuda de uma série de movimentos expressivos, mas a compreensão e a comunicação efetivas ocorrerão somente quando eu for capaz de generalizar e dar nome àquilo que estou vivenciando, ou seja, relacionar a sensação de frio que eu vivencio a uma determinada classe de estados que meu interlocutor conheça. É por isso que muitas coisas não podem ser comunicadas a crianças, as quais ainda não têm determinadas generalizações.

Não se trata aqui de uma insuficiência de palavras e sons correspondentes, mas de uma falta de conceitos e generalizações correspondentes, sem os quais a compressão é impossível. Como diz Liev Tolstói, quase sempre o que não se compreende não é a palavra, mas o conceito que é expresso por ela (1903, p. 143). A palavra quase sempre está pronta quando o conceito estiver pronto. Por isso, há todo fundamento para se analisar o significado da palavra não apenas como *totalidade do pensamento e da linguagem*, mas também como *totalidade de generalização e comunicação*, pensamento e comunicação.

O significado fundamental de tal colocação da questão para todos os problemas genéticos do pensamento e da linguagem é absolutamente incalculável. Ele consiste, antes de tudo, em que apenas com tal suposição torna-se possível, pela primeira vez, fazer uma *análise causal-genética do pensamento e da linguagem*. Começaremos a compreender a ligação efetiva existente entre o desenvolvimento do pensamento infantil e o desenvolvimento social da criança apenas quando começarmos a ver a totalidade entre comunicação e generalização. Esses dois problemas, isto é, a relação entre pensamento e palavra e a relação entre generalização e comunicação é o que deve ser a questão central, cuja resolução nossas pesquisas serão dedicadas.

Para ampliar as perspectivas de nossa investigação, gostaríamos, contudo, de indicar, ainda, alguns aspectos e problemas do pensamento e da linguagem que infelizmente não puderam ser objeto direto e imediato de investigação no presente trabalho, mas que, naturalmente, decorem dele e conferem-lhe seu verdadeiro significado.

Em primeiro lugar, gostaríamos de colocar aqui uma questão que foi deixada de lado no decorrer de toda esta investigação, mas que exige ser abordada quando tratamos da problemática de toda teoria do pensamento e da linguagem, isto é, sobre a relação entre *o aspecto sonoro da palavra e seu significado*. Parece-nos que o deslocamento para esse campo, que observamos na linguística, está diretamente ligado à questão que nos interessa sobre a mudança dos métodos de análise na psicologia da linguagem. Por isso, nos deteremos brevemente nessa questão, uma vez que ela permite, por um lado, elucidar melhor o método de análise que defendemos e, por outro, revelar uma das mais importantes perspectivas para pesquisas futuras.

A linguística tradicional, como já foi mencionado, analisava o aspecto sonoro da linguagem enquanto elemento totalmente independente, descolado do aspecto semântico da linguagem. A partir da união desses dois elementos formava-se a linguagem. Em função disso, o som isolado era considerado como unidade do aspecto sonoro da linguagem; mas o som separado do pensamento perde tudo aquilo que faz dele um som da linguagem humana e o inclui em uma série de outros sons. É por isso que a fonética tradicional era orientada, predominantemente, para a acústica e a fisiologia, e não para a psicologia da língua e, por isso, a psicologia da língua era totalmente impotente para resolver esse aspecto da questão.

O que é fundamental para os sons da linguagem humana? O que distingue esses sons de todos os demais sons da natureza?

Como mostra corretamente a orientação fonológica contemporânea da linguística[13], que encontrou uma resposta viva na psicologia, o traço essencial dos sons da linguagem humana é o fato de que o som que carrega determinada função de signo, está ligado a determinado significado, mas,

---

13. Fonologia, ramo da linguística que estuda a estrutura e o funcionamento do fonema. Distingue-se *da* fonética pois examina o fonema não como um dado físico, mas do ponto de vista de seu papel como componente dos morfemas e sílabas. Para o surgimento da fonologia foram influentes os trabalhos de Saussure, Baudouin de Courtenay e Bühler. Como orientação formalizada, a fonologia surgiu nos anos 1920 e 1930, no Círculo Linguístico de Paris (Nikolai Trubetskói, Roman Jakobson e outros).

por si só, o som como tal, sem significado, não é uma unidade efetiva que liga os aspectos da linguagem. Dessa forma, a unidade da linguagem no som adquire uma nova compreensão, não do som isolado, mas do *fonema*, ou seja, a unidade fonológica indivisível, que preserva as propriedades fundamentais de todo aspecto sonoro da linguagem na função de significação. Tão logo o som deixa de ser um som com significado e se separa do aspecto sígnico da linguagem, ele imediatamente perde as propriedades inerentes à linguagem humana. Por isso, só será produtivo, seja em termos linguísticos ou psicológicos, o estudo do aspecto sonoro da linguagem que empregar o método de desmembramento em unidades que conservam as propriedades inerentes à linguagem, como as propriedades do aspecto sonoro e semântico.

Não passaremos a expor aqui os êxitos concretos alcançados pela linguística e pela psicologia ao aplicaram esse método. Diremos apenas que tais êxitos são, a nosso ver, a melhor prova do benefício desse método, que, por sua natureza, é absolutamente idêntico ao método empregado na presente pesquisa e que contrapomos à análise que decompõe em elementos.

A produtividade desse método pode ser experimentada e demonstrada em uma série de questões direta ou indiretamente relacionadas ao problema do pensamento e da linguagem, que estão em seu escopo ou que fazem fronteira com ele. Trataremos do escopo dessas questões de forma muito resumida, pois ele, como já foi dito, permite revelar perspectivas que estão diante de nossa pesquisa no futuro e, consequentemente, permite explicitar seu significado no contexto de todo problema. Trata-se das relações complexas entre pensamento e linguagem, da consciência como um todo e de cada um de seus aspectos.

Se, para a psicologia antiga, o problema das relações e ligações interfuncionais era um campo totalmente inacessível à pesquisa, agora ele passou a se abrir para o pesquisador que deseja aplicar o método da unidade no lugar do método dos elementos.

A primeira questão que surge quando falamos da relação entre pensamento e linguagem no que tange aos demais aspectos da consciência é a questão da ligação entre *intelecto e afeto*. Como se sabe, a separação entre o aspecto intelectual de nossa consciência e o aspecto afetivo, volitivo, é uma das principais e mais fundamentais falhas de toda psicologia tradicional.

Com isso, o pensamento se converte em um fluxo autônomo de pensamentos que se pensam a si mesmos; ele se separa de toda plenitude da vida viva, dos impulsos, interesses e inclinações vivos do ser pensante e se mostra como um epifenômeno totalmente desnecessário, que nada pode alterar na vida e no comportamento da pessoa, pois se converte em uma força antiga, originária e autônoma que, ao se imiscuir na vida da consciência e na vida da personalidade, exerce de forma incompreensível uma influência sobre ela.

Aquele que separou desde o princípio o pensamento do afeto, termina por bloquear o caminho para explicitar as causas do próprio pensamento, pois a análise determinista do pensamento necessariamente pressupõe a descoberta dos motivos, necessidades e interesses, impulsos e tendências que movem o pensamento e orientam seu movimento para esta ou aquela direção. Do mesmo modo, aquele que separa o pensamento do afeto, inviabiliza de antemão o estudo da influência contrária do pensamento sobre o aspecto afetivo e volitivo da vida psíquica, pois o exame determinista da vida psíquica exclui tanto a possibilidade de se atribuir ao pensamento de uma força mágica de determinar o comportamento humano unicamente por seu sistema, como a conversão do pensamento em um apêndice dispensável do comportamento, em uma sombra impotente e inútil.

A análise que desmembra um todo complexo em unidades, novamente mostra o caminho para a resolução dessa questão de importância vital para todas as teorias por nós consideradas. Ela mostra que existe um sistema dinâmico semântico que é uma *totalidade de processos afetivos e intelectuais*. Ela mostra que toda ideia contém, de forma reelaborada, uma relação afetiva da pessoa com a realidade que é representada nessa ideia. Ela permite revelar o movimento direto da necessidade dos impulsos da pessoa até determinada direção de seu pensamento e o movimento inverso, da dinâmica do pensamento para a dinâmica do comportamento e a realidade concreta da personalidade.

Não nos deteremos em outros problemas, uma vez que, por um lado, eles não puderam ser incluídos como objetos diretos de pesquisa em nosso trabalho e, por outro, serão abordados por nós no capítulo final do presente trabalho, quando da discussão das perspectivas que se abrem diante de nós. Diremos apenas que o método que empregamos permite não apenas revelar a totalidade interna de pensamento e linguagem, como também investigar de forma produtiva a relação do pensamento verbal e com a vida da consciência como um todo, bem como com cada uma de suas funções mais importantes.

Na conclusão deste capítulo, resta-nos apenas esboçar brevemente nosso programa de pesquisa. Nosso trabalho é uma investigação psicológica única de um problema altamente complexo; ele deve ser composto por um conjunto de pesquisas particulares de caráter crítico-experimental e teórico. Iniciaremos nosso trabalho pela investigação crítica da teoria da linguagem e do pensamento que assinala o ápice do pensamento psicológico sobre essa questão, mas que, não obstante, constitui um caminho diametralmente oposto àquele por nós escolhido para o exame teórico desse problema. Essa primeira investigação deve nos levar à colocação de todas as questões fundamentais e concretas da psicologia contemporânea do pensamento e da linguagem e introduzi-las no contexto de um vivo significado psicológico contemporâneo.

Investigar um problema como o pensamento e a linguagem significa, ao mesmo tempo, para a psicologia contemporânea, travar uma luta ideológica contra visões e concepções teóricas opostas.

A segunda parte de nossa pesquisa é dedicada à análise teórica dos principais dados sobre o desenvolvimento do pensamento e da linguagem nos planos filo e ontogenético. Devemos mencionar desde já o ponto de partida no desenvolvimento do pensamento e da linguagem, uma vez que uma concepção incorreta sobre as raízes genéticas do pensamento e da linguagem constitui a causa mais frequente de teorias equivocadas sobre essa questão. O centro de nossa pesquisa é o estudo experimental do desenvolvimento de conceitos na infância. A investigação se divide em duas partes: na primeira, examinamos o desenvolvimento de conceitos artificiais, elaborados experimentalmente; na segunda, tentaremos estudar o desenvolvimento de conceitos reais na criança.

Por fim, na parte final de nosso trabalho, tentaremos, com base em pesquisas teóricas e experimentais, submeter a uma análise a estrutura e o funcionamento do processo de pensamento verbal como um todo.

O que une todas essas pesquisas é a *ideia de desenvolvimento*, que tentamos aplicar, em primeiro lugar, à análise e ao estudo do significado da palavra como totalidade de linguagem e pensamento.

Notas da edição em inglês

[3] Vigotski pode estar se referindo a experimentos como os de Jacobsson (1923). Tais experimentos sobre imaginação e pensamento verbal foram replicados e expandidos por Max (1935). Os editores obtiveram acesso a essas referências por meio de Crafts et al. (1938).

[4] Um exemplo exaustivo de como conceitos hegelianos-marxistas, tais como "salto dialético", podem ser aplicados a uma ampla variedade de fenômenos naturais é a obra *Dialética da natureza*, de Engels. Embora Vigotski não fosse exatamente um marxista ortodoxo e dogmático, essa passagem é uma entre várias que ilustram seu uso criativo dos conceitos do materialismo dialético e sua inequívoca orientação socialista na formulação de seus conceitos psicológicos, psicolinguísticos e educacionais.

2
Raízes genéticas do pensamento e da linguagem[14]

1

Um fato fundamental com o qual nos deparamos no estudo genético do pensamento e da linguagem consiste em que a *relação* entre esses processos não é uma grandeza constante e imutável ao longo de todo o desenvolvimento, mas uma grandeza variável. A relação entre pensamento e linguagem[15] [1] se transforma no processo e no desenvolvimento, tanto em

---

14. Traduzido a partir do v. 2, "Problemi obschei psikhologuii", de *Sobranie Sotchinénii v chesti tomakh* (Vigotski, 1982b, p. 89–118) que também corresponde ao quarto capítulo de *Pensamento e linguagem* [N.T.].

15. O termo russo *rietch* não se refere necessariamente à linguagem enquanto sistema geral ou a um idioma em particular, mas ao emprego desse sistema na comunicação, na fala ou na escrita. De fato, em *Michliénie e riétch (Pensamento e linguagem)*, Vigotski investiga a natureza psicológica da linguagem enquanto elemento ativo na formação do psiquismo, diferentemente do que faz um linguista, que se ocupa do sistema e sua estrutura, sem *se* dedicar a questões relativas ao desenvolvimento psicológico humano. Na presente tradução, foi feita a opção por traduzir *riétch* como "linguagem". Tal escolha se fundamentou em duas razões. Em primeiro lugar, de acordo com o Dicionário Caldas Aulete, as duas primeiras acepções do vocábulo se referem ao sistema de sinais usados para expressar o pensamento, seja na fala ou na escrita; a terceira acepção está ligada ao modo de se expressar próprio de um grupo (jargão); ao passo que a quarta acepção define linguagem como "fala, linguajar". Dessa forma, trata-se, em português, *de* um vocábulo que abrange um escopo e uma variedade de significados condizente com as acepções do termo russo *riétch*, mostrando-se conveniente para verter, sem embaraços ou incongruências, locuções como "*vnútrennaia riétch*" (linguagem interna) e "*písmennaia riétch*" (linguagem escrita). Em segundo lugar, tal escolha está relacionada a um dos principais debates teóricos do livro, e deste capítulo em particular, isto é, a discussão das ideias de Jean Piaget sobre a linguagem egocêntrica da criança. A expressão em francês é "*langage égocentrique*" (e não "*parole*", fala). Assim, ao usarmos "linguagem", buscamos não perder de vista o diálogo teórico travado por Vigotski nessa obra e sua relação com um certo léxico psicológico vigente em sua época. É preciso considerar que, geralmente, Vigotski sustentava o *uso de* termos psicológicos correntes, ainda que atribuísse a eles uma conotação própria, que *se* dotava de um sentido particular dentro de suas elaborações teóricas. É o caso *do* uso que o autor fez dos conceitos como reflexo, reação, vivência, consciência, inconsciente etc. Reiteradas vezes em sua obra, Vigotski defendeu a ideia de que uma palavra sofre ressignificações ao longo do tempo, assumindo sentidos que podem estar muito distantes do termo inicial (esta é,

termos do significado quantitativo quanto qualitativo. Em outras palavras, o desenvolvimento da linguagem e do pensamento não ocorre de forma paralela e uniforme. As curvas de desenvolvimento de ambos se aproximam e se afastam reiteradamente, cruzam-se, nivelam-se em certos períodos e seguem de forma paralela, chegando a se fundir em algumas partes, e em seguida novamente se ramificam.

Isso é correto tanto em relação à filogênese quanto à ontogênese. A seguir tentaremos estabelecer que, no processo de desagregação, involução e alteração patológica, a *relação* entre pensamento e linguagem não é constante para todos os casos de perturbação, atraso, desenvolvimento inverso, alteração patológica do intelecto ou da linguagem, mas ela sempre assume uma forma específica, característica justamente para aquele tipo de processo patológico, para aquele quadro de perturbação e atraso.

Voltando ao desenvolvimento, antes de qualquer coisa é preciso dizer que o pensamento e a linguagem têm raízes genéticas totalmente diferentes. Esse fato pode ser considerado firmemente estabelecido por uma série de pesquisas no campo da psicologia animal. O desenvolvimento de determinada função não apenas tem raízes diferentes, como segue linhas distintas por todo reino animal.

Têm um significado decisivo para o estabelecimento desse fato de primeira importância as mais novas pesquisas sobre o intelecto e a linguagem em macacos antropoides, em particular nas pesquisas de Köhler (1921) e R. Yerkes[16] (1925).

Nos experimentos de Köhler temos uma prova absolutamente clara de que rudimentos do intelecto, ou seja, o pensamento no sentido próprio da palavra, surgem nos animais independentemente do desenvolvimento da linguagem e, em geral, não estão ligados aos seus êxitos. As "invenções" do macaco, que se manifestam na produção e uso de instrumentos e na aplicação de desvios na resolução de tarefas, constituem sem qualquer sombra

---

inclusive, uma das teses de *Pensamento e linguagem*). Veja-se, por exemplo, asdiversas menções à comparação espinosiana entre o animal "cão" e a constelação "Cão Maior". Nas situações em que o autor se refere explicitamente à vocalização, à sonorização, foi utilizado o termo "fala", como na fórmula "fala menos som". Já o adjetivo "retchevói", de mesmo radical, foi traduzido como "verbal", como, por exemplo, na locução "retchevóe michliénie" (pensamento verbal) [N.T.].

16. Robert Yerkes (1876-1956), psicólogo americano, behaviorista. Especialista no campo da zoopsicologia e da psicologia comparada, realizou especialmente pesquisas com macacos.

de dúvida, uma fase primária do desenvolvimento do pensamento, mas uma fase pré-linguagem.

A principal conclusão de todas essas pesquisas, para o próprio Köhler, é o estabelecimento do fato de que o chimpanzé apresenta mesmo tipo e gênero de rudimentos do comportamento intelectual que o ser humano (Köhler, 1921, p. 191). A ausência de linguagem e o caráter limitado dos estímulos vestigiais, as assim chamadas representações, são as principais causas para o fato de que entre o antropoide e o ser humano mais primitivo existe uma diferença enorme. Köhler diz:

> A ausência desse meio auxiliar infinitamente valioso (a língua) e o caráter fundamentalmente limitado do mais importante material intelectual, as assim chamadas representações, são, portanto, os motivos por que até mesmo o mais rudimentar desenvolvimento cultural é impossível para o chimpanzé (Köhler, 1921, p. 192).

A presença de um intelecto de tipo humano com ausência de qualquer linguagem de tipo humano e a independência das operações intelectuais em relação à "linguagem" do antropoide: assim seria possível formular sinteticamente a principal conclusão que se pode tirar das pesquisas de Köhler em relação ao problema que nos concerne.

Como se sabe, as pesquisas de Köhler suscitaram muitas reações críticas; a literatura sobre essa questão já é bastante volumosa, tanto pela quantidade de trabalhos críticos quanto pela variedade de perspectivas teóricas e pontos de vista fundamentais que são representados neles. Entre psicólogos de diferentes orientações e escolas não há consenso quanto à questão de qual explicação teórica deve ser dada aos fatos informados por Köhler.

O próprio Köhler limita sua tarefa. Ele não desenvolve nenhuma teoria do comportamento intelectual (Köhler, 1921, p. 134), limitando-se à análise de observações factuais e abordando explicações teóricas apenas na medida em que surge a necessidade de mostrar a peculiaridade específica das reações intelectuais em comparação às reações que emergem pelo processo casual de tentativa e erro, seleção de casos bem-sucedidos e combinação mecânica de movimentos isolados.

Ao refutar a teoria da casualidade na explicação da origem das reações intelectuais no chimpanzé, Köhler se limita a uma posição teórica *puramente negativa*. De forma decisiva, mas outra vez puramente negativa,

Köhler se separa das concepções biológicas idealistas de Hartman e sua teoria sobre o inconsciente, de Bergson[17] com sua concepção de *elan vital*, os neovitalistas e psicovitalistas com seu reconhecimento de "forças intelectuais" na matéria viva. Todas essas teorias, que recorrem de forma aberta ou dissimulada a explicações por meio de agentes extrassensíveis ou diretamente ao milagre, estão, para ele, fora das fronteiras do conhecimento científico (Köhler, 1921, p. 152-153): "devo assinalar com toda insistência que não existem, absolutamente, alternativas: casualidade ou agentes extrassensíveis (*Agenten jenseits der Erfahrung*)" (Köhler, 1921, p. 153).

Dessa forma, nem entre os psicólogos de diferentes orientações, nem mesmo no próprio autor, encontramos uma teoria minimamente acabada e cientificamente convincente do intelecto. Ao contrário, os adeptos coerentes da psicologia biológica (E. Thorndike[18], V.A. Vanger[19], V.M. Boróvski)[20] e os psicólogos subjetivistas (K. Bühler, P. Lindvorski, E. Jaensch), cada um com seu ponto de vista, contestam, por um lado, a posição fundamental de Köhler sobre a não redutibilidade do intelecto do chimpanzé ao bem estudado método de tentativa e erro, e, por outro, a semelhança entre o intelecto do chimpanzé e o do ser humano e a presença de um pensamento de tipo humano nos antropoides.

O mais impressionante é que tanto os psicólogos que não observaram nas ações dos chimpanzés nada além do que já está contido no mecanismo do instinto e de "tentativa e erro", "nada além do conhecido processo de formação de habilidades" (Borovski, 1927, p. 179), como os psicólogos que temem rebaixar a raiz do intelecto ao nível do comportamento superior do macaco, ambos reconhecem, em primeiro lugar, o aspecto factual das

---

17. Henri Bergson (1859-1941), filósofo francês, escritor e psicólogo. Membro da Academia Francesa, laureado com o Prêmio Nobel de Literatura. Um dos criadores do intuitivismo, da filosofia à vida, teve grande influência sobre o existencialismo. A realidade primeira, para Bergson, é a vida, que se distingue da matéria e do espírito, que são resultado de sua degradação. A essência da vida pode ser alcançada apenas pela intuição. No campo da psicologia, criou uma concepção especial de memória.

18. Edward Thorndike (1874-1949), psicólogo americano, primeiro behaviorista. Formulou a lei segundo a qual a aprendizagem ocorre pelo método de tentativa e erro; elaborou um conjunto de procedimentos de pesquisa do comportamento de animais com ajuda de uma "caixa-problema" (uma gaiola com um segredo, um mecanismo que o animal deve "descobrir").

19. Vladímir Aleksándrovitch Vagner (1849-1934), biólogo, zoólogo e psicólogo russo. Fundador da Escola de Psicologia Comparada na Rússia. Elaborou a ideia de evolução por linhas puras e mistas, que exerceram grande influência sobre Vigotski no período final de sua vida, com a criação da concepção de sistemas funcionais.

20. Vladímir Masksímovitch Boróvski (1882-?), psicólogo russo. Especialista em psicologia animal. Posteriormente afastou-se da psicologia científica e ocupou-se da zoologia.

observações de Köhler e, em segundo lugar, e que tem importância especial para nós, a independência das ações do chimpanzé em relação à linguagem.

Assim, Bühler tem toda razão ao dizer que

> A ação do chimpanzé *é totalmente independente da linguagem*, e na vida posterior do ser humano o pensamento técnico e instrumental (Werkzeugdenken) está muito mais ligado à linguagem e a conceitos do que outras formas de pensamento (1930, p. 48).

Adiante devemos voltar a essa indicação de Bühler. De fato, tudo de que dispomos sobre essa questão no campo das pesquisas experimentais e das observações clínicas fala em favor de que, no pensamento da pessoa adulta, a relação entre intelecto e linguagem não é constante e idêntica para todas as funções e para todas as formas de atividade intelectual e de linguagem.

Ao refutar a opinião de L. Hobhouse[21] que atribuiu aos animais um "juízo prático", e de Yerkes, que encontrou processos de "ideação" em macacos superiores, Boróvski também questiona:

> Terão os animais algo semelhante às habilidades linguísticas do ser humano? [...] Parece-me que o mais correto seria dizer que, no estágio atual de nossos conhecimentos, não há motivos para atribuir habilidades linguísticas aos macacos, tampouco a qualquer outro animal que não o ser humano (1927, p. 189).

Contudo, o caso se resolveria de modo excepcionalmente simples se realmente não encontrássemos no macaco nenhum rudimento de linguagem, nada que revelasse alguma relação genética com ela. Na realidade, pesquisas recentes mostram que encontramos no chimpanzé um nível relativamente elevado de "linguagem", em alguns aspectos (principalmente no fonético) e até certo ponto semelhante ao humano. E o mais notável é que a linguagem do chimpanzé e o seu intelecto funcionam de forma independente um do outro.

Köhler escreve sobre a "linguagem" de chimpanzés que ele observou ao longo de muitos anos em um estágio antropoide na Ilha de Tenerife: "suas manifestações fonéticas, sem exceção, expressam apenas seus anseios e estados subjetivos; consequentemente, tratam-se de expressões emocionais, mas nunca um signo de algo 'objetivo'" (Köhler, 1921, p. 27).

---

21. Leonard Hobhouse (1864-1929), zoólogo e filósofo inglês. Tentou aplicar dados antropológicos e fisiológicos a investigações sociais.

Contudo, na fonética do chimpanzé encontramos uma grande quantidade de elementos sonoros semelhantes à fonética humana que podem nos fazer supor com segurança que a ausência de uma linguagem "de tipo humano" entre os chimpanzés não pode ser explicada por motivos periféricos. Delacroix tem total fundamento ao considerar absolutamente correta a conclusão de Köhler sobre a língua dos chimpanzés, indicando que os gestos e a mímica dos macacos (evidentemente não por motivos periféricos) não apresenta o menor vestígio de que eles expressem (ou melhor, designem) algo objetivo, ou seja, de que eles *desempenhem a função de signo* (Delacroix, 1924, p. 77).

O chimpanzé é um animal extremamente social, e seu comportamento só pode ser verdadeiramente compreendido quando ele se encontra com outros animais. Köhler descreveu formas muito variadas de "comunicação verbal" entre chimpanzés. Em primeiro lugar, devem ser colocados os movimentos expressivo-emocionais, muito vivos e ricos entre os chimpanzés (mímica e gestos, reações sonoras). A seguir há os movimentos expressivos de emoções sociais (gestos de saudação etc.). Contudo, tanto esses gestos, segundo Köhler, como seus sons expressivos jamais designam ou descrevem algo objetivo.

Os animais compreendem perfeitamente a mímica e os gestos uns dos outros. Com ajuda dos gestos, eles expressam não apenas seus estados emocionais, diz Köhler, como também desejos e impulsos direcionados a outros macacos ou a objetos. A forma mais difundida em tais casos é quando o chimpanzé *começa* certo movimento ou ação que ele quer realizar ou para a qual ele deseja despertar outro animal (empurrar outro animal e iniciar o movimento quando o chimpanzé está chamando outro para acompanhá--lo; movimento de tentar alcançar algo quando o macaco quer que outro o ajude a pegar uma banana etc.). Todos esses são gestos diretamente ligados à própria ação.

Em geral, essas observações confirmam integralmente a ideia de W. Wundt de que o gesto indicador, que constitui o estágio mais primitivo do desenvolvimento da língua humana e que não é encontrado ainda entre os animais, entre os macacos ele se encontra em um *estágio de transição* entre o movimento de tentar alcançar e o movimento de apontar. Em todo caso, tendemos a ver nesse gesto intermediário um passo muito importante da linguagem puramente emocional para uma linguagem objetiva.

Em outro momento, Köhler aponta para o fato de que, com ajuda de tais gestos estabelece-se na experiência uma explicação primitiva que substitui a instrução verbal. Esse gesto está mais próximo da linguagem humana do que a execução por parte dos macacos de ordens verbais dos guardas espanhóis, o que, em essência, não se distingue absolutamente da execução dos cachorros (coma, entre etc.).

Os chimpanzés observados por Köhler, ao brincar, "desenhavam" com argila colorida, usando primeiro os lábios e a língua como pincéis, depois com o próprio pincel (Köhler, 1921, p. 70), mas esses animais – que sempre, como regra, traziam para a brincadeira procedimentos de comportamento (uso de instrumentos) elaborados por eles em situações sérias (nos experimentos) e o inverso, procedimentos lúdicos aplicados na vida – nunca apresentaram o menor vestígio de criação de um signo ao desenharem. Diz Bühler, "até é do nosso conhecimento, é muito improvável que os chimpanzés tenham visto algum signo gráfico nas manchas" (1930, p. 320).

Essa circunstância, como diz o autor em outro momento, tem um significado geral para a correta avaliação da "semelhança com o humano" no comportamento do chimpanzé.

> Há fatos que suscitam cautela na superestimação das ações dos chimpanzés. Sabemos que nunca um viajante tomou um gorila ou chimpanzé por pessoa, que nunca foi encontrado entre eles instrumentos ou métodos tradicionais, diversos para povos distintos e que indicam uma transmissão de uma geração a outra de alguma descoberta. Nenhum arranhão sobre argila ou arenito que pudesse ser tomado por um *desenho que representasse algo* ou mesmo ornamentos na brincadeira. Nenhuma *língua* representativa, ou seja, sons que equivalham a nomes. Tudo isso em conjunto deve ter um fundamento interno (Bühler, 1930, p. 42-43).

Yerkes, ao que parece, é o único dos novos pesquisadores dos macacos hominoides que vê a causa da ausência de uma língua semelhante à humana em chimpanzés não em "fundamentos internos". Sua pesquisa do intelecto do orangotango levou-o, de modo geral, a resultados muito parecidos com os dados de Köhler. Não obstante, na interpretação desses resultados ele foi muito além de Köhler. Ele considera que o orangotango pode constatar uma "ideação superior", ainda que ela não supere o pensamento de uma criança de 3 anos (Yerkes, 1916, p. 132).

Porém, uma análise crítica da teoria de Yerkes revela facilmente o erro fundamental desse pensamento: não há qualquer evidência objetiva de que o orangotango resolve as tarefas que lhe são colocadas por meio de processos de "ideação superior", ou seja, de representações ou estímulos vestigiais. No fim das contas a analogia baseada na semelhança exterior entre o comportamento do orangotango e o do ser humano tem para Yerkes um significado decisivo na definição de "ideação" no comportamento.

Mas isso, é claro, não é uma operação científica suficientemente convincente. Não queremos dizer que ela não pode ser aplicada na pesquisa sobre o comportamento de animais de tipo superior; Köhler mostrou perfeitamente como se pode, dentro dos limites da objetividade cientifica, fazer uso disso, e nós teremos oportunidade a seguir de voltarmos a isso. Contudo, não há quaisquer dados científicos para fundamentar toda conclusão em tal analogia.

Ao contrário, com a exatidão da análise experimental, Köhler mostrou que justamente a influência da situação óptica atual é determinante para o comportamento do chimpanzé. Bastaria (especialmente no começo dos experimentos) afastar o bastão, que o chimpanzé usava como instrumento para alcançar a fruta que estava atrás de uma grade, um pouco adiante, para um pouco mais longe, de modo que o bastão (instrumento) e a fruta (objetivo) deixassem de estar em um mesmo campo óptico, e a resolução da tarefa tornava-se muito mais difícil, por vezes até impossível.

Bastaria que dois bastões (o chimpanzé enfia um na abertura do outro para, com esse instrumento alongado, alcançar um objetivo mais distante) fossem colocados em forma de cruz na mão do chimpanzé para que a conhecida e, muitas vezes, aplicada operação de prolongamento do instrumento se tornasse impossível para o animal.

Seria possível apresentar ainda dezenas de dados experimentais que endossam o mesmo, mas basta lembrar que: 1) a presença da situação óptica atual e primitiva é considerada por Köhler uma condição comum, fundamental e metodologicamente necessária para qualquer pesquisa com o intelecto do chimpanzé, uma condição sem a qual o intelecto do chimpanzé sequer é capaz de se pôr em funcionamento; 2) é justamente a limitação fundamental das representações ("ideações") que, segundo as conclusões de Köhler, constituem o traço básico e comum que caracteriza o comportamento intelectual do chimpanzé; basta lembrarmos esses dois pontos para considerarmos a conclusão de Yerkes mais do que duvidosa.

Acrescentamos: esses dois pontos não são considerações ou convicções gerais, que não se sabe de onde vieram, mas as únicas conclusões lógicas de todos os experimentos feitos por Köhler.

A mais recente pesquisa de Yerkes sobre o intelecto e a língua dos chimpanzés está ligada ao suposto "comportamento de ideação" em macacos humanoides. Quanto ao intelecto, os novos resultados antes confirmam o que fora estabelecido por pesquisas anteriores do próprio autor e de outros psicólogos, do que ampliam, aprofundam ou, mais precisamente, delimitam esses dados. Já sobre a pesquisa sobre a linguagem, esses experimentos e observações oferecem novos materiais factuais e uma nova tentativa extremamente corajosa de explicar a ausência de uma linguagem semelhante à humana entre os chimpanzés.

Segundo Yerkes, "as reações vocais são muito frequentes e variadas entre os chimpanzés jovens, mas linguagem no sentido humano do termo inexiste" (1925, p. 53). O aparato vocal é desenvolvido e funciona tão bem quanto o humano, mas eles não têm a tendência de imitar sons. Sua imitação se limita quase exclusivamente ao campo dos estímulos visuais; eles imitam ações, mas não sons. Não são capazes de fazer aquilo que os papagaios fazem tão bem:

> Se a tendência imitativa do papagaio se unisse a um intelecto como o do chimpanzé, este último sem dúvida dominaria a linguagem, pois ele é dotado de um mecanismo vocal que pode ser comparado ao humano, bem como de um tipo e nível de intelecto com o qual ele seria inteiramente capaz de efetivamente usar os sons com a linguagem como fim (Yerkes, 1925).

Yerkes utilizou experimentalmente quatro métodos para ensinar a chimpanzés o uso humano dos sons ou, como ele mesmo diz, a linguagem. Todos esses experimentos levaram a um resultado negativo. Claro que os resultados negativos por si mesmos não podem ter importância decisiva para o problema fundamental: Será possível ensinar a linguagem aos chimpanzés? Köhler mostrou que os resultados negativos quanto à presença de intelecto em chimpanzés, aos quais haviam chegado experimentadores anteriores, são determinadas antes de tudo pela organização incorreta dos experimentos, pelo desconhecimento da "zona de dificuldade", em cujos limites, e somente dentro deles, é possível que o intelecto dos chimpanzés se manifeste pelo desconhecimento da propriedade fundamental desse intelecto (sua relação com a situação óptica atual etc.). A causa dos resultados negativos pode, com frequência muito maior, estar no próprio pesquisador do que no fenômeno estudado. O fato de que o chimpanzé não conseguiu resolver certa tarefa em determinadas condições não quer dizer, absolutamente, que ele seja incapaz de resolver quaisquer tarefas, sob quaisquer condições. Segundo a observação sagaz de Köhler a esse respeito, "as pesquisas sobre a capacidade intelectual testam, além do sujeito, o próprio experimentador" (Köhler, 1921, p. 191).

Contudo, sem dar nenhuma importância aos resultados negativos dos experimentos de Yerkes, temos total fundamento para colocá-los ao lado daquilo que conhecemos por outras fontes sobre a língua dos macacos, e em relação a isso seus experimentos mostram, por um lado, que não há linguagem de tipo humano nem mesmo rudimentos dela e – pode-se supor – nem pode haver (é claro que é preciso distinguir ausência de linguagem de impossibilidade de incuti-la artificialmente em condições criadas experimentalmente).

Quais as causas disso? Como mostram os experimentos e observações de Learned, colaboradora de Yerkes, o não desenvolvimento do aparato vocal e a fonética precária não podem ser considerados como tal. Yerkes considera como causa a ausência ou a fragilidade da imitação auditiva. Claro que ele tem razão no fato de que a ausência de imitação auditiva pode ser o motivo mais imediato para o fracasso de seus experimentos, mas dificilmente pode se dizer que ele está correto ao ver nisso o motivo principal para a ausência de linguagem em macacos. Tudo o que sabemos sobre o intelecto do chimpanzé desfavorece a posição que Yerkes considera categoricamente como algo objetivamente estabelecido.

Onde está o fundamento (objetivo) para a afirmação de que o intelecto do chimpanzé tem o tipo e o nível necessários para a constituição da linguagem humana? Yerkes tinha um excelente procedimento experimental para verificar e comprovar sua posição, um procedimento que ele, por algum motivo, não utilizou e ao qual nós teríamos total disposição a recorrer para a resolução experimental da questão caso houvesse possiblidade exterior para tal.

Esse procedimento consiste em desconsiderar a influência da imitação auditiva no experimento de ensino da linguagem a chimpanzés. A linguagem não existe exclusivamente em sua forma sonora. Surdos-mudos criaram e fazem uso de uma linguagem visual, da mesma forma que crianças surdas-mudas aprendem a compreender nossa linguagem por leitura labial (ou seja, pelo movimento dos lábios). Na língua dos povos primitivos, como mostra Lévy-Bruhl (1922), a linguagem dos gestos existe ao lado da sonora e desempenha um papel fundamental. Por fim, a linguagem não é, por princípio, necessariamente ligada ao material (cf. linguagem escrita). É possível, como observa o próprio Yerkes, que o chimpanzé consiga aprender a usar os dedos, como fazem os surdos-mudos, ou seja, aprender a língua de sinais.

Se é verdade que o intelecto do chimpanzé é capaz de dominar a linguagem humana e o único problema é que ele não detém a capacidade imitativa sonora do papagaio, é certo que, em condições experimentais, ele deve ser capaz de dominar o gesto convencional que, por sua função psicológica, corresponderia integralmente ao som convencional. Ao invés dos sons "va-va" ou "pa-pa", que foram empregados por Yerkes, a reação de linguagem do chimpanzé seria executar certos movimentos com as mãos, que, digamos, indicam determinados sons no alfabeto manual dos surdos-mudos, ou quaisquer outros movimentos. O cerne da questão não é absolutamente o som, mas o *uso funcional do signo*, que corresponde à linguagem humana.

Tais experimentos não foram realizados, e não podemos afirmar com certeza quais resultados eles produziriam. Mas tudo o que sabemos sobre o comportamento do chimpanzé, inclusive daqueles que passaram pelos experimentos de Yerkes, não oferece o menor fundamento para se esperar que o chimpanzé de fato domine a linguagem no sentido funcional. Supomos isso simplesmente porque não conhecemos nenhum indício de uso de signos em chimpanzés. A única coisa de que sabemos com certeza objetiva sobre o intelecto do chimpanzé não é a presença de "ideação", mas o fato de que, sob certas condições, o chimpanzé é capaz de usar e produzir instrumentos simples e empregar rotas de desvio.

Com isso, não queremos absolutamente dizer que a presença de "ideação" seja uma condição necessária para o surgimento da linguagem. Essa é uma questão posterior. Contudo, não há dúvidas de que, para Yerkes, existe uma relação entre a suposição de "ideação" como forma básica de atividade intelectual de antropoides e a afirmação da possibilidade de linguagem humana neles. Essa ligação é tão evidente e importante que valeria a pena descartar a teoria da "ideação", ou seja, valeria tomar outra teoria do comportamento intelectual do chimpanzé, uma vez que, assim, a possibilidade de que o chimpanzé venha a dominar a linguagem humana também possa ser descartada.

Na realidade, se justamente a "ideação" estiver na base da atividade intelectual do chimpanzé, por que não seria possível admitir que resolve como um humano tarefas representadas pela linguagem, pelo signo em geral, da mesma forma como ele resolve tarefas mediante o uso de instrumentos? (É verdade que, ainda assim, isso permanece como suposição e está longe de ser um fato estabelecido.)

Não há necessidade de verificar criticamente neste momento a veracidade dessa analogia psicológica entre as tarefas de uso de instrumentos e de emprego dotado de sentido da linguagem. Haverá oportunidade para fazê-lo quando tratarmos do desenvolvimento ontogenético da linguagem. Por ora basta relembrar o que já dissemos sobre "ideação" para revelar toda a instabilidade, a falta de fundamento, a falta de base da teoria da linguagem do chimpanzé desenvolvida por Yerkes.

Lembremos, de fato, que justamente a ausência de "ideação", ou seja, a operação por meio de vestígios de estímulos não existentes, ausentes, é característica do intelecto do chimpanzé. A presença da situação óptica atual, facilmente visível, totalmente evidente é condição necessária para que o macaco recorra ao uso correto do instrumento. Será que existem condições (falamos até aqui intencionalmente apenas de *uma condição*, ademais, uma condição *puramente psicológica*, pois estamos considerando a situação experimental de Yerkes), em tal situação, em que o chimpanzé deve manifestar um uso funcional do signo, o uso da linguagem?

Não é necessária uma análise especial para que essa questão seja respondida negativamente. Não apenas isso: o uso de linguagem não pode, em nenhuma situação, tornar-se função da estrutura ópticas do campo visual. Ele exige outra espécie de operação intelectual, que *não é do tipo e nível* estabelecido entre os chimpanzés. Nada daquilo que conhecemos sobre o comportamento do chimpanzé corrobora para a existência de tal tipo de operação; ao contrário, como foi mostrado anteriormente, justamente a ausência de tal operação é considerada pela maioria dos pesquisadores como a característica fundamental que distingue o intelecto do chimpanzé do humano.

Em todo caso, suas posições podem ser consideradas indubitáveis. A primeira: o uso racional da linguagem é uma função intelectual que não é, de modo algum, determinada diretamente pela estrutura óptica. A segunda: em todas as tarefas que não envolviam estruturas ópticas, mas estruturas de outro tipo (mecânicas, p. ex.), o chimpanzé passa de um tipo intelectual de comportamento para o método puro de tentativa e erro. Por exemplo, operações simples do ponto de vista humano, como colocar uma caixa sobre outra mantendo o equilíbrio ou tirar um anel de um prego, mostram-se praticamente impossíveis para a "estática ingênua" e mecânica do chimpanzé (Köhler, 1921, p. 106-107). Isso está ligado a todas as estruturas não ópticas em geral.

Dessas duas posições decorre lógica e inevitavelmente que a suposição da possibilidade de que o chimpanzé pode dominar o uso da linguagem humana é extremamente improvável de um ponto de vista psicológico.

É curioso que, para designar as operações intelectuais do chimpanzé, Köhler usa o termo *Einsicht* (literalmente "compreensão"[22] no significado comum "razão"). Kafka aponta corretamente que, com esse termo, Köhler se refere, antes de tudo, a um exame puramente óptico, no sentido literal da palavra (Kafka, 1922, p. 130), e depois um exame das relações em geral, em oposição à imagem cega da ação.

É verdade que Köhler nunca apresenta nenhuma definição desse termo, tampouco uma teoria desse "entendimento". O fato é que, graças à ausência de uma teoria do comportamento descrito, esse termo, nas descrições factuais, adquire um significado duplo: ora ele designa uma peculiaridade típica da própria operação produzida pelo chimpanzé, a estrutura de suas ações, ora o processo psicofisiológico interno, que prepara essas ações e as precede, em relação ao qual as ações do chimpanzé são apenas a execução de um plano interno de operação.

Bühler insiste especialmente no caráter interno desse processo (1930, p. 33). Da mesma forma, Boróvski supôs que, se o macaco "não produz testes visíveis (não estende o braço), ele 'testa' com algum músculo" (1927, p. 184).

---

22. Vale observar que o termo alemão é composto pelo prefixo *ein-*, que indica movimento para dentro, e o radical *Sicht* (visão), equivalendo assim ao *insight* do inglês [N.T.].

Deixaremos de lado essa questão de importância vital para nós. Não podemos examiná-la em toda sua extensão neste momento e sequer temos dados factuais suficientes para sua resolução; em todo caso, o que foi dito a esse respeito está baseado antes em considerações teóricas gerais e analogias entre formas superiores e inferiores de comportamento (o método de tentativa e erro dos animais e o pensamento humano) do que em dados experimentais factuais.

É preciso reconhecer imediatamente que os experimentos de Köhler (mais ainda os de outros psicólogos menos objetivamente coerentes) não permitem responder a essa questão de forma minimamente determinada. Qual o mecanismo da reação intelectual? Essa questão não é respondida pelos experimentos de Köhler, nem de forma definitiva ou mesmo hipotética. Não há dúvidas, contudo, de que, não importa como imaginemos a ação desse mecanismo e onde localizemos o intelecto (nas próprias ações do chimpanzé ou em um processo interno preparatório, (no cérebro psicofisiológico ou em uma enervação muscular), de todo modo, essa posição sobre a determinação real e não vestigial dessa reação permanece válida, pois, fora da situação óptica atual, o intelecto do chimpanzé não funciona. Interessa-nos, agora, justamente e apenas isso.

A esse respeito, Köhler afirma: "o melhor instrumento perde todo seu significado para determinada situação se ela não pode ser percebida pelo olho de forma simultânea ou quase simultânea ao campo do objetivo" (Köhler, 1921, p. 39). Por percepção "quase simultânea", Köhler entende os casos em que cada elemento da situação não é percebido pelo olhar imediatamente e ao mesmo tempo, mas ou são percebidos em próxima contiguidade temporal do objetivo ou quando já foram colocados em tal situação reiteradas vezes anteriormente, ou seja, por sua função psicológica é como se fossem simultâneos.

Assim, essa análise um tanto alongada leva-nos, diferentemente de Yerkes, todas as vezes, a uma conclusão oposta quanto à possibilidade de haver uma linguagem de tipo humano em chimpanzés: mesmo nesse caso, se o chimpanzé, com seu intelecto, dominasse a tendência e a capacidade imitativa sonora do papagaio, continua sendo extremamente improvável supor que ele dominaria a linguagem.

Ainda assim, e isso é o mais importante em toda a questão, o chimpanzé tem uma linguagem rica e em outros aspectos bastante semelhantes à humana, só que essa linguagem relativamente bem desenvolvida ainda não tem muita coisa diretamente em comum com seu também relativamente bem desenvolvido intelecto.

Learned compôs um dicionário da língua dos chimpanzés com 32 elementos de "linguagem" ou "palavras", que não apenas lembram bastante os elementos da linguagem humana em termos fonéticos, mas que têm certo significado, no sentido de que eles são característicos para determinadas situações, por exemplo, situações ou objetos que suscitam o desejo ou satisfação, insatisfação ou raiva, impulso de fuga do perigo ou medo etc. (Yerkes, 1925, p. 54). Essas "palavras" foram coletadas e anotadas no momento de espera pela comida, no momento em que comiam na presença de um ser humano, no momento em que os chimpanzés estavam em dupla.

É fácil notar que esse é um dicionário de significados emocionais. Trata-se de reações sonoras emocionais, mais ou menos diferenciadas, e que até certo ponto têm uma ligação de reflexo condicionado com outros estímulos agrupados em torno da comida e assim por diante. Em essência, vemos que esse dicionário traz aquilo que Köhler disse a respeito da linguagem do chimpanzé em geral: trata-se de uma linguagem emocional.

O que pode nos interessar agora é o estabelecimento de três aspectos ligados a essa característica da linguagem do chimpanzé. O primeiro: essa ligação com movimentos expressivos e emocionais, que se torna um aspecto especialmente claro em momentos de forte excitação afetiva, não constitui uma peculiaridade específica do macaco humanoide. Ao contrário, ele é antes um traço absolutamente geral dos animais dotados de aparelho vocal. E essa forma de reação vocal expressiva, sem dúvida, está na base do surgimento e do desenvolvimento da linguagem humana. Segundo: os estados emocionais, especialmente os afetivos, constituem para os chimpanzés a esfera do comportamento, rica em manifestações de linguagem e extremamente desfavoráveis para o funcionamento das reações intelectuais. Köhler observa diversas vezes como a reação emocional e especialmente a afetiva arruinam totalmente a operação intelectual do chimpanzé.

Terceiro: o aspecto emocional não esgota a função da linguagem nos chimpanzés, e isso também não é uma propriedade exclusiva da linguagem dos macacos hominoides, ele também aproxima a linguagem deles com a língua de muitos outros tipos de animais, além de constituir uma raiz indiscutivelmente genética à função da linguagem humana correspondente. A linguagem não é apenas uma reação expressiva e emocional, mas um meio de contato psicológico de si com seu semelhante[23]. Assim como os macacos observados por Köhler, os chimpanzés de Yerkes e Learned sem dúvida apresentam essa função da linguagem. Contudo, essa função de contato não tem nenhuma ligação com a reação intelectual, ou seja, com o pensamento do animal. Trata-se de uma reação emocional que constitui parte evidente e indubitável do complexo de sintomas como um todo e que, seja do ponto de vista biológico ou do ponto de vista psicológico, desempenha uma função diferente das demais reações afetivas. Essa reação está longe de parecer a comunicação intencional, dotada de sentido, de algo ou mesmo de algum tipo de influência. Em essencial, trata-se de uma reação instintiva ou de algo muito próximo a isso.

Dificilmente seria possível duvidar de que essa função da linguagem pertence a antigas formas de comportamento e se aproxima geneticamente dos sinais ópticos e sonoros emitidos por guias de rebanho em comunidades de animais. Recentemente, em uma pesquisa sobre a *língua das* abelhas, Von Frisch[24] descreveu formas extremamente interessantes e muito importantes que desempenham uma função de ligação ou contato (Von Frisch, 1928); a despeito de toda peculiaridade dessas formas e da sua indubitável origem instintiva, é impossível não reconhecer o comportamento naturalmente semelhante à linguagem dos chimpanzés (Köhler, 1921, p. 44). Depois disso, dificilmente será possível duvidar da total independência entre esse tipo de linguagem e o intelecto.

Podemos apresentar algumas conclusões. Nosso interesse é a relação entre pensamento e linguagem no desenvolvimento filogenético de determinada função. Para elucidar isso, recorremos à análise de pesquisas e observações experimentais sobre a língua e o intelecto de macacos humanoides. Podemos formular brevemente as principais conclusões as quais chegamos e que nos são necessárias para a posterior análise do problema.

---

23. F. Hempelmann reconhece apenas a função expressiva da linguagem dos animais, embora não negue que sinais vocais de alerta, entre outros, não desempenhem uma função objetiva de comunicação (1926, p. 530) [N.A.].

24. Karl von Frisch (nascido em 1886), foi um fisiologista e um etólogo austríaco. Laureado pelo Prêmio Nobel. Decifrou o mecanismo de transmissão de informações de abelhas.

1. O pensamento e a linguagem têm diferentes raízes genéticas.

2. O desenvolvimento do pensamento e da linguagem seguem linhas diferentes e são independentes entre si.

3. A relação entre pensamento e linguagem não é de modo algum uma grandeza constante no decorrer de todo desenvolvimento filogenético.

4. Os antropoides apresentam um intelecto de tipo humano em certos aspectos (rudimentos do uso de instrumentos) e uma linguagem de tipo humano em aspectos totalmente distintos (fonética da linguagem, função emocional e rudimentos de função social da linguagem).

5. Os antropoides não apresentam uma relação característica do ser humano, uma ligação estreita entre pensamento e linguagem. No chimpanzé, um e outro não são, de modo algum, ligados diretamente entre si.

6. Na filogênese do pensamento e da linguagem, podemos constatar sem sombra de dúvidas uma fase pré-linguagem no desenvolvimento do intelecto e uma fase pré-intelectual no desenvolvimento da linguagem.

2

Na ontogênese, a relação entre ambas as linhas de desenvolvimento (do pensamento e da linguagem) é muito mais vaga e confusa. Contudo, deixando totalmente de lado a questão do paralelismo entre onto e filogênese ou sobre a relação mais complexa entre elas, aqui também podemos estabelecer diferentes raízes genéticas e diferentes linhas no desenvolvimento do pensamento e da linguagem.

Só muito recentemente obtivemos evidências objetivas e experimentais de que, em seu desenvolvimento, o pensamento da criança passa por um estágio pré-linguagem. Os experimentos de Köhler com chimpanzés foram reproduzidos, com as modificações necessárias, em crianças que ainda não dominam a linguagem. O próprio Köhler reiteradamente acenava para a comparação com crianças em seus experimentos. Nesse sentido, Bühler investigou, sistematicamente, crianças. Em um de seus experimentos, ele diz:

Essas são ações muito parecidas com ações de chimpanzés, pois essa fase da vida da criança pode perfeitamente ser chamada de idade chimpanzoide; essa fase engloba o 10°, 11° e 12° mês de vida [...]. Na idade chimpanzoide, a criança faz suas primeiras descobertas, muito primitivas, evidentemente, mas extremamente importantes no âmbito espiritual (Bühler, 1930, p. 97).

O que tem maior significado teórico nesses experimentos, assim como nos experimentos com chimpanzés, é a independência entre os fragmentos de reações intelectuais e a linguagem. Ao observar isso, Bühler afirma:

Diziam que no começo do desenvolvimento do ser humano (*Menschwerden*) havia a linguagem; é possível, mas antes dela havia pensamento instrumental (*Werkzeugdenken*), ou seja, compreensão de conexões mecânicas e invenção de meios mecânicos para finalidades mecânicas ou, para dizer de modo mais simples, antes da linguagem, a ação torna-se dotada de sentido subjetivo, o que é o mesmo que dizer que ela é consciente e voltada a um objetivo (1930, p. 48).

As raízes pré-intelectuais da linguagem no desenvolvimento da criança foram estabelecidas há muito tempo. O choro, o balbucio e mesmo as primeiras palavras da criança são estágios absolutamente claros no desenvolvimento da linguagem, porém são estágios pré-intelectuais. Eles não têm nada em comum com o desenvolvimento do pensamento.

Uma perspectiva amplamente aceita considerava a linguagem infantil, nesse estágio de seu desenvolvimento, predominantemente como forma emocional e comportamento. Pesquisas recentes (Bühler[25] e outros – primeiras formas de comportamento social da criança e inventário de suas reações no primeiro ano; e seus colaboradores Gettser e Tuder-Gart – as reações iniciais da criança à voz humana) mostraram que no primeiro ano de vida, ou seja, justamente durante o estágio pré-intelectual do desenvolvimento da linguagem, encontramos um rico desenvolvimento das funções sociais da linguagem.

O contato relativamente complexo e rico da criança leva a um desenvolvimento extraordinariamente precoce de seus meios de ligação. Foi possível estabelecer, fora de qualquer dúvida, uma reação inequivocamente específica à voz humana em crianças de apenas três semanas de vida (reações pré-sociais) e a primeira reação social à voz humana no segundo mês

---

25. Charlotte Bühler (nascida em 1893), psicóloga austríaca, esposa e coautora de Karl Bühler. Especialista em psicologia infantil.

(Bühler, 1927, p. 124). Da mesma forma o sorriso, o balbucio, o gesto de mostrar e outros gestos aparecem, nos primeiros meses de vida da criança, enquanto meios de contato social. Verifica-se, dessa forma, que a criança de 1 ano de idade já expressa claramente as duas funções da linguagem que conhecemos pela filogênese.

Porém, o mais importante que sabemos sobre o desenvolvimento do pensamento e da linguagem na criança consiste no seguinte: em determinado momento, próximo da primeira infância (cerca de 2 anos), as linhas de desenvolvimento do pensamento e da linguagem, que até então seguiam em paralelo, cruzam-se, coincidem e dão início a uma forma inteiramente nova de comportamento, muito característica do ser humano.

Antes e melhor do que outros, Stern descreveu esse importantíssimo evento no desenvolvimento da criança. Ele mostrou como surge na criança uma consciência vaga sobre o significado da língua e um impulso volitivo para dominá-la. Nessa época, a criança, segundo Stern, faz grandiosas descobertas em sua vida. Ela descobre que "cada coisa tem um nome" (1922a, p. 92).

Esse momento de virada, a partir do qual a linguagem se torna intelectual e o pensamento se torna verbal, caracteriza-se por duas características absolutamente indefectíveis e objetivas, segundo as quais é possível julgar com segurança se essa virada ocorreu no desenvolvimento da linguagem ou ainda não; além disso, em casos de desenvolvimento anormal ou atrasado, quanto esse momento está deslocado temporalmente em comparação ao desenvolvimento da criança de desenvolvimento típico. Esses dois aspectos estão intimamente ligados entre si.

O primeiro consiste em que a criança que passou por essa virada começa a *ampliar ativamente seu léxico* e seu vocabulário, perguntando como se chama cada coisa nova. O segundo aspecto diz respeito ao rápido crescimento, em saltos, do vocabulário, que emerge com base na ampliação ativa do léxico da criança.

Como se sabe, os animais podem assimilar determinadas palavras da linguagem humana e aplicá-las em situações correspondentes. Até a emergência desse período, a criança também assimila certas palavras, que são para ela estímulos condicionados ou substitutos de certos objetos, pessoas, ações, estados e desejos. Contudo, nesse estágio, a criança sabe tantas palavras quanto recebeu das pessoas que a circundam.

Agora isso se revela de forma fundamentalmente diferente. Ao ver um novo objeto, a criança pergunta como ele se chama. Ela precisa da palavra e busca ativamente dominar o signo que pertence ao objeto, o signo que serve para nomear e comunicar. Se, como mostrou corretamente Meumann, o primeiro estágio do desenvolvimento da linguagem infantil é, por seu significado psicológico, afetivo-volitivo, num segundo momento a linguagem entra em uma fase intelectual de desenvolvimento. É como se a criança descobrisse a função simbólica da linguagem. Segundo Stern,

> somente o processo que acabamos de descrever pode, sem sombra de dúvidas, ser definido como atividade de pensamento da criança, no sentido próprio da palavra; a compreensão das relações entre signo e significado, que aparece nesse estágio, tem algo de fundamentalmente diferente do simples uso de representações e associações entre elas; já a exigência de que cada objeto, independentemente do tipo, tenha um nome, pode, talvez, ser considerada o primeiro conceito geral da criança (Stern; Wilhelm, 1922a, p. 93).

Precisamos nos deter nisso, pois aqui, no ponto genético de intersecção entre pensamento e linguagem, ata-se, pela primeira vez, o nó daquilo que chamamos o problema do pensamento e da linguagem. Qual é esse momento, essa "grandiosa descoberta na vida da criança"? Estará correta a interpretação de Stern?

Bühler compara essa descoberta às invenções do chimpanzé: "é possível interpretar e revirar essa circunstância como quisermos, mas sempre o ponto decisivo se revela o paralelo psicológico com as invenções do chimpanzé" (Bühler, 1923, p. 55). A mesma ideia é desenvolvida por Koffka. Ele diz:

> a função de nomeação (*Namegebung*) é uma descoberta, uma invenção da criança, que revela um paralelo pleno com as invenções dos chimpanzés. Vimos que esses últimos são ações estruturais; portanto, podemos ver a nomeação como ação estrutural. Diríamos que a palavra entra na estrutura da coisa assim como o bastão entra na situação de desejo de obter a fruta (Koffka, 1926a, p. 243).

Seja como for, até que ponto é correta a analogia entre a descoberta da função significativa da palavra na criança e a descoberta do significado funcional do instrumento no bastão para o chimpanzé; como essas duas operações se distinguem. Essa questão será tratada à parte quando explicitarmos as relações funcional e estrutural entre pensamento e linguagem.

Devemos notar aqui apenas um aspecto de importância capital: apenas em um estágio relativamente elevado do desenvolvimento do pensamento e da linguagem torna-se possível a "grandiosa descoberta na vida da criança". Para que possa "descobrir" a linguagem, é preciso pensar.

Podemos formular brevemente nossas conclusões:

1. No desenvolvimento ontogenético do pensamento e da linguagem também encontramos diferentes raízes para cada um desses processos.

2. No desenvolvimento da linguagem da criança podemos constatar, indubitavelmente, um "estágio pré-intelectual", assim como há no desenvolvimento do pensamento um "estágio pré-linguagem".

3. Até certo ponto, o desenvolvimento de um e de outro segue por linhas distintas, independentes entre si.

4. Em determinado ponto, ambas as linhas se cruzam e, depois disso, o pensamento se torna verbal e a linguagem se torna intelectual.

3

Independentemente de como resolvamos a complexa e controversa questão teórica sobre a relação entre pensamento e linguagem, é impossível não reconhecer o significado excepcional dos processos de linguagem interna para o desenvolvimento do pensamento. O significado da linguagem interna para todo o nosso pensamento é tão grande que muitos psicólogos chegaram a igualar linguagem interna e pensamento. Para eles, o pensamento não é outra coisa senão uma linguagem refreada, contida, sem som. Contudo, a psicologia ainda não elucidou nem como ocorre a conversão da linguagem externa para a interior, nem em que idade, aproximadamente, ocorre essa importante transformação, como ela ocorre, o que ela suscita e quais são as suas características genéticas gerais.

Watson, que igualava pensamento e linguagem interna, constata, com toda razão, que não sabemos "em que ponto da organização de sua linguagem a criança realiza a passagem da linguagem aberta para o sussurro e, em seguida, para uma linguagem oculta", uma vez que essa questão "só foi estudada casualmente" (Watson, 1926, p. 293). Parece-nos, contudo, à luz de nossos experimentos e observações, além daquilo que sabemos sobre o desenvolvimento da linguagem nas crianças em geral, que a própria colocação do problema por Watson está equivocada em sua raiz.

Não há bases sólidas para que se suponha que o desenvolvimento da linguagem interna se realize por uma via puramente mecânica, por meio de uma gradual diminuição da sonoridade da linguagem, que a passagem da linguagem externa (aberta) para a interior (oculta) se dá pelo sussurro, ou seja, pela fala à meia-voz. Dificilmente acontece que a criança começa a falar cada vez mais baixo e, como resultado desse processo, chega, no fim das contas, na fala sem som. Em outras palavras, tendemos a rejeitar que a gênese da linguagem infantil tenha as seguintes etapas: fala em voz alta – sussurro – linguagem interna.

A outra suposição de Watson, igualmente malfundamentada em termos factuais, tampouco resolve o problema. Ele diz adiante, "talvez, desde o princípio, esses três tipos se movam juntos" (Watson, 1926, p. 293). Não há quaisquer dados objetivos que corroborem esse "talvez". Ao contrário, a profunda diferença funcional e estrutural entre a linguagem aberta e a interna, reconhecida por todos, depõe contra isso. Segundo Watson, as crianças de pouca idade "de fato pensam em voz alta", o que o autor explica, com total fundamento, pelo fato de que "o meio não exige uma conversão rápida da fala que nasce para fora em uma fala oculta" (Watson, 1926).

> Mesmo se pudéssemos acessar a todos os processos ocultos e registrá-los em uma placa sensível ou em um cilindro de fonógrafo, ainda assim haveria nele tanta abreviação, curtos-circuitos e economia que eles seriam irreconhecíveis, caso não acompanhássemos sua formação desde o ponto de partida, quando eles são completos e sociais em seu caráter, até seu estágio final, em que eles servem a adaptações individuais e não sociais (Watson, 1926, p. 294).

Qual o fundamento para se pressupor que dois processos tão distintos funcional (adaptação social e individual) e estruturalmente (transformação de um processo verbal até que ele se torne irreconhecível devido às abreviações, curtos-circuitos e economia), como é o caso dos processos de linguagem externa e interior, sejam *geneticamente* paralelos e se desenrolem em conjunto, ou seja, que sejam simultâneos ou ligados entre si logicamente por um terceiro processo intermediário (sussurro), que apenas mecânica e formalmente, segundo uma característica exterior e quantitativa, ou seja, puramente fenotípica, ocupa esse lugar intermediário entre os outros dois processos, mas que não tem nada de transitório em termos de relações funcionais ou estruturais, ou seja, genotipicamente.

Essa última afirmação pode ser verificada experimentalmente quando estudamos a linguagem dos sussurros em crianças de pouca idade. Nossa pesquisa mostrou que: 1) em termos estruturais o sussurro não apresenta nenhuma transformação significativa e afastamento da fala em voz alta, e, o principal, transformações características da linguagem interna; 2) no sentido funcional, o sussurro também se distingue drasticamente da linguagem interna e não apresenta sequer uma tendência de convergência com ela; 3) em termos genéticos, por fim, o sussurro pode aparecer muito cedo, mas não se desenvolve espontaneamente de forma perceptível antes da idade escolar. A única coisa que confirma a tese de Watson é a seguinte: já aos 3 anos de idade, sob pressão de demandas sociais, a criança passa, ainda que com dificuldade e por um curto período, a falar com voz mais baixa e em sussurro.

Detivemo-nos na perspectiva de Watson não apenas porque ela é altamente difundida e típica para a teoria do pensamento e da linguagem representada por esse autor, tampouco porque ela permite contrapor de modo evidente as análises genotípicas às fenotípicas da questão, mas, principalmente, por uma razão de ordem positiva. Tendemos a ver no modo como Watson coloca a questão uma indicação metodológica correta para a resolução de todo o problema.

Esse caminho metodológico consiste na necessidade de encontrar um elo intermediário que une os processos de linguagem externa e interna, um elo que seja de transição entre um processo e outro. Tentamos mostrar anteriormente que a visão de Watson, caso tomemos o sussurro como esse elo intermediário, não pode ser confirmada objetivamente. Ao contrário, tudo o que sabemos sobre o sussurro da criança corrobora a suposição de que o sussurro é um processo intermediário entre a linguagem externa e a interior. Contudo, a tentativa, escassa na maioria das pesquisas em psicologia, de encontrar esse elo intermediário é uma orientação absolutamente correta de Watson.

Tendemos a ver esse processo intermediário da linguagem externa para a interior, para a chamada linguagem egocêntrica infantil, descrita pelo psicólogo suíço Piaget (cf. primeiro capítulo deste livro). Isso é corroborado pelas observações de Lemaitre e outros autores sobre a linguagem interna na idade escolar. Essas observações mostraram que a linguagem interna do estudante ainda é altamente instável, inconstante; isso quer dizer que estamos diante de processos geneticamente jovens, ainda não totalmente formados e definidos.

Devemos dizer que, ao que parece, a linguagem egocêntrica, além de sua função puramente expressiva e de descarga, além do fato de que ela simplesmente acompanha a atividade da criança, ela facilmente *se transforma em pensamento no sentido próprio da palavra*, ou seja, assume a função de operação de planejamento, resolução de novas tarefas que surgem no comportamento.

Se essa suposição se justificasse no processo ulterior da pesquisa, poderíamos tirar uma conclusão de extrema importância teórica. Veríamos que a linguagem se torna psicologicamente interior antes de se tornar fisiologicamente interior. A linguagem egocêntrica, interior por sua função, é uma fala para si, que caminha para dentro, uma linguagem que já não é totalmente compreendida pelas pessoas ao redor, uma linguagem que germina internamente no comportamento da criança e, ao mesmo tempo, é ainda uma linguagem fisiologicamente exterior, que não manifesta nenhuma tendência de converter-se em sussurro ou em alguma outra forma de linguagem semiaudível.

Nesse caso, obteríamos, ainda, a resposta para outra questão teórica: *Por que* a linguagem se torna interna? E a resposta seria que a linguagem se torna interna devido ao fato de que sua função se transforma. A sucessão no desenvolvimento da linguagem observada não seria aquela indicada por Watson. Em lugar das três etapas (fala em voz alta, sussurro, fala sem som), nós obteríamos outras três etapas: linguagem externa, linguagem egocêntrica, linguagem interna. Com isso, estabeleceríamos um procedimento de pesquisa de elevada importância metodológica que tratasse da linguagem interna, de suas particularidades estruturais e funcionais em seu aspecto vivo, em formação, além de ser um procedimento objetivo, uma vez que todas essas peculiaridades já foram manifestas na linguagem externa, com a qual seria possível fazer experimentos e que pode ser mensurada. Nossas pesquisas mostram que, nesse sentido, a linguagem não é exceção à regra geral, à qual está submetido o desenvolvimento das operações psíquicas superiores, que se baseiam no uso de signos; seja a memorização mecânica, os processos de cálculo ou alguma outra operação intelectual de uso de signos.

Ao investigar experimentalmente esse tipo de operações de caráter diverso, tivemos a possibilidade de constatar que o desenvolvimento ocorre, de modo geral, por meio de três estágios fundamentais. O primeiro é o chamado estágio primitivo, natural, em que determinada operação aparece na forma em que ela se constitui nos estágios primitivos do comportamento. Esse estágio de desenvolvimento corresponderia à linguagem pré-intelectual e ao pensamento pré-linguagem, sobre os quais falamos anteriormente.

Em seguida, há o estágio que convencionamos chamar estágio de "psicologia ingênua", uma analogia àquilo que os pesquisadores do campo do intelecto prático chamam de "física ingênua". Essa expressão dá nome às experiências ingênuas do animal ou da criança no campo das propriedades físicas do próprio corpo ou dos objetos e instrumentos que o circundam, experiências ingênuas que determinam fundamentalmente o uso de instrumentos pela criança e as primeiras operações de seu intelecto prático.

Observamos algo semelhante na esfera do desenvolvimento do comportamento da criança. Aqui também se forma uma experiência psíquica ingênua e básica relativa às propriedades das principais operações com as quais a criança precisa lidar. Contudo, tanto na esfera do desenvolvimento das ações práticas quanto aqui, essa experiência ingênua com frequência se revela insuficiente, incompleta, ingênua no sentido próprio do termo e, por isso, levam a um uso inadequado de propriedades psíquicas, estímulos e reações.

No campo do desenvolvimento da linguagem, esse estágio está delineado de forma extremamente clara em todo desenvolvimento verbal da criança e se manifesta no fato de que o domínio de estruturas e formas gramaticais por parte da criança precede o domínio de estruturas e operações lógicas que correspondem a essas formas. A criança domina orações subordinadas e formas de linguagem, tais como "porque", "uma vez que", "se", "quando", "ao contrário" ou "mas", muito antes de dominar relações causais, temporais, condicionais, de oposição etc. A criança domina a linguagem sintática antes de dominar o pensamento sintático. As pesquisas de Piaget mostraram indubitavelmente que o desenvolvimento gramatical precede o desenvolvimento lógico e que o domínio de operações lógicas por parte da criança é relativamente tardio se comparado ao das estruturas gramaticais, que é muito anterior.

A seguir, com o gradual crescimento da experiência psicológica ingênua, há o estágio do signo exterior, da operação exterior, por meio dos quais a criança resolve alguma tarefa psicológica interior. Esse é o conhecido estágio do desenvolvimento aritmético da criança em que ela usa os dedos para fazer contas, o estágio dos signos mnemotécnicos exteriores ao processo de memorização. No desenvolvimento da linguagem ele corresponde à linguagem egocêntrica da criança.

Depois do terceiro, segue-se o quarto estágio, que designamos metaforicamente como estágio de "enraizamento"[26], pois ele se caracteriza antes de tudo pela passagem da operação externa para dentro, isto é, a operação externa se torna interna e, com isso, passa por profundas transformações. É o caso do cálculo de cabeça ou da aritmética muda no desenvolvimento da criança, da chamada memória lógica, que faz uso de correlações internas na forma de signos internos.

No campo da linguagem, isso corresponde à linguagem interna ou sem som. O mais notável nesse sentido é que entre as operações internas e externas, neste caso existe uma interação constante, as operações passam constantemente de uma forma a outra. Isso pode ser visto com mais clareza no campo da linguagem interna, que, como apontou Delacroix, será tão próxima da linguagem externa quanto mais estreita for a ligação do comportamento com ela, e pode assumir uma forma absolutamente idêntica a ela quando aparecer como preparação da linguagem externa (p. ex., preparação para um discurso, palestra etc.). Nesse sentido, não há fronteiras metafísicas nítidas no comportamento entre externo e interno, um passa facilmente ao outro, um se desenvolve sob influência do outro.

Se passarmos agora da gênese da linguagem interna para a questão do seu funcionamento no adulto, nos depararemos, antes de tudo, com a mesma questão que colocamos em relação aos animais e à criança: estão pensamento e linguagem necessariamente ligados no comportamento do adulto? Será possível igualar esses dois processos? Tudo o que sabemos a

---

26. Aqui, tem-se o termo não dicionarizado *vráschivanie*, empregado por Vigotski para descrever a passagem das relações interpsicológicas para relações intrapsicológicas, que costuma ser vertido para o inglês como "*ingrowing*". Optou-se pela tradução como "enraizamento", pois se trata de uma forma criada por Vigotski por derivação de *viráschivanie* (cultivo/criação de plantas ou animais). Em *viráschivanie*, o prefixo "vi-" indica movimento para fora, ao passo que em *vráschivanie* o prefixo "v-" indica movimento para dentro. Com isso, recupera-se a imagem do movimento para dentro (da terra, no caso da raiz que cresce), bem como a ideia de assimilação e consolidação (criar raízes), mantendo a metáfora no mesmo campo semântico [N.T.].

esse respeito nos obriga a dar uma resposta negativa. Nesse caso, a relação entre pensamento e linguagem pode ser esquematicamente designada por duas circunferências que se interseccionam, de modo que uma determinada parte dos processos de pensamento e de linguagem coincide. Essa é a chamada esfera do pensamento verbal. Porém, ele não esgota todas as formas de pensamento, nem todas as formas de linguagem. Há uma grande esfera do pensamento que não tem relação direta com o pensamento verbal. Como mostrou Bühler, trata-se, antes de tudo, do pensamento instrumental e técnico e de todo campo do chamado intelecto prático em geral, o qual apenas recentemente se tornou objeto de pesquisas intensivas.

Como se sabe, a seguir os psicólogos da Escola de Würzburg estabeleceram em suas pesquisas que o pensamento pode se realizar sem qualquer participação constatável pela introspecção de imagens e movimentos linguísticos. Trabalhos experimentais mais recentes também mostraram que a atividade e a forma da linguagem interior não têm qualquer ligação objetiva com os movimentos da língua ou da laringe realizados pelos sujeitos.

Da mesma forma, não há qualquer fundamento psicológico para relacionar todos os tipos de atividade verbal humana ao pensamento. Por exemplo, quando, no processo de linguagem interna, eu reproduzo alguma poesia que eu saiba de cor ou quando eu repito alguma frase apresentada em contexto experimental, nesses casos não há dados que permitam relacionar essas operações ao campo do pensamento. Esse é o erro que Watson comete, pois, ao igualar pensamento e linguagem, ele deve necessariamente reconhecer todos esses processos de linguagem como intelectuais. Consequentemente ele também tem que relacionar ao pensamento processos tais como a simples recuperação de um texto verbal pela memória.

Da mesma forma, a linguagem, dotada de função expressivo-emocional, a linguagem do ornamento lírico, que tem todas as características de linguagem, não obstante, dificilmente pode ser relacionada à atividade intelectual no sentido próprio da palavra.

Assim, chegamos à conclusão de que, no adulto, a fusão de pensamento e linguagem é um fenômeno parcial, que tem força e significado apenas aplicado ao pensamento verbal, ao passo que outras esferas do não verbal e da linguagem não intelectual permanecem sob influência apenas distante e não imediata dessa fusão, sem estabelecer qualquer ligação funcional com ela.

4

Podemos resumir os resultados de nosso exame. Em primeiro lugar, tentamos acompanhar as raízes genéticas do pensamento e da linguagem a partir de dados da psicologia comparativa. Como vimos, no estado atual do conhecimento existente nesse campo, é impossível acompanhar de forma exaustiva o caminho genético do pensamento e da linguagem pré-humanas. Permanece discutível a questão principal: Será possível constatar seguramente a presença de um intelecto de mesmo tipo e gênero que o humano em macacos desenvolvidos? Köhler responde afirmativamente a essa questão; outros autores dão uma resposta negativa. Porém, independentemente da resolução desse embate à luz de dados novos e ainda não obtidos, uma coisa já está clara: o caminho para o intelecto humano e o caminho para a linguagem humana não coincidem no mundo animal, as raízes genéticas do pensamento e da linguagem são diferentes.

De fato, mesmo os que tendem a negar a presença de intelecto no chimpanzé de Köhler, não negam, e nem podem negar, que esse é o caminho para o intelecto, para sua raiz, ou seja, um tipo elevado de desenvolvimento de habilidades[27]. Até Thorndike (1901), que muito antes de Köhler estudou essa pergunta e lhe deu uma resposta negativa, concluiu que o macaco, por seu tipo de comportamento, ocupa a posição mais elevada no mundo dos animais. Outros autores, como Boróvski, tendem a negar, não apenas em animais, mas também em humanos, esse estágio superior do comportamento que edifica sobre habilidades e que recebe um nome especial: intelecto. Para eles, portanto, a própria questão da semelhança do intelecto macaco com o do humano deve ser compreendido de outra forma.

É claro para nós que o tipo superior de comportamento do chimpanzé, não importa como o consideremos, é a raiz do comportamento, *no sentido* de que ele se caracteriza pelo uso de instrumentos. Para o marxismo, a descoberta de Köhler não é surpresa alguma. Marx diz a esse respeito: "o uso e a criação de meios de trabalho, mesmo os que, em forma embrionária, são próprios a certas espécies de animais, constituem um traço especificamente característico do processo de humano trabalho" (Marx; Engels, [*s. d.*], v. 23, p. 190-191).

---

27. Em seus experimentos com macacos inferiores (cercopitecos), Thorndike observou um processo de aquisição *súbita* de movimentos novos, apropriados à consecução de um objetivo, bem como um abandono rápido, às vezes instantâneo, de movimentos desfavoráveis; segundo o autor, esse processo rápido pode ser comparado com fenômenos correspondentes em humanos. Esse tipo de resolução se distingue daquela executada por gatos, cachorros e galinhas, que apresentam processos de eliminação gradual de movimentos que não levam ao objetivo [N.A.].

No mesmo sentido, Plekhánov[28] também diz: "seja como for, a zoologia traz a história do *homo* (ser humano) que já detém as capacidades de criar e utilizar instrumentos de tipo primitivo" (1956, p. 153).

Dessa forma, esse capítulo superior da psicologia zoológica, que é criado diante de nossos olhos, *teoricamente* não é totalmente novo para o marxismo. Curioso observar que Plekhánov fala claramente não em atividade instintiva, como as construções de castores, mas sobre a capacidade de produzir e utilizar instrumentos, ou seja, de uma operação intelectual[29].

Não é nova para o marxismo a posição de que as raízes do intelecto humano estão no mundo animal. Assim, Engels, ao elucidar o sentido da distinção hegeliana entre entendimento e razão[30], afirma:

> Temos em comum com os animais todos os tipos de atividade de entendimento: *indução, dedução*, bem como, consequentemente, *abstração* (conceitos genéricos em Dido[31]: quadrúpedes e bípedes), *análise* de objetos desconhecidos (mesmo quebrar uma noz é um princípio de análise), *síntese* (no caso de artimanhas astutas de animais) e, como união de ambos, *experimentação* (no caso de novos obstáculos e em situações de dificuldade). Quanto ao tipo, todos esses métodos – todos os modos de investigação científica reconhecidos pela lógica comum – são absolutamente idênticos no ser humano e em animais superiores. Eles se diferem apenas pelo grau (pelo desenvolvimento do método correspondente) (Marx; Engels, [*s. d.*], v. 20, p. 537).

Engels se expressa de forma igualmente resoluta sobre a raiz da linguagem nos animais: "dentro dos limites de suas representações, ele pode

---

28. Gueórgui Valentínovitch Plekhánov (1856-1918), filosofo marxista russo, um dos fundadores do Partido Operário Social-Democrata Russo. Nos anos 1920, as obras de Plekhánov foram muito populares, muito usadas particularmente em tentativas de construir uma psicologia marxista. Com esse objetivo Vigotski também recorria a ele (cf. "O sentido histórico da crise *da* psicologia").

29. Evidentemente, o que encontramos nos chimpanzés não é o uso instintivo de instrumentos, mas rudimentos de uma aplicação racional. Diz Plekhánov, "é claro como o dia que o *uso de* instrumentos, por mais imperfeitas que sejam, pressupõe um desenvolvimento relativamente grande de capacidades intelectuais" (1956, p. 138) [N.A.].

30. Do alemão *Verstand* (em português "entendimento"; em russo "*rassúdok*") e *Vernunft* (em português "razão"; em russo "*rázum*") [N.T.].

31. Dido era o nome do cachorro de Engels [N.T.].

aprender e até compreender o que diz". A seguir, Engels introduz um critério absolutamente *objetivo* para essa "compreensão":

> ensine um papagaio a falar palavrões de tal modo que ele tenha noção do seu significado (um dos principais divertimentos de marinhos que retornam de países quentes), tente provocá-lo a seguir e logo descobrirá que ele sabe usar corretamente esses palavrões tal qual uma vendedora berlinense de verduras. O mesmo vale para pedir guloseimas (Marx; Engels, [s. d.], v. 20, p. 490)[32].

Não temos a intenção de atribuir a Engels e muito menos defendermos nós mesmos a ideia de que se pode encontrar nos animais uma linguagem e um pensamento humanos ou de tipo humano. A seguir, tentaremos estabelecer as *fronteiras legítimas* das afirmações de Engels, bem como o seu verdadeiro sentido. Agora importa-nos estabelecer apenas uma coisa: em todo caso não há fundamento para negar a presença de raízes genéticas do pensamento e da linguagem no reino animal, e tais raízes, como mostram os dados, são diferentes para o pensamento e para a linguagem. Não há fundamentos para negar a existência de caminhos genéticos para o intelecto e a linguagem humana no mundo animal, e tais caminhos são, novamente, diferentes para cada uma dessas formas de comportamento.

A grande capacidade para o aprendizado da linguagem, apresentada, por exemplo, pelo papagaio, não tem qualquer relação com um desenvolvimento elevado de rudimentos do pensamento; ao contrário, o desenvolvimento mais elevado de tais rudimentos no mundo animal não tem qualquer relação aparente com os êxitos da linguagem. Cada um segue seu caminho, e ambos têm diferentes linhas de desenvolvimento[33].

Independentemente de como se veja a questão da ontogênese e filogênese, com base nos novos experimentos de pesquisa, podemos constatar que, no desenvolvimento da criança, as raízes genéticas e os caminhos do intelecto e da linguagem são diferentes. Até certo ponto podemos acompanhar o amadu-

---

32. Em outro momento, Engels fala a esse respeito: "o pouco que esses últimos, mesmo os mais desenvolvidos entre eles, sabem comunicar uns aos outros, é comunicado sem ajuda de uma linguagem bem articulada" (Marx; Engels, [s. d.], v. 20, p. 489). Segundo Engels, animais domésticos podem ter *necessidade* de linguagem: "infelizmente seus órgãos vocais são tão especializados em uma determinada direção que esse problema não tem remédio. Na presença de órgãos adequados, dentro de certos limites, essa incapacidade pode desaparecer" (Marx; Engels, [s. d.], v. 20). Por exemplo, no papagaio [N.A.].

33. Smidt observa que o desenvolvimento da linguagem não é um indicador imediato de desenvolvimento do psiquismo e do comportamento no mundo animal. Assim, o elefante e o cavalo, nesse sentido, estão atrás do porco e da galinha (Smidt, 1923, p. 46) [N.A.].

recimento pré-intelectual da linguagem e o amadurecimento (independente do outro) pré-verbal do intelecto da criança. Em certo ponto, como afirma Stern, a um observador atento ao desenvolvimento da linguagem infantil, ocorre a intersecção de ambas as linhas de desenvolvimento, o encontro entre elas. A linguagem *se torna* intelectual, o pensamento se torna verbal. Sabemos que Stern considera isso a *grande descoberta da criança*.

Alguns pesquisadores, como Delacroix, tendem a negar isso. Tais autores tendem a rejeitar o significado geral da primeira idade das perguntas infantis (como isso se chama?) à diferença da segunda idade de perguntas (4 anos depois a pergunta: "por quê?"), e, em todo caso, rejeitar onde esse fenômeno ocorre, o significado atribuído por Stern, o significado do sintoma que indica que a criança descobriu que "cada coisa tem seu nome" (Delacroix, 1924, p. 286). Wallon supõe que para a criança o nome é, por um tempo, mais um atributo do que um substituto do objeto.

Quando a criança de 1 ano e meio pergunta o nome de algum objeto, ela descobre uma ligação que havia descoberto, mas nada indica que ela não esteja vendo em um o simples atributo do outro. Apenas a generalização sistemática de questões pode evidenciar que se trata não de uma ligação passiva e casual, mas de uma tendência que antecede a função de encontrar o signo simbólico para todas as coisas reais (Delacroix, 1924, p. 287). Como vimos, Koffka ocupa uma posição intermediária entre uma e outra visão. Por um lado, ele sublinha, ao lado de Bühler, a analogia entre a invenção, a descoberta da função nominativa da língua na criança e a invenção dos instrumentos pelo chimpanzé. Por outro lado, ele limita essa analogia ao fato de que a palavra entra na estrutura da coisa, ainda que não obrigatoriamente no significado funcional do signo. A palavra entra na estrutura da coisa, assim como seus outros membros e ao lado deles. Por um tempo, ela se torna para a criança uma propriedade da coisa ao lado de suas outras propriedades.

Porém, essa propriedade da coisa (seu nome) é separável dela (*verschiedbar*); é possível ver a coisa sem ouvir seu nome, da mesma forma que, por exemplo, os olhos são sinais sólidos, mas separados da mãe, que não são vistos quando a mãe vira o rosto:

> para nós, pessoas ingênuas, o caso não é absolutamente assim: um vestido azul permanece sendo azul mesmo que não consigamos ver sua cor no escuro. Mas o nome é uma propriedade de todos os objetos, e a criança completa todas as estruturas segundo essa regra (Koffka, 1926a, p. 244).

Bühler também indica que todo novo objeto representa para a criança uma situação-tarefa, que ela resolve segundo um esquema estrutural geral, isto é, pela denominação com uma palavra. Quando ela não tem vocabulário suficiente para designar um novo objeto, ela exige isso dos adultos (Bühler, 1923, p. 54).

Pensamos que esse pensamento é o mais próximo da verdade e elimina perfeitamente as dificuldades surgidas na disputa entre Stern e Delacroix. Os dados da psicologia étnica e especialmente da psicologia da linguagem infantil (cf. Piaget, 1923) indicam que a palavra, por um longo período, é, para a criança, *antes uma propriedade do que um símbolo da coisa*: como vimos, a criança domina *antes estruturas externas do que internas*. Ela domina uma estrutura *externa* (palavra – coisa), que depois *se torna* estrutura simbólica.

Contudo, encontramo-nos novamente, como no caso dos experimentos de Köhler, diante de uma questão cuja resolução factual ainda não foi alcançada pela ciência. Temos uma série de hipóteses. Podemos escolher apenas a mais provável. E a mais provável é o "meio-termo".

O que há em seu favor? Em primeiro lugar, rejeitamos facilmente a ideia de atribuir a uma criança de 1 ano e meio a descoberta da função simbólica da linguagem, uma operação consciente e altamente complexa que, de modo geral, parece pouco adequada ao nível mental geral de uma criança dessa idade. Em segundo lugar, nossas conclusões coincidem inteiramente com outros dados experimentais, que mostram que o uso funcional do signo, mesmo um mais simples do que a palavra, aparece significativamente mais tarde e é totalmente inacessível à criança dessa idade. Em terceiro lugar, conciliamos nossas conclusões com os dados gerais da psicologia da linguagem infantil, segundo os quais a criança leva muito tempo para tomar consciência do significado simbólico da linguagem e utiliza a palavra como uma das propriedades da coisa. Em quarto lugar, observações de crianças anormais (especialmente de Keller)[34] citadas por Stern, mostram – segundo as palavras de Bühler, que acompanhou como isso se dá em crianças surdas-mudas no aprendizado da linguagem – que tal "descoberta", cujo segundo seria possível observar nitidamente, não ocorre, mas, ao contrário, há uma série de transformações "moleculares", que levam a isso (Bühler, 1923).

---

34. Hellen Keller (1880-1968), escritora surda-cega-muda norte-americana.

Por fim, em quinto lugar, isso coincide totalmente com o caminho geral de domínio do signo, que observamos com base em investigações experimentais no capítulo anterior. Nunca pudemos observar, mesmo em uma criança em idade escolar, uma descoberta direta que levasse imediatamente ao uso funcional do signo. Isso é sempre antecedido pelo estágio de "psicologia ingênua", o estágio de domínio puro da *estrutura exterior do signo*, que apenas a seguir, no processo de operação com signos, leva a criança ao uso correto e funcional do signo. A criança que vê na palavra uma propriedade da coisa, ao lado de suas outras propriedades, encontra-se justamente nesse estágio do desenvolvimento da linguagem.

Tudo isso refuta a posição de Stern, que sem dúvida foi levado ao erro pela semelhança e interpretação exterior, ou seja, *fenotípica*, das perguntas da criança. Será que com isso, não obstante, cai a principal conclusão que se pode tirar com base no esquema que delineamos do desenvolvimento ontogenético do pensamento e da linguagem? Isto é, de que, na ontogênese, pensamento e linguagem seguem caminhos genéticos distintos até certo ponto e, apenas depois, suas linhas se cruzam? De forma alguma. Essa conclusão permanece correta independentemente de a posição de Stern cair ou não, ou de alguma outra ser colocada em seu lugar. Todos concordam que as formas iniciais de reação intelectual da criança, estabelecidas experimentalmente depois dos experimentos de Köhler por ele mesmo e por outros, sejam independentes da linguagem, assim como as ações do chimpanzé (Delacroix, 1924, p. 283). Adiante, todos concordam que os estágios iniciais do desenvolvimento da criança são estágios pré-intelectuais.

Se isso é evidente e indubitável em relação ao balbucio da criança, recentemente foi possível estabelecer o mesmo em relação às primeiras palavras da criança. A posição de Meumann de que as primeiras palavras trazem integralmente um caráter afetivo-volitivo, de que elas são signos "do desejo ou do sentimento", alheios ao significado objetivo e que se esgotam como uma reação puramente subjetiva, como a língua dos animais (Meumann, 1928), de fato encontra fundamento recente em uma série de autores. Stern tende a pensar que os elementos do objetivo ainda não estão separados nessas primeiras palavras (Stern; Wilhelm, 1922a). Delacroix vê uma ligação direta entre as primeiras palavras com a situação objetiva (Delacroix, 1924), mas ambos os autores concordam que a palavra não tem nenhum significado objetivo estável e sólido, ela parece, por seu caráter objetivo, com a provocação do cientista ao papagaio; na medida em que os próprios desejos e sentimentos, as próprias reações emocionais estão ligadas à situação objetiva, as palavras também estão ligadas a ela, mas isso refuta absolutamente a posição de Meumann em sua raiz (Delacroix, 1924, p. 280).

Podemos resumir o que obtivemos pelo exame da ontogênese da linguagem e do pensamento. As raízes genéticas e os caminhos do desenvolvimento do pensamento e da linguagem são aqui também, *até certo ponto*, distintos. Novo é o cruzamento desses dois caminhos de desenvolvimento que não é contestado por ninguém. Será que ele ocorre em um ponto ou em uma série de pontos? Será que ele ocorre de uma vez, de forma catastrófica ou cresce lenta e progressivamente e, apenas depois, irrompe? Será que ele é resultado de uma descoberta ou simplesmente de uma ação estrutural e transformação funcional prolongada? Será que ele coincide com a idade de dois nós ou com a idade escolar? Independentemente de todas essas questões controversas, um fato fundamental permanece indubitável, isto é, o fato do cruzamento dessas duas linhas de desenvolvimento.

Resta-nos, ainda, resumir aquilo que obtivemos mediante o exame da linguagem interna. Ela leva a uma série de hipóteses. Será que o desenvolvimento da linguagem interna ocorre por meio do sussurro ou por meio da linguagem egocêntrica? Será que ela é simultânea ao desenvolvimento da linguagem externa ou surge em um nível comparativamente elevado? Será que a linguagem interna e o pensamento a ela ligado pode ser analisado como um estágio determinado no desenvolvimento de toda forma cultural de comportamento? Independentemente de como essas questões de suma importância forem resolvidas no processo de investigação factual, a principal conclusão permanece a mesma. A conclusão é a de que a linguagem interna se desenvolve por meio do acúmulo de transformações funcionais e estruturais prolongadas, que se ramifica a partir da linguagem externa da criança junto com a diferenciação das funções social e egocêntrica da linguagem, que, por fim, as estruturas de linguagem, assimiladas pela criança, tornam-se estruturas fundamentais de seu pensamento.

Com isso, revela-se um fato fundamental, indubitável e decisivo: a dependência do desenvolvimento do pensamento em relação à linguagem, aos *meios de pensamento* e à experiência sociocultural da criança. O desenvolvimento da linguagem interna é determinado, fundamentalmente, de fora; o desenvolvimento da lógica da criança, como mostraram as pesquisas de

Piaget, é uma função direta de sua linguagem socializada. O pensamento da criança – assim poderíamos formular sua posição – desenvolve-se em dependência do domínio dos meios sociais de pensamento, ou seja, em dependência da linguagem.

Com isso, chegamos à formulação da tese fundamental de todo o nosso trabalho, uma tese que tem um significado metodológico de suma importância para toda colocação do problema. Essa conclusão decorre da *confrontação* entre o desenvolvimento da linguagem interna e do pensamento verbal com o desenvolvimento da linguagem e do intelecto, como ele ocorreu no mundo animal e na primeira infância por linhas especiais e separadas. Essa confrontação mostra que o desenvolvimento de um não é apenas a continuação direta do desenvolvimento do outro, mas que o próprio tipo de desenvolvimento se transforma, de biológico para sócio-histórico.

Acreditamos que os capítulos precedentes mostraram com suficiente clareza que o pensamento verbal não é uma forma de comportamento natural, inata, mas uma forma sócio-histórica, e, portanto, que se distingue, fundamentalmente, por uma série de *propriedades e regularidades específicas* que não podem ser descobertas em formas naturais de pensamento e de linguagem. Mas o principal é que, com o reconhecimento do caráter histórico do pensamento verbal, devemos estender para essa forma de comportamento todas as posições metodológicas que o materialismo histórico estabelece em relação a todos os fenômenos históricos na sociedade humana. Por fim, devemos esperar que, em seus traços fundamentais, o próprio tipo de desenvolvimento histórico do comportamento dependa diretamente de leis gerais do desenvolvimento histórico da sociedade humana.

Mas esse problema do pensamento e da linguagem extrapola os limites metodológicos das ciências naturais e se converte em um problema central da psicologia histórica do ser humano, ou seja, da psicologia social; transforma-se, com isso, também a colocação metodológica do problema. Sem tratar desse problema em toda sua amplitude, consideramos necessário nos determos em seus pontos nodais, os mais difíceis em termos metodológicos, mas os mais centrais e importantes para uma análise do comportamento humano estruturada com base no materialismo histórico e dialético.

Esse segundo problema do pensamento e da linguagem, assim como muitos outros aspectos, mencionados apenas de passagem, da análise funcional e estrutural da relação entre processos, deve ser objeto de uma pesquisa à parte.

Notas da edição em inglês

[1] O termo *"riétch"* (*speech*) é usado aqui no sentido discutido no Prefácio. *Speech* para o linguista estruturalista e obviamente para Vigotski é a forma primeira de linguagem. Conforme o texto prossegue, torna-se claro que o que Vigotski tem em mente são as características especiais da linguagem como método de pensamento e de comunicação, e não a definição mais circunscrita que outros podem atribuir ao termo, isto é, os atos motores do trato vocal que acompanha a comunicação linguística. O uso do termo *"speech"* no sentido descrito leva a certos resultados surpreendentes. Adiante no texto ele leva à expressão *"written speech"*, que é a tradução literal de *"psimenni riétch"*. Vigotski parece ter intencionalmente evitado o termo "escrita", possivelmente porque para ele e para os primeiros linguistas estruturalistas a escrita era considerada apenas como uma forma de notação da fala; não uma forma de comunicação por si mesma. O conceito de *"written speech"*, desenvolvido no capítulo 7 como tipo especial de formulação mental que ocorre quando apoios situacionais e expressivos estão ausentes, ou seja, o tipo de pensamento verbal que responde aos limites pragmáticos impostos pelo processo de escrita deve, claramente, ser diferenciado da "escrita" enquanto notação da fala. A seguir, a compreensão de Vigotski do termo *"speech"* leva à sugestão de que a função da fala pode ser presumida por outras formas de comunicação. Assim, no presente capítulo, Vigotski claramente antecipa uma série de experimentos que apareceram apenas cerca de quarenta anos depois. Nesses estudos, depois da demonstração de Liberman de que o trato vocal dos chimpanzés não era adequado à produção de sons complexos, Gardner, Premak, Terrace e outros tentaram discernir e demonstrar que as funções da fala podem ser assumidas por outros órgãos (como as mãos, no uso da língua de sinais) ou outros aparatos (como *joy sticks* ou *tokens* aos quais um significado fosse atribuído) para comunicação. A referência à língua de sinais feita adiante no capítulo segue a mesma via e é igualmente contemporânea nessa perspectiva.

3
Pensamento e palavra[35]

Esqueci a palavra que queria dizer,
E o pensamento, infértil, retorna ao palacete das sombras.
Óssip Mandelstam

1

Começamos nossa pesquisa com uma tentativa de explicitar a relação interna existente entre pensamento e palavra nos estágios mais extremos do desenvolvimento filo e ontogenético. Descobrimos que o início do desenvolvimento do pensamento e da palavra, o período pré-histórico da existência do pensamento e da linguagem, não tem quaisquer relações e dependências determinadas entre as raízes genéticas do pensamento e da palavra. Dessa forma, ocorre que as relações internas entre pensamento e palavra que estávamos buscando não são primordiais, não constituem uma grandeza dada de antemão, um pré-requisito, o ponto de partida fundamental para o desenvolvimento ulterior, mas surgem e se formam apenas no processo de desenvolvimento histórico da consciência humana; elas são não pré-requisito, mas produto da formação do ser humano.

Mesmo no ponto mais alto do desenvolvimento animal (entre os antropoides), a linguagem, ainda que de tipo inteiramente humano em termos fonéticos, não estabelece nenhuma ligação com o intelecto, também de tipo humano. Mesmo no estágio inicial do desenvolvimento infantil, seria pos-

---

35. Traduzido a partir do v. 2, "Problemi obschei psikhologuii", de *Sobranie Sotchinénii v chesti tomakh* (Vigotski, 1982b, p. 295-361) que também corresponde ao sétimo, e último, capítulo de *Pensamento e linguagem* [N.T.].

sível constatar indubitavelmente a presença de um estágio pré-intelectual no processo de formação da linguagem e um estágio pré-verbal no desenvolvimento do pensamento. Pensamento e palavra não estabelecem entre si uma ligação primordial. Esta surge, transforma-se e cresce ao longo do desenvolvimento do pensamento e da palavra.

Entretanto, seria incorreto imaginar, como tentamos esclarecer no início de nossa investigação, pensamento e linguagem como dois processos mutuamente externos, como duas forças independentes que fluem e agem em paralelo ou que se cruzam em pontos isolados, estabelecendo uma interação mecânica. A ausência de ligações primordiais entre pensamento e palavra não quer dizer, de forma alguma, que essa ligação só pode surgir como uma ligação exterior entre dois tipos de atividade da consciência essencialmente distintos entre si. Ao contrário, como tentamos mostrar, o principal problema da maioria das pesquisas sobre pensamento e linguagem, devido ao qual esses trabalhos se revelaram improdutivos, reside justamente na compreensão das relações entre pensamento e palavra, segundo a qual esses processos são vistos como dois elementos independentes, autônomos e isolados, de cuja união exterior surge o pensamento verbal com todas as suas propriedades.

Tentamos mostrar que o método de análise decorrente de tal compreensão está previamente condenado ao fracasso, pois, para explicar as propriedades do pensamento verbal como um todo, ele decompõe esse todo nos elementos que o constituem, isto é, o pensamento e a linguagem, os quais não contêm as propriedades inerentes ao todo, de modo que tal método fecha o caminho para a explicação de suas propriedades. O pesquisador que faz uso desse método é como uma pessoa que, ao tentar explicar por que a água apaga o fogo, decompõe a água em oxigênio e hidrogênio e se surpreende ao ver que o oxigênio mantém a combustão, ao passo que o hidrogênio é ele mesmo combustível. Tentamos mostrar, a seguir, que a análise que emprega o método de decomposição em elementos não é uma análise, no sentido próprio da palavra, aplicável à resolução dos problemas concretos de determinado campo de fenômenos. Trata-se, antes, de *elevação ao geral*, mais do que a decomposição interna e separação do particular que está contido no fenômeno que se pretende explicar. Por sua própria essência, esse método leva mais a uma generalização do que a uma análise. Na realidade, dizer que a água é composta por oxigênio e hidrogênio significa dizer algo que diz respeito a toda água em geral e a todas as suas propriedades em igual medida: vale tanto para um grande oceano quanto para uma gota de chuva, tanto para a propriedade de apagar o fogo quanto para a Lei de Arquimedes. Da mesma forma, dizer que o pensamento verbal contém processos intelectuais e funções propriamente verbais significa dizer algo que diz respeito ao pensamento verbal como um todo e a todas as suas propriedades em igual medida, ao mesmo tempo significa não dizer nada a respeito de cada problema concreto que surge na investigação do pensamento verbal.

Por isso, tentamos, desde o início, indicar outro ponto de vista, colocar o problema de outra forma e aplicar na pesquisa outro método de análise. Buscamos substituir o método de decomposição em elementos pela análise que decompõe a totalidade complexa do pensamento verbal em unidades, as quais compreendemos ser produtos da análise que, diferentemente do elemento, constituem os aspectos primordiais não em relação ao fenômeno estudado como um todo, mas apenas em relação a certos aspectos e propriedades concretas, e que, a seguir, também diferentemente dos elementos, não perdem as propriedades que são inerentes ao todo e que podem ser explicadas, mas contêm em si, de forma mais simples e primária, aquelas propriedades em função das quais a análise é realizada. A unidade a que chegamos na análise contém em si, de forma mais simplificada, as propriedades inerentes ao pensamento verbal como um todo.

Encontramos essa unidade que reflete de forma mais simplificada a totalidade de pensamento e linguagem no *significado* da palavra. Como tentamos explicar anteriormente, o significado da palavra constitui uma totalidade não separável de ambos os processos, não se pode dizer que ele seja um fenômeno exclusivo da linguagem ou do pensamento. A palavra, desprovida de significado não é palavra, mas um som vazio. Por conseguinte, o significado é um sinal necessário e constituinte da própria palavra. Ele é a própria palavra, quando vista em sua dimensão interna. Dessa forma, é como se pudéssemos analisá-lo de um modo bem-fundamentado como fenômeno da linguagem. Contudo, em termos psicológicos, o significado da palavra – algo de que fomos reiteradamente convencidos no decorrer da pesquisa – não é outra coisa senão generalização ou conceito. Generalização e significado da palavra são, em essência, sinônimos. Toda generalização, toda formação de conceito é o mais específico, o mais genuíno e indubitável ato do pensamento. Consequentemente, podemos ver o significado da palavra como fenômeno do pensamento.

Dessa forma, o significado da palavra se revela, simultaneamente, um fenômeno verbal e intelectual, o que não significa seu pertencimento puramente exterior a dois campos distintos da vida psíquica. O significado da palavra é um fenômeno do pensamento apenas na medida em que o pensamento está ligado à palavra e encarnado nela, e o contrário: ele é um fenômeno da linguagem apenas na medida em que a linguagem está ligada ao pensamento e é iluminada por sua luz. Ele é um fenômeno do pensamento verbal ou da palavra dotada de sentido, ele é a *totalidade* de palavra e pensamento.

Acreditamos que essa tese fundamental de nossa pesquisa dificilmente requer novas confirmações depois de tudo o que foi dito. Entendemos que nossas pesquisas experimentais confirmam e justificam inteiramente essa posição ao mostrarem que, ao operarmos com o significado da palavra como unidade do pensamento verbal, de fato chegamos a uma possibilidade real de investigar concretamente o desenvolvimento do pensamento verbal e de explicar suas principais características em diferentes níveis. Mas o principal resultado não é a tese em si mesma, mas a conclusão posterior, a mais importante e crucial, de nossas pesquisas. A investigação revelou que os significados das palavras *se desenvolvem.* A descoberta de que os significados das palavras se transformam e se desenvolvem é uma contribuição nova e essencial trazida por nossa investigação para a teoria do pensamento e da linguagem, é nossa principal descoberta, que permite superar, pela primeira vez e definitivamente, o postulado que fundamentava as teorias anteriores sobre o pensamento e a linguagem, sobre a constância e invariabilidade do significado da palavra.

Do ponto de vista da psicologia antiga, a ligação entre palavra e significado é uma ligação associativa simples, que se estabelece em função da recorrente coincidência na consciência entre a percepção da palavra e a percepção da coisa designada por essa palavra. A palavra remonta ao seu significado da mesma forma que o casaco de uma pessoa nos remonta a ela, ou a dimensão externa de uma casa nos faz remontar às pessoas que nela vivem. Segundo essa perspectiva, o significado da palavra, uma vez estabelecido, não pode se desenvolver e, de modo geral, não se transforma. A associação que liga palavra e significado pode se fortalecer ou enfraquecer, pode se enriquecer com uma série de ligações com outros objetos do mesmo tipo, pode se ampliar por semelhança ou por contiguidade em um círculo mais amplo de objetos ou, ao contrário, pode estreitar ou limitar esse círculo; em outras palavras, ela pode sofrer uma série de alterações quantitativas e exteriores, mas não pode transformar sua natureza psicológica interna, uma vez que, para isso, ela devia deixar de ser o que é, ou seja, uma associação.

Naturalmente, segundo esse ponto de vista, o desenvolvimento da dimensão semântica da linguagem, o desenvolvimento do significado da palavra, torna-se, de modo geral, inexplicável e impossível. Isso se manifestou tanto na linguística quanto na psicologia da linguagem da criança e do adulto. O setor da linguística que se ocupa do estudo da dimensão semântica da linguagem, ou seja, a semasiologia, tendo assimilado à concepção associacionista da palavra, ainda vê o significado da palavra como uma associação entre a forma sonora da palavra e seu conteúdo material. Por isso, absolutamente todas as palavras (das mais concretas às mais abstratas) são construídas da mesma forma em sua dimensão semântica e não contém nada específico para a linguagem como tal, uma vez que a ligação associativa que une palavra e significado constitui, em igual medida, a base psicológica da linguagem dotada de sentido e a base de processos como o da lembrança que temos de uma pessoa ao vermos seu casaco. A palavra nos faz lembrar de seu significado, assim como qualquer coisa pode nos fazer lembrar de alguma outra coisa. Não surpreende, portanto, que, na falta de algo específico na ligação da palavra com o significado, a semântica não foi capaz sequer de colocar a questão sobre o desenvolvimento da dimensão semântica da linguagem, do desenvolvimento dos significados das palavras. Todo significado se reduziria exclusivamente à transformação de ligações associativas entre certas palavras e certos objetos: a palavra que antes podia designar um objeto, em seguida se liga associativamente a outros objetos. Assim, o casaco, ao passar de um proprietário a outro, pode primeiro fazer lembrar uma pessoa, depois outra. Para a linguística, o desenvolvimento da dimensão semântica se resume a transformações do conteúdo material da palavra, mas ele permanece alheio à ideia de que, no decorrer do desenvolvimento histórico da língua, a estrutura semântica do significado da palavra se transforma, a natureza psicológica desse significado se transforma, de que o pensamento verbal passa de formas inferiores e primitivas de generalização para formas superiores e mais complexas que se manifestam nos conceitos abstratos, e, por fim, de que não apenas o conteúdo material da palavra, mas o próprio caráter do reflexo e da generalização da realidade na palavra se transforma no decorrer do desenvolvimento histórico da língua.

Da mesma forma, esse ponto de vista associacionista torna impossível e inexplicável o desenvolvimento da dimensão semântica da linguagem na infância. O desenvolvimento do significado da palavra na criança se reduz a meras transformações quantitativas e exteriores das ligações associativas que ligam palavra e significado, se reduz ao enriquecimento e consolidação dessas ligações. O fato de que a própria estrutura e natureza da ligação entre palavra e significado pode se transformar e, de fato, se transformar no decorrer do desenvolvimento da linguagem infantil, é algo que o ponto de vista associacionista não consegue explicar.

Por fim, no funcionamento do pensamento verbal do indivíduo desenvolvido adulto, tampouco se pode, segundo essa perspectiva, encontrar nada que não seja um movimento linear contínuo sobre uma superfície por caminhos associativos que vão da palavra para o significado e do significado para a palavra. A compreensão da linguagem se encerra em uma cadeia de associações que emergem na mente sob o efeito de imagens conhecidas de palavras. A expressão do pensamento na palavra é um movimento inverso pelos mesmos caminhos associativos que partem dos objetos representados no pensamento para suas designações verbais. A associação sempre garante essa ligação bilateral entre duas representações: em determinado momento, o casaco pode fazer lembrar a pessoa que o veste, em outra ocasião a pessoa pode nos fazer lembrar de seu casaco. Na compreensão da linguagem e na expressão do pensamento em palavra não há, portanto, nada de novo e de específico em comparação a qualquer ato de rememoração e de ligação associativa.

Embora a falta de fundamento da teoria associacionista tenha sido reconhecida e comprovada experimental e teoricamente há relativamente, bastante tempo, isso não se refletiu, de modo algum, no destino da compreensão associativa da natureza da palavra e de seu significado. A Escola de Würzburg, que tinha como tarefa principal comprovar a não redutibilidade do pensamento à corrente associacionista de representações, a impossibilidade de explicar o movimento, o entrelaçamento, a rememoração de pensamentos do ponto de vista das leis da associação e mostrar a presença de regularidades especiais que dirigem a corrente de pensamentos, não apenas nada fez para reavaliar as perspectivas associacionistas sobre a natureza das relações entre palavra e significado, como sequer considerou necessário manifestar a ideia de que tal reavaliação seria necessária. Ela separou linguagem e pensamento, entregando a Deus o que é de Deus e a César o que é de César. Ela libertou o pensamento das imagens e do sensível, retirou-o do domínio das leis associativas e transformou-o em um ato puramente espiritual, retornando às fontes da concepção pré-científica e espiritualista de Santo Agostinho[36] e René Descartes[37], e chegando, no fim das contas, a um idealismo altamente subjetivo na teoria do pensamento, que vai além de Descartes e foi assim resumido por Külpe: "nós não apenas dizemos 'penso, logo existo', mas também 'o mundo existe do modo como nós o estabelecemos e definimos" (1914, p. 81). Dessa forma, o pensamento como "a Deus o que é de Deus". A psicologia do pensamento passou a se mover abertamente pelo caminho das ideias de Platão, como reconheceu o próprio Külpe.

Ao mesmo tempo, tendo libertado o pensamento do cativeiro das sensibilidades e o convertido em um ato espiritual puro e infértil, esses psicólogos separaram pensamento e linguagem, abandonando esta última inteiramente ao poderio das leis associativas. A ligação entre palavra e significado continuou a ser vista como uma associação simples mesmo depois dos trabalhos da Escola de Würzburg. A palavra, dessa forma, aparece como expressão exterior do pensamento, sua vestimenta, algo que não participa de modo algum de sua a vida interior. Nunca antes pensamento e linguagem foram tão separados e tão isolados mutuamente nas representações de psicólogos do que na época da Escola de Würzburg. A superação do associacionismo no campo do pensamento levou a uma consolidação ainda maior da compreensão associacionista da linguagem. A César o que é de César.

Aqueles dentre os psicólogos dessa orientação que foram seguidores dessa linha, não apenas não foram capazes de transformá-la, como continuaram a aprofundar e a desenvolvê. Assim, Zeltz, ao mostrar a falta de fundamento da teoria constelacionista – ou seja, no fim das contas, da teoria associacionista – do pensamento produtivo, propôs, em seu lugar uma nova

---

36. Santo Agostinho (354-430) foi um teólogo cristão, canonizado pela Igreja Católica. Na filosofia neoplatonista, antecipou algumas ideias de Descartes.

37. René Descartes (1596-1650) foi um filósofo, psicólogo, matemático e fisiólogo francês. Vigotski dedicou-se à análise da teoria de Descartes em seu último e inacabado manuscrito "Teoria sobre as emoções" ("A teoria de Espinosa e Descartes sobre as paixões à luz da psiconeurologia contemporânea", v. 6).

teoria, que aprofundou e fortaleceu a separação entre pensamento e palavra, determinada desde o princípio nos trabalhos dessa orientação. Zeltz continuou a ver o pensamento em si, separado da linguagem, e chegou à conclusão sobre a identidade fundamental entre o pensamento produtivo do ser humano e as operações intelectuais do chimpanzé: a palavra é incapaz de trazer qualquer alteração na natureza do pensamento, na mesma medida que o pensamento é independente da linguagem.

Mesmo Ach, que tomou o significado da palavra como objeto direto de investigação especial e que foi o primeiro a tomar o caminho da superação do associacionismo na teoria dos conceitos, não conseguiu ir além do reconhecimento, ao lado das tendências associacionistas, de tendências determinantes no processo de formação de conceitos. Por isso, ele não foi além dos limites da compreensão anterior do significado da palavra. Ele identificou o conceito e o significado da palavra e, com isso, excluiu qualquer possibilidade de transformação e desenvolvimento dos conceitos. O significado, uma vez emergido, permanece inalterado e constante. No momento em que o significado da palavra se forma, o caminho de seu desenvolvimento está encerrado. Mas isso foi o que ensinaram os psicólogos contra os quais lutava Ach. A diferença entre ele e seus opositores consiste apenas em que eles desenharam de forma diferente esse momento inicial na formação do significado da palavra, mas tanto para um quanto para os outros, em igual medida, o momento inicial é ao mesmo tempo o ponto-final de todo o desenvolvimento do conceito.

A mesma posição se estabeleceu também na psicologia estrutural contemporânea na teoria do pensamento e da linguagem. Essa orientação superou de forma mais profunda, coerente e fundamental do que outras a psicologia associacionista como um todo. Por isso, ela não se limitou a dar respostas parciais à questão, como haviam feito seus predecessores. Ela tentou retirar não apenas o pensamento, mas também a linguagem, do poderio das leis associativas e subordinar ambos, em igual medida, a leis de formação de estruturas. Contudo, é surpreendente que a mais progressista de todas as orientações psicológicas não apenas não tenha avançado na teoria sobre o pensamento e a linguagem, como representou um grande retrocesso em comparação com seus predecessores.

Antes de tudo, ela manteve a profunda separação entre pensamento e linguagem. A relação entre pensamento e palavra é vista à luz da nova teoria como simples analogia, como redução de ambos a um denominador comum. Para os pesquisadores dessa orientação, a origem de palavras verdadeiramente dotadas de sentido em crianças é vista em analogia com operações intelectuais de chimpanzés nos experimentos de Köhler. Eles explicam que a palavra entra na estrutura da coisa, e adquire certo significado funcional, assim como o bastão entra, para o macaco, na estrutura da situação de conseguir alcançar a fruta e adquire significado funcional de instrumento. Dessa forma, a ligação entre palavra e significado não é mais pensada como simples ligação associativa, mas estrutural. Esse é um passo adiante. Contudo, se olharmos atentamente o que resulta dessa nova compreensão, não será difícil nos convencermos de que esse passo adiante é apenas ilusão, pois na realidade permanecemos no mesmo barco furado da psicologia associacionista.

Na realidade, a palavra e a coisa que ela designa formam uma estrutura unificada. Só que essa estrutura é absolutamente análoga a qualquer outra ligação estrutural entre duas coisas. Ela não traz nada de específico para a palavra como tal. Quaisquer duas coisas, independentemente de ser um bastão e uma fruta ou uma palavra e o objeto designado por ela, encerram-se em uma estrutura unificada segundo uma mesma lei. A palavra novamente se revela não ser outra coisa senão uma coisa ao lado de uma série de outras coisas. O que distingue a palavra de qualquer outra coisa? O que distingue a estrutura da palavra da estrutura de qualquer outra coisa? Como a palavra representa a coisa na consciência? O que faz da palavra uma palavra? Tudo isso permanece fora do campo de visão dos pesquisadores. A negação da especificidade da palavra e de sua relação com os significados, bem como a diluição dessas relações no mar de todas as demais ligações estruturais estão inteiramente preservadas na nova psicologia na mesma medida em que estavam na antiga.

Em essência, para explicitar a ideia da psicologia estrutural sobre a natureza da palavra, poderíamos reproduzir o mesmo exemplo da pessoa e seu casaco, por meio do qual tentamos explicar a ideia da psicologia associacionista sobre a natureza da relação entre palavra e significado. A palavra faz lembrar seu significado da mesma forma que o casaco nos faz lembrar da pessoa que costumamos ver vestindo-o. Essa posição mantém sua força também para a psicologia estrutural, pois para ela o casaco e a pessoa que o veste formam igualmente uma estrutura unificada, tal qual a palavra e a coisa por ela designada. O fato de que o casaco pode nos lembrar do seu proprietário, assim como a aparência da pessoa pode nos fazer lembrar de seu casaco, pode, do ponto de vista da nova psicologia, ser explicado por leis estruturais.

Dessa forma, no lugar do princípio da associação surge o princípio da estrutura, mas esse *novo princípio se amplia de modo igualmente universal e indiferenciado entre as coisas como o princípio anterior*. Os representantes da orientação antiga dizem que a ligação entre palavra e significado se forma tal qual a ligação entre o bastão e a banana. Por acaso não se trata da mesma ligação de que estamos falando em nosso exemplo? A essência da questão consiste em que tanto na nova psicologia como na antiga exclui-se de antemão qualquer possibilidade de explicar as relações específicas entre palavra e significado. Admite-se que essas relações não se distinguem por nada de outras relações possíveis entre objetos. Todos os gatos são cinzas no crepúsculo do estruturalismo universal, da mesma forma como antes era impossível distingui-los no crepúsculo do associacionismo universal.

Ach tentou superar a associação por meio da tendência determinante, já a psicologia da Gestalt, por meio do princípio da estrutura. Tanto um quanto o outro mantiveram inteiramente os aspectos fundamentais da teoria antiga: em primeiro lugar, a identificação entre a ligação estabelecida entre palavra e significado e a ligação entre quaisquer outras duas coisas; em segundo lugar, a ideia de que o significado não se desenvolve. Assim como ocorre com a psicologia antiga, para a psicologia da Gestalt permanece vigente a tese segundo a qual o desenvolvimento do significado da palavra se encerra no momento em que ele surge. É por isso que a substituição de diferentes orientações na psicologia que promovem separações tão radicais, como a teoria da percepção e da memória, causa a impressão de um estafante e monótono giro em falso, um andar em círculo, quando se trata do problema do pensamento e da linguagem. Um princípio substitui o outro. O novo aparece como radicalmente oposto ao anterior. Porém, na teoria do pensamento e da linguagem, eles se mostram parecidos, como gêmeos univitelinos. Como diz o ditado francês, quanto mais se transforma, mais permanece igual.

Se na teoria da linguagem a nova psicologia permanece no mesmo lugar e conserva inteiramente a ideia da independência entre pensamento e palavra, na teoria do pensamento ela dá um significativo passo para trás. Isso se expressa, em primeiro lugar, na tendência da psicologia da Gestalt a negar a presença de regularidades específicas do pensamento como tal e diluí-las em leis estruturais gerais. A Escola de Würzburg elevou o pensamento ao patamar de ato puramente espiritual e submeteu a palavra ao poder de associações sensoriais baixas. Esse é seu principal problema, mas ela ainda assim foi capaz de distinguir as leis específicas do entrelaçamento, do movimento e da corrente do pensamento em relação a leis mais elementares de entrelaçamento e corrente de representações e percepções. Nesse sentido, ela está acima da nova psicologia. Ao reduzir a um denominador estrutural comum a percepção da galinha doméstica, a operação intelectual do chimpanzé, a primeira palavra dotada de sentido da criança e o pensamento produtivo desenvolvido do adulto, a psicologia da Gestalt apaga não apenas todas as fronteiras entre a estrutura da palavra dotada de sentido e a estrutura do bastão e da banana, como também as fronteiras entre o pensamento em suas formas mais elevadas e a percepção mais elementar.

Se tentarmos calcular o resultado de nossa avaliação crítica das principais teorias contemporâneas sobre pensamento e linguagem, podemos reduzir a duas posições fundamentais comuns e inerentes a todas essas teorias. Em primeiro lugar, nenhuma dessas orientações capta na natureza psicológica da palavra o que há de mais importante, fundamental e central, o que faz da palavra uma palavra, sem o que ela deixa de ser o que é: a generalização que ela encerra como modo absolutamente particular de reflexo da realidade na consciência. Em segundo lugar, essas teorias veem a palavra e seu significado fora do desenvolvimento. Essas duas dimensões estão internamente ligadas entre si, pois apenas uma representação adequada da natureza psíquica da palavra pode nos levar a uma compreensão da possibilidade de desenvolvimento da palavra e de seu significado. Considerando que essas duas dimensões estão presentes em todas essas orientações que se substituem umas às outras, pode-se dizer que elas fundamentalmente repetem umas as outras. Por isso, a luta e a substituição de certas orientações na psicologia contemporânea do pensamento e da linguagem fazem lembrar o poema humorístico de Heine, em que se conta do reinado do velho Chavão, honrado e fiel a si mesmo, morto a punhaladas por insurgentes:

> Quando solenemente dividiram
> Os herdeiros do reino e do trono
> O novo Chavão, disseram,
> Era parecido com o velho.

2

A descoberta da não permanência e da inconstância dos significados das palavras, de sua capacidade de se transformar e se desenvolver é a principal e fundamental descoberta, a única que pode tirar todas as teorias sobre pensamento e linguagem do beco sem saída. O significado da palavra é inconstante. Ele se transforma no decorrer do desenvolvimento da criança. Ele se transforma mediante diferentes modos de funcionamento do pensamento. Ele aparece mais como uma formação dinâmica do que estática. O estabelecimento da transformação dos significados só se tornou possível quando a natureza do significado foi corretamente determinada. Essa natureza se revela, antes de tudo, na generalização, que constitui o aspecto central e fundamental de toda palavra, pois toda palavra já generaliza.

Porém, uma vez que o significado da palavra pode se transformar em sua natureza interna, isso quer dizer que a relação entre pensamento e palavra também se transforma. Para que possamos compreender a transformação e a dinâmica das relações entre pensamento e palavra, é preciso que no esquema genético que desenvolvemos na pesquisa principal sobre a transformação dos significados seja feita uma espécie de corte transversal. É preciso explicitar o *papel funcional do significado da palavra no ato do pensamento*.

No decorrer de todo o nosso trabalho, ainda não tivemos oportunidade de nos determos no processo do pensamento verbal como um todo. Contudo, já reunimos os dados necessários para representarmos, em linhas gerais, como esse processo se realiza. Tentaremos agora representar, em seu aspecto integral, a estrutura de todo processo de pensamento real e a corrente complexa ligada a ele que vai do primeiro e mais confuso momento de surgimento do pensamento até sua realização final em uma formulação verbal. Para isso, devemos passar do plano genético para o plano funcional e delinear não o processo de desenvolvimento dos significados e a transformação de sua estrutura, mas o processo de *funcionamento dos significados no curso vivo do pensamento verbal*. Se formos capazes de fazer isso, conseguiremos também mostrar que em cada estágio do desenvolvimento existe não apenas uma estrutura específica de significado da palavra, mas também uma relação específica, determinada por essa estrutura, entre pensamento e linguagem. Como se sabe, os problemas funcionais são mais facilmente resolvidos quando a pesquisa lida com formas mais elevadas e desenvolvidas de certa atividade, na qual toda complexidade da estrutura funcional aparece de forma decomposta e madura. Por isso, deixaremos de lado, por enquanto, a questão do desenvolvimento e nos voltaremos ao estudo das relações entre pensamento e palavra na consciência desenvolvida.

No momento em que tentamos realizar isso, revela-se diante de nós um grandioso e complexo quadro que supera em sutileza arquitetônica tudo aquilo que podem imaginar a esse respeito os esquemas das mais ricas imaginações dos pesquisadores. Confirmam-se as palavras de Tolstói de que "a relação entre palavra e pensamento e a formação de novos conceitos é um complexo, enigmático e delicado processo da alma" (Tolstói, 1903, p. 143).

Antes de passar à descrição esquemática desse processo, antecipando os resultados da exposição ulterior, falaremos sobre a ideia fundamental e orientadora, cujo desenvolvimento e explicitação devem ser dedicados à pesquisa subsequente. Essa ideia central pode ser expressa na seguinte fórmula geral: a relação entre pensamento e palavra é, antes de tudo, não uma coisa, mas um processo, essa relação é o movimento do pensamento à palavra e, o inverso, da palavra ao pensamento. Trata-se de uma relação que aparece à luz da análise psicológica como um processo que se desenvolve, que passa por uma série de fases e estágios, que sofre todas as transformações que, por suas características essenciais, podem ser chamadas de desenvolvimento. É claro que não se trata de um desenvolvimento etário, mas funcional, ainda assim o movimento do próprio processo de pensar que vai do pensamento à palavra é desenvolvimento. O pensamento não se expressa na palavra, mas se realiza nela. Por isso, seria possível falar em um vir-a-ser (totalidade de ser e não ser) do pensamento na palavra. Todo pensamento busca unir uma coisa com outra, estabelecer uma relação entre uma coisa e outra. Todo pensamento tem um movimento, uma corrente, um desenrolar; em uma palavra, o pensamento realiza certa função, certo trabalho, resolve certa tarefa. Por isso, a primeiríssima tarefa de uma análise que pretenda estudar a relação entre pensamento e palavra como movimento do pensamento à palavra é o estudo das fases que constituem esse movimento, a distinção de uma série de planos pelos quais o pensamento passa, ao se encarnar na palavra. Aqui, revela-se para o pesquisador muito daquilo que "vai além de nossa vã filosofia", segundo a expressão de Shakespeare.

Em primeiro lugar, nossa análise nos leva à distinção de dois planos na própria linguagem. As pesquisas mostram que, embora constituam uma verdadeira totalidade, a dimensão interna, semântica, relativa ao sentido, da linguagem e a externa, sonora, física, têm leis próprias de movimento. A linguagem é uma totalidade complexa, não homogênea e uniforme. Antes de tudo, a presença de seu movimento nas dimensões semântica e física da linguagem se revela a partir de uma série de fatos relativos ao campo do desenvolvimento da linguagem na criança. Indicaremos dois fatos principais.

Sabe-se que a dimensão externa da linguagem parte da palavra em direção ao encadeamento de duas ou três palavras, posteriormente à frase simples e à fusão de frases, mais tarde às frases complexas e a uma linguagem coerente composta por uma série de frases desenvolvidas. Assim, a criança passa da parte ao todo no domínio da dimensão física da linguagem. Porém, sabe-se também que, em termos de significado, a primeira palavra de uma criança é uma frase inteira, uma frase monossilábica. No desenvolvimento da dimensão semântica da linguagem, a criança começa pelo todo, pela frase, e apenas depois ela passa a dominar unidades de sentido particulares, o significado de cada palavra, decompondo seu pensamento fundido, expresso em na frase monossilábica em uma série de significados verbais ligados entre si. Dessa forma, se formos captar o início e o fim do desenvolvimento das dimensões semântica e física da linguagem, poderemos facilmente nos convencer de que esse desenvolvimento segue direções opostas.

A dimensão do sentido da linguagem se desenvolve do todo para a parte, da frase para a palavra, ao passo que a dimensão externa vai da parte para o todo, da palavra para a frase.

Esse fato basta para nos convencer da necessidade de distinguir os movimentos da linguagem semântica e sonora. Esses movimentos tampouco coincidem em outro plano, fundindo-se em uma linha, mas, como foi demostrado no caso analisado, podem se realizar em linhas de direção oposta. Isso não quer dizer absolutamente que haja uma ruptura entre os dois planos da linguagem ou que essas dimensões sejam autônomas e independentes. Ao contrário, a distinção entre os planos é o primeiro e necessário passo para que se estabeleça sua totalidade interna. A totalidade pressupõe a existência do movimento de cada uma das duas dimensões e a presença de relações complexas entre eles. Contudo, só é possível estudar a relação existente na base da totalidade da linguagem depois de distinguirmos por meio da análise as dimensões entre as quais tais relações complexas podem existir. Se ambas as dimensões da linguagem fossem idênticas, se coincidissem entre si e se fundissem em uma linha, não seria possível, de modo geral, falar em relações na dimensão interna da linguagem, pois é impossível que existam relações de uma coisa consigo mesma. Em nosso exemplo, essa totalidade interna formada pelas duas dimensões da linguagem que seguem direções opostas no processo de desenvolvimento infantil, aparece com tanta clareza quanto a não coincidência entre eles. O pensamento da criança nasce, originalmente, como um todo vago e indistinto, e justamente por isso ele deve encontrar sua expressão na parte verbal em uma palavra isolada. É como se a criança escolhesse uma roupa sob medida para seu pensamento. Na medida em que o pensamento da criança se decompõe e passa a ser uma construção de partes separadas, a criança passa da parte para um todo decomposto. E o inverso, na medida em que a criança passa, na linguagem, das partes para o todo decomposto em frases, ela consegue passar no pensamento do todo indivisível para as partes.

Dessa forma, verifica-se que, desde o princípio, pensamento e palavra não são forjados a partir de um mesmo modelo. Em certo sentido, pode-se dizer que entre eles existe mais contradição do que concordância. Por sua estrutura, a linguagem não é um espelho que reflete a estrutura do pensamento. Por isso, ela não pode vestir esse pensamento como se fosse uma roupa pronta. A linguagem não serve para expressar pensamentos prontos. Ao se converter em linguagem, o pensamento se reconfigura e se transforma. O pensamento não se expressa, mas se completa na palavra. Por isso, os processos de direções opostas pelos quais as dimensões sonora e semântica da linguagem se desenvolvem formam uma totalidade verdadeira, precisamente devido às direções opostas.

Um outro fato, não menos decisivo, diz respeito a um momento mais tardio do desenvolvimento. Como mencionamos, Piaget estabeleceu que a criança domina antes a estrutura complexa da oração subordinada com as conjunções "porque", "a despeito de", "uma vez que", "embora", do que as estruturas semânticas que correspondem a essas formas sintáticas. No desenvolvimento da criança, a gramática se desenvolve antes da lógica. A criança que usa de forma absolutamente correta e adequada conjunções que expressam relações de causa e consequência, temporais, adversativas, condicionais e outras, na linguagem espontânea e em situações correspondentes ainda permanece toda idade escolar sem tomar consciência da dimensão semântica de tais conjunções e não consegue empregá-las livremente. Isso quer dizer que o movimento das dimensões semântica e fásica da palavra no domínio de estruturas sintáticas complexas não coincide ao longo do desenvolvimento. A análise da palavra poderia demonstrar que essa não coincidência entre gramática e lógica no desenvolvimento da linguagem infantil novamente, assim como no caso anterior, não apenas não exclui a totalidade entre eles como, ao contrário, apenas ela torna possível a totalidade interna entre significado e palavra, que se expressa em relações lógicas complexas.

Menos direta, ainda que mais pronunciada, é a não coincidência entre as dimensões semântica e fásica da linguagem no funcionamento do pensamento desenvolvido. Para que se possa demonstrar isso, precisamos transferir nossa análise do plano genético para o funcional. Mas antes vale observar que os fatos da gênese da linguagem ressaltados por nós permitem tirar algumas conclusões essenciais também em termos funcionais. Se, como vimos, o desenvolvimento das dimensões semântica e sonora da linguagem segue direções opostas durante toda a primeira infância, é totalmente compreensível que em cada momento, não importa em que ponto analisemos a correlação entre esses dois planos da linguagem, nunca poderá existir coincidência entre eles.

Muito mais demonstrativos são os fatos que decorrem diretamente da análise funcional da linguagem. Trata-se de fatos bem conhecidos da linguística contemporânea psicologicamente orientada. Dentre todos os fatos relacionados, devemos colocar em primeiro lugar a não coincidência entre sujeito e predicado gramatical e psicológico.

Segundo Vossler, dificilmente pode haver um caminho mais incorreto para interpretação do sentido mental de determinado fenômeno da língua do que o caminho da interpretação gramatical. Nesse caminho surgem inevitavelmente erros de compreensão que decorrem da não correspondência psicológica e gramática das partes do discurso. Uhland[38] inicia o prólogo ao *Ernesto, Duque de Suábia* com as seguintes palavras: "um duro espetáculo se revela diante de nós". Do ponto de vista da estrutura gramatical, "duro espetáculo" é o sujeito, "se revela" é o predicado. Porém, do ponto de vista da estrutura psicológica da frase, do ponto de vista do que o poeta quis dizer, "se revela" é o sujeito, ao passo que "duro espetáculo" é o predicado. Com essas palavras, o poeta quis dizer: aquilo que irá acontecer diante

---

38. Johann Ludwig Uhland (1787-1862) foi um poeta romântico alemão. A referência é ao prólogo de seu drama histórico *Ernesto, Duque de Suábia*, publicado em 1818.

dos senhores é uma tragédia. A primeira coisa que aparece na consciência de quem ouve é a ideia de que haverá um espetáculo. É sobre isso que a frase trata, ou seja, o sujeito psicológico. O elemento novo que é dito sobre esse sujeito é a ideia de tragédia, que, portanto, constitui o predicado psicológico.

Essa não coincidência entre sujeito e predicado gramatical e psicológico pode ser explicada de modo ainda mais evidente no seguinte exemplo. Tomemos a frase "o relógio caiu", em que "relógio" é o sujeito e "caiu" é o predicado. Imaginemos que essa frase seja dita duas vezes em situações diferentes, de modo que, de uma mesma forma, expressem duas ideias diferentes. Quero chamar a atenção para o fato de que o relógio parou e pergunto por que isso aconteceu. A resposta é: "o relógio caiu". Nesse caso, em minha consciência, antes havia a representação do relógio; nesse caso, o relógio é o sujeito psicológico, aquilo de que se fala. Depois surge a ideia de que ele caiu. Nesse caso, "caiu" é o predicado psicológico, aquilo que se diz sobre o sujeito. Aqui os elementos gramaticais e psicológicos da frase coincidem, mas eles podem não coincidir.

Ao trabalhar, eu ouço o barulho de um objeto caindo e pergunto o que caiu. A resposta é: "o relógio caiu". Nesse caso, primeiro surge na consciência a ideia de que algo caiu. A frase fala do "caiu", ou seja, ele é o sujeito psicológico. O que se diz sobre esse sujeito, o que surge a seguir na consciência, é o relógio, que, nesse caso, será o predicado psicológico. Em essência, essa ideia pode ser assim expressa: "o que caiu foi o relógio". Nesse caso, os predicados psicológico e gramatical coincidiriam, mas no nosso caso eles não coincidem.

A análise mostra que em uma frase complexa qualquer elemento pode se tornar o predicado psicológico e, então, ele passa a carregar a ênfase lógica, cuja função semântica consiste, precisamente, em destacar o predicado psicológico. A categoria gramatical se mostra, até certo ponto, como um fóssil da categoria psicológica, segundo Paul[39] e, por isso, precisa ser reavivada por meio da ênfase lógica, que revela sua estrutura semântica. Paul mostrou como por trás de uma mesma estrutura gramatical podem se ocultar as mais diversas posturas mentais. Talvez a correspondência entre a estrutura gramatical e psicológica da linguagem não seja tão frequente quanto su-

---

39. Hermann Paul (1846-1921) foi um filólogo alemão, um dos líderes da chamada neogramática (*Junggrammatiker*) na filologia.

pomos. Ela é, antes, apenas postulada e raramente chega a se realizar na prática. Em toda parte (na fonética, na morfologia, no léxico, na semântica, e mesmo na rítmica e na música), por trás das categorias psicológicas ou formais ocultam-se as categorias psicológicas. Se elas parecem coincidir mutuamente em alguns casos, em outros elas divergem. É possível falar não apenas de elementos psicológicos de forma e significados, de predicados e sujeitos psicológicos, mas também de número, gênero, caso, pronome, grau superlativo, tempo futuro psicológicos, entre outros. Ao lado dos conceitos formais e gramaticais de predicado, sujeito, gênero, faz-se necessário admitir a existência de seus duplos ou protótipos psicológicos. Aquilo que, do ponto de vista da língua, constitui um erro, pode ter valor artístico quando emerge de uma natureza original. Os versos de Púchkin[40]:

> Como lábios corados sem sorriso
> Sem gramatical equívoco
> Eu não amo a língua russa

Tais versos têm um significado mais profundo do que se costuma pensar. A completa remoção de inconsistências em prol da expressão geral e, definitivamente, correta só é possível do outro lado da língua e de suas práticas, isto é, na matemática. Parece que o primeiro que viu na matemática um pensamento que parte da língua, mas que a supera, foi Descartes. A única coisa que se pode dizer é a seguinte: em decorrência da existência de variações e disparidades entre o gramatical e o psicológico, nossa língua coloquial comum encontra-se em um estado de equilíbrio dinâmico entre os ideais da matemática e da harmonia fantástica e em um movimento incessante, ao qual damos o nome de evolução.

Apresentamos todos esses exemplos para mostrar a disparidade entre as dimensões física e semântica da linguagem, ao mesmo tempo em que eles mostram que essa disparidade não apenas não exclui a totalidade entre eles, como, ao contrário, necessariamente a pressupõe. Afinal, essa disparidade não apenas não impede a realização do pensamento na palavra, como constitui a condição necessária para que o movimento do pensamento para a palavra possa se realizar. Explicaremos por meio de dois exemplos como as transformações das estruturas formais e gramaticais levam a uma profunda transformação de todo o sentido da linguagem, de modo a elucidar essa

---

40. Citação do romance em versos *Evguêni Oniéguin*, de Aleksandr Púchkin [N.T.].

dependência interna entre os dois planos verbais. Na fábula "A libélula e a formiga", Krilov substituiu o grilo de La Fontaine por uma libélula, conferindo-lhe o inadequado epíteto de "saltitante". Em francês, grilo é um substantivo feminino, de modo que é totalmente adequado que em sua imagem se encarne a frivolidade e a leviandade femininas. Contudo, na tradução russa "O grilo e a formiga", essa nuança de sentido na representação da futilidade necessariamente se perde; por isso, em Krilov, o gênero gramatical se sobrepôs ao significado real: o grilo virou libélula, mantendo, não obstante, todos os traços do grilo (saltitante e cantante, embora a libélula não salte nem cante). A transmissão adequada de toda plenitude do sentido exigiu necessariamente a manutenção da categoria gramatical do gênero feminino para a personagem da fábula.

O contrário ocorreu com a tradução do poema "Pinheiro e palmeira", de Heine. Em alemão, a palavra "pinheiro" é um substantivo masculino. Por isso, toda a história adquire um significado simbólico de amor a uma mulher. Para preservar essa nuança de sentido do texto alemão, Tiúttchev substituiu "pinheiro"[41] por "cedro": "O cedro está solitário". Lérmontov, que traduziu literalmente, privou o poema dessa nuança de sentido e, com isso, conferiu a ele um sentido substancialmente diferente, mais abstrato e generalizado. Assim, a alteração do que parece ser um detalhe gramatical leva, em determinadas circunstâncias, à transformação de todo aspecto semântico da linguagem.

Se tentarmos tirar conclusões do que foi descoberto a partir da análise dos planos da linguagem, seria possível dizer que a não coincidência entre esses planos, a existência de um segundo plano, interno, da linguagem, que se encontra além das palavras, a independência da gramática do pensamento, da sintaxe dos significados verbais: tudo isso nos obriga a ver no mais simples enunciado não uma relação constante, imóvel, dada de uma vez por todas, entre as dimensões semântica e sonora da linguagem, mas um movimento, uma passagem da sintaxe dos significados para a sintaxe verbal, a transformação da gramática do pensamento em gramática das palavras, a alteração da estrutura semântica mediante sua encarnação em palavras.

Se as dimensões fásica e semântica da linguagem não coincidem, é evidente que um enunciado verbal não pode surgir imediatamente em toda sua

---

41. Em russo a palavra para pinheiro é *sosná*, um substantivo de gênero feminino [N.T.].

plenitude, uma vez que, como vimos, as sintaxes semântica e verbal não surgem ao mesmo tempo e em conjunto, mas pressupõem a passagem e o movimento de um a outro. Contudo, esse processo complexo de passagem do significado para o som se desenvolve formando uma das principais linhas no aprimoramento do pensamento verbal. Essa decomposição da linguagem em semântica e fonologia não é dada de imediato e desde o princípio, mas surge apenas no decorrer do desenvolvimento: a criança deve diferenciar ambas as dimensões da linguagem, deve tomar consciência de sua diferença e da natureza de cada uma delas para que se torne possível a descida da escadaria que é naturalmente pressuposta no processo vivo da linguagem dotada de sentido. Inicialmente, encontramos na criança a não consciência das formas e dos significados verbais e a não diferenciação entre eles. A palavra e sua estrutura sonora são percebidas pela criança como parte da coisa ou como uma propriedade dela, que é inseparável de suas outras propriedades. Esse fenômeno parece ser inerente a toda consciência linguística primitiva.

Humboldt[42] cita uma anedota segundo a qual uma pessoa simples, ao ouvir uma conversa de estudantes de astronomia sobre as estrelas, fez a eles a seguinte pergunta: "entendi que, com ajuda de certos instrumentos, as pessoas conseguiram medir a distância entre a Terra e as mais distantes estrelas, bem como conhecer a posição e o movimento dessas estrelas. Mas eu gostaria de saber o seguinte: Como é que vocês descobriram os nomes das estrelas?" Essa pessoa supôs que os nomes das estrelas só poderiam ser descobertos com elas mesmas. Experimentos simples com crianças mostram que, ainda na idade pré-escolar, a criança explica o nome dos objetos por meio de suas características: "A vaca se chama 'vaca' porque ela tem chifres, o bezerro se chama assim porque os chifres dele ainda são pequenos, o automóvel tem esse nome porque ele não é um animal".

Quando perguntamos se é possível trocar o nome de um objeto pelo de outro, por exemplo, chamar a vaca de tinta e a tinta de vaca, as crianças respondem que isso é totalmente impossível, pois a tinta é feita para escrever e a vaca dá leite. A troca de nomes significaria a transferência das propriedades de uma coisa para a outra, tamanha é a proximidade e a indissociabili-

---

42. Wilhelm von Humboldt (1767-1835) foi um filólogo, filosofo e político alemão. Fundador da escola histórica da filologia que, por meio de Aleksandr Potebniá, exerceu grande influência sobre Vigotski.

dade entre a coisa e seu nome. A dificuldade da criança de transferir o nome de uma coisa para oura pode ser vista em experimentos em que há instrução para se estabelecer nomes condicionais para os objetos. No experimento são substituídos os nomes "vaca-cachorro" e "janela-tinta". Pergunta-se à criança: "se o cachorro tem chifre, será que ele dá leite?" Ela responde: "sim". Pergunta: "a vaca tem chifres". Resposta: "tem". "Mas a vaca é o cachorro. Por acaso cachorro tem chifre?" "Mas é claro, se o cachorro é vaca, se é assim que ele se chama, então ele tem que ter chifre. Se ele se chama vaca, quer dizer que tem que ter chifre. O cachorro que se chama vaca obrigatoriamente tem que ter uns chifrezinhos."

Vemos como é difícil para a criança separar o nome da coisa de suas propriedades e como a propriedade das coisas acompanha o nome, como a propriedade acompanha o proprietário. Os mesmos resultados foram obtidos quando perguntamos sobre o par "tinta-janela", trocando os nomes. Inicialmente, ainda que com muita dificuldade, foram dadas respostas corretas. Mas quando perguntadas se a tinta é transparente, a resposta foi negativa. "Mas tinta é janela, e janela é tinta". "Quer dizer que a tinta continua sendo tinta e não é transparente".

Com esse exemplo gostaríamos de ilustrar a tese de que *para a criança, as dimensões sonora e semântica da palavra constituem uma totalidade imediata*, indiferenciada e não consciente. Uma das mais importantes linhas do desenvolvimento verbal da criança consiste justamente no fato de que essa *totalidade começa a se diferenciar e ser levada à consciência*. Assim, no começo do desenvolvimento, ocorre a fusão de ambos os planos da linguagem e sua gradual separação, de modo que a distância entre eles aumenta com a idade, e a cada estágio do desenvolvimento dos significados verbais e da tomada de consciência desses significados corresponde uma relação específica entre as dimensões semântica e fásica da linguagem e um caminho específico de transição do significado ao som. A insuficiente diferenciação entre ambos os planos verbais está ligada à limitação das possibilidades de expressão do pensamento e de sua compreensão nos anos iniciais.

Se nos atentarmos ao que foi dito no começo de nossa investigação sobre a função comunicativa dos significados, ficará claro que a comunicação da criança por meio da linguagem está diretamente ligada à diferenciação dos significados verbais em sua linguagem e à tomada de consciência deles.

Para elucidar esse pensamento precisaremos nos deter em uma peculiaridade absolutamente fundamental do significado da palavra que já fora mencionada na análise dos resultados de nossos experimentos. Na estrutura semântica da palavra, distinguimos sua correlação material e seu significado e tentamos mostrar que eles não coincidem. Em termos funcionais isso nos levou a distinguir, por um lado, funções indicativa e nominativa da palavra e, por outro, a função significativa. Se compararmos essas relações estruturais e funcionais no início, no meio e no fim do desenvolvimento, iremos nos convencer sobre a presença da seguinte lei genética. No começo do desenvolvimento existe na estrutura da palavra apenas uma correlação material e, dentre as funções, apenas a indicativa e a nominativa. O significado, independente da correlação material, e a significação, independente da indicação e da nomeação do objeto, surgem depois e se desenvolvem pelas vias que tentamos observar e descrever anteriormente.

Assim, verifica-se que, desde o início do surgimento dessas peculiaridades estruturais e funcionais da palavra, elas divergem na criança em relação às peculiaridades da palavra em ambos os aspectos opostos. Por um lado, a correlação material da palavra é expressa de modo muito mais vivo e forte na criança do que no adulto: para a criança, a palavra é uma parte da coisa, uma de suas propriedades, ela está ligada de modo infinitamente mais próximo ao objeto do que no adulto. Isso determina um peso relativo muito maior da correlação material na palavra infantil. Por outro lado, justamente pelo fato de que a palavra está mais intimamente ligada ao objeto na criança do que no adulto, justamente porque é como se ela fizesse parte da coisa, ela pode ser separada do objeto mais facilmente do que no adulto, ser substituída em pensamento e viver uma vida independente. Dessa forma, a diferenciação insuficiente entre a correlação material e o significado da palavra faz com que a palavra da criança esteja mais próxima e, ao mesmo tempo, mais distante da realidade, se compararmos com o que ocorre no adulto. Inicialmente, a criança não diferencia o significado verbal do objeto, o significado e a forma sonora da palavra. No decorrer do desenvolvimento, essa diferenciação ocorre na medida do desenvolvimento da generalização e, no fim do desenvolvimento, quando encontramos conceitos verdadeiros, surgem as relações complexas entre os planos decompostos da linguagem, sobre os quais tratamos anteriormente.

Essa diferenciação que cresce com os anos entre os dois planos verbais é acompanhada pelo desenvolvimento do caminho que o pensamento percorre na transformação da sintaxe dos significados em sintaxe das palavras. O pensamento deixa a marca da ênfase lógica em uma das palavras da frase, destacando o predicado psicológico, sem o qual nenhuma frase seria compreensível. A fala exige a passagem do plano interno para o externo, já a compreensão pressupõe o movimento inverso, do plano externo para o plano interno da linguagem.

3

Devemos dar ainda mais um passo pelo caminho indicado e nos aprofundarmos um pouco mais na dimensão interna da linguagem. O plano semântico da linguagem é apenas o plano inicial e o primeiro de todos os planos internos. Além dele, revela-se para o pesquisador o plano da linguagem interna. Sem uma correta compreensão de sua natureza psicológica não há nem pode haver qualquer possibilidade de explicar a relação entre pensamento e palavra em sua real complexidade. Talvez esse problema seja uma das questões mais confusas relativas à teoria do pensamento e da linguagem. Portanto, ele merece uma investigação especial, mas não podemos deixar de apresentar alguns dados fundamentais dessa investigação especial da linguagem interna, uma vez que, sem eles, não seria possível compreender a relação entre pensamento e palavra.

A confusão começa com a falta de clareza terminológica. Os termos "linguagem interna" ou "endofasia" são utilizados na literatura para se referir a diversos fenômenos. Daí surge uma série de incompreensões, uma vez que os pesquisadores com frequência discutem sobre coisas diferentes, designando-as pelo mesmo termo. Não há possibilidade de sistematizar nosso conhecimento sobre a natureza da linguagem interna se não tentarmos introduzir certa clareza terminológica nessa questão. Uma vez que esse trabalho ainda não foi feito, não surpreende que até agora nós não tenhamos em nenhum autor uma organização minimamente sistematizada de dados factuais simples sobre a natureza da linguagem interna.

Ao que parece, o significado inicial desse termo era a compreensão da linguagem interna como memória verbal. Sou capaz de recitar uma poesia decorada, mas eu posso reproduzi-la apenas na memória. A palavra pode ser substituída por uma representação ou imagem da memória, assim como qualquer outro objeto. Nesse caso, a linguagem interna, assim como qualquer outro objeto, distingue-se da externa exatamente da mesma forma que a representação de um objeto se distingue do objeto real. Foi justamente nesse sentido que a linguagem interna foi compreendida por autores franceses que estudaram em quais imagens da memória (acústicas, ópticas, motoras e sintéticas) se realiza essa lembrança das palavras. Como veremos a seguir, a memória é um dos aspectos que determinam a natureza da linguagem interna. Porém, por si mesma, ela não apenas não esgota esse conceito, como não coincide diretamente com ele. Em autores antigos encontramos sempre um sinal de igual entre a reprodução de palavras na memória e a linguagem interna. Na realidade, esses são dois processos diferentes, que devem ser distinguidos.

O segundo significado do termo "linguagem interna" é expresso pela abreviação do ato verbal comum. Nesse caso, chamamos linguagem interna a fala não pronunciada, não sonora, muda, ou seja, fala menos som, segundo a conhecida definição de Miller. Segundo Watson, ela é a mesma coisa que a linguagem externa, só que não foi levada até o fim. Békhterev[43] definiu-a como reflexo verbal não manifesto na parte motora, Sétchenov[44] como reflexo interrompido em dois terços. Essa compreensão da linguagem interna pode aparecer como aspecto subordinado do conceito científico de linguagem interna, mas ele, assim como a primeira, não apenas não esgota esse conceito, como não coincide com ele em absoluto. Nos últimos tempos, Schilling propôs o termo "fala"[45] para designar o conteúdo que foi atribuído a esse conceito pelos autores que acabamos de mencionar. Esse conceito se distingue de linguagem interna tanto quantitativamente, pois ele se refere apenas à parte ativa e não aos processos passivos da atividade verbal, quanto qualitativamente, pois ele se refere apenas à atividade motora inicial da função verbal. A fala interna, segundo esse ponto de vista, é uma função parcial da linguagem interna, um ato motor verbal de caráter inicial, um impulso que não encontra expressão nos movimentos articulatórios ou

---

43. Vladímir Mikháilovitch Békhterev (1857-1927) foi um psicólogo, psiquiatra, neuropatologista, fisiólogo e morfologista russo. Fundador da reflexologia.

44. Ivan Mikháilovitch Sétchenov (1829-1927) foi um psicólogo e fisiologista russo. Elaborou, em particular, a teoria sobre a interiorização. Vigotski, assim como a maioria dos psicólogos dos anos de 1920, subestimava a importância das ideias de Sétchenov para a psicologia, embora conhecesse de perto suas principais obras.

45. Nota-se que, aqui, o termo russo não é *riétch*, mas *"govoriénie"*, substantivo de mesmo radical do verbo *govorit* (falar) [N.T.].

que se manifesta em movimentos vagos e sem som, mas que acompanham, reforçam ou retardam a função cognitiva.

Por fim, a terceira e mais difusa de todas as compreensões desse termo confere à linguagem interna uma acepção demasiadamente ampla. Não iremos nos deter nessa história, mas esboçaremos brevemente o estado atual em que a encontramos nos trabalhos de muitos autores.

Para Goldstein[46], linguagem interna é tudo o que precede o ato motor de falar, toda dimensão interna da linguagem, na qual ele distingue dois aspectos: em primeiro lugar, a forma verbal interna do linguista, ou os motivos da linguagem de Wundt, e, em segundo lugar, a presença de uma vivência verbal específica, não imediatamente definida, nem sensorial ou motora, que todos conhecemos tão bem e que não pode ser caracterizada de forma precisa. Assim, ao atribuir ao conceito de linguagem interna todo aspecto interno de qualquer atividade verbal, misturando a compreensão de linguagem interna de autores franceses e a palavra-conceito dos alemães, Goldstein a coloca no centro de toda linguagem. Essa definição acerta o aspecto negativo, isto é, a indicação de que processos sensoriais e motores têm um significado secundário na linguagem interna, mas é uma definição muito confusa e, portanto, incorreta em relação ao aspecto positivo. Impossível não refutar a identificação do ponto central de toda linguagem com uma vivência acessível à intuição, que não pode ser submetida a nenhuma análise funcional, estrutural e objetiva; do mesmo modo, é impossível não refutar a identificação dessa vivência com a linguagem interna, na qual se afundam e se diluem sem deixar rastros planos estruturais distintos, já bem diferenciados pela análise psicológica. Essa vivência verbal central é comum para todo tipo de atividade verbal e, só por isso, não pode servir para identificar uma função verbal específica e peculiar, a única que merece o nome de linguagem interna. Em essência, se formos coerentes e levarmos o ponto de vista de Goldstein ao limite, será preciso reconhecer que o que ele chama de linguagem interna não tem nada de linguagem, mas constitui uma atividade afetivo-volitiva e cognitiva, uma vez que ela incorpora os motivos da linguagem e do pensamento expresso na palavra. Na melhor das hipóteses, esse ponto de vista capta de forma não desarticulada todos

---

46. Kurt Goldstein (1878-1965) foi um neurologista alemão, especialista em afasia e distúrbios da esfera óptica.

os processos internos que ocorrem antes do momento da fala, ou seja, todo aspecto interno da linguagem externa.

Uma compreensão correta da linguagem interna deve partir da ideia de que ela *é uma formação especial em termos de sua natureza psicológica*, um tipo especial de atividade verbal, que tem particularidades absolutamente específicas e que estabelece uma relação complexa com outros tipos de atividade verbal. Para estudar essas relações da linguagem interna com o pensamento, por um lado, e com a palavra, por outro, é necessário antes de tudo encontrar suas diferenças específicas em relação a um e outro e explicitar sua função absolutamente particular. Pensamos que faz diferença se eu estou falando comigo mesmo ou com outros. A linguagem interna é uma linguagem para si. A linguagem externa é uma linguagem para os outros. Não se pode admitir que uma diferença tão crucial e fundamental da função de ambas as linguagens possa passar despercebida para a natureza estrutural delas. Por isso, acreditamos que é incorreto analisar, como fazem Jackson e Head, que a distinção entre a linguagem interna e externa é uma diferença de grau e não de natureza. A questão aqui não é a vocalização. A presença ou a ausência de vocalização não é a causa que explica a natureza da linguagem interna, mas uma consequência que decorre dessa natureza. Em certo sentido, é possível dizer que a linguagem interna não apenas não é aquilo que antecede a linguagem externa ou que a reproduz na memória, mas que é oposta a ela. A linguagem externa é um processo de transformação do pensamento em palavra, sua materialização e objetivação. A interior é um processo de direção inversa, que vai de fora para dentro, um processo de evaporação da linguagem no pensamento[47]. Disso decorre a estrutura dessa linguagem com todas as suas diferenças em relação à estrutura da linguagem externa.

A linguagem interna talvez seja o campo mais difícil de investigação psicológica. Justamente por isso, encontramos nas teorias sobre ela uma quantidade enorme de construções absolutamente arbitrárias e estruturas especulativas e não dispomos de praticamente nenhum dado factual. Experimentos com esse problema são apenas demonstrativos. Os pesquisadores tentaram captar a presença de alterações motoras na articulação e

---

47. Como se pode observar pelo contexto, ao empregar a expressão metafórica "evaporação da linguagem no pensamento", o autor se refere a uma mudança qualitativa do processo verbal mediante o ato do pensamento, e não o desaparecimento da palavra.

na respiração, que são pouco perceptíveis, cuja importância é, na melhor das hipóteses, terciária e que, em todo caso, estão fora do núcleo central da linguagem interna. Esse problema permaneceu praticamente inacessível para a experimentação até que foi possível aplicar a ele o método genético. Aqui também o desenvolvimento se revelou a chave para a compreensão de uma das mais complexas funções internas da consciência humana. Por isso, encontrar o método adequado para investigar a linguagem interna tirou efetivamente toda a problemática do ponto morto. Por esse motivo, antes de tudo nos deteremos no método.

Piaget parece ter sido o primeiro a atentar para a função especial da linguagem egocêntrica da criança e foi capaz de apreciar sua importância teórica. Seu mérito foi ter passado batido por um fato repetido cotidianamente, conhecido de qualquer pessoa que já tenha visto uma criança, mas ter tentado estudá-lo e lhe dar sentido teórico. Contudo, Piaget continuou totalmente cego ao mais importante na linguagem egocêntrica, isto é, ao seu parentesco e ligações genéticas com a linguagem interna e, em decorrência disso, ele interpretou de forma incorreta sua natureza própria do ponto de vista funcional, estrutural e genético.

Partindo de Piaget, em nossas pesquisas sobre a linguagem interna, colocamos no centro justamente o problema da relação entre linguagem egocêntrica e linguagem interna. Acreditamos que isso criou a oportunidade de, pela primeira vez, estudar com amplitude inédita a natureza da linguagem interna por meios experimentais.

Apresentamos acima todas as principais considerações que nos levaram à conclusão de que *a linguagem egocêntrica consiste em uma série de estágios que precedem o desenvolvimento da linguagem interna*. Lembremos que essas considerações tinham um caráter triplo: funcional (descobrimos que a linguagem egocêntrica desempenha funções intelectuais semelhantes às da linguagem interna), estrutural (descobrimos que, por sua estrutura, a linguagem egocêntrica é próxima da interna) e genética (comparamos o fato observado por Piaget de que há um atrofiamento da linguagem egocêntrica no início da idade escolar com uma série de fatos que nos levam a associar o início do desenvolvimento da linguagem interna precisamente com esse momento, daí conclui-se que no limiar da idade escolar ocorre não o atrofiamento da linguagem egocêntrica, mas sua passagem e transformação em linguagem egocêntrica). Essa nova hipótese de trabalho sobre estrutura, função e destino da linguagem egocêntrica nos possibilitou não apenas a reconstruir de forma radical toda teoria sobre a linguagem egocêntrica, mas também aprofundar a questão da natureza da linguagem interna. Se nossa proposição de que a linguagem egocêntrica é uma forma inicial de linguagem interna for consistente, será possível resolver a questão do método de investigação da linguagem interna.

Nesse caso, a linguagem egocêntrica é a chave para a investigação da linguagem interna. A primeira vantagem consiste em que ela é uma linguagem ainda vocalizada, sonora, ou seja, uma linguagem externa em termos de sua manifestação e, ao mesmo tempo, interna por sua função e estrutura. Na investigação de processos internos complexos para que se possa experimentar, objetivar os processos internos observados, faz-se necessário criar especialmente seu aspecto externo, ligando-o a alguma atividade exterior, é preciso trazê-lo para fora. Isso possibilita que seja feita uma análise objetiva e funcional baseada na observação dos aspectos externos do processo interno. No caso da linguagem egocêntrica, é como se estivéssemos lidando com um experimento natural. Isso torna *a linguagem interna acessível à observação direta e à experimentação*, ou seja, isto é um processo interno em sua natureza e externo em sua manifestação. Esse é o principal motivo pelo qual consideramos o estudo da linguagem egocêntrica como um método fundamental para a investigação da linguagem interna.

A segunda vantagem do método é que ele permite estudar a linguagem egocêntrica de forma não estática, mas dinâmica, *em seu processo de desenvolvimento*, o atrofiamento gradual de algumas de suas peculiaridades e o incremento lento de outras. Com isso torna-se possível julgar as tendências de desenvolvimento da linguagem interna, analisar aquilo que não é essencial e o que desaparece no decorrer do desenvolvimento, bem como aquilo que é essencial e que, no decorrer do desenvolvimento, é incrementado e intensificado. Por fim, ao estudar as tendências genéticas da linguagem interna, torna-se possível concluir, por meio dos métodos de interpolação, como se dá o movimento da linguagem egocêntrica para a interna no limite, ou seja, qual a natureza da linguagem externa.

Antes de passarmos à exposição dos principais resultados alcançados com esse método, iremos nos deter na compreensão geral da natureza da linguagem egocêntrica para que seja definitivamente explicitada a base teórica de nosso método. Nessa exposição partiremos da contraposição de duas teorias da linguagem egocêntrica: a de Piaget e a nossa. De acordo com a teoria de Piaget, a linguagem egocêntrica da criança é uma expressão imediata do egocentrismo do pensamento infantil que, por sua vez, é um compromisso entre o autismo primitivo do pensamento infantil e sua gradual socialização, um compromisso especial para cada faixa etária, um compromisso, por assim dizer, dinâmico, no qual, na medida em que a criança se desenvolve, os elementos de autismo se atrofiam e os elementos de pensamento socializado se intensificam, de forma que o egocentrismo no pensamento, assim como na linguagem, é gradualmente eliminado.

É a partir dessa compreensão da natureza da linguagem egocêntrica que Piaget entende a estrutura, a função e o destino desse tipo de linguagem. Na linguagem egocêntrica, a criança não deve se adaptar ao pensamento do adulto; por isso, seu pensamento permanece egocêntrico ao máximo, o que pode ser verificado pela incompreensibilidade da linguagem egocêntrica para outro, por sua abreviação e por outras peculiaridades estruturais. Em termos de sua função, a linguagem egocêntrica, nesse caso, não pode ser outra coisa senão um simples acompanhamento da melodia principal da atividade infantil, que em nada altera essa própria melodia. Trata-se mais de um fenômeno concomitante do que de um fenômeno que tem um significado funcional independente. Essa linguagem não desempenha nenhuma função no comportamento e no pensamento da criança. Finalmente, uma vez que ela é expressão do egocentrismo infantil, e este está condenado à extinção no decorrer do desenvolvimento infantil, naturalmente seu destino genético será também a extinção, uma extinção paralela à do egocentrismo no pensamento da criança. Por isso, o desenvolvimento da linguagem infantil segue uma curva descendente, cujo ponto mais alto está no começo do desenvolvimento e que cai a zero no limiar da idade escolar.

Dessa forma, sobre a linguagem egocêntrica pode-se dizer o mesmo que Liszt afirma sobre as crianças-prodígio, isto é, que seu futuro está no passado. Ela não tem futuro. Ela não surge e se desenvolve com a criança, mas atrofia e se extingue, num processo que, por sua natureza, é mais de involução do que de evolução. Se o desenvolvimento da linguagem egocêntrica ocorre em uma curva decrescente, é natural que, em determinada etapa do desenvolvimento infantil, essa linguagem surja da insuficiente socialização da linguagem infantil, inicialmente individual, e seja uma expressão imediata do nível de insuficiência e incompletude dessa socialização.

De acordo com a teoria contrária, a linguagem egocêntrica da criança é um dos fenômenos da transição das funções interpsíquiscas para as intrapsíquicas, ou seja, das formas de atividade social e coletiva da criança para suas funções individuais. Essa passagem é, como mostramos em um de nossos trabalhos anteriores[48], uma lei geral para o desenvolvimento de todas as funções psíquicas superiores, que surgem inicialmente como formas de atividade de cooperação e apenas depois são transferidas pela criança para a esfera de suas formas psíquicas de atividade. A linguagem para si surge por meio da diferenciação da função inicialmente social da linguagem para os outros. A via principal do desenvolvimento infantil não corresponde a uma socialização gradual, introduzida de fora na criança, mas a uma individualização gradual, que surge com base no caráter social interno da criança. Em decorrência disso, também é distinta nossa visão sobre a questão da estrutura, função e destino da linguagem egocêntrica. Consideramos que sua estrutura se desenvolve em paralelo com o isolamento de suas funções e em concordância com suas funções. Em outras palavras, ao assumir uma nova designação, é natural que a linguagem se reorganize também em sua estrutura em conformidade com as novas funções. Posteriormente, iremos nos deter nessas particularidades estruturais. Por ora, diremos apenas que essas particularidades não se extinguem e não se atenuam, não são eliminadas e não passam por um processo de involução, mas se intensificam e são incrementadas, evoluem e se desenvolvem com o passar dos anos, de modo que o desenvolvimento delas, assim como, aliás, o desenvolvimento da linguagem egocêntrica, não segue uma curva descendente, mas ascendente.

A função da linguagem egocêntrica aparece, à luz de nossos experimentos, como congênere à função da linguagem interna: está longe de ser acompanhamento, trata-se de uma melodia independente, de uma função independente, que serve a objetivos como orientação mental, tomada de consciência, superação de dificuldades e obstáculos, reflexões e pensamentos; trata-se de uma linguagem para si, que serve à forma mais íntima de pensamento da criança. Por fim, o destino genético da linguagem egocêntrica nos parece muito diferente do que descreve Piaget. Ela se desenvolve não por uma curva descendente, mas por uma ascendente. Ela passa não por um processo de involução, mas de verdadeira evolução. Não tem nada

---

48. Trata-se da obra *Desenvolvimento das funções psíquicas superiores*, de Vigotski, que foi publicado no terceiro tomo das *Obras reunidas*.

a ver com aqueles processos de involução conhecidos na biologia e na pediatria, que se revelam no atrofiamento como um processo de cicatrização do umbigo e queda do cordão umbilical ou fechamento do canal arterial e da veia umbilical no recém-nascido. Trata-se de um caso que faz lembrar muito mais todos os processos do desenvolvimento infantil que se orientam para frente e que, por sua natureza, são construtivos, produtivos, plenos de significado positivo. Para nossa hipótese, a linguagem egocêntrica é uma linguagem interna em termos de função psíquica, mas externa em termos de estrutura. Seu destino é transformar-se em linguagem interna.

Em comparação com a de Piaget, essa hipótese tem, a nosso ver, muitas vantagens. Ela nos permite explicar melhor e de forma mais adequada do ponto de vista teórico a estrutura, a função e o destino da linguagem egocêntrica. Ela condiz melhor com os fatos experimentais que encontramos quanto ao aumento do coeficiente de linguagem egocêntrica em casos de uma dificuldade na realização de uma atividade que exige tomada de consciência e raciocínio, fatos inexplicáveis segundo a perspectiva de Piaget.

Mas a principal e mais decisiva vantagem consiste em que essa hipótese oferece uma explicação satisfatória ao estado das coisas descrito por Piaget, que de outro modo se revela paradoxal e inexplicável. Na realidade, segundo a teoria de Piaget, a linguagem egocêntrica se atrofia com a idade, diminuindo quantitativamente conforme a criança se desenvolve. Assim, seria de se esperar que suas peculiaridades estruturais também devem diminuir, e não aumentar junto com seu atrofiamento, pois seria difícil imaginar que o atrofiamento abrangesse apenas o aspecto quantitativo do processo e não tivesse qualquer reflexo em sua estrutura interna. Na passagem dos 3 aos 7 anos, ou seja, do ponto mais alto ao mais baixo no desenvolvimento da linguagem egocêntrica, o egocentrismo do pensamento infantil diminui drasticamente. Se as peculiaridades estruturais da linguagem egocêntrica estão enraizadas justamente no egocentrismo, é natural esperar que tais peculiaridades, se manifestam integralmente na incompreensão dessa linguagem para outros, também deverão minguar, ser paulatinamente reduzidas a zero, assim como as manifestações dessa linguagem. Em resumo, seria esperado que o processo de atrofiamento da linguagem egocêntrica também se manifestasse no atrofiamento de suas particularidades estruturais internas, ou seja, que também em termos de sua estrutura essa linguagem se aproxime cada vez mais da linguagem socializada e, portanto, torne-se cada vez mais compreensível.

O que dizem os fatos a esse respeito? Qual linguagem é mais compreensível: a de uma criança de 3 ou de uma de 7 anos? Um dos resultados factuais mais importantes e decisivos por seu significado de nossa pesquisa é o estabelecimento de que as particularidades estruturais da linguagem egocêntrica, que expressam seu afastamento da linguagem social e que explicam sua incompreensibilidade para outros, não diminuem, mas aumentam com a idade; elas são mínimas aos 3 anos e máximas aos 7 anos, portanto, elas não atrofiam, mas evoluem, elas revelam regularidades inversas do desenvolvimento em relação ao coeficiente de linguagem egocêntrica. Nessa época em que este último decai incessantemente no percurso do desenvolvimento, extinguindo-se e chegando a zero no limiar da idade escolar, essas particularidades estruturais se desenvolvem em direção oposta, subindo de praticamente zero aos 3 anos a quase 100% do conjunto diferenças estruturais em termos da estrutura específica.

Esse fato não é apenas inexplicável do ponto de vista de Piaget, como é totalmente incompreensível o modo pelo qual os processos de atrofiamento do egocentrismo infantil, da linguagem egocêntrica e das particularidades internamente inerentes a ela podem aumentar tão drasticamente, mas, ao mesmo tempo, permite-nos elucidar o fato sobre o qual Piaget constrói, como pedra angular, toda a teoria da linguagem egocêntrica, ou seja, o fato da diminuição do coeficiente de linguagem egocêntrica conforme a idade da criança aumenta.

O que, em essência, quer dizer a diminuição do coeficiente de linguagem egocêntrica? As particularidades estruturais da linguagem interna e sua diferenciação funcional da linguagem externa aumentam com a idade. O que diminui? A queda da linguagem egocêntrica não se refere a nada, a não ser a diminuição de exclusivamente uma única particularidade dessa linguagem, isto é, a vocalização, a sonorização. Será possível concluir daí que o atrofiamento da vocalização e da sonorização pode ser igualado ao atrofiamento de toda linguagem egocêntrica? Isso nos parece inaceitável, pois nesse caso restaria totalmente inexplicável o fato de que suas particularidades estruturais e funcionais se desenvolvem. Ao contrário, à luz desse fator tem todo sentido e é completamente compreensível o atrofiamento do coeficiente de linguagem egocêntrica. A contradição entre o vertiginoso atrofiamento de um sintoma da linguagem egocêntrica (a vocalização) e o igualmente vertiginoso crescimento de outros sintomas (de diferenciação estrutural e funcional) não passa de uma contradição aparente, ilusória.

Refletiremos partindo do fato indubitável estabelecido experimentalmente por nós. As particularidades estruturais e funcionais da linguagem egocêntrica aumentam com o desenvolvimento da criança. Aos 3 anos, a diferença entre essa linguagem e a linguagem comunicativa é quase nula. Aos 7 anos temos uma linguagem que, em praticamente todas as suas particularidades estruturais e funcionais, distingue-se da linguagem social da criança de 3. Nesse fato, manifesta-se uma diferenciação que progride com a idade entre as duas funções verbais e a *separação entre a linguagem para si e a para os outros de uma função verbal geral e indistinta* que, em idades mais precoces, desempenha essas duas designações praticamente da mesma forma. Quanto a isso não há dúvida. É um fato, e com fatos, como se sabe, é difícil discutir.

Mas se isso é assim, todo o resto se torna compreensível por si mesmo. Se as particularidades estruturais e funcionais da linguagem egocêntrica, ou seja, sua estrutura interna e seu modo de atividade se desenvolvem cada vez mais e se separam da linguagem externa, então exatamente na mesma medida em que essas particularidades específicas da linguagem egocêntrica aumentam, *seu aspecto externo, sonoro, deve atrofiar*, sua vocalização deve desaparecer e ser eliminada, suas manifestações exteriores devem se reduzir a zero, o que também se expressa na diminuição do coeficiente de linguagem egocêntrica entre os 3 e os 7 anos de idade. Com o isolamento da função da linguagem egocêntrica, essa linguagem para si, sua vocalização, torna-se, na mesma medida, funcionalmente desnecessária e sem sentido (sabemos a frase que pensamos antes de pronunciá-la), já com o aumento das particularidades estruturais da linguagem egocêntrica, a vocalização, também em igual medida, se torna impossível. Inteiramente distinto em termos de estrutura, a linguagem para si não pode de modo algum se expressar na estrutura de natureza totalmente alheia da linguagem externa; a forma de linguagem, de estrutura específica, que surge nesse período necessariamente *deve ter uma forma específica de expressão*, uma vez que a dimensão fásica deixa de coincidir com a dimensão fásica da linguagem externa. O aumento das particularidades funcionais da linguagem egocêntrica, sua separação enquanto função verbal independente, a gradual formação e constituição de sua natureza interna original leva inevitavelmente a que essa linguagem se torne mais pobre em sua manifestação exterior, distanciando-se cada vez mais da linguagem externa e perdendo cada vez mais sua vocalização. Em determinado momento do desenvolvimento, quando a separação da linguagem egocêntrica atinge o limite necessário, quando a linguagem para si se separa definitivamente da linguagem para os outros, ela deve deixar de ser sonora e, portanto, deve criar a ilusão de que desapareceu e atrofiou-se totalmente.

Porém, trata-se justamente de uma ilusão. Considerar a queda do coeficiente de linguagem egocêntrica como sintoma de seu atrofiamento é exatamente o mesmo que considerar que a capacidade de contar se atrofiou no momento em que a criança deixa de contar usando os dedos, ou quando deixa de fazer cálculos em voz alta e passa a fazê-los mentalmente. Em essência, por trás desse sintoma de atrofiamento, desse sintoma negativo, de involução, oculta-se um conteúdo inteiramente positivo. A queda do coeficiente de linguagem egocêntrica e a diminuição de sua vocalização, que, como acabamos de mostrar, estão intimamente ligados ao crescimento interno e à separação desse novo tipo de linguagem infantil, são sintomas negativos, de involução, apenas na aparência. Na realidade, trata-se de sintomas evolutivos do desenvolvimento. Por trás deles, ocultam-se *não o atrofiamento, mas o nascimento de uma nova forma de linguagem.*

A diminuição da manifestação externa da linguagem egocêntrica deve ser vista como uma manifestação da crescente abstração em relação à dimensão sonora da linguagem, o que é um dos principais traços constitutivos da linguagem interna, assim como a progressiva diferenciação da linguagem egocêntrica em relação à comunicativa, assim como o indício da crescente capacidade da criança de pensar palavras, de representá-las ao invés de pronunciá-las, de operar com imagens da palavra ao invés de operar com a própria palavra. Esse é o significado positivo da queda do coeficiente de linguagem egocêntrica. De fato, tal queda tem um sentido absolutamente definido: ele se realiza em uma determinada direção, ademais na mesma direção que se dá o desenvolvimento das particularidades funcionais e estruturais da linguagem egocêntrica, isto é, justamente na direção da linguagem interna. A diferença radical entre linguagem interna e externa é a ausência de vocalização.

162

A linguagem interna é uma linguagem muda, silenciosa. Essa é sua principal distinção. Justamente nessa direção, no crescimento progressivo dessa diferença, é que ocorre a evolução da linguagem egocêntrica. Sua vocalização é reduzida a zero, ela se torna uma linguagem muda. E é assim que deve ser, se a linguagem egocêntrica constituir etapas geneticamente anteriores do desenvolvimento da linguagem interna. O fato de que esse indício se desenvolve gradualmente, de que a linguagem egocêntrica se separa antes em termos funcionais e estruturais do que em relação à vocalização, mostra apenas o seguinte: a linguagem interna se desenvolve não pelo enfraquecimento exterior da dimensão sonora, passando da linguagem sussurrada e do sussurro à linguagem muda, mas pela separação funcional e estrutural em relação à linguagem externa, passando dela para a egocêntrica e da egocêntrica para a interna. É isso que colocamos na base de nossa hipótese sobre o desenvolvimento da linguagem interna.

Dessa forma, a contradição entre o atrofiamento das manifestações exteriores da linguagem egocêntrica e o crescimento de suas particularidades internas se revela uma contradição aparente. Na realidade, por trás da queda do coeficiente de linguagem egocêntrica se oculta um desenvolvimento positivo de uma das particularidades centrais da linguagem interna, isto é, a abstração da dimensão sonora da linguagem e a diferenciação definitiva entre linguagem interna e externa. Por conseguinte, os três principais grupos de sinais (funcionais, estruturais e genéticos), todos os fatos que conhecemos sobre o campo do desenvolvimento da linguagem egocêntrica (inclusive os fatos de Piaget) concordam com a mesma coisa: *a linguagem egocêntrica se desenvolve na direção da linguagem interna*, e o percurso de seu desenvolvimento não pode ser entendido de outra forma senão como um percurso de crescimento gradual e progressivo de todas as principais propriedades distintivas da linguagem interna.

Consideramos que esta é uma confirmação irrefutável da hipótese desenvolvida por nós sobre a origem e natureza da linguagem egocêntrica, bem como uma evidência incontestável de que o estudo dessa linguagem é um principal método para conhecermos a natureza da linguagem interna. Contudo, para que nossa proposição hipotética se converta em fidedignidade teórica, devem ser buscadas possibilidades de realização de experimentos críticos, que possam decidir de forma indubitável qual das duas formas contrárias de compreensão do processo de desenvolvimento da linguagem egocêntrica corresponde à realidade. Passemos à análise dos dados desse experimento crítico.

Lembremos a situação teórica que nosso experimento busca resolver. De acordo com Piaget, a linguagem egocêntrica surge da socialização insuficiente da linguagem inicialmente individual. Para nós, ela surge da insuficiente individualização da linguagem inicialmente social, de sua insuficiente separação e diferenciação, de sua indistinção. No primeiro caso, a linguagem egocêntrica é um ponto em uma curva decrescente, cuja culminação ficou para trás. A linguagem egocêntrica atrofia. É nisso que consiste o seu desenvolvimento. Ela só tem passado. No segundo caso, a linguagem egocêntrica é um ponto em uma curva ascendente, cujo ponto de culminação está adiante. Ela se desenvolve em linguagem interna. Ela tem um futuro. No primeiro caso, a linguagem para si, ou seja, a linguagem interna, é introduzida de fora com a socialização, assim como a água branca limpa a vermelha pelo princípio citado anteriormente. No segundo caso, a linguagem para si surge a partir da egocêntrica, ou seja, desenvolve-se de dentro.

Para resolver definitivamente qual dessas duas posições é correta, será preciso explicitar experimentalmente a direção na qual atuam sobre a linguagem egocêntrica da criança as transformações de tipo duplo na situação, isto é, o enfraquecimento dos aspectos sociais da situação, que favorecem o surgimento da linguagem social, e seu fortalecimento. Todas as evidências que apresentamos até o momento em favor de nossa compreensão da linguagem egocêntrica e contra a visão de Piaget, por maior que consideremos ser o seu papel, elas, ainda assim, têm um significado indireto e dependem de uma interpretação geral. Esse mesmo experimento pode fornecer uma resposta direta para a questão em foco. É por isso que ele será analisado como *experimentum crucis*.

Na realidade, se a linguagem egocêntrica da criança decorre do egocentrismo de seu pensamento e de sua socialização insuficiente, sempre que os aspectos sociais da situação se enfraquecem, sempre que a criança está isolada e livre em relação ao coletivo, sempre que seu isolamento psicológico for favorecido e o contato psicológico com outras pessoas for eliminado, sempre que ela se vê livre da necessidade de se adaptar ao pensamento de outros e, portanto, de usar a linguagem socializada: tudo isso deveria levar a um aumento acentuado do coeficiente de linguagem egocêntrica em detrimento da linguagem socializada, pois tais circunstâncias devem criar as condições mais favoráveis possíveis para a manifestação livre e plena da insuficiência da socialização do pensamento e da linguagem da criança. Assim, se a linguagem egocêntrica decorre da diferenciação insuficiente entre a linguagem para si e para os outros, da individualização insuficiente da linguagem que é inicialmente social, da não separação e do não isolamento entre a linguagem para si e para os outros, então todas as mudanças da situação devem se manifestar em uma queda brusca da linguagem egocêntrica da criança.

Essa era a questão que se colocava para nosso experimento. Os pontos de partida para sua construção foram os aspectos observados pelo próprio Piaget na linguagem egocêntrica e, portanto, não resta qualquer dúvida quanto à pertinência factual deles para o conjunto de fenômenos por nós estudados.

Embora Piaget não dê nenhuma importância teórica para esses aspectos, descrevendo-os, antes, como traços exteriores da linguagem egocêntrica, desde o princípio, nós não pudemos deixar de nos surpreender com três particularidades dessa linguagem: 1) o fato de que ela aparece como monólogo coletivo, ou seja, ela só se manifesta no coletivo infantil, na presença de outras crianças ocupadas com a mesma atividade, e não quando a criança está sozinha; 2) o fato de que esse monólogo coletivo, como observa o próprio Piaget, é acompanhado da ilusão de compreensão; a criança acredita e supõe que suas enunciações egocêntricas, não dirigidas a ninguém, são compreendidas pelas pessoas ao redor; 3) por fim, o fato de que a linguagem para si tem um caráter de linguagem externa, que remete totalmente à linguagem socializada e não é pronunciada em sussurros, de forma inarticulada, para si. Todas essas particularidades essenciais não podem ser fortuitas. Do ponto de vista da própria criança, a linguagem egocêntrica ainda não é separada subjetivamente da linguagem social (ilusão de compreensão), ela é objetiva em relação à situação (monólogo coletivo) e, em sua forma (vocalização), não é separada e isolada da linguagem social. Só isso já faz com que não nos inclinemos para a teoria da socialização insuficiente como fonte da linguagem egocêntrica. Tais particularidade falam, antes, em favor de uma socialização bastante elevada e de uma insuficiente separação entre linguagem para si e para os outros. Afinal, trata-se de que a linguagem egocêntrica, a linguagem para si, acontece em condições objetivas e subjetivas que são próprias da linguagem social para os outros.

Nossa avaliação desses três aspectos não é consequência de uma opinião preconcebida. Ela é evidente a partir dos achados de Grünbaum, que chegou à mesma avaliação sem qualquer experimento, apenas com base na interpretação dos dados de Piaget. Em alguns casos, segundo este autor, uma observação superficial pode nos levar a pensar que a criança está inteiramente imersa em si mesma. Essa falsa impressão decorre do fato de que esperamos de uma criança de 3 anos que ela tenha uma relação lógica com o que a cerca. Uma vez que esse tipo de relação com a realidade não é próprio da criança, logo supomos que ela vive imersa em seus próprios pensamentos e fantasias e que ela é caracterizada por uma disposição egocêntrica. Crianças entre 3 e 5 anos, ao brincarem juntas com frequência se ocupam apenas de si mesmas, falam apenas consigo mesmas. Se de longe isso cria a impressão de uma conversa, uma análise mais próxima revela que se trata de um monólogo coletivo, cujos participantes não se ouvem nem se respondem mutuamente. No fim das contas, isso também é um exemplo claríssimo de que a disposição egocêntrica da criança é, na realidade, uma prova da conexão social do psiquismo infantil. No monólogo coletivo não há lugar para o isolamento intencional em relação ao coletivo ou para o autismo no sentido da psiquiatria contemporânea, mas é, em termos de estrutura psiquiátrica, algo diametralmente oposto a isso. Piaget, que destaca o egocentrismo infantil e o coloca como pedra angular de toda a sua explicação das particularidades psíquicas da criança, ainda assim precisa reconhecer: no monólogo coletivo as crianças acreditam que estão falando umas com as outras e que são ouvidas pelas outras. É verdade que elas se comportam como se não prestassem atenção nos demais. Mas isso só ocorre porque elas supõem que cada pensamento seu, mesmo que não tenha sido expresso absolutamente ou que o tenha sido apenas de modo insuficiente, é um bem comum.

Para Grünbaum, esta é a prova de que o psiquismo individual da criança é insuficientemente separado do todo social.

Contudo, diremos mais uma vez, a solução final da questão pertence não a esta ou àquela interpretação, mas ao experimento crítico. Em nosso experimento tentamos dinamizar as três particularidades da linguagem egocêntrica mencionadas anteriormente (vocalização, monólogo coletivo, ilusão de compreensão), intensificando-as ou enfraquecendo-as para chegarmos a uma resposta à questão da natureza e origem da linguagem egocêntrica.

Na primeira série de experimentos tentamos eliminar a ilusão da criança, que surge na linguagem egocêntrica, de que as outras crianças a compreendem. Para isso, colocamos a criança, cujo coeficiente de linguagem egocêntrica fora previamente medido em uma situação muito semelhante à dos experimentos de Piaget, em uma situação diferente: organizávamos sua atividade em um coletivo de crianças surdas-mudas ou a colocávamos em um coletivo de crianças falantes de um idioma estrangeiro. No mais, a situação era a mesma tanto em sua estrutura quanto em todos os detalhes. A variável do experimento era apenas a ilusão de compreensão, que surge naturalmente na primeira situação e que está excluída da segunda. O que acontece com a linguagem egocêntrica quando não há ilusão de compreensão? O coeficiente no experimento crítico sem ilusão de compreensão caiu drasticamente na maior parte dos casos, chegando a zero, e nos demais casos foi cerca de oito vezes menor.

Tais experimentos não deixam dúvidas de que a ilusão de compreensão não é fortuita, ela não é um efeito colateral sem importância, um epifenômeno em relação à linguagem egocêntrica, mas está indissociavelmente ligado a ela. Do ponto de vista de Piaget, nossos resultados não podem não ser paradoxais. Quanto menos manifesto é o contato psicológico entre a criança e as demais, quanto mais fraco for sua ligação com o coletivo, quanto menos a situação exigir uma linguagem socializada e uma adaptação do seu pensamento ao dos demais, mais livre deveria ser a manifestação do egocentrismo no pensamento e, portanto, na linguagem da criança.

Essa seria a conclusão necessária se a linguagem egocêntrica da criança realmente decorresse da socialização insuficiente de seu pensamento e linguagem. Nesse caso, a ausência de ilusão de compreensão não deveria reduzir, como ocorre, mas aumentar o coeficiente de linguagem egocêntrica. Partindo da hipótese que defendemos, acreditamos que esses dados experimentais não podem ser analisados de outro modo senão como comprovação direta de que a insuficiente individualização da linguagem para si, a não separação entre ela e a linguagem para os outros são a verdadeira fonte da linguagem egocêntrica, que por si só e fora da linguagem social não pode existir e funcionar.

Basta excluir a ilusão de compreensão, esse importantíssimo aspecto psicológico de qualquer linguagem social, e a linguagem egocêntrica se extingue.

Na segunda série de experimentos, o monólogo coletivo foi tomado como variável na comparação entre o experimento principal e o crítico. Novamente, primeiro o coeficiente de linguagem egocêntrica foi medido na situação principal, em que esse fenômeno se manifestava na forma de monólogo coletivo. Em seguida, a atividade da criança foi transferida para uma situação em que a possibilidade de monólogo coletivo era excluída (a criança era colocada com crianças desconhecidas, com as quais ela não conversou nem antes, nem depois, nem durante o experimento; ou então era isolada de outras crianças, em uma mesa separada ou no canto da sala; ou ficava sozinha, fora do coletivo; ou ainda, por fim, o experimentador saía da sala no meio do experimento enquanto a criança trabalhava fora de um coletivo, de modo que ela ficava completamente sozinha, mas o experimentador ainda conseguia vê-la e ouvi-la). Os resultados gerais desses experimentos estão totalmente de acordo com os obtidos na primeira série de experimentos. A eliminação do monólogo coletivo em uma situação que, no mais, permanece idêntica leva, via de regra, a uma queda drástica do coeficiente de linguagem egocêntrica, embora essa redução, no segundo caso, tenha se revelado de formas um pouco menos proeminentes do que no primeiro. O coeficiente cai drasticamente, chegando a zero. A correlação entre os coeficientes na primeira e na segunda situação foi de 6:1. Os diferentes procedimentos de exclusão do monólogo coletivo revelaram uma clara gradação na redução da linguagem egocêntrica. Contudo, a tendência fundamental de redução desse coeficiente se destacou de modo evidente na segunda série.

Seria possível, portanto, repetir o raciocínio que acabamos de apresentar em relação à primeira série. É evidente que o monólogo coletivo não é um fenômeno colateral e fortuito, não é o epifenômeno em relação à linguagem egocêntrica, mas é algo indissociavelmente ligado a ele. Do ponto de vista da hipótese que buscamos refutar, isso também parece paradoxal. A exclusão do monólogo coletivo deveria dar espaço e liberdade para a manifestação da linguagem egocêntrica e produzir um aumento acelerado de seu coeficiente, caso tal linguagem para si de fato decorresse de uma socialização insuficiente do pensamento e da linguagem infantis. Nossos dados, contudo, não apenas não são paradoxais, como, novamente, são a conclusão logicamente necessária da hipótese que defendemos: se na base da linguagem egocêntrica está uma diferenciação insuficiente, um desmembramento insuficiente entre a linguagem para si e a para os outros, seria necessário supor que a exclusão do monólogo coletivo deveria levar necessariamente à queda do coeficiente de linguagem egocêntrica. Os fatos corroboram inteiramente tal afirmação.

Por fim, *na terceira série* de experimentos, a vocalização da linguagem egocêntrica foi selecionada como variável entre o experimento principal e o crítico. Depois de medirmos o coeficiente de linguagem egocêntrica na situação principal, a criança era levada a outra situação, em que a possibilidade de vocalização era dificultada ou impossibilitada. As crianças eram colocadas em uma grade ampla, bem distantes umas das outras, ou então, fora do laboratório em que o experimento era realizado, havia uma orquestra tocando ou algum barulho que abafava não apenas as vozes dos outros como a própria voz; por fim, a criança recebia instruções especiais para não falar alto e conversar apenas em voz baixa ou sussurrando. Em todos os experimentos críticos foi observado novamente com impressionante regularidade a mesma coisa que nos dois primeiros casos: uma queda drástica da curva do coeficiente de linguagem egocêntrica. É fato que em tais experimentos a redução do coeficiente foi expressa de forma um pouco mais complexa do que na segunda série (a correlação entre o experimento principal e o crítico foi de 5(4):1; a gradação entre as diferentes formas de exclusão ou dificuldade de vocalização foi ainda mais acentuada do que na segunda série. Mas a regularidade principal, expressa na redução do coeficiente de linguagem egocêntrica mediante exclusão da vocalização, aparece também nesses experimentos de forma evidente. Mais uma vez, não podemos analisar esses dados de outra forma senão como um paradoxo do ponto de vista da hipótese do egocentrismo como essência da linguagem para a criança, ou como confirmação direta da hipótese da linguagem interna como essência da linguagem para si em crianças que ainda não dominaram a linguagem interna no sentido próprio da palavra.

Em todas as três séries nosso objetivo era o mesmo: tomamos como base da pesquisa os três fenômenos que surgem em praticamente toda manifestação de linguagem egocêntrica da criança (ilusão de compreensão, monólogo coletivo e vocalização). Esses três fenômenos são comuns tanto para a linguagem egocêntrica como para a social. Comparamos experimentalmente situações em que esses fenômenos estão presentes e ausentes e constatamos que a exclusão desses aspectos que aproximam a fala para si da fala para os outros necessariamente levou ao atrofiamento da linguagem egocêntrica. Isso nos permite concluir que a linguagem egocêntrica da criança é uma forma especial de linguagem, já distinta em termos de estrutura e função, porém, considerando sua manifestação, ela ainda não se separou definitivamente da linguagem social, em cujo seio ela se desenvolve e amadurece.

Para elucidar o sentido da hipótese aqui desenvolvida, voltaremos a um exemplo fictício: estou sentado na mesa de trabalho e converso com uma pessoa que está atrás de mim, a qual eu, naturalmente, não consigo ver; sem que eu perceba, meu interlocutor sai da sala; eu continuo a falar, levado pela ilusão de que estou sendo ouvido e compreendido. Nesse caso, em seu aspecto exterior minha linguagem lembrará a linguagem egocêntrica, a linguagem de mim comigo mesmo, uma linguagem para si. Contudo, em termos psicológicos, por sua natureza, é claro que ela é uma linguagem social. Comparemos com esse exemplo a linguagem egocêntrica da criança. Para Piaget, a posição aqui será contrária: psicológica e subjetivamente, isto é, do ponto de vista da criança, sua linguagem é egocêntrica para si, uma linguagem de si para si mesmo, e apenas a manifestação exterior é de uma linguagem social. Seu caráter social é uma ilusão, assim como o caráter egocêntrico da minha linguagem no exemplo fictício.

Partindo da nossa hipótese, a posição aqui é muito mais complexa: psicologicamente a linguagem da criança em termos funcionais e estruturais é egocêntrica, ou seja, uma forma especial e independente de linguagem, só que não inteiramente subjetiva, uma vez que, em relação à sua natureza psicológica, ela ainda não é compreendida como linguagem interna e a criança não a distingue da fala para o outro. Também em termos objetivos, essa linguagem não é uma função diferenciada da linguagem social, mas, novamente, não inteiramente, uma vez que ela só pode funcionar em situações que possibilitam a linguagem social. Dessa forma, em seu aspecto subjetivo e objetivo, essa linguagem é uma forma mista, transitória entre linguagem para os outros e para si, inclusive é nisso que consiste a principal regularidade do desenvolvimento da linguagem interna: a linguagem para si, a linguagem interna, se torna interna mais por sua função e estrutura, ou seja, por sua natureza psicológica, do que por suas formas de manifestação exterior.

Assim, chegamos à confirmação de nossa tese: a investigação da linguagem egocêntrica e das tendências dinâmicas nela manifestas de crescimento e diminuição de certas particularidades que caracterizam sua natureza funcional e estrutural é a chave para o estudo da natureza psicológica da linguagem interna. Podemos agora passar à exposição dos principais resultados de nossas investigações e à caracterização resumida do terceiro entre os planos indicados de movimento do pensamento à palavra, isto é, o plano da linguagem interna.

4

O estudo da natureza psicológica da linguagem interna, por meio de tal método que tentamos fundamentar experimentalmente, levou-nos à seguinte convicção: a linguagem interna não deve ser vista como fala menos som, mas como uma função verbal inteiramente específica e particular em termos de estrutura e modo de funcionamento, função esta que é organizada de modo totalmente distinto da linguagem externa e, justamente por isso, encontra-se em uma indissociável totalidade dinâmica de transições entre uma e outra. A primeira e mais importante particularidade da linguagem interna é sua sintaxe específica. Ao estudarmos a sintaxe da linguagem interna na linguagem egocêntrica da criança, notamos uma especificidade essencial que revela uma indubitável tendência dinâmica de crescimento na medida do desenvolvimento da linguagem egocêntrica. Essa peculiaridade consiste no aparente fracionamento, decomposição e abreviação da linguagem interna em comparação com a externa.

Essa observação não é essencialmente nova. Qualquer um que tenha estudado atentamente a linguagem interna, mesmo por uma perspectiva behaviorista, como Watson, identificou nessa peculiaridade seu traço característico central. Apenas autores que reduzem a linguagem interna à reprodução da linguagem externa em imagens da memória analisaram a linguagem interna como um reflexo da externa. Até onde sabemos, ninguém foi além do estudo descritivo e de constatação dessa particularidade. Ademais, nem sequer a análise descritiva desse fenômeno fundamental da linguagem interna chegou a ser empreendida, de modo que uma série de fenômenos que poderiam ser dissecados internamente foram mantidos em uma mesma pilha, em um mesmo novelo emaranhado, pois, em sua manifestação externa, todos esses fenômenos distintos são expressos no caráter fracionado e fragmentário da linguagem interna.

Seguindo a via genética, buscamos, em primeiro lugar, desemaranhar o novelo de fenômenos que caracterizam a natureza da linguagem interna e, em segundo lugar, encontrar suas causas e explicações. Com base nos fenômenos de curto-circuito observados na aquisição de hábitos, Watson supôs que o mesmo ocorre na fala sem som ou no pensamento. Mesmo se pudéssemos desvendar todos os processos ocultos e registrá-los em uma placa sensível ou no cilindro de um fonógrafo, ainda assim haveria tantas abreviações, curtos-circuitos e economia, que eles seriam irreconhecíveis caso não acompanhássemos sua formação desde o ponto de partida, em que eles têm um caráter completo e social, até seu estágio final, em que eles servem a adaptações individuais e não sociais. Assim, mesmo que pudesse ser registrada em um fonógrafo, a linguagem interna seria abreviada, fragmentada, desconexa, irreconhecível e incompreensível em comparação com a linguagem externa.

Um fenômeno completamente análogo é observado na linguagem egocêntrica da criança, com a única diferença de que esse fenômeno cresce a olhos nus, passando de uma idade a outra e, assim, conforme a linguagem egocêntrica se aproxima da interna, ela atinge seu ponto máximo no limiar da idade escolar. O estudo da dinâmica de seu crescimento não deixa dúvidas quanto ao fato de que, se seguirmos essa curva adiante, ela deverá levar à total incompreensibilidade, decomposição e abreviação da linguagem interna. A vantagem de estudar a linguagem egocêntrica é justamente a possiblidade de acompanhar passo a passo o surgimento das particularidades da linguagem interna do primeiro ao último estágio. Como observou Piaget, a linguagem egocêntrica é incompreensível, caso não saibamos a situação em que ela surge, fragmentada e abreviada em comparação com a linguagem externa.

O acompanhamento gradual do crescimento de tais particularidades da linguagem egocêntrica permite decompor e explicar essa propriedade misteriosa. A investigação genética mostra de modo direto e imediato como e de onde surge esse caráter abreviado, que verificamos como um fenômeno primeiro e independente. Tendo em vista a lei geral, poderíamos dizer que a linguagem egocêntrica, conforme ela se desenvolve, revela não uma tendência simples à abreviação e à omissão de palavras, mas a uma simples passagem ao estilo telegráfico, uma tendência absolutamente específica a um tipo de abreviação de frases e orações em que o predicado e os elementos relativos a ele são preservados e o sujeito e das palavras ligadas a ele são omitidos. A tendência à predicatividade da sintaxe da linguagem interna apareceu em todos os nossos experimentos com uma regularidade rígida e quase sem exceções, de modo que, no limite, empregando o método de interpolação, nós devemos supor uma predicatividade pura e absoluta como forma sintática fundamental da linguagem interna.

Para esclarecer essa particularidade, a primeira de todas, é preciso compará-la ao quadro análogo que surge na linguagem externa em determinadas situações. Como mostram nossas observações, a predicatividade pura surge na linguagem externa em dois casos: como resposta ou quando o sujeito do juízo emitido já é conhecido pelo interlocutor. À pergunta se queremos uma xícara de chá, ninguém irá responder a frase completa: "não, eu não quero uma xícara de chá". A resposta será puramente predicativa: "não". A resposta terá apenas o predicado. É claro que uma oração predicativa como esta só é possível quando o sujeito (aquilo de que se fala) é subentendido pelo interlocutor. Isso vale para a pergunta: "O seu irmão leu o livro?" A resposta nunca será "sim, meu irmão leu o livro", mas simplesmente "sim" ou "leu".

Uma tese totalmente análoga também é criada no segundo caso, na situação em que o sujeito do juízo enunciado é conhecido do interlocutor. Imagine que algumas pessoas estão esperando no ponto da linha B do bonde para que possam seguir viagem em determinada direção. Jamais acontecerá de uma das pessoas, ao observar um bonde se aproximando, dizer: "está chegando o bonde B, que estamos aguardando para ir a determinado lugar"; o enunciado será sempre abreviado, contendo apenas o predicado: "está chagando" ou "linha B". É claro que, nesse caso, a oração predicativa aparece na linguagem viva apenas porque o sujeito e as palavras relativas a ele são conhecidos pelo contexto em que os interlocutores se encontram.

Com frequência, tais juízos predicativos são pretextos para incompreensões cômicas e toda sorte de quiproquó em que o ouvinte relaciona o predicado enunciado não ao sujeito que o falante tinha em vista, mas a outro que ele tenha na cabeça. Em ambos os casos, a predicatividade pura surge quando o sujeito do enunciado está no pensamento do interlocutor. Se os pensamentos deles coincidem e ambos se referem à mesma coisa, a compreensão é plenamente realizada apenas com o predicado. Se o predicado se refere a diferentes sujeitos no pensamento de cada um, surge, necessariamente, uma incompreensão.

Exemplos claros dessa abreviação da linguagem externa e sua redução ao predicado podem ser encontrados nos romances de Tolstói, que reiteradas vezes se voltou à psicologia do entendimento. "Ninguém ouviu o que ele dissera [o moribundo Nikolai Liévin], apenas Kitty compreendeu. Ela compreendeu, porque acompanhava sem cessar com o pensamento aquilo de que ele precisava" (Tolstói, 1893a, p. 311). Poderíamos dizer que em seus pensamentos, que acompanhavam os pensamentos do moribundo, havia o sujeito ao qual se relacionava a palavra dita por ele, e que ninguém entendia. Talvez, contudo, o exemplo mais notável é a explicação de Kitty e Liévin por meio das iniciais das palavras.

> "Faz tempo que queria perguntar algo a senhora"; "Por favor, pergunte"; "Veja – ele disse e escreveu as iniciais: Q A S R T I Q D N E". Essas letras significavam "Quando a senhora respondeu 'talvez', isso quis dizer 'nunca' ou 'na época'?" Não havia qualquer probabilidade de que ela conseguisse compreender essa frase complexa. "Eu entendi", ela disse, enrubescendo. "Que palavra é essa?", ele disse apontando para a letra N. "Essa letra significa 'nunca'", ela disse, "Mas isso não é verdade". Ele rapidamente apagou o que havia escrito, entregou-lhe o giz e se levantou. Ela escreveu as seguintes iniciais: N E E N P R D O M. De repente, ele ficou radiante: compreendeu. As letras significavam: "Na época eu não podia responder de outro modo". Então, ela escreveu as iniciais: P Q O S P E E P O Q A. Elas significavam: "Para que o senhor pudesse esquecer e perdoar o que aconteceu". Ele pegou o giz e, com os dedos tensos e trêmulos, partindo o giz, escreveu as iniciais para o seguinte: "Não há o que esquecer e perdoar. Eu não deixei de amar a senhora". "Entendi", ela disse, sussurrando. Ele se sentou e escreveu uma frase longa. Ela compreendeu tudo e, sem perguntar nada, pegou o giz e imediatamente respondeu. Ele ficou muito tempo sem entender o que ela havia escrito, e olhou várias vezes em seus olhos. E neles ele encontrou um eclipse de felicidade. Não conseguiu de modo algum reestabelecer as palavras que ela tinha pensado; mas em seus olhos encantadores e irradiantes de felicidade ele compreendeu tudo o que tinha de saber. Então, ele escreveu três letras. Antes ainda de terminar, ela já leu o movimento de sua mão, terminou de escrever e acrescentou a resposta: "sim". Nessa conversa tudo foi dito; foi dito que ela o amava e que diria ao pai e à mãe que ele viria no dia seguinte pela manhã (Tolstói, 1893b, p. 145-146).

Esse exemplo tem um significado psicológico excepcional, pois ele, assim como todo o episódio da explicação do amor de Liévin e Kitty, foi retirado da biografia de Tolstói. Foi exatamente assim que ele declarou seu amor a Bers, sua futura esposa. Este exemplo, assim como o anterior, tem relação próxima com o fenômeno que nos interessa, e que é central para toda linguagem interna: o problema da abreviação. Quando há identidade de pensamento entre os interlocutores, quando há identidade na orientação de suas consciências, o papel dos estímulos verbais se reduz a um nível mínimo. Tolstói atenta para o fato de que entre pessoas que estabelecem um contato psicológico estreito, a compreensão por meio de uma linguagem abreviada, com meias-palavras, é mais regra do que exceção.

Agora Liévin já estava acostumado a expressar seu pensamento sem se dar o trabalho de revesti-lo com palavras exatas: ele sabia que, em momentos amorosos como aquele, a esposa compreenderia o que ele queria dizer, bastava uma alusão e ela o compreendia (Tolstói, 1893a, p. 13).

O estudo desse tipo de abreviação na linguagem dialógica faz com que Iakubínski[49] chegue à seguinte conclusão: a compreensão por meio de enigmas e alusões correspondentes ao enunciado, quando se conhece o assunto, e certa comunicabilidade de massas aperceptivas dos interlocutores desempenham um enorme papel na troca verbal. A compreensão da linguagem exige que se conheça o assunto. Segundo Polivánov[50], tudo o que dizemos, essencialmente, precisa de um ouvinte que compreenda o assunto. Se tudo o que desejamos dizer se reduzisse aos significados formais das palavras empregadas, precisaríamos de muito mais palavras para enunciar cada pensamento do que usamos na realidade. Falamos apenas por meio de alusões necessárias. Iakubínski tem toda razão ao supor que, no caso dessas abreviações, trata-se de uma estrutura sintática peculiar, de uma simplicidade objetiva em comparação com uma conversa mais discursiva. A simplicidade da sintaxe, a decomposição mínima da sintaxe, o enunciado conciso do pensamento, a quantidade significativamente menor de palavras: todos esses são traços que caracterizam a tendência à predicatividade, como ela se manifesta na linguagem externa em determinadas situações.

Um entendimento diametralmente oposto a este acerca da sintaxe simplificada são os casos cômicos de incompreensão, mencionados anteriormente e que servem como modelo de conversa entre surdos, em que os pensamentos dos interlocutores estão totalmente desencontrados.

---

49. Liev Petróvitch Iakubínski (1892-1945) foi um linguista e teórico da literatura russo.

50. Evguêni Dmítievitch Polivánov (1891-1938) foi um orientalista e linguista russo.

O surdo processou outro surdo na corte de um surdo juiz

Levaram minha vaca! – o surdo diz

Como é que é? – em resposta o outro berrou.

O terreno baldio é do meu falecido avô.

O juiz decidiu: chega de bravata,

Case com um jovem, que a moça seja culpada.

Se compararmos esses dois casos extremos (a troca entre Kitty e Liévin e o caso do juiz dos surdos) encontraremos os dois polos entre os quais se desenrola o fenômeno da abreviação da linguagem externa. Quando há um sujeito comum no pensamento de ambos os interlocutores, a compreensão é plena mesmo que o nível de abreviação da linguagem seja máximo e a sintaxe seja extremamente simples; no caso oposto, a compreensão não ocorre mesmo com a linguagem desenvolvida. Assim, às vezes não são apenas dois surdos que não conseguem se entender, mas duas pessoas quaisquer, que tenham atribuído conteúdos distintos a uma mesma palavra ou que ocupem pontos de vista diferentes. Como diz Tolstói, pessoas que pensam de forma original e solitária sofrem para entender o pensamento de outros e são muito tendenciosas em relação ao seu próprio pensamento. O contrário, isto é, pessoas que travam contato conseguem compreender mesmo com meias-palavras, o que Tolstói chama de comunicação lacônica e clara, quase sem palavras, dos mais complexos pensamentos.

5

Ao estudarmos esses exemplos do fenômeno da abreviação na linguagem externa, podemos voltar mais instruídos a este mesmo fenômeno na linguagem interna. Nesse caso, como já foi dito reiteradas vezes, esse fenômeno se manifesta não apenas em casos excepcionais, mas sempre que ocorre o funcionamento da linguagem interna. O significado desse fenômeno se torna definitivamente claro quando comparamos a linguagem interna com a escrita, por um lado, e com a interna, por outro lado.

Segundo Polivánov, se tudo o que desejássemos expressar se reduzisse aos significados formais das palavras que empregamos, precisaríamos, para expressar cada um dos nossos pensamentos, de muito mais palavras do que usamos na realidade. Porém, este é justamente o caso para a linguagem escrita. Nela, muito mais do que na linguagem oral, o pensamento enunciado é expresso nos significados formais das palavras que empregamos. A linguagem escrita é uma linguagem que se dá na ausência de um interlocutor. Por isso, ela é desenvolvida ao máximo; nela a decomposição sintática chega ao nível máximo. Devido à separação dos interlocutores, raramente são possíveis a compreensão por meias-palavras e o enunciado predicativo. Na linguagem escrita, os interlocutores estão em situações diferentes, o que elimina a possibilidade de haver um sujeito comum em seus pensamentos. Por isso, a linguagem escrita, em comparação com a oral, constitui, nesse sentido, uma forma de linguagem maximamente desenvolvida e complexa em termos de sintaxe, na qual o enunciado de cada pensamento requer que utilizemos muito mais palavras do que na linguagem oral. Como diz Tompson, na apresentação escrita geralmente são utilizadas palavras, expressões e construções que não pareceriam naturais na linguagem oral. Quando Griboiédov diz que "ele fala como escreve" ele produz aquela comicidade resultante da transferência da língua verborrágica, construída e decomposta de forma sintaticamente complexa, da linguagem escrita para a oral.

Ultimamente, a linguística tem colocado em destaque o problema da *variedade funcional da linguagem*. Ocorre que a linguagem, mesmo sob a perspectiva do linguista, não é uma única forma de atividade verbal, mas um conjunto de variadas funções verbais. A análise da língua sob o ponto de vista funcional, das condições e objetivos do enunciado verbal, passou a ocupar o centro das atenções de pesquisadores. Humboldt já tinha plena consciência da variedade funcional da linguagem aplicada à língua da poesia e da prosa que, em termos de orientação e de recursos, são diferentes entre si e jamais podem se fundir, uma vez que a poesia não se distingue da música, enquanto a prosa está exclusivamente a cargo da língua. Segundo Humboldt, a prosa se distingue pelo fato de que, nela, a língua faz uso de suas próprias qualidades, mas as subordina ao objetivo dominante legalmente; ao subordinar e compor orações em prosa, desenvolve-se de modo especial uma euritmia lógica que corresponde ao desenvolvimento do pensamento, na qual a linguagem prosaica se ajusta ao seu próprio objetivo. Em ambas as formas a língua tem suas particularidades na escolha de expressões, no uso de formas gramaticais e de modos sintáticos para agrupar palavras em linguagem.

Assim, o pensamento de Humboldt consiste no seguinte: as formas de linguagem distintas em termos de funcionalidade têm, cada uma, seu próprio léxico especial, sua gramática e sua sintaxe. Esse pensamento tem grande importância. Embora nem o próprio Humboldt nem Potebniá (que imitou e desenvolveu seu pensamento) tenham valorizado essa tese em todo seu significado fundamental e não tenham ido além da distinção entre prosa e poesia, dentro da prosa há mais distinções entre conversas de pensamentos abundantes e instruídos e o lero-lero cotidiano e convencional, que serve apenas à informação sobre assuntos se despertar ideias e sensações, não obstante seu pensamento, completamente esquecido pelos linguistas e restaurado nos últimos tempos, tem enorme importância não apenas para a linguística, como também para a psicologia da língua. Como diz Iakubínski, a própria colocação da questão em tal plano é alheia à linguística, e os trabalhos de linguística geral não costumam tratar dela.

A psicologia da linguagem, assim como a linguística, cada um seguindo seu próprio caminho, levam-nos à mesma tarefa de diferenciação da variedade funcional da linguagem. Para a psicologia da linguagem, em particular, assim como para a linguística, adquire significado primordial a distinção entre as formas dialógica e monológica de linguagem. As linguagens escrita e interna, que comparamos, nesse caso, à linguagem oral, são formas *monológicas* de linguagem. Já a linguagem oral, na maior parte dos casos, é *dialógica*.

O diálogo sempre pressupõe que os interlocutores conheçam o essencial, de modo que, como vimos, seja possível realizar uma série de abreviações na linguagem oral e, em certas situações, emitir juízos predicativos. O diálogo sempre pressupõe a percepção visual do interlocutor, de sua mímica e gestos, bem como a percepção acústica de todo aspecto da entonação da linguagem. Ambos, tomados em conjunto, permitem a compreensão por meias-palavras, a comunicação por alusões, conforme os exemplos apresentados anteriormente. Apenas na linguagem oral é possível uma conversa que, nas palavras de Tarde[51], seja apenas complemento à troca de olhares. Como já foi dito em relação à tendência da linguagem oral à abreviação, nos deteremos apenas na dimensão acústica da linguagem e apresentaremos um exemplo clássico retirado das notas de Dostoiévski[52], que mostra quanto

---

51. Gabriel Tarde (1843-1904) foi um sociólogo e criminalista francês. Autor de uma das primeiras concepções sociopsicológicas, em cujo centro está o indivíduo. Segundo Tarde, a principal lei da vida social é a imitação.

52. Fiódor Mikháilovitch Dostoiévski (1821-1881) foi um escritor russo. Desde a juventude, sua obra influenciou fortemente Vigotski (cf. *Psicologia da arte*, 1968. Comentários). Entre 1913 e 1914, Vigotski escreveu uma pesquisa sobre a obra de Dostoiévski. O exemplo de Dostoiévski, assim como o seguinte, de Gleb Uspiénski, foram tomados por Vigotski do livro de Gornfeld (1906), que Vigotski estudou quando trabalhava sobre seu *Psicologia da arte*.

a entonação facilita uma compreensão sutilmente diferenciada do significado das palavras.

Dostoiévski está tratando da língua dos bêbados, que consiste pura e simplesmente de um único substantivo não dicionarizado:

> Certo domingo, já à noite, aconteceu-me de estar a uns quinze passos de um grupo de seis trabalhadores bêbados e, num átimo, perceber que é possível expressar todos os pensamentos e sensações, e até em uma elaboração profunda, utilizando apenas esse substantivo, que, aliás, tem pouquíssimas sílabas. Eis que um rapaz pronuncia o substantivo de forma brusca e enérgica para expressar sua rejeição desdenhosa de algum assunto a respeito do qual estavam falando. Outro, em resposta, repete o mesmo substantivo, mas em tom e sentido inteiramente diversos, ou seja, de total dúvida quanto à veracidade da rejeição do primeiro. De repente, um terceiro fica indignado com o primeiro, se mete na conversa de forma brusca empolgada e grita o mesmo substantivo, mas com intenção de xingar e praguejar. Outra vez, o segundo se envolve indignado com o terceiro, o ofensor e o interrompe como se dissesse: "Por que se meteu na conversa? Estamos conversando tranquilamente, por que raios veio brigar com Filka?" E todo esse pensamento foi comunicado por aquela mesma palavra proibida, aquele monossílabo que indica certo objeto, no momento em que ele levantava a mão para pegar o terceiro pelos ombros. Então, de repente, um quarto rapaz, o mais jovem do grupo, que até aquele momento permanecera sentado em silêncio, pareceu ter encontrado a solução para a dificuldade inicial que dera origem à disputa, levantou entusiasmado o braço e gritou... "Eureca", você deve estar pensando? "Descobri, descobri"? Não, nada de "eureca", não descobriu nada; ele apenas repetiu o mesmo substantivo não dicionarizado, uma única palavra, apenas uma, mas com entusiasmo, com gritos de êxtase e, parece, ênfase exagerada, pois o sexto, um homem soturno e o mais velho entre eles, "não gostou nada" e num instante conteve o entusiasmo do novato, repetindo numa voz grave, soturna e edificante... exatamente o mesmo substantivo que não deve ser pronunciado na frente das damas, mas que, dessa vez, significava claramente: "Por que está gritando assim até arrebentar a garganta?" Desse modo, sem recorrer a nenhuma outra palavra, eles repetiram aquela palavrinha de que tanto gostavam seis vezes seguidas, uma depois da outra, e se compreenderam totalmente. Este é um fato que eu testemunhei (Dostoiévski, 2017, p. 291).

Vemos aqui, em uma forma clássica, mais uma fonte a partir da qual surge a tendência de abreviação da linguagem oral. A primeira delas é encontrada na compreensão mútua entre os interlocutores que combinam antecipadamente o sujeito ou o tema de toda a conversa. No exemplo dado, trata-se de outra coisa. É possível, como diz Dostoiévski, expressar todos os pensamentos, sensações e até reflexões profundas com uma só palavra. Isso se torna possível quando a entonação transmite o contexto psicológico que é o único em que o sentido de determinada palavra pode ser compreendido. Na conversa ouvida por Dostoiévski certa vez, esse contexto consiste em uma rejeição desdenhosa; outra vez, em dúvida; uma terceira, em indignação etc. É evidente que, quando o conteúdo interno do pensamento pode ser transmitido pela entonação, a linguagem revela uma forte tendência à abreviação e toda a conversa pode ocorrer por meio de uma única palavra.

É totalmente compreensível que esses dois aspectos que favorecem a abreviação da linguagem oral – o conhecimento do sujeito e a transmissão direta do pensamento por meio da entonação – estão totalmente excluídos da linguagem escrita. Justamente por isso, somos obrigados a usar muito mais palavras para expressar um mesmo pensamento na escrita do que na linguagem oral. Por isso, *a linguagem escrita é a forma de linguagem mais prolixa, exata e desenvolvida*. Nela, precisamos transmitir por palavras aquilo que na linguagem oral pode ser transmitido pela entonação ou pela percepção direta da situação. Scherba[53] observa que para a linguagem oral o diálogo é a forma mais natural. Ele supõe que o monólogo, em grande medida, é uma forma linguística artificial e que a língua revela sua verdadeira existência apenas no diálogo. Expressando o mesmo pensamento, Iakubínski diz que o diálogo, sendo indubitavelmente um fenômeno da cultura, é, ao mesmo tempo, em maior medida um fenômeno da natureza do que o monólogo. Para a pesquisa psicológica não há dúvida de que o monólogo é uma forma elevada e mais complexa de linguagem, que historicamente se desenvolveu depois do diálogo. Porém, o que nos interessa agora é a comparação entre essas duas formas apenas no sentido da tendência à abreviação da linguagem e de sua redução a juízos puramente predicativos.

A rapidez do ritmo da linguagem oral não favorece o fluxo da atividade verbal na ordem de uma ação volitiva complexa, ou seja, com ponderação, luta de motivos, escolhas etc; ao contrário, a velocidade da fala pressupõe, antes, seu fluxo na ordem da ação volitiva simples e, ademais, com elemen-

---

53. Liev Vladímirovitch Scherba (1880-1944) foi um linguista, teórico literário e acadêmico soviético. Especialista em linguística geral, eslavística e línguas românicas. Criador da escola fonológica de Leningrado. Foi aluno de Baudouin de Courtenay.

tos habituais. Esse último fato pode ser constatado para o diálogo por meio de simples observação; de fato, diferentemente do monólogo (especialmente o escrito) a comunicação dialógica pressupõe um enunciado imediato e até de improviso. O diálogo é uma linguagem composta de réplicas, é uma cadeia de reações. Como vimos, a linguagem escrita está ligada desde o princípio com a consciência e a intencionalidade. Por isso, o diálogo quase sempre encerra a possibilidade de incompletude da expressão, de um enunciado pela metade, a não necessidade de mobilizar palavras que deveriam ser mobilizadas quando da expressão desse mesmo complexo de pensamentos por meio da linguagem monológica. Em oposição à simplicidade composicional do diálogo, o monólogo apresenta certa complexidade composicional, que leva os fatos verbais para o campo iluminado da consciência, de modo que é muito mais fácil concentrar atenção neles. Aqui as relações verbais se tornam fontes determinadas de vivências que aparecem na consciência a propósito delas mesmas (ou seja, das relações verbais).

É absolutamente compreensível que a linguagem escrita seja polar em comparação com a oral. Na linguagem escrita não há uma situação clara para ambos os interlocutores e toda possibilidade de entonação expressiva, mímica e gesto. Consequentemente, está previamente excluída aqui a possibilidade de abreviação, sobre a qual falamos ao tratar da linguagem oral. Aqui a compreensão se realiza às custas das palavras e da combinação entre elas. A linguagem escrita contribui para o fluxo da linguagem enquanto atividade complexa. É nisso que se baseia o uso dos rascunhos. O caminho entre o "rascunho" e a verão "passada a limpo" é o percurso de uma atividade complexa. Mas mesmo quando não há um rascunho de fato, o momento de reflexão na linguagem escrita é muito forte; com frequência falamos primeiro para si, e depois escrevemos; aqui é evidente o rascunho do pensamento. Esse rascunho do pensamento da linguagem escrita é justamente, como tentamos mostrar no capítulo anterior, a linguagem interna. Ela desempenha o papel do rascunho interno não apenas na escrita, mas também na linguagem oral. Por isso, devemos agora fazer uma comparação entre linguagem escrita e interna considerando a tendência à abreviação.

Vimos que, na linguagem oral, a tendência à abreviação e à predicatividade pura surge em dois casos: quando a situação de que se fala é clara para ambos os interlocutores e quando a pessoa que fala expressa o contexto psicológico do enunciado com ajuda da entonação. Esses dois casos são totalmente excluídos da linguagem escrita. Por isso, ela não apesenta uma tendência à predicatividade e constitui a forma mais desenvolvida de linguagem. Mas o que ocorre com a linguagem interna? O motivo pelo qual tratamos de modo tão detalhado da tendência à predicatividade presente na linguagem oral está ligado ao fato de que a análise dessas manifestações permite expressar claramente uma das teses mais confusas, obscuras e complexas à qual chegamos como resultado de nossas pesquisas sobre a linguagem interna, uma tese que tem significado central para todos os problemas ligados a essa questão. Ainda que na linguagem oral a tendência à predicatividade surja ocasionalmente (em certos casos até com bastante frequência e regularidade) e na linguagem escrita ela nunca apareça, na linguagem interna ela existe sempre. A predicatividade é uma única e fundamental forma de linguagem interna; do ponto de vista psicológico ela consiste apenas de predicados, além disso, o que encontramos aqui não é uma conservação relativa do sujeito à custa da abreviação do sujeito, mas uma predicatividade absoluta. Para a linguagem escrita ser constituída de sujeitos e predicados desenvolvidos é a regra, já a regra para a linguagem interna é sempre omitir o sujeito e ser constituída apenas de predicados.

Em que se baseia essa completa, absoluta e pura predicatividade, que se observa constantemente, da linguagem interna? Inicialmente foi possível estabelecê-la no experimento apenas como fato. Contudo, a tarefa consistia em generalizar, dar sentido e explicar esse fato. Conseguimos fazer isso apenas pela observação da dinâmica do aumento da predicatividade pura desde suas formas iniciais até suas formas finais, comparando na análise teórica essa dinâmica com a tendência à abreviação na linguagem escrita e na linguagem oral com a mesma tendência na linguagem interna.

Começaremos pelo segundo caminho, isto é, a comparação entre linguagem interna e escrita, ainda mais porque esse caminho já foi percorrido por nós até o fim e tudo já foi preparado para uma explicação definitiva da ideia. O caso consiste em que as mesmas circunstâncias que às vezes possibilitam a emissão de juízos puramente predicativos na linguagem oral, e que estão totalmente ausentes na linguagem escrita, são inseparáveis dela. Por isso, essa mesma tendência à predicatividade deve inevitavelmente surgir e, como mostra o experimento, inevitavelmente surge na linguagem interna como fenômeno constante e, ademais, em uma forma pura e absoluta. Por isso, se a linguagem escrita é o extremo oposto da oral no sentido do máximo desenvolvimento e total ausência das circunstâncias que suscitam a omissão do sujeito na linguagem oral, a linguagem interna também é o extremo oposto da oral, mas em um sentido inverso, uma vez que nela predomina uma predicatividade absoluta e constante. Assim, a linguagem oral ocupa um lugar intermediário entre a linguagem escrita, por um lado, e a interna, por outro.

Examinemos mais de perto essa circunstância que favorece a abreviação no caso da linguagem interna. Lembramos mais uma vez que na linguagem oral surgem elisões e abreviações quando o sujeito do juízo enunciado é conhecido previamente por ambos os interlocutores. Tal situação é uma lei absoluta e constante para a linguagem interna. Sempre sabemos o assunto de nossa linguagem interna. Sempre estamos a par de nossa situação interna. O tema de nosso diálogo interno nos é sempre conhecido. Sabemos sobre o que pensamos. O sujeito de nosso juízo interno é sempre evidente em nossos pensamentos. É sempre subentendido. Piaget observou certa vez que nós facilmente acreditamos na palavra e, por isso, a exigência de comprovação e a capacidade de fundamentar nossos pensamentos só nasce no processo de confrontação de nossos pensamentos com os outros. Da mesma forma, seria possível dizer que nós nos compreendemos com facilidade especial, em meias-palavras, por meio de alusões. Na linguagem que temos conosco sempre nos encontramos num tipo de situação que apenas ocasionalmente, mais como exceção do que como regra, surge no diálogo oral os exemplos que citamos. Se voltarmos a esses exemplos, seria possível dizer que a linguagem interna, via de regra, ocorre em situações em que o falante emite uma série de enunciados análogos àquele da parada do bonde, compostos de um breve predicado: "B". De fato, estamos sempre a par de nossas expectativas e intenções. Quando estamos a sós, não temos necessidade de recorrer a formulações desenvolvidas: "Está chegando o bonde B, que estamos aguardando para ir a determinado lugar". Aqui o predicado é sempre necessário e suficiente. O sujeito está sempre na mente, assim como o restante de dez fica na mente da criança quando ela está fazendo uma operação de adição.

Além disso, na linguagem interna nós nunca hesitamos, assim como Liévin na conversa com a esposa, em expressar nossos pensamentos sem nos darmos o trabalho de empregar palavras exatas. A proximidade psicológica entre os interlocutores, como foi mostrado anteriormente, cria entre os falantes uma comunidade de apercepção[54] o que, por sua vez, é um aspecto determinante para a compreensão a partir de alusões, para a abreviação da linguagem.

No contato consigo mesmo na linguagem interna, essa comunidade de apercepção é total, universal e absoluta, por isso, na linguagem interna, a comunicação lacônica e clara, quase sem palavras, é regra, o tipo de comunicação de que fala Tolstói como uma rara exceção na linguagem oral, possível apenas quando existe entre os falantes uma proximidade interna íntima. Na linguagem interna nunca temos necessidade de nomear o assunto, ou seja, o sujeito. Sempre nos limitamos apenas ao que se diz sobre esse sujeito, ou seja, o predicado. É justamente isso que leva ao predomínio da predicatividade pura na linguagem interna.

A análise da tendência análoga na linguagem oral nos permitiu chegar a duas conclusões principais. Em primeiro lugar, ela mostra que a tendência à predicatividade surge na linguagem oral quando o sujeito do enunciado é conhecido previamente pelos interlocutores e quando é em alguma medida evidente a comunidade de apercepções entre os falantes. Levados ao limite de forma totalmente plena e absoluta, ambos acontecem na linguagem interna. Só isso já permite compreender por que na linguagem interna deve ser observado o predomínio absoluto da predicatividade pura. Como vimos, essas circunstâncias levam, na linguagem oral, à simplificação da sintaxe, a um nível mínimo de decomposição sintática, de modo geral a uma estrutura sintática peculiar. Contudo, aquilo que se nota na linguagem oral como uma tendência mais ou menos vaga se manifesta na linguagem interna de forma absoluta, levada ao limite como simplicidade sintática máxima, como condensação absoluta do pensamento, como uma estrutura sintática inteiramente nova, que, a rigor, não quer dizer outra coisa senão a supressão completa da sintaxe da linguagem oral e uma estrutura puramente predicativa da frase.

Em segundo lugar, nossa análise mostra que a transformação funcional da linguagem necessariamente leva também à transformação de sua estru-

---

54. Apercepção (termo introduzido por Leibniz). Para Leibniz, trata-se do processo de tomada de consciência de impressões que ainda não chegaram à consciência; para Kant, trata-se da totalidade de representações existentes na consciência. Na psicologia cientifica, o conceito de apercepção ocupou uma posição central no sistema de Wundt, para quem ele significou a tomada de consciência do percebido, sua integralidade e dependência em relação à experiência prévia. De acordo com essa compreensão, o conceito está ligado às ideias de Gestalt, de disposição etc.

tura. Novamente aquilo que se observa na linguagem oral apenas como uma expressão mais ou menos frágil da tendência a alterações estruturais mediante o impacto das particularidades funcionais da linguagem, na linguagem interna aparece em forma absoluta e leva ao extremo. A função da linguagem interna, tal qual a estabelecemos na pesquisa genética e experimental, leva sistemática e constantemente à ideia de que a linguagem egocêntrica, que inicialmente se distingue da linguagem social apenas em termos funcionais, aos poucos, na medida em que a diferenciação funcional aumenta, sofre uma transformação também em sua estrutura, chegando ao limite da total supressão da sintaxe na linguagem oral.

Se partirmos dessa comparação entre linguagem interna e oral e nos voltarmos à investigação direta das particularidades estruturais da linguagem interna, seremos capazes de acompanhar passo a passo o crescimento da predicatividade. No início, a linguagem egocêntrica se encontra ainda totalmente fundida, em termos estruturais, à linguagem social. Com o desenvolvimento e a separação funcional como forma autônoma e independente de linguagem, ela passa cada vez mais a apresentar uma tendência à abreviação, a um enfraquecimento da decomposição sintática, à condensação. Quando chega o momento de seu atrofiamento e passagem para a linguagem interna, ela já produz a impressão de uma linguagem entrecortada, uma vez que ela já está quase que inteiramente subordinada a uma sintaxe puramente predicativa. A observação durante os experimentos mostra de que forma e qual fonte surge da nova sintaxe da linguagem interna. A criança fala a respeito daquilo com que ela está ocupada naquele minuto, daquilo que ela está fazendo no momento, daquilo que se encontra diante de seus olhos. Por isso, ela cada vez mais omite, abrevia, condensa o sujeito e às palavras relacionadas a ele. E cada vez mais a linguagem se reduz apenas ao predicado. A notável regularidade que se pode estabelecer por meio desses experimentos consiste no seguinte: *quanto mais a linguagem egocêntrica é expressa em seu significado funcional, mais claramente são omitidas as particularidades de sua sintaxe no sentido de sua simplificação e predicatividade.* Se, em nossos experimentos sobre a linguagem egocêntrica, compararmos a criança em situações em que essa linguagem desempenha o papel específico de linguagem interna como meio de dar sentido a algo em face de obstáculos e dificuldades criados experimentalmente com aqueles casos em que ela se manifesta fora dessa função, seria possível estabelecer, sem dúvidas: quanto mais fortemente se expressa a função específica, intelectual da linguagem interna como tal, mais evidentemente se manifestam também as particularidades de sua estrutura sintática.

A predicatividade da linguagem interna ainda não esgota todo complexo de fenômenos que encontra expressão total exterior na abreviação dessa linguagem em comparação com a oral. Quando tentamos analisar esse complexo fenômeno, vemos que atrás dele se esconde uma série de particularidades estruturais da linguagem interna, dentre as quais só poderemos nos deter nas principais. Em primeiro lugar, é preciso citar aqui a redução dos aspectos fonéticos da linguagem, com os quais nos deparamos já em alguns casos de abreviação da linguagem oral. A explicação de Kitty e Liévin que se deu por meio das iniciais das palavras e da decifração de frases inteiras já nos permite concluir que, quando há a mesma orientação da consciência, o papel dos estímulos verbais se reduz ao mínimo (iniciais), e a compreensão é inequívoca. Mas essa redução ao mínimo do papel dos estímulos verbais é novamente levada ao limite e é observada de forma quase absoluta na linguagem interna, pois a mesma orientação da consciência atinge, aqui, sua plenitude.

Em essência, na linguagem interna sempre existe o tipo de situação que, na linguagem oral, constitui uma rara e surpreendente exceção. Na linguagem interna, sempre nos encontramos na situação do diálogo entre Kitty e Liévin. Por isso, na linguagem interna sempre brincamos de *secretaire*, como dizia um antigo príncipe a respeito desse tipo de conversa todo construído com base na decifração de frases complexas escritas com iniciais. Uma analogia notável para esse tido de conversa pode ser encontrada nas pesquisas sobre a linguagem interna de Lemetre. Um adolescente de 12 anos investigado por Lemetre pensa a frase "Les montagens de la Suisse sont belles" na forma de uma série de letras: L, m, n, d, l, S, s, b, atrás das quais há um esboço vago da linha de uma montanha (Lemaitre, 1905, p. 5). Vemos aqui bem no início da formação da linguagem interna um modo absolutamente análogo de abreviação da linguagem, a redução da dimensão fonética da palavra às iniciais, assim como ocorre na conversa entre Kitty e Liévin. Na linguagem interna nunca temos necessidade de pronunciar a palavra até o fim. Compreendemos já pela intenção qual palavra devemos pronunciar.

Ao compararmos esses dois exemplos não queremos dizer que, na linguagem interna, as palavras sempre são substituídas por iniciais e a linguagem se desenvolve por meio de um mecanismo que se revela idêntico em ambos os casos. O que temos em vista é algo muito mais geral. Queremos dizer apenas que assim como na linguagem oral o papel dos estímulos verbais é reduzido ao mínimo quando as consciências estão orientadas na mesma direção, como ocorre na conversa entre Kitty e Liévin, da mesma forma, na linguagem interna a redução da dimensão fonética ocorre constantemente como regra geral. A linguagem interna é, no sentido exato, uma linguagem quase sem palavras. É justamente por isso que parece profundamente importante a coincidência de nossos exemplos; o fato de que em alguns casos raros tanto a linguagem oral quanto a interna reduzem a palavra a iniciais, o fato de que, às vezes, tanto em um como em outro caso exatamente o mesmo mecanismo se torna possível, convence-nos ainda mais da afinidade interna dos fenômenos da linguagem oral e interna aqui comparados.

Além disso, por trás da sumária abreviação da linguagem interna em comparação com a oral se oculta um fenômeno que também tem importância central para a compreensão da natureza psicológica desse fenômeno como um todo. Até então considerávamos a predicatividade e a redução da dimensão fásica da linguagem como duas fontes das quais decorre a abreviação da linguagem interna. Esses dois fenômenos já mostram que na linguagem interna encontramos, de modo geral, uma relação entre as dimensões semântica e fásica da linguagem que é totalmente distinta da oral. A dimensão fásica da linguagem, sua sintaxe e fonética se reduzem ao mínimo, são simplificadas ao máximo e condensadas. O significado da palavra avança para o primeiro plano. A linguagem interna opera primordialmente pela semântica, e não pela fonética da linguagem. Essa relativa independência entre o significado da palavra e sua dimensão sonora se manifesta na linguagem interna com excepcional relevo.

Para elucidar isso, devemos analisar mais de perto a terceira fonte da abreviação que, como já foi dito, é uma expressão sumária de muitos fenômenos independentes e que não se fundem diretamente. Essa terceira fonte é encontrada na estrutura semântica peculiar da linguagem interna. Como mostram as pesquisas, a sintaxe dos significados e toda estrutura da dimensão do sentido da linguagem não é menos original do que a sintaxe das palavras e sua estrutura sonora. Em que consistem as principais características da semântica da linguagem interna?

Em nossas pesquisas, seria possível estabelecer três características, que estão internamente ligadas entre si e que formam a particularidade da dimensão semântica da linguagem interna. A primeira delas consiste no predomínio do sentido da palavra sobre seu significado na linguagem interna. Paulhan[55] fez uma grande contribuição à análise psicológica da linguagem ao introduzir a distinção entre o sentido da palavra e seu significado. O sentido da palavra, como mostrou Paulhan, é o conjunto de todos os fatos psicológicos que surgem em nossa consciência em função da palavra. Assim, o sentido é sempre uma formação dinâmica, corrente e complexa, que tem algumas zonas de variada estabilidade. O significado é apenas uma das zonas desse sentido que a palavra adquire no contexto de determinada linguagem; trata-se, ademais, da zona mais estável, unificada e exata. Como se sabe, em diferentes contextos a palavra facilmente tem seu sentido alterado. O significado, ao contrário, é o ponto fixo e imutável, que permanece constante, mesmo com todas as alterações no sentido da palavra em diferentes contextos. A mudança do sentido poderia ser apontada como principal fator na análise semântica da linguagem. O significado real da palavra é inconstante. Em uma operação a palavra aparece com determinado significado, em outra ela adquire outro significado. O caráter dinâmico do significado nos leva ao problema de Paulhan, isto é, à questão da relação entre significo e sentido. A palavra tomada isoladamente no dicionário tem apenas um significado. Contudo, esse significado não é mais do que uma potência que se realiza na linguagem viva, na qual ele é apenas uma pedra no edifício do sentido.

Explicitaremos a diferença entre o significado e o sentido da palavra com base no exemplo da fábula "A libélula e a formiga", de Krilov. A palavra "dance", que encerra a fábula, tem um significado totalmente determinado e estável, sempre o mesmo independentemente do contexto em que se encontra. Contudo, no contexto da fábula ela adquire um sentido intelectual e afetivo mais amplo. Nesse contexto, ela designa, ao mesmo tempo: "alegre-se" e "morra". É esse enriquecimento da palavra pelo sentido que

---

55. Frédéric Paulhan (1856-1931) foi um psicólogo francês. Estudou questões relativas à psicologia dos processos cognitivos (em particular, o pensamento, a memória e a linguagem) e a psicologia dos afetos. Vigotski utilizou os trabalhos de Paulhan em psicologia da linguagem.

ela absorve a partir do contexto que constitui a principal lei da dinâmica dos significados. A palavra absorve, assimila do contexto em que ela está inserida, conteúdos afetivos e intelectuais e passa a significar mais e menos do que havia em seu significado quando ela era analisada de modo isolado e fora do contexto: mais, porque o círculo de seus significados se amplia, adquirindo uma série de zonas repletas de novos conteúdos; menos, porque o significado abstrato da palavra se limita e se reduz àquilo que essa palavra significa apenas naquele contexto. Segundo Paulhan, o sentido da palavra é um fenômeno complexo, móvel, em constante transformação em certa medida de acordo com uma determinada consciência e para uma mesma consciência de acordo com as circunstâncias. Assim, o sentido da palavra é inesgotável. A palavra adquire seu sentido apenas na frase, mas a própria frase adquire sentido apenas no contexto do parágrafo; o parágrafo, no contexto do livro; o livro, no contexto da obra do autor. No fim das contas, o significado real de cada palavra é determinado por toda riqueza dos aspectos existentes na consciência e que se relacionam àquilo que certa palavra expressa. Segundo Paulhan:

> o sentido da Terra é o Sistema Solar, que completa a representação do que seja a Terra; o sentido do Sistema Solar é a Via Láctea; ao passo que o sentido da Via Láctea... quer dizer, nunca sabemos o sentido completo de algo e, portanto, o sentido completo de uma determinada palavra. A palavra é uma fonte inesgotável de novos problemas. O sentido da palavra nunca é completo. Ao fim e ao cabo, ele se baseia na compreensão do mundo e na estrutura interna da personalidade como um todo (1928).

Mas o principal mérito de Paulhan foi ele ter analisado a relação entre significado e palavra e ter sido capaz de mostrar que entre eles existem relações muitos mais independentes do que entre a palavra e o significado. A palavra pode se dissociar do sentido por ela expresso. Há tempos se sabe que a palavra pode alterar seu sentido. Há relativamente pouco tempo notou-se a necessidade de se estudar também como os sentidos alteram as palavras, ou melhor, como os conceitos alteram seus nomes. Paulhan apresenta muitos exemplos de como a palavra permanece mesmo quando o sentido já desapareceu. Ele analisa frases estereotipadas de uso corrente (p. ex.: "Como vai?"), a mentira e outras manifestações de independência entre palavra e sentido. O sentido tanto pode ser separado da palavra que o expressa como pode facilmente se fixar em alguma outra palavra. Segundo

Paulhan, assim como o sentido da palavra está ligado à palavra como um todo, mas não a cada um de seus sons, o sentido está ligado à frase como um todo, mas não às palavras que a compõem isoladamente. Por isso ocorre de uma palavra ocupar o lugar de outra. O sentido se separa da palavra e, assim, é preservado. Mas se a palavra pode existir sem sentido, o sentido, na mesma medida, pode existir sem a palavra.

Novamente recorreremos à análise de Paulhan para revelar na linguagem oral um fenômeno análogo ao que poderia ser estabelecido experimentalmente na linguagem interna. Na linguagem oral, via de regra, partimos do elemento mais estável e permanente do sentido, de sua zona mais constante, ou seja, do significado da palavra, para sua zona mais corrente, para seu sentido como um todo. Na linguagem interna, ao contrário, o predomínio do sentido sobre o significado, que se observa na linguagem oral apenas em casos isolados como uma tendência expressa de forma mais ou menos fraca, é levado ao seu extremo matemático e aparece de forma absoluta. Aqui a prevalência do sentido sobre o significado, da frase sobre a palavra, do contexto todo sobre a frase, não é uma exceção, mas uma regra constante.

Dessa circunstância decorrem duas outras particularidades da semântica da linguagem interna. Ambas dizem respeito ao processo de unificação das palavras, de sua combinação e fusão. A primeira particularidade pode ser aproximada à aglutinação, que se observa em alguns idiomas como fenômeno básico, já em outras como um modo relativamente raro de unificação de palavras. Na língua alemã, por exemplo, um único substantivo com frequência é formado a partir de uma frase inteira o de palavras isoladas que aparecem, nesse caso, com o significado funcional de uma única palavra. Em outros idiomas essa fusão de palavras é observada como um mecanismo constantemente vigente. Essas palavras compostas, segundo Wundt não são agregados aleatórios de palavras, mas são formadas segundo uma determinada lei. Todos esses idiomas unem uma grande quantidade de palavras, as quais designam conceitos simples, em uma única palavra, por meio da qual não apenas são expressos conceitos bastante complexos, como também designam todas as noções particulares que estão contidas nesse conceito. Nessa ligação mecânica ou aglutinação de elementos da língua, a ênfase maior é dada à principal raiz, ou ao conceito principal, sendo justamente disso que decorre a fácil compreensão da língua. Assim, na língua do povo Delaware há uma palavra composta formada a partir dos termos "trazer", "barco" e "nós", de modo que ela significa literalmente "trazer-nos de barco", "chegar até nós de barco". Essa palavra costuma ser usada como desafio ao inimigo de cruzar o rio, o verbo é conjugado em todos os modos e tempos existentes no idioma do povo Delaware. Dois aspectos são dignos de nota aqui: em primeiro lugar, ao entrar na composição de uma palavra composta, a palavra isolada geralmente sofre uma redução em sua dimensão sonora, de modo que apenas uma parte da palavra entra na palavra composta; em segundo lugar, a palavra composta que emerge dessa forma e que expressa um conceito bastante complexo, aparece em termos funcionais e estruturais como uma palavra única, e não como uma junção de palavras independentes. Nas línguas americanas, diz Wundt, a palavra composta é vista exatamente da mesma forma que uma palavra simples e é conjugada e declinada também da mesma forma.

Observamos algo parecido também na linguagem egocêntrica da criança. Na medida em que essa forma de linguagem se aproxima da linguagem interna, a aglutinação como modo de formação de palavras compostas unificadas para expressão de conceitos complexos aparece com frequência cada vez maior e de maneira cada vez mais evidente. Em seus enunciados egocêntricos, a criança passa cada vez mais a apresentar, paralelamente à queda do coeficiente de linguagem egocêntrica, uma tendência à fusão assintática das palavras.

A terceira e última peculiaridade da semântica da linguagem interna também pode ser mais facilmente explicitada por meio da comparação com um fenômeno análogo da linguagem oral. A essência de tal fenômeno consiste no seguinte: os sentidos das palavras, mais dinâmicos e amplos do que os significados, apresentam leis de unificação e fusão entre si que são diferentes do que se observa na unificação e fusão de significados verbais. A essa forma original de unificação de palavras, que observamos na linguagem egocêntrica, damos o nome de *influência* do sentido, compreendendo essa palavra tanto em seu significado literal (infusão) quanto no significado figurado, que agora é amplamente aceito. É como se os sentidos se infundissem uns nos outros, como se influenciassem mutuamente, como se os predecessores estivessem contidos nos sucessores ou os modificassem.

No que se refere à linguagem externa, observamos com especial frequência fenômenos análogos na linguagem artística. A palavra, ao atravessar uma obra artística absorve toda variedade de unidades semânticas contidas nela e se torna, quanto ao seu sentido, como que equivalente à obra como um todo. Isso pode ser facilmente explicado a partir dos títulos de obras literárias. Na literatura, o título estabelece com a obra uma relação diferente do que, por exemplo, na pintura ou na música. O título expressa e coroa em grau muito maior todo conteúdo semântico da obra do que, digamos, o título de alguma pintura. Palavras como "Don Quixote" e "Hamlet", "Evguêni Oniéguin" e "Anna Karênina", expressam a lei da influência dos sentidos em sua forma mais pura. Aqui uma palavra realmente traz o conteúdo semântico de toda a obra. Um exemplo especialmente claro da lei da influência dos sentidos é o título do poema de Gógol, *Almas mortas*. Inicialmente essas palavras designavam camponeses mortos que não haviam sido excluídos da lista do censo e por isso poderiam estar sujeitos à compra e venda, como os camponeses vivos. São camponeses mortos, que continuam sendo contados como vivos. É nesse sentido que essa expressão é utilizada ao longo de todo o poema, cujo enredo é construído na compra de almas mortas. Contudo, ao passar como fio condutor que alinhava todo o tecido do poema, essas palavras assumem um sentido inteiramente novo, incomparavelmente mais rico, elas absorvem, como uma esponja suga a umidade do mar, as mais profundas generalizações de sentido de cada capítulo e de cada imagem do poema, e se encontram inteiramente saturadas de sentido apenas no fim do livro. Então, essas palavras designarão algo totalmente distinto em comparação com seu significado inicial.

Almas mortas não são apenas os camponeses mortos que são contados como vivos, mas todos os personagens do poema, que vivem, mas, espiritualmente, estão mortos.

Observamos algo análogo – novamente em seu aspecto extremo – na linguagem interna. Aqui a apalavra absorve o sentido das palavras que a antecedem e que a sucedem, ampliando de forma quase ilimitada o escopo de seu significado. Na linguagem interna a palavra é muito mais carregada de sentido do que na externa. Assim como o título do poema de Gógol, ela é um coágulo condensado de sentido. Para a tradução desse significado no idioma da linguagem externa seria necessário desenvolver o sentido incorporado em uma palavra em todo um panorama de palavras. Da mesma forma, revelarmos inteiramente o sentido do título do poema de Gógol exigiria que ele fosse desenvolvido até o texto completo de *Almas mortas*. Porém, exatamente da mesma forma que o variado sentido desse poema pode ser acomodado nos estreitos limites de duas palavras, o enorme conteúdo semântico pode, na linguagem interna, ser despejado no recipiente de uma única palavra.

Essas particularidades da dimensão semântica da linguagem interna levam ao que todos os observadores consideram ser uma incompreensibilidade da linguagem egocêntrica ou interna. É impossível compreender os enunciados egocêntricos da criança se não soubermos a que se referem os predicados que o compõem, se não estivermos vendo o que a criança está fazendo e o que ela tem diante dos olhos. Watson supõe que se fosse possível registrar a linguagem interna e uma chapa de fonógrafo, ela permaneceria completamente incompreensível para nós. Tal incompreensibilidade, assim como a abreviação, são fatos notados por todos os pesquisadores, mas que ainda não foram submetidos à análise. Entretanto, a análise mostra que a incompreensibilidade da linguagem interna, assim como sua abreviação, são produzidas por muitos fatores, são a expressão resumida dos mais diversos fenômenos.

Tudo o que foi observado anteriormente (a sintaxe peculiar da linguagem interna, a redução de sua dimensão fonética, a estrutura semântica especial), até certo ponto, é suficiente para explicitar e revelar a natureza psicológica da incompreensibilidade. Mas gostaríamos de nos determos ainda em dois aspectos, que determinam de maneira mais ou menos direta essa incompreensibilidade e estão por trás dela. O primeiro deles constitui uma espécie de consequência integral de todos os aspectos elencados anteriormente e decorre diretamente da peculiaridade funcional da linguagem interna. Por sua função, essa linguagem não é destinada à comunicação; trata-se de uma linguagem para si, uma linguagem que transcorre em condições internas totalmente diferentes do que a linguagem interna e que desempenha funções totalmente distintas. Por isso, surpreende não que essa linguagem seja incompreensível, mas que se possa esperar que ela seja compreensível. O segundo aspecto que determina a incompreensibilidade da linguagem interna está ligado à particularidade de sua estrutura semântica. Para explicitar nosso pensamento, voltaremos novamente à comparação dos fenômenos que encontramos na linguagem interna com fenômenos congêneres da linguagem externa. Em *Infância, adolescência e juventude*, assim como em outras obras, Tolstói conta como entre duas pessoas que vivem uma mesma vida facilmente surgem significados condicionais, um dialeto especial, um jargão especial, compreensível apenas para os participantes envolvidos em seu surgimento. Os irmãos Irtiénev tinham seu dialeto. As crianças da rua têm seu dialeto. Em certas condições, a palavra tem seu sentido e significado comum alterados e adquire um significado específico, que lhe é atribuído pelas condições determinadas de seu surgimento.

É totalmente compreensível que, no caso da linguagem interna, também deva necessariamente surgir um dialeto interno. Cada palavra, em seu uso interno, adquire tons gradualmente distintos, outras nuanças de sentido, que, organizadas e resumidas, se transformam em um novo significado. Os experimentos mostram que os significados verbais na linguagem interna são sempre *expressões idiomáticas*, intraduzíveis para o idioma da linguagem externa. São sempre significados individuais, compreensíveis apenas no plano da linguagem interna que é tão repleta de expressões idiomáticas quanto de elisões e omissões.

Em essência, a fusão de um variado conteúdo semântico em uma única palavra é sempre uma formação de um significado individual e intransferível, ou seja, de uma expressão idiomática. Aqui ocorre o que apresentamos no exemplo clássico de Dostoiévski. O que ocorre na conversa entre os seis bêbados e que constitui uma exceção na linguagem externa é regra para a linguagem interna. Na linguagem interna sempre podemos expressar todos os pensamentos, sensações e até reflexões profundas com apenas um nome. Evidentemente o significado desse único nome para pensamentos, sensações e reflexões complexas são intraduzíveis para o idioma da linguagem externa, não são comparáveis com o significado comum dessa palavra. Devido ao caráter de idiomatismo da semântica da linguagem interna, ela é naturalmente incompreensível e de difícil tradução para a língua comum.

Com isso podemos encerrar nosso resumo das particularidades da linguagem interna observadas em nossos experimentos. Devemos acrescentar apenas que todas elas foram inicialmente constatadas em investigações experimentais da linguagem egocêntrica, mas, para interpretar esses fatores, recorremos à comparação com fatos análogos e congêneres no campo da linguagem externa. Isso era importante não apenas por ser uma forma de generalizar os fatos que encontramos e, consequentemente, interpretá-los corretamente, não apenas por ser um meio de explicitar com base em exemplos da linguagem oral as particularidades complexas e sutis da linguagem interna, mas também, e principalmente, porque essa comparação mostrou que a linguagem interna já traz possibilidades de formação dessas particularidades, confirmando, assim, nossa hipótese sobre a gênese da linguagem interna a partir das linguagens egocêntrica e externa. Importa que todas essas particularidades podem, em determinadas circunstâncias, surgir na linguagem externa; importa que essa tendência à predicatividade, à redução da dimensão fásica da linguagem, à prevalência do sentido sobre o significado da palavra, à aglutinação de unidades semânticas, à fusão de sentidos e ao idiomatismo da linguagem possam, de modo geral, ser verificadas também na linguagem externa, que, consequentemente, a natureza e as leis da palavra permitem isso, tornam isso possível. Repito: a nosso ver essa é a melhor confirmação de nossa hipótese sobre a origem da linguagem interna por meio da diferenciação, da delimitação entre a linguagem egocêntrica e social da criança.

Todas as particularidades da linguagem interna observadas por nós dificilmente podem deixar dúvidas sobre a correção da tese principal, apresentada previamente, de que a *linguagem interna é uma função inteiramente particular, independente e original da linguagem.* O que temos diante de nós é uma linguagem que se distingue total e integralmente da linguagem externa. Por isso temos fundamento para analisá-la como um plano interno especial do pensamento verbal, que media a relação dinâmica entre pensamento e palavra. Depois de tudo que foi dito sobre a natureza da linguagem interna, sobre sua estrutura e função, não resta dúvidas de que a passagem da linguagem interna para a externa não é uma tradução direta de uma língua para outra, não é uma simples unificação da dimensão sonora com a linguagem silenciosa, não é uma simples vocalização da linguagem interna, mas uma *restruturação da linguagem*, a transformação de uma sintaxe absolutamente original e particular, da estrutura semântica e sonora da linguagem interna em outras formas estruturais inerentes à linguagem externa. Da mesma forma que a linguagem interna não é o mesmo que fala menos som, a linguagem externa não é a linguagem interna mais som. A passagem da linguagem interna para a externa é uma transformação dinâmica complexa, é a conversão da linguagem predicativa e idiomática em uma linguagem sintaticamente decomposta e compreensível para os outros.

Podemos agora voltar à definição da linguagem interna e sua comparação com a externa, com a qual introduzimos nossa análise. Dissemos que a linguagem interna é uma função absolutamente particular, que em certo sentido é oposta à externa. Não estamos de acordo com aqueles que analisaram a linguagem interna como antecessora da linguagem externa, como sua dimensão interior. Se a linguagem externa é um processo de transformação do pensamento em palavra, a materialização e objetivação do pensamento, observamos aqui um processo de direção inversa, um processo de fora para dentro, um processo de evaporação da linguagem no pensamento. Contudo, a linguagem não desaparece por completo em sua forma interna. A consciência não evapora inteiramente e não se dissolve no ar. A linguagem interna continua sendo linguagem, ou seja, o pensamento ligado à palavra. Mas se o pensamento se encarna na palavra na linguagem externa, a palavra morre na linguagem interna, dando à luz o pensamento. A linguagem interna é, em grande medida, um pensamento por significados puros, mas, como diz o poeta, "logo nos cansamos no céu"[56]. A linguagem interna é um momento dinâmico, instável e corrente, que faísca entre dois polos extremos, mais formalizados e estáveis, do objeto de nossos estudos, isto é, o pensamento verbal; ela está entre a palavra e o pensamento. Por isso, seu significado e seu lugar verdadeiros podem ser explicitados apenas quando dermos mais um passo para dentro em nossa análise, e quando formos capazes de elaborarmos uma noção ainda que geral sobre o plano seguinte e mais firme do pensamento verbal.

Esse novo plano do pensamento verbal é o próprio pensamento. A primeira tarefa de nossa análise é a identificação desse plano, seu desmembramento da totalidade em que sempre o encontramos. Já dissemos que todo pensamento tenta unir duas coisas, ele tem um movimento, um corte, um desencadeamento, ele estabelece uma relação entre duas coisas; em suma, ele desempenha uma determinada função, uma atribuição, ele resolve uma determinada tarefa. O fluxo e o movimento do pensamento não coincidem direta e imediatamente com o desencadeamento da linguagem. As unidades do pensamento e as da linguagem não coincidem. Esses dois processos constituem uma totalidade, mas não uma identidade. Eles estão ligados entre si por transições complexas, transformações complexas, mas não coincidem entre si, como duas linhas retas sobrepostas. É fácil convencer-se disso nos casos em que o trabalho do pensamento é malsucedido, quando, como diz Dostoiévski, o pensamento não chega à palavra. Novamente, para tornar mais claro, vamos recorrer a um exemplo literário, a partir de

---

56. Verso do poema "Problesk" [Clarão], escrito em 1825 por Fiódor Tiúttchev (1803-1873) [N.T.].

um personagem de Uspiénski[57]. A cena em que um andarilho infeliz, sem encontrar palavras para expressar um pensamento grandioso que estava tomando conta dele, tortura-se impotente e vai rezar para os santos pedindo que Deus o faça entender, deixa-nos uma sensação inexprimivelmente penosa. Não obstante, aquilo que, essencialmente, vivencia esse pobre, essa mente consternada, em nada se diferencia dos tormentos da palavra do poeta ou do pensador. Ele utiliza praticamente as mesmas palavras: "Para você, amigo meu, diria tudo, não esconderia nada, mas não tem língua esse seu amigo aqui... aquilo que eu digo parece que sai pelo pensamento, já pela língua não desliza. Essa é nossa desgraça, uma desgraça idiota". Às vezes a escuridão é substituída por intervalos efêmeros de luz, o pensamento se explicita para o infeliz e parece que "o mistério assumiu uma face conhecida". Ele começa a se explicar:

> Se eu, por exemplo, vou para a Terra, porque eu da Terra saí, da Terra. Se eu for para a Terra, por exemplo, de volta, qual é o parente que me poderia cobrar o resgate da terra?
>
> – Ah – dissemos alegres.
>
> – Espere, está faltando aí uma palavra... Está vendo, senhor, como precisa...
>
> O andarilho se levanta e fica em pé no meio do recinto, preparando-se para estender mais um dedo da mão.
>
> – O mais verdadeiro de tudo ainda não foi dito. É assim que tem de ser: por que, por exemplo... – aqui ele se deteve e disse com vivacidade, – quem te deu uma alma?
>
> – Deus.
>
> – Correto. Muito bem. Agora olhe aqui...
>
> Estávamos nos aprontando para olhar, mas o andarilho novamente titubeou, perdeu a energia e, batendo com as mãos no quadril, exclamou quase em desespero:
>
> – Não! Não tem o que fazer! As coisas não são por aí... Ah, meu Deus! Tenho tanto para dizer sobre isso! Aqui é preciso falar de onde veio! É da alma que tem que falar, e muito! Não, não! (Uspenski, 1949, p. 184).

Nesse caso fica clara a fronteira que separa o pensamento da palavra, uma fronteira intransponível para o rubicão falante, que separa pensamen-

---

57. Gleb Ivánovitch Uspiénski (1843-1902) foi um escritor russo e democrata revolucionário.

to e linguagem. Se o pensamento coincidisse diretamente em termos de estrutura e o fluxo com a estrutura e o fluxo da linguagem, o caso descrito por Uspiénski seria impossível. Na realidade, contudo, o pensamento tem sua própria estrutura e fluxo, a passagem deles para a estrutura e o fluxo da linguagem traz grandes dificuldades não apenas para o personagem da cena descrita. O problema do pensamento que se oculta por trás das palavras foi enfrentado, talvez antes do que pelos psicólogos, por artistas do palco. Particularmente no sistema de Stanislávski encontramos uma tentativa de recriar o subtexto de cada réplica no drama, ou seja, revelar o pensamento e o desejo que estão por trás de cada enunciado. Vejamos um exemplo. Tchátski diz a Sofia[58]:

– Bem-aventurado quem acredita que para si no mundo há acolhida.

O subtexto dessa frase é identificado por Stanislávski pelo seguinte pensamento: "vamos parar com essa conversa". Teríamos igual direito de analisar essa mesma frase como expressão de outro pensamento: "eu não acredito no senhor. O senhor está dizendo palavras de consolo para me acalmar". Poderíamos ainda acrescentar outro pensamento, que poderia igualmente ter sido expresso por essa frase: "por acaso o senhor não vê como está me torturando. Eu gostaria de acreditar no senhor. Isso seria uma satisfação para mim". A frase viva, dita por uma pessoa viva, sempre tem um subtexto atrás do qual se esconde um pensamento. Nos exemplos apresentados anteriormente, por meio dos quais tentamos mostrar a não coincidência entre sujeito e predicado psicológico e gramatical, nós interrompemos nossa análise e não a concluímos. Um mesmo pensamento pode ser expresso por meio de diferentes frases, assim como uma mesma frase pode servir para expressar diferentes pensamentos. A própria não coincidência entre a estrutura gramatical e psicológica da frase é determinada, em primeiro lugar, pelo pensamento que a frase expressa. Por trás da resposta "o relógio caiu", que se segue à pergunta: "por que o relógio parou?", poderia estar o pensamento: "não é minha culpa por não estar funcionando, ele caiu". Mas o mesmo pensamento poderia ser expresso por outras palavras: "eu não tenho o costume de mexer nas coisas dos outros, eu estava apenas tirando o pó". Se o pensamento for uma justificativa, ele poderia ser expresso por qualquer uma dessas frases. Nesse caso, frases de significados diversos poderiam expressar um mesmo pensamento.

---

58. Esta citação, bem como o trecho do diálogo a seguir, pertencem à peça A *desgraça de ter espírito*, de Aleksandr Griboiédov (1795-1829) [N.T.].

Assim, chegamos à conclusão de que o pensamento não coincide diretamente com a expressão verbal. O pensamento não é constituído de palavras, tal qual a linguagem. Se eu quiser transmitir o seguinte pensamento: "hoje eu vi um garoto com uma blusa azul correndo descalço pela rua", eu não vejo separadamente o garoto, a blusa, o fato de que ela é azul, o fato de que ele está sem sapatos, o fato de que ele está correndo. Eu vejo tudo isso de uma vez, em um ato só, mas na linguagem decomponho a cena por meio de palavras separadas. Com frequência, o orador no decorrer de alguns minutos desenvolve um mesmo pensamento. Esse pensamento está em sua mente como um todo, que não emerge gradualmente, em unidades isoladas, tal qual ocorre com a linguagem. *Aquilo que está contido de forma simultânea no pensamento, na linguagem é desencadeado de forma sucessiva.* O pensamento poderia ser comparado a uma nuvem que paira, que se carrega por uma chuva de palavras. Por isso, o processo de passagem do pensamento para a linguagem é um processo extremamente complexo de decomposição do pensamento e de sua recriação em palavras. É exatamente devido ao fato de que o pensamento não apenas não coincide com a palavra, como tampouco coincide com o significado das palavras nas quais ele se expressa, que o caminho do pensamento à palavra passa pelo significado. Em nossa linguagem sempre há um pensamento de fundo, um subtexto oculto. Uma vez que é impossível passar do pensamento à palavra, o que sempre exige que se trace um caminho complexo, surgem queixas quanto à imperfeição da palavra e lamentos a respeito do caráter inexprimível do pensamento:

> Como pode o coração expressar a si
> Como o outro poderá entender a ti...[59]

Ou ainda:

> Oh, se fosse possível à alma expressar-se sem palavras[60]

Para dar conta dessas queixas surgem tentativas de fundir palavras, criando novos caminhos do pensamento à palavra por meio de novos significados. Khlébnikov[61] comparou esse trabalho à abertura de uma estrada entre dois vales, falou de um caminho direto entre Moscou e Kiev passando por Nova York, dizia ser um desbravador de caminhos da língua.

---

59. A citação, retirada de uma poesia de Afanássi Fiét, é um caso de citação de segunda mão do livro de Volóchinov, *Marxismo e filosofia da linguagem* (Moscou, 1930).

60. Citação do poema "Palavra" de Nikolai Gumilióv.

61. Velemir (Viktor Vladímirovitch) Khlébnikov (1885-1922) foi um poeta futurista russo. Criou novas palavras (em particular, a palavra *liótchik* – piloto).

Os experimentos mostram, como foi dito anteriormente, que o pensamento não se expressa na palavra, mas se realiza nela. Contudo, às vezes isso não ocorre, como acontece com o personagem de Uspiénski. Será que o herói sabia o que queria pensar? Sabia, como sabem aqueles que querem gravar algo na memória, mas não conseguem. Será que ele começou a pensar? Começou, como começam a gravar algo na memória. Mas será que o pensamento se realizou como processo? Essa pergunta deve ser respondida negativamente. O pensamento não apenas é mediado por signos externamente, como é mediado por significados internamente. Ocorre que a comunicação direta entre as consciências não apenas é física, mas também psicologicamente impossível. Isso só pode ser alcançado de modo indireto e mediado. Esse modo consiste na mediação interna do pensamento inicialmente pelos significados, depois pelas palavras. Por isso, o pensamento nunca é igual ao significado imediato da palavra. O significado faz a mediação do pensamento em seu caminho para a expressão verbal, ou seja, o caminho do pensamento para a palavra não é direto, mas internamente mediado.

Resta-nos, por fim, dar um derradeiro e conclusivo passo na análise dos planos internos do pensamento verbal. O pensamento ainda não é a última instância desse processo. O próprio pensamento nasce não de outro pensamento, mas de uma esfera motivadora de nossa consciência que abarca nossas inclinações e necessidades, nossos interesses e impulsos, nossos afetos e emoções. Por trás do pensamento há uma tendência afetiva e volitiva. Apenas ela pode dar uma resposta ao derradeiro "por quê?" na análise do pensamento. Se antes comparamos o pensamento com uma nuvem que paira e é atravessada por uma chuva de palavras, a motivação do pensamento, se continuarmos com a comparação metafórica, será como o vento que traz movimento à nuvem. Uma compreensão completa e efetiva do pensamento alheio só se torna possível quando descobrimos seu verdadeiro fundo afetivo-volitivo. O estabelecimento dos motivos que levam ao surgimento de um pensamento e que orientam seu curso pode ser ilustrada pelo exemplo que já apresentamos da revelação do subtexto em uma interpretação cênica de determinado papel. Por trás de cada réplica do personagem do drama há, como ensina Stanislávski, um desejo voltado à execução de certas tarefas volitivas. Aquilo que, nesse caso, deve ser recriado pelo método da interpretação cênica em uma linguagem viva é sempre o momento inicial de qualquer ato do pensamento verbal.

Por trás de cada enunciado há uma tarefa volitiva. Por isso, paralelamente ao texto da peça, Stanislávski indica o desejo correspondente a cada réplica, que traz movimento ao pensamento e à linguagem dos personagens do drama. Apresentaremos como exemplo o texto e o subtexto para algumas réplicas de Tchátski em uma interpretação próxima a de Stanislávski.

Sofia Ah, Tchátski, estou muito feliz pelo senhor.	Quer esconder sua perturbação.
Tchátski A senhora está feliz em boa hora. Contudo, quem é que se alegra assim verdadeiramente? Parece-me que, no fim das contas, Com o calafrio de gente e equinos, E eu apenas ando entretido.	Quer fazer compreender por meio de zombaria. Que vergonha! Quer que ela seja franca.
Liza Pois, senhor, se estivesse atrás da porta, Por Deus, há menos cinco minutos, Do senhor acabamos de falar, Senhora, pode confirmar!	Deseja acalmar. Quer ajudar Sofia em uma situação difícil.
Sofia Sempre, não só agora E o senhor não pode me recriminar.	Quer acalmar Tchátski. Eu não tenho culpa de nada!
Tchátski Que seja. Bem-aventurado quem acredita que para si no mundo há acolhida.	Vamos parar com essa conversa!

Na compreensão da linguagem de outrem sempre há incompreensão apenas de algumas palavras, mas não do pensamento do interlocutor. Mas mesmo quando entendemos o pensamento do interlocutor sem entendermos o motivo pelo qual esse pensamento é enunciado, temos uma compreensão incompleta. Do mesmo modo, na análise psicológica de qualquer enunciado chegamos ao fim apenas quando revelamos o último e mais recôndito plano interno do pensamento verbal: sua motivação.

Assim encerramos nossa análise. Tentaremos lançar um olhar único aos resultados a que chegamos. O pensamento verbal aparece como um todo dinâmico complexo, no qual a relação entre pensamento e palavra se revela como um movimento que se dá por uma série de planos internos, como passagem de um plano a outro. Levamos nossa análise do plano mais externo ao mais interno. No drama vivo do pensamento verbal, o movimento segue o caminho inverso: parte do motivo, que dá origem a determinado pensamento, para a formulação do próprio pensamento, sua mediação na palavra interna, depois nos significados das palavras externas e, por fim, nas palavras. Seria, contudo, um equívoco imaginar que esse é o único caminho do pensamento à palavra que sempre se realiza na realidade. Ao contrário, são possíveis diversos, incontáveis até para o estado atual de nossos conhecimentos sobre o assunto, movimentos diretos e inversos, passagens diretas e inversas de um plano a outro. Contudo, mesmo agora já sabemos, de modo geral, que é possível haver um movimento que se interrompe em qualquer ponto desse caminho complexo, qualquer que seja sua direção: do motivo, passando pelo pensamento, até a linguagem interna; da linguagem interna até o pensamento; da linguagem interna até a externa, e assim por diante. Nossa tarefa não incluiu o estudo de movimentos variados, realizados efetivamente, pela via principal do pensamento à palavra. Apenas uma coisa nos interessava, o principal e mais fundamental: a descoberta da relação entre pensamento e palavra como processo dinâmico, como caminho do pensamento à palavra, como realização e encarnação do pensamento na palavra.

Fizemos alguns percursos incomuns na pesquisa. No problema do pensamento e da linguagem, tentamos estudar a dimensão interna, inacessível à observação direta. Tentamos submeter à análise o significado da palavra, o qual, para a psicologia, sempre foi a outra face da Lua, algo não estudado e desconhecido. As dimensões semântica e interna da linguagem, por meio das quais a linguagem não se dirige para fora, mas para dentro, para a personalidade, permaneceu até recentemente um território desconhecido e não investigado pela psicologia. Estudava-se predominantemente a dimensão fásica da linguagem, por meio da qual ela se dirige a nós. Por isso, a relação entre pensamento e palavra era compreendida, nas mais variadas interpretações, como constante, sólida, uma relação entre coisas que está consolidada de uma vez por todas, e não uma relação entre processos que é interna, dinâmica e variável. A principal conclusão de nossa pesquisa poderia, então, ser expressa pela tese de que os processos que antes eram considerados ligados de modo imutável e uniforme, mostram-se, na realidade, ligados de forma variável. Aquilo que antes se considerava como uma estrutura simples, revelou-se complexo à luz de nossas investigações. Em nosso desejo de delimitar as dimensões externa e semântica da linguagem, entre palavra e pensamento, não havia nada além de uma aspiração por mostrar de forma mais complexa e sutil a totalidade que, de fato, constitui o pensamento verbal. Como mostra a pesquisa, a estrutura complexa dessa totalidade, as ligações variáveis complexas e as passagens entre os planos do pensamento verbal surgem apenas com o desenvolvimento. A separação entre significado e sim, entre a palavra e a coisa, entre o pensamento e a palavra, são estágios necessários na história do desenvolvimento dos conceitos.

Não tivemos nenhuma intenção de esgotar toda a complexidade da estrutura e da dinâmica do pensamento verbal. Apenas quisemos oferecer uma noção inicial da grandiosa complexidade dessa estrutura dinâmica, ademais uma noção fundamentada em fatos obtidos e elaborados experimentalmente, bem como na análise e generalização teórica desses fatos. Resta-nos resumir em poucas palavras a compreensão geral das relações entre pensamento e palavra resultante de nossa investigação.

A psicologia associacionista via a relação entre pensamento e palavra como uma ligação exterior entre dois fenômenos, estabelecida por repetição, uma relação que por princípio é absolutamente análoga à ligação associativa que surge entre duas palavras sem sentido que são assimiladas paralelamente. A psicologia estrutural substituiu essa noção pela ideia de ligação estrutural entre pensamento e palavra, mas manteve intacto o postulado sobre a não especificidade dessa ligação, colocando-a ao lado de qualquer outra ligação que surge entre dois objetos como, por exemplo, entre o bastão e a banana nos experimentos com chimpanzés. As teorias que tentaram resolver essa questão de outro modo se polarizaram em torno de duas teorias opostas. Um dos polos constitui uma compreensão puramente behaviorista[62] do pensamento e da linguagem, que foi expressa na fórmula:

---

62. Behaviorismo (termo introduzido por Watson), literalmente "ciência do comportamento". Principal orientação psicológica nos Estados Unidos, nascida no início do século XX (seu fundador foi Edward Thorndike) e predominante até os dias de hoje. Nasceu da luta contra a psicologia empírico-subjetiva, que reconhece apenas o método de auto-observação. O behaviorismo se opôs a essa psicologia como uma orientação objetiva, que busca estudar processos objetivos (o comportamento) por meio de métodos objetivos. Vigotski conheceu apenas o modelo clássico,

pensamento é fala menos som. O outro polo apresenta uma teoria extremamente idealista desenvolvida pelos representantes da Escola de Würzburg e por Bergson sobre a total independência entre pensamento e palavra, sobre a distorção que a palavra produz no pensamento. "O pensamento, uma vez proferido, é uma mentira", esse verso de Tiúttchev pode servir como uma fórmula que expressa a essência de tais teorias. Daí surge o anseio de psicólogos por separar a consciência da realidade e, para usarmos as palavras de Bergson, uma vez rompida a moldura da língua, captar os conceitos em seu estado natural, da forma como eles são apreendidos pela consciência, isto é, livres do poder do espaço. Essas teorias revelam um ponto geral, inerente a praticamente todas as teorias do pensamento e da linguagem: um profundo e radical anti-historicismo. Todas elas oscilam entre os polos de um naturalismo puro e de um espiritualismo puro. Todos analisam igualmente o pensamento e a linguagem fora da história do pensamento e da linguagem.

Ao mesmo tempo, somente a psicologia histórica, somente a *teoria histórica da linguagem interna é capaz de proporcionar uma compreensão correta desse complexo e grandioso problema.* Tentamos seguir justamente esse caminho em nossa pesquisa. O resultado a que chegamos pode ser sintetizado em pouquíssimas palavras. Vimos que a relação entre pensamento e palavra é um processo vivo de nascimento do pensamento na palavra. A palavra desprovida de pensamento é, antes de tudo, uma palavra morta. Como diz o poeta:

> Como abelhas em uma colmeia abandonada,
> Cheiram mal as palavras mortas[63]

---

watsoniano, de behaviorismo, que trouxe o conhecido esquema: estímulo – reação. Nos anos de 1920, a influência do behaviorismo na psicologia soviética foi muito grande e, por isso, Vigotski frequentemente era obrigado (a despeito de toda sua oposição interna à teoria behaviorista) a expressar suas ideias por meio de uma terminologia behaviorista. Surge, assim, nos anos de 1930 seu esquema triádico, diretamente ligado ao esquema diádico do behaviorismo clássico (cf. "O método instrumental na psicologia", v. 1). Alguns anos mais tarde, passou a ser reconhecido o neo-behaviorismo elaborado por Tolman e Hull, em que o esquema diádico do behaviorismo clássico foi substituído por um triádico (o elo intermediário refere-se ao estado interno do sujeito). Contudo, apesar da semelhança exterior entre o esquema de Vigotski e o esquema triádico dos behavioristas, na realidade, eles são separados por uma diferença metodológica fundamental.

63. Trata-se de uma citação de segunda mão. É possível supor que Vigotski tenha acessado não diretamente o poema de Gumilióv, mas o artigo de Mandelstam, "A natureza da palavra". A citação serviu de epígrafe à primeira edição desse artigo (1922) em uma brochura independente e foi retirada das edições posteriores.

Também o pensamento não encarnado na palavra permanece como sombra de Estige, "uma névoa, um retinir, um resplendor", como diz outro poeta. Hegel considerava a palavra como um ser vivificado pelo pensamento. Trata-se de um ser absolutamente necessário para nossos pensamentos.

A ligação entre pensamento e palavra não é dada inicialmente e de uma vez por todas. Ela surge no decorrer do desenvolvimento e ela mesma se desenvolve. "No princípio era a palavra"[64]. Essa citação do Evangelho foi assim respondida por Goethe, pelos lábios de Fausto: "No princípio era o ato"[65], numa tentativa de depreciar a palavra. Porém, como observa Gutsman, mesmo se, tal qual Goethe, não tivermos a palavra como tal em alta conta, isto é, a palavra sonora, e, assim como ele, traduzirmos o versículo bíblico por "No início era o ato", ainda assim seria possível lê-lo com outra ênfase se ele for encarado do ponto de vista da história do desenvolvimento: *no começo* era o ato. Com isso, Gutsman quer dizer que ele considera a palavra o grau mais elevado do desenvolvimento humano em comparação com a expressão mais elevada da ação. É claro que ele está correto. Não havia palavra no início. Ela está no fim e não no início. A palavra é o fim, que coroa o ato.

* * *

Na conclusão de nossa pesquisa não podemos deixar de dedicar algumas palavras às perspectivas que se abrem em seu limiar. Nossa pesquisa nos levou ao limiar de um problema ainda mais amplo e profundo, ainda mais grandioso do que o problema do pensamento, isto é, o problema da consciência. Como foi dito, nossa pesquisa sempre teve em vista a face da palavra que, assim como a outra face da Lua, permaneceu como terra incógnita para os psicólogos experimentais. Tentamos investigar a relação entre a palavra e o objeto, e a realidade. Buscamos estudar experimentalmente a passagem dialética da sensação ao pensamento e mostrar que o pensamento reflete a realidade de um modo diferente do que a sensação, que o principal traço distintivo da palavra é o reflexo generalizado da realidade. Com isso, contudo, abordamos um aspecto da natureza da palavra, cujo significado está para além do pensamento como tal e que só pode ser estudado em toda sua plenitude no contexto de um problema mais geral, isto é, o problema

---

64. "No princípio era a palavra" (Jo 1,1).

65. "No princípio era o ato" (*Im Anfang war die Tat*), Johann Wolfgang von Goethe, *Fausto*, parte 1, cena "Gabinete de trabalho de Fausto".

da palavra e da consciência. Se a consciência que tem sensações e pensamentos dispõe de modos diferentes de refletir a realidade, quer dizer que esses modos também constituem diferentes tipos de consciência. Por isso, *pensamento e linguagem são a chave para a compreensão da natureza da consciência humana*. Se "a língua é tão antiga quanto a consciência", se "a língua também é uma consciência prática, existente para as outras pessoas e, portanto, também para mim mesmo", se "a maldição da matéria, a maldição das camadas movediças de ar pesa sobre a consciência pura"[66] é evidente que não é um pensamento, mas toda a consciência que está, em seu desenvolvimento, ligada ao desenvolvimento da palavra. Pesquisas efetivas mostram, a cada passo, que a palavra desempenha um papel central na consciência como um todo, e não em cada uma de suas funções em particular. A palavra é para a consciência, segundo expressão de Feuerbach[67], aquilo que é absolutamente impossível para uma pessoa, mas que é possível para duas. Ela é a expressão mais direta da natureza histórica da consciência humana.

A consciência se reflete na palavra, como o sol em uma pequena gota d'água. A palavra está para a consciência como um mundo pequeno está para um grande, como uma célula viva está para o organismo, como um átomo para o cosmos. Ela é um pequeno mundo da consciência. A palavra dotada de sentido é um microcosmo da consciência humana.

---

66. Os trechos entre aspas são citações do capítulo 1 de *A ideologia alemã*, de Karl Marx e Friedrich Engels [N.T.].

67. Ludwig Feuerbach (1804-1872) foi um filósofo alemão. Vigotski conhecia bem sua obra e a tinha em alta conta. Considerava que as ideias de Feuerbach poderiam ser um ponto de partida para a elaboração de uma psicologia materialista marxista (cf. *O sentido histórico da crise na psicologia*, Seção III).

4
A percepção e seu desenvolvimento na infância[68/69]

O tema de nossa aula de hoje é o problema da percepção da psicologia infantil. Os senhores certamente sabem que nenhum capítulo da psicologia contemporânea se renovou tão radicalmente nos últimos 15 ou 20 anos quanto o capítulo dedicado ao problema da percepção. Os senhores sabem que o embate experimental ocorrido entre os representantes de orientações novas e antigas foi mais intenso nesse capítulo do que em qualquer outro. Em nenhuma parte, a orientação estrutural da psicologia contrapôs de forma tão aguda sua nova concepção e seu novo método experimental de pesquisa à orientação antiga, associacionista de psicologia, quanto na teoria da percepção. Por isso, se falássemos agora do conteúdo factual concreto, da riqueza do material experimental, seria possível dizer que o capítulo sobre a percepção atingiu tal grau de plenitude do qual dificilmente outro capítulo da psicologia experimental poderia se vangloriar.

Os senhores certamente conhecem a essência de tal transformação, mas eu a retomarei em poucas palavras.

Partindo da lei de associação de representações como lei geral de ligação entre elementos separados da vida psíquica, para a psicologia asso-

---

68. O texto é um estenograma de uma aula dada por Vigotski entre março e abril de 1932 no Instituto Pedagógico de Leningrado. A aula 4 ("Emoções e seu desenvolvimento na idade infantil") foi publicada no periódico *Questões de psicologia* (1959). Todas as aulas foram publicadas no livro *O desenvolvimento das funções psíquicas superiores* (1960). A presente edição [russa] tomou por base a publicação de 1960, confrontada com o texto do estenograma guardado no arquivo do Instituto Pedagógico Herzen. As aulas, que compuseram um curso completo, podem ser vistas como uma apresentação das principais visões de Vigotski, bem como dos resultados obtidos por ele e por seus colaboradores no escopo da teoria histórico-cultural.

69. Traduzido a partir do v. 2, "Problemi obschei psikhologuii", de *Sobranie Sotchinénii v chesti tomakh* (Vigotski, 1982b, p. 363-381) que também corresponde ao estenograma da primeira aula do ciclo "Aulas de psicologia", proferidas por Vigotski entre março e abril de 1932 no Instituto Pedagógico de Leningrado [N.T.].

ciacionista a função central que serve de modelo para construção e compreensão de todas as outras funções é a memória. Assim, para a psicologia associacionista, a percepção era compreendida como conjunto de sensações associadas. Supunha-se que a percepção se forma pela soma de sensações isoladas mediante a associação delas entre si, exatamente segundo a mesma lei pela qual representações ou recordações isoladas, associadas e unidas entre si criam o quadro harmônico da memória. Tal fator explica a origem da coerência da percepção.

Como, ao invés de pontos disparatados, ou seja, dispersos, nós percebemos uma imagem inteira, que delimita a superfície do corpo? De que forma percebemos o significado de tais corpos? Essas eram as questões colocadas pela escola associacionista, as quais ela respondia afirmando que a coerência da percepção se manifesta da mesma forma que na memória. Os elementos separados se unem, se entrelaçam, se associam entre si e, assim, surge uma percepção única, integral e coerente. Como se sabe, se estivermos falando da percepção visual, essa teoria supõe que o correlato fisiológico do todo coerente da percepção é o quadro análogo e resumido a partir de pontos isolados, disparatados e equivalentes da retina. Supunha-se que cada ponto do objeto que se encontra diante de nossos olhos desperta um estímulo correspondente em pontos disparatados da retina, e todos esses estímulos, resumidos no sistema nervoso central, criam um complexo de excitações que é correlato àquele objeto.

A falta de fundamento de tal teoria da percepção serviu de ponto de partida para a rejeição da teoria associacionista. Inicialmente, a psicologia associacionista foi atacada não em sua capital, ou seja, não na teoria da memória, e até hoje o ataque "estrutural" é o mais fraco nesse ponto mais protegido da psicologia associacionista. De fato, a psicologia estrutural[70]

---

70. Psicologia da Gestalt (Gestaltismo, psicologia estrutural). O termo foi introduzido por Christian von Ehrenfels. Trata-se de uma escola de psicologia geral que surgiu na Alemanha no começo do século XX. Inicialmente surgiu com a análise de processos de percepção, mediante essas posições foram utilizadas para revelar e explicar uma série de novos fenômenos (Wertheimer). Em seguida, foi feita uma tentativa de ampliar os esquemas explicativos da psicologia da Gestalt para processos de resolução de tarefas (Duncker), para a filogênese (Köhler) e ontogênese (Koffka) do pensamento, para a análise da personalidade, da esfera motivacional (Lewin) e assim por diante. Nos anos de 1930, depois da chegada dos nazistas ao poder na Alemanha, os principais representantes da escola emigraram. Isso serviu de impulso exterior para a dissolução da escola no fim dos anos de 1930. A psicologia da Gestalt parece ter tido (ao lado da escola francesa) grande influência sobre Vigotski. O que mais o atraía nessa teoria é fato de que essa escola buscava abordar todos os fenômenos psíquicos a partir de uma posição de integralidade. Contudo, diferentemente dos psicólogos da Gestalt, Vigotski sempre considerava a integralidade em combinação (ou, ao menos, essa era sua intenção) com uma abordagem histórica na análise do psiquismo.

atacou experimentalmente o ponto de vista associacionista e tentou provar o surgimento integral e estrutural da vida psíquica do ser humano no campo da percepção. Como se sabe, esse ponto de vista consiste em que a percepção de um todo é anterior à percepção de partes isoladas, e o todo coerente de certos objetos, coisas e processos que ocorrem diante de nossos olhos ou orelhas, nada disso pode ser resumido à percepção de sensações isoladas, disparatadas e dispersas e seu substrato fisiológico não é um mero agrupamento de estímulos isolados que foram associados. Como se sabe, além das brilhantes evidências experimentais, ao defender a nova compreensão em comparação com a antiga, a teoria estrutural revelou também fatos que foram coletados em estágios totalmente distintos do desenvolvimento que mostraram que, para que eles sejam adequadamente compreendidos, é necessária uma nova teoria, uma teoria estrutural. Ela é fundamentada na ideia de que a vida psíquica não é construída por sensações e representações isoladas, que se associam entre si, mas é baseada em certas formações integrais que eles chamavam de "estruturas", "formas", "Gestalt". Esse princípio foi mantido também em outros campos da vida psíquica, nos quais os representantes da psicologia estrutural tentaram mostrar que formações integrais da vida psíquica surgem como tais. Tudo isso foi mostrado com grande clareza em uma série de pesquisas experimentais.

Gostaria de lembrar o experimento de Köhler com galinhas domésticas. Esse experimento mostrou que a galinha percebe um par de cores não como uma união associativa simples, mas como relação entre duas cores, ou seja, a percepção de todo polo claro precede a percepção de partes isoladas e determina essas partes. A cor que compõe o polo claro pode mudar, mas mesmo assim a lei geral da percepção permanece a mesma. Essas experiências foram transferidas de animais mais simples para macacos antropoides, com algumas modificações ela foi realizada também com crianças. Elas mostraram que nossa percepção surge como um processo integral. As partes isoladas podem mudar, mas o caráter da percepção permanece o mesmo. E o inverso: a estrutura que forma uma percepção integral pode ser alterada, mas, quando isso ocorre, outra percepção integral é formada.

Gostaria de lembrar o experimento de Volkelt com aranhas, que mostrou aquilo de que estamos tratando agora de um modo ainda mais completo, ainda que menos claro em termos experimentais. Trata-se do conhecido experimento de Volkelt, que mostrou que a aranha reage correta e adequadamente a uma mosca que cai em sua teia, quando a situação se mantém como um todo, mas perde essa capacidade quando a mosca é retirada da teia e colocada em seu ninho.

Lembro ainda dos experimentos mais recentes de Gottschald[71] nos quais ele apresenta aos sujeitos algumas centenas de vezes partes isoladas de uma imagem complexa, fazendo com que eles as decorassem bem; contudo, se a mesma imagem que havia sido mostrada centenas de vezes fosse apresentada em outra combinação e se o todo fosse novo para o sujeito, a imagem antiga permaneceria não reconhecida na nova estrutura da percepção. Não enumerararei outros experimentos. Direi apenas que eles foram amplamente desenvolvidos na zoopsicologia, por um lado, e na psicologia infantil, por outro. Experimentos análogos com adultos também confirmam que nossa percepção não tem um caráter atomizado, mas integral.

Essa tese é tão conhecida que não há necessidade de nos determos nela.

Contudo, o embate entre essas orientações nos interessa em outro sentido. O que cada uma oferece para a compreensão do desenvolvimento na idade infantil? Como a nova teoria estrutural da percepção coloca a questão da transformação e do desenvolvimento da percepção na idade infantil?

No que diz respeito à teoria associacionista da percepção, a teoria do desenvolvimento da percepção infantil é totalmente análoga à teoria do desenvolvimento psíquico geral. De acordo com esse ponto de vista, a principal alavanca, como disse um dos autores da teoria, da vida psíquica é dada já desde o princípio, logo após o nascimento. Essa alavanca principal consiste na capacidade de associação, de ligação daquilo que é vivenciado ao mesmo tempo ou em sucessão próxima. Contudo, o material que é colado e fundido por essas ligações associativas é extremamente parco nas crianças, e, segundo esse ponto de vista, o desenvolvimento psíquico da criança consiste, em primeiro lugar, em acumular cada vez mais esse material, de modo que sejam formadas na criança ligações associativas novas e cada vez mais longas e ricas entre objetos isolados; também assim cresce e se estrutura sua percepção: a criança passa da percepção de sensações isoladas para a percepção de grupos de sensações ligados entre si e, então, à percepção de objetos isolados ligados entre si até, por fim, à percepção de situações completas. Sabe-se que, segundo a psicologia associacionista

---

71. Kurt Gottschald (1902-?) foi um psicólogo alemão. Especialista em psicopatologia infantil.

tradicional, no começo do desenvolvimento a percepção dos bebês era caracterizada como caos, segundo expressão de Bühler, uma dança selvagem de sensações dispersas.

Quando eu estava na universidade, a percepção de bebês era analisada da seguinte forma: o bebê é capaz de perceber sabores (amargo, azedo); ele percebe calor e frio; logo ao nascer ele percebe sons e cores. Mas tudo isso são sensações dispersas. Quando certos grupos de sensações pertinentes a um mesmo objeto se repetem em certas combinações, com certa frequência, elas passam a ser percebidas pela criança de forma complexa, ou seja, mediante captação simultânea. Graças a isso, surge a percepção no sentido próprio da palavra.

O desenvolvimento ou surgimento de tal percepção complexa, diferentemente da manifestação de sensações isoladas, foi identificada por certos pesquisadores em diferentes meses do primeiro ano de vida. Os mais extremos falam que no quarto mês já se pode constatar a percepção como um processo integral e coerente. Outros identificaram o surgimento da percepção no sétimo ou oitavo mês de vida.

Para a psicologia estrutural, tal compreensão do desenvolvimento da percepção infantil não tem fundamento, assim como tampouco tem fundamento a ideia de extração de um todo psíquico complexo a partir da soma de elementos isolados. A psicologia estrutural aprecia especialmente os dados obtidos em estágios inferiores do desenvolvimento e que mostram que o caráter integral constitui a característica primordial de nossa percepção.

Em *A percepção humana*, Köhler tenta mostrar que na percepção humana atuam as mesmas regras que na percepção animal. Porém, tais leis encontram uma expressão mais sutil, mais exata e melhor formulada na percepção humana, que, para Köhler, é uma espécie de melhoramento da percepção animal.

Em relação à percepção infantil, a psicologia estrutural encontra-se num impasse, no sentido em que, nos estágios iniciais do desenvolvimento da criança, em particular nos experimentos de Volkelt com bebês no primeiro mês de vida, ela mostrou que o caráter estrutural da percepção pode ser comprovado, que ele é primário, surge desde o princípio e não é resultado de um longo processo de desenvolvimento. Assim sendo, em que consiste o processo de desenvolvimento da percepção infantil, se a característica mais fundamental da percepção, seu caráter estrutural, seu caráter integral, se mostra igualmente evidente tanto no início do desenvolvimento quanto no adulto, isto é, no fim desse desenvolvimento?

Claro que a psicologia estrutural revela, aqui, um dos aspectos mais frágeis de sua investigação factual e teórica. Em nenhum outro aspecto ela apresenta tanta falta de inconsistência quanto na teoria da percepção. Conhecemos algumas tentativas de construir uma teoria do desenvolvimento psíquico infantil que partem do ponto de vista estrutural. Contudo, por estranho que possa parecer, em tais tentativas de analisar teoricamente a psicologia do desenvolvimento da criança, a teoria estrutural foi pouco capaz de elaborar uma seção sobre percepção infantil. A recusa fundamental de analisar a percepção da criança no processo de desenvolvimento está, até certo ponto, ligada a posições metodológicas fundamentais dessa teoria, as quais, como se sabe, conferem um caráter metafísico à própria compreensão da estrutura.

Como resultado, temos dois trabalhos que se seguiram ao trabalho de Gottschald: a pesquisa de Koffka que, em relação ao problema filogenético, recusa a possibilidade de se explicar essa diferença; e a pesquisa de Volkelt, em que, com base no experimento com crianças de pouca idade, ele afirma estarmos diante das mesmas propriedades da percepção que caracterizam a estrutura integral primitiva em diferentes estágios do desenvolvimento. Recorrendo à expressão de Goethe, Volkelt declara que tais propriedades são eternamente infantis, ou seja, são uma categoria eterna, invariável, que se conserva no processo de desenvolvimento ulterior do ser humano.

Para mostrar os caminhos percorridos pelos pesquisadores na tentativa de contornar esse impasse ou de voltar a esses problemas algumas vezes para evitar o impasse, devo me deter em um problema da percepção infantil, o chamado problema do caráter ortoscópico da idade infantil. Trata-se de uma questão antiga; inicialmente ela foi colocada e submetida a tentativas de resolução por psicofisiologistas e ocupou um lugar importante, em particular, nas pesquisas de Helmholtz[72]. Depois ela foi deixada de lado e, nas últimas duas décadas, emergiu novamente. A essência desse problema consiste em que a percepção do adulto contemporâneo se distingue por uma série de particularidades psíquicas que nos parecem inexplicáveis e incompreensíveis.

---

72. Hermann Helmholz (1821-1894) foi um fisiologista, anatomista e psicólogo alemão. Autor da teoria da visão e da audição.

Quais propriedades de nossa percepção são as mais importantes e cuja perda levaria a um quadro patológico? Antes de tudo nossa percepção se caracteriza pelo fato de que nós percebemos um quadro mais ou menos estável, coordenado e coerente em qualquer lugar para onde dirijamos nosso olhar.

Se decompusermos esse problema em seus aspectos constituintes, eles deverão ser chamados em uma determinada ordem, conforme eles surgem na psicologia experimental.

O primeiro é o problema da constância da percepção do tamanho do objeto. Como se sabe, se segurar diante dos olhos dois objetos de igual comprimento (dois lápis de mesmo comprimento), na retina haverá duas representações de mesmo comprimento. Se segurar um lápis que é cinco vezes maior do que o outro, na retina acontecerá o mesmo. Aparentemente, há uma dependência direta entre o estímulo e o fato de que eu percebo um lápis como mais comprido em comparação ao outro. Se eu continuo o experimento e desloco o lápis grande a uma distância cinco vezes maior, a representação será cinco vezes menor e haverá na retina duas representações de mesmo tamanho. Pergunta-se: O que explica o fato psicológico de que o lápis que se encontra a uma distância cinco vezes maior do que outro não pareça cinco vezes menor? Por que, mesmo a distância, eu continuo a vê-lo com o mesmo tamanho? O que permite que, considerando a semelhança dessa representação na retina, eu veja esse lápis como um objeto que está distante, mas que é grande se comparado a um lápis pequeno?

Como explicar que o objeto, mesmo a distância, conserva seu tamanho, apesar do aumento da distância em relação ao olho e, o mais notável, a despeito do fato de que o objeto realmente tem a tendência de parecer menor conforme a distância? Com efeito, em distâncias muito grandes, navios enormes parecem pequenos pontinhos. É conhecido o experimento que consiste no seguinte: se segurarmos um objeto muito próximo aos olhos e, em seguida, afastá-lo rapidamente, ele derrete diante dos olhos e se torna menor. Como explicar que os objetos têm a tendência a se tornar menores conforme se distanciam dos olhos, mas, ainda assim, eles continuem preservando seu tamanho? O problema se torna ainda mais interessante quando lembramos que ele tem uma grande importância genética. A percepção, por um lado, não desempenharia sua função biológica se não tivesse esse caráter ortoscópico, se o tamanho do objeto mudasse conforme ele se afastasse. O animal que teme seu predador deve parecer cem vezes menor a cem passos de distância. Por outro lado, se a percepção não tivesse essa tendência, não poderia surgir biologicamente a impressão de proximidade ou distância do objeto.

Consequentemente, é fácil compreender a complexidade do mecanismo biológico existente na situação em que o objeto, por um lado, mantém o mesmo tamanho e, por outro lado, perde-o conforme se afasta dos olhos.

Tomemos a constância na percepção da cor. Herring[73] mostrou que um pedaço de giz, ao meio-dia, reflete dez vezes mais raios brancos do que o mesmo pedaço no crepúsculo. Não obstante, mesmo no crepúsculo o giz é branco e o carvão é preto. Na relação com outras cores, as pesquisas mostram que a cor também conserva uma estabilidade relativa, apesar do fato de que, dependendo da iluminação, da real quantidade de raios, da luz da iluminação, realmente se altera a qualidade do estímulo imediato.

Da mesma forma que a constância do tamanho e da cor, surge a constância da forma. Uma pasta que esteja diante de meus olhos é vista por mim como uma pasta que tem determinada forma, independentemente de vê-la de cabeça para baixo. Porém, como diz Helmholz, os professores de pintura têm muito trabalho para mostrar aos seus alunos que, em essência, eles não veem uma mesa inteira, mas apenas um corte dela.

A constância da percepção de tamanho, forma e cor poderia ser complementada por uma série de outros aspectos. Em conjunto, isso constitui o problema que convencionou-se chamar problema da percepção ortoscópica. *Ortoscopia* (em analogia com *ortografia*) quer dizer que vemos os objetos corretamente. Independentemente das condições de percepção, vemos o objeto do mesmo tamanho, forma e cor que eles têm constantemente. Graças à ortoscopia, torna-se possível a percepção de características estáveis do objeto, independentes das condições aleatórias, do ponto de vista, dos movimentos que eu esteja fazendo. Em outras palavras, um quadro constante, mais ou menos estável e independente de observações casuais, torna-se possível graças à percepção ortoscópica.

O interesse por esse problema tem aumentado devido ao fato de que alguns fenômenos análogos à percepção apresentam outras propriedades psíquicas; em particular, os senhores devem saber que há muito tempo foi es-

---

73. Ewald Herring (1834-1918) foi um dos fundadores da psicologia fisiológica experimental. Autor de teorias opostas às teorias da visão e da audição de Helmholz.

tabelecido o fato, que foi objeto de uma série de elaborações experimentais, e que consiste em que as chamadas imagens sucessivas agem em relação à percepção ortoscópica de modo totalmente distinto do que na percepção verdadeira. Se fixarmos um quadrado vermelho em um fundo cinza e, em seguida, o retirarmos desse fundo, veremos um quadrado de cor complementar. Essa experiência mostra como seria a nossa percepção se ela não fosse ortoscópica. O quadrado cresceria se eu começasse a mover a tela. Se eu trouxer a tela a uma distância duas vezes menor, o quadrado ficaria duas vezes menor. A percepção do tamanho, da posição ou do movimento seria dependente do movimento, do ponto de vista, e de todos os aspectos dos quais nossa percepção real se mostra independente. Parece-me que o problema do surgimento da percepção ordenada e estável pode expressar uma série de questões que aparecem no problema do desenvolvimento da percepção e que indicam o caminho seguido pelo desenvolvimento da percepção infantil num ponto em que a escola estrutural fechou as portas para os pesquisadores.

Como podem ser explicados todos esses fatos mencionados? Para explicar esse problema, Helmholz defendeu o ponto de vista de que a percepção ortoscópica não é inicial, mas surge no processo de desenvolvimento. Ele se detomeu numa série de fatos, de aspectos precários, mas significativos, em particular nas reminiscências de sua infância distante, quando, ao passar por um campanário, ele achava que as pessoas que estavam perto fossem pequenos humanos. Ele descreve suas observações de outras crianças e conclui que a percepção ortoscópica não existe desde o princípio. Um de seus alunos disse que apenas gradualmente um quadro estável obtido pela percepção pode refletir uma propriedade estável do objeto, que isso constitui um dos mais importantes conteúdos do desenvolvimento da percepção infantil.

Helmholz tentou explicar esse fato por uma dedução não consciente. Ele supôs que o lápis a uma distância dez vezes maior do olho de fato é percebido como um lápis que de tamanho dez vezes menor, mas à percepção acrescenta-se uma espécie de juízo não consciente: a experiência anterior mostra que este é o objeto que eu vi de perto e que ele está distante do olho, ou seja, a percepção presente é corrigida por uma dedução não consciente.

Tal explicação foi ridicularizada por vários experimentadores e, é claro, do ponto de vista da vivência imediata, Helmholz apresenta a questão de forma ingênua. A essência do fato é que, na percepção real, eu não percebo que o lápis diminuiu, embora conscientemente eu saiba que o lápis esteja cinco vezes mais distante. Observações simples mostram que, do ponto de vista da vivência imediata, a explicação dada por Helmholz não tem fundamento. Contudo, a ideia, ou melhor dizendo, a direção dada por ele é correta, como mostram muitas pesquisas experimentais. Essa direção consiste em não tomar o caráter ortoscópico da percepção como algo dado inicialmente, mas compreendê-lo como produto do desenvolvimento. Esse é o primeiro ponto. Em segundo lugar, é preciso compreender: a constância da percepção surge não das transformações da composição interna e de uma propriedade interna da percepção, mas de que a própria percepção começa a funcionar em um sistema com outras funções.

A menção de Helmholz a uma dedução não consciente foi uma hipótese infeliz, que atrasou em muitos anos a busca nessa direção. Contudo, pesquisadores contemporâneos mostram que, particularmente, a ortoscopia da percepção visual surge de um estímulo presente realmente complexo, um estímulo que se funde com esses estímulos presentes e age em conjunto com eles. Seria possível seguir essa linha de raciocínio. Já disse aos senhores que, de acordo com a hipótese de Helmholz, o lápis que está cinco vezes mais longe do olho deve parecer ser cinco vezes menor. Se houver, não um lápis, mas sua representação sucessiva, e o próprio objeto tiver sido retirado, então quando a tela estiver a uma distância cinco vezes maior, a imagem do lápis aumentaria cinco vezes, de acordo com a Lei de Emert. Não obstante, o distanciamento da tela em relação ao olho não deveria fazer com que o tamanho do objeto se alterasse. Consequentemente, eu devo perceber o objeto e sua imagem na retina como imagens que se compensam mutuamente. A imagem aumenta cinco vezes conforme ela se afasta da tela, o objeto diminui cinco vezes, mas se esse objeto se funde com uma imagem sucessiva, é evidente que o estímulo presente ficaria inalterado.

Buscas experimentais iniciais seguiram essa direção: Seria possível criar uma tal fusão entre a percepção presente e a imagem sucessiva de modo que a imagem sucessiva fosse dada simultaneamente à percepção? Os experimentadores logo resolveram essa questão. Propuseram aos sujeitos que fixassem em um quadrado vermelho em uma tela, não de papel, mas luminosa. Em seguida, a imagem é retirada e a pessoa vê a imagem verde complementar. Depois, sem que o sujeito perceba, sobre a imagem coloca-se um quadrado verde no lugar. O sujeito não nota. O experimentador move a tela e a Lei de Emert é quebrada.

Além desses experimentos, foi feita uma ousadíssima e brilhante tentativa de criar experimentalmente a constância dessa imagem, de criar condições em que essa imagem aumentasse em uma distância desproporcional, afastando-se da Lei de Emert. Se essa hipótese estivesse correta, não seria possível explicar por que o objeto parece menor conforme a distância. Além disso, seria o caso de, com o deslocamento rápido (instantâneo) do objeto em relação ao olho, eu não seria capaz de notar sua redução.

A total constância da percepção seria biologicamente tão correta quanto sua transformação. Se vivêssemos num mundo em que os objetos se transformassem o tempo todo, a constância da percepção significaria que nós não notaríamos a distância que nos separa do objeto. Experimentos posteriores realizados pela Escola de Marburg mostraram que o fato inicial para a explicação da percepção não é a imagem sucessiva, mas a chamada imagem eidética. Uma pesquisa independente desse problema mostrou que a imagem eidética que vemos na tela depois que o objeto é retirado não é subordinada à Lei de Emert. Na medida em que o objeto se afasta do olho, ele cresce não de forma proporcional, mas muito mais lentamente.

As pesquisas realizadas pelo método descrito, ou seja, nas quais ocorreu a fusão da imagem luminosa real com a imagem eidética, mostraram que essa fusão produz um efeito experimental mais próximo ao real. A falha obtida aqui foi igual a 1/10, ou seja, o valor calculado teoricamente e obtido experimentalmente se diferiram em apenas 1/5.

Antes de apresentar o resultado teórico e tirar conclusões sobre esse problema que acabamos de analisar, seria proveitoso que nos detivéssemos em dois outros problemas concretos a ele relacionados que, em conjunto, permitem que cheguemos mais facilmente e de modo mais fundamentado a algumas conclusões teóricas.

O primeiro deles é o problema da percepção dotada de sentido. Partindo da percepção desenvolvida de um adulto de cultura, novamente nos vemos diante de um problema análogo ao que acabamos de analisar.

Uma das particularidades da percepção da pessoa adulta é sua constância e ortoscopia; outra particularidade é que nossa percepção é dotada de sentido. Como mostra o experimento, nós praticamente não temos capacidade de criar condições para que nossa percepção seja funcionalmente separada da dotação de sentido do objeto percebido. Estou segurando à minha frente um bloco de notas; as coisas não acontecem como imaginavam os psicólogos da escola associacionista, que supunham que eu percebo algo branco, algo quadrado, e que, de forma associativa com essa percepção, surge em mim o conhecimento da denominação desse objeto, ou seja, a compreensão de que se trata de um bloco de notas. A compreensão da coisa, a denominação do objeto aparece com sua percepção e, como investigações especiais mostram, a própria percepção de certos aspectos objetivos desse objeto depende do significado, do sentido que acompanhada a percepção.

Os senhores devem saber que as experiências iniciadas por Rorschach[74] foram seguidas por uma série de experimentadores e, nos últimos tempos, foram apresentadas de forma especialmente sistemática e definida pelo jovem Bühler. Elas mostram que, partindo de Binet[75], o problema da chamada percepção de manchas de tinta sem sentido é, de fato, profundo e nos leva experimentalmente ao problema do processo de atribuir sentido às nossas percepções. Por que eu não vejo uma determinada forma, um peso, um tamanho, mas sei simultaneamente que o que está diante de mim é uma mesa? Binet propôs como experimento *pour voir*, como ele o denominou, o seguinte: olhar um simples borrão numa folha de papel, que depois era dobrada em dois, de modo que os dois lados formavam uma marca de tinta simétrica, sem sentido e totalmente aleatória. Surpreendentemente, segundo Binet, nessa situação os sujeitos sempre chegavam a algo que parece com alguma coisa, e as crianças com as quais foram realizados os primeiros experimentos quase nunca eram capazes de perceber a mancha de tinta sem sentido simplesmente como uma mancha, mas sempre a percebiam como um cachorro, uma nuvem ou uma vaca.

Rorschach criou uma série sistemática de tais imagens coloridas sem sentido e simétricas, que ele apresenta aos sujeitos; como se sabe, suas experiências mostram que apenas em estado de demência, em particular em

---

74. Hermann Rorschach (1884-1922) foi um psicólogo e psiquiatra suíço. Autor de famoso teste projetivo chamado método de manchas de tinta ou Teste Rorschach (1921).

75. Alfred Binet (1857-1911) foi um psicólogo francês, um dos pioneiros da investigação experimental das funções psíquicas superiores, em particular o pensamento e a memória. Os últimos trabalhos tiveram grande importância para Vigotski (cf. "O problema do desenvolvimento cultural da criança", *Pedologia*, 1928, n. 1). Especialista em testes, especialmente para medir o nível de desenvolvimento intelectual.

estados epiléticos, a mancha é percebida como algo sem sentido. Justamente em tais casos os sujeitos dizem estar vendo apenas uma mancha. Em estados normais, vemos ora uma lâmpada, ora um lago, ora uma nuvem, e assim por diante. Altera-se a maneira de atribuir sentido, mas a tendência de dotar a mancha de sentido se faz sempre presente.

Essa tendência à atribuição de sentido a toda percepção foi experimentalmente utilizada por Bühler como meio de análise do processo de atribuição de sentido na percepção desenvolvida. Ele mostrou que, na mesma medida em que a percepção em sua forma desenvolvida se mostra estável e constante, ela é uma percepção dotada de sentido ou categorial.

O que vejo agora diante de mim não é uma série de formas exteriores do objeto, o que vejo é o objeto que eu percebo de uma vez como tal, com todos os significados e sentidos. Vejo uma lâmpada, uma mesa, pessoas, uma porta. Em todos esses casos, segundo a expressão de Bühler, minha percepção é parte inseparável do meu pensamento visual. Simultaneamente ao que vejo, obtenho um ordenamento categórico da situação visual que agora aparece como objeto de minha percepção.

Outras pesquisas que aderem a essa orientação mostraram que, no campo das chamadas ilusões, parece que uma série de percepções surge graças à tendência de conferir sentido e, o mais importante, essa complexa atribuição de sentido aparece na percepção imediata, levando, por vezes, à ilusão.

Um exemplo disso é a ilusão de Charpentier. Se propusermos que se determine ao mesmo tempo ou sucessivamente o peso de dois cilindros de mesmo peso, forma e tipo, mas um é deles maior do que o outro, sempre teremos a impressão de que o menor objeto é o mais pesado. Ainda que ambos os cilindros sejam pesados na sua frente e você seja convencido de que eles têm o mesmo peso, ainda assim, ao pegar um e outro, você não consegue se desfazer dessa sensação. Muitas explicações foram dadas para a ilusão de Charpentier, e apenas uma série de pesquisas realizadas no plano dos problemas que estamos discutindo aqui revelaram que esse erro surge, em essência, devido ao fato de que a aparente percepção equivocada, na realidade e em certo sentido, é uma percepção correta. Como mostrou um dos investigadores dessa ilusão, quando avaliamos diretamente um objeto pequeno como sendo mais pesado, estamos fazendo uma avaliação correta do ponto de vista de seu peso relativo, por assim dizer, de sua densidade, da relação entre peso e volume: de fato, esse objeto é "mais pesado", e justamente porque nossa percepção imediata do peso é substituída por uma percepção do peso convencional e dotada de sentido em relação ao volume. Justamente por isso a percepção imediata é distorcida. Contudo, basta fecharmos os olhos para percebermos que ambos os objetos têm o mesmo peso. Contudo, o mais interessante na investigação da ilusão é que, embora todos os adultos sempre percebam o cilindro menor como sendo mais pesado e, com os olhos fechados, percebam-nos como tendo o mesmo peso, pessoas que nasceram cegas também estão submetidas à ilusão de Charpentier, ou seja, os cegos que não veem os cilindros no momento do experimento, mas que os apalpam, percebem o cilindro menor como sendo o mais pesado.

É evidente que se trata de uma percepção dotada de sentido, na qual a sensação imediata de peso é comparada com o volume do objeto.

Para preparar o material para outras conclusões teóricas, não posso deixar de dizer algumas palavras sobre essa ilusão. Os experimentos mostram que crianças surdas-mudas, apesar do fato de enxergarem, estão submetidas à ilusão de Charpentier. Outras pesquisas mostraram que essa ilusão tem um significado diagnóstico de extrema importância. Trata-se do chamado *sintoma de Demor*[76] que consiste no fato de que crianças com atraso profundo não têm a ilusão de Charpentier, a percepção delas permanece desprovida de sentido e, para elas, o cilindro menor não parece mais pesado. Por isso, quando estamos lidando com crianças de 9 ou 10 anos e desejamos fazer o diagnóstico diferencial entre um grau mais e um menos profundo de atraso, a ausência ou presença do sintoma de Demor aparece como um importante critério. Seguindo por esse caminho e verificando os dados de Demor, Claparède apresentou a ideia de que a ilusão pode perfeitamente ser vista como sintoma do desenvolvimento da percepção infantil, e as pesquisas mostram que crianças normais de até 5 anos de idade, aproximadamente, não apresentam a ilusão de Charpentier: o cilindro pequeno não lhes parece mais pesado.

Dessa forma, verifica-se que: o fenômeno observado por Charpentier surge no desenvolvimento; as crianças com atraso profundo não apresentam tal fenômeno; ele tampouco se manifesta na maioria das crianças sur-

---

76. Jean Demor (1867-1941) foi um médico e pedagogo belga. Especialista em educação e aprendizagem de crianças com deficiência intelectual.

das-mudas; ele surge em deficientes visuais; ele pode servir como critério diagnóstico confiável (segundo Demor) para a distinguir entre oligofrenia profunda e graus mais leves de atraso mental.

Se resumirmos os resultados do experimento nesse campo, seria possível dizer que ele estabelecera duas teses semelhantes às que apresentamos ao falar do problema da percepção ortoscópica.

Por um lado, os experimentos mostram que a atribuição de sentido é uma propriedade da percepção do adulto, ela não é própria da criança; ela surge em determinado estágio, é produto do desenvolvimento e não é dada desde o princípio. Por outro lado, as experiências mostram que, assim como a constância e a estabilidade de nossa percepção surgem do fato de que a própria percepção está intimamente ligada com a imagem eidética, aqui ocorre uma fusão direta entre os processos de pensamento visual e de percepção, de modo que uma função é inseparável da outra, uma função trabalha dentro da outra como um componente dela. Elas formam uma colaboração única, que só pode ser decomposta por via experimental, de modo que apenas o experimento psicológico permite chegar a uma percepção sem sentido, ou seja, retirar o processo de percepção imediata do processo de percepção dotada de sentido.

O terceiro problema da percepção está ligado com o que acabamos de apresentar, isto é, o problema da percepção categorial no sentido próprio do termo. Um exemplo típico de pesquisa nesse campo, iniciado há muito tempo, pode ser a experiência com a percepção de imagens. Para os pesquisadores antigos, essa experiência era a chave para a compreensão de como se desenvolve, de modo geral, a atribuição de sentido na percepção infantil. A imagem sempre apresenta uma parte da realidade. Pela combinação de imagens, mostrando-as para crianças de diferentes idades, acompanhando as mudanças que aparecem na percepção, foi possível generalizar por meio de um método estatístico dezenas de milhares de dados acumulados. Temos, assim, a possibilidade de avaliar os estágios pelos quais a criança costuma passar na percepção da realidade.

Diferentes autores determinaram e descreveram esses estágios de modos diversos. O pesquisador Stern, ele mesmo, em diferentes momentos, apresentou classificações de estágios distintas. Contudo, como mostra o material factual, a maioria dos autores converge na ideia de que, se formos avaliar a diferença da percepção infantil de imagens, pode-se dizer que ela passa por quatro estágios principais. Inicialmente tem-se a percepção de objetos isolados, o estágio dos objetos; em seguida a criança começa a chamar os objetos e indicar as ações que eles realizam, trata-se do estágio da ação; depois, a criança começa a indicar as características do objeto percebido, o que constitui o estágio das qualidades ou das características; por fim, a criança começa a descrever a imagem como um todo, partindo daquilo que ela percebe no conjunto das partes. Com base nesses experimentos, muitos pesquisadores (principalmente Stern, na Alemanha e Blónski aqui) supõem que, assim, temos a possibilidade de apontar as principais etapas do desenvolvimento da percepção dotada de sentido da criança. Inicialmente, a criança, como diz Blónski, percebe a imagem, o mundo, como um certo conjunto de objetos; em seguida, ela começa a percebê-lo como um conjunto de objetos que agem e se movem; depois, ela começa a enriquecer esse conjunto de objetos que agem e se movem com suas qualidades ou propriedades; por fim, ela chega à percepção de certa imagem integral, que, para nós, é análoga à situação integral real e dotada de sentido, a percepção da realidade integral. O ponto forte da pesquisa consiste em que ela, de fato, é confirmada em todos os experimentos desse tipo, e os experimentos de Blónski realizados aqui mostram isso na mesma medida que os de Stern, Neumann, Rollof, Mukhov e outros pesquisadores de diferentes países.

Essa tese apresentada há quinze anos era considerada inabalável e classificada entre as leis fundamentais do desenvolvimento infantil; contudo, nesses quinze anos a psicologia experimental realizou um trabalho tão destrutivo que quase nada sobrou desse caráter inabalável.

Na realidade, do ponto de vista daquilo que sabemos sobre a percepção, seria difícil admitir que a percepção da criança passe da percepção de objetos isolados para a atribuição de ações a eles, depois de características e, por fim, à percepção do todo. Com efeito, com base nos dados experimentais, sabemos que, já nos estágios iniciais do desenvolvimento, a percepção já tem um caráter estrutural e integral, que a percepção do todo é anterior em relação à percepção das partes. Dessa forma, esses dados estão em franca contradição com o que sabíamos a respeito do caráter estrutural da própria percepção. Do ponto de vista da psicologia associacionista e atomista, seria natural supor que a criança vai da parte para o todo, que ela acrescenta às partes ações, qualidades e, no fim das contas, começa a perceber uma situação integral; do ponto de vista da psicologia estrutural, o fato de que a criança, também na percepção, vai de partes isoladas e, resumindo-as, chega à percepção do todo é *nonsense* (sem sentido), uma vez que sabemos que o caminho do desenvolvimento da percepção é inverso. A psicologia estrutural mostrou que cada observação cotidiana nos convence de que uma criança pequena não percebe apenas partes isoladas, ela percebe toda a situação, seja ela uma situação de brincadeira ou de alimentação. Em toda parte, a percepção do bebê, para não falar da criança de mais idade, será determinada pela integralidade da situação. Na realidade, como seria difícil se a criança só conseguisse perceber situações integrais dotadas de sentido aos 10 ou 12 anos! É difícil imaginar o que isso de fato causaria no desenvolvimento psíquico da criança. Não falaremos dos experimentos que mostram que a percepção de movimentos e ações ocorre em idades significativamente mais precoces do que a percepção de objetos.

As considerações feitas levaram à verificação experimental dessa lei e à necessidade de resolver duas questões. Em primeiro lugar, se essa lei representa incorretamente a sequência de estágios do desenvolvimento da percepção infantil, como essa sequência deve, de fato, ser representada? Em segundo lugar, se essa lei representa incorretamente a sequência dos estágios, por que uma enorme quantidade de material confirma que as crianças de pouca idade descrevem imagens identificando os objetos, depois, nos anos posteriores, identificando as ações, as características e assim por diante?

Tentativas experimentais de resolver essa questão tiveram início em diversos países e seguiram diferentes caminhos. As pesquisas mais interessantes foram feitas por Piaget e Eliasberg. As pesquisas de Eliasberg mostram que a percepção da criança de pouca idade não se estrutura como percepção de objetos isolados, mas é repleta de ligações indiferenciadas. As pesquisas de Piaget mostraram que a percepção de crianças de pouca idade é sincrética, ou seja, grupos de objetos globalmente ligados entre si não são diferenciados e são percebidos como um todo único.

Isso quer dizer que o ponto de partida apontado por Stern é incorreto. Outros pesquisadores mostraram que a sequência dos estágios não resiste a um exame crítico.

Isso leva às duas questões mencionadas anteriormente. Não basta refutar o ponto de vista de Stern, seria preciso mostrar por que a criança, ao descrever uma imagem, segue um caminho inverso ao caminho real do desenvolvimento de sua percepção. *Grosso modo*, o problema que se coloca é o seguinte: Como explicar o fato de que a criança vai do todo para as partes na percepção e, na percepção de imagens, ela vai das partes para o todo? Stern tentou explicar esse fato dizendo que a lei de desenvolvimento estrutural da percepção do todo para as partes vale para a percepção imediata, já a sequência descrita por nós é válida para a percepção dotada de sentido, isto é, para a percepção ligada ao pensamento visual. Contudo, a experiência de Eliasberg, que lidou com um material sem sentido, que, em seguida, foi substituído por um material dotado de sentido, chegou aos mesmos resultados. Eliasberg conseguiu mostrar que, quanto mais dotado de sentido for o material, mais contraditórios serão os resultados em relação ao que se pode esperar com base nos dados de Stern.

Por ocasião do congresso internacional de psicotécnica em Moscou, tivemos oportunidade de ouvir a palestra de Eliasberg sobre suas novas pesquisas e sua discussão com Stern. A explicação de Stern mostrou-se claramente insatisfatória. As pesquisas experimentais mostram que a questão pode ser resolvida de modo ao mesmo tempo muito mais simples e muito mais complexo do que imaginou Stern. Na realidade, a simples observação mostra que, embora essa sequência de estágios (objetos, ações, qualidades, relações) não sirva para descrever o curso do desenvolvimento da percepção infantil, ela corresponde inteiramente aos estágios do desenvolvimento da linguagem infantil.

A criança sempre começa pronunciando palavras isoladas; no início do desenvolvimento essas palavras são substantivos; a seguir os substantivos são providos de verbos: surgem as chamadas orações de dois elementos. No terceiro período surgem os adjetivos e, por fim, com a aquisição de um certo repositório de frases, tem-se o relato com a descrição de quadros, de modo que essa sequência de estágios não está relacionada à sequência do desenvolvimento da percepção, mas à sucessão de estágios do desenvolvimento da linguagem.

Por si mesmo, esse fato se torna especialmente significativo e interessante quando o analisamos experimentalmente. Para simplificar, cometerei a imodéstia de citar nossos experimentos (já publicados), com os quais tentamos resolver esse problema experimentalmente e que comprovam a fundamentação de nossas conclusões. Se pedirmos à criança que conte o que está descrito em uma imagem, realmente teremos aquela sequência de estágios que foi observada por todos os pesquisadores. Se pedirmos a uma criança de mesma idade que interprete o que está descrito na imagem (contanto que a imagem seja compreensível para ela), ela jamais irá interpretar os objetos isoladamente. Digamos que a imagem representa uma pessoa conduzindo um urso por uma coleira, e, ao redor, um grupo de crianças está olhando, nesse caso a interpretação não se resumirá apenas a primeiro ser o urso, depois as crianças, ou seja, seria uma suposição incorreta que as crianças, ao transmitirem uma série de detalhes, irão interpretá-los. Na realidade, as crianças sempre interpretam a imagem como um todo, ou seja, a sequência da intepretação real da imagem será outra. Uma imagem conhecida de todos, que aparece em Binet, e que nós usamos em experimentos apenas para que ela fosse difundida internacionalmente (a imagem em que o velho e a criança carregam objetos em um carrinho de mão), apresentou, assim como todos os demais pesquisadores, como Neumann, Stern e Mukhhov, resultados totalmente diferentes na tentativa de transmitir esse conteúdo por meio da interpretação correspondente.

Não conseguirei abordar um problema muito importante, pois isso não nos deixaria tempo para apresentarmos conclusões teóricas, sem as quais mesmo um material de grande qualidade perderia seu sentido. Para que as conclusões sejam mais completas, peço licença para indicar em apenas uma frase uma série de pesquisas sobre o desenvolvimento da percepção, que se dedicam ao estudo das percepções primitivas no ser humano.

Recentemente, a psicologia experimental passou a se dedicar com mais profundidade a problemas como o olfato, o paladar, e os primeiros passos desses experimentos levaram os pesquisadores a conclusões surpreendentes do ponto de vista genético. Ocorre que a ligação direta entre percepção e pensamento visual é tão ausente nas percepções primitivas, que, não apenas na prática cotidiana como na teoria científica, não podemos chegar a generalizações em relação ao olfato. Assim como as crianças em estágios iniciais do desenvolvimento não têm uma compreensão geral sobre a cor vermelha, mas conhecem apenas a manifestação concreta dessa cor, não podemos generalizar algum odor, mas o designamos tal qual povos primitivos designam as cores. Ocorre que a percepção categorial não se realiza ao lado de fenômenos biológicos, rudimentares, que perderam seu significado e não desempenham um papel essencial no desenvolvimento cultural do ser humano, como é o caso do olfato. Refiro-me aos trabalhos de Henning, que inaugurou toda uma época na teoria das formas primitivas de percepção, que retroagiram nos seres humanos em comparação com muitos dos mamíferos superiores.

Permitam-me usar os minutos restantes para apresentar conclusões sistemáticas. Quer tomemos o problema da percepção ortoscópica ou o problema da percepção dotada de sentido ou, ainda, o problema da ligação entre percepção e linguagem, onde quer que seja iremos nos deparar com um fato de importância teórica primordial: no processo de desenvolvimento infantil sempre observamos aquilo que se convencionou chamar de alteração das ligações e relações interfuncionais. No processo do desenvolvimento infantil surge a ligação entre a função da percepção e da memória eidética; com isso, surge um novo todo único, no qual a percepção funciona como uma parte interna. Surge a fusão direta entre as funções do pensamento visual e da percepção, e tal fusão é tamanha que não podemos separar a percepção categorial e a percepção imediata, ou seja, a percepção do objeto como tal e o significado, o sentido desse objeto. Os experimentos mostram que surge aqui uma ligação entre linguagem ou palavra e percepção, que o curso habitual da percepção para a criança se altera se analisarmos essa percepção pelo prisma da linguagem, se a criança não apenas percebe, mas relata o que percebeu. A todo momento vemos que essas ligações interfuncionais são estabelecidas e que, graças ao surgimento de novas ligações, novas totalidades entre percepção e outras funções surgem alterações importantíssimas, propriedades distintivas importantíssimas da percepção desenvolvida do adulto, que não podem ser explicadas se a evolução da percepção for examinada isoladamente, e não como parte do desenvolvimento complexo da consciência como um todo. Isso foi feito tanto pela psicologia associacionista quanto pela estrutural.

Se lembrarmos que as propriedades características da percepção eram as mesmas tanto nos estágios anteriores quanto nos posteriores do desenvolvimento e, por isso, as teorias que analisaram e continuam analisando a percepção fora das ligações com outras funções são incapazes de explicar as mais importantes propriedades distintivas da percepção que surgem no processo de desenvolvimento. Agora, por falta de termo melhor, proponho que chamemos de *sistemas psicológicos* essas novas formações complexas das funções psíquicas, que surgem no desenvolvimento da criança e que não são funções separadas, já que se trata de uma nova totalidade.

Assim, as pesquisas experimentais mostram como, no decorrer do desenvolvimento da criança, surgem novos sistemas, dentro dos quais a percepção atua e assume diversas propriedades que não lhe são inerentes fora desse sistema de desenvolvimento.

Interessante também que, ao lado da formação de tais ligações interfuncionais, no processo de desenvolvimento, a percepção, se é que se pode dizer assim, se emancipa, se liberta de uma série de ligações características de estágios anteriores do desenvolvimento.

Para não me repetir, direi apenas o seguinte: as pesquisas mostram que, em estágios iniciais do desenvolvimento, a percepção está diretamente ligada à motricidade, ela constitui apenas um aspecto de todo processo sensório-motor e apenas gradualmente, com os anos, começa a adquirir uma independência significativa e se livrar essa ligação particular com a motricidade. Segundo a expressão de Lewin, que trabalhou com esse problema mais do que qualquer um, apenas com os anos a percepção da criança recebe uma expressão dinâmica com outros processos internos. Em particular, Lewin mostrou que apenas com a libertação, com a diferenciação da percepção dessa forma de processo psicomotor integral é que se torna possível a ligação entre percepção e pensamento visual.

Volkelt, Kruger e outros pesquisadores de Leipzig mostraram que, nos estágios iniciais, a percepção é na mesma medida inseparável do processo sensório-motor e da reação emocional. Kruger propôs denominar tais percepções como percepções "de tipo sensível" ou "de tipo emocional". Suas pesquisas mostraram que, apenas com a passagem do tempo, a percepção se liberta gradualmente da ligação com o afeto imediato, com a emoção imediata da criança.

De modo geral, devemos aos pesquisadores de Leipzig o estabelecimento de um fato de extrema importância, que mostra que, de modo geral, no início do desenvolvimento não podemos constatar funções psíquicas suficientemente diferenciadas, mas verificamos totalidades muito mais complexas e não diferenciadas, a partir da quais gradualmente, por meio do desenvolvimento, surgem as funções separadas. Entre elas, temos a função da percepção.

Pesquisas posteriores não podem ser realizadas em conformidade com a Escola de Leipzig devido às suas visões metodológicas equivocadas. Os fatos do desenvolvimento ulterior da percepção só podem ser compreendidos se partirmos de posições metodológicas totalmente distintas.

5

As emoções e seu desenvolvimento na infância[77]

O estado atual da teoria das emoções na psicologia e o desenvolvimento teórico de tal teoria apresentam uma grande especificidade em comparação com outros capítulos da psicologia: até muito recentemente nesse capítulo da psicologia tem predominado o mais puro naturalismo, que era absolutamente alheio aos demais capítulos da área. Para esses outros capítulos, sobre os quais tratamos anteriormente, as teorias puramente naturalistas só apareceram com o surgimento do behaviorismo e de outras orientações comportamentais. Nesse sentido, pode-se dizer que o capítulo da antiga teoria sobre as emoções contém, em termos metodológicos, todo futuro behaviorismo, uma vez que, em certa medida, a orientação behaviorista na psicologia constitui um contraste nítido, uma reação aguda à psicologia espiritualista e introspectiva anterior. Portanto, é natural que o capítulo sobre as emoções, que foi elaborado predominantemente em um plano puramente naturalista, tenha sido uma ave rara entre os demais capítulos formados pela psicologia da época.

Motivos para tanto havia muitos. Basta, aqui, indicar o pretexto mais próximo, que está ligado ao nome de Darwin. Depois de encerrar uma tradição antiga e importante da biologia, em sua obra *A origem dos movimentos expressivos humanos*, Darwin estabeleceu uma ligação geral entre a emoção humana e as reações afetivas e instintivas correspondentes, observadas no mundo animal. Em seu estudo sobre a evolução e origem dos movimentos expressivos humanos, era cara a Darwin sua ideia

---

77. Traduzido a partir do v. 2, "Problemi obschei psikhologuii", de *Sobranie Sotchinénii v chesti tomakh* (Vigotski, 1982b, p. 416-436) que também corresponde ao estenograma da quarta aula do ciclo "Aulas de psicologia", proferidas por Vigotski entre março e abril de 1932 no Instituto Pedagógico de Leningrado [N.T.].

evolutiva fundamental. Como ele diz em uma de suas cartas, recentemente publicada em russo, para ele era importante mostrar que os sentimentos humanos, que eram considerados os "santos dos santos" da alma humana, têm origem animal, assim como o ser humano como um todo. De fato, o caráter comum das expressões emocionais do ser humano e, em todo caso, dos animais superiores, que estão mais próximos do humano, é tão evidente que praticamente não pode ser contestado.

Como se sabe, a psicologia inglesa que, por um tempo esteve sob o poder do pensamento escolástico com fortes tradições religiosas medievais, teve uma atitude extremamente astuta, como diz um historiador contemporâneo, com as ideias de Darwin. Por incrível que pareça, essa psicologia atravessada por tradições religiosas recebeu as teses darwinistas, desenvolvidas por seus alunos, de forma muito amistosa, partindo do fato de que Darwin provou que as paixões terrenas do ser humano, suas propensões mais materiais, ligadas às preocupações com o próprio corpo, de fato têm origem animal.

Dessa forma, imediatamente deu-se o impulso para as duas orientações, a partir das quais se desenvolveu o trabalho do pensamento psicológico: por um lado, segundo a orientação positiva das ideias de Darwin, alguns psicólogos (em parte Spencer[78] e seus alunos, em parte os positivistas franceses – Ribot[79] e sua escola, em parte a psicologia alemã de orientação biológica) passaram a desenvolver ideias sobre a origem biológica das emoções humanas a partir das reações afetivas e instintivas dos animais. Daí criou-se a teoria das emoções (uma teoria rudimentar, como ela é referida na literatura) que passou a integrar quase todos os materiais, inclusive os nossos.

De acordo com essa teoria, os movimentos expressivos que acompanham o medo são analisados, segundo uma expressão conhecida, como vestígios rudimentares de reações animais em caso de fuga e defesa, ao passo que movimentos expressivos que acompanham a raiva são vistos como vestígios rudimentares de movimentos que outrora acompanharam a reação de ataque de nossos antepassados animais. De acordo com uma fórmula conhecida, o medo passou a ser analisado como fuga inibida e a raiva como

---

78. Herbert Spencer (1820-1903) foi um filósofo e sociólogo inglês. Um dos fundadores do positivismo. Especialista no estudo de culturas originárias.

79. Théodule Ribot (1839-1916) foi um psicólogo francês. Especialista em psicopatologia e psicologia geral. Trabalhou no campo da psicologia da memória, da atenção voluntária etc.

uma luta inibida. Em outras palavras, todos os movimentos expressivos passaram a ser vistos retrospectivamente. Nesse sentido, são notáveis as palavras de Ribot de que as emoções são o único campo do psiquismo humano ou, como ele diz, "um governo dentro de um governo", que podem ser compreendidas apenas em retrospecto. A ideia de Ribot consiste em que as emoções são "tribos em extinção" ou "os ciganos de nosso psiquismo". De fato, segundo esse ponto de vista, a única conclusão possível para as teorias psicológicas seria a de que as reações afetivas do ser humano são vestígios de sua existência animal, vestígios que são infinitamente enfraquecidos em sua expressão exterior e em seu fluxo interior.

Dessa forma, tem-se a impressão de que a curva do desenvolvimento da emoção decai. E se, como propôs um dos últimos alunos de Spencer, compararmos humanos e animais, crianças e adultos e, por fim, o ser humano primitivo e o inserido na cultura, veremos que, no decorrer do desenvolvimento, a emoção recua para o segundo plano. Assim, como se sabe, a famosa previsão de que o ser humano do futuro será um sujeito sem emoção, que deve, fundamentalmente, chegar à conclusão lógica e perder os últimos elos restantes de tal reação, que tinham certo sentido em épocas passadas de sua existência.

É evidente que, segundo esse ponto de vista, apenas um capítulo da psicologia das emoções poderia ser escrito em um plano adequado, isto é, o capítulo sobre as reações emocionais dos animais e o desenvolvimento das emoções no mundo animal. Este capítulo foi elaborado pela psicologia contemporânea de forma mais aprofundada e circunstanciada. No que se refere à psicologia humana, ao contrário, essa apresentação do problema exclui a possibilidade de estudar adequadamente aquilo que constitui as particularidades específicas da emoção humana. Em vez de explicitar como as emoções são enriquecidas na infância, essa forma de colocar a questão, ao contrário, ensina como são reprimidas, enfraquecidas e eliminadas descargas emocionais imediatas, que são próprias da primeira infância. No que se refere às mudanças na força das emoções desde o homem primitivo até os nossos dias, esse caminho foi analisado como uma continuação direta da evolução, que consiste no seguinte: no momento em que o desenvolvimento do psiquismo humano seguia adiante, as emoções recuavam. Segundo Ribot, essa é a célebre história da morte de todo um campo da vida psíquica.

Se, do ponto de vista biológico, a vida emocional parece ser a morte de toda uma esfera da vida psíquica, a experiência psicológica imediata e, além disso, as pesquisas experimentais mostram de modo patente o quanto essa ideia é absurda.

Lange[80] e James, cada um a seu modo (James de forma mais consciente, como psicólogo; Lange de forma menos consciente, como fisiologista), postularam a tarefa de encontrar a fonte da vitalidade das emoções, como diz James, no próprio organismo humano e, com isso, libertar-se da abordagem retrospectiva sobre as emoções humanas. Lange e James encontraram a fonte da vitalidade das emoções nas reações orgânicas que acompanham nossos processos emocionais. Essa teoria é tão amplamente conhecida e participa em tal grau dos manuais que não há necessidade de nos determos em sua apresentação. Lembro que o principal ponto de virada dessa teoria foi a mudança da sequência tradicional dos momentos que formam as reações emocionais.

Sabe-se que para os psicólogos antes de James e Lange o percurso do processo emocional era visto da seguinte forma: o primeiro elo é o acontecimento externo ou interno que, ao ser percebido, desperta uma emoção (digamos, deparar-se com um perigo), em seguida a vivência dessa emoção (sentimento de medo) e, depois, as expressões corporais e orgânicas correspondentes (batimentos cardíacos, palidez, tremor, garganta seca, i. é, todos os sintomas que acompanham o medo). Se, antes, os psicólogos observavam a sequência "percepção, sentimento, expressão", James e Lange propuseram que esse processo fosse analisado em outra ordem, indicando que, imediatamente depois da percepção de determinado acontecimento, surgem alterações orgânicas suscitadas pelos reflexos (vasomotores para Lange; viscerais para James, i. é, ocorridas em órgãos internos). Tais alterações ocorridas pela via do reflexo em caso de medo e de outras emoções são percebidas por nós, e essa percepção das próprias reações orgânicas é o que constitui a base das emoções.

De acordo com essa teoria, na fórmula clássica de James, que agora tem sido alterada de diversas formas, pois todas as teorias tentam se contrapor a ela: costumava-se considerar que choramos porque estamos tristes,

---

80. Nikolai Nikoláievitch Lange (1858-1921) foi um psicólogo russo. Estudou questões de metodologia de psicologia, psicologia geral, psicologia da atenção etc. Foi próximo de Vigotski por sua orientação antidualista (cf. *O sentido histórico da crise na psicologia*).

trememos porque estamos assustados, somos agressivos porque estamos irritados, quando, na realidade, deveríamos dizer que estamos com raiva porque choramos, estamos com medo porque trememos e estamos irritados porque somos agressivos.

De acordo com o ponto de vista de James, basta suprimir a manifestação externa da emoção e ela desaparece; o inverso também: basta suscitar a expressão de determinada emoção e ela se seguirá.

Essa teoria bem-acabada e bastante elaborada convenceu por dois motivos: por um lado, ela de fato conferiu um fundamento de ciências naturais, biológico, para as reações; por outro lado, ela não tinha as deficiências das teorias que se mostravam incapazes de explicar por que emoções desnecessárias, vestígios da existência animal, continuam a existir e se mostram, do ponto de vista da experiência retrospectiva, vivências tão importantes e significativas, as mais próximas do núcleo da personalidade. Os senhores sabem que as vivências mais emotivas são as vivências pessoais internas.

Como se sabe, as teorias de James e Lange que logo foram unificadas em uma única teoria, foram acusadas por seu caráter "materialista", pelo fato de que James e Lange desejavam reduzir os sentimentos humanos a um reflexo na consciência de processos orgânicos, que ocorrem em seu corpo. Contudo, o próprio James estava tão longe do materialismo que, em resposta às primeiras acusações, apresentou a tese que foi incluída em seu manual de psicologia: "Minha teoria não pode em hipótese alguma ser chamada de 'materialista'". Com efeito, sua teoria não era, em essência, materialista, embora desse, em muitos casos, motivo para ser chamada de materialista em decorrência do uso do método natural materialista. Esta não era uma teoria materialista, e levou a resultados opostos e a aspectos materialistas. Por exemplo, em nenhuma parte quanto na teoria das emoções as funções superiores e elementares se encontram tão nitidamente divididas. Isso deu fundamento para o desenvolvimento da teoria de James.

Ele mesmo, em reposta à acusação de materialismo, seguiu o mesmo caminho observado já em Darwin em resposta à acusação feita pelos psicólogos escolásticos ingleses. James tentou dar a Deus o que é de Deus, e a César o que é de Cesar. Ele fez isso ao anunciar que apenas as emoções inferiores, herdadas pelo ser humano de seus antepassados animais, têm origem orgânica. Isso pode ser relacionado a grupos de emoções, tais como o medo, a raiva, o desespero, mas, é claro, não se aplica a emoções "sutis", segundo sua expressão, como o sentimento religioso, o amor entre homem e mulher, a vivência estética etc. Dessa forma, James distingue nitidamente os campos das emoções inferiores e superiores, em particular a esfera intelectual, que antes era pouco observada e que, nos últimos tempos, passou a ocupar o centro das investigações experimentais. Todas as emoções, todas as vivências emocionais, que estão diretamente implicadas em nossos processos de pensamento e que compõem parte inseparável do processo integral de juízo, foram separadas das bases orgânicas e analisadas como processos *sui generis*, ou seja, processos de outra espécie e natureza.

James, como um pragmático, pouco se interessou pela questão da natureza do fenômeno estudado; por isso ele falava que para os interesses práticos da sociedade basta saber a diferença que a investigação empírica revela entre emoções superiores e inferiores. De um ponto de vista pragmático seria importante salvar as emoções superiores de uma interpretação materialista ou pseudomaterialista.

Dessa forma, essa teoria levou, por um lado, ao dualismo característico da psicologia intuitiva e descritiva. Ninguém menos do que Bergson, um idealista extremo cujas visões psicológicas e filosóficas coincidiram com as de James em diferentes momentos, aceitou essa teoria das emoções e acrescentou a ela suas próprias considerações de caráter teórico e factual. Por outro lado, além do dualismo no estudo das emoções superiores e inferiores, essa teoria não pode ser considerada materialista, como disse corretamente o próprio James, pois não há nela nenhum grão de materialismo a mais do que na afirmação "nós ouvimos, pois as terminações de nosso nervo auricular são submetidas a estímulos oriundos de vibrações de ar que afetam nosso tímpano". Em outras palavras, os mais notórios espiritualistas e idealistas jamais negaram o simples fato de que nossas sensações e percepções estão ligadas a processos materiais que estimulam nossos órgãos dos sentidos.

Consequentemente, a afirmação de James de que as emoções são percepções internas de alterações orgânicas não é mais próxima do materialismo do que as teses de qualquer paralelista, que afirma que uma onda de luz, ao suscitar um estímulo correspondente do nervo óptico, movimenta um processo neural, paralelamente ao qual ocorre a vivência psíquica de determinada cor, forma, tamanho etc.

Por fim, o terceiro e mais importante ponto: essas teorias assentaram a pedra para a construção de toda uma série de teorias metafísicas para o estudo das emoções. Nesse sentido, a teoria de James e Lange foi um passo atrás em comparação com os trabalhos de Darwin e da tendência que surgiram a partir deles. Se fosse preciso salvar as emoções e mostrar que elas não são uma tribo em extinção, James não teria encontrado nada melhor do que a associação da emoção aos órgãos mais invariáveis, mais inferiores no desenvolvimento histórico da humanidade, isto é, aos órgãos internos que são, segundo James, os verdadeiros portadores das emoções. As mais sutis reações do intestino e do coração, as sensações que partem de cavidades e órgãos internos, o jogo de reações vasomotoras e outras alterações do tipo são o que constituem os aspectos vegetativos, viscerais e dos humores, a partir de cuja percepção são formadas, segundo James, as emoções. Dessa forma, essa teoria extirpou as emoções da consciência e completou o que havia sido iniciado antes.

Eu disse que, segundo Ribot e outros autores, as emoções são um governo dentro de um governo no psiquismo humano. Isso quer dizer que as emoções foram analisadas de forma isolada, separada de um todo único, de todo o restante da vida psíquica humana, e a teoria de James e Lange deu um fundamento anatômico-fisiológico para essa ideia de um governo dentro de um governo. James mesmo ressaltou isso com grande clareza. Segundo ele, assim como o órgão do pensamento humano é o cérebro, o órgão das emoções são os órgãos vegetativos internos. Com isso, o próprio substrato das emoções foi transferido do centro para a periferia. Não é preciso dizer que a teoria de James e Lange, ainda mais do que as anteriores, fechou definitivamente as portas para a colocação do problema do desenvolvimento da vida emocional. Lá havia uma espécie de, segundo a expressão de James, reminiscência de desenvolvimento; na análise retrospectiva as emoções humanas eram analisadas como algo que surgiu há muito tempo no processo de desenvolvimento. Nesse caso, estava inteiramente excluída a possibilidade de se pensar a gênese das emoções humanas, o surgimento de novas emoções no processo da vida histórica do ser humano.

Dessa forma, fechando o círculo, James, bem como seus seguidores, novamente retornou para uma concepção idealista básica das emoções. Justamente ele disse que no período histórico do desenvolvimento da humanidade se aperfeiçoaram e se desenvolveram os sentimentos humanos elevados, que são desconhecidos para os animais. Porém, tudo o que o ser humano recebeu do animal permaneceu inalterado, pois esta é, como diz James, uma função simples de sua atividade orgânica. Isso quer dizer que a teoria que inicialmente foi proposta para comprovar (como já disse a respeito de James) a origem animal das emoções, terminou provando a total ausência de relação no desenvolvimento entre aquilo que o ser humano recebeu do animal e o que surgiu no período histórico do desenvolvimento. Por isso, esses autores efetivamente deram a Deus o que é de Deus e a César o que é de César, ou seja, tentaram estabelecer, por um lado, o significado puramente espiritualista de uma série de emoções superiores e, por outro, uma série de emoções inferiores, puramente orgânicas e de significado fisiológico.

Os ataques experimentais a essa teoria vieram de duas direções: dos laboratórios de fisiologia e dos de psicologia.

Os laboratórios de fisiologia desempenharam, em relação à teoria de James e Lange, o papel de traidores. Inicialmente, os fisiologistas se entusiasmaram por essa teoria e, ano após ano, trouxeram novos dados que confirmavam a teoria de James. É evidente que a teoria traz algo de indubitavelmente verdadeiro; é evidente que as alterações orgânicas, específicas para a reação emocional, são extremamente ricas e variadas. Comparando o que disse James sobre elas com o que sabemos hoje, de fato é possível ver o grandioso e fértil caminho para as investigações empíricas aberto por James e Lange. Esse é o imenso mérito histórico desses autores.

O papel de traidor dos laboratórios de fisiologia foi desempenhado pelo famoso livro de Cannon,[81] que foi traduzido para o russo. O livro era integralmente dúbio, e se isso não foi percebido de imediato é porque, em primeiro lugar, a obra refletia uma etapa anterior do desenvolvimento da investigação fisiológica e, em segundo lugar, porque aqui ele foi editado com prefácio de Zavadóvski[82], que recomenda o livro de Cannon como comprovação experimental concreta de que a teoria de James-Lange é correta. Entretanto, basta analisar atentamente o conteúdo dos experimentos de Cannon para que vejamos que eles, em essência, negam a teoria de James e Lange.

---

81. Walter Cannon (1871-1945) foi um fisiologista norte-americano. Especialista em mecanismos de comportamento emocional, afirmou o princípio da totalidade das regulações neuro-humorais.

82. Boris Mikháilovitch Zavadóvski (1895-1951) foi um biólogo soviético, acadêmico da Academia Lenin de Ciências Agrícolas (1935). Especialista em darwinismo, metodologia da biologia, fisiologia das glândulas de secreção internas.

Na base dos problemas teóricos dos quais se ocuparam Lange e James na criação de suas teorias estavam duas ideias: 1) vista em seu aspecto biológico, a emoção é um reflexo de estados fisiológicos na consciência; 2) tais estados são específicos para diferentes emoções.

Os senhores devem ter lido muitos livros com os últimos trabalhos de Cannon e sua escola. Em experimentos com gatos, cachorros e outros mamíferos, Cannon foi capaz de, por meio de métodos muito complexos de pesquisa, como extirpação, intoxicação artificial, análise bioquímica complexa, comprovar experimentalmente que realmente, em estados de raiva, fúria e medo, gatos e cachorros sofrem profundas alterações de humor ligadas a reações de glândulas intrassetoriais, em particular as suprarrenais, e que essas alterações são acompanhadas de profundas alterações de todo sistema visceral, ou seja, todos os órgãos internos reagem a isso e, por esse motivo, toda emoção está ligada a importantes alterações do estado do organismo. Contudo, já na primeira obra, que pareceu a Zavadóvski ser uma comprovação da teoria de James e Lange, Cannon se deparou com um fato de extrema importância.

Por incrível que pareça, ele diz, emoções tão diversas como raiva, medo, espanto e fúria têm a mesma expressão orgânica. Por isso, Cannon faz uma correção à fórmula de James. Se James diz "estamos com raiva porque choramos", na visão de Cannon é preciso alterar essa ideia e dizer "não estamos com raiva, comovidos, emocionados, não vivenciamos as mais diversas emoções porque choramos". Em outras palavras, Cannon, com base em seus dados experimentais, nega que haja uma ligação unívoca entre as emoções e suas expressões corporais: Cannon mostra que a expressão corporal não é específica para a natureza psíquica da emoção; um cardiograma, alterações de humor e viscerais, uma análise química, um exame de sangue de animais não se pode dizer se esse animal está vivenciando medo ou raiva; alterações corporais de emoções diametralmente opostas do ponto de vista psicológico são idênticas. Não obstante, mesmo negando em sua obra a especificidade das expressões corporais para cada tipo de emoção, a existência de uma ligação unívoca entre certos tipos de emoção e certas estruturas de sua expressão corporal, Cannon não coloca em dúvida a tese principal de James: as emoções são o reflexo de alterações orgânicas em nossa consciência. Ao contrário. Da mesma forma que Cannon revelou uma série de fatos comprovados experimentalmente, que atestam que as alterações orgânicas são variadas, ele reforçou a teoria de James e Lange. Contudo, nas pesquisas posteriores, que foram agora publicadas, Cannon teve de chegar à conclusão de que os fatos encontrados sobre a não especificidade da expressão corporal das emoções, na realidade, levam à total negação, isto é, ao reconhecimento da falta de fundamento da teoria de James e Lange. Nesses experimentos, Cannon obteve uma série de fatos importantes.

Variando reiteradas vezes em seus experimentos psicológicos a situação que despertava no animal emoções variadas e fortes, ele encontrou as mesmas expressões corporais. A novidade era apenas que a clareza dessas expressões corporais parecia depender não tanto da qualidade da própria emoção quanto da força de sua manifestação. Assim, Cannon realizou uma série de experimentos em que uma parte significativa do sistema nervoso simpático era removida do animal, o tronco dos gânglios simpáticos era extraído e, assim, quaisquer reações de caráter orgânico deixavam de existir. Com fins comparativos, foram estudados dois animais: um gato, no qual, em decorrência da extirpação do sistema nervoso simpático, o medo ou a raiva não levou à produção de adrenalina nem a quaisquer outras alterações hormonais, e um gato controle que teve todas essas reações.

A principal conclusão foi, contudo, que ambos os gatos se comportaram da mesma forma em situações análogas. Em outras palavras, no gato que teve o sistema nervoso simpático extirpado observou-se a expressão de emoções no mesmo grau que no outro gato. Ele reagiu do mesmo modo quando o cachorro se aproximou dele e de seus filhotes; reagiu do mesmo modo quando, com fome, a comida lhe foi retirada; reagiu do mesmo modo quando, com fome, olhou a comida por uma fresta estreita. Em outras palavras, todas essas reações foram verificadas nos animais dos dois tipos e, portanto, um dos principais elementos de James foi rejeitado experimentalmente. O experimento refutou uma famosa tese de James sobre a subtração mental dos sintomas das emoções. Segundo James, se subtraímos mentalmente da emoção de medo o tremor, a fraqueza nos joelhos e a arritmia, veremos que não sobra nada dessa emoção. Cannon tentou realizar essa subtração e mostrou que a emoção se mantinha. Dessa forma, o aspecto central da pesquisa de Cannon foi a comprovação da existência do estado emocional no animal mesmo com a ausência das reações vegetativas correspondentes.

Em uma outra série de experimentos, foi aplicada em animais e depois em pessoas uma injeção que causa alterações orgânicas artificiais, análogas às que se observam em caso de forte emoção. Verificou-se que causar essas alterações orgânicas correspondentes em animais era possível sem a manifestação de certas emoções. Observa-se no animal a mesma alteração dos níveis de açúcar no sangue, da circulação sanguínea etc. que ocorrem no caso da emoção, porém a emoção não é suscitada.

Isso quer dizer que a segunda afirmação de James teve o mesmo destino: se suscitarmos a expressão exterior que acompanha a emoção, ela aparecerá. Esse aspecto também se revelou incorreto.

Os experimentos de Cannon com pessoas não deram resultados unívocos. Ao mesmo tempo que a grande maioria de seus sujeitos não sentiu emoção, uma parte deles sentiu. Contudo, isso ocorreu muito raramente e apenas quando o sujeito já estava "no limite", quando estava até certo ponto prestes a ter uma explosão emocional, uma descarga de emoções. Com tais explicações ficou claro que o sujeito tinha motivos para sentir tristeza ou alegria e a injeção constituiu um estímulo que reproduziu essas emoções. Um outro momento foi que, durante o relato introspectivo dos sujeitos, nenhum deles sentiu medo, raiva ou temor, mas todos explicaram seu estado da seguinte forma: senti como se estivesse com medo, como se sentisse raiva ou irritado com alguém. As tentativas de criar uma vivência interna no sujeito, ou seja, uma percepção consciente suscitada experimentalmente de alterações orgânicas internas, levou ao surgimento de um estado que fazia lembrar a emoção, mas em que a emoção no seu sentido psicológico próprio estava ausente.

Dessa forma, os experimentos realizados com pessoas mediante a análise introspectiva, trouxe alguns reparos para os dados de Cannon. Eles mostraram que a expressão orgânica das emoções não é tão indiferente para os estados emocionais, como supôs Cannon partindo dos experimentos com a extirpação em animais.

As conclusões gerais tiradas por Cannon e que concluem uma série de investigações experimentais nesse campo podem ser resumidas em duas teses. A primeira conclusão leva Cannon e todos os fisiologistas e psicofisiologistas que trabalham nesse campo a refutar a teoria de James e Lange, a qual não resiste à crítica experimental e ao confronto com os fatos. Justamente por isso um dos principais trabalhos de Cannon se chama *Alternativa à teoria de James e Lange*.

Uma outra conclusão decorre de que Cannon, como biólogo, precisava evidentemente explicar, ao menos hipoteticamente, o paradoxo surgido de seus experimentos. Se as profundas alterações orgânicas que ocorrem quando há fortes reações emocionais em animais se revelam totalmente não essenciais para emoções e se a emoção é preservada a despeito da subtração de todas essas alterações orgânicas, como compreender biologicamente a necessidade de tais profundas alterações? Se no primeiro trabalho de Cannon foi demonstrado o significado biológico funcional dessas alterações que ocorrem no momento da emoção, agora Cannon coloca a questão de explicar biologicamente como um gato desprovido de sistema nervoso simpático e de todas as reações viscerais e de humores que acompanham o afeto do medo reage a uma ameaça aos seus filhotes da mesma forma que um gato em que essas reações estão preservadas. De fato, do ponto de vista biológico, tais reações são incompreensíveis e não naturais se elas não desempenham um papel importante nas alterações biológicas funcionais que ocorrem no momento da emoção.

Cannon explica a contradição da seguinte forma: por si só, toda reação emocional forte em um animal é apenas o início e não o fim da ação, e ela surge em uma situação crítica e de importância vital para o animal. Assim, compreende-se que, segundo a expressão de Cannon, a conclusão lógica das fortes reações emocionais dos animais seja sua atividade elevada. Assim, a conclusão lógica do medo para o animal é a fuga, a conclusão lógica da raiva ou da fúria seja a luta ou o ataque. Dessa forma, todas as reações orgânicas são fundamentais não para a emoção como tal, mas para aquilo que surge depois da emoção. Todas as alterações (aumento do nível de açúcar no sangue, mobilização de forças do organismo para a luta ou para a fuga) são importantes porque biologicamente depois de uma reação forte ocorre no animal uma intensificação da atividade muscular, independentemente de esta ser de fuga, luta ou ataque: em todos os casos essa preparação do organismo deve ocorrer.

Segundo Cannon, nas condições de laboratório, o gato desprovido dos sintomas de emoção age da mesma forma que o gato com tais sintomas. Mas isso ocorre apenas no contexto do laboratório experimental, em que a situação está limitada a alterações isoladas; em circunstâncias naturais, o gato desprovido de tais sintomas morreria antes do que o gato em que se fazem presentes. Se acontece de o gato ter medo e não apenas isso, mas que ele também precise fugir, seria natural que o animal em que esses processos viscerais não estejam organizados, em que o organismo não seja mobilizado para a fuga, morresse antes.

O argumento mais importante em favor dessa hipótese é o seguinte: Cannon suscitou em animais (e seus alunos em humanos) uma intensa atividade muscular. Por exemplo, um gato é solto em um duto (como foi feito entre nós por Dúrov)[83] pelo qual corre um líquido, de modo que o tempo todo essa corrente faz com que o gato tente se salvar dela, correndo o mais rápido que pode. Ocorre que esse simples trabalho muscular, esse movimento intensificado pelas circunstâncias produziu as mesmas alterações orgânicas que uma emoção forte. Em outras palavras, todos os sintomas vegetativos se mostraram mais como acompanhantes e canais de expressão da atividade muscular intensa do que emoções por si mesmos.

Contra isso há a objeção de que o gato poderia estar assustado com a situação criada. Em resposta, Cannon oferece uma série de experimentos em que não há elementos que possam assustar o animal, e mesmo assim a atividade muscular intensa suscita as alterações que costumamos entender como reações emocionais que acompanham e que anteriormente o próprio Cannon entendia ser o aspecto essencial da emoção. Revelou-se que os sintomas indicados não são tanto acompanhantes das emoções quanto suplementos dos fatores emocionais ligados ao instinto.

Desse ponto de vista, diz Cannon, a teoria de Darwin recebe uma justificativa inesperada. Nessa teoria não há dúvida quanto ao fato de que nossos movimentos expressivos em uma série de emoções podem de fato ser analisados como rudimentares em comparação com a expressão dessas emoções em animais. Contudo, o ponto fraco dessa teoria é que o autor não foi capaz de explicar o desenvolvimento progressivo das emoções; pelo contrário, ele concluiu sobre seu amortecimento.

Cannon provou que o que se extingue não é a própria emoção, mas seus componentes instintivos. Em outras palavras, o papel das emoções no psiquismo humano é diferente; elas se isolam do reinado dos instintos e são transferidas para um plano totalmente novo.

---

83. Vladímir Leonídovitch Dúrov (1863-1934) foi um artista circense russo, palhaço, adestrador de animais, criador da nova escola russa de adestramento. Especialista prático em zoopsicologia.

Quando compreendemos a teoria das emoções em todo seu desenvolvimento histórico, vemos que, partindo de diferentes pontos, esse desenvolvimento histórico seguiu uma mesma direção. As pesquisas psicológicas sobre a vida emocional levaram à mesma conclusão a que chegaram as investigações experimentais no campo da psicofisiologia. A conclusão mais importante e fundamental dos trabalhos na direção mencionada anteriormente é o deslocamento peculiar do centro da vida emocional. Cannon supôs que o principal que foi feito por esses trabalhos foi que eles deslocaram a vida emocional da periferia para o centro. Ele mostrou que o substrato real, os portadores reais dos processos emocionais não são, de modo algum, os órgãos internos da vida vegetativa, são os órgãos mais antigos do ponto de vista biológico. Ele mostrou que o substrato material das emoções não é um mecanismo extracerebral, um mecanismo que se encontra fora do cérebro humano, o que levou à criação de uma teoria das emoções como governo separado dentro do psiquismo – mas que se trata de um mecanismo cerebral. Ele ligou o mecanismo das emoções com o cérebro, e esse deslocamento do centro da vida emocional dos órgãos periféricos para o cérebro introduziu as reações emocionais em um contexto anatômico e fisiológico geral de todos os conceitos anatômicos e fisiológicos que os ligam de forma mais próxima com o restante do psiquismo humano.

Isso torna significativo e compreensível o que foi descoberto do ponto de vista psicológico por outros experimentadores, isto é, a estreita ligação e dependência entre o desenvolvimento das emoções e o desenvolvimento de outros aspectos da vida psíquica do ser humano.

Se tentarmos formular brevemente os principais resultados deste trabalho de pesquisa, será necessário dizer que o que ela fez no campo da psicologia é análogo ao que Cannon e seus alunos fizeram no campo da psicofisiologia das emoções, isto é, ela realizou o deslocamento da teoria das emoções da periferia para o centro. Se lá o mecanismo das emoções passou a ser analisado não como extracerebral mas como cerebral, se lá foi mostrada a dependência das reações emocionais em relação ao órgão que dirige todas as demais reações ligadas ao psiquismo humano, neste trabalho foi aniquilada a teoria da vida emocional humana como "governo dentro de um governo".

Uma série de ligações e dependências comparativas foi descoberta pelos pesquisadores em experimentos quando, ao estudarem a vida emocional, eles passaram a compreender a impossibilidade da situação criada na teoria de James e Lange que havia dividido as emoções em duas classes que não tinham quaisquer relações entre si, isto é, as emoções superiores e inferiores. Se pensarmos cronologicamente, seria preciso mencionar antes de tudo Freud, uma vez que ele foi um dos primeiros pesquisadores que, não por um caminho experimental mas pela clínica, mais se aproximou teoricamente daquilo que constitui a via principal das pesquisas posteriores nesse campo.

Como se sabe, ao analisar a psicopatologia da vida emocional, Freud chegou à rejeição da ideia de que o mais importante para o estudo da emoção seja o estudo dos componentes orgânicos como a acompanham. Como se sabe, ele afirma desconhecer algo mais indiferente para a definição da natureza psicológica do medo do que o conhecimento sobre as alterações orgânicas que o acompanha. Freud acusou a psicologia orgânica unilateral de James e Lange de estudar a casca e não investigar o próprio núcleo psicológico, ou seja, ao estudar o funcionamento dos órgãos pelos quais a emoção se expressa, essa psicologia não faz nada para estudar a emoção como tal. Freud mostrou a dinâmica extraordinária da vida emocional.

Se tirarmos uma conclusão puramente formal de suas investigações, parece-me que ela continua correta, a despeito do fato de que a afirmação fundamental de Freud seja essencialmente errônea. O medo, em particular, segundo Freud, é explicado pelo fato de que em uma série de alterações neuróticas o desejo sexual reprimido se converte em medo; o medo se torna um estado neurótico equivalente a outros desejos insuficientemente reprimidos e deslocados. Freud mostrou como a emoção é ambivalente nos estágios iniciais do desenvolvimento. E por mais que a explicação dada por Freud seja equivocada para essa emoção ambivalente, o próprio fato foi firmemente inserido na teoria, isto é, o fato de que a emoção não existe no princípio, o que ocorre inicialmente é uma certa diferenciação de um núcleo que contém sentimentos contraditórios.

Essa tese foi importante em outro sentido: ela indica possibilidades simples de compreender o movimento da vida emocional. Mas o principal mérito de Freud nesse campo foi ele ter mostrado que as emoções nem sempre foram o que são agora, que antes, nos estágios iniciais do desenvolvimento infantil, elas eram diferentes do que são no adulto. Freud mostrou que as emoções não são "um governo dentro de um governo" e não podem ser compreendidas de outro modo senão no contexto de toda dinâmica da vida humana. Apenas aqui os processos emocionais adquirem seu significado e sentido. Outra questão é que Freud continuou sendo um naturalista, assim como James, que trata o psiquismo humano como um processo puramente natural, e um pesquisador que abordou as alterações dinâmicas das emoções apenas dentro de certos limites naturalistas.

Êxitos semelhantes na teoria das emoções foram alcançados por Adler[84] e sua escola. Nesse caso, por meio de observações, mostrou-se que a emoção, em termos de seu significado funcional, está ligada não apenas à situação instintiva na qual ela se manifesta, como ocorre particularmente nos animais, mas que ela também é um dos aspectos que forma o caráter, que as visões gerais da pessoa sobre a vida, a estrutura de seu caráter, por um lado, encontra reflexo em um certo círculo da vida emocional e, por outro lado, são determinadas por essas vivências emocionais.

Como se sabe, tal entendimento sobre o caráter e as emoções fez com que a teoria das emoções se tornasse uma parte inseparável e central da teoria do caráter humano. O resultado foi algo diametralmente oposto ao que havia antes. Se antes a emoção era analisada como uma exceção surpreendente, como uma tribo em extinção, agora ela passou a ser associada a aspectos formadores do caráter, ou seja, processos de construção e formação da principal estrutura psicológica da personalidade.

Na teoria de Bühler, que, do ponto de vista experimental, fez mais pela psicologia infantil contemporânea do que muitos outros, verificamos deslocamentos extremamente interessantes no "tópico" psicológico das emoções, ou seja, no que se refere ao lugar ocupado pelas emoções em relação a diversos processos psíquicos. Se apresentarmos em linhas gerais e de forma esquemática as conclusões de Bühler a partir de seus experimentos (que são a melhor parte de seu trabalho), seria possível conceber sua teoria da seguinte forma. Partindo de uma crítica à concepção freudiana sobre a vida emocional, Bühler chama atenção para que, nos estágios iniciais do desenvolvimento da vida psíquica, a atividade da criança não apenas não se define exclusivamente pelo princípio do prazer, mas também para o fato de que o próprio do prazer na infância, analisado como motor que impulsiona determinada conduta, migra, se perde, muda de lugar no sistema de outras

---

84. Alfred Adler (1870-1937) foi um médico e psicólogo alemão, criador do sistema de psicologia individual. Foi próximo de Freud na abordagem do papel das inclinações na vida psíquica. Ocupa um papel central em seu sistema psicológico o conceito de compensação, compreendido como mecanismo universal de atividade psíquica humana.

funções psíquicas. Bühler associa isso à sua teoria, que divide esquematicamente o desenvolvimento do comportamento em três estágios: instinto, treinamento e intelecto. Com base nessa teoria, Bühler tenta mostrar, em brincadeiras organizadas experimentalmente, que o aspecto do prazer se desloca conforme o desenvolvimento da criança, alterando sua relação com os processos aos quais ele está associado. O primeiro estágio da satisfação é chamado *Endlust*, ou seja, prazer final. Trata-se de um momento que caracteriza processos instintivos, predominantemente associados à fome e à sede, os quais, em si mesmos, têm um caráter desagradável. Os primeiros momentos de saciação são acompanhados de uma expressão clara de sinais de prazer, mas, quando o ato instintivo se realiza, surge o *Endlust*, isto é, a vivência emocional que se encontra no fim da atividade instintiva. Como se sabe, a organização primitiva e inicial do desejo sexual humano é a seguinte: o ponto central associado à satisfação é o momento final, que traz a resolução desse ato instintivo. Por isso, Bühler conclui que esse papel final, de conclusão, pertence ao plano da vida instintiva da emoção, em particular na emoção de prazer. As emoções são uma espécie de colorido vivo do sistema da vida psíquica, que garante à atividade instintiva seu fluxo integral até o fim do ato instintivo.

O segundo estágio, segundo Bühler, é o prazer funcional (*Funktionslust*). Ele se manifesta em sua forma inicial nas brincadeiras infantis, quando a criança obtém prazer não tanto pelo resultado como pelo próprio processo da atividade: aqui o prazer se desloca do fim do processo para seu conteúdo, para seu próprio funcionamento. Bühler observa isso também na alimentação infantil. A criança na primeira infância e bebês um pouco maiores começam a se satisfazer não apenas na medida em que têm a fome e a sede saciadas, mas no próprio processo de se alimentar; ele mesmo se torna para elas um prazer possível. Segundo Bühler, psicologicamente, o fato de que a criança pode se tornar glutona é expressão da *Funktionslust* emergente; o surgimento do prazer imediato localizado não no efeito final, mas no próprio processo da atividade.

Por fim, Bühler distingue do segundo estágio um terceiro, que está ligado à antecipação do prazer, ou seja, à vivência emocional intensa que surge no começo do processo, quando nem o resultado da ação nem mesmo a execução são pontos centrais na vivência integral da criança, quando esse ponto central se desloca para o início (*Vorlust*).

Tais peculiaridades distinguem os processos das brincadeiras criadoras, as adivinhações, a resolução de problemas. Aqui a criança se alegra ao encontrar a resolução e, em seguida, realiza o que descobriu; mas a obtenção do resultado da ação não tem para a criança uma importância crucial.

Se observarmos tais deslocamentos na atividade da criança considerando o significado deles, veremos que eles coincidem com os três estágios do desenvolvimento do comportamento de que fala Bühler. No plano da atividade instintiva predomina uma organização da vida emocional que está ligada aos momentos finais (*Endlust*). O prazer obtido no próprio processo da atividade é um momento biologicamente necessário para a produção de qualquer hábito, que requer que a própria atividade (e não seus resultados) encontre em si mesma um estímulo para sua manutenção. Por fim, a atividade que se transforma em uma atividade intelectual, cuja essência consiste naquilo que Bühler denomina de reação da adivinhação (ou reação "a-há"), se caracteriza por tal organização da vida psíquica em que a criança expressa uma vivência emocional no começo dessa atividade; o próprio prazer coloca a atividade da criança em movimento de uma forma diferente do que ocorre nos dois planos descritos anteriormente.

A segunda conclusão geral é que, como mostra a investigação de Bühler, em nossas vidas os processos emocionais não são sedentários, mas nômades; eles não têm um lugar fixo, estabelecido de uma vez por todas. Meus dados convenceram-me de que os deslocamentos encontrados do prazer final para o antecipado são uma expressão pálida de toda variedade possível na vida emocional, a partir da qual se forma o conteúdo real do desenvolvimento da vida emocional da criança.

Talvez para concluir essa seção da parte factual do tema de hoje, eu poderia falar em linhas gerais de alguns trabalhos recentes, em particular sobre o trabalho de Claparède, que é valioso por ter unido a investigação da criança normal e anormal com investigações experimentais do adulto; e de Lewin, um psicólogo alemão pertencente à escola da psicologia estrutural, que, como se sabe, realizou uma série de investigações no campo da psicologia da vida afetiva e volitiva. Em poucas palavras apresentarei os principais resultados de ambos e partirei logo para uma conclusão.

O significado dos trabalhos de Claparède foi eles terem sido capazes de decompor o conceito de emoção e sentimento e sua expressão exterior.

Claparède distingue emoção e sentimento como processos que costumam ser encontrados em situações semelhantes, mas que, em essência, são distintos. Uma vez que hoje não podemos nos dedicar à questão da classificação das emoções, mas à sua essência, não iremos nos deter nesse aspecto de sua teoria, mas no fato de que ele foi capaz de mostrar a ligação estreita entre as emoções e os demais processos da vida mental e a variedade psíquica das próprias emoções.

Como se sabe, Freud foi o primeiro a colocar a questão de que o estudo tradicional da utilidade biológica das emoções deve ser questionado. Ao observar os estados neuróticos da criança e do adulto, Freud sempre se deparou com um fato impressionante, do qual nenhum psicólogo pode escapar: ocorre que a criança e o adulto neuróticos são modelos de vida mental abalada por perturbações da atividade emocional. Se a tese antiga fosse correta (emoção – adaptação biológica útil), seria incompreensível que as emoções pudessem causar perturbações tão profundas e duradoras de todo comportamento, que quando agitados nós não consigamos pensar de forma coerente, que ao termos sentimentos perturbados nós não consigamos agir de forma coerente e planejada, que sob efeito de um afeto intenso nós não sejamos capazes de dar conta de nosso comportamento, de controlar nossos atos; em outras palavras, que movimentos agudos de processos emocionais levem a alterações da consciência que afastam para o segundo plano o curso de uma série de funções que garantem a vida normal da consciência. De fato, em uma interpretação biológica primitiva resulta totalmente incompreensível por que essas adaptações biológicas, que são tão antigas quanto o ser humano, que são tão necessárias como a necessidade de alimento e água, por que essas mesmas emoções são fontes de perturbações tão complexas da consciência humana.

A pergunta oposta, feita por Claparède, é a seguinte: se o significado funcional principal das emoções se reduzisse à utilidade biológica, como explicar que o mundo das emoções humanas, que se torna cada vez mais variado a cada passo dado pelo ser humano em seu caminho de desenvolvimento histórico, leva não apenas às perturbações da vida psíquica de que fala Freud, como também a toda variedade do conteúdo da vida psíquica do ser humano (que se expressa, p. ex., na arte)? Por que cada passo no caminho do desenvolvimento humano exige o trabalho desses processos "biológicos"? Por que as vivências intelectuais da pessoa se manifestam sob a forma de vivências emocionais intensas? Por que, diz Claparède por fim, cada importante ponto de virada no destino da criança e do adulto é tão vivamente colorido por aspectos emocionais?

Ao tentar responder a essas perguntas, Claparède dá o exemplo do coelho assustado que corre e tem medo, mas que é salvo não por ter tido medo; ao contrário, o fato de ele ter medo com frequência atrapalha sua fuga e o arruína. Partindo disso, Claparède tenta mostrar que além das emoções biológicas úteis há processos que ele denomina de sentimentos. Eles são catástrofes no comportamento e surgem quando a reação biológica adequada à situação é impossível. Quando o animal está com medo e foge, temos uma emoção, mas quando o animal está com tanto medo que não consegue fugir, temos um processo de outro tipo.

Isso vale para o ser humano; nesse caso temos processos que desempenham papéis totalmente diferentes se analisados em seu aspecto interior, ainda que pareçam semelhantes do ponto de vista exterior. Assim, se tomarmos a pessoa que sabe sobre o perigo de uma estrada e se arma de antemão e uma pessoa que não conhece o perigo e está suscetível a um ataque; uma pessoa que pode fugir e uma que encontra o perigo de surpresa; em outras palavras, uma pessoa que pode encontrar uma saída adequada para a situação e uma que não pode fazê-lo: em ambos os casos acontecerão processos distintos em sua natureza psicológica. O experimento de Claparède estuda exatamente reações com diferentes resultados, e isso o leva a uma divisão da vida afetiva em emoções e sentimentos. Tal divisão tem um importante significado justamente porque na psicologia antiga as características da emoção e as do sentimento eram mecanicamente misturadas e atribuídas a processos que não existem na realidade.

Por fim, devem ser mencionados ainda os trabalhos de Lewin, que mostraram experimentalmente uma dinâmica muito complexa de reações emocionais dentro do sistema de outros processos psíquicos. Em particular, ele realizou a primeira pesquisa experimental desse processo, que, na esteira de Freud e Adler, era considerado inacessível ao estudo experimental e expressivamente denominado como "psicologia profunda".

Lewin mostrou como um estado emocional se transforma em outro, como ocorre a substituição das vivências emocionais, como uma emoção não resolvida, não levada a termo, continua a existir geralmente de forma encoberta. Ele mostrou como o afeto entra em qualquer estrutura com a qual ele esteja associado. A ideia fundamental de Lewin é de que reações afetivas, emocionais, não podem ser encontradas de forma isolada, como elementos à parte da vida psíquica, que apenas posteriormente se combinam com outros elementos. A reação emocional é resultado particular de certa estrutura do processo psíquico. Lewin mostrou que as reações emocionais iniciais podem surgir tanto em uma atividade esportiva que se desenvolve em movimentos externos quanto em uma atividade esportiva que ocorre na mente, por exemplo, num jogo de xadrez. Ele mostrou que nesses casos surgem diferentes conteúdos, que correspondem a diferentes reações, mas o local estrutural dos processos emocionais permanece o mesmo.

Passarei às conclusões. As duas linhas que tentei seguir nesta aula foram, por um lado, as investigações anatômicas e fisiológicas que transferiram o centro da vida emocional de um mecanismo extracerebral para um mecanismo cerebral e, por outro lado, as pesquisas psicológicas que deslocaram as emoções dos rincões do psiquismo humano para o primeiro plano, retirando-as de um estado isolado de "governo dentro de um governo" para introduzi-las na estrutura dos demais processos psicológicos. Essas duas linhas se encontram na psicopatologia, como sempre ocorre no estudo da vida psíquica.

Na psicopatologia encontramos uma analogia brilhante, que levou clínicos, de forma totalmente independentes de Cannon, Claparède e outros, a formular ambos os lados da tese surgida da união desses dois lados da mesma teoria. Considerando que nosso curso não inclui dados de psicopatologia, me limitarei apenas a algumas conclusões gerais. Por um lado, em caso de lesão ou patologia nervosa, os clínicos observaram repetidas vezes casos em que a pessoa, devido a uma afetação patológica do cérebro, em particular do tálamo na região subcortical, ri ou sorri forçadamente, em um intervalo de poucos minutos. É característico que esse estado não suscita uma emoção de alegria, mas é vivenciado pelo paciente como sofrimento, uma careta imposta que contrasta radicalmente com seu estado real.

Tive a oportunidade de estudar experimentalmente e descrever um caso desses movimentos forçados, surgidos em decorrência de encefalite, que causaram à paciente vivências profundas e torturantes. Ela sentia um terrível contraste entre o que seu rosto expressava e o que ela vivenciava na realidade. Algo semelhante foi criado pela imaginação de Victor Hugo no romance *O homem que ri*.

Por outro lado, clínicos como Wilson e Head, que deram grandes contribuições à psicologia, observaram um fenômeno inverso. Em caso de lesão unilateral do tálamo, eles observaram transformações extremamente interessantes da vida emocional: a pessoa, que experimenta normalmente uma reação emocional oriunda do lado direito do corpo, tem uma reação patológica quando o estímulo ocorre do lado esquerdo.

Tive a oportunidade de ver casos análogos. Se você fizer uma compressa na pessoa do lado direito, ela tem uma sensação agradável comum. Se a mesma compressa for colocada do lado esquerdo, observa-se uma expressão desproporcional de entusiasmo. A sensação agradável aumenta em níveis patológicos. O mesmo ocorre com algo frio ou escorregadio. Kretschmer descreveu um paciente com um estado complexo, associado, em parte, a vivência da música. Ele experimentava diferentes vivências a depender do ouvido pelo qual ele ouvia a música.

Essas pesquisas realizadas fundamentalmente por clínicos trouxeram, por um lado, um material psicológico que mostrou que o ponto de vista de Cannon é correto; por outro lado, um material que mostrou que o substrato anatômico das reações emocionais é, ao que parece, determinado por mecanismos cerebrais da região subcortical ou, para ser mais exato, da região do tálamo, que é ligado por muitas conexões com os lobos do córtex. Assim, a localização cortical-subcortical das emoções passa a ser tão determinante para a neurologia contemporânea quanto a localização dos centros motores na área de Broca[85] e os centros sensoriais da linguagem na área de Wernicke[86].

Essas pesquisas trataram da psicopatologia no sentido estreito da palavra, em particular da esquizofrenia. Esse é o caso dos trabalhos de Bleuler, que mostraram que, em caso de alterações patológicas, verificam-se as seguintes alterações da vida emocional: as emoções principais são preservadas, mas, se é que podemos dizer assim, o local normal dessas emoções na vida mental da pessoa é deslocado, alterado. Ainda que seja capaz de reagir emocionalmente, a pessoa apresenta um quadro de perturbação da consciência devido ao fato de que as emoções perdem seu lugar estrutural

---

85. Paul Broca (1824-1880) foi um anatomista francês. Um dos criadores da antropologia moderna. Descreveu um distúrbio de linguagem ligado à lesão de certas zonas cerebrais (área de Broca).

86. Karl Wernicke (1848-1905) foi um psicólogo, psiquiatra, neuropatologista e neuroanatomista alemão. Criou a teoria clássica sobre as afasias. Descreveu a síndrome da alucinação alcoólica.

na vida mental, o local que antes lhe pertencia. Consequentemente, surge no paciente um sistema absolutamente peculiar de relação entre emoções e pensamentos. Um exemplo eloquente desse novo sistema psicológico, que tem a consciência normal como análogo, mas que é expressão de um estado psicopatológico, é o pensamento autista, tão bem estudado por Bleuler e experimentalmente comprovado por Schneider.

Por pensamento autista entende-se um sistema em que os pensamentos são dirigidos não por tarefas distintas que são colocadas para a cognição, mas por tendências emocionais, quando, consequentemente, o pensamento está subordinado à lógica do sentimento. Contudo, essa representação do pensamento autista que foi feita inicialmente é inconsistente: ocorre que nosso pensamento, que se contrapõe ao pensamento autista, tampouco é desprovido de aspectos emocionais. O pensamento realista com frequência desperta emoções mais significativas e intensas do que o autista. O pesquisador que investiga algo com interesse e inspiração tem seu processo de pensamento associado a vivências emocionais não menos, mas até mais do que um esquizofrênico que se vê mergulhado no pensamento autista.

A diferença entre o pensamento autista e o realista é que, embora exista em um e outro uma certa síntese de processos intelectuais e emocionais, no caso do pensamento realista o processo emocional tem um papel mais de engrenagem movida do que dominante, já no pensamento autista ele passa a desempenhar o papel de motor; ao contrário, o processo intelectual, diferentemente de sua atuação no sistema do pensamento realista, revela-se não como engrenagem motora, mas que é movida.

Em resumo, as pesquisas contemporâneas sobre o pensamento autista mostram que ele é um sistema psicológico peculiar, no qual não se tem um prejuízo de aspectos intelectuais e emocionais, mas uma alteração patológica da correlação entre eles. A análise do pensamento autista que devemos aproximar da imaginação da criança e da pessoa normal será o tema de nossa próxima conversa. Espero abordar nela, com base em um material concreto, um conceito que foi, repetidas vezes, evocado, mas nunca foi revelado no sistema psicológico. Veremos como no desenvolvimento da vida emocional a migração sistemática, a alteração de local das funções psicológicas no sistema, determina também seu significado em todo decorrer do desenvolvimento da vida emocional.

Dessa forma, teremos a possibilidade de traçar uma linha de continuidade entre a conversa de hoje e a próxima, bem como, no tema da imaginação, abordar com base em um exemplo de sistema psicológico concreto aquilo a que chegamos como resultado da análise do pensamento e das emoções. Com isso, gostaria de encerrar, adiando as conclusões teóricas para o próximo capítulo, isto é, o estudo da imaginação.

Seção II
Fundamentos de defectologia (psicologia anormal e problemas de aprendizagem)

Introdução à seção

David K. Robinson
Universidade Estadual Truman

Defectologia é uma palavra que não satisfaz às exigências de expressões eufemísticas que reinam nos Estados Unidos hoje. (Sua prima mais expansiva, *pedologia*, soa ainda pior!). Na Rússia e na União Soviética, contudo, quando o termo *defectologia* apareceu no começo do século XX, representava uma tendência na direção do estudo acadêmico e do tratamento humanitário de crianças (e outros) que sofriam com incapacidades de aprendizagem. Embora Vigotski seja lembrado hoje basicamente por suas contribuições à psicolinguística e à psicologia do desenvolvimento, seu trabalho no que agora chamamos educação especial é também de grande importância histórica: era o campo de sua atividade mais intensa quando começou sua carreira em Moscou, e esse trabalho teve influências importantes na formação de suas teorias gerais. Jane E. Knox e Carol B. Stevens (1993), tradutoras do Volume 2 das *Obras reunidas*, apresentaram esse argumento persuasivamente.

Após Vigotski se graduar em Direito em Moscou em 1917, retornou à sua cidade natal, Gomel, em Belarus, para ensinar psicologia e literatura na escola normal, que formava professores. Alguns biógrafos lhe atribuem a abertura de um laboratório psicológico lá e o trabalho com alunos com necessidades especiais. Outros escritores observam que Gomel de fato tinha um lar para pessoas com necessidades especiais, uma instituição não muito comum naquela parte do mundo naquela época. Contudo, não há evidências diretas de que Vigotski tenha tirado vantagem desse recurso em seus estudos, e ele não publicou sobre educação especial no período de Gomel, quando seus artigos tratavam, basicamente, de literatura e, ocasionalmente, de psicologia.

O problema das pessoas com necessidades especiais recebeu pouca atenção oficial durante o período imperial da história russa, mas as devastações da guerra mundial e suas consequências sobrecarregaram a jovem União Soviética com mais de 7 milhões de crianças desabrigadas, muitas delas órfãs, incapacitadas e/ou antissociais. No fim da Guerra Civil, contudo, quando a fome e a doença ainda assolavam as cidades e o interior, o Comissariado de Educação (NarKomPros, liderado por A. Lunacharsky) estabeleceu a seção para Proteção Social e Legal de Menores (Spon, no acrônimo russo) em 1923. Logo após Vigotski integrar o Instituto de Psicologia de Moscou em 1924, também ingressou no Spon como chefe de uma subseção dedicada à educação de crianças com necessidades especiais e "difíceis". Sem dúvida, Vigotski foi notavelmente bem-sucedido em seu trabalho com crianças, assim como com seus colegas.

Em 1925 ou 1926, Vigotski foi capaz de organizar um laboratório/clínica para o estudo de crianças anormais na Estação Pedagógica Médica em Moscou e, mais tarde, se tornou diretor associado da Seção Defectológica da Faculdade Pedagógica da Segunda Universidade Estatal de Moscou. O acréscimo dos títulos de Vigotski possivelmente indicam sua ascensão à proeminência (como no sistema acadêmico francês); muito provavelmente, a pletora de títulos era simplesmente um sintoma da inspirada, porém caótica, expansão inicial soviética de instituições durante a década de 1920. Basta dizer que Vigostski estava completamente envolvido com crianças incapacitadas de vários tipos, trabalhando estreitamente com especialistas que eram dedicados a educá-las e ajudá-las, e esse trabalho começou a influenciar seu pensamento sobre psicologia em geral. Veresov (1999) argumenta que estudos em defectologia, combinados ao seu envolvimento inicial em estudos literários, levaram Vigotski a avanços teóricos em *Crise* e em escritos posteriores (cf. Seção III do presente volume). Assim, como Vigotski representa os problemas de aprendizagem (e os sucessos) dessas crianças especiais, e como esse trabalho contribuiu para suas teorias mais amplas?

Os artigos sobre defectologia incluídos neste volume dão uma imagem justa do trabalho de Vigotski na área e do pano de fundo teórico contra o qual ele o desenvolveu. (Discussões extensas sobre experimentos, contudo,

não estão incluídas aqui ou em qualquer outra parte nas *Obras reunidas*.)
"Introdução: Problemas fundamentais da defectologia contemporânea" é
um relato programático da Seção Defectológica da Segunda Universidade
Estatal de Moscou, publicado em 1929. A discussão destaca a abordagem
de Vigotski e de seus colegas comparada às de teóricos estrangeiros proeminentes sobre educação e desenvolvimento infantil, particularmente os
alemães William Stern e Alfred Adler (famoso pelo "complexo de inferioridade"). Contudo, os momentos mais interessantes são revelações sobre
a humanidade e a criatividade da abordagem de Vigotski, que enfatizava
medidas qualitativas em detrimento das quantitativas. "A tese segundo a
qual a criança que tem seu desenvolvimento complicado por um defeito não
é simplesmente menos desenvolvida do que seu par normal, mas ela se desenvolveu *de outro modo*" (p. 31). "A linha da deficiência é a compensação
e ela é a linha condutora do desenvolvimento da criança com deficiência
em algum órgão ou função" (p. 34). "O problema mais agudo e profundo
da defectologia contemporânea é a história do desenvolvimento cultural da
criança com deficiência. Ela se mostra para a investigação científica em um
plano de desenvolvimento inteiramente novo" (p. 42, ênfase no original).

A abordagem otimista de Vigotski torna um pouco mais fácil para os
leitores em geral lidarem com a tediosa classificação de necessidades especiais que são discutidas no ensaio: retardo mental, surdez, cegueira etc.,
bem como novas categorias, como incapacidade motora, insanidade moral
e mesmo um termo russo especial, a criança "difícil". A atitude de Vigotski é ainda mais impressionante quando os leitores percebem que ele frequentemente traça um paralelo entre incapacidades de aprendizagem e uma
doença biológica particular, a tuberculose – uma pessoa pode viver com ela
se o corpo puder compensar. Com certeza, isso é o que Vigotski tinha de
fazer, e foi capaz de fazê-lo por alguns anos.

O relato de Vigotski insiste que escolas especiais (auxiliares) são necessárias, onde professores com formação especial possam ajudar as crianças
especiais. Os mecanismos compensatórios podem funcionar de formas positivas (desenvolvimento progressivo) ou em direções negativas (sensibilidade elevada, complexo de inferioridade, comportamento antissocial), e
"mais ensino" é necessário para ajudar os alunos no caminho positivo. A
compensação pode inclusive levar ao desenvolvimento superior, como no
caso de Helen Keller. Contudo, as formas de ajudar a criança a compen-

sar positivamente nem sempre são óbvias ou diretamente intuitivas. Se a criança é deficiente em pensamento abstrato, por exemplo, seus professores de fato estariam errados em confiar demais em auxílios visuais, uma vez que esse método poderia obstaculizar a necessidade de desenvolvimento do pensamento abstrato. A escola auxiliar deveria ter um "caráter criativo"; deveria ser "uma escola de compensação social, de educação social" (p. 50). As prescrições de Vigotski para essas escolas dão uma ideia dos conceitos pelos quais ele é mais conhecido – a abordagem histórico-cultural, o respaldo, a unidade de afeto e intelecto e a zona de desenvolvimento proximal, embora ainda não usasse esses termos exatamente.

Os ensaios sobre educação de crianças cegas, surdas-mudas e retardadas estão disponíveis no Volume 2 de *Obras reunidas*; no presente volume, reproduzimos o notável artigo "A infância difícil" para ilustrar o alcance da conceitualização de incapacidade de Vigotski. A palavra russa *trudny* implica "difícil de lidar" ou "difícil de ser educada" – uma criança que impõe dificuldades quase inexplicáveis àqueles que estão envolvidos com ela. Vigotski supõe que as origens de uma tendência assim poderiam ser qualquer coisa, de necessidades especiais físicas sutis (audição ruim, p. ex.) a talento. Ao discutir o talento como um tipo de necessidade especial, Vigotski enfatiza que a defectologia, basicamente, tem mais a ver com problemas sociais em ambientes sociais do que propriamente com as necessidades especiais.

Em "Sobre a questão da dinâmica do caráter infantil", Vigotski explora um termo comum que desfrutava de pouca atenção na teoria psicológica em relação à prática pedagógica. Vigotski compreende o caráter em termos de processo social, em vez de como um estado ou condição, e compara sua concepção com as de Adler, Pavlov, Freud e outros. O ensaio final aqui, na Seção II, "O coletivo como fator de desenvolvimento da criança com deficiência", invoca um tema que era amplamente promovido na ideologia soviética com relação ao trabalho e à educação. Vigotski explora a colaboração entre crianças anormais, bem como sua interação com professores e outros cuidadores. Há uma discussão considerável sobre a noção de Piaget de fala egocêntrica, e o conceito de Vigotski de fala interior, uma distinção que é explorada mais completamente na Seção I do presente trabalho. Uma vez mais, Vigotski aponta para a promessa de melhoramento: "...o coletivo, fator do desenvolvimento completo das funções psíquicas superiores, diferentemente do defeito, como fator do desenvolvimento incompleto das funções elementares, encontra-se em nossas mãos" (p. 199). É importante educar a pessoa com necessidades especiais, mas é ainda mais importante reeducar a sociedade mais ampla.

O programa de defectologia de Vigotski era certamente uma das partes mais impressionantes e promissoras do programa soviético mais amplo em pedologia, que tinha aspirações de modernizar a sociedade e eliminar muitos antigos problemas e injustiças. Em 1931, contudo, ativistas comunistas estavam exigindo mais adesão doutrinária ao marxismo e estavam menos dispostos a tolerar referências construtivas a estudiosos "burgueses" estrangeiros. Esses lealistas do partido ficaram impacientes diante de problemas persistentes, especialmente com relação à educação e outros indicadores de progresso retardado que os especialistas gostavam de discutir. Alguns declaravam que programas de pedologia em testagem educacional estavam apenas produzindo novos problemas para as crianças, problemas que não tinham jamais existido antes. Em 1933, Lunacharsky foi removido do posto de comissário da Educação, substituído por alguém com menos interesse em modernização, e em 1934 Stalin começou uma limpeza na liderança de seu partido. Esse foi também o ano em que Vigotski morreu de tuberculose. Em 1936, o Comitê Central do Partido Comunista decretou a pedologia uma "pseudociência". Esse trabalho, cujas técnicas experimentais e observacionais levava em conta hereditariedade e ambiente, e que derivava muito de métodos ocidentais das ciências sociais e poderia terminar contribuindo com eles, foi oficialmente e quase totalmente abolido na União Soviética. Líderes como P.P. Blonsky e A.B. Zalkind pagaram com suas vidas por defendê-lo. Outros conseguiram sair do caminho, para a Ucrânia ou Uzbequistão. Como parte do movimento pedológico geral, a defectologia também sofreu, a despeito da crítica de Vigotski à testagem quantitativa, e o Instituto de Psicologia de Moscou foi impactado pela limpeza. Somente após a morte de Stalin as instituições dedicadas à pesquisa psicológica começam lentamente a reemergir em Moscou, onde o Instituto Defectológico Experimental realizava o trabalho de Vigotski em educação especial, ao menos em teoria (Bein *et al.*, 1993).

Embora Vigotski estivesse morto, suas ideias certamente não estavam. As teorias psicológicas gerais que surgiram em conexão com o trabalho em defectologia provavelmente nunca foram mais influentes do que são hoje. Sua caracterização de como as crianças aprendem – na verdade, como crianças debilitadas e com necessidades especiais compensam para continuar a desenvolver suas atividades e para construir vidas satisfatórias – poderia também se colocar como uma metáfora para a psicologia russa, e mesmo para a sociedade russa.

6
Introdução
PROBLEMAS FUNDAMENTAIS DA DEFECTOLOGIA CONTEMPORÂNEA[87/88]

1

Ainda há pouco tempo, o campo do conhecimento teórico e do trabalho prático-científico que convencionamos chamar pelo nome geral de "defectologia" era considerado uma espécie de pequena pedagogia, assim como a medicina tem a pequena cirurgia. Todos os problemas desse campo eram colocados e resolvidos como problemas quantitativos. Krünegel[89] tem toda razão ao constatar que os mais difundidos métodos psicológicos de pesquisa com crianças anormais (a escala métrica de Binet[90] e o perfil de

---

87. Artigo escrito com base em uma palestra proferida por Vigotski na Seção de Defectologia do Instituto de Pedagogia Científica da Segunda Universidade de Moscou. O texto foi publicado no livro *Trabalho da Segunda Universidade de Moscou* (Moscou, 1929, v. 1). Baseado em uma teoria materialista sobre o desenvolvimento, Vigotski define a defectologia como campo do conhecimento sobre a diversidade qualitativa do desenvolvimento de crianças anômalas, diversidade dos tipos de desenvolvimento, e, com base nisso, esboça as principais tarefas teóricas e práticas que se colocam para a defectologia soviética e para a escola especial.

88. Traduzido a partir do v. 5, "Osnovi Defktologuii", de *Sobranie Sotchinénii v chesti tomakh* (Vigotski, 1983a, p. 6-33) [N.T.].

89. Max Krünegel (?). Em seu estudo sobre o nível de desenvolvimento motor e mental de crianças atrasadas, aplicou o esquema métrico de habilidade motora de Ozeretski.

90. Alfred Binet (1857-1919) foi um psicólogo francês. Interessou-se por questões ligadas à oligofrenia, fundamentou os princípios do trabalho com atraso mental de crianças. Um dos primeiros, ao lado de Simon, a elaborar um sistema de testagem para medir o nível de desenvolvimento intelectual e para o estudo de diferenças individuais. Vigotski avaliou criticamente esse sistema puramente quantitativo e apontou seu significado diagnóstico limitado, uma vez que ele pode produzir soluções apenas para tarefas negativas, "de seleção de crianças segundo sinais negativos".

Rossolimo)[91] estão fundamentados em concepções puramente quantitativas do desenvolvimento infantil complicado pelo defeito (Krünegel, 1926). Por meio desses métodos, define-se o grau de rebaixamento do intelecto, mas não se caracteriza o próprio defeito e a estrutura da personalidade que ele cria. De acordo com Lipmann[92], esses métodos podem ser chamados de medidas, mas não de investigações da habilidade – *Intelligenzmessungen*, mas não *Intelligenzprüfungen* (Lipmann; Bogen, 1923) –, uma vez que eles estabelecem o grau, mas não o gênero e o tipo de habilidade (Lipmann, 1924).

Isso vale para outros métodos pedológicos de estudo da criança deficiente, não apenas em psicologia, mas aqueles que abordam outros aspectos do desenvolvimento infantil (em anatomia e fisiologia). Aqui a envergadura, a medida, a escala são as principais categorias de pesquisa, como se todos os problemas da defectologia fossem problemas de proporção, e toda a variedade de fenômenos estudados pela defectologia pudesse ser abarcada por um único esquema: "mais-menos". Na defectologia começou-se a contar e medir antes de experimentar, observar, analisar, decompor e generalizar, descrever e definir qualitativamente.

A defectologia prática também escolheu o caminho mais fácil dos números e das medidas e tentou se perceber como pequena pedagogia. Se na teoria o problema se reduzia a um desenvolvimento quantitativamente limitado, de proporções reduzidas, na prática, naturalmente, foi proposta a ideia de uma aprendizagem reduzida e lenta. Krünegel, na Alemanha, e Griboiédov[93] entre nós, têm razão ao defender a seguinte ideia: "Faz-se necessária uma revisão tanto dos planos de ensino quanto dos métodos de trabalho em nossas escolas auxiliares" (Griboiédov, 1926, p. 98), uma vez

---

91. Grigóri Ivánovitch Rossolimo (1860-1926), conhecido psiquiatra e neuropatologista soviético russo. Trabalhou também no campo da psicologia e defectologia infantil. Para o estudo das características psicológicas individuais de crianças, elaborou a metodologia dos chamados perfis psicológicos. Vigotski menciona essa metodologia em uma análise crítica de diferentes tipos de métodos quantitativos de estudo da psicologia infantil.

92. Otto Lipmann (1880-?) foi um psicólogo e psicotécnico alemão, adepto da teoria das habilidades especiais. Vigotski chama atenção para o fato de que, em oposição aos difundidos métodos quantitativos, Lipmann propõe a ideia de uma caracterização qualitativa da idade intelectual da criança, o que é de extrema importância do ponto de vista do processo de compensação. Vigotski apresenta as teses de Lipmann também em relação ao problema do intelecto prático e na análise do conceito de habilidade geral.

93. Adrian Serguéievitch Griboiédov (1875-?) foi um defectólogo soviético, diretor do Instituto de Investigação Infantil de Leningrado, autor de uma série de trabalhos sobre o processo ensino-aprendizagem e a educação de crianças em escolas especiais. Vigotski critica suas visões sobre a criança com deficiência.

que "a redução do material de ensino e o aumento do tempo para trabalhá-lo" (Griboiédov, 1926), ou seja, traços puramente qualitativos, ainda constituem a característica distintiva da escola especial.

A concepção puramente aritmética da deficiência é um traço característico de uma defectologia antiga, obsoleta. A reação contra essa abordagem quantitativa a todos os problemas da teoria e da prática constitui o aspecto essencial da defectologia contemporânea. A luta entre duas visões defectológicas, duas ideias polarizadas, dois princípios, constitui o conteúdo vivo da benéfica crise pela qual esse campo do conhecimento científico está passando agora.

A ideia da deficiência como sendo um desenvolvimento quantitativamente limitado, sem dúvida encontra um parentesco ideológico com a teoria pedológica do performismo, segundo a qual o desenvolvimento extrauterino da criança se resume exclusivamente a um crescimento quantitativo e a um aumento de funções psicológicas orgânicas. A defectologia realiza agora um trabalho das ideias semelhante ao realizado antes pela pedagogia e pela psicologia infantil, quando se defendia a tese de que a criança é um adulto pequeno. A defectologia luta por uma tese fundamental, em cuja defesa reside a única garantia de sua existência como ciência, isto é, a tese segundo a qual a criança que tem seu desenvolvimento complicado por um defeito não é simplesmente menos desenvolvida do que seu par normal, mas ela se desenvolveu *de outro modo*.

Nunca chegaremos pelo método da subtração à psicologia da criança cega se subtrairmos da psicologia de quem enxerga a percepção visual e tudo aquilo que está ligado a ela. Da mesma forma, a criança surda não é igual a uma criança normal menos som e fala. Já faz tempo que a pedologia domina a ideia de que o processo de desenvolvimento infantil, quando analisado em seu aspecto qualitativo, é, nas palavras de Stern[94], uma corrente de metamorfoses (Stern; Wilhelm, 1922a). A defectologia agora está se apropriando de uma ideia semelhante. Em cada estágio de desenvolvimento, em

---

94. William Stern (1871-1938) foi um psicólogo alemão, trabalhou no campo da psicologia infantil e diferencial. Vigotski comenta a abordagem de Stern, consoante com a sua própria, sobre o processo de desenvolvimento infantil, e a produtividade das visões de Stern sobre o "duplo papel do defeito". Ele concorda, ainda, com a abordagem de Stern sobre as interações entre a língua e o pensamento e com suas conclusões a respeito do papel do treinamento no desenvolvimento do tato em cegos. Entretanto, Vigotski aponta que Stern parte, em termos de sua fundamentação filosófica, de uma posição idealista (a filosofia do valor).

cada fase, a criança apresenta uma peculiaridade qualitativa, uma estrutura específica do organismo e da personalidade, da mesma forma a criança com deficiência apresenta um tipo de desenvolvimento qualitativamente distinto, peculiar. Assim como do oxigênio e do hidrogênio surge não uma mistura de gases, mas água, da mesma forma, diz Gürtler[95], a personalidade da criança mentalmente com debilidade mental é algo qualitativamente diferente do que uma simples soma de funções e propriedades não plenamente desenvolvidas.

A especificidade das estruturas orgânica e psicológica, do tipo de desenvolvimento e de personalidade, e não a proporção quantitativa são o que distinguem a criança que tem debilidade mental de uma criança normal. Por acaso faz muito tempo que a pedologia compreendeu toda profundidade e verdade de se comparar muitos processos de desenvolvimento da criança com a transformação da lagarta em crisálida e da crisálida em borboleta? Agora, a partir de Gürtler, defectologia passa a entender que a debilidade mental infantil é uma variedade específica, um tipo específico de desenvolvimento e não uma variante quantitativa do tipo normal. Segundo o autor, essas diferentes formas orgânicas são como um girino e uma rã (Gürtler, 1927).

De fato, há plena coincidência entre a particularidade de cada estágio etário no desenvolvimento da criança e a particularidade de diferentes tipos de desenvolvimento. Assim como a passagem do engatinhar para o caminhar vertical e do balbucio para a fala é uma metamorfose, uma transformação qualitativa de uma forma para outra, a fala da criança surda-muda e o pensamento do imbecil são funções qualitativamente diferentes do pensamento e a fala de uma criança normal.

É apenas com a ideia da particularidade qualitativa (não esgotada por variações quantitativas de certos elementos) desses fenômenos e processos estudados pela defectologia que ela adquire pela primeira vez uma base metodológica sólida, pois nenhuma teoria é possível partindo exclusivamente de pressupostos negativos, assim como é impossível uma prática educativa construída em definições e bases puramente negativas. Nessa ideia reside

---

95. R. Gürtler (?). Vigotski se manifeta positivamente sobre Gürtler na análise da especificidade qualitativa do tipo de desenvolvimento da criança com deficiência. Ele critica, contudo, o primitivismo metodológico ("a aula com lenço") na defesa de que as escolas comuns e auxiliares devem ter os mesmos objetivos. Vigotski destaca, ainda, que Gürtler busca uma base para a defectologia na filosofia idealista.

o centro metodológico da defectologia contemporânea; a relação com ele define o local geométrico de todos os problemas particulares, concretos. A partir dessa ideia, abre-se para a defectologia um sistema de tarefas positivas, de cunho teórico e prático; a defectologia se torna possível como ciência, pois passa a ter um objeto específico e metodologicamente delimitado que deve ser conhecido e estudado. Partindo de concepções puramente quantitativas da deficiência infantil só é possível chegar a uma "anarquia pedagógica", segundo a expressão de Schmidt sobre a pedagogia terapêutica, apenas uma compilação eclética e heterogênea de dados e procedimentos empíricos, mas não um sistema de conhecimento científico.

Seria, contudo, um grave erro pensar que chegar a essa ideia seja suficiente para uma formulação metodológica para a nova defectologia. Ao contrário, isso é apenas o começo. Uma vez definida a possibilidade de um tipo específico de conhecimento científico, surge a tendência para fundamentá-lo filosoficamente. A busca por bases filosóficas é um traço altamente característico da defectologia contemporânea e um indicativo de sua maturidade científica. Uma vez que se afirma a particularidade do universo de fenômenos estudados pela defectologia, surge a questão dos princípios e modos de se conhecer e estudar essa particularidade, ou seja, um problema filosófico. Gürtler é autor de uma tentativa de encontrar na filosofia idealista a base da defectologia (Gürtler, 1927); Nöll se dedicou ao problema particular da preparação para o trabalho de alunos de escolas auxiliares (Nöll, 1927), com base na "filosofia do valor" contemporânea, desenvolvida por Stern, Messer, Meinnung, Rickert[96] e outros autores. Se essas tentativas ainda são relativamente raras, a tendência para algum tipo de formulação filosófica aparece facilmente em quase todo trabalho científico novo que seja minimante significativo em defectologia.

Além da tendência de formulação filosófica, a defectologia contemporânea enfrenta problemas absolutamente concretos. A resolução deles constitui o objeto da maioria das pesquisas defectológicas.

A defectologia tem um objeto de estudo próprio e específico; ela deve dominá-lo. Os processos de desenvolvimento infantil por ela estudado têm a enorme variedade de formas e uma quantidade quase infinita de tipos. A ciência deve dominar essas particularidades e explicá-las, deve estabelecer

---

96. Henrich Rickert (1863-1936), (cf. Vigotski, 1982a, v. 1, p. 468).

os ciclos e metamorfoses do desenvolvimento, suas desproporções e deslocamentos de seu centro, deve revelar as leis de sua diversidade. A seguir surgem os problemas práticos: como dominar as leis desse desenvolvimento?

O presente capítulo traz uma tentativa de apontar criticamente os problemas fundamentais da defectologia contemporânea em suas associações internas e sua totalidade sob ponto de vista das ideias filosóficas e pressupostos sociais que estão assentados na base de nossa teoria e prática educativa.

2

O fato fundamental com o qual nos deparamos no desenvolvimento complicado pelo defeito é o papel duplo da deficiência orgânica no processo de desenvolvimento e formação da personalidade da criança. Por um lado, o defeito é um "menos", uma limitação, uma fraqueza, uma diminuição do desenvolvimento; por outro lado, justamente por isso, ele cria dificuldades, estimula um movimento elevado e intensificado adiante. A tese central da defectologia contemporânea é a seguinte: todo defeito cria um estímulo para a elaboração de compensação. Por isso, o estudo dinâmico da criança com deficiência não pode se limitar ao estabelecimento do grau e da intensidade da deficiência, mas inclui necessariamente o cálculo dos processos compensatórios (que substituem, se sobre-edificam e nivelam) no desenvolvimento e no comportamento da criança. Da mesma forma que para a medicina contemporânea importa não a doença, mas o doente, para a defectologia o objeto deve ser não a deficiência por si mesma, mas a criança atingida pela deficiência. A tuberculose, por exemplo, é caracterizada não apenas por estágios do processo e real gravidade da doença, mas também pelas reações do organismo a ela, pelo grau de compensação ou de descompensação do processo. Assim, a reação do organismo e da personalidade da criança ao defeito é um fato central e fundamental, a única realidade com a qual a defectologia lida.

Stern há muito apontou para o papel duplo do defeito. Assim como para o cego há um aumento compensatório da capacidade de distinguir pelo tato não em decorrência de um aumento real da estimulação nervosa, mas pelo exercício de observação, avaliação e reflexão de diferenças, no campo das funções psicológicas a deficiência de uma capacidade é compensada inteira ou parcialmente por um desenvolvimento mais intenso de outra. A memória débil, por exemplo, é nivelada pela elaboração da compreensão que passa a estar a serviço da observação e da reminiscência; a debilidade volitiva e a falta de iniciativa são compensadas pela sugestionabilidade e tendência à imitação, e assim por diante. As funções da personalidade não são monopolizadas de tal forma que, no caso de um desenvolvimento anormal débil de alguma propriedade, haja necessariamente e em quaisquer circunstâncias um prejuízo da tarefa que essa função realiza; graças à totalidade orgânica da personalidade outra capacidade assume sua realização (Stern; Wilhelm, 1922a).

Assim, a lei de compensação é igualmente aplicável ao desenvolvimento normal e ao complicado. Lipps[97] viu nisso uma lei fundamental da vida psíquica: se um evento psíquico é interrompido ou inibido, onde há a interrupção, o impedimento ou o obstáculo ocorre uma "inundação", isto é, um aumento da energia psíquica. Essa lei foi chamada por Lipps de lei do represamento psíquico (*Stauung*). A energia se concentra no ponto em que o processo encontra um obstáculo e pode superá-lo ou recorrer a uma rota alternativa. Assim, no lugar do processo de desenvolvimento impedido formam-se novos processos que surgem graças ao represamento (Lipps, 1907).

Adler[98] e sua escola estabeleceram na base de seu sistema psicológico a teoria dos órgãos e funções deficitárias, cuja deficiência estimula constantemente um nível de desenvolvimento elevado. Para o indivíduo, a sensação da deficiência dos órgãos é, nas palavras de Adler, um estímulo constante para o desenvolvimento do psiquismo. Se, em decorrência de uma deficiência morfológica ou funcional, um determinado órgão não é capaz de reali-

---

97. Theodor Lipps (1851-1914) foi um filósofo e psicólogo alemão. Trabalhou sobre o problema da compensação segundo o ponto de vista de sua lei de "represamento psicológico". Vigotski avalia positivamente essa noção de Lipps sobre a possibilidade de aumento da energia psíquica que favorece a superação de obstáculos, atrasos no processo de desenvolvimento.

98. Alfred Adler (1870-1937) foi um psicólogo e psiquiatra austríaco, fundador da escola da psicologia individual (psicologia da personalidade). Separou-se da escola de Freud, da qual se afastou por suas visões políticas e sociais, Vigotski ressalta o caráter dialético de sua teoria e as representações opostas a Freud e Kretschmer sobre a base social do desenvolvimento da personalidade. Vigotski dava especial importância às ideias de Adler sobre o problema da compensação como força motriz do processo de desenvolvimento da criança anômala. Também positiva do ponto de vista da defectologia era sua avaliação sobre o fato de Adler ter introduzido na psicologia da análise do processo de desenvolvimento a ideia de "perspectiva de futuro". Vigotski avaliava de formas variadas certas teses de Adler. Pouco a pouco, nos trabalhos de Vigotski, manifesta-se de forma cada vez mais clara uma relação crítica a uma série de teses de Adler (a redução limitada e equivocada do efeito do meio no processo de desenvolvimento da criança a uma vivência de um "sentimento de incompletude", a falta de fundamento filosófico do conceito de "supercompensação" etc.). Em suas considerações finais, Vigotski aponta que a teoria de Adler "se baseia em um fundamento filosófico misto e complexo, a teoria não tem sua 'metodologia filosófica de pesquisa'". Como um todo, a teoria de Adler reflete, segundo Vigotski, traços fundamentais que caracterizam a época da "crise psicológica".

zar suas tarefas, o sistema nervoso central e o aparato psíquico da pessoa assumem a tarefa de compensar o funcionamento dificultado desse órgão. Eles constroem sobre o órgão ou função deficiente uma superestrutura psicológica, tentam amparar o organismo no ponto debilitado, ameaçado. No contato com o meio externo surge um conflito suscitado pela não correspondência entre o órgão ou função deficitária e as tarefas colocadas, o que leva a uma possibilidade elevada de adoecimento e fatalidade. Esse conflito cria possibilidades e estímulos elevados para a compensação e supercompensação. Assim, o defeito se torna ponto de partida e principal força motriz do desenvolvimento psíquico da personalidade. Ele estabelece o ponto final para o qual se dirige o desenvolvimento de todas as forças psíquicas, e dá a direção do processo de crescimento e formação da personalidade. A tendência elevada para o desenvolvimento é criada pelo defeito; ele desenvolve fenômenos psíquicos de previsão e pressentimento, bem como seus fatores vigentes (memória, atenção, intuição, sensibilidade, interesse; em suma, todos os aspectos psicológicos de apoio) em um grau intensificado (Adler, 1928).

É possível e *necessário* discordar de Adler quando ele confere ao processo de compensação um significado universal em todo desenvolvimento psíquico, mas agora parece que não há defectólogo que negue o significado primordial da reação da personalidade ao defeito, dos processos compensatórios no desenvolvimento etc., do quadro extremamente complexo de influências positivas do defeito, das rotas alternativas de desenvolvimento, de seus complexos ziguezagues, quadros que observamos em toda criança com deficiência. O mais importante é que, além do defeito orgânico, são dadas forças, tendências, aspirações à sua superação ou nivelamento. Foram essas tendências a um desenvolvimento elevado que não foram observadas pela defectologia anterior. Não obstante, são elas que conferem a particularidade do desenvolvimento da criança com deficiência; elas criam formas criativas, infinitamente variadas, às vezes profundamente extravagantes de desenvolvimento, que não encontram equivalente ou análogo no desenvolvimento típico da criança normal. Não há necessidade de ser adleriano e compartilhar dos princípios de sua escola para reconhecer que essa tese é correta. Adler afirma sobre a criança:

> Ela vai querer ver tudo se for míope, vai querer ouvir tudo se tiver uma anomalia auditiva; vai querer falar tudo se tiver uma dificuldade de

linguagem evidente ou gagueira... O desejo de voar será sempre mais elevado entre as crianças que tiverem mais dificuldade num simples salto. A oposição entre a deficiência orgânica e os desejos, fantasias, sonhos, ou seja, aspirações e compensações psíquicas é tão universal que dela se pode apreender *a lei psicológica fundamental da transformação dialética da deficiência orgânica pelo sentimento subjetivo da deficiência em aspiração psíquica pela compensação e supercompensação* (1927, p. 57).

Antes supunha-se que a criança cega construía toda vida e todo desenvolvimento pela linha da cegueira; a nova lei diz que o desenvolvimento se dá em oposição a essa linha. Se existe cegueira, o desenvolvimento psíquico é dirigido para longe dela, contra ela. O reflexo orientado a um objetivo, segundo Pávlov[99], precisa para que ele se manifeste de forma plena, correta e produtiva de certas tensões, e a existência de obstáculos é a principal condição para se atingir um objetivo (Pávlov, 1951, p. 302). A psicotécnica contemporânea tende a analisar uma função tão central para o processo de educação e formação da personalidade como o autocontrole como sendo um caso particular dentro dos fenômenos de supercompensação (Chpilrein, 1924).

A teoria da compensação revela o caráter criador do desenvolvimento que se orienta nessa direção. Não por acaso, essa teoria com frequência é usada para fundamentar a origem da habilidade por psicólogos como Stern e Adler. Segundo Stern: "o que não mata me fortalece; graças à compensação da debilidade surge uma força, das deficiências surgem capacidades" (1923, p. 145).

Seria equivocado supor que o processo de compensação é necessariamente bem-sucedido, sempre leva à formação de um talento a partir do defeito. Como todo processo de superação e luta, a compensação também pode ter dois resultados extremos: vitória ou derrota, entre as quais há toda uma gama de graus possíveis de transição entre um polo e outro. O resultado depende de muitas causas, mas fundamentalmente da correlação entre o grau da deficiência e a riqueza da reserva compensatória. Mas qualquer

---

99. Ivan Petróvitch Pávlov (1849-1936) foi um eminente fisiologista e acadêmico soviético russo. As descobertas de Pávlov tiveram grande significado não apenas para a fisiologia e medicina, mas também para a psicologia e pedagogia. Vigotski, especialmente nos anos iniciais de sua produção no campo da defectologia, citava repetidas vezes as ideias de Pávlov (cf. p. ex., o uso do conceito pavloviano de "reflexo de objetivo" na análise dos problemas da compensação). Vigotski foi um dos primeiros psicólogos e defectólogos a ter a teoria de Pávlov em alta conta, com base materialista da psicologia.

que seja o resultado esperado do processo de compensação, o desenvolvimento complicado pela deficiência, *sempre e em todas as circunstâncias*, é um processo criador (orgânico e psicológico) de criação e recriação da personalidade da criança com base na reestruturação de todas as funções de adaptação, na formação de novos processos engendrados pela deficiência, que sobre-edificam, substituem e nivelam, e no estabelecimento de novas rotas alternativas para o desenvolvimento. Um universo de novas e infinitamente variadas formas e rotas de desenvolvimento se revela para a defectologia. A linha da deficiência é a compensação, e ela é a linha condutora do desenvolvimento da criança com deficiência em algum órgão ou função.

A particularidade positiva da criança com deficiência é criada, em primeiro lugar, não pelo fato de que elas perdem certas funções observadas em crianças normais, mas porque a perda dessas funções traz à tona novas formações que, em sua totalidade, representam uma reação da personalidade ao defeito, uma compensação no processo de desenvolvimento. Se uma criança cega ou surda alcança no desenvolvimento o mesmo que uma criança normal, ela o faz *de outro modo, por outro caminho, por outros meios*, e para o pedagogo é especialmente importante saber a *originalidade* do caminho que a criança precisa percorrer. A chave para a originalidade é dada pela lei da transformação do "menos" do defeito no "mais" da compensação.

3

A originalidade do desenvolvimento da criança com deficiência tem limites. Sobre a base de um desequilíbrio das funções adaptativas causado pela deficiência, todo sistema de adaptação é reconstruído em novas bases, na busca por um novo equilíbrio. A compensação, como reação da personalidade à deficiência, dá início a novos processos alternativos de desenvolvimento, substitui, sobre-edifica, nivela as funções psicológicas. Muito do que é inerente ao desenvolvimento normal desaparece ou é suspenso devido à deficiência. Cria-se um novo tipo original de desenvolvimento. Scherbina[100] afirma sobre si mesmo:

---

100. Aleksandr Moisséievitch Scherbina (1874-1934) foi um psicólogo e defectólogo pedagogo (deficiente visual), filósofo, figura pública. Com posições progressistas, trabalhou sobre as questões da organização e conteúdo metodológico do processo ensino-aprendizagem e da educação de cegos. Seus dados de auto-observação foram usados por Vigotski na análise da especificidade do processo de desenvolvimento anômalo. Em 1920, participou da criação de uma escola técnica de

> Paralelamente ao despertar da minha consciência, pode-se dizer que, pouco a pouco, elaborou-se organicamente a especificidade do meu psiquismo, criou-se uma espécie de segunda natureza e, nessas condições, eu não conseguia mais sentir *diretamente* minha deficiência física (1916, p. 10).

Mas a originalidade orgânica, a criação da "segunda natureza" tem limites estabelecidos pelo meio social no qual ocorre o processo de desenvolvimento. Bürklen[101] formulou brilhantemente essa ideia em relação ao desenvolvimento psicológico de cegos; em essência, essa ideia pode ser difundida para toda defectologia:

> Eles [os cegos] têm tais particularidades que não são observadas em pessoas que enxergam, e é preciso supor que em caso de comunicação exclusiva entre cegos, sem qualquer contato com pessoas que enxergam, seria possível surgir uma nova espécie de pessoa (Bürklen, 1924, p. 3).

O pensamento de Bürklen pode ser explicado do seguinte modo. A cegueira como deficiência orgânica dá impulso aos processos de compensação que, por sua vez, levam à formação de especificidades na psicologia do cego e reestruturam cada função a partir da tarefa vital principal. Cada função do aparato neuropsíquico do cego domina as especificidades que, com frequência, são muito significativas em comparação com as de quem enxerga. Por si mesmo, esse processo biológico de formação e acúmulo de especificidades e desvios em relação ao tipo normal (no caso da vida do cego num mundo de cegos) inevitavelmente levaria à criação de uma nova espécie de pessoa. Com a pressão das exigências sociais, as mesmas para cegos e pessoas que enxergam, o desenvolvimento dessas especificidades ocorre de tal forma que a estrutura da personalidade do cego *como um todo* tem a tendência de alcançar um tipo social normal determinado.

Os processos de compensação, que criam a especificidade da personalidade da criança cega, não ocorrem livremente, mas são dirigidos para objetivos determinados. Esse condicionamento social do desenvolvimento da criança com deficiência decorre de dois fatores principais.

---

pedagogia em Priluka, onde foi introduzido pela primeira vez o curso elaborado por ele de educação para cegos. Seu principal objetivo era criar uma base científica sólida para a educação de cegos e inserção deles na vida do trabalho.

101. Karl Bürklen (1859-1956) foi um psicólogo alemão, educador de cegos, diretor do Instituto do Cego em Purkesdorf, próximo de Viena. Seu livro *A psicologia dos cegos* foi traduzido para o russo (com edição e prefácio de Gander) em 1934, Vigotski foi consultor da edição. Vigotski avalia criticamente algumas teses do autor, que subestima as possibilidades dos cegos do ponto de vista da compensação e do condicionamento social do desenvolvimento da criança anômala.

Em primeiro lugar, a própria ação do defeito é sempre secundária, indireta, refletida. Como já foi dito, a criança não sente o próprio defeito. Ela percebe as dificuldades que decorrem do defeito. A consequência indireta do defeito é a redução da posição social da criança; o defeito se realiza como desvio social. Todas as conexões com pessoas, todos os aspectos que definem o lugar da pessoa no meio social, seu papel e seu destino como participante da vida, todas as funções da vida social são reestruturadas. Como é destacado pela escola de Adler, as causas orgânicas, inatas, atuam não por si mesmas, não diretamente, mas indiretamente, por meio da redução que elas provocam na posição social da criança. Tudo que é hereditário e orgânico deve ser também interpretado como psicológico para que seu verdadeiro papel no desenvolvimento da criança possa ser considerado. A disfunção de órgãos que leva à compensação, segundo Adler, cria uma posição psicológica particular para a criança. *Por meio dessa posição*, e apenas por meio dela, o defeito afeta o desenvolvimento da criança. Esse complexo psicológico que surge com base no rebaixamento da posição social decorrente do defeito é denominado por Aldler como sentimento de inferioridade (*Minderwertigkeitsgefühl*). No processo de dois elementos ("defeito-compensação") introduz-se um terceiro membro intermediário: "defeito – sentimento de inferioridade – compensação". O defeito não suscita a compensação direta, mas indiretamente, por meio do sentimento de inferioridade por ele criado. É fácil de verificar por meio de exemplos que esse sentimento é uma avaliação psicológica da própria posição social. Na Alemanha foi levantada a questão da renomeação das escolas auxiliares. O nome *Hilfsschule* parece pejorativo tanto para os pais quanto para as crianças. É como se ele colocasse um estigma de deficiência no aluno. A criança não quer ir para a "escola para tontos". O rebaixamento da posição social que se vê em "escola para tontos" afeta, em parte, também os professores, colocando-os em um lugar inferior em comparação com professores das escolas normais. As escolas pedagógicas terapêuticas, especiais (*Sonderschule*), escolas para débeis mentais e outras denominações novas são as propostas de Ponsens e Fischer.

Ir para a "escola para tontos" significa para a criança estar em uma posição social difícil. Por isso, para Aldler e sua escola, o primeiro e principal ponto de toda educação é a luta contra o sentimento de inferioridade. É preciso impedir que ele se desenvolva, que ele domine a criança e a leve a formas patológicas de compensação. O principal conceito da pedagogia terapêutica psicológica individual, segundo Friedman[102], é o encorajamento (*Ermutigung*). Seus métodos constituem uma técnica de encorajamento. Seu campo inclui tudo o que pode levar a pessoa a perder a coragem (*Entmutigung*). Suponhamos que o defeito orgânico, *por motivos sociais*, não leve ao surgimento do sentimento de inferioridade, ou seja, a uma avaliação rebaixada da própria posição social. Então, não haverá conflito psicológico, apesar da presença do defeito orgânico. Em alguns povos, em decorrência, digamos, de uma relação supersticiosa e mística com os cegos, cria-se um respeito especial por eles, uma crença em sua clarividência espiritual. O cego se transforma em profeta, juiz, sábio, ou seja, ocupa uma posição social superior em função de seu defeito. É claro que em tais circunstâncias não se pode falar em sentimento de inferioridade, deficiência etc. O que decide o destino da pessoa não é o defeito por si mesmo, mas sua consequência social, sua realização sociopsicológica. Os processos de compensação tampouco são dirigidos para cobrir diretamente o defeito, o que na maioria das vezes é impossível, mas para superar as dificuldades criadas por ele. Tanto o desenvolvimento quanto a educação da criança cega lidam menos com a cegueira por si mesma do que com suas consequências sociais.

Adler analisa o desenvolvimento psicológico da personalidade como tentativa de ocupar uma determinada posição em relação à "lógica imanente da sociedade humana", às exigências da vida social. Ele se desenrola como uma corrente de ações sistemáticas, ainda que inconscientes, determinadas no fim das contas com a necessidade objetiva pelas exigências de adaptação social. Por isso, Adler (1928) tem fundamento ao chamar sua psicologia de uma psicologia posicional, à diferença da disposicional: a primeira considera o desenvolvimento psicológico a partir da posição social da personalidade; a segunda, da disposição orgânica. Se para o desenvolvimento da criança com deficiência não fossem colocadas exigências sociais (objetivos), se esses processos estivessem à mercê de leis biológicas, se a criança com deficiência não se deparasse com a necessidade de converter-se em uma determinada totalidade social, o tipo social de personalidade, seu desenvolvimento levaria à criação de um novo tipo de ser humano.

---

102. A. Friedmann (?) foi um pedagogo e defectólogo alemão, trabalhou sobre a questão da pedagogia terapêutica psicológica individual, a partir das posições da escola de Adler. Fundamentou um interessante procedimento educativo denominado "dialética metodológica".

Porém, uma vez que os objetivos do desenvolvimento são colocados de antemão (a necessidade de adaptar-se ao meio sociocultural, criado segundo o tipo humano normal), a compensação tampouco corre livre, mas também segue uma via social determinada.

Dessa forma, o processo de desenvolvimento da criança com deficiência é condicionado socialmente de duas formas: a realização social do defeito (sentimento de inferioridade) é um dos aspectos do condicionamento social do desenvolvimento, a orientação social da compensação para a adaptação às condições do meio que foram criadas e complexificadas tendo em vista o tipo humano normal, cria o segundo aspecto. A grande especificidade do caminho e do modo de desenvolvimento com os mesmos objetivos e formas finais para a criança com deficiência e para a normal: essa é a forma mais esquemática de condicionamento social desse processo. Disso decorre a perspectiva dupla do passado e do futuro no estudo do desenvolvimento complicado pelo defeito. Uma vez que os pontos de partida e de chegada desse desenvolvimento são condicionados socialmente, faz-se necessário que cada momento seja compreendido não apenas em relação com o passado, mas também com o futuro. Por meio do conceito de compensação como principal forma desse tipo de desenvolvimento, introduz-se o conceito de orientação para o futuro, e o processo como um todo aparece como um processo único orientado adiante, com uma necessidade objetiva, orientado a um ponto-final, previamente estabelecido pelas exigências da vida social. Liga-se a isso o conceito de totalidade e integralidade da personalidade em desenvolvimento da criança. A personalidade se desenvolve como um todo único, que tem leis especiais, e não como uma soma ou um feixe de funções isoladas, sendo que cada uma desenvolve em virtude de uma tendência especial.

Essa lei se aplica igualmente ao corpo e ao psiquismo, à medicina e à pedagogia. Na medicina está cada vez mais consolidada a visão de que o único critério de saúde ou de doença é a eficiência ou a ineficiência do funcionamento de todo o organismo, sendo que anormalidades isoladas são consideradas apenas na medida em que são normalmente compensadas ou não por outras funções do organismo.

Stern apresenta a seguinte tese: as funções particulares podem ser desvios da norma, mas ainda assim a personalidade ou o organismo como um todo podem ser de tipo perfeitamente normal. *A criança* com deficiência não é necessariamente uma *criança deficiente*. Do resultado de sua compensação social, ou seja, da formação final de sua personalidade como um todo, depende seu grau de deficiência e normalidade. A cegueira, a surdez e outras deficiências, por si mesmas, ainda não fazem de seu portador um deficiente. A substituição e a compensação de funções não apenas ocorrem, não apenas atingem grandes proporções, produzindo talentos a partir da deficiência, mas também necessariamente, *como regra*, surgem como aspirações e tendências onde existe o defeito. A tese de Stern se baseia na possibilidade fundamental de compensação social, na qual a compensação direta se mostra impossível, ou seja, de aproximação total, por princípio, da criança com deficiência com a de tipo normal, a possibilidade de conquista de igualdade social.

A melhor ilustração das complicações sociais secundárias do desenvolvimento da criança com deficiência e seu papel é a compensação do defeito moral (*moral insanity*), analisada como *tipo especial de defeito ou doença orgânica*. Desse tipo de concepção partem todos os psicólogos que pensam de forma coerente; em particular, entre nós a revisão dessa questão e a explicitação da falsidade de falta de fundamento científico do próprio conceito de deficiência moral realizadas por Blónski[103], Zalkind[104] e outros tiveram grande importância teórica e prática. Aquilo que era tomado por defeito ou doença orgânica é um complexo de sintomas de uma disposição psicológica particular de crianças socialmente desajustadas, é um fenômeno de ordem sócio e psicogênica e não biogênica.

Sempre que se fala no não reconhecimento de certos *valores*, segundo Lindworsky[105], no I Congresso de Pedagogia Terapêutica na Alemanha[106], o motivo para tal deve ser procurado não em anomalias congênitas da vonta-

---

103. Pável Petróvitch Blónski (1884-1941) foi um psicólogo e pedagogo soviético. Um dos primeiros autores soviéticos a elaborar uma teoria da escola para o trabalho e muitas questões da psicologia infantil segundo a posição do materialismo dialético. Para comprovar que os conceitos de defeito e de deficiência não se reduzem a fenômenos de ordem puramente biogênica, Vigotski faz referência aos trabalhos de Blónski. Vigotski concorda com a avaliação fundamental de Blónski sobre o conceito de "deficiência moral", mas o critica por se solidarizar com a concepção de caráter defendida por Kretschmer.

104. Aron Boríssovitch Zalkind (1888-1936) foi um pedagogo e psicólogo soviético. Vigotski ressalta que é correta a avaliação crítica de Zalkind sobre a maioria das teorias devido ao "estatismo biológico absoluto na abordagem do caráter".

105. L. Lindworsky (1875-1939). Formulou uma concepção original do intelecto, com base na qual analisou deficiências intelectuais como resultado de um distúrbio de um dos fatores da percepção de relações. Vigotksi tinha em alta conta a possibilidade ressaltada por Lindworsky de existirem diferentes tipos qualitativos de deficiência intelectual.

106. O I Congresso de pedagogia terapêutica foi realizado na Alemanha em 1923.

de, tampouco em deturpação de certas funções, mas no fato de que nem o meio circundante nem o próprio indivíduo educou para o reconhecimento desses valores na pessoa. Possivelmente nunca se chegaria ao ponto de considerar *moral insanity* como uma afetação da alma se, antes, fosse feita uma tentativa de compor um inventário de todos os problemas dos motivos e valores encontrados entre pessoas normais. Então seria possível descobrir que todas as pessoas têm sua *insanity*. Wertheimer[107] chega à mesma conclusão. Se analisarmos a personalidade como um todo, em sua interação com o meio, a psicopatia congênita da criança desaparece, segundo Wertheimer, fundador da psicologia da Gestalt nos Estados Unidos, citando Kramer e Jarisse. Ele ressalta que certo tipo de psicopatia infantil apresenta os seguintes sintomas: desprezo grosseiro, egoísmo, orientação dos interesses para satisfação de necessidades elementares; essas crianças são não inteligentes (*unintelligent*), pouco ágeis, têm sensibilidade corporal fortemente rebaixada, por exemplo em relação a estímulos de dor. Nesse caso, vê-se um tipo especial que, desde o nascimento, é destinado a um comportamento associal, é eticamente deficiente em suas inclinações etc. (antes, o termo *moral insanity* era considerado uma propriedade incurável). Contudo, a transferência da criança para outro meio mostra que estamos lidando com uma sensibilidade especialmente elevada e que o embotamento da sensibilidade é uma autodefesa, um fechamento de si, uma proteção de si por meio de uma blindagem biológica contra as condições do meio. No novo meio a criança revela propriedades totalmente distintas. Esse é o resultado que se obtém se analisarmos as propriedades e atos da criança não de forma isolada, mas em sua relação com o todo, na dinâmica de seu desenvolvimento (*Si duo faciunt idem non est idem*)[108].

Em termos teóricos, esse exemplo é característico. Ele explica o surgimento de uma psicopatia ilusória, de um defeito ilusório (*moral insanity*), que foi criado na imaginação dos pesquisadores, pois eles não foram capazes de explicar a profunda inadaptação social do desenvolvimento infantil em tais casos. O significado dos fatores sócio e psicogênicos para o desenvolvimento da criança é tão grande que pode levar à ilusão do defeito, a algo que se parece com uma doença, a uma psicopatia ilusória.

---

107. Max Wertheimer (1880-1943) foi um psicólogo alemão. Um dos teóricos da psicologia da Gestalt. Consoante a Vigotski na avaliação do papel do meio social na gênese da chamada "psicopatia congênita infantil".

108. "Se dois fazem igual, já não é igual", em latim no original [N.T.].

4

Nas duas últimas décadas a defectologia científica foi introduzida a uma nova forma de deficiência infantil. Trata-se, em essência, de uma deficiência motora (Guriévitch)[109]. Ao mesmo tempo em que a oligofrenia se caracteriza fundamentalmente por certa deficiência do intelecto, a nova forma de desenvolvimento atípico, que recentemente se tornou objeto de um estudo detido e de atuação prática pedagógica e terapêutica, consiste em um desenvolvimento incompleto do aparato motor da criança. Essa forma de deficiência infantil recebeu diferentes denominações. Dupré[110] chamou-a de *debilité motrice*, ou seja, debilidade motora, em analogia com a debilidade intelectual; Heller[111] chamou de atraso motor, e, em casos extremos, idiotia motora; Jakob[112] e Homburger, de infantilismo motor; Guriévitch, de deficiência de locomoção. A essência dos fenômenos que estão por trás dessas diferentes denominações é uma deficiência, de maior ou menor grau, no desenvolvimento da esfera motora, que em muitos sentidos é análoga à deficiência intelectual na oligofrenia.

A deficiência motora, em grande medida, permite que haja compensação, o exercício de funções motoras, o nivelamento do defeito (Homburger, Nadoleczny[113], Heller). Com frequência, o atraso motor pode ser facilmente, dentro de certos limites, é claro, suscetível à ação pedagógica e terapêutica. Por isso, por si mesmo, o atraso motor precisa de uma caracterização dupla segundo o esquema "defeito-compensação". A dinâmica dessa forma de deficiência, assim como de todas as outras, se revela apenas quando se consideram as reações positivas do organismo suscitadas por ela, reações que compensam o defeito.

---

109. Mikhail Óssipovitch Guriévitch (1878-1953) foi um psiquiatra soviético. Autor de muitos trabalhos fundamentais sobre psiquiatria geral e infantil. Descreveu a deficiência do desenvolvimento da esfera motora na criança. Destacou que os defeitos motores em crianças nem sempre são combinados com intelectuais.

110. Dupré (?) foi autor do primeiro trabalho de maior interesse sobre deficiências motoras.

111. Theodor Heller identificou com a denominação de "idiotia motora" os casos em que se observa na criança uma deficiência motora que se encontra em total oposição a um intelecto funcional.

112. K. Jakob (?) ocupou-se de questões ligadas a distúrbios motores de origem piramidal e extrapiramidal (infantilismo motor).

113. M. Nadoleczny (?) analisou a essência da gagueira como uma perturbação fundamental (de origem central) da coordenação da musculatura necessária para a linguagem e, com isso, observou o desvio de norma de caráter de gagos, recomendou o tratamento por exercícios de respiração e de linguagem, psicoterapia e psicanálise.

O significado profundo e crucial da introdução dessa nova forma de deficiência no inventário da ciência consiste não apenas na ampliação e enriquecimento de nossa representação da deficiência infantil pelo conhecimento de uma forma extremamente importante de desenvolvimento atípico da esfera motora da criança e dos processos de compensação por ela criados, mas também e fundamentalmente porque isso mostra a relação que essa nova forma estabelece com outras, já conhecidas anteriormente. Tem importância fundamental (teórica e prática) para a defectologia o fato de que essa forma de deficiência não está necessariamente ligada ao atraso intelectual. Segundo Guriévitch,

> Esse tipo de deficiência raramente aparece combinado com deficiência intelectual, mas às vezes pode se expressar de modo independente, da mesma forma que a deficiência intelectual pode estar presente mesmo que haja um aparato motor bem desenvolvido (em *Questões de pedologia e psiconeurologia infantil*, 1925, p. 316).

Por isso, a esfera motora é de importância excepcional para o estudo da criança com deficiência. O atraso motor pode, em diferentes graus, combinar-se com o atraso mental de diferentes tipos, conferindo um quadro específico ao desenvolvimento e ao comportamento da criança. Observa-se, com frequência, essa forma de deficiência em crianças cegas. Naudatcher apresenta números para caracterização das combinações dessas formas de deficiências com outras formas: a debilidade motora aparece em 75% dos idiotas, 44% imbecis, 24% dos débeis e 2% das crianças normais (*Questões de pedologia e psiconeurologia infantil*, 1925).

O mais importante e decisivo não é o cálculo estatístico, mas a tese indubitável de que o atraso motor *pode ser*, em uma escala relativamente ampla, independente da deficiência intelectual; ele pode estar ausente em caso de atraso mental e, ao contrário, pode estar presente mesmo quando não há deficiência intelectual. Em caso de deficiência intelectual e motora combinadas, cada forma tem sua dinâmica e a compensação em uma esfera pode seguir um ritmo, uma direção diferente do que em outra e, a depender disso, cria-se uma correlação extremamente interessante entre essas esferas no desenvolvimento da criança com deficiência. Por ser relativamente independente, autônoma em relação às funções intelectuais superiores e facilmente dirigida, a esfera motora é, com frequência, uma esfera central para a compensação da deficiência intelectual e para o nivelamento do comportamento. Por isso, ao estudarmos a criança, devemos exigir não apenas uma dupla caracterização (motora e intelectual), mas também o estabelecimento da relação entre cada uma dessas esferas do desenvolvimento. Muito frequentemente essa relação é resultado da compensação.

Em muitos casos, segundo Birnbaum, mesmo deficiências reais, existentes em especificidades constituintes, do comportamento intelectual podem, dentro de certos limites, ser compensadas pelo treino e pelo desenvolvimento de funções substitutas, por exemplo, a tão valorizada atualmente "educação motora". Isso é confirmado por pesquisas experimentais e pela prática escolar. Krünegel (1927), que recentemente realizou uma pesquisa experimental com a habilidade motora de crianças mentalmente atrasadas, aplicou a escala métrica de habilidade motora de Ozeriétski[114] que estabeleceu a tarefa de criar um método calibrado por estágios etários para determinar o desenvolvimento motor. A pesquisa mostrou que, entre 1 e 3 anos de idade, a habilidade motora era elevada em relação à intelectual em 60% das crianças investigadas; coincidiu com o desenvolvimento intelectual em 25% e era atrasada em relação a ele em 15%. Isso quer dizer que o desenvolvimento motor da criança mentalmente atrasada ultrapassa em grande parte seu desenvolvimento intelectual entre 1 e 3 anos de idade, e apenas em um quarto dos casos eles coincidem. Com base nos experimentos, Krünegel chega à conclusão de que cerca de 85% de todos os alunos com debilidade mental que frequentam escolas auxiliares são, mediante uma educação adequada, aptos ao trabalho (artesanal, industrial, técnico, agrícola etc.). É fácil imaginar a grande importância prática do desenvolvimento da habilidade motora, que, até certo ponto, compensa a deficiência intelectual em crianças com debilidade mental. Juntamente com Bartsch, Krünegel exige a criação de turmas especiais para aprendizagem do trabalho, para realização de uma educação motora voltada para crianças mentalmente atrasadas (1927).

O problema da deficiência motora é um exemplo excelente da totalidade na diversidade que se observa no desenvolvimento da criança com deficiência. A personalidade se desenvolve como um todo único, ela reage como um todo único ao defeito, à perturbação do equilíbrio que ele cria,

---

114. Nikolai Ivánovitch Ozeriétski (1894-1955) foi um psiquiatra soviético. Criou um método de graduação etária para determinar o desenvolvimento motor da criança que foi amplamente difundido em nosso país e no exterior.

e elabora um novo sistema de adaptação e um novo equilíbrio no lugar daquele que foi perturbado. Mas é justamente pelo fato de que a personalidade é uma totalidade e age como um todo único que ela promove de modo não proporcional certas funções no desenvolvimento, funções variadas e relativamente independentes entre si. Essas duas teses, isto é, a tese das funções variadas e relativamente independentes no desenvolvimento e a da totalidade do processo de desenvolvimento da personalidade, não apenas não se contradizem mutuamente, como se condicionam mutuamente, como mostrou Stern. No caso de desenvolvimento intensificado e elevado de uma determinada função, por exemplo a habilidade motora, tem-se a expressão de uma reação compensatória de toda personalidade, estimulada pelo defeito em outra esfera.

5

A ideia expressa na teoria da habilidade motora sobre a variedade de cada função da personalidade e sobre a complexidade de sua estrutura se infiltrou recentemente em todos os campos do desenvolvimento. Não apenas a personalidade como um todo, como cada um dos seus aspectos, quando atentamente investigados, revelam a essa mesma totalidade na variedade, a mesma estrutura complexa, a mesma interação de funções isoladas. Pode-se dizer sem medo de incorrer em erro que o desenvolvimento e aprofundamento das ideias científicas sobre a personalidade atualmente se deslocam nessas duas direções que, à primeira vista, parecem opostas: 1) a descoberta de sua totalidade; 2) sua estrutura complexa e variada. Partindo dessa orientação, a nova psicologia, em particular, resolveu de modo quase que definitivo a representação antiga da totalidade e da homogeneidade entre o intelecto e aquilo que em russo é equivocadamente designado como "*odariónnost*"[115] e que os autores alemães chamam de *Intelligenz*[116].

Assim como a personalidade, o intelecto sem dúvida constitui um todo único, não homogêneo ou simples, mas uma totalidade estrutural variada e complexa. Assim, Lindworsky reduz o intelecto à função de percepção de relações; essa função que, para ele, distingue animais e humanos, é o que

---

115. *Odariónnost*, "dom" ou "talento" em russo. Ao longo do texto, optou-se por traduzir esse termo como "habilidade" em consonância com a nomenclatura "altas habilidades", surgida na literatura da área em substituição à ideia de "superdotação" [N.T.].

116. Rumiántsev traduz essa palavra como "inteligência" (*intelliguêntnost*). Adiante utilizaremos, com esse sentido, o termo pouco preciso "intelecto" [N.T.].

faz do pensamento, pensamento; essa função (o que se entende por intelecto) é inerente a Goethe não em maior medida do que ao idiota; a grande diferença observada no pensamento de diferentes pessoas pode ser reduzida à vida das ideias e da memória (Lindworsky, 1923). Posteriormente voltaremos a essa concepção expressa de modo paradoxal, mas muito profunda de Lindworsky. Importa-nos agora a conclusão apresentada pelo autor no II Congresso Alemão de Pedagogia Terapêutica, com base em tal compreensão do intelecto. Lindworsky afirma que qualquer deficiência intelectual se fundamenta, no fim das contas, em algum fator da percepção de relações. Há tantas variantes de deficiência intelectual quanto há fatores de percepção de relações. O débil mental nunca poderá ser visto como débil mental de modo geral. É preciso sempre perguntar em que consiste a deficiência do intelecto, pois há possibilidade de substituição, e elas precisam ser acessíveis ao débil mental. Já nessa formulação está plenamente expressa a ideia de que diferentes fatores entram na composição de tal formação complexa, que de acordo com a complexidade de sua estrutura é possível *não um, mas muitos* tipos qualitativamente diferentes de deficiência intelectual, e, finalmente, que graças à complexidade do intelecto, sua estrutura permite ampla compensação de suas funções isoladas.

Atualmente essa teoria é amplamente reconhecida. Lipmann indicou esquematicamente os seguintes estágios pelos quais passou o desenvolvimento da ideia de habilidade geral. Inicialmente ela era igualada a uma determinada função, por exemplo, a memória; o passo seguinte foi o reconhecimento de que a habilidade se manifesta em todo um grupo de funções psíquicas (atenção, atividade combinatória, discriminação etc.). Spearman[117] distingue dois fatos em qualquer atividade racional: um específico para certo tipo de atividade e outro geral, que ele considera ser a habilidade. Por fim, Binet reduziu a definição de habilidade a uma série de funções heterogêneas. Apenas recentemente os experimentos de Yerkes[118] e Köhler[119] com macacos e os de Stern e Bogen com crianças normais e débeis mentais estabeleceram

---

117. Charles Spearman (1863-1945) foi um psicólogo inglês. Elaborou os fundamentos da análise fatorial na psicologia. Vigotski apresenta as teses de Spearmean em relação à discussão do problema das habilidades.

118. Robert Yerkes (1876-1956), (cf. Vigotski, 1982a, p. 485).

119. Wolfgang Köhler (1887-1967) foi um psicólogo alemão, um dos fundadores da psicologia da Gestalt. Estabeleceu-se nos Estados Unidos a partir de 1935. Não fez nenhuma distinção fundamental entre o intelecto do ser humano e do antropoide. Os dados de Köhler sobre a existência não de um, mas de muitos tipos de habilidade despertou o interesse de Vigotski. Ele considerava que

que existe não um, mas muitos tipos de habilidade; em particular, ao lado da cognição racional, há a ação racional. Em um mesmo indivíduo certo tipo de intelecto pode ser bem desenvolvido e, ao mesmo tempo, outro ser débil. Há, ainda, dois tipos de debilidade: a debilidade da cognição e a da ação. Segundo Lipmann, *"es gibt einen Schwachsinn des Erkennens und einen Schwachsinn des Handelns"*[120], as quais nem sempre coincide. Isso é reconhecido mais ou menos com a mesma formulação por Henmon, Peterson, Pinter, Thompson, Thorndike[121] e outros (Lipmann, 1924).

Pesquisas experimentais confirmam integralmente a existência de tipos diferentes de intelecto e de deficiência intelectual. Lindemann[122] aplicou a metodologia que Köhler desenvolveu para os experimentos com macacos a crianças com debilidade mental profunda. Entre as crianças investigadas, houve um grupo de crianças com atraso profundo que se mostrou capaz de agir racionalmente; apenas a memória para novas ações era extremamente débil (Lindemann, 1925). Isso quer dizer que crianças com atraso mental profundo revelaram uma capacidade de elaborar instrumentos, utilizá-los de modo eficiente, escolhê-los, encontrar rotas alternativas etc. para uma ação racional. Por isso devemos distinguir em uma esfera particular da pesquisa o intelecto prático, ou seja, a capacidade de agir de modo racional e eficiente (*praktische, natürliche Intelligenz*), que, por sua natureza psicológica, é diferente tanto da habilidade motora quanto do intelecto teórico.

Os esquemas de investigação do intelecto prático propostos por Lipmann e Stern são baseados no critério de intelecto prático apresentado por Köhler, isto é, a capacidade de usar de modo eficaz um instrumento, uma capacidade que, sem dúvida, desempenhou um papel decisivo na passagem do macaco para o ser humano e que constituiu a primeira condição para o trabalho e para a cultura.

---

apenas o reconhecimento da complexidade e variedade da estrutura do intelecto é fundamental para o estudo da especificidade qualitativa dos tipos de deficiência intelectual.

120. "Há uma debilidade da cognição e uma debilidade da ação", em alemão no original [N.T.].

121. Edward Thorndike (1874-1949) foi um psicólogo e pedagogo norte-americano. Realizou uma pesquisa experimental sobre o comportamento mediante métodos objetivos. Um dos primeiros representantes do behaviorismo. Subestimou a especificidade qualitativa do psiquismo humano. Por suas visões filosóficas era próximo do pragmatismo. Ao confirmar que a educação da criança normal e anômala devem realizar as mesmas tarefas, Vigotski concorda com as afirmações de Thorndike sobre a necessidade de combinar a influência educativa com as aspirações naturais da criança.

122. E. Lindemann (?). Realizou pesquisas com o intelecto prático de crianças mentalmente atrasadas e comprovou a capacidade delas para a ação racional.

Enquanto um tipo qualitativo específico de comportamento racional, relativamente independente de outras formas de atividade intelectual, o intelecto prático pode, em diferentes graus, se combinar com outras formas, produzindo sempre um quadro particular do desenvolvimento e do comportamento da criança. Ele pode ser um ponto de aplicação da compensação, um meio de nivelar outras deficiências intelectuais. Sem considerar esse fator, todo o quadro do desenvolvimento, seu diagnóstico e prognóstico serão muito provavelmente incompletos. Deixemos de lado, por ora, quantos tipos principais de atividade intelectuais devem ser distinguidos (dois, três ou mais), quais as particularidades qualitativas de cada tipo. Vamos nos limitar à indicação da profunda diferença qualitativa entre os intelectos prático e teórico (gnoseológico), estabelecida por uma série de pesquisas experimentais. Os brilhantes experimentos de Bogen com crianças normais e débeis mentais, particularmente, revelaram que a capacidade para a ação racional prática é um tipo particular e independente de intelecto; muito interessantes são as diferenças apontadas pelo autor nesse campo entre crianças normais e débeis mentais (Lipmann; Bogen, 1923).

A teoria sobre o intelecto prático desempenhou e por muito tempo continuará desempenhando um papel revolucionário para a teoria e para a prática da defectologia. Ela coloca o problema do estudo qualitativo da debilidade mental e sua compensação, o problema da definição qualitativa do desenvolvimento intelectual geral. Ao compararmos uma criança surda-muda, por exemplo, com uma cega, uma mentalmente atrasada ou uma normal, temos uma diferença não de grau, mas de tipo de intelecto. Lipmann (1924) trata da diferença essencial entre o gênero e o tipo de intelecto quando em um mesmo indivíduo prevalece um tipo, e em outro, outro tipo. Por fim, mesmo a representação do desenvolvimento intelectual se altera: este último perde o caráter de simples crescimento quantitativo, de aumento e fortalecimento da atividade intelectual, mas passa a se referir à ideia de passagem de um tipo qualitativo para outro, para uma cadeia de metamorfoses. Nesse sentido, Lipmann aborda o problema extremamente importante da caracterização qualitativa da idade intelectual por analogia com as fases do desenvolvimento da linguagem estabelecidas por Stern (1922a): o estágio da substância, da ação, das relações etc. O problema da complexidade e heterogeneidade do intelecto também abre novas possibilidades de compensação dentro do próprio intelecto, e a existência da capacidade de agir racionalmente em crianças com atraso profundo revela perspectivas enormes e inteiramente novas para a educação dessas crianças.

6

O problema mais agudo e profundo da defectologia contemporânea é a história do desenvolvimento cultural da criança com deficiência. Ela se mostra para a investigação científica em um *plano de desenvolvimento inteiramente novo.*

A integração da criança normal na civilização costuma ser uma fusão única com seus processos de amadurecimento orgânico. Ambos os planos de desenvolvimento (natural e cultural) coincidem e se fundem entre si. Ambas as ordens de transformação convergem, se interpenetram mutuamente e formam, em essência, uma série única de formação sociobiológica da personalidade. Na medida em que o desenvolvimento orgânico se realiza no meio cultural, ele se transforma em um processo historicamente condicionado. O desenvolvimento da linguagem na criança é um bom exemplo de fusão entre os dois planos de desenvolvimento, o natural e o cultural.

Na criança com deficiência, tal fusão não ocorre; ambos os planos de desenvolvimento se mostram mais ou menos divergentes. Isso é causado pela deficiência física. A cultura da humanidade foi criada mediante certa estabilidade e constância do tipo biológico humano. Por isso, seus instrumentos e adaptações materiais, seus aparatos e institutos sociopsicológicos são calculados de acordo com a organização psicofisiológica normal. O uso desses instrumentos e aparatos pressupõe obrigatoriamente a presença de órgãos e funções próprias do intelecto humano. A integração da criança à civilização é determinada pela criação de funções e aparatos correspondentes; em determinado estágio, a criança domina a língua, caso seu cérebro e aparato verbal se desenvolvam normalmente; em um estágio posterior, o desenvolvimento do intelecto da criança domina o sistema decimal de cálculo e as operações aritméticas. O caráter gradual e a sucessão do processo de integração à civilização são determinados pelo caráter gradual do desenvolvimento orgânico.

Ao criar um desvio do tipo humano biológico estável, ao suscitar a perda de certas funções, deficiências ou dano de órgãos, uma reconstrução mais ou menos fundamental de todo o desenvolvimento em novas bases, segundo um novo tipo, o defeito naturalmente viola o fluxo normal do processo de inserção da criança na cultura. Com efeito, a cultura é ajustada ao ser humano normal, típico; ela é adaptada à sua constância, de modo que o desenvolvimento atípico, determinado pelo defeito, não pode ser integrado à cultura direta e imediatamente, como ocorre com uma criança normal.

A surdez como defeito orgânico, analisada exclusivamente do ponto de vista do desenvolvimento e formação física da criança, não é uma deficiência muito severa. A maior parte dela fica mais ou menos isolada, seu impacto direto sobre o desenvolvimento *como um todo* é relativamente pequeno; ela não produz perturbações e atrasos particularmente severos para o desenvolvimento geral. Contudo, a mudez acarretada por esse defeito, a ausência de fala humana, a impossibilidade de dominar a língua, criam uma das mais difíceis complicações de *todo* desenvolvimento cultural. *Todo* desenvolvimento cultural da criança surda ocorre por uma via diferente do normal; não apenas a importância quantitativa do defeito é diferente para cada um dos planos de desenvolvimento, mas, o principal, o caráter qualitativo do desenvolvimento em ambos os planos será essencialmente distinto. O defeito produz *uma* dificuldade para o desenvolvimento orgânico e *outra*, totalmente diferente, para o desenvolvimento cultural; o grau e o caráter da divergência sempre serão determinados e calculados pela diferença entre o significado qualitativo e o quantitativo do defeito para cada um desses planos.

Com frequência são necessárias formas culturais específicas, especialmente criadas para que o desenvolvimento da criança com deficiência se realize. A ciência conhece muitos sistemas culturais artificiais, que apresentam interesse teórico. Além do alfabeto visual, utilizado por toda a humanidade, criou-se para os cegos um alfabeto tátil especial, formado por pontos em relevo. Além da língua sonora de toda humanidade, foi criada a datilologia, ou seja, o alfabeto de sinais e a linguagem de gestos dos surdos-mudos. Os processos de domínio e utilização desses sistemas culturais auxiliares se distinguem por sua grande especificidade em comparação com o uso dos meios habituais da cultura. Ler com as mãos, como faz a criança cega, e ler com os olhos são processos psicológicos distintos, embora eles desempenhem uma mesma função cultural para o comportamento da criança e tenham em sua base um mecanismo fisiológico parecido.

A colocação do problema do desenvolvimento cultural da criança com deficiência como um plano específico do desenvolvimento, que é submetido a leis especiais e que tem dificuldades e meios particulares de superação, é uma importante conquista da defectologia contemporânea. Um conceito fundamental aqui é o caráter primitivo do psiquismo infantil. A identificação de um tipo especial de desenvolvimento psicológico infantil, precisamente o da *criança primitiva*, parece não sofrer objeções de nenhuma parte, embora no conteúdo desse conceito ainda haja algo de controverso. O sentido desse conceito consiste na oposição entre primitivo e cultural. Assim como a deficiência é o polo negativo da habilidade, o primitivo é o polo negativo do cultural.

A criança primitiva é uma criança que não passou pelo desenvolvimento cultural, ou melhor, que se encontra em seus estágios mais baixos. O psiquismo primitivo é um psiquismo saudável; dentro de determinadas condições, a criança primitiva passa por um desenvolvimento cultural normal, atingindo o nível intelectual do ser humano cultural. Isso distingue o primitivismo da debilidade mental. Esta última é resultado de uma deficiência orgânica, o débil mental é limitado em seu desenvolvimento intelectual natural e, *por consequência disso*, não passa pelo desenvolvimento cultural pleno. Já o primitivo, em seu desenvolvimento natural, não se desvia, em absoluto, da norma; seu intelecto prático pode atingir um grau bastante elevado, só que ele permanece fora do desenvolvimento cultural. O primitivo é um tipo de *desenvolvimento natural* puro, isolado.

Por muito tempo o primitivismo do psiquismo infantil foi tido como uma forma patológica de desenvolvimento infantil e confundido com debilidade mental. Na realidade, a manifestação exterior de ambos é extremamente parecida. A pobreza da atividade psicológica, o desenvolvimento incompleto do intelecto, o raciocínio equivocado, os conceitos absurdos etc. podem ser sintomas de ambos. Com os procedimentos de pesquisa (Binet e outros) de crianças primitivas existentes atualmente é possível ter um quadro semelhante ao de atraso mental; são necessários procedimentos específicos de pesquisa para que seja revelada a verdadeira causa dos sintomas patológicos e para que se possa distinguir entre primitivismo e debilidade mental. Os métodos de pesquisa do intelecto prático, natural (*natürliche Intelligenz*) podem facilmente apontar primitivismo em um psiquismo absolutamente saudável. Petróva[123] que realizou uma excelente pesquisa sobre primitivismo infantil e observou seus principais tipos, mostrou que

---

123. Anna Evguênievna Petróva (1888-?) foi uma psicóloga e pedagoga soviética. Trabalhou na escola-sanatório de psiconeurologia e pedologia de Moscou. Ao investigar o primitivismo infantil, mostrou a diferença entre ele e o atraso mental verdadeiro. Vigotski apreciava a pesquisa sobre primitivismo infantil realizada por Petróva, do ponto de vista da teoria do desenvolvimento histórico-cultural por ele elaborada e de alguns problemas da defectologia. Ele considerava que os dados

o primitivismo pode ser igualmente combinado com um psiquismo infantil de alta habilidade, médio ou patológico (Petróva, 1925).

Para a investigação em defectologia, são de extremo interesse os casos de combinação entre primitivismo e alguma forma de desenvolvimento patológico, uma vez que essa combinação é encontrada principalmente na história do desenvolvimento cultural da criança com deficiência. O caráter primitivo do psiquismo e o atraso no desenvolvimento cultural podem, por exemplo, ser combinados com atraso mental; seria mais correto dizer que em decorrência do atraso mental surge um atraso no desenvolvimento cultural da criança. Mas mesmo nessa forma mista, primitivismo e debilidade mental continuam sendo fenômenos *distintos* em sua natureza. Da mesma forma, a surdez congênita ou adquirida precocemente se combina com um tipo primitivo de desenvolvimento infantil. Porém, o primitivismo pode ser encontrado sem deficiência, assim como a deficiência não leva necessariamente ao primitivismo, mas pode se combinar com um tipo de psiquismo profundamente cultural. A deficiência e o primitivismo do psiquismo são coisas totalmente diferentes, e, quando eles se encontram, é preciso identificá-los e distinguir cada um de forma separada.

Tem interesse teórico especial a patologia ilusória sob o pano de fundo do primitivo. Ao analisar uma menina primitiva que falava simultaneamente em língua tártara e em russo e que era reconhecida como psiquicamente anormal, Petróva mostrou que todo complexo de sintomas que levava à suspeita de patologia era determinado fundamentalmente pelo primitivismo que, por sua vez, era condicionado pela ausência de um domínio sólido de um idioma. Petróva diz,

> Nossas inúmeras observações provam que a substituição plena de uma língua não consolidada por outra também não assimilada por completo não passa sem consequências para o psiquismo. Essa *substituição de uma forma* de pensamento *por outra rebaixa especialmente a atividade psíquica quando ela já é pobre* (1925, p. 85).

Essa conclusão permite estabelecer *em que precisamente* consiste, do ponto de vista psicológico, o processo de desenvolvimento cultural, cuja ausência leva ao primitivismo no psiquismo infantil. Neste caso, o primitivismo é determinado pelo domínio não pleno da língua. Mas mesmo em

---

sobre a possibilidade de atraso no desenvolvimento cultural impõem a tarefa de "revisar muitas questões sobre crianças com dificuldades de aprendizagem e deficiência".

geral o processo de desenvolvimento cultural consiste fundamentalmente no domínio de instrumentos psicoculturais, produzidos pela humanidade no processo de desenvolvimento histórico e análogos à língua em sua natureza psicológica; o primitivismo consiste em uma incapacidade de utilizar esse tipo de instrumento e em formas naturais de manifestação das funções psicológicas. Todas as formas superiores de atividade intelectual, assim como todas as demais funções psicológicas superiores, tornam-se possíveis apenas com base no uso desse tipo de instrumento da cultura. Segundo Stern,

> a língua se torna um instrumento para o desenvolvimento potente de sua vida [da criança], de suas representações, emoções e vontade; somente ela, por fim, torna possível todo tipo de pensamento genuíno: a generalização e a comparação, o juízo e a conclusão, a combinação e a compreensão (Stern, 1923, p. 73).

Essas adaptações artificiais, que às vezes são nomeadas, em analogia à técnica, de instrumentos psicológicos, são orientadas para o domínio de processos de comportamento (alheio e próprio), tal qual a técnica é orientada para o domínio de processos da natureza. Nesse sentido, Ribot[124] (1892) denominou de involuntária a atenção natural e de voluntária a artificial, por ver nela um produto do desenvolvimento histórico. O uso de instrumentos psicológicos altera todo o transcorrer e toda a estrutura das funções psicológicas, conferindo-lhes uma nova forma.

O desenvolvimento de muitas funções psicológicas naturais (memória, atenção), na infância ou não, ocorre em um nível significativo ou ocorre em um volume tão desimportante que não se pode, de modo algum, atribuir a ele *toda* a enorme diferença em relação à atividade correspondente da criança e do adulto. No processo de desenvolvimento, a criança é equipada e reequipada com diversos instrumentos; a criança que se encontra em um estágio superior se distingue de outra em um estágio inferior, assim como o adulto se distingue da criança não apenas pelo grande desenvolvimento das funções, mas também pelo nível e pelo caráter de seu equipamento e ins-

---

124. Théodule Ribot (1839-1916) foi um filósofo e psicólogo francês. Especialista em psicopatologia e psicologia geral. Seus principais trabalhos foram dedicados aos problemas da memória, da atenção voluntária e dos sentimentos. A separação feita por Ribot de dois tipos de atenção (natural-involuntária e artificial-voluntária) foi utilizada por Vigotski na análise da questão do domínio por parte das crianças ao longo do desenvolvimento de "instrumentos psicoculturais" e os distúrbios nesse processo na criança anômala. Vigotski critica a abordagem "estática" de Ribot sobre a essência do caráter infantil, que está ligada a uma representação equivocada sobre o caráter inato e estável de traços do caráter da criança.

trumental cultural, ou seja, pelo nível e pelo modo de domínio da atividade das próprias funções psicológicas. Dessa forma, a criança mais velha se distingue da mais nova, assim como o adulto da criança ou a criança normal da deficiente não apenas por ter uma memória mais bem desenvolvida, mas porque ela memoriza *de outro modo*, de outra maneira, por outros procedimentos, ela utiliza sua memória em outro nível.

A incapacidade de utilizar funções psicológicas naturais e de dominar instrumentos psicológicos determina *do modo mais essencial* o tipo de desenvolvimento cultural da criança com deficiência. O domínio do instrumento psicológico e, por meio dele, de sua função psicológica natural própria, cria uma espécie de *ficção do desenvolvimento*, ou seja, eleva essa função a um nível superior, aumenta e amplia sua atividade. O significado do uso de uma função natural com ajuda de um instrumento foi experimentalmente elucidado por Binet. Ao investigar a memória de pessoas com habilidades excepcionais em cálculo, ele se deparou com um sujeito dotado de *memória mediana*, mas que tinha uma *força de memorização* igual à força de memorização de pessoas com habilidades excepcionais e até, em muitos sentidos, superior a elas. Binet chamou esse fenômeno de simulação de memória excepcional. Ele diz, "a maioria das operações psicológicas podem ser simuladas, ou seja, substituídas por outras que se parecem apenas exteriormente com elas e que se distinguem por sua natureza" (Binet, 1894, p. 155). Nesse caso, tem-se a diferença entre memória natural e artificial ou mnemotécnica, ou seja, entre duas formas de *utilização* da memória. Cada uma delas, segundo Binet, domina seu tipo de mnemotécnica rudimentar ou instintiva; a mnemotécnica deveria ser introduzida nas escolas em pé de igualdade com o cálculo mental e a estenografia, não para desenvolver o intelecto, mas para proporcionar um instrumento para uso da memória (Binet, 1894, p. 164). A partir desse exemplo é fácil ver como o desenvolvimento natural pode não coincidir com o uso instrumental de determinada função.

O grau de primitivismo do psiquismo infantil, o caráter do equipamento com instrumentos psicoculturais e o modo de utilização das próprias funções psicológicas: esses são os três aspectos que determinam o problema do desenvolvimento cultural da criança com deficiência. O primitivo se distingue não pelo menor volume de experiência acumulada, mas por outros modos (naturais) de acúmulo. É possível lutar contra o primitivismo criando novos instrumentos culturais, cuja utilização familiariza a criança com a cultura. A escrita em Braille[125], a datilologia, é o meio mais poderoso de superação do primitivismo. Sabemos com que frequência encontramos em crianças com debilidade mental uma memória não apenas normal, mas de desenvolvimento elevado; contudo, sua utilização permanece quase sempre em um nível muito baixo; é evidente que uma coisa é o grau de desenvolvimento da memória, outra coisa é o grau em que ela é utilizada.

As primeiras pesquisas experimentais com uso de instrumentos psicológicos por crianças com deficiência foram feitas recentemente na escola de Ach[126]. Ele mesmo, criador do método para investigação do uso funcional da palavra como meio, ou instrumento, para elaboração de conceitos, apontou para a semelhança fundamental entre esse processo e o processo de domínio da língua em surdos-mudos (1932). Bacher[127] (1925) aplicou esse método ao estudo de crianças com debilidade mental e mostrou que essa é a melhor forma para se fazer pesquisas qualitativas com debilidade mental. A correlação entre intelecto prático e teórico revelou-se pequena, e as crianças com atraso mental (em grau de debilidade) revelaram uma utilização muito melhor do intelecto prático do que do teórico. Para o autor, isso mostra uma coincidência com resultados semelhantes obtidos por Ach em experimentos com pessoas que sofreram lesão cerebral. Uma vez que o débil mental *não utiliza* a palavra como instrumento para elaborar conceitos, para eles são impossíveis formas elevadas de atividade intelectual baseadas no uso de conceitos abstratos (Bacher, 1925). No momento das pesquisas de Bacher ficou claro como o domínio da própria atividade psicológica afeta a realização de uma operação intelectual. E é justamente esse o problema. Esses dois modos de utilização da língua foram considerados por Stern como diferentes épocas do desenvolvimento da linguagem. Ele diz: "ocorre em seguida uma virada decisiva no desenvolvimento da linguagem, ocorre o *despertar de uma consciência vaga sobre o significado da língua e surge a vontade de dominá-la*" (Stern; Wilhelm, 1922a, p. 89). A criança faz uma descoberta importante para sua vida, a de que "*cada coisa*

---

125. Louis Braille (1809-1852), famoso educador de cegos francês, criador da escrita por pontos em relevo para leitura e escrita por cegos. Deficiente visual desde os 3 anos. Vigotski mostra que o processo de leitura de Braille não se distingue psicologicamente da leitura normal.

126. Narziss Ach (1878-1958) foi um filósofo e psicólogo alemão, pertencente à escola psicológica de Würzburg. Realizou pesquisa com uso de "instrumentos psicológicos" por crianças anômalas (p. ex., a palavra como meio ou instrumento para elaboração de conceitos).

127. Bacher (?) foi um psicólogo alemão, pertenceu à escola de Ach. Aplicou seu método para pesquisar crianças com atraso mental (debilidade).

tem um nome" (Stern; Wilhelm, 1922a), que a palavra *é um signo*, ou seja, um meio para nomear e comunicar. Esse uso consciente, voluntário, *pleno*, da linguagem não está ao alcance da criança com debilidade mental, e, em decorrência disso, a atividade intelectual superior permanece inacessível para ela. Tem total fundamento a escolha de Rimat[128] por esse método para testar habilidades mentais: a capacidade ou a incapacidade de usar a palavra é um critério decisivo para o desenvolvimento intelectual (Rimat, 1925). O destino de todo seu desenvolvimento cultural depende de a criança fazer ou não essa descoberta mencionada por Stern, ou seja, se ela domina ou não a palavra como principal instrumento psicológico.

Literalmente o mesmo foi descoberto pelas pesquisas com crianças primitivas. "Qual a diferença entre a árvore e o tronco?", pergunta Petróva para uma dessas crianças. "Árvore eu nunca vi, juro por Deus, nunca vi... Não conheço. Juro por Deus..." (em frente à janela há uma tília). Apontando para a tília, pergunta-se: "e o que é isto?" Resposta: "é uma tília". Trata-se de uma resposta primitiva, no espírito dos povos primitivos cuja língua não tem a palavra "árvore", um termo demasiadamente abstrato para o psiquismo concreto da criança. O menino está correto: nenhum de nós jamais viu *árvore*, vemos uma bétula, uma tília, um pinheiro e assim por diante, ou seja, tipos concretos de árvores (Petróva, 1925, p. 64). Ou outro exemplo. Pergunta-se a uma garota "com duas línguas": "em uma escola, algumas crianças escrevem bem, outras desenham bem. Todas as crianças da escola escrevem e desenham bem?" A resposta: "como é que eu vou saber? *Aquilo que eu não vi com meus próprios olhos, eu não posso explicar*, se pelo menos eu tivesse visto com meus olhos..." (reação visual primitiva) (Petróva, 1925, p. 86). A menina tem 9 anos de idade, é totalmente normal, mas é primitiva. Mostra-se totalmente incapaz de *utilizar* a palavra como meio para resolver uma tarefa mental, embora ela *fale*, ou seja, tenha capacidade de usar a palavra como meio de comunicação. Ela consegue explicar apenas o que viu com os próprios olhos. Da mesma forma, a criança com debilidade mental conclui a partir do concreto para o concreto. Sua incapacidade para formas superiores de pensamento abstrato não é consequência direta de sua deficiência intelectual, ela é inteiramente capaz de apresentar pensamento lógico em outras formas, de realizar operações intelectuais práticas etc. Ela apenas não dominou a palavra como instrumento do pensamento abstrato:

---

128. Franz Rimat, cf. v. 2, p. 486.

essa incapacidade é consequência e sintoma de seu primitivismo, e não de sua debilidade mental.

Krünegel (1926) tem toda razão ao apontar que o principal axioma de Kerschensteiner[129] não é aplicável ao desenvolvimento cultural da criança com debilidade mental. O axioma diz que o desenvolvimento cultural está baseado na congruência entre determinada forma cultural e a estrutura psicológica da personalidade da criança: a estrutura espiritual da forma cultural deve ser plena ou parcialmente adequada à estrutura espiritual da individualidade (Kerschensteiner, 1924). O ato fundamental do desenvolvimento cultural da criança com deficiência é a inadequação, a não congruência entre sua estrutura psicológica e a estrutura das formas culturais. Resta criar instrumentos culturais especiais, adaptados à estrutura psicológica daquela criança ou dominar as formas culturais gerais com ajuda de procedimentos pedagógicos específicos, *pois a condição mais importante e decisiva do desenvolvimento cultural, isto é, precisamente a capacidade de utilizar instrumentos psicológicos, se encontra preservada em tais crianças*; seu desenvolvimento cultural, portanto, pode encontrar outros caminhos, ele é, por princípio, inteiramente possível. Eliasberg[130] tem razão ao entender o uso de meios artificiais (*Hilfer*) orientados para a superação do defeito como um sintoma diferencial que permite distinguir debilidade mental (*Demenz*) e afasia (Eliasberg, 1925). O uso de instrumentos psicológicos, de fato, é o que há de mais essencial no comportamento humano. Ele só está ausente em pessoas com debilidade mental.

7

Os problemas mais importantes da defectologia contemporânea citados acima foram tomados num recorte teórico. Isso se deve ao fato de que a colocação teórica do problema permite compreender a essência, o núcleo da questão, em seu aspecto mais puro, mais completo e exato. Contudo, na realidade, cada problema gera uma série de questões concretas e metodo-

---

129. Georg Kerschensteiner (1854-1932) foi um pedagogo reacionário alemão. Vigotski menciona seu nome em relação à diferenciação entre os conceitos de primitivismo e debilidade mental.

130. V. Eliasberg (?) foi um especialista no campo da psicologia do pensamento. No contexto da teoria do desenvolvimento histórico-cultural, Vigotski avalia positivamente as noções de Eliasberg sobre o papel dos meios artificiais ("instrumentos psicológicos") para a superação do defeito e seu significado diferencial na avaliação da debilidade mental. Ele concorda também com as advertências de Eliasberg contra o predomínio da visualidade na escola auxiliar, que impede o desenvolvimento da abstração em crianças com atraso mental.

lógicas, ou melhor, leva a uma série de questões isoladas e concretas. Para desenvolvê-la seria necessária uma discussão específica de cada questão. Ao nos limitarmos à colocação geral dos problemas, nós indicamos de forma sucinta a presença de tarefas concretas e práticas em cada problema. Assim, o problema da habilidade e da deficiência motora está diretamente ligado à questão da educação física, do processo ensino-aprendizagem profissional e para o trabalho em crianças com deficiência. O problema do intelecto prático também está intimamente ligado à preparação para o trabalho, à configuração vital prática de todo processo ensino-aprendizagem. O problema do desenvolvimento cultural encerra em si todas as questões mais importantes do processo de ensino-aprendizagem escolar; em particular um problema que aflige os defectólogos, isto é, o problema dos métodos analítico e sintético de ensino-aprendizagem da linguagem pelos surdos--mudos é colocado da seguinte maneira: deve-se infundir mecanicamente nas crianças os elementos mais simples das habilidades verbais como se ensinam habilidades puramente motoras, ou deve-se, antes de tudo, ensinar às crianças a utilizar a linguagem, a fazer uso funcional das palavras como "instrumentos intelectuais", segundo expressão de Dewey[131]. O problema da compensação no desenvolvimento da criança com deficiência e o problema do condicionamento social desse desenvolvimento encerram em si todos os problemas da organização do coletivo infantil, do movimento infantil, da educação social e política, da formação da personalidade etc.

Nossa apresentação dos principais problemas da deficiência não estaria concluída em seu ponto mais fundamental se não tentássemos ao menos indicar a linha principal da defectologia prática, necessariamente decorrente da colocação dos problemas teóricos. Em plena concordância com o que foi observado no campo teórico como sendo uma passagem de uma concepção quantitativa para uma qualitativa da deficiência, a principal característica da defectologia contemporânea é o estabelecimento de tarefas positivas para a escola especial. Não podemos mais nos satisfazer em oferecer na escola especial apenas uma versão abreviada do programa da escola geral, lecionados por meio de métodos facilitados e simplificados. A esco-

---

131. John Dewey (1859-1952) foi um filósofo idealista e pedagogo teórico reacionário americano, um dos principais representantes do pragmatismo. Desenvolveu a concepção de instrumentalismo. Ideólogo do liberalismo burguês, criador da chamada teoria e do método pedocêntrico para o processo ensino-aprendizagem. Vigotski cita a definição de Dewey sobre o significado da palavra como "ferramenta intelectual".

la especial tem diante de si a tarefa de criar positivamente, de produzir suas formas de trabalho, que respondam à especificidade de seus educandos. Como já observamos, nenhum dos nossos autores que escreveram sobre esse assunto expressou esse pensamento de modo tão exato quanto Griboiédov. Se rejeitarmos a noção de que a criança com deficiência é um simulacro reduzido da criança normal, teremos necessariamente de rejeitar também o conceito de escola especial como uma versão de tempo prolongado e material escolar reduzido da escola geral. É claro que é extremamente importante estabelecer com a maior exatidão possível as diferenças quantitativas da criança com deficiência, mas não podemos parar por aí. A partir de uma grande quantidade de observações contemporâneas com crianças mentalmente atrasadas, sabemos que elas têm uma circunferência craniana menor, estatura menor, volume peitoral e força muscular menores, habilidades motoras reduzidas, resistência reduzida a influências nocivas, nível de fadiga e esgotamento elevado, associações mais lentas, atenção e memória reduzidas, capacidade de esforço voluntário reduzidas etc. (Griboiédov, 1926). Mas não sabemos nada sobre as particularidades positivas, sobre a especificidade da criança; pesquisas desse tipo são um trabalho para o futuro. Caracterizar essa criança como atrasada em seu desenvolvimento físico e psíquico, como débil etc., é apenas uma meia-verdade, pois as características negativas não esgotam em absoluto as particularidades positivas. A ausência de material positivo não é de responsabilidade particular de um pesquisador específico, mas um mal generalizado de toda defectologia, que está apenas reconstruindo suas bases fundamentais e, com isso, oferecendo uma nova direção para a investigação pedológica. Em todo caso, a principal conclusão de Griboiédov formula plenamente sua visão:

> Ao estudar a pedologia da criança atrasada, vemos claramente que a diferença entre ela e a normal não é apenas quantitativa, mas também qualitativa, e, portanto, ela *não precisa ficar mais tempo na escola, não precisa estar apenas em turmas com menos crianças e apenas junto de outras crianças com o mesmo nível e o mesmo grau de desenvolvimento psíquico, mas em uma escola especial, com seu próprio programa, com seus procedimentos próprios, com seu cotidiano próprio e uma equipe pedagógica especial* (1927, p. 19).

Não obstante, esse tipo de colocação da questão traz um sério risco. Assim como, no campo teórico, seria equivocado absolutizar a especificidade do tipo de desenvolvimento da criança em uma determinada deficiência e esquecer que os limites dessa especificidade são estabelecidos pelo condicionamento social desse desenvolvimento, seria igualmente errado esquecer que as fronteiras da especificidade da escola especial estão no caráter comum dos objetivos e tarefas sociais das escolas geral e especial. De fato, como já foi dito, crianças com deficiência não constituem "uma espécie particular de gente", segundo expressão de Bürklen; mas apesar de toda especificidade de seu desenvolvimento, elas apresentam uma tendência de aproximação com um determinado tipo social normal. É nessa aproximação que a escola deve desempenhar um papel decisivo. A escola especial pode ter um objetivo geral; afinal seus educandos irão viver e agir não como "uma espécie particular de gente", mas como trabalhadores, artesãos etc., ou seja, como unidades sociais determinadas. *A grande dificuldade e a profunda particularidade da escola especial e de toda defectologia prática consiste justamente em atingir os mesmos objetivos a partir de meios específicos*, assim como a grande particularidade da criança com deficiência consiste em atingir o mesmo ponto-final a partir de um desenvolvimento específico. Se meios específicos (a escola especial) fossem aplicados para se chegar a objetivos específicos, não haveria nada que pudesse ser chamado de problema; toda a questão reside na aparente contradição dos meios especiais aplicados para que sejam alcançados *os mesmos* objetivos da escola geral. De fato, essa contradição é apenas aparente: *justamente para que* a criança com deficiência possa atingir o mesmo que a criança normal é que meios totalmente específicos devem ser empregados.

Segundo Griboiédov,

> O objetivo da escola única para o trabalho é criar o construtor da nova vida a partir de princípios comunistas. O objetivo da escola auxiliar não pode ser esse, uma vez que, ainda que tenha recebido uma formação e seja relativamente adaptada à sociedade e ao seu meio circundante, ainda que seja equipada com meios para lutar por sua existência, a criança mentalmente atrasada não pode ser construtora, criadora da nova vida, exige-se dela apenas que não atrapalhe a construção dos demais (1926, p. 99).

Consideramos tal colocação do problema prático da pedagogia terapêutica inconsistente do ponto de vista sociopedagógico e psicológico.

Na realidade, será que a pedagogia pode estabelecer seu trabalho a partir de uma tarefa puramente negativa ("não atrapalhar a construção dos demais")? Uma tarefa desse tipo pode ser resolvida não pela pedagogia, mas por meios totalmente diferentes. Uma educação que não estabeleça determinadas tarefas sociais positivas é impossível e, ao mesmo tempo, não se pode admitir que a criança que termine seus estudos na escola auxiliar deva limitar seu papel na vida social a algo como "não atrapalhar". Segundo dados trazidos por Griboiédov (1926), mais de 90% das crianças mentalmente atrasadas que receberam uma formação são aptas ao trabalho e realizam tarefas artesanais, industriais e agrícolas. Por acaso, ser um trabalhador consciente, seja um operário, um trabalhador agrícola ou um artesão, não significa ser construtor, criador da nova vida? Afinal, tal construção deve ser compreendida como construção coletiva, social, da qual todos os trabalhadores participam na medida de suas forças. Dados estatísticos da Alemanha e dos Estados Unidos sobre a empregabilidade de pessoas com atraso mental indicam que, ao terminarem a escola auxiliar, elas podem ser construtoras e, de modo algum, estão condenadas ao papel de "não atrapalhar a construção dos demais". Em termos psicológicos também é incorreto negar a presença de processos criadores em crianças com atraso mental. Não em termos de produtividade, mas de intensidade de seu fluxo, esses processos com frequência são superiores em crianças com debilidade mental do que em crianças normais. Para atingir a mesma coisa que uma criança normal, a com debilidade mental deve apresentar um nível maior de criação. Por exemplo, o domínio das quatro operações aritméticas é um processo mais criador para uma criança com atraso mental do que para uma normal. Griboiédov apresenta com aprovação a opinião de Krünegel sobre a pedagogia terapêutica, que se reduz fundamentalmente a: 1) exercitar funções psíquicas residuais e 2) desenvolver funções substitutas (Griboiédov, 1926). Contudo, isso significa justamente basear a pedagogia no princípio da compensação, ou seja, do desenvolvimento criador. A partir dessa perspectiva ocorre uma revisão da patologia no tipo geral do desenvolvimento da criança com atraso mental. "O fator terapêutico deve sustentar e impor sua marca em todo trabalho da escola", exige Griboiédov (1926, p. 98), em plena concordância com a perspectiva geral sobre a criança com atraso mental como *doente*.

Trochin[132] advertia contra a ideia de "ver na criança anormal apenas a doença, esquecendo de que, além da doença, há nela uma vida psíquica

---

132. Piotr Iákovlevitch Trochin (?). Vigotski cita a produtividade das noções de Trochin sobre a ausência de diferenças fundamentais entre crianças normais e anormais, sobre o equívoco de anali-

normal" (1915, p. 2). Por isso, parece-nos mais correta a tese proposta nos programas das escolas auxiliares do Narkompros: "os objetivos e tarefas gerais que se colocam diante da escola única para o trabalho são, ao mesmo tempo, os objetivos e tarefas da escola auxiliar" (Programma vspomogáte-lnoi chkóli (dliá úmstvenno otstalikh detei), 1927, p. 7). A própria construção desses programas com base nos programas do Conselho Estatal Científico para a escola geral constitui uma expressão do objetivo fundamental da escola: a aproximação possível da criança mentalmente atrasada da norma; construir o plano da escola auxiliar "fora da relação com o plano da escola única para o trabalho", como exige Griboiédov (1926, p. 99), quer dizer separar a prática da pedagogia pedagógica do círculo geral da educação social. Com efeito, mesmo no exterior, a escola se aproxima da ideia de complexo, como aponta Griboiédov (1926). A "aula com lenço" de Gürtler é um complexo aleatório e primitivo, ao passo que no fundamento do complexo do Conselho Estatal Científico está o "reflexo das conexões entre fenômenos vitais fundamentais (natureza, trabalho, sociedade)" (Programma vspomogátelnoi chkóli (dliá úmstvenno otstalikh detei), 1927, p. 8).

A criança mentalmente atrasada precisa *mais do que a normal* descobrir essas conexões no processo de ensino-aprendizagem escolar. O fato de que esse complexo é mais difícil do que o complexo do "lenço" é um mérito programático positivo, pois estabelecer dificuldades superáveis significa justamente realizar as tarefas criadoras da educação em relação ao desenvolvimento. Consideramos sintomática e profundamente justa a afirmação de Eliasberg, que tanto se dedicou ao problema da psicologia e da patologia da abstração, *contra* o predomínio exclusivo da visualidade na escola auxiliar. Justamente porque a experiência da criança mentalmente atrasada é tão dependente da visualidade, de impressões concretas, e desenvolve tão pouco o pensamento abstrato por si mesmo, a escola deve libertá-la do excesso de visualidade, que funciona como um empecilho ao desenvolvimento, e se educar para esses processos. Em outras palavras, a escola deve não apenas se ajustar às deficiências da criança, mas lutar contra elas, superá-las. Nisso consiste o terceiro traço fundamental do problema prático da defectologia:

---

sá-las apenas do ponto de vista da "doença". Vigotski utiliza também a ideia de Trochin sobre as peculiaridades das sensações em crianças anormais para demonstrar o equívoco das ideias antigas sobre o significado primordial de haver nelas um desenvolvimento dos órgãos dos sentidos como tais. Tudo isso serve para confirmar uma das principais ideias de Vigotski sobre a natureza social e não biológica do processo de compensação do defeito.

além de estabelecer os mesmos objetivos para a escola comum e para a auxiliar, além da especificidade e da particularidade dos meios aplicados na escola especial, o caráter criador de toda escola, que faz dela uma escola de compensação social, de educação social, e não uma "escola para débeis mentais", que fazem com que ela não se adapte ao defeito, mas que o vença, aparece como aspecto necessário do problema da defectologia prática. Esses são os três pontos que determinam todo círculo da defectologia prática.

Como foi dito, aqui nos limitamos à colocação dos problemas em sua forma mais geral. Indicamos que esses problemas, que a defectologia está apenas começando a resolver, estão voltados para o futuro mais do que para o passado e para o presente de nossa ciência. Tentamos mostrar que a defectologia estuda um desenvolvimento que tem suas próprias leis, seu próprio ritmo, seus ciclos, suas desproporções, suas metamorfoses, suas alterações de centro, suas estruturas; trata-se de um campo especial e relativamente independente do conhecimento sobre um objeto altamente particular. No campo da prática, no campo da educação, como tentamos mostrar, a defectologia se encontra diante de tarefas, cuja resolução exige um trabalho criador, a produção de formas especiais. Para resolução de determinados problemas, a defectologia precisa encontrar um fundamento sólido tanto para a teoria quanto para a prática. Para que ela não seja construída sobre a areia, para se evitar o empirismo eclético e superficial que a distinguia no passado, para que consiga passar de uma pedagogia hospitalar-medica-mental para uma pedagogia criativamente positiva, a defectologia deve se basear em um fundamento filosófico materialista dialético, sobre o qual é construída nossa educação social. É justamente esse o problema da nossa defectologia.

7
Infância difícil[133/134]

A psicologia da criança difícil constitui um dos problemas mais urgentes, que é desenvolvido em seus diferentes aspectos, pois os conceitos de "criança difícil" e "crianças difíceis de serem educadas" são muito amplos. Encontramos efetivamente aqui uma categoria de crianças que se distinguem profundamente entre si e que podem ser unidas apenas por uma característica negativa: todas elas apresentam dificuldades em termos educativos. Por isso, o termo "criança difícil" ou "criança difícil de ser educada" não são científicos, não trazem nenhum conteúdo psicológico ou pedagógico definido. Trata-se de uma designação geral de um grupo enorme de crianças diferentes entre si, uma designação preliminar, utilizada por conveniência prática.

O estudo científico dessas formas de desenvolvimento infantil ainda não foi tão longo a ponto de dispormos de definições mais exatas. Em particular, nos últimos tempos, tem sido corretamente apontado que o problema da dificuldade de educar não deve ser limitado à infância. Na realidade, no comportamento do adulto nos deparamos frequentemente com formas que constituem uma analogia direta com a dificuldade infantil e, se não podemos dizer que os adultos são "difíceis de serem educados", porque não os educamos, então todas essas pessoas são difíceis. Para tentar revelar esse conceito foram mencionados casos em que adultos são pessoas difíceis na família, no trabalho produtivo ou social. Foi possível apontar concretamente que, do ponto de vista psicológico, eles, de fato, apresentavam

---

133. Estenograma de uma palestra proferida em 4 de março de 1928. Do arquivo pessoal de Vigotski.

134. Traduzido a partir do v. 5, "Osnovi Defktologuii", de *Sobranie Sotchinénii v chesti tomakh* (Vigotski, 1983a, p. 137-149) [N.T.].

exatamente as mesmas manifestações de dificuldade e outros sinais que as crianças. Em outras palavras, trata-se daquelas formas de caráter ou graus de habilidade da pessoa que, em sua adaptação social, atividade e comportamento, levam a uma série de dificuldades e deficiências. O problema tem se ampliado cada vez mais, e os psicólogos mais sérios dos Estados Unidos que se dedicam a esse campo propõem a separação de um ramo particular do conhecimento psicológico que eles denominaram previamente de "limítrofe psicológico", considerando que tais distúrbios da atividade nervosa, que assumem formas neuropatológicas ou psicopatológicas, mas que, mantendo-se dentro dos limites da norma, ainda assim configuram dificuldades sérias, que atrapalham o devido processo educativo, a atividade social de trabalho, a vida pessoal e familiar da pessoa.

Tendo em vista a complexidade e amplitude do tema, peço licença para me deter em apenas dois pontos principais, que têm importância central. Trata-se do problema da formação do caráter infantil e do problema da habilidade infantil, pois crianças difíceis, em sua grande maioria, constituem uma complexidade nesses dois campos. Via de regra, temos diante de nós ou uma criança com dificuldade de aprendizagem em decorrência de um nível ruim ou baixo de habilidade ou uma criança com dificuldade de ser educada[135] em decorrência de certas disposições de seu comportamento, de traços de caráter, que tornam difícil o convívio com a criança. É difícil chegar a um entendimento com essas crianças, elas não se submetem à disciplina da escola etc. Voltaremos ao problema do caráter difícil ou ao problema da formação do caráter infantil.

1

Nos últimos tempos, o problema do caráter na psicologia tem passado por um reexame, uma revisão. Não é minha tarefa abarcar integralmente esse problema: interessa-me apenas seu aspecto que está associado ao problema da criança difícil de ser educada.

---

135. Vigotski apresenta aqui as ideias de *trudnovospitáemie diéti* (crianças com dificuldades de serem educadas) e *trudnoobutcháemie diéti* (crianças com dificuldade de aprendizagem). Como se pode verificar, ambos os termos são precedidos por *trudno*, que, em russo, significa "difícil". No primeiro caso, ele é combinado com a forma adjetivada do substantivo *vospitánie*, isto é, educação, criação no sentido abrangente, não necessariamente escolar; algo que em inglês poderia ser traduzido como *upbringing*. No segundo caso, a combinação é feita com a forma adjetivada do substantivo *obutchénie* (processo de ensino-aprendizagem escolar). Ao longo de toda essa tradução a palavra *vospitánie* foi vertida como "educação", e *obutchênie* como "processo de ensino-aprendizagem" ou "aprendizagem escolar", a depender do contexto [N.T.].

Nas teorias contemporâneas sobre o caráter, os pesquisadores seguem duas orientações opostas. Alguns psicólogos investigam a fundamentação biológica daquilo que chamamos de caráter humano, ou melhor dizendo, temperamento orientador da pessoa. Eles estudam a interação de sistemas orgânicos, que se correlacionam com determinados tipos de comportamento. O exemplo mais claro de pesquisa que se baseia no conhecimento do corpo humano é a conhecida teoria de Kretschmer. Outros pesquisadores estudam no caráter não tanto o fundamento biológico, orgânico, quanto a forma como ele se desenvolve em diferentes condições do meio social, no qual a criança formula seu caráter. Em outras palavras, essas pesquisas lidam com o caráter no sentido pleno da palavra, e não com o temperamento. Elas têm em vista as disposições do comportamento da pessoa que não foram engendradas hereditariamente, mas que foram formuladas com base em dados herdados no processo de educação, de desenvolvimento da criança, de adaptação a determinado meio. As que despertam maior interesse são justamente as pesquisas de segunda ordem, pois, como tentarei mostrar, são elas que abordam mais de perto o problema da formação na criança de caráter difícil ou que tende a esse tipo de caráter.

Peço licença para começar com um exemplo concreto, que explicita como a psicologia contemporânea tende a esboçar a formação de determinados traços do caráter, de determinada disposição no comportamento da pessoa. Suponhamos que temos diante de nós uma criança que, por algum motivo, sofre de deficiência auditiva. É fácil imaginar que essa criança passará por uma série de dificuldades ao tentar se adaptar ao meio circundante. Ela será colocada em segundo plano por outras crianças no momento da brincadeira, ela irá se atrasar para os passeios, ela será afastada da participação ativa em festas infantis, conversas. Em uma palavra, a criança que tem audição reduzida será colocada em uma posição social inferior às demais devido a uma simples deficiência orgânica. Queremos dizer que essa criança, em seu processo de adaptação ao meio social, irá se deparar com mais obstáculos do que uma criança comum. Como essa circunstância afeta a formação do caráter infantil?

Penso que o desenvolvimento do caráter da criança se dá pelas seguintes linhas fundamentais: em decorrência da má audição ela se defrontará com dificuldades, por essa razão ela desenvolverá elevada sensibilidade, atenção, curiosidade, desconfiança em relação aos que a circundam; talvez, ela desenvolva uma série de traços, cujo surgimento pode ser compreendido se levarmos em conta que essas peculiaridades do caráter são reações da criança às dificuldades que ela encontra no caminho. A criança que, em decorrência de sua deficiência, passa a ser objeto de zombaria por parte de seus colegas, irá desenvolver um nível superior de desconfiança, de curiosidade, de inquietude, e toda essa complexa configuração psicológica, ou seja, esse complexo sistema de disposições, de modos de ação, pode ser compreendido como uma reação, uma resposta a essas dificuldades que a criança encontra no processo de adaptação ao meio social.

Podemos observar ainda três tipos principais de formações reativas por parte da criança. Algumas delas são conhecidas por parte da psiquiatria, e na medicina elas são chamadas de "delírio dos que ouvem mal". Esse grupo é tão distinto dos demais, que há muito a psiquiatria o identificou. Pessoas que ouvem mal começam a apresentar as formações reativas mencionadas acima. A pessoa que começa a ouvir mal desenvolve uma desconfiança, uma suspeita, uma cisma, uma inquietude. Cada palavra dita ao redor serve de motivo para forte ansiedade, a pessoa tem a impressão de que os outros têm más intenções para com ela. Ela perde o sono, começa a ter medo de ser morta, mostra-se disposta a acusar os demais de conspirar contra ela, todas as pessoas novas lhe parecem suspeitas. No fim das contas, ela passa a ter delírio de perseguição.

Teriam esses traços do caráter a mesma natureza psicológica que os mencionados inicialmente? Suponho que essa formação surja em resposta às dificuldades de adaptação ao meio circundante. Se a deficiência auditiva não isolasse a pessoa de seu meio circundante e limitasse sua relação com os demais, não haveria nada de especial no comportamento. Embora tenhamos direito de dizer que aqui há uma formação reativa, a suspeita e a desconfiança são disposições do comportamento, um determinado modo de ação em relação ao meio circundante, um modo forjado em resposta às dificuldades com as quais o indivíduo se depara. Não obstante, trata-se de uma disposição fictícia, que não parte da realidade, uma vez que as pessoas próximas não lhe desejam mal. E essas formas de comportamento que se desenvolvem no paciente em resposta às dificuldades não fazem com que elas sejam efetivamente superadas. As dificuldades mesmas surgem com base em ideias que divergem da realidade, e o paciente luta contra esses fantasmas recorrendo a meios igualmente fantasmagóricos.

Psicólogos contemporâneos sugeriram chamar esse sistema de formação de certos traços de caráter de "compensação fictícia". Eles dizem que essa disposição de inquietude, desconfiança, cisma, surge como compensação quando a pessoa tenta, de algum modo, se defender das dificuldades que surgem diante de si. Se voltarmos ao exemplo com o qual iniciamos, veremos que a criança com dificuldade de audição terá duas linhas possíveis para desenvolver seu caráter. A primeira (podemos chamá-la de compensação real) surge em resposta a uma dificuldade considerada mais ou menos real. Dessa forma, se a criança que ouve mal desenvolve um nível elevado de sensibilidade, observação, curiosidade, atenção, sagacidade, aprende a reconhecer a partir de sinais vagos o que as outras crianças apreendem pela percepção auditiva, ela não deixará seu posto de guarda para não perder nada, já que ela parte de uma consideração real das dificuldades. Isso é o que se chama de compensação real. Sobre a compensação fictícia nós já falamos.

Por fim, uma última formação. Ela pode assumir as mais variadas formas. Não encontramos aqui os dois tipos de compensação indicados (delirante e real). O terceiro tipo, mais difícil de ser definido, é tão variado, tão desprovido de uma totalidade exterior, que seria difícil designá-lo com uma palavra. Eis, aproximadamente, em que ele consiste. Essa debilidade pode, em determinadas circunstâncias, tornar-se intensa. A criança pode se esconder atrás de sua debilidade. Ela é frágil, ouve mal: isso reduz sua responsabilidade em comparação com outras crianças e demanda mais cuidados das outras pessoas. A criança começa a cultivar a doença em si, uma vez que isso permite que ela exija um nível maior de atenção para si. Recorrendo a um subterfúgio, ela se recompensa pelas dificuldades. Os adultos sabem das vantagens da doença quando até o nível de responsabilidade da criança é reduzido, e elas podem se colocar em uma posição excepcional. Isso acontece especialmente na família, quando, devido à doença, a criança imediatamente atrai para si a atenção de todas as pessoas ao redor. Essa fuga da doença ou encobrimento pela debilidade constitui o terceiro tipo de compensação, sobre a qual é difícil dizer ao certo se é real ou não. Ela é tanto real, pois a criança consegue tirar vantagens, quanto fictícia, pois ela não livra das dificuldades, mas, ao contrário, intensifica-as. Estamos falando da criança que reforça sua deficiência. Quando exposta a um som, ela tende a mostrar um grau de dificuldade muito maior do que há na realidade, pois isso lhe é mais ou menos vantajoso.

Contudo, podem surgir também reações de outro caráter. A criança pode compensar as dificuldades com respostas agressivas dirigidas ao meio social na qual ela se encontra (junto a outras crianças, com os pais, na escola). Em outras palavras, a criança pode recorrer a uma compensação, mas de outro tipo. Peço licença para mostrar um exemplo concreto desse tipo de criança com deficiência auditiva. Ela pode apresentar um nível elevado de irritabilidade, teimosia, agressividade em relação a outras crianças, ela tenta de modo prático arrancar aquilo que a deficiência lhe tirou. A criança que, em decorrência da deficiência auditiva, fica em último lugar nas brincadeiras, tentará desempenhar um papel importante. Ela tentará se aproximar de crianças mais jovens. Esse tipo de compensação é bastante particular. Aqui são forjados traços de caráter que convencionamos chamar de amor ao poder, tendência ao "despotismo", teimosia, ou seja, tendência de insistir que seja feito de seu modo, ainda que o que tenha sido proposto não seja tão diferente daquilo que a criança quer fazer. O que une esse último caso de desenvolvimento do caráter infantil com o anterior, em que a criança se refugia na doença e cultiva sua debilidade? Até certo ponto, essa compensação é real, pois a criança conquista, por outros caminhos, aquilo que a deficiência lhe havia retirado; por outro lado, não obstante, ela é fictícia, pois num coletivo de crianças mais novas ela consegue o que quer pela teimosia e pela força, mas não supera as dificuldades reais que existem diante de si.

Com base nesses exemplos, podemos dizer que o desenvolvimento do caráter infantil se baseia em um mecanismo de reação compensatória, ou seja, reações que intentam superar as dificuldades que se impõem à criança. Essa reação pode ocorrer em três formas diferentes: compensações de tipo real, fictício ou intermediário, sobre as quais falamos anteriormente. Com base nos exemplos apresentados, é absolutamente claro que estamos no campo da psicologia da criança difícil de ser educada, pois mesmo no caso da compensação real, deparamo-nos com dificuldades enormes para educação do caráter infantil: a criança desenvolve um nível elevado de perspicácia e outra qualidades positivas, irá desenvolver também déficits decorrentes dos aspectos que não foram compensados, tentando superar o rebaixamento de sua posição real, que lhe traz infelicidade. Isso não trará bons resultados e, em grande medida, é um processo malsucedido: ele não pode ser chamado de patológico, pois leva à saúde, mas tampouco pode ser chamado de saudável, pois é realizado de forma patológica.

Quando a criança encontra dificuldades presentes no meio, ela se depara com fenômenos não suscetíveis, que afetam a formação de seu caráter. Forma-se, então, uma criança com um caráter contraditório, cujas qualidades mentais se misturam, e não se pode dizer ao certo o que está acontecendo; dizemos: "não sei nem o que dizer, ele era impossível, não tinha jeito, agora merece só elogios", ou o contrário: "estava bem, mas agora parece que não tem jeito".

Se pegarmos outros casos de compensação, teremos diante de nós uma criança difícil no pleno sentido da palavra, ou seja, teremos aqueles traços de caráter contra os quais os pedagogos têm que travar uma batalha e que atrapalham o desenvolvimento de disposições especiais que nos são necessárias.

2

Peço licença para dedicar algumas palavras sobre os tipos de influência recomendados por essa compreensão das dificuldades do caráter infantil. Esse novo sistema de educação da criança difícil ainda não foi formulado, não disse sua última palavra, não chegou a se estabelecer como sistema elaborado; contudo, em diferentes países, inclusive no nosso, tem havido tentativas. Gostaríamos de apenas ilustrar o princípio psicológico que deve ser colocado na base da educação desse tipo de criança. O pedagogo vienense Friedman chama esse princípio de "dialética metodológica", ou seja, uma abordagem que exige que se faça o contrário do objetivo pretendido, para que se chegue ao resultado necessário. Friedman conta de uma criança que sofre de irritação nervosa que, com seus ataques, era capaz de deixar todos ao redor amedrontados e submissos. Durante as aulas, ela corre para a janela com sua mochila e grita: "Vou jogar pela janela". A professora diz: "Faça o que quiser", deixando a criança perplexa, pois, como explica a professora, ela cede exteriormente à criança para poder tomar o controle da situação, para pode avançar. A professora compreende que o garoto quer atirar a mochila pela janela não porque ele está entediado com as aulas, mas porque ele quer assustá-la. Com sua resposta, cedendo à criança, a professora corta a raiz dessa reação e, com isso, coloca-a numa situação de dificuldade. Todos os exemplos de educação desse tipo, todo percurso desse tipo tem a intenção de, compreendendo a raiz psicológica de determinada reação ou disposição da criança, adaptar-se externamente à deficiência para, em seguida, assumir o controle da situação, ou seja, ceder à criança para depois poder avançar sobre ela. Isso é o que Friedman chama de princípio da "dialética metodológica". Aplicamos esse princípio sempre que rejeitamos a possibilidade de reprimir determinada reação da criança por via direta.

Se começarmos a entender os princípios que levam a certas dificuldades, se começarmos a cortar pela raiz, e não em sua manifestação, as dificuldades que levaram a certos traços negativos de caráter, se usarmos a deficiência para transformá-los em traços positivos de caráter, esse conjunto de ações poderá levar o nome de princípio de dialética metodológica. Por exemplo, em um grupo de crianças há uma criança desorganizadora, uma criança que atrapalha as demais, que perturba a disciplina. Pode-se tentar influenciar a criança do seguinte modo: ofereça a ela o papel de organizadora da turma, torne-a o líder do grupo, e então haverá relativa prosperidade no grupo. Relativa, pois esse caminho é muito perigoso, caso esse líder não for controlado a tempo. Contudo, como diz Friedman, o melhor é colocar o bandido para cuidar do celeiro. Mas se a criança que busca ocupar certa posição no grupo e expressa isso sabotando a aula não for colocada nessa posição, esse sentimento encontrará outra saída. Se a teimosia do déspota for minada, a criança seguirá um caminho favorável. Nesse caso, ocorre uma mudança na disposição da criança ou uma conversão de sua debilidade, de seus traços negativos em positivos, em uma espécie de força, o que pode levar ao desenvolvimento de traços positivos de caráter.

Para encerrar o primeiro problema, gostaria de apontar para o fato de que a criança difícil desperta um grande interesse psicológico, como os pontos positivos e negativos são entrelaçados aqui, como uma contradição domina outra e como as mesmas dificuldades encontradas pela criança podem favorecer a formação tanto de aspectos positivos quanto negativos do caráter.

Uma observação antiga diz que, não raro, crianças difíceis de serem educadas são talentosas, embora nesses casos seja necessário lidar com a mentira, a teimosia etc. da criança. É difícil admitir que toda essa energia psicológica, toda essa disposição do comportamento não possa ser desviada de certos caminhos de desenvolvimento e reorientada para outros caminhos. Não posso dizer que esse problema é muito fácil, que basta resolvê-lo teoricamente para que tudo mude na prática, que basta encontrar um meio e, de repente, todo desenvolvimento da criança irá virar do avesso. Na realidade, trata-se de um problema infinitamente difícil, pois se o desenvolvimento se dá por um caminho incorreto, uma série de forças e circunstâncias orgânicas e exteriores, inclusive fortuitas, irão favorecer o desenvolvimento a seguir justamente essa direção. Guiar o desenvolvimento para um determinado objetivo é uma tarefa altamente complexa e difícil. Aqui é necessária uma atuação de grande amplitude e profundidade. Meios mais ou menos exteriores costumam ser bastante eficientes quando se trata de uma criança que oferece grande resistência. Mas todos esses meios, que por si mesmos são excelentes, mostram-se impotentes quando há uma resistência terrível por parte da criança. Esse tipo de resistência constitui, de fato, uma força enorme, pois a criança é teimosa não porque quer sê-la, mas porque certas causas que determinaram o desenvolvimento de seu caráter fizeram com que a teimosia se desenvolvesse desde o princípio. Reeducar uma criança assim é uma tarefa muito demorada e complexa, para cuja abordagem estamos praticamente apenas começando a encontrar procedimentos dos mais gerais.

3

Peço licença para me deter em outro problema psicológico, muito estreitamente ligado à dificuldade de educar, isto é, o problema da habilidade. Há crianças que apresentam dificuldade em relação à educação devido a alguma deficiência de caráter, mas há também outro grupo que tem dificuldades em relação ao processo ensino-aprendizagem em decorrência de determinados déficits de habilidades, ou seja, por insuficiência de uma reserva comum de desenvolvimento psicológico que atrapalha a criança a estudar na escola e adquirir os conhecimentos que outras crianças conseguem adquirir. Evidentemente que aqui a questão está sendo tratada apenas em linhas mais grosseiras e os casos confusos estão sendo deixados de lado, pois a criança que tem dificuldade de aprendizagem pode ser também uma criança difícil de ser educada: os casos limítrofes estão sendo deixados de lado, bem como aqueles que não podem ser incluídos sob essa rubrica. O problema da habilidade também precisa ser revisto, só que de forma muito mais profunda que o problema do caráter. Se na teoria do caráter temos uma continuação das duas linhas fundamentais que são conhecidas há tempos pela psicologia antiga, ou seja, a teoria que associa o caráter com particularidades do organismo ou com as condições sociais da educação, no caso do problema da habilidade, a psicologia contemporânea está fazendo uma revolução no sentido pleno da palavra.

É muito difícil apresentar sistematicamente o problema da habilidade. Novamente peço licença para, assim como ocorreu com a questão do caráter, abordar apenas um aspecto do problema. A questão da educação e do desenvolvimento da criança que tem dificuldade de aprendizagem está diretamente relacionada com a questão da unidade ou da variedade da habilidade. Essa questão consiste no seguinte: seria a habilidade um aspecto, fator ou função unificada, homogênea, integral, ou sob essa designação geral ocultam-se muitas formas? Essa questão passou por muitos estágios e, na história da teoria da habilidade, há poucos capítulos tão extensos quanto este.

Peço licença para me deter em um aspecto do problema da habilidade que está diretamente ligado ao problema da criança difícil. Todas as pesquisas psicológicas dizem que a habilidade não é uma função integral, mas uma série de funções e fatores distintos, que são unidos em um todo. A definição "criança débil", em particular, mostra que nossa representação sobre a habilidade não é suficientemente precisa. Chamamos débil a criança que tem qualidades negativas. Todas as crianças que aceitam mal a disciplina, o processo de ensino-aprendizagem na escola, são referidas como crianças que têm dificuldade de aprendizagem. Mede-se uma determinada função, digamos, a atenção, e verifica-se com isso que na criança atrasada essa função é inferior do que na normal. Diz-se que falta algo à criança atrasada, mas não se diz o que ela tem.

Ocorre que crianças que têm distúrbios em determinadas funções dominam diferentes possibilidades complementares, que não existem na criança normal. Por isso, Lipmann tem toda razão ao dizer que não deve haver um único psicólogo que tenha decidido definir a criança débil simplesmente como débil. O psicólogo não deve fazer isso exatamente da mesma forma que o médico contemporâneo não pode definir o paciente apenas pelo grau de sua doença. Quando levamos uma criança ao médico, ele determina não apenas os aspectos negativos, mas também os positivos de sua saúde, que compensam sua essência física. Da mesma forma, o psicólogo deve diferenciar o atraso infantil e analisar em que ele consiste.

Indicarei as principais formas de combinação de atraso e desenvolvimento infantil que são estudadas pela psicologia contemporânea. É preciso advertir que o caso não se esgota nas formas de que irei tratar. Elas servem para mostrar a complexidade que o problema da psicologia da criança atrasada atinge e como é difícil resolver esse problema apenas indicando aquilo que falta a essa criança.

Ao analisarmos esse problema, é preciso antes de tudo falar da enorme importância de se identificar as formas de deficiência motora infantil. Diferentes autores passaram a observar essa forma especial de atraso infantil, e a denominaram de diversas formas: debilidade motora, idiotia motora etc. Contudo, seja qual for a denominação, a essência é a mesma. Temos diante de nós uma criança que não tem um prejuízo marcado e evidente do aparato motor; não obstante, ela apresenta um atraso no caráter dos movimentos, que podem ser investigados de duas formas: assinalar, por meio de uma escala, quais tipos de movimento estão atrasados aos 6, 7, 8, 10 anos de idade e determinar o atraso em 2-3 anos ou mais, ou comparar os aspectos da habilidade mental com a escala de Rossolimo e dizer que a criança não tem coordenação suficiente na mão esquerda e direta, uma vez que a criança tem dificuldade de combinar os movimentos das mãos etc. Caiu por terra a noção de que o atraso pode ser ou intelectual ou motor. No mais das vezes eles andam lado a lado, mas às vezes, até com bastante frequência, o atraso mental não é acompanhado de atraso intelectual e, o contrário, o atraso intelectual não necessariamente é acompanhado de atraso motor.

A última pesquisa de Krüdelen[136] na Alemanha mostrou que a esmagadora maioria das crianças débeis tem habilidades motoras não inferiores ao esperado para a idade. Esse fato também tem grande importância para a teoria do atraso infantil e para o trabalho prático com crianças: se dois elos do desenvolvimento podem fluir de forma mutuamente independente, é claro que a própria palavra "atraso" requer outras subdivisões. Esse é o primeiro ponto. Em segundo lugar, como mostrou a pesquisa, um elo do desenvolvimento pode, em relação a outro, constituir um elo central de compensação, ou seja, a criança pode fortalecer aquilo que ela domina. Dependendo das circunstâncias, a criança irá se desenvolver de forma mais intensa em termos motores ou, ao contrário, sua capacidade cognitiva, o aspecto intelectual de seu desenvolvimento, será intensificado. Esse é um fato que tem uma importância enorme para a teoria psicológica da habilidade.

---

136. Krüdelen (?) foi um psicólogo e defectólogo alemão. Vigotski apresenta dados de suas pesquisas ao analisar a correlação entre atraso intelectual e motor em crianças com debilidade. Segundo os dados de Krüdelen, o grau de habilidade motora em débeis pode ser inferior à norma. Esse fato, para Vigotski, é muito importante do ponto de vista do processo de compensação.

Verificado em uma grande quantidade de material, ele sustentaria a tese de que a tendência a um desenvolvimento maior em certas esferas pressupõe a possiblidade de deficiência em outras, nas quais a criança encontra dificuldades. Esse fato é confirmado pelas estatísticas. Contudo, mesmo se não estivéssemos lidando com grandezas matemáticas definidas, o significado psicológico desse fato não se reduz em absoluto; importa que tal correlação é possível e que o desenvolvimento motor de crianças com atraso leva a resultados positivos. Justamente com base nisso pode-se explicar por que 90% das crianças que não são capazes de aprender na escola comum sejam capazes de executar trabalhos, e não necessariamente de tipo elementar, como o trabalho de imbecis, mas de tomar parte em formas mais complexas de trabalho.

O próprio atraso intelectual é diferente. Assim, pode-se falar em atraso intelectual leve. Aqui o próprio atraso e sua compensação podem ocorrer de forma independente e até se converter em sua antítese na medida em que um elo aparece como compensação de outro, que esteja danificado. A isso se dá o nome de intelecto prático.

Psicólogos contemporâneos chamam de intelecto prático a capacidade do animal ou da criança para a ação racional. A pesquisa de Köhler com macacos mostrou que a capacidade de agir de forma eficiente não está necessariamente ligada à capacidade de pensar racionalmente. As observações indicam que uma criança que, em termos teóricos, parece ter atraso profundo, em termos de seu intelecto prático, de sua ação prática, pode estar muito adiante. No campo da ação prática eficiente ela avança muito mais do que em seu desenvolvimento teórico. Lipmann aplicou os procedimentos de Köhler em sua pesquisa com imbecis, e descobriu que, apesar do grande atraso intelectual, a razão prática deles se mostra significativamente superior à intelectual; um grupo de crianças se mostrou apto a agir racionalmente. Lipmann realizou um experimento extremamente interessante: ele propôs aos sujeitos que resolvessem uma mesma tarefa inicialmente pela ação e, depois, teoricamente. A tarefa consistia em retirar um objeto de um suporte instável. Quando o sujeito se aproximava do objeto e tentava pegá-lo, o resultado era um, quando ele tentava raciocinar, o caráter do raciocínio era outro. Os sujeitos eram incapazes de resolver teoricamente um quebra-cabeça, mas na prática eram perfeitamente capazes de resolvê-lo. Não é de hoje que o estudo do intelecto de crianças mentalmente atrasadas mostrou que, com frequência, a criança é muito mais engenhosa na prática do que na teoria, que ela é capaz de agir de forma eficiente e "pensar" muito melhor com as mãos do que com a cabeça. Algumas pesquisas mostraram que o intelecto prático e o teórico podem estabelecer uma relação inversa entre si e que, justamente devido a uma deficiência do pensamento abstrato, o intelecto prático se desenvolve de forma intensa na criança, e o contrário.

Peço licença para explicitar isso em relação ao desenvolvimento cultural. Tanto o desenvolvimento cultural quanto o intelecto prático estão ligados ao uso de meios culturais de pensamento, em particular do pensamento verbal. Nos últimos tempos foi identificada uma forma de pensamento infantil que lança luz sobre o problema do desenvolvimento cultural: trata-se do *primitivismo infantil* como grau de desenvolvimento cultural mínimo da criança. Permitam-me apresentar um exemplo de primitivismo infantil tomado de Petróva, que investigou esse fenômeno na clínica de Guriévitch. Foi investigada uma criança profundamente atrasada em suas reações adaptativas. Ela foi encaminhada para muitas instituições infantis e, em seguida, para um hospital psiquiátrico com suspeita de doença psíquica. No hospital não foi identificada nenhuma doença psíquica, e a criança chegou à clínica de Guriévitch para ser pesquisada. Trata-se de uma menina tártara que desde muito nova trocava uma língua não totalmente consolidada por outra, que aprendeu a compreender os falantes daquele idioma, mas não se habituou a pensar nele. A menina não se acostumou à ideia de que, com base em algumas palavras, é possível tirar uma conclusão. Os psicólogos colocavam-lhe uma série de tarefas cognitivas, apresentando-as em alguns casos como tarefas práticas e em outros como verbais. Quando eram apresentadas como práticas, as tarefas tinham resultados positivos. Quando eram verbais, a menina reagia com total perplexidade, incapacidade de pensar. Por exemplo, diz-se à menina: "minha tia é mais alta do que eu, já meu tio é ainda mais alto do que minha tia. Meu tio é mais alto do que eu ou não?" A menina responde: "não sei. Como vou poder dizer se o tio é mais alto se eu nunca o vi?" A todas as perguntas ela responde da mesma forma: se ela não viu com os próprios olhos, não pode dizer nada. Ela não tem noção de que, com base em duas posições verbais, é possível concluir uma terceira, também por via verbal. Para ela isso é impossível. A criança tem um atraso em seu desenvolvimento cultural, no desenvolvimento do pensamento verbal, mas não é débil, embora externamente pareça sê-lo: ela raciocina mal, dá respostas inadequadas, se recusa a fazer operações cognitivas simples. Contudo, estaríamos incorrendo em um grande erro se pensássemos que a garota não é capaz de tirar conclusões com base em dados práticos.

Permitam-me apresentar um resumo: no campo da compreensão da habilidade infantil e de seus aspectos negativos, como a dificuldade de aprendizado escolar por crianças e a deficiência, tem acontecido agora uma grande revisão de ideias antigas.

A visão antiga sobre a habilidade como função única cai por terra e, em seu lugar, coloca-se a nova afirmação relativa à complexidade funcional de suas formas isoladas. Por isso, penso que o mais correto seria encerrar essa conversa indicando a forma de investigação psicológica que devemos escolher ao estudar a debilidade. Recebemos para consulta uma criança que, segundo suspeita de pedagogos, é mentalmente atrasada. Antes costumava-se acreditar que a criança não daria o que deveria dar, que ela não consegue se orientar nem em condições circundantes mais simples e, assim, a conclusão estaria pronta. A primeira exigência que a psicologia contemporânea apresenta consiste em nunca indicar apenas os aspectos negativos da criança, pois isso definitivamente nada diz sobre o que ela tem de positivo. Digamos que a criança não domine certos conhecimentos, que ela não tenha, por exemplo, noção do que seja um calendário, mas não sabemos de forma definitiva o que ela domina. Agora o estudo exige que a caracterização da criança com atraso seja necessariamente dupla, da mesma forma que a medicina tem uma classificação dupla de tuberculose: por um lado, caracteriza-se o estágio de desenvolvimento da doença; por outro lado, indica-se o grau de compensação do processo. Os indicadores 1, 2, 3 indicam a severidade da doença; A, B, C indicam sua compensação. Apenas a junção dos dados oferece uma noção completa sobre a doença, pois embora uma pessoa possa ter mais danos devido à doença do que outra, seu nível de compensação pode ser maior. Uma pessoa pode estar no terceiro estágio de tuberculose, mas ter um nível de compensação tal que ela se mostra apta para o trabalho e pode realmente trabalhar, ao passo que outra pode ter sofrido danos muito menores, mas também ter um nível de compensação também menor, de modo que o desenvolvimento da doença desempenha um papel muito mais nocivo.

No estudo da criança anômala, um defeito ainda não diz nada ao psicólogo enquanto não for identificado o grau de compensação desse defeito, enquanto não for mostrado por quais linhas se dá elaboração de formas de comportamento que se contrapõem ao defeito, que tentativas da criança compensam as dificuldades com as quais ela se defronta. Essa caracterização dupla tornou-se um fenômeno praticamente onipresente na prática. De fato, temos pelo menos um caráter triplo dos defeitos e da compensação. Aqueles que tiveram a oportunidade de investigar crianças de perto sabem com que frequência uma criança atrasada tem determinada função, digamos a memória, em um nível bastante alto, mas o problema é que sua capacidade de dominar essa função é ínfima. Isso vale para a menina primitiva mencionada anteriormente. Ela raciocina perfeitamente bem. Seus raciocínios são cheios de silogismos, mas a incapacidade de inseri-los em uma determinada cadeia verbal de raciocínios faz com que ela pareça profundamente atrasada.

Com frequência encontramos tipos em que a base orgânica da memória, por si mesma, é muito elevada, ou se desvia muito pouco da média, ou ainda é superior a ela, mas a capacidade de memorizar e usar essa capacidade para realizar processos culturais elevados se mostra insignificante. Temos o caso de uma criança com atraso profundo, mas cuja memória visual era tão desenvolvida que ela, mesmo sem saber ler, foi capaz de realizar a seguinte experiência: diante dela foram colocados papéis com nomes de uma quantidade bastante grande de pessoas representadas em cartões. Os papéis estavam posicionados na frente de cada figura. Em seguida, os papéis foram misturados, mas a criança conseguiu reorganizá-los corretamente com base no contorno das palavras. Ainda assim, não obstante a colossal memória visual, essa criança não conseguiu aprender a ler, pois memorizar, assimilar as letras, ligá-las com sons etc. era algo que estava acima de suas forças. Sua capacidade de assimilação era mínima.

Surge uma nova ideia nas teorias atuais, isto é, fazer uma caracterização dupla ou mesmo tripla: uma caracterização do intelecto prático, dos dados e modos práticos de sua utilização. Em resumo: ao invés de uma definição geral de debilidade mental, tenta-se definir, em primeiro lugar, como ela se expressa; em segundo lugar, responder à pergunta sobre como a criança tenta combater esse fenômeno; e, em terceiro lugar, qual caminho a escola deve seguir para combater a deficiência que determinada criança sofre.

Quais conclusões pedagógicas são ditadas pela nova abordagem de pesquisa? Peço licença para mostrá-las com base em um exemplo concreto de trabalho na escola auxiliar. Sabemos perfeitamente que crianças com debilidade mental se distinguem por um desenvolvimento insuficiente do pensamento abstrato e, por isso, o processo de ensino-aprendizagem se baseia em meios visuais. Contudo, o processo ensino-aprendizagem visual desenvolve nessa criança apenas o pensamento visual e cultiva sua debilidade. Nenhum dos pedagogos contemporâneos discute que o método visual de ensino-aprendizagem pode ocupar o principal lugar na escola auxiliar, mas, considerando a debilidade cognitiva da criança, é preciso formar nela bases para o pensamento abstrato, baseando-se em material visual, em outras palavras, é preciso fazer avançar a linha geral do desenvolvimento da criança com atraso mental. Na pedagogia contemporânea (mesmo em países menos propensos a uma pedagogia revolucionária) começa-se a abrir caminho para o seguinte princípio: a escola auxiliar precisa desenvolver o pensamento das crianças, elaborar nelas conceitos sociais e fazê-lo necessariamente com base em um material visual.

Dessa forma, se resumirmos as conclusões práticas do que foi dito, seria possível afirmar que toda diferença entre a prática nova e a antiga consiste não no fato de que a nova nega teses antigas, mas em que ela segue adiante. Se antes a dificuldade infantil era compreendida apenas como um sistema de deficiências, a psicologia contemporânea tenta mostrar o que se esconde atrás desses pontos negativos; se a educação antiga tinha a tendência de ceder à deficiência, de ir atrás dela, a atual considera a deficiência, cede para poder assumir o controle sobre ela, para superar a deficiência que faz com que a criança tenha dificuldade de ser educada e de aprendizagem.

8
Sobre a questão da dinâmica do caráter infantil[137/138]

1

Na teoria psicológica e na prática pedagógica a própria colocação do problema não deixou lugar para a teoria do caráter infantil, sobre o desenvolvimento e o processo de sua formação. A questão era abordada estatisticamente e o caráter era analisado como uma grandeza estável e constante, sempre igual a si mesma, evidente e dada. O caráter era compreendido como *status*, e não como processo, como estado e não como formação. A fórmula clássica dessa visão tradicional foi dada por Ribot, que propôs duas condições necessárias e suficientes para estabelecer o conceito de caráter: unidade[139] e estabilidade, que ele entendia como unidade no tempo. O verdadeiro traço do caráter, segundo Ribot, é o fato de que ele se manifesta na tenra infância e permanece estável ao longo da vida; o verdadeiro caráter é inato.

Nos últimos tempos a visão estatística sobre o caráter recebeu uma expressão acabada e completa na teoria de Kretschmer, que analisa o caráter em relação à estrutura do corpo, como construção psíquica ao lado da somática. Um e outro, ou seja, a estrutura do corpo e o caráter, são determinados, segundo esse autor, em última instância pelo sistema endócrino inato. Kretschmer distingue dois grandes biótipos complexos, a partir dos quais (misturados em graus muito variados) forma-se uma grande quantidade de

---

137. Trabalho publicado na coletânea *Pedologia e educação* (Moscou, 1928).

138. Traduzido a partir do v. 5, "Osnovi Defktologuii", de *Sobranie Sotchinénii v chesti tomakh* (Vigotski, 1983a, p. 153-165) [N.T.].

139. O termo russo aqui vertido como "unidade" é *edínstvo*. Em outras partes (particularmente quando combinado com a ideia de *edinítsa*) essa palavra foi traduzida como "totalidade". Ver notas em I. 1 [N.T.].

nuanças normais de temperamento (1930): o tipo esquizotímico e o ciclotímico, que estão ligados a dois tipos principais de doenças da alma, isto é, a esquizofrenia e a psicose maníaco-depressiva (circular). Essa teoria, como indica corretamente Zalkind, exerceu grande influência sobre a psicologia infantil (1926).

Encontramos em Blónski uma continuação e um desenvolvimento, ou melhor, transferência do ponto de vista de Kretschmer na ciência sobre a criança. Ele diz:

> Um dos méritos de Kretschmer é o estabelecimento de uma ligação entre a estrutura do corpo e o caráter... Eu vou mais longe e afirmo que os temperamentos e distinções não apenas de indivíduos, mas também de idades. Em particular, o temperamento ciclotímico é próprio da fase do dente de leite (Blónski, 1925a, p. 182).

O adolescente substitui o temperamento ciclotímico pelo esquizotímico (Blónski, 1925a, p. 227). A mudança sofrida pela concepção estatística do caráter com sua transferência para a criança se manifesta apenas no fato de que, no lugar de um tipo de caráter único fatalmente condicionado pelo sistema endócrino, tem-se a substituição sucessiva de um tipo por outro. O próprio princípio de estabilidade, proclamado por Ribot, continua ainda assim intocado. O tipo do caráter se mostra apenas como uma consolidação em certo estágio etário, e não em uma constituição estabelecida. A série de tipos estáveis pelos quais a criança passa sucessivamente continua sendo uma série estática e não dinâmica. Esse é o traço fundamental de uma e de outra teoria, bem como, aliás, da maioria das teorias caracterológicas. Esse traço, como já apontamos, é corretamente chamado por Zalkind de *estatismo biológico* absoluto na abordagem do caráter (1926). Assim, ele analisa esse traço: "O desenvolvimento do caráter humano é apenas um desenrolar passivo de um tipo biológico fundamental, biologicamente inerente à pessoa" (Zalkind, 1926, p. 174).

O esquema de Kretschmer não se presta a uma divisão etária dos traços de caráter. Contudo, isso não o impediu de tentar encontrar para cada etapa do desenvolvimento seu conteúdo predominante, específico. Esse conteúdo não cabe em nenhum dos sistemas caracterológicos existentes, ele se transforma de modo extremo sob o impacto do meio, é por isso que é perigoso colar aos sistemas um "passaporte" rígido *no estado atual da ciência*. A imperfeição desse ponto de vista, assim como de todo ponto de vista estatístico e não dinâmico, consiste em que ele não se presta à resolução de questões ligadas à origem, desenvolvimento e fluxo, sendo forçado a se limitar à constatação, à seleção, à generalização e à classificação de dados empíricos, sem que se conheça a verdadeira natureza dos fenômenos estudados. "Se a forma de manifestação e a essência das coisas coincidisse diretamente, toda ciência seria supérflua", disse Marx (Marx; Engels, *Obras reunidas*, parte II, p. 384). Por isso, o ponto de vista que se satisfaz com a forma de "manifestação das coisas", ou seja, que se satisfaz apenas com dados empíricos sem análise de sua "essência", é um ponto de vista não científico. Essa teoria sempre começa fatidicamente pelo fim. É em vão, portanto, que a caracterologia de Hipócrates[140] até Kretschmer se vê às voltas com a classificação como se este fosse o principal problema do caráter. A classificação só pode ser cientificamente consistente e produtiva quando estiver fundamentada em um indício essencial de fenômenos distribuídos entre diferentes classes, ou seja, quando ela pressupõe de antemão o conhecimento da essência dos fenômenos. Do contrário, a classificação por necessidade será uma distribuição escolástica de dados empíricos. Esse é o caso de quase todas as classificações de caráter. Contudo, a "essência das coisas" é a dialética das coisas, e ela se revela na dinâmica, no processo de movimento, de transformação, na formação e na destruição, no estudo da gênese e do desenvolvimento.

A caracterologia histórica e contemporânea lembra o estado das ciências biológicas antes de Darwin. O pensamento científico tentou considerar e ordenar, introduzir em um sistema e dar sentido a uma variedade imensa de formas animais e vegetais, mas ele não tinha a chave para se chegar a essa variedade; ele tomava essa variedade como fato, como dado, como evidência indiscutível da criação de tudo o que existe. O que se revelou ser a chave para a biologia foi a revolução, a ideia de desenvolvimento natural das formas vivas. Assim como a biologia começou com a *origem das espécies*, a psicologia deve começar com a *origem dos indivíduos*. A chave para a origem dos indivíduos é o reflexo condicionado. Se Darwin nos deu a biologia das espécies, Pávlov nos deu a biologia dos indivíduos, a biologia da personalidade. O mecanismo do reflexo condicionado revela a dinâmica da personalidade, que a personalidade surge com base no organismo como

---

140. Hipócrates (c. 460 a.C.-370 a.C.) médico e materialista da Grécia antiga. Analisou questões de etiologia, prognóstico e temperamentos.

superestrutura complexa criada pelas *condições* externas da vida individual. Justamente essa teoria resolveu de forma definitiva a antiga disputa entre nativismo e empirismo. Ela mostra que *tudo* na personalidade é construído sobre uma base da espécie, inata, e, ao mesmo tempo, tudo nela é superorgânico, condicional, ou seja, social.

A teoria dos reflexos condicionados não apenas dá a Deus o que é de Deus e a César o que é de César. Ela mostra que o aspecto móvel, dinâmico, que impele o desenvolvimento, que suscita transformações, está justamente nas condições que reorganizam a experiência herdada. A reação inata é apenas o material, cujo destino depende de condições formativas, nas quais ele deve se manifestar. Sobre a base inata pode ser criada uma quantidade e uma variedade infinitas. Dificilmente seria possível encontrar melhor ilustração para a evidência da quase absoluta capacidade de reeducação da natureza humana do que no reflexo salivar condicionado a um estímulo destrutivo, penoso por meio de uma forte corrente elétrica. Colocado em condições apropriadas, ou seja, ao ser alimentado durante a emissão de um estímulo penoso, o cachorro passa a responder às queimaduras e feridas provocadas com uma reação positiva, que, na língua da psicologia subjetiva, é chamada de expectativa alegre e que, na língua da psicologia objetiva, é reflexo alimentar. Ao presenciar esses experimentos, conforme nos informa Bom, Sherrington exclamou: "agora compreendo a alegria com que os mártires iam para a fogueira" (*apud* Florov, 1952, p. 155). Assim, por meio de fatores sociais, o biológico se refunde em social; o biológico, orgânico, em pessoal; o "natural", o "absoluto", o "incondicional", em condicional. É precisamente este o material próprio da psicologia.

Sherrington viu no experimento com o cachorro uma grande perspectiva para a psicologia, isto é, a chave para decifrar a origem das formas superiores do psiquismo humano. Ele disse em essência aquilo que para o nosso tema pode ser traduzido e interpretado da seguinte forma: para compreender o caráter do mártir, que se entrega alegre à fogueira, é preciso perguntar a partir de quais *condições* surgiu necessariamente esse caráter, o que faz com que o mártir se alegre, qual a história, ou seja, a dinâmica, a condicionalidade (ou o condicionamento) dessa alegria. O caráter é condicional (condicionado); esta é sua fórmula dinâmica. Estatisticamente o caráter é igual à soma de certos indícios fundamentais da personalidade e do comportamento; ele é um corte transversal da personalidade, seu *status* imutável, seu estado presente. Compreender o caráter dinamicamente significa traduzi-lo para a língua das disposições especiais fundamentais no meio social, compreendê-lo em sua luta pela superação de obstáculos, *na necessidade de seu surgimento e desencadeamento*, em sua lógica interna de desenvolvimento.

2

A lógica do desenvolvimento do caráter é a mesma que a de qualquer desenvolvimento. Tudo o que se desenvolve, o faz por necessidade. Nada se realiza ou segue adiante devido a um "impulso vital" interno, como diz a filosofia de Bergson[141]. Seria um milagre se o caráter se desenvolvesse não por pressão da necessidade, que o força e impulsiona para o desenvolvimento. Em qual necessidade estão depositadas as forças motrizes do desenvolvimento do caráter? Para essa pergunta existe apenas uma resposta: naquela que é a necessidade fundamental e determinante de toda vida humana, isto é, na necessidade de viver em um meio social e histórico e de reorganizar todas as funções orgânicas de acordo com as necessidades apresentadas por esse meio. Apenas enquanto unidade social determinada pode existir e funcionar o organismo humano.

Essa tese foi tomada como ponto de partida para o sistema da psicologia individual (psicologia social da personalidade) de Adler. Deixaremos aqui de lado a questão da relação entre essa teoria e a filosofia marxista, pois esta é uma questão complexa, controversa e, o principal, que exige uma investigação particular e especial. As principais posições filosóficas de Adler são deturpadas por elementos metafísicos. Apenas a prática de Adler tem interesse caracterológico. Adler tem toda razão ao chamar essa teoria de psicologia posicional no sentido mais profundo da palavra, à diferença de uma psicologia disposicional: a primeira parte, no desenvolvimento psicológico, da posição social da personalidade; a segunda parte da disposição orgânica, ou seja, da predisposição. Aqui o conceito de caráter retorna ao seu sentido original. "Caráter" significa "cinzel" em grego.

---

141. Henri Bergson (1859-1941) foi um filósofo idealista francês, escritor e psicólogo. Um dos criadores da teoria do intuitivismo. Ao analisar as forças motrizes do desenvolvimento do caráter humano, Vigotski contrapõe o conceito idealista de "impulso vital interno" de Bergson com a necessidade objetiva, engendrada pelo meio social de existência humana.

O caráter é realmente o cinzel social da personalidade. Trata-se de um comportamento típico, solidificado, cristalizado da personalidade na luta por uma posição social. É a sedimentação da linha principal, da linha mestra da vida, do plano vital inconsciente, a orientação vital única de todos os atos e funções psicológicas. Ligado a isso, torna-se obrigatório que o psicólogo compreenda tanto cada ato psicológico como o caráter da pessoa como um todo não apenas em relação à personalidade passada, mas também à futura. Podemos chamar isso de orientação final do comportamento. Assim como um quadro em um filme, que representa um momento do movimento, não pode ser compreendido sem os momentos que o seguem, fora do movimento como um todo, assim como a trajetória da bala é determinada pelo ponto-final ou pela mira, todo ato e todo traço de caráter levantam as seguintes questões: Para onde ele é dirigido? Qual seu objetivo? Em que ele se converte? Para qual direção ele é atraído? Em essência, essa compreensão dos fenômenos psicológicos não apenas do passado, mas também do futuro não significa outra coisa senão a exigência dialética de tomar o fenômeno em seu movimento permanente, de revelar nos fenômenos sua tendência, seu futuro, que é determinado pelo seu presente. Assim como na história nós nunca compreenderemos até o fim a essência do sistema capitalista se o tomarmos de forma estática, fora da tendência de seu desenvolvimento, fora de sua ligação necessária com o sistema futuro que amadurece em suas profundezas, no campo da psicologia nunca compreenderemos até o fim a personalidade humana se a analisarmos de maneira estática, como uma soma de fenômenos, de atos etc., sem o plano vital único dessa personalidade, sua linha metre, que transforma a história da vida da pessoa de uma série de episódios desconectados e isolados em um processo biográfico único e coerente.

3

Nenhuma ação instintiva animal pode ser compreendida e interpretada se não conhecermos seu fim, seu "objetivo", o ponto em direção ao qual ela é dirigida. Imagine o comportamento animal antes do ato sexual. Ele só pode ser entendido se for tomado como um todo, se partirmos do ato final, do último elo, para o qual se orientam todos os elos anteriores dessa cadeia. Os movimentos de um tigre para assustar a presa serão totalmente desprovidos de sentido se não tivermos em vista o ato final desse drama, quando o tigre devora a presa. Podemos descer pela escada evolutiva até as funções orgânicas mais baixas e em toda parte encontraríamos essa particularidade, isto é, o caráter final, a orientação final da reação biológica. Se os dentes de um animal mastigam e moem a comida, isso só pode ser compreendido em associação com o fato de que a comida digerida e assimilada pelo organismo, ou seja, em associação com todo processo de alimentação e digestão. O que se costuma chamar de teleologia imanente do organismo, ou seja, o princípio metodológico segundo o qual analisamos as partes do corpo vivo como órgãos e atividades deles como funções orgânicas que são dotadas de significado e sentido apenas na relação com o organismo como um todo é, em essência, a formulação biológica geral dessa mesma ideia.

Dessa forma, o caráter final dos atos psicológicos e a orientação deles para o futuro aparecem já nas formas mais elementares do comportamento. Como vimos, nenhuma ação instintiva pode ser compreendida até o fim sem que ela seja analisada em uma perspectiva de futuro. Esse fato fundamental foi fixado por Pávlov na genial expressão "reflexo de objetivo". Ao estudar os tipos mais simples e básicos de atividade do sistema nervoso, com os quais os animais nascem, Pávlov chegou à conclusão de que deve ser estabelecido um reflexo não condicionado básico, o reflexo de objetivo. Com essa expressão paradoxal, à primeira vista Pávlov ressalta a particularidade desse reflexo, isto é, o fato de que ele é orientado para atingir um "objetivo", ou seja, ele só pode ser compreendido a partir do futuro, e, ao mesmo tempo, esse tipo de atividade não é uma espécie de excepcionalidade, mas um reflexo do tipo mais comum. Precisamente por isso, Pávlov substitui nesse caso o termo "instinto" em favor de "reflexo"; "nele é mais evidente a ideia de determinismo, é mais incontestável a ligação entre o estímulo e o afeto, a causa e a consequência" (Pávlov, 1951, p. 306).

É curioso que Adler, ao explicitar a ideia da orientação do comportamento para o futuro, cite os experimentos de Pávlov com a educação do reflexo condicionado de sinal (Adler, 1927). Mais curioso ainda que Pávlov aponta para o mecanismo de reflexo de objetivo como semelhante à teoria da compensação. Nesse reflexo ele vê o "mais importante fator da vida", especialmente necessário no mais importante dos campos, na educação. O mecanismo de formação do reflexo de objetivo a partir da presença de obstáculos foi estabelecido na psicologia de Pávlov e de Adler. Lipps chamou esse mecanismo de lei de represamento, que ele enxerga como lei geral da atividade psíquica, que consiste no fato de que a energia se concentra em certo ponto, eleva-se e pode superar o entrave, mas também pode seguir um caminho *alternativo*. Aqui já está contida a ideia de compensação. Todas as tendências foram explicadas por Adler como ação dessa lei; ele considerava que toda atividade dotada de propósito é realizada pela via de um acontecimento prévio sem objetivo ou automático quando surge um obstáculo. Apenas devido a um represamento, a um entrave, a um obstáculo, é que se torna possível a existência de um "objetivo" para outros processos psíquicos. O ponto de interrupção, de perturbação de alguma função que age automaticamente é o que passa a ser o "objetivo" de outras funções orientadas para esse ponto e que, portanto, têm o aspecto de uma atividade dotada de propósito. Dessa forma, o "objetivo" é dado previamente e, em essência, ele apenas parece ser um objetivo, pois, na realidade, ele é a causa primeira de todo desenvolvimento (a).

A teoria dinâmica não pode se limitar à constatação do fato da existência do reflexo de objetivo, do fato da orientação fatal do psiquismo. Ela deseja saber como o reflexo de objetivo surge, quais as condicionantes causais e determinações das formas de comportamento que são dirigidas para o futuro. A resposta para essa pergunta pode ser encontrada na fórmula de Pávlov sobre a existência de obstáculos. Como mostra mesmo a psicologia anterior a Pávlov, a existência de obstáculos não é só a principal condição para se *atingir o objetivo*, é também a condição necessária para o *surgimento e existência do objetivo*.

As duas teses psicológicas fundamentais nas quais se baseia a teoria dinâmica do caráter – isto é, a explicação da disposição psicológica a partir do futuro e o princípio da compensação no desenvolvimento do psiquismo – são, dessa forma, internamente ligadas; uma é, em essência, a continuação dinâmica da outra. A existência de obstáculos cria o "objetivo" para os atos psíquicos, ou seja, introduz no desenvolvimento do psiquismo uma perspectiva de futuro, a presença desse "objetivo" cria um estímulo para a tendência à compensação. São dois aspectos de um mesmo processo psicodinâmico. Para que se compreenda integralmente a lógica interna das visões aqui desenvolvidas, vale observar ainda que a terceira tese fundamental na qual nos baseamos – isto é, o princípio da condicionalidade social dos processos de desenvolvimento –, também está internamente ligada às outras duas e constitui, em uma sequência causal, o aspecto primeiro, que tudo determina, e, em sequência causal inversa ou de objetivo, ele é o aspecto final de um mesmo processo único, o processo de *desenvolvimento a partir da necessidade*.

As condições sociais em que a criança deve se inserir são o que constitui, por um lado, toda esfera da não adaptação da criança, da qual partem todas as forças criadoras de seu desenvolvimento; a existência de obstáculos que impulsionam a criança para o desenvolvimento está enraizada nas condições do meio social, no qual a criança *deve* entrar; por outro lado, todo desenvolvimento da criança está orientado para atingir o nível social necessário. Aqui tem-se o começo e o fim, o alfa e o ômega. Cronologicamente esses três momentos do processo podem ser assim representados: 1) a não adaptação da criança ao meio social e cultural cria um obstáculo poderoso para o crescimento de seu psiquismo (princípio da condicionalidade social do desenvolvimento); 2) esses obstáculos servem de estímulo para o desenvolvimento compensatório, tornam-se seu ponto-final e orientam todo processo (princípio de perspectiva do futuro); 3) a presença de obstáculos aumenta e obriga o aperfeiçoamento de funções e leva à superação desses obstáculos, ou seja, leva à adaptação (princípio da compensação). O fato de que a relação da personalidade com o meio esteja no começo (1) e no fim (3) do processo confere a ele uma forma fechada, circular, e permite que ele seja analisado em seu aspecto direto (causal) e inverso (de objetivo).

4

Contudo, se soubermos como a força surge da fraqueza, a capacidade da deficiência, teremos em nossas mãos a chave para o problema da habilidade infantil. É claro que a teoria dinâmica da habilidade é algo do futuro; até então, inclusive agora, esse problema tem sido resolvido de forma puramente estatística. Os pesquisadores abordam a habilidade infantil como um fato, como um dado, sobre o qual fazem apenas uma pergunta: quantos pontos? Eles se interessam apenas pelos pontos, e não pelo elemento próprio da habilidade. Na teoria dinâmica do caráter infantil encontramos os pressupostos para a criação de uma teoria nova, dialética sobre os pontos positivos e negativos da habilidade, ou seja, sobre o talento e a deficiência infantis. O ponto de vista anterior, atômico e quantitativo, revela de cara sua inconsistência teórica. Imaginem uma pessoa com memória ruim. Suponhamos que ela saiba disso e que a pesquisa revelou uma memorização ruim de sílabas sem sentido. Pelo *usus* estabelecido na psicologia, que agora deveríamos chamar de *abusos*, deveríamos concluir que essa pessoa sofre de um déficit da capacidade de memorização em decorrência de aspectos hereditários ou patológicos. A rigor, esse tipo de pesquisa costuma trazer na conclusão aquilo que já foi expresso em outras palavras na premissa: se alguém tem memória ruim ou tem dificuldade de memorizar palavras isso quer dizer que ela tem pouca capacidade de memorização... A questão deveria ser outra: "Para onde aponta a debilidade da memória? Para que ela é necessária?" Esse objetivo pode ser estabelecido apenas mediante um conhecimento íntimo de todo indivíduo, de modo que a compreensão dessa parte emerja da compreensão do todo.

O ponto de vista dinâmico permite analisar a habilidade e a deficiência como dois resultados distintos de um mesmo processo de compensação. Seria, evidentemente, um otimismo sem base científica supor que a presença do defeito ou da deficiência, por si só, seja suficiente para a compensação, para a transformação do defeito em talento. A supercompensação seria um processo mágico e não biológico se ela transformasse toda deficiência em uma qualidade, independentemente das condições intra e extraorgânicas nas quais esse processo ocorre. Não se pode imaginar essa ideia de modo mais caricato e incorreto do que chegar ao absurdo de dizer que todo defeito garante um nível elevado de desenvolvimento. A vida seria muito fácil se fosse assim. Na realidade, a compensação é uma luta e, como toda luta, ela pode ter dois resultados polares: vitória ou derrota. Como toda luta, seu resultado depende das forças relativas das partes em combate. Nesse caso, ele depende da dimensão do defeito e da riqueza das reservas compensatórias, ou seja, das forças de reserva do organismo. Se a compensação vence, temos um quadro de desenvolvimento de pleno valor ou até de valor elevado da habilidade. Se a compensação perde, temos um desenvolvimento rebaixado, deficiente, atrasado, deturpado. Em um dos polos desse processo temos a genialidade, no outro, a neurose.

A neurose, a fuga na doença e o caráter totalmente associal da posição psicológica são provas do *objetivo fictício* que orienta todo plano vital segundo um caminho falso e que distorce a linha mestra da vida e o caráter da criança. A compensação que não funciona se transforma em uma luta defensiva com auxílio da doença; o vencido se defende com sua debilidade. Entre esses dois polos de casos extremos estão todos os níveis de com-

324

pensação; do mínimo ao máximo. Justamente essa é a habilidade infantil mais frequentemente constatada e encontrada na prática, à qual estamos tão acostumados. A novidade trazida pela abordagem dinâmica reside não em uma mudança da avaliação quantitativa da habilidade e de seus tipos especiais, mas na recusa de se atribuir a essa avaliação um significado em si mesmo. Por si mesmo, o defeito ainda não diz nada sobre o desenvolvimento como um todo. A criança com determinado defeito ainda não é uma criança deficiente. Junto com o defeito são dados estímulos para sua superação. O desenvolvimento da habilidade, assim como o desenvolvimento do caráter, é dialético e se move por contradições.

5

A contradição interna orienta o desenvolvimento do caráter segundo a linha do "contraste psicofisiológico", como Adler convencionou chamar de contraposição entre deficiência orgânica e compensação psíquica.

Freud propôs a conhecida tese sobre a tríade do caráter (exatidão, avareza, teimosia) e sobre sua relação com o erotismo anal. Ou, ainda, sua outra tese: "os sujeitos que sofrem de incontinência urinária se distinguem por uma desmedida e ardente ambição" (Freud, 1923, p. 23). "A necessidade interna desse tipo de ligação entre os fenômenos..." (Freud, 1923, p. 20) está longe de ser integramente explicada e compreendida pelo próprio autor dessa teoria. Temos direito de perguntar o significado que esses traços de caráter podem ter para o futuro. Qual a relação entre essa tríade e o erotismo anal? Por que, *por toda vida*, o comportamento é determinado por esse traço, o que faz com que ele atrofie, o que o alimenta? Qual é sua necessidade no sistema de funções psicológicas da personalidade? Ao contrário, se nos mostrarem como, a partir da deficiência da função auditiva infantil (audição reduzida), desenvolve-se por meio de formações reativas e compensações uma sensibilidade *elevada*, desconfiança, ansiedade, curiosidade e assim por diante, isto é, funções que buscam compensar o defeito e criar sobre ele uma superestrutura de defesa psicológica, a lógica do caráter se tornará clara e dotada de sentido, bem como sua regularidade sociopsicológica.

Para Freud, nas particularidades do caráter são reveladas "afetações nervosas de existência demasiadamente prolongada", o caráter está radicado em um *passado distante*. Para Adler, o caráter está voltado para um aspecto futuro da personalidade. Assim como na interpretação dos sonhos Freud parte dos vestígios do dia anterior e de vivências infantis distantes, e Adler parte do fato de que o sonho é uma exploração militar, uma sondagem do futuro, uma preparação para ações futuras, da mesma forma, na teoria sobre a estrutura da personalidade, sobre o caráter, a nova teoria introduz uma perspectiva profundamente valorosa para o psicólogo, a *perspectiva do futuro*. Ela nos liberta do poderio de teorias conservadoras, voltadas para trás. Na realidade, para Freud, o ser humano, tal qual como um forçado e seu carrinho de mão, está atado ao seu passado. Toda vida é determinada na primeira infância a partir de combinações elementares, e todo o resto se reduz à erradicação de conflitos infantis. Não se entende, assim, por que todos os conflitos, traumas e vivências posteriores são apenas sobrepostos aos infantis que constituem o tronco e o sustentáculo de toda a vida. Na nova teoria, a perspectiva revolucionária do futuro permite compreender o desenvolvimento e a vida da personalidade como um processo único, *que se precipita adiante*, e orientado a partir de uma necessidade objetiva para um ponto de chegada, para um fim indicado pelas exigências da vida social.

A perspectiva psicológica do futuro constitui justamente a possibilidade teórica da educação. Por sua natureza, a criança é sempre deficiente na sociedade dos adultos; sua posição desde o início são pretextos para o desenvolvimento de sentimentos de debilidade, insegurança e dificuldades. A criança permanece por muitos anos não adaptada a uma existência independente, e é nessa não adaptação, nesse incômodo da infância que encontramos a raiz do desenvolvimento. A infância é fundamentalmente uma época de deficiência e compensação, ou seja, de conquista de uma posição em relação ao todo social. No processo dessa conquista, a pessoa enquanto um biotipo determinado se transforma em uma pessoa enquanto um sociotipo, o organismo animal se torna uma personalidade humana. *O domínio social desse processo natural é o que chamamos educação*. Ele seria impossível se, no processo natural de desenvolvimento e formação da criança, não houvesse uma perspectiva de futuro, determinada pela exigência da vida social. A própria possibilidade de um plano único de educação e de sua disposição para o futuro atestam a existência desse tipo de plano no processo de desenvolvimento, que a educação busca dominar. Em essência, isso quer dizer apenas uma coisa: *o desenvolvimento e a formação da criança são um processo dirigido socialmente*. Rüle fala dessa linha vital:

Essa é sua [da criança] linha de Ariadne, que a leva a um objetivo. Uma vez que, com o passar do tempo, todos os processos da alma adquirem uma expressão típica, cria-se uma soma de procedimentos táticos, aspirações e capacidades que revestem e esboçam um plano vital determinado. É isso que chamamos de caráter (1926, p. 12).

Nesse caminho foram feitas muitas descobertas importantes na ciência sobre a criança. Assim, contrariamente a Hall[142] e a teoria biogenética, Groos[143], em suas pesquisas notáveis, consideradas clássicas, mostrou que a brincadeira, como principal forma de educação natural do animal e da criança humana, pode ser compreendida e explicada não a partir de sua ligação com o passado, mas por sua orientação para o futuro. A brincadeira surge da deficiência das reações inatas para execução de tarefas vitais complexas, ou seja, da não adaptação; a infância é uma época biológica de "aquisição de adaptações necessárias à vida, mas que não se desenvolvem diretamente a partir de reações inatas" (Groos, 1916, p. 71), isto é, uma época de compensação de deficiências; a brincadeira é uma autoeducação natural da criança, um exercício para o futuro. Recentemente, um novo ponto de vista tem sido proposto e se consolidado sobre a natureza psicológica do exercício que, em essência, desenvolve a ideia de Groos. De acordo com esse ponto de vista, o exercício em geral, que constitui uma função fundamental no processo de desenvolvimento e educação, no processo de elaboração da personalidade, é um processo de compensação.

Apenas à luz da teoria da brincadeira de Groos e da nova teoria do exercício pode-se, de fato, compreender e avaliar o significado do movimento infantil e seu sentido educativo. O movimento infantil (em alguns de seus componentes) deve ser analisado como experiência de racionalização e organização da brincadeira infantil em massa, em escala internacional, uma brincadeira de uma época revolucionária que, como toda brincadeira, prepara a criança para o futuro, estabelece as linhas fundamentais de seu comportamento futuro. A própria ideia e a prática dessa brincadeira seriam impossíveis se o desenvolvimento da personalidade fosse um desdobramento passivo de inclinações nervosas inatas. A ideia de estender toda vida

---

142. Stanley Hall (1844-1924), cf. v. 1 da obra reunida de Vigotski em 6 vols. (1982c, p. 468).

143. Karl Groos (1861-1946) foi um psicólogo alemão. Trabalhou no campo da psicologia infantil. Vigotski aponta para o fato de que, em oposição à visão do caráter infantil como algo inato, Groos, em sua conhecida teoria da brincadeira, analisa seu papel no processo de autoeducação natural da criança. Vigotski associa, dessa forma, a teoria da brincadeira de Groos com exercícios, com a compensação natural da deficiência de reações inatas.

humana, desde a infância, em um fio contínuo e orientá-la por uma única linha reta, traçada pela história, só tem fundamento sob a condição de que o caráter não nasce, mas é criado. Não se trata de um desenrolar, mas de uma *elaboração*: este é o nome correto do processo de surgimento do caráter. Justamente esse ponto de vista oferece a chave para a compreensão da personalidade em seu aspecto social, a chave para a compreensão do caráter de classe, não em um sentido convencional metafísico, mas em um sentido real e concreto de marca da classe sobre a estrutura biológica da personalidade. Além de apontar para a falha básica das teorias quantitativas do caráter, Zalkind indica que essas teorias entram em contradição com o fato fundamental de que todo ser humano não é apenas uma unidade biológica, mas também uma unidade histórica e carrega traços históricos em seu caráter.

"Será que a posição de classe (posição de explorador ou de explorado), a época histórica (revolução, reação) impulsiona a um determinado tipo de... caráter?" (Zalkind, 1926, p. 178). Nessa questão verifica-se claramente o traço que distingue dois tipos diferentes de formas de conceber o caráter. Uma forma vê no caráter um destino biológico, a outra uma forma histórica da personalidade. A primeira visão foi expressa na conhecida tese de Compayré, que analisou o caráter como um conjunto de sinais pronto e formado no momento do nascimento. Ele diz: "sem cair num paradoxo, pode-se dizer que a criança que no futuro se mostrará aplicada manifesta essa inclinação na maneira como ela agarra e segura a mamadeira" (em *A vida mental da criança*, 1916, p. 261). Em outras palavras, o caráter nasce com a pessoa e já é dado na forma como o recém-nascido agarra e segura a mamadeira. Em oposição a isso, Groos atribui enorme importância biológica à brincadeira como educação natural em sua capacidade de nos levar de uma natureza herdada para uma nova, "adquirida", ou "para utilizar aqui, em certo sentido, uma expressão antiga: levar o ser humano do velho Adão para o novo Adão" (Groos, 1916, p. 72). O caráter é justamente esse novo Adão, a segunda e nova natureza do ser humano.

* * *

Nos últimos anos, a teoria de Adler, especialmente em sua parte aplicada e voltada à prática pedagógica, exerce grande influência sobre a teoria e a prática da educação social na Alemanha e na Áustria. A pedagogia é o campo mais importante dessa teoria psicológica. Nas palavras de Kanitz, essa teoria tem grande importância para o movimento socialista dos trabalhadores, pois coloca em primeiro plano o significado do meio e da educação. "Ela dá fundamentação psicológica às palavras de Marx: nossa vida social determina nossa consciência" (Kanitz, 1926, p. 165). Kanitz insiste especialmente em que as conclusões práticas da teoria de Adler, a aplicação dessa teoria à educação, estão em contradição com o sistema capitalista e seu meio cultural.

> Em uma palavra, *a psicologia individual, convertida em prática, abala as estruturas da ordem social capitalista*. Dessa forma, o psicólogo burguês dessa orientação passa, em algum momento, em algum lugar, por seu caminho para Damasco (Kanitz, 1926, p. 164).

Em 1925, no congresso sobre psicologia individual em Berlim, Kanitz expos a seguinte tese: "a psicologia individual só terá condições de penetrar nas massas quando ela se apoiar na visão de mundo das massas" (Kanitz, 1926).

Como já foi dito, deixaremos de lado a complexa questão sobre a relação entre psicologia individual e marxismo. Contudo, consideramos necessário indicar a existência de duas tendências polares dentro dessa teoria, de modo a lançar luz sobre o estado factual da questão.

A teoria de Adler está apoiada em um fundamento filosófico complexo e misto. Por um lado, ele afirma que as ideias de Marx, mais do que as de qualquer outro, podem ter significado para a psicologia individual. Por outro lado, ele se alimenta avidamente das ideias de Bergson, de Stern e de outros idealistas, observando a coincidência de muitas de suas ideias com pontos fundamentais da filosofia desses autores. Adler tem toda razão ao dizer que nem suas intenções, nem suas tarefas preveem o estabelecimento de uma relação entre a psicologia individual e a filosofia. Adler está certo ao dizer que os elementos dessa teoria estabelecem uma ligação encontrada por vias puramente empíricas, ou seja, que essa teoria não tem uma metodologia filosófica coerente.

Justamente por isso ela absorve elementos filosóficos de caráter irreconciliável. Toda psicologia contemporânea está passando por uma crise, cujo sentido consiste em que existe não uma, mas duas psicologias. Elas ainda não foram elaboradas em conjunto: a psicologia como ciência natural, materialista e a psicologia idealista, teleológica. A psicologia contemporânea tomou consciência dessa ideia nos trabalhos de Brentano, Münsterberg, Dilthey, Husserl, Natorp e muitos outros. A psicologia de Adler, como a de todos na psicologia contemporânea, contém em seu aspecto não decomposto rudimentos e princípios desses dois sistemas científicos absolutamente irreconciliáveis e polares. Daí a luta metodológica dentro dessa orientação e as tentativas de dar-lhe uma formulação metodológica por meio de um ou outro sistema [...] (b).

Notas da edição em inglês

(a) Tem havido extensivos comentários sobre a noção de que o comportamento poderia ser responsabilizado, pois forças motivadoras ou energia psíquica foi conservada e redirecionada. Apesar de embates entre defensores que exploraram a noção a partir de uma série de posições filosóficas, o tratamento marxista de Vigotski sobre o tema aqui revela sua prevalência no *Zeitgeist* do início do século XX. A lista de mecanismos freudianos (*deslocamento, supressão, repressão, sublimação* etc.) pode ser lida como uma elaboração detalhada das formas em que as *Stauungen* (represamentos) de Lipps são redirecionadas. Um parentesco entre as abordagens de Pávlov e de Freud foi, mais tarde, notado por estudantes do instinto (cf. p. ex., Lorenz, 1966). É interessante que Vigotski não reconhece em que medida as formulações de Adler são derivadas das de Freud. Em vez disso, elas são apresentadas em um contexto que faria parecer que elas são essencialmente relacionadas à visão pavloviana, embora ele pergunte se a visão de Adler é totalmente marxista (Seção II deste capítulo) e conclui que ela é e não é (cf. a seção final deste capítulo). Nesta passagem, Vigotski apresenta um notável esclarecimento da medida em que o sistema de Pávlov e outros sistemas afins a ele são teleológicos em sua formulação, embora ele associe teleologia com idealismo, que ele evita. Adiante, ignorando as ambições terapêuticas de Freud, ele nega que essa teleologia possa estar disponível no sistema freudiano. Em toda parte, Vigotski, o otimista educador marxista, favorece a teoria que proporcione a latitude para manipulações ambientais e as maiores possibilidades de melhorias dos defeitos.

(b) O texto russo termina esse capítulo com uma elipse. Nessa passagem Vigotski parece reiterar pensamentos que apareceram em *O significado histórico da crise na psicologia*.

9

O coletivo como fator de desenvolvimento da criança com deficiência[144/145]

1

A pesquisa científica contemporânea que se ocupa dos problemas relativos ao estudo comparativo do desenvolvimento de crianças normais e anormais parte da tese geral de que as leis que dirigem o desenvolvimento tanto da criança normal como da anormal são, em sua base, as mesmas, assim como as leis de atividade vital, em sua base, permanecem as mesmas em condições normais ou patológicas do funcionamento de certo órgão ou do organismo como um todo. A tarefa da psicologia comparativa consiste justamente em encontrar essas leis gerais, que caracterizam o desenvolvimento normal e anormal da criança e que englobam o campo do desenvolvimento infantil como um todo.

O reconhecimento de que são as mesmas leis de desenvolvimento nas esferas normal e patológica é a pedra angular de todo estudo comparativo da criança. Contudo, essas regularidades comuns encontram uma expressão particular concreta em cada caso. Quando o desenvolvimento é normal, essas regularidades se realizam em um complexo de condições. Em caso de desenvolvimento atípico, que se desvia da norma, essas mesmas regularidades se realizam em um complexo totalmente distinto de condições; elas assumem uma expressão qualitativamente particular, específica, que não é uma cópia cega, um registro fotográfico do desenvolvimento infantil típico.

---

144. Trabalho publicado na revista *Questões de defectologia* (n. 1-2), em 1931.

145. Traduzido a partir do v. 5, "Osnovi Defktologuii", de *Sobranie Sotchinénii v chesti tomakh* (Vigotski, 1983a, p. 186-218). [N.T.].

Por isso, a pesquisa comparativa sempre deve ter em seu campo de atenção uma tarefa dupla: o estabelecimento de regularidades gerais e a revelação de suas expressões específicas nas diferentes variantes do desenvolvimento infantil. Por isso, devemos partir das leis gerais do desenvolvimento infantil para, depois, estudar sua particularidade na aplicação à criança anormal. Esse deve ser o caminho de nossa pesquisa também no presente caso, isto é, na análise do problema do coletivo como fator de desenvolvimento da criança anormal.

Evidentemente iremos nos limitar a uma apresentação resumida e concisa das teses a partir das quais iremos analisar o desenvolvimento da criança anormal. A principal tese de interesse para nós pode ser formulada da seguinte maneira: a pesquisa sobre as funções psíquicas superiores e seu desenvolvimento nos convence de que essas funções têm origem social tanto na filogênese quanto na ontogênese.

Em relação à filogênese, essa tese quase nunca foi refutada a sério, uma vez que é absolutamente claro que as funções psíquicas superiores (o pensamento em conceitos, a linguagem racional, a memória lógica, a atenção voluntária etc.) se formaram no período histórico do desenvolvimento da humanidade e sua origem se deve não à evolução biológica, que formou o biótipo humano, mas ao seu desenvolvimento histórico como ser social. Foi somente no processo da vida social coletiva que foram elaboradas e se desenvolveram as formas superiores de atividade intelectual características para o ser humano.

Em relação à ontogênese, apenas recentemente, graças a uma série de pesquisas, foi possível estabelecer que também no caso do desenvolvimento infantil a estrutura e a formação das formas superiores de atividade psíquica se realizam no processo de desenvolvimento social, em seu processo de interação e cooperação com o meio social circundante. Com base em algumas pesquisas realizadas por nós e por nossos colaboradores, formulamos essa tese da seguinte forma: a observação do desenvolvimento de formas superiores mostra que a estrutura de cada uma delas está rigidamente subordinada a uma mesma regularidade, ou seja, toda função psíquica superior aparece duas vezes no processo de desenvolvimento do comportamento, inicialmente como função do comportamento coletivo, como forma de colaboração ou cooperação, como meio de adaptação social, ou seja, como categoria interpsicológica, e depois, uma segunda vez, como forma de comportamento individual da criança, como meio de adaptação pessoal, como processo interno de comportamento, ou seja, como categoria intrapsicológica.

Acompanhar a passagem das formas coletivas de cooperação para as formas individuais de comportamento da criança significa justamente captar o princípio de construção das funções psíquicas superiores e sua formação.

Para que essa tese excessivamente geral e abstrata sobre a origem das funções psíquicas não fique apenas como formulação verbal vaga, para que ela seja preenchida de conteúdo concreto, é preciso explicá-la por meio de exemplos concretos de como se manifesta no desenvolvimento psicológico da criança essa lei fundamental da psicologia, segundo a expressão de Janet. Aliás, os exemplos nos ajudam em grande medida a estudar a ação da lei em sua aplicação ao desenvolvimento da criança normal. Eles servem de ponte constituída de fatos concretos para que se faça a passagem da lei do desenvolvimento normal para as leis do desenvolvimento anormal.

Um primeiro exemplo bastante simples que permite ilustrar essa lei geral pode ser retirado do processo de desenvolvimento da linguagem. Basta comparar os pontos inicial e final do desenvolvimento da linguagem para vermos em que medida se justifica a formulação que acabamos de apresentar. Na realidade, no início do desenvolvimento, a linguagem aparece na criança em sua função comunicativa, ou seja, como meio de comunicação, de influência sobre as pessoas ao redor, de ligação com elas, como fora de colaboração com outras crianças ou adultos, como processo de colaboração e cooperação. Mas basta que comparemos o momento inicial do desenvolvimento da linguagem não apenas com o momento final, ou seja, com a função da linguagem no adulto, mas mesmo com uma das etapas posteriores desse desenvolvimento, por exemplo, a função da linguagem na idade escolar ou na adolescência, para vermos como, nessa época, a linguagem se torna um dos principais meios de pensamento, um dos mais importantes e principais processos internos de comportamento da criança.

Esse significado de primeira ordem da linguagem nos processos de pensamento serviu de pretexto para que muitos pesquisadores chegassem à conclusão totalmente equivocada de que o pensamento não seria outra coisa senão uma linguagem interna sem som, muda. O pensamento é linguagem menos som: assim costuma ser formulado esse ponto de vista extremo, que identifica processo de pensamento e linguagem interna. Contudo, por mais equivocada que seja essa aproximação, ela é profundamente notável: com efeito, o equívoco que leva a essa identificação errônea não surgiria se os processos de linguagem de fato não estivessem estreita, profunda e intimamente entrelaçados com os de pensamento, de modo que apenas uma análise especial e sutil pode revelar o equívoco que está na base dessa compreensão.

Se olharmos por alto todo ciclo de desenvolvimento da linguagem como função psíquica, do começo ao fim, veremos facilmente que esse ciclo está inteiramente submetido à grande lei fundamental da psicologia que mencionamos acima, mostrando como, por meio de uma série de passagens, abre-se no desenvolvimento da criança um caminho que parte da linguagem externa para a interna, mostrando como a forma mais importante de comportamento coletivo, de colaboração social com outros, torna-se uma forma interna de atividade psicológica da própria personalidade. Observaremos brevemente os principais e mais importantes momentos do processo de transformação da linguagem externa em interna.

A primeira etapa decisiva e de virada para o destino ulterior do desenvolvimento do pensamento da criança é a forma de linguagem que, na psicologia contemporânea, costuma ser chamada de linguagem egocêntrica. Ao estudar em termos funcionais a linguagem da criança de pouca idade ou de idade pré-escolar, é possível estabelecer que essa atividade verbal se manifesta em duas formas principais. Por um lado, trata-se de uma linguagem socializada. A criança pergunta, responde às perguntas feitas, refuta, pede, informa ou conta algo: em suma, ela utiliza a linguagem como forma de colaboração com as pessoas ao redor. Por outro lado, trata-se de uma linguagem egocêntrica: é como se a criança pensasse em voz alta, mas para si mesma. Ocupada com alguma atividade, por exemplo desenho, brincadeira, manipulação de objetos, é como se ela falasse consigo mesma, sem estabelecer uma colaboração verbal com os que estão ao redor. Essa forma de linguagem pode também ser chamada de egocêntrica, uma vez que ela desempenha uma função totalmente distinta do que na comunicação verbal. Contudo, a compreensão psicológica correta da linguagem egocêntrica desde o início de seu estudo enfrentou uma série de dificuldades.

Piaget, o primeiro dos pesquisadores contemporâneos a ter estudado de forma suficientemente circunstanciada, a ter descrito e mensurado a linguagem egocêntrica em crianças de diferentes idades, tende a atribuir a essa forma de linguagem um significado não muito essencial para o destino ulterior do pensamento infantil. Para Piaget, o fato de a atividade da criança ser acompanhada de enunciações verbais é apenas expressão de uma lei geral da atividade infantil, segundo a qual a criança ainda não diferencia suficientemente um tipo de atividade de outros. A criança se envolve no processo de atividade com todo seu ser, por assim dizer, e essa atividade geral, fundida, não diferenciada se manifesta não apenas na motricidade da criança, mas também em sua linguagem egocêntrica. Dessa forma, a linguagem egocêntrica é uma espécie de função colateral, complementar, que acompanha a atividade principal da criança, assim como o acompanhamento e a melodia principal na música. Contudo, essa atividade que acompanha, isto é, a linguagem egocêntrica, não desempenha nenhuma função psicológica particular, ela não é necessária para nada. Nada se alteraria fundamentalmente no comportamento da criança se esse acompanhamento desaparecesse.

De fato, de acordo com as observações e cuidadosas medidas de Piaget, a linguagem egocêntrica não se desenvolve, mas se desdobra junto do desenvolvimento progressivo da criança. Seu florescimento mais exuberante ocorre com pouca idade. Já no meio da idade pré-escolar, ele passa por uma mudança, uma reviravolta não brusca ou aguda, mas ainda assim decisiva, depois da qual a curva do desenvolvimento começa a cair de forma constante, ainda que lenta. Segundo as pesquisas de Piaget, no começo da idade escolar, o coeficiente de linguagem egocêntrica, que é o indicador quantitativo de sua difusão e frequência no comportamento da criança nesta idade, cai a zero. Dessa forma, a avaliação funcional e genética da linguagem egocêntrica indica que ela é produto de um comportamento infantil ainda não suficientemente desenvolvido, ela decorre de disposições particulares da primeira infância e desaparece na medida em que o comportamento da criança passa para um nível mais elevado de desenvolvimento. Em outras palavras, a linguagem egocêntrica, segundo Piaget, é um produto secundário da atividade infantil, um epifenômeno, um anexo gratuito a outras formas de atividade, uma expressão da incompletude do comportamento infantil. Funcionalmente, ela não serve para nada, não altera nada de modo essencial no comportamento da criança, geneticamente ela não tem perspectiva de desenvolvimento, estando simplesmente fadada à redução e extinção.

Pensamos, não obstante, que, à luz de investigações novas e mais profundas, deve-se reconhecer que essa avaliação da linguagem não corresponde à realidade, nem em termos funcionais, nem em termos genéticos. Em uma investigação especial dedicada à explicitação do papel funcional da linguagem egocêntrica pudemos estabelecer que desde cedo ela começa a desempenhar no comportamento da criança uma função extremamente específica e inteiramente determinada, e não pode ser analisada como produto secundário da atividade infantil. A linguagem egocêntrica, como mostrou nossa pesquisa, não está inserida no processo de comportamento da criança enquanto acompanhamento, que segue a melodia principal de determinada atividade. A linguagem não apenas se acrescenta à atividade principal como um companheiro de viagem mais ou menos indiferente, mas muito cedo se mistura no fluxo dessa atividade, reorganiza-a ativamente, altera sua estrutura, composição e modo de funcionamento. Assim, ao medirmos o coeficiente da linguagem egocêntrica na atividade da criança, pudemos estabelecer que esse coeficiente quase dobra em situações de dificuldade.

A análise desses fatos nos leva inevitavelmente a uma revisão do papel funcional da linguagem egocêntrica. Isso quer dizer que a criança reage por meio da linguagem egocêntrica predominantemente quando sua atividade principal traz dificuldades, obstáculos, tem seu curso natural obstruído. Contudo, sabemos pela psicologia do pensamento que justamente em situações associadas a dificuldades surge a reação intelectual. No momento em que as reações instintivas e habituais deixam de funcionar, quando os hábitos e outras formas automáticas de comportamento não são capazes de realizar a adaptação exigida, surge a necessidade do pensamento e da função psicológica do intelecto, o pensamento é justamente uma adaptação às novas circunstâncias, a condições que se alteram, ou seja, é a superação de dificuldades.

Dessa forma, a ligação entre a linguagem egocêntrica e as dificuldades, por si mesma, leva à ideia de que, no comportamento da criança, a linguagem egocêntrica começa desde cedo a desempenhar uma função intelectual, ou seja, começa a servir de meio do pensamento. Mas a confirmação definitiva disso é dada não pelo próprio fato do aumento da frequência da linguagem egocêntrica em caso de dificuldades, mas pela análise das formas de linguagem que surgem no comportamento da criança em resposta aos obstáculos. A análise mostra que, em sua maior parte, da linguagem egocêntrica da criança adquire, nesse caso, um caráter intelectual. A linguagem não apenas reflete a perturbação que se interpõe à atividade; é como se a criança se perguntasse a si mesma, formulasse em palavras as dificuldades, como se tateasse a saída.

Daremos um exemplo muito simples de um experimento que mostra claramente o que temos em vista quando falamos de funções intelectuais da linguagem egocêntrica. A criança desenha um bonde e ao traçar a última roda, por apertar muito o lápis, o grafite quebra, vira para o lado, e a roda fica inacabada. A criança primeiro tenta terminar o círculo iniciado com o lápis quebrado, mas não consegue riscar nada na folha além de um traço curvo. A criança para, olha para o desenho, e diz: "quebrado", e a seguir passa para outra parte do desenho, substituindo o lápis por tinta, de modo que fica claro que a palavra que a criança diz para si, sem se dirigir a nenhum dos presentes, foi, de fato, um momento de virada em sua atividade. Inicialmente pareceria que essa palavra estava relacionada ao lápis e constatavam o simples fato de que ele havia quebrado. As observações posteriores revelaram que não se trata disso. O curso do comportamento da criança em seu aspecto desenvolvido pode ser representado, de forma aproximada, da seguinte maneira: a criança tenta terminar de desenhar a roda faltante, mas não consegue fazê-lo, e a saída encontrada foi de trocar o tema do desenho. A roda inacabada passou a representar uma roda quebrada, e todo o desenho passou a desenvolver não a partir do modelo indicado previamente de pintar um desenho já acabado, mas em um sentido totalmente diferente. Em sua forma final, ela representou um vagão quebrado, que sofreu uma avaria, e que foi levado para o conserto em um trilho lateral.

Fica a pergunta: Será possível que a enunciação egocêntrica da criança, concentrada em uma palavra, seja definida como simples acompanhamento, que segue a atividade principal (o desenho), e que se veja na palavra apenas um produto secundário da atividade infantil? Por acaso não é claro que essa palavra e o fato de ela ser pronunciada representam um momento-chave, de virada, na atividade da criança? Como um plano, ele contém em si de forma condensada todo comportamento ulterior da criança; ele assinala a resolução encontrada para a situação difícil, é uma intenção expressa, um esquema de ações futuras. Essa palavra é a chave para todo comportamento ulterior da criança. É justamente a palavra que constitui a resolução da tarefa que estava diante da criança no momento em que o lápis se quebra.

Aquilo que foi formulado na palavra foi, em seguida, executado na prática. Essas novas relações complexas entre as palavras e as ações da criança, observadas ainda que em uma forma muito primitiva, já podem ser plenamente chamadas de funções intelectuais da linguagem egocêntrica. A criança resolve a tarefa em palavras, indica com ajuda da linguagem egocêntrica o caminho de suas ações; consequentemente, ela pensa em palavras, ainda que de forma muito primitiva e demasiadamente elementar. A análise de fatos similares também mostra que a linguagem egocêntrica desempenha uma função intelectual e constitui-se como um modo primitivo de pensamento em voz alta em situações difíceis.

Não iremos nos deter na mudança da composição, da estrutura e do modo de atividade da criança que ocorre com o surgimento do pensamento verbal primitivo na forma de linguagem egocêntrica. Diremos apenas que todas essas mudanças são de extrema seriedade e importância. Uma coisa está clara: se a linguagem entra no comportamento da criança não apenas como uma segunda série de reações que ocorre em paralelo, a associação da palavra significa para o destino da atividade principal não apenas um acompanhamento, mas uma reestruturação da própria melodia principal da atividade infantil. Assim, podemos concluir que a linguagem egocêntrica desempenha uma função importante no comportamento infantil, ela aparece como a forma primeira e mais inicial de pensamento verbal infantil.

Se é assim, já se pode esperar que seu destino genético, seu papel no processo de desenvolvimento, assim como seu significado funcional, foram avaliados equivocadamente nas pesquisas anteriores. Na realidade, se a linguagem egocêntrica não alterasse nada no comportamento, se ela fosse apenas um produto secundário, se ela não desempenhasse nenhuma função, seria perfeitamente natural que, com a idade e o desenvolvimento da criança, ela se extinguisse, desaparecesse do comportamento. Mas se, em essência, ela não for outra coisa senão o primeiro estágio do desenvolvimento do pensamento infantil, seria difícil esperar que ela não estivesse ligada de forma estreita, internamente indissociável em relação aos estágios posteriores do desenvolvimento do pensamento verbal da criança. De fato, uma série de pesquisas permite concluir que na linguagem egocêntrica temos um dos principais momentos de passagem da linguagem externa para interna, que ela é apenas o primeiro estágio na formação da linguagem interna e, portanto, do pensamento verbal da criança.

A linguagem egocêntrica – assim formulamos, em outro trabalho, os resultados de nossas observações – ainda é uma linguagem externa por sua natureza fisiológica. Ela ainda é sonora, a palavra é pronunciada, a criança pensa em voz alta, seu pensamento ainda não se distanciou da fala, ela ainda não apresenta todos os traços do monólogo simples, da conversa em voz alta consigo mesma, mas em termos psicológicos o que temos já é linguagem interna, ou seja, uma linguagem que altera fundamental, principal e decisivamente sua função, que se converte em um modo de pensamento, em um modo interno de comportamento, em uma forma especial de atividade do intelecto infantil.

Não iremos agora analisar em detalhe todos os aspectos que falam em favor do reconhecimento da linguagem egocêntrica como primeiro estágio no desenvolvimento da linguagem interna da criança. Diremos apenas que o desaparecimento da linguagem egocêntrica na idade escolar é complementado por outros fatos que mostram que a linguagem interna se organiza e desenvolve justamente na primeira idade escolar. Com base nesse e em muitos outros fatos, desenvolvemos a hipótese de que a linguagem egocêntrica não desaparece completamente do comportamento da criança, mas se converte, se transforma, transiciona para a linguagem interna; essa transição é preparada por todo curso do desenvolvimento da linguagem egocêntrica e é realizada no limiar entre a idade pré-escolar e a escolar. Nós acompanhamos uma das mais importantes transições da linguagem externa para a interna e podemos dizer que a essência da estrutura da função do pensamento verbal consiste no seguinte: a criança assimila o modo social de comportamento que ela começa a aplicar a si mesma, assim como, antes, outros aplicavam a ela ou ela mesma aplicava a outras pessoas.

Dessa forma, quando perguntamos de onde vem, como se forma, por quais caminhos se desenvolvem os processos superiores de pensamento infantil, a resposta deve ser que eles surgem no processo de desenvolvimento social da criança por meio de transferência para si mesma de formas de colaboração que a criança assimila no processo de interação com o meio social circundante. Vimos que essas formas coletivas de colaboração são anteriores às formas individuais de comportamento, que surgem com base nas primeiras e são a fonte direta e primordial de seu surgimento. Nisso reside o sentido fundamental da lei que formulamos sobre o duplo aparecimento das funções psíquicas superiores na história do desenvolvimento da criança. Dessa forma, do comportamento coletivo, da colaboração da criança com as pessoas ao seu redor, de sua experiência social, surgem as funções superiores da atividade intelectual.

Apresentaremos ainda alguns exemplos que mostram a dependência entre o desenvolvimento de formas coletivas de colaboração, por um lado, e de modos individuais de comportamento na forma de funções psíquicas superiores, por outro. Antes de tudo, falaremos sobre o embate. Em sua época, Baldwin e Rignano expressaram a ideia de que a verdadeira reflexão não é outra coisa senão uma discussão, um embate, que é transferido para dentro da personalidade. Piaget conseguiu fundamentar geneticamente essa ideia e mostrou que no coletivo infantil deve surgir antes um embate de opiniões, uma disputa, para que, depois, nas crianças daquele coletivo possa surgir a reflexão como processo particular de atividade interna, desconhecido para a criança de menos idade. O desenvolvimento da reflexão tem seu início do embate, na colisão de opiniões: essa é a principal conclusão desta pesquisa.

Na realidade, para usarmos a expressão afiada de Piaget, acreditamos de bom grado em nossa própria palavra. No processo de pensamento individual não há como surgir a tarefa mesma de verificar, comprovar, refutar certa posição, motivar uma afirmação. Mostrar que nossas ideias são corretas, objetar, apresentar argumentos: todas essas coisas, enquanto tarefas de adaptação, só podem surgir no processo de embate infantil. Uma criança observada por Piaget diz: "este é meu lugar. Você precisa me deixar sentar, pois eu sempre me sento aqui". O outro retruca: "não, é meu, pois eu cheguei antes e peguei o lugar".

Nesse primitivíssimo embate infantil já temos um embrião de reflexões futuras: o conceito de causalidade, de comprovação, e assim por diante.

Se na história da capacidade de reflexão da criança, que é intimamente ligada com o embate, observamos a dependência genética entre a forma coletiva de colaboração e o modo individual de comportamento no que tange ao desenvolvimento do intelecto, no exemplo da brincadeira com regras observamos, como foi mostrado por uma série de pesquisas, essa mesma dependência genética em relação ao desenvolvimento da volição da criança. A capacidade de dirigir o próprio comportamento, de conter ações impulsivas imediatas, de substituí-las por outras que decorrem não de uma influência direta da situação externa, mas de uma tendência de submeter seu comportamento a uma determinada regra da brincadeira, orientar o comportamento de acordo com as tarefas da brincadeira; a capacidade de coordenar suas ações com a realidade dos colegas, em suma, todos os elementos de direção primária de si, que podem ser chamados de processos volitivos, surgem incialmente e se manifestam em alguma forma coletiva de atividade. Um exemplo disso pode ser a brincadeira com regras. Em seguida, essas formas de colaboração que levam à subordinação do comportamento a uma determinada regra da brincadeira se tornam formas internas de atividade da criança, seus processos volitivos.

A brincadeira com regras, portanto, ocupa na história do desenvolvimento da volição infantil o mesmo lugar que o embate ou a discussão ocupa na história do desenvolvimento da reflexão.

Se o tema do presente trabalho nos permitisse analisar em detalhe o desenvolvimento dessas funções psicológicas superiores, poderíamos mostrar que as regras que formulamos acima abarcam, em mesmo grau, funções como atenção, memória, o intelecto prático da criança, sua percepção etc. Em toda parte, o desenvolvimento da personalidade da criança se revela como função do desenvolvimento de seu comportamento coletivo, em toda parte se observa uma mesma lei de transferência de formas sociais de comportamento para a esfera da adaptação individual.

Essa lei, como já foi dito, tem um significado especial para a correta compreensão do desenvolvimento e do desenvolvimento incompleto de funções psíquicas superiores em crianças com deficiência. O defeito e o desenvolvimento incompleto de funções superiores estabelecem entre si outro tipo de relação do que a estabelecida entre o defeito e o desenvolvimento incompleto de funções elementares. Essa diferença precisa ser assimilada para que encontremos a chave para todo o problema da psicologia da criança anormal. No momento em que o desenvolvimento incompleto de funções elementares costuma ser consequência direta de certo defeito (p. ex., o desenvolvimento incompleto da motricidade em cegos, o desenvolvimento incompleto da linguagem em surdos, o desenvolvimento incompleto do pensamento em crianças com atraso mental etc.), o desenvolvimento incompleto de funções superiores em crianças anormais costuma surgir como um fenômeno suplementar, secundário, que se sobre-edifica com base em suas particularidades primárias.

Toda pesquisa psicológica contemporânea da criança anormal é atravessada pela ideia básica de que o quadro do atraso mental e de outras formas de desenvolvimento anormal da criança são uma estrutura complexa no mais alto grau. É um equívoco pensar que todos os sintomas decisivos e que caracterizam o quadro como um todo decorrem direta e imediatamente do defeito, como se ele fosse um núcleo básico. Na realidade, ocorre que essas peculiaridades nas quais o quadro se manifesta têm uma estrutura muito complexa. Elas apresentam uma ligação e uma dependência funcional e estrutural extremamente confusa e, em particular, mostram que ao lado das peculiaridades primárias da criança, que decorrem de seu defeito, existem complicações secundárias, terciárias etc., que decorrem não do próprio defeito, mas de seus sintomas primários. Surgem espécies de síndromes suplementares da criança anormal, uma espécie de sobre-edificação complexa em cima do quadro principal de desenvolvimento. A capacidade de distinguir entre fundamental e suplementar, entre primário e secundário no desenvolvimento da criança anormal, é uma condição necessária não apenas para uma compreensão teórica correta dos problemas que nos interessam aqui, mas também para as ações práticas.

Por mais paradoxal que essa tese possa parecer, todas as tendências científicas da defectologia contemporânea, se tomarmos suas conclusões práticas, orientam-nos para essa direção absolutamente inesperada do ponto de vista da prática tradicional. Elas nos ensinam que as maiores possibilidades de desenvolvimento da criança anormal residem, antes, no campo das funções superiores do que nas inferiores. Por muito tempo, a defectologia reconheceu tacitamente como principal pressuposto a lei de Ribot, Jackson e outros segundo a qual a ordem dos distúrbios patológicos é inversa em comparação com a ordem de estrutura das funções. Aquilo que surge mais tarde no processo de desenvolvimento, padece antes no processo de desagregação. Dessa forma, o processo de desenvolvimento e o processo de desagregação estão ligados como que em uma relação inversa.

Segundo esse ponto de vista, é natural que a desagregação no caso de processos patológicos começa justamente pelas funções superiores, mais tardias e mais complexas, deixando as inferiores inicialmente de lado, sem afetá-las. Quando aplicada ao desenvolvimento incompleto, essa lei foi compreendida da seguinte forma: a esfera das funções psicológicas superiores sempre foi tida como fechada e inacessível para a criança anormal, e todos os esforços pedagógicos foram orientados para o aperfeiçoamento e avanço de processos inferiores, elementares. Essa doutrina se refletiu de modo mais claro na teoria e na prática da educação sensório-motora, no treinamento e na educação de certas sensações, movimentos, processos elementares. Ensinava-se à criança com atraso mental não a pensar, mas a distinguir odores, tons de cores, sons etc. Não apenas a cultura sensório-motora, como toda educação da criança anormal era atravessada pelo alinhamento pelo elementar, pelo inferior.

A pesquisa científica contemporânea mostra que esse é um ponto de vista equivocado. Justamente devido à inconsistência teórica desses sistemas pedagógicos, eles se mostraram tão pouco úteis, tão improdutivos para a prática, que levaram a uma séria e profunda crise que se espalha agora por todo campo da educação da criança anormal. Na realidade, como mostra a pesquisa, os processos inferiores, elementares, por um lado, são os menos educáveis, os menos dependentes em sua estrutura de influências externas, do desenvolvimento social da criança. Por outro lado, por serem sintomas primários, diretamente decorrentes do mesmo núcleo do defeito, eles estão tão intimamente ligados a esse núcleo que não é possível vencê-los enquanto o próprio defeito não for eliminado. Considerando que a eliminação do defeito é, na enorme maioria dos casos, algo praticamente impossível, é natural que a luta contra os sintomas primários esteja, de antemão, condenada ao fracasso e à esterilidade. Esses dois aspectos, tomados em conjunto, condicionam o fato de que o desenvolvimento e o treinamento de funções inferiores, elementares, encontra, a cada passo, obstáculos quase que intransponíveis.

A dialética do desenvolvimento da criança anormal e sua educação consiste, não obstante, no fato de que seu desenvolvimento e educação se realizam não por uma via direta, mas por uma rota alternativa. Como já foi dito, as funções psíquicas que surgem no processo de desenvolvimento histórico da humanidade e que dependem em sua estrutura do comportamento coletivo da criança são o campo que, em maior medida, admite o nivelamento e a atenuação das consequências do defeito e apresentam maiores possibilidades para a influência educativa. Contudo, seria equivocado supor que na criança anormal os processos superiores são mais desenvolvidos do que os inferiores. Com exceção de um número pequeno de casos (p. ex., o desenvolvimento de formas superiores de psicomotricidade em casos de desenvolvimento incompleto de processos motores elementares em cegos e surdos), os processos superiores geralmente são mais afetados do que os elementares. Mas isso não deve tirar nossas esperanças. Em essência, o fato de o desenvolvimento incompleto dos processos superiores não ser condicionado primária, mas secundariamente pelo defeito, e, portanto, eles aparecem como o elo que constitui o ponto frágil de toda corrente de sintomas da criança anormal, isto é, o ponto para o qual devem ser orientados todos os esforços da educação para que a corrente seja rompida nesse ponto frágil.

Por que as funções superiores não se desenvolvem completamente em crianças com atraso? Não porque o defeito seja um obstáculo direto para isso ou porque ele impossibilite seu aparecimento. Ao contrário, a investigação experimental mostrou que não há dúvidas de que, por princípio, há a possibilidade, mesmo em crianças com atraso mental, de desenvolvimento dos modos de atividade que estão na base das funções superiores. Por conseguinte, o desenvolvimento incompleto de funções superiores é uma sobre-edificação secundária ao defeito. O desenvolvimento incompleto decorre de um fato que podemos chamar de exclusão da criança anormal do coletivo. O processo se dá mais ou menos da seguinte forma. Em decorrência de determinado defeito, aparece na criança uma série de especificidades que impedem o desenvolvimento normal da comunicação coletiva, da colaboração e da interação dessa criança com as pessoas ao redor. A exclusão do coletivo ou a dificuldade no desenvolvimento social, por sua vez, condicionam o desenvolvimento incompleto das funções psíquicas superiores, que, no curso normal, surgem diretamente do desenvolvimento da atividade coletiva da criança.

Abaixo isso será esclarecido por meio de exemplos simples. Por ora diremos apenas que as dificuldades que a criança anormal enfrenta na atividade coletiva são elas mesmas a causa do desenvolvimento incompleto das funções psíquicas superiores. Essa é a conclusão fundamental a que o exame da questão nos leva. Contudo, o coletivo, fator do desenvolvimento completo das funções psíquicas superiores, diferentemente do defeito, como fator do desenvolvimento incompleto das funções elementares, encontra-se em nossas mãos. Lutar contra o defeito e suas consequências imediatas é uma empreitada tão desesperançada quanto é legítima, fecunda e promissora a luta contra as dificuldades na atividade coletiva.

Poderíamos dizer a mesma coisa de outro modo: em caso de desenvolvimento incompleto de funções elementares geralmente não temos condições de eliminar a causa que levou ao desenvolvimento incompleto e, por conseguinte, travamos uma luta não contra a causa do atraso, mas contra suas manifestações; não contra a doença, mas contra os sintomas. Em caso de desenvolvimento das funções psíquicas superiores, não podemos atuar na manifestação, mas na própria causa; travamos uma luta não contra os sintomas, mas contra a própria doença. Tal qual, na medicina, em que a terapia causal, aquela que elimina a causa da doença, constitui um método verdadeiro de tratamento, diferentemente da terapia sintomática, que elimina não a doença, mas certas manifestações penosas, a pedagogia terapêutica deve distinguir claramente entre uma atuação educativa causal e uma sintomática.

É justamente a possibilidade de eliminar nem que seja as causas mais próximas do desenvolvimento incompleto de funções psíquicas superiores que faz avançar para o primeiro plano o problema da atividade coletiva da criança anormal e que revela para a pedagogia, precisamente nesse ponto, possibilidades positivamente inestimáveis.

Resta-nos analisar brevemente a expressão concreta de tais teses gerais em sua aplicação a crianças com atraso mental, à deficiência visual e à deficiência auditiva.

2

A investigação do coletivo de crianças com atraso mental, iniciada há relativamente pouco tempo, levou ao estabelecimento de regularidades extremamente interessantes na formação de coletivos. Assim, as observações publicadas por Krasusski mostraram que, em caso de formação de coletivos livres, eles são integrados por crianças com atraso profundo em diferentes níveis de desenvolvimento cognitivo. Essa é uma das principais condições para a existência do coletivo. Os mais frequentes, estáveis e duradouros são os coletivos compostos por crianças com graus variados de atraso.

Um dos procedimentos mais tradicionais de nossa prática pedagógica é o procedimento de enquadramento ou seleção de grupos escolares segundo o nível de desenvolvimento cognitivo. Supõe-se que crianças com o mesmo nível de atraso formam coletivos melhores. As pesquisas mostram que, por conta própria, crianças com atraso jamais se agrupam segundo essa lei. Na verdade, elas sempre violam essa lei.

Ao analisar os dados obtidos, o autor diz que só se pode chegar a uma conclusão: o idiota e o imbecil, o imbecil e o profundamente débil são as combinações sociais mais desejáveis, às quais as crianças recorrem com maior frequência. Na relação social ocorre uma espécie de assistência mútua. Aquele com maior habilidade intelectual tem a possibilidade e manifestar sua atividade social em relação ao menos hábil e ativo. Este último, por sua vez, extrai da comunicação social com o mais ativo aquilo que lhe é inacessível, aquilo que não raro constitui um ideal não consciente, ao qual a criança com deficiência intelectual aspira. A diferença etária mais frequente nos grupos sociais livres de crianças é de 3 a 4 anos. Esses dados repetem as mesmas regularidades que existem em relação à diferença do nível de desenvolvimento intelectual da criança normal.

Podemos não nos deter nos detalhes dessa observação. Diremos apenas que também outros aspectos que caracterizam a vida dos coletivos indicam coletivos mistos em termos de nível intelectual como sendo os mais ativos.

Apresentaremos os seguintes dados como exemplo. A reunião de imbecis com imbecis chega a uma quantidade média de 2,6 pessoas e uma duração média de 7,6 minutos; a reunião de débeis com débeis chega a uma média de 2,0 pessoas e uma duração média de 9,2 minutos; a reunião de imbecis com débeis chega a uma média de 5,2 pessoas e uma duração média de 12,8 minutos. Infelizmente, a maioria das pesquisas dedicadas ao problema do coletivo de crianças com atraso mental estuda aspectos exteriores, formais, tais como a quantidade e a duração da existência do coletivo, mas não a estrutura interna do comportamento da criança e como ele se altera no coletivo. Por isso, no estudo do coletivo surge um viés formal, que limita a consideração da atividade motora, os momentos de inibição, de desinibição etc. Se passássemos desses aspectos formais para as transformações profundas sofridas pela personalidade da criança com atraso mental que se ocultam atrás desses aspectos formais, veríamos que cada integrante do coletivo, ao se dissolver em um todo, adquire novas qualidades e particularidades.

O estudo da vida social livre de crianças com atraso mental profundo revela em uma perspectiva inteiramente nova a personalidade biologicamente deficitária do idiota, do imbecil, e dá a possiblidade de abordar o problema da deficiência intelectual a partir do ponto de vista da adaptabilidade social das crianças. Esse campo deve ser colocado no centro da atenção do trabalho pedagógico com crianças com atraso profundo e é ele que coloca em nossas mãos a chave para o complexo problema do enquadramento de crianças com atraso mental profundo em grupos.

Consideramos totalmente justa a formulação de Krasusski, quando ele diz que a questão da compensação social do defeito poderá ser, em cada caso concreto, revelada e detalhada apenas quando se levar em consideração a vida social livre, compreendida de forma pormenorizada e multilateral, das crianças estudadas.

Nos deteremos nesses dados. Acreditamos que o mais correto seria dizer não que nos coletivos infantis livres são revelados novos aspectos da personalidade da criança com atraso mental profundo (o que também, por si mesmo, é correto), mas, antes, que, em tais coletivos, a personalidade da criança com atraso profundo encontra de fato uma fonte viva de desenvolvimento e, no processo de atividade e colaboração coletiva, ela galga um nível superior.

Agora podemos ver como é profundamente antipedagógica a lei segundo a qual, por conveniência, organizamos coletivos homogêneos de crianças com atraso. Ao fazermos isso, não apenas agimos contra a tendência natural do desenvolvimento da criança, como, o que é ainda mais importante, ao privarmos a criança com atraso mental da colaboração coletiva e comunicação com crianças que estejam em um nível superior, nós agravamos e não aliviamos a causa imediata que condiciona o desenvolvimento incompleto de suas funções superiores. Por conta própria, crianças com atraso profundo são atraídas para aquelas que estão em um nível acima, o idiota em relação ao imbecil, o imbecil em relação ao débil. Essa diferença de níveis intelectuais é uma condição importante para a atividade coletiva. Um idiota que esteja entre outros idiotas, ou um imbecil que esteja entre outros imbecis, estão privados dessa fonte vivificante de desenvolvimento. Blónski, em uma formulação talvez demasiadamente paradoxal de seu pensamento, notou certa vez que um idiota privado de educação adequada sofre em seu desenvolvimento não menos, porém mais do que uma criança normal. E isso é verdade.

Portanto, é fácil imaginar que as consequências de uma educação inadequada deturpam muito mais as possiblidades reais de desenvolvimento de uma criança com atraso do que de uma normal; qualquer um sabe bem até que ponto uma criança normal privada de condições adequadas de educação apresenta tal nível de negligência pedagógica que é difícil distingui-la do atraso mental de verdade. Se atentarmos para o fato de que estamos falando de crianças com atraso profundo, ou seja, de crianças cujo desenvolvimento é restrito a limites mais estreitos do que o desenvolvimento de crianças com atraso leve, ficará claro até que ponto tudo o que foi dito acima pode ser aplicado à criança com atraso leve. De Greef, que abordou o problema que nos interessa aqui a partir de seu aspecto interno, qualitativo, estabeleceu um fato simples.

Se pedirmos à criança com atraso mental, como foi feito em experimentos desse pesquisador, que avalie a si própria, seu colega e o educador adulto quanto à inteligência, em geral, a criança com atraso coloca a si mesma em primeiro lugar, o colega (que também tem atraso mental) em segundo e o adulto normal em terceiro. Deixemos de lado a questão complexa, que não nos interessa diretamente agora, sobre o elevado juízo de si da criança com atraso mental. Esse problema, por si só, é de extrema importância, mas é um problema particular. Nos concentraremos em outro aspecto. Nos perguntaremos: por que, aos olhos da criança com atraso mental, uma outra criança com atraso mental é mais inteligente do que um adulto normal? De Greef responde: porque a criança com atraso mental compreende melhor seu colega, entre eles é possível haver colaboração, comunicação e interação coletiva, já a compreensão da complexa vida intelectual do adulto é inacessível para ela. É por isso que, de forma paradoxal, tal qual Blónski, De Greef formula uma ideia absolutamente correta: para o imbecil, o gênio está dentro dos limites da debilidade psicológica.

Podemos parar por aqui e tirar algumas conclusões. Pudemos ver o significado primordial do coletivo pedagógico em toda estrutura da educação da criança com atraso. Pudemos ver o valor dos coletivos comuns de crianças atrasadas e normais, a importância da composição dos grupos e da proporção de diferentes níveis intelectuais em seu interior. Nesse caso, encontramos uma lei pedagógica fundamental que é quase uma lei geral para toda educação da criança anormal.

Quando comparamos o coletivo pedagógico de crianças atrasadas com o de crianças normais e nos perguntamos o que eles têm em comum e quais são suas diferenças, chegamos à mesma resposta a que sempre chegamos quando comparamos medidas pedagógicas aplicadas à criança anormal e à normal: os objetivos são os mesmos e os caminhos para se atingir objetivos inalcançáveis para a criança anormal por via direta são específicos. Assim, a fórmula geral da pedagogia comparativa da criança normal e anormal é inteiramente adequada para o problema em foco, isto é, o problema da pedagogia do coletivo infantil.

3

Para a criança cega o mesmo problema do desenvolvimento incompleto das funções superiores associado à atividade coletiva encontra expressão concreta em campos inteiramente distintos do comportamento e do pensamento. Se formos analisar esse problema corretamente, sua raiz revelará uma semelhança com as raízes que analisamos até agora em relação ao atraso mental. Por conveniência e simplicidade começaremos pela colocação pedagógica do problema. A criança cega é privada da percepção visual imediata de imagens visuais. Daí surge a pergunta: O que pode substituir essa atividade deficitária?

Esta é, até agora, uma questão central para a pedagogia dos cegos e, até agora, esse campo da pedagogia encontra as dificuldades enfrentadas pela pedagogia da criança com atraso mental. Ela tenta atacar o problema de frente. Novamente, em resposta à pergunta sobre como se deve combater as consequências da deficiência visual e desenvolvimento psicológico incompleto condicionado por ela, a pedagogia tradicional recorre à cultura sensório-motora, ao treinamento do tato e da audição, ao uso do chamado sexto sentido dos cegos, que consiste na ideia de que os cegos, em decorrência de um modo ou sentido desconhecido para aquele que enxerga, sente objetos grandes que estejam a uma certa distância. A pedagogia aponta também para a necessidade da visualidade no processo de ensino-aprendizagem de cegos, para a necessidade de preencher com outras fontes a reserva deficitária de representações sobre a realidade externa. Evidentemente que, se essa tarefa fosse exequível, a situação seria encerrada de forma plenamente bem-sucedida, encontraríamos algum equivalente ou, como diz Steinberg, um substituto, para as representações visuais e espaciais daquele que enxerga e, com ajuda desse substituto, poderíamos, até certo ponto, compensar a lacuna existente na experiência da criança, produzida em decorrência da deficiência visual. Contudo, no caso de percepções e representações concretas, essa tarefa é insolúvel. O problema é que nenhum treinamento do tato, nenhum sexto sentido, nenhum desenvolvimento aguçado de um ou alguns dos sentidos usuais, nenhuma representação auditiva: nada disso é capaz de ser um equivalente real, ou seja, um substituto de mesmo valor das imagens visuais faltantes.

Com isso, a pedagogia toma o caminho da substituição das imagens visuais por meio da uma sensação de outro tipo, sem compreender que a própria natureza da percepção determina o caráter imediato de sua atividade e a impossibilidade de sua substituição concreta. Dessa forma, se seguirmos pelo caminho dos processos elementares na esfera da percepção e das representações, não encontraremos uma possibilidade real de criar um substituto concreto para as imagens espaciais faltantes.

É claro que não é absolutamente inútil tentar transmitir, por meio do desenho tátil, a perspectiva de uma forma visual e até a estética de uma percepção arquitetônica. Não obstante, essa tentativa de criar um substituto da percepção visual (ela se manifesta de modo especialmente claro no desenho tátil) sempre faz lembrar a fábula sobre o cego que Potebniá usa como prova de que uma generalização é um conhecimento demasiadamente distante. O cego pergunta ao guia: "Onde você estava?" "Fui beber leite." "Como é o leite?" "Branco." "O que é branco?" "É como um ganso." "E como é um ganso?" "Como meu cotovelo." O cego apalpou o cotovelo e disse: "Agora eu sei como é o leite".

Não obstante, a pesquisa psicológica da personalidade da criança cega mostra cada vez mais que a verdadeira esfera de compensação das consequências da deficiência visual não é o campo das representações ou percepções, não é o campo dos processos elementares, mas o dos conceitos, ou seja, o campo das funções superiores.

Petzeld formulou isso em uma conhecida tese sobre a possibilidade fundamental de conhecimento ilimitado para o deficiente visual. O pesquisador mostrou que os cegos, que extremamente são limitados em suas representações, não têm quaisquer limitações no campo do conhecimento abstrato. Existe uma possibilidade fundamental de conhecer tudo, a despeito da ausência de representações de determinado tipo: essa é a conclusão principal de seu trabalho, uma conclusão de profunda fundamentação tanto teórica quanto prática.

Com frequência é colocada uma questão análoga em relação à humanidade como um todo. Em crítica aos sensualistas, pergunta-se: Se o ser humano tivesse não cinco, mas quatro sentidos, como se daria o processo de conhecimento e o desenvolvimento intelectual? Partindo de um ponto de vista sensualista, seria de se esperar que a privação de um dos cinco sentidos levaria à produção de um quadro do desenvolvimento psicológico humano totalmente distinto daquele obtido com base nos cinco sentidos. Nós, contudo, devemos responder a essa pergunta de uma forma um tanto inesperada.

Nossa hipótese é de que não haveria nenhuma alteração fundamental no processo de conhecimento do ser humano dotado de quatro sentidos, pois o pensamento – uma forma de reelaboração dos dados da experiência – permaneceria o mesmo, e o quadro da realidade circundante é formado não tanto com base na percepção direta quanto na experiência racionalmente reelaborada. Portanto, tanto a pessoa cega quanto a que enxerga sabem, por princípio, muito mais do que elas podem se dar conta, sabem muito mais do que eles podem perceber com ajuda dos cinco sentidos. Se realmente soubéssemos apenas tanto quanto nos permite nossa percepção direta, por meio dos cinco sentidos, nenhuma ciência, no sentido verdadeiro da palavra, seria possível, pois as ligações, dependências e relações entre os fenômenos que constituem o conteúdo do conhecimento científico não são qualidades visualmente perceptíveis das coisas, elas se revelam nas coisas com ajuda do pensamento. Dessa forma, também para a criança cega o pensamento é a principal esfera de compensação da insuficiência de representações.

As fronteiras do desenvolvimento no campo do conhecimento superior vão além do treinamento sensório-motor, que é possível no campo dos processos elementares. *O conceito é uma forma superior de compensação da insuficiência de representações.*

A compensação pelo alto, por parte dos conceitos, leva a dois riscos que gostaríamos de indicar brevemente. O primeiro e mais importante risco é o verbalismo, amplamente difundido em crianças cegas. Verbalismo é o uso de palavras, que não trazem nenhum sentido, conteúdo, cujo significado permanece vazio. Ele é extremamente desenvolvido em crianças cegas e é um dos principais obstáculos para seu desenvolvimento. Ao utilizar a mesma linguagem do que aquele que enxerga, o cego a intercala com uma série de palavras cujo significado é inacessível para ela. Quando o cego diz: "eu o vi ontem" ou "hoje o dia está claro", em ambos os casos ele usa palavras cujo significado imediato é inacessível para ele. O emprego de palavras vazias, desprovidas de qualquer conteúdo, constitui justamente a base do verbalismo.

O verbalismo é uma compensação falsa, fictícia, da insuficiência de representações.

Contudo, se determinada palavra corresponde a certo conceito na vivência do cego, ainda que a percepção imediata do objeto designado por essa palavra lhe seja inacessível, já não temos um caso de verbalismo, não se trata de uma compensação fictícia, mas real: trata-se da elaboração de um conceito relativo ao objeto inacessível à percepção e à representação. Para o cego, o preto é tão preto quanto para nós, como diz corretamente Petzeld, e a prova disso pode ser vista em um fato cotidiano na vida dos cegos, sobre a qual eles mesmos podem contar. Trata-se justamente do fato de que Saunderson, cego de nascimento, elaborou um conhecido manual de geometria, e Scherbina, também cego, segundo seu próprio testemunho, ao frequentar um curso de nível médio de física, explicou ótica para seus colegas dotados de visão. O fato de que o cego pode elaborar conceitos absolutamente concretos, totalmente adequados em relação aos daqueles que enxergam, acerca de objetos que eles não podem perceber pela visão, constitui um fato de importância primordial para a psicologia e pedagogia do cego.

O risco do verbalismo nos leva a um segundo: o do falso conceito. A lógica formal e a história da psicologia explicam o processo de formação de conceitos da seguinte maneira: primeiro a criança acumula uma série de percepções e representações concretas; da mistura e sobreposição de representações delineiam-se gradualmente os traços comuns de uma série de objetos diferentes, os traços diferentes são dissimulados ou eliminados e surge um conceito geral como o quadro fotográfico coletivo de Galton.

Se esse caminho correspondesse à realidade, a lei formulada por Petzeld sobre a possibilidade de conhecimento infinito para o cego seria impossível. Se o caminho para a formação de conceitos se desse apenas por meio das representações, o cego não poderia formar um conceito sobre a cor preta, muito menos um conceito que fosse adequado ao nosso. O conceito do cego seria inevitavelmente um falso conceito e representaria na esfera do pensamento algo análogo ao que chamamos de verbalismo, ou seja, o emprego de palavras vazias.

Aqui aparece a diferença entre lógica formal e dialética na teoria dos conceitos. Para a lógica formal, o conceito não é outra coisa senão uma representação geral; ele surge como resultado da identificação de uma série de sinais gerais. A principal lei a que o movimento do conceito está submetida é formulada também pela lógica como lei de proporcionalidade inversa entre escopo e conteúdo do conceito. Quanto mais amplo o escopo do conceito, ou seja, quanto mais geral ele for e quanto maior for o círculo de objetos ao qual ele se refere, mais pobre se tornará seu conteúdo, a quantidade de sinais que pensamos estar contida dele. O caminho da generalização é, dessa forma, um caminho que leva da riqueza da realidade concreta para o mundo dos conceitos, para o reino das abstrações descarnadas, distantes da vida viva, do conhecimento vivo.

Para a lógica dialética, o conceito, ao contrário, é mais rico em termos de conteúdo do que a representação, pois o caminho da generalização não consiste na identificação formal de sinais isolados, mas na descoberta de ligações, relações entre um determinado objeto e os outros, e se o objeto se revela genuinamente não pela vivência direta, mas por toda variedade de ligações e relações que determinam seu lugar no mundo e a ligação com a realidade restante, então o conceito será mais profundo, mais correspondente à realidade, mais verdadeiro e mais pleno de reflexo da realidade do que a representação.

Porém, o conceito – e isso é o principal do que foi dito até agora –, assim como todos os processos psicológicos superiores, não se desenvolve de outra forma senão no processo de atividade coletiva da criança. Apenas a colaboração leva à formação da lógica infantil, apenas a socialização do pensamento infantil, como formulou Piaget, leva à formação de conceitos.

É por isso que a pedagogia dos cegos deve levar em conta o problema aqui revelado da colaboração com a pessoa que enxerga como um problema pedagógico e metodológico do processo ensino-aprendizagem dos cegos. O pensamento coletivo é a principal fonte de compensação das consequências da deficiência visual. Ao desenvolver o pensamento coletivo, eliminamos a consequência secundária da cegueira, quebramos nesse ponto mais frágil toda a corrente criada ao redor do defeito, e *eliminamos a própria causa do desenvolvimento incompleto das funções psíquicas superiores na criança cega*, revelando diante dela infinitas e ilimitadas possibilidades.

4

Em nenhum lugar o papel do coletivo como fator do desenvolvimento da criança anormal aparece com tanta clareza em primeiro plano quanto na esfera do desenvolvimento de crianças surdas-mudas. Aqui é totalmente evidente que todo fardo e toda limitação produzida pelo defeito estão contidos não na deficiência em si, mas naquelas consequências, nas complicações secundárias acarretadas por ela.

Por si mesma, a surdez poderia não ser um obstáculo tão pesado para o desenvolvimento intelectual da criança surda-muda, mas a mudez que ele acarreta, a ausência de linguagem constitui um grande obstáculo nesse caminho.

Esse é o verdadeiro problema dos problemas de toda pedagogia da surdez.

Agora, depois de tudo o que foi dito anteriormente em relação ao desenvolvimento das formas superiores de pensamento e à lógica da criança em relação com a socialização dessas funções, fica totalmente claro que a ausência de linguagem na criança surda-muda, ao dificultar uma comunicação eficiente no coletivo, ao arrancá-la do coletivo, é um dos principais entraves para o desenvolvimento das funções psicológicas superiores. A pesquisa experimental mostra, a cada passo, que aquilo que retiramos da criança surda-muda na comunicação faltará em seu pensamento. Nessa questão criou-se um círculo vicioso, para o qual a pedagogia prática ainda não encontrou saída.

Por um lado, a luta contra a linguagem artificial e a fraseologia, a tentativa de criar uma linguagem viva e efetiva, que torne possível a comunicação social, e não apenas a emissão de sons claros, exige uma revisão de lugar que a linguagem ocupa na educação tradicional da criança surda-muda. Se na educação tradicional a linguagem engole feito um parasita todas as demais dimensões da educação, torna-se um objetivo em si mesmo, isso ocorre justamente porque ela perde seu caráter vital: ensina-se à criança surda-muda a pronunciar palavras, mas não a falar, a usar a linguagem como meio de comunicação e pensamento.

354

Por isso, ao lado da linguagem artificialmente inserida, ela usa mais prontamente a língua mímica que lhe é própria, aquela que desempenha todas as funções vitais da linguagem. A luta da linguagem oral contra a mímica, a despeito das boas intenções dos pedagogos, via de regra, sempre termina com a vitória da mímica, não porque justamente ela, do ponto de vista psicológico, seja a verdadeira linguagem do surdo-mudo, não porque ela seja mais fácil, como dizem muitos pedagogos, mas porque ela é uma linguagem legítima em toda riqueza de seu significado funcional, ao passo que a articulação oral, introduzida artificialmente, de palavras é desprovida de toda riqueza vital, constituindo-se meramente como uma cópia morta da linguagem.

Dessa forma, surgia diante da pedagogia a tarefa de devolver a vitalidade à linguagem oral, tornar essa linguagem necessária, compreensível, natural para a criança e reconstruir todo o sistema de sua educação. Avançava para o primeiro plano a tese de que a criança surda-muda é antes de tudo uma criança, só depois surda-muda. Isso quer dizer que, em primeiro lugar, a criança deve crescer, desenvolver-se e ser educada a partir de interesses gerais, inclinações e leis da idade infantil, e no processo de desenvolvimento assimilar a linguagem. No centro da educação da criança surda-muda estavam os problemas gerais da educação, isto é, os problemas da educação sociopolítica, pois parecia absolutamente justo que, ao educar para o coletivismo, para o comportamento social das crianças surdas-mudas, sua colaboração conjunta, criamos o único solo real sobre o qual a linguagem pode se desenvolver. De fato, por essa via, a pedagogia conquistou resultados surpreendentes que, pode-se dizer sem exagero, alteraram de forma radical todo aspecto da nossa escola.

Contudo, logo se revelou que este é apenas um aspecto da questão. O outro consiste em que justamente a educação sociopolítica de crianças surdas-mudas enfrentou obstáculos gigantes devido ao desenvolvimento verbal insuficiente dessas crianças. Se inicialmente parecia que o pressuposto para o desenvolvimento natural da linguagem viva era a educação social, verificou-se, em seguida, que a própria educação sociopolítica precisava necessariamente, enquanto um de seus pressupostos psicológicos fundamentais, do desenvolvimento da linguagem.

Como resultado, eles tiveram de voltar à mímica como única língua por meio da qual a criança surda-muda poderia assimilar uma série de teses, pensamentos, informações, sem os quais o conteúdo de sua educação sociopolítica seria absolutamente morto e sem vida. Dessa forma, justamente por isso nossa escola passou a fazer uma revisão radical da questão sobre a relação entre educação verbal e geral da criança surda-muda e resolveu essa questão de forma diametralmente oposta em comparação à forma como ela o fazia na educação tradicional, o problema da linguagem passou a ser encarado com uma agudeza tal que não se vê em nenhum país europeu ou americano.

Tudo depende das exigências impostas à educação da criança surda-muda, dos objetivos colocados para essa educação. Se exigirmos o domínio exterior da linguagem e um nível de adaptação elementar para uma vida independente, o problema da educação verbal se resolve de forma relativamente simples e bem-sucedida. Se exigirmos ampliar de modo ilimitado, como ocorreu entre nós, se estabelecermos como objetivo a máxima aproximação entre a criança surda-muda, funcional em todos os aspectos, exceto na audição, e a criança normal, se nos orientarmos para a máxima aproximação entre a escola dos surdos-mudos e a normal, verificaremos uma discrepância abissal entre o desenvolvimento verbal e o desenvolvimento geral da criança surda-muda.

Esse círculo vicioso se fecha definitivamente quando entra em ação um terceiro e último aspecto, isto é, a exclusão da criança surda-muda do coletivo, a limitação das crianças surdas-mudas à sua própria comunidade, assim como os problemas de comunicação e colaboração com as pessoas que ouvem. O círculo completo, portanto, é formado por três aspectos interdependentes. A educação social se baseia no desenvolvimento incompleto da linguagem, o desenvolvimento incompleto da linguagem leva à exclusão do coletivo, a exclusão do coletivo cria entraves, ao mesmo tempo, para a educação social e para o desenvolvimento da linguagem.

Não seria possível indicar agora a resolução radical dessa questão. Mais do que isso, pensamos que a pedagogia da surdez e o estado atual da ciência sobre a educação verbal da criança surda-muda em seu aspecto teórico e prático, infelizmente, não permitem desatar esse nó de uma vez só. Aqui, o caminho para a superação das dificuldades é muito mais sinuoso e cheio de rodeios do que gostaríamos. Esse caminho, em nossa opinião, é ditado pelo desenvolvimento da criança surda-muda e, em parte, da criança normal:

esse caminho consiste na poliglossia, ou seja, na multiplicidade de caminhos para o desenvolvimento verbal de crianças surdas-mudas.

Ligado a isso, surge a necessidade de reavaliar a relação tradicional teórica e prática com certos tipos de linguagem do surdo-mudo, a começar pela mímica e pela linguagem escrita.

As pesquisas psicológicas, experimentais e clínicas concordam que a poliglossia, ou seja, o domínio de diferentes formas de linguagem, no estado atual da pedagogia da surdez é um caminho inevitável e o mais produtivo para o desenvolvimento verbal e para a educação da criança surda-muda. Em relação a isso, deve ser radicalmente transformada a visão tradicional sobre a competição e entrave mútuo entre diferentes formas de linguagem no desenvolvimento do surdo-mudo, e deve ser colocada a questão teórica e prática sobre a colaboração e complexificação estrutural em diferentes estágios do processo de ensino-aprendizagem.

Este último, por sua vez, exige uma abordagem diferenciada complexa sobre o desenvolvimento verbal e sobre a educação da criança surda-muda. A experiência de pedagogos europeus e norte-americanos de vanguarda, em especial dos escandinavos e norte-americanos, atesta a exequibilidade tanto da complexificação de diferentes formas de linguagem, como da abordagem diferenciada à educação verbal da criança surda-muda. Tudo isso faz avançar uma série de problemas e questões práticas e teóricas da pedagogia da surdez que, em conjunto, podem ser resolvidos não no plano dos procedimentos, mas da metodologia da educação verbal, e que exigem como condição obrigatória a elaboração de uma psicologia da criança surda-muda.

Apenas o estudo profundo das leis do desenvolvimento verbal e uma reforma radical do método de educação verbal podem levar nossa escola a uma superação real, não imaginária, da mudez da criança surda. Isso quer dizer que, em termos práticos, devemos utilizar toda atividade verbal possível da criança surda-muda, sem olhar com desdém nem desprezar a mímica, sem tratá-la como inimiga, compreendendo que as diferentes formas de linguagem podem servir não apenas como concorrentes entre si e criadoras de entraves para o desenvolvimento mútuo, mas também como degraus que podem levar a criança surda-muda ao domínio da linguagem.

Em todo caso, a pedagogia não pode fechar os olhos para o fato de que, ao retirar a mímica dos limites da comunicação verbal permitida às crianças surdas-mudas, ela elimina de seu círculo uma grande parte da vida e da atividade coletiva da criança surda-muda, consolidando, deturpando e ampliando o principal entrave para o seu desenvolvimento, isto é, as dificuldades de formação de sua atividade coletiva. Por isso, o estudo do coletivo de crianças surdas-mudas, da possibilidade de colaboração coletiva com crianças que ouvem, o máximo uso de todas as formas de linguagem acessíveis para a criança surda-muda são condições necessárias para um aperfeiçoamento radical da educação de crianças surdas-mudas.

A pedagogia da surdez tradicional se apoiava na leitura labial individual (diante do espelho) para cada criança. Mas a conversa com o espelho é uma conversa ruim, de modo que, em lugar de linguagem, obtinha-se uma cópia mecânica e sem vida dela. A linguagem separada da atividade coletiva da criança se mostra uma linguagem morta. Nos primeiros tempos, nossa pedagogia transferiu o centro de gravidade para a educação social coletiva da criança surda-muda, mas separou essa educação de colaboração coletiva da linguagem e, por isso, logo sentiu duramente a discrepância entre as exigências da educação social e as possibilidades verbais da criança surda-muda. Apenas a ligação entre um e outro, apenas o coletivo como fator fundamental do desenvolvimento verbal, apenas *a linguagem no coletivo* podem ser a verdadeira saída para esse círculo vicioso.

* * *

Com o tema das crianças surdas-mudas, encerramos a apresentação dos principais aspectos que compõem o tema deste capítulo.

Para concluir, gostaríamos de indicar ainda que nosso objetivo está longe de ser uma resolução definitiva que esgota o problema colocado. Trata-se, antes, de uma simples introdução em um vasto campo de pesquisa, apenas isso. Compreender de uma forma nova e consoante com a verdadeira natureza dos fenômenos a ligação entre a colaboração coletiva e o desenvolvimento das funções psicológicas superiores, entre o desenvolvimento do coletivo e da personalidade da criança anormal: esse é o principal e fundamental ponto de apoio para toda a pedagogia da criança anormal.

A pedagogia comunista é uma pedagogia do coletivo.

Seção III
Problemas da teoria e história da psicologia

CRISE NA PSICOLOGIA

Introdução à seção

Robert W. Rieber
Universidade da Cidade de Nova York

David K. Robinson
Universidade Estadual Truman

A edição russa das obras reunidas de Vigotski começaram de fato com este volume, provavelmente de acordo com a suposição russa/soviética de que temas teóricos fundamentais deveriam vir primeiro. Interesses ocidentais em problemas práticos, ao que parece, exigiram a publicação anterior dos volumes sobre psicolinguística e "defectologia" (educação especial) e apresentaram os escritos sobre história e teoria como terceiro volume.

O Volume 3 completo de *Obras reunidas* de Vigotski (1997b) contém vários artigos seus sobre teoria e história da psicologia, bem como alguns prefácios a trabalhos escritos por outros, e esses prefácios são dedicados a temas teóricos. O primeiro artigo, embora não incluído no presente volume, vale a pena comentar, porque anuncia temas que emergiram no trabalho mais completo que reproduzimos aqui, *O sentido histórico da crise na psicologia*. Esse primeiro artigo é a versão publicada do que é muitas vezes chamada a estreia de Vigotski, sua celebrada palestra na Sessão Combinada das Seções Psicológica e Neurológica do Segundo Congresso Russo sobre Psiconeurologia em Petrogrado (Leningrado), em 6 de janeiro de 1924 (publicado em 1926). Intitulado "Os métodos de investigação reflexológica e psicológica", foi aparentemente o veículo que carregou o jovem estudioso provincial a uma posição de destaque na academia soviética, porque chamou a atenção de K.N. Kornilov. (Veresov e outros argumentam que essa não foi provavelmente uma estreia, pois Vigotski já era conhecido por psicólogos de Moscou como aluno universitário.) No ano anterior à conferência de Petrogrado, Kornilov começou a defender uma psicologia marxista, e em novembro de 1923, G.I. Chelpanov, o diretor fundador do Instituto Psicológico da Universidade de Moscou, recebeu a ordem de entregar a liderança a Kornilov, cujo programa de "reactologia" tentou representar uma abordagem marxista.

Uma coisa que deve ter impressionado Kornilov foi a coragem de Vigotski para criticar, na ocasião, a Escola de Reflexologia de Petersburgo (Bekhterev e Pavlov) e exigir uma psicologia nova e unificada para investigar a consciência. Na verdade, comentários de Vigotski mostravam apreciação pelas realizações da reflexologia (ele é mais elogioso a Pavlov do que a Bekhterev), mas ressaltava que a abordagem reflexológica não fornecia fundamento suficiente para a psicologia, o estudo da mente e do comportamento. Um dualismo fundamental no pensamento psicológico era o principal problema do momento, afirmou Vigotski: "a psicologia está experienciando uma crise muito séria no Ocidente e na URSS". Se Kornilov imaginou que esse jovem judeu brilhante de Belarus poderia ajudá-lo a promover o programa de Moscou em reactologia, isso não é claro. De qualquer modo, não aconteceu desse modo.

Quando chegou a Moscou, Vigotski imediatamente iniciou muitos projetos com um grupo de colaboradores que em breve se tornaram seus discípulos dedicados. Suas primeiras pesquisas e publicações se concentraram na "defectologia" (cf. introdução à seção prévia), mas ele estava se movendo em todas as frentes possíveis e não negligenciava os temas teóricos amplos que havia marcado sua entrada no centro de psicologia soviética. De fato, seu primeiro livro completo, embora não tivesse podido publicá-lo, foi *O significado histórico da crise em psicologia: uma investigação metodológica*, escrito em 1926-1927, quando a tuberculose, que terminou por matá-lo, se agravou e o forçou a se acamar. Mesmo estando incapaz de continuar o trabalho clínico e educacional, não desperdiçou seu tempo, aprofundando sua leitura de materiais da biblioteca do instituto. O presente volume oferece esse livro completo por várias razões.

Primeiro, esse importante trabalho foi quase fadado ao esquecimento. *Crise na psicologia* tem uma curiosa história de publicação, basicamente uma história de não publicação. Vigotski era um jovem com pressa e usualmente deixava claro que queria publicar tão rápido quanto possível. Todavia, esse manuscrito finalizado, aparentemente pronto para publicação, não apareceu impresso até a edição russa das *Obras reunidas* em 1982, cinquenta e cinco anos depois. O atraso certamente resultou do clima político e esse clima pode, inclusive, ter alterado o texto. David Joravsky (1987; 1989) argumentou que o manuscrito original deve ter incluído citações de Trotsky, Bukharin e Kautsky. Editores soviéticos no começo da década de 1980 podem ter propositadamente omitido essas referências, e Joravsky suspeita que inclusive manipularam o texto de algumas. Discussões críticas de Vigotski sobre escritores marxistas ainda são extensas, embora notas críticas dos editores soviéticos corrijam o autor sempre que este se aventura fora do domínio da ortodoxia soviética. Como compôs esse trabalho teórico durante o período de 1924 (quando Lenin morreu) a 1927 (quando Trotsky estava exilado), faz sentido que a publicação no fim daquele período tenha sido, na melhor das hipóteses, problemática, e provavelmente fosse simplesmente reprimida. Sheila Fitzpatrick (1978, p. 145) chamou o período entre 1928 e 1931 de uma "revolução cultural" na história soviética, indicando que entusiastas marxistas repentinamente se tornaram muito duros com qualquer pessoa que se comprometesse com filosofia não soviética, mesmo que a repressão stalinista completa ainda estivesse a alguns anos de distância.

Uma segunda razão para incluir *Crise* inteiramente é por ser o único escrito no qual Vigotski exerce completamente seus impressionantes poderes como revisor e crítico. Embora todos os seis volumes de *Obras reunidas* contenham prefácios, críticas e outros escritos de revisão, nenhum outro trabalho seu trata de tantos autores, doutrinas psicológicas e posições filosóficas como *Crise*. A avaliação mais abrangente do material de leitura de Vigotski é encontrada em *O sentido histórico da crise na psicologia*, embora esse trabalho não seja certamente um acesso fácil ao pensamento de Vigotski e ao seu desenvolvimento. Estudiosos discutirão os detalhes por muitos anos, e isso pode ser um caso no qual um texto confiável será realmente necessário, um texto que tenha sido confrontado com os manuscritos originais.

Uma análise intrigante, uma interpretação do desenvolvimento geral do pensamento de Vigotski, é oferecida por Veresov, que chama *Crise* "um dos trabalhos mais importantes e significativos de Vigotski". Esse trabalho, ele insiste, "apresenta Vigotski não apenas como fundador de uma certa teoria psicológica, mas como um metodologista da ciência" (Veresov, 1999, p. 145). Foi nesse trabalho teórico, que veio após vários anos de trabalho prático com crianças com dificuldades de aprendizagem, que Vigotski deu os passos cruciais na direção de sua famosa teoria histórico-cultural do desenvolvimento psicológico. *Crise* é "o divisor de águas entre o Vigotski inicial e o Vigotski criador da teoria histórico-cultural" (Veresov, 1999, p. 29). Antes de Vigotski escrever esse trabalho, Veresov afirma, ele usava suposições reflexológicas e estuturalistas na psicologia e inclusive métodos comportamentalistas enquanto trabalhava com as crianças que estudou, embora fosse caracteristicamente crítico em relação a todos esses métodos.

Buscando por alguma forma de superar o dualismo na teoria psicológica (e, ocasionalmente, inclusive o desconcertante pluralismo), Vigotski ficou impressionado com os gestaltistas alemães. Contudo, não se impressionou o bastante para ficar satisfeito com sua abordagem. (Tampouco os gestaltistas se impressionaram com o trabalho de Vigotski quando o visitaram em Moscou. Cf. Harrower, [*s. d.*], p. 135-137, 144-145; Scheerer, 1980). Vigotski continuou a buscar por uma solução própria para o dualismo que precipitara a crise e o resultado dessa busca foi seu livro sobre o tema. Ao mesmo tempo, interessantemente, os gestaltistas compararam o livro de Vigotski com suas publicações mais conhecidas (especialmente Bühler, 1927; Koffka, 1926a). Mesmo o monumental trabalho de Ach (1967) sobre a Gestalt alemã não explicava o impacto mais amplo dessa crise fora da Alemanha. Um observador contemporâneo (Hartmann, 1935, cap. 17) apontou a razão pela qual a Gestalt falhou em unificar a psicologia. Os gestaltistas mais conhecidos nos Estados Unidos se voltaram para uma teoria fisiológica da percepção baseada em correlações isomórficas entre mente e cérebro. Enquanto Kurt Goldstein e Martin Scheerer continuavam seu trabalho, ocorreu uma cisma na Gestalt. Na América, descobriram que a posição clássica de Wolfgang Köhler e Kurt Koffka havia dado pouca atenção para temas que agora lhes interessavam, o papel da pessoa na sociedade e teorias da personalidade, assim como psicopatologia na pessoa. Vigotski, em seu tempo e lugar, ainda estava preocupado com todos esses temas, embora seja verdade que muitas vezes teve dificuldade em saber o lugar da pessoa em seu sistema. Fora dos fundamentos filosóficos do marxismo, Vigotski finalmente se voltou na direção de sua teoria celebrada.

Embora a descrição de Veresov sobre o desenvolvimento de Vigotski pareça muito descontínua para muitos leitores de Vigotski (cuja teoria enfatizava "emergência" e "desenvolvimento" em vez de viradas abruptas), muitos provavelmente concordarão com a ênfase que Veresov dá ao período durante o qual Vigotski escreveu *Crise*. Foi uma época importante para Vigotski e para a história da psicologia.

Uma terceira razão para a consideração cuidadosa desse trabalho é que provavelmente é o melhor lugar para estudiosos, mesmo se o texto sofreu alguma adulteração, para ter uma ideia do que todos consideram ser o principal esforço de Vigotski: criar uma ciência marxista da psicologia apropriada à nova sociedade soviética. Embora Lenin e Trotsky não tenham se esquivado de táticas ditatoriais durante a Revolução e a Guerra Civil, por alguns anos preciosos em meados da década de 1920, jovens intelectuais soviéticos se consideravam livres para explorar possibilidades para o novo mundo diante deles, um mundo com alguns limites, onde vidas que há muito haviam sido miseráveis poderiam ser refeitas para melhor. Para Vigotski e a psicologia, como para jovens líderes similares em literatura, artes, arquitetura, medicina, ciências e praticamente cada faceta da atividade intelectual não muito estreitamente identificada com o regime tzarista (a religião, p. ex.), o marxismo continuava a ser a doutrina de possibilidades abertas, de uma nova vida que se desdobrava. O interessante é que Vigotski pôde incluir essas considerações apreciativas do trabalho "burguês" e estrangeiro em psicologia, mesmo quando admitia que ainda tinha apenas contornos vagos do que a psicologia marxista seria.

Uma quarta e última razão para ler e pensar sobre *Crise* é que muitos observadores críticos da profissão de psicologia ainda invocam o termo para descrever a situação hoje. Na verdade, Rieber e Wollock (1997a) introduzem o Volume 3 de *Obras reunidas* com uma discussão sobre esse tema, e David Bakan (1998) tenta compreender com clareza que tipo de crise a psicologia está enfrentando. A crise hoje – similar àquela tratada por Vigotski, na medida em que é uma crise de identidade – se manifesta em ainda maiores complicações na evolução de seu desenvolvimento. Por exemplo, muitos psicólogos estão desertando para campos recém-emergentes da neurociência e ciência cognitiva, apesar da cisma entre psicólogos acadêmicos clínicos e experimentais nas últimas décadas do século XX. A tendência à superespecialização é agora a escolha fácil. Nesse movimento se encontra um paradoxo. A psicologia como profissão é maior e mais popular do que nunca, e, todavia, o controle de qualidade por vezes equivale a um corrupto princípio darwiniano da "sobrevivência do mais vulgar". No longo prazo essa será certamente uma solução equivocada para os problemas gerais da psicologia. Vigotski, se ainda estivesse entre nós, certamente concordaria.

Os quatorze capítulos de *Crise* são um campo rico para obter elucidação de todos esses temas. Nas duas primeiras partes, Vigotski examina definições que psicólogos dão da psicologia e seu alcance, argumentando que uma teoria unificada é absolutamente necessária para o desenvolvimento do campo. As partes 3 e 4 avaliam esforços recentes de unificação (psicanálise, reflexologia, Gestalt e o personalismo de William Stern) e examinam algumas tentativas de estabelecer uma psicologia baseada no marxismo. As partes 5 até 11 revisam vários escritores psicológicos e filosóficos, particularmente alemães e russos. A parte 12 tenta explicar por que a crise estava ocorrendo nesse momento particular, enquanto psicotécnicas e outras aplicações da psicologia se aceleravam, mas sem fundamentos teóricos firmes para a ciência subjacente. A parte 13 é a chave, e a mais longa; mostra Vigotski lutando para determinar que tipo de abordagem marxista terminaria satisfazendo a necessidade de uma teoria unificada da psicologia. Ele é muito crítico daqueles escritores marxistas que pegariam a saída mais fácil, simplesmente usando citações dos fundadores do marxismo, que estavam realmente discutindo outras coisas. A parte 14, a parte final, admite que a tarefa ainda não está terminada, que a necessária psicologia marxista está apenas se desenvolvendo. Como Vigotski coloca no parágrafo final:

> Na sociedade futura a psicologia de fato será a ciência super-homem. Sem isso a perspectiva do marxismo e da história da ciência estaria incompleta. Mas essa ciência do super-homem continuará sendo a psicologia; agora nós temos seu fio em nossas mãos. Não é preciso dizer que essa psicologia se parecerá tão pouco com a atual quanto, nas palavras de Espinosa, a constelação Cão Maior se parece com o cachorro, o animal que ladra (1997a).

10

O sentido histórico da crise da psicologia[146]

Investigação metodológica

"A pedra que os edificadores rejeitaram tornou-se a pedra angular" (Sl 118,22).

1

Nos últimos tempos cada vez mais ressoam vozes que tratam do problema da psicologia geral como um problema de primeira importância. Essa opinião, o que é mais admirável, parte não de filósofos, para os quais a generalização se tornou um hábito profissional, tampouco de psicólogos teóricos, mas de psicólogos práticos, que desenvolvem campos especiais da psicologia aplicada, de psiquiatras e psicotécnicos, representantes das partes mais exatas e concretas de nossa ciência. É evidente que certas disciplinas da psicologia tenham chegado a um ponto de virada no desenvolvimento de suas pesquisas, no acúmulo de material factual, na sistematização do conhecimento e na formulação de suas principais teses e leis. O avanço linear, a simples continuação desse trabalho e o acúmulo

---

146. Traduzido a partir do v. 1, "Vopróssi teorii i istórii psikhológuii", de *Sobranie Sotchinénii v chesti tomakh* (Vigotski, 1982c, p. 291-435). A versão foi ajustada e corrigida conforme os apontamentos de Ekaterina Zavershneva e Maksim Osipov, que acessaram as versões manuscritas do texto presentes do arquivo da família de Vigotski. O resultado do estudo comparativo entre a versão publicada em 1982 nas obras reunidas e o material de arquivo foi publicado em "Sravnítelni analiz rukopisi '(Istorítcheski) Smisl psikhologuítcheskogo krizisa' e iió versii, opublikovannoi v t. 1 sobraniia sotchiniénii L.S. Vigotski (1982) pod redaktsei M.G. Iarochévski", *Dubna Psychological Journal*, n. 3, p. 41-72 (2012). Entres as diferenças há cortes, omissões, acréscimos, falta de identificação de citações e simples erros de digitação. Os casos mais significativos foram identificados em nota de rodapé na presente tradução [N.T.].

gradual de materiais são uma tarefa improdutiva e até mesmo impossível. Para seguir adiante é preciso mudar o caminho.

Tal crise metodológica, a demanda consciente de certas disciplinas por orientação, a necessidade (em certo nível de conhecimento) de coordenar criticamente dados variados, de sistematizar leis variadas, de dar sentido e averiguar os resultados, de depurar os métodos e conceitos principais, de estabelecer princípios fundamentais, em suma, de ligar os princípios e os fins do conhecimento: tudo isso engendra a ciência geral.

O conceito de psicologia geral, portanto, não coincide em absoluto com o conceito de uma psicologia teórica fundamental e central para uma série de disciplinas isoladas e especiais. Essa última, em essência uma psicologia do adulto normal, deveria ser analisada como uma disciplina específica ao lado da zoopsicologia, da psicopatologia e da pedologia[147]. O fato de que ela desempenhou e até hoje desempenha o papel de fator generalizante, que até certo ponto forma a estrutura e o sistema de disciplinas específicas, fornecendo seus principais conceitos, correlacionando-os à sua própria estrutura, pode ser explicado pela história do desenvolvimento da ciência, mas não por uma necessidade lógica. Assim foi, em parte assim é agora, mas não é absolutamente como deve ser e como será, pois isso não decorre da natureza da ciência, mas se deve a circunstâncias exteriores e alheias: basta que elas sejam transformadas para que a psicologia do adulto normal perca seu papel determinante. Parece-nos que, em parte, isso está começando a acontecer. Nos sistemas psicológicos que cultivam o conceito de inconsciente, o papel dessa disciplina determinante, cujos principais conceitos servem de ponto de partida para ciências afins, é desempenhado pela psicopatologia. Este é o caso de sistemas como os de Freud, Adler e Kretschmer.

Para o último o papel determinante da psicopatologia já não está ligado ao conceito de inconsciente, como para Freud e Adler, ou seja, à prioridade real desta disciplina no sentido da elaboração de uma ideia fundamental, mas a uma perspectiva metodológica fundamental, segundo a qual a essência e a natureza dos fenômenos psicológicos estudados se revelam de forma mais pura em suas expressões extremas, patológicas. Por conseguinte, é preciso ir da patologia para a norma, a partir da patologia explicar e compreender a pessoa normal, e não o contrário, como se fazia até então.

---

147. A menção à pedologia foi omitida na edição de 1982 (cf. Zavershneva; Osipov, 2012) [N.T.].

A chave da psicologia está na patologia, não apenas porque esta última desvendou e estudou antes das demais a raiz do psiquismo, mas porque esta é a natureza interna das coisas, que, por sua vez, condiciona a natureza do conhecimento científico sobre essas mesmas coisas. Se para a psicologia tradicional todo psicopata é, enquanto objeto de estudo, mais ou menos (em um grau diferente) uma pessoa normal e deve ser definido em relação a ela, para os novos sistemas toda pessoa normal é mais ou menos louca e deve ser compreendida em termos psicológicos justamente como variante de algum tipo psicopatológico. Dizendo de forma mais simples, em alguns sistemas, a pessoa normal é vista como tipo, já a personalidade patológica como uma variedade ou variante do tipo principal; em outros sistemas, ao contrário, o fenômeno patológico já é tomado como o normal como uma determinada variante dele. E quem pode prever como essa disputa será resolvida pela futura psicologia geral?

De tais motivos duplos (em parte factuais, em parte de princípios), o papel predominante é atribuído por um terceiro sistema à zoopsicologia. É o caso da maioria dos cursos americanos de psicologia do comportamento e dos cursos russos de reflexologia, que desenvolveram todo um sistema a partir do conceito de reflexo condicionado, agrupando todo seu material em torno dele. Além da prioridade factual na elaboração dos principais conceitos sobre o comportamento, a zoopsicologia é apresentada por muitos autores como uma disciplina geral à qual devem ser correlacionadas as demais disciplinas. O fato de que ela seja o princípio lógico da ciência do comportamento, o ponto de partida para toda análise e explicação genética do psiquismo, o fato de que ela é uma ciência puramente biológica, obriga-a justamente a elaborar conceitos fundamentais da ciência e fornecê-los às disciplinas vizinhas.

Esta é a visão, por exemplo, de Pávlov. Em sua opinião, o que fazem os psicólogos não pode se refletir na zoopsicologia, mas o que fazem os zoopsicólogos determina substancialmente o trabalho dos psicólogos; estes constroem as superestruturas, os primeiros lançam os fundamentos (1950). E, de fato, a fonte de onde retiramos todas as categorias fundamentais para a investigação e descrição do comportamento, as instâncias a partir das quais verificamos nossos resultados, os modelos de acordo com os quais alinhamos nossos métodos é a zoopsicologia.

A situação assumiu novamente uma ordem inversa em comparação com a psicologia tradicional. Nela o ponto de partida era o ser humano; partia-se do ser humano para compor uma representação do psiquismo do animal, interpretávamos as manifestações de sua alma por analogia conosco mesmos. Nesse caso, não se tratava apenas de um antropomorfismo grosseiro; com frequência, fundamentações metodológicas sérias ditavam esse tipo de pesquisa: a psicologia subjetiva não poderia ser diferente. Ela via na psicologia do humano a chave para a psicologia dos animais, nas formas superiores via a chave para compreensão das inferiores. Nem sempre o pesquisador deve seguir o caminho percorrido pela natureza, com frequência o caminho inverso é mais proveitoso.

Assim, Marx apontou para esse princípio metodológico do método "inverso" ao afirmar que "a anatomia do ser humano é uma chave para a anatomia do macaco":

> Por outro lado, os indícios de formas superiores nas espécies animais inferiores só podem ser compreendidos quando a própria forma superior já é conhecida. Do mesmo modo, a economia burguesa fornece a chave da economia antiga etc. Mas de modo algum à moda dos economistas, que apagam todas as diferenças históricas e veem a sociedade burguesa em todas as formas de sociedade. Pode-se compreender o tributo, a dízima etc. quando se conhece a renda da terra. Porém, não se deve identificá-los (Marx, 2011, 84).

Compreender o tributo a partir da renda, a forma feudal a partir da burguesia: este é o procedimento metodológico por meio do qual compreenderemos e definiremos o pensamento e os rudimentos da linguagem do ser humano. Compreender até o fim determinada etapa do processo de desenvolvimento e o próprio processo só é possível se conhecermos o seu fim, o resultado, a direção para a qual e na qual determinada forma se desenvolveu. Assim, trata-se, é claro, apenas da transferência metodológica das principais categorias e conceitos do superior ao inferior, e não da transferência de observações e generalizações factuais. Por exemplo, o conceito de categoria social de classe e de luta de classes se revela de forma mais pura na análise do sistema capitalista, porém esses conceitos são a chave para todas as formas pré-capitalistas de sociedade, embora encontremos nelas sempre outras classes, outra forma de luta, em um determinado estágio do desenvolvimento dessa categoria. Contudo, todas essas particularidades, ao distinguirem a particularidade histórica de certas épocas das formas capitalistas, não apenas não são eliminadas, como, ao contrário, tornam-se pela primeira vez acessíveis ao estudo apenas quando as abordamos a partir de categorias e conceitos obtidos da análise de outras formações, superiores.

Marx explica que,

> A sociedade burguesa é a mais desenvolvida e diversificada organização histórica da produção. Por essa razão, as categorias que expressam suas relações e a compreensão de sua estrutura permitem simultaneamente compreender a organização e as relações de produção de todas as formas de sociedade desaparecidas, com cujos escombros e elementos edificou-se, parte dos quais ainda carrega consigo como resíduos não superados, parte [que] nela se desenvolvem de meros indícios em significações plenas etc. (Marx, 2011, p. 84).

Se tivermos o fim do caminho, será mais fácil compreender o caminho como um todo, bem como o sentido de cada etapa.

Este é um dos caminhos metodológicos que se mostrou suficientemente fundamentado em muitas ciências. Será ele aplicável à psicologia? Justamente a partir desse ponto de vista metodológico Pávlov recusa o caminho do ser humano ao animal; não é a distinção factual dos fenômenos, mas a improdutividade cognitiva e a inaplicabilidade de categorias e conceitos psicológicos que constituem o motivo pelo qual ele defende o inverso do "inverso", ou seja, o caminho direto de investigação, repetindo a via que parte da natureza. Em suas palavras, "não se pode usar conceitos psicológicos, que, em sua essência, não são espaciais, para penetrar no mecanismo de comportamento dos animais, no mecanismo dessas relações (1950, p. 207).

Portanto, a questão não está nos fatos, mas nos conceitos, ou seja, no modo de pensar esses fatos. "Nossos fatos são pensados na forma de espaço e tempo; para nós esses são fatos inteiramente pertencentes às ciências naturais; já os fatos psicológicos são pensados apenas na forma do tempo", diz Pávlov (1950, p. 104). Que se trata justamente da diferença dos conceitos e não dos fenômenos, que Pávlov quer não apenas conquistar a independência de seu campo de investigação, mas também ampliar sua influência e capacidade de direção em todas as esferas do conhecimento psicológico é visível em suas indicações diretas de que a disputa trata não apenas da emancipação em relação aos conceitos psicológicos, mas na elaboração de uma psicologia mediante novos conceitos espaciais.

Em sua visão, cedo ou tarde a ciência irá transferir dados objetivos para o psiquismo humano, "orientando-se pela semelhança ou igualdade em relação a manifestações exteriores", e explica a natureza e o mecanismo de consciência (Pávlov, 1950, p. 23). Seu caminho é do simples ao complexo, do animal ao ser humano. Ele diz: "o simples, o elementar é compreendido sem o complexo, já o complexo não pode ser explicado sem o elementar". A partir desses dados constitui-se o "principal fundamento do conhecimento psicológico" (Pávlov, 1950, p. 105). Mesmo no prefácio do livro que apresenta vinte anos de experiência no estudo do comportamento de animais, Pávlov anuncia que ele "está profunda e irrevogavelmente convencido de que aqui, fundamentalmente nesse caminho" é possível "conhecer o mecanismo e as leis da natureza humana" (Pávlov, 1950, p. 17).

Esta é a nova controvérsia entre o estudo dos animais e da psicologia humana. Em essência, uma situação muito semelhante à controvérsia entre a psicopatologia e a psicologia da pessoa normal. Qual será a disciplina que irá prevalecer, unir, elaborar os conceitos principais, os princípios e os métodos, que confrontará e sistematizará os dados de todos os demais campos? Se antes a psicologia tradicional via o animal como um antepassado mais ou menos distante do ser humano, agora a reflexologia tende a ver o ser humano como um "animal bípede, sem penas", tal qual Platão. Antes o psiquismo do animal era definido e descrito segundo conceitos e termos forjados no estudo do ser humano, agora o comportamento dos animais oferece "a chave para a compreensão do comportamento humano", e o que chamamos de comportamento "humano" é entendido apenas como um derivado de um animal que caminha em posição ereta e, por isso, fala e tem mãos com polegar desenvolvido.

Novamente podemos nos perguntar: Quem além da futura psicologia geral poderá resolver essa controvérsia entre o animal e o ser humano na psicologia, uma controvérsia de cuja resolução depende nada menos do que todo o destino dessa ciência?

2

A partir da análise dos três tipos de sistemas psicológicos analisados acima, já é possível ver até que ponto amadureceu a necessidade de uma psicologia geral, e em parte foram indicadas as fronteiras e o conteúdo aproximado desse conceito. Tal será o caminho de nossa investigação: partiremos da análise dos fatos, ainda que de fatos de ordem altamente geral e caráter abstrato, como um sistema psicológico determinado e seu tipo, a tendência e o destino de diferentes teorias, determinados procedimentos cognitivos, classificações e esquemas científicos etc. Com isso as submeteremos não a uma análise lógico-abstrata, considerando seu aspecto puramente filosófico, mas como fatos determinados na história da ciência, com eventos históricos concretos, vivos em suas tendências, resistência, em seu condicionamento real e, é claro, em sua essência teórica cognoscente, ou seja, do ponto de vista de sua correspondência à realidade, cujo conhecimento ela pretende alcançar. Não é pelo raciocínio abstrato, mas pela análise da realidade científica que pretendemos chegar a uma representação clara sobre a essência da psicologia individual e social, como dois aspectos de uma ciência, e sobre seu destino histórico. Daí se deduz, como o político o faz a partir da análise dos acontecimentos, a regra para a ação e para a organização da investigação científica; uma investigação metodológica que faz uso do exame histórico de formas concretas de ciência e da análise teórica dessas formas para chegar a princípios generalizados, verificados e úteis como guia: esse é o germe da psicologia geral, cujo conceito tentaremos explicitar neste capítulo.

A primeira coisa que ficamos sabendo pela análise é a delimitação entre psicologia geral e psicologia teórica da pessoa normal. Vimos que esta última não é necessariamente a psicologia geral, que em muitos sistemas ela se converte em uma dentre outras disciplinas especiais, definidas por outro campo; que tanto a psicopatologia quanto a teoria do comportamento dos animais podem desempenhar e desempenham um papel na psicologia geral. Vvediénski supôs que a psicologia geral "seria muito mais corretamente denominada de psicologia básica, pois é a parte que está na base de toda psicologia" (1917, p. 5). Supondo que a psicologia "pode se ocupar de muitos modos e métodos", que "existe não uma, mas muitas psicologias", sem considerar a necessidade de união, Høffding tende a ver na psicologia subjetiva "a base em torno da qual, como se fosse um centro, devem se reunir toda riqueza das demais fontes de conhecimento" (1908, p. 30). Com efeito, falar em uma psicologia básica, ou central, seria, nesse caso, mais adequado do que em uma psicologia geral, embora seja necessária uma boa dose de dogmatismo escolar e autoconfiança ingênua para não ver como sistemas são engendrados a partir de uma base e um centro totalmente diferente e como, em tais sistemas, aquilo que os professores consideravam basilar pela própria natureza das coisas acaba sendo afastado para a periferia. A psicologia subjetiva era básica ou central em muitos sistemas, e é preciso ter clareza do sentido disso; agora ela perdeu seu significado e, novamente, é preciso ter clareza do sentido disso. Terminologicamente seria mais correto falar nesse caso em psicologia teórica, à diferença da aplicada, como faz Münsterberg (1924). Aplicada à pessoa adulta normal, ela seria um ramo especial ao lado da infantil, da zoopsicologia e da psicopatologia.

A psicologia teórica, observa Binswanger, não é nem uma psicologia geral nem parte dela, mas é ela mesma um objeto ou matéria da psicologia geral. Esta última faz perguntas do tipo: Como é possível uma psicologia teórica? Quais são suas estruturas e a utilidade de seus conceitos? A psicologia teórica não pode ser identificada com a psicologia geral, justamente porque a questão da criação de uma teoria na psicologia é a questão fundamental da psicologia geral (Binswanger, 1922, p. 5).

Em segundo lugar, nossa análise permite saber com segurança: o próprio fato de que a psicologia teórica, e depois outras disciplinas tenham atuado como ciência geral, deve-se, por um lado, à ausência de uma psicologia geral e, por outro, à forte necessidade dela, bem como a necessidade de desempenhar sua função temporariamente para tornar possível a pesquisa científica. A psicologia está grávida de uma disciplina geral, mas ainda não deu luz a ela.

O terceiro ponto que podemos deduzir de nossa análise é a distinção entre duas fases do desenvolvimento de qualquer ciência geral, qualquer disciplina geral, como mostra a história da ciência e da metodologia. Na primeira fase do desenvolvimento, a disciplina geral se distingue da especial apenas por traços quantitativos. Tal diferença, como diz corretamente Binswanger, é própria da maioria das ciências. Assim, distinguimos entre botânica, zoologia, biologia, fisiologia, patologia e psiquiatria geral e específica. A disciplina geral toma como objeto de estudo aquilo que é comum, que é inerente a todos os objetos de determinada ciência. A disciplina especial toma aquilo que é próprio para certos grupos ou mesmo determinados exemplares de um mesmo tipo de objetos. Nesse sentido, assume um nome especial aquela disciplina chamada agora de diferencial; também no mesmo sentido, esse campo foi chamado de psicologia individual. A parte geral da botânica ou da zoologia estuda o que é comum para todas as plantas ou animais, a psicologia, o que é próprio para todas as pessoas; para isso, da variedade real de determinados fenômenos foi abstraído o conceito de certo traço que é inerente a todas ou à maioria delas, e em seu aspecto abstrato em relação à variedade real de traços concretos ele se torna objeto de estudo da disciplina geral. Por isso, considera-se como característica e a tarefa dessa disciplina a representação científica de fatos que são comuns para a maior quantidade de fenômenos particulares de certo campo (Binswanger, 1922, p. 3).

O estágio de buscas e tentativas de aplicação de um conceito abstrato comum a todas as disciplinas psicológicas, que constitua o objeto de todas elas e determine o que se deve identificar no caos de fenômenos isolados, o que tem para a psicologia valor cognitivo no fenômeno: esse estágio pode ser visto de forma claramente expressa em nossa análise e pode-se julgar o significado que essas buscas e o conceito procurado do objeto da psicologia, a resposta procurada à pergunta sobre o que a psicologia estuda, podem ter para nossa ciência em determinado momento histórico de seu desenvolvimento.

Todo fenômeno concreto é totalmente inesgotável e infinito em seus indícios isolados; é preciso sempre procurar no fenômeno aquilo que faz dele um fato científico. É isso que distingue a observação do eclipse solar por um astrônomo da observação desse mesmo fenômeno por um mero curioso. O primeiro distingue no fenômeno aquilo que faz com que ele seja um fato astronômico; o segundo observa apenas traços aleatórios, que caem em seu campo de atenção.

O que há de mais geral em todos os fenômenos estudados pela psicologia, o que faz com que os mais variados fenômenos sejam fatos psicológicos: da saliva do cachorro à fruição da tragédia, o que há de comum entre o delírio do louco e os mais rigorosos cálculos do matemático? A psicologia tradicional responde: é comum o fato de que são todos fenômenos psicológicos não espaciais e acessíveis apenas à percepção do próprio sujeito que os vivencia. A reflexologia responde: é comum que são todos fatos do comportamento, de atividade correlata, do reflexo, ações de resposta do organismo. Os psicanalistas respondem: o que é comum e primordial para todos esses fatos é o inconsciente, que está na base deles. As três respostas indicam correspondentemente que a psicologia geral é a ciência 1) do psiquismo e de suas propriedades, 2) do comportamento ou 3) do inconsciente.

Daí verifica-se o significado desse conceito geral para todo o destino da ciência. Qualquer fato expresso pelos conceitos de cada um desses três sistemas, por sua vez, assumirá três formas totalmente diferentes; ou melhor, serão três aspectos diferentes de um mesmo fato; ou, melhor ainda, serão três fatos diferentes. Na medida em que a ciência avança, que os fatos são acumulados, chegamos a três generalizações, três leis, três classificações, três sistemas distintos, isto é, a três ciências separadas, que estarão mais distantes do fato geral que as une e mais distantes e distintas entre si quanto mais elas se desenvolverem. Logo após seu surgimento elas serão obrigadas a selecionar fatos diferentes, e a própria seleção dos fatos determinará o futuro da ciência. Koffka foi o primeiro a manifestar a ideia de que, se as coisas continuarem assim, a psicologia introspectiva e a psicologia do comportamento irão se desenvolver em duas ciências diferentes. O caminho de cada uma delas está tão distante um do outro que "não se pode dizer com certeza que eles de fato conduzem a um mesmo objetivo" (Koffka, 1926b, p. 179).

Em essência, tanto Pávlov quanto Békhterev têm a mesma opinião; eles consideram aceitável a ideia da existência paralela de duas ciências: a psicologia e a reflexologia, que estudam a mesma coisa, mas por ângulos diferentes. A esse respeito, Pávlov diz: "não nego a psicologia como forma de conhecimento do mundo interno da pessoa" (1950, p. 125). Para Békhterev, a reflexologia não se contrapõe à psicologia subjetiva e não a exclui de modo algum, mas demarca um campo especial de pesquisa, ou seja, cria uma nova ciência paralela. Ele fala de uma interação estreita entre ambas as disciplinas científicas ou mesmo de uma reflexologia subjetiva, que surgirá inevitavelmente no futuro (Békhterev, 1923). É preciso dizer, aliás, que tanto Pávlov quanto Békhterev na realidade rejeitam a psicologia e têm plena esperança de abordar todo campo de conhecimento sobre o ser humano por meio de um método objetivo, ou seja, eles veem a possibilidade de haver apenas uma ciência, ainda que em suas palavras reconheçam duas. Assim, o conceito geral predetermina o conteúdo da ciência.

Já agora a psicanálise, o behaviorismo e a psicologia subjetiva se baseiam não apenas em conceitos diferentes, mas em fatos diferentes. Assim, fatos indubitáveis, reais e comuns a todos, como é o Complexo de Édipo dos psicanalistas, simplesmente não existem para outros psicólogos, para muitos não passa da mais absurda fantasia. Para Stern, cuja posição em relação à psicanálise é, em geral, favorável, as interpretações psicanalíticas, tão comuns na escola de Freud e tão indubitáveis quanto a medição de temperatura no hospital, bem como os fatos, cuja existência eles afirmam, fazem lembrar a quiromancia e a astrologia do século XVI. Para Pávlov, a afirmação de que o cachorro se lembrou da comida ao ouvir a campainha também não passa de fantasia. Da mesma forma, para o introspectivista não existe o fato dos movimentos musculares no ato de pensamento, como afirmam os behavioristas.

O conceito fundamental, ou seja, a abstração primeira que está na base da ciência, determina não apenas o conteúdo, mas também predetermina o caráter da unidade[148] de cada disciplina e, por meio disso, o modo de explicar fatos, o princípio explicativo básico da ciência.

Vemos que a ciência geral, bem como a tendência de diferentes disciplinas de se converterem em uma ciência geral e ampliar a influência sobre ramos vizinhos do conhecimento, surge da necessidade de unir ramos heterogêneos do conhecimento. Quando disciplinas parecidas acumulam material suficiente em campos comparativamente distantes entre si, surge a necessidade de reduzir todo material heterogêneo a uma unidade, estabelecer e determinar a relação entre cada campo e entre esses campos e os objetivos do conhecimento científico. Como associar o material da patologia, da zoopsicologia e da psicologia social? Vimos que o substrato da unidade é, antes de tudo, a abstração primária. Mas a união de materiais heterogêneos não ocorre de forma sumária, por meio da conjunção "e", como dizem os psicólogos da Gestalt, não por meio da simples união ou adição de partes, de modo que cada parte preserve o equilíbrio e independência ao entrar na composição do novo todo. A unidade é conquistada pela subordinação, pela dominação, pela recusa da soberania por parte de certas disciplinas em favor de uma ciência geral única. Dentro do novo todo se forma não uma coexistência de disciplinas separadas, mas um sistema hierárquico delas,

---

148. No presente texto, o termo *edínstvo* foi traduzido como "unidade" [N.T.].

que tem centros principais e secundários, tal qual o Sistema Solar. Assim, essa unidade determina o papel, o sentido, o significado de cada campo, ou seja, determina não apenas o conteúdo, mas o modo de explicação, a generalização principal, que, no desenvolvimento da ciência, com o tempo se tornará o princípio explicativo.

Tomar como conceito primário do psiquismo, o inconsciente ou o comportamento significa não apenas reunir três categorias diferentes de fatos, mas dar três formas de explicação a esses fatos.

Vemos que a tendência à generalização e à unificação do conhecimento passa a ser, se transforma em uma tendência à explicação do conhecimento. A unidade do conceito generalizante se transforma em unidade do princípio explicativo, pois explicar significa estabelecer a ligação entre um fato ou um grupo de fatos a um outro grupo, referir-se à outra série de fenômenos; para a ciência, explicar significa explicar causalmente. Na medida em que a unificação se dá dentro de uma disciplina, essa explicação é estabelecida por meio de uma ligação causal entre fenômenos que estão dentro de um campo. Contudo, assim que passamos à generalização de disciplinas separadas, à junção em uma unidade de diferentes campos de fatos, a generalizações de segunda ordem, devemos imediatamente buscar também uma explicação de ordem mais elevada, ou seja, uma ligação entre todos os campos de determinado conhecimento com fatos que estão fora deles. Assim, a procura por um princípio explicativo nos leva além dos limites de determinada ciência e nos faz encontrar o lugar de certo campo de fenômenos em um círculo mais amplo.

Essa segunda tendência, que está na base da identificação de uma ciência geral, é a tendência à unidade do princípio explicativo e de ultrapassar os limites de determinada ciência em busca do lugar de certa categoria do ser no sistema geral do ser e de certa ciência no sistema geral de conhecimento: trata-se de uma tendência que já se verifica na competição entre determinadas disciplinas pela primazia. Todo conceito generalizante já contém uma tendência para um princípio explicativo, e uma vez que a luta entre as disciplinas é uma luta pelo conceito generalizante, aqui deve aparecer inevitavelmente também essa segunda tendência. De fato, a reflexologia não apenas propõe o conceito de comportamento, mas também o princípio do reflexo condicionado, ou seja, a explicação do comportamento a partir da experiência externa do animal. É difícil dizer qual dessas duas ideias é mais essencial para essa orientação. Se descartarmos o princípio, teremos o comportamento, ou seja, o sistema de movimentos e condutas exteriores, explicados a partir da consciência, ou seja, uma disciplina existente há muito dentro da psicologia subjetiva. Se descartarmos o conceito e mantivermos o princípio, teremos a psicologia associacionista sensualista. Falaremos sobre ambos a seguir. Aqui é importante estabelecer que a generalização do conceito e o princípio explicativo determinam a ciência geral apenas em união, em conjunto. Da mesma forma a psicopatologia não apenas promove o conceito generalizante de inconsciente, como decodifica esse conceito de forma explicativa, no princípio da sexualidade. Generalizar disciplinas psicológicas e uni-las com base no conceito do inconsciente significa, para a psicanálise, explicar todo o mundo estudado pela psicologia a partir da sexualidade.

Mas ainda aqui as duas tendências (à unificação e à generalização) estão fundidas e são com frequência de difícil distinção; a segunda tendência não é expressa com suficiente clareza: às vezes ela pode simplesmente estar ausente. A coincidência com a primeira é explicada por uma necessidade histórica e não lógica. Essa tendência costuma se manifestar na luta de certas disciplinas pela primazia, nós a encontramos em nossa análise; contudo, ela pode não se manifestar, e, o principal, ela pode se manifestar de forma pura, não misturada, separada da primeira tendência em outra série de fatos. Em ambos os casos temos cada tendência em seu aspecto puro.

Assim, na psicologia tradicional, o conceito de psíquico pode receber muitas, ainda que não quaisquer, explicações: o associacionismo, a concepção atualística, a teoria das capacidades etc. De modo que a ligação entre a generalização e a unificação é estreita, mas não unívoca. Um conceito se concilia com uma série de explicações, e vice-versa. A seguir, nos sistemas de psicologia do inconsciente, esse conceito fundamental não é necessariamente decodificado como sexualidade. Adler e Jung colocam outros princípios na base de sua explicação. Assim, na luta das disciplinas, a primeira tendência do conhecimento (i. é, a tendência à unificação) é necessariamente expressa pela lógica, já a segunda é determinada em diferentes graus apenas historicamente, mas não necessariamente pela lógica. Por isso o mais fácil e conveniente é observar a segunda tendência em sua forma pura, isto é, na luta dos princípios e escolas dentro de uma mesma disciplina.

3

É possível dizer que toda descoberta minimamente significativa em qualquer campo, que extrapole os limites da esfera particular, tende a se converter em princípio explicativo de todos os fenômenos psicológicos e a retirar a psicologia de suas próprias fronteiras, levando-a para uma esfera mais ampla de conhecimento. Essa tendência tem se manifestado nas últimas décadas com tamanha regularidade e constância, com tamanha uniformidade nos mais distintos campos, que permite positivamente prever o desenvolvimento de determinado conceito ou descoberta, de determinada ideia. Contudo, essa repetição regular no desenvolvimento das mais diversas ideias mostra claramente, com uma evidência que raramente o historiador da ciência e o metodólogo consegue constatar, a necessidade que pode se revelar ao abordarmos os fatos da ciência sob um ponto de vista igualmente científico. Isso mostra a possibilidade de uma metodologia científica de base histórica.

A regularidade na substituição e desenvolvimento de ideias, o surgimento e a destruição de conceitos, mesmo a substituição de classificações etc., tudo isso pode ser explicado cientificamente com base na ligação de determinada ciência 1) com o subsolo sociocultural geral da época; 2) com as condições e leis gerais do conhecimento científico; 3) com as exigências objetivas apresentadas pela natureza dos fenômenos estudados em determinado estágio de sua pesquisa, ou seja, em última instância, com as exigências da realidade objetiva estudada por determinada ciência; de fato, o conhecimento científico deve se adaptar, se acomodar às peculiaridades dos fatos estudados, deve ser construído de acordo com suas exigências. Por isso, na transformação de um fato científico sempre se pode perceber a participação dos fatos objetivos estudados por essa ciência. Tentaremos levar em conta todos esses três pontos de vista em nossa pesquisa.

O destino geral e a linha de desenvolvimento de tais ideias explicativas podem ser expressos de forma esquemática. Inicialmente tem-se uma descoberta factual de significado mais ou menos expressivo, que reorganiza a representação habitual sobre todo o campo de fenômenos aos quais ela se relaciona e até mesmo ultrapassando os limites daquele determinado grupo particular de fenômenos no qual ela foi observada e formulada.

Em seguida, tem-se o estágio de difusão da influência dessas ideias em campos vizinhos, ou seja, a extensão da ideia sobre um material mais volumoso do que aquele que ela abarcava. Com isso, transforma-se a própria ideia (ou sua aplicação), surge uma formulação mais abstrata; a ligação com o material que a engendrou acaba enfraquecendo, e ela apenas continua a alimentar a força da autenticidade da nova ideia, pois a ideia perfaz seu desfile da vitória como uma descoberta científica comprovada, incontestável; isto é muito importante.

No terceiro estágio do desenvolvimento de uma ideia que já tenha dominado mais ou menos a disciplina na qual ela surgiu primeiramente, tendo sido em parte transformada pela disciplina, em parte tendo transformado sua estrutura e escopo, se separado de fatos engendrados por ela, que existem enquanto um princípio formulado de forma mais ou menos abstrata, cai na esfera da luta das disciplinas por supremacia, ou seja, na órbita da ação da tendência à unificação. Isso costuma ocorrer porque a ideia, como princípio explicativo, foi capaz de dominar toda disciplina, ou seja, adaptou-se ela mesma e, em parte, adaptou a si o conceito que está na base da disciplina, e agora atua em consonância com ele. Esse estágio misto de existência da ideia, em que ambas as tendências se ajudam mutuamente, foi o que encontramos em nossa análise. Continuando a se ampliar pela via da tendência à unificação, a ideia é facilmente transposta para disciplinas vizinhas, sem deixar de se transformar, incorporando cada vez mais materiais novos, mas transformando também os campos em que ela se introduz. Nesse estágio, o destino da ideia está inteiramente ligado ao destino da disciplina que ela representa, que luta pela supremacia.

No quarto estágio, a ideia novamente se separa do conceito básico, uma vez que o próprio fato da conquista – ao menos na forma de projeto defendido por determinada escola, de toda esfera do conhecimento psicológico, de todas as disciplinas – impulsiona a ideia a continuar a se desenvolver. A ideia permanece como princípio explicativo enquanto ela não extrapola os limites do conceito básico; de fato, explicar, como vimos, significa justamente ultrapassar as próprias fronteiras em busca de uma causa externa. Contudo, o conceito básico não pode se desenvolver logicamente, a não ser que ele passe a negar a si mesmo; com efeito, seu sentido é determinar o campo do conhecimento psicológico; por sua própria essência ele não pode ultrapassar seus limites. Por conseguinte, deve ocorrer novamente uma separação entre conceito e explicação. A própria unificação pressupõe logicamente, como foi mostrado acima, o estabelecimento de uma ligação com uma esfera mais ampla de conhecimento, a extrapolação de suas fronteiras. É isso que faz a ideia ao se separar do conceito. Agora ela liga a psicologia com um campo mais amplo, que está fora dela, como a biologia, a físico-química, a mecânica, enquanto o conceito principal a separa desses campos. As funções desses aliados que trabalham temporariamente juntos novamente se transformam. A ideia agora se insere abertamente em determinado sistema filosófico, difunde-se, transformando-se e transformando, pelas mais distantes esferas da existência, por todo o mundo, e se formula como princípio universal ou mesmo toda uma visão de mundo.

Essa descoberta, inflada até se tornar uma visão de mundo, tal qual um sapo que se infla até ficar como um boi, esse plebeu no meio de fidalgos, chega ao perigoso quinto estágio de desenvolvimento: ela logo se rompe feito uma bolha de sabão; em todo caso, ela entra no estágio de luta e negação, que agora surge de todos os lados. De fato, havia uma luta contra a ideia antes, nos estágios iniciais. Contudo, era uma resistência normal ao movimento da ideia, uma oposição de todos os campos às tendências conquistadoras. A força inicial que engendrou sua descoberta a protegeu da verdadeira luta pela existência, como uma mãe protege sua cria. Apenas agora, separada dos fatos que a engendraram, tendo se desenvolvido até seus limites lógicos, levada às últimas conclusões, generalizada ao máximo, a ideia, enfim, revela o que ela é na realidade, mostra sua face verdadeira. Por incrível que pareça, é justamente ao ser levada à sua forma filosófica, aparentemente toldada por muitas camadas e muito distante das raízes diretas e das causas sociais que a engendraram, a ideia de fato revela o que deseja, o que ela é, de que tendências sociais ela surgiu, a que interesses de classe ela serve. Apenas depois de se desenvolver como visão de mundo ou de estabelecer uma ligação com ela, a ideia particular, de fato científico, torna-se fato da vida social, ou seja, retorna ao seio de onde surgiu. Apenas enquanto parte da vida social, ela revela sua natureza social, que existia o tempo todo nela, é claro, mas estava oculta sob a máscara do fato cognoscente, forma pela qual ela aparecia.

Nesse estágio de luta contra a ideia, seu destino é determinado mais ou menos da seguinte forma. A nova ideia, como um novo nobre, aponta sua origem plebeia, ou seja, real. Limitam-na aos campos de onde ela veio; obrigam-na a reverter seu desenvolvimento; reconhecem-na como descoberta parcial, mas rejeitam enquanto visão de mundo; e agora são apresentados novos modos de dar sentido a ela como descoberta parcial e aos fatos a ela ligados. Em outras palavras, outras visões de mundo, que representam outras tendências e forças sociais, reconquistam o campo inicial da ideia, elaboram sua visão sobre ela, e então ela desaparece ou continua a existir de forma mais ou menos introduzida em determinada visão de mundo entre outras, compartilhando seu destino e cumprindo suas funções, mas como algo que revolucionou a ciência, a ideia deixa de existir; trata-se de uma ideia que se retirou e recebeu o título de general de seu departamento.

Por que a ideia deixa de existir como tal? Pois no campo da visão de mundo há uma lei, descoberta por Engels, isto é, a lei de reunião das ideias em torno de dois polos, idealismo e materialismo, que correspondem a dois polos da vida social, a duas classes fundamentais que estão em luta. A ideia como fato filosófico revela muito mais facilmente sua natureza social do que como fato científico; e nisso termina seu papel de agente ideológico oculto, disfarçado de fato científico, ela é desmascarada e começa a participar como ideia forjada na luta aberta e geral de classes; mas é justamente aqui, como algo pequeno dentro de um conjunto enorme, que ela afunda, feito uma gota d'água no oceano, e deixa de existir por si mesma.

4

Esse caminho é percorrido por toda descoberta na psicologia que tenha a tendência de se converter em princípio explicativo. O próprio surgimento de tais ideias é explicado pela presença de uma necessidade científica objetiva, radicada, em última instância, na natureza dos fenômenos estudados, já que ela se revela em certo estágio do conhecimento, em outras palavras, pela natureza da ciência, ou seja, no fim das contas, pela natureza da realidade psicológica que essa ciência estuda. Contudo, a história da ciência pode explicar apenas o motivo pelo qual, em determinado estágio de seu desenvolvimento, surgiu a necessidade dessas ideias, o motivo pelo qual isso era impossível cem anos antes, e nada além. Quais descobertas se transformaram em visões de mundo e quais não; quais ideias são promovidas, qual o caminho que elas percorrem, qual o destino delas: tudo isso depende de fatores que estão fora da história da ciência e que a determinam.

Isso pode ser comparado com a teoria de Plekhánov sobre a arte. A natureza estabeleceu no ser humano uma necessidade estética, ela cria a possibilidade de que ele tenha ideias, gostos e vivências estéticas. Mas quais serão os gostos, ideias e vivências em determinada pessoa social, em determinada época histórica: isso não pode ser deduzido da natureza humana, e a resposta é dada apenas por uma compreensão materialista da história (Plekhánov, 1922b). Em essência, esse raciocínio não é sequer uma comparação; ele pertence não metafórica, mas literalmente àquela lei geral, cujo emprego particular foi feito por Plekhánov ao tratar de questões da arte. Na realidade, o conhecimento científico é um dos tipos de atividade do ser humano social entre uma série de outras atividades. Por conseguinte, o conhecimento científico, visto sob o ponto de vista do conhecimento da natureza e não como ideologia, é uma espécie de trabalho e, como todo trabalho, é antes de tudo um processo entre o ser humano e a natureza, no qual o ser humano se contrapõe a ela, como uma de suas forças, um processo determinado em primeiro lugar pelas propriedades da natureza que está sendo transformada e pelas propriedades da força que transforma a natureza, ou seja, neste caso, pela natureza dos fenômenos psicológicos e condições cognoscentes da pessoa (Plekhánov, 1922a). Justamente como naturais, ou seja, imutáveis, essas propriedades não podem explicar o desenvolvimento, o movimento, as transformações da história da ciência. Isso é uma verdade amplamente aceita. Não obstante, em cada estágio do desenvolvimento da ciência, podemos identificar, diferenciar, abstrair as exigências apresentadas pela própria natureza dos fenômenos estudados em determinado estágio do conhecimento sobre eles, um nível determinado, é claro, não pela natureza do fenômeno, mas pela história do ser humano. Justamente porque as propriedades naturais dos fenômenos psíquicos, em certo estágio do conhecimento, é uma categoria puramente histórica, pois essas propriedades se alteram no processo de conhecimento, e a soma de certas propriedades é uma grandeza puramente histórica, elas podem ser analisadas como sendo a causa ou uma das causas do desenvolvimento histórico da ciência.

Como exemplo do esquema de desenvolvimento que acabamos de descrever sobre as ideias gerais na psicologia, analisaremos o destino de três ideias influentes nas últimas décadas. Interessa-nos apenas o fato que possibilita o surgimento dessas ideias, e não elas mesmas, ou seja, o fato radicado na história da ciência, e não fora dela. Iremos investigar o porquê justamente essas ideias, justamente a história dessas ideias são importantes como sintoma, como indicação do estado em que se encontra a história da ciência. Interessa-nos agora uma questão não histórica, mas metodológica: Em que medida os fatos psicológicos foram revelados e são conhecidos e quais transformações eles exigem na estrutura da ciência para possibilitar a continuação do conhecimento com base no que já se sabe? O destino de quatro ideias deve atestar a necessidade da ciência em determinado momento, o conteúdo e a dimensão dessa necessidade. A história da ciência para nós é importante, pois ela determina até que ponto os fatos psicológicos podem ser conhecidos.

Refiro-me às ideias da psicanálise, da reflexologia, da psicologia da Gestalt e do personalismo.

A ideia da psicanálise nasceu de descobertas particulares no campo das neuroses; foi estabelecido definitivamente o fato da determinação subconsciente de uma série de fenômenos psíquicos e o fato da sexualidade oculta em muitas atividades e formas que, até então, não eram relacionadas ao âmbito do erótico. Aos poucos, essa descoberta particular, confirmada pelo êxito do efeito terapêutico baseado nessa compreensão dos fatos, ou seja, que recebeu o aval de verdade de sua prática, foi transferido para uma série de outros campos vizinhos: para a psicologia da vida cotidiana, para a psicologia infantil, dominou todo campo da teoria sobre as neuroses. Na luta das disciplinas, essa ideia se submeteu aos mais distantes ramos da psicologia; mostrou-se que com essa ideia nas mãos era possível elaborar uma psicologia da arte, uma psicologia étnica. Mas, além disso, a psicanálise extrapolou os limites da psicologia: a sexualidade se converteu em princípio metafísico em uma série de outras ideias metafísicas, a psicanálise é uma visão de mundo, a psicologia, uma metapsicologia. A psicanálise tem sua teoria do conhecimento e sua metafísica, sua sociologia e sua matemática. O comunismo e o totem, a Igreja e a obra de Dostoiévski, o ocultismo e a publicidade, o mito e as invenções de Leonardo da Vinci: tudo isso é sexo e sexualidade disfarçada e mascarada, nada além disso.

Esse mesmo caminho foi percorrido pela ideia de reflexo condicionado. Todos sabem que ela surgiu do estudo da salivação psíquica em cachorros. Então ela se difundiu para muitos outros fenômenos; conquistou a zoopsicologia; no sistema de Békhterev ela é aplicada, empregada em todas as esferas da psicologia, subordinando-as a ela; tudo – do sonho ao pensamento, do trabalho à criação – é reflexo. Por fim, ela subordinou a si todas as disciplinas psicológicas, a psicologia coletiva da arte, a psicotécnica e a pedologia, a psicopatologia e até a psicologia subjetiva. Agora a reflexologia já está pé a pé com princípios universais, com leis mundiais, com as bases da mecânica. Assim como a psicanálise cresceu a ponto de se transformar em uma metapsicologia pela biologia, a reflexologia, também pela biologia, cresceu a ponto de se tornar uma visão de mundo energética. O índice de um curso de reflexologia é um catálogo universal de leis universais. E novamente, assim como aconteceu com a psicanálise, o resultado é que tudo no mundo é reflexo. O romance Anna Karênina e a cleptomania, a luta de classes e uma pintura de paisagem, a língua e o sonho: tudo isso também é reflexo (Békhterev, 1921; 1923).

A psicologia da Gestalt também surgiu inicialmente de pesquisas psicológicas concretas sobre processos de percepção da forma; aqui ela teve seu batismo prático; sobreviveu à prova da verdade. Contudo, por ter nascido na mesma época que a psicanálise e a reflexologia, ela percorreu o caminho delas com surpreendente uniformidade. Ela se estendeu para a zoopsicologia e, como resultado, o pensamento dos macacos também se revelou como um processo de Gestalt; se estendeu para a psicologia da arte e para a étnica, como resultado as representações primitivas do mundo e a criação da arte também são Gestalt; se estendeu para a psicologia infantil e para a psicopatologia, de modo que o desenvolvimento da criança e as patologias psíquicas também se viram sob a Gestalt. Por fim, tendo se tornado uma visão de mundo, a psicologia da Gestalt descobriu a Gestalt na física e na química, na fisiologia e na biologia, de modo que, ascendendo a uma fórmula lógica, a Gestalt aparece como fundamento do mundo; depois de criar o mundo, Deus disse: faça-se a Gestalt, e a Gestalt foi feita (Koffka, 1925; Köhler, 1917; Wertheimer, 1925).

Por fim, o personalismo surgiu inicialmente a partir de pesquisas em psicologia diferencial. O princípio da personalidade, de extraordinária importância na teoria das mensurações psicológicas, das aptidões etc., passou primeiramente para a psicologia em todo seu escopo e, depois, ultrapassou suas fronteiras. Na forma de um personalismo crítico, ele foi introduzido no conceito de personalidade não apenas do humano, mas também dos animais e das plantas. Mais um passo, que já conhecemos pela história da psicanálise e da reflexologia, e tudo no mundo passaria a ser personalidade. A filosofia que começou como contraposição entre personalidade e coisa, com o resgate da personalidade do domínio das coisas, terminou com todas as coisas sendo reconhecidas como personalidade. As coisas não existiam absolutamente. Elas eram apenas parte da personalidade: tanto faz ser a perna de uma pessoa ou de uma mesa; mas uma vez que essa parte também é composta de outras partes etc. até o infinito, ela, seja a perna da cadeira ou da pessoa, novamente aparece como personalidade em relação às suas partes e apenas como parte em relação ao todo. O sistema solar e as formigas, o condutor do bonde e o dirigível Hindenburg, uma mesa e uma pantera: tudo é igualmente personalidade (Stern, 1924).

Esses destinos são semelhantes como quatro gotas de uma mesma chuva, arrastam as ideias por um mesmo caminho. O escopo do conceito cresce e se precipita para o infinito, e, de acordo com certa lei da lógica, seu conteúdo também se precipita a reduzir-se a zero. Cada uma dessas quatro ideias, em seu lugar, é extremamente rica em conteúdo, plena de significado e sentido, válida e produtiva. Contudo, elevadas à classe de leis universais, elas equivalem, são absolutamente iguais entre si, como zeros redondos e vazios; a personalidade de Stern é, para Békhterev, um complexo de reflexos; para Wertheimer, Gestalt; para Freud, sexualidade.

E no quinto estágio do desenvolvimento essas ideias recebem uma crítica absolutamente idêntica, e que pode ser reduzida a uma fórmula. À psicanálise dizem: para explicar as neuroses histéricas, o princípio da sexualidade subconsciente é insubstituível, mas ele não explica nada sobre a estrutura do mundo, ou sobre o curso da história. À reflexologia dizem: não se pode cometer um erro lógico, o reflexo é apenas um capítulo da psicologia, mas não a psicologia como um todo e, é claro, não é o mundo como um todo (Vigotski, 1925; Wagner, 1923). À teoria da Gestalt dizem: vocês encontraram um princípio muito valioso em seu campo, mas se o pensamento não tem outro conteúdo a não ser aspectos de unidade e integridade, ou seja, fórmulas de Gestalt, e essa fórmula expressa a essência de todo processo orgânico e mesmo físico, "então, é claro, o quadro do mundo se mostra incrivelmente acabado e simples: a eletricidade, a força da gravidade e o pensamento humano encontram-se todos sob um mesmo denominador". Não se pode colocar o pensamento e a relação em um mesmo balaio de estruturas: "é preciso que primeiramente se comprove que seu lugar é junto de funções estruturais". Um novo fator dirige um campo amplo, mas ainda assim limitado. Não obstante, ele não resiste à crítica como princípio universal.

> Deixem que o pensamento de teóricos ousados caia sob a lei da precipitação para o "tudo ou nada" em suas tentativas de explicação; pesquisadores

cuidadosos, fazendo um contraponto sábio, devem se atentar para a persistência dos fatos (38, p. 11-13)[149].

Com efeito, ansiar por explicar tudo significa não explicar nada.

Não é verdade que essa tendência a se converter em lei universal aparece em toda nova ideia na psicologia? Que a psicologia de fato deve se basear em leis universais e que todas essas ideias esperam a ideia mestra aparecer e colocar todas as demais ideias particulares em seu lugar, indicando seu significado? É claro que a regularidade do caminho percorrido com surpreendente constância pelas mais distintas ideias demonstra que esse caminho é predeterminado pela necessidade objetiva de um princípio explicativo e, justamente porque esse princípio é necessário e não existe, princípios particulares acabam tomando seu lugar. A psicologia se deu conta de que, para ela, encontrar um princípio explicativo geral é uma questão de vida ou morte, então ela se agarra a qualquer ideia, mesmo a mais duvidosa.

Em seu *Tratado da correção do intelecto*, Espinosa descreve esse estado do conhecimento.

> Assim, o doente que padece de uma enfermidade mortal e antevê a morte inevitável caso ele não tome medidas contra ela, obriga-se a buscar essas medidas com todas as suas forças, ainda que elas não sejam confiáveis, pois nisso está toda sua esperança (1914, p. 63).

5

No desenvolvimento de descobertas particulares em princípios gerais, acompanhamos em sua forma pura a tendência à explicação, que se observa já na luta das disciplinas pela supremacia. Passamos, com isso, à segunda fase do desenvolvimento da ciência geral, da qual tratamos de passagem anteriormente. Na primeira fase, aquela determinada pela tendência à generalização, a ciência geral se distingue das especiais essencialmente por traços quantitativos; na segunda fase, isto é, a da primazia da tendência à explicação, a ciência geral já se distingue qualitativamente por seu aspecto interno em relação às disciplinas especiais. Nem todas as ciências, como veremos, passam pelas duas fases em seu desenvolvimento; a maioria distingue a disciplina geral apenas na primeira fase. O motivo para isso se tornará claro tão logo formulemos a diferença qualitativa exata da segunda fase.

---

149. Não foi possível estabelecer a fonte da citação (cf. Zavershneva; Osipov, 2012) [N.T.].

Vimos que o princípio explicativo nos leva além das fronteiras de determinada ciência e ele deve dar sentido a todo campo unificado de conhecimento como uma categoria ou estágio da existência especial ao lado de outras categorias, ou seja, deve lidar com princípios últimos, mais generalizados, essencialmente filosóficos. Nesse sentido, a ciência geral é a filosofia das disciplinas especiais.

Nesse sentido, Binswanger diz que a ciência geral elabora os fundamentos e os problemas de todo um campo da existência, como, por exemplo, a biologia geral (1922, p. 3). É curioso que o primeiro livro que estabeleceu o princípio da biologia geral foi chamado de *Filosofia da zoologia* (Lamarck). Quanto mais avança a pesquisa geral, continua Binswanger, maior é o campo que ela abarca, mais abstrata e mais distante da realidade percebida diretamente se torna o objeto de tal pesquisa. Ao invés de plantas vivas, animais e pessoas, o objeto da ciência passa a ser a manifestação da vida e, por fim, a própria vida, assim como na física – ao invés do corpo e suas transformações, a força e a matéria. Cedo ou tarde, para toda ciência chega o momento em que ela deve dar conta de si como um todo, dar sentido a seus métodos e transferir a atenção dos fatos e fenômenos para os conceitos que ela utiliza. Contudo, a partir desse momento, a ciência geral passa a se distinguir da particular não por ter um escopo e um volume maior, mas por estar organizada de modo qualitativamente diferente. Ela não estuda mais os mesmos objetos que a ciência especial, mas investiga os conceitos dessa ciência; ela se converte em investigação crítica no sentido em que Kant emprega essa expressão. A investigação crítica já não é uma investigação biológica ou física, mas está voltada aos conceitos da biologia e da física. A psicologia geral, portanto, é definida por Binswanger como compreensão crítica dos conceitos fundamentais da psicologia, em suma: como "crítica da psicologia". Ela é um ramo da metodologia geral, ou seja, a parte da lógica que tem a tarefa de estudar as diferentes aplicações de formas e normas lógicas em cada ciência em correspondência com a natureza formal e real-material do objeto, os modos de conhecê-lo, seus problemas (Binswanger, 1922, p. 3-5).

Esse raciocínio, feito com base em pressupostos lógico-formais, é apenas parcialmente correto. É correto que a ciência geral é uma teoria sobre os fundamentos finais, os princípios e problemas gerais de um determinado campo do conhecimento e que, portanto, seu objeto, modo de investigação, critérios e tarefas são diferentes do que os das disciplinas particulares. Mas é incorreto que ela seja apenas uma parte da lógica, apenas uma disciplina lógica, que a biologia geral já não é uma disciplina biológica, mas lógica, que a psicologia geral deixa de ser psicologia e se torna lógica; que ela seja apenas crítica no sentido kantiano, que ela estuda apenas conceitos. Isso é incorreto, antes de tudo, em termos históricos, e também pela essência da questão, pela natureza interna do conhecimento científico.

Isso é historicamente incorreto, ou seja, não responde ao estado real das coisas para nenhuma ciência. Não existe nenhuma ciência geral na forma descrita por Binswanger. Mesmo a biologia geral, tal qual ela existe na realidade, a cujas bases foram lançadas pelos trabalhos de Lamarck e Darwin, a biologia que ainda constitui o cânone do conhecimento real sobre a matéria viva não é, certamente, uma parte da lógica, mas uma ciência natural, ainda que em uma formação superior. Ela trata, evidentemente, não de objetos vivos, concretos, como plantas e animais, mas de abstrações, como o organismo, a evolução das espécies, a seleção natural, a vida, mas ainda assim, por meio de todas essas abstrações, ela estuda, no fim das contas, a mesma realidade que a zoologia e a botânica. Seria um equívoco dizer que ela estuda conceitos e não a realidade refletida por eles, assim como seria um equívoco dizer que o engenheiro que estuda o desenho técnico de uma máquina estuda apenas o desenho e não a máquina, ou que o anatomista que estuda o atlas estuda apenas os desenhos e não o esqueleto do ser humano. De fato, os conceitos são apenas desenhos técnicos, fotografias, esquemas da realidade, e, ao estudá-los, estamos estudando modelos da realidade tal qual estudamos um país ou uma cidade desconhecida segundo um plano ou mapa geográfico.

No que diz respeito às ciências desenvolvidas como a física e a química, o próprio Binswanger é obrigado a reconhecer que nelas se formou um amplo domínio de pesquisas entre os polos crítico e empírico, que esse campo é chamado de química ou física teórica ou geral. Ele observa que assim deve agir a psicologia teórica científica natural, que por princípio deseja se equiparar à física. Por mais abstratamente que a física tenha formulado seu objeto de estudo, por exemplo, a "teoria das dependências causais entre os fenômenos da natureza", ela ainda assim estuda fatos reais; a física geral investiga o próprio conceito de fenômeno físico, ligação física causal, mas não leis e teorias isoladas, com base nas quais fenômenos reais poderiam ser explicados como fisicamente causais; antes, a própria explicação física é objeto de investigação da física geral (Binswanger, 1922, p. 4-5).

Como vemos, o próprio Binswanger reconhece que sua concepção de ciência geral diverge da concepção real, tal qual ela é realizada em uma série de ciências, justamente em um ponto. Elas se distinguem não por um grau maior ou menor de abstração dos conceitos, que pode ser mais distante das coisas reais, empíricas, do que a dependência causal como objeto de toda ciência, elas se distinguem por uma orientação final: a física geral, no fim das contas, está orientada para fatos reais, que ela deseja explicar com ajuda de conceitos abstratos; a ciência geral, em sua ideia, dirige-se não para fatos reais, mas para os próprios conceitos e não tem nada a ver com fatos reais.

É verdade que onde surge um embate entre teoria e história, onde há divergência entre ideias e fatos, como neste caso, o embate sempre se resolve em favor da história ou do fato. O próprio argumento que parte dos fatos às vezes é inoportuno no campo das pesquisas sobre princípios. Diante da acusação de falta de correspondência entre ideias e fatos, aqui podemos responder com todo sentido e razão: pior para os fatos. Neste caso, pior para as ciências se elas estiverem em uma fase do desenvolvimento em que ainda não chegaram à ciência geral. Se ainda não há uma ciência geral nesse sentido, isso não quer dizer que ela não existirá e que não deve existir, que é impossível ou desnecessário estabelecer seu princípio. Por isso, é preciso analisar o problema em sua essência, em seu fundamento lógico, e então será possível elucidar também o sentido do desvio histórico da ciência geral em relação à sua ideia abstrata.

Em essência, é importante estabelecer duas teses.

1. Em todo conceito das ciências naturais, independentemente do nível de abstração em relação ao fato empírico, há sempre um coágulo, um sedimento da realidade concreta, de cujo conhecimento científico ela emergiu, ainda que em uma solução muito frágil, ou seja, mesmo um conceito último, abstrato ao extremo, corresponde a algum traço da realidade, que é representado no conceito em seu aspecto abstrato, isolado; mesmo conceitos fictícios, não das ciências naturais, mas da matemática, contêm, em última instância, algum eco, um reflexo das relações reais entre as coisas e de processos reais, ainda que eles tenham emergido não de um conhecimento experiencial, real, mas por uma via apriorística, dedutiva de operações especulativas lógicas. Mesmo um conceito abstrato como uma série numérica, mesmo uma ficção evidente como o zero, ou seja, a ideia de ausência de quaisquer grandezas, como mostrou Engels, é repleto de propriedades

qualitativas, ou seja, em última instância, de propriedades reais que correspondem a uma forma muito distante e diluída de relações reais. A realidade existe mesmo dentro de abstrações imaginárias da matemática.

> [O número] 16 não é a mera soma de dezesseis números 1, mas também o quadrado de 4, e 2 na quarta potência. [...] só números pares são divisíveis por 2 [...] Para o 3, entra em cena a soma de verificação [...] Para o 7 vale uma lei especial (Marx; Engels, [*s. d.*], v. 20, p. 573)[150].

Assim, "o zero anula qualquer outro número pelo qual é multiplicado; unido como divisor ou dividendo a qualquer outro número, torna-o, no primeiro caso, infinitamente grande e, no segundo, infinitamente pequeno" (Marx; Engels, [*s. d.*], v. 20, p. 576)[151]. Acerca de todos os conceitos da matemática seria possível dizer aquilo que Engels diz sobre o zero a partir das palavras de Hegel: "o nada de algo é um nada *determinado*" (Marx; Engels, [*s. d.*], v. 20, p. 577)[152] ou seja, é, ao fim e ao cabo, um nada real. Contudo, será possível que essas características, propriedades e determinação dos conceitos como tais não tenham nenhuma relação com a realidade?

Engels trata claramente como erro a opinião de que a matemática lida com criações e produções puras e livres do espírito humano, para as quais não há nenhuma correspondência no mundo objetivo. É correto justamente o contrário. Para todas essas grandezas imaginárias encontramos protótipos na natureza. A molécula tem exatamente as mesmas propriedades em relação à massa correspondente que o diferencial matemático tem em relação à sua variável. "A natureza opera com essas diferenciais, as moléculas, exatamente da mesma maneira e seguindo exatamente as mesmas leis que a matemática segue com suas diferenciais abstratas" (Marx; Engels, [*s. d.*], v. 20, p. 583)[153]. Na matemática, esquecemos todas essas analogias e, por isso, sua abstração se converte em algo enigmático. Sempre podemos encontrar as "relações reais das quais foi emprestada... a relação matemática... e até os análogos naturais do modo matemático de operar essa relação" (Marx; Engels, [*s. d.*], v. 20, p. 586)[154]. Os protótipos do infinito matemático e de outros conceitos estão no mundo real. "O infinito matemático é emprestado da realidade, ainda que inconscientemente, e, por isso, só

---

150. Engels (2020, p. 298).

151. Engels (2020, p. 299).

152. Engels (2020, p. 300).

153. Engels (2020, p. 292).

154. Engels (2020, p. 296).

pode ser explicado a partir da realidade e não a partir de si mesmo, não a partir da abstração matemática" (Marx; Engels, [*s. d.*], v. 20)[155].

Se isso é correto em relação à abstração matemática, ou seja, a mais extrema possível, isso será igualmente evidente se aplicado a abstrações de ciências naturais reais; é claro que elas devem ser explicadas a partir da realidade, das quais foram retiradas, e não de si mesmas, de abstrações.

2. A segunda tese que deve ser estabelecida para que se faça uma análise dos fundamentos do problema da ciência geral é oposta à primeira. Se a primeira afirma que na abstração científica mais elevada há um elemento da realidade, a segunda, como teorema oposto, diz que em todo fato da ciência natural imediato, o mais empírico, o mais bruto, singular, já contém uma abstração primária. O fato real se distingue do fato científico, pois este último é um fato real identificado em certo sistema de conhecimento, ou seja, uma abstração de certos traços dentre a inesgotável soma de características do fato natural. O material da ciência é o material da natureza não em estado bruto, mas logicamente elaborado, identificado segundo certo traço. A própria nomeação do fato com uma palavra é a superposição de um conceito sobre ele, a identificação de um de seus aspectos, é um ato de atribuição de sentido ao fato por meio de sua classificação em uma categoria de fenômenos reconhecidos anteriormente na experiência. Toda palavra já é uma teoria, como os linguistas observaram há tempos e Potebniá demonstrou maravilhosamente.

Tudo que é descrito como fato já é teoria, Münsterberg retoma as palavras de Goethe ao fundamentar a necessidade da metodologia (1924). Quando dizemos "isto é uma vaca" ao encontrarmos aquilo que chamamos de vaca, nós associamos ao ato de percepção um ato de pensamento, colocamos uma determinada percepção sob um conceito geral; a criança ao nomear as primeiras coisas realiza uma verdadeira descoberta. Eu não vejo que isso é uma vaca, pois é impossível ver isso. Eu vejo algo grande, preto, que se move, muge etc., e compreendo que é uma vaca; esse é um ato de classificação, de correlação de um fenômeno singular com uma classe de fenômenos semelhantes, de sistematização da experiência etc. Assim, na própria língua estão lançadas as bases e as possibilidades para o conhecimento científico do fato. A palavra é o germe da ciência e, nesse sentido, é possível dizer que no princípio da ciência havia a palavra.

---

155. Engels (2020, p. 295).

Quem viu, quem percebeu os fatos empíricos como o calor oculto da evaporação? É impossível percebê-lo diretamente em um processo real, mas podemos necessariamente deduzir esse fato, mas deduzir significa operar com conceitos.

Um bom exemplo da presença de abstração em qualquer fato e da participação do pensamento pode ser encontrado em Engels. A formiga tem olhos diferentes dos nossos; eles veem raios químicos que os nossos não veem. Isto é um fato. Como ele foi estabelecido? Como podemos saber que "as formigas *veem* coisas que são invisíveis para nós"?[156] É claro que fundamentamos isso nas percepções do nosso olho, mas a ele se juntam não apenas outros sentidos, como também a atividade de nosso pensamento. Dessa forma, o estabelecimento de um fato científico já diz respeito ao pensamento, ou seja, aos conceitos. "Todavia, jamais descobriremos que aparência têm os raios químicos para as formigas. Não há como ajudar a quem se incomoda com isso" (Marx; Engels, [*s. d.*], v. 20, p. 555)[157, 158].

---

156. Engels (2020, p. 177).

157. Observamos, aliás, que nesse exemplo psicológico é possível ver como o fato científico e o fato da experiência imediata não coincidem na psicologia. Ocorre que é possível estudar como as formigas enxergam e mesmo como elas enxergam coisas invisíveis para nós, e não saber o que essas coisas são para as formigas, ou seja, é possível estabelecer fatos psicológicos de forma a não partir da experiência interior; em outras palavras, fazê-lo não subjetivamente. Engels parece até considerar que esse último aspecto não é importante para o fato científico: não há como ajudar quem se incomoda com isso. Mas justamente no desenvolvimento do pensamento de Engels é preciso dizer que essa última observação é incorreta. Será possível dizer que *nunca* saberemos *como* são os raios químicos para as formigas? Em outras palavras, que pela própria natureza do nosso conhecimento não seremos capazes de conhecer isso, que esta é uma tarefa que não pode ser resolvida? Isso dificilmente pode ser verdade. Empiricamente seria mais ou menos correto de acordo com o ponto de vista atual dizer nesse caso que nunca, afinal não podemos sequer supor quando isso será possível. Contudo, essa é uma questão da prática científica e não da natureza das coisas e do conhecimento. Portanto, seria fundamentalmente mais correto dizer: nunca. Contudo, isso significaria estabelecer *a priori* uma fronteira para o nosso conhecimento, ou seja, fazer exatamente aquilo contra o que Engels protesta com esse exemplo. Afinal, com isso ele quer dizer que "a construção específica do olho humano não representa um obstáculo absoluto para o conhecimento humano"; contudo, ele mesmo afirma que em relação ao pensamento é preciso dizer o mesmo. Afinal, "vemos aquilo que o pensamento pode averiguar" não pela definição de sua fronteira, mas pela crítica da razão, em função daquilo que "ele já averiguou e continua averiguando diariamente". De fato, "para conhecer esses raios que não podemos ver fomos muito mais longe do que as formigas", que não veem, ou seja, há meios de conhecimento mais fortes do que a visão e a percepção diretas. Por isso seria preciso dizer que nunca perceberemos *como* eles são para as formigas, mas sem dúvida os *descobriremos* cedo ou tarde, conquanto isso seja necessário à humanidade. Aliás, muitos autores supõem que a questão relativa à *percepção* é uma questão de técnica científica e que nós não apenas descobriremos, como veremos os raios tais quais eles são vistos pelas formigas. Cf. opinião de Pearson no capítulo V (40, p. 179) [N.A.].

158. Idem, p. 177. Na nota de rodapé de Vigotski a edição russa de 1982 omitiu um extenso trecho, iniciado a partir de "Mas justamente no desenvolvimento do pensamento de Engels..." (cf. Zavershneva; Osipov, 2012) [N.T.].

Este é o melhor exemplo da não coincidência entre o fato real e o fato científico. Aqui essa não coincidência é representada de forma especialmente clara, mas existe em alguma medida em todo fato. Nunca vimos raios químicos e não percebemos as sensações das formigas, ou seja, como fato real da experiência imediata a visão de raios químicos pelas formigas não existe para nós, mas para a experiência coletiva da humanidade ela existe como fato científico. O que dizer sobre o fato da rotação da Terra ao redor do Sol? Com efeito, para tornar-se um fato científico, um fato real deve se transformar em seu oposto no pensamento do ser humano, embora a rotação da Terra ao redor do Sol tenha sido estabelecida por observações da rotação do Sol ao redor da Terra.

Agora estamos instrumentalizados com todo o necessário para a resolução do problema e podemos ir diretamente ao objetivo. Se na base de todo conceito científico há um fato e o contrário, isto é, na base de todo fato científico há um conceito, daí decorre inevitavelmente que a diferença entre ciências gerais e empíricas, no sentido do objeto de investigação, é puramente quantitativa e não de princípios, trata-se de uma diferença do grau e não da natureza do fenômeno. As ciências gerais lidam não com objetos reais, mas com abstrações; elas estudam não as plantas e os animais, mas a vida; seu objeto são os conceitos científicos. Só que a vida é parte da realidade, e esse conceito tem protótipos nela. As ciências particulares têm como objeto fatos da realidade, elas estudam não a vida de modo geral, mas classes e grupos reais de plantas e animais. Contudo, tanto a planta quanto o animal, e mesmo a bétula e o tigre, ou ainda *esta* bétula e *este* tigre já são conceitos, assim como os fatos científicos, mesmo os mais primários, já são conceitos. Apenas em diferentes graus, em diferentes proporções o fato e o conceito constituem o objeto de ambas as disciplinas. Consequentemente, a física geral não deixa de ser uma disciplina da física e não se torna parte da lógica por tratar de conceitos físicos abstratos; mesmo neles se dá a conhecer, no fim das contas, algum corte da realidade.

Será possível que a natureza dos objetos das disciplinas geral e particular seja realmente a mesma, que eles se distingam apenas pela proporção da relação entre conceito e fato, mas a diferença fundamental que permite relacionar uma à lógica e a outra à física está na orientação, no objetivo, no ponto de vista de ambas as investigações, nos diferentes papéis, por assim dizer, que os mesmos elementos desempenham em ambos os casos?

Não será possível dizer que tanto o conceito quanto o fato participam da formação do objeto de ambas as ciências, mas em um caso, isto é, no caso da ciência empírica, utilizamos os conceitos para conhecer os fatos e, no segundo, isto é, na ciência geral, utilizamos os fatos para conhecer os próprios conceitos? No primeiro caso, o conceito não é o objeto, o objetivo, a tarefa do conhecimento, ele é um instrumento do conhecimento, um meio, um procedimento auxiliar, mas o objetivo, o objeto do conhecimento são os fatos; como resultado do conhecimento aumenta a quantidade de fatos que conhecemos, mas não a quantidade de conceitos; os conceitos, ao contrário, como todo instrumento de trabalho, se desgastam pelo uso, se apagam, precisam ser revistos e, com frequência, substituídos. No segundo caso, ao contrário, estudamos os conceitos enquanto tais, a correspondência entre eles e os fatos é apenas um meio, um modo, um procedimento, uma verificação de sua utilidade. Como resultado, não conhecemos novos fatos, mas adquirimos novos conceitos ou novos conhecimentos sobre os conceitos. É possível analisar duas vezes uma gota d'água em um microscópio e ter dois processos totalmente distintos, embora tanto a gota quanto o microscópio sejam os mesmos em ambas as vezes: afinal, na primeira podemos estudar a composição da gota d'água pelo microscópio; na segunda, podemos verificar a eficácia do próprio microscópio por meio da análise da gota d'água, não é assim?

Só que toda dificuldade do problema consiste justamente em que não é assim. É verdade que na ciência particular usamos os conceitos como instrumentos para conhecer fatos, mas o uso de instrumentos é, ao mesmo tempo, a verificação deles, o estudo e o domínio deles, o descarte dos ineficazes, o reparo e a criação de novos. Já no primeiro estágio da elaboração científica de um material empírico, o uso de conceitos é uma crítica do conceito pelos fatos, uma comparação de conceitos, uma transformação deles. Tomemos como exemplo os dois fatos científicos apresentados anteriormente, que sem dúvida não pertencem à ciência geral: a rotação da Terra ao redor do Sol e a visão das formigas. Quanto trabalho crítico sobre nossas percepções e, portanto, aos conceitos ligados a elas, quanta pesquisa direta de conceitos – visibilidade/não visibilidade, movimento aparente – quanta criação de novos conceitos, quantas novas conexões entre conceitos, quantas transformações dos próprios conceitos de visão, luz, movimento e assim por diante foram necessárias para o estabelecimento desses fatos! Por fim, por acaso a própria seleção dos conceitos para o conhecimento de determinados fatos não exige, além de uma análise dos fatos, também uma análise dos conceitos? Com efeito, se os conceitos, como instrumentos, fossem previamente destinados a determinados fatos a experiência, toda ciência seria supérflua: milhares de funcionários registradores ou estatísticos-calculadores descomporiam todo o universo em fichas, gráficos e colunas. O conhecimento científico se distingue do registro do fato por um ato de seleção do conceito necessário, ou seja, pela análise do fato e pela análise do conceito.

Toda palavra é uma teoria; o nome do objeto é a aplicação de um conceito a ele. Com efeito, por meio da palavra desejamos dar sentido ao objeto. Só que cada nomeação, cada uso da palavra, desse embrião da ciência, é uma crítica da palavra, um desgaste de sua imagem, uma ampliação de seu significado. Os linguistas mostraram de forma bastante clara como as palavras se transformam com o uso; do contrário a língua jamais se renovaria, as palavras não morreriam, não nasceriam, não envelheceriam.

Por fim, toda descoberta na ciência, todo passo adiante na ciência empírica é sempre, ao mesmo tempo, um ato de crítica do conceito. Pávlov descobriu o fato dos reflexos condicionados; mas não teria ele criado, com isso, um novo conceito? Não era o reflexo antes chamado de movimento treinado, aprendido? Sim, e não é possível ser diferente: se a ciência apenas descobre fatos, sem ampliar as fronteiras do conhecimento, ela não descobriria nada de novo, ela andaria sem sair do lugar, encontrando exemplares sempre renovados dos mesmos conceitos. Todo novo grão de fato já é a ampliação de um conceito. Toda relação entre dois fatos que é descoberta novamente exige agora uma crítica de dois conceitos correspondentes e o estabelecimento de uma nova relação entre eles. O reflexo condicionado é a descoberta de um fato novo com ajuda de um conceito antigo. Descobrimos que a salivação psíquica surge indiretamente do reflexo, ou melhor, que ela é o mesmo reflexo, mas que age em outras condições. Contudo, é ao mesmo tempo a descoberta de um novo conceito com ajuda de um fato antigo: por meio do conhecido fato de que "a saliva corre diante do alimento", obtivemos o conceito totalmente novo de reflexo, nossa representação sobre ele se transforma diametralmente; se antes o reflexo era sinônimo de fato pré-psíquico, inconsciente, invariável, agora todo psiquismo se reduz ao reflexo, o reflexo aparece como o mecanismo mais flexível e assim por diante. Como isso foi possível se Pávlov estudou apenas o fato da salivação, e não o conceito de reflexo? Em essência, os dois são a mesma coisa, mas expressos de forma dupla, pois toda descoberta cientifica é o conhecimento de um fato e, em igual medida, o conhecimento de um conceito. A investigação científica dos fatos se distingue justamente do registro por ser um acúmulo de conceitos, uma circulação de conceitos e fatos com ganho dos conceitos.

Por fim, nas ciências particulares são criados todos os conceitos que a ciência geral estuda. Com efeito, não é da lógica que as ciências naturais tomam seu princípio, não é ela que as abastece com conceitos previamente elaborados. Assim, será possível admitir que o trabalho de criação de conceitos cada vez mais abstratos ocorre de forma totalmente inconsciente? Como podem existir teorias e leis que hostilizam hipóteses sem a crítica dos conceitos? Como é possível criar uma teoria ou apresentar uma hipótese, ou seja, algo que ultrapasse os limites dos fatos, sem trabalhar sobre os conceitos?

Mas então é possível que a investigação de conceitos nas ciências particulares ocorra de passagem, no meio de outras coisas, à medida que os fatos são estudados, já a ciência geral estuda apenas conceitos? Isso também seria equivocado. Vimos que conceitos abstratos com os quais operam a ciência geral contém um núcleo real. Pergunta-se: O que a ciência faz com esse núcleo, abstrai-se dele, esquece-se dele, resguarda-se no inacessível baluarte da abstração, como a matemática pura, e não se volta a esse núcleo nem no processo de pesquisa, nem em seu resultado, como se ele simplesmente não existisse? Basta analisar o modo de investigação da ciência geral e seu resultado final para ver que esse não é o caso. Por acaso a pesquisa de conceitos é feita por dedução pura, pela identificação de relações lógicas entre conceitos, e não por uma nova indução, uma nova análise, o estabelecimento de novas relações, em suma, pelo trabalho sobre o conteúdo real desses conceitos? Com efeito, não desenvolvemos nosso pensamento a partir de pressupostos particulares, como na matemática; mas induzimos, generalizamos grupos enormes de fatos, os comparamos, analisamos, criamos novas abstrações. Assim ocorre com a biologia geral, a física geral. Nenhuma ciência geral pode agir de outro modo, pois a fórmula lógica "A é igual a B" é substituída por uma definição, ou seja, por A e B reais: massa, movimento, corpo, organismo. Como resultado da pesquisa da ciência geral obtém-se não novas formas de interação entre conceitos, como na lógica, mas novos fatos: estudamos a evolução, a hereditariedade, a inércia. Como estudamos, por qual caminho chegamos ao conceito de evolução? Comparamos fatos, como os dados da anatomia comparada e da fisiologia, da botânica e da zoologia, da embriologia e da foto e zootécnica etc., ou seja, agimos tal qual a ciência particular age com fatos isolados e, com base em um novo estudo de fatos elaborados por ciências separadas, estabelecemos novos fatos, ou seja, o tempo todo no processo de pesquisa e em seu resultado operamos com fatos.

Dessa forma, a diferença de objetivos, de direção e de elaboração de conceitos e fatos entre a ciência geral e a particular novamente se mostra apenas quantitativa, uma diferença de grau de um mesmo fenômeno, e não da natureza dessas ciências, não uma diferença absoluta e de princípios.

Passemos, enfim, à definição positiva da ciência geral. Pode parecer que, se a diferença entre ciência geral e particular em termos de objeto, de modo e de objetivos de pesquisa é apenas relativa e não absoluta, quantitativa e não de princípios, não haveria qualquer fundamento para a delimitação teórica das ciências, pode parecer que não haveria uma ciência geral que se distinga das ciências particulares. Mas isso, é claro, não é assim. A quantidade aqui passa a ser qualidade e dá início a uma ciência qualitativamente diferente; contudo, não a exclui de uma determinada família de ciências e não a transfere para a lógica. Se na base de todo conceito científico tem-se o fato, isso ainda não quer dizer que em todo conceito científico o fato é representado sempre da mesma forma. No conceito matemático o infinito da realidade é representado de forma totalmente diferente do que no conceito de reflexo condicionado. Em conceitos de ordem elevada, com os quais se lida na ciência geral, a realidade é representada de outro modo do que em conceitos da ciência empírica. E esse modo, caráter e forma de representação da realidade em diferentes ciências sempre determinam a estrutura de cada disciplina.

E essa diferença no modo de representação da realidade, ou seja, na estrutura dos conceitos, também não deve ser compreendida como absoluta. Há muitos estágios intermediários entre a ciência empírica e a geral: nenhuma ciência que faz jus ao nome, diz Binswanger, pode "se limitar ao simples acúmulo de conceitos; ela busca, antes, transformar sistematicamente todo conceito em uma regra, a regra em leis, as leis em teoria" (1922, p. 4). Ao longo de todo conhecimento científico dentro de uma mesma ciência, o tempo todo, sem cessar por um minuto sequer, ocorre a elaboração de conceitos, de métodos, de teorias, ou seja, ocorre a passagem de um polo a outro – do fato ao conceito –, e isso elimina o abismo lógico, a linha intransponível entre a ciência geral e a particular, mas cria a independência factual e a necessidade da ciência geral. Como a própria disciplina particular dentro de si passa todo esse trabalho pelo funil dos fatos por meio de regras transformadas em leis e pelo funil das leis por meio de teorias em hipóteses, a ciência geral realiza esse mesmo trabalho, do mesmo modo, com os mesmos objetivos para uma série de outras ciências particulares.

Isso é totalmente alinhado com o raciocínio de Espinosa sobre o método. É claro que a teoria dos métodos é a produção de meios de produção, se compararmos com o campo da indústria. Contudo, a produção de meios de produção na indústria não é algo especial, inicial, mas parte de um processo geral que depende dos mesmos modos e dos instrumentos que todas as demais produções.

Segundo Espinosa,

> Antes de tudo é preciso observar que aqui a investigação não se estenderá até o infinito; em outras palavras, para que seja encontrado o melhor método de investigação da verdade não é preciso outro método para se investigar o método de investigação da verdade e para investigar o segundo método não é necessário um terceiro, e assim por diante até o infinito; pois dessa forma nunca seria possível chegar ao conhecimento da verdade, nem a qualquer conceito. Com o método de conhecimento as coisas se dão como com instrumentos naturais de trabalho, em que seria possível o seguinte raciocínio: realmente para forjar o ferro é preciso um martelo; para se ter um martelo é preciso que ele seja feito; para isso é preciso novamente ter um martelo e outros instrumentos; para ter esses instrumentos outra vez seria preciso ainda outros instrumentos, e assim por diante até o infinito; com base nisso alguém poderia sem sucesso tentar comprovar que não há qualquer possibilidade de forjar o ferro. Contudo, da mesma forma que no princípio as pessoas, com ajuda de instrumentos por elas engendradas, conseguiram criar algo muito simples, ainda que com muito trabalho e de forma pouco perfeita, mas depois de realizar isso, realizaram a próxima mais difícil, já com menos gasto de trabalho e de forma mais perfeita, e, assim, passando gradualmente de criações mais primitivas a instrumentos de trabalho e dos instrumentos para as criações seguintes e para os instrumentos seguintes, conseguiram realizar muito e em graus muito mais difíceis, com gasto insignificativo de trabalho; da mesma forma o intelecto

também, por meio de forças engendradas por ele, cria instrumentos intelectuais por meio das quais adquire novas forças para novas criações intelectuais, e por meio destas, novos instrumentos ou a possibilidade de buscar posteriores e, dessa forma, avançar gradualmente enquanto não atinge o ponto mais elevado de sabedoria (1914, p. 81-84).

Em essência corrente metodológica, da qual Binswanger é representante, não pode deixar de reconhecer que a produção de instrumentos e de criações não são processos separados na ciência, mas duas dimensões de um mesmo processo, que andam de mãos dadas. Seguindo Rickert, ele define toda ciência como elaboração de material e, por isso, em relação à cada ciência surgem para ele dois problemas, isto é, o material e sua elaboração; contudo, não se pode delimitar rigidamente nenhum dos dois, pois no conceito de objeto da ciência empírica há uma boa dose de elaboração. Ele distingue entre material bruto, objeto real e objeto científico; este último é criado pela ciência por meio de conceitos oriundos do objeto real (Binswanger, 1922, p. 7-8). Se apresentarmos um terceiro grupo de problemas – sobre a relação entre o material e a elaboração, ou seja, entre o objeto e o método da ciência –, aqui também a disputa pode ser apenas sobre o que determina o quê: o objeto determina o método ou o contrário. Alguns, como Strumpf, supõem que toda diferença de método está radicada em uma diferença de objetos. Outros, como Rickert, sustentam a opinião de que diferentes objetos, sejam físicos ou psíquicos, exigem um mesmo método (Binswanger, 1922, p. 21). Contudo, como veremos, não há base para uma diferenciação entre ciência geral e particular.

Tudo isso indica que é impossível dar ao conceito de ciência geral uma definição absoluta, ela só pode ser definida em relação à ciência particular. Ela não se distingue desta última seja pelo objeto, pelo método, pelo objetivo ou pelo resultado da investigação. Contudo, ela realiza para uma série de ciências particulares, que estudam esferas mistas da realidade a partir de um certo ponto de vista, o mesmo trabalho, pelos mesmos modos e com o mesmo objetivo que cada uma das ciências particulares realiza dentro de si sobre seus materiais. Vimos que nenhuma ciência se limita ao mero acúmulo de material e que ela o submete a uma elaboração diversificada e de vários níveis, que ela agrupa, generaliza o material, cria teorias e hipóteses que ajudam a ampliar o sentido da realidade, que ela é iluminada por fatos isolados e dispersos. A ciência geral continua o trabalho das particulares. Quando o material delas é levado à sua generalização máxima possível para aquela ciência, a generalização posterior só será possível além das fronteiras daquela ciência e na confrontação com o material de ciências vizinhas. É isso que a ciência geral faz. A única diferença em relação às ciências particulares é apenas que ela faz o trabalho em relação a uma série de ciências; se ela fizesse esse mesmo trabalho em relação a uma só ciência, ela nunca se destacaria como uma disciplina independente, mas permaneceria sendo parte daquela ciência. A ciência geral, portanto, pode ser definida como ciência que obtém material de uma série de ciências particulares e realiza a elaboração e generalização posterior do material, tarefas impossíveis dentro de uma disciplina isolada.

Assim, a ciência geral se relaciona com a particular como teoria dessa ciência particular, com uma série de leis particulares, ou seja, segundo o grau de generalização dos fenômenos estudados. A ciência geral surge da necessidade de continuar o trabalho das particulares onde elas terminam. A ciência geral se relaciona com as teorias, leis, hipóteses e métodos das particulares da mesma forma que a ciência particular se relaciona com os fatos da realidade por ela estudados. A biologia recebe material de diversas ciências, e o elabora da mesma foram que uma ciência particular elabora seu material. A diferença é que a biologia começa onde termina a embriologia, a zoologia, a anatomia e assim por diante, que ela leva a uma unidade o material de diferentes ciências, da mesma forma que a ciência leva um material diverso a uma totalidade dentro de si.

Esse ponto de vista explica inteiramente tanto a estrutura lógica da ciência geral quanto seu papel factual e histórico. Se tomarmos o ponto de vista contrário de que a ciência geral é parte da lógica, torna-se totalmente inexplicável, em primeiro lugar, porque a ciência geral é destacada por ciências altamente desenvolvidas, que foram capazes de criar e elaborar métodos refinados, conceitos e teorias fundamentais. Pareceria que disciplinas jovens, iniciantes, devem precisar mais do empréstimo de conceitos e métodos de outras ciências. Em segundo lugar, porque apenas um grupo de disciplinas vizinhas leva à geral e não cada ciência separadamente, isto é, apenas a botânica, a zoologia, a antropologia levam à biologia? Por acaso não se pode criar uma lógica à parte da biologia ou da botânica, assim como existe uma lógica da álgebra? De fato, essas disciplinas separadas podem existir e existem, mas isso não faz com que elas se tornem ciências gerais, assim como a metodologia da botânica não se torna biologia.

Binswanger, assim como toda essa orientação, parte de uma concepção idealista de conhecimento científico, ou seja, de pressupostos idealistas de caráter gnosiológico, e de uma construção lógico-formal do sistema das ciências. Para Binswanger há um abismo intransponível entre os conceitos e os objetos reais, o conhecimento tem suas leis, sua natureza, seus *a priori*, os quais ele (o conhecimento) transmite a uma realidade conhecida. Por isso, para Binswanger, é possível estudar esses *a priori*, essas leis e conhecimentos de forma separada, isolada, daquilo que se conhecer por meio deles; para ele é possível a crítica da razão científica na biologia, na psicologia, na física, assim como para Kant era possível a crítica da razão pura. Binswanger está disposto a admitir que o método de conhecimento determina a realidade, como em Kant a razão dita as leis da natureza. Para ele, as relações entre as ciências são definidas não pelo desenvolvimento histórico das ciências, tampouco pelas exigências da experiência científica, ou seja, no limite, pelas exigências da própria realidade que se conhece pela ciência, mas pela estrutura lógico-formal dos conceitos.

Se partirmos de outro fundamento filosófico, essa concepção se mostra desprovida de sentido, ou seja, se rejeitarmos esses pressupostos gnosiológicos e lógico-formais, imediatamente essa concepção de ciência natural cai por terra. Basta manter um ponto de vista objetivo e realista, isto é, materialista, sobre a gnosiologia e um ponto de vista dialético na lógica, na teoria do conhecimento científico, e esse tipo de teoria se revelará impossível. Além do novo ponto de vista, é preciso reconhecer imediatamente que a realidade determina nossa experiência, o objeto da ciência, seu método, e que é totalmente impossível estudar os conceitos de quaisquer ciências de forma independente das realidades nelas representadas.

Engels apontou muitas vezes para o fato de que a lógica dialética da metodologia da ciência é um reflexo da metodologia da realidade. Ele diz:

> classificação das ciências, em que cada qual analisa apenas uma forma de movimento ou uma sequência de formas de movimento concatenadas e que passam de uma para outra, sendo classificação, desse modo, a ordenação dessas formas de movimento mesmas segundo a sequência que lhes é inerente, e nisso reside sua importância (Marx; Engels, [s. d.], v. 20, p. 564-565)[159].

---

159. Engels (2020, p. 203).

Será possível ser mais claro? Ao classificar as ciências, estabelecemos uma hierarquia da própria realidade; "a dialética dita objetiva domina toda a natureza, e a assim chamada dialética subjetiva, que é o pensamento dialético, constitui mero reflexo do movimento que vigora em toda parte na natureza" (Marx; Engels, [*s. d.*], v. 20, p. 526)[160]. Aqui já aparece com clareza a exigência de considerar a dialética objetiva da natureza na investigação da dialética subjetiva, ou seja, do pensamento dialético de determinada ciência. É claro que isso não quer dizer absolutamente que fechamos os olhos para as condições subjetivas desse pensamento. O mesmo Engels, que estabeleceu a correspondência entre o ser e o pensamento na matemática, diz que "todas as leis numéricas dependem do sistema adotado e são determinadas por ele. Nos sistemas diádico e triádico 2×2 não são $= 4$, mas $= 100$ ou $= 11$" (Marx; Engels, [*s. d.*], v. 20, p. 574)[161]. Ampliando isso, é possível dizer que as suposições subjetivas feitas pelo conhecimento sempre se manifestam no modo de expressão das leis da natureza e na correspondência entre certos conceitos; é preciso considerá-las, mas sempre como reflexo da dialética objetiva.

Dessa forma, à crítica gnosiológica e à lógica formal como fundamento da psicologia geral deve se contrapor a dialética, que

> foi concebida como a ciência das leis universais de todo movimento. Está incluído nisso que suas leis devem ter validade para o movimento na natureza e na história humana, tanto quanto para o movimento do pensamento (Marx; Engels, [*s. d.*], v. 20, p. 583)[162].

Isso quer dizer que a dialética da psicologia – como podemos denominar agora a psicologia geral em oposição à definição de Binswanger de "crítica da psicologia" – é uma ciência sobre as formas mais gerais do movimento (na forma de comportamento e conhecimento desse movimento), ou seja, a dialética da psicologia é, ao mesmo tempo, uma dialética do ser humano enquanto objeto da psicologia, tal qual a dialética das ciências naturais é, ao mesmo tempo, uma dialética da natureza.

Mesmo a classificação puramente lógica de juízos em Hegel é vista por Engels como algo que se fundamenta não apenas pelo pensamento, mas pelas leis da natureza. Nela ele também vê um excelente traço da lógica dialética:

---

160. Engels (2020, p. 158).
161. Engels (2020, p. 298).
162. Engels (2020, p. 290).

que em Hegel aparece como desenvolvimento da forma de pensamento do juízo como tal vem ao nosso encontro aqui como desenvolvimento dos nossos conhecimentos sobre a natureza do movimento em geral, apoiados sobre fundamento empírico. Isso mostra de fato que leis do pensamento e leis da natureza necessariamente estão em sintonia, bastando que sejam corretamente conhecidas (Marx; Engels, [s. d.], v. 20, p. 539-540)[163].

Nessas palavras está a chave para a psicologia geral como parte da dialética: essa correspondência entre pensamento e o ser na ciência é, ao mesmo tempo, o objeto, o critério mais elevado e até o método, ou seja, o princípio geral da psicologia geral.

6

A psicologia geral se relaciona com as disciplinas particulares da mesma forma que a álgebra com a aritmética. Esta opera com definições, com quantidades concretas; aquela estuda todas as formas possíveis de relações entre quantidade; consequentemente, toda operação aritmética pode ser analisada como caso particular de uma fórmula algébrica. Por conseguinte, evidentemente, para cada disciplina e para cada lei dentro dela não é de forma alguma indiferente de qual fórmula geral ela é um caso particular. O papel fundamentalmente determinante e como que supremo da ciência geral decorre não do fato de que ela está acima das demais ciências, por cima delas, da lógica, ou seja, das bases últimas do conhecimento científico, mas de baixo, daquelas ciências que delegam sua sanção da verdade à ciência geral. A ciência geral surge, portanto, da posição especial que ela ocupa em relação às particulares: ela soma suas soberanias, é portadora delas. Se imaginarmos um sistema de conhecimento que abarque todas as disciplinas psicológicas, graficamente na forma de um círculo, a ciência geral corresponderia ao centro da circunferência.

Agora vamos supor que tenhamos alguns centros diferentes, como no caso do embate entre as disciplinas que pretendem ser o centro, ou no caso da pretensão de diferentes ideias em ter o significado de princípio explicativo central. É claro que elas corresponderão a diferentes circunferências; além disso, cada novo centro é, ao mesmo tempo, um ponto periférico da circunferência anterior e, portanto, obtemos algumas circunferências que se

---

163. Engels (2020, p. 180).

intersectam mutuamente. Assim, essa nova disposição de qualquer circunferência representará graficamente em nosso exemplo um campo particular do conhecimento, que abarca a psicologia a depender do centro, ou seja, da disciplina geral.

Aquele que adota o ponto de vista da disciplina geral, ou seja, que aborda os fatos das disciplinas particulares não em pé de igualdade, mas como material científico, da mesma forma que essas disciplinas abordam fatos da realidade, irá imediatamente substituir o ponto de vista da crítica pelo ponto de vista da investigação. A crítica está no mesmo plano que o criticado; ela se dá inteiramente dentro de determinada disciplina; seu objetivo é exclusivamente crítico e não positivo; ela quer descobrir apenas se certa teoria é ou não correta; ela avalia e julga, mas não investiga. *A* critica *B*, mas ambos ocupam a mesma posição em relação aos fatos. A situação muda quando *A* começa a se relacionar com *B* da forma que *B* se relaciona com os fatos, ou seja, não criticando, mas investigando. A investigação não pertence à ciência geral; suas tarefas não são críticas, mas positivas; ela não deseja avaliar certa teoria, mas saber algo novo sobre os próprios fatos representados na teoria. Se a ciência utiliza a crítica como meio, o curso da pesquisa e o resultado de seu processo se distinguem fundamentalmente da discussão crítica. A crítica, no fim das contas, formula uma opinião, ainda que muito circunstanciada e solidamente fundamentada, sobre uma opinião; a investigação geral, em última instância, estabelece leis e fatos objetivos.

Apenas quem eleva sua análise acima do plano da discussão crítica de determinado sistema de visões para o nível de uma investigação fundamental por meio da ciência geral compreenderá no sentido objetivo a crise que ocorre na psicologia; para esta pessoa se revelará a regularidade do embate de ideias e opiniões que ocorre e é determinado pelo desenvolvimento da ciência e pela natureza da realidade estudada no nível atual em que ela é conhecida. Em vez do caos de opiniões diversas, da dissonância variegada de enunciações subjetivas, revela-se para ela um desenho coerente de opiniões sobre o desenvolvimento da ciência, um sistema de tendências objetivas, com a necessidade de tarefas estabelecidas na história, promovidas pelo desenvolvimento da ciência e que agem pelas costas de investigadores e teóricos com a força de uma mola de aço. Em vez da discussão crítica e da avaliação de determinado autor, em vez de surpreendê-lo por sua inconsistência e contradições, essa pessoa se ocupará de investigação positiva do que exigem as tendências objetivas da ciência; em vez de uma opinião sobre uma opinião, ela obtém, como resultado, o desenho de um esqueleto da ciência geral como um sistema de leis, princípios e fatos determinados.

Apenas esse investigador dominará o sentido verdadeiro e correto da catástrofe e elaborará para si uma representação clara sobre o papel, o lugar e o significado de cada teoria ou escola. Em vez do inevitável impressionismo e subjetivismo de toda crítica, ele irá se guiar pela fidedignidade e pela verdade científica. Desaparecem (e isso será o primeiro resultado do novo ponto de vista) as diferenças individuais, ele compreende o papel da personalidade na história; compreende que explicar as pretensões da reflexologia ao universalismo por erros, opiniões ou características pessoais, pelo desconhecimento de seus criadores é tão impossível quanto explicar a Revolução Francesa pela corrupção do rei e da corte. Ele verá o que e quanto o desenvolvimento da ciência depende da boa ou da má vontade de quem a faz, o que é possível explicar por essa vontade e que, ao contrário, essa vontade deve ser explicada a partir de tendências objetivas, que atuam por trás dessas pessoas que fazem a ciência. É claro que as particularidades da criação pessoal e toda constituição da experiência científica definiram a forma de universalismo que a ideia de reflexologia recebeu de Békhterev; mas mesmo para Pávlov, cuja constituição pessoal e a experiência científica são totalmente diferentes, a reflexologia é a "ciência última", "uma ciência natural onipotente", que trará uma "felicidade humana verdadeira, plena e sólida" (1950, p. 17). De forma diferente, o mesmo caminho é percorrido pelo behaviorismo e pela psicologia da Gestalt. É claro que em vez do mosaico de boas e más vontades dos pesquisadores, é preciso estudar a unidade dos processos de transformação do tecido científico na psicologia, que é o que determina a vontade de todos esses pesquisadores.

7

O que significa exatamente a dependência de cada operação psicológica em relação à fórmula geral pode ser visto no exemplo de qualquer problema que ultrapassa os limites de uma disciplina particular, depois de esta tê-lo engendrado.

Quando Lipps fala que o subconsciente não é tanto uma questão psicológica quanto da própria psicologia, ele está querendo dizer que o subconsciente é um problema da psicologia geral (1914). Com isso, é claro que ele não quis dizer outra coisa senão que essa questão será resolvida não como resultado de investigações particulares, mas de uma investigação fundamental por meio da ciência geral, ou seja, pela comparação dos mais vastos dados dos mais variados campos da ciência; pela correlação deste problema com alguns pressupostos fundamentais do conhecimento científico, por um lado, e com alguns resultados generalizados de todas as ciências, por outro; pela identificação do lugar desse conceito no sistema de conceitos fundamentais da psicologia; por uma análise dialética fundamental da natureza desse conceito e dos traços do ser que respondem a ele e estão abstraídos nele. Essa investigação precede logicamente qualquer investigação concreta de questões particulares da vida subconsciente e determina a colocação da própria questão em tais pesquisas.

Como bem formulou Münsterberg ao defender a necessidade de tal investigação para outro círculo de problemas:

> No fim das contas, é melhor ter uma resposta preliminar aproximadamente exata para uma questão colocada corretamente do que responder com exatidão e nos mínimos detalhes a uma questão colocada de forma errada" (Münsterberg, 1924, p. 6).

A colocação correta da questão é um problema de criação e investigação científica não em menor medida do que a resposta correta, além de ser algo muito mais decisivo. A grande maioria das investigações psicológicas contemporâneas tem se dedicado nos mínimos detalhes, com grande esmero e precisão, a responder uma questão que, na raiz, foi erroneamente colocada.

Vamos aceitar, com Münsterberg, que o subconsciente é apenas fisiológico e não psicológico? Ou concordaremos com outros que dizem serem subconscientes tanto fenômenos temporariamente ausentes da consciência quanto toda massa de recordações, conhecimentos e hábitos potencialmente conscientes? Chamaremos de subconscientes os fenômenos que não atingem o limiar da consciência ou que são minimamente conscientes, periféricos no campo da consciência, automáticos e não percebidos pela consciência? Encontraremos, assim como Freud, na base do subconsciente o deslocamento de desejos de ordem sexual ou nosso segundo *eu*, uma personalidade particular? Por fim, chamaremos esses fenômenos de in, sub ou superconscientes ou assumiremos essas três denominações, como Stern? Dependendo da resposta a essas perguntas altera-se o caráter, o escopo, a composição, a natureza e as propriedades do material que iremos estudar. A questão predetermina, em partes, a resposta.

Trata-se de um senso de sistema, de uma sensação de estilo, de uma compreensão da ligação e condicionamento de cada posição particular em relação à ideia central do sistema no qual ela se insere, de que são desprovidas essas tentativas, essencialmente ecléticas, de unificação de duas ou mais partes de um sistema, que são heterogêneas e diversas em sua origem científica e composição. É o caso, por exemplo, da síntese de behaviorismo e freudismo na literatura americana; de freudismo sem Freud nos sistemas de Adler e Jung; o freudismo reflexológico de Békhterev e de Zalkind; por fim as tentativas de unir o freudismo e o marxismo (Fridman, 1925; Luria, 1925). Tantos exemplos retirados apenas do campo do problema do subconsciente! Em todas essas tentativas, pega-se o rabo de um sistema e coloca-se no lugar da cabeça de outro, no meio enfia-se o tronco de um terceiro. Não é que sejam incorretas essas combinações aberrantes, elas são corretas nos mínimos detalhes, mas a pergunta que elas desejam responder foi colocada de forma equivocada. É possível multiplicar o número de habitantes do Paraguai pela distância da Terra ao Sol e dividir o resultado pela expectativa média de vida de um elefante, e fazer toda essa operação de forma impecável, sem erro em nenhuma cifra e, ainda assim, o valor obtido pode levar a erro quem deseja descobrir o PIB daquele país. O que fazem os ecléticos é dar uma resposta sugerida pela metapsicologia freudiana a uma pergunta colocada pela filosofia marxista.

Para mostrar a ilegitimidade metodológica de tais tentativas, iremos nos deter em três tipos de unificação de uma pergunta de um topo a uma resposta de outro tipo, sem pensar em esgotar toda variedade de tais tentativas com esses três tipos.

O primeiro modo de assimilação por alguma escola de produtos científicos de outro campo consiste na transferência direta de leis, fatos, teorias, ideias etc., na tomada de um campo mais ou menos amplo, ocupado por outros pesquisadores, na anexação de um território alheio. Essa política de tomada direta é comum a todo novo sistema científico que espalha sua influência sobre disciplinas vizinhas e que pretende desempenhar o papel de liderança da ciência geral. Seu material se revela muito escasso e esse sistema absorve, subordina a si, mediante uma pequena elaboração crítica, corpos alheios, preenchendo com algo o vazio de suas amplas fronteiras.

Em geral, o que se obtém é um conglomerado de teorias científicas, de fatos, e assim por diante, que, com absurdo grau de arbitrariedade, são colocados no escopo de uma ideia unificadora.

Esse é o sistema da reflexologia de Békhterev. Tudo serve para ele: até a teoria de Vvediénski sobre a incognoscibilidade de outro *eu*, ou seja, um solipsismo e idealismo extremos na psicologia, contanto que essa teoria confirme de forma mais próxima sua tese particular sobre a necessidade de um método objetivo. O fato de que em seu sentido geral esse sistema escancara uma brecha, solapando as bases da abordagem realista da personalidade, não é problema para o autor (observemos, aliás, que Vvediénski encontra reforço para si e para sua teoria nos trabalhos de... Pávlov, sem compreender que, ao buscar apoio em um sistema de psicologia objetiva, ele estende a mão ao seu coveiro). Contudo, para o metodólogo é altamente interessante que antípodas, como Vvediénski e Pávlov ou Békhterev e Vvediénski, não apenas não se rejeitam mutuamente, como necessariamente supõem a existência do outro e entendem a coincidência de suas visões como prova da "confiabilidade dessas conclusões". Para o terceiro metodólogo é claro que não se trata de uma coincidência de conclusões obtidas de forma totalmente independente por representantes de especialidades distintas, por exemplo, pelo filósofo Vvediénski e o fisiologista Pávlov, mas de uma coincidência dos pontos de partida, dos pressupostos filosóficos do idealismo dualista. Essa "coincidência" está predeterminada desde o início: Békhterev pressupõe Vvediénski, se um está certo, o outro também está.

O princípio da relatividade de Einstein e o princípio da mecânica de Newton, mutuamente incompatíveis, podem ser perfeitamente conciliados em um sistema eclético. Na *Reflexologia coletiva* de Békhterev há verdadeiro catálogo de leis universais. Com isso, a metodologia do sistema é caracterizada por essa dispersão e debandada de pensamentos, por uma inércia fundamental da ideia que em uma comunicação direta, ultrapassando todas as instâncias, leva-nos da lei da correlação proporcional entre a velocidade do movimento e a força motriz, estabelecida pela mecânica, para o fato da entrada dos Estados Unidos na grande guerra europeia e o contrário, do experimento de certo Doutor Schwartzmann sobre os limiares da frequência de estimulações elétricas, que permitem a formação do reflexo combinado, para "a lei geral da relatividade, que se manifesta em tudo e em toda parte e que recebeu um acabamento final em relação aos corpos celestes e planetas nas brilhantes pesquisas de Einstein" (Békhterev, 1923, p. 344).

Nem é preciso dizer que a anexação de campos da psicologia é peremptória e valente. As pesquisas da Escola de Würzburg sobre processos cognitivos superiores, bem como os resultados das pesquisas de outros representantes da psicologia subjetiva "podem ser combinados com esquemas dos reflexos cerebrais ou combinados" (Békhterev, 1923, p. 387). Não importa que com essa única frase sejam cancelados todos os pressupostos fundamentais do próprio sistema: afinal, se tudo pode concordar com o esquema do reflexo e tudo "está em pleno acordo" com a reflexologia, até o que foi descoberto pela psicologia subjetiva, para que se rebelar contra ela? Estas são descobertas feitas em Würzburg segundo um método que, segundo Békhterev, não conduz à verdade; ainda assim, elas estão em pleno acordo com a verdade objetiva? Como é possível?

De forma igualmente irrefletida anexa-se também o território da psicanálise. Para isso basta anunciar que "na teoria dos complexos de Jung, encontramos plena concordância com os dados da reflexologia"; ainda que na linha anterior tenha sido apontado o fato de que essa teoria se fundamenta em uma análise subjetiva, refutada por Békhterev. Não tem problema: no mundo estamos predestinados à harmonia, a uma maravilhosa conformidade, a uma impressionante concordância de teorias fundamentadas em análises falsas e em dados das ciências exatas; vivemos no mundo das "revoluções terminológicas", nas palavras de Blónski (1925b, p. 226) .

Nossa época eclética é plena de tais coincidências. Zalkind, por exemplo, anexa o campo da psicanálise e a teoria dos complexos em nome da dominante. Ocorre que a escola psicanalítica apenas "em nossos termos e por outros métodos" desenvolveu o mesmo conceito de dominante, de forma totalmente independente da escola reflexológica. "A orientação complexa" dos psicanalistas, "a disposição estratégica" dos adleristas são dominantes, não em uma formulação fisiológica, mas clínica e terapêutica. A anexação é uma transferência mecânica de pedaços de um sistema alheio para o seu; nesse caso, como sempre, parece quase um milagre e prova da verdade. Uma tal "quase milagrosa" coincidência teórica e prática de duas teorias, que trabalham com materiais totalmente diferentes e segundo métodos absolutamente distintos, é a convincente afirmação do caminho principal seguido pela reflexologia contemporânea[164]. Lembremos que Vvediénski

---

164. É curioso que Békhterev encontra uma correspondência subjetiva para a dominante em um campo totalmente diferente; na descrição da escola de Jung e de Freud e das disposições comple-

em sua coincidência com Pávlov também via prova da verdade de suas teses. E mais: essa coincidência comprova, como Békhterev mostra reiteradas vezes, que por métodos totalmente diferentes é possível chegar a uma mesma verdade. Em essência, a coincidência comprova apenas a falta de princípios metodológicos e o ecletismo do sistema dentro do qual essa coincidência foi estabelecida. Segundo um provérbio oriental, quem pega o lenço de outrem, fica com seu perfume; quem pega dos psicanalistas a teoria dos complexos de Jung, a catarse de Freud, a disposição estratégica de Adler, fica com uma boa dose do perfume desses sistemas, ou seja, do espírito filosófico dos autores.

Se a primeira forma de transferir ideias de uma escola para outra faz lembrar a anexação de um território alheio, a segunda forma de comparação de ideias alheias parece com um acordo de união entre dois países, no qual eles não perdem sua independência mas decidem agir conjuntamente a partir de interesses em comum. Essa forma costuma ser usada na união de marxismo com freudismo. O autor faz uso de um método que, em analogia com a geometria, poderia ser chamado de método de superposição lógica de conceitos. O sistema do marxismo é definido como monista, materialista, dialético etc. Em seguida, estabelece-se o monismo, o materialismo etc. do sistema de Freud; na superposição os conceitos coincidem, e os sistemas são declarados unificados. Contradições muito evidentes, agudas, que saltam aos olhos, são eliminadas da forma mais elementar: são simplesmente excluídas do sistema, explicadas como sendo exagero e assim por diante. Assim, o freudismo é dessexualizado, pois o pansexualismo claramente não se acomoda com a filosofia de Marx. "E daí?", dizem, "vamos adotar o freudismo sem a teoria da sexualidade". Só que é justamente essa teoria que constitui o nervo, a alma, o centro de todo o sistema. Será possível adotar o sistema sem seu centro? Com efeito, o freudismo sem a teoria da natureza sexual do inconsciente é o mesmo que cristianismo sem Cristo ou budismo com Alá.

Seria, é claro, um milagre histórico se, no Ocidente, com base em raízes filosóficas totalmente diferentes, em um contexto cultural totalmente

---

xas, ele encontra, é claro, plena coincidência com os dados da reflexologia, mas não com a dominante. Já à dominante correspondem os fenômenos descritos pela Escola de Würzburg, ou seja, ela sem dúvida "participa dos processos da lógica" e se correlaciona com conceitos de tendências determinantes (Békhterev, 1923, p. 386). O diapasão da não coincidência de certas coincidências (a dominante ora é igual ao complexo, ora à tendência determinante, ora à atenção, em Úkhtominski) comprovam bem o vazio, a inutilidade, a improdutividade e a total arbitrariedade de tais coincidências.

diferente, surgisse e se formasse um sistema pronto de psicologia marxista. Isso significaria que a filosofia não determina absolutamente o desenvolvimento da ciência. Veja só: partiram de Schopenhauer para criar uma psicologia marxista! Contudo, de fato, isso significaria a total improdutividade da própria tentativa de junção do freudismo com o marxismo, como o êxito da coincidência de Békhterev significaria o fracasso do método objetivo: se os dados da análise subjetiva coincidem inteiramente com os dados da análise objetiva, então, pergunta-se, em que a análise subjetiva é pior? Se Freud, sem saber, pensando em outros sistemas filosóficos e aderindo a eles de forma consciente, ainda assim criou uma teoria marxista do psiquismo, pergunta-se: Para que romper esse tão prolífico equívoco, afinal, segundo esses autores, se não é preciso mudar nada em Freud, para que unir a psicanálise com o marxismo? Assim, surge ainda outra pergunta curiosa: Como esse sistema, inteiramente coincidente com o marxismo, ao se desenvolver logicamente, colocou no centro a ideia de sexualidade, uma ideia tão claramente inconciliável com o marxismo? Será que o método não tem nenhuma responsabilidade pelas conclusões que se obtém por meio dele? De que forma um método verdadeiro, que criou um sistema verdadeiro, fundamentado em pressupostos verdadeiros, levou seus autores a uma teoria falsa? É preciso ter uma grande dose de leviandade metodológica para não ver esses problemas que surgem inevitavelmente em qualquer tentativa de deslocamento do centro de algum sistema científico; neste caso da teoria de Schopenhauer sobre a vontade como base do mundo para a teoria de Marx sobre o desenvolvimento dialético da matéria.

Mas o pior ainda está por vir. Em tais tentativas basta fechar os olhos para fatos contraditórios, não dar nenhuma atenção a grandes campos e princípios capitais e realizar distorções monstruosas nos sistemas unificados. Com isso, tem-se em ambos os sistemas o mesmo tipo de transformações segundo as quais a álgebra opera para mostrar a identidade de duas expressões. Contudo, a transformação dos sistemas a serem unificados, que opera com grandezas que não têm nada a ver com a algébrica, na realidade sempre leva a uma distorção da essência desses sistemas.

Por exemplo, no artigo de Luria, a psicanálise é apresentada como um "sistema de psicologia monista", cuja metodologia "coincide com a metodologia" do marxismo (1925, p. 55). Para provar isso, é feita uma série de alterações muito ingênuas em ambos os sistemas, de forma que eles "coincidam". Analisemos brevemente tais alterações. Em primeiro lugar, o marxismo é introduzido na mesma época metodológica em que Darwin, Kant, Pávlov, Einstein, que, juntos, criam um fundamento metodológico comum da época. É claro que o papel e a importância de cada um desses autores são profunda e fundamentalmente diferentes, totalmente distinto deles é o papel do materialismo dialético em sua natureza; não enxergar isso significa deduzir mecanicamente a metodologia da soma de "grandes êxitos científicos". Se reduzimos todos esses nomes e o marxismo a um mesmo denominador, já não será difícil juntar ao marxismo qualquer "grande êxito científico", pois este é justamente o pressuposto: é precisamente nele, e não na conclusão, que está a procurada "coincidência". "A metodologia fundamental da época" consiste na soma de descobertas de Pávlov, Einstein etc.; o marxismo é uma dessas descobertas que entra no "grupo de princípios obrigatórios para todas as ciências adjacentes", e com isso, isto é, na primeira página, seria possível terminar todo raciocínio: basta citar o nome de Freud ao lado do de Einstein, afinal ele também é um "grande êxito científico", isto é, um partícipe do "fundamento metodológico comum da época". Não obstante, quanta confiança acrítica é preciso ter em nomes científicos para extrair uma época metodológica a partir da soma de sobrenomes importantes!

A época não tem uma única metodologia fundamental; na realidade, há um sistema de princípios metodológicos em luta, profundamente hostis, que se excluem mutuamente, e cada teoria (a de Pávlov ou de Einstein) tem seu valor metodológico; retirar dos parênteses a metodologia geral da época e dissolver o marxismo nela significa transformar não apenas a aparência, mas a também a essência do marxismo.

Contudo, essa mesma transformação é inevitavelmente operada também no freudismo. O próprio Freud ficaria muito surpreso de saber que a psicanálise é um sistema de psicologia monista e que ela "continua metodologicamente [...] o materialismo histórico" (Fridman, 1925, p. 159). Nenhum periódico de psicanálise publicaria um artigo de Luria ou de Fridman. Isso é muito importante. De modo que chegamos a uma situação muito estranha: em nenhum lugar Freud e sua escola se declaram monistas, materialistas, dialéticos, continuadores do materialismo histórico. Sobre eles é declarado: vocês são isso, aquilo e aquilo outro; vocês mesmos não sabem quem são. É claro que se pode imaginar que tal situação não tem nada de impossível, mas exige uma explicação clara sobre os fundamentos metodológicos dessa teoria, conforme eles são representados pelos seus autores e desenvolvidos por eles, e então a refutação convincente dessas bases e a demonstração de que forma milagrosa, a partir desses fundamentos, a psicanálise desenvolveu um sistema de metodologia alheio para os seus autores. Em vez disso, sem uma análise única dos conceitos fundamentais de Freud, sem uma avaliação e elucidação crítica de seus pressupostos e pontos de partida, sem uma explicação crítica da gênese de suas ideias, sem mesmo uma referência simples a como ele mesmo entende as bases filosóficas de seu sistema, por meio de uma simples sobreposição lógico-formal de indícios, afirma-se a identidade dos dois sistemas.

Não obstante, será que essa caracterização lógico-formal de dois sistemas é correta? Já vimos como é extraído do marxismo sua participação na metodologia geral da época, na qual tudo é aproximada e ingenuamente reduzido a um mesmo denominador: uma vez que Eisntein, Pávlov e Marx são ciência, quer dizer que eles têm um fundamento comum. Nesse contexto, o freudismo passa por distorções ainda maiores. Não mencionarei a extração mecânica de sua ideia central, como faz Zalkind (1924); em seu artigo passa-se ao largo disso, o que também é digno de nota. Já o monismo da psicanálise seria discutível para o próprio Freud. Onde, em que termos, em relação a que ele passou para o terreno do monismo filosófico, sobre o qual o artigo trata? Por acaso a redução de certo grupo de fatos a uma unidade empírica é monismo? Ao invés disso, Freud se coloca o tempo todo no campo do reconhecimento do psíquico, do inconsciente, como uma força especial, que não pode ser reduzida a nenhuma outra. E mais: Por que esse monismo é materialista no sentido filosófico? Com efeito, o materialismo da medicina, que admite a influência de certos órgãos etc. na formação psíquica, ainda está muito longo do materialismo filosófico. Seu conceito na filosofia do marxismo tem um sentido definido, antes de tudo gnosiológico; é precisamente em termos gnosiológicos que Freud se coloca no campo da filosofia idealista. É fato, algo que além de não ser refutado não é sequer analisado pelos autores da "coincidência", que a teoria de Freud sobre o papel primordial das pulsões cegas, do inconsciente, que se reflete de forma distorcida na consciência, remonta diretamente à metafísica idealista da vontade e da representação de Schopenhauer. Em suas conclusões extremas, o próprio Freud observa que ele está ancorado em Schopenhauer; mas também em seus pressupostos fundamentais, bem como nas linhas determinantes de seu sistema, ele é tributário da filosofia do grande pessimista, como se pode verificar em uma análise simples.

Mesmo em seus trabalhos "práticos", a psicanálise revela tendências profundamente estáticas e não dinâmicas, conservadoras, antidialéticas e anti-históricas. Ela reduz processos psíquicos superiores – pessoais e coletivos – a raízes primeiras, primitivas, essencialmente pré-históricas, pré-humanas, e o faz de forma direta, sem deixar lugar para a história. A criação de Dostoiévski é revelada pela mesma chave que o totem e o tabu de tribos primitivas; a Igreja cristã, o comunismo, a horda primitiva: tudo isso, na psicanálise, se reduz a uma mesma fonte. O fato de que essas tendências estão postas na psicanálise pode ser comprovado em qualquer trabalho dessa escola que aborde problemas da cultura, da sociologia e da história. Vemos que aqui ela não continua, mas nega a metodologia do marxismo. Sobre isso não se diz uma palavra sequer.

Por fim, um terceiro ponto. Todo sistema psicológico dos conceitos fundamentais de Freud remonta a Lipps. O conceito de inconsciente, de energia psíquica, ligado a determinadas representações, as pulsões como base do psiquismo, a luta entre as pulsões e a repressão, a natureza afetiva da consciência etc. Em outras palavras, as raízes psicológicas de Freud remontam às camadas espiritualistas da psicologia de Lipps. Como é possível, ao se falar da metodologia de Freud, não acertar as contas com nada disso?

Assim, de onde vem Freud e em que sentido seu sistema se desenvolve? Veremos que ele vem de Schopenhauer e Lipps no sentido de Kolnay e da psicologia das massas. Contudo, é preciso forçar terrivelmente, ao atrelar o sistema da psicanálise e calar sobre a metapsicologia, sobre a psicologia social, sobre a teoria da sexualidade de Freud. Como resultado, alguém que não conhece Freud pode chegar a uma ideia totalmente deturpada sobre ele, com base em tal apresentação de seu sistema. O próprio Freud protestaria, antes de tudo, contra o uso da palavra sistema. Em sua visão, um dos maiores méritos da psicanálise e de seu autor é o fato de ela evitar conscientemente um sistema (Freud, 1925). O próprio Freud rejeita o "monismo" da psicanálise: ele não insiste no reconhecimento da excepcionalidade e mesmo o caráter primordial dos fatores por ele descobertos; ele não busca de forma alguma "oferecer uma teoria exaustiva da vida mental humana", mas exige apenas que suas teses sejam aplicadas para complementar e corrigir o conhecimento que adquirimos por quaisquer das vias (Freud, 1925). Em outro momento, diz que a psicanálise se caracteriza por sua técnica e não por seu objeto; em outro momento ainda ele trata da transitoriedade da teoria psicológica e de sua substituição por uma orgânica.

Tudo isso pode facilmente levar ao engano: pode parecer que a psicanálise de fato não tem um sistema e seus dados podem ser utilizados para correção ou complementação de qualquer sistema de conhecimento, não importa como ele tenha sido inventado. Isso é absolutamente equivocado. A psicanálise não tem uma teoria-sistema consciente, *a priori*; assim como Pávlov, Freud descobriu coisas demais para ter criado um sistema abstrato. Contudo, assim como o personagem de Molière que, sem que desconfiasse, falou a vida inteira em prosa, Freud, enquanto investigador, criou um sistema: ao introduzir uma nova palavra, fazendo concordar um termo com outro, descrevendo um fato novo, chegando a uma nova conclusão, ele o tempo todo, a cada passo, criou um sistema. Isso quer dizer apenas que a estrutura de seu sistema é profundamente peculiar, obscura e complexa, e que ela é de difícil compreensão. É muito mais fácil orientar-se segundo sistemas metodológicos conscientes, claros, livres de contradições, que conhecem seus mestres e que são levados a uma unidade e coerência lógica; é muito mais difícil avaliar corretamente e revelar a verdadeira natureza de metodologias inconscientes, que se organizam naturalmente, de modo contraditório, a partir das mais diversas influências, e justamente assim é a psicanálise. Por isso ela exige um estudo metodológico minucioso e crítico, e não uma sobreposição ingênua de sinais de dois sistemas diferentes.

Segundo Ivanóvski (1923, p. 249), "para a pessoa que não seja versada em questões científico-metodológicas *o método de todas as ciências parece ser o mesmo*". Quem mais sofreu com essa incompreensão das coisas foi a psicologia. Ela sempre foi ligada ora à biologia, ora à sociologia, e só raramente a avaliação de leis e teorias psicológicas foram abordadas segundo o critério de uma metodologia psicológica, ou seja, a partir de um interesse pelo "*pensamento científico psicológico como tal*, por sua teoria, metodologia, fontes, formas e fundamentações" (Ivanóvski, 1923, p. 252). Por isso, em nossa crítica a outros sistemas, na avaliação de sua veracidade, falta-nos o mais importante, afinal "*a avaliação correta do conhecimento em relação ao seu caráter comprovável e inquestionável só pode decorrer da compreensão de sua fundamentação metodológica*" (Ivanóvski, 1923). E, por isso, é correto duvidar de tudo, não acreditar em nada, questionar os fundamentos e fontes do conhecimento de quaisquer teses é a primeira regra e metodologia da ciência. Ela nos assegura contra um erro ainda maior, isto é, não apenas considerar o método de todas as ciências como sendo o mesmo, mas também imaginar que todas as ciências têm uma mesma composição:

> Todas as ciências são vistas por um pensamento inexperiente em um mesmo, por assim dizer: uma vez que a ciência é um conhecimento confiável, indubitável, tudo dela deve ser confiável; todo seu conteúdo deve ser obtido e comprovado por um mesmo método, por meio do qual se obtém um conhecimento confiável. Não obstante, na realidade, não é nada disso: toda ciência tem fatos isolados (e grupos de fatos semelhantes) constatados de forma inquestionável, teses e leis gerais estabelecidas de maneira irrefutável, mas também tem suposições e hipóteses que, às vezes, têm caráter temporário e provisório, que por vezes até assinala os limites últimos de nosso conhecimento (ao menos em uma determinada época); há conclusões mais e menos indubitáveis que decorrem de teses firmemente estabelecidas; há construções que ora ampliam as fronteiras do nosso conhecimento, ora têm o significado de "ficções" conscientemente introduzidas; há analogias, generalizações aproximadas etc. A ciência tem uma composição diversa, e o entendimento desse fato tem uma importância fundamental para a cultura científica do ser humano. Cada tese científica tem seu próprio grau de confiabilidade, que é próprio somente a ela e que depende do modo e do nível de sua fundamentação metodológica, e a ciência, em uma interpretação metodológica, não constitui uma superfície contínua e homogênea, mas um mosaico de teses com diferentes graus de confiabilidade (Ivanóvski, 1923, p. 250).

Assim, 1) a mistura de métodos de diferentes ciências (Einstein, Pávlov, Comte, Marx) e 2) a redução da composição heterogênea de um sistema científico em uma mesma superfície, "em superfície contínua e homogênea" são os principais erros do segundo tipo de fusão de sistemas. Reduzir a personalidade em relação ao dinheiro, à higiene, à teimosia e ainda outras mil coisas diferentes ao erotismo anal (Luria, 1925) ainda não é monismo; mas misturar segundo a natureza e o grau de confiabilidade essa tese com os princípios do materialismo é o maior dos equívocos. O princípio que decorre dessa posição, a ideia geral que está por trás dele, seu significado metodológico, o método de pesquisa atribuído a ela são profundamente conservadores: como um forçado e seu carrinho de mão, a psicanálise prende o caráter ao erotismo infantil, a vida humana em sua essência é predeterminada por conflitos infantis, ela se resume à superação do Complexo de

Édipo etc., a cultura e a vida da humanidade são totalmente aproximadas da vida primitiva. Essa capacidade de distinguir o significado visível mais próximo e seu significado real é a primeira condição necessária da análise. Não quero, de forma alguma, dizer que tudo na psicanálise contradiz o marxismo. Quero dizer apenas que não estou tratando dessa questão em sua essência aqui. Estou apenas indicando como se deve (metodologicamente) e como não se deve (acriticamente) unir dois sistemas de ideias.

Com uma abordagem acrítica, cada um enxerga o que quer enxergar e não o que existe: o marxista encontra na psicanálise monismo, materialismo, dialética, coisas que não existem nela; um fisiologista como Lents supõe que "a psicanálise é um sistema psicológico apenas no nome; na realidade ele é objetivo, fisiológico" (Lents, 1922, p. 69). Já o metodólogo Binswanger parece ser o único entre os psicanalistas que, ao dedicar sua obra a Freud, observa que justamente o caráter psicológico de sua compreensão, ou seja, o caráter antifisiológico, é o que constitui o mérito de Freud na psiquiatria. Ele acrescenta: "contudo, esse conhecimento desconhece a si próprio, ou seja, ele não domina a compreensão de seus próprios conceitos, de seu *logos*" (Binswanger, 1922, p. 5).

Por isso, é especialmente difícil estudar o conhecimento que ainda não se deu conta de si próprio e de seu próprio *logos*. É claro que isso não quer dizer absolutamente que o inconsciente não deve ser estudado pelos marxistas, uma vez que concepções fundamentais de Freud contradizem o materialismo dialético; ao contrário, justamente porque o campo trabalhado pela psicanálise é analisado por meios inadequados é que é preciso conquistá-lo para o marxismo e trabalhá-lo por meio de uma metodologia verdadeira, pois, de outro modo, se tudo na psicanálise coincidisse com o marxismo, não haveria nada a se mudar nela, os psicólogos poderiam desenvolvê-la justamente enquanto psicanalistas, e não marxistas. Já para esse trabalho é necessário antes de tudo se dar conta da natureza metodológica de todas as ideias, de todas as teses. Então, com essa condição, as ideias mais metapsicológicas poderão ser interessantes e instrutivas; por exemplo, a teoria de Freud sobre a pulsão de morte.

No prefácio que eu escrevi à tradução do livro de Freud sobre o tema, tentei mostrar que a despeito de toda natureza especulativa dessa tese, embora sejam pouco convincentes seus apoios factuais (neurose traumática e repetição de vivências desagradáveis na brincadeira infantil), apesar do vertiginoso paradoxo e contradição em relação a ideias biológicas amplamente aceitas, apesar da evidente coincidência de suas conclusões com a filosofia do nirvana, apesar de tudo isso, de todo seu conceito construtivo, a estrutura fictícia da pulsão de morte responde à necessidade da biologia contemporânea de dominar a ideia de morte, assim como a matemática precisou, na época, do conceito de número negativo. Eu apresentei a tese de que o conceito de vida na biologia atingiu um elevado grau de clareza, a ciência o dominou, ela sabe como trabalhar com ele, como investigar e compreender o vivo; já com o conceito da morte ela não sabe lidar, em seu lugar abre-se um buraco, um espaço vazio, a morte só é entendida como uma contraposição contraditória à vida, como não vida; em suma, como não ser. Contudo, a morte é um fato que tem seu sentido positivo, ela é um topo especial de ser, e não apenas um não ser; ela é um certo nada, e não uma nada absoluto. É esse sentido positivo da morte que a biologia desconhece. Na realidade, a morte é uma lei universal do vivo; é impossível imaginar que esse fenômeno não tenha sido representado por nada no organismo, ou seja, nos processos da vida. É difícil acreditar que a morte não tenha sentido ou que tenha apenas um sentido negativo.

Uma opinião semelhante foi expressa por Engels. Ele faz referência a Hegel, que diz que é científica a fisiologia que não entende a morte como um momento essencial da vida, e não compreende que a negação da vida, em essência, está contida na própria vida, de modo que a vida sempre é pensada em correlação com seu resultado necessário, que está permanentemente contido nela como embrião, e declara pela morte que a compreensão dialética da vida leva precisamente a isso. "Viver significa morrer" (Marx; Engels, [s. d.], v. 20, p. 611).

Foi exatamente esse pensamento que defendi no prefácio mencionado ao livro de Freud: a necessidade incontornável de dominar o conceito da morte na biologia e de assinalar – ainda que com o x da álgebra por enquanto ou com a expressão paradoxal "pulsão de morte" – esse desconhecido que sem dúvida existe, que é a tendência à morte representada em processos do organismo. Com isso, não considero que a solução encontrada por Freud para essa equação seja a estrada principal para a ciência ou mesmo um caminho para todos, mas uma vereda nos Alpes sobre precipícios, para aqueles que não sofrem de vertigem. Disse que a ciência também precisa de livros assim, isto é, que não descobrem a verdade, mas que participam da busca por ela, ainda que não a encontrem. Enunciei de forma decidida que o significado desse livro não depende da verificação factual de sua veracidade: o mais importante é que ele coloca corretamente a questão. E para colocação de tais questões, eu disse, é preciso mais criação do que para uma observação corriqueira segundo um modelo estabelecido em qualquer ciência (Vigotski; Luria, 1925).

Uma profunda incompreensão do problema metodológico contido nessa avaliação, uma confiança plena nos sinais externos das ideias, um medo ingênuo e acrítico diante da fisiologia do pessimismo foi o julgamento que um dos críticos do jornal *Pravda*[165] fez desse livro em um golpe só: se é Schopenhauer, significa pessimismo (60). Ele não compreendeu que há problemas aos quais não se pode chegar voando, mas é preciso caminhar manquejando, e que nesses casos não é pecado manquejar, como diz abertamente Freud. E quem vir nisso apenas um andar manquejante é metodologicamente cego. Afinal não seria difícil mostrar que Hegel é um idealista, isso é o que gritam os rouxinóis nos telhados; mas foi preciso genialidade para ver nesse sistema um idealismo que está sobre a cabeça do materialismo, ou seja, separar a verdade metodológica (dialética) da mentira factual, ver que Hegel, manquejando, caminhava em direção à verdade.

Este é só um exemplo do caminho para se dominar ideias científicas: é preciso elevar-se acima de seus conteúdos factuais e pôr à prova sua natureza fundamental. Contudo, para isso, é preciso ter um ponto de apoio fora dessas ideias. Mantendo-se com os dois pés no mesmo solo dessas ideias, operando com conceitos obtidos por meio delas, é impossível colocar-se fora delas. Para se relacionar de forma crítica a outro sistema, é preciso, em primeiro lugar, ter um sistema psicológico próprio de princípios. Julgar Freud à luz dos princípios obtidos por ele significa de antemão justificá-lo. Essa forma de domínio das ideias alheias constitui o terceiro tipo de união de ideias a que passaremos agora.

Outra vez basta um exemplo para ver e mostrar claramente o caráter da nova abordagem metodológica. No laboratório de Pávlov, tentou-se resolver experimentalmente a questão da transição de estímulos condicionais vestigiais e freios condicionais vestigiais na presença de estímulos condicionados. Para isso era preciso "eliminar a inibição" criada mediante o

---

165. A referência ao jornal *Pravda* foi removida da edição de 1982 (cf. Zavershneva; Osipov, 2012) [N.T.].

reflexo vestigial. Como fazer isso? Para chegar a esse objetivo, Frolov recorreu a uma analogia com certos procedimentos da escola de Freud. Para eliminar os complexos inibidores estáveis, ele reconstituiu justamente a circunstância em que esses complexos foram antes elaborados. E o experimento deu certo. Considero o procedimento metodológico que está na base desse experimento como um exemplo de abordagem correta ao tema de Freud e, de modo geral, a posições alheias. Tentemos descrevê-lo. Em primeiro lugar: o problema foi proposto no curso de investigações sobre a natureza da inibição interna; a tarefa foi colocada, formulada e compreendida à luz de princípios próprios; o tema teórico do trabalho experimental e seu significado foi compreendido segundo os conceitos da escola de Pávlov. Sabemos o que é reflexo vestigial; o que é reflexo presente também sabemos; transferir um para o outro significa eliminar a inibição e assim por diante, ou seja, todo o mecanismo do processo é pensado segundo categorias totalmente determinadas e homogêneas. A analogia com a catarse tinha apenas um significado heurístico: ela encurtou o caminho para as buscas próprias e levou ao objetivo pelo trajeto mais curto. Contudo, ela foi admitida apenas como uma suposição que imediatamente foi verificada pelo experimento. Depois da resolução de sua própria tarefa, o autor tira uma terceira e última conclusão: os fenômenos descritos por Freud podem ser verificados experimentalmente em animais e aguardam um maior detalhamento segundo o método de reflexos condicionais salivares.

Verificar Freud por meio das ideias de Pávlov é bem diferente do que fazê-lo por suas próprias ideias; mas mesmo essa possibilidade foi estabelecida não por meio da análise, mas por via experimental. O mais importante é que, ao se deparar durante suas próprias pesquisas com fenômenos análogos aos descritos pela escola de Freud, o autor em nenhum momento se transferiu para o solo alheio, não confiou em dados alheios, mas fez sua pesquisa avançar valendo-se deles. Sua descoberta tem sentido, valor, lugar e significado no sistema de Pávlov e não no de Freud. No ponto de interseção de ambos os sistemas, no ponto em que eles se encontram, os dois círculos se tocam e um ponto deles pertence imediatamente a ambos, mas seu lugar, sentido e valor são determinados por sua posição no primeiro sistema. Com essa pesquisa foi feita uma nova descoberta, chegou-se a um novo fato, estudou-se um novo traço: tudo isso dentro da teoria dos reflexos condicionados e não na psicanálise. Assim desaparece qualquer coincidência "quase milagrosa"!

Basta comparar como Békhterev faz essa mesma avaliação da ideia de catarse para o sistema da reflexologia pela descoberta de uma coincidência verbal, e veremos toda profundidade da distinção desses dois modos. Aqui a correlação dos dois sistemas também é estabelecida, antes de tudo, pela catarse do afeto estrangulado, ou seja, de um impulso mímico-somático.

> Por acaso esta não é a descarga do reflexo que, contido, sobrecarregou a personalidade, tornou-a "constrangida", doente, então como que, com a descarga na forma de reflexo de catarse, ocorre naturalmente a resolução do estado patológico? Por acaso o choro de tristeza não é a descarga de um reflexo inibido? (Békhterev, 1923, p. 388).

Estas não são palavras, mas pérolas. Uma *ruptura* mímico-somática, o que pode ser mais claro e exato? Ainda que escapasse da língua subjetiva da psicologia, Békhterev não desprezou a língua comum, de modo que o termo de Freud dificilmente poderia ser mais claro. Como esse reflexo inibido "sobrecarregou" a personalidade, tornou-a constrangida? Por que o choro de tristeza é uma descarga de reflexo inibido; e se a pessoa chora no momento mesmo da tristeza? Por fim, em seguida afirma-se que o pensamento é um reflexo inibido, que uma corrente nervosa concentrada, ligada a uma inibição, é acompanhada por fenômenos conscientes. A salvadora inibição! Ela explica fenômenos conscientes em um capítulo e inconscientes no seguinte!

Tudo isso mostra claramente que na questão do inconsciente é preciso distinguir o problema metodológico e o empírico, ou seja, a questão psicológica e a questão da própria psicologia, com a qual iniciamos esta seção. A junção acrítica das duas leva a uma profunda distorção de toda questão. O Simpósio sobre o inconsciente (1912) mostra que a resolução fundamental dessa questão ultrapassa as fronteiras da psicologia empírica e está necessariamente ligada a convicções filosóficas gerais. Aceitaremos, com Brentano, que o inconsciente não existe, ou com Münsterberg que ele é apenas fisiológico, ou, ainda, com Schubert-Soldern que ele é uma categoria gnosiológica necessária, ou com Freud, que ele é sexual: em todos esses casos a argumentação e as conclusões ultrapassam as fronteiras da investigação empírica.

Dos autores russos, Dale enfatiza os motivos gnosiológicos que levaram à formação do conceito de inconsciente. Precisamente a tentativa de salvaguardar a independência da psicologia como ciência explicativa contra a usurpação dos métodos e princípios fisiológicos está, em sua opinião, na base desse conceito. A exigência de que o psíquico fosse explicado pelo psíquico, e não pelo fisiológico, que a psicologia na análise e descrição dos fatos permanecesse ela mesma, dentro de suas próprias fronteiras, ainda que para isso fosse necessário avançar por um caminho de amplas hipóteses: isso foi engendrado pelo conceito de inconsciente. Dale observa que as construções psicológicas, ou *hipóteses*, são apenas a continuação mental da descrição de fenômenos *homogêneos* em um mesmo sistema de atividade independente. As tarefas da psicologia e as exigências teórico-cognoscentes dispõe-na a lutar contra as tentativas de usurpação da fisiologia com ajuda do inconsciente. A vida psíquica flui com intervalos, ela é cheia de lacunas. O que ocorre com a consciência durante o sono, com as recordações que não conseguimos acessar em dado momento, com as representações das quais não temos consciência em dado momento? Para explicar o psíquico a partir do psíquico, para não passar a outro campo de fenômenos, para a fisiologia, para preencher os intervalos, as lacunas, as ausências na vida do psíquico, devemos supor que eles devem continuar a existir em uma forma especial, na forma *psíquica* inconsciente. Tal compreensão do inconsciente como suposição necessária e continuação hipotética e complementação da experiência psíquica é desenvolvida também por Stern (1924).

Dale distingue dois aspectos do problema: um factual e um hipotético, ou metodológico, que determina o valor cognoscente ou metodológico da categoria do subconsciente para a psicologia. Sua tarefa é elucidar o sentido desse conceito, a esfera de fenômenos que ele abarca e seu papel para a psicologia enquanto ciência explicativa. Seguindo Jerusalém, para o autor, é antes de tudo uma categoria, ou procedimento do pensamento, incontornável para explicar a vida mental, e depois já aparece como um campo especial de fenômenos. Ele formula de modo absolutamente correto que o inconsciente é um conceito criado a partir de dados da experiência indiscutivelmente psíquica e com base em sua necessária complementação hipotética. Daí decorre a complexa natureza de cada posição que opera com esse conceito: em *cada* posição é preciso distinguir o que nele vem dos dados de uma experiência indiscutivelmente psíquica e o que vem da complementação hipotética, bem como qual grau de confiabilidade de um e de outro. Nos trabalhos críticos analisados acima, os dois aspectos do problema se confundem, isto é, a hipótese e o fato, o princípio e a observação empírica, a ficção e a lei, a construção e a generalização: tudo isso está misturado em um mesmo balaio.

O mais importante é que não foi analisada uma questão fundamental: Lents e Luria asseguram que Freud, que a psicanálise é um sistema fisiológico; contudo, o próprio Freud está entre os opositores da concepção fisiológica do inconsciente. Dale tem toda razão ao dizer que essa questão sobre a natureza psicológica ou fisiológica do inconsciente é *a primeira* e mais importante fase de todo o problema. "Antes de descrever e classificar os fenômenos do inconsciente em nome das tarefas psicológicas, devemos saber se estamos operando com algo fisiológico ou psíquico, é preciso mostrar que o inconsciente é uma realidade psíquica" (p. 290). Em outras palavras, em vez de resolver o problema do inconsciente como uma questão psicológica, é preciso resolvê-lo como uma questão da própria psicologia.

8

Ainda mais clara é a necessidade de elaborar fundamentalmente os conceitos na ciência geral – essa álgebra das ciências particulares – e seu papel para as disciplinas particulares nos empréstimos do campo de *outras* ciências. Aqui, por um lado, temos talvez as melhores condições para transferir os resultados de uma ciência para o sistema de outra, pois o grau de confiabilidade, de clareza, de elaboração fundamental da tese ou lei tomada de empréstimo costuma ser muito mais elevado do que nos casos que descrevemos. Por exemplo, introduz-se no sistema da explicação psicológica uma lei estabelecida pela fisiologia, pela embriologia, um princípio biológico, uma hipótese anatômica, um exemplo etnológico, uma classificação histórica etc. As teses e construções dessas ciências bem desenvolvidas e fundamentadas em seus princípios, é claro, foram elaboradas com muito mais precisão metodológica do que as teses da escola psicológica que as elaboram com ajuda de conceitos recém-criados que não foram ainda sistematizados, campos inteiramente novos, como, por exemplo, a escola de Freud, que não conhece a si mesma. Tomamos de empréstimo, nesse caso, um produto mais bem elaborado, operamos com grandezas mais determinadas, exatas e claras; o risco de erro diminui, a probabilidade de êxito cresce.

Por outro lado, como o incorporado aqui vem de outras ciências, o material se revela mais alheio, metodologicamente heterogêneo, e as condições de sua assimilação são dificultadas. Essa facilitação e dificuldade das condições em comparação com o que foi visto anteriormente é o que constitui o procedimento necessário de variação da análise, que na análise teórica substitui a variação real no experimento.

Vamos nos deter em um fato extremamente paradoxal à primeira vista, pois ele é muito conveniente para a análise. A reflexologia, que estabelece em todos os campos coincidências tão milagrosas de seus dados com os dados da análise subjetiva e que deseja construir seu sistema sobre o fundamento de uma ciência natural exata, é incrivelmente forçada a protestar justo contra a transferência das leis das ciências naturais para a psicologia.

Ao investigar os métodos da reflexologia genética, Schelovánov, com um fundamento incontestável e inesperado para sua escola, rejeita a imitação das ciências naturais na forma de transferência de métodos fundamentais para a psicologia subjetiva, cujo emprego nas ciências naturais levou a grandes resultados, mas que são pouco convenientes para trabalhar os problemas da psicologia subjetiva. Herbart e Fechner transferiram mecanicamente a análise matemática; e Wundt, o experimento fisiológico para a psicologia. Preyer propôs o problema da psicogênese em analogia com a biologia e, em seguida, Hall e outros tomaram da biologia o princípio de Müller-Häckel e o empregaram descontroladamente não apenas como procedimento metodológico, mas também como princípio explicativo do "desenvolvimento mental" da criança. Segundo o autor, parece que não se pode ir contra a aplicação de métodos fecundos e testados. Contudo, o uso deles só é possível caso o problema tenha sido corretamente colocado e o método responda à natureza do objeto estudado. Do contrário, temos a ilusão de cientificidade (um exemplo característico disso é a reflexologia russa). Um véu de ciências naturais que, segundo a expressão de Petzold, é jogado sobre a mais atrasada metafísica não pode salvar nem Herbart nem Wundt: nem fórmulas matemáticas, nem o equipamento exato salvariam do fracasso um problema colocado de forma imprecisa.

Lembremos Münsterberg e sua observação sobre os mínimos detalhes apresentados em resposta a uma questão falsa. A lei biogenética, explica o autor, é para a biologia uma generalização teórica de um grande conjunto de fatos, já seu emprego na psicologia é resultado de uma especulação superficial, fundamentada exclusivamente em analogias entre diferentes campos de fatos. (Não foi assim que a reflexologia, sem uma investigação própria, por meio de uma especulação análoga pegou de vivos e de mortos – de Einstein a Freud – modelos prontos para suas construções?). Em seguida, a aplicação do princípio não enquanto hipótese de trabalho, mas como uma teoria pronta, como que estabelecida cientificamente para aquele campo de fatos, enquanto princípio explicativo, coroa essa pirâmide de erros.

Não entraremos, assim como o autor dessa opinião, na análise da questão em essência; há farta literatura a esse respeito, e inclusive russa; iremos analisá-la como ilustração de como muitas questões psicológicas colocadas de modo equivocado adquirem uma aparência de cientificidade graças aos empréstimos das ciências naturais. Como resultado de uma análise metodológica, Schelovánov chega à conclusão de que o método genético é fundamentalmente impossível na psicologia e na biologia empírica. Porém, por que na psicologia infantil o problema do desenvolvimento foi equivocadamente colocado, levando a um colossal desperdício de trabalho? Segundo Schelovánov, "a psicologia da infância não pode oferecer nada além do que já se tem na psicologia geral". Contudo, a psicologia geral como sistema único não existe, e essas contradições teóricas impossibilitam a existência de uma psicologia infantil: "os pressupostos teóricos, de forma muito disfarçada e imperceptível para o pesquisador, determinam integralmente todo o modo de processar os dados empíricos, de orientação da interpretação dos fatos obtidos pela observação de acordo com a teoria aderida por determinado autor". Essa é a melhor refutação do empirismo ilusório das ciências naturais. Graças a isso ocorre que é impossível transferir mesmo os fatos de uma teoria a outra; pode parecer que um fato é sempre um fato, que o objeto é sempre o mesmo, isto é, a criança, e que o método é também o mesmo, a observação objetiva, só que os diferentes objetivos finais e pressupostos de partida permitiriam a transferência de fatos da psicologia para a reflexologia. O autor se equivoca apenas em dois pontos.

O primeiro equívoco consiste em que a psicologia infantil obteve resultados positivos apenas mediante o emprego de princípios biológicos gerais e não psicológicos, como na teoria da brincadeira desenvolvida por Groos. Na realidade, este é um melhor exemplo não de empréstimo, mas de um estudo comparativo-objetivo puramente psicológico, metodologicamente impecável e transparente, internamente coerente, que vai desde a seleção e descrição primária de fatos até às últimas generalizações teóricas. Groos deu à biologia uma teoria da brincadeira, criada segundo um método psicológico; ele não a *tomou* da biologia, mas resolveu seu problema à luz da biologia, ou seja, colocando para si tarefas biopsicológicas. Na verdade, ele fez exatamente o contrário: chegou a resultados valiosos para a teoria da pedologia[166] justamente quando não tomou nada de empréstimo, mas seguiu seu próprio caminho. Com efeito, o autor fala o tempo todo contra os empréstimos. Hall, que tomou emprestado de Häckel, chegou na psicologia a uma série de analogias sem sentido, curiosas e forçadas, já Groos, tendo traçado seu próprio caminho, ofereceu muito à biologia, não menos do que a lei de Häckel. Lembremos, ainda, a teoria da língua de Stern, a teoria do pensamento infantil de Bühler e Koffka, a teoria do nível de desenvolvimento de Bühler, a teoria do treinamento de Thorndike: todas são psicologias do estilo mais puro. Daí a conclusão equivocada: o papel da psicologia da infância, é claro, não se reduz ao acúmulo de dados factuais e de sua classificação preliminar, ou seja, a um trabalho preparatório. Justamente a isso pode e deve necessariamente se limitar o papel dos princípios lógicos que foram desenvolvidos por Schelovánov juntamente com Békhterev. Com efeito, a nova disciplina não tem uma ideia de infância, não tem uma concepção de desenvolvimento, não tem um objetivo de pesquisa, ou seja, não tem um problema do comportamento e da personalidade infantil, mas apenas um princípio de observação objetiva, ou seja, uma boa regra técnica; contudo, com tais armas ninguém chegou a nenhuma grande verdade.

Está ligado a isso o segundo equívoco do autor: a incompreensão do significado positivo da psicologia e a desvalorização de seu papel decorrem de uma representação metodológica infantil de extrema importância, segundo a qual só se pode estudar o que se nos é dado pela experiência direta. Toda sua teoria "metodológica" está edificada sobre um silogismo: 1) a psicologia estuda a consciência; 2) pela experiência direta temos acesso apenas à consciência do adulto; "o estudo empírico do desenvolvimento filo e ontogenético da consciência é impossível"; 3) por conseguinte, a psicologia infantil é impossível.

Não obstante, é um erro grave supor que a ciência só pode estudar o que é dado pela experiência direta. Como o psicólogo estuda o inconsciente, o historiador e o geólogo estudam o passado, o físico-óptico estuda os raios invisíveis, o filólogo estuda línguas antigas? O estudo por vestígios, por efeitos, pelo método de interpretação e reconstrução, de crítica e identificação do significado não são inferiores em relação ao método da observação "empírica" direta. Ivanóvski esclareceu isso perfeitamente na metodologia

---

166. O termo "pedologia" foi substituído por "psicologia infantil" na edição de 1982 (cf. Zavershneva; Osipov, 2012) [N.T.].

das ciências justamente a partir do exemplo da psicologia. Mesmo para as ciências experimentais, a experiência direta tem desempenhado um papel cada vez mais reduzido. Planck diz que a união de todos os sistemas de física teórica é possível graças a libertação de elementos antropomórficos, em particular de impressões sensoriais específicas. Na teoria da luz, observa Planck, e de modo geral na teoria da energia radiante, a física funciona segundo métodos em que

> o olho humano aparece como totalmente excluído, ele age apenas como um dispositivo casual, ainda que muito sensível, uma vez que ele percebe os raios dentro de um campo pequeno do espectro, que quase não chega à amplitude de uma oitava. Para o espectro restante atuam no lugar dos olhos outros dispositivos de percepção e medição, como, por exemplo, o detector de ondas, o termo-elemento, o barômetro, o radiômetro, a chapa fotográfica e a câmara de ionização. Dessa forma, a separação de um conceito físico fundamental de uma impressão sensorial específica ocorreu a óptica, assim como na mecânica, em que o conceito de força há tempos perdeu sua ligação primária com a sensação muscular (Planck, 1911, p. 8).

Dessa forma, a física estuda justamente o que o olho não vê; de fato se, assim como o autor [Schelovánov – N. da ed. russa], concordarmos com Stern sobre o fato de que a infância é para nós um paraíso para sempre perdido, de que penetrar de modo integral e sem vestígios nas propriedades singulares e na estrutura da alma infantil já é algo impossível para nós adultos, pois ela não nos é dada pela vivência direta, então seria preciso admitir que os raios inacessíveis diretamente ao nosso olho também seriam um paraíso para sempre perdido, a Inquisição Espanhola seria um inferno para sempre perdido etc. Não podemos vivenciar a impressão infantil, assim como não podemos ver a Revolução Francesa; não obstante, a criança que vivencia seu paraíso de forma totalmente direta e o contemporâneo que viu com seus próprios olhos os episódios mais importantes da revolução, está, ainda assim, mais distante do que nós do conhecimento científico desses fatos. Não apenas a ciência sobre a cultura, mas também a ciência sobre a natureza constroem seus conceitos de maneira fundamentalmente independente da experiência imediata; lembremos as palavras de Engels sobre as formigas e os limites dos nossos olhos.

Como atuam as ciências ao estudarem aquilo que não podemos acessar diretamente? De modo geral, elas constroem, reconstituem o objeto de estudo pelo método da interpretação dos vestígios ou efeitos, ou seja, indiretamente. Assim, o historiador interpreta os vestígios (documentos, memórias, revistas etc.), afinal a história é a ciência sobre o passado, que é reconstruído segundo vestígios, e não uma ciência sobre os vestígios do passado, é sobre a revolução, e não sobre seus documentos. Isso vale para a psicologia infantil: Será a infância, a alma infantil inacessível para nós, será que ela não deixa vestígios, não se manifesta externamente, não se revela? A questão é apenas encontrar o método para interpretar esses vestígios: Seria possível interpretá-los por analogia com os vestígios do adulto? Quer dizer, o ponto é encontrar a interpretação correta, não rejeitar absolutamente a ideia de interpretar. Com efeito, os historiadores conhecem bem elaborações equivocadas feitas com base em documentos verdadeiros, mas que foram erroneamente interpretados. O que se conclui disto? Será que a história é mesmo um "paraíso para sempre perdido"? De fato, a lógica que chama a psicologia infantil de paraíso perdido é a mesma que obriga a dizer o mesmo sobre a história. Se o historiador, o geólogo ou o físico pensasse como o reflexólogo, ele diria: uma vez que o passado da humanidade e da Terra nos é inacessível (a alma infantil) diretamente, temos acesso direto apenas ao presente (a consciência do adulto), muitos interpretam equivocadamente o passado por analogia com o presente ou como um pequeno presente (criança – pequeno adulto), então a história e a geologia são subjetivas e impossíveis; só é possível a história do tempo presente (a psicologia da pessoa adulta), já a história do passado só pode ser estudada como ciência dos vestígios do passado, dos documentos etc. como tais, mas não como ciência do passado enquanto tal (por procedimentos de estudo dos reflexos sem nenhuma interpretação).

Em essência, a partir desse dogma sobre a experiência indireta como fonte única e limite natural do conhecimento científico se ergue e cai toda teoria dos métodos subjetivo e objetivo. Vvediénski e Békhterev crescem de uma mesma raiz: ambos supõem que a ciência só pode estudar aquilo que é dado pela auto-observação, ou seja, pela percepção direta do psicológico. Alguns confiam apenas nesse olho da alma e constroem toda a ciência de acordo com suas propriedades e os limites de sua ação; outros não confiam nele e querem apenas estudar o que pode visto pelo olho real. É por isso que eu digo que a reflexologia em termos metodológicos está construída exatamente pelo mesmo princípio pelo qual a história teve de ser definida como ciência dos documentos do passado. Graças a muitos princípios fecundos das ciências naturais, a reflexologia revelou-se uma tendência profundamente progressista na psicologia, mas como teoria do método ela é profundamente reacionária, pois nos faz voltar a um preconceito sensualista ingênuo de que só se pode estudar apenas o que e na medida em que se percebe.

Exatamente com a física se liberta dos elementos antropomórficos, ou seja, das impressões sensoriais específicas, e trabalha de tal forma que o olho termina totalmente excluído, a psicologia deve trabalhar com um conceito de psíquico que exclua a auto-observação direta, da mesma forma que a sensação muscular foi excluída da mecânica e a visual da óptica. Os subjetivistas supõem ter refutado o método objetivo quando mostraram que os conceitos de comportamento conservam geneticamente o germe da auto-observação (cf. Tchelpanov, 1925; Kravkov, 1922; Portugalov, 1925). Contudo, a origem genética do conceito não diz nada sobre sua natureza lógica: o conceito de força da mecânica também remonta geneticamente à sensação muscular.

A questão da auto-observação é técnica e não de princípios: ela é um instrumento entre outros, como o olho para os físicos. É preciso usá-la na medida em que ela se mostra útil, mas não se pode estabelecer vereditos fundamentais sobre ela acerca das fronteiras do conhecimento ou de sua fidedignidade ou natureza determinados por ela. Engels mostrou que a organização natural do olho é pouco determinante para os limites do conhecimento dos fenômenos luminosos; Planck fala o mesmo em nome da física contemporânea. A separação entre o conceito psicológico e a impressão sensorial específica é a tarefa imediata da psicologia. Com isso, a impressão, a auto-observação deve ser explicada (assim como o olho) a partir do postulado, do método e do princípio universal da psicologia, ela deve se converter em um problema particular da psicologia.

Assim, surge a questão da natureza da interpretação, ou seja, do método indireto. Costuma-se dizer que a história interpreta vestígios do passado, mas a física observa o invisível por meio de instrumentos de forma tão imediata quanto o olho. Os instrumentos são um prolongamento dos órgãos do cientista: o microscópio, o telescópio, o telefone etc., no fim das contas, tornam o objeto da experiência direta, tornam visível o invisível; a física não interpreta, mas vê.

Essa opinião é falsa. A metodologia do equipamento científico há tempos esclareceu o papel fundamental do instrumento, que nem sempre é evidente. O termômetro mesmo pode servir de exemplo desse aspecto fundamentalmente novo que é introduzido no método da ciência pelo uso de instrumentos: pelo termômetro lemos a temperatura; ele não intensifica ou prolonga a sensação de calor, como o microscópio continua o olho; mas nos torna totalmente emancipados da sensação ao estudarmos o calor; o termômetro pode ser utilizado mesmo por aquele que não é capaz de sentir calor, já o cego não pode utilizar um microscópio. O termômetro é um exemplo puro do método indireto: estudamos não o que vemos (como no microscópio), não a elevação do mercúrio, não a expansão do álcool, mas o calor e suas alterações, que são indicadas pelo mercúrio ou pelo álcool; interpretamos os indicadores do termômetro, reconstruímos o fenômeno estudado segundo seus vestígios, seu efeito na expansão do corpo. Assim são construídos todos os instrumentos de que fala Planck como meios de se estudar o invisível. Interpretar, portanto, significa recriar o fenômeno segundo seus vestígios e efeitos, fundamentando-se em regularidades previamente estabelecidas (neste caso, na lei de expansão dos corpos em decorrência do calor). Não há diferenças substanciais entre o uso de um termômetro e a interpretação para a história etc. Isso serve para qualquer ciência: ela independe da impressão sensorial.

Strumpf menciona o matemático cego Saunderson, que escreveu um livro sobre geometria; Scherbina conta que a cegueira não o impediu de explicar óptica para pessoas que enxergam (1908). Afinal, os instrumentos citados por Planck não podem ser adaptados para o cego, da mesma forma que já temos relógios, termômetros e livros para cegos, de modo que a óptica pudesse ser estudada também por ele: trata-se de uma questão técnica e não de princípio.

Kornílov (1922) mostrou perfeitamente que: 1) a divergência de visões sobre o aspecto metodológico da elaboração do experimento permite em grande medida o surgimento de conflitos que levam à formação de diferentes orientações na psicologia, assim como as diferentes filosofias do cronoscópio, de uma questão acerca do cômodo em que o aparelho deveria ser colocado nos experimentos, tornou-se uma questão sobre o método e o sistema da psicologia, que separou as escolas de Wundt e de Külpe; 2) o método experimental não trouxe nada de novo para a psicologia: para Wundt, ele é um corretivo da auto-observação; para Ach, os dados da auto-observação podem ser controlados apenas por outros dados de auto-observação, como se a sensação de calor só pudesse ser controlada por outras sensações; para Deichler, em estimativas numéricas tem-se uma medida da veracidade da introspecção; em suma, o experimento não amplia o conhecimento, mas o controla. A psicologia ainda não tem uma metodologia de seu equipamento e tampouco colocou a questão de qual equipamento que, tal qual o termômetro, nos libertaria da introspecção e não apenas a controlasse e intensificasse. A filosofia do cronoscópio é uma coisa mais difícil do que sua técnica. Voltaremos a falar do método indireto na psicologia outras vezes.

Zelióni mostra corretamente que por "método"[167] compreende-se duas coisas distintas: 1) o conjunto de procedimentos de pesquisa, o procedimento técnico e 2) o método de conhecimento, que determina o objetivo da pesquisa, o lugar da ciência e sua natureza. Na psicologia o método é subjetivo, embora os procedimentos possam ser parcialmente objetivos; na fisiologia o método é objetivo, embora os procedimentos possam ser em parte subjetivos, por exemplo, na fisiologia dos órgãos dos sentidos. O experimento, aliás, reformou os procedimentos, mas não o método. Portanto, ele enquanto método psicológico nas ciências naturais reconhece apenas a importância do procedimento diagnóstico.

Nessa questão está dado o nó de todos os problemas metodológicos próprios da psicologia. A necessidade fundamental de ultrapassar as fronteiras da experiência imediata é uma questão de vida ou morte para a psicologia. Delimitar, separar o conceito científico da percepção específica só é possível com base em um método indireto. A objeção de que o método indireto é inferior ao direto é profundamente incorreta no sentido científico. Justamente por não iluminar a totalidade da vivência, mas apenas um de seus aspectos, ele realiza seu trabalho científico: isola, analisa, identifica, abstrai um traço; com efeito, mesmo na experiência direta identificamos somente a parte que pode ser observada. Como disse Engels, não há como ajudar quem se incomoda por não termos, assim como as formigas, uma vivência

---

167. Vale observar que Vigotski utiliza três termos russos: *métod*, *metodológuiia* e *metódika*. Os dois primeiros foram traduzidos pelos seus equivalentes em português: método e metodologia, respectivamente. Para o terceiro (*"metódika"*), que, segundo o Dicionário Uchakov, diz respeito a "um sistema de regras, a organização de métodos para o estudo de algo ou para a realização de algum trabalho", optou-se pela tradução como "procedimentos" ou "conjunto de procedimentos" [N.T.].

imediata dos raios químicos; não obstante, nós conhecemos a natureza desses raios melhor do que as formigas. Contudo, não é tarefa da ciência levar à vivência: do contrário, no lugar da ciência, bastaria termos um registro de nossas percepções. O problema da psicologia consiste também na limitação de nossa experiência direta, pois todo psiquismo está construído segundo o tipo do instrumento que seleciona, isola certos traços do fenômeno; um olho que pudesse ver tudo, justamente por isso não veria nada; uma consciência que tivesse consciência de tudo, não teria consciência de nada. Nossa experiência está contida entre dois limiares, vemos apenas um pequeno recorte do mundo; nossos sentimentos nos dão o mundo em trechos, excertos que são importantes para nós. Dentro desses limites, eles não notam toda a variedade de aplicações, mas transferem-nas para novos limites. A consciência acompanha a natureza aos saltos, com omissões e lacunas. O psiquismo seleciona pontos estáveis da realidade em meio ao movimento geral. Ele funciona como ilhas de segurança em um fluxo heraclitiano. É um órgão de seleção, uma peneira que filtra o mundo e o altera de tal forma a tornar possível a ação. Nisso consiste seu papel positivo, não no reflexo (o não psíquico também reflete; o termômetro é mais exato do que a sensação), mas no fato de que ele nem sempre reflete corretamente, ou seja, ele distorce subjetivamente a realidade em favor do organismo.

Se víssemos tudo (sem limiares absolutos) e todas as mudanças, sem nos determos um minuto sequer (sem limiares relativos), haveria diante de nós um caos (lembremos quantos objetos se nos revelam em uma gota d'água vista pelo microscópio). O que seria um copo d'água? E um rio? O lago reflete tudo; a pedra, em essência, reage a tudo. Mas sua reação é igual ao estímulo: *causa aequat effectum*[168]. A reação do organismo é "mais cara", ela não é igual ao efeito, ela perde forças potenciais, seleciona os estímulos. O psiquismo é uma forma elevada de seleção. Vermelho, azul, barulhento, ácido: isso é o mundo dividido em porções. A tarefa da psicologia é explicar qual a vantagem de o olho não enxergar muito do que se conhece na óptica. Desde formas inferiores de reação até as superiores ocorre uma espécie de passagem pela abertura de um funil.

Seria equivocado pensar que não enxergamos aquilo que é biologicamente inútil para nós. Seria inútil conseguir enxergar micróbios? Os órgãos

---

168. "A causa é igual ao efeito", em latim no original [N.T.].

do sentido trazem claramente rastros de que eles são, em primeiro lugar, órgãos de seleção. O paladar é claramente um órgão de seleção na digestão, o olfato é parte do processo respiratório: pontos alfandegários na fronteira para testagem de estímulos vindos de fora. Todo órgão toma o mundo *cum grano salis*[169] com seu coeficiente de especificação, sobre o qual falou Hegel, bem como com um indicador de relação, quando a qualidade de um objeto determina a intensidade e o caráter do efeito quantitativo de outra qualidade. Por isso, existe uma analogia plena entre a seleção do olho e as seleções posteriores do instrumento: ambos são órgãos de seleção (o que fazemos no experimento). Desse modo, o fato de que o conhecimento científico ultrapassa as fronteiras da percepção tem raízes na essência psicológica do conhecimento.

Daí serem totalmente idênticas a evidência direta e a analogia enquanto métodos de arbítrio da verdade científica: ambas precisam ser submetidas a uma análise crítica; ambas podem tanto enganar quanto falar a verdade. A evidência de que o Sol gira ao redor da Terra nos engana; a analogia sobre a qual se constrói uma análise espectral leva à verdade. Com base nisso, Ivantsov[170] defendeu corretamente a legitimidade da analogia como método fundamental da zoopsicologia. Isso é totalmente admissível *a priori*, desde que se apontem as condições que precisam ser observadas para que a analogia seja correta, até agora a analogia trouxe para a zoopsicologia apenas anedotas e curiosidades, mas porque ela era percebida onde essencialmente não pode existir; contudo, ela pode levar a uma análise espectral (74). Por isso, a posição é fundamentalmente igual na física ou na psicologia – metodologicamente, a diferença é de grau.

A sequência psíquica nos é dada como fragmento: para onde vão e de onde vêm todos esses elementos da vida psíquica? Somos obrigados a continuar uma série conhecida com uma hipotética; consciente-inconsciente. Justamente nesse sentido Høffding introduz esse conceito que corresponde ao conceito de energia potencial na física; por isso Leibniz introduziu elementos infinitamente pequenos da consciência. "Fomos obrigados a continuar a vida da consciência no inconsciente para não cair no absurdo" (Høffding, 1908, p. 87). Contudo, para Høffding "o inconsciente é um conceito limítrofe da ciência", nesse limite podemos "ponderar as possibilidades"

---

169. "Como um grão de sal", em latim no original [N.T.].

170. A referência a Ivantsov foi omitida na edição de 1982 (cf. Zavershneva; Osipov, 2012) [N.T.].

por meio de hipóteses, mas "ampliar significativamente o conhecimento factual é impossível [...]. O mundo espiritual, em comparação com o físico, é um fragmento; apenas por meio da hipótese é possível complementá-lo" (Høffding, 1908).

Para outros autores, porém, esse respeito pelos limites da ciência parece insuficiente. Sobre o inconsciente, permite-se apenas afirmar que ele existe; por sua definição ele não é objeto da experiência; comprová-lo por fatos observáveis, como tenta fazer Høffding, é ilegítimo. Essa palavra tem dois sentidos, há dois tipos de inconsciente, que não podem ser confundidos; a disputa é sobre um objeto duplo: a hipótese e os fatos que se podem observar.

Mais um passo nessa direção e voltaremos ao ponto de onde partimos: à dificuldade que nos levou a supor a existência do inconsciente.

Ocorre que a psicologia se encontra, aqui, em uma posição tragicômica: quer, mas não pode. Ela é obrigada a aceitar o inconsciente para não cair no absurdo; mas, ao aceitá-lo, ela cai num grande absurdo e volta correndo desesperada. Tal qual uma pessoa que foge de um animal e, ao encontrar um perigo ainda maior, volta correndo para o menor. E, não obstante, faz diferença o que vai causar sua morte? Wundt vê nessa teoria um eco da filosofia da natureza mística do início do século XIX. Depois dele, Lange entende que o psiquismo inconsciente é um conceito internamente contraditório, o inconsciente deve ser explicado pela física e pela química, e não pela psicologia, do contrário abriríamos espaço na ciência para "agentes místicos", "construções arbitrárias, que nunca poderão ser verificadas" (Lange, 1914, p. 251).

Voltamos, assim, a Høffding: há uma série físico-química em alguns pontos fragmentados que são acompanhados como que *ex nihil* por uma série psíquica; pois bem, compreendamos e interpretemos cientificamente o "fragmento". O que quer dizer essa disputa para o metodólogo? É preciso ultrapassar psicologicamente os limites da consciência percebida imediatamente e continuá-la, mas construir a continuação do conceito de tal modo a separar conceito e sensação. A psicologia como ciência da consciência é, por princípio, impossível; mas ela é duplamente impossível como ciência do psiquismo inconsciente. Parece não haver saída ou solução para essa quadratura do círculo. Contudo, é exatamente nessa posição que se encontra a física: de fato, a série física se estende além da psíquica, mas mesmo ela não é infinita e sem lacunas, foi a ciência que a tornou fundamentalmente contínua e infinita, e não a experiência direta; ela continuou essa experiência mediante a exclusão do olho. É esta a tarefa da psicologia.

Assim, para a psicologia, a interpretação é apenas uma necessidade amarga, mas também é um modo libertador e muito fecundo de conhecimento, um *salto vitale* que, executado por maus saltadores, se torna um *salto mortale*. É preciso que a psicologia compunha sua filosofia do equipamento, como a física tem sua filosofia do termômetro. De fato, recorrem à interpretação ambos os lados da psicologia: o subjetivista tem, no limite, as palavras do sujeito da pesquisa, ou seja, o comportamento e seu psiquismo são comportamento interpretado. O objetivista também necessariamente interpreta. No conceito de reação está contida a necessidade de interpretação, de sentido, de conexão, de correlação. Na realidade: *actio* e *reactio* são conceitos originalmente mecanicistas, é preciso que ambos sejam observados para se deduzir uma lei. Contudo, na psicologia e na fisiologia a reação não é a mesma coisa que o estímulo; ela tem sentido e objetivo, ou seja, desempenha certa função em um todo maior, ela tem uma ligação qualitativa com seu estímulo; esse sentido da reação como função de um todo e a interação qualitativa não são dados na experiência, mas são encontrados por deduções. Dizendo de forma mais simples e geral: ao estudar o comportamento como um sistema de reações, estudamos os atos do comportamento não por si mesmos (por órgãos), mas em sua relação com outros atos, estímulos; a relação assim como sua qualidade e sentido nunca são objetos da percepção imediata, ainda mais quando se trata da relação entre duas séries heterogêneas, de estímulos e reações. Isso é de extrema importância: a reação é uma resposta; só é possível estudar a resposta pela qualidade de sua correlação com a pergunta; este é o sentido da resposta encontrada não pela percepção, mas pela interpretação.

É assim que todos fazem.

Békhterev distingue o reflexo criador. O problema é o estímulo, a criação é a reação de resposta a ele ou o reflexo simbólico. Contudo, os conceitos de criação e de símbolo são conceitos semânticos e não experienciais: o reflexo é criador quando ele estabelece uma tal relação com o estímulo de modo a criar algo novo; ele será simbólico se substituir outro reflexo, mas é impossível ver o caráter simbólico ou criador do reflexo.

Pávlov distingue o reflexo de liberdade, de objetivo, alimentar e de defesa. Porém é impossível ver a liberdade ou o objetivo, eles não têm órgãos, como, por exemplo, os órgãos de digestão; tampouco são funções; eles se formam a partir dos mesmos movimentos que outros; a defesa, a liberdade e o objetivo são os sentidos desses reflexos.

Kornílov distingue reações emocionais, reações de escolha, associativas, de reconhecimento etc. Novamente a classificação se dá pelo sentido, ou seja, por uma interpretação com base na relação estímulo-resposta entre eles.

Admitindo igualmente essas distinções conforme o sentido, Watson diz abertamente que hoje em dia o psicólogo do comportamento chega à conclusão sobre a existência de um processo oculto de pensamento usando apenas a lógica. Com isso ele se dá conta de seu método e refuta brilhantemente Titchener, que havia proposto a tese de que o psicólogo do comportamento justamente enquanto tal não pode admitir a existência de um processo de pensamento se ele não tem como observá-lo diretamente, e passa para o caminho da introspecção para descobrir o pensamento. Watson mostrou que ele isola fundamentalmente o conceito de pensamento de outras percepções na introspecção, da mesma forma que o termômetro nos emancipa em relação à sensação na construção de um conceito de calor. Por isso ele ressalta: "se pudermos em algum momento estudar a natureza íntima do pensamento [...] nós deveremos isso em grande medida a aparelhos científicos" (Watson, 1926, p. 301). Contudo, mesmo agora o psicólogo "não se encontra em uma posição de lamentação: mesmo os fisiologistas com frequência se satisfazem com a observação de resultados finais e fazem uso da lógica". "O adepto da psicologia do comportamento sente que, no que diz respeito ao pensamento, ele deve manter exatamente a mesma posição" (Watson, 1926, p. 302). Mesmo o significado é, para Watson, um problema experimental. Ele é encontrado a partir do que nos é dado pelo pensamento.

Thorndike distingue a reação do sentimento, da conclusão, do humor, da destreza (1925)[171]. Outra vez, interpretação.

A questão é *como* interpretar: por analogia com a introspecção, com funções biológicas etc. Por isso, Koffka está correto ao afirmar que não há critério objetivo da consciência, não sabemos se ela existe ou não na realidade,

---

171. Segundo Zavershneva e Osipov (2012) a fonte indicada nessa citação é imprecisa. Trata-se, provavelmente, de Thorndike (1913) [N.T.].

mas isso não nos aflige em absoluto. Contudo, o comportamento é tal que a consciência a ele pertencente; se ela existe, deve ter tal e tal estrutura; por isso o comportamento deve ser tanto explicado quanto consciente. Em outras palavras, colocando de forma contraditória: se cada um tivesse apenas as reações que podem ser observadas por todos, ninguém poderia observar nada, ou seja, na base da observação científica está a extrapolação dos limites do visível e a busca pelo sentido que não pode ser observado. Ele está certo. Está certo ao afirmar que o behaviorismo está fadado ao fracasso se pretender estudar apenas o observável, se seu ideal for o conhecimento da direção e da velocidade do comportamento de cada membro, da secreção de cada glândula resultante de cada estímulo. Seu campo seria apenas os fatos da fisiologia dos músculos e glândulas. A descrição "este animal está fugindo de algum perigo", por mais insuficiente que seja, caracteriza o comportamento do animal de forma cem vezes melhor do que uma fórmula que nos diga o movimento de suas patas com a variação de velocidade, a curva da respiração, dos batimentos cardíacos etc. (Koffka, 1926b).

Köhler mostrou na prática como é possível *comprovar* a existência de pensamento sem introspecção em macacos e até estudar o fluxo e a estrutura desse processo por um método de interpretação de reações objetivas (1917). Kornílov mostrou como é possível medir por um método indireto o orçamento energético de diferentes operações do pensamento: um dinamoscópio foi utilizado como termômetro (1922). O erro de Wundt foi justamente o uso *mecânico* do equipamento e do método matemático não para a ampliação, mas para controle e correção; não para se livrar da introspecção, mas para se ligar a ela. Em essência, na maioria das pesquisas de Wundt, a introspecção é supérflua: ela só é necessária para identificar experimentos malsucedidos. Em termos fundamentais, ela é totalmente desnecessária na teoria de Kornílov. Contudo, a psicologia ainda tem de criar seu termômetro; a pesquisa de Kornílov abre um caminho para isso.

Podemos resumir as conclusões de nossas investigações sobre o dogma estritamente sensualista mais uma vez retomando as palavras de Engels sobre a atividade do olho que, combinada à do pensamento, ajuda-nos a descobrir que as formigas enxergam aquilo que é invisível para nós.

A psicologia passou muito tempo buscando a vivência e não o conhecimento; neste exemplo ela queria mais compartilhar com as formigas sua vivência visual da sensação de raios químicos do que conhecer sua visão.

Há dois tipos de sistemas científicos quanto à espinha dorsal metodológica que os sustenta. A metodologia é sempre como um sustentáculo, um esqueleto no organismo do animal. Os animais mais simples, como o caracol ou a tartaruga, carregam seu esqueleto do lado de fora, e eles podem, como as ostras, se separar dele, permanecendo apenas um pedaço de carne pouco diferenciada; animais superiores levam o esqueleto por dentro e fazem dele seu apoio interno, o osso de cada movimento. É preciso que também a psicologia distinga os tipos superiores e inferiores de organização metodológica.

Esta é a melhor refutação do empirismo ilusório das ciências naturais. Ocorre que é impossível transferir o que quer que seja de uma teoria para outra. Pode parecer que um fato é sempre um fato, o objeto é o mesmo (a criança), o método é o mesmo (observação objetiva), apenas os objetivos finais e os pressupostos de partida são diferentes e permitem a transferência de fatos da psicologia para a reflexologia. A diferença é apenas na interpretação dos mesmos fatos. Os sistemas de Ptolomeu e de Copérnico também se basearam, no fim das contas, nos mesmos fatos. Ocorre que fatos obtidos por diferentes princípios cognoscentes são precisamente fatos *diferentes*.

Assim, a disputa sobre a aplicação do princípio biogenético na psicologia não é uma disputa sobre fatos. Fatos são indubitáveis e são divididos em dois grupos: a recapitulação estabelecida pelas ciências naturais dos estágios percorridos no desenvolvimento da estrutura do organismo e os traços indubitáveis de semelhança entre a filo e a ontogênese do psiquismo. É especialmente importante observar que sobre esses últimos não há debate. Koffka, que disputa essa teoria e confere a ela uma análise metodológica, anuncia com toda firmeza que as analogias das quais essa teoria falsa parte, sem sombra de dúvida, existem na realidade, o debate é sobre o *significado* dessas analogias; ocorre que é impossível decifrá-lo sem analisar os princípios da psicologia infantil, sem ter uma ideia geral sobre a infância, sobre a concepção do significado e sentido biológico da infância de determinada teoria do desenvolvimento da criança (Koffka, 1925). É muito fácil encontrar analogias; a questão é *como* procurá-las. Analogias semelhantes podem ser encontradas também no comportamento do adulto.

Aqui são possíveis dois tipos de erros: um é cometido por Hall. Ele foi perfeitamente demonstrado na análise crítica de Throndike e Groos. Este último está correto ao ver o sentido de toda comparação e a tarefa da ciência comparativa não apenas na identificação de traços coincidentes, mas ainda mais na busca por diferenças na semelhança (Groos, 1916). A psicologia comparativa, portanto, deve não apenas compreender o ser humano como animal, porém mais ainda como um não animal.

A aplicação linear do princípio levou à busca por semelhanças em toda parte: um método correto e fatos estabelecidos com exatidão aplicados de forma acrítica levaram a estiramentos monstruosos e fatos falsos. Nas brincadeiras infantis foram conservados pela tradição muitos ecos de um passado distante (brincadeira com arcos, danças circulares). Para Hall, trata-se de uma repetição e superação inofensiva de estágios animais e pré-históricos do desenvolvimento. Groos entende ser uma falha notável de senso crítico: o medo de gatos e cachorros é um resquício do tempo em que esses animais ainda eram selvagens; crianças se sentem atraídas pela água, pois nós viemos de animais aquáticos, os movimentos automáticos das mãos no bebê são resquícios dos movimentos de nossos antepassados, que nadavam etc.

O erro consiste, portanto, na interpretação de todo comportamento da criança como recapitulação e na ausência de qualquer princípio de verificação da analogia e de seleção dos fatos que podem ou não ser submetidos a tal interpretação. A brincadeira de animais não pode ser explicada dessa forma. "Será possível explicar a brincadeira de um jovem tigre com sua presa?", pergunta Groos (1916). Está claro que a brincadeira não pode ser compreendida como recapitulação do passado do desenvolvimento filogenético. Ela é uma preparação da atividade futura do tigre, e não uma repetição de seu desenvolvimento passado; deve ser explicada e compreendida a partir da correlação com o futuro do tigre, à luz do qual a brincadeira adquire sentido, e não à luz do passado de sua espécie. O passado da espécie se manifesta aqui com um sentido *totalmente* distinto: por meio do *futuro* do indivíduo, que ele [o passado – N. da ed. russa] predetermina, mas não diretamente e não no sentido de repetição.

Qual o resultado? Justamente em termos biológicos, ao lado de fenômenos homogêneos em um mesmo estágio da evolução, em comparação com o análogo similar mais próximo é que essa teoria pseudobiológica se revela inconsistente. Se compararmos a brincadeira da criança com a do tigre, ou seja, de um mamífero superior, e considerarmos não apenas as semelhanças, mas também as *diferenças*, descobriremos seu sentido biológico *geral*, contido justamente em suas *diferenças* (o tigre brinca de caçar tigres; a criança brinca de adulto; ambos exercitam funções necessárias para a vida futura – teoria de Groos). Na comparação de fenômenos *heterogêneos* (a brincadeira com a água – a vida dos anfíbios na água – o ser humano) a despeito de toda semelhança exterior aparente, a teoria é biologicamente sem sentido.

A esse argumento arrasador, Thorndike acrescenta uma observação sobre a diferente ordem de correlação onto e filogenética de um *mesmo princípio biológico*; assim, a sucção aparece muito cedo na ontogênese e muito tarde na filogênese; a atração sexual, ao contrário, aparece muito cedo na filogênese e muito tarde na ontogênese (64, p. 32). Partindo de elaborações semelhantes, Stern critica a mesma teoria aplicada à brincadeira.

Blónski comete outro tipo de erro. Ele defende, e o faz de forma totalmente convincente, essa lei para o desenvolvimento embrionário do ponto de vista da biomecânica e mostra que seria um milagre se ela não existisse; ele aponta para a natureza hipotética dessas considerações ("não totalmente conclusivas") e chega a uma afirmação ("pode ser assim"). Depois de ter fundamentado a possibilidade metodológica de uma hipótese de trabalho, em vez de passar à investigação e à verificação das hipóteses (66, p. 58-59), o autor segue o caminho de Hall e já *explica* o comportamento da criança a partir de analogias forçadas: na criança que trepa em uma árvore ele vê a recapitulação da vida do macaco, mas de povos primitivos que viviam entre penhascos e geleiras, o ato de rasgar papéis de parede seria um atavismo de arrancar crostas de árvores etc. (Blónski, 1921). O mais notável é que o erro leva Blónski ao mesmo lugar que Hall: à *negação da brincadeira*. Groos e Stern mostraram que o ponto que melhor pode ressaltar a analogia entre a ontogênese e a filogênese é justamente onde essa teoria é inconsistente. Blónski, como que ilustrando a força insuperável das leis metodológicas do conhecimento científico, tampouco busca novas designações; ele não vê necessidade de nomear com um "novo termo" (brincadeira) para a atividade da criança. Isso quer dizer que em seu caminho metodológico ele primeiro perdeu o *sentido* da brincadeira, e na sequência, fazendo jus à sua coerência, recusou também o termo que expressa esse sentido. Na realidade, se a atividade, o comportamento da criança é um atavismo, uma recapitulação do passado, o termo "brincadeira" é descabido; essa atividade não tem nada em comum com a brincadeira do tigre, como mostrou Groos. E a afirmação de Blónski – "não gosto desse termo" – deve ser traduzida metodologicamente como "eu perdi a compreensão e o sentido desse conceito" (Blónski, 1921).

Apenas assim, apenas acompanhando cada princípio até suas conclusões extremas, levando todos os conceitos até o limite ao qual ele se precipita, investigando o curso dos pensamentos até o fim, às vezes até completando pelo autor, é possível determinar a natureza do fenômeno estudado. Por isso, na ciência em que o conceito foi criado, em que ele surgiu, se desenvolveu e foi levado até sua expressão máxima, ele é utilizado de forma consciente e não cega. Ao ser transferido para outra ciência ele é *cego*, não leva a lugar nenhum. Essa transferência *cega* do princípio biológico, do experimento, do método matemático das ciências naturais criou na psicologia uma aparência de cientificidade, sob a qual se oculta na realidade uma total impotência diante dos fenômenos estudados.

Para terminar de desenhar o círculo descrito pelo significado de um princípio que tenha sido introduzido em uma ciência, vamos acompanhar seu destino ulterior. Não basta revelar a improdutividade do princípio, criticá-lo, apontar curiosidades e exageros para os quais até estudantes apontam o dedo. Em outras palavras, a história do princípio não termina com sua mera eliminação do campo ao qual ele não pertence, com sua simples refutação. Com efeito, lembramos que um princípio alheio penetrou na ciência por uma *pequena ponte de fatos*, de analogias realmente existentes isso ninguém negou. O tempo de consolidação e de prevalência desse princípio ampliou a quantidade de fatos nos quais se baseia seu poderio ilusório, em parte falsos, em parte verdadeiros. A crítica a esses fatos, ao próprio princípio, por sua vez, atrai para o campo de visão da ciência outros fatos. O caso não se limita aos fatos: a crítica deve explicar fatos que colidem mutuamente, as duas teorias se assimilam e, com base nisso, ocorre a *regeneração* do princípio.

Sob pressão dos fatos e de outras teorias, o novo forasteiro muda seu rosto. Com o princípio biológico ocorreu o mesmo. Ele se regenerou e figura na psicologia em duas formas (sinal de que o processo de regeneração ainda não terminou): 1) teoria da utilidade, defendida pelo neodarwinismo e pela escola de Thorndike, que considera que o indivíduo e a espécie em seu desenvolvimento estão sujeitos às mesmas leis; daí uma série de coincidências, mas também uma série de não coincidências: nem tudo que é útil à espécie nos estágios iniciais é útil ao indivíduo; 2) teoria da concordância, defendida pela pedologia de Koffka, pela escola de Dewey e pela filosofia da história de Spengler, uma teoria que supõe que todo processo de desenvolvimento tem necessariamente etapas e formas sucessivas comuns, isto é, do mais simples ao mais complexo, de estágios inferiores para superiores.

Estamos longe de tomar quaisquer uma dessas conclusões como verdade, longe de analisar a questão em sua essência. Para nós, o importante é acompanhar a dinâmica da reação natural, cega do corpo científico a um objeto estranho que foi introduzido de fora. Importa-nos acompanhar as formas de inflamação científica de acordo com o tipo de infecção para passar do patológico para o normal: explicar o funcionamento e funções normais de diferentes partes componentes, os órgãos da ciência. Este é o objetivo e o significado de nossas análises, que parece nos deixar alheios, mas o tempo todo, ainda que sem mencioná-lo, atemo-nos à comparação sugerida por Espinosa entre a psicologia dos nossos dias e um paciente grave. Se formularmos segundo esse ponto de vista o sentido dessa última digressão, a conclusão positiva a que chegaremos, o resultado da análise, seria preciso definir da seguinte forma: antes (na análise do inconsciente) estudávamos a natureza, a ação, o modo de propagação da infecção, a penetração de ideias alheias depois dos fatos, sua gestão no organismo, a destruição de suas funções; aqui (na análise da biogênese) pudemos estudar a contra-ação do organismo, a luta contra a infecção, a tendência dinâmica de dissipar, empurrar, neutralizar, assimilar, regenerar o corpo estranho, mobilizar forças contra o contágio, dizendo segundo termos médicos: a elaboração de um anticorpo e formação de imunidade. Resta um terceiro e último: separar o fenômeno da doença e a reação, o saudável e o patológico, os processos de infecção e de recuperação. Isso será feito pela análise da terminologia científica na terceira e última digressão, para depois passarmos imediatamente à formulação de um diagnóstico e um prognóstico de nosso paciente, a natureza, o sentido e a saída para a crise atual.

9

Se alguém quisesse compor um quadro claro e objetivo do estado em que se encontra agora a psicologia e sobre as dimensões de sua crise bastaria estudar a *língua* psicológica, a nomenclatura e a terminologia, o vocabulário e a sintaxe do psicólogo. A língua, em particular a científica, é um instrumento do pensamento, um instrumento de análise, basta olhar quais instrumentos são utilizados pela ciência para compreender o caráter das operações de que ela se ocupa. A língua bem desenvolvida e exata da física, da química, da fisiologia, para não falar da matemática, na qual ela desempenha um papel excepcional, formou-se e se aperfeiçoou com o desenvolvimento da ciência e de forma nada natural, mas consciente, sob influência da tradição, da crítica, da criação terminológica de comunidades científicas, de congressos. A linguagem psicológica contemporânea é, antes de tudo, insuficientemente terminológica: isso significa que a psicologia não tem uma língua *própria*. Seu vocabulário é composto por um conglomerado de três tipos de palavras: 1) a palavra da língua corrente, confusa, polissêmica, adaptada à vida prática. Lazurski fez tal acusação à psicologia das habilidades; tive a chance de mostrar que isso é amplamente aplicável à língua da psicologia empírica, em particular à do próprio Lazurski (Vigotski, 1925). Basta lembrar a pedra de tropeço de todos os tradutores, isto é, o *sentido* da visão (sentido enquanto sensação), para ver todo caráter metafórico, a inexatidão da língua prática cotidiana; 2) a palavra da língua filosófica. Tendo perdido a relação com seu sentido anterior, de sentidos múltiplos em função dos embates entre diferentes escolas filosóficas, abstratas no mais alto grau, elas também obstruem a língua dos psicólogos. Lalande considera que esta é a principal fonte de confusão e falta de clareza na psicologia. Os tropos dessa língua favorecem a indefinição do pensamento; as metáforas, tão valiosas como ilustração, são perigosas como fórmulas; a personificação de fatos e funções psíquicas, de sistemas ou teorias por meio do **ismo**, entre os quais são criados pequenos dramas mitológicos (Lalande, 1929); 3) por fim, palavras e formas da linguagem tomadas das ciências naturais e utilizadas em sentido figurado servem justamente ao erro. Quando o psicólogo discute sobre energia, força e mesmo intensidade, ou quando fala em estimulação etc., ele sempre recobre com uma palavra científica um conceito não científico, seja levando ao erro, seja ressaltando toda a indefinição do conceito designado por um termo exato, mas alheio.

A obscuridade da língua, como observa corretamente Lalande, depende tanto da sintaxe quanto do vocabulário. Na construção de uma frase psicológica não há menos dramas mitológicos do que em seu vocabulário. Acrescendo ainda que o *estilo*, o modo da ciência se expressar desempenha um papel não menos importante. Em suma, todos os elementos, todas as funções da língua carregam traços da idade da ciência que os utilizam, e determinam o caráter de seu funcionamento.

Seria equivocado pensar que os psicólogos não tenham percebido a variedade, a inexatidão e o caráter mitológico de sua língua. Não há praticamente nenhum autor que não tenha se detido de algum modo no problema da terminologia. Na realidade, os psicólogos tiveram a pretensão de descrever, analisar e estudar coisas especialmente sutis, cheias de nuanças, e tentaram transmitir a incomparável especificidade da vivência mental, de um fato *sui generis* que ocorre uma vez, quando a ciência queria transmitir a própria vivência, ou seja, estabelecia para sua língua as tarefas que são resolvidas pela palavra artística. Por isso, os psicólogos aconselhavam aprender psicologia com os grandes romancistas; eles mesmos usavam a língua de um beletrismo impressionista e até os melhores e mais brilhantes psicólogos-estilistas foram incapazes de criar uma língua exata, escrevendo de forma figurativa e expressiva: inspiravam, desenhavam, representavam, mas não protocolizavam. Esse era o caso de James, Lipps e Binet.

O VI Congresso Internacional de Psicólogos em Genebra de 1909 colocou essa questão na ordem do dia e publicou dois relatórios, o de Baldwin e o de Claparède; contudo, o estabelecimento de regras de possibilidades linguísticas não avançou, embora Claparède tivesse até tentado apresentar uma definição a quarenta termos de laboratório. O dicionário de Baldwin, na Inglaterra, e o Dicionário Técnico e Crítico de Filosofia, na França, fizeram muito; não obstante, a cada ano a situação piora, sendo impossível ler um livro novo com a ajuda desses dicionários. A enciclopédia de onde eu tirei essas informações estabelece como uma de suas tarefas trazer firmeza e estabilidade para a terminologia, mas serve de pretexto para uma nova instabilidade ao introduzir um novo sistema de designações (Dumas, 1923).

É como se a língua revelasse as alterações moleculares sofridas pela ciência; ela reflete processos internos e ainda não formalizados, ou seja, tendências de desenvolvimento, reformas e crescimento. Assim, tomemos a posição de que o estado confuso da língua na psicologia reflete um estado confuso da ciência. Não iremos entrar mais a fundo na essência dessa relação; iremos tomá-la como ponto de partida para a análise de transformações moleculares-terminológicas contemporâneas na psicologia. Comecemos, antes de tudo, por aqueles que tendem a negar o significado fundamental da língua da ciência e veem em tais embates apenas altercações escolásticas. Assim, Tchelpánov considera uma pretensão cômica, um absurdo completo a tentativa por substituir a terminologia subjetiva por uma objetiva. A zoopsicologia (Beer, Bethe, Von Uexküll) falavam em "fotorreceptor", ao invés de "olho"; "estiborreceptor", em vez de "nariz"; "receptor" em vez de "órgão dos sentidos" etc. (Tchelpánov, 1925).

Tchelpánov tende a reduzir toda reforma realizada pelo behaviorismo a um jogo de palavras; ele supõe que nas obras de Watson as palavras "sensação" ou "representação" são substituídas pela palavra "reação". Para mostrar ao leitor a diferença entre a psicologia comum e a psicologia behaviorista, Tchelpánov cita o exemplo da nova forma de expressão: "na psicologia comum se diz: 'se o nervo óptico de uma pessoa é estimulado por uma mistura de ondas de cor complementares, surge nela a *consciência* da cor branca'. Watson, nesse caso, diria que 'a pessoa *reage* à estimulação como sendo cor branca'" (1926). A conclusão triunfante do autor é que a coisa não se altera em função da palavra que se utiliza; a diferença é só nas palavras. Será que é assim mesmo? *Para um psicólogo como Tchelpánov, não há dúvida de que é assim*; aquele que não investiga não descobre o novo, não consegue compreender para que o pesquisador introduz novas palavras para novos fenômenos; aquele que não tem seu próprio olhar sobre as coisas e emprega igualmente Espinosa e Husserl, Marx e Platão, para essa pessoa a substituição fundamental de palavras não passa de pretensão vazia; aquele que assimila ecleticamente – na ordem de surgimento – todas as escolas, tendências e orientações da Europa Ocidental, é necessária uma língua confusa, indefinida, niveladora e cotidiana – "como se diz na psicologia comum"; aquele que pensa a psicologia somente na forma de um manual didático, é uma questão de vida a preservação da língua comum, e uma vez que uma grande quantidade de psicólogos empíricos pertence a esse tipo, eles falam justamente com esse jargão variado, para o qual *consciência da cor branca* é apenas um fato que não requer maiores críticas.

Para Tchelpánov, trata-se de capricho, excentricidade. Não obstante, por que essa excentricidade é tão regular? Não haveria algo necessário nela? Watson e Pávlov, Békhterev e Kornílov, Bethe e Uexküll (a informação de Tchelpánov pode ser ampliada *ad libitum* em qualquer campo da ciência), Köhler e Koffka, e tantos outros apresentam essa mesma excentricidade. Quer dizer que essa tendência de introduzir uma nova terminologia é uma necessidade objetiva.

Podemos dizer de antemão que *ao nomear um fato, a palavra oferece, com isso, uma filosofia do fato*, sua teoria, seu sistema. Quando digo "consciência da cor", tenho *certas* associações científicas, o fato é introduzido em *uma* série de fenômenos, atribuo *um* sentido ao fato; quando digo "reação ao branco", tudo isso é *diferente*. Contudo, Tchelpánov apenas finge que a questão se resume às palavras. De fato, a sua tese "*não é preciso reformar a terminologia*", é uma conclusão de outra tese: "*não é preciso reformar a psicologia*". Não é preciso dizer que Tchelpánov cai em contradição: por um lado, Watson apenas substitui as palavras; por outro, o behaviorismo *distorce* a psicologia. De uma, duas: ou Watson joga com as palavras, então o behaviorismo seria algo inofensivo, uma anedota divertida, como Tchelpánov gosta de se expressar para se tranquilizar; ou por trás da mudança de palavras se esconde uma mudança das coisas, de modo que a mudança de palavras não teria nada de engraçado. A revolução sempre arranca os nomes antigos das coisas, seja na política ou na ciência.

Passemos a outros autores, que compreendem o sentido das novas palavras: para eles, é claro que os novos fatos e o novo ponto de vista sobre eles exigem novas palavras. Tais psicólogos se dividem em dois grupos: os ecléticos puros, que com prazer misturam palavras antigas e novas e entendem ser esta uma lei eterna; já os outros falam em uma língua mista por necessidade; sem coincidir com nenhum dos lados em disputa, eles tentam chegar a uma língua única, isto é, criar sua própria língua.

Vimos que ecléticos declarados, como Thorndike, empregam o termo "reação" igualmente para humor, destreza, ação, para o objetivo e o subjetivo. Se conseguir resolver a questão da natureza dos fenômenos estudados e de seus princípios de investigação, ele simplesmente destitui o sentido de termos subjetivos e objetivos, "estímulo-reação" para ele é apenas uma forma conveniente para descrição de fenômenos. Outros, como Pillsbury, elevam o ecletismo a um princípio: as disputas sobre um método e ponto de vista geral podem interessar o psicólogo-técnico. Ele discorre sobre a sensação e a percepção usando termos dos estruturalistas, sobre as ações de todos os tipos usando termos dos behavioristas; já ele mesmo tende ao funcionalismo. A diferença dos termos leva a um descordo, mas ele prefere usar os termos de muitas escolas a usar os de uma única (Pillsbury, 1916). Em pleno acordo com isso, ele usa ilustrações cotidianas e palavras aproximadas para mostrar de que se ocupa a psicologia, em vez de apresentar uma definição formal; ao apresentar três definições da psicologia como ciência da alma, da consciência e do comportamento, ele conclui que essas diferenças podem ser relevadas na descrição da vida mental. Naturalmente, a terminologia também será indiferente para esse autor.

Koffka (1925) e outros tentaram fazer uma síntese fundamental entre a nova e velha terminologia. Eles compreendem perfeitamente que a palavra é uma teoria do fato designado e, por isso, em dois sistemas de termos eles veem dois sistemas de conceitos: o comportamento tem dois aspectos – um acessível à observação das ciências naturais e outro acessível à vivência, a eles correspondem conceitos funcionais e descritivos. Os conceitos e termos funcionais e objetivos pertencem à categoria das ciências naturais, já os descritivos e fenomênicos são completamente alheios a ele (ao comportamento). Esse fato costuma ser obscurecido pela língua, que nem sempre tem palavras separadas para determinado tipo de conceitos, uma vez que a língua cotidiana não é científica.

O mérito dos americanos foi ter lutado contra as anedotas subjetivas na zoopsicologia, mas não iremos temer o uso de conceitos descritivos na descrição do comportamento dos animais. Os americanos foram longe demais, são excessivamente objetivos. Outra vez, algo que é notável no mais alto grau: uma psicologia interna e profundamente dupla, que reflete e une em si duas tendências opostas que, como será mostrado a seguir, determinam agora toda crise e seu destino, a psicologia da Gestalt quer de forma fundamental e definitiva conservar uma língua *dupla*, pois ela parte de uma natureza *dupla* do comportamento. Contudo, as ciências estudam não aquilo que se encontra em contiguidade na natureza, mas o que é similar e próximo nos conceitos. Como pode haver *uma* ciência sobre *dois* tipos absolutamente distintos de fenômenos, que exigem claramente *dois* métodos distintos, *dois* princípios explicativos etc.? Com efeito, a unidade da ciência é garantida pela unidade do ponto de vista sobre o objeto. Como é possível construir uma ciência a partir de *dois* pontos de vista? Outra vez, a contradição dos termos corresponde de forma exata a uma contradição dos princípios.

A situação é um pouco diferente para outro grupo, principalmente para os psicólogos russos que utilizam ambos os termos, mas veem nisso um tributo de uma época de transição. Essa meia-estação, segundo a expressão de um psicólogo, exige roupas que reúnem um casaco de pele e um vestido de verão, ou seja, roupas mais leves e mais pesadas. Assim, supõe Blónski, o problema não é como chamar os fenômenos estudados, mas como compreendê-los. Utilizamos um vocabulário comum para nossa linguagem, mas a essas palavras comuns acrescentamos um conteúdo correspondente à ciência do século XX. A questão não é evitar a expressão "o cachorro está bravo". A questão é que essa frase não seja uma explicação, mas um problema (Blónski, 1925a). De forma correspondente, aqui se tem uma condenação plena da terminologia antiga, já que antes essa frase era precisamente uma explicação. O principal para que essa frase se torne um problema científico é que ela deve ser formulada de modo correspondente, e não por meio de um vocabulário comum. Aqueles a quem Blónski chama de pedantes da terminologia sentem muito melhor que por trás dessa frase está oculto um conteúdo que foi inserido nela pela história da ciência. Contudo, muitos, seguindo Blónski, utilizam duas línguas, sem considerar essa uma questão fundamental. Assim faz Kornílov, assim faço eu, ao repetir com Pávlov: que diferença faz se eu os chamo de [processos] psíquicos ou de nervosos superiores?

Esses exemplos mostram os *limites* desse bilinguismo. Esses limites mesmos demonstram melhor do que qualquer coisa aquilo que a análise dos ecléticos mostrou: o bilinguismo é o sinal exterior de um pensamento dual. É possível falar em duas línguas contanto que se comunique coisas duais ou as coisas em uma perspectiva dual; nesse caso realmente não importa como as chamamos.

Assim, podemos formular: os empíricos precisam de uma língua cotidiana, indefinida, confusa, polissêmica, obscura, de tal forma que o que é dito pode concordar com qualquer coisa: hoje com os Padres da Igreja, amanhã com Marx; eles precisam de uma palavra que não traga uma qualificação filosófica clara da natureza do fenômeno, nem tampouco uma descrição simples e clara dele, pois os empíricos não compreendem nem veem claramente seu objeto. De forma fundamental, provisoriamente, enquanto eles mantiverem um ponto de vista eclético, os ecléticos precisam de duas línguas. Porém, tão logo eles deixem esse terreno e tentem designar e descrever um fato recém-descoberto ou expor seu ponto de vista sobre um objeto, eles não se mostrarão indiferentes à língua, à palavra.

Tendo descoberto um novo fenômeno, Kornílov se dispôs a transformar todo o campo ao qual ele está relacionado, de um capítulo da psicologia, a uma ciência independente, a reactologia (Kornílov, 1922). Em outro momento, ele contrapõe reflexo e reação, e enxerga uma diferença fundamental entre ambos os termos. Filosofias e metodologias muito distintas estão na base de um e de outro. Para ele, a reação é um conceito biológico; o reflexo, um conceito fisiológico estrito; o reflexo é apenas objetivo, a reação é subjetiva-objetiva. Agora está claro que, se o fenômeno é chamado de reflexo, ele terá um sentido; se for chamado de reação, terá outro.

É claro que não é indiferente como um fenômeno é nomeado, e o pedantismo em relação à investigação ou à filosofia que está por trás dele tem sua razão de ser: ele compreende que um erro na palavra é um erro na compreensão. Não por acaso, Blónski vê uma coincidência entre sua obra e o ensaio de psicologia de Jameson, um típico exemplo de ecletismo e mentalidade média na ciência (Jameson, 1925). É impossível entender a frase "o cachorro está bravo" como problema, porque, como mostrou corretamente Schelovánov, encontrar o termo é o ponto-final e não inicial de uma investigação: assim que um determinado complexo de reações é designado por certo termo psicológico, qualquer tentativa posterior de análise se encerra (Schelovánov, 1929). Se Blónski saísse do território do ecletismo, como Kornílov, e embarcasse no campo da investigação ou do princípio, ele [Blónski – N. da ed. russa] descobriria isso. Não há um psicólogo sequer que não passaria por isso. E um observador irônico das "revoluções terminológicas", como Tchelpánov, de repente se revelaria um incrível pedante: ele se levanta contra a denominação "reactologia". Com o pedantismo do professor de ginásio tchekhoviano, ele ensina que o reflexo leva a uma incompreensão, em primeiro lugar, etimológica e, em segundo lugar, teórica. A formação etimológica da palavra é totalmente incorreta, enuncia o autor com empáfia: seria preciso dizer "reaciologia". É claro que isso é de uma ignorância linguística suprema e significa uma destruição completa de todos os princípios terminológicos do VI Congresso sobre a base internacional (greco-latina) dos termos, pois não foi do termo *reaktsiia* [reação] de Níjni-Nóvgorod, mas de *reactio* que Kornílov cunhou seu termo, e o fez de forma absolutamente correta; interessante pensar como Tchelpánov traduziria "reaciologia" para o francês, para o alemão etc. Mas a questão não é essa. A questão é outra: no sistema de visões psicológicas de Kornílov, anuncia Tchelpánov, ele é inadequado. Mas vamos ao ponto. Importa o *reconhecimento do significado do termo em um sistema de visões*. Ocorre que mesmo a reflexologia *conforme certa compreensão* tem sua *raison d'être*.

Deixe que pensem que esses detalhes não têm importância, pois são claramente confusos, contraditórios, incorretos etc. Essa é a diferença entre o ponto de vista científico e o prático. Münsterberg explicou que o jardineiro ama suas tulipas e odeia a erva daninha, já o botânico, que descreve e explica, não ama nem odeia nada, e de seu ponto de vista não pode nem amar nem odiar nada. Ele diz que, para a ciência sobre o ser humano, a tolice humana é tão interessante quanto sua sabedoria. Tudo isso é um material indiferente, que pretende apenas afirmar sua existência como elo em uma corrente de fenômenos (Münsterberg, 1924). Como elo em uma corrente de fenômenos causais, esse fato – que para o psicólogo eclético indiferente à terminologia de repente se torna uma questão urgente quando toca sua posição – constitui um valioso fato metodológico. Tão valioso quanto aquele que outros ecléticos, seguindo o mesmo caminho, chegam à mesma conclusão que Kornílov: nem os reflexos condicionados, nem os combinados parecem-lhes conceitos suficientemente claros; a reação está na base da nova psicologia, e toda psicologia desenvolvida por Pávlov, Békhterev, Watson é denominada não reflexologia, behaviorismo, mas *psychologie de reaction*, ou seja, reactologia. Não importa se os ecléticos chegam a conclusões contrárias sobre a mesma coisa: eles se parecem pelo modo, pelo processo segundo o qual eles chegam às suas conclusões.

Tal regularidade é encontrada em todos os reformadores, sejam pesquisadores ou teóricos. Watson está convencido de que podemos elaborar um curso de psicologia sem utilizar as palavras "consciência", "conteúdo", "verificado por introspecção", "imaginação" etc. (Watson, 1926). Para ele, este não é um procedimento terminológico, mas de princípio: da mesma forma que um químico não pode falar usando a língua de um alquimista ou um astrônomo com a língua do horóscopo. Ele explica isso perfeitamente a partir de um caso particular: a diferença entre a reação visual e a imagem visual é muito importante para ele, uma vez que nela se oculta a diferença entre um monismo consequente e um dualismo consequente (Watson, 1926). Para ele, a palavra é o tentáculo com o qual a filosofia capta o fato. Incontáveis volumes escritos com termos da consciência, a despeito do valor que possam ter, esse valor pode ser definido e expresso apenas mediante tradução para uma língua objetiva. Pois a consciência e semelhantes, segundo Watson, não passam de expressões indeterminadas. O novo curso rompe igualmente com as teorias em voga e com suas terminologias. Watson condena a "hesitante psicologia do comportamento" (que causa dano a toda orientação), ao afirmar que se a posição da nova psicologia não irá preservar sua clareza, seu escopo será distorcido, obscurecido, e ela irá perder seu verdadeiro significado. Foi essa hesitação que acabou com a psicologia funcional. Se o behaviorismo tem futuro, ele deve romper totalmente com o conceito de consciência. Contudo, até agora não se resolveu: deveria ele se tornar um *sistema* dominante de psicologia ou permanecer apenas como abordagem metodológica? Por isso, Watson com muita frequência toma a metodologia do bom-senso como base de sua investigação; na tentativa de se libertar da filosofia, ele descamba para o ponto de vista da "pessoa comum", compreendendo-o não como traço principal da prática humana, mas como senso comum do empresário americano médio. Em sua opinião, a pessoa comum deve saudar o behaviorismo. A vida cotidiana ensinou-o a agir assim, portanto, ao tratar da ciência do comportamento, ele não sente mudanças no método ou no objeto (Watson, 1926). Este é o veredito do behaviorismo: o estudo científico necessariamente exige uma *mudança* do objeto (ou seja, sua elaboração em conceitos) e do *método*; não obstante, esses psicólogos compreendem o comportamento de forma cotidiana, e em suas reflexões e descrições muito é retirado de um modo de julgamento limitado. Por isso, tanto o behaviorismo radical como o hesitante não conseguem encontrar, seja no estilo e na língua, seja no princípio e no método, a *fronteira* entre compreensões comuns e cotidianas. Tendo se libertado da "alquimia" na língua, os behavioristas entulharam-na com uma linguagem cotidiana e não terminológica. Nisso eles estão próximos de Tchelpánov: a diferença entre eles deve ser atribuída ao modo de vida do cidadão médio americano e russo. Por isso, é parcialmente correta a acusação de que a nova psicologia é uma psicologia do cidadão médio.

Essa falta de clareza da língua, que Blónski considera falta de pedantismo, Pávlov considera um fracasso dos americanos. Ele vê nisso um "evidente descuido, que impede o êxito do trabalho, mas que, sem dúvida, cedo ou tarde será eliminado. Trata-se, em essência, de utilizar conceitos e classificações psicológicas na investigação objetiva do comportamento de animais. Daí decorre, com frequência, o caráter aleatório e a complexidade de seus procedimentos metodológicos, bem como a fragmentação e falta de sistematização de seu material, que permanece sem um fundamento planificado" (Pávlov, 1950, p. 237). Impossível ser mais claro sobre o papel e a função da língua na investigação científica. O sucesso de Pávlov se deve à enorme coerência metodológica antes de mais nada na língua. De capítulos sobre o funcionamento das glândulas salivares em cachorros, sua pesquisa se transformou em uma teoria sobre a atividade nervosa superior e o comportamento de animais, e isso se deu exclusivamente porque ele elevou o estudo da secreção salivar a um elevado patamar teórico e criou um sistema transparente de conceitos, que está na base da ciência. O rigor dos princípios de Pávlov em questões metodológicas é impressionante, seu livro nos coloca dentro do laboratório de suas pesquisas e ensina como se cria uma língua científica. Em primeiro lugar, qual a importância de se nomear o fenômeno? Aos poucos, cada passo adiante se consolida em uma nova palavra, cada nova regularidade exige um termo. Ele explicita o sentido, o significado do uso de novos termos. A escolha dos termos e conceitos predetermina o resultado da investigação: "[...] como seria possível adequar o sistema de conceitos não espaciais da psicologia à constituição material do cérebro" (Pávlov, 1950, p. 254).

Quando Thorndike fala em reação de humor e a estuda, ele cria um conceito e leis que nos levam para longe do cérebro. O recurso a esse método é chamado de covardia por Pávlov. Em parte por hábito, em parte por certo "afastamento mental", ele recorreu a explicações psicológicas. "Mas logo eu compreendi em que consiste um mau serviço. Encontrei-me em dificuldade quando não vi a ligação natural entre os fenômenos. A ajuda da psicologia consistia nas palavras: 'o animal lembrou', 'o animal quis', 'o animal adivinhou', ou seja, *era apenas um procedimento de pensamento indeterminado, sem uma causa verdadeira*" (grifo meu, Pávlov, 1950, p. 273-274). Ele entende que o modo de expressão dos psicólogos constitui uma grave ofensa ao pensamento.

Quando Pávlov estabeleceu uma multa nos laboratórios pelo uso de termos psicológicos, para a história da teoria da ciência esse é fato não menos importante ou demonstrativo do que uma disputa por um símbolo de fé para a história da religião. Apenas Tchelpánov pode zombar disso: não é no livro didático, não é na apresentação do objeto, mas *no laboratório, no processo de pesquisa* que o cientista é multado pelo uso de um termo incorreto. Evidente que a multa era aplicada por um pensamento imotivado, não espacial, indefinido, mitológico, que irrompe com essa palavra no fluxo da pesquisa e ameaça, como aconteceu com os americanos, implodir todo trabalho trazer fragmentação, falta de sistematização, implodir o fundamento.

Tchelpánov nem desconfia de que novas palavras podem ser necessárias no laboratório, durante a investigação, que o sentido, o significado da investigação é determinado pelas palavras empregadas. Ele critica Pávlov, dizendo que "inibição" não é uma expressão clara, é hipotética, e que o mesmo pode ser tido em relação ao termo "desinibição" (Tchelpánov, 1925). É verdade que não sabemos o que ocorre no cérebro durante a inibição, e que mesmo assim este é um conceito excelente e transparente: antes de tudo, ele é uma terminologia, ou seja, foi definido com exatidão em seu significado e limites; em segundo lugar, ele é honesto, ou seja, diz aquilo que sabe; no presente os *processos* de inibição no cérebro ainda não estão totalmente claros, mas a *palavra* e o *conceito* de "inibição" são claríssimos; em terceiro lugar, ele é fundamental e científico, ou seja, introduz o fato em um sistema, coloca-o como fundamento, dá uma explicação hipotética, mas causal. É claro que temos uma melhor representação do olho do que de um analisador: justamente por isso a palavra "olho" não diz nada na ciência, o termo "analisador visual" diz menos e mais do que a palavra "olho". Pávlov descobriu uma nova função do olho, comparou-a às funções de outros órgãos, estabeleceu por meio dela todo caminho sensorial do olho até o córtex cerebral, indicou seu lugar no sistema de comportamento: é isso que o novo termo expressa. É correto que não devemos com essas palavras pensar em sensações visuais, mas a origem genética da palavra e seu significado terminológico são duas coisas totalmente distintas. A palavra não traz em si *nada* das sensações; ela pode perfeitamente ser usada por uma pessoa cega. Por isso, aqueles que, seguindo Tchelpánov, pescam os lapsos de Pávlov, os estilhaços de linguagem psicológica e o surpreendem por sua incoerência, estes não compreendem o sentido das coisas: se Pávlov fala em alegria, atenção, idiota (cachorro), isso só quer dizer que o mecanismo da alegria, da atenção etc. *ainda não foi estudado*, que eles ainda são manchas escuras do sistema, mas não concessões fundamentais ou uma contradição.

Não obstante, isso tudo pode parecer errado se o raciocínio não for completado por seu lado oposto. É claro que a coerência terminológica pode se tornar pedantismo, "palavrório", espaços vazios (escola de Békhterev). Quando isso ocorre? Quando a palavra, como uma etiqueta, é colada em um produto pronto, e não nasce no processo de investigação. Então ela não é uma terminologia, não delimita, mas cria confusão e barafunda no sistema de conceitos.

Bukhárin[172] diz que esse trabalho é a colagem de novas etiquetas que nada explicam, "pois não é difícil inventar todo um catálogo de denominações: reflexo de objetivo, reflexo de deus, reflexo do direito, reflexo... e assim por diante. Para tudo haverá um reflexo. O problema é que, com isso, não conseguimos nada além de brincadeiras e joguetes" (Bukhárin, 1924, p. 144). Isso, diga-se, não refuta, mas afirma pelo seu oposto a seguinte regra geral: uma nova palavra caminha lado a lado com uma nova investigação.

Vamos aos resultados. Vimos em toda parte que a palavra, como o Sol em uma pequena gota d'água, reflete *integralmente* os processos e as tendências de desenvolvimento da ciência. A ciência revela certa unidade fundamental de conhecimentos que partem dos princípios mais supremos até a escolha da palavra. O que garante essa *unidade* de todo sistema científico? O esqueleto fundamental metodológico. Na medida em que ele não é um técnico, registrador ou executor, o pesquisador é sempre um filósofo que durante a investigação e descrição *pensa* sobre o fenômeno, e seu modo de pensar se manifesta nas palavras que ele utiliza. A mais grandiosa disciplina do pensamento está na base da multa de Pávlov: a disciplina da alma que está na base do entendimento científico do mundo é como o sistema de um monastério em relação ao entendimento religioso. Aquele que chega no laboratório com sua palavra é obrigado a repetir o exemplo de Pávlov. A palavra é a filosofia do fato; ela pode ser sua mitologia e sua teoria científica. Quando Lichtenberg disse "Es denkt sollte man sagen, so wie man sagt: es blitzt"[173] ele estava lutando contra a mitologia na língua. Dizer *cogito* é muito, já que isso se traduz como "eu penso". Por acaso um fisiologista concordaria em dizer "estou realizando uma estimulação pelos nervos"? Dizer "eu penso que" e "me ocorre que"[174] significa apresentar duas teorias opostas do pensamento: toda teoria das poses mentais de Binet exige a primeira, e a teoria de Freud, a segunda; já a teoria de Külpe, ambas. Høffding cita com aprovação o fisiologista Foster, que afirma que as impressões de um animal desprovido de um dos hemisférios do cérebro deveriam ser "chamadas de sensações... ou deveríamos *inventar uma palavra totalmente diferente para elas*" (Høffding, 1908, p. 80), pois, ao nos

---

172. A referência a Bukhárin foi omitida na edição de 1982 (cf. Zavershneva; Osipov, 2012) [N.T.].

173. "Deve-se dizer 'pensa' como *se diz* 'brilha'", em alemão no original [N.T.].

174. Aqui Vigotski emprega as formas "*ia dúmaiu*" e "*mne dúmaetsia*". Uma discussão mais detalhada sobre isso aparece no capítulo 14 "A dinâmica e a estrutura da personalidade do adolescente" [N.T.].

deparamos com uma *nova* categoria de fatos, devemos criar modos de pensá-la, seja em relação com a categoria antiga ou de um modo novo.

Entre os autores russos, Lange compreendeu o significado do termo. Ao mostrar que não há um sistema geral na psicologia, que a crise abalou toda a ciência, ele observa:

> é possível dizer, sem medo de exagerar, que a descrição de qualquer processo psíquico tem um aspecto diferente se o caracterizarmos e estudarmos segundo as categorias do sistema psicológico de Ebbinghaus ou de Wundt, de Strumpf ou de Avenarius, de Meinong ou Binet, James ou G.E. Müller. É claro que o aspecto puramente prático deve permanecer o mesmo; não obstante, na ciência, ao menos na psicologia, estabelecer uma delimitação entre o fato descrito e sua teoria, isto é, as categorias científicas por meio das quais essa descrição é feita, costuma ser muito difícil e até impossível, pois na psicologia (como, aliás, também na física, segundo Duhem) toda descrição é sempre uma certa teoria [...]. Investigações factuais, especialmente de caráter experimental, parecem a um observador superficial independentes dessas divergências fundamentais entre as categorias científicas básicas que distinguem as diferentes escolas psicológicas (Lange, 1914, p. 43).

Contudo, na própria colocação da questão, no uso dos termos psicológicos "há sempre certa compreensão deles, que corresponde a determinada teoria; portanto, todo resultado factual da pesquisa permanece ou cai por terra a depender de ser verdadeiro ou falso o sistema psicológico. Assim, mesmo as investigações, observações e medições aparentemente mais exatas podem, caso haja uma alteração no sentido dos conceitos psicológicos de base, se revelarem falsas ou ao menos perderem seu significado". Tais crises, que destroem ou depreciam séries inteiras de fatos, aconteceram várias vezes na ciência. Lange as compara a terremotos que surgem em decorrência de deformações profundas nos recônditos da Terra; assim foi com a queda da alquimia (1914). A figura do "técnico", tão desenvolvida hoje na ciência, em que a função técnica de execução da pesquisa, principalmente de operação de aparelhos conforme certo padrão, se separa do pensamento científico se organiza antes de tudo com o declínio da língua científica. Em essência, isso é do conhecimento de todos os que estão pensando a psicologia: em pesquisas metodológicas uma grande parte do trabalho é tomada pelo problema terminológico, que exige não uma simples lista de referências, mas uma análise complexa (Binswanger, 1922). Para Rickert, a criação de uma terminologia inequívoca é a tarefa mais importante da psicologia, que deve anteceder qualquer investigação, pois em descrições primitivas é preciso escolher os significados das palavras que, "ao generalizar, simplifique" a imensa variedade e pluralidade dos fenômenos psíquicos (Binswanger, 1922). Em essência, o mesmo pensamento foi expresso por Engels com base na química:

> na química orgânica, o significado de um corpo e, portanto, também o seu nome, depende não apenas de sua composição, mas é determinado antes por sua posição na *série* à qual ele pertence. Por isso, se descobrimos que determinado corpo pertence a uma certa série, seu antigo nome se torna um obstáculo para a compreensão e deve ser substituído por *um nome que indique essa série* (parafina etc.) (Marx; Engels, [*s. d.*], v. 20, p. 609).

Aquilo que aqui foi levado à rigidez da regra química existe enquanto princípio geral em todo campo da língua científica.

Segundo Lange, "paralelismo é uma palavra inocente à primeira vista, que, não obstante, corresponde a um pensamento terrível, isto é, o pensamento sobre a colateralidade e aleatoriedade da técnica no mundo dos fenômenos físicos" (1914, p. 96). Essa palavra inocente tem uma história muito instrutiva. Introduzida por Leibniz, ela passou a ser empregada para a resolução do problema psicofísico, que vem desde Espinosa e cujo nome sofreu diversas alterações: Høffding chama-o de hipótese da *identidade*, considerando que esse é o "único nome certeiro e adequado". A denominação "monismo", frequentemente utilizada, é etimologicamente correta, mas inconveniente, pois associou-se a ela uma "visão de mundo vaga e incoerente". As denominações "paralelismo" e "dualismo" não são adequadas, pois "exageram a ideia de que corpo e espírito devem ser pensados como duas séries de desenvolvimento separadas (quase como um par de trilhos em uma ferrovia); e é exatamente essa hipótese que não reconhece". Deve-se chamar de dualista não a hipótese de Espinosa, mas de Wolff (Høffding, 1908, p. 91).

Assim, *uma mesma* hipótese ora é chamada de 1) monismo, ora de 2) dualismo, ora de 3) paralelismo, ora de 4) identidade. Acrescentemos que o círculo de marxistas que resgataram essa hipótese (Plekhánov e, depois dele, Sarabianov, Frankfurt e outros) veem nela justamente uma *teoria da unidade, não de identidade* entre psíquico e físico. Como isso pode ter ocorrido? Evidentemente essa hipótese pode ter se desenvolvido com base em visões mais gerais, podendo assumir determinado sentido a depender delas: algumas ressaltam seu dualismo, outras o monismo e assim por diante. Høffding observa que ela não exclui uma hipótese metafísica mais profunda, em particular o idealismo (1908). Para participar da constituição da visão de mundo filosófica, as hipóteses requerem uma nova elaboração, e ela consiste em ressaltar este ou aquele aspecto. A referência de Lange é muito importante:

> O paralelismo psicofísico pode ser encontrado em representantes das mais diferentes orientações filosóficas: em dualistas (seguidores de Descartes), em monistas (Espinosa), em Leibniz (idealismo metafísico), em positivistas agnósticos (Bain, Spencer), em Wundt e Paulsen (metafísica voluntarista) (Lange, 1914, p. 76).

Høffding fala do inconsciente como uma conclusão da hipótese da identidade;

> Agimos nesse caso tal qual o filólogo que completa os fragmentos de um escritor antigo por meio de uma crítica conjuntural. O mundo espiritual, em comparação com o físico, é um fragmento para nós; apenas por meio da hipótese tem-se a possibilidade de completá-lo (Høffding, 1908, p. 87).

Essa é a conclusão inevitável do paralelismo.

Por isso não está tão incorreto Tchelpánov quando diz que, até 1922, ele chamava essa doutrina de paralelismo, mas a partir de 1922 passou a chamá-la de materialismo. Ele teria toda razão se sua filosofia não estivesse ajustada à estação de forma um tanto mecânica. Essa é a situação da palavra "função" (quero dizer função no sentido matemático): na fórmula "a consciência é uma função do cérebro" temos a teoria do paralelismo; se falamos em "sentido fisiológico", temos materialismo. Assim, quando Kornílov introduz o conceito e o termo de relação funcional entre corpo e psiquismo, mesmo reconhecendo o paralelismo como uma hipótese dualista, *sem perceber ele introduz essa teoria*, pois o conceito de função é refutado por ele no sentido fisiológico, mas permanece o segundo (Kornílov, 1925).

Dessa forma, vemos que, desde as hipóteses mais amplas até os menores detalhes na descrição de um experimento, a palavra reflete a enfermidade geral da ciência. O que de especificamente novo descobrimos pela análise das palavras é a representação do caráter molecular dos processos na ciência. Cada célula do organismo científico revela processos de infecção e luta. Daí chegamos a uma representação elevada sobre o caráter do conhecimento científico: ele se revela como um processo único no mais alto grau. Por fim, chegamos a uma representação sobre os processos saudáveis e patológicos da ciência; o que é correto na palavra é correto também na teoria. A palavra faz a ciência avançar na medida em que ela 1) ocupe um lugar conquistado pela investigação, ou seja, conquanto ela responda à posição objetiva das coisas; e 2) seja adjacente a princípios básicos corretos, ou seja, a fórmulas mais generalizadas do mundo objetivo.

Vemos, assim, que o estudo científico é ao mesmo tempo um estudo do fato e do modo de conhecer o fato; ou seja, vemos que o trabalho metodológico é feito pela própria ciência na medida em que ela avança ou dá sentido às suas conclusões. A escolha da palavra já é um processo metodológico. Especialmente em Pávlov vê-se facilmente como a metodologia e o experimento são realizados concomitantemente. Assim, a ciência é filosófica até os últimos elementos, até as palavras, ela é, por assim dizer, atravessada pela metodologia. Isso coincide com a visão dos marxistas sobre a filosofia como "a ciência dentro das ciências", como síntese que penetra a ciência (Stepánov, p. 35)[175]. Nesse sentido, Engels diz: "não importa em que se apoiem os naturalistas, eles são guiados pela filosofia" (p. 191)[176] que a ciência natural e a história devem se alimentar da dialética, então sem alceá-la se diluiria em uma ciência positiva.

Os naturalistas imaginam estar livres da filosofia quando a ignoram, mas eles são escravos cativos da mais nefasta filosofia, composta de uma barafunda de visões fragmentadas e assistemáticas, já que "não avançam sem o pensamento", e pensamento exige definições lógicas (p. 37)[177]. A questão sobre como tratar questões metodológicas, isto é, "de forma isolada das ciências" ou introduzir a investigação metodológica na própria ciência (curso, pesquisa), é uma questão de racionalidade pedagógica, como observa corretamente Stepánov (91, p. 248). Frank está certo quando diz que todos os livros de psicologia, nos prefácios e capítulos finais, tratam de problemas da psicologia filosófica (1917). Uma coisa, contudo, é apresentar a

---

175. Não foi possível estabelecer a referência exata (cf. Zavershneva; Osipov, 2012) [N.T.].

176. Aqui Vigotski cita *Dialética da natureza* de Engels, conforme a primeira edição do texto em russo, cuja tradução tem imprecisões. Na tradução para o português lê-se: "Como quer que se portem, os pesquisadores da natureza são dominados pela filos[ofia]" (Engels, 2020, p. 136; cf. nota de Yasnitsky em Zavershneva; Osipov, 2012) [N.T.].

177. Engels (2020, p. 135) [N.T.].

metodologia, "estabelecer uma compreensão da metodologia; repito: isso é uma questão de técnica pedagógica; outra coisa é a investigação metodológica. Ela exige um exame especial.

A palavra cientifica, no limite, se lança na direção do signo matemático, ou seja, do termo puro. Com efeito, a fórmula matemática também é uma série de palavras, mas palavras definidas e, portanto, convencionais no mais alto grau. Por isso, todo conhecimento é científico na medida em que for matemático (Kant). Contudo, a língua da psicologia empírica é o exato oposto da língua matemática. Como mostrou Locke, Leibniz e toda linguística, *todas as palavras* da psicologia são metáforas tomadas de espaços do mundo.

10

Passemos a formulações positivas. Por meio de análises fragmentadas de elementos da ciência aprendemos a ver um todo complexo, que se desenvolve dinâmica e regularmente. Por qual etapa do desenvolvimento nossa ciência está passando agora, qual o sentido e a natureza da crise que ela está atravessando e qual seu resultado? Passemos às respostas a essas perguntas.

> Quando se tem alguma familiaridade com a metodologia (e a história) das ciências, ela começa a aparecer não como um todo morto e acabado, imóvel, composto de teses prontas, mas como um sistema de fatos comprovados, leis, conjecturas, construções e conclusões constantemente complementadas, criticadas, verificadas, parcialmente refutadas, interpretadas e organizadas de um novo modo, e esse sistema é vivo, está em constante desenvolvimento e avança. A ciência começa a ser compreendida *dialeticamente* em seu movimento, do ponto de vista de sua *dinâmica*, crescimento, desenvolvimento, evolução (p. 249)[178].

Segundo essa mesma perspectiva, devem ser avaliadas e dotadas de sentido todas as etapas do desenvolvimento. Assim, a primeira coisa de que partimos é o reconhecimento da *crise*. O seu sentido é compreendido de formas distintas. Estes são os tipos mais importantes de interpretação de seu sentido.

Antes de tudo, há psicólogos que negam absolutamente a existência da crise. É o caso de Tchelpánov e da maioria dos psicólogos russos da escola antiga (apenas Lange e mesmo Frank viram o que está acontecendo com a ciência). Segundo esses psicólogos, tudo vai bem na ciência, como

---

178. Inserção das aspas na citação de Stepánov (cf. Zavershneva; Osipov, 2012) [N.T.].

na mineralogia. A crise veio de fora: algumas pessoas empreenderam uma reforma da ciência, a ideologia oficial exigiu uma revisão da ciência. Mas nem uma coisa nem outra tinha fundamentos objetivos na própria ciência. É verdade que no processo de disputa foi preciso reconhecer que também nos Estados Unidos foi feita uma reforma da ciência, mas ocultou-se do leitor com muito cuidado e talvez com sinceridade que nenhum *psicólogo* que tenha deixado uma marca na ciência escapou da crise. Essa primeira compreensão é tão inepta que não chega a despertar nosso interesse. Ela pode ser inteiramente explicada pelo fato de que psicólogos desse tipo são, em essência, ecléticos e popularizadores de ideias alheias, que não apenas nunca fizeram pesquisa ou se ocuparam da filosofia de sua ciência, como sequer avaliaram criticamente as novas escolas. Eles aceitaram tudo: a Escola de Würzburg, a fenomenologia de Husserl, o experimentalismo de Wundt e Titchener, o marxismo, Spencer e Platão. Não apenas teoricamente essas pessoas estão fora da ciência quando se trata de suas grandes reviravoltas, mas mesmo em termos práticos elas não desempenham nenhum papel: os empíricos traíram a psicologia empírica ao defendê-la; os ecléticos assimilaram tudo o que puderam de ideias hostis; os popularizadores não podem ser inimigos de ninguém, eles popularizam a psicologia que vencer. Agora Tchelpánov tem escrito muito sobre marxismo; logo ele vai estudar a reflexologia e o primeiro manual sobre o behaviorismo vencedor será escrito justamente por ele ou por um aluno seu. De modo geral, eles são professores e examinadores, organizadores e portadores da cultura, mas nenhuma pesquisa minimamente significativa foi produzida por suas escolas.

Outros veem a crise, mas para eles tudo é avaliado de forma bastante subjetiva. A crise dividiu a psicologia em dois campos. A fronteira entre eles sempre passa entre o autor de certa perspectiva e todo o resto do mundo. Segundo a expressão de Lotze, mesmo uma minhoca meio esmagada opõe sua reflexão a todo mundo. Esse é o ponto de vista oficial do behaviorismo militante. Watson supõe que há duas psicologias: uma correta (a sua) e uma incorreta; a antiga morre devido a sua hesitação; o maior detalhe que ele vê é a existência de psicólogos hesitantes, as tradições medievais com as quais Wundt não quis romper acabaram com a psicologia sem alma (Watson, 1926). Como podem ver, tudo é simplificado ao extremo: não há nenhuma dificuldade especial em se converter a psicologia em ciência natural, para Watson isso coincide com o ponto de vista da pessoa comum, ou seja, a metodologia do senso comum. Da mesma forma, de modo geral,

Békhterev avalia a época: tudo antes de Békhterev é equívoco, tudo depois dele é a verdade. Assim, muitos psicólogos avaliam a crise: por ser subjetivo, este é o primeiro ponto de vista ingênuo e o mais fácil. Os psicólogos que analisamos no capítulo sobre o inconsciente também pensam assim: há a psicologia empírica, atravessada pelo idealismo metafísico, isso é um resquício; e há a metodologia verdadeira da época, que coincide com o marxismo. Tudo o que não é o primeiro é o segundo, já que não há um terceiro.

A psicanálise em muito se opõe à psicologia empírica. Só isso basta para considerá-la um sistema marxista! Para esses psicólogos a crise coincide com a luta que eles estão travando. Há aliados e inimigos, outras diferenças inexistem.

Não há melhor diagnóstico objetivo-empírico da crise: calcula-se a quantidade de escolas e chega-se ao número de crises. Allport, ao contar as correntes da psicologia americana, defendeu esse ponto de vista (cálculo das escolas), a escola de James e a de Titchener, o behaviorismo e a psicanálise. Com isso calculam-se *lado a lado* as unidades[179] que participam da elaboração da ciência, mas não se faz a menor tentativa de penetrar no sentido objetivo daquilo que cada escola defende, na relação dinâmica entre as escolas.

O erro se acentua quando se começa a ver em tal situação a característica fundamental da crise. Apaga-se, então, a fronteira entre *esta* crise e qualquer outra, entre a crise na *psicologia* e em qualquer outra ciência, entre qualquer desacordo e disputa particular e uma crise; em suma, admite-se uma abordagem anti-histórica e antimetodológica, que em geral leva ao *absurdo*.

Buscando comprovar o caráter incompleto e relativo da reflexologia, Portugálov não apenas descamba para o mais puro agnosticismo e relativismo, como chega a um disparate. "Na química, na mecânica, na eletrofísica e na eletrofisiologia do cérebro ocorre a mais completa destruição, e nada foi comprovado de forma clara e definitiva" (Portugálov, 1925, p. 12). Pessoas crédulas acreditam nas ciências naturais, mas

> quando estamos em nosso meio médico, será que nós realmente colocamos a mão no peito e acreditamos na força inabalável e estável das ciências naturais... será que a própria ciência natural acredita em sua verdade, em seu caráter inabalável e estável? (Portugálov, 1925).

---

179. Aqui tem-se *edinítsa*, unidade (*unit*) [N.T.].

A seguir tem-se uma listagem de mudanças de teorias nas ciências naturais, tudo num amontoado só; entre o caráter inabalável e estável de uma teoria e toda ciência natural é colocado um sinal de igual, e aquilo que constitui a base da verdade da ciência natural (as mudanças de teorias e visões) aparece como prova de sua impotência. É claro que isso é agnosticismo, mas dois aspectos são dignos de nota para o que vem a seguir: 1) apesar de todo caos de visões com os quais se delineia a ciência natural, que não tem nenhum ponto estável, a única coisa inabalável é... a psicologia infantil subjetiva, baseada na introspecção; 2) entre todas as ciências que comprovam a falta de fundamento da ciência natural, entre a óptica e a bacteriologia é colocada a geometria. Ocorre que

> Euclides falou que a soma dos ângulos do triângulo é igual a dois ângulos retos; Lobatchévski destronou Euclides e mostrou que a soma dos ângulos do triângulo é menos do que dois ângulos retos, já Riemann destronou Lobatchévski ao mostrar que a soma dos ângulos do triângulo é mais do que dois ângulos retos (Portugálov, 1925, p. 13).

Encontraremos outras vezes esta analogia entre geometria e psicologia e, por isso, vale guardar na memória esse modelo de ametolodogia: 1) a geometria é uma ciência natural; 2) Lineu, Cuvier e Darwin também destronaram um ao outro, tal qual Euclides, Lobatchévski e Riemann; 3) por fim, Lobatchévski *destronou* Euclides e mostrou... Mas mesmo a um nível elementar de alfabetização considera o conhecimento de que não se trata de triângulos *reais*, mas de figuras *ideais* em sistemas matemáticos *dedutivos*, em que essas *três* teses decorrem de *três* pressupostos diferentes e não se contradizem mutuamente, da mesma forma que outros sistemas aritméticos não contradizem o sistema decimal. Eles *coexistem*, e esse é o sentido e a natureza metodológica deles. Mas qual valor para o diagnóstico da crise na ciência indutiva pode ter um ponto de vista de que considera dois nomes em sequência como crise e toda opinião nova como sendo uma refutação da verdade?

Aproxima-se mais da verdade o diagnóstico de Kornílov (1925), que enxerga uma luta entre duas tendências, a reflexologia e a psicologia empírica, e a síntese entre elas, a psicologia marxista.

Já em Frankfurt (1926) tem-se a opinião de que a reflexologia não pode ser tirada fora do parêntese, que ela tem tendências e orientações contraditórias. Isso é ainda mais correto em relação à psicologia empírica. Uma psicologia empírica única não existe em absoluto. Esse esquema simplificado foi criado mais como programa de ações de combate para uma orientação crítica e demarcação do que como análise da crise. Para essa última, falta a indicação das causas, da tendência, dinâmica e prognóstico da crise; ela é um agrupamento lógico dos pontos de vista existentes na URSS, só isso.

Assim, em tudo o que foi analisado até aqui não há uma *teoria da crise*, mas relatos de guerra subjetivos, feitos de acordo com o ponto de vista dos lados beligerantes. O importante aqui é vencer o opositor, ninguém quer perder tempo estudando-o.

Mais próximo e apresentando já um embrião de uma teoria da crise está Lange. Contudo, ele tem mais um senso da crise do que uma compreensão dela. Não se pode confiar nem em seus relatos históricos. Para ele a crise começou com a queda do associacionismo, ele toma o pretexto mais próximo como causa. Depois de estabelecer que na psicologia "ocorre atualmente uma espécie de crise geral", ele continua: "ela consiste na substituição do antigo associacionismo por uma nova teoria psicológica" (Lange, 1914, p. 43). Isso é incorreto, já que o associacionismo nunca foi um sistema psicológico amplamente aceito, que constituísse o fundamento da ciência, mas foi *e continua sendo* uma das tendências em luta, fortemente consolidada nos últimos tempos e que renasceu na reflexologia e no behaviorismo. A psicologia de Mill, Bain e Spencer nunca foi algo maior do que ela é hoje. Ela mesma lutou contra a psicologia das habilidades (Herbart), e continua combatendo-a. Ver o associacionismo na raiz da crise é uma avaliação demasiadamente subjetiva: o próprio Lange considera-o a raiz da negação da doutrina sensualista; mas mesmo hoje a teoria da Gestalt enuncia que o principal pecado de *toda* psicologia, inclusive das mais novas, é o associacionismo.

Na realidade, o traço geral separa não os adeptos e os adversários desse princípio, mas agrupamentos organizados em bases muito mais profundas. Além disso, não é totalmente correto reduzi-lo à luta entre visões de certos psicólogos: é importante revelar o que é comum, o que é contraditório, o que está por trás das opiniões. A orientação equivocada de Lange sobre a crise arruinou seu trabalho: ao defender o princípio da psicologia realista, biológica, ele bate em Ribot e se apoia em Husserl e outros idealistas *extremos*, que negam que a psicologia possa ser uma ciência natural. Alguma coisa, contudo, algo bem importante, ele acertou. Essas são suas teses corretas:

1. A ausência de um sistema de ciência amplamente aceito. Cada exposição da psicologia entre os mais proeminentes autores é feita segundo sistemas totalmente distintos. Todos os conceitos e categorias fundamentais são interpretados de formas distintas. A crise diz respeito às próprias bases da ciência.

2. A crise é destrutiva, mas benéfica: nela se oculta o crescimento da ciência, seu enriquecimento, a potência e não sua impotência e falência. A seriedade da crise se deve ao caráter intermediário de seu território entre sociologia e biologia, entre as quais Comte dividiu a psicologia.

3. Nenhum trabalho psicológico é possível sem que se estabeleçam os princípios fundamentais dessa ciência. Antes de chegar à construção é preciso colocar os alicerces.

4. Por fim, a tarefa geral é a elaboração de uma nova teoria, "um sistema renovado de ciência". Contudo, ele compreendeu essa tarefa de forma profundamente incorreta: para ele é preciso fazer uma "avaliação crítica de todas as orientações psicológicas contemporâneas e conciliá-las" (Lange, 1914, p. 43). Ele tenta conciliar o inconciliável: Husserl e a psicologia biológica; assim como James ele atacou Spencer e como Dilthey ele rejeitou a biologia. A possibilidade de conciliar era para ele a conclusão da ideia de que "uma reviravolta aconteceu" "contra o associacionismo e a psicologia fisiológica" (Lange, 1914, p. 47) e que todas as novas correntes estão ligadas por pontos de partida e objetivos comuns. Por isso, ele faz uma caracterização sumária da crise: terremoto, uma área pantanosa etc. Para ele, "é chegado o período de caos" e a tarefa se limita à "crítica e elaboração lógica" de diferentes visões, engendradas por uma causa comum. Esse é o quadro da crise, tal qual ele foi desenhado pelos participantes da luta nos anos 70 do século XIX. A experiência pessoal de Lange é a melhor prova da luta entre forças reais, que agem e determinam a crise: a união da psicologia subjetiva e da objetiva é para ele um postulado necessário da psicologia, e não um objeto de disputa e um problema. Em decorrência disso, ele leva esse dualismo por todo sistema. Contrapondo seu entendimento realista ou biológico do psiquismo e a concepção idealista de Natorp (1909), ele, na realidade, admite a existência de duas psicologias, como veremos a seguir.

O mais curioso é que Ebbinghaus, considerado por Lange um associacionista, ou seja, um psicólogo pré-crítico, foi quem melhor definiu a crise: em sua opinião, a imperfeição comparativa da psicologia se expressa no fato de que ainda não chegaram ao fim os debates em relação a quase todas as suas questões mais gerais. Em outras ciências há unanimidade em relação aos princípios últimos ou visões fundamentais que devem estar na base da investigação, se há uma mudança, ela não tem caráter de crise: a harmonia logo se reestabelece. A situação é totalmente diferente na psicologia, segundo Ebbinghaus (1912). Aqui, as visões fundamentais são constantemente submetidas à mais viva dúvida, são o tempo todo contestadas.

Na divergência Ebbinghaus vê um fenômeno crônico, isto é, a ausência de bases claras e confiáveis na psicologia. E Brentano, a cujo nome Lange relaciona a crise, propôs em 1874 a exigência de que em lugar de muitas psicologias fosse criada uma só. Evidentemente naquela época já havia não apenas muitas orientações no lugar de um sistema, mas *muitas psicologias*. Esse é o diagnóstico mais correto da crise mesmo hoje. Os metodólogos continuam afirmando que estamos no mesmo ponto observado por Brentano (Binswanger, 1922). Isso quer dizer que há na psicologia não uma luta de visões que podem ser conciliadas e que já se uniram contra um mesmo inimigo e com os mesmos objetivos; não há sequer uma luta de correntes ou orientações dentro de uma ciência, mas uma *luta de diferentes ciências*. Há muitas psicologias, isso quer dizer que a luta se dá entre tipos reais, diferentes e mutuamente excludentes de ciência. A psicanálise, a psicologia intencional, a reflexologia: estes são todos *tipos de ciências diferentes*, disciplinas separadas, que tendem a se converter em uma *psicologia geral*, ou seja, a subordinar e excluir outras disciplinas. Vemos tanto o sentido quanto os indícios objetivos dessa tendência na ciência geral. Não há erro maior do que aceitar essa luta como uma luta entre visões. Binswanger inicia mencionando a exigência de Brentano e as observações de Windelband de que a psicologia, para cada um dos seus representantes, começa do início. Para ele a causa disso não é a falta de material factual que tenha sido coletado em abundância, tampouco a ausência de princípios filosóficos e metodológicos, que existem em quantidade suficiente, menos ainda a ausência de um trabalho *conjunto* entre filósofos e empíricos na psicologia: "não há ciência em que teoria e prática tenha seguido caminhos tão distintos" (Binswanger, 1922, p. 6). O que falta à psicologia é uma metodologia: esta é a conclusão do autor, e o mais importante é que *é impossível* criá-la agora. Não se pode dizer que a psicologia geral já tenha cumprido suas tarefas como um ramo da metodologia. Ao contrário, para onde quer que se olhe, em toda parte reina imperfeição, incerteza, dúvida, contradição. Podemos falar apenas sobre o *problema* da psicologia geral, e nem sobre ela, mas sobre sua introdução (Binswanger, 1922, p. 5). Para Binswanger os psicólogos têm "ousadia e vontade para [criar uma nova] psicologia". Para isso eles precisam romper com preconceitos seculares, e isso mostra uma coisa: que até hoje uma psicologia geral ainda não foi criada. Não devemos perguntar, como faz Bergson, o que aconteceria se Kepler, Galileu ou Newton tivessem sido psicólogos, mas o que ainda pode acontecer apesar de eles terem sido matemáticos (Binswanger, 1922).

Assim, pode parecer que o caos na psicologia é totalmente natural e o sentido da crise compreendido pela psicologia é o seguinte: *existem muitas psicologias que têm a tendência de criar uma psicologia por meio da separação de uma psicologia geral.* Para essa última não basta Galileu, ou seja, um gênio que crie as bases fundamentais da ciência. Essa é a opinião geral da metodologia europeia, segundo sua formação no fim do século XIX. Alguns autores, principalmente franceses, sustentam essa opinião até hoje. Na Rússia ela sempre foi defendida por Vagner (1923), talvez o único psicólogo que tenha se ocupado de questões metodológicas. Ele expressa essa mesma visão em sua análise de *Année Psychologique*, ou seja, um resumo da literatura internacional. Esta é sua conclusão: *assim, temos uma série de escolas psicológicas, mas não uma psicologia única como um campo independente da psicologia.* O fato de que ela não existe não quer dizer que não pode existir (Wagner, 1923). A resposta à pergunta sobre onde encontrá-la só pode ser dada pela história da ciência.

Assim se desenvolveu a biologia. No século XVII dois naturalistas estabeleceram o princípio de dois campos da zoologia: Buffon, com a descrição de animais e seu modo de vida, e Lineu, com sua classificação. Gradualmente ambas as partes desenvolveram uma série de novos problemas, surgiu a morfologia, a anatomia etc. Essas pesquisas eram isoladas e pareciam ciências separadas, sem nenhuma ligação entre si a não ser o fato de que todas estudavam os animais. Essas ciências eram mutuamente hostis, tentavam ocupar uma posição de prevalência, uma vez que o contato entre elas cresceu e elas *não podiam* continuar isoladas. O genial Lamarck conseguiu integrar esses conhecimentos soltos em um livro, que ele chamou de *Filosofia da zoologia*. E juntou suas próprias pesquisas com as de outros, como as de Buffon e de Lineu; resumiu seus resultados, conciliou-os entre si e criou um campo da ciência que Treviranus chamou de biologia geral. A partir de disciplinas soltas foi criada uma ciência única e abstrata, que, com os trabalhos de Darwin, ficou de pé. Aquilo que ocorreu com as disciplinas da biologia antes de sua unificação na biologia geral ou na zoologia abstrata no início do século XIX, segundo Vagner, está acontecendo agora no campo da psicologia no início do século XX. Uma síntese tardia na forma de uma *psicologia geral* deve repetir a síntese de Lamarck, ou seja, basear-se em um princípio análogo. Vagner entende se tratar de uma simples analogia. Para ele, a psicologia deve percorrer um caminho *não parecido, mas o mesmo*. A biopsicologia é *parte* da biologia. Ela é a abstração das escolas concretas ou sua síntese, ela tem como seu conteúdo *os êxitos de todas as escolas*; tal qual a biologia geral, ela não pode ter um método especial de pesquisa, ela utiliza sempre o método da ciência que passa a integrá-la. Ela considera as conquistas, *verificando-as segundo o ponto de vista da teoria da evolução, e indica seu lugar correspondente no sistema geral* (Wagner, 1923). Essa é a expressão de uma opinião mais ou menos geral.

As particularidades de Vagner suscitam dúvidas: 1) ora a psicologia geral, em seu entendimento, é parte da biologia, baseia-se na teoria da evolução (sua base) etc. e, portanto, não precisa de seu *próprio* Lamarck e Darwin e de suas descobertas e pode realizar sua síntese com base em princípios existentes; 2) ora a psicologia geral deve surgir pelo mesmo caminho que surgiu a biologia geral, sem constituir uma parte dela, mas existindo ao seu lado; só assim é possível compreender a *analogia* possível entre dois objetivos independentes semelhantes, mas não entre o destino do *todo* (biologia) e da *parte* (psicologia).

Causa também perplexidade a afirmação de Vagner de que a biopsicologia oferece "exatamente aquilo que Marx exige da psicologia" (Wagner, 1923, p. 53). De modo geral, a análise formal de Vagner é tão irrepreensivelmente correta quanto sua tentativa de resolver o problema em sua essência e indicar que o *conteúdo* da psicologia geral é metodologicamente inconsistente e simplesmente não desenvolvido (parte da biologia, Marx). Esse último ponto, contudo, não nos toca. Voltemos à análise formal. Será verdade que a psicologia de nossos dias está passando por aquilo que passou a biologia antes de Lamarck, e está caminhando na mesma direção?

Dizer isso significa calar sobre *o aspecto mais importante e determinante* na crise e visualizar todo o quadro segundo uma perspectiva equivocada.

Estaria a psicologia caminhando para a conciliação ou para a ruptura? Se a psicologia geral surgirá da união ou da separação de disciplinas psicológicas, isso depende do que essas disciplinas trazem. Seriam elas parte de um todo futuro, como a sistemática, morfologia e anatomia, ou princípios de conhecimento mutuamente excludentes? Qual a natureza da *hostilidade* entre as disciplinas? Seriam as contradições que corroem a psicologia passíveis de resolução ou seriam irreconciliáveis? É justamente essa análise das condições específicas nas quais a psicologia se encontra na direção da criação de uma ciência geral que não existe em Vagner, Lange e outros. Enquanto isso, a metodologia europeia alcançou um nível muito mais elevado de entendimento da crise e mostrou *quais* psicologias existem, *quantas* elas são, *quais* são os resultados possíveis. Não obstante, para nos voltarmos a isso, é preciso abandonar inteiramente o equívoco de que a psicologia estaria percorrendo o caminho já percorrido pela biologia, e que no fim desse caminho irá simplesmente se juntar a ela, tornando-se uma parte sua. Pensar assim significa não ver que entre a biologia do humano e do animal está encravada a sociologia, dividindo a psicologia em duas partes, de modo que Comte a relacionou a dois campos. É preciso construir a teoria da crise de modo a dar uma resposta *a essa pergunta*.

11

Há um fato que impede todos os pesquisadores de verem a verdadeira situação das coisas na psicologia. Trata-se do caráter empírico de suas construções. Tal qual uma película, como a pele de um fruto, ele deve ser retirado das construções da psicologia para que elas possam ser vistas tais quais elas são na realidade. Em geral, o empirismo é tomado como verdade, sem maiores análises, e toda variedade da psicologia é tratada como uma unidade científica fundamental, que tem um fundamento comum, e toda divergência é entendida como secundária, existente no interior dessa unidade. Contudo, esta é uma ideia falsa, uma ilusão. Na realidade, a psicologia empírica como ciência, que tenha ao menos *um* princípio geral, não existe, e a tentativa de criá-la levou à derrota e ao fracasso a própria ideia de criar uma psicologia apenas empírica. Aqueles que reúnem muitas psicologias dentro do mesmo parênteses de acordo com um traço comum que as opõe à sua própria, como a psicanálise, a reflexologia, o behaviorismo (consciência – inconsciente, subjetivismo – objetivismo, espiritualismo – materialismo) não veem que *dentro* da psicologia empírica ocorrem *os mesmos* processos que ocorrem entre ela e os ramos que dela se desprendem, e que *esses mesmos ramos*, em seu desenvolvimento, estão subordinados a *tendências gerais*, que agem e podem ser, portanto, corretamente compreendidas apenas no campo geral de toda ciência; dentro dos parênteses está *toda psicologia*. O que é o *empirismo* da psicologia contemporânea? Antes de tudo, trata-se de um conceito *puramente negativo*, seja por sua origem histórica ou por seu sentido metodológico e, por isso mesmo, não pode ser associado a qualquer coisa. Uma psicologia empírica quer dizer, em primeiro lugar, "uma psicologia sem alma" (Lange), uma psicologia sem qualquer metafísica (Vvediénski), uma psicologia baseada na experiência (Høffding). Não é sequer necessário explicar que essa é uma, *em sua essência*, definição negativa. Ela nada diz sobre *de que trata* a psicologia, qual seu sentido positivo.

Contudo, o sentido objetivo dessa definição negativa é totalmente diferente antes e agora. Antes ele não mascarava nada, a tarefa da ciência era libertar-se *de algo*, o termo era um *slogan* disso. Agora ela *mascara* as definições positivas (que cada autor introduz em sua ciência) e os processos verdadeiros que ocorrem na ciência. Em essência, elas não podem ser outra coisa senão um *slogan* temporário. Agora, o termo "empírica" aplicado à psicologia significa a *recusa* de escolher um determinado princípio filosófico, uma recusa de explicar suas premissas finais, de tomar consciência de sua própria natureza científica. Como tal, essa recusa tem uma causa e um sentido históricos; iremos analisá-los adiante, mas ela nada diz sobre a natureza da ciência em sua essência, ela a mascara. Isso está muito claro no kantiano Vvediénski, mas à fórmula subscrevem-se todos os empíricos; Høffding, em particular, diz o mesmo; tende mais ou menos para o mesmo lado; Vvediénski oferece um equilíbrio ideal: "a psicologia é obrigada a formular todas as suas conclusões de tal forma que elas sejam igualmente aplicáveis tanto para o materialismo quanto para o espiritualismo e o monismo psicofísico" (Vvediénski, 1917, p. 3).

Já a partir dessa fórmula se entrevê que o empirismo formula suas tarefas de tal forma a revelar imediatamente sua *impossibilidade*. Na realidade, com base no empirismo, ou seja, da total recusa dos pressupostos fundamentais é logicamente impossível e historicamente não haveria nenhum conhecimento científico. A ciência natural, com a qual a psicologia gosta de se comparar em sua definição, por sua natureza, por sua essência não deturpada, é sempre *espontaneamente materialista*. Todos os psicólogos concordam que a ciência natural, assim, é claro, como toda prática humana não resolve a questão da essência da matéria e do espírito, mas parte de certa resolução dela, isto é, justamente da premissa de uma realidade cognoscível e existente objetivamente fora de nós com suas regularidades. E isso é, como apontou diversas vezes Lenin, a própria *essência* do materialismo (Lenin, [*s. d.*], p. 19s). A existência da ciência natural se deve justamente à capacidade de separar em nossa experiência aquilo que existe objetivamente do subjetivo, e isso não está em contradição com interpretações filosóficas particulares ou escolas de ciências naturais de matriz idealista. A ciência natural como ciência, por si mesma, é independente de seus representantes, ela é materialista. Com a mesma espontaneidade, a despeito das diferentes ideias de seus representantes, a psicologia partiu de concepções idealistas.

Na realidade, *não há nenhum* sistema empírico de psicologia; todos ultrapassam a fronteira do empirismo, e isso é compreendido da seguinte maneira: de uma ideia puramente negativa não se pode deduzir nada; da "abstinência", segundo expressão de Vvediénski, nada pode nascer. Todos os sistemas se debatem em suas conclusões e têm suas raízes na metafísica, a começar pelo próprio Vvediénski em sua teoria do solipsismo, ou seja, uma expressão extrema do idealismo.

Enquanto a psicanálise fala abertamente em metafísica, toda psicologia sem alma tem, de forma encoberta, sua alma; a psicologia sem metafísica tem sua metafísica; a psicologia baseada na experiência traz consigo coisas que não estão fundadas na experiência; em suma: toda psicologia tinha sua metapsicologia. Ela podia não se dar conta disso, mas isso não alterava a situação. Tchelpánov, que mais do que todos na disputa atual se esconde atrás da palavra "empírica" e quer delimitar sua ciência do campo da filosofia, descobre, não obstante, que ela deve ter sua "superestrutura" e "infraestrutura" filosófica. Ocorre que há conceitos filosóficos que precisam ser analisados *antes do estudo da psicologia*, e essa investigação que antecipa a psicologia ele chama de infraestrutura: apenas a partir dela é possível construir uma psicologia empírica (Tchelpánov, 1924). Isso não o impede de afirmar, na página seguinte, que a psicologia deve se libertar de toda e qualquer filosofia; contudo, na conclusão ele volta a reconhecer que justamente *os problemas metodológicos são os mais imediatos da psicologia contemporânea.*

Seria errado pensar que a partir do conceito de psicologia empírica não se pode saber nada além de características negativas; ele indica também processos positivos na ciência, que são encobertos por esse nome. Com o epíteto "empírica" a psicologia pretende se inserir na série de ciências naturais. Aqui todos estão de acordo. Só que esse é um conceito bastante definido, e é preciso verificar o que ele quer dizer quando aplicado à psicologia. Em seu prefácio à enciclopédia (que tenta heroicamente realizar a conciliação e unidade de que fala Lange e Vagner e, por isso, mostra toda sua impossibilidade), Ribot diz que a psicologia é parte da biologia, não é nem materialista nem espiritualista, do contrário ela perderia o direito de ser chamada de ciência. Como ela se distingue de outras partes da biologia? *Apenas* por lidar com fenômenos *spirituels* e não físicos (Ribot, 1923).

Que ninharia! A psicologia queria ser ciência natural, mas sobre coisas de natureza inteiramente diferente do que aquelas de que tratam a ciência natural. Por acaso a natureza dos fenômenos estudados não determina o caráter da ciência? Seria possível uma história natural, uma lógica, geometria e história do teatro naturais? Tchelpánov também, ao insistir que a psicologia seria uma ciência empírica, como a física, a mineralogia etc., não associa isso a Pávlov e imediatamente começa a vociferar diante da tentativa de fazer a psicologia como verdadeira ciência natural. Sobre o que ele silencia nessa comparação? Ele quer que a psicologia seja uma ciência natural 1) sobre fenômenos de natureza absolutamente diferente do que os fenômenos físicos, 2) que podem ser conhecidos de forma totalmente distinta do que objetos da ciência natural. Fica a pergunta: com um objeto diferente, um método de conhecimento diferente, o que pode haver de comum entre a ciência natural e a psicologia? Ao explicar o significado do caráter empírico da psicologia, Vvediénski diz: "por isso a psicologia contemporânea não raro se caracteriza como *ciência natural sobre fenômenos mentais ou como história natural de fenômenos mentais*" (Vvediénski, 1917, p. 3). Contudo, isso quer dizer que a psicologia pretende ser uma ciência natural sobre fenômenos não naturais. Ela se aproxima das ciências naturais apenas por um traço *negativo*, a recusa da metafísica, e por nenhum traço *positivo*.

James explicou a questão de modo brilhante. A psicologia deve ser exposta como ciência natural: esta é sua principal tese. E ninguém fez tanto para provar a natureza "não científica natural" do psicológico como James. Ele explica: todas as ciências se fiam em certos pressupostos, a ciência natural parte de um pressuposto materialista, embora uma análise mais profunda leve ao idealismo; assim age a psicologia: ela assume outros pressupostos e, portanto, é como a ciência natural apenas na aceitação acrítica de certos pressupostos; eles mesmos são opostos.

Segundo Ribot, essa tendência é o principal traço da psicologia do século XIX; além disso, ele cita a aspiração por oferecer um princípio e um método próprios da psicologia (em que ela recusa Comte), estabelecer o mesmo tipo de relação com a biologia que esta tem com a física. Contudo, na realidade, o primeiro autor reconhece: aquilo que se chama psicologia consiste em algumas das investigações distintas segundo seu objetivo e método. E quando, a despeito disso, os autores tentaram aninhar um sistema de psicologia, incluindo nele Pávlov e Bergson, eles demonstraram que essa tarefa é inexequível. Na conclusão Dumas afirma: a união de 25 autores se encerrou com a *recusa* de especulações ontológicas (1923).

É fácil adivinhar onde leva esse ponto de vista: a recusa de especulações ontológicas, o empirismo, *se for coerente*, leva a uma recusa dos *princípios construtivo-metodológicos* na construção de um sistema, ao ecletismo; conquanto ele seja *incoerente*, ele leva a uma metodologia oculta, acrítica e confusa. Ambas alternativas foram brilhantemente demonstradas por autores franceses: a psicologia da reação de Pávlov é tão aceitável para eles quanto a introspectiva, só que em diferentes capítulos de um mesmo livro. Os autores dos livros, em sua maneira de descrever fatos e colocar problemas, mesmo em dicionários, têm uma tendência ao associacionismo, ao racionalismo, ao bergsonismo, ao sintetismo. Assim, entende-se que uma concepção bergsoniana é aplicada em um capítulo, a língua dos associacionistas e dos atomistas, em outro, o behaviorismo em um terceiro, e assim por diante. O *Traité* pretende ser imparcial, objetivo e completo; e se ele nem sempre o consegue, pondera Dumas, a diferença entre as opiniões atesta a atividade intelectual e, no fim das contas, nesse sentido, ele é um representante de seu tempo e de seu país (1923). Isso está correto.

A diferença de opiniões – vimos quão longe ela chega – apenas nos convence da impossibilidade de uma psicologia imparcial hoje, para não falar do fatídico dualismo do *Traité de Psychologie*, para o qual a psicologia ora é parte da biologia, ora se relaciona com ela como a biologia se relaciona com a física.

Assim, no conceito de psicologia empírica está contida uma contradição metodológica insolúvel: trata-se de uma ciência natural sobre coisas não naturais, uma tendência de, pelo método da ciência natural, desenvolver um sistema de conhecimento diametralmente oposto a ela, ou seja, que parte de pressupostos diametralmente opostos. Isso se refletiu de modo funesto na construção metodológica da psicologia empírica e quebrou sua coluna vertebral.

Existem duas psicologias, uma científica-natural e materialista e uma espiritualista: essa tese expressa o sentido da crise de modo mais fiel do que a tese sobre a existência de *muitas* psicologias; *psicologias* precisamente há *duas*, ou seja, dois tipos diferentes e incompatíveis de ciência, duas construções fundamentalmente distintas de sistemas de conhecimento; todo o resto são diferenças de visões, escolas, hipóteses; uniões particulares, muito complexas, confusas e mistas, cegas, caóticas, que por vezes podem ser muito difíceis de se compreender. Porém, a luta ocorre apenas entre duas tendências, que existem e agem pelas costas de todas as correntes em disputa.

Que isso é assim, que o sentido da crise é expresso por duas e não por muitas psicologias, que todo o resto é uma luta *dentro* de cada uma dessas duas psicologias, uma luta que tem um sentido e um campo de ação totalmente distintos, que a construção de uma psicologia geral requer não conciliação, mas ruptura: tudo isso é algo que a metodologia há muito compreendeu, é algo que *ninguém contesta*. (A diferença entre esta tese e as três orientações de Kornílov consiste *no escopo total do sentido da crise*: 1) os conceitos de psicologia materialista e de reflexologia não coincidem (para ele); 2) os conceitos de psicologia empírica e idealista não coincidem (para ele); 3) a avaliação do papel da psicologia marxista não coincide). Por fim, trata-se aqui de duas tendências que aparecem na luta de uma variedade de correntes concretas e dentro delas. Ninguém contesta que a criação de uma psicologia geral surgirá não como uma terceira psicologia além das duas em disputa, mas será uma delas.

O conceito de empirismo traz em si um conflito metodológico, que a teoria que se dê conta de si mesma deve resolver para tornar possível a pesquisa; esse foi um pensamento que se afirmou na consciência geral de Münsterberg. Em seu importante trabalho metodológico ele anuncia: este livro não esconde que pretende ser um livro militante, que ele se coloca em favor do idealismo e contra o naturalismo. Ele quer assegurar à psicologia o direito irrestrito ao idealismo (Münsterberg, 1924). Ao lançar as bases teórico-cognoscentes da psicologia empírica, ele anuncia que isso é o que de mais importante falta à psicologia dos nossos dias. Seus conceitos fundamentais foram reunidos ao acaso, seus modos lógicos de conhecimento estão a cargo do instinto. O tema de Münsterberg é a síntese do idealismo ético de Fichte com a psicologia fisiológica de nossa época, pois a vitória do idealismo não consiste em se separar da investigação empírica, mas em encontrar para ela um lugar em seu próprio círculo. Münsterberg mostrou que o naturalismo e o idealismo são incompatíveis, é por isso que ele fala de um livro de idealismo militante, Binswanger fala em psicologia geral, que ela é uma ousadia e um risco, não se trata de concordância e união. Münsterberg propôs diretamente a exigência sobre a existência de duas ciências, afirmando que a psicologia se encontra em um estado singular, pois embora hoje saibamos incomparavelmente mais sobre fatos psicológicos do que outrora, sabemos muito menos o que exatamente é a psicologia.

A unidade dos métodos exteriores não pode nos impedir de ver que para diferentes psicólogos trata-se de psicologias diferentes. Essa discórdia interna só pode ser compreendida e superada da seguinte forma

> A psicologia dos nossos dias luta contra o preconceito de que exista apenas um tipo de psicologia... O conceito de psicologia encerra em si duas tarefas científicas totalmente distintas, que devem ser fundamentalmente diferenciadas, e para as quais melhor seria ter designações específicas (Münsterberg, 1924, p. 7).

Na ciência contemporânea há todas as formas e tipos possíveis de fusão de duas ciências em um todo imaginário. O comum entre as ciências é seu objeto, mas isso não diz nada sobre as próprias ciências: a geologia, a geografia e a agronomia estudam a terra; a construção, o princípio do conhecimento científico são aqui e lá diferentes. Pela descrição podemos converter o psiquismo em uma cadeia de causas e ações e podemos representá-lo como uma combinação de elementos subjetiva e objetivamente. Se esses dois tipos de compreensão forem levados até o fim e assumirem uma forma científica, teremos duas "disciplinas teóricas fundamentalmente distintas". "Uma é a psicologia causal, a outra a teleológica e intencional" (Münsterberg, 1924, p. 9).

12

A existência de duas psicologias é tão evidente que todos a aceitaram. Divergências aparecem apenas na definição exata de cada ciência, uns ressaltam certas nuanças, outros, outras. Seria muito interessante acompanhar todas essas oscilações, pois cada uma delas evidencia certa tendência objetiva de se filiar a um dos polos; já o escopo, o diapasão das discordâncias mostra que esses dois tipos de ciência, com duas borboletas em um casulo, ainda existem na forma de tendências que não se separaram.

Contudo, interessa-nos agora não as divergências, mas o que elas têm em comum.

Vemo-nos diante de duas questões: Qual a natureza comum dessas duas ciências e quais motivos levaram à *separação do empirismo em naturalismo e idealismo*?

Todos concordam que justamente esses dois elementos estão na base de ambas as ciências e que, portanto, uma delas é uma psicologia científica natural e a outra é uma psicologia idealista, não importa como as chamem seus diferentes autores. Acompanhando Münsterberg, todos enxergam a diferença não no material ou no objeto, mas no modo de conhecimento, no princípio, isto é, deve-se compreender os fenômenos em uma categoria de causalidade, em conexão e em um sentido fundamentalmente idêntico como todos os demais fenômenos, ou deve-se compreendê-los de forma intencional, como atividade espiritual dirigida a um objetivo e livre de quaisquer conexões materiais. Dilthey, que chama essas ciências de psicologia explicativa e descritiva, remonta essa bipartição a Wolff, que separou a psicologia em racional e empírica, ou seja, ao próprio surgimento da psicologia empírica. Ele mostra que a bipartição nunca foi interrompida ao longo de todo o desenvolvimento da ciência e voltou a ser perceptível na escola de Herbart (1849), nos trabalhos de Waitz (Dilthey, 1924). O método da psicologia explicativa é exatamente o mesmo que o da psicologia científica natural. Seu postulado – não há nenhum fenômeno psíquico sem um físico – leva-a à ruína como ciência autônoma, e transfere seu trabalho para as mãos da fisiologia (Dilthey, 1924). A psicologia descritiva e a explicativa não têm o mesmo sentido que a sistematização e a explicação (suas duas partes fundamentais, de acordo com Binswanger) têm nas ciências naturais.

A psicologia contemporânea, esta teoria sobre a alma sem alma, é internamente contraditória e se divide em duas partes. A psicologia descritiva busca não a explicação, mas a descrição e a compreensão. Aquilo que os poetas, em especial Shakespeare, comunicam em imagens, ela torna objeto de análise por meio de conceitos. A psicologia explicativa, científica natural, não pode ser fundamento de ciências do espírito, ela constrói um código penal determinista, não deixa espaço para liberdade, não pode ser conciliada com o problema da cultura. A psicologia descritiva, ao contrário, "será o fundamento das ciências do espírito, tal qual a matemática é o fundamento das ciências naturais" (Dilthey, 1924, p. 66).

Stout se recusa terminantemente a chamar a psicologia analítica de científica natural; ela é uma ciência positiva, no sentido de que seu campo é o fato, o real, aquilo que existe, e não a norma, não aquilo que deve ser. Ela está ao lado da matemática, das ciências naturais, da gnosiologia. Mas não é uma ciência física. Entre o psíquico e o físico há um abismo tão grande que é impossível captar suas relações. Nenhuma ciência sobre a matéria se encontra em tal correlação com a psicologia como a química e a física com a biologia, ou seja, em uma relação de princípios mais gerais e mais particulares, mas fundamentalmente homogêneos (Stout, 1923).

Binswanger considera que o fundamento da divisão de *todos* os problemas de metodologia é o conceito científico natural e não científico natural do psíquico. Ele distingue direta e claramente que, no fundo, há duas psicologias diferentes. Citando Sigwart, ele considera que a fonte da cisão é a luta contra a psicologia científica natural. Isso nos leva à fenomenologia das vivências, a base da lógica pura de Husserl e a uma psicologia empírica, mas não científica natural (Pfänder, Jaspers).

Bleuler toma uma posição contrária. Ele se afasta da visão de Wundt de que a psicologia não é uma ciência natural, e acompanhando Rickert chama-a de generalizadora, embora tenha em mente o mesmo que Dilthey quando este fala em psicologia explicativa ou construtiva.

Não iremos analisar agora em sua essência a questão de *como* é possível uma psicologia enquanto ciência natural, por meio de quais conceitos ela se constrói: tudo isso é uma disputa *dentro de uma* psicologia, e constitui objeto da exposição positiva da parte seguinte deste trabalho. Além disso, também deixaremos em aberto a questão sobre se a psicologia realmente seria uma ciência natural no sentido exato; utilizamos essa palavra conforme fazem os autores europeus para designar mais claramente o caráter materialista desse tipo de conhecimento. Na medida em que a psicologia da Europa Ocidental não conhecia ou praticamente não conhece os problemas da psicologia social, esse tipo de conhecimento coincide para ela com as ciências naturais. Contudo, esse é ainda um problema especial e muito profundo, isto é, mostrar que a psicologia é possível como ciência materialista, mas ela não entra no problema do sentido da crise da psicologia como um todo.

Entre os autores russos que tenham escrito de forma minimamente séria sobre psicologia, quase todos aceitam essa divisão, é claro, usando palavras alheias, o que mostra até que ponto são amplamente aceitas essas ideias na psicologia europeia. Ao entrar em desacordo com Windelband e Rickert, que relacionam a psicologia à ciência natural, e com Wundt e Dilthey, Lange tende, assim como este último, a distinguir duas ciências (Lange, 1914). É digno de nota que ele critica Natorp como alguém que expressa uma compreensão idealista da psicologia e o contrapõe a uma compreensão realista ou biológica. Não obstante, Natorp, como comprova Münsterberg, desde o princípio exigia exatamente o mesmo que ele, ou seja, uma ciência da alma subjetivizante e uma objetivizante, isto é, duas ciências.

Depois de fundir esses dois pontos de vista em um postulado, Lange refletiu em seu livro ambas as tendências inconciliáveis, considerando que o sentido da crise está na luta contra o associacionismo. Ele faz uma apresentação muito favorável de Dilthey e Münsterberg e formula: "resultaram duas psicologias distintas", a psicologia revelou ter duas faces, como Janus: uma voltada para a fisiologia e para as ciências naturais, outra para a ciência do espírito, para a história, para a sociologia; uma ciência sobre causalidades, outra sobre valores (Lange, 1914, p. 63). Parecia restar-nos apenas escolher *uma das duas*, mas Lange as unifica.

Assim agiu Tchelpánov. Na polêmica atual, ele suplica para que acreditemos nele de que a psicologia é uma ciência materialista, e traz como testemunha James, sem dizer uma palavra que é *dele* a ideia de duas psicologias na literatura russa. Vale a pena nos determos nessa ideia.

Ele apresenta a ideia de um método analítico, acompanhando Dilthey, Stout, Meinong e Husserl. Se o método indutivo é próprio da psicologia científica natural, a psicologia descritiva se caracteriza por um método analítico, que leva ao conhecimento de ideias *a priori*. A psicologia analítica é uma psicologia *de base*. Ela deve antecipar a construção de uma psicologia infantil, da zoopsicologia, e da psicologia experimental objetiva, colocando-se como base para todos os tipos de investigação psicológica. Como se isso não se parecesse com a mineralogia ou a física, com uma separação total da psicologia com a filosofia e o idealismo.

Aquele que queira mostrar *qual* salto deu Tchelpánov nas visões da psicologia a partir de 1922 deve se deter não em suas fórmulas filosóficas gerais e frases casuais, mas em sua teoria sobre o método analítico. Tchelpánov protesta contra a mistura de tarefas da psicologia explicativa e da descritiva, explicando que elas estão em posições diametralmente opostas. Para não deixar dúvidas sobre que tipo de psicologia é esta a que ele atribui um significado preponderante, ele a coloca em relação com a fenomenologia de Husserl, sua teoria sobre as essências ideais, e explica que *eidos* ou essência, em Husserl, são o mesmo que as ideias em Platão, com algumas correções. Para Husserl, a fenomenologia se relaciona com a psicologia descritiva, assim como a matemática com a física. As primeiras, como a geometria, são uma ciência das essências, das possibilidades ideais; as segundas são sobre os fatos. A fenomenologia torna possível a psicologia explicativa e descritiva.

Para Tchelpánov, contrariamente à opinião de Husserl, a fenomenologia coincide até certo ponto com a psicologia analítica, já o método fenomenológico é absolutamente idêntico ao analítico. A discordância de Husserl em ver na psicologia eidética o mesmo que a fenomenologia é assim explicada por Tchelpánov: por psicologia contemporânea ele compreende apenas a empírica, ou seja, a indutiva, ainda que ela contenha verdades fenomenológicas. Assim, não é necessário separar a fenomenologia da psicologia. Na base dos métodos experimentais e objetivos, timidamente defendidos por Tchelpánov contra Husserl, deve estar o fenomenológico. Assim era, assim será, conclui o autor.

Como confrontar com isso a afirmação de que a psicologia é apenas empírica, que ela exclui por sua própria natureza o idealismo e é independente da filosofia? Essa psicologia eidética – que, nas palavras de Akselrod, é uma espécie de neoplatonismo – exclui o idealismo![180]

---

180. Esta última frase está ausente na edição de 1982 (cf. Zavershneva; Osipov, 2012) [N.T.].

Podemos resumir assim: não importa como denominemos a divisão analisada, como ressaltemos as nuanças de sentido em cada termo, a essência da questão permanece a mesma em toda parte e se reduz a duas posições.

1. Na realidade, o empirismo na psicologia decorreu de forma tão natural de pressupostos idealistas, como a ciência natural de materialistas, ou seja, a psicologia empírica era idealista em sua base.

2. Na época da crise, o empirismo, por alguns motivos, se separou em psicologia idealista e materialista (falaremos mais disso a seguir). A diferença entre as palavras é explicada por Münsterberg como unidade do sentido: ao lado da psicologia causal podemos falar em psicologia intencional, ou em psicologia do espírito ao lado de psicologia da consciência, ou em psicologia da compreensão ao lado de psicologia explicativa (Münsterberg, 1924, p. 10). Em outro momento, Münsterberg contrapõe a psicologia do conteúdo da consciência e a psicologia do espírito, ou uma psicologia dos conteúdos e uma psicologia dos atos, ou, ainda, uma psicologia das sensações e uma psicologia intencional.

Em essência, chegamos a uma visão há muito estabelecida em nossa ciência sobre a profunda dualidade que atravessa todo seu desenvolvimento e, dessa forma, a uma posição histórica indubitável. Não é nossa tarefa fazer uma história da ciência, e podemos ficar no aspecto da questão que diz respeito às raízes históricas da dualidade, limitando-nos a citar esse fato e a explicar as *causas mais próximas* que levaram ao aguçamento e à separação da duplicidade na crise. Em essência, trata-se do fato de que a psicologia gravita ao redor de dois polos, da presença interna da "psicoteologia" e da "psicobiologia", que Dessoir chamou de canção a duas vozes da psicologia contemporânea e que, em sua opinião, nunca irão cessar.

13

Devemos agora nos deter brevemente nas causas mais próximas da crise ou em suas forças motrizes.

O que impulsiona a crise, a ruptura, e o que *vivencia* ela passivamente, apenas como um mal necessário? Claro que iremos nos deter apenas nas forças motrizes que estão *dentro* de nossa ciência, deixando todo o resto de lado. Temos direito de fazê-lo, pois no fim das contas as causas e fenômenos exteriores (sociais e ideológicos) são representados, de uma forma ou de outra, por forças de dentro da ciência e agem sob essa forma. Por isso, nossa intenção é analisar as causas mais próximas que estão na ciência, e recusar uma análise mais profunda.

Diremos logo: *o desenvolvimento da psicologia aplicada em todo seu escopo é a principal força motriz da crise em sua última fase.*

A relação da psicologia acadêmica com a aplicada permanece ainda com certo tom de desdém, como se se tratasse de uma ciência semiexata. Nem tudo vai bem nesse campo da psicologia, quanto a isso não há disputa; mas agora, mesmo para um observador da superfície, ou seja, para o metodó-logo, não há dúvida quanto ao papel condutor da psicologia aplicada para o desenvolvimento de nossa ciência: ela representa tudo o que há de pro-gressista e saudável, o germe do futuro para a psicologia; ela proporciona os melhores trabalhos metodológicos. A representação do sentido do que ocorre e a possibilidade de uma psicologia real só pode ser trazida pelo estudo nesse campo.

O centro da história da ciência se deslocou; o que antes estava na perife-ria, passou a ser o ponto determinante do círculo. Pode-se dizer sobre a psi-cologia aplicada o mesmo que sobre a filosofia que rejeitou o empirismo, a pedra que os edificadores rejeitaram tornou-se a pedra angular.

Três aspectos explicam isso. O primeiro é a *prática*. Aqui (por meio da psicotécnica, psiquiatria, psicologia infantil, psicologia criminal) a psico-logia se deparou pela primeira vez com uma prática altamente organizada, industrial, educativa, poliítica, militar. Esse contato obrigou a psicologia a reorganizar seus princípios de tal modo que eles suportassem a difícil prova da prática. Ela se obriga a assimilar e trazer para a ciência o enorme arsenal de experiência de prática psicológica acumulado por milênios, pois tanto a Igreja como a esfera militar, a política e a indústria, uma vez que regula-vam e organizavam conscientemente o psiquismo, estão baseadas em uma experiência psicológica enorme, ainda que cientificamente não ordenada. (Todo psicólogo já sofreu o efeito reorganizador da ciência aplicada.) Para o desenvolvimento da psicologia, ela desempenha o mesmo papel que a medicina para a anatomia e a fisiologia, e a técnica para as ciências físicas. Não é possível exagerar o significado da nova psicologia prática para *todas* as ciências; os psicólogos poderiam compor um hino em sua homenagem.

A psicologia que é convocada pela prática a confirmar a verdade de seu pensamento, que busca não tanto explicar o psiquismo, mas compreendê-lo e

482

dominá-lo, estabelece uma relação fundamentalmente diferente com as disciplinas práticas em toda estrutura da ciência do que a psicologia anterior. Nela a prática era uma colônia da teoria, totalmente dependente da metrópole; a teoria não dependia em nada da prática; a prática era a conclusão, a aplicação, a saída dos limites da ciência, uma operação extracientífica, pós-científica, que começa onde se considera que a operação científica termina. O êxito ou o fracasso praticamente não se refletiam sobre o destino da teoria. Agora a situação se inverte; a prática entra nos fundamentos mais profundos da operação científica e reorganiza-a do início ao fim; a prática desloca a colocação das tarefas e serve de juiz supremo da teoria, de critério de verdade; ela dita como se deve construir os conceitos e como formular as leis.

Isso nos leva diretamente ao *segundo aspecto, à metodologia*. Pode parecer estranho e paradoxal à primeira vista, mas justamente a prática, como princípio construtivo da ciência, exige a filosofia, ou seja, uma metodologia da ciência. Isso não contradiz absolutamente a relação leviana, "despreocupada", segundo as palavras de Münsterberg, entre a psicotécnica e seus princípios; na realidade, tanto a prática quanto a metodologia da psicotécnica são terrivelmente impotentes, frágeis, superficiais, as vezes risíveis. Os diagnósticos da psicotécnica nada dizem, eles mais parecem as elucubrações do médico de Molière sobre a medicina; sua metodologia é sempre inventada *ad hoc* e é desprovida de senso crítico; com frequência ela é chamada de psicologia de casa de campo, ou seja, simplificada, temporária, semisséria. Isso tudo é verdade. Contudo, nada disso altera o estado fundamental das coisas, isto é, o fato de que é justamente ela, essa psicologia, que criará uma metodologia de ferro. Como diz Münsterberg, não apenas em termos gerais, mas também na análise de questões especiais somos obrigados a sempre voltar ao estudo dos princípios da psicotécnica (Münsterberg, 1924, p. 6).

É por isso que eu afirmo: embora ela tenha se comprometido diversas vezes, embora *seu significado prático seja quase nulo e a teoria seja frequentemente risível, seu significado metodológico é enorme*. O princípio da prática e da filosofia, repito, é a pedra que os edificadores rejeitaram, tornou-se a pedra angular. Este é o sentido da crise.

Binswanger diz que não é da lógica, da gnosiologia ou da metafísica que devemos esperar a solução da questão mais geral, isto é, a questão das questões de toda psicologia, do problema que contém o problema da psicologia, da psicologia subjetivizante e a objetivizante, mas da metodologia, ou seja, da teoria sobre o método científico (Binswanger). Diríamos que é da metodologia da psicotécnica, ou seja, *da filosofia da prática*. Por mais evidentemente insignificante que seja o valor prático e teórico da escala de Binet ou de outros testes psicotécnicos, por pior que seja o próprio teste, como ideia, como princípio metodológico, como tarefa, como perspectiva, ele é grandioso. As mais complexas contradições da metodologia psicológica são transferidas para o campo da prática e apenas aqui podem ser resolvidas. Aqui a disputa deixa de ser improdutiva, ela tem um fim. Método significa caminho, nós o compreendemos como meio para o conhecimento; mas o caminho é, em todos os seus pontos, determinado pelo objetivo, para onde ele conduz. Por isso a prática reorganiza toda metodologia da ciência.

O terceiro aspecto que reforma o papel da psicotécnica pode ser compreendido a partir dos dois primeiros. Consiste em que a psicotécnica *é uma psicologia unilateral*, ela impulsiona uma ruptura e formula uma psicologia real. A pedologia *de fato* não pode falar apenas do psiquismo da criança, ela ultrapassa os limites da psicologia e incorpora a fisiologia e a anatomia; ainda que, de fato, ela ainda se reduza a uma união de diferentes ciências sob o mesmo nome; como tarefa, como princípio, como ideia, a pedologia deve criar um conceito novo e realista, que estará na base da ciência e que, como já se pode dizer, não terá nada em comum com o estéril conceito de percepção introspectiva[181]. A psiquiatria também ultrapassa as fronteiras da psicologia idealista; para tratar e curar não é possível se basear na introspecção; dificilmente seria possível levar essa ideia a um absurdo maior do que aplicando-a à psiquiatria. A psicotécnica, como observou Chpilrein, também percebeu que não se pode separar funções psicológicas e fisiológicas, e busca uma compreensão integral. Escrevi sobre os mestres (dos quais os psicólogos exigem inspiração) que eles dificilmente confiariam a condução de um navio à inspiração do capitão ou a administração de uma fábrica ao entusiasmo do engenheiro; todos escolheriam um marinheiro profissional ou um técnico experiente. São apenas essas as elevadas exigências que, de modo geral, podem ser feitas à ciência, a elevada seriedade da prática, isso é o que trará vida para a psicologia. A indústria e o exército, a educação e o tratamento médico reformam e trazem vida à ciência. Para a seleção de

---

181. A frase iniciada em "A pedologia" foi removida na edição de 1982 (cf. Zavershneva; Osipov, 2012) [N.T.].

um condutor de bonde não é adequada a psicologia eidética de Husserl, que não se importa com a verdade de suas afirmações, tampouco tem serventia a contemplação de essências, mesmo os valores não nos interessam. Nada disso pode prevenir uma catástrofe. Também não é Shakespeare em conceitos, como para Dilthey, o objetivo dessa psicologia, mas a *psicotécnica, em uma palavra*, isto é, a teoria científica que pode levar à sujeição e ao domínio da psicologia, ao manejo artificial do comportamento.

Münsterberg, esse idealista militante, lança os fundamentos da psicotécnica, isto é, de uma psicologia materialista no mais alto grau. Stern, igualmente um entusiasta do idealismo, elaborou uma metodologia para a psicologia diferencial e com força mortal revelou a inconsistência da psicologia idealista.

Com foi possível que idealistas extremos tenham trabalhado sobre o materialismo? Isso mostra como as duas tendências em conflito estão profunda e objetivamente alicerçadas no desenvolvimento da psicologia, quão pouco elas coincidem com o que o psicólogo diz sobre si mesmo, isto é, com suas convicções filosóficas subjetivas; quão incrivelmente complexo é o quadro da crise; como essas duas tendências se encontram em formas mistas; quão estropiados, inesperados e paradoxais são os zigue-zagues da linha de frente da psicologia, com frequência *dentro* de um mesmo termo; por fim como *a luta entre duas psicologias não coincide com a luta de muitas visões e escolas psicológicas, mas está atrás delas e as determina*; como são enganosas as formas exteriores da crise e como é preciso verificar o sentido verdadeiro que se oculta por trás delas.

Voltemos a Münsterbeg. A questão da legitimidade da psicologia causal tem um significado decisivo para a psicotécnica. Apenas agora essa psicologia causal unilateral age em seu próprio direito. Por si mesma, a psicologia causal é uma resposta a questões artificialmente lançadas: a vida mental por si mesma exige não ser explicada, mas compreendida. Contudo, a psicotécnica só pode trabalhar com essa colocação "não natural" da questão e comprova sua necessidade e legitimidade. "Assim, apenas na psicotécnica se revela o verdadeiro significado da psicologia explicativa e, assim, nela se encerra o sistema de ciências psicológicas" (Münsterberg, 1924 p. 8-9). Seria difícil explicar de modo mais claro a força objetiva da tendência e a não coincidência entre as convicções do filósofo e o sentido objetivo de seu trabalho: a psicologia materialista é antinatural, diz o idealista, mas *sou obrigado* a trabalhar justamente com *essa psicologia*.

A psicotécnica é voltada à ação, à prática; aqui "agimos de forma fundamentalmente distinta do que em uma descrição e explicação puramente teóricas" (Münsterberg, 1924, p. 6). Por isso, a psicotécnica *não pode* hesitar na escola da psicologia que lhe é necessária (mesmo que ela tenha sido elaborada por idealistas consequentes), ela lida exclusivamente com uma psicologia causal, objetiva; a psicologia não causal não desempenha qualquer papel para a psicotécnica (Münsterberg, 1924, p. 10).

Justamente essa posição é de importância decisiva para todas as ciências psicológicas. Ela é conscientemente unilateral (Münsterberg, 1924, p. 11). Apenas ela é uma ciência empírica no sentido pleno da palavra É inevitavelmente uma ciência comparada (Münsterberg, 1924, p. 12). Para essa ciência, a conexão com processos físicos é algo tão fundamental que ela é uma psicologia fisiológica. É uma ciência experimental. A fórmula geral

> Partimos do pressuposto de que a única psicologia necessária à psicotécnica deve ser uma ciência descritiva-explicativa. Agora podemos acrescentar que essa psicologia é, além disso, uma ciência empírica, comparativa, uma ciência que usa dados da fisiologia e, enfim, uma ciência experimental (Münsterberg, 1924, p. 13).

Isso quer dizer que a psicotécnica produz uma reviravolta no desenvolvimento da ciência e marca época nesse processo. De acordo com esse ponto de vista, Münsterberg diz que a psicologia empírica dificilmente pode ter *surgido* antes da metade do século XIX. Mesmo nas escolas que rejeitavam a metafísica e estudavam os fatos, o estudo era norteado por outros interesses. A aplicação era impossível antes que a psicologia se tornasse uma ciência natural; mas com a introdução do experimento criou-se uma situação paradoxal, impensável nas ciências naturais: os aparatos, como a primeira máquina ou telégrafo, eram conhecidos pelos laboratórios, mas aplicados à prática. A educação e o direito, o comércio e a indústria, a vida social e a medicina não foram afetados por esse movimento. Até hoje considera-se uma profanação da investigação seu contato com a prática e aconselha-se esperar até que a psicologia conclua seu sistema teórico. Contudo, os experimentos das ciências naturais dizem outra coisa: a medicina e a técnica não esperaram que a anatomia e a física celebrassem seus últimos triunfos. A vida não apenas precisa da psicologia e a prática em toda parte em suas formas pré-científicas, como a psicologia precisa esperar o incremento resultante desse contato com a vida (Münsterberg, 1924, p. 15).

É claro que Münsterberg não seria um idealista se ele tivesse aceitado esse estado de coisas tal qual ele era e não deixasse um campo especial para o direito irrestrito do idealismo. Ele apenas transfere a disputa para outro campo, reconhecendo a inconsistência do idealismo no âmbito da psicologia causal, que se alimenta da prática. Ele explica "a tolerância gnosiológica", ele a deduz da compreensão idealista da essência da ciência, que busca a distinção não em conceitos verdadeiros e falsos, mas em adequados ou inadequados para os objetivos apresentados. Ele acredita que é possível haver uma trégua temporária entre os psicólogos, uma vez que eles deixaram o campo de batalha das teorias psicológicas (Münsterberg, 1924).

Toda a obra de Münsterberg é um exemplo impressionante do desacordo interno entre uma metodologia definida pela ciência e uma filosofia definida pela visão de mundo, justamente porque ele é um metodólogo e um filósofo consequente até o fim, ou seja, um pensador contraditório até o fim. Ele entende que, sendo materialista na psicologia causal e idealista na psicologia teleológica, chega a uma espécie de contabilidade que deve necessariamente ser pouco conscienciosa, pois as anotações em um lado da página são totalmente diferentes das do outro lado: afinal, no fim das contas, apenas uma verdade é concebível. Contudo, para ele a verdade não é a própria vida, mas a reelaboração lógica da vida, e esta última pode ser diversa, determinada por muitos pontos de vista (Münsterberg, 1924, p. 30). Ele compreende que a ciência empírica não exige a recusa do ponto de vista gnosiológico, mas a de uma *determinada teoria*, mas em diferentes ciências são aplicados diferentes pontos de vista gnosiológicos. Para atender aos interesses da prática expressamos a verdade em uma língua, para atender aos interesses do espírito, em outra.

Se os cientistas naturais têm opiniões divergentes, elas não dizem respeito aos pressupostos fundamentais da ciência. Para o botânico não há qualquer dificuldade de tratar com outros pesquisadores do caráter do material sobre o qual ele trabalha. Nenhum botânico irá se deter na questão sobre o que significa exatamente as plantas existirem no espaço e no tempo, elas serem governadas por leis de causalidade. Não obstante, a natureza do material psicológico não permite separar as teses psicológicas das teorias filosóficas na medida em que isso foi alcançado por outras ciências empíricas. O psicólogo cai num autoengano fundamental ao imaginar que o trabalho de laboratório pode levá-lo à resolução de questões básicas de sua ciência; elas pertencem à filosofia. Aquele que não estiver disposto a travar um debate filosófico sobre questões fundamentais deve pura e simplesmente aceitar de forma tácita alguma teoria gnosiológica como base de suas investigações especiais (Münsterberg, 1924). Foi justamente a tolerância gnosiológica e não a recusa à gnosiologia que levou Münsterberg à ideia de duas psicologias, sendo que uma nega a outra, mas ambas podem ser aceitas pelo filósofo. Afinal, tolerância não quer dizer ateísmo; na mesquita é maometano, na igreja é cristão.

Pode surgir apenas um mal-entendido essencial: o de que a ideia de uma psicologia dupla leva a uma aceitação *parcial* dos direitos da psicologia causal, que a duplicidade é transferida para a própria psicologia, que se divide em duas etapas; que Münsterberg declara haver tolerância também *dentro* da psicologia causal; *só que não é nada disso*. Eis o que ele diz:

> Poderia existir ao lado da psicologia causal uma psicologia de pensamento teleológico? Será que a psicologia científica pode e deve abordar a apercepção teleológica ou a criação de tarefas, os afetos e a vontade, o pensamento? Ou essas questões fundamentais não dizem respeito ao psicotécnico, já que ele sabe que em todo caso podemos dominar todos esses processos e funções psíquicas utilizando a língua da psicologia causal e que a psicotécnica só pode lidar com essa compreensão causal? (Münsterberg, 1924, p. 11).

Assim, essas duas psicologias jamais se intersectam mutuamente, jamais se complementam; elas servem a *duas* verdades, uma em favor dos interesses da prática, a outra dos interesses do espírito. Essa contabilidade dupla leva à visão de mundo de Münsterberg, mas não à psicologia. O materialista aceita *integralmente* a concepção de Münsterberg sobre a psicologia causal e rejeita a díade das ciências; o idealista também rejeita a díade e aceita *integralmente* a concepção da psicologia teleológica; o próprio Münsterberg proclama a tolerância gnosiológica e aceita ambas as ciências, mas elabora uma delas na qualidade de materialista, e a outra enquanto idealista. Dessa forma, a disputa e a dualidade se realizam fora das fronteiras da psicologia causal; não é uma parte dela e *por si mesma* não se constitui como membro de nenhuma ciência.

Esse instrutivo exemplo de como o idealismo na ciência *é obrigado* a se transferir para o terreno do materialismo pode ser integralmente confirmado pelo exemplo de *qualquer* outro pensador.

O mesmo caminho foi percorrido por Stern, levado à psicologia objetiva pelos problemas do estudo diferencial, este que também é uma das principais causas da nova psicologia. Contudo, estudamos não os pensadores, mas o destino deles, isto é, os processos objetivos que estão por trás deles e que os conduziram. Segundo a expressão de Engels, uma máquina a vapor mostra que não é menos convincente do que cem mil máquinas ao mostrar as leis de conversão de energia (Marx; Engels, [*s. d.*], v. 20, p. 543). A título de curiosidade acrescentamos que, no prefácio à tradução de Münsterberg, os psicólogos idealistas russos observam entre seus méritos o fato de que ele responde aos anseios da psicologia do comportamento e às exigências de uma abordagem integral ao ser humano, que não pulverize sua organização psicofísica em átomos. O que fazem os grandes idealistas como tragédia, os pequenos repetem como farsa.

Podemos resumir. Compreendemos a causa da crise com sua força motriz, a qual tem não apenas interesse histórico, mas também um significado (metodológico) condutor, uma vez que ela não apenas levou à instituição da crise, como continua a determinar seu fluxo e destino posterior. Essa causa está no desenvolvimento da psicologia aplicada, que levou à reorganização de toda metodologia da ciência com base no princípio da prática, isto é, à sua transformação em ciência natural. Esse princípio pesa sobre a psicologia e a impele a romper-se em duas ciências; ele garante o correto desenvolvimento da psicologia materialista no futuro. A prática e a filosofia passam a ser pedras angulares.

Muitos psicólogos consideraram que a introdução do experimento trazia uma reforma fundamental da psicologia e até tratavam psicologia experimental e científica como idênticas. Eles previram que o futuro pertencia apenas à psicologia experimental e viram nesse epíteto um importantíssimo princípio metodológico. Contudo, na psicologia o experimento permaneceu no nível de procedimento técnico, não foi utilizado de forma fundamental, levando Ach, por exemplo, à sua rejeição. Hoje em dia, muitos psicólogos veem uma saída na *metodologia*, na construção correta dos princípios; eles esperam a salvação do outro lado. Não obstante, o trabalho deles é igualmente infrutífero. Apenas a recusa fundamental do empirismo cego, que vem a reboque da vivência introspectiva imediata e é internamente partido em dois; apenas a emancipação em relação à introspecção, sua exclusão, como ocorreu com o olho na física; apenas a ruptura e escolha de uma psicologia trará uma saída para a crise. A unidade dialética entre metodologia e prática, aplicadas nas duas pontas à psicologia, é o destino e a sina de uma dessas psicologias; a total recusa à prática e a contemplação de essências ideais é o destino e a sina de outra; a ruptura e a separação total é o destino e a sina comum de ambas. Essa ruptura começou, está acontecendo e terminará pela linha da *prática*.

14

Por mais evidente depois da análise que seja o dogma histórico e metodológico sobre a crescente ruptura entre as duas psicologias como fórmula da dinâmica da crise, ela é disputada por muitos. Isso por si só não nos interessa; as tendências que encontramos nos parecem ser expressão da verdade, pois elas têm uma existência objetiva e não dependem das visões de determinados autores; ao contrário, elas mesmas determinam essas visões na medida em que se tornam visões psicológicas e tomam parte no processo de desenvolvimento da ciência.

Por isso não deve nos surpreender o fato de que existem diferentes visões a esse respeito; desde o início colocamo-nos a tarefa não de investigar as visões, mas para onde elas se dirigem. É isso que distingue a investigação crítica das visões de determinado autor e a análise metodológica do próprio problema. Não obstante, uma coisa deve, ainda assim, nos interessar; não somos, em absoluto, indiferentes às visões; devemos justamente saber *explicá-las*, revelar sua lógica interna e objetiva; em suma, devemos representar toda luta de visões como uma expressão complexa da luta entre duas psicologias. De modo geral, esta é a tarefa da crítica *com base* na presente análise, e é preciso mostrar a partir de exemplos das principais tendências da psicologia *o que* o dogma que encontramos pode oferecer para sua compreensão. Contudo, uma das nossas tarefas aqui é mostrar a *possibilidade* disso, estabelecer o curso fundamental da análise.

Isso pode ser feito com mais facilidade pela análise de sistemas que se colocam abertamente do lado de uma das tendências ou menos que as misturam. Uma tarefa bem mais difícil e por isso mesmo mais atrativa é mostrar com base em exemplos de sistemas que se colocam fundamentalmente *fora* da luta, fora dessas duas tendências, que buscam uma saída em uma terceira e como que negam nosso dogma sobre a existência de apenas dois caminhos da psicologia. Há ainda um terceiro caminho, eles dizem: as duas tendências em luta podem ser fundidas, uma ser subordinada a outra; as duas podem ser eliminadas e uma nova criada, ou, ainda, ambas podem ser subordinadas a uma terceira etc. De fundamental importância para a afirmação de nosso dogma é mostrar *onde* leva esse terceiro caminho, pois é isso que mantém o dogma em pé ou o derruba.

Partindo do modo que adotamos, analisaremos como agem essas duas tendências objetivas nos sistemas de visões de partidários da terceira via; seriam eles freados ou continuaram como senhores da situação; em suma, quem conduz o quê: o cavalo ou cavaleiro?

Antes de tudo, explicaremos de forma precisa a delimitação entre as visões e tendências. A própria visão pode se identificar com uma certa tendência e mesmo assim não coincidir com ela. Assim, o behaviorismo está correto ao afirmar que a psicologia científica só é possível, como ciência natural; contudo, isso não quer dizer que ele a *realiza* como ciência natural, que ele não compromete essa ideia. A tendência de toda visão é uma *tarefa*, e não um dado; dar-se conta da tarefa ainda não quer dizer saber resolvê--la. Com base em uma mesma tendência pode haver diferentes visões, e em uma mesma visão ambas as tendências podem estar representadas em diferentes graus.

Com essa delimitação clara podemos passar aos sistemas da terceira via. Há muitos deles. A maioria, contudo, é constituída ou por cegos, que confundem inconscientemente os dois caminhos, ou ecléticos conscientes que correm de um atalho para outro. Passaremos direto; interessam-nos os princípios e não suas deturpações. Há três desses sistemas fundamentalmente puros: a teoria da Gestalt, o personalismo e a psicologia marxista. Vamos analisá-los no recorte que nos interessa. Essas três escolas estão unidas pela convicção comum de que a psicologia como ciência é impossível, seja com base na psicologia empírica, seja com base no behaviorismo, e que há um terceiro caminho que está acima desses outros dois e que permite realizar a psicologia científica sem a recusa de uma das duas abordagens, mas unindo-as em um único todo. Cada sistema resolve essa tarefa a seu modo, cada um tem seu destino, mas juntos eles esgotam *todas* as possibilidades lógicas de uma terceira via, como se fosse um experimento metodológico especialmente elaborado para tal.

A teoria da Gestalt resolve essa questão introduzindo o conceito fundamental de estrutura (Gestalt), que reúne os aspectos funcional e descritivo do comportamento, ou seja, é um conceito *psicofísico*. Reunir uma coisa e outra no objeto de uma ciência só é possível encontrando algo *comum* em ambos e tornando objeto de estudo justamente esse *comum*. Pois se aceitamos o psiquismo e o corpo como duas coisas diferentes, separadas por um abismo, que não têm nenhuma propriedade em comum, é claro que será impossível uma ciência que trate de duas coisas totalmente diferentes. Este é o centro de toda metodologia da nova teoria. O princípio da Gestalt é aplicado igualmente *a toda natureza*. Ele não é uma particularidade apenas do psiquismo; o princípio traz um caráter psicofísico. É aplicável à fisiologia, à física e, de modo geral, a todas as ciências reais. O psiquismo é apenas *parte* do comportamento, processos conscientes são processos parciais de todo maiores (Koffka, 1925). Wertheimer é ainda mais claro nesse sentido. A fórmula de toda teoria da Gestalt pode ser assim resumida: *aquilo que ocorre na parte de um todo é definido pelas leis internas da estrutura desse todo*. "A teoria da Gestalt não é mais nem menos do que isso" (Wertheimer, 1925, p. 7). O psicólogo Köhler (1924) mostrou que na física ocorrem fundamentalmente os mesmos processos. E esse fato *metodologicamente* notável é também para a teoria da Gestalt um argumento decisivo. O princípio de estudo é o mesmo para o psiquismo, para o orgânico e o inorgânico (Wertheimer, 1924, p. 17)[182], isso quer dizer que a psicologia entra no contexto das ciências naturais, que a investigação psicológica é possível segundo princípios físicos. Em vez da união sem sentido de um psíquico e um físico heterogêneos (Wertheimer, 1924, p. 18), a teoria da Gestalt afirma a ligação entre eles: são com frequência um único todo. Apenas o europeu de uma cultura recente pode dividir físico e psíquico da forma como fazemos. Uma pessoa dança. Por acaso temos, de um lado, a soma de movimentos musculares e, de outro, a alegria e o entusiasmo? (Wertheimer, 1924, p. 25) Eles são congêneres em sua estrutura. A consciência não traz nada de fundamentalmente novo, que exige novos modos de estudo. Onde está a

---

182. A citação foi ajustada segundo indicação de Yasnitsky (em Zavershneva; Osipov, 2012). Trata-se de um trecho da palestra de Wertheimer, intitulada "Über Gestalttheorie" (Sobre a teoria da Gestalt), proferida em 17 de dezembro de 1924, na Sociedade Filosófica Kant, em Berlim. Os pesquisadores não puderam estabelecer a que edição corresponde às páginas citadas por Vigotski [N.T.].

fronteira entre materialismo e idealismo? Há teorias psicológicas e até muitos livros que, apensar de falarem apenas de elementos da consciência, são mais sem alma, sem sentido, obtusas e materialistas do que uma árvore em crescimento (Wertheimer, 1924, p. 20).

O que tudo isso quer dizer? Apenas que a teoria da Gestalt realiza uma psicologia materialista na medida em que ela organiza de forma fundamental e metodologicamente coerente. A teoria da Gestalt sobre as reações fenomênicas *parece* estar em contradição com isso, mas apenas parece, pois, para esses psicólogos, o psiquismo é a *parte fenomênica do comportamento*, ou seja, eles escolhem *uma das duas* vias, e não uma terceira.

Outra questão: Será que essa teoria é coerente em sua visão? Não incorreria ela em contradição em suas perspectivas? Teria ela escolhido corretamente os meios para realizar essa via? Porém, não é isso que nos interessa, mas o sistema metodológico de princípios. Podemos dizer ainda que tudo o que nas visões da teoria da Gestalt que não coincide com essa tendência é manifestação de outra tendência. Se o psiquismo é descrito segundo os mesmos conceitos que a física, trata-se da via da psicologia científica natural.

É fácil mostrar que Stern (1924), na teoria do personalismo, percorre o caminho inverso de desenvolvimento. Na tentativa de fugir das duas vias e seguir por uma terceira, ele, de fato, também se torna *uma das duas*, isto é, a via da psicologia idealista. Ele parte do fato de que não temos uma psicologia, mas muitas. Desejando preservar o objeto da psicologia na forma de uma determinada tendência, ele introduz o conceito de atos e funções psicofisicamente neutros e chega à suposição: o físico e o psíquico passam pelos mesmos estágios de desenvolvimento, essa divisão é um fato secundário, mas surge do fato de que a personalidade pode ser ela mesma e outra; o fato fundamental é a existência de uma personalidade psicofisicamente neutra e de seus atos psicofisicamente neutros. Assim, a unidade é alcançada mediante a introdução do conceito de autopsicofísico neutro.

Vejamos o que, de fato, essa fórmula oculta. Ocorre que Stern percorre o caminho inverso, que nós conhecemos pela teoria da Gestalt. Para ele, o organismo e mesmo os sistemas inorgânicos são também personalidades psicofísicas neutras; uma planta, o Sistema Solar e o ser humano devem ser compreendidos fundamentalmente da mesma forma, por meio da difusão do princípio teleológico em um mundo não psíquico. Temos diante de nós uma psicologia teleológica. A terceira via novamente se mostra *uma das duas* vias já conhecidas. Trata-se novamente da metodologia do personalismo: Como seria idealmente construída a psicologia segundo esses princípios? Agora, como ela é de fato, já é outra questão. Na realidade, Stern, assim como Münsterberg, foi obrigado a ser partidário da psicologia causal na psicologia diferencial; na realidade ele propõe uma concepção materialista da consciência, ou seja, dentro de seu sistema continua ocorrendo a luta que tão bem conhecemos, que ele deseja sem sucesso superar.

O terceiro sistema que tenta se colocar em uma terceira via é aquele que está se desenrolando diante dos nossos olhos, o sistema da psicologia marxista. Sua análise é dificultada, pois ela não tem uma metodologia e tenta encontrá-la pronta em manifestações pontuais sobre psicologia dos fundadores do marxismo, para não dizer que encontrar uma fórmula pronta do psiquismo em obras de outrem significaria exigir uma "ciência antes da ciência". É preciso observar que a heterogeneidade do material, o caráter fragmentado, a mudança de significado de uma frase fora do contexto, o caráter polêmico da maioria das enunciações, que são corretas precisamente na negação de um pensamento falso, mas vazias e gerais no sentido de uma definição positiva da tarefa: tudo isso impede que esperemos desse trabalho algo além de um apanhado mais ou menos aleatório de citações e uma interpretação talmúdica delas. Não obstante, citações organizadas da melhor forma nunca formarão um sistema.

Outra deficiência formal desse tipo de trabalho é a confusão de dois objetivos em tais pesquisas; de fato, um objetivo é analisar a teoria de Plekhánov, Lenin[183] etc. segundo um ponto de vista histórico e filosófico, outro inteiramente diverso é investigar os próprios problemas que foram colocados por esses pensadores. Se unirmos os dois chegamos a uma desvantagem dupla: recorre-se a um determinado autor para resolver o problema, o problema é visto apenas nas dimensões e nos recortes em que ele foi abordado *de passagem* e por outros motivos por esse autor; a colocação deturpada da questão aborda aspectos aleatórios, sem tocar o centro, sem

---

183. Na edição de 1982, no lugar dos nomes Plekhánov e Lenin, constava "teoria marxista" (cf. Zavershneva; Osipov, 2012) [N.T.].

desenvolvê-la tal qual exige a própria essência da questão. Além disso[184], a resolução do problema sempre acontece com um olho na autoridade, não livre internamente, fundamentalmente não investigativo: ligando-se e limitando-se previamente à teoria de outrem, em vez de evocá-la em auxílio.

O temor de uma contradição verbal leva a uma confusão de pontos de vista gnosiológicos, metodológicos e assim por diante.

Mesmo o segundo objetivo (o estudo do autor) não é atingido por esse caminho, pois o autor é modernizado à revelia, atraído para uma disputa atual e, o mais importante, profundamente distorcido pela introdução arbitrária em um sistema de citações arrancadas de vários lugares. Poderíamos dizer o seguinte: em primeiro lugar, estão buscando *não onde se deve*; em segundo lugar, *não aquilo que é preciso*; em terceiro lugar, *não da forma que é preciso*. Não onde se deve, pois nem Plekhánov nem qualquer outro marxista *tem aquilo que eles procuram*, eles não apenas não têm uma metodologia acabada para a psicologia, como nem sequer rudimentos para tal; eles não tinham esse problema diante de si, e suas manifestações sobre o tema têm um caráter acima de tudo não psicológico; eles não têm sequer uma doutrina gnosiológica sobre a forma de se conhecer o psíquico. Por acaso é algo simples criar uma hipótese que seja sobre a correlação psicofísica? Plekhánov teria escrito seu nome na história da filosofia ao lado de Espinosa se ele tivesse criado uma doutrina psicofísica. Ele não poderia ter feito isso, pois ele mesmo não se ocupou da psicofísica, e a ciência não poderia servir de pretexto para a construção de tal hipótese.

Por trás da hipótese de Espinosa estava a física de Galileu: nela [na hipótese – N. da ed. russa], traduzida para a linguagem filosófica, se expressa toda a experiência fundamentalmente generalizada das ciências naturais, que pela primeira vez conheceu a unidade e a regularidade do mundo. O que essa doutrina poderia engendrar na psicologia? Plekhánov e outros sempre se interessaram por um objetivo local: de polêmica, explicativo, de modo geral um objeto de contexto, mas não um pensamento independente, generalizado, elevado ao nível de uma doutrina.

Não aquilo que é preciso, pois é necessário um sistema metodológico de princípios com o qual se possa começar a investigação, mas buscam

---

184. Este trecho, até o fim do parágrafo, foi omitido da edição de 1982 (cf. Zavershneva; Osipov, 2012) [N.T.].

uma resposta em essência, aquilo que está no indeterminado ponto-final científico de muitos anos de investigações coletivas. Se a resposta já existisse, não haveria motivo para construir uma psicologia marxista. O critério exterior para a fórmula buscada deve ser uma validade metodológica; ao invés disso, buscam uma forma ontológica grandiosa e cautelosa, mas que talvez seja a que menos diga algo que se preste a oferecer uma solução. Precisamos de uma fórmula que *nos sirva* nas pesquisas, mas eles buscam uma fórmula à qual devemos servir, que devemos comprovar. O resultado é que chegam a fórmulas que *paralisam* metodologicamente a pesquisa: este é o caso dos conceitos negativos etc. Eles não mostram como se pode realizar a ciência partindo dessas fórmulas fortuitas.

Não da forma que é preciso, pois o pensamento é tolhido por um princípio autoritário; estudam não métodos, mas dogmas; não se libertam do método da sobreposição lógica de duas fórmulas; não adotam uma abordagem crítica e de investigação livre ao assunto. É preciso compreender que nem toda vírgula de Lenin é uma lei[185]; é preciso compreender que em todas as investigações há um objetivo obrigatório, sem o qual elas não têm sentido; descobrir algo novo, enriquecer, complexificar e acrescentar, e não contradizer, é uma virtude menor. Toda nova descoberta no campo da investigação da natureza e da sociedade, diz Riazánov[186], traz um perigo para muitas teses não fundamentadas do marxismo, que não podem deixar de envelhecer. Mas o marxismo só pode saudar esse perigo, que o obriga a rever suas perspectivas. Tal "revisão" é exigida pela essência do marxismo. Lenin observou corretamente que a revisão da forma do materialismo de Engels, a revisão de suas teses de filosofia da natureza não tem nada de revisionismo, mas é uma exigência necessária do marxismo. Nenhuma pesquisa é possível sem tal liberdade, que é absolutamente necessária seja para o pesquisador comum, seja para o grande pensador. Tudo isso se aplica de forma excepcional à psicologia, nela tudo o que é contemporâneo a Engels conseguiu envelhecer mais do que as ciências naturais.

Esses três defeitos decorrem de um mesmo motivo: a incompreensão da tarefa histórica da psicologia e do sentido da crise; a isso é especialmente

---

185. O trecho iniciado em "É preciso compreender que nem toda vírgula de Lenin..." até o fim do parágrafo foi omitido da edição de 1982 (cf. Zavershneva; Osipov, 2012) [N.T.].

186. Segundo Yasnitsky, Vigotski faz referência ao prefácio de Riazánov ao livro *Dialética da natureza*, de Engels. O trecho iniciado em "É preciso compreender..." até o fim do parágrafo estava ausente da edição de 1982 (cf. Zavershneva; Osipov, 2012) [N.T.].

dedicada a próxima seção. Digo tudo isso aqui para deixar mais clara a fronteira entre visões e o sistema, para tirar do sistema a responsabilidade pelos erros das visões; falaremos em um sistema equivocadamente compreendido. Temos todo o direito de fazer isso, já que essa própria compreensão não tem consciência da direção para a qual ela aponta.

O novo sistema coloca como fundamento da terceira via da psicologia o conceito de reação, à diferença do reflexo, um fenômeno psíquico que encerra em si um aspecto subjetivo e um objetivo em um ato integral de reação. Contudo, diferentemente da teoria da Gestalt e de Stern, a nova teoria recusa a premissa metodológica que une as duas partes da reação em um conceito. Não se trata de ver no psiquismo fundamentalmente as mesmas estruturas que existem na física, não se trata de discernir a natureza inorgânica do objetivo, de enteléquia e de personalidade, da via da teoria da Gestalt ou de Stern: nada disso leva ao objetivo.

A nova teoria, seguindo Plekhánov, aceita a doutrina do paralelismo psicofísico e a plena irredutibilidade do psíquico e do físico, considerando que a redução de um a outro constitui um tipo vulgar e grosseiro de materialismo. Porém, como é possível haver *duas* ciências sobre *duas* categorias fundamental e qualitativamente heterogêneas e irredutíveis do ser? Como é possível fundi-las no ato integral da reação? Temos duas respostas para essa pergunta. Kornílov vê uma relação funcional entre elas, mas isso anula imediatamente qualquer *integridade*: apenas duas grandezas *diferentes* podem estabelecer uma relação funcional. Estudar a psicologia segundo os conceitos de reação é impossível, pois *dentro* da reação estão contidos dois elementos não redutíveis a uma unidade e funcionalmente dependentes. Isso não resolve o problema psicofísico, mas o transfere *para dentro de cada elemento* e, por isso, impossibilita que a investigação dê um passo sequer, uma vez que tolhe a psicologia como um todo. Em um caso não era clara a relação do campo do psiquismo com o da fisiologia, aqui essa mesma falta de solução está intricada em cada reação. O que essa resolução do problema oferece em termos *metodológicos*? Em lugar de resolvê-la problematicamente (hipoteticamente) no início da investigação, ela é resolvida experimental, empiricamente em cada caso particular. Só que isso é impossível. Como pode existir uma ciência com dois métodos fundamentalmente distintos de conhecimento (e não de modos de investigação)? Para Kornílov, a introspecção não é um procedimento técnico, mas o único modo adequado para se conhecer o psiquismo. É claro que a integridade metodológica da reação permanece *pia desiderata*, e na realidade esse conceito leva a duas ciências, com dois métodos que estudam dois aspectos diferentes do ser.

Outra resposta é dada por Frankfurt (1926). Acompanhando Plekhánov, ele cai numa insolúvel e irremediável contradição ao tentar mostrar a materialidade do psiquismo não material, e associar na psicologia dois caminhos de ciência que não podem ser associados. O esquema de seu raciocínio é o seguinte: os idealistas veem na matéria um outro ser do espírito; os materialistas mecanicistas veem no espírito um outro ser da matéria. O materialista dialético conserva os dois membros da antinomia. Para ele o psiquismo 1) é uma propriedade especial irredutível ao movimento, entre *muitas* outras propriedades; 2) o estado interno da matéria em movimento; 3) o aspecto subjetivo de um processo material. O caráter contraditório e heterogêneo dessas fórmulas será revelado pela apresentação sistemática dos conceitos da psicologia; então espero mostrar a distorção do sentido que é trazida pela comparação dessas ideias retiradas de contextos absolutamente diferentes. Interessa-nos aqui exclusivamente o aspecto *metodológico* da questão: Como é possível *uma* ciência sobre *dois* tipos fundamentalmente distintos de ser? Eles não têm nada em comum, não podem ser reduzidos a uma unidade, mas será que entre eles não existe uma ligação unívoca que permita uni-los? Não. Plekhánov diz claramente: o marxismo não admite *"a possibilidade de explicar ou descrever um tipo de fenômeno por meio de representações e conceitos 'desenvolvidos' para explicar ou descrever outro"* (*apud* Frankfurt, 1926, p. 51). Segundo Frankfurt, "o psiquismo é uma propriedade *especial*, descrita ou explicada por meio de conceitos ou representações *especiais*" (Frankfurt, 1926). Novamente – também (Frankfurt, 1926, p. 52-53) – por meio de conceitos *diferentes*. Contudo, isso quer dizer que há duas ciências, uma sobre o comportamento como forma peculiar de movimento do ser humano, e outra sobre o psiquismo como não movimento. É Frankfurt quem fala em fisiologia em um sentido estreito e amplo, considerando o psiquismo. Mas será que essa fisiologia existirá? Basta querer que a ciência irá surgir pelo nosso *fiat*? Que ao menos nos mostrem um único exemplo de *uma* ciência sobre *dois* tipos de ser diferentes, explicados e descritos por meio de conceitos diferentes, ou que mostrem a possibilidade de tal ciência.

Segundo esse raciocínio há dois pontos que mostram categoricamente a *impossibilidade* de tal ciência.

1. O psiquismo é uma qualidade especial ou uma propriedade da matéria, mas uma qualidade não é parte da coisa, porém uma faculdade especial. Contudo, são muitas as qualidades das coisas e matérias, e o psiquismo é *uma delas*. Plekhánov compara a relação entre o psiquismo e o movimento com as relações entre a propriedade vegetal e a combustibilidade, a solidez e o brilho do gelo. Então, por que há apenas dois membros na antinomia? Eles deveriam ser tantos quantas são as propriedades, ou seja, muitos, um número infinitamente grande. É evidente que contrariamente a Tchernichévski, entre todas as qualidades há algo geral; há um *conceito geral*, sob o qual podem ser colocadas todas as qualidades da matéria: seja o brilho ou a solidez do gelo, a combustibilidade e o crescimento da árvore. Do contrário haveria tantas ciências quantas qualidades existissem; uma ciência do brilho do gelo, outra da solidez. O que diz Tchernichévski é *simplesmente absurdo* como princípio metodológico. De fato, mesmo dentro do psiquismo há diferentes qualidades: a dor é tão diferente como o prazer, quanto o brilho e a solidez; novamente uma propriedade especial?

A questão é que Plekhánov opera com um *conceito geral de psiquismo*, sob o qual é colocada uma grande quantidade das mais variadas qualidades, e esse *conceito geral* sob o qual serão colocadas *todas* as outras qualidades será o movimento. É evidente que o psiquismo estabelece com o movimento uma relação fundamentalmente diferente do que as qualidades entre si: tanto o brilho como a solidez são, no fim das contas, movimento; tanto a dor quanto o prazer são, no fim das contas, psiquismo. O psiquismo não é uma entre muitas propriedades, mas uma entre duas. Assim, ao fim e ao cabo, há *dois* princípios, não um nem muitos. Metodologicamente isso quer dizer que se conserva inteiramente o dualismo da ciência. Isso fica particularmente claro no segundo ponto.

2. O psiquismo não influencia o físico, segundo Plekhánov (1922a). Frankfurt (1926) explica que ele influencia a si mesmo de forma mediada, pelo fisiológico ele tem uma eficácia peculiar. Se unirmos dois triângulos retângulos, a forma deles criará uma nova, o quadrado. Por si mesmas as formas não agem, "como aspecto segundo, 'formal', da união de nossos triângulos materiais". Observemos que esta é uma formulação *exata* da co-

nhecida Schattentheorie, a teoria das sombras: duas pessoas dão as mãos e a sombra delas faz o mesmo; segundo Frankfurt, as sombras "influenciam-se" mutuamente por meio do corpo.

Em termos metodológicos o problema não é absolutamente esse. Será que o autor [Frankfurt – N. da ed. russa] compreende que sua formulação sobre a natureza de nossa ciência é monstruosa para um materialista? Na realidade, o que é essa ciência das sombras, das formas, dos espectros de espelho? Em partes, o autor compreende para onde ele foi, mas não vê o que isso quer dizer. Será possível uma ciência natural das formas como tais, uma ciência que usa a indução, o conceito de causalidade? Apenas na geometria estudamos formas abstratas. A última palavra foi dita: a psicologia é possível como geometria. Contudo, isso é justamente a mais elevada expressão da psicologia eidética de Husserl, a psicologia descritiva de Dilthey como matemática do espírito, a fenomenologia de Tchelpánov, a psicologia analítica de Stout, Meinong e Schmidt-Kovajik. Todas elas se unem a Frankfurt por uma estrutura fundamental; elas usam a mesma analogia.

> 1. É preciso estudar o psiquismo como formas geométricas, *fora de causalidade*; dois triângulos não fazem nascer um quadrado, o círculo nada sabe sobre a pirâmide; nenhuma relação do mundo real pode ser transferida para o mundo ideal das formas e das essências psíquicas: eles só podem ser descritos, analisados e classificados, mas não explicados. A principal propriedade do psiquismo, para Dilthey, é o fato de que os membros não estão ligados por uma lei de causalidade.

As representações não têm fundamento suficiente para serem transferidas aos sentimentos; é possível imaginar uma essência que tenha apenas a capacidade de representação, a qual, no calor da batalha, seria um espectador indiferente e sem vontade de sua própria destruição. Os sentimentos não têm fundamento suficiente para serem transferidos para processos volitivos; é possível imaginar um ser que contempla um combate que ocorre ao seu redor com os sentimentos de medo e pavor, enquanto esses sentimentos não extravasem para movimentos de defesa (Dilthey, 1924, p. 99).

Precisamente porque esses conceitos são adeterministas, não motivados e não espaciais, eles são construídos conforme abstrações geométricas, Pávlov rejeita que eles possam servir à ciência: eles são incompatíveis com a construção material do cérebro. Justamente por serem geométricos, dissemos, junto com Pávlov, que eles não servem para a ciência real.

Mas como é possível uma ciência que une método geométrico e método científico indutivo? Dilthey compreendeu perfeitamente que o materialismo e a psicologia *explicativa* pressupõem um ao outro. "Derradeira em todas as suas nuanças é a psicologia explicativa. Toda teoria que tenha em sua base uma conexão entre processos físicos e apenas inclua fatos psíquicos neles é materialismo" (Dilthey, 1924, p. 30).

Justamente o desejo de salvaguardar a independência do espírito e de todas as ciências sobre ele, o medo de trazer para esse mundo as leis e necessidades que imperam na natureza a levam a um temor em relação à psicologia explicativa. "Nenhuma... psicologia explicativa pode estar na base das ciências do espírito" (Dilthey, 1924, p. 64). Isso quer dizer que não é impossível estudar de forma materialista as ciências do espírito. Quem dera Frankfurt compreendesse o que significa na prática essa exigência de uma psicologia como geometria; seu reconhecimento de uma ligação especial – "eficácia" – não de uma causalidade física do psiquismo; sua recusa à psicologia explicativa não é mais nem menos do que uma *recusa a conceitos de regularidade em toda esfera do espírito, é sobre isso que trata o embate.* Os idealistas russos compreendem isso perfeitamente: para eles, a tese de Dilthey sobre a psicologia é uma tese que se contrapõe a uma compreensão mecanicista do processo histórico.

2. O segundo traço dessa psicologia de Frankfurt está contido no método, na natureza do conhecimento dessa ciência. Se o psiquismo não estabelece relações com processos da natureza, se é extracausal, ele não pode ser estudado por via indutiva, observando fatos reais e generalizando-os, ele deve ser estudado por um método especulativo: pela análise direta da verdade nessas ideias platônicas ou essências psíquicas. Não há espaço na geometria para a indução; o que é provado para um triângulo, está provado para todos. Ela estuda não triângulos reais, mas abstrações ideais, propriedades especiais separadas das coisas, levadas ao extremo e tomadas em sua forma ideal pura. Para Husserl a fenomenologia se relaciona com a psicologia tal qual a matemática com as ciências naturais. Contudo, seria impossível realizar a geometria e a psicologia, segundo Frankfurt, como ciências naturais. O método delas é diferente. A indução é baseada em reiteradas observações

de fatos e na generalização obtida pela experiência; o método analítico (fenomenológico) é baseado no discernimento direto e único da verdade. Vale a pena pensar sobre isso: precisamos saber ao certo qual será a ciência com a qual queremos romper completamente. Na teoria da indução e análise há um mal-entendido essencial que precisa ser revelado.

A análise pode ser perfeitamente aplicada de modo planejado seja na psicologia causal, seja nas ciências naturais; nesse caso, é frequente que *de uma única observação se deduza uma regularidade geral*. Em particular, o predomínio da indução e da elaboração matemática, bem como o pouco desenvolvimento da análise foram os elementos que arruinaram o trabalho de Wundt e de toda psicologia experimental.

O que diferencia uma análise de outra, ou, para não incorrer em erro, o método analítico e o fenomenológico? Se soubermos isso, seremos capazes de traçar a última linha que estabelece a fronteira entre as duas psicologias.

O método da análise nas ciências naturais e na psicologia causal consiste no estudo de *um* fenômeno, representante *típico* de uma série, e na dedução de uma tese *sobre toda a série*. Tchelpánov explica essa ideia com o exemplo do estudo das propriedades de diferentes gases. Assim, afirmamos algo sobre as propriedades de todos os gases depois de fazer um experimento com um gás. Ao tirar esse tipo de conclusão, subentendemos que o gás com o qual foi realizado o experimento é dotado das propriedades de todos os outros gases. Em tal dedução, segundo Tchelpánov, estão presentes, ao mesmo tempo, o método indutivo e analítico.

Será assim mesmo? Ou seja, será mesmo possível fundir, unir o método geométrico com o científico natural ou temos apenas uma confusão de termos e a palavra *análise* está sendo usada por Tchelpánov em dois sentidos totalmente diferentes? Essa questão é importante demais para ser ignorada: além de termos que dividir duas psicologias, é preciso ir o mais longe e o mais fundo possível na distinção de seus métodos, de modo que elas *não podem ter* métodos comuns; além do fato de que nos interessa a parte do método que, depois da divisão, cabe à psicologia descritiva, pois desejamos conhecê-la com exatidão; além de tudo isso, *com a divisão não queremos ceder a ela nem um milímetro* do território que nos pertence; como veremos a seguir, o método analítico é de extrema importância para a construção de toda psicologia social para que seja cedido sem luta.

Ao explicar o princípio hegeliano na metodologia marxista, Stoliarov[187] diz corretamente que todas as coisas podem ser analisadas como microcosmo, como "medida universal", na qual está refletido um mundo maior.

> Com base nisso, dizem que estudar *até o fim*, esgotar uma coisa, um objeto, um fenômeno, significa conhecer o mundo todo em todas as suas ligações. Nesse sentido, é possível dizer que cada pessoa, até certo ponto, é a medida da sociedade ou, antes, da classe à qual ela pertence, pois nela está refletido todo conjunto de relações sociais (Stoliarov, 1926, p. 103).

O mesmo diz Deborin (1924, p. 17)[188]: "a singularidade não é a negação da generalidade, mas sua realização. O singular concreto ou um indivíduo concreto em si, na medida em que a generalidade se realiza nele como realidade, é ele mesmo generalidade". "Assim, um determinado objeto singular é, ao mesmo tempo, particular e a expressão de uma essência *geral*." "A classe trabalhadora de determinado meio, sendo um fenômeno dado, ou seja, singular, expressa de forma específica, ou seja, singular, o caráter geral, as leis e determinações da classe trabalhadora em geral."

A partir disso já vemos que o conhecimento de singular para o geral é a chave para toda psicologia social; precisamos conquistar o direito da psicologia de analisar o singular, o indivíduo como microcosmo social, como tipo, como expressão ou medida da sociedade. Contudo, só poderemos falar disso quando estivermos a sós com a psicologia causal; por ora devemos esgotar até o fim o tema da divisão.

No exemplo de Tchelpánov é claro que é correto que a análise não nega a indução na física, mas justamente graças a ela torna-se possível a observação única que permite tirar uma conclusão geral. De fato, com que direito extrapolamos nossa conclusão sobre um gás para todos os outros? É evidente que é porque mediante observações indutivas anteriores chegou-se ao conceito de gás e estabeleceu-se o conteúdo e escopo desse conceito. Além disso, porque estudamos determinado gás *não como tal*, mas a partir de um certo ponto de vista estudamos as *propriedades gerais do gás* que se realizam nele: devemos à análise justamente essa possiblidade, ou seja, esse ponto de vista que permite separar o particular do geral no singular.

---

187. A menção a Stoliarov foi omitida da edição de 1982 (cf. Zavershneva; Osipov, 2012) [N.T.].

188. Todo trecho com a citação de Deborin, até o fim do parágrafo, foi omitido da edição de 1982 (cf. Zavershneva; Osipov, 2012) [N.T.].

Assim, a análise não é, por princípio, oposta à indução, mas congênere a ela: é sua forma superior, que nega a essência (a reiteração). Ela se baseia na indução e a conduz. Faz a pergunta, *está na base de todo experimento*; todo *experimento é análise em ação, assim como toda análise é experimento em pensamento*; por isso seria correto chamá-lo de *método experimental*. Na realidade, quando eu experimento, eu estudo A, B, C... etc., uma série de fenômenos concretos, e estendo as conclusões a *diferentes grupos*: todas as pessoas, crianças de idade pré-escolar, daltônicos, e assim por diante. O grau da generalização das conclusões é pressuposto pela análise, ou seja, a separação em A, B, C dos traços comuns para determinados grupos. Além disso, no experimento eu observo sempre um indício destacado do fenômeno, e isso, novamente, é trabalho da análise.

Passemos ao método indutivo para elucidar a análise: vejamos uma série de aplicações desse método.

Pávlov estuda factualmente a atividade da glândula salivar em cachorros. O que dá a ele o direito de chamar seu experimento de estudo da atividade nervosa superior de *animais*? Talvez ele tivesse de verificar seus experimentos em cavalos, corvos etc., em todos ou ao menos na maioria dos animais para que pudesse ter o direito de tirar suas conclusões? Ou ainda pode ser que ele tivesse que chamar seu experimento de "estudo da salivação em cachorros". Contudo, não foi a salivação do cachorro *como tal* que Pávlov estudou; seu experimento não aumentou em nada nossos conhecimentos sobre o cachorro como tal ou sobre a salivação como tal. No cachorro ele estudou não o cachorro, mas *o animal de modo geral*; na salivação, ele estudou *o reflexo de modo geral*, ou seja, naquele animal e naquele fenômeno ele identificou o que eles têm em comum com os demais fenômenos similares. Por isso, suas conclusões não dizem respeito apenas a todos os animais, mas a toda a biologia: o fato estabelecido da secreção de saliva nos cachorros de Pávlov seguido pelo sinal emitido por Pávlov se torna imediatamente um princípio biológico geral, isto é, o princípio da conversão da experiência herdada em experiência pessoal. Isso foi possível pois Pávlov *abstraiu ao máximo* o fenômeno estudado em relação às condições específicas do fenômeno singular, ele foi genial ao ver o comum no singular.

Em que ele se baseou para extrapolar suas conclusões? É claro que foi o seguinte: extrapolamos nossas conclusões para algo que está ligado *aos mesmos elementos*, e nos baseamos em semelhanças previamente estabelecidas (classe de reflexos herdados em todos os animais, sistema nervoso etc.). Pávlov descobriu uma lei *biológica geral* ao estudar *cachorros*. Porém, no cachorro, ele estudou aquilo que constitui o fundamento do animal.

Este é o caminho metodológico de todo princípio explicativo. Em essência, Pávlov não extrapolou suas conclusões, mas o grau de sua extrapolação foi dado de antemão: ele estava contido na própria elaboração do experimento. Isso vale para Úkhtominski; ele estudou algumas lâminas de rãs; se ele extrapolasse suas conclusões para todas as rãs, teríamos indução, mas ele fala da dominante como princípio da psicologia dos heróis de *Guerra e paz*, isso se deve à análise. Sherrington estudou em muitos cachorros e gatos o reflexo de coçar e inclinar as patas traseiras, mas estabeleceu o princípio de luta pelo campo motor, que está na base da personalidade. Contudo, tanto Úkhtominski quanto Sherrington não acrescentaram nada ao estudo de rãs ou de gatos como tais.

É claro que esta é uma tarefa especial, isto é, encontrar praticamente, na realidade, *os limiares factuais exatos* do princípio geral e o *grau* de sua aplicabilidade a certos tipos de uma determinada espécie: talvez o reflexo condicionado tenha um limiar superior no comportamento de bebê humano e inferior em invertebrados, e seja encontrado acima e abaixo de formas totalmente diferentes. Dentro desses limites ele é mais aplicável ao cachorro do que à galinha, e é possível estabelecer ao certo em que medida ele é aplicável a cada um deles. Porém, isso já é precisamente indução, o estudo do especificamente singular em relação à causa e com base na análise. Isso pode ser desdobrado até o infinito: podemos estudar a aplicação do princípio em diferentes espécies, idades, sexos de cachorros; em um cachorro individual; em um dia e hora específicos, e assim por diante.

Eu tentei introduzir tal método em uma psicologia consciente, deduzir as leis da psicologia da arte na *análise* de uma fábula, de uma novela e de uma tragédia. Parti da ideia de que as formas desenvolvidas de arte contêm a chave para as não desenvolvidas, tal qual a anatomia do ser humano em relação à do macaco; da ideia de que a tragédia de Shakespeare explica os enigmas da arte primitiva e não o contrário. Além disso, eu falo *sobre toda arte* e não verifico minhas conclusões na música, na pintura etc. E mais: eu não as verifico em *todos* ou mesmo na maioria dos *tipos* de literatura; eu pego *uma* novela, *uma* tragédia. Com que direito? Estudei não a fábula ou a tragédia e menos ainda *uma determinada* fábula e *uma determinada* tragédia. Estudei nelas aquilo que constitui a base de toda arte, a natureza e o mecanismo da reação estética. Baseei-me em elementos gerais da forma e do material que são próprios a toda arte. Selecionei para a análise as fábulas, novelas e tragédias mais difíceis, justamente aquelas em que as leis gerais são particularmente visíveis: selecionei os monstros entre as tragédias e assim por diante. A análise pressupõe uma abstração em relação a características concretas da fábula enquanto tal, como gênero determinado, concentra suas forças na essência da reação estética. Por isso, *nada* é dito sobre a fábula enquanto tal. E o subtítulo "Análise da reação estética" indica que a tarefa da investigação não é a apresentação esquemática de uma teoria psicológica sobre a arte em todo seu escopo e em toda amplitude de seu conteúdo (todos os tipos de arte, todos os problemas etc.), tampouco uma investigação indutiva de uma determinada quantidade de fatos, mas justamente a *análise dos processos em sua essência.*

Dessa forma, o método objetivo-analítico é próximo do experimento; seu significado é mais amplo do que sua esfera de observação. É claro que o princípio da arte fala de uma reação que, na realidade, *nunca se realizou* de forma pura, mas sempre com seu "coeficiente de especificação".

Encontrar os limites factuais, os níveis e formas de aplicação do princípio é assunto da investigação factual. A história mostra *quais* sentimentos, em *quais* épocas, por meio de *quais* formas foram liquidados na arte; meu trabalho é mostrar *como, de modo geral*, isso acontece. Essa é a posição metodológica geral dos estudos contemporâneos de arte: eles se dedicam à essência da reação, sabendo que ela nunca se realizará de forma pura, exatamente assim, mas esse tipo, norma, limite sempre entram na composição de uma reação concreta e determinam seu caráter específico. Assim, uma reação puramente estética jamais acontece na arte: na realidade, juntam-se a ela formas altamente complexas e variadas de ideologia (moral, política etc.); muitos até pensam que os aspectos estéticos não são mais essenciais na arte do que o coquetismo na reprodução da espécie: não passa de fachada, *Vorlust*[189], atração, mas o sentido do ato está em outra parte (Freud e sua escola); outros supõem que histórica e psicologicamente a arte e a estética são duas circunferências que se intersectam, que têm um campo comum e

---

189. "Prazer preliminar", em alemão no original [N.T.].

um separado (Utits). Está certo, mas isso não muda a veracidade do princípio, pois ele é *abstraído* em relação a tudo isso. Ele diz apenas que *a reação estética é assim*; outra coisa é encontrar os limites e o sentido da própria reação estética dentro da arte.

Tudo isso é feito pela abstração e pela análise. A semelhança com o experimento consiste no fato de que nela também temos uma combinação artificial de fenômenos, no qual a ação de determinada lei deve se manifestar da forma mais pura; é como se fosse uma armadilha para a natureza, uma análise em ação. Esse mesmo tipo de combinação de fenômenos, isto é, que se dá apenas por meio de abstrações cognitivas, também é criado na análise. Isso é especialmente claro na aplicação a construções artificiais. Voltados não a objetivos científicos, mas práticos, eles contam com a ação de determinada lei psicológica ou física. É assim com a máquina, a anedota, a lírica, a mnemônica, a equipe militar. Aqui estamos diante de um experimento prático. A análise desses casos é um experimento de fenômenos prontos. Em seu sentido, ela é próxima da patologia – esse experimento elaborado pela própria natureza – de sua própria análise. A diferença é apenas que a doença leva à queda, ao isolamento de traços supérfluos, e aqui temos a presença dos traços necessários, a seleção deles, mas o resultado é o mesmo.

Todo poema lírico é um experimento desse tipo. A tarefa da análise é revelar a lei que está na base do experimento natural. Mesmo quando a análise lida não com máquinas, ou seja, com um experimento prático, mas com qualquer outro fenômeno, ela é, por princípio, semelhante ao experimento. Seria possível mostrar como as máquinas tornam infinitamente mais complexas e exatas nossas investigações, uma vez que elas nos tornam mais inteligentes, fortes e perspicazes. A mesma coisa faz a análise.

Pode parecer que a análise, assim como o experimento, distorce a realidade, cria condições artificiais para observação. Daí a exigência de proximidade com a vida e naturalidade do experimento. Se essa ideia vai além de uma exigência técnica, isto é, a de não espantar aquilo que buscamos, ela chega no limite do absurdo. A força da análise está na abstração, assim como a força do experimento está em sua artificialidade. O experimento de Pávlov é o melhor exemplo: para o cachorro trata-se de um experimento *natural*, ele é alimentado etc.; para o cientista ele é altamente artificial: a saliva é secretada quando uma determinada área é friccionada, a combinação não é natural. Assim, na análise de uma máquina a destruição se faz necessária, a danificação real ou mental do mecanismo, e para a forma estética é necessária a deformação.

Se lembrarmos o que foi dito anteriormente sobre o método indireto, logo observaremos que a análise e o experimento pressupõem um estudo *indireto*: da análise dos estímulos inferimos o mecanismo da reação; do comando inferimos o movimento do soldado; da forma da fábula, a reação a ela.

O mesmo, em essência, é dito por Marx quando compara a força da abstração com um microscópio e os reagentes químicos nas ciências naturais. Todo *Capital* foi escrito segundo esse método. Marx analisa uma "célula" da sociedade burguesa – a forma do valor da mercadoria – e mostra que o corpo desenvolvido pode ser mais facilmente estudado do que uma célula. Nela ele lê a estrutura de todo o sistema e de todas as formações econômicas. Ele diz que, aos não iniciados, a análise pode parecer uma artimanha de detalhes; sim, são detalhes, mas do tipo que é analisado pela anatomia microscópica (Marx; Engels [*s. d.*], v. 23, p. 6). Aquele que decifrar a célula da psicologia – o mecanismo de uma reação – terá encontrado a chave para toda a psicologia.

A análise é, portanto, um poderoso instrumento na metodologia. Engels explica ao "superinducionistas" que "nenhuma indução no mundo jamais nos ajudará a compreender o *processo* de indução. Isso só pode ser feito por uma *análise* desse processo" (Marx; Engels, [*s. d.*], v. 20. p. 542). Em seguida, ele apresenta os erros da indução, que podem ser encontrados a todo momento. Em outra ocasião ele compara ambos os métodos e encontra na termodinâmica um exemplo de quão fundamentadas são as pretensões da indução serem a única ou ao menos a principal forma de se chegar a descobertas científicas. "A máquina a vapor foi um exemplo convincente de que a partir do calor pode-se obter movimento mecânico. Cem mil máquinas a vapor mostraram isso de forma não mais convincente do que uma máquina…" (Marx; Engels, [*s. d.*], p. 543).

> Sadi Carnot foi o primeiro a tratar disso, mas não por meio da indução. Ele estudou a máquina a vapor, analisou-a, descobriu que nela o processo principal não aparece *de forma pura*, mas encoberto por toda sorte de processos suplementares, ele removeu essas circunstâncias suplementares que não faziam diferença para o processo principal e construiu uma máquina a vapor ideal… que, de fato, não pode ser realizada, como não se pode, por exemplo, realizar uma linha geométrica ou uma

superfície geométrica, mas que cumpre a seu modo os mesmos serviços que essas abstrações matemáticas: ela apresenta o processo analisado de uma forma pura, independente e não distorcida (Marx; Engels, [*s. d.*], p. 543-544).

Seria possível nos procedimentos da pesquisa desse ramo aplicado da metodologia mostrar como e onde aplicamos esse tipo de análise; mas podemos dizer, de forma geral, que a análise é a aplicação da metodologia ao conhecimento do fato, ou seja, a avaliação do método aplicado e do sentido dos fenômenos obtidos. Nesse sentido, é possível dizer que a análise é *sempre* inerente à pesquisa, do contrário a indução se converteria em registro.

O que distingue essa análise da de Tchelpánov? Quatro características: 1) o método analítico está voltado para o conhecimento da realidade e almeja o mesmo objetivo que a indução. O método fenomenológico não supõe absolutamente o ser da essência ao qual ele está dirigido; seu objeto pode ser a mais pura fantasia, completamente sem existência (Husserl, 1911); 2) o método analítico estuda fatos e leva a um conhecimento que tem a fidedignidade do fato. O método fenomenológico chega a verdades apodícticas, absolutamente fidedignas e obrigatórias para todos (Husserl, 1911); 3) o método analítico *a posteriori* é um caso particular do conhecimento da experiência, ou seja, do conhecimento factual, de acordo com Hume. O método fenomenológico é apriorístico, não é um tipo de experiência ou de conhecimento factual (Husserl, 1911, p. 8-9); 4) o método analítico se baseia em fatos estudados e previamente generalizados, por meio do estudo de novos fatos isolados ele chega, no fim das contas, a novas generalizações factuais relativas, que têm fronteiras, graus de aplicabilidade, limites e mesmo exceções. O método fenomenológico leva ao conhecimento não do geral, mas da ideia, da essência (Husserl, 1911, p. 464). O geral é conhecido pela indução, a essência pela intuição. Ela está fora do tempo e do real, não se relaciona com nenhuma coisa temporal ou real (Husserl, 1911, p. 464).

Vemos que a diferença é tão grande como pode ser, de modo geral, a diferença entre dois métodos. Um deles – chamemo-lo de analítico – é o método das ciências reais, naturais; o outro, fenomenológico, apriorístico, é o método das ciências matemáticas e da ciência pura do espírito.

Afinal, por que Tchelpánov chama-o de analítico, afirmando sua identidade com o fenomenológico? Em primeiro lugar, este é o *erro* metodológico, do qual o autor tenta algumas vezes se desenredar. Assim, ele mostra que o método analítico não é igual a uma análise comum na psicologia. Ele proporciona o conhecimento de uma natureza diferente da indução – lembremos das claras distinções, todas estabelecidas por Tchelpánov. Então, há *dois tipos da análise*, que nada têm em comum entre si além do nome. O fato de terem o mesmo nome causa confusão e é preciso distinguir dois sentidos nela.

A seguir, é claro que a análise no caso do gás, que leva o autor a uma possível refutação da teoria da análise isolada como principal característica do método "analítico, é uma análise científica natural e não fenomenológica". O autor apenas *se equivoca* quando vê aqui uma combinação de análise e indução: trata-se de um tipo de análise, mas não desta. Os quatro pontos de diferença entre os dois métodos não deixam dúvida quanto a isso: 1) ele é voltado a fatos reais, não a "possibilidades ideais"; 2) ele tem apenas fidedignidade factual e não apriorística; 3) ele é *a posteriori*; 4) ele leva a generalizações que têm fronteiras e graus, e não a uma contemplação da essência. De modo geral, ele surge da experiência, da indução e não da intuição.

Que aqui temos um erro e uma confusão de termos fica totalmente claro pelo *absurdo* da junção dos métodos fenomenológico e indutivo em um mesmo experimento. Isso é admitido por Tchelpánov no caso dos gases: é como se em parte comprovássemos o teorema de Pitágoras e em parte o complementássemos com o estudo de triângulos reais. É um absurdo. Contudo, por trás do erro há certa dimensão: os psicanalistas nos ensinaram a sermos sensíveis e desconfiados em relação aos erros. Tchelpánov é do grupo dos conciliadores: ele vê a dualidade da psicologia, mas não compartilha, tal qual Husserl, da total ruptura entre psicologia e fenomenologia; para ele, a psicologia é, em parte, fenomenologia; dentro da psicologia há verdades fenomenológicas, e elas servem de sustentáculo fundamental da ciência; entretanto, Tchelpánov tem pena da psicologia experimental, que é desprezada por Husserl; Tchelpánov quer *conciliar o irreconciliável*, e na história com os gases é a única vez em que o método analítico (fenomenológico) aparece fundido com a indução na física no estudo de gases reais. E essa fusão está oculta pelo termo comum "analítico".

A cisão do método analítico dual em fenomenológico e indutivo-analítico nos leva a pontos extremos, nos quais se baseia a discrepância entre as duas psicologias, isto é, aos seus pontos de partida gnosiológicos.

510

Atribuo grande importância a essa diferenciação, vejo nela o coroamento e o centro de toda a análise e, não obstante, isso é tão claro para mim agora como uma simples escala. A fenomenologia (psicologia descritiva) parte de uma diferenciação radical entre a natureza física e o ser psíquico. Na natureza distinguimos o fenômeno e o ser. "Na esfera psíquica não há nenhuma diferença entre o fenômeno e o ser." Se a natureza é o ser que se manifesta em fenômenos, o mesmo não pode de forma alguma ser dito sobre o ser psíquico. Aqui *fenômeno e ser coincidem entre si* (Husserl, 1911, p. 452-453). Seria difícil encontrar uma fórmula mais precisa para o idealismo psicológico. Já a fórmula gnosiológica do materialismo é: "A diferença entre pensamento e ser não foi eliminada na psicologia. Mesmo em relação ao pensamento podemos distinguir entre o pensamento do pensamento e o pensamento por si mesmo" (Feuerbach, 1955, p. 216). *A essência do embate está nessas duas fórmulas.*

É preciso saber colocar o problema gnosiológico também para o psiquismo, bem como encontrar nele a diferença entre ser e pensamento, como o materialismo nos ensina na teoria do conhecimento do mundo exterior. A aceitação da diferença radical entre psiquismo e natureza física oculta a identificação entre *fenômeno* e *ser*, espírito e matéria dentro da *psicologia*, a resolução da antinomia pela eliminação de um membro no conhecimento psicológico – a matéria – ou seja, a água pura do idealismo de Husserl. Na distinção entre fenômeno e ser dentro da psicologia e na aceitação do ser como verdadeiro objeto de estudo está expresso todo o materialismo de Feuerbach.

Proponho provar diante de todo um concílio de filósofos – tanto idealistas quanto materialistas – que é justamente essa a essência da divergência entre idealismo e materialismo na psicologia e que somente as fórmulas de Husserl e Feuerbach oferecem resoluções correntes ao problema dos dois possíveis sentidos; que a primeira é a fórmula da fenomenologia, e a segunda a da psicologia materialista. Partindo dessa confrontação, proponho cortar o espaço vital da psicologia, fendendo-a com precisão em dois corpos estranhos e que foram equivocadamente unidos; só isso responde ao estado objetivo das coisas, e *todo* embate, *toda* divergência, *toda* confusão ocorre apenas em decorrência da ausência de uma colocação clara e correta do problema gnosiológico.

Daí decorre que, ao tomar da psicologia empírica apenas a aceitação *formal* do psiquismo, Frankfurt recebe também toda sua gnosiologia e todas as suas conclusões: ele é obrigado a passar à fenomenologia; decorre que, ao exigir para o estudo do psiquismo um método correspondente ao seu caráter qualitativo, ele exige, mesmo sem saber, um método fenomenológico. Sua concepção é um materialismo sobre o qual Høffding afirma, com toda razão, se tratar de "um espiritualismo dualista em miniatura" (1908, p. 64). Justamente em *miniatura*, ou seja, com tentativa de diminuir, reduzir quantitativamente a realidade do psiquismo não material, deixar 0,001 de influência para ele. Contudo, a resolução fundamental não depende *nem um pouco* de uma colocação quantitativa do problema. Dos dois, um: ou Deus existe ou não existe; ou o espírito dos mortos aparece ou não; ou os fenômenos da alma (espíritas, para Watson) são não materiais ou materiais. Respostas do tipo "Deus existe, mas é pequeninho" ou "o espírito dos mortos não aparecem, mas pedacinhos deles de vez em quando chegam voando até os espíritas" ou ainda "o psiquismo é material, mas é diferente de todas as outras matérias" são risíveis. Lenin escreveu aos construtores de Deus que eles não são muito diferentes dos buscadores de Deus: o que importa, de modo geral, é aceitar ou expulsar o capeta; aceitar um diabo azul ou amarelo não faz grande diferença.

A confusão do problema gnosiológico e ontológico mediante a transferência direta para a psicologia não de todo o raciocínio, mas de conclusões prontas, leva a uma distorção de *um* e de *outro*. Nós igualamos subjetivo e psíquico, depois mostramos que o psíquico não pode ser objetivo; confundimos a consciência gnosiológica como membro da antinomia sujeito-objeto, com a consciência empírica, psicológica, e depois dizemos que a consciência não pode ser material, que aceitar isso significa seguir Mach. O resultado é um neoplatonismo, no espírito há essências infalíveis, nas quais o ser coincide com o fenômeno. Fogem do idealismo e acabam caindo de cabeça nele. Tem mais medo da identificação entre ser e consciência do que do fogo, e terminam na mais plena identificação husserliana entre eles na psicologia. A relação entre sujeito e objeto, como bem explica Høffding, não pode ser confundida com a relação entre espírito e corpo. A distinção entre espírito e matéria é uma diferença de conteúdo do nosso conhecimento; já a distinção entre sujeito e objeto se mostra independente do conteúdo de nosso conhecimento. Para nós, tanto espírito quanto corpo são objetivos, mas se objetos espirituais são, por sua essência, afins ao sujeito que conhece, então para nós o corpo é *apenas* objeto.

A relação entre sujeito e objeto é um "problema do conhecimento, a relação entre espírito e matéria é um problema do ser" (Høffding, 1908, p. 214).

A separação clara e a fundamentação de ambos os problemas na psicologia materialista não serão feitas aqui, mas é preciso indicar a possibilidade de duas soluções, na fronteira entre idealismo e materialismo, indicar a existência de uma fórmula materialista, pois separar, separar até o fim é a tarefa da psicologia hoje. De fato, muitos marxistas não são capazes de indicar o limite entre a sua teoria e uma teoria idealista do conhecimento psicológico, pois ela *não existe*. Acompanhando Espinosa, comparamos nossa ciência a um paciente terminal em busca de um remédio que não funciona; agora vemos que apenas o bisturi do cirurgião poderá salvar o caso. Será preciso uma operação sangrenta; muitos livros precisarão ser rasgados em dois, como a cortina do templo, muitas frases ficaram sem pé nem cabeça, algumas teorias serão cortadas no ventre. Interessa-nos apenas o limite, a linha de corte, o traço que o bisturi do futuro irá descrever.

Afirmamos que essa linha passará entre a fórmula de Husserl e a de Feuerbach. Ocorre que no marxismo não foi colocado o problema da gnosiologia em relação à psicologia, e não surgiu a tarefa de separar os *dois* problemas de que fala Høffding; em compensação, os idealistas trabalharam essa ideia com uma clareza cristalina. Afirmamos que o ponto de vista de nossos "marxistas" é a *aplicação de Mach à psicologia*: a identificação entre ser e consciência. De duas, uma: ou o psiquismo nos é dado diretamente pela introspecção, então estamos com Husserl; ou precisamos distinguir sujeito e objeto, ser e pensamento; então estamos com Feuerbach. Mas o que isso significa? Significa que minha alegria e minha apreensão introspectiva dessa alegria são coisas distintas.

Está na moda entre nós a citação de Feuerbach de que o que para mim é um ato espiritual, imaterial, extrassensível, é, em si mesmo, um ato material, sensível (1955, p. 214). Isso costuma ser trazido para confirmar a psicologia subjetiva. Trata-se, contudo, de algo que fala *contra ela*. Pergunta-se: o que devemos estudar, o ato em si, tal qual ele é, ou tal qual ele me parece? O materialista, da mesma forma que diante da pergunta análoga sobre o mundo objetivo, não hesita em dizer: "o ato *em si*, objetivo". O idealista dirá: minha percepção. Então um mesmo ato para uma pessoa bêbada ou sóbria, criança ou adulto, hoje ou ontem, para uma pessoa para outra, será diferente na introspecção. Mais do que isso, ocorre que na introspecção é impossível perceber diretamente o pensamento, a comparação: esses são atos inconscientes; e nossa apreensão introspectiva deles já é um conceito funcional, ou seja, deduzido da experiência objetiva. O que se deve estudar? O que se pode estudar? O pensamento em si ou o pensamento do pensamento? Não pode haver quaisquer dúvidas na resposta. Porém, há uma dificuldade que nos atrapalha a chegar a uma resposta clara. Depararam-se com essa dificuldade *todos* os filósofos que tentaram estabelecer uma separação da psicologia. Depois de separar as funções psíquicas dos fenômenos, Strumpf perguntou: quem, qual ciência irá estudar os fenômenos rejeitados pela física e pela psicologia? Ele supôs que surgiria uma ciência *especial*, diferente da psicologia e da física. Outro psicólogo (Pfänder) recusou-se a reconhecer a sensação como objeto da psicologia apenas com base no fato de que a física a rejeita. Então, onde elas estarão? *A fenomenologia de Husserl é a resposta a essa pergunta.*

Perguntamos também: se formos estudar o pensamento em si, e não o pensamento do pensamento; o ato em si e não o ato para si; objetivo e não subjetivo, quem irá estudar o mais subjetivo, a distorção subjetiva dos objetos? Na física tentamos eliminar o subjetivo daquilo que é percebido como objeto; na psicologia, ao estudarmos a percepção, novamente exige-se separar a percepção em si, como ela é, daquilo que me parece. Quem irá estudar isso que foi eliminado nas duas vezes, essa *aparência*?

Contudo, o problema da aparência é um problema aparente. De fato, na ciência queremos conhecer a causa *verdadeira*, e não *aparente*, da aparência: quer dizer, precisamos tomar os fenômenos tais como eles existem, independentemente de mim. A própria *"aparência"* é uma ilusão (segundo o exemplo fundamental de Titchener: as linhas de Müller-Lyer são fisicamente iguais, mas psicologicamente uma delas é mais longa). A diferença entre o ponto de vista da física e da psicologia *não existe na realidade*, mas surge de duas não coincidências de dois processos realmente existentes. Se eu quiser conhecer a natureza física de duas linhas e as leis objetivas do olho, tais quais elas são, em si mesmas, eu terei como conclusão a explicação da aparência, da ilusão. O estudo do subjetivo no conhecimento é trabalho da lógica e da teoria histórica do conhecimento: como ser, o subjetivo é resultado de dois processos que são, em si mesmos, objetivos. O espírito nem sempre é sujeito; na introspecção ele se cinde em objeto e sujeito. Pergunta-se: na introspecção, fenômeno e ser coincidem? Basta *aplicar* a fórmula gnosiológica do materialismo, dada por Lenin (semelhante em Plekhánov), *ao sujeito-objeto psicológico* para ver qual é a questão: "a *única* 'propriedade' da matéria, aquela que o materialismo é obrigado a reconhecer, é a propriedade de *ser realidade objetiva*, de existir fora de nossa consciência" (Lenin, [*s. d.*], p. 275). "Em termos gnosiológicos, o conceito de matéria *não quer dizer outra coisa* senão: a realidade objetiva, que existe independentemente da consciência humana e é refletida por ela" (Lenin, [*s. d.*], p. 276). Em outra passagem, Lenin diz que este é, em essência, o princípio do *realismo*, mas ele foge dessa palavra, pois ela foi usurpada por pensadores inconsequentes.

Assim, *é como se* essa fórmula falasse contra o nosso ponto de vista: a consciência não pode existir fora de nossa consciência. Contudo, como definiu corretamente Plekhánov, a autoconsciência é a consciência da consciência. E a consciência *pode* existir sem autoconsciência: disso nos convence o inconsciente, o que é relativamente inconsciente. Posso ver algo, sem saber o que estou vendo. Por isso Pávlov está certo ao dizer que é possível viver por fenômenos subjetivos, mas é impossível estudá-los.

Nenhuma ciência é possível de outro modo senão com a separação entre vivência direta e conhecimento: é impressionante, só o psicólogo introspectivista pensa que a vivência e o conhecimento coincidem. Se a essência e a forma da manifestação das coisas coincidissem diretamente, diz Marx, toda ciência seria desnecessária (Marx; Engels, [*s. d.*], v. 25, p. 384). Se na psicologia fenômeno e ser fossem a mesma coisa, *todos seriam cientistas psicólogos* e a ciência seria impossível, só seria possível o registro. Não obstante, é evidente que, como diz Pávlov, *uma coisa* é viver, vivenciar, *outra coisa* é estudar.

O mais curioso exemplo disso pode ser encontrado em Titchener. Esse introspectivista e paralelista consequente chega à conclusão de que os fenômenos mentais podem apenas ser descritos, mas não explicados. Ele diz:

> Mas se tentarmos nos limitar a uma psicologia puramente descritiva, seríamos convencidos de que, nesse caso, não há esperança de uma ciência verdadeira sobre a alma. A psicologia descritiva estaria para a psicologia científica tal qual... a visão de mundo que cria um garoto em um laboratório infantil está para a visão de mundo de um naturalista experiente...

Não haveria nela nenhuma unidade e nenhuma conexão... Para criar uma psicologia científica devemos não apenas descrever a alma, mas explicá-la. Devemos responder "Por quê?". Aqui, contudo, deparamo-nos com dificuldades. Não podemos analisar um processo mental como causa de outro. Por outro lado, processos nervosos também não podem ser analisados como causa de processos mentais... Um aspecto não pode ser causa de outro (Titchener, 1914, p. 32-33).

Essa é a posição verdadeira em que se encontra a psicologia descritiva. O autor encontra a saída em um *subterfúgio puramente verbal*: fenômenos mentais só podem ser explicados pela relação com o corpo. "O sistema nervoso não condiciona, mas explica a alma. Ele a explica, como o mapa de um país explica o aspecto fragmentado das montanhas, dos rios e das cidades, que vemos de passagem ao passar por eles. A relação com o corpo nada acrescenta aos fatos da psicologia, ela nos entrega apenas o princípio de explicação da psicologia." Se rejeitarmos isso, restam apenas dois caminhos para a superação do caráter fragmentário da vida psíquica: um caminho puramente descritivo, a recusa de qualquer explicação; ou aceitação do inconsciente. "Ambos os caminhos foram experimentados. O primeiro jamais levará a uma psicologia científica, já o segundo nos faz passar do âmbito dos fatos para o da ficção. São as ciências alternativas" (Titchener, 1914, p. 33-34). Isso é claro e cristalino. Mas será possível uma ciência com o princípio explicativo selecionado pelo autor? Será possível uma ciência sobre "*o aspecto fragmentado das montanhas, dos rios e das cidades*", que no exemplo é comparado ao psiquismo? E mais: como e por que o mapa explica esses aspectos? Como e por que com ajuda do mapa do país se explicam suas partes? O mapa é uma cópia do país, ele explica na medida em que nele o país está refletido, ou seja, coisas congêneres se explicam mutuamente. Não há ciência possível segundo esse princípio. Na realidade, o autor reduz tudo a uma *explicação causal*, uma vez que, para ele, a explicação causal e paralelista são determinadas como indicação das circunstâncias ou condições mais próximas nas quais o fenômeno descrito ocorre. Contudo, esse caminho não leva às ciências: as boas "condições mais próximas" na geologia é a Era de Gelo, na física, a fissão do átomo, na astronomia, a formação dos planetas, na biologia, a evolução. De fato, por trás das "condições mais próximas" na física há outras "condições mais próximas" e a série causal é, por princípio, infinita, já na formulação paralelista a questão fica irremediavelmente limitada apenas às causas *mais próximas*. Não é por acaso que o autor se limita à comparação de sua explicação com a explicação do surgimento do orvalho na física. Que beleza seria a física se ela não fosse além da indicação das condições mais próximas e desse tipo de explicação: ela simplesmente deixaria de existir como ciência.

Assim, vemos que para a psicologia como conhecimento há dois caminhos: o da ciência, então ela deve ser capaz de explicar; ou o do conhecimento de visões fragmentadas, então ela é impossível como *ciência*. Afinal, operar por analogias geométricas nos leva ao erro. Uma psicologia geométrica é totalmente impossível, pois ela carece de um indício fundamental, isto é, a abstração ideal, já que ela lida com objetos reais. Somos lembrados disso, antes de tudo, pela tentativa de Espinosa de investigar os vícios e tolices humanos pela via da geometria e analisar as ações e inclinações humanas exatamente da mesma forma como se se tratasse de linhas, superfícies e corpos. Essa via não serve a nenhuma outra psicologia a não ser a descritiva, pois de geometria ela só tem o estilo verbal e a aparência de que as provas são irrefutáveis, todo o resto (inclusive a essência) decorre de uma forma não científica de pensamento.

Husserl formula diretamente a diferença entre a fenomenologia e a matemática: esta última é uma ciência exata, já a fenomenologia é uma ciência descritiva. Nem mais, nem menos: para o caráter apodíctico da fenomenologia está faltando só um mero detalhe, a precisão! Agora, imagine só uma matemática não exata e terá a psicologia geométrica.

No fim das contas, a questão se resume, como já foi dito, à delimitação do problema onto e gnosiológico. Na gnosiologia a aparência existe, e afirmar que ele é um ser é falso. Na ontologia a *aparência* não existe. Ou os fenômenos psíquicos existem, então eles são materiais e objetivos, ou não existem, então eles *não existem* e não há como estudá-los. É *impossível* qualquer ciência sobre o subjetivo, sobre a aparência, sobre fantasmas, sobre aquilo que não existe. Aquilo que não existe *não existe mesmo*, não é que meio existe e meio não existe. É preciso compreender isso. Não há como dizer que no mundo existem coisas reais e *irreais* – coisas irreais não existem. O irreal deve ser explicado como uma não coincidência, como uma relação entre duas coisas reais; o subjetivo como consequência de dois processos objetivos. O subjetivo é a aparência, portanto ele *não existe*.

Em relação à distinção entre subjetivo e objetivo na psicologia, Feuerbach faz a seguinte observação: "da mesma forma *para mim*, meu corpo pertence à categoria das coisas imponderáveis, ele não tem peso, embora em si mesmo e para os outros ele seja um corpo com peso" (1955, p. 214).

Assim, fica claro qual realidade ele atribui ao subjetivo. Ele afirma diretamente: "na psicologia, pombos fritos voam para nossas bocas; em nossa consciência e sentimento caem apenas conclusões, resultados, e não premissas ou processos do organismo" (Feuerbach, 1955, p. 213). Mas será possível uma ciência sobre resultados e sem premissas?

Isso foi bem expresso por Stern, quando ele fala, acompanhando Fechner, que o psíquico e o físico são côncavo e convexo: uma mesma linha representa ora isto, ora aquilo. De fato, em si mesmo, ela não é côncava nem convexa, mas redonda, e é exatamente assim que queremos conhecê-la, independentemente do que ela pareça ser.

Høffding compara isso com um mesmo conteúdo, expresso em dois idiomas que não podem ser reduzidos a uma protolíngua. Contudo, queremos conhecer *o conteúdo*, e não o *idioma* em que ele foi expresso. Na física estamos livres do idioma para estudar o conteúdo. Devemos fazer o mesmo na psicologia.

Comparemos a consciência, como se costuma fazer, com um reflexo no espelho. Digamos que o objeto *A* está refletido no espelho como *Aa*. Claro que seria falso dizer que *a* é tão real quanto *A*, mas ele é *real de outro modo*, em si mesmo. Uma mesa e seu reflexo no espelho não são igualmente reais, mas são reais de formas diferentes. O reflexo como reflexo, como imagem da mesa, como uma segunda mesa no espelho, não é real, é um espectro. Contudo, o reflexo da mesa como refração de raios de luz sobre a superfície do espelho não seria um objeto tão material e real como a mesa? Qualquer outra coisa seria um milagre. Então diríamos: existem coisas (mesa) e espectros de coisas (reflexo). Não obstante, existem *apenas* coisas – (mesa) e o reflexo da luz na superfície, já os espectros são relações *aparentes* entre coisas. Por isso não há como existir uma ciência sobre espectros do espelho. Mas isso não quer dizer que nunca seremos capazes de explicar o reflexo, o espectro: se conhecermos a *coisa* e as *leis do reflexo da luz*, sempre poderemos explicar, prever, provocar e medir um espectro. Uma ciência dos espectros do espelho é impossível, mas uma teoria sobre a luz e sobre as coisas que se lançam e a refletem é perfeitamente capaz de explicar os "espectros".

Isso vale para a psicologia: o subjetivo em si, como espectro, deve ser compreendido como consequência, como resultado, como pombo frito, de *dois* processos objetivos. O enigma do psiquismo será resolvido como o enigma do espelho, não pelo estudo de espectros, mas pelo estudo de duas séries de processos objetivos, de cuja interação surgem espectros como reflexos aparentes de *um em outro*. A aparência, em si mesma, não existe.

Voltemos ao espelho. Igualar A e a, a mesa e seu reflexo no espelho, seria idealismo: a é algo imaterial, apenas A é material, e sua materialidade é sinônimo de sua existência independente de a. Contudo, seria igualmente idealismo igualar a e X, isto é, aos processos que ocorrem no espelho. Seria falso dizer que o ser e o pensamento não coincidem *fora* do espelho, na natureza, lá A não é a. A é uma coisa, a é um espectro; mas ser e pensamento coincidem no espelho, aqui a é X, tanto a quanto X são espectros. Não se pode dizer que o *reflexo* da mesa seja mesa, mas tampouco se pode dizer que o *reflexo* da mesa é a refração de raios de luz; a não é nem A nem X. Tanto A quanto X são processos reais, já a é o *resultado* que surge deles, um resultado aparente, irreal. O reflexo não existe, mas tanto a mesa quanto a luz existem igualmente. O reflexo da mesa não coincide com os processos reais da luz no espelho nem com a própria mesa.

Sem dizer que, de outro modo, seríamos obrigados a admitir que no mundo existem coisas e espectros, lembremos que o próprio espelho é *parte da mesma natureza que a coisa fora do espelho*, e está subordinado a todas as suas leis. De fato, a pedra angular do materialismo é a tese de que a consciência e o cérebro são um produto, uma parte da natureza que reflete o restante da natureza. Isso quer dizer que a existência objetiva de X e A, independente de a, é um dogma da psicologia materialista.

Com isso, podemos encerrar nosso longo raciocínio. Vemos que a terceira via da psicologia da Gestalt e do personalismo foi, em essência, em ambas as vezes, um dos dois caminhos já conhecidos. Agora vemos que a terceira via, a via da chamada "psicologia marxista" é uma tentativa de juntar as outras duas. Essa tentativa leva a uma nova separação dentro de um mesmo sistema científico: quem os une, como faz Münsterberg, percorre dois caminhos distintos.

Como na lenda das duas árvores unidas pela copa que rasgaram ao meio o corpo de um antigo príncipe, todo sistema científico será rasgado ao meio se ele se prender a dois troncos diferentes. A psicologia marxista só pode ser uma ciência natural, o caminho de Frankfurt o leva à fenomenologia. É verdade que em certo momento ele rejeita conscientemente a ideia de que a psicologia possa ser uma ciência natural (Frankfurt, 1926). Mas, em primeiro lugar, ele mistura ciências naturais e biológicas, o que não é correto; a psicologia pode ser uma ciência natural, mas não biológica; em segundo lugar, ele toma o conceito de "natural" em seu significado mais próximo e factual, como indicação de uma ciência sobre a natureza orgânica e inorgânica, e não com seu significado metodológico fundamental.

Na literatura russa, Ivanóvski introduziu esse uso do termo, há muito aceito na ciência ocidental. Ele diz que é preciso distinguir claramente a matemática e as ciências matemáticas reais das ciências que tratam das coisas, de objetos e processos "reais", daquilo que há "realmente", do que existe. Essas ciências podem, portanto, ser chamadas de *reais* ou *naturais* (no sentido amplo da palavra). Entre nós costuma-se usar o termo "ciências naturais" em um sentido mais restrito, designando apenas as disciplinas que estudam a natureza orgânica e inorgânica, sem abarcar a natureza social e consciente, que, nessa acepção, em geral aparece como algo diferente de "natureza"; como algo "não natural", "supranatural" ou mesmo "antinatural" (Ivanóvski, 1923).

> Estou convencido de que a difusão do termo "natural" para tudo aquilo que existe na realidade é inteiramente racional. As "ciências naturais" são uma ciência sobre a *natureza* no sentido mais amplo do termo: sobre a natureza inorgânica, orgânica, consciente e social (Ivanóvski, 1923, p. 182-183).

15

A possibilidade da psicologia com ciência é, *par excellance*, um problema metodológico. Nenhuma ciência tem tantas dificuldades, controvérsias insolúveis, união de coisas diferentes em uma coisa só, como na psicologia. O objeto da psicologia é o que há de mais difícil no mundo, o suscetível a ser estudado; os modos de conhecê-lo devem ser repletos de artifícios e precauções especiais para que se obtenha o que se espera deles.

Estou o tempo todo falando desse último ponto: sobre o princípio da ciência sobre o real. Nesse sentido, Marx, em suas palavras, estuda o processo de desenvolvimento das formações econômicas como um processo *histórico natural*.

Nenhuma ciência representa uma tal diversidade e fartura de problemas metodológicos, de nós tão apertados, de contradições insolúveis, como a nossa. Por isso, não se pode aqui dar um passo sequer sem fazer milhares de cálculos e advertências preliminares.

Assim, tanto faz que tenham consciência de que a crise leva à criação de uma metodologia, que a luta seja por uma psicologia geral. Aquele que tentar pular esse problema, saltar a metodologia, para criar logo uma determinada psicologia particular, necessariamente, ao tentar se sentar no cavalo, irá saltar sobre ele. Foi o que aconteceu com a psicologia da Gestalt, com Stern. Partindo de princípios universais, igualmente aplicáveis à física e à psicologia, sem terem sido concretizados em uma metodologia, não é possível partir direto para uma investigação psicológica particular: é por isso que esses psicólogos são recriminados por conhecerem apenas um predicado, igualmente aplicável a todo o mundo. Não se pode, como faz Stern, a partir de um conceito que abarca igualmente o Sistema Solar, as árvores e o ser humano, estudar as diferenças psicológicas entre as pessoas: para isso outra escala é necessária, outra medida. Todo problema da ciência geral e particular, por um lado, e da metodologia e da filosofia, por outro, é um problema de escala: não se pode medir em quilômetros a altura de um ser humano, isso deve ser feito em centímetros. Se vimos que as ciências particulares têm a tendência de ultrapassar seus limites, de lutar por uma medida comum, por uma escala maior, a filosofia sofre da tendência inversa: para se aproximar da ciência ela deve estreitar, diminuir a escala, concretizar suas teses.

Ambas as tendências – da filosofia e da ciência particular – levam igualmente à metodologia, à ciência geral. Essa ideia de escala, de ciência geral, ainda é alheia para a "psicologia marxista", e esse é seu ponto fraco. Ela tenta encontrar a medida direta dos elementos psicológicos – as reações – em princípios universais: a lei da passagem de quantidade em qualidade e o "esquecimento das tonalidades da cor cinza", de acordo com Lehmann, e a passagem da parcimônia para a avareza; a tríade de Hegel e a psicanálise de Freud. Aqui se manifesta claramente a ausência de medida, de escala, o elo intermediário entre eles. Por isso, o método dialético cai fatalmente *na mesma série* que o experimento, o método comparativo e o método dos testes e questionários. O senso de hierarquia, da diferença entre os procedimentos técnicos de pesquisa e os métodos de conhecimento da "natureza da história e do pensamento" inexiste. Essa colisão direta entre verdades factuais particulares e princípios universais; a tentativa de julgar o debate prático entre Vager e Pávlov sobre os instintos com uma referência à díade quantidade-qualidade; o passo da dialética para a questionário; a crítica da irradiação segundo um ponto de vista gnosiológico; o uso de quilômetros onde são necessários centímetros; os veredictos de Békhterev e Nemílov[190] do alto de Hegel; esses canhões apontados para pardais levaram à falsa ideia de uma terceira via. O método dialético não é de forma alguma um só para a biologia, a história e a psicologia. É preciso uma metodologia, ou seja, um sistema de conceitos intermediários, concretos, adequados à escala daquela ciência.

Binswanger (1922) lembra as palavras de Brentano sobre a incrível arte da lógica, que faz com que *um* passo adiante resulte em mil passos adiante na ciência. Essa é a força da lógica que não se quer conhecer. Segundo uma feliz expressão, a metodologia é a alavanca por meio da qual a filosofia dirige a ciência. A tentativa de realizar esse direcionamento sem a metodologia, a aplicação direta da força no ponto de aplicação sem uma alavanca – de Hegel para Meumann – faz com que a ciência se torne impossível.

Proponho a seguinte tese: a análise da crise e da estrutura da psicologia atesta indiscutivelmente que nenhum sistema filosófico pode dominar a psicologia como ciência de forma direta, sem ser por meio da metodologia, ou seja, sem a criação de uma ciência geral; a única aplicação legítima do marxismo à psicologia seria a criação de uma psicologia geral – seu conceito é formulado em dependência direta da dialética geral, pois ela é a dialética da psicologia; qualquer aplicação do marxismo à psicologia por outras vias e em outros pontos, fora desse campo, necessariamente leva a construções verbais, escolásticas, à diluição da dialética em questionários e testes, ao julgamento das coisas por seus traços externos, casuais e secundários, à completa perda de qualquer critério objetivo e a uma tentativa de negar todas as tendências históricas do desenvolvimento da psicologia, a

---

190. O nome de Nemílov foi substituído pelo de Pávlov na edição de 1982 (cf. Zavershneva; Osipov, 2012) [N.T.].

uma revolução terminológica, em suma, a uma profunda distorção tanto do marxismo quanto da psicologia. Este é o caminho de Tchelpánov.

Não impor à natureza causas dialéticas, mas encontrá-las nela: a fórmula de Engels (Marx; Engels, [*s. d.*], v. 20, p. 387) é aqui substituída pelo seu inverso: os princípios da dialética são introduzidos de fora na psicologia. O caminho dos marxistas deve ser outro. A aplicação *direta* da teoria do *materialismo dialético* às questões das ciências naturais, e em particular ao grupo de ciências biológicas ou à psicologia, *é impossível*, assim como é *impossível* aplicá-la *diretamente* à história e à sociologia. Acreditamos que o problema "psicologia e marxismo" se resume apenas à criação de uma psicologia que responda ao marxismo, mas na realidade ele é muito mais complexo. Assim como a história, a sociologia precisa de uma *teoria especial* intermediária do materialismo histórico, que explicite o significado *concreto* para determinado grupo de fenômenos das leis *abstratas* do materialismo dialético. Da mesma forma, faz-se necessária uma teoria, incontornável, embora ainda não criada, do materialismo biológico, do materialismo psicológico, como ciência intermediária que explicitará a aplicação concreta de teses abstratas do materialismo dialético para determinado campo de fenômenos.

A dialética abarca a natureza, o pensamento, a histórica: ela é a mais ampla, a mais universal ciência; a teoria do materialismo psicológico ou a dialética da psicologia é justamente aquilo que eu estou chamando de psicologia geral.

Para a criação de tais teorias (metodologias, ciências gerais) intermediárias é preciso revelar a *essência* de determinado campo de fenômenos, suas leis de transformação, sua caracterização qualitativa e quantitativa, sua causalidade, criar categorias e conceitos que lhe sejam próprios, em suma, criar *seu Capital*. Basta imaginar que Marx teria operado com os princípios e categorias gerais da dialética (tais como: quantidade-qualidade, a tríade, as ligações gerais, os nós, os saltos etc.) sem as categorias abstratas e históricas de valor, classe, mercadoria, capital, renda, força produtiva, base, superestrutura etc.; e veremos o completo absurdo desse tipo de proposição, como se, passando batido pelo *Capital*, fosse possível criar qualquer ciência marxista. A psicologia precisa do seu *Capital*, de seus conceitos de classe, base, valor etc., por meio dos quais ela possa expressar, descrever e estudar seu objeto e, no *esquecimento estatístico das tonalidades da cor cinza de Lehmann*, descobrir a confirmação da lei dos saltos; isso quer dizer não mudar uma vírgula a dialética ou a psicologia. A ideia da necessidade de uma teoria intermediária, sem a qual é impossível analisar à luz do marxismo certos fatos particulares já é conhecida há muito, resta-me apenas indicar a coincidência das conclusões de nossa análise sobre a psicologia com essa ideia. Trótski pergunta[191]: "o que dirão os metafísicos de uma ciência puramente proletária acerca da teoria da relatividade? Será que ela pode ser conciliada com o materialismo? Será que essa questão está resolvida? Onde, quando e por quem? [...] O que dizer da teoria psicanalítica de Freud? Será que ela pode ser conciliada com o materialismo como pensam, por exemplo, Rádek (e eu mesmo), ou será hostil a ele?" Mas "captar metodologicamente" todas essas teorias novas e introduzi-las no contexto da visão de mundo materialista dialética "não é da ordem de artigos de revista ou de jornal, mas de um marco científico e filosófico como *A origem das espécies* e *O capital*" (Trótski, 1923, p. 162), não será feito hoje ou amanhã.

Ela é expressa por Vichniévski em seu embate com Stepánov (é claro para todos que materialismo histórico não é materialismo dialético, mas sua aplicação à história. Por isso, a rigor, apenas as ciências sociais, que têm sua ciência geral na história do materialismo podem ser chamadas de marxistas; ainda não há outras ciências marxistas). "Assim como o materialismo histórico não é igual ao materialismo dialético, este último também não é igual à especificidade da teoria das ciências naturais, a qual, aliás, ainda está nascendo" (Vichniévski, 1925, p. 262). Ao identificar a compreensão dialética e materialista da natureza com uma compreensão mecanicista, Stepánov considera que ela é dada e está contida em uma concepção mecanicista das ciências naturais. A título de exemplo, o autor menciona a disputa em torno da questão da introspecção na psicologia (1924).

O materialismo dialético é a mais abstrata das ciências. A aplicação direta do materialismo dialético às ciências biológicas e à psicologia, como tem sido feito ultimamente, não vai além de subordinações verbais, lógico-formais, escolásticas a categorias abstratas e universais de fenômenos particulares, cujo sentido interno e correlação são conhecidos. Nada além disso. Água-vapor-gelo e economia natural-feudalismo-capitalismo, do ponto de vista do *materialismo dialético*, é um mesmo processo. Não obs-

---

191. O trecho iniciado com Trótski, até o fim do parágrafo, foi omitido da edição de 1982 (cf. Zaver-shneva; Osipov, 2012) [N.T.].

tante, para o *materialismo histórico*, quanta riqueza *qualitativa* se perde em tal generalização!

Marx chamou *O capital* de crítica da política econômica. É esse tipo de crítica que a psicologia está tentando saltar. "Manuais de psicologia compostos segundo o ponto de vista do materialismo dialético", em essência, devem soar tal qual um "manual de mineralogia composto segundo o ponto de vista da lógica formal". Afinal, isso é uma coisa óbvia: pensar logicamente não é uma particularidade de determinado manual ou de toda a mineralogia. Afinal, a dialética é precisamente lógica, e até mais do que isso. Ou "manual de sociologia segundo o ponto de vista do materialismo dialético" em vez de "histórico". É preciso criar uma teoria do materialismo psicológico, ainda é impossível criar manuais de psicologia dialética.

Mas mesmo em uma apreciação crítica, perdemos um importante critério. O modo como se determina agora, como um controle de qualidade, se certa teoria está de acordo com o marxismo se resume a um método de "sobreposição lógica", ou seja, de coincidência de sinais lógico-formais (monismo, entre outros). É preciso saber o que se pode e o que se deve buscar no marxismo. O sábado foi feito para o homem, não o homem para o sábado[192]; é preciso encontrar uma teoria que ajude a conhecer o psiquismo, mas de modo algum a solução da questão do psiquismo ou fórmulas que encerram e resumam o resultado da verdade científica. Impossível encontrá-la em citações de Plekhánov simplesmente porque ela não está lá. Essa verdade não foi dominada por Marx, Engels ou Plekhánov. Daí o caráter contraditório e instável[193] de muitas das formulações, seu caráter de esboço, seu significado severamente limitado pelo contexto. Tal fórmula não pode ser dada de antemão, antes do estudo científico do psiquismo, mas será resultado de um secular trabalho científico. Preliminarmente, é possível *buscar em teóricos* do marxismo não a solução da questão, tampouco uma hipótese de trabalho (por elas serem criadas com base na teoria), mas seu método de construção. Não quero aprender de mão beijada, pescando um par de citações, o que é o psiquismo, quero aprender *com todo* o método de Marx como se constrói uma ciência, como abordar a investigação do psiquismo.

---

192. Mt 2,27 [N.T.].

193. Na edição de 1982 havia "caráter fragmentado e brevidade" no lugar de "caráter contraditório e instável" (cf. Zavershneva; Osipov, 2012) [N.T.].

Por isso o marxismo não apenas é aplicado onde não é necessário (em manuais em vez da psicologia geral), como toma-se dele aquilo que não é necessário: não precisamos de citações fortuitas, mas de um método: não de um materialismo dialético, mas de um materialismo histórico. *O capital* deve nos ensinar muito, seja porque uma verdadeira psicologia social começa *depois* do *Capital* ou porque a psicologia atual é uma psicologia *pré*-Capital. Strumínski tem toda razão quando chama de construção escolástica a própria ideia de uma psicologia marxista como síntese de uma tese (empirismo) e uma antítese (reflexologia). Quando o caminho verdadeiro for encontrado será possível indicar nele esses três pontos, mas buscar por meio desse esquema os caminhos reais significa tomar o caminho da combinação especulativa e ocupar-se de uma dialética de ideias e não de uma dialética de fatos, do ser. A psicologia não tem caminhos independentes de desenvolvimento, é preciso procurar os processos históricos reais que estão por trás deles e os condicionam. Ele só não tem razão quando afirma que indicar esse caminho da psicologia a partir de correntes contemporâneas é, *de modo geral*, impossível nos moldes marxistas (Strumínski, 1926).

O que ele desenvolve é correto, mas isso diz respeito apenas à análise histórica do desenvolvimento da ciência, e não da análise metodológica. O metodólogo não se interessa por aquilo que ocorrerá *realmente* no processo de desenvolvimento da psicologia amanhã, por isso ele sequer se volta a fatos que estejam fora da psicologia. Contudo, interessa-o saber de que padece a psicologia; o que falta para que ela se torne ciência etc. De fato, os fatores externos impulsionam a psicologia para o caminho do seu desenvolvimento e não podem nem anular o trabalho secular realizado, nem pular um século à frente. Há um certo crescimento orgânico da estrutura lógica do conhecimento.

Também está correto Strumínski ao apontar para o fato de que a nova psicologia chegou de fato a aceitar abertamente a posição da psicologia subjetiva antiga. O problema aqui não é o fato de que o autor deixa de considerar fatores externos, reais, do desenvolvimento da ciência, que ele tenta levar em conta. O problema é a desconsideração da natureza metodológica da crise. Há uma sucessão rígida *própria* no curso do desenvolvimento de toda ciência; os fatores externos podem acelerar ou retardar esse curso, eles podem desviá-lo; podem, por fim, determinar o caráter qualitativo de cada etapa, mas é impossível alterar a sucessão das etapas. É possível explicar por fatores externos o caráter da etapa – idealista ou materialista, religioso ou positivo, individual ou social, pessimista ou otimista –, mas nenhum fator externo pode fazer com que uma ciência que esteja no estágio de coleta de material bruto passe diretamente para a divisão de disciplinas técnicas, aplicadas, ou que uma ciência com teorias e hipóteses desenvolvidas, com uma técnica desenvolvida e experimentos se ocupe da coleta e descrição de material primário.

A crise colocou na ordem do dia a divisão de duas psicologias por meio da criação de uma metodologia. Qual ela será é algo que depende de fatores externos. Titchener e Watson à maneira americana e socialmente diversa; Koffka e Stern à maneira alemã e socialmente diversa; Békhterev e Kornílov à moda russa e também socialmente diversa *estão resolvendo uma mesma tarefa*. Qual será a metodologia e quão brevemente virá, não sabemos, mas que a psicologia não irá longe enquanto não criar uma metodologia, que o primeiro passo adiante será a metodologia, quanto a isso não resta dúvida.

Em essência, as pedras fundamentais foram colocadas corretamente; foi corretamente indicado o caminho geral, de muitas décadas; também estão corretos o objetivo e o plano geral. Mesmo a orientação prática nas correntes contemporâneas está correta, ainda que incompleta. O caminho mais próximo, os passos mais próximos, o plano prático têm algumas lacunas: falta uma análise da crise e uma orientação correta para a metodologia. Os trabalhos de Kornílov lançaram as bases para essa metodologia, e qualquer um que queira desenvolver uma ideia de psicologia e marxismo será obrigado a repeti-lo e continuar seu caminho. Como caminho essa ideia não tem equivalente em termos de força na metodologia europeia. Se ele não perecer diante da crítica e das polêmicas, se não virar uma guerra de panfletos, ele irá se elevar a uma metodologia; se ele não buscar respostas prontas, mas se der conta da tarefa da psicologia contemporânea, ele levará à criação de uma teoria do materialismo psicológico.

16

Terminamos nossa investigação. Encontramos tudo o que estávamos procurando? Seja como for, chegamos perto. Preparamos o solo para as buscas no campo da psicologia e, para justificar meu raciocínio, devemos testar nossas conclusões na prática, construir um esquema da psicologia geral. Antes disso, gostaria de me deter ainda em um aspecto que, de fato, tem um significado mais estilístico do que de princípio, mas mesmo o aperfeiçoamento estilístico de uma ideia não é absolutamente indiferente para sua plena expressão.

Cindimos em dois as tarefas e o método, o campo de pesquisa e o princípio de nossa ciência. Resta cindir seu nome. Os processos de divisão observados na crise se manifestaram também no destino do nome da ciência. Certos sistemas romperam em partes com o antigo nome, utilizando o seu próprio para designar todo o campo de pesquisa. Assim, às vezes, fala-se do behaviorismo enquanto ciência do comportamento como sinônimo de psicologia, e não como uma de suas orientações. Da mesma forma, com frequência, fala-se da psicanálise e da reactologia. Outros sistemas rompem definitivamente com o nome antigo, vendo nele vestígios de uma origem mitológica. É o caso da reflexologia. Essa última ressalta que ela rejeita a tradição, constrói-se em um lugar vazio e novo. Não se pode negar que há uma certa dose de verdade nessa visão, embora seja preciso olhar de forma muito mecânica e a-histórica para a ciência para não compreender o papel da continuidade e da tradição, mesmo quando há uma revolução. Contudo, Watson tem certa razão quando exige um rompimento radical com a psicologia antiga, quando aponta para a astrologia e a alquimia, para o risco de uma psicologia que fica no meio do caminho.

Outros sistemas permanecem sem nome; é o caso do sistema de Pávlov. Às vezes ele chama seu campo de fisiologia, mas ao nomear seu experimento de estudo do comportamento e da atividade nervosa superior, ele deixa em aberto a questão do nome. Em seus primeiros trabalhos, Békhterev se distingue da fisiologia; para ele, a reflexologia não é fisiologia. Os seguidores de Pávlov apresentam sua teoria como "ciência do comportamento". De fato, para duas ciências tão diferentes haveria de existir dois nomes diferentes. Essa ideia foi expressa há muito por Münsterberg:

> Se devemos chamar de psicologia a compreensão intencional da vida interior, essa, evidentemente, ainda é uma questão sobre a qual se pode debater. Na realidade, há muito em favor de que se use o nome de psicologia para uma ciência *descritiva e explicativa*, excluindo da psicologia a ciência sobre a compreensão de vivências espirituais e relações internas (1924).

Não obstante, esse conhecimento continua existindo com o nome de psicologia; ele raramente se encontra na ideia. Em grande parte, ele se encontra em alguma influência externa com os elementos da psicologia causal (Münsterberg, 1924). Mas como sabemos, a visão do autor de que toda confusão na psicologia surge da mistura, a única conclusão é escolher outro nome para a psicologia intencional. Em parte, isso é o que ocorre. A fenomenologia identifica diante dos nossos olhos a psicologia que é "necessária para certos objetivos lógicos" (Münsterberg, 1924, p. 10) e com a separação de duas ciências por meio de adjetivos que causam uma grande confusão [...] começa a introduzir diferentes substantivos. Tchelpánov estabelece que "analítico" e "fenomenológico" são dois nomes para um mesmo método, que a fenomenologia, em certa parte, coincide com a psicologia analítica, que o embate quanto à existência de uma fenomenologia da psicologia é uma questão terminológica; se acrescentarmos que esse método e essa parte da psicologia são considerados fundamentais pelo autor, seria lógico chamar a psicologia analítica de fenomenologia. O próprio Husserl considera necessário delimitar com um adjetivo para conservar a pureza de sua ciência, e fala em "psicologia eidética". Binswanger, porém, escreve sem rodeios: é preciso distinguir entre a fenomenologia pura e a fenomenologia empírica ("psicologia descritiva") (1922, p. 135), e vê o fundamento para isso no adjetivo "puro" introduzido por Husserl. Se lembrarmos que Lotze falou da psicologia como metafísica aplicada; que em sua definição Bergson quase igualou a metafísica da experiência à psicologia; que Husserl quer ver na fenomenologia pura uma teoria metafísica dos seres (Binswanger, 1922), compreenderemos que a própria psicologia idealista tem uma tradição, uma tendência a abandonar seu nome vetusto e comprometedor. Dilthey explica que a psicologia explicativa remonta à psicologia racional de Wolff, já a descritiva à empírica (1924).

Com efeito, alguns idealistas se opõem à incorporação desse nome à psicologia científica natural. Assim, Frank, ao indicar com toda agudeza que sob um mesmo nome vivem duas ciências diferentes, afirma:

> Não se trata de um saber relativo de dois *métodos* diferentes de uma mesma ciência, mas da simples suplantação de uma ciência por outra, a qual, embora preserve vestígios débeis de semelhança com a primeira, tem um objeto essencialmente diferente... A psicologia atual se reconhece como ciência natural... Isso quer dizer que a chamada psicolo-

gia contemporânea não é, de modo algum, uma *psico-logia*, mas uma *fisio-logia*... A bela designação "psicologia", isto é, estudo da alma – foi apenas sequestrada de modo indevido e utilizada como título de um campo científico totalmente diferente; ela foi sequestrada de modo tão fundamentado que quem pensa agora sobre a natureza da alma... está se ocupando de algo que foi condenado a permanecer sem nome e para o qual será preciso inventar alguma nova designação (1917, p. 3).

Contudo, mesmo o atual nome *distorcido*, o termo psicologia, não responde a três quartos de sua essência: a psicofísica e a psicofisiologia. E tenta-se chamar a nova ciência de psicologia filosófica, para "ao menos indiretamente restabelecer o verdadeiro significado do nome 'psicologia' e devolvê-la a seu dono legítimo depois do referido sequestro, que não pode ser recuperado diretamente" (Frank, 1917, p. 19).

Verifica-se um fato notável: tanto a reflexologia, que tenta romper com a "alquimia", quanto a filosofia, que deseja contribuir para o restabelecimento do direito de uma psicologia segundo o significado antigo, literal e exato dessa palavra, ambas buscam uma nova designação e permanecem sem nome. Mais notável ainda é que os motivos de ambas são os mesmos: uns temem que esse nome traga vestígios de sua origem mitológica, outros, de que ele tenha perdido seu significado antigo, literal e exato. Será possível encontrar – estilisticamente – uma melhor expressão para a duplicidade da psicologia contemporânea? Contudo, mesmo Frank concorda que o nome que foi sequestrado pela psicologia científica natural é incontornável e fundamentado. Supomos que justamente o ramo materialista deve ser chamado de psicologia. A favor disso e contra o radicalismo dos reflexólogos há duas considerações importantes. A primeira: justamente ela é a mais bem-acabada entre todas as tendências, épocas, orientações e autores verdadeiramente científicos, que surgiram na história de nossa ciência, ou seja, *ela é de fato e por sua essência psicologia*. A segunda: ao assumir esse nome, a nova psicologia não está absolutamente "sequestrando" esse nome, distorcendo-o, não está se associando a traços mitológicos que se conservam no nome, mas, ao contrário, preserva uma compreensão histórica viva de todo o seu percurso, desde seu ponto de partida.

Comecemos pela segunda consideração.

A psicologia como ciência da alma, no sentido de Frank, no sentido exato e antigo da palavra, não existe; ele mesmo foi obrigado a constatar isso, quando, estupefato e quase em desespero, ele se convence de que esse tipo de literatura *de modo geral* praticamente *não existe*. A seguir, a psicologia empírica como uma *ciência acabada não existe em absoluto*. Contudo, em essência, aquilo que está acontecendo agora não é uma revolução, nem mesmo uma reforma da ciência, tampouco a conclusão de uma síntese de uma reforma alheia, mas *a realização* da psicologia e a *libertação* na ciência daquilo que pode crescer e daquilo que não é suscetível ao crescimento. A própria psicologia empírica (aliás, logo completará 50 anos que esse nome quase não é mais utilizado, já que cada escola tem acrescentado seu adjetivo) está morta, como um casulo deixado por uma borboleta que saiu voando, como um ovo deixado para trás por um pintinho. Segundo James,

> Ao chamar a psicologia de ciência natural, queremos dizer que atualmente ela é apenas um conjunto de dados empíricos fragmentados; que seus limites são irresistivelmente rompidos pela crítica filosófica e que as raízes dessa psicologia, seus dados primários, devem ser investigados segundo um ponto de vista mais amplo e representados sob uma nova luz... Mesmo os elementos e fatores fundamentais no campo dos fenômenos mentais não foram estabelecidos com a devida precisão. O que é a psicologia neste momento? Um monte de material factual bruto, uma grande discórdia de opiniões, uma série de tentativas débeis de classificação e generalização empírica de caráter puramente descritivo, de preconceitos profundamente enraizados, como se *tivéssemos* estados de consciência e o nosso cérebro determinasse a existência deles, mas na psicologia não há nenhuma lei no sentido em que essa palavra é usada nos campos dos fenômenos físicos, não há nenhuma tese a partir da qual se pudesse chegar a resultados por via dedutiva. Sequer conhecemos os fatores entre os quais se poderia estabelecer relações na forma de leis psíquicas elementares. Em suma, a psicologia ainda não é uma ciência; é algo que promete, no futuro, se tornar ciência (1991, p. 407).

James apresenta um brilhante inventário daquilo que recebemos como herança da psicologia, uma lista de seus bens e de seu estado. Ela revela uma pilha de material bruto que promete se tornar uma ciência futura.

O que nos liga à mitologia por seu nome? A psicologia, como a física antes de Galileu ou a química antes de Lavoisier, ainda não é uma ciência que pode lançar alguma sombra para a ciência futura. Mas pode ser que, desde que James escreveu isso, a situação tenha mudado substancialmente. Em 1923, no VIII Congresso de Psicologia Experimental, Spearman repetiu a definição de James e disse que mesmo agora a psicologia ainda não é uma ciência, mas a esperança de uma ciência. É preciso ter uma grande dose de provincianismo para imaginar, como Tchelpánov, que há verdades inabaláveis, aceitas por todos, testadas pelos séculos, e que não podem ser destruídas sem mais nem menos.

A outra consideração é ainda mais séria. No fim das contas, é preciso dizer de uma vez que a psicologia tem não dois, mas um herdeiro, e a discussão sobre o nome sequer pode aparecer seriamente. A segunda psicologia é impossível como ciência. É preciso dizer, junto com Pávlov, que, do ponto de vista científico, consideramos a posição dessa psicologia irremediável. Como cientista de verdade, Pávlov não se pergunta se o aspecto psíquico existe, mas como estudá-lo. Ele diz,

> o que deve fazer o fisiologista com os fenômenos psíquicos? *Ele não pode deixar de dar atenção a eles, pois estão intimamente ligados aos fenômenos fisiológicos, determinando a integridade do trabalho de um órgão.* Se o fisiologista resolve estudá-los, surge a questão: "Como"? (1950, p. 59).

Assim, na divisão não rejeitamos *nenhum fenômeno* em favor do outro lado; em nosso caminho estudamos tudo o que existe e explicamos tudo o que parece.

> Há quantos séculos a humanidade explora fatos psicológicos... Milhões de páginas dedicadas à representação do mundo interior do ser humano, e os resultados desse trabalho, isto, é as leis da vida mental humana, nós ainda não temos (Pávlov, 1950, p. 105).

O que resta depois da divisão, vai para o campo da arte; escritores de romances são chamados agora por Frank de mestres da psicologia. Para Dilthey, a tarefa da psicologia é captar na rede de suas descrições o que está oculto em Lear, Hamlet e Macbeth, pois ele vê neles "mais psicologia do que em todos os livros de psicologia juntos" (Dilthey, 1924, p. 19). Stern, de fato, ria maldosamente desse tipo de psicologia extraída dos romances; ele dizia que uma vaca desenhada não pode ser ordenhada. Mas na refutação de sua ideia e na execução da ideia de Dilthey, a psicologia descritiva na *realidade* tem cada vez mais partido para o romance. O primeiro congresso de psicologia individual que se considera justamente essa segunda psicologia teve a palestra de Oppenheim, que captou na rede de conceitos que Shakespeare apresenta em imagens exatamente o que queria Dilthey. A segunda psicologia parte para a metafísica, não importa como ela se chame. É justamente a certeza quanto à impossibilidade de tal conhecimento *enquanto ciência* que determina nossa escolha.

Assim, o nome de nossa ciência só tem um herdeiro. Mas será que ele deve recusar a herança? Absolutamente. Somos dialéticos; não pensamos de modo algum que o caminho de desenvolvimento da ciência segue uma linha reta, e se nele houver ziguezagues, retornos, nós, eles serão compreendidos em seu sentido *histórico* e considerados eles *necessários* de nossa corrente, etapas inevitáveis de nosso caminho, assim como o capitalismo é uma etapa inevitável para o socialismo. Valorizamos *cada passo em direção à verdade* que já foi feito em algum momento por nossa ciência; não pensamos que ela começa conosco; não cedemos a ninguém nem a ideia de associação de Aristóteles, nem a teoria deste e dos céticos sobre as ilusões subjetivas das sensações, nem a ideia de causalidade de Mill ou sua ideia de química psicológica, nem o "materialismo refinado" de Spencer, em que Dilthey viu "não uma simples base, mas um perigo" (1924): em resumo, toda linha do materialismo na psicologia, da qual os idealistas se distanciam minuciosamente. Sabemos que eles têm razão no seguinte: "o materialismo oculto da psicologia explicativa… corrompeu a política econômica, o código penal, a teoria do Estado" (Dilthey, 1924, p. 30).

A ideia de uma psicologia dinâmica e matemática de Herbart, os trabalhos de Fechner e Helmholtz, a ideia de Taine sobre a natureza motora do psiquismo, bem como a teoria de Ribot, a teoria periférica das emoções de James-Lange, mesmo a teoria da Escola de Würzburg sobre o pensamento e da atenção como atividade, em suma, todos os passos em direção à verdade em nossa ciência nos pertencem. De fato, escolhemos entre os dois caminhos não porque gostamos mais de um, mas porque o consideramos verdadeiro.

Portanto, nesse caminho entra tudo o que havia na psicologia enquanto ciência: a própria tentativa de abordar a alma *cientificamente*, o esforço para dominar o psiquismo por meio de um pensamento livre, por mais que fosse obscurecido ou paralisado pela mitologia, ou seja, a própria ideia de conhecimento *científico* da alma contém em si, todo o caminho futuro da psicologia, pois a ciência é um caminho para a verdade, ainda que conduzido em meio a equívocos. É justamente por isso que nossa ciência nos é cara: pela luta, pela superação dos erros, pelas enormes dificuldades, pelo combate inumano com séculos de preconceitos. Não queremos ser Ivans que não se lembra de sua origem; não sofremos de mania de grandeza, pensando que a história começa conosco; não queremos receber da história um nome novinho em folha e trivial; queremos um nome sobre o qual repouse a poeira dos séculos. Nisso vemos nosso direito histórico, a indicação de nosso papel histórico, a pretensão de realizar a psicologia como ciência. Devemos nos ver em conexão e em relação com aquilo que veio antes; mesmo negando-o, baseamo-nos nele.

Podem dizer que esse nome, no sentido literal, não pode ser aplicado à nossa ciência de hoje, seu significado se altera a cada época. Mas digam uma palavra que seja, apenas uma palavra que não tenha tido seu significado alterado. Quando falamos em tintas azuis ou da arte do voo, por acaso não estamos cometendo um erro lógico? Em compensação somos fiéis a outra lógica, a da língua. Se o geômetra agora chama sua ciência por um nome que significa "agrimensura", o psicólogo pode designar sua ciência por um nome que outrora significou "estudo da alma". Se agora o conceito de agrimensura é estreito para a geometria, outrora ele foi um passo decisivo adiante, ao qual toda a ciência deve sua existência; se agora a ideia de alma é reacionária, outrora ela foi uma primeira hipótese científica do homem antigo, uma enorme conquista do pensamento, à qual devemos agora a existência de nossa ciência. Os animais certamente não têm uma ideia sobre o que seja a alma, eles não têm psicologia. Compreendemos historicamente que a psicologia como ciência precisou começar com a ideia de alma. Não vemos nisso simples ignorância e erro, assim como não consideramos a escravidão como resultado de mau-caratismo. Sabemos que a ciência como caminho em direção à verdade necessariamente inclui como aspecto necessário erros, equívocos e preconceitos. O essencial para as ciências não é que elas existem, mas que, por serem erros, elas ainda assim conduzem à verdade, que os erros são superados. Por isso aceitamos o nome da nossa ciência com todas as marcas sedimentadas por séculos de equívocos, como indicação viva de sua superação, como as cicatrizes de batalha decorrentes de ferimentos, como prova viva da verdade que surge em uma incrível luta contra a falsidade.

Em essência, é assim com todas as ciências. Por acaso os construtores do futuro começaram todos do zero, por acaso não são eles os que terminam, os sucessores de tudo o que é verdadeiro na experiência humana, por acaso eles não tinham aliados e antecessores no passado? Mostre-nos uma palavra sequer, um único nome científico que possa ser aplicado em seu sentido literal. Ou por acaso a matemática, a filosofia, a dialética, a metafísica significam a mesma coisa que significaram outrora? Que não se diga que dois ramos do conhecimento sobre um mesmo objeto devem necessariamente ter o mesmo nome. Lembremos da lógica e da psicologia do pensamento. As ciências se classificam e são designadas não segundo seus objetos de estudo, mas por seus princípios e objetivos de estudo. Por acaso o marxismo não tem antecessores na filosofia? *Apenas mentes a-históricas e não criativas* são inventivas na criação de novos nomes e ciências: o marxismo não é adequado a tais ideias. Tchelpánov traz a informação de que na época da Revolução Francesa o termo "psicologia" foi substituído por "ideologia", já que a psicologia para aquela época era uma ciência da alma; já a ideologia era parte da zoologia e se dividia em fisiológica e racional. Isso é correto, mas é possível perceber o dano incalculável acarretado por esse uso não histórico da palavra considerando-se como é frequentemente difícil decifrar mesmo hoje em dia algumas passagens sobre ideologia nos textos de Marx, como soa dúbio esse termo e serve de pretexto para afirmações de *"pesquisadores"* como Tchelpánov de que em Marx ideologia significava psicologia. Essa reforma terminológica se origina, *em parte*, no fato de que o papel e o significado da psicologia antiga são subestimados na história de nossa ciência. Por fim, nela há uma ruptura viva com seus verdadeiros descendentes, ela corta uma linha viva de unidade: Tchelpánov que anunciou que a psicologia não tem nada em comum com a fisiologia, agora presta juramento à grande revolução, diz que a psicologia sempre foi fisiológica e que *"a psicologia científica contemporânea é filha da psicologia da revolução francesa"* (Tchelpánov, 1924, p. 27). Apenas uma ignorância sem limites ou a expectativa da ignorância do outro poderia ditar tais linhas. A psicologia contemporânea de quem? A de Mill ou de Spencer, de Bain ou de Ribot? Correto. Mas e a de Dilthey e de Husserl, de Bergson e James, a de Münsterberg e Stout, a de Meinong e Lipps, de Frank e de *Tchelpánov*? Será possível uma inverdade maior? De fato, todos esses construtores da nova psicologia colocaram na base da ciência outro sistema, inimigo ao de Mill e de Spencer, de Bain e de Ribot, *os mesmos nomes* com os quais Tchelpánov se protege foram esnobados como "cachorro morto". Contudo, Tchelpánov se protege com nomes que lhe são alheios e hostis ao especular sobre a ambiguidade do termo "psicologia contemporânea".

Sim, a psicologia contemporânea tem um ramo que pode ser considerado filho da psicologia revolucionária, mas Tchelpánov a vida toda (inclusive agora) só fez tentar empurrar esse ramo para o canto escuro da ciência, separando-a da psicologia.

Mas novamente: como é perigoso um nome comum e como agiram de forma a-histórica os psicólogos da França que o traíram!

Esse nome foi introduzido pela primeira vez na ciência por Goclenius, um professor de Marburg, em 1590, e adotado por seu seguidor Casmann (em 1594), e não por Wolff na metade do século XVII nem pela primeira vez em Melanchthon, como se costuma pensar equivocadamente. Foi utilizado por Ivanóvski para nomear uma parte da antropologia que, junto com a somatologia, formaria uma ciência. A atribuição do termo a Melanchthon se deve ao prefácio do editor ao XIII tomo de sua obra, no qual ele é incorretamente indicado como primeiro autor da psicologia. Tal nome foi devidamente mantido por Lange, autor de uma psicologia sem alma. Ele pergunta: mas a psicologia não é o estudo da alma? Como se pode conceber uma ciência que coloca em dúvida a existência de seu objeto de estudo? Não obstante, ele considerou pedante e não prático abandonar um nome tradicional uma vez que o objeto da ciência foi alterado, convocando a aceitarmos sem hesitar uma psicologia sem alma.

Justamente a partir da reforma de Lange que teve início essa lengalenga infinita sobre o nome da psicologia. Tomado em si mesmo, esse nome deixou de querer dizer alguma coisa: ele sempre precisa ser complementado por algo ("sem alma", "sem qualquer metafísica", "baseado na experiência", "segundo um ponto de vista empírico" etc.). Já não existe algo que se chama *simplesmente* psicologia. Esse foi o erro de Lange: tendo assumido o nome antigo, ele não se apoderou dele *por completo*, sem deixar escapar nada, não o separou, não o identificou dentro da tradição. Se a psicologia não tem alma, então o que tem alma já não é psicologia, mas outra coisa. Mas aqui, é claro, faltou-lhe não boa vontade, mas força e tempo: a divisão ainda não havia amadurecido.

Essa questão terminológica continua colocada para nós e está inserida no tema da divisão das duas ciências.

Como chamaremos a psicologia científica natural? Ela tem sido chamada agora de objetiva, nova, marxista, científica, ciência do comportamento.

É claro que preservamos o nome da psicologia. Mas qual? Como a distinguiremos de qualquer outro sistema de conhecimentos que utiliza esse nome? Basta utilizarmos uma pequena lista dessas definições que são agora empregadas à psicologia para vermos: em seu fundamento essas divisões não têm unidade lógica; ora o epíteto designa uma escola do behaviorismo, ora a psicologia da Gestalt; ora o método da psicologia experimental, a psicanálise, ora o princípio de construção (eidética, analítica, descritiva, empírica); ora o objeto da ciência (funcional, estrutural, atual, intencional); ora um campo de pesquisa (*Individualpsychologie*)[194]; ora uma visão de mundo (personalismo, marxismo, espiritualismo, materialismo); ora muitas outras coisas (subjetiva, objetiva, construtiva-reconstrutiva, fisiológica, biológica, associacionista, dialética, dinâmica etc.). Diz-se, ainda, de uma psicologia histórica e compreensiva, explicativa e intuitiva, científica (Blónski) e "científica" (no sentido das ciências naturais para os idealistas).

Depois disso, o que significa a palavra "psicologia"? Diz Stout: "logo chegará o tempo em que ninguém terá a ideia de escrever um livro sobre psicologia em geral, da mesma forma que ninguém tem a ideia de escrever um livro sobre matemática em geral" (1923, p. 3). Todos os termos são instáveis, não se excluem logicamente, não são definidos, são confusos e obscuros, têm muitos sentidos, são aleatórios e indicam traços secundários, não apenas não facilitam a orientação, como a dificultam. Wundt chamou sua psicologia de fisiológica, depois se arrependeu e considerou isso um erro, supondo que aquele trabalho deveria ser chamado de experimental. Essa é a melhor ilustração de como esses termos têm pouco significado. Para alguns "experimental" é sinônimo de "científica", para outros é apenas a designação do método. Estamos mencionando apenas os epítetos mais utilizados que são associados à psicologia analisada à luz do marxismo.

Não considero produtivo chamá-la de objetiva. Tchelpánov tem razão ao indicar que na psicologia esse termo é utilizado na ciência estrangeira com um sentido totalmente diferente. Entre nós ele engendrou muitas ambiguidades, favoreceu a confusão entre o problema gnosiológico e o metodológico acerca da matéria e do espírito. O termo contribuiu para a confusão do método como procedimento técnico e como modo de conhecimento que teve como consequência o tratamento do método dialético e dos questioná-

---

194. "Psicologia individual", em alemão no original [N.T.].

rios como igualmente objetivos, e a convicção de que nas ciências naturais são eliminados todo tipo de utilização de indicadores subjetivos, de conceitos e divisões subjetivas (na gênese). Ele foi frequentemente vulgarizado e tratado como "verdadeiro", já o termo "subjetivo" foi equiparado a falso (influência do uso costumeiro da palavra). Além disso, ele não expressa absolutamente o cerne da questão: apenas em um sentido condicional e em um aspecto ele expressa a essência da reforma. Por fim, a psicologia que deseja ser uma teoria do subjetivo ou que deseja em seus caminhos elucidar também o subjetivo não deve ser falsamente chamada de objetiva.

Seria igualmente equivocado chamar nossa ciência de psicologia do comportamento. Isso para não falar que, assim como o epíteto anterior, esse nome não nos distingue de uma série de orientações e, portanto, não atinge seu objetivo, ele é falso, pois a nova psicologia quer conhecer também o psiquismo, esse termo *cotidiano limitado* demais para atrair os americanos. Quando Watson fala da "representação da personalidade na ciência do comportamento e no senso comum" (1926, p. 355) e iguala uma e outra, quando se coloca a tarefa de criar uma ciência para que a "pessoa comum", "ao se aproximar da ciência do comportamento não sinta a mudança do método ou qualquer outra alteração do objeto" (Watson, 1926, p. IX); uma ciência que coloque entre seus problemas o seguinte: "por que George Smith deixou sua esposa?" (Watson, 1926, p. 5); uma ciência que começa com a apresentação de métodos cotidianos, que não é capaz de estabelecer a diferença entre eles e os métodos científicos e que vê *toda* diferença no fato de que também são estudados casos indiferentes para o cotidiano, que não interessam ao senso comum; para essa ciência o termo "comportamento" é o mais adequado. Mas se nos convencermos, como será mostrado a seguir, que ele é logicamente inconsistente e não oferece um critério pelo qual se pode distinguir porque os movimentos peristálticos, a secreção de urina e uma inflamação devem ser excluídos da ciência; que ele tem muitos sentidos e é indeterminado, que significa coisas totalmente diferentes para Blónski e Pávlov, para Watson e Koffka, então não hesitaremos em descartá-lo.

Além disso, eu consideraria incorreta também a definição da psicologia como marxista. Já disse que é inaceitável compor livros do ponto de vista do materialismo dialético (Kornílov, 1925; Strumínski, 1923); mas mesmo um "esboço de psicologia marxista", como Reisner nomeou na tradução o livro de Jameson é algo que considero um uso incorreto do termo; mesmo expressões como "reflexologia e marxismo", quando se trata de certas tendências práticas dentro da fisiologia eu considero incorretas e arriscadas. Não é que eu duvide da possibilidade de tal avaliação, mas porque são tomadas grandezas incomensuráveis, porque estão faltando os membros intermediários que tornam tal avaliação possível; perde-se e distorce-se a escala. O autor de fato considera *toda* a reflexologia não do ponto de vista de *todo* marxismo, mas de certas manifestações de grupos de psicólogos marxistas. Seria incorreto, por exemplo, colocar o problema do soviete distrital e o marxismo, ainda que não haja dúvidas de que na teoria do marxismo não tem menos recursos para elucidar a questão do soviete distrital do que a da reflexologia; embora o soviete distrital seja uma ideia indiretamente marxista, logicamente ligada ao todo. Mesmo assim usamos outras escalas, utilizamos conceitos intermediários, mais concretos e menos universais: falamos em poder soviético e do soviete distrital, da ditadura do proletariado e do soviete distrital, da luta de classes e do soviete distrital. Nem tudo o que está ligado ao marxismo deve ser chamado de marxista; com frequência isso deveria ser evidente. Se acrescentarmos o fato de que os psicólogos no marxismo em geral apelam para o materialismo dialético, ou seja, a sua parte mais universal e generalizada, a falta de correspondência da escala se torna ainda mais clara.

Por fim, uma dificuldade especial é a aplicação do marxismo a novos campos: o estado concreto atual dessa teoria; a enorme responsabilidade do uso desse termo; a especulação política e ideológica sobre ele; tudo isso impede o bom gosto de falar agora em uma *psicologia marxista*". Melhor que os outros falem que nossa psicologia é marxista do que nós mesmos as chamarmos assim; vamos aplicá-la na prática e dar um tempo com as palavras. Ao fim e ao cabo, a psicologia marxista ainda não existe, ela precisa ser entendida como uma tarefa histórica, não como algo dado. No atual estado das coisas, é difícil se livrar da impressão de falta de seriedade científica e de irresponsabilidade no uso desse termo.

Contra isso fala ainda o fato de que a síntese entre psicologia e marxismo está sendo realizada não por uma escola e esse nome facilmente causa confusão na Europa. Talvez poucos saibam que a psicologia individual de Adler se filia ao marxismo. Para entender de que trata essa psicologia é preciso lembrar suas bases metodológicas. Ao defender seu direito de ser uma ciência, mencionou Rickert, que diz que a palavra "psicólogo", ao ser aplicada ao cientista natural e ao historiador, tem dois sentidos distintos, e por isso ele faz uma distinção entre um psicologia científica natural e uma histórica; se isso não for feito, a psicologia do historiador e do poeta não poderá ser chamada de psicologia, pois ela não tem nada em comum com a psicologia. Os teóricos da nova escola aceitaram que a psicologia histórica de Rickert e a psicologia individual eram a mesma coisa (Binswanger, 1922).

A psicologia se dividiu em duas e a disputa é apenas quanto ao nome e à possibilidade teórica de um novo ramo independente. A psicologia é impossível como ciência natural, o individual não pode ser reduzido a nenhuma lei; ela não deseja explicar, mas compreender (Binswanger, 1922). Essa divisão foi introduzida na psicologia por Jaspers, mas por psicologia compreensiva ele tinha em vista a fenomenologia de Husserl. Como base de toda psicologia ela é muito. Importante, insubstituível até, mas ela própria não é e não deseja ser uma psicologia individual. A psicologia compreensiva pode partir apenas da teleologia. Stern fundamenta tal psicologia; o personalismo é apenas outro nome para a psicologia compreensiva e, por meio da psicologia experimental, das ciências naturais na psicologia diferencial, ele tenta estudar a personalidade: a explicação e a compreensão são igualmente insatisfatórias. Apenas a intuição, e não o pensamento discursivo causal, pode levar ao objetivo. Essa psicologia considera respeitável o título "filosofia do eu". Ela não é absolutamente uma psicologia, mas uma filosofia, e é isso que ela deseja ser. Pois é *essa* psicologia, sobre cuja natureza não pode haver qualquer dúvida, que se refere em suas construções, por exemplo na teoria da psicologia das massas, ao marxismo, à teoria da base-superestrutura como seu fundamento natural (Stern, 1924). Ele trouxe o melhor – e o mais interessante até agora para a psicologia social – projeto de síntese entre marxismo e psicologia individual na teoria da luta de classes; o marxismo e a psicologia individual devem e são convocados a aprofundar e se fecundar mutuamente. A tríade hegeliana é aplicável à vida mental, como à econômica (exatamente como se faz entre nós). Esse projeto despertou uma interessante polêmica, que em defesa desse pensamento mostrou uma abordagem saudável, crítica e inteiramente marxista sobre uma série de questões. Se Marx nos ensinou a compreender as bases econômicas da luta de classe, Adler fez o mesmo para suas bases psicológicas.

Isso não apenas ilustra toda a complexidade da situação atual da psicologia, em que são possíveis as combinações mais inesperadas e paradoxais, como também o perigo de tal epíteto (aliás, entre os paradoxos: essa mesma psicologia contesta o direito da reflexologia russa a uma teoria da relatividade). Se chamam de psicologia marxista a teoria eclética e sem fundamento, superficial e semicientífica de Jameson, se a maioria dos psicólogos da Gestalt influentes se considera marxista em seus trabalhos científicos, esse nome perde sua definição para as escolas psicológicas iniciantes, que ainda não conquistaram seu direito ao "marxismo". Lembro que fiquei extremamente surpreso quando soube disso em uma conversa informal. Tive o seguinte diálogo com um psicólogo de excelente formação: "que tipo de psicologia vocês fazem na Rússia? O fato de serem marxistas ainda não diz nada sobre o tipo de psicólogos que vocês são. Ao saber da popularidade de Freud na Rússia, pensei inicialmente nos adlerianos: afinal eles também são marxistas, mas parece que vocês têm uma psicologia totalmente diferente, não é? Nós também somos sociais-democratas e marxistas, mas somos igualmente darwinistas e copernicanos". Estou convencido de que ele está correto pela seguinte consideração. De fato, nós realmente não chamaríamos nossa biologia de darwinista. Isso já está dentro do próprio conceito de *ciência*: ele inclui a aceitação das mais grandiosas concepções. O historiador marxista jamais diria "história marxista da Rússia". Ele considera que isso é claro em si mesmo. Para ele "marxista" é o mesmo que "verdadeira, científica"; ele não reconhece outra *história* que não a marxista. E para nós a questão se coloca da seguinte forma: nossa ciência irá se tornar marxista na medida em que se tornar verdadeira e científica; nosso trabalho é justamente transformá-la em uma ciência verdadeira, e não em fazê-la concordar com a teoria de Marx. Pelo próprio sentido da palavra e pela essência da questão não podemos falar em uma "psicologia marxista" no sentido em que se fala em psicologia associacionista, experimental, empírica ou eidética. A psicologia marxista não é uma escola entre outras, mas a única psicologia verdadeira como ciência: não pode haver outra além dessa. E o contrário: *tudo* o que houve e há na psicologia de verdadeiramente científico integra a psicologia marxista. Esse conceito é mais amplo do que o de escola ou mesmo de orientação. Ele coincide com o conceito de psicologia *científica* em geral, não importa por quem ou onde ele seja elaborado.

Nesse sentido, Blónski (1921) utiliza o termo "psicologia científica". E ele está coberto de razão. O que gostaríamos de fazer, o sentido de nossa reforma, o cerne de nossa divergência com os empíricos, o caráter fundamental da nossa ciência, nosso objetivo e o escopo de nossa tarefa, seu conteúdo e método de execução: tudo isso é expresso por esse epíteto. Ele seria plenamente satisfatório, se não fosse desnecessário. Em sua forma mais correta, ele revela claramente que não pode expressar nada além daquilo que está contido na própria palavra que ele adjetiva. Afinal, "psicologia" é o nome de uma *ciência*, e não de uma peça teatral ou de um filme. Ela só pode ser científica. Ninguém teria a ideia de chamar de astronomia a descrição do céu em um romance; da mesma forma o nome psicologia é pouco conveniente para a descrição dos pensamentos de Raskólnikov ou os delírios de Lady Macbeth. Tudo o que descreve o psiquismo de forma não científica é não psicologia, mas outra coisa, seja lá o que for: publicidade, crítica, crônica, beletrismo, lírica, filosofia, discurso raso, fofoca e ainda uma centena de outras coisas. De fato, o epíteto "científica" é aplicável não apenas ao esboço de Blónski, mas também às pesquisas sobre a memória de Müller, aos experimentos com macacos de Köhler, ao estudo dos limiares de Weber-Fechner, à teoria da brincadeira de Groos, à teoria do treinamento de Thorndike, à teoria da associação de Aristóteles, ou seja, a *tudo* aquilo que pertence à ciência histórica e contemporaneamente. Poderia discutir se teorias, hipóteses e construções notoriamente falsas, refutadas e duvidosas podem também ser consideradas científicas, pois a cientificidade não é o mesmo que autenticidade. Um ingresso para o teatro pode perfeitamente ser autêntico, mas não é científico; a teoria de Herbart sobre os sentimentos como relações entre representações é certamente incorreta, mas não há dúvida de que seja científica. O objetivo e os meios determinam a cientificidade de determinada teoria, só isso. Por isso dizer "psicologia científica" é o mesmo que não dizer nada, ou melhor, que dizer apenas "psicologia".

Resta-nos aceitar esse nome. Ele ressalta perfeitamente o que queremos, o escopo e o conteúdo de nossa tarefa. E ela certamente não é a criação de uma escola entre outras; ela não trata de uma arte ou aspecto, ou de um problema, ou ainda de um modo de interpretação da psicologia, entre outras partes e escolas análogas etc.; trata-se de *toda* psicologia, *de todo seu escopo*; de uma psicologia única, que não aceita nenhuma outra; trata-se da realização da psicologia como ciência.

Por isso diremos apenas "psicologia". Será melhor explicar os epítetos das outras orientações e escolas e distinguir neles o que é científico e o que não é, distinguir a psicologia e do empirismo, da teologia, do eidos e de todo o resto que foi despejado em nossa ciência ao longo dos séculos de existência, como a bordo de um navio de longas distâncias.

Precisamos dos epítetos para outra coisa: para uma sistemática *divisão lógico-consequente, metodológica* das disciplinas dentro da psicologia: assim, falaremos em psicologia geral e infantil, zoopsicologia e patopsicologia, diferencial e comparada. Psicologia será o nome geral de toda uma família de ciências. Afinal, nossa tarefa não é *separar* nosso trabalho do trabalho da psicologia geral do passado, mas *unir* nosso trabalho com toda elaboração científica da psicologia em um todo sobre uma determinada base nova. Não queremos distinguir nossa escola da ciência, mas a ciência da não ciência, a psicologia da não psicologia. Essa psicologia de que estamos falando ainda não existe; é preciso criá-la, e não criar uma escola. Muitas gerações de psicólogos trabalharam para isso, como disse James; a psicologia *terá* seus gênios e seus pesquisadores comuns; mas o que surgirá do trabalho conjunto de gerações, de gênios e de simples mestres da ciência será justamente a psicologia. Com esse nome nossa ciência entrará na nova sociedade, em cuja antessala ela está começando a se constituir. Nossa ciência não poderia e não pode se desenvolver em uma sociedade antiga. Será impossível dominar a verdade sobre a personalidade e a própria personalidade enquanto a humanidade não dominar a verdade sobre a sociedade e a própria sociedade. Ao contrário, na nova sociedade nossa ciência ocupará o centro da vida. "O salto do reino da necessidade para o reino da liberdade" necessariamente coloca em pauta a questão do domínio de nosso próprio ser, a subordinação dele a si. Nesse sentido, Pávlov tem razão ao dizer que a nossa ciência é a última ciência sobre o próprio ser humano. Ela será de fato a última ciência do período histórico do ser humano ou da pré-história da humanidade. A nova sociedade criará o novo ser humano[195]...

---

195. Na edição de 1982 foi inserido um excerto que não consta do original: "quando se fala em refundição do ser humano como um traço indubitável da nova humanidade, e em criação artificial de um novo tipo biológico, esse será a primeira e única espécie da biologia a ter criado a si própria..." (cf. Zavershneva; Osipov, 2012) [N.T.].

Esta é a única vez em que se justifica a expressão do psicólogo paradoxal que definia a psicologia como ciência do super-homem[196]: na sociedade futura a psicologia de fato será a ciência do super-homem. Sem isso a perspectiva do marxismo e da história da ciência estaria incompleta. Mas essa ciência do super-homem continuará sendo a psicologia; agora nós temos seu fio em nossas mãos. Não é preciso dizer que essa psicologia se parecerá tão pouco com a atual quanto, nas palavras de Espinosa, a constelação Cão Maior se parece com o cachorro, o animal que ladra[197].

---

196. As referências à ideia trotskista de "super-homem" foram removidas da edição de 1982. Em seu lugar, havia apenas "ser humano" (cf. Zavershneva; Osipov, 2012) [N.T.].

197. Referência à ideia expressa por Espinosa na Parte I, proposição 17, escólio, de *Ética* (1911) [N.T.].

Seção IV
A história do desenvolvimento das funções psíquicas superiores

Introdução à seção

Joseph Glick
Universidade da Cidade de Nova York

Em seu livro seminal, *A história do desenvolvimento das funções psíquicas superiores*, L.S. Vigotski estabelece alguns dos termos-chave básicos de sua concepção de psicologia. O traço fundamental de sua conceitualização é a distinção entre funções psíquicas "inferiores" e "superiores". Uma análise psicologicamente adequada não deve confundir o superior com o inferior e Vigotski afirma que esse era um erro característico cometido por outras abordagens amplas da psicologia que estavam em voga na época. O associacionismo (reflexologia) reduziu as superiores ao mais elementar e a psicologia da Gestalt, embora focando formas superiores de comportamento, tratava as superiores nos mesmos termos ahistóricos e aculturais que as inferiores. Vigotski argumenta que qualquer abordagem do pensamento – particularmente, qualquer abordagem da compreensão das funções psíquicas superiores – deve compreender essas funções em termos de suas qualidades únicas e integrais, em particular, em termos de suas origens no desenvolvimento histórico e cultural. Ele inicia teoricamente sua agenda revolucionária como segue:

> a elucidação desse problema requer uma mudança básica na visão tradicional do processo de desenvolvimento mental... o parcial e errôneo da visão tradicional dos fatos sobre o desenvolvimento das funções psíquicas superiores consiste básica e principalmente em uma incapacidade de olhar para esses fatos do desenvolvimento histórico (Vigotski, 1997b, p. 1-2).

Na visão de Vigotski, a busca de seus contemporâneos por elementos e processos básicos, ou por leis autóctones (não históricas), equivale a arrancar comportamentos qualitativamente distintos dos contextos que nos permitiriam ver suas qualidades essenciais; assim, esses contemporâneos obscurecem as diferenças essenciais entre linhas "naturais" e "culturais" de desenvolvimento. Vigotski insiste na necessidade de compreender funções psíquicas superiores em termos de suas origens culturais e históricas.

Contudo, como Scribner (1985) indicou, os usos de Vigotski do conceito de história, e de história como um instrumento analítico, são complexos e têm várias camadas, com referentes diferentes. O mesmo ocorre com as ideias de cultura: os diferentes significados só podem ser encontrados por meio de um exame atento dos textos de Vigotski e de uma leitura diligente do uso feito por esses conceitos na construção de investigações, nas análises de comportamentos e nas descrições teóricas que acompanham as análises.

Esta introdução a leituras de *A história do desenvolvimento das funções mentais superiores* segue a lógica metodológica de Vigotski, focando o lugar desse trabalho em sua história, na história da área na época, e na cultura na qual está agora sendo recebido (aqui e agora, por nós e por nossa comunidade interpretativa). Enquanto tentamos compreender o trabalho de Vigotski, descobrimos que esse modo historicamente orientado de análise se tornou estimulante pelas circunstâncias do modo como seu pensamento passou a ser conhecido pelo público falante do inglês e pelas reviravoltas das línguas e datas das publicações iniciais de seu trabalho.

Quando buscamos por um texto "confiável" que reflete o pensamento de Vigotski, devemos sempre lembrar que estamos lidando com, ao menos, quatro textos: (1) o texto como texto, considerado tanto quanto possível em termos internos a si (o texto como escrito); (2) o texto como um argumento dirigido ao público contemporâneo do autor (o texto como argumento); (3) o texto como encontrado no contexto de outros textos – o texto intertextual que estará eternamente evoluindo enquanto novos textos são acrescentados ao mundo interpretativo e às estruturas de interpretação dos leitores (o texto como lido intertextualmente); e, finalmente, (4) o texto como resgatado do passado e como usado para propósitos contemporâneos (o texto político). Estudantes de Vigotski deveriam estar conscientes de todos esses sentidos que pode assumir um texto confiável: ele está vivo como uma parte das comunidades e propósitos teóricos sempre em mudança.

Do mesmo modo que Vigotski afirma que um fenômeno não pode ser compreendido sem ser visto como parte de uma formação histórico-cultural, um texto não pode ser compreendido quando é retirado da formulação histórico-cultural na qual foi gerado, com respeito ao público ao qual foi dirigido, e na qual é lido e relido por diferentes públicos com diferentes estruturas de referência. Textos se transformam. A leitura transforma os textos.

Ainda mais central a essa compreensão é o reconhecimento de que textos não valem por si, como autoevidentemente autênticos. Leitores leem textos e o fazem enquanto usam o pano de fundo de outros textos que leram. Assim, o exame de um texto não pode ser suficiente sem simultaneamente reconhecer as relações desse texto com outros textos que o cercam e com os leitores que o estão lendo com ainda outros textos em mente.

O reconhecimento dessa intertextualidade é crítico para a leitura e compreensão de Vigotski, uma vez que é uma compreensão do período histórico no qual escreveu, e dos processos históricos pelos quais seus textos escritos se tornaram conhecidos por nós. Devemos fatorar essas considerações junto a nossas tentativas de compreender seus significados. Vigotski escreveu, não em caráter definitivo, mas em um lugar particular: vivendo na nova União Soviética, ele se dirigiu para a literatura psicológica de sua época e para o campo, como conhecia-o. Similarmente, passamos a lê-lo na estrutura de nossos interesses teóricos, e em um campo que é consideravelmente diferente daquele que era conhecido para Vigotski.

Em vez de pensar Vigotski como um indivíduo, um teórico e um gênio cuja mente particular nos fala ao longo dos anos, e como alguém cujo verdadeiro significado pode ser "descoberto" pelo estudo próprio, é mais instrutivo pensá-lo em termos sociais, como um produtor de textos, voltado a públicos específicos, envolvendo os textos de outros do mesmo período histórico e do anterior. Nós, a partir de nosso ponto de vista, tentamos compreender o texto de Vigotski. Na verdade, nesse processo recriamos o texto em um contexto diferente daquele no qual foi gerado. Esse texto, criado tanto em sua leitura quanto em sua escrita, é um texto que necessariamente trata tanto as preocupações dos leitores como a do escritor.

As seleções neste volume, trazendo uma data de publicação muito moderna (este ensaio foi escrito em 2003), são traduções da edição russa de seis volumes dos escritos de Vigotski que apareceram em 1982-1984, aproximadamente meio século após a morte do autor. Para alguns, esse atraso equivale a uma vida, e, no caso de Vigotski, foi mais longo do que sua vida. Ele nasceu em 1896 e morreu em 1934, aos 37 anos.

É, em parte, um tributo ao seu gênio que o trabalho de Vigotski ainda tem relevância, referência e uma viabilidade intelectual vívida hoje. Ele é considerado não apenas como uma figura histórica cujo pensamento teórico deveria ser uma parte do repertório de psicólogos bem-informados; ele é também uma voz contemporânea essencial, tratando de muitas preocupações de hoje. Essa relevância não é simplesmente um produto do gênio de Vigotski; é também uma parte do campo intertextual no qual seus trabalhos – deslocados no tempo e na referência intertextual – apareceram, ao menos para o mundo falante do inglês, mas em alguma medida também na psicologia russa. Esses deslocamentos no tempo não são simples acidentes históricos ou políticos; na verdade, a descoberta e a redescoberta de Vigotski se relaciona aos desenvolvimentos na psicologia contemporânea, não apenas às flutuações que governam a publicação de seus trabalhos. Na verdade, as *Obras reunidas* não são a *Obra completa*; as origens de alguns dos escritos são obscuras; e os manuscritos de Vigotski, no momento desta publicação, estão, basicamente, em mãos privadas e não disponíveis em qualquer arquivo. Há muito trabalho acadêmico a ser feito antes que o *corpus* de Vigotski possa ser considerado completo ou seguro.

Poucos escritos importantes de Vigotski foram publicados até bem depois de sua morte. Somente então suas publicações atingiram um público mais amplo do que o círculo dos colegas brilhantes que trabalhavam com ele em Moscou e Kharkov (N.N. Leontiev e A.R. Luria particularmente notáveis entre eles). Textos de Vigotski agora atravessam períodos históricos para tratar preocupações de públicos que são significativamente "deslocados" no tempo e na história.

Como um exemplo, o texto desta seção foi escrito em 1931, mas só viu publicação parcial em russo em 1960 (cap. 1-5), e o texto completo só foi publicado em *Obras reunidas* em russo em 1982-1984. O público falante do inglês teve seus primeiros vislumbres com a publicação de uma compilação editada e uma nova síntese de alguns textos-chave de Vigotski e de *Formação social da mente* em 1978 (Vigotski, 1978). Similarmente, um dos trabalhos criticamente importantes na obra de Vigotski, *Instrumento e símbolo* foi escrito originalmente em 1930 em colaboração com Luria para o *Carmichael's manual of child psychology* [Manual de psicologia infantil de Charmichael] de língua inglesa. Mas *Instrumento e símbolo* não foi incluído neste volume ou para o público inglês até que porções dele aparecessem em *Mente e sociedade*, trazendo apenas o nome de Vigotski como autor; a versão completa foi incluída em *Vigotski reader* [Guia de Vigotski] em 1994, com a restauração da autoria sênior de A.R. Luria restaurada (Valsiner; Van der Veer, 1994).

Qual seria a relação entre textos produzidos durante diferentes períodos históricos? E qual seria a relação interpretativa entre um texto que foi escrito num momento particular e o mesmo trabalho publicado muitos anos depois, em um contexto histórico muito diferente? A história é relevante ou devemos compreender esses textos como sendo "autossuficientes" e autoevidentes?

Para tentar antecipar respostas de Vigotski a essas questões, consideramos sua crítica do trabalho de Jean Piaget, tal como ele o conhecia em 1931:

> Tudo é tomado fora do aspecto histórico. Os conceitos de mundo e de causalidade de uma criança europeia moderna de um meio educado e os mesmos conceitos de uma criança de qualquer tribo primitiva, a visão de mundo de uma criança da idade da pedra, da idade média e do século XX, são basicamente as mesmas, idênticas, equivalentes entre si.
>
> O desenvolvimento cultural é como que isolado da história, e considerado como um processo autossatisfatório governado por forças internas, autocontidas, sujeitas à sua lógica imanente. O desenvolvimento cultural é considerado [*i.e.*, não separável do] autodesenvolvimento (Vigotski, 1997b, p. 9).

O desenvolvimento de nossa compreensão ocorre como o desenvolvimento infantil. A melhor abordagem para ler Vigotski é suspender tentativas de oferecer uma abordagem "verdadeira" e "eterna" ao "significado real" de seus textos. Na melhor das hipóteses, podemos tentar apresentar o espírito de seu método como revelado na escrita que nos é acessível, e compreender que lemos esse escrito através de lentes de um contexto muito diferente do contexto ao qual Vigotski imediatamente se dirigia. Considerado em termos intertextuais, milhares de textos apareceram para preencher os espaços, mentes e perspectivas referenciais de estudantes que encontram os escritos de Vigotski que surgiram de 1930 a mais de setenta anos depois.

Ao longo desse trabalho, Vigotski critica severamente a psicologia de sua época por ser reducionista, por não reconhecer as distinções claras que devem ser feitas entre processos mentais inferiores (naturais) e superiores (histórico-culturais). Ele argumenta contra regimes metodológicos que buscam decompor a mente em "elementos" analíticos que não refletem as qualidades que são específicas a cada nível ou tipo de funcionamento. Ele argumenta em prol da análise que é histórica e não simplesmente experimental, analítica e positivista. No espírito desse método de estudo, podemos "situar" os textos de Vigotski, como se tornaram conhecidos por nós, na dinâmica da história da psicologia do desenvolvimento no mundo falante do inglês, particularmente nos Estados Unidos.

Vigotski e a história da psicologia do desenvolvimento, 1962-1997

A primeira apresentação importante do pensamento de Vigotski foi a publicação, em 1962, de *Pensamento e linguagem*, traduzido por Eugenia Hanfmann e Gertrude Vakar e introduzido por Jerome Bruner. Embora estudantes sérios da psicologia do desenvolvimento tivessem lido o livro e ficado impressionados, ele não "decolou". Poucas obras no "modo vigotskiano" seguiram a essa publicação. Parecia ser um evento único, a descoberta de uma raiz histórica revigorante. Mesmo aqueles que mais tarde ajudariam a levar Vigotski à proeminência nos Estados Unidos, Michael Cole e Sylvia Scribner, fizeram pouca referência a Vigotski em 1974 e a seu livro seminal, *Culture and thought: a psychological introduction* [Cultura e pensamento: uma introdução psicológica]. O nome de Vigotski apareceu somente em referência a Luria, e somente depois no contexto estreito de alguns estudos transculturais que Vigotski e Luria executaram.

Dezesseis anos após a publicação do primeiro livro de Vigotski em inglês e quatro anos após *Cultura e pensamento*, veio a publicação de *Formação social da mente*, trazendo o nome de Vigotski como autor, mas cuidadosamente composto em vários escritos separados (incluindo seleções de *A história do desenvolvimento das funções psíquicas superiores*). Essa publicação, editada por Cole, Scribner, John-Steiner e Souberman, foi um evento marcante nos estudos de Vigotski.

O Vigotski de *Formação social da mente* realmente decolou, originando muitas publicações que se concentraram em seus conceitos básicos e os expandiram, levando a muitas outras publicações de e sobre Vigotski. Em 1982-1984, seis volumes das obras reunidas de Vigotski, apareceram em russo. Kluwer Academic/Plenum mais tarde publicou uma tradução desse seis volumes, sob a coordenação editorial de Robert Rieber, e o presente volume é uma seleção deles. Em 1985, Wertsch publicou sua exegese acadêmica do pensamento de Vigotski em *Vygotsky and the social formation of mind* [Vigotski e a formação social da mente], e, no mesmo ano, uma coleção de trabalhos, editados por Wertsch (1985), foi dedicada a tópicos vigotskianos: *Culture, communication, and cognition: Vygotskian perspectives* [Cultura, comunicação e cognição: perspectivas vigotskianas]. No ano seguinte apareceu uma tradução de *Pensamento e linguagem* de Kozulin (1986), e, em seguida, saiu o primeiro volume da tradução da Kluwer academic/Plenum das *Obras reunidas* de Vigotski, iniciada pela retradução do mesmo trabalho por Minick, agora intitulado *Pensamento e linguagem* (1987a). Kozulin (1990) seguiu com uma biografia intelectual de Vigotski e Wertsch (1991), e integrou perspectivas vigotskianas e bakhtianas em *Voices of mind* [Vozes da mente]. Van der Veer e Valsiner (1991) produziram outra biografia de Vigotski, *Understanding Vygotsky: a quest for synthesis* [Compreendendo Vigotski: uma busca por síntese]. Mais tarde, em 1994, eles publicaram *The Vygotsky reader* [Guia de Vigotski] (Valsiner; Van der Veer, 1994), que contém muitos textos completos (p. ex., "Instrumento e símbolo") e outros artigos não publicados até então. A lista poderia prosseguir, contendo facilmente centenas de publicações relacionadas a Vigotski ou nele inspiradas.

Algo obviamente aconteceu entre 1962 e 1978 que produziu um interesse e uma fascinação pelas ideias de Vigotski, ou, ao menos, o que consideravam ser suas ideias. A publicação de *Pensamento e linguagem* (1962) parecia um evento único. *Formação social da mente* (1978) originou uma geração de estudos. É improvável que possamos encontrar a diferença olhando para o desenvolvimento das ideias de Vigotski. Ele, de fato, escreveu *Pensamento e linguagem* após os trabalhos que foram reunidos em *Formação social da mente*. As razões para a recepção diferente se encontram em outro lugar. Como veremos, um exame dessas razões nos leva a sermos cautelosos sobre qualquer tentativa de uma exegese contemporânea de Vigotski. É improvável que o que consideramos o núcleo de suas ideias seja precisamente aquelas ideias que tratam de uma necessidade teórica contemporânea, e que não refletem o escopo inteiro do pensamento de Vigotski em seus termos.

Behaviorismo, Piaget e Vigotski

Nos Estados Unidos, o positivismo e um behaviorismo teórico e metodológico dominaram o pensamento psicológico da década de 1920 ao começo da década de 1960. Por inúmeras razões, as restrições impostas por essa concepção estreita de processos psicológicos começaram a ser reconhecidas, e uma nova disciplina – a psicologia cognitiva – começou a emergir.

A análise de Chomsky (1959) da descrição comportamentalista da linguagem por Skinner foi um evento marcante, assim como a publicação de Neisser (1967) de *Cognitive psychology* [Psicologia cognitiva]. Tanto Chomsky como Neisser analisaram estudos que, mesmo em termos experimentais, pareciam necessitar de uma arquitetura mais complicada do que o behaviorismo requisitava, e, assim, Piaget foi descoberto pela psicologia do desenvolvimento tradicional.

Essa descoberta de Piaget começou em 1962 com a publicação de uma monografia da Society for Research in Child Development [Sociedade para a Pesquisa em Desenvolvimento Infantil] (SRCD), editada por Kessen e Kuhlman: *O pensamento na criança* (1962). Com certeza, algo estava acontecendo na década de 1960; foi uma redescoberta da "estrutura" e o posicionamento de problemas estruturais no centro da investigação psicológica. A essência do movimento cognitivo era o reconhecimento de que havia, de fato, aspectos estruturais do comportamento e do pensamento que necessitavam de uma forma de teorização que ia além das metáforas orientadas ao elemento do cânone comportamentalista.

O reconhecimento desses aspectos estruturais indicava ainda que tratamentos do aprendizado e desenvolvimento humanos devem levar em conta essas limitações estruturais. A mudança envolvia um novo foco do "aprendizado" para o "desenvolvimento" dependente da estrutura. Como o desenvolvimento dependente da estrutura era uma preocupação central para Piaget, ele rapidamente passou ao foco da psicologia cognitivo-desenvolvimental. A destilação da teoria piagetiana por Flavell (1963) para públicos falantes do inglês foi seguida por um fluxo constante de traduções dos livros de Piaget. De meados da década de 1960 ao fim da década de 1970, conceitos piagetianos e sua verificação ou refutação ocuparam o palco central.

Foi contra esse pano de fundo que a publicação em língua inglesa de *Pensamento e linguagem* de Vigotski apareceu em 1962. Embora Vigotski focasse vários problemas de desenvolvimento profundos, a ênfase de seu trabalho, conhecido por meio da primeira tradução de *Pensamento e linguagem*, não atingiu o ponto central do interesse dos psicólogos, que ainda estavam fascinados pela estrutura. Do começo da década de 1960 até o fim da década de 1970, muitos aspectos do paradigma piagetiano foram atacados de várias direções, nem todas muito relevantes ao núcleo das ideias piagetianas. O que estava em questão não era tanto a teoria piagetiana como pensada por Piaget, mas o modo pelo qual estava sendo consumida pelo *establishment* psicológico falante do inglês.

Havia três focos de preocupação com a teoria piagetiana recebida, e todos estavam relacionados às implicações problemáticas subjacentes da ideia de dependência da estrutura. No contexto americano, elas equivaliam a:

> Uma tentativa de escapar aos aspectos inerentemente conservadores e limitantes da posição de dependência da estrutura, que via desenvolvimentos futuros possíveis como restringidos por condições iniciais. Estudos foram conduzidos para mostrar os limites dessa dependência da estrutura mostrando que o que Piaget tratava como fatores desenvolvimentalmente restritivos poderia ser superado por "formação" que poderia mostrar aquisição acelerada.

> Uma rejeição do "universalismo" associado à ideia de dependência da estrutura. Estudos foram concebidos para testar os limites da noção de estrutura, examinando se estruturas subjacentes supostamente comuns se mostravam em diferentes áreas de conteúdo (o problema da decalagem horizontal) ou pela comparação de populações diferentes para ver se atingiam os mesmos marcadores em aproximadamente a mesma idade de desenvolvimento.

> Um questionamento dos "processos" que presumivelmente sustentam o desenvolvimento. Para Piaget, estruturas de desenvolvimento restringidas resultavam da dinâmica de um processo "construtivo" que dependia muito de estados iniciais na interação com um mundo fisicamente restringido. A ideia construtiva foi questionada a partir de três direções: (1) por um "nativismo" emergente que, detalhando o aspecto estrutural da teoria de Piaget, via muitos aspectos dessa estrutura como "inerentes" e não construídos; ou, alternativamente e de outra direção; (2) por uma mudança da consideração da construção como um processo intraindividual para uma exploração de processos de estruturação social; e (3)

focando a "base de conhecimento" e estratégias que caracterizam domínios particulares, que eram vistos como "habilidade" definida em uma área – um fator mais relevante do que restrições estruturais.

Claramente, Piaget foi atacado frontalmente de inúmeras direções. Foi durante esse ataque que Vigotski foi reintroduzido ao público falante do inglês por meio da publicação de *Formação social da mente* em 1978. Em contraste à primeira introdução de Vigotski em *Pensamento e linguagem*, o Vigotski de *Formação social da mente* se mostrou fértil e inspirador para o trabalho futuro.

Essa publicação chegou ao ponto de desencantamento com o tratamento piagetiano da estrutura e por isso parecia ser uma resposta aos problemas encontrados ao longo do envolvimento de duas décadas com Piaget. Além disso, e não incidentalmente, o Vigotski "redescoberto" parecia muito compatível com a ênfase no aprendizado que o behaviorismo defendia antes de ser levado a se retirar pelo ataque piagetiano. Contudo, esse tratamento de Vigotski, no contexto da reação à teoria piagetiana, destacou somente alguns aspectos da abordagem de Vigotski, reconhecendo ou ignorando outros aspectos, talvez mais centrais.

A abordagem vigostkiana

Muitos dos preceitos principais da abordagem de Vigotski, como compreendida por estudiosos modernos, pareciam particularmente adequados como uma resposta a Piaget:

> O conceito da zona de desenvolvimento proximal (ZDP) recebeu uma posição central, uma vez que foi usado para indicar que a dependência da estrutura não era um fator limitante absoluto no desenvolvimento. Com isso, seria possível pensar que, em vez de seguir o desenvolvimento e depender dele, o aprendizado de fato conduz a mudança desenvolvimental (Vigotski, 1978, p. 86-91).

> O conceito de "mediação" implicava similarmente que fatores externos ao organismo em desenvolvimento poderiam influenciar seu desenvolvimento (Vigotski, 1978, p. 52-55). Isso prometia a possibilidade de um apoio "protético" para a mudança desenvolvimental.

> Finalmente, a asserção das origens sociais do desenvolvimento recebeu *status* de lei, afirmando que cada função aparece duas vezes, primeiro, em um processo interpessoal e depois como um processo intrapessoal (Vigotski, 1978, p. 56-57).

Essas três noções são agora razoavelmente compreendidas e se colocam como as características essenciais da abordagem vigotskiana.

Mas as coisas não são tão simples. Em grande medida, o Vigotski recebido pelo campo da psicologia do desenvolvimento por meio de *Formação social da mente* era sutilmente diferente do Vigotski introduzido em 1962. Alguns dos tópicos agora tão centrais a uma visão vigotskiana são tópicos que experienciaram uma leve alteração entre *Pensamento e linguagem* e *Formação social da mente*. Em geral, as mudanças tiveram a ver com a consideração dos conceitos centrais de Vigotski como representando "leis de aquisição" de comportamentos avançados, ou como uma tentativa de "diagnósticos diferenciais" de diferentes níveis de desenvolvimento. O Vigotski de *Formação social da mente* foi recebido como se sua preocupação central fosse com aquisição, enquanto o Vigotski de *Pensamento e linguagem* parecia estar mais preocupado com o problema analítico de classificar a estrutura composicional de vários níveis de desenvolvimento comportamental.

Como um exemplo dessas mudanças, podemos olhar para o tratamento da ZDP nos dois volumes (e em grande parte do trabalho que os seguiu). Em *Pensamento e linguagem* (tradução de 1962), a ZDP é mencionada e discutida em duas páginas (Vigotski, 1962, p. 103-105) e não recebeu uma entrada no índex. A discussão sobre a ZDP está enquadrada em um tratamento de um tópico particular: o desenvolvimento infantil do que Vigotski denominava o conceito "científico" (alternativamente, o conceito "acadêmico"). O tratamento de Vigotski aqui implica uma interpretação da ZDP em termos "diagnósticos". A ideia básica da ZDP em *Pensamento e linguagem* dizia respeito ao problema da avaliação do desenvolvimento, e, conceitualmente, é muito elegante. Muitos testes de nível desenvolvimental consideram que o nível é definido pela aquisição do que a criança é capaz por si, sob alguma forma de regime de teste não interativo e não intervencionista. Vigotski argumentava que isso nos permite ver a parte "finalizada" do desenvolvimento e não nos dá uma visão de potencial desenvolvimental, o que pode ser indicado pelo quanto uma criança pode se beneficiar da intervenção externa. Vigotski limita essa discussão muito claramente ao desenvolvimento de conceitos relacionados à escola, precisamente aqueles conceitos que, incidentalmente, não são capazes de ser individualmente "construídos" e que não eram, portanto, de interesse particular a Piaget.

Em *Formação social da mente* o conceito de ZDP reaparece, mas é tratado de um modo muito diferente. Em vez de ser um subtópico em uma discussão sobre o diagnóstico das habilidades das crianças e sua prontidão para se beneficiar da instrução escolar, a ZDP aparece agora como um tópico por si, anunciado por um grande cabeçalho: "A zona de desenvolvimento proximal: uma nova abordagem" (Vigotski, 1978, p. 84). Junto a essa mudança textual há uma mudança para uma declaração na forma de lei sobre o papel e função da ZDP na análise desenvolvimental:

> ...o que chamamos a Zona de Desenvolvimento Proximal... é a distância entre o nível de desenvolvimento efetivo determinado pela solução individual de problemas e o nível de desenvolvimento como determinado através da solução de problemas sob orientação ou em colaboração com pares mais capazes (Vigotski, 1978, p. 86).

A limitação específica da ZDP em problemas de diagnóstico e com respeito aos efeitos do aprendizado e instrução sobre uma classe particular de conceitos desapareceu. O texto vigotskiano de 1978 agora trata os problemas com uma nova linguagem, contrastando os "frutos do desenvolvimento" (1978, p. 86) com os "botões e flores" do desenvolvimento (1978, p. 86), uma metáfora botânica que é categoricamente rejeitada na versão do texto completo de *Instrumento e símbolo* (incluído em Luria; Vigotski, 1930).

Uma mudança interpretativa relacionada também ocorre no volume de 1978, que se encaixa muito perfeitamente na interpretação generalizada da ZDP. No capítulo 4 de *Formação social da mente* há uma extensa discussão sobre processos de "internalização" que recebem uma formulação de lei, talvez melhor resumidas na seguinte linguagem: "cada função no desenvolvimento cultural infantil aparece duas vezes: primeiro, *entre* pessoas (*interpsicológica*) e depois *dentro* da criança (*intrapsicológica*)" (Vigotski, 1978, p. 57).

Com esses movimentos similares de construção textual, o Vigotski do volume de 1962 é transformado de uma mera nova voz interessante em uma voz muito mais convincente que incorpora a reação geral do campo ao paradigma piagetiano. Em 1978, o interesse por Piaget estava evanescendo e alternativas foram buscadas; o Vigotski de 1978 era essa alternativa. Onde Piaget apresentava restrições estruturais, Vigotski foi adotado para enfatizar possibilidades abertas. Onde Piaget propunha processos construtivos individuais que apresentavam limites definidos de aprendizagem, Vigotski propunha a internalização de processos interpessoais como o substrato do desenvolvimento.

O Vigotski apresentado em *Mente e sociedade* fornecia uma alternativa interessante e convincente a Piaget. Na verdade, esse Vigotski poderia ser interpretado como tendo muito em comum com o behaviorismo que precedeu a "descoberta" de Piaget – um traço observado pelos editores de *Formação social da mente*, que advertiam os leitores de língua inglesa que, embora Vigotski pudesse parecer comportamentalista à primeira vista, ele, de fato, não o era. Parece que poucos entenderam a mensagem.

Construindo, desconstruindo e reconstruindo Vigotski

A lacuna ente a recepção de Vigotski em 1962 e em 1978 pelo mundo falante do inglês e a relação entre essa recepção diferencial com um desconforto crescente com a teoria de Piaget sugerem que somos defrontados com um fenômeno muito complexo quando lemos Vigotski. Estamos lendo um pensador cujas ideias ficaram ocultas por muito tempo, mas também estamos lendo um pensador cujas ideias há muito ocultas foram reintroduzidas e talvez mudadas pelo contexto contemporâneo no qual foram produzidas.

Uma diferença assim é mais surpreendente quando consideramos o modo como os textos de Vigotski foram construídos para o consumo de públicos falantes do inglês. A edição de 1962 de *Pensamento e linguagem* não é simplesmente uma tradução de *Pensamento e linguagem* que apareceu em russo logo após a morte de Vigotski em 1934. Como explicado na introdução da tradução:

> Talvez porque o livro [original de Vigotski] tenha sido preparado às pressas, não esteja muito bem-organizado e sua unidade interna essencial não seja prontamente aparente... Concordou-se que repetição excessiva e certas discussões polêmicas de pouco interesse para os leitores contemporâneos [*i.e.*, retórica marxista] deveriam ser eliminadas, em favor de uma exposição mais direta. Na tradução do livro, simplificamos e clarificamos o estilo envolvido de Vigotski, enquanto nos esforçávamos para traduzir seu significado com exatidão (Hanfmann e Vakar, na introdução dos tradutores a *Pensamento e linguagem*, 1962, p. ix-xii).

Tampouco *Formação social da mente* era o Vigotski recém-desenterrado como o nome de Vigotski na página título poderiam indicar. O prefácio dos editores deixa o princípio da construção muito claro:

Construímos os primeiros quatro capítulos deste volume de *Instrumento e símbolo*. O quinto capítulo sumariza os principais pontos teóricos e metodológicos apresentados em *Instrumento e símbolo* e os aplica a um problema clássico na psicologia cognitiva, a natureza das reações de escolha. Esse capítulo foi retirado da seção 3 de *A história do desenvolvimento das funções psicológicas superiore*s... Em vários lugares inserimos materiais de fontes adicionais a fim de explicar mais completamente o significado do texto. Em muitos casos essas importações são de seções de *A história do desenvolvimento das funções psicológicas superiore*s diferentes das incluídas aqui. Reunindo vários ensaios tomamos liberdades significativas. Os leitores encontrarão aqui não uma tradução literal de Vigotski, mas, em vez disso, nossa tradução editada, da qual omitimos materiais que pareciam redundantes e ao qual acrescentamos materiais que pareciam tornar seu ponto mais claro (Vigotski, 1978 introdução dos editores a *Formação social da mente*).

O processo de editar, clarificar, reduzir redundâncias aparentes, eliminando argumentos polêmicos de nenhum interesse contemporâneo, e construindo volumes a partir de outros volumes deve, quase por necessidade, moldar um autor para uma voz contemporânea. Os julgamentos sobre o que é datado, redundante, não claro e em que termos, são julgamentos contemporâneos; e, inevitavelmente, uma construção contemporânea trata de necessidades e compreensões contemporâneas dos problemas centrais. A tradução dos seis volumes de seus escritos foi uma tentativa de remediar parte dessa distorção, como este volume que examina uma ampla série de trabalhos de Vigotski.

O Vigotski de *A história do desenvolvimento das funções psíquicas superiores*

O presente volume inclui dois capítulos (4 e 9) de *A história do desenvolvimento das funções psíquicas superiores* (outras versões dizem "funções psicológicas superiores"). Ao ler este trabalho, leitores modernos serão acometidos imediatamente por dois impulsos contraditórios. Por um lado, muitas passagens do texto podem parecer muito familiares. Dada a apropriação de porções desse manuscrito e de sua incorporação a *Formação social da mente*, isso deve ser esperado. Por outro lado, essas passagens "familiares" ocorrem em contextos de discussões que não foram previamente expostos, junto a conceitos que provavelmente não foram encontrados antes (ex. a discussão sobre estabelecer a "idade cultural" da criança, além das medidas mais familiares "idade mental" e "idade cronológica" que são usadas para definir o QI). Algumas dessas discussões parecerão surpreendentemente novas, enquanto outras parecerão datadas ou possivelmente "sem interesse para leitores contemporâneos".

Poderíamos tentar fazer uma exegese que deixaria claro o que é novo e destacaria o que não foi destacado antes. Contudo, fazer isso provavelmente violaria o espírito e a contribuição essencial do monumental esforço de publicação, tanto em russo como em inglês, que tentou apresentar os textos completos de Vigotski, mesmo com as polêmicas.

Os principais contornos da teoria de Vigotski são conhecidos e receberam uma discussão admirável de A.M. Matyushkin em suas observações conclusivas do Volume 4 de *Obras reunidas*. Contudo, a principal tarefa aqui não é identificar e reforçar construtos vigotskianos centrais; a principal tarefa é, em vez disso, reconstruir os contextos nos quais foram estruturados e compreender as preocupações de Vigotski como uma figura inspiradora, mas historicamente situada, e distinguir seus construtos dos usos modernos que lhe foram atribuídos.

Em *A história do desenvolvimento das funções psíquicas superiores*, Vigotski luta contra o reducionismo teórico, tentando compreender o desenvolvimento como um tapete complexamente tecido de funções. O espírito da iniciativa é admiravelmente expresso em uma passagem no capítulo 5:

> Todos os métodos psicológicos usados até agora para estudar o comportamento da criança normal e da anormal... têm uma característica comum que os liga sob um certo aspeto... à descrição negativa da criança que resulta dos métodos existentes. Todos os métodos falam o que a criança não tem... Uma imagem assim nada nos diz sobre a singularidade positiva que distingue a criança do adulto e a criança anormal da criança normal... Mas uma imagem positiva é possível somente se mudarmos radicalmente nossa representação do desenvolvimento infantil e levarmos em conta que é um processo dialético complexo que é caracterizado por uma periodicidade complexa, desproporção no desenvolvimento de funções separadas, uma fusão complexa do processo de evolução e involução, um cruzamento complexo de fatores externos e internos, um processo complexo de superação de dificuldades e de adaptação (Vigotski, 1997b, p. 98-99).

Algumas das ideias de Vigotski concernentes a essas complexidades são reveladas em outra passagem que conecta seu pensamento a outras tradições intelectuais com as quais ele geralmente não é associado:

> Dois problemas igualmente justificáveis confrontam a ciência: o desvelamento do inferior no superior e o desvelamento do desenvolvimento do superior a partir do inferior.... (Heinz) Werner sustenta que a estrutura psicológica é caracterizada não por um, mas por muitos estratos genéticos sobrepostos uns aos outros. Por essa razão, mesmo uma pessoa separada considerada geneticamente exibe em seu comportamento certas fases de processos desenvolvimentais que já estão geneticamente concluídos. Somente a psicologia dos elementos representa o comportamento humano como uma esfera fechada única. Como distinto disso, essa nova psicologia estabelece que os humanos exibem estágios geneticamente diferentes em seu comportamento (Vigotski, 1997b, p. 102).

O Vigotski que encontramos nessas passagens é um pensador envolvido com os problemas centrais da análise do desenvolvimento, como eram compreendidos pelas tradições de pensamento e pesquisa que eram, fundamentalmente, opostos ao behaviorismo ("psicologia de elementos" na passagem acima) que precederam a "descoberta" de Piaget no mundo falante do inglês.

Como é amplamente claro em *A história do desenvolvimento das funções psíquicas superiores*, o pensador Vigotski estava profundamente envolvido em desenvolvimentos na teoria psicológica em um número mais amplo de frentes, em muitas línguas diferentes e em inúmeras tradições analíticas. Como tal, sua estrutura teórica de referência era mais ampla do que a estrutura teórica de referência no mundo falante do inglês na época. Em um sentido muito real ele representava não apenas uma abordagem marxista à teorização sobre desenvolvimento, mas também uma abordagem amplamente europeia.

Na tradição europeia da época, o maior impulso analítico foi precisamente "diagnosticar diferencialmente" e examinar as camadas complexas de diferentes métodos de estratos de desenvolvimento subjacentes ao comportamento. As metáforas analíticas eram geológicas. Era necessário o desenvolvimento de métodos que se mostrassem "diferenciais", primeiro mostrando a composição do comportamento e depois "testando seus limites". Por exemplo, em um dos capítulos reproduzidos nesta seção, "Dominando a atenção", Vigotski foca o diagnóstico diferencial e a diferente

562

estruturação de funções cognitivas básicas. O foco é na distinção entre as formas "superiores" e "inferiores" de uma função mental, formas que antes eram usualmente tratadas como unitárias. É um erro medir o desenvolvimento em termos de um sistema de medida que não leva em conta essas mudanças nas relações "interfuncionais" que são o marco das diferenças entre formas superiores e inferiores. Essa crítica pode se aplicar, ainda, a parte do trabalho que tem sido feito recentemente na "tradição vigotskiana".

Uma leitura cuidadosa de *A história do desenvolvimento das funções psíquicas superiores* mostrará que Vigotski adota uma linha similar o tempo todo, muitas vezes fornecendo percepções surpreendentemente iluminadoras resultantes de uma orientação derivada de uma "geologia" desenvolvimental complexa. Como é evidente ao longo desse trabalho, Vigotski está focado em um problema central: o desenvolvimento de uma abordagem teórica e metodológica que diferenciará funções psíquicas superiores de funções mais básicas que muitos outros teóricos de sua época estavam propondo como as funções sobre as quais o aparato psicológico inteiro é construído. Para Vigotski, essas descrições redutivas, fossem na direção de reduzir o pensamento a estruturas perceptivas (a linha que os psicólogos da Gestalt adotam, aqui representado por Köhler), ou fossem para associações elementares (a linha que muitos comportamentalistas adotam), ou, ainda, as leis maturacionais (afirmadas por outros desenvolvimentalistas) deixam de considerar a forma especificamente humana da adaptação que envolve tanto uma sobreposição como uma reorganização de funções psicológicas mais básicas. Portanto, foi preocupação teórica-chave para Vigotski se envolver no tipo de iniciativa analítica que permitiria a identificação das diferenças entre as formas superiores e inferiores. Em qualquer exemplo o problema era encontrar formas para diferenciar as duas pela análise atenta. Somente quando isso é feito podemos especular sobre os meios pelos quais esses comportamentos se desenvolveram.

A aventura intelectual na qual embarcamos neste livro é fonte de prazer. Podemos ver Vigotski refletindo sobre suas posições, e desenvolvendo-as cuidadosamente. Ele discute, com respeito e interesse, o trabalho de seus contemporâneos e precursores. Os leitores modernos não estariam bem servidos por uma elisão desses aspectos de Vigotski como pensador em processo. Não estariam bem servidos servindo Vigotski como um produto acabado, com as respostas a todas as nossas questões. O que outros consideravam desorganizado, incoerente e repetitivo pode ser melhor visto como o processo essencial de trabalhar uma posição teórica. Nesse trabalho, datado como é, com suas longas e "polêmicas" discussões, "sem interesse para leitores contemporâneos", há muito a ser descoberto, não só sobre o passado do campo da psicologia do desenvolvimento, mas também sobre qual deve ser seu futuro.

11
A estrutura das funções psíquicas superiores[198]

A concepção de análise psicológica que tentamos desenvolver no capítulo anterior nos leva a uma nova apresentação sobre o processo psicológico como um todo e sua natureza. A transformação mais essencial ocorrida na psicologia nos últimos tempos foi a substituição da abordagem analítica ao processo psíquico por uma abordagem integral ou estrutural. Os representantes mais influentes da psicologia contemporânea propõem o ponto de vista integral e o colocam na base de toda psicologia. A essência do novo ponto de vista consiste em colocar em primeiro plano o significado do todo, que tem suas propriedades específicas e determina a propriedade e a função das partes que o constituem. Diferentemente da psicologia antiga, que representava o processo de formação de formas complexas de comportamento como um processo de somatória mecânica de elementos separados, a nova psicologia coloca no centro dos estudos o todo e suas propriedades, que não podem ser isolados da soma das partes. O novo ponto de vista já tem muitas evidências experimentais que confirmam sua exatidão.

Para o pensamento dialético não é absolutamente nova a posição de que o todo não surge de forma mecânica a partir da soma de partes separadas, mas tem propriedades e qualidades específicas que não podem ser deduzidas da simples união de qualidades parciais.

Na história do desenvolvimento humano encontramos o conceito de estrutura duas vezes. Em primeiro lugar, esse conceito surge já no começo da história do desenvolvimento cultural da criança, formando o momento

---

198. Traduzido a partir do v. 3, "Problemi razvitii psikhiki", de *Sobranie Sotchinénii v chesti tomakh* (Vigotski, 1983b, p. 114-133) que também corresponde ao quarto capítulo de *História das funções psíquicas superiores*, monografia escrita em 1931 [N.T.].

inicial, ou ponto de partida, de todo o processo; em segundo lugar, o próprio processo de desenvolvimento cultural deve ser compreendido como uma transformação de uma estrutura principal de partida, com base na qual surgem novas estruturas, que se caracterizam por uma nova correlação entre partes. Chamaremos as primeiras estruturas de primitivas; trata-se do todo psicológico natural, condicionado fundamentalmente pelas particularidades biológicas do psiquismo. As segundas, que surgem no processo de desenvolvimento cultural, chamaremos de estruturas superiores, uma vez que elas são uma forma superior e geneticamente mais complexa de comportamento.

A principal particularidade das estruturas primitivas é que a reação do sujeito e todos os estímulos estão em um plano, pertencem a um mesmo complexo dinâmico que, como mostram as pesquisas, traz um colorido afetivo bastante vivo. No predomínio do todo sobre as partes, no caráter integral das formas primitivas do comportamento infantil, coloridas afetivamente, muitos autores veem a principal capacidade do psiquismo. A representação tradicional de que o todo é formado de partes é aqui refutada e os pesquisadores mostram experimentalmente que a percepção e a ação integral, que não distingue as partes separadas, são geneticamente primárias, mais elementares e simples. O todo e as partes se desenvolvem em paralelo e em conjunto. Por esse motivo, muitos autores supõem que a tarefa da investigação psicológica se transformou radicalmente, em particular quando se trata da explicação das formas superiores de comportamento.

Diferentemente de Wundt, que supôs que a explicação das formas superiores deve implicar a existência de sínteses criativas que unem elementos isolados em novos processos qualitativamente específicos, Werner apresenta um novo ponto de vista, segundo o qual não é a síntese criativa, mas a análise criativa que constitui o verdadeiro caminho para a criação de formas superiores de comportamento. Não é a partir dos elementos do psiquismo complexo que se deduzem novos processos integrais, mas, ao contrário, é da decomposição de um todo dinâmico que, desde o princípio, existe como um todo, que devem ser deduzidas e compreendidas as partes que o compõem e as ligações e interações que se desenvolvem entre elas com base nesse todo. A psicologia deve partir de unidades vivas e, por meio da análise, passar para unidades inferiores.

Contudo, as estruturas primitivas, caracterizadas por esse tipo de fusão em um complexo de todas as situações e reações, são apenas um ponto de partida. A partir dele começa a desagregação, a reorganização da estrutura primitiva e a passagem para estruturas de tipo superiores. A tentativa de difundir o significado do novo princípio para campos cada vez mais novos da psicologia começa a atribuir um significado universal ao conceito de estrutura. Esse conceito essencialmente metafísico começa a designar algo indecomponível, que constitui uma lei eterna da natureza. Não é à toa que, ao falarmos sobre as estruturas primárias como sendo a mais importante particularidade do psiquismo primitivo da criança, Volkelt as denomina como "eternamente infantis". Na realidade, as pesquisas mostram que esse "eternamente infantil" é uma forma momentânea, passageira, autodestrutiva e transitória para uma forma superior como todas as demais formas de comportamento infantil.

As novas estruturas que contrapomos às inferiores, ou primitivas, distinguem-se antes de tudo pelo fato de que a fusão direta de estímulos e reações em um complexo único é destruída. Se analisarmos as formas específicas de comportamento que tivemos ocasião de observar na reação de escolha, é impossível deixar de notar que aqui ocorre no comportamento uma espécie de estratificação da estrutura primitiva. Entre o estímulo, para o qual o comportamento se dirige, e a reação da pessoa surgem novos membros intermediários, e toda operação assume um caráter de ato mediado. A esse respeito, a análise propõe um novo ponto de vista sobre as relações existentes entre o ato de comportamento e os fenômenos exteriores. Podemos distinguir claramente duas séries de estímulos, sendo que um deles são os estímulos-objetos e o outro os estímulos-meios; cada um deles, segundo suas correlações, determinam e orientam o comportamento de forma particular. A particularidade da nova estrutura é o fato de que há nela estímulos de ambas as ordens.

Em nossos experimentos pudemos observar como a dependência da mudança de lugar do estímulo intermediário (signo) no comportamento altera a própria estrutura de todo processo. Bastaria voltarmos às palavras como meios de memorização para que todo o processo ligado à memorização de instruções tomasse uma direção. Se simplesmente substituirmos essas palavras por figuras geométricas sem sentido, todo o processo tomaria outra direção. A partir da realização de experiências simples, supomos que seja possível apresentar o seguinte como regra geral: *na estrutura superior o foco ou objetivo funcional determinante é o signo e seu modo de utilização.*

Assim como a utilização de determinado instrumento dita toda estrutura da operação de trabalho, o caráter do signo empregado constitui o aspecto principal, em cuja dependência se constrói todo o processo restante. Uma mesma relação essencial, que se encontra na base de toda estrutura, constitui uma forma especial de organização de todo o processo, que consiste no fato de que o processo se constrói pelo envolvimento de certos estímulos artificiais na situação, que desempenham o papel de signos. Dessa forma, a distinção funcional do papel dos dois estímulos e sua ligação mútua serve de base para as ligações e relações que formam o próprio processo.

O processo de envolvimento de estímulos alheios na situação, que, com isso, adquire certo significado funcional, pode ser observado mais facilmente em experiências nas quais a criança passa pela primeira vez de operações diretas para o uso de signos. Em nossas pesquisas experimentais colocamos a criança em uma situação em que ela se vê diante da tarefa de memorizar, comparar ou selecionar algo. Se a tarefa não ultrapassa as forças naturais da criança, ela a resolve por modos diretos ou primitivos. Em tais situações, a estrutura de seu comportamento lembra totalmente o esquema desenhado por Volkelt. O traço essencial desse esquema é que a própria reação constitui parte da situação e está necessariamente incluída na estrutura da própria situação como um todo. O todo dominante de que fala Volkelt já predetermina a direção do movimento de agarrar da criança. Mas a situação em nossos experimentos quase nunca é essa. A tarefa que se apresenta à criança, em geral, ultrapassa suas forças, mostra-se insolúvel por esse modo primitivo. Nesse caso, a criança se vê diante de algum material absolutamente neutro para a situação e, em certas condições, quando a criança se vê diante de uma tarefa insolúvel, temos a oportunidade de observar como o estímulo neutro deixa de ser neutro, é envolvido no processo de comportamento e assume a função de signo.

Esse processo poderia ser colocado em paralelo ao descrito por Köhler. Como se sabe, o macaco, que em determinado momento teve a ideia de usar um pedaço de pau como instrumento, começa, em seguida, a usar qualquer objeto que seja ao menos um pouco parecido externamente com um pedaço de pau como instrumento. Segundo Köhler, se dissermos que o pedaço de pau que apareceu diante dos olhos assumiu um significado funcional determinado em certas situações, que esse significado se estende para todos os outros objetos, independentemente de quais sejam, chegamos, então, à única visão que coincide com o comportamento animal observado.

Poderíamos dizer que, quando um obstáculo aparece, o estímulo neutro assume a função de signo e, a partir de então, a estrutura da operação adquire um aspecto totalmente distinto.

Passamos, assim, para outro aspecto da questão, intimamente ligado a este. Como se sabe, também na natureza orgânica, estrutura e função estão intimamente ligadas. Elas, por si sós, se explicam mutuamente. Fenômenos morfológicos e fisiológicos, forma e função se determinam reciprocamente. Poderíamos designar de forma geral a direção da mudança da estrutura: ela muda no sentido de uma maior diferenciação entre as partes. A estrutura superior se distingue da inferior antes de tudo porque ela é um todo diferenciado, no qual cada parte desempenha funções distintas com base em ligações e interações funcionais duplas entre as funções. Werner cita as palavras de Goethe, que disse que a diferença entre um organismo inferior e um superior consiste no maior grau de diferenciação do superior. Quanto mais perfeito o organismo, menos as suas partes se parecem entre si. Em um caso, o todo e a parte são mais ou menos parecidos um com o outro, no outro caso, o todo é essencialmente distinto das partes. Quanto mais as partes se parecem entre si, menos elas se subordinam umas às outras. A subordinação indica uma correlação mais complexa entre as partes do organismo. Em relação a isso, Werner vê a própria essência do processo de desenvolvimento na progressiva diferenciação e na centralização ligada a ela.

Na aplicação à estrutura, poderíamos dizer que justamente a diferenciação da integridade primitiva e a clara separação de dois polos (estímulo-signo e estímulo-objeto) são traços característicos de toda estrutura superior. Mas a diferenciação tem outro aspecto, que consiste em que a operação como um todo assume um novo caráter e significado. Não poderíamos descrever melhor o novo significado de toda operação do que dizendo que ela representa um *domínio dos próprios processos de comportamento*.

Na realidade, se compararmos o esquema da reação de escolha, do modo como ele foi indicado por nós no capítulo anterior, com o esquema apresentado por Volkelt, veremos que a principal diferença entre eles é o caráter do nível de determinação do comportamento. No segundo caso, a atividade do organismo é determinada pelo complexo geral de toda situação, pela lógica dessa estrutura, no primeiro caso, a própria pessoa cria a ligação e o caminho para sua reação, ela reorganiza a estrutura natural, subordina ao seu poder, por meio de signos, os processos do próprio comportamento.

Consideramos surpreendente que a psicologia tradicional não tenha notado esse fenômeno que podemos chamar de domínio das próprias reações. Em tentativas de explicar a "vontade", a psicologia recorreu ao milagre, à interferência do fator espiritual no fluxo dos processos nervosos e, assim, tentou explicar a ação segundo a linha da maior resistência, como fez, por exemplo, James, ao desenvolver a teoria do caráter criador da vontade.

Contudo, mesmo na psicologia recente, que aos poucos começa a introduzir o conceito de domínio do próprio comportamento no sistema de conceitos psicológicos, o conceito ainda não tem a devida clareza, tampouco seu verdadeiro significado foi avaliado de forma suficiente. Lewin tem toda razão ao observar que o fenômeno do domínio do próprio comportamento ainda não apareceu com toda clareza na psicologia da vontade. Ao contrário, na pedagogia, as questões relativas ao domínio do próprio comportamento são há muito tempo analisadas como questões fundamentais da educação. Na educação contemporânea, a vontade substituiu a tese da ação intencional. No lugar da disciplina exterior, do treinamento compulsório, propõe-se o domínio independente do comportamento, que não parte da repressão das tendências naturais da criança, mas tem em vista o domínio das próprias ações por ela mesma.

Ligado a isso, a obediência e as boas intenções são relegadas ao segundo plano, e o que avança para o primeiro plano é o problema do domínio de si. A indicação do problema de fato tem um significado muito maior quando temos em vista a intenção que dirige o comportamento da criança. O recuo para o segundo plano do problema da intenção em relação ao problema do autodomínio se manifesta na questão da obediência da criança pequena. A criança deve aprender a obediência pela via do autodomínio. Não é pela obediência e pela intenção que se constrói o autodomínio, mas, ao contrário, é pelo autodomínio que surge a obediência e a intencionalidade. Mudanças análogas às que conhecemos pela pedagogia da vontade serão necessárias para o principal problema da psicologia da vontade.

Junto do ato de intenção ou de decisão é preciso fazer avançar para o primeiro plano com muito mais intensidade o problema do domínio do comportamento na relação com o problema dinâmico causal da vontade. Contudo, apesar de reconhecer o significado central do domínio do comportamento, Lewin não apresenta uma definição minimamente clara ou mesmo uma investigação desse processo. Lewin volta a ele mais de uma vez e, como resultado de sua pesquisa, chega à distinção de duas formas principais de comportamento. Uma vez que essa distinção é bastante próxima da distinção entre estrutura primitiva e superior, da qual partimos, analisaremos mais de perto as observações de Lewin.

Assim como ele, concordamos que, em favor de uma formação mais puramente científica dos conceitos, deve-se rejeitar o termo "vontade" e, em seu lugar, introduzir o termo "ação dependente ou não dependente" ou ações que decorrem diretamente das forças encerradas na própria situação. Isso nos parece especialmente importante. Claro, diz Lewin, que também as ações dirigidas estão subordinadas às forças determinantes da situação geral, mas nesse tipo de ação a pessoa em geral não sente que toda sua personalidade está inserida na situação, em certa medida, a pessoa permanece fora da situação e, com isso, mantém a ação firme em suas mãos. Aqui temos uma delimitação dos sistemas psicológicos diferente do que na ação simples devido à maior independência ou maior dominação do sistema "eu".

Apesar da forma confusa como o problema foi colocado, Lewin estabelece o fato de que a formação desse tipo de ligações, realizadas por meio de ações auxiliares, são uma particularidade do adulto inserido na cultura ou, poderíamos dizer, é ela que se constitui como produto do desenvolvimento cultural. Uma questão fundamental, segundo Lewin, surge em relação à possibilidade de formação de "qualquer intenção". Por si só, é absolutamente notável o fato de que a pessoa detém uma liberdade extraordinária no sentido da execução intencional de quaisquer ações, mesmo desprovidas de sentido. Essa liberdade é característica para o ser humano civilizado. Em grau muito menor, ela se faz presente na criança e, possivelmente, em povos primitivos e provavelmente distingue muito mais o ser humano dos animais que lhe são próximos do que o intelecto superior. A distinção se resume, portanto, à possibilidade que o ser humano tem de dominar o próprio comportamento.

Diferentemente de Lewin, tentamos introduzir no conceito de domínio do próprio comportamento um conteúdo determinado de forma absolutamente clara e precisa. Partimos da ideia de que os processos de comportamento são processos tão naturais e submetidos às leis da natureza quanto todos os demais. Ao submeter processos da natureza a seu próprio poder e interferir no curso deles, a pessoa não abre uma exceção para o próprio comportamento. Contudo, surge uma questão básica e de extrema importância: como podemos representar o domínio do próprio comportamento?

A psicologia antiga conhecia esses dois fatos fundamentais. Por um lado, ela conhecia o fato de que há uma relação hierárquica entre centros superiores e inferiores, por meio dos quais alguns processos regulam o fluxo de outros; por outro lado, a psicologia, ao recorrer a uma interpretação espiritualista do problema da vontade, propôs a ideia de que as forças psíquicas afetam o cérebro e, por meio dele, todo o corpo.

A estrutura a que nos referimos se distingue fundamentalmente tanto do primeiro quanto do segundo caso. A diferença é que no primeiro apresentamos a questão dos meios pelos quais ocorre o domínio do comportamento. Assim como ocorre com o domínio de outros processos da natureza, o domínio do próprio comportamento pressupõe não a abolição das principais leis que regem esses fenômenos, mas à sujeição a elas. Sabemos, contudo, que a principal lei do comportamento é a lei do estímulo-reação; por isso, não podemos dominar nosso comportamento de outro modo senão por meio de uma estimulação correspondente. É o domínio dos estímulos que dá a chave para o domínio do comportamento. Assim, *o domínio do comportamento é um processo mediado*, que sempre se realiza por meio de determinados estímulos auxiliares. Foi justamente o papel dos signos-estímulos que tentamos revelar em nossos experimentos com a reação de escolha.

Na psicologia infantil recente foi proposto mais de uma vez o estudo das particularidades específicas do comportamento humano. Assim, Bássov propôs que o ser humano seja compreendido como agente ativo no meio circundante, contrapondo seu comportamento às formas passivas de adaptação, próprias dos animais. Para esse autor, o objeto da psicologia passa a ser o organismo como agente no meio que o circunda, o caráter ativo que ele revela em suas interações com o meio circundante nas diversas formas e processos do comportamento.

Contudo, mesmo Bássov, que foi quem chegou mais perto do problema da especificidade do comportamento humano, não distingue de forma minimamente clara em suas pesquisas formas ativas e passivas de adaptação.

Podemos resumir os resultados de nossa análise comparativa de formas superiores e inferiores de comportamento da seguinte forma: a totalidade de todos os processos que entram na composição da forma superior é formada com base em dois aspectos, isto é, em primeiro lugar a totalidade da tarefa que se coloca para a pessoa e, em segundo lugar, os meios que, como já foi dito, ditam a estrutura de todo o processo de comportamento.

Como exemplo que nos permite distinguir de forma evidente as particularidades das formas inferiores e superiores e, ao mesmo tempo, revelar seus aspectos mais importantes dessa distinção, podemos tomar a estrutura primitiva e a cultural da linguagem infantil.

Como se sabe, a primeira palavra pronunciada pela criança já é em seu sentido uma oração inteira. Até mais, às vezes ela é uma linguagem complexa. Assim, a forma exterior do desenvolvimento da linguagem, do modo como ela se revela em seu aspecto fenotípico, é enganosa. Na realidade, se confiarmos no exame exterior, deveríamos concluir que a criança primeiro pronuncia apenas sons isolados, depois palavras isoladas, mais tarde começa a unir palavras em pares, trios e passa à oração simples, que só mais tarde se desenvolverá em uma oração complexa e em todo um sistema de orações.

Esse quadro exterior, como já dissemos, é enganoso. As pesquisas mostram que não há dúvidas de que a forma primeira, inicial, da linguagem infantil é uma complexa estrutura afetiva indiferenciada. Quando a criança pronuncia o primeiro "ma", como diz Stern, essa palavra não pode ser traduzida na língua dos adultos por uma única palavra ("mamãe"), mas como uma oração inteira, por exemplo: "mamãe, me coloque na cadeira" etc. Acrescentamos que de forma alguma é a palavra "ma", tomada isoladamente, que merece uma tradução tão detalhada, mas a situação como um todo: a criança tenta subir na cadeira, o brinquedo que ela tenta alcançar com essa operação, sua tentativa fracassada, a mãe que está perto e acompanha seu comportamento e, por fim, seu primeiro clamor: tudo isso, fundido em um único complexo integral, pode ser perfeitamente representado pelo esquema de Volkelt.

Comparemos essa estrutura primitiva não decomposta com a estrutura da linguagem dessa mesma criança de 3 anos, quando ela expressa o desejo na forma desenvolvida de oração simples. Fica a pergunta: em que essa nova estrutura se diferencia da anterior? Vemos que a nova estrutura é diferenciada. Aqui a palavra "ma" se transforma em quatro palavras, sendo que cada uma delas indica e designa um objeto da ação, que entra na composição da operação correspondente, e uma relação gramatical que transmite a relação entre os objetos reais.

Assim, a diferenciação e subordinação dos membros do todo diferenciam a estrutura da linguagem desenvolvida da estrutura primitiva com a qual a comparamos. Mas a principal diferença é que ela não é uma ação orientada para a situação. Diferentemente do grito inicial, que constitui parte indissociável do complexo fundido da situação, a linguagem que a criança apresenta agora perdeu sua ligação direta com a influência sobre os objetos. Agora ela representa apenas uma influência sobre outra pessoa. Essa função de influenciar o comportamento que agora é dividida entre duas pessoas, entre a criança e a mãe, na estrutura complexa do comportamento se unifica em um todo. A criança começa a aplicar em relação a si mesma as formas de comportamento que os adultos costumam usar com ela, e isso constitui a chave para o fato que nos interessa, isto é, o fato do domínio do próprio comportamento.

Resta-nos ainda explicar a questão mencionada anteriormente sobre os traços distintivos que identificam uma determinada estrutura em relação a um tipo mais geral de estrutura que, assim como Köhler, poderíamos chamar de estruturas de rotas alternativas. Köhler dá esse nome à operação que surge quando há dificuldades em se atingir um objetivo por uma via direta. O autor tem em vista duas formas básicas concretas, pelas quais essas estruturas de rotas alternativas se manifestam. Em primeiro lugar, no sentido literal do termo, a rota alternativa ocorre quando entre o animal e o objetivo há algum obstáculo físico na forma de barreira e o animal se dirige ao objetivo desviando do obstáculo, dando a volta em torno dele. A segunda forma concreta consiste no uso de instrumentos que, no sentido figurado, também podem ser chamados de desvios ou rotas alternativas: quando o animal não consegue dominar algo diretamente, não consegue alcançar com a pata, ele aproxima esse objeto com ajuda dessa operação de deslocamento e, fazendo uma espécie de desvio, atinge seu objetivo.

574

É claro que a estrutura que analisamos também constitui uma dessas rotas alternativas. Não obstante, há uma diferença fundamental que nos obriga a analisá-la como uma estrutura de tipo especial. A diferença consiste na orientação de toda atividade, bem como em seu caráter de rota alternativa. Enquanto o instrumento ou a rota alternativa real estão orientados para uma determinada situação exterior, a função do signo consiste, antes de tudo, em alterar algo na reação ou no comportamento da própria pessoa. O signo não altera nada no próprio objeto, ele apenas confere outra orientação ou reorganiza a operação psíquica.

Assim, o instrumento (orientado para fora) e o signo (orientado para dentro) desempenham funções psíquicas tecnicamente diferentes. A depender disso, distingue-se fundamentalmente o próprio caráter das rotas alternativas. No primeiro caso, temos certas rotas alternativas objetivas, compostas por corpos materiais, no segundo caso, temos rotas alternativas de operações psíquicas. Essas circunstâncias indicam, ao mesmo tempo, a semelhança e a diferença entre as estruturas que estamos analisando e as estruturas das rotas alternativas.

O que foi dito nos permite chegar a mais um problema fundamental. Atualmente, podemos considerar totalmente esclarecida a questão antes controversa sobre a necessidade de identificação de um terceiro estágio no desenvolvimento do comportamento, ou seja, a identificação das reações intelectuais como classe especial, a partir de sinais genéticos, funcionais e estruturais que não permitem que essas reações sejam analisadas apenas como hábitos complexos. Se admitirmos, como faz Bühler, que os atos indicados trazem um caráter de "tentativa", a própria tentativa passa a ter um caráter totalmente distinto. Eles já não dizem respeito diretamente ao objeto, mas ao aspecto interno do processo, que se complexificam ao extremo e, nesse caso, revelam um novo estágio no desenvolvimento do comportamento. É claro que esse novo estágio não deve ser analisado de forma separada do segundo, que o precede.

A ligação entre esses dois estágios é a mesma que em todo decorrer do desenvolvimento. As formas inferiores não são eliminadas, mas são incluídas na superior, continuando a existir nelas como instância subordinada. Por isso, parece-nos correta a observação de Koffka de que os três estágios do desenvolvimento do comportamento propostos por Bühler tampouco devem ser analisados como esferas do comportamento fixas, rígidas, separadas entre si por um muro. Eles devem ser compreendidos, antes, como formas de comportamento específicas em termos estruturais e funcionais, que se encontram em uma dependência mútua de alta complexidade e que estabelecem diferentes correlações em um mesmo processo de comportamento.

Nesse caso, interessa-nos outra questão, em certo sentido oposta a essa que acabamos de analisar. Para nós não há dúvida de que falar em três estágios no desenvolvimento do comportamento é uma necessidade de primeira ordem para o pesquisador. Mas nós levamos a questão adiante: será possível nos limitarmos à indicação de três estágios? Será que com isso não cometemos o mesmo erro que Bühler tentou superar quando ele distinguiu o segundo e o terceiro estágios? Será que não há nessa teoria uma posterior simplificação das formas superiores de comportamento? Será que o estado atual da nossa ciência não nos obriga, nesse caso, a falar ainda em um quarto estágio do desenvolvimento que caracteriza formas superiores de comportamento humano?

Ao introduzir o terceiro estágio, Bühler afirma ser necessário reduzir a um denominador comum tanto as formas superiores quanto as formas mais primitivas de pensamento humano, que ele identificou na criança e no chimpanzé, e que teoricamente as bases delas são as mesmas. É totalmente legítima a tarefa da ciência de compreender o que há de comum que unifica as formas superiores e inferiores, uma vez que o embrião das formas superiores já está presente nas formas inferiores. Contudo, justamente a redução das formas superiores e primitivas de comportamento a um denominador comum é um grande erro, fundado em um estudo inadequado, com foco apenas nos últimos.

Na realidade, se nas formas superiores de comportamento captamos apenas o que elas têm em comum com as inferiores, estaremos fazendo apenas metade do trabalho. Nunca seremos capazes de fazer uma descrição adequada das formas superiores em toda sua qualidade específica, aquela que explica por que elas são o que são de fato. Por isso, o denominador comum que Bühler vê no comportamento eficiente, que se realiza nas tentativas reiteradas sobre o objeto, ainda não revela o que as formas superiores têm de mais essencial.

Diremos diretamente, os três estágios do desenvolvimento do comportamento esgotam esquematicamente toda a diversidade de formas de comportamento do mundo animal; elas revelam no comportamento humano o que ele tem em comum com o comportamento animal; por isso, o esquema de três estágios abarca de forma mais ou menos completa apenas o curso geral do desenvolvimento biológico do comportamento. Falta-lhe, contudo, o mais importante, justamente as formas específicas do desenvolvimento psíquico que distinguem o ser humano. Se quisermos ser coerentes na condução da tendência que chamamos anteriormente de tendência à humanização da psicologia, se quisermos identificar no desenvolvimento do comportamento humano, e apenas no humano, devemos dar um passo para além dos limites desse esquema.

Na realidade, o denominador comum pressupõe a eliminação de qualquer fronteira entre as formas específicas de comportamento humano e animal. Para além do esquema, tem-se o fato de que o ser humano constrói novas formas de ação primeiramente em pensamento e no papel, trava combates num mapa, trabalha sobre modelos mentais, ou seja, tudo o que no comportamento humano está ligado ao uso de meios artificiais de pensamento, ao desenvolvimento social do comportamento e, em particular, ao uso de signos. Por isso, devemos, ao lado do esquema de três fases, identificar um estágio novo, particular, que se constrói sobre ele no desenvolvimento do comportamento, um estágio que talvez não devamos chamar de quarto, já que ele estabelece com o terceiro uma relação um pouco diferente do que a relação existente entre o terceiro e o segundo, em todo caso, seria mais correto passar de números ordinais para cardinais, falar não em três, mas em quatro estágios do desenvolvimento do comportamento.

Essa última posição oculta um fato de grande importância. Vale lembrarmos quantas disputas foram engendradas pela descoberta e identificação do terceiro estágio do desenvolvimento do comportamento, para que compreendamos o enorme significado para toda perspectiva da psicologia genética da identificação de um novo estágio, um quarto estágio no desenvolvimento do comportamento.

Como se sabe, a identificação de reações intelectuais como uma classe particular de reações levou a objeções de ambos os lados. Considerou-se desnecessária a introdução de um novo conceito e tentou-se mostrar que as reações intelectuais não traziam nada de fundamentalmente novo em comparação com o hábito, de modo que elas poderiam ser inteira e adequadamente descritas nos termos da formação de reações condicionadas, e todo o comportamento poderia, até o fim, ser esgotado pelo esquema dos dois estágios que distinguiam entre reações inatas e adquiridas.

Os adeptos dessa visão manifestaram o receio de que, com a identificação de um terceiro estágio, ainda insuficientemente estudado e claro, seria novamente introduzido na psicologia um conceito metafísico e especulativo, que por trás dos novos termos seja novamente possível abrir caminho para uma compreensão puramente espiritual, que a transferência antropomórfica dos modos humanos de comportamento para os animais pode, outra vez, deturpar de modo funesto toda perspectiva genética da psicologia. Observamos, aliás, que esses receios são, até certo ponto, justificados. Contudo, entendemos que isso não constitui, em absoluto, uma evidência de que esses autores tenham razão, pois o fato de que é possível fazer mal uso de uma coisa não quer dizer que ela não pode ser usada.

Se os adeptos dessa visão consideraram desnecessária a introdução do terceiro estágio e criticaram o novo conceito por baixo, pela perspectiva da biologia, esse conceito também recebeu ataques cruéis vindos de cima, da perspectiva da psicologia subjetiva, que temia que, com a introdução do novo conceito, o direito humano da razão seria rebaixado, a natureza divina do ser humano seria novamente, como ocorreu em Darwin, colocada em relação genética com o macaco. Os psicólogos da Escola de Würzburg, que realizaram pesquisas com o pensamento e analisaram-no como um ato puramente espiritual, anunciaram que a psicologia contemporânea se encontra novamente no caminho das ideias platônicas. Para esse pensamento idealista, foi um duro golpe a descoberta de Köhler de que a raiz do pensamento humano está no uso primitivo de instrumentos pelo chimpanzé.

Parece-nos extremamente característica a situação que se cria quando um terceiro estágio do desenvolvimento do comportamento desperta ataques pesados tanto de cima quanto de baixo.

Uma situação análoga surge também agora, quando tentamos introduzir uma maior complexificação na psicologia e falar não em três, mas em quatro estágios fundamentais do desenvolvimento do comportamento. Essa é uma questão básica e fundamental para toda psicologia genética e já de partida devemos esperar que o novo esquema encontrará resistência cruel tanto por parte dos psicólogos biológicos, que tentam reduzir a um denominador comum o pensamento humano baseado no uso de signos e o pensamento primitivo do chimpanzé, quanto por parte da psicologia espiritualista, que novamente deve enxergar no novo sistema uma tentativa de desmascarar as formas superiores de comportamento, de representá-las como formações naturais e históricas e, outra vez, assim, atentar contra as ideias platônicas.

Podemos encontrar consolo apenas no fato de que a crítica vinda de cima e a vinda de baixo se anulam mutuamente, neutralizam-se reciprocamente, pois o que uma vê como complexificação injustificada de um sistema inicial simples a outra entende como terrível simplificação.

Na realidade, reconhecemos que em nossa nova tentativa, uma vez que ela ainda está dando seus primeiros passos, o perigo maior é de simplificação do que de complexificação excessiva. Não há dúvidas de que, consciente ou inconscientemente, simplificamos o problema quando tentamos representá-lo de forma esquemática e novamente reduzimos a um denominador comum tudo o que convencionamos denominar como comportamento superior. Não há dúvidas de que as pesquisas futuras no campo do comportamento humano serão capazes de distinguir outras épocas e estágios e, então, nossas tentativas parecerão metodologicamente não acabadas, parecerão de fato uma simplificação do problema e uma redução de coisas diferentes a um denominador comum. Contudo, no momento presente, trata-se da conquista científica de um novo conceito, trata-se de fazer uma abertura no cativeiro biológico para adentar o campo da psicologia histórica humana.

Assim, nossa tese inicial é o reconhecimento de um novo estágio, um quarto estágio no desenvolvimento do comportamento. Já dissemos que seria incorreto chamá-lo de quarto estágio, e temos nossas razões para isso. O novo estágio não se sobre-edifica sobre os três anteriores da mesma forma que os predecessores se sobre-edificam um sobre o outro. Ele se refere a uma alteração do próprio tipo e da direção do desenvolvimento do comportamento, ele responde ao tipo histórico de desenvolvimento da humanidade. Com efeito, quando analisamos sua relação com os três primeiros estágios, que podemos chamar de estágios naturais do desenvolvimento do comportamento, essa relação se revela semelhante àquela sobre a qual já falamos. Aqui notamos uma geologia particular do desenvolvimento de camadas geneticamente presentes no comportamento. Assim como os instintos não desaparecem, mas são removidos nos reflexos condicionados, assim como os hábitos continuam a existir nas reações intelectuais, as funções naturais continuam a existir dentro das culturais.

Como vimos no resultado de nossa análise, toda forma superior de comportamento se revela imediatamente como certo conjunto de processos inferiores, elementares, naturais. A cultura não cria nada, ela apenas usa o que é dado pela natureza, modifica-o e coloca a serviço do ser humano. Se utilizássemos os termos da psicologia antiga poderíamos, em analogia com o intelecto, chamar o quarto estágio do desenvolvimento do comportamento de vontade, pois foi justamente no capítulo sobre a vontade que a psicologia antiga mais se ocupou da investigação dos fundamentos reais das formas superiores de comportamento que constituem o objeto de nossa pesquisa.

Seria equivocado pensar que assim como as representações espiritualistas sobre a vontade, devemos descartar também os fenômenos e as formas de comportamento reais e indubitáveis que a psicologia antiga erroneamente interpretava e às vezes descrevia. Nesse sentido, Hoffding afirmou que a atividade involuntária constitui a base e o conteúdo da atividade voluntária. A vontade jamais cria, ela apenas modifica e seleciona. Ele disse que a vontade interfere no curso de outros processos psíquicos apenas segundo as regras que são inerentes a esses próprios processos. Assim, a psicologia antiga tinha total fundamento para, ao lado da atividade voluntária e involuntária, distinguir também entre memória voluntária e involuntária, fluxo de representações voluntário e involuntário. Hoffding afirmou, ainda, que a ação da vontade na evocação de representações correspondentes não é primária. A vontade, segundo ele, dá o primeiro impulso e começa a perfurar, mas quando a perfuração já está feita, a corrente de água deve conseguir atravessar pela própria força e, então, resta-nos apenas comparar o que procurávamos com o que foi estabelecido.

Na interferência da vontade sobre a representação fundamentam-se o pensamento no sentido próprio do termo, a formação de conceitos, de juízos, de deduções. Contudo, uma vez que essas palavras são demasiadamente polissêmicas e, ademais, não oferecem uma representação clara sobre a relação fundamental que o quarto estágio do comportamento estabelece com os demais, preferimos dar um outro nome a esse novo campo do desenvolvimento do qual estamos tratando. Utilizando a comparação de Bühler, poderíamos dizer que estamos indicando um campo do desenvolvimento que, diferentemente dos três primeiros, não está subordinado às leis biológicas da fórmula de seleção. Nela a seleção deixa de ser a principal lei de adaptação social, nesse campo do comportamento todas as formas neutras de comportamentos já foram socializadas. Admitindo uma comparação condicional, seria possível dizer que o novo campo se relaciona com os outros três tal qual o processo de desenvolvimento histórico da humanidade se relaciona com a evolução biológica.

Nos capítulos anteriores, já indicamos a particularidade desse campo do desenvolvimento. Resta-nos agora analisar brevemente o próprio caráter do desenvolvimento.

É preciso dizer que próprio conceito de desenvolvimento cultural não foi assimilado pela psicologia contemporânea. Até agora muitos psicólogos tendem a analisar o fato da transformação cultural do nosso comportamento em seu aspecto natural e os representam como fatos da formação de hábitos ou como reações intelectuais dirigidas a um determinado conteúdo cultural. Falta à psicologia uma compreensão sobre a independência e a regularidade específica no movimento das formas de comportamento. Não obstante, as pesquisas mostram que a estrutura das formas superiores de comportamento não permanece inalterada, ela tem uma história interior, que faz com que ela se inclua na história do desenvolvimento do comportamento como um todo. Os procedimentos culturais de comportamento não surgem simplesmente, como hábitos exteriores, eles se tornam parte indissociável da própria personalidade, enraizando nela novas relações e criando uma estrutura inteiramente nova para ela.

Ao analisar as transformações sofridas por um novo procedimento do comportamento, é possível identificar claramente todos os indícios do desenvolvimento no sentido próprio do termo. É claro que esse desenvolvimento é profundamente específico se comparado ao desenvolvimento orgânico. Até agora sua especificidade não impediu os psicólogos de identificar nesses processos um tipo especial de desenvolvimento, de analisá-los em um plano totalmente novo da história do comportamento. Binet se deparou com o fato de que a memorização baseada em signos leva a uma elevação da função, que a mnemotécnica pode atingir melhores resultados do que a mais extraordinária memória natural. O fenômeno descoberto foi chamado por Binet de simulação da memória extraordinária. Como se sabe, com isso ele quis expressar a ideia de que toda operação psíquica pode ser simulada, ou seja, substituída por outras operações que levam aos mesmos resultados, só que por caminhos totalmente diferentes.

A definição de Binet dificilmente pode ser considerada feliz. Ela mostra corretamente que, em operações externamente parecidas, uma delas simula fundamentalmente a outra. Se a designação de Binet se referisse apenas à especificidade do segundo tipo de desenvolvimento da memória, não seria possível discutir com ele, mas essa designação leva ao erro, por trazer a ideia de que o que ocorre aqui seria uma simulação, ou seja, um embuste. Esse ponto de vista prático é sugerido pelas condições específicas de surgimento no palco e por isso tende ao engano. Ele é mais o ponto de vista de um investigador judicial do que o de um psicólogo. Com efeito, como reconhece o próprio Binet, tal simulação não é um embuste. Todos nós dominamos algum tipo de mnemotécnica e ela, segundo o autor, deve ser ensinada nas escolas juntamente com o cálculo mental. O autor não quis dizer que se deve ensinar nas escolas a arte da simulação.

Assim, parece-nos pouco acertada a designação do tipo de desenvolvimento que estamos analisando como sendo fictício, ou seja, um tipo que leva apenas a uma ficção do desenvolvimento orgânico. Aqui outra vez está corretamente expresso o aspecto negativo da coisa, isto é, o fato de que no desenvolvimento cultural a elevação de uma função para um estágio superior, o aumento de sua atividade se baseia não no desenvolvimento orgânico, mas no funcional, ou seja, no desenvolvimento do próprio procedimento.

Contudo, essa última denominação também revela uma verdade fundamental, a de que nesse caso ocorre não um desenvolvimento fictício, mas real, de tipo particular, que tem certas regularidades. Por isso preferimos falar em desenvolvimento cultural do comportamento, em distinção ao desenvolvimento natural ou biológico.

Passaremos agora à tarefa de explicitar a gênese das formas culturais de comportamento. Esboçaremos um breve esquema desse processo de desenvolvimento, como ele se delineou em nossas pesquisas experimentais. Tentaremos mostrar que o desenvolvimento cultural da criança passa, se confiarmos nas condições artificiais do experimento, por três estágios ou fases principais, que substituem um ao outro sucessivamente e surgem um do outro. Tomados como um todo, esses estágios descrevem o círculo do desenvolvimento cultural de qualquer função psíquica. Os dados obtidos experimentalmente coincidem totalmente com o esquema delineado, ajustam-se plenamente a ele e, ao serem distribuídos nele, adquirem seu sentido e explicação hipotética.

Acompanharemos brevemente os quatro estágios do desenvolvimento cultural da criança da forma como eles se sucedem no processo de um experimento simples. Entende-se que as fases identificadas no desenvolvimento cultural da criança não passam de um esquema abstrato que deve ser preenchido com um conteúdo concreto nos capítulos seguintes da história do desenvolvimento cultural da criança. Agora consideramos necessário nos determos em uma questão geral básica, sem a qual não se pode passar do esquema abstrato para a história concreta de cada uma das funções psíquicas.

Queremos dizer que o esquema que obtivemos no processo de pesquisa experimental evidentemente não pode ser considerado um reflexo correto do processo real de desenvolvimento em toda sua complexidade. No melhor dos casos ele ajuda, mediante o desdobramento de determinada forma de comportamento em um processo, a indicar de forma sucinta os aspectos mais importantes do desenvolvimento cultural e encontrar a relação que eles estabelecem entre si. Contudo, seria um grande erro analisar nossa representação esquemática, obtida sob as condições artificiais de um experimento, como algo mais do que apenas um esquema. Pois a grande dificuldade da análise genética consiste justamente em, por meio de processos de comportamento suscitados experimentalmente e organizados artificialmente, chegar em como se realiza um processo real, natural de comportamento.

Em outras palavras, a pesquisa genética sempre tem a enorme tarefa de transferir o esquema experimental para a vida viva. Se o experimento nos revela uma sucessão e uma regularidade de determinado tipo, nós nunca poderemos nos limitar a isso e devemos nos perguntar como o processo investigado ocorre nas condições da vida real, o que substitui a mão do experimentador que suscita intencionalmente o processo no laboratório.

Isso, não obstante, ainda não é tudo. Na pesquisa real, resta ainda acompanhar o caminho pelo qual as formas de comportamento cultural surgem. A principal dificuldade aqui consiste em superar um preconceito tradicional, intimamente ligado ao intelectualismo que, até hoje, continua de forma oculta a predominar na psicologia infantil. A principal visão intelectualista sobre o processo de desenvolvimento é a suposição de que ele ocorre tal qual uma operação lógica. À pergunta sobre como o uso consciente da linguagem se dá na criança, a teoria intelectualista responde que a criança descobre o significado da linguagem. Ela tenta substituir o complexo processo de desenvolvimento por uma operação lógica simples, sem notar que tal abordagem produz uma enorme dificuldade, pois toma como dado aquilo que deve ser explicado.

Tentamos mostrar a falta de fundamento desse ponto de vista com base no exemplo do desenvolvimento da linguagem. De fato, não há exemplo mais impressionante do fato de que o desenvolvimento cultural não é uma operação lógica simples.

Não tendemos, de modo algum, a negar o grande papel desempenhado no processo de desenvolvimento cultural pelo intelecto, pelo pensamento, pela invenção e pela descoberta no sentido próprio do termo. Contudo, a tarefa da investigação genética não é explicar o surgimento de novas formas de comportamento por meio da descoberta, mas, ao contrário, demonstrar geneticamente o surgimento desse próprio desenvolvimento, do papel que deve ser atribuído a ele no processo do comportamento da criança, e quais outros fatores determinam sua manifestação e ação.

O papel do intelecto no desenvolvimento é o mais fácil de se explicar, se apontarmos para outro preconceito tão firmemente enraizado na psicologia quanto o primeiro. Se Stern tenta explicar o desenvolvimento da linguagem da criança como uma descoberta, a reflexologia contemporânea quer ver esse processo exclusivamente como um processo de elaboração de hábitos, sem apontar para o que distingue a linguagem do grupo geral de hábitos. É evidente que o processo de desenvolvimento verbal inclui o desenvolvimento de um hábito motor e que a regularidade inerente à formação de um simples reflexo condicionado sem dúvida pode ser encontrada também no desenvolvimento da linguagem. Contudo, isso significa apenas que na linguagem se revelam funções naturais e inatas, e que ainda estamos longe de uma descrição adequada do próprio processo.

Dessa forma, devemos superar tanto a perspectiva intelectualista, que deduz a cultura a partir da atividade do intelecto humano, quanto a perspectiva mecanicista, que analisa a forma superior de comportamento exclusivamente do ponto de vista de seu mecanismo executivo. A superação de ambos os erros nos levará diretamente àquilo que podemos chamar convencionalmente de *história natural dos signos*. A história natural dos signos nos mostra que as formas culturais de comportamento têm raízes naturais em formas naturais, que elas estão ligadas a elas por milhares de linhas, que elas não surgem de outra forma senão com base nessas últimas. Onde os pesquisadores até agora viram ou uma descoberta simples ou um processo simples de formação de hábito, a pesquisa real revela um processo complexo de desenvolvimento.

Gostaríamos de colocar em primeiro plano o significado de um dos principais caminhos do desenvolvimento cultural da criança, que poderia ser denominado pelo termo amplamente aceito de *imitação*. Pode parecer que, ao falarmos da imitação como um dos principais caminhos do desenvolvimento cultural da criança, nós estamos retornando aos mesmos preconceitos que acabamos de mencionar. Um adepto da teoria dos hábitos pode dizer que a imitação evidentemente é uma transferência mecânica de uma forma já elaborada de comportamento para outra, e isso é justamente o processo de formação do hábito, que conhecemos tão bem pelo desenvolvimento animal. Contra tal perspectiva, poderíamos indicar a virada que tem ocorrido na psicologia contemporânea da imitação.

De fato, até recentemente, o próprio processo de imitação foi visto pela psicologia como um processo puramente intelectual. Na realidade, ocorre que os processos de imitação são muito mais complexos do que podem parecer à primeira vista. Assim, ocorre que a capacidade de imitar é extremamente limitada em diversos animais e pessoas, de modo que, resumindo as novas teses da psicologia nesse campo, seria possível dizer que *o círculo de imitações acessíveis coincide com o círculo de possiblidades próprias de desenvolvimento do animal.*

Por exemplo, já faz tempo que foi apontado que não é possível explicar o desenvolvimento da linguagem na criança pelo fato de que ela imita os adultos. Com efeito, o animal também ouve o som da voz humana e, mediante certa organização do aparato vocal, ele pode imitá-lo, mas nossa experiência com animais domésticos mostra como é limitado seu círculo de imitações do ser humano. O cachorro, o mais domesticado dos animais, com possibilidades quase que infinitas de adestramento, não imita o procedimento do comportamento humano e nenhuma pesquisa jamais estabeleceu a possibilidade de algum tipo de imitação que não seja instintivo.

Devemos novamente fazer uma ressalva: não estamos querendo dizer que a imitação não tem um papel decisivo no desenvolvimento da linguagem infantil. Nossa intenção foi dizer justamente o contrário, ou seja, a imitação é um dos principais caminhos do desenvolvimento cultural da criança de modo geral. Gostaríamos apenas de observar que não é possível explicar o desenvolvimento da linguagem pela imitação, uma vez que ela mesma deve ser explicada. Ao analisar as advertências que podem ser feitas contra a possibilidade de se admitir um comportamento racional em macacos, Köhler se detém especialmente na questão da imitação. Surge a questão: não poderia o chimpanzé, em determinados experimentos, ver soluções semelhantes em seres humanos e simplesmente imitar as ações destes? Köhler diz que essa objeção poderia ter a força de uma advertência caso admitíssemos a existência de uma imitação simples, sem qualquer participação da razão, que transfere mecanicamente o comportamento de uma pessoa a outra. Não resta dúvidas de que a imitação refletora existe; contudo, devemos estabelecer seus limites verdadeiros.

Se admitirmos que temos aqui uma imitação de outro tipo, que não transfere mecanicamente de um a outro, mas que está ligada a uma certa compreensão da situação, isso possibilitaria uma nova interpretação do comportamento efetivamente racional dos animais. Na realidade, ninguém jamais observou que ações complexas podem ser imediatamente reproduzidas por meio da simples imitação refletora. O próprio processo de imitação pressupõe certa compreensão do significado da ação do outro. Com efeito, a criança que não consegue compreender, não tem capacidade de imitar um adulto que escreve. E a psicologia animal afirma que o caso da imitação em animais é exatamente o mesmo. As pesquisas de autores norte-americanos mostraram, diferentemente dos resultados de Thorndike, que a imitação, mesmo com dificuldade e de forma limitada, também ocorre em vertebrados de tipo superior. Essa descoberta coincide com a suposição de que a própria imitação é um processo complexo, que exige uma compreensão preliminar.

A qualquer um que tenha realizado pesquisas com animais, Köhler, em suas próprias palavras, poderia dizer: se o animal vê a solução de uma tarefa e imediatamente, por meio da imitação, executa essa solução que antes era-lhe desconhecida, ele mereceria a melhor das avaliações. Infelizmente, isso é observado apenas muito raramente em chimpanzés e, o principal, apenas quando a situação e a resolução correspondentes estejam mais ou menos dentro dos mesmos limites existentes entre o chimpanzé e suas ações espontâneas. A simples imitação aparece no chimpanzé na mesma situação que no ser humano, isto é, quando o comportamento reproduzido pela imitação já é comum e compreensível. Köhler supõe que, para a imitação em animais elevados e no ser humano existem condições idênticas; também o ser humano não pode simplesmente imitar se ele não compreende suficientemente um determinado processo ou o percurso dos pensamentos.

Gostaríamos de limitar a tese de Köhler apenas ao campo da imitação natural. Quanto às formas especiais ou elevadas de imitação, tendemos a afirmar que elas passam pelo mesmo desenvolvimento cultural assim como todas as demais funções. Köhler afirma, em particular, que o macaco em condições naturais é capaz de imitar o comportamento humano, e ele considera que isso seja uma prova da racionalidade de seu comportamento. Köhler ressalta que em geral se diz que o chimpanzé não copia o comportamento humano. Isso não é verdade. Há casos em que mesmo os mais céticos devem reconhecer que o chimpanzé copia novos modos de ação não apenas de seus semelhantes, mas também de humanos.

Poderíamos expressar essa nova avaliação da imitação de outro modo, dizendo que a imitação é possível apenas na medida e nas formas em que elas estejam acompanhadas da compreensão. É fácil ver o enorme significado que a imitação adquire como método de pesquisa que permite estabelecer a fronteira e o nível das ações que são acessíveis ao intelecto do animal e da criança. *Grosso modo*, ao testarmos os limites da imitação possível, nós testamos os limites do intelecto de determinado animal. Por isso, a imitação é um procedimento metodológico extremamente útil de pesquisa, especialmente no campo genético. Se quisermos saber quanto determinado intelecto é maduro para certa função, podemos testar isso por meio da imitação; consideramos que uma das principais formas de experimento genético é a experiência que realizamos com a imitação, na qual a criança está presente no momento em que outra resolve uma tarefa correspondente e ela, em seguida, consegue fazer o mesmo.

As considerações apresentadas nos obrigam a rejeitar a ideia que reduz a essência da imitação a uma simples formação de hábitos, e a compreender a imitação como um fator essencial do desenvolvimento de formas superiores de comportamento humano.

12
O domínio da atenção[199]

A história da atenção da criança é a história do desenvolvimento da organização de seu comportamento. Essa história começa com o nascimento. A atenção inicial se realiza por meio de mecanismos nervosos herdados, que organizam o fluxo dos reflexos segundo o conhecido princípio fisiológico da dominante. Esse princípio estabelece que o aspecto organizador do trabalho do sistema nervoso é a presença de um foco predominante de estimulação, que inibe o fluxo de outros reflexos e se fortalece às custas deles. No processo nervoso dominante estão localizadas as bases orgânicas do processo de comportamento que chamaremos de atenção.

Esse primeiro capítulo do desenvolvimento da atenção infantil é estudado pela investigação genética dos reflexos da criança. A pesquisa estabelece como novas dominantes aparecem umas atrás das outras no comportamento da criança e como, graças a isso, com base nelas começam a se formar reflexos condicionados complexos no córtex cerebral. É extremamente importante notar que a formação dos reflexos condicionados depende do desenvolvimento das dominantes correspondentes. Por exemplo, as pesquisas genéticas mostraram certa dependência entre a formação do reflexo combinado e o desenvolvimento dos processos dominantes no sistema nervoso central, uma vez que o reflexo combinado, segundo Békhterev, pode se formar apenas a partir da superfície que percebe, a partir da qual surge no sistema nervoso central a influência funcional de caráter dominante.

---

199. Traduzido a partir do v. 3, "Problemi razvitii psikhiki", de *Sobranie Sotchinénii v chesti tomakh* (Vigotski, 1983b, p. 205-238) que também corresponde ao nono capítulo de *História das funções psíquicas superiores*, monografia escrita em 1931 [N.T.].

No recém-nascido há apenas duas dominantes: a alimentar e a dominante de posição, que aparece no momento da mudança de posição. Békhterev diz que, na presença dessas dominantes, pode haver uma ligação apenas entre elas: o reflexo condicionado na forma de reação alimentar, que surge quando a criança é colocada na posição em que costuma ser amamentada. Nenhum outro reflexo condicionado com outras superfícies que percebem poderá ser obtido até o surgimento de dominantes correspondentes. Aos poucos a criança desenvolve dominantes visuais, auditivas e outras, e apenas com o surgimento delas é possível a formação de novos reflexos condicionados relacionados ao olho e ao ouvido.

Dessa forma, o processo dominante está no início da formação de novas ligações no córtex cerebral da criança e determina o caráter e a orientação dessas ligações. O período no desenvolvimento da criança que abarca o amadurecimento natural de cada dominante é chamado de período de desenvolvimento natural ou primitivo da atenção. Essa denominação se deve ao fato de que o desenvolvimento da atenção nesse período é uma função do desenvolvimento orgânico geral da criança e, antes de tudo, de todo desenvolvimento estrutural e funcional do sistema nervoso central.

Na base do desenvolvimento da atenção nesse período está, portanto, um processo puramente orgânico de crescimento, amadurecimento e desenvolvimento de aparatos e de funções nervosas da criança. Trata-se de um processo análogo ao processo de desenvolvimento evolutivo da atenção desde os organismos inferiores até os superiores, onde ele é observado com maior clareza. Não queremos dizer que o desenvolvimento orgânico da atenção da criança é paralelo ao processo de desenvolvimento evolutivo da atenção ou que ele o repete em alguma medida. Contudo, queremos ressaltar que esses processos são semelhantes quanto ao tipo de desenvolvimento: em ambos os casos na base do desenvolvimento da atenção, com função determinada do comportamento, está o desenvolvimento ou amadurecimento orgânico de processos nervosos correspondentes.

Esse processo, que ocupa um lugar preponderante no primeiro ano de vida da criança, não é interrompido, não cessa mesmo depois no decorrer de toda infância e até no decorrer da vida restante da pessoa. No que se refere ao equilíbrio e à estabilidade que observamos no adulto em comparação com a criança, eles indicam, em essência, apenas que o ritmo é muito mais lento ou que houve uma mudança na direção dos processos, mas não que eles cessaram. Não obstante, esses processos abafados e retardados de transformação orgânica influenciam diariamente o trabalho de nossa atenção, e essa dependência se torna particularmente sensível e clara quando esses processos apagados são reavivados, especialmente em caso de alterações patológicas.

Contudo, o significado do processo orgânico que está na base do desenvolvimento da atenção recua para o segundo plano cedo em comparação com os novos processos de desenvolvimento da atenção, de tipo qualitativamente diferente, isto é, os processos de desenvolvimento cultural da atenção. Por desenvolvimento cultural da atenção nos referimos à evolução e à alteração dos próprios procedimentos de orientação e funcionamento da atenção, o domínio deles e sua subordinação ao controle humano, ou seja, processos de tipo análogo ao desenvolvimento cultural de outras funções do comportamento, sobre as quais falamos nos capítulos anteriores.

A investigação psicológica mostra, portanto, que também no desenvolvimento da atenção é possível observar claramente as duas linhas fundamentais que já conhecemos. Podemos identificar a linha do desenvolvimento natural da atenção e a linha do desenvolvimento cultural da atenção. Não poderemos nos deter agora na relação existente entre essas duas linhas do desenvolvimento da atenção, pois essa questão já foi suficientemente elucidada nos capítulos anteriores. Nossa tarefa consiste em acompanhar e delinear esquematicamente o caminho da segunda linha, ou seja, a história do desenvolvimento cultural da atenção.

O desenvolvimento cultural da atenção começa, a rigor, também em uma idade precoce, já no primeiro contato social entre a criança e os adultos ao seu redor. Como todo desenvolvimento cultural, ele é um desenvolvimento social.

O desenvolvimento cultural de certa função, inclusive a atenção, consiste em que, no processo de vida e atividade conjunta, o homem social elabora uma série de estímulos e signos artificiais. Com a ajuda deles, o comportamento social da personalidade se orienta, eles se tornam o principal meio pelo qual a personalidade domina os próprios processos de comportamento.

Para acompanhar geneticamente a história dos mecanismos de atenção fizemos o mesmo que quando investigamos os outros processos descritos anteriormente. Tentamos criar no experimento uma situação em que a criança se visse diante da tarefa de dominar os processos de sua atenção com ajuda de estímulos-meios exteriores. Localizamos a realização da tarefa nos experimentos de nosso colaborador Leontiev, que elaborou um conjunto de procedimentos funcionais de dupla estimulação com aplicação de processos mediados de atenção à pesquisa. A essência dos experimentos consiste em que a criança era colocada diante de tarefas que exigiam tensão prolongada da atenção, concentração em um determinado processo.

Realiza-se com a criança a brincadeira "perguntas e resposta", de tipo prenda com proibições: "Não pode dizer sim e não; não pode dizer branco e preto". São feitas perguntas à criança, sendo que algumas delas devem ser respondidas com o nome de determinada cor. Por exemplo: Você vai à escola? Qual a cor da carteira? Você gosta de brincar? Você já esteve no campo? Qual a cor da grama? Você já esteve em um hospital? Você já viu um médico? Qual a cor do avental dele? Etc. A criança deve responder o mais rápido possível, observando a instrução: não dizer o nome das duas cores proibidas, por exemplo preto e branco, ou vermelho e azul, não dizer duas vezes a mesma cor. O experimento é construído de forma que é perfeitamente possível cumprir as exigências, mas isso requer uma tensão constante da atenção por parte da criança. Se a criança viola a regra e diz o nome de uma cor proibida ou repete duas vezes uma mesma cor, ela paga uma prenda ou perde o jogo.

Organizado dessa forma, o experimento mostrou que a tarefa é de extrema dificuldade para a criança em idade pré-escolar e bastante difícil mesmo para crianças de 8 ou 9 anos de idade, que não conseguem resolver sem cometer erros. Na realidade, a situação exige da criança uma concentração da atenção no processo interno. Ela exige que ela domine sua atenção interna e ela não tem condições de fazê-lo. O curso do experimento se altera radicalmente quando são oferecidos cartões coloridos às crianças, nas cores preta, branca, lilás, vermelha, verde, azul, amarela, marrom e cinza. A criança encontra imediatamente um meio auxiliar externo para resolução de uma tarefa interna, isto é, a concentração e a tensão da atenção, e passa da atenção não mediada para uma atenção mediada. Como dissemos, a criança deve dominar sua atenção interna, mas ela opera com estímulos externos. Dessa forma, a operação interna é levada para fora ou, em todo caso, ligada a uma operação externa, e nós passamos a ter a possiblidade de estudá-la objetivamente. O experimento que se desenrola diante de nós é construído a partir do método de dupla estimulação.

A criança está diante de duas séries de estímulos. A primeira é a questão do experimentador, a segunda são os cartões coloridos. A segunda série de estímulos são os meios pelos quais a operação psíquica se orienta para o estímulo da outra série; eles ajudam a fixar a atenção na resposta correta. O resultado da introdução de uma série auxiliar de estímulos costuma se manifestar muito rapidamente, e a quantidade de respostas incorretas cai também rapidamente, o que comprova a elevação da estabilidade da atenção e o fato de que a criança domina esses processos com ajuda dos estímulos auxiliares.

Analisemos o desenvolvimento etário de ambas as formas de concentração e organização da atenção no experimento com dupla estimulação. Em crianças de idade pré-escolar ambas as formas de atenção estão muitíssimo próximas. A separação entre elas aumenta significativamente na primeira e, em especial, na segunda idade escolar e volta a se tornar insignificante no adulto. Ao acompanharmos o desenvolvimento da atenção da idade pré-escolar à idade adulta, chegamos a uma conclusão principal. A diferença entre a atividade da atenção mediada e a não mediada aumenta a partir da idade pré-escolar, chegando ao máximo na segunda idade escolar e, então, volta a apresentar uma tendência de nivelamento. A seguir, nas duas curvas que expressam a lei genética fundamental do desenvolvimento da atenção, é fácil reconhecer um desenho essencialmente análogo ao paralelogramo do desenvolvimento da memória, que tentaremos elucidar no próximo capítulo.

Para elucidar a sucessão do desenvolvimento da atenção mediada devemos acompanhar brevemente como se dá a experiência com diferentes estágios etários. Estabelece-se aqui, antes de tudo, que na criança de idade pré-escolar a diferença entre a quantidade de erros em cada um dos modos de direcionamento da atenção é insignificante, a introdução do novo procedimento não altera essencialmente o fluxo do processo. A criança de idade pré-escolar não utiliza de forma significativa os estímulos-meios que lhe são apresentados. Com frequência, ela brinca com os cartões sem relacioná-los à tarefa, escolhe entre eles às vezes de forma aleatória, deixa-se guiar na resposta pela influência sugerida pelo cartão. A criança que resolve a tarefa de forma mais bem-sucedida começa a utilizar parcialmente os meios auxiliares. Ela separa as cores proibidas, digamos preto e branco, deixa-as de lado e ao nomear usa as cores dos cartões que têm diante de si. Contudo, ela não retira a cor já nomeada do grupo de cartões que estão à disposição.

Apenas na idade escolar, via de regra, começa a haver um uso pleno do procedimento proposto. A operação interna se torna externa, a criança domina sua atenção por meio dos estímulos-meios exteriores. Começa a ocorrer uma diferenciação clara dos cartões entre as cores "que podem" e as "que não podem", como diz um dos sujeitos; às cores proibidas são acrescentadas as que já foram utilizadas, ou seja, as que já foram nomeadas. Em crianças em idade escolar, observa-se no experimento uma clara subordinação ao meio, a tentativas de mecanizar a operação, o que com frequência leva a respostas sem sentido, uma vez que a criança mostra uma tendência de guiar-se apenas pela cor sugerida pelos cartões, e não pelo sentido da pergunta.

Dessa forma, o uso do estímulo-meio faz aumentar rapidamente na criança em idade escolar mais nova a produtividade do funcionamento da atenção interna, mas leva essencialmente a uma piora na qualidade da resposta e, assim, a um uso ineficiente do procedimento proposto. Um uso mais pleno e adequado dos meios externos é feito por crianças em idade escolar mais velhas, que não apresentam uma subordinação plena aos cartões, como ocorre com as mais novas.

De forma correspondente, os erros também diminuem. Na criança em idade pré-escolar a atenção mediada quase não reduz a porcentagem de erros, na criança em idade escolar mais nova, a porcentagem de erros diminui em quase duas vezes, na mais velha, a diminuição é de dez vezes. Chegamos, dessa forma, a um quadro coerente do desenvolvimento da atenção mediada, um domínio cada vez maior dos processos e uma subordinação da atenção ao próprio controle. Apenas no adulto notamos uma queda quase que insignificante do número de erros quando os cartões são usados.

Para explicar esse fato, que desempenha um papel central no processo de desenvolvimento da atenção voluntária, iremos voltar aos experimentos destacados em uma série especial e que mostram que um movimento análogo também é realizado pela curva do desenvolvimento de ambos os processos de organização da atenção da criança. Se repetirmos de forma prolongada esses experimentos com crianças em idade pré-escolar, dentro dos limites dessa operação a criança passa relativamente rápido a percorrer o mesmo caminho em geral. O comportamento da criança durante o experimento passará sucessivamente pelos seguintes estágios: 1) uso incompleto e ineficiente dos cartões; 2) passagem para um uso ativo dos cartões e uma subordinação integral ao meio externo; 3) uso eficiente dos cartões para a resolução da tarefa interna por meios externos; e, por fim, 4) passagem ao tipo de comportamento apresentado pelos adultos.

Por estranho que isso possa parecer à primeira vista, em nosso experimento, o adulto, na passagem para o uso dos cartões, se comporta mais ou menos do mesmo jeito que a criança de idade pré-escolar, se julgarmos pelo aspecto exterior. O adulto também usa muito pouco os cartões, toda a operação tem um caráter de procedimento semiexterno, é como se ele observasse para si mesmo, "mentalmente", as cores proibidas e as já mencionadas, mas não tocasse os cartões. Observamos no adulto um uso incompleto do meio externo, uma vez que nele o procedimento interno está fortemente desenvolvido. Temos total fundamento para supor que, quando observamos o mesmo comportamento exibido por crianças submetidas a um experimento prolongado, isso ocorre devido à influência de processos de enraizamento[200] ou seja, da passagem de um processo externamente mediado para um processo internamente mediado.

No adulto, diferentemente da criança em idade pré-escolar, os processos de atenção voluntária estão desenvolvidos, e ele pode, em pensamento por meio da palavra ou por algum outro modo, fixar as cores proibidas e as já mencionadas; a criança chega à mesma coisa diante dos nossos olhos quando o estímulo auxiliar externo é substituído por um estímulo interno. Além da redução e, às vezes, extinção da operação externa, no adulto e na criança em experimentos correspondentes ocorre um aumento significativo da atenção interna, como se pode julgar pelos resultados objetivos. Com base nisso, pode-se concluir que ocorre na criança uma reorganização dos processos internos como efeito da passagem para uma forma mediada de atenção, o enraizamento do procedimento externo, a operação externa se torna uma operação interna.

Falam em favor disso os dados da análise da estrutura da operação. Eles mostram que ambas as tarefas podem ser resolvidas por meio de diferentes operações internas. Para utilizar a expressão de Binet, a criança simula a atenção quando retira as cores proibidas de seu campo visual, e fixa sua atenção nas cores que restaram à sua frente. Ela substitui uma operação por outra, que produz o mesmo efeito, mas que, em essência, não tem nada em comum

---

200. Em russo *vráschivanie*, cf. nota capítulo 2 "Raízes genéticas do pensamento e da linguagem" [N.T.].

com a primeira. Novamente chegamos à identificação da diferença profunda existente entre as formas fenotípicas e genotípicas do processo.

Às vezes a criança resolve a tarefa de forma totalmente diferente. Ela não coloca as palavras proibidas de lado, mas seleciona-as e as coloca diante de si, fixando os olhos nelas. Nesses casos, o procedimento externo corresponde exatamente à operação interna, e temos diante de nós o funcionamento da atenção mediada. Em tal operação, o próprio processo de busca por uma resposta é reorganizado. A criança deve dar uma resposta correta, ou seja, dotada de sentido, observando certas regras formais de não nomear determinadas cores. A particularidade do direcionamento da atenção transforma, reorganiza o processo de busca pela resposta, orienta o pensamento por uma rota alternativa. As respostas da criança passam a ter uma qualidade cada vez maior. Em vez de responder diretamente à pergunta sobre qual a cor da grama, a criança, impedida de dizer "verde", responde: "a grama fica amarela no outono". À pergunta "os tomates são vermelhos?", impedida de usar a cor vermelha, a criança responde: "eles são verdes quando ainda não estão maduros!" O sujeito se dirige, dessa forma, à nova situação, passando para um caminho mais difícil de pensamento.

Em linhas muito gerais, essa é a história do desenvolvimento cultural da atenção. Podemos dizer, junto de Ribot, que foi o primeiro a estabelecer uma ligação entre o problema da memória voluntária e o problema do desenvolvimento cultural do ser humano, que a gênese é muito complexa, mas ela corresponde à realidade.

Ribot parece ter sido o primeiro psicólogo a ter analisado a atenção voluntária como produto do desenvolvimento histórico e cultural da humanidade. Ele denominou atenção involuntária a natural e voluntária a artificial. Ele diz: "a arte usa as forças da natureza para realização de suas tarefas e é nesse sentido que eu chamo essa forma de atenção de artificial" (Ribot, 1897, p. 30).

À pergunta sobre o surgimento da atenção voluntária, ele responde que o progresso que, no desenvolvimento da sociedade, fez com que o ser humano passasse da barbárie primitiva para a condição de uma sociedade organizada, no campo do desenvolvimento mental fez com que o ser humano passasse do predomínio da atenção involuntária para o predomínio da atenção voluntária. "Esta última é ao mesmo tempo causa e consequência da civilização" (Ribot, 1897, p. 33).

Abstraindo, por ora, o quanto pode ser considerado historicamente correto o paralelo feito por Ribot entre o desenvolvimento da atenção voluntária e o desenvolvimento da sociedade, não podemos deixar de observar que, na própria colocação da questão, Ribot faz uma gigantesca revolução nas perspectivas sobre atenção, abrindo pela primeira vez o caminho para sua explicação histórica.

De acordo com a perspectiva de Ribot, a atenção voluntária é a forma histórica da atenção natural, que surge nas condições específicas de adaptação do ser humano à natureza. Ribot diz que a partir do momento em que, por determinados motivos, o ser humano saiu de um estado selvagem (insuficiência de presas, aglomeração da população, infertilidade do solo, proximidade de tribos armadas) e foi colocado diante da necessidade de perecer ou se adaptar a condições mais complexas de vida, ou seja, de trabalhar, a atenção voluntária se tornou, por sua vez, um fato de primeira necessidade nessa nova forma de luta pela vida.

Quando surge no ser humano a capacidade de se dedicar ao trabalho, que essencialmente não tem nada de atrativo, mas que é necessário como meio de vida, a atenção voluntária vem à tona. É fácil dizer que, até o surgimento da civilização, a atenção não existia ou aparecia por um instante, como o brilho fugaz de um relâmpago.

Ribot, que foi o primeiro a indicar a natureza social da atenção voluntária, mostrou que essa forma de atenção se desenvolve e que, de modo geral, o desenvolvimento segue de fora para dentro. A atenção voluntária se converte gradualmente em uma operação interna e, por fim, em um período determinado do desenvolvimento a atenção elaborada se torna uma segunda natureza: a tarefa da arte está cumprida. Basta estar em certas condições, em certo meio, para que todo o resto aconteça por si mesmo.

Contudo, na teoria de Ribot, parece-nos que não foi explicado o próprio mecanismo de atividade da atenção voluntária, tampouco foi apresentado um quadro minimamente claro de sua ontogênese. O mecanismo de Ribot frequentemente pode ser reduzido a um treinamento. Ele mostra o surgimento da atenção voluntária, como diríamos agora, como o surgimento de um reflexo condicionado simples a um estímulo remoto, que sinaliza outro estímulo, que desperta a atenção natural. Sem dúvida esse mecanismo está na base da transição da atenção involuntária para a voluntária, mas ele não constitui o que ele tem de mais característico e de mais essencial, mas desempenha um papel subordinado, explicando qualquer transição em geral de uma forma inata de comportamento para uma adquirida.

Segundo esse ponto de vista, como estabelece Ribot, os animais também dominam a atenção voluntária. Então não se entende por que a atenção voluntária constitui um produto da civilização. Não há necessidade de comprovar detalhadamente, diz Ribot, que nos animais a passagem da atenção involuntária para a voluntária ocorre também sob influência da educação e do treinamento. Binet ressalta apenas a limitação dos meios pelos quais nós afetamos os animais, ao que parece por não conhecermos o amplo escopo de estímulos condicionados capazes, como mostra a teoria dos reflexos condicionados, de despertar a atenção condicionada do animal.

Ribot não nota o fato fundamental de que a atenção do animal, mesmo quando há treinamento, ainda não é voluntária, pois essa atenção é dominada pelo ser humano e não pelo próprio animal. Não há nos animais uma passagem do domínio realizado por outros para o domínio de si, da subordinação para a dominação, passagem esta que constitui o traço mais característico do desenvolvimento da atenção voluntária humana. O erro de Ribot é possível, pois ele não conhecia o mecanismo de formação da atenção voluntária, ele não levou em conta os meios pelos quais se realiza o desenvolvimento histórico seja da atenção, seja do comportamento em geral. Apenas como estabelecimento do mecanismo no qual tendemos a ver o domínio do comportamento por meio do signo é que podemos compreender como, partindo de influências externas, a criança passa à atenção voluntária interna.

Foi essa passagem que tentamos acompanhar por meio dos dados estabelecidos no experimento sobre a gênese da atenção voluntária.

Recentemente, Blónski juntou-se ao pensamento de Ribot, mostrando que a atenção voluntária ativa é, sem dúvida, um produto tardio do desenvolvimento. A atenção primitiva, que surge desde o início da vida da criança e que Ribot tende a identificar com um estado máximo de vigília, distingue-se da involuntária, pois esta última, em sua opinião, é determinada predominantemente pelo pensamento e constitui uma forma mais desenvolvida de atenção.

Dessa forma, delineia-se com toda clareza a abordagem genética ao problema da atenção voluntária. Contudo, aqui também não se apresenta uma gênese minimamente clara dessa forma de atenção, tampouco, o mais importante, uma análise do modo pelo qual seu desenvolvimento é caracterizado. Entendemos que, à luz dos dados por nós coletados, é possível elucidar as mais importantes leis estabelecidas pelos pesquisadores sobre o desenvolvimento da atenção, que agora assumem um lugar no processo completo do desenvolvimento da atenção voluntária.

As teses mais desenvolvidas da teoria genética da atenção foram elaboradas por Titchener, partindo do fato de que as formas de atenção, que se distinguem em um significado popular – isto é, a atenção passiva, ou involuntária, e a ativa, ou voluntária –, são, na realidade, características para diferentes estágios do desenvolvimento espiritual. Distinguem-se entre si apenas em termos de complexidade, como formas mais precoces ou mais tardias, e mostram um mesmo tipo de consciência, mas em diferentes períodos de nosso crescimento espiritual. Titchener tenta explicar a diferença e o caráter de cada um deles a partir das condições de seu surgimento.

A análise leva o autor à conclusão de que a atenção involuntária e voluntária, em essência, são uma atenção primária e secundária, sendo que a atenção primária representa certo estágio do desenvolvimento, justamente o estágio mais inicial do desenvolvimento da atenção voluntária. Caracteriza a atenção secundária uma modificação fundamental na relação entre sujeito e objeto. Por si só, a impressão não apenas não atrai ou mantém nossa atenção, ao contrário: parece que nós mantemos nossa atenção em determinadas impressões mediante um esforço próprio.

Uma tarefa de geometria não nos desperta impressão tão forte quanto o estrondo de um trovão. Contudo, ela pode despertar a atenção, e essa atenção é chamada de atenção secundária por Titchener. Ele considera que a atenção secundária é o resultado inevitável de uma organização nervosa complexa e é secundária ou ativa enquanto tem um traço evidente de conflito[201]. Seria difícil apresentar uma evidência tão sólida da origem da atenção secundária a partir da primária do que o fato cotidiano de que a atenção secundária constantemente se converte em primária. Esta última Titchener chama de atenção voluntária primária e, assim, leva ao estabelecimento dos três estágios do desenvolvimento de nossa atenção, e faz entre eles uma distinção antes de tudo genética.

---

201. Conflito entre a tarefa e a impressão do estrondo do trovão [Nota da edição russa].

Ele diz que a atenção como um todo é encontrada no psiquismo humano em três estágios de desenvolvimento. A atenção secundária é um estágio intermediário, um estágio de conflito, de dispêndio de energia nervosa, embora essa atenção seja uma condição prévia necessária para o estágio de atenção voluntária autêntica. Segundo o ponto de vista de Titchener, existem três estágios da atenção, mas apenas um tipo de processo psíquico de atenção. Esses três estágios revelam uma mudança na complexidade, mas não no caráter da própria vivência.

Vemos, assim, a tentativa de Titchener de determinar geneticamente a atenção; o autor tenta aplicar sua teoria a diferentes idades. Ao analisar a vida como um todo, ele pensa que é possível dizer que o período de estudo e educação é um período de atenção secundária, a seguir tem-se o período de atividade madura e independente, que é o período da atenção voluntária primária. Parece-nos que a teoria de Titchener é a que mais se aproxima dos dados que pudemos estabelecer em nossa investigação genética.

Impossível não ver que nos estágios de Titchener repetem-se três dos quatro estágios principais indicados por nós no desenvolvimento de todo comportamento cultural. Sua atenção primária corresponde à nossa atenção primitiva ou natural, a secundária corresponde ao estágio de atenção externamente mediada e, por fim, o terceiro estágio corresponde ao quarto estágio de enraizamento[202]. Falta apenas o segundo estágio, transitório, um estágio psicológico ingênuo, que não pudemos acompanhar com toda clareza em nossos experimentos, mas que ainda assim se revela em observações clínicas e especialmente em crianças anormais.

A seguir, Titchener estabeleceu definitivamente que a atenção voluntária se distingue da involuntária apenas pelo modo como surge, não pelo modo de funcionamento. Em outras palavras, o desenvolvimento da atenção se realiza não segundo o tipo de concentração e alteração orgânicas, mas pelo tipo de evolução da própria forma de comportamento. Contudo, parece-nos que a teoria de Titchener, embora aborde o problema da atenção geneticamente, baseia-se, não obstante, em uma descrição fenotípica puramente exterior de cada estágio e não revela o mecanismo de desenvolvimento e o mecanismo de ação de cada um desses processos. Assim, Titchener, ao

---

202. Na análise das transições da primária para a secundária e, em seguida, para o terceiro estágio da atenção, Titchener parte de outra definição de atenção e de outras condições de transição [Nota da edição russa].

se deter em vivências e não na função objetiva do processo, não revela a especificidade da estrutura da atenção secundária que a difere de sua antecessora. Se partirmos do seu ponto de vista, não se compreende por que a atenção primária derivada se eleva para um grau superior em comparação com o ponto de partida. Ele afirma corretamente que a atenção secundária tem início a partir dos conflitos entre as formas iniciais de atenção, a partir das próprias percepções e da luta entre atos motores incompatíveis. Contudo, essa luta ocorre na criança de pouca idade. Se, ao explicarmos o surgimento da atenção voluntária, não chamarmos atenção para o fato de que, ao lado dos estímulos naturais e das relações mútuas entre eles, também têm significado para a criança os estímulos sociais que dirigem sua atenção, não será possível compreender por que e de que forma exatamente nossa atenção, inicialmente subordinada a impressões externas ou interesses imediatos, passa a subordinar a si essas impressões e interesses.

Essa deficiência de uma descrição puramente empírica da transição da atenção voluntária para a involuntária, incapaz de indicar a gênese e o mecanismo dessa passagem, assim como as particularidades qualitativas do segundo estágio, distingue também a afirmação de Meumann, que descobriu que a atenção involuntária se converte gradualmente em voluntária. Como dissemos, tem-se nisso uma prova experimental de que a atenção voluntária se distingue da involuntária não pelo mecanismo de sua base orgânica, mas pela estrutura do comportamento psicológico.

Nos experimentos, Meumann encontrou um sintoma igualmente expressivo para a atenção voluntária e involuntária, isto é, a pulsação se torna mais lenta, o que possivelmente se deve ao seguinte: a atenção voluntária dos sujeitos passa de forma constante e rápida à involuntária. Contudo, outros pesquisadores identificaram sintomas opostos da atenção voluntária e involuntária: na atenção involuntária os sintomas têm um caráter mais próximo dos afetos e coincidem com os sintomas em caso de surpresa ou susto, ao passo que a atenção voluntária se caracteriza por sintomas que correspondem a atos volitivos.

Consideramos que essa divergência pode ser explicada à luz da gênese da atenção, conforme a delineamos. Em um caso trata-se do momento de estabelecimento da atenção, que é um processo volitivo de domínio do comportamento tanto quanto qualquer outro. No outro caso, trata-se de um mecanismo de atenção já estabelecido e de funcionamento automático. Em outras palavras, a diferença dos sintomas é a diferença entre os estágios de desenvolvimento da atenção.

Iremos nos deter brevemente agora em um fenômeno complexo que não se pode compreender no plano da análise subjetiva e que se chama *vivência do esforço*. De onde ele vem na atenção voluntária? Entendemos que ele decorre da complexa atividade suplementar a que chamamos de *domínio da atenção*. É absolutamente natural que esse esforço deva estar ausente quando o mecanismo da atenção começa a funcionar de modo automático. Aqui há processos suplementares, há conflito e luta, há uma tentativa de direcionar os processos de atenção por outra linha e seria um milagre se tudo isso se realizasse sem dispêndio de esforços, sem um importante trabalho interno do sujeito, um trabalho que pode ser medido pela resistência encontrada pela atenção voluntária.

A insuficiência de uma análise puramente subjetiva é o que distingue o trabalho de Revault d'Allonnes, que seguiu o caminho de Ribot e foi o primeiro a propor que se diferencie a atenção em termos de estrutura como direta e indireta, ou mediada, e que viu como traço mais característico do desenvolvimento da atenção voluntária o fato de que ela se dirige a certo objeto por algum meio auxiliar ou estímulo, ao qual se dá, nesse caso, um uso instrumental. Segundo esse ponto de vista, Revault d'Allonnes define a atenção como operação intelectual que analisa as coisas por meio de uma ou algumas outras coisas. Partindo de tal compreensão, a atenção se converte em operação instrumental ou intelectual direta, ela coloca entre o objeto da atenção e o sujeito um meio auxiliar.

O autor identifica diferentes formas a depender de quanto, de que forma e por quais meios a atenção se torna mediada. Contudo, ele sempre tem em vista apenas os meios internos e predominantemente os esquemas pelos quais orientamos nossa atenção para determinado objeto. Revault d'Allonnes não desconfia que os meios podem ser externos e que eles necessariamente são externos no início, por isso ele vê no "esquematismo" (uma continuação da ideia de Bergson) um fato primordial de ordem puramente intelectual. Parece-nos que essa teoria também pode ser virada de ponta cabeça e corretamente esclarecida se atentarmos para o fato de que, nesse caso, trata-se sem dúvida do quarto estágio ou da atenção voluntária primária, como diz Titchener.

Revault d'Allonnes toma como ponto inicial de análise o estágio final do desenvolvimento e, sem acompanhar os processos como um todo, chega a um postulado de caráter puramente idealista, sem mostrar o verdadeiro processo de formação desses esquemas.

Com base na análise dos experimentos e das teses dedicadas a essa questão aqui apresentada, chegamos à seguinte compreensão dos processos de atenção voluntária. Esses processos devem ser analisados como determinado estágio do desenvolvimento da atenção instintiva, já que as leis gerais e o caráter de seu desenvolvimento coincidem totalmente com o que poderíamos estabelecer para outras formas de desenvolvimento cultural do comportamento. Por isso, podemos dizer que a atenção voluntária é um processo enraizado internamente de atenção mediada; o próprio processo está totalmente subordinado às leis gerais do desenvolvimento cultural e da formação de formas superiores de comportamento. Isso quer dizer que a atenção voluntária, seja por sua composição ou por sua estrutura e função, não é apenas resultado de um desenvolvimento natural e orgânico da atenção, mas de sua transformação e reorganização sob influência de estímulos-meios externos.

Em lugar da conhecida tese que diz que a atenção voluntária e a involuntária estão relacionadas entre si como a vontade e o instinto (uma observação absolutamente correta, mas demasiadamente genérica), seria possível dizer que atenção voluntária e involuntária se relacionam entre si tal qual a memória lógica e as funções mnemônicas ou como o pensamento em conceitos e o sincrético.

Para consolidar as conclusões a que chegamos, bem como passar a algumas generalizações teóricas, resta-nos ainda explicar experimentalmente um ponto de extrema importância em nossa pesquisa. Partimos do pressuposto de que o caminho da atenção natural para a voluntária consiste na passagem de operações diretas para operações mediadas. Já conhecemos esse caminho, de modo geral, por todos os outros processos psíquicos. Surge a questão: de que forma se realiza a mediação do processo de atenção?

Sabemos bem que qualquer mediação é possível apenas com base no uso de leis naturais da operação que será objeto do desenvolvimento cultural. Por exemplo, a operação mnemotécnica na memória, ou seja, a relação entre o estímulo-meio e o estímulo-objeto, é criada com base em conhecidas leis naturais de formação de estrutura. Resta-nos agora esclarecer em relação à atenção que tipo de ligação psicológica natural deve existir entre dois estímulos para que um possa atuar como estímulo instrumental que desperta atenção do outro. Quais são, em geral, as condições naturais que possibilitam a atenção mediada? Qual é a história natural das leis da atenção? Uma segunda questão ligada a essa consiste em descobrir na pesquisa como, em condições naturais, ocorre a passagem real da atenção natural para a instrumental.

Para responder a essa questão, cujo significado é fundamental para toda história da atenção, realizamos uma pesquisa experimental de estrutura bastante complexa. Agora gostaríamos de nos determos nela em detalhe.

Partimos do fato de que não é possível observar a atenção em sua forma pura. Como se sabe, isso foi um pretexto para que alguns psicólogos explicassem por meio da atenção todas as mudanças que ocorrem nos processos de memória, pensamento, percepção, vontade etc., e outros, ao contrário, negassem absolutamente a existência da atenção como função psíquica particular e eliminassem a própria palavra de seus dicionários de psicologia, como propôs Foucault, Rubin[203] e outros. Por fim, outros ainda propuseram que, ao invés de uma atenção única, se falasse em muitas atenções, considerando a especificidade dessa função em cada caso particular. Agora a psicologia tomava de fato o caminho do desmembramento da atenção única em funções separadas. Um exemplo claro disso está nos trabalhos de autores alemães (Ach) e na teoria da atenção de Revault d'Allonnes.

Sabemos que o processo de atenção pode ocorrer não sempre da mesma forma e, como fica claro pelos experimentos apresentados, estamos lidando com diferentes formas de atenção em diferentes formas de atividade. Resta encontrar a atividade mais primitiva e natural, na qual o papel da atenção pudesse aparecer da forma mais pura possível, de modo a possibilitar o estudo justamente da cultura da atenção. Elegemos como sendo essa atividade a reação de escolha de relações estruturais, empregada pela primeira vez por Köhler em experimentos com galinhas, chimpanzés e crianças.

No experimento de Köhler, os grãos eram distribuídos em uma folha de papel cinza-claro e uma cinza-escuro, a galinha não conseguia pegar o grão

---

203. Rubin (1850-1934) foi um psicólogo alemão, um dos alunos de Müller. O primeiro a descrever o fenômeno psicológico de "figura e fundo" (1915), investigado de forma detalhada pela Psicologia da Gestalt.

sobre a folha cinza-claro, ela era enxotada, já o grão sobre a folha cinza-escuro podia ser pego livremente. Após uma grande quantidade de repetições, formou-se na galinha uma reação positiva à folha cinza-escuro e uma negativa à cinza-claro. Em seguida, em um experimento crítico, apresenta-se um novo par de folhas: uma branca e a folha cinza-claro usada na primeira série. A galinha demonstrou uma reação positiva à folha cinza-claro, isto é, àquela mesma que, no par anterior, despertava-lhe uma reação negativa. Da mesma forma, quando apresentado um outro par de folhas, isto é, a cinza-escuro anterior e uma preta, a galinha apresentou uma reação positiva à preta e uma reação negativa à cinza-escuro, que nos experimentos anteriores havia despertado uma reação positiva.

Com algumas modificações, um experimento análogo foi realizado com chimpanzés e com crianças. Os resultados obtidos são ainda mais expressivos. Dessa forma, foi possível estabelecer experimentalmente que, em tais condições, animais e crianças reagem à estrutura, ao todo, à relação entre as duas cores e não à qualidade absoluta da cor. Com isso surge a possibilidade de transferência do treinamento anterior para novas condições. Na transferência, o animal e a criança apresentaram com extrema clareza a principal lei de toda estrutura psicológica: as propriedades e funções psicológicas das partes são determinadas pelas propriedades do todo. Assim, a folha cinza-claro, inserida em um determinado todo, suscita uma reação negativa, pois naquele par ela é a mais clara entre dois tons. Ao ser incluída em um novo par, ela suscita uma reação positiva, por ser a mais escura. Da mesma forma, o significado passou de positivo a negativo para a cor cinza-escuro quando ela foi pareada com o preto. Assim, o animal e a criança reagiram não à qualidade absoluta da cor cinza ou de um determinado tom, mas ao mais escuro entre dois tons.

Köhler mostra que para o sucesso dos experimentos é necessário usar grandes superfícies de cor com tons significativamente distintos e escolher uma disposição tal que a relação entre as cores salte à vista. Toda dificuldade nos experimentos anteriores com a reação de escolha em macacos consiste, segundo Köhler, não em formar uma ligação entre uma determinada reação e um determinado estímulo, mas, principalmente, em direcionar a atenção no momento da escolha justamente para certa propriedade do campo visual que deve ser usada enquanto estímulo condicionado.

Não se pode esquecer que o pesquisador que deseja despertar e direcionar a atenção de um macaco se vê diante de duas tarefas totalmente distintas. Uma consiste em despertar a atenção do macaco para o experimento. Quando os macacos de repente se mostram indiferentes às condições do experimento é possível que se obtenha o efeito que acabamos de descrever. A primeira tarefa é de relativamente fácil resolução: para despertar a atenção do macaco e dirigi-la para o objetivo do experimento basta estabelecer a obtenção de alimento como alvo e eliminar todo tipo de estímulo intenso que possa desviar a atenção. Resta, ainda, uma segunda e mais complexa tarefa: dirigir a atenção do macaco para o indício em relação ao qual ele deve estabelecer uma ligação. Para isso, Köhler recomenda escolher indícios que por si sós possam atrair a atenção do animal, engajá-lo ou saltar-lhe aos olhos. É preciso operar com diferenças claramente expressas, grandes superfícies, apresentadas sobre fundos inexpressivos.

Introduzimos mudanças fundamentais no experimento, relativas ao despertar da atenção. Fizemos o contrário do recomendado por Köhler e, ao realizarmos experimentos com crianças normais e anormais, propusemos à criança a seguinte situação: entre duas xícaras que estão à sua frente, a criança deve escolher aquela na qual foi colocada, sem que ela visse, uma noz, de modo que a outra xícara está vazia. Ambas as xícaras foram cobertas por quadrados de papelão branco idênticos, sobre os quais foram colados pequenos retângulos de cor cinza-claro e cinza-escuro, que ocupavam em geral não mais do que um quarto da superfície de todo quadrado.

Dessa forma, selecionamos intencionalmente um indício que não salta à vista, de modo a acompanhar como a atenção se dirige nesse caso. As mudanças foram feitas porque o objetivo de nosso experimento, que era apenas o primeiro de uma série, era o inverso do de Köhler. Seu interesse era predominantemente pelo estabelecimento da ligação e, por isso, tentou criar condições favoráveis para o estabelecimento dessa ligação, e, em particular, para a direção correspondente da atenção. Para nós o processo de estabelecimento da ligação já era conhecido a partir dos experimentos de Köhler, interessava-nos apenas o processo em que nós pudéssemos acompanhar a atividade da atenção.

Relataremos brevemente como se deu o experimento típico com uma criança de 3 anos. Para essa criança, toda atenção estava imediatamente dirigida para o objetivo e, em geral, ela não compreendia a operação que devia executar. No começo do experimento, e com frequência no seu decorrer, a criança pegava ambas as xícaras, e quando se pedia que ela apontasse para aquela que desejava abrir, ela esticava ambas as mãos, de modo que era preciso relembrar que ela podia apontar somente para uma xícara. Sempre que indagada sobre qual das duas xícaras queria abrir, a criança reiteradamente respondia: "quero aquela que tem a noz", ou apontava para ambas, dizendo: "aquela que tiver a noz é a que eu quero". Quando ela acertava, pegava ávida a noz, sem prestar atenção para o que fazia o experimentador; quando errava, dizia: "espera, agora eu vou acertar". Logo depois de acertar três vezes em sequência a xícara correta, ela desenvolvia uma reação ao local, quando essa regra era quebrada, ela começava a escolher aleatoriamente.

O máximo que se conseguiu, graças à alternância de erros e acertos, foi suscitar na criança dessa idade certas oscilações na escolha, não obstante, nada indicava nessas oscilações a identificação de um indício que orientasse a criança em sua escolha. Após 30 experimentos começou a se estabelecer na criança uma reação positiva ao tom cinza-escuro, que se manteve ao longo de algum tempo, mas que, na verificação em experimentos críticos, não se confirmou, assim como tampouco se confirmou no retorno à situação principal. Quando indagada sobre o motivo de ter escolhido esta ou aquela xícara, a criança apresentava uma motivação independente de a xícara estar aberta ou fechada: "porque a noz está aqui", "eu não quero mais perder" etc.

No experimento descrito, acertos e erros se alternam com tanta frequência que a criança se contenta com a situação. Sua atenção fica o tempo todo voltada ao objetivo. É possível que um treinamento muito prolongado levasse ao mesmo resultado obtido por Köhler, mas o experimento começa a perder interesse para nós, uma vez que nosso objetivo, volto a dizer, não é confirmar, verificar ou acompanhar os fatos estabelecidos por Köhler. Em geral, a atenção da criança não é dirigida aos papéis cinzas e pode ser que seja necessário um número maior de experimentos para que se obtenha êxito.

Nessa mesma situação, uma criança de 5 anos, depois de acertar ou errar, quando perguntamos sobre o motivo da escolha, ela responde: "eu escolhi essa xícara porque quis". Contudo, pelo fluxo objetivo do experimento, viu-se que a criança reage fundamentalmente segundo a regra de tentativa e erro. Ela não escolhe a xícara com a qual ela acabou de errar. No 23º experimento a criança se recusa a pagar a pena, dizendo: "essa última eu não vou entregar, ela vai ficar comigo", e na 24ª vez ela analisa longamente. No 49º experimento, após errar três vezes seguidas, a criança chora: "não vou mais brincar com você, chega!" Quando ela é acalmada e pergunta-se sobre os motivos da escolha, ela responde: "a noz parece que fica passando de uma xícara para a outra, é o que eu acho".

Depois disso fizemos o seguinte: colocamos a noz na xícara na frente da criança e, então, apontamos para o papelzinho cinza-escuro colado na tampa de papelão. Em seguida, apontamos para o outro papelzinho, o cinza-claro, colado na tampa de papelão da xícara vazia.

No 51º experimento a criança acerta e aponta o seguinte motivo: "aqui tem o papelzinho cinza e aqui tem um papelzinho cinza". Nos experimentos críticos, ela imediatamente transfere o procedimento e motiva a escolha dizendo: "porque aqui tem um papelzinho cinza e aqui tem um preto". Em experimentos com branco e cinza, ela outra vez transfere corretamente e diz: "a-há, aqui está o cinza-escuro, onde é mais escuro é onde está a noz. Antes eu não sabia acertar, não sabia que onde está o papelzinho mais escuro é onde está a noz". No dia seguinte e mesmo alguns dias depois a criança acerta imediatamente, sem cometer erros, mantendo e transferindo corretamente seu procedimento.

Para nós, o momento mais importante do experimento é o momento de apontar, de voltar a atenção, um gesto que é suficiente enquanto estímulo complementar para dirigir a atenção da criança para o indício ao qual ela deve associar sua reação. O mais sutil impulso adicional é suficiente para que todo o processo que leva a criança a explosões afetivas, seja imediatamente resolvido corretamente não apenas em relação àquele par de cores, mas também em relação ao experimento crítico. Lembramos a esse respeito o ótimo relato de Köhler sobre as galinhas que, em seus experimentos, caíam letárgicas no chão, às vezes caíam desfalecidas, às vezes tinham reações explosivas quando lhes eram apresentados novos tons de cinza.

Diremos logo que no momento do experimento, no papel de gesto de dirigir a atenção da criança para algo, vemos – o que é primordial e mais importante – as condições naturais para o surgimento da atenção voluntária. Köhler que, diferentemente de nós, buscou de todos os modos não dificultar, mas facilitar a direcionamento da atenção do animal e mostrar que, com isso, obtém-se a formação instantânea de uma ligação condicional, disse que, nesse sentido, o macaco é muito mais conveniente do que outros animais. Um bastão é colocado na mão do macaco para que ele aponte para a caixa em vez de pegá-la nas mãos. O próprio processo de aprendizagem é encurtado, pois, como diz Köhler, ele usa de todos os meios possíveis para direcionar a atenção do macaco para o material que serve de estímulo para a escolha, indicando que a banana está justamente ali. Em um momento adicional, de significado auxiliar, do ponto de vista de Köhler, vemos uma circunstância de extrema importância. O próprio Köhler mostra que esse tipo de organização do experimento oferece uma espécie de explicação primitiva de seu princípio, que substitui a explicação verbal. É preciso observar que esse procedimento levou a uma impressionante segurança do animal e a posteriores escolhas corretas. Nessa circunstância, vemos a função primordial da língua enquanto meio de direcionamento da atenção.

Bühler também considera que, nesse caso, a indicação de ambos os papeizinhos desde o início direciona fortemente o chimpanzé no caminho correto: "observe esses objetos. Falta apenas dizer: o alimento está na caixa que tem o papel mais claro".

Nesse experimento encontramos, portanto, as raízes naturais da atenção voluntária na função da indicação, sendo que Köhler conseguiu criar uma espécie de língua gestual, ao indicar para o macaco a que ele deveria direcionar sua atenção, e ele indicou a caixa selecionada.

Nós, ao contrário, deveríamos rebaixar a criança à mais primitiva indicação, excluindo de nosso experimento a instrução verbal. De fato, poderíamos ter dito desde o início para a criança que a noz estava na xícara com tampa de cor mais escura, e a tarefa teria se resolvido antes. Contudo, o interesse de nosso experimento era o seguinte: conseguirmos de forma decomposta e analítica acompanhar o que está fundido e indecomponível na instrução verbal e, dessa forma, revelar genotipicamente os dois elementos mais importantes que fenotipicamente estão apresentados de forma misturada na instrução verbal.

Na realidade, para nós já era absolutamente claro pelos experimentos de Köhler, e depois pelos nossos, que do processo de formação da reação de escolha pelo tom mais escuro entre dois tons de cinza participam dois momentos psicológicos que Köhler tenta desmembrar. Em primeiro lugar, é evidente o momento de direcionamento da atenção, ou seja, identificação dos indícios correspondentes e criação de uma disposição para o papelzinho cinza, sem o qual o próprio processo de estabelecimento da ligação é impossível; em segundo lugar, é evidente o próprio estabelecimento da ligação. A instrução verbal inclui esses dois momentos, cria imediatamente tanto um quanto o outro. É ela que direciona a atenção da criança para o indício correspondente, ou seja, que cria a disposição, é ela, portanto, que cria a ligação necessária. A tarefa da investigação genética foi desmembrar esses dois momentos na instrução. A primeira parte da análise genética foi feita por Köhler: justamente ao desejar mostrar que as ligações estruturais podem se estabelecer em macacos muito facilmente e até de uma vez, ele tentou estudar a influência da disposição inicialmente pela introdução de indícios que saltam aos olhos e, depois, pela tentativa direta de suscitar a disposição por meio da indicação. Realmente, depois que o momento da disposição foi identificado, Köhler conseguiu estudar de forma pura as leis de formação de ligações estruturais e de reações de escolha.

Buscamos fazer a segunda parte da análise genética, ao tentarmos representar os dois processos colaborativos (a disposição e a formação de ligação) de forma decomposta, de modo a mostrar o papel da disposição ou da atenção. Em nosso experimento a criança não estabeleceu uma ligação natural, em parte devido à ausência de disposição para a cor (lembremos que fizemos intencionalmente com que ela chamasse pouca atenção), em parte devido à disposição falsa para uma brincadeira de adivinhação e a disposição de que a noz passa de uma xícara a outra.

Assim, não há dúvidas: as dificuldades enfrentadas pela criança nesse caso foram dificuldades correspondentes justamente à disposição da atenção. Elas atingiam uma expressão clara na explosão afetiva da criança, no choro, na recusa a participar do experimento. Vimos aqui o momento que só pode desempenhar um papel em relação ao direcionamento da atenção, mas não em relação ao estabelecimento da própria ligação, adiante acompanhamos como, a depender desse impulso, o processo confuso e emaranhado em um impasse emocional começa a se desenvolver com toda clareza e transparência intelectual, em toda sua pureza.

A ligação se estabelece por si mesma e, como mostram os experimentos críticos, a transferência se dá desde a primeira vez, ou seja, a seguir a ligação se desenvolve segundo leis naturais, o que também foi explicitado por Köhler. Para nós, os experimentos críticos têm, dessa forma, um caráter de controle, que confirmam o fato de que nosso gesto de instrução, nossa indicação é dirigida não apenas para a atenção da criança, e a ligação surge nela sobre essa base por meio de uma análise direta da relação na estrutura do campo percebido, embora a formulação verbal da ligação surja apenas no fim, depois da terceira transferência, quando a criança toma consciência e dá sentido à situação. Assim, depois de nossa indicação (50º experimento) a criança acerta (51º e 52º experimentos), apresentando uma motivação ainda incorreta: "aqui tem um papel cinza e aqui tem um papel cinza"; a transferência correta do experimento (53º e 54º), apresentando inicialmente a seguinte motivação: "aqui é cinza e aqui é preto"; e apenas no fim passa à conclusão: "a-há, aqui é cinza-escuro, onde é mais escuro tem a noz. Antes eu não sabia como acertar". Mas nossa certeza quanto à obtenção dos resultados estaria incompleta se paralelamente não realizássemos outro experimento, em que o próprio estabelecimento da relação é dificultado, a despeito da criação da disposição, no qual, portanto, o direcionamento da atenção tomado por si mesmo não levasse ao estabelecimento da ligação necessária.

A criança com a qual iniciamos os experimentos paralelos estava presente o tempo todo e, por conseguinte, não apenas presta atenção, como ouve a formulação verbal da tarefa. Nos experimentos críticos, que já se iniciam logo depois disso, a criança acerta, mas ainda responde à pergunta de por que escolheu determinada xícara dizendo: "porque a noz está aqui. Aqui está o papelzinho cinza, aqui está a noz". Ao errar, a criança não age como se fosse seu erro, ela observa: "agora vou acertar". Na 9ª tentativa o experimentador novamente por meio de indicação chama atenção para a cor, depois do que a criança na maior parte das vezes acerta até a 20ª tentativa, mas ainda assim nesse intervalo ela erra algumas vezes (13ª e 14ª), motivando a escolha da seguinte forma: "porque você me disse", "porque você colocou nessas duas vezes" etc.

Na série crítica, a criança acerta na maior parte das vezes, contudo encontram-se alguns erros. Na motivação às vezes aparece o seguinte: "aqui é meio cinzento, aqui é meio preto". Vemos que, quando o processo de estabelecimento de ligação é dificultado, o direcionamento da atenção e a indicação do experimentador por si mesma ainda não levam ao êxito. No dia seguinte, depois da repetição do experimento com a mesma indicação, a criança acerta imediatamente, transferindo corretamente o procedimento.

Dessa forma, temos todo fundamento para concluir que fomos capazes de criar uma instrução experimental e chegar de forma pura ao momento em que a instrução cria a disposição, o momento que funciona independentemente dos processos posteriores de estabelecimento da ligação.

Vamos nos deter nesse momento e analisá-lo. Não poderíamos agora definir mais de perto o motivo do êxito de outra forma senão dizendo que o momento-chave do experimento é a indicação. Contudo, surge a questão: como compreender o papel da indicação filogeneticamente? Infelizmente não temos nada além de uma hipótese relativa aos processos fisiológicos que estão na base da atenção. Contudo, independentemente de como entendamos esses últimos, a explicação fisiológica mais provável dos fenômenos da atenção consiste no princípio da dominante e seu mecanismo reside no princípio geral da regra motora, como foi estabelecido por Titchener.

Müller desenvolve uma teoria catalítica da atenção, Hering fala em sensibilização dos caminhos nervosos, mas parece-nos ter extrema importância a tese estabelecida por Úkhtominski, segundo a qual a propriedade essencial da dominante não é sua força, mas a elevada excitabilidade e, o principal, a capacidade de fazer um balanço das estimulações. Partindo disso, Úkhtominski chega à conclusão de que as reações dominantes são análogas não a reações explosivas, como pode parecer à primeira vista, mas a processos catalíticos.

Devemos imaginar de forma bastante geral que por meio da indicação chega-se à catalisação de alguns processos. O macaco ou a criança que olha para a situação do experimento vê a cor cinza; quando apontamos para essa cor cinza não criamos um caminho novo, apenas sensibilizamos ou catalisamos os caminhos nervosos correspondentes. Assim, por meio de estímulos suplementares interferimos nas relações intercentrais que se criam no córtex cerebral, nas relações que desempenham um papel decisivo na orientação de nosso comportamento. As influências intercentrais, diz Úkhtominski, devem ser consideradas como fatores bastante poderosos. Graças à nossa interferência ocorre uma redistribuição de energia nos caminhos nervosos. Sabemos, e isso foi estabelecido por Köhler em seus experimentos, que em estados afetivos tanto o macaco quanto o ser humano direcionam sua atenção ao objetivo e não a desviam para objetos e instrumentos auxiliares.

Pávlov denomina um dos reflexos inatos de reflexo "o que é isto?" Ele diz que a menor alteração na oscilação do meio desperta imediatamente uma perturbação do equilíbrio do estado do animal, desperta imediatamente o reflexo dominante de alerta, uma disposição para um novo momento e uma orientação para a mudança. O que nós criamos foi propriamente o reflexo "o que é isto?" em relação à situação observada pela criança. É como se acrescentássemos um peso na balança, perturbando o equilíbrio criado e alterássemos as relações intercentrais que haviam sido formadas.

Chegamos, assim, à seguinte conclusão: a principal influência natural dos signos sobre a atenção não é a criação de novos caminhos como signos da memória, mas a mudança das relações intercentrais, a catalisação dos processos correspondentes, o despertar de reflexos complementares do tipo "o que é isto?" Supomos que na criança o desenvolvimento da atenção voluntária se dá justamente dessa forma. Nossas palavras iniciais têm para a criança precisamente a função de indicação.

Com isso, parece-nos que chegamos à função primária da linguagem, que até então não fora proposta por nenhum pesquisador antes de nós. A função primária da linguagem não consiste em que as palavras tenham significado para a criança, não em que por meio das palavras é criada uma ligação correspondente, mas em que a palavra inicial é uma *indicação*. A palavra como indicação é uma função primária no desenvolvimento da linguagem, a partir da qual todas as outras podem ser derivadas.

Dessa forma, o desenvolvimento da atenção da criança desde os primeiros dias de vida se encontra em um meio complexo que é constituído por um tipo duplo de estímulos. Por um lado, as coisas, objetos e fenômenos atraem a atenção da criança devido às suas propriedades inerentes; por outro lado, os estímulos catalisadores correspondentes, justamente as palavras, direcionam a atenção da criança. Desde o início, a atenção da criança se torna uma atenção dirigida. Inicialmente ela é dirigida pelo adulto, contudo, com o gradual domínio da linguagem, a criança começa a dominar também os modos de direcionar a atenção inicialmente em relação aos outros e, depois, em relação a si mesma. Fazendo uma comparação, seria possível dizer que no primeiro período de vida a atenção da criança se move não como uma bola que tenha caído nas ondas do mar, dependendo da força de cada onda que a carrega de lá para cá, mas é como se corresse por canais, guiando-se pelo seu fluxo para as margens. Desde o princípio as palavras são para a criança como se fossem saídas, colocadas em seu caminho para que ela adquira experiência.

Quem não considera esta, que é a mais importante das funções iniciais da linguagem, jamais será capaz de compreender de que forma se organiza toda experiência psicológica superior da criança. O que temos adiante já é um caminho conhecido. Sabemos que a sequência geral do desenvolvimento cultural da criança é a seguinte: inicialmente outras pessoas agem em relação à criança, em seguida ela interage com as pessoas ao redor e, por fim, ela começa a agir sobre os outros e apenas no fim ela começa a agir em relação a si mesma.

Assim se dá o desenvolvimento da linguagem, do pensamento e de todos os demais processos superiores de comportamento. Este também é o caso da atenção voluntária. Inicialmente o adulto dirige a atenção à criança por meio de palavras, criando uma espécie de indicação adicional (uma seta) em direção às coisas ao seu redor, e elabora a partir das palavras poderosos estímulos-indicações. Em seguida, a criança começa a participar ativamente dessa indicação e passa, ela mesma, a usar a palavra ou o som como meio de indicar, ou seja, dirigir a atenção dos adultos para o objeto que lhe interessa.

O estágio do desenvolvimento da linguagem infantil que Meumann denominou de estágio volitivo, afetivo, e que, em sua opinião, consistia apenas em um estado subjetivo da criança, para nós é o estágio da linguagem como indicação. Por exemplo, a frase "ma-ma" dita pela criança, que Stern traduz para nossa língua como: "mamãe, me coloque na cadeira", na realidade é uma indicação dirigida à mãe, é um direcionamento de sua atenção para a cadeira. Se quiséssemos transmitir de modo mais exato o conteúdo primitivo de "mama", deveríamos traduzir inicialmente pelo gesto de pegar ou de tentar girar a cabeça da mãe para chamar sua atenção para si, em seguida com pelo gesto indicador dirigido à cadeira. Em concordância com isso, Bühler diz que a primeira e mais importante posição na teoria sobre a comparação é a função de indicação, sem a qual não há percepção de relações; a seguir, somente um caminho leva ao conhecimento das relações, aquele que passa pelo signo: não há percepção mais imediata das relações do que esta. Por isso, todas as buscas nesse sentido fracassaram até hoje.

Passemos à descrição de nossos experimentos posteriores. Como observamos anteriormente, estabeleceu-se em algumas crianças uma reação de escolha pelo tom mais escuro entre os dois apresentados. Agora, voltemo-nos à segunda parte dos experimentos principais, que nos leva para longe da linha principal e estabelecem como objetivo acompanhar, da forma mais pura possível, a manifestação de outro processo natural na criança, isto é, a atividade da abstração. O fato de que a atenção desempenha um papel decisivo na identificação das partes de uma situação geral só pode ser contestado caso não entendamos por "atenção", desde o princípio, o conceito de disposição.

Para nós é altamente proveitoso acompanhar a atividade da atenção nos processos de abstração na criança de pouca idade. Para isso, utilizamos uma metodologia de experimentos desenvolvida por Eliasberg e um pouco modificada por nós em função de outras tarefas que se nos colocam. Novamente utilizamos os experimentos de outros pesquisadores apenas como material, uma vez que a operação principal é estudada neles com suficiente clareza, e tentamos estabelecer um outro objetivo. Diferentemente de Eliasberg, interessa-nos não o processo de abstração natural por si mesmo, como ele ocorre na criança, mas o papel da atenção no decurso desse processo.

Colocamos a criança na seguinte situação: ela está diante de algumas xícaras absolutamente idênticas, organizadas em fileiras ou sem qualquer ordem. Uma parte das xícaras está coberta por tampas de papelão de uma cor, a outra parte com outra cor. Debaixo de algumas tampas, digamos as azuis, há nozes; debaixo de outras, digamos as vermelhas, não há nozes. Como a criança se comporta nessa situação? O experimento de Eliasberg já mostrou, e nosso experimento confirmou, que a criança abre primeiro casualmente uma ou duas xícaras e, em seguida, logo começa a abrir com segurança apenas as xícaras com tampa de uma determinada cor. Em nossos experimentos, uma criança de 5 anos passou inicialmente por experimentos críticos (descritos acima) com êxito positivo. Quando indagada sobre o motivo de ter escolhido o papel preto, ela responde irritada: "ontem me explicaram, não precisamos mais falar disso".

Dessa forma, o resultado dos experimentos precedentes foi mantido. Convencidos disso, seguimos adiante. Diante da criança são colocadas 11 xícaras, organizadas em arco, sendo que cinco têm tampas azuis e nelas há nozes, e as demais têm tampas vermelhas e estão vazias. A criança imediatamente pergunta: "qual vou escolher?", desejando obter uma explicação. Ela levanta a xícara azul, adivinha e, em seguida, escolhe todas as azuis ("debaixo das azuis sempre tem nozes"). Uma criança de 3 anos que participou do experimento ainda acrescentou: "nas vermelhas não tem". O garoto não toca as outras e diz: "só sobraram as vermelhas".

No segundo experimento, a cor branca é negativa e a laranja é positiva. A criança logo pega a tampa branca, coloca de volta, pega a laranja e, em seguida, abre todas as laranjas, deixando as brancas e dizendo: "nas brancas não tem nada". No terceiro experimento preto é negativo, azul é positivo. A criança abre as azuis e deixa as pretas. Quando o pesquisador sugere: "quer tentar a preta?", a criança responde: "não tem nada nela". Assim, podemos constatar: o experimento com abstração primária ocorre, como em Eliasberg, de forma absolutamente normal e sem percalços.

Trabalhemos com uma criança de 3 anos. A cor laranja é negativa e a azul-claro é positiva. A criança abre imediatamente a laranja, pega a prenda, depois abre a azul-claro, abre todas as azuis-claros e diz: "nas vermelhas não tem nada". A seguir começamos a desviar a atenção da criança com conversa, e a criança começa a abrir todas as xícaras na sequência, tanto as vermelhas quanto as brancas. A abstração do indício necessário, a análise da relação necessária não ocorre na criança. A criança se distrai, espalhando as cartas e, da resolução correta da tarefa ela passa a abrir todas as xícaras. Se continuar distraindo a atenção da criança, ela age da mesma forma: abre todas as xícaras, perde todas as nozes, chora. A atenção está fortemente distraída e, no quarto experimento, ela novamente abre na sequência, com pequenas modificações, todo o grupo. Em seus enunciados, no lugar da generalização ("nas vermelhas não tem"), como acontecia antes, há apenas a constatação ("aqui não tem; aqui tem, acertei" etc.). Assim, pudemos estabelecer que em ambas as crianças, ainda que em diferentes graus, ocorre um processo natural de abstração primária, na criança menor ele é bruscamente perturbado pela distração da atenção, de modo que a criança deixa de atentar para cor e passa a abrir todas as xícaras na sequência.

Cria-se uma situação extremamente interessante. A atenção principal da criança dirigida para a brincadeira quase não se debilita, ele busca a noz com a mesma atenção, acerta e erra com a mesma emoção, mas a cor já não tem qualquer significado em sua reação, embora a criança tenha visto como a outra faz, ela mesma fez corretamente e deu até uma definição aceitável do que fazer para acertar. Dessa forma, uma pequena distração da atenção, principalmente um desvio em relação às tampas coloridas, leva a uma forma totalmente nova de comportamento da criança. É evidente que aqui agimos de forma inversa ao modo como agimos no experimento anterior: se lá nós *direcionamos a atenção* da criança para o aspecto necessário, aqui *distraímos a atenção* da criança do aspecto necessário. Se lá catalisamos um processo insuficientemente intenso, aqui ocorre uma espécie de catalisação negativa. Se lá pudemos mostrar experimentalmente como nosso peso suplementar levou à liberação de todo processo intelectual, aqui pudemos mostrar também experimentalmente como a distração da atenção leva diretamente a operação a um nível inferior.

Já dissemos que, na indicação, vemos uma forma primária de atenção mediada, que começamos a guiar por meio de estímulos suplementares. Aqui temos a prova inversa da mesma coisa e podemos estabelecer como o processo se altera quando subtraímos dele a atenção direcionada à cor. De mediata e dirigida a um indício, a atenção se torna imediata, direcionada diretamente ao objetivo. Se nesse caso falamos em subtração da atenção, no experimento anterior temos uma adição, um acréscimo de atenção. Lá, graças à concentração da atenção em um aspecto principal, temos uma passagem inequívoca da atenção imediata, direcionada para as nozes e para as xícaras que as contêm, para uma atenção mediada, para a escolha não de nozes e xícaras, mas de sinais indicadores, os tons. Vemos nisso duas formas principais de atenção natural mediada e de passagem da atenção direta para indireta.

Passemos à apresentação do próximo experimento. Uma criança de 5 anos é colocada na mesma situação que no experimento anterior, com a diferença de que agora ela pode abrir apenas uma xícara. Se ela acertar, pode abrir a próxima e assim por diante, se errar ela perde a brincadeira; ou seja, a criança está diante da tarefa de, sem tentativa e erro, decidir qual das duas cores é a correta. Contudo, como o significado das cores sempre muda, a criança não tem possibilidade de resolver isso de antemão. Por isso unimos as duas partes do experimento como elas ocorreram até então, o método de Köhler e o de Eliasberg. Nos papelões de diferentes cores colamos uma listra estreita de papel preto ou branco, de modo a oferecer à criança uma indicação de como ela deve agir. Essas listras servem de instrução para a criança, que ela deve deduzir a partir do próprio experimento. No presente caso, as listras pretas foram coladas em papelões laranjas. A criança descobre o princípio imediatamente, pega o papelão laranja onde há uma listra preta; pega todos os laranjas e, em seguida, para: "não tem mais". Quando indagada sobre a escolha, ela diz: "eu não sabia onde estava, queria vermelho e escolhi vermelho".

No experimento seguinte, os brancos eram positivos e os vermelhos negativos. Nos papelões vermelhos havia um papelzinho cinza e nos brancos um preto. Depois de refletir um pouco, a criança abre uma tampa vermelha e perde o jogo. A seguir, cinza e branco com listras complementares. A criança novamente perde e, indagada sobre o motivo de ter perdido, responde: "porque eu quis". Vemos que duas operações perfeitamente ajustadas, mutuamente independentes, realizadas com sucesso pela criança, isto é, a operação de escolha entre dois tons de cinza e a operação de escolha entre duas cores, são distintas. Como resultado, o processo retorna novamente ao primeiro estágio de teste às cegas, de tentativa e erro.

O que travou toda a operação? É evidente que, seguindo nossa metodologia, os indícios cinzas foram colocados no centro da atenção, mas eles foram reduzidos. A criança os vê, ela até começa a escolher justamente as tampas que têm as listras cinzas, mas não se atenta para elas, não se deixa guiar por elas. Elas não constituem para a criança indícios, caminhos indicadores, não obstante a ligação estabelecida com elas tenha se preservado.

Agora temos diante de nós duas possibilidades que levam igualmente a um mesmo resultado. Em alguns casos substituímos os pequenos papéis pelos anteriores, que participaram do experimento prévio, e colamos exatamente da mesma forma. De repente a tarefa passa a ser resolvida corretamente. A criança explica: "agora eu entendi: onde tem o papelzinho escuro está a noz. Agora eu adivinhei", e mesmo quando há transferência ela resolve a tarefa corretamente, exclamando: "a-há, lá está o papelzinho escuro". Contudo, a criança consegue chegar a esse resultado por um caminho totalmente diferente, não pelo restabelecimento da ligação antiga, mas pelo simples direcionamento da atenção. Distribuindo as xícaras para um novo experimento, utilizamos novamente os papeizinhos indicadores anteriores, três vezes menores e, portanto, que não saltavam aos olhos. Ao vermos novamente como a criança hesita, passando os olhos pelas xícaras, indicamos para ela um papelzinho cinza, chamando sua atenção e, novamente, esse leve impulso é suficiente para que a engrenagem que havia parado voltasse à marcha, para que a criança resolvesse a tarefa de escolha que lhe havia sido colocada.

Graças ao fato de termos apontado, ela imediatamente percebe a instrução a partir do experimento e inicialmente, guiada pelo indício cinza, realiza a escolha entre duas cores (cinza e vermelho) e, depois, guiada pela cor, abstrai corretamente e identifica todas as xícaras corretas.

Dessa forma, a segunda operação de escolha e abstração ocorre totalmente sem percalços graças a um impulso sutil e mínimo: a atração da atenção. Consideramos alguns aspectos como os mais importantes neste último experimento.

Em primeiro lugar, nesse caso o efeito de atrair a atenção é absolutamente idêntico à reativação direta da ligação antiga. A reativação de uma ligação antiga no caso em que usamos os mesmos cartõezinhos cinzas leva a escolher corretamente por uma ação estrutural previamente assimilada. A mesma reativação da ligação ocorre por meio do simples direcionamento da atenção, que também leva a um fortalecimento do sinal correspondente. Assim, o dedo que aponta guia a atenção da criança, mas ao fazê-lo, coloca em marcha, reativa tanto ligações condicionais antigas como novos processos de abstração. Poderíamos, por meio de instruções verbais, lembrar a criança sobre a ação dos sinais cinzas na nova circunstância, mas nesse caso a experiência da criança e a instrução seria a unificação das operações distintas, justamente a operação de estabelecimento da ligação necessária e a operação de direcionamento da atenção. Tentamos desmembrar ambas e dois experimentos paralelos, representar ambos os momentos de forma separada.

Em segundo lugar, a criança revela uma complexidade maior de processos naturais mediados. Sua atenção é duplamente mediada. A direção principal da atenção permanece todo tempo a mesma. A criança busca a noz por meio de um indício de cor que ela abstraiu e, consequentemente, presta atenção na cor. Contudo, para fazer a escolha certa entre as duas cores, ela deve guiar-se por dois cartões cinzas e, assim, toda sua atenção se torna mediada. Temos, nesse caso, um processo mediado natural que, como sabemos, é encontrado também no estudo do desenvolvimento da memória. Neste caso é importante termos criado para a criança essa operação mediada, guiando sua atenção primária, e apenas então a criança começa a criar o mesmo por conta própria.

Finalmente, em terceiro lugar, os cartões cinzas assumem para a criança um significado funcional de indicação. Também no primeiro experimento eles eram para ela um indício a partir do qual ela escolhe entre as xícaras, agora ela escolhe entre as cores. Seria incorreto dizer que os tons cinzas cumprem o papel de palavras que têm o significado de "sim" e "não", "+" e "-". Contudo, eles cumprem um papel de signos que direcionam a atenção da criança e orientam-na segundo um determinado caminho, ao mesmo tempo em que adquirem uma espécie de significado geral. A unificação das duas funções – signo de indicação e signo de memorização – parece-nos mais característica nesse experimento, pois tendemos a compreender a função dos cartões cinzas como modelo de formação primária de significado.

Lembremos que, no experimento principal, para resolver corretamente a tarefa, a criança deve abstrair corretamente o indício da cor, mas a própria abstração ocorre graças ao direcionamento da atenção com ajuda de signos indicadores. A indicação, que coloca a abstração em movimento, é, em nossa opinião, um modelo psicológico de primeira atribuição de um determinado significado ao indício, em outras palavras, um modelo de primeira formação de signo.

Pensamos que nossos experimentos lançam luz sobre os processos de formação da atenção voluntária na criança, sendo que a reação é um processo que decorre diretamente do correto direcionamento da atenção.

Com base nisso, Eliasberg define atenção como uma função da indicação: segundo ele, o que é percebido se torna indicação de outra percepção para um sinal, que antes não era dominante ou não era percebido. Signos e significados podem inicialmente ser totalmente independentes entre si, e aqui a indicação estabelece a relação entre eles. Eliasberg entende que a vantagem de seus experimentos é que ele pode observar o momento da atenção, sem atrair a hipótese sobre a função nominativa. Comparando seus experimentos com os de Ach, ele aponta que, nos experimentos de Ach, o nome não estava separado de outras propriedades do objeto, mas ao designar o objeto por meio da palavra e apontar para ele, colocamos a palavra em certa relação com o objeto.

Ach ressalta também que o direcionamento da atenção leva à formação de conceito. No capítulo sobre os conceitos, vemos que, de fato, a palavra que designa o conceito aparece inicialmente no papel de indicador que identifica determinados indícios do objeto, chama atenção para esses indícios e, apenas depois, torna-se um signo que designa esses objetos. As palavras, segundo Ach, são um meio de orientação da atenção, de modo que em uma série de objetos que carregam o mesmo nome, começam a se destacar propriedades gerais com base no nome, o que, assim, leva à formação de um conceito.

O nome, ou a palavra, é um indicador para a atenção e um impulso para a formação de novas representações. Se o sistema verbal está prejudicado, por exemplo em caso de lesão cerebral, toda a função de direcionamento da atenção por meio da palavra também padece.

Ach tem toda razão ao afirmar que as palavras são, portanto, como saídas que formam a experiência social da criança e orienta seu pensamento por um caminho já traçado. Na idade de transição, segundo Ach, sob influência da linguagem a atenção se orienta cada vez mais para relações abstratas e conduz à formação de conceitos abstratos. Por isso, para a pedagogia tem enorme significado o uso da língua como meio de direcionar a atenção e como modo de formação de representações. Ach tem total fundamento ao mostrar que, com o conceito de direcionamento da atenção por meio das palavras, nós extrapolamos os limites da psicologia individual e nos encontramos no âmbito da psicologia social.

Partindo de outro ponto, chegamos à afirmação já mencionada de Ribot de que a atenção voluntária é um fenômeno social. Dessa forma, vemos que o processo de atenção voluntária orientado pela língua ou pela linguagem é, inicialmente, como já dissemos, um processo em que a criança antes se submete ao adulto do que governa suas próprias impressões. Graças à língua, os adultos orientam a atenção da criança, e apenas com base nisso a própria criança gradualmente começa a dominar sua própria atenção. Por isso, acreditamos que Ach está correto ao compreender a ação funcional da palavra como sendo o aspecto social da comunicação.

Eliasberg diz corretamente que nessa idade, até nos sujeitos mais jovens investigados por Ach, a língua já se tornou há muito um meio de comunicação. Deve-se notar que apenas com base na função primária da língua, isto é, a função de comunicação, é possível que seu papel posterior também se forme, isto é, a função de direcionar a atenção.

A partir disso, pode-se concluir que não é a atenção aperceptiva que determina os processos psíquicos, mas as ligações psíquicas que direcionam e organizam a atenção. A própria palavra "atenção" serve apenas para definir o grau de clareza; Eliasberg propõe explicar o próprio processo de concentração da atenção no pensamento por outros fatores volitivos. Em seus trabalhos, o caráter dos fatores primários que determinam a atenção continua desconhecido. Em nosso ponto de vista, a condição primária, que forma a atenção, não é a função "volitiva" interna, mas uma operação cultural, elaborada historicamente, que leva ao surgimento da atenção voluntária. A indicação está no início do direcionamento da atenção, e é notável que a pessoa crie uma espécie de órgão especial da atenção voluntária no dedo indicador, que tem esse nome na maioria das línguas devido a essa função. O primeiro ponteiro foi uma espécie de dedo indicador artificial, e vemos na história do desenvolvimento da linguagem que as primeiras palavras desempenham o papel de indicadores semelhantes do direcionamento da atenção. Por isso, a história da atenção voluntária deve começar pela história do dedo indicador.

A história do desenvolvimento da atenção voluntária pode ser perfeitamente acompanhada na criança anormal. Já vimos (no capítulo sobre a linguagem) em que grau a linguagem baseada nos gestos da criança surda-muda comprovam a primazia da função da indicação. A criança surda-muda, ao contar para os outros sobre objetos que se encontram diante dela, aponta para eles, chama atenção para eles. Justamente na língua da criança surda-muda vemos como a função de indicação adquire um significado independente. Por exemplo, na língua dos surdos-mudos o dente pode ter quatro significados diferentes: 1) dente; 2) branco; 3) duro; ou 4) pedra. Por isso, quando, durante uma conversa, o surdo-mudo aponta para o dente, que é um símbolo convencional para cada um dos conceitos que acabamos de enumerar, ele deve fazer também um outro gesto indicador que mostre para qual das qualidades do dente devemos nos atentar. O surdo-mudo deve dar uma direção para nossa abstração: ele faz tranquilamente um gesto indicativo quando o dente quer dizer dente; bate levemente no dente quando usa o signo no sentido de "duro"; passa o dedo no dente quando quer indicar a cor branca; por fim, faz um movimento de atirar algo quando quer indicar que o dente significa pedra. Na língua das crianças surdas-mudas vemos claramente a função condicionada da indicação e a função de memorização inerente à palavra. A separação entre uma e outra indica o caráter primitivo da língua dos surdos-mudos.

Como vimos, no começo do desenvolvimento da atenção voluntária está o dedo indicador. Em outras palavras, inicialmente os adultos começam a guiar a atenção da criança e direcioná-la. No surdo-mudo surge muito cedo o contato por meio de gestos, mas, desprovido de palavras, ele está desprovido de todas as indicações para orientação da atenção que estão ligadas à palavra e, por isso, sua atenção voluntária tem um desenvolvimento extremamente frágil. O tipo geral de sua atenção pode ser caracterizado como predominantemente primitivo ou externamente mediado.

Os experimentos com abstração que acabamos de relatar foram realizados também com crianças surdas-mudas. Eles mostraram que ocorrem na criança surda-muda processos primários de direcionamento da atenção, que são necessários para os processos de abstração. Crianças surdas-mudas com alta habilidade entre 6 e 7 anos se comportaram no experimento como crianças normais de 3 anos, ou seja, encontraram rapidamente a abstração necessária tanto da ligação positiva quanto da negativa entre a cor e o sucesso. A passagem para o novo par de cores também se realizava com sucesso, mas quase nunca ocorria sem meios auxiliares especiais.

Eliasberg vê nesse fato a confirmação de suas ideias sobre a influência da linguagem sobre o pensamento. Processos primitivos de atenção em surdos-mudos não são prejudicados, mas o desenvolvimento de formas complexas de atenção, organizado com ajuda do sentido, é bastante atrasado neles. É verdade que não se deve esquecer, diz Eliasberg, que uma criança surda-muda de seis anos domina outro sistema de língua, uma língua por gestos e com uma sintaxe primitiva, que frequentemente não pode ser expressa logicamente; por isso, a própria questão das formas de organização do comportamento da criança permanece aberta para ela.

Fizemos experimentos especiais com crianças surdas-mudas, que mostraram o seguinte: de fato, quando há a menor dificuldade, a criança surda-muda recorre a um procedimento auxiliar exterior, que a permite orientar a atenção. Ocorre que, apesar do menor desenvolvimento da atenção voluntária em crianças surdas-mudas e da constituição bastante primitiva dessa função, a própria condução da atenção se revelou muito mais fácil para elas. O gesto indicador é tudo de que o surdo-mudo dispõe, de modo que sua própria linguagem se mantém numa etapa primitiva de indicação, enquanto o domínio primitivo das operações se mostra sempre preservado. Por isso, para a criança surda-muda um insignificante nuance visual se torna, muito cedo, um signo diretivo, que indica o caminho para sua atenção. Contudo, uma conexão minimamente complexa entre a função indicadora do signo e a função significante é dificultada para a criança surda-muda.

Dessa forma, temos na criança surda-muda, à primeira vista, uma união paradoxal, mas para nós absolutamente inesperada, de dois sintomas. Por um lado, tem-se um desenvolvimento reduzido da atenção voluntária, seu atraso no estágio de signo-indicação exterior, que é resultado da ausência da palavra que liga o gesto indicador e sua função de designação. Disso decorre a extrema pobreza do significado indicador em relação a objetos não representados visualmente. Essa pobreza de signos internos da atenção constitui o traço mais característico da criança surda-muda. Por outro lado, o exato oposto é característico para a criança surda-muda. Ela apresenta uma tendência muito maior de utilização da atenção mediada do que uma criança normal. Aquilo que para a criança normal, sob influência das palavras, se torna um hábito automático, para a criança surda-muda representa um processo ainda novo e, por isso, em caso de qualquer dificuldade, ela logo desvia do caminho direto de resolução da tarefa e recorre à atenção mediada.

Eliasberg observa corretamente como sendo um fenômeno geral, que passa como um fio condutor por todas os seus experimentos com crianças, o uso de meios auxiliares, ou seja, a passagem da atenção imediata para a mediada. Essas peculiaridades, via de regra, não costumam depender da linguagem. A criança que não diz nada durante o experimento, que de modo geral só fala de suas necessidades em frases curtas, imediatamente transfere sua experiência para qualquer outro par de cores e, no fim das contas, os experimentos com ela ocorrem como se ela formulasse uma regra: "entre duas cores de qualquer tipo apenas uma é o indício". Ao contrário, a formulação verbal exterior se manifesta apenas quando a criança se encontra em uma situação difícil. Lembremos nossos experimentos com o surgimento da linguagem egocêntrica em caso de dificuldades. Nos experimentos com abstração, também observamos a linguagem egocêntrica sempre que a criança sente dificuldades. No momento em que a dificuldade surge, meios auxiliares atuam: esta é a regra geral que se pode extrair de todos os nossos experimentos.

A criança recorrer ou não a operações mediadas depende, em primeiro lugar, de dois fatores: do desenvolvimento mental geral e do domínio de meios técnicos auxiliares, como a língua, os números etc. É muito importante que em casos patológicos seja possível considerar como critério de intelecto o quanto a criança emprega meios auxiliares para compensar o defeito correspondente. Como observamos, crianças mais desenvolvidas em termos de linguagem recorrem espontaneamente a formulações verbais em caso de dificuldades inevitáveis. Isso se aplica também a crianças de 3 anos. Mas o significado dos meios auxiliares se torna universal tão logo que passamos a casos patológicos. Pacientes afásicos, que não têm língua, esse importantíssimo órgão do pensamento, apresentam uma tendência para utilização de estímulos auxiliares visuais, e justamente o caráter visual dos estímulos pode se tornar um meio para o pensamento. A dificuldade, dessa forma, consiste não apenas em que o pensamento esteja despojado dos meios mais importantes, mas também no fato de que os meios verbais complexos são substituídos por outros, menos propícios para o estabelecimento de ligações complexas.

Todos os afásicos, ainda que não tenham deficiências diretas do intelecto, têm dificuldade de identificar as relações de seus portadores. Comparando essa particularidade com o comportamento de crianças pouco desenvolvidas em termos verbais, Eliasberg chega à seguinte conclusão: o processo de atenção por si mesmo não depende totalmente da linguagem, mas o desenvolvimento complexo do pensamento é gravemente dificultado caso ela esteja ausente. Por fim, a regra geral que decorre da investigação de todos os sujeitos é: o modo de utilização dos meios desempenha um papel decisivo. Segundo Eliasberg, os meios, via de regra, são voltados para atenuar o defeito correspondente. Tudo isso ajudaria a tirar a conclusão sobre o próprio defeito, caso ele já não fosse conhecido previamente.

Dessa forma, vemos que o defeito age duplamente: partimos dessa posição na análise do desenvolvimento do comportamento da criança anômala. O defeito age, via de regra, segundo Eliasberg e segundo pudemos estabelecer em nossos experimentos, da mesma forma que a dificuldade na criança normal. Por um lado, o defeito rebaixa o nível de execução da operação: uma mesma tarefa se mostra para uma criança surda-muda irrealizável ou extremamente difícil. Nisso consiste a ação negativa do defeito. Não obstante, como toda dificuldade, ela impulsiona para um desenvolvimento superior, para o caminho da atenção mediada, ao qual, como vimos, o afásico e a criança surda-muda recorrem com muito mais frequência do que a normal.

Para a psicologia e para a pedagogia das crianças surdas-mudas tem significado decisivo a duplicidade do impacto do defeito, o fato de que o defeito cria ao mesmo tempo uma tendência para a compensação, para um nivelamento, e essa compensação, ou nivelamento, se realiza fundamentalmente pelos caminhos do desenvolvimento cultural da criança. A tragédia da criança surda-muda, e com frequência a tragédia do desenvolvimento de sua atenção, não consiste em ela ser naturalmente dotada de uma atenção pior do que a de uma criança normal, mas em sua divergência com o desenvolvimento cultural. O desenvolvimento cultural atingido por uma criança normal no processo de integração na linguagem das pessoas que a circundam encontra-se atrasado na criança surda-muda. É como se sua atenção estivesse negligenciada, ela não é elaborada e guiada pela linguagem dos adultos como a atenção da criança normal. Ela não é cultivada e, por isso, permanece muito tempo no estágio do dedo indicador, ou seja, no limite de operações exteriores e elementares. Contudo, a saída para essa tragédia consiste em que a criança surda-muda se mostra capaz de ter o mesmo tipo de atenção que a criança normal. De modo geral, a criança surda-muda chega ao mesmo ponto, porém faltam-lhe os meios técnicos correspondentes. Pensamos que não há melhor forma de exprimir a dificuldade no desenvolvimento da criança surda-muda do que nos voltarmos ao fato de que, na criança normal, a linguagem precede a formação da atenção voluntária, e, graças às suas propriedades naturais, a linguagem se torna para a criança normal um meio de chamar atenção. Para a criança surda-muda, ao contrário, o desenvolvimento da atenção voluntária deve preceder a linguagem, por isso ambas são para ela insuficientemente sólidas. A criança com atraso mental se distingue da normal antes de tudo pela debilidade da atenção voluntária quando esta se dirige para a organização de processos internos, e, por isso, os processos superiores de pensamento e formação de conceitos são mais difíceis para ela.

O caminho do desenvolvimento da atenção está no desenvolvimento geral da linguagem. É por isso que uma orientação do desenvolvimento da linguagem da criança surda-muda que enfatize a articulação, o aspecto exterior, em caso de atraso geral do desenvolvimento de funções superiores da linguagem leva à negligência da atenção da criança surda-muda, sobre a qual falamos anteriormente.

Sollier foi o primeiro a tentar elaborar uma psicologia da criança com atraso mental com base em seu déficit de atenção. Seguindo Ribot e, portanto, partindo de uma distinção entre atenção espontânea e volitiva, ele selecionou justamente esta última como critério para identificar crianças com diferentes graus de atraso mental. Para ele, o idiota, de modo geral, tem uma atenção dificultada e débil; essa é a essência da idiotia. Em idiotas absolutos a atenção voluntária é absolutamente inexistente; para os representantes dos outros três níveis de atraso mental, a atenção voluntária aparece raramente, periodicamente, ou de forma sutil, mas não estável, ou ainda atua apenas de modo automático.

Em imbecis, segundo Sollier, o traço mais característico é a instabilidade da atenção. Atualmente a teoria de Sollier perdeu muito de sua importância, e o próprio critério de redução de todos os sintomas de atraso ao rebaixamento de uma função, no caso, a atenção, revelou-se inconsistente. Contudo, Sollier deu uma contribuição indubitável ao estabelecer como a deficiência da atenção voluntária cria um quadro específico da criança com atraso mental. Embora Sollier polemize com Seguin, cuja posição tentaremos reestabelecer, o próprio Sollier mantém a mesma perspectiva de Seguin, pois fala o tempo todo em atenção voluntária e, para ele, é claro, a atenção é um ato volitivo. Por isso, como observou corretamente Trochin, a polêmica de Solier com Seguin é apenas um mal-entendido.

Binet, que contestou o ponto de vista de Seguin e de Sollier dizendo que o trabalho deles era absurdo e refutando a ideia de dependência entre o pensamento da criança com atraso mental e a debilidade da vontade, chegou no resultado de seus experimentos a essas mesmas conclusões. Ao distinguir o atraso mental profundo em quatro níveis, ele efetivamente toma como base os mesmos atos volitivos, por exemplo, o olhar volitivo, a capacidade de expressar o pensamento por gestos etc. Binet pode dizer que, para ele, esses não são apenas atos de vontade, mas uma expressão da vontade no psiquismo. Porém, também Seguin e Sollier, quando reduziram a essência do desenvolvimento a uma anomalia da vontade, compreenderam esta última em um sentido amplo. Sem sombra de dúvida, é equivocado reduzir todo desenvolvimento incompleto a uma determinada função, não obstante, o defeito da vontade, enquanto fenômeno psicológico mais complexo, pode ser o aspecto mais característico para o desenvolvimento mental incompleto. Não por acaso, Seguin, Binet e Sollier se aproximam fundamentalmente nessa posição, apesar das mútuas rejeições. Se compreendermos a vontade no sentido genético que atribuímos a esse termo, isto é, como estágio de domínio dos próprios processos de comportamento, é claro que o ponto mais característico do desenvolvimento psíquico incompleto da criança anômala, inclusive do idiota, será, como apontamos, a divergência entre seu desenvolvimento orgânico e cultural.

Essas duas linhas do desenvolvimento, que coincidem na criança normal, divergem na anormal. Os meios do comportamento cultural foram historicamente criados com base na organização psicofisiológica normal do ser humano. Justamente esses meios é que são impróprios na criança que padece de um defeito. Na criança surda-muda a divergência se deve à falta de audição e, portanto, caracteriza-se por um atraso puramente mecânico que o desenvolvimento da linguagem encontra em seu caminho, já na criança com atraso mental a debilidade reside no aparato central: sua audição está preservada, mas o intelecto é tão pouco desenvolvido que a criança não domina todas as funções da linguagem e, portanto, a função da atenção.

Com base na lei de correspondência entre fixação e apercepção, é possível definir a capacidade de aprendizagem do idiota pela fixação do olhar em determinado objeto. Com base nisso, todos os idiotas podem ser considerados incapazes para a educação e completamente refratários ao impacto da pedagogia terapêutica. Já vimos que a capacidade de prestar atenção exige um aparato natural de catalisação de certo indício percebido. Se esse processo está ausente, se, de modo geral, dominantes visuais não são formadas, com vimos a partir das pesquisas de Békhterev, nenhum reflexo condicionado pode se formar a partir desse órgão. O imbecil, que é capaz de fixar um objeto, já domina a atenção passiva e, portanto, é capaz de aprender.

O próximo passo decisivo é a passagem da atenção passiva para a ativa, sendo que a diferença entre elas é entendida por Heller não em termos de tipo, mas de grau. Elas se distinguem pelo fato de que a apercepção ativa encontra no polo de atenção algumas representações em disputa e a criança escolhe entre elas. A presença da escolha é o que designa o momento da passagem da atenção passiva para a ativa. Apenas nesse estágio superior são possíveis ações volitivas, ligadas a uma escolha no sentido próprio do termo. A esse respeito, Heller recomenda que o processo de ensino-aprendizagem de crianças com atraso mental empregue o método de escolha, quando a criança deve, entre uma multiplicidade de objetos, de acordo com a palavra do educador, escolher e indicar o correspondente.

Atribuímos também um enorme significado a esse método, pois vemos nele apenas uma continuação e um fortalecimento da função indicativa da palavra, que ocorre de forma absolutamente natural para a criança normal. Gostaríamos de observar o caráter artificial geral e a falta de interesse dessa tarefa para a criança. Esse momento é antes uma dificuldade técnica do que básica. A introdução da reação de escolha na brincadeira torna-se um meio poderoso, pelo qual começamos a guiar a atenção da criança.

O desenvolvimento posterior desse método em sua aplicação prática deve consistir em que a criança, por si mesma, diga a palavra correspondente e, em seguida, escolha o objeto necessário, ou seja, a criança aprenda a aplicar a estimulação da atenção ativa em relação a si própria. Desde o princípio, o imbecil domina a atenção espontânea, dirigida para diferentes objetos, mas essa função, via de regra, é extremamente débil e instável, por isso, o estado habitual que chamamos, na criança normal, de falta de atenção ou distração, é um traço característico dos imbecis. Por fim, a debilidade mental, como forma mais leve de atraso, caracteriza-se pelo desenvolvimento incompleto do pensamento em conceitos, por meio do qual abstraímos em relação à percepção concreta das coisas.

Esse defeito pode ser estabelecido com exatidão experimental em débeis e, dessa forma, ele indica não apenas a incapacidade de direcionar a atenção, como também a incapacidade de formar conceitos. Se lembrarmos, contudo, de nossos experimentos que mostraram a importância fundamental do direcionamento da atenção para os processos de abstração, ficará claro que a impossibilidade de formação de conceitos pelo débil consiste, antes de tudo, em uma impossibilidade de seguir a direção de sua atenção pelos complexos caminhos indicados pela palavra. A função superior da palavra, ligada à elaboração de conceitos, mostra-se inacessível para ele principalmente porque suas formas superiores de atenção voluntária não estão totalmente desenvolvidas.

Seção V
Psicologia infantil

A CONCEPÇÃO DE DESENVOLVIMENTO PSICOLÓGICO DE VIGOTSKI

Introdução à seção

Carl Ratner
Instituto para Pesquisa Cultural e Educação
Trinidad, Califórnia

A ideia central que permeia todo trabalho de Vigotski sobre psicologia do desenvolvimento é que qualitativamente novos fenômenos psicológicos surgem durante a vida. Esses fenômenos são constituídos de novas operações psicológicas, conteúdos e relações que não são contínuos aos anteriores. Consequentemente, perspectivas e métodos adequados à compreensão de comportamentos iniciais não são necessariamente adequados à compreensão da psicologia madura. Diferentes conceitos e métodos devem ser concebidos para compreender os diferentes estágios psicológicos.

A mudança qualitativa mais fundamental ao longo da vida, como Vigotski identificava, é dos processos elementares inferiores aos processos psicológicos conscientes superiores. Há uma transição de "formas e métodos de comportamento naturais, inatos, diretos para funções mentais mediadas que se desenvolvem no processo de desenvolvimento cultural" (Vigotski, 1998, p. 168). Processos elementares inferiores são comportamentos naturais biologicamente programados, que são respostas imediatas a estímulos. Reflexos de sucção e abrir e fechar as mãos são exemplos. Em processos inferiores, nada é mental, psicológico ou consciente. Em contraste, processos psicológicos são mentais e conscientes. A consciência intervém, ou media, entre um estímulo e a resposta. A consciência compreende um "espaço mental" de fenômenos psicológicos como percepção, emoções, memória, pensamento, motivação, si-mesmo, linguagem e informações aprendidas e acumuladas. Esses fenômenos psicológicos "processam" estímulos que chegam e constroem uma resposta que é voluntária e intencional. Processos psicológicos são fenômenos mentais humanamente criados. São artefatos, não fenômenos biológicos naturais.

Vigotski enfatiza essa diferença como segue:

> O fato de que as funções psíquicas superiores não são apenas uma continuação das funções elementares, tampouco são uma combinação mecânica entre elas, mas uma formação psíquica qualitativamente nova, que se desenvolve por leis absolutamente particulares e são submetidas a regularidades totalmente diferentes...

> [N]o pensamento do adolescente surgem não apenas formas sintéticas complexas absolutamente novas, desconhecidas para a criança de 3 anos, como também as formas elementares primitivas que a criança já adquiriu aos 3 anos, no período de transição, são reorganizadas em novas bases (Vigotski, 1998, p. 34-37).

A essência dos fenômenos psicológicos é que eles são conscientes, cognitivos e conceituais – isto é, são intelectuais. É somente quando a criança atingiu essas capacidades que ela desenvolve uma psicologia:

> O desenvolvimento do pensamento tem um significado central, chave e decisivo para todas as demais funções e processos. Não podemos expressar de modo mais claro e breve o papel condutor do desenvolvimento intelectual em relação a toda personalidade do adolescente e a todas as suas funções psíquicas a não ser dizendo que a aquisição da função de formação de conceitos constitui o elo central e principal de todas as transformações que ocorrem na psicologia do adolescente. Todos os demais elos dessa corrente, todas as demais funções particulares se intelectualizam, se transformam, se reorganizam sob influência desses êxitos decisivos atingidos pelo pensamento do adolescente... As funções inferiores, ou elementares, – que em termos genéticos, funcionais e estruturais, são processos mais primitivos, anteriores, mais simples e independentes dos conceitos – se reorganizam em uma nova base sob influência do pensamento em conceitos, como eles são incluídos como partes componentes, como instâncias subordinadas, em novas combinações complexas criadas pelo pensamento com base nos conceitos, como, enfim, sob influência do pensamento, são lançadas as bases da personalidade e da visão de mundo do adolescente (Vigotski, 1998, p. 81).

Uma vez que um critério fundamental de fenômenos psíquicos é que repousam sobre conceitos cognitivos, conhecimento e esquemas, fenômenos psicológicos são todos intelectualizados. Vigotski inclusive se refere à "percepção intelectual" (1998, p. 290-291). Com isso, pretende dizer que o que vemos não é simplesmente uma função de impressões sensoriais; em vez disso, essas impressões são moldadas pelo conhecimento e por conceitos sobre coisas. Emoções são também moldadas pelo conhecimento e por conceitos (Ratner, 1991, caps. 1, 2, 5, 2000). Em casos de fenômenos psicológicos intelectualizados, a pessoa sabe *o que* está vendo. Sabe que a coisa é uma flor. Além disso, sabe *que* está percebendo e sentindo a coisa. Em contraste, reações elementares são respostas imediatas a coisas e carecem de significado cognitivo, intelectual e linguístico[204].

Um exemplo da diferença qualitativa entre um fenômeno psicológico mediado e uma reação biológica natural elementar é a diferença entre prazer sensorial infantil e felicidade psicológica. A felicidade psicológica é modulada por compreensões e expectativas. A felicidade que sentimos ao contemplarmos um pôr do sol sobre o oceano é diferente da felicidade que experienciamos quando nosso time de basquete favorito vence o campeonato com uma cesta no último segundo, e do rubor cálido que sentimos ao recebermos um presente atencioso de quem amamos. Essas formas diferentes de felicidade envolvem, respectivamente, uma apreciação do esplendor e da riqueza sutil da natureza; uma identificação com um grupo de jogadores e mesmo uma cidade ou um país; e uma apreciação de sermos queridos e estarmos com uma pessoa valiosa. A sensação prazerosa simples e incipiente que um recém-nascido sente quando alimentado e repousado não envolve qualquer uma das cognições ou sutilezas e riquezas precedentes. Vigostki diz que a criança pequena pode sentir prazer, mas não sabe que está feliz; ela não sabe (conceitualiza) o que é a *felicidade*. Do mesmo modo, uma criança sente cólicas de fome, mas não sabe que está com fome porque não

---

204. A visão de Vigotski de que a psicologia humana tem uma base cognitiva resulta de sua visão racionalista do humano, que derivou da filosofia de Espinosa. Ela não nega que pensamentos e ações humanos possam ser irracionais no sentido de serem ilógicos, contraditórios, descuidados ou impulsivos. Significa simplesmente que há uma base cognitiva para a irracionalidade como para todas as funções psicológicas (cf. Ratner, 1994). Por exemplo, uma pessoa pode compulsivamente apostar, a despeito do alto risco de isso resultar em ruína financeira para si e sua família, porque acredita que superará os prognósticos negativos e ganhará mais do que perderá. Essa crença no excepcionalismo individual – a capacidade da pessoa em superar um sistema que se sobrepõe a ela – é uma cognição arraigada na ideologia cultural ocidental. A compulsão para apostar é uma necessidade acrescida a uma crença. Contudo, é uma necessidade internalizada na qual quem aposta sabe que necessita de dinheiro, o que é dinheiro, por que necessita dele e como o obterá. A necessidade psicológica humana não é um impulso puro e cego, como um peixe que necessita de alimento, mas não tem consciência de sua necessidade, base, objeto ou meios de satisfação.

tem um conceito que identifique a fome como um fenômeno. "Existe uma grande diferença entre a sensação de fome e o conhecimento de que se está com fome. A criança de pouca idade não conhece suas vivências" (Vigotski, 1998, p. 291). A ênfase de Vigotski em fatores cognitivos como básicos para o desenvolvimento psicológico chama a atenção para a organização social da psicologia, porque a cognição é socialmente organizada. Pensar depende de conceitos sociais objetificados na linguagem; depende também de atividades de vida socialmente estruturadas. As cognições que moldam fenômenos psicológicos, portanto, implantam conceitos culturais, termos linguísticos e atividades sociais naqueles fenômenos psicológicos. Vigotski fala sobre

> lei da sociogênese das formas superiores de comportamento: a linguagem, que inicialmente era um meio de ligação, um meio de comunicação, de organização do comportamento coletivo, torna-se depois o principal meio de pensamento e de todas as funções psíquicas superiores, o principal meio de construção da personalidade. Dessa forma, as estruturas das funções psíquicas superiores representam um molde das relações coletivas e sociais entre as pessoas (Vigotski, 1998, p. 169).

Vigotski acreditava fortemente que a psicologia humana é um fenômeno cultural. Origina-se em processos culturais, incorpora-os e os perpetua. Ele fala sobre "a função importante e central do desenvolvimento cultural" (Vigotski, 1998, p. 169) no desenvolvimento psicológico. Especificamente, o conteúdo do pensamento está relacionado à posição da pessoa na produção societal (Vigotski, 1998, p. 43). Vigotski contrasta sua abordagem cognitivo-cultural com outras que explicam o desenvolvimento em termos de maturação sexual ou mudanças emocionais (Vigotski, 1998, p. 31).

Ao propor que fenômenos psicológicos são cultural e cognitivamente organizados, Vigostki negava qualquer forma e conteúdo naturais, "básicos", ou pré-culturais aos fenômenos psicológicos. A distinção frequentemente notada entre formas psicológicas básicas e conteúdo psicológico cultural é falsa. Todos os aspectos do funcionamento psicológico (forma e conteúdo) são culturais. Como Vigotski disse: "forma e conteúdo estabelecem uma conexão indissociável e se condicionam mutuamente" (Vigotski, 1998, p. 38). Ele também observou que

> pesquisas científicas aprofundadas mostram que no processo de desenvolvimento cultural do comportamento altera-se não apenas o conteúdo

do pensamento, como também as suas formas, surgem e formam-se novos mecanismos, novas funções, novas operações, novos modos de atividade, desconhecidos em estágios anteriores do desenvolvimento histórico (Vigotski, 1998, p. 34).

Insistindo que a psicologia humana é fundamentalmente cultural, em forma e conteúdo, e negando que existam aspectos naturais, pré-culturais, na psicologia, Vigotski fundou uma verdadeira psicologia cultural. Se as estruturas de funções psíquicas superiores são "uma transferência da relação interna de ordem social para a personalidade" (Vigotski, 1998, p. 169), então essa ordem social deve ser abrangentemente compreendida para que possamos compreender a psicologia. Devemos ser muito versados na história, na sociologia e na política de uma cultura a fim de explicar e descrever a psicologia de uma pessoa (cf. Ratner, 1997, caps. 3, 4, 2000, 2002, para exemplos). Concepções superficiais nebulosas de cultura obscurecem processos e fatores-chave para compreender a formação e o caráter dos fenômenos psicológicos (Ratner; Hui, 2003, para exemplos).

A distinção qualitativa de Vigotski entre fenômenos psicológicos cognitivo-culturais e respostas biológicas imediatas, automáticas, elementares (em animais e bebês) é revolucionária porque mina todas as tentativas de explicar fenômenos psicológicos em termos de processos biológicos. Explicações de psicologia normal em termos de genes, hormônios, neurotransmissores, neuroanatomia, evolução, instintos, processos sensoriais e reações infantis são negadas pela distinção fundamental de Vigotski.

Vamos examinar uma teoria do desenvolvimento para demonstrar sua implausibilidade e incongruência à luz da abordagem de Vigotski. Uma teoria sustenta que bebês têm emoções, percepções, motivos, intencionalidade, memória, vontade, personalidade e responsividade social que são muito similares às de adultos. Por exemplo, considera-se que bebês de dois dias "preferem" as vozes de suas mães em detrimento às de outras mulheres. Essa conclusão é baseada em um experimento de condicionamento instrumental no qual sucções longas em um bico de seio de borracha eram recompensadas com uma história gravada lida por suas mães enquanto sucções curtas eram recompensadas por uma história lida por outra mulher. (Simplifiquei o modelo nesta discussão.) Os bebês produziram sucções mais longas do que curtas.

Contudo, esse experimento não demonstra uma preferência psicológica, certamente não de acordo com Vigotski. Uma preferência psicológica é cognitivamente mediada e vinculada aos fenômenos psicológicos. Uma preferência pela música de Beethoven em detrimento da música de Bartok, por exemplo, envolve critérios estéticos, reações emocionais e recordações. Usando a terminologia de Vigotski, uma preferência psicológica envolve saber que uma pessoa prefere uma coisa a outra e saber algo sobre as características que a tornam preferível. A resposta a sons pelo bebê de dois dias não envolve esse conhecimento ou quaisquer elementos psicológicos.

É provável que bebês suguem para obter o som da voz das mães porque é um estímulo familiar (similar a sons que o bebê ouvia no útero), não porque é a voz de sua mãe (do que eles certamente não se apercebem). Estímulos familiares podem ser positivamente recompensadores, porque se mostraram seguros para o recém-nascido, já estímulos novos são menos recompensadores pela dificuldade que o bebê imaturo pode ter para lidar com eles. Uma tendência automática de gravitar na direção de estímulos familiares, como um mecanismo de sobrevivência, seria tão não psicológica quanto a atração do beija-flor pelas flores vermelhas.

Essa interpretação é apoiada pela evidência de que mesmo fetos respondem diferentemente a sons familiares e não familiares. Mães recitaram uma história a seus fetos da 34ª à 38ª semana de gestação. Durante a 38ª semana, cada feto ouviu uma história familiar ou uma nova. A pulsação fetal foi mais baixa quando a história familiar foi apresentada e mais alta quando a nova história foi ouvida. Essa reação automática nada tem a ver com uma preferência intencional. É governada pelo mesmo mecanismo biológico que torna sons familiares positivamente recompensadores ao bebê (cf. Cooper; Aslin, 1989; Ratner, 1991, cap. 4).

Mesmo que Vigotski enfatize uma transformação ontogenética de reações biológicas elementares a fenômenos psicológicos conscientes superiores, ele não considera o bebê como uma tábula rasa. É um equívoco sustentar que a psicologia cultural começa com um organismo vazio. Vigotski reconhecia claramente que o bebê vem equipado com inúmeras tendências de respostas inatas que confrontam os cuidadores. Contudo, essas respostas naturais se extinguem gradualmente durante a infância. Os centros cerebrais inferiores que as controlam são subsumidos por centros corticais em desenvolvimento que permitem o aprendizado, comportamento conceitualmente guiado para substituir reflexos[205].

Essas mudanças maturacionais da criança determinam sua experiência com o ambiente. No início, quando programas biológicos dominam o comportamento, essa é uma reação automática, estereotipada e incapaz de compreender características superficiais do ambiente. O controle declinante da biologia e o desenvolvimento da compreensão consciente/cognitiva permite maior sensibilidade ao ambiente, melhor compreensão dele e flexibilidade em relação a ele (Vigotski, 1998, p. 293-295). "Do ponto de vista do desenvolvimento, o meio se torna absolutamente outro a partir do momento em que a criança passa de uma idade a outra" (Vigotski, 1998, p. 293). Vigotski insiste em que adultos estudem essa interação e não assumam que o ambiente tem um efeito independente da criança. A socialização se torna cada vez mais efetiva quando as reações biológicas do bebê perdem força.

Aos 7 anos, muitos determinantes naturais do comportamento se extinguiram e a base do comportamento é predominantemente cultural. Vigotski enfatiza repetidamente essa transformação qualitativa. Não há mais uma interação de determinantes biológicos e sociais de comportamento. Nesse ponto, a individualidade da criança é uma função de sua experiência social particular, que aumentou exponencialmente ao longo dos anos (*i.e.*, mais nos últimos anos, menos nos primeiros anos). O modo pelo qual outros reagiram ao seu comportamento e traços físicos (como beleza, gênero e cor da pele) substitui determinantes biológicos de comportamento.

A experiência da criança com outras é sua *experiência social* individualizada. A experiência social individual filtra, ou media, a experiência com fatores culturais amplos, como escola, cinemas, propaganda e campanhas políticas. Assim, duas crianças que se deparam com os mesmos

---

205. O córtex em amadurecimento permite operações cognitivas cada vez mais complexas, como Piaget enfatizava. Contudo, a sequência rígida por idade de estágios cognitivos que Piaget atribuía à epigênese biológica ("creodes") foi desacreditada. Operações cognitivas de nível elevado só aparecem durante o fim da infância e na adolescência em sociedades particulares. Isso *se deve* a diferentes estímulos e exigências sociais nessas sociedades. O nível cognitivo de uma pessoa também varia consideravelmente de acordo com a familiaridade com a tarefa. O nível biológico de maturação não dita uma competência cognitiva uniforme ao longo das tarefas. Mesmo pessoas biologicamente maduras utilizam operações sensório-motoras em certas situações. Além disso, muitas das sequências específicas de desenvolvimento cognitivo que Piaget propôs terminaram sendo culturalmente variáveis. Finalmente, muitos comportamentos específicos que Piaget atribuía a mecanismos biológicos – como animismo, egocentrismo, contagem, adição e subtração – se devem a exigências, estímulos e construtos sociais (Ratner, 1991, p. 108-111, 120-121, 124-127, 142).

filmes, propagandas ou professores podem reagir diferentemente devido às suas diferentes experiências sociais individuais. A interação da pessoa com a sociedade é uma interação de fatores culturais amplos com experiência particularizada acumulada com a sociedade (experiência social individual). Em vez de a personalidade ser parcialmente determinada por mecanismos biológicos e parcialmente determinada pela experiência social, é "por natureza, social" (Vigotski, 1998, p. 170).

Cada experiência social única da pessoa é uma variação de elementos culturais amplamente compartilhados. Embora cada adolescente nos Estados Unidos tenha um único casal de pais, por exemplo, a interação entre muitos adolescentes americanos e seus pais manifesta muitas similaridades. Experiências comuns são necessárias para a ocorrência de ação e comunicação estáveis organizadas.

A psicologia cultural de Vigotski não é mecânica. O fato de que uma cultura preexiste aos recém-nascidos, é externa a eles e estrutura sua vida, não significa que o desenvolvimento psicológico seja um processo mecânico de receber estímulos passivamente. As crianças ativamente se esforçam, concentram-se, aprendem, lembram, entendem padrões, diferenciam problemas essenciais de não essenciais, e se identificam com eventos e figuras culturais (cf. Bandura, 1986, sobre a natureza ativa do aprendizado humano). Vigotski valorizava a atividade das crianças e estimulava educadores a encorajar a atividade independente a fim de intensificar o aprendizado. Ele desprezava a pedagogia autocrática e o aprendizado mecânico de material entediante (Vigotski, 1997c).

Ao mesmo tempo, Vigotski acreditava que os educadores deveriam dirigir a educação das crianças, garantir que aprendessem coisas similares e informações importantes sobre seu mundo social e natural. Com isso, de modo algum estava sugerindo que a atividade das crianças deveria ser altamente pessoal, idiossincrática ou apenas espontânea.

Usos contemporâneos da abordagem de Vigotski

Alguns pesquisadores contemporâneos apoiaram as teorias de Vigotski sobre o desenvolvimento infantil (Ratner, 1991, cap. 4). Em particular, Bronfenbrenner formulou uma explicação para as diferenças psicológicas individuais que é consistente com a lei da sociogênese dos fenômenos psicológicos de Vigotski. Bronfenbrenner explica como o temperamento biologicamente determinado se relaciona com as experiências sociais particulares da criança. Em vez de os temperamentos diretamente determinarem a personalidade, são

> qualidades pessoais que convidam ou desencorajam reações do ambiente que podem perturbar ou estimular processos de desenvolvimento psicológico. Exemplos incluem um bebê difícil *vs.* um bebê feliz; uma aparência física atrativa *vs.* uma não atrativa; ou responsividade social *vs.* retraimento (Bronfenbrenner, 1989, p. 218-225).

Gênero, raça e ordem de nascimento são outras qualidades assim. "O efeito dessas características no desenvolvimento da pessoa depende significativamente dos padrões correspondentes de respostas que evocam do ambiente da pessoa" (Bronfenbrenner, 1989, p. 218-225). O eminente psicólogo infantil Jerome Kagan escreveu similarmente,

> Fatores temperamentais impõem um leve viés inicial para certas disposições e perfis comportamentais aos quais o ambiente social reage. Mas o comportamento final que observamos aos 3, 13 ou 33 anos é um produto das experiências às quais as superfícies temperamentais variáveis se acomodaram (citado em Ratner, 1997, p. 153)[206].

Essa formulação gera uma nova interpretação da fórmula de Lewin segundo a qual o comportamento é uma função da pessoa e do ambiente: $C = f(P, A)$. Ela transforma o modo como P e A são concebidos e inter-relacionados. Uma concepção da fórmula de Lewin é que P e A são entidades independentes que comunicam certas qualidades ao comportamento ou à psicologia. A é interpretado como geralmente homogêneo (comunicando influências similares a todos), enquanto P é interpretado como introduzindo variações pessoais no comportamento. Contudo, Bronfenbrenner e Kagan argumentam que o ambiente trata diferentes atributos diferentemente; portanto, A também promove diversidade comportamental. Além disso, a pessoa e o ambiente não são independentes. O que P acrescenta ao comportamento/psicologia não é uma característica intrínseca de P, porque P é uma função

---

206. O temperamento de uma criança pode contribuir para suas reações. Uma criança intensa, frágil e sensível pode ser amedrontada por pais duros e críticos mais do que uma criança robusta ou distraível seria. Contudo, o efeito que o medo tem na psicologia posterior é uma função da experiência social. Uma criança amedrontada pode evocar paciência ou impaciência de outras pessoas. O resultado determina se a criança se torna retraída, prepotente, cooperativa, agressiva, sem esperança, descuidada, deprimida, ressentida ou indulgente. O temperamento, portanto, não determina o comportamento, a motivação, a personalidade, o pensamento ou a memória maduros (Ratner, 1991, cap. 4).

de A; P acrescenta ao comportamento enquanto P foi afetado por A. Portanto, P é a acumulação de encontros particulares com vários ambientes; não é o caráter intrínseco da pessoa. A fórmula $C = f(P, A)$ poderia ser escrita como $C = f(Ap, Ag)$, onde Ap é o ambiente pessoal de alguém e Ag é o ambiente geral que muitas pessoas enfrentam.

O tratamento social de características naturais organiza a personalidade da criança. Afeta até mesmo sua iniciativa e criatividade.

> É verdade que as pessoas muitas vezes podem (e de fato o fazem) modificar, selecionar, reconstruir e inclusive criar seus ambientes. Mas essa capacidade emerge somente na medida em que a pessoa teve permissão para se envolver em ação autodirigida como uma função conjunta não de sua capacidade biológica, mas também do ambiente no qual se desenvolveu (Bronfenbrenner, 1989, p. 223-224; cf. Ratner, 2002, p. 59-67).

Bronfenbrenner rejeita explicitamente a ideia de que as pessoas são as formadoras primárias de seu desenvolvimento, com o ambiente desempenhando somente um papel secundário. O contrário é mais próximo da verdade.

Pesquisas transculturais demonstram como atributos de personalidade são socialmente estruturados. Chen *et al.* (1998; 1995) descobriram que timidez-inibição pode surgir da experiência social e ser moldada por ela para resultar em personalidades muito variáveis. Crianças tímido-inibidas são tratadas muito diferentemente na China e nos Estados Unidos, e desenvolvem diferenças psicológicas correspondentes. Em países ocidentais, as crianças tendem a se tornar tímidas, reticentes e sensíveis porque foram rejeitadas por pessoas importantes. Crianças inibidas tendem, portanto, a serem rejeitadas ou isoladas por pares. São consideradas incompetentes e carentes de assertividade social. Essas crianças experienciam dificuldades em ajuste social e se tornam retraídas na companhia de pares. Também experienciam dificuldades acadêmicas e se tornam solitárias e depressivas. Na China, a timidez-inibição resulta de experiências positivas com pessoas importantes que a encorajam, não a partir de experiências negativas como no Ocidente. Crianças tímido-inibidas na China são mais aceitas por seus cuidadores e pares do que seus equivalentes comuns. São consideradas mais honráveis, maduras, competentes, bem-comportadas e compreensivas. Recebem resultados mais elevados em liderança do que a média das crianças. Finalmente, não estão mais em risco de depressão do que outras crianças.

Assim, atributos de personalidade assumem formas muito diferentes e têm consequências sociais e psicológicas diferentes, dependendo de como uma cultura as trata. A timidez que é estimulada e valorizada, e é permeada por competência, popularidade, maturidade e liderança decisiva é qualitativamente diferente da timidez que se origina da rejeição, desapontamento, embaraço, irresponsividade, insensibilidade e punição, e é permeada por baixa confiança, dependência, imaturidade, medo, retraimento e isolamento.

Crítica de alguns neovigotskianos

O tema central de Vigotski – o de que processos psicológicos superiores são formados por processos culturais, incluindo conceitos semióticos, em vez de por processos biológicos – é anátema para a maioria dos psicólogos tradicionais hoje. Eles tipicamente ressaltam que os fenômenos psicológicos são fenômenos universais ou individuais – com origens biológicas em cada caso. Leis da percepção, memória, aprendizado, mudança de atitude e processo grupal são interpretadas como processos universais, enquanto personalidade e doença mental são consideradas fenômenos individuais – e todos são considerados arraigados na natureza humana. De acordo com a visão tradicional, a biologia determina a maior parte da forma e conteúdo dos fenômenos psicológicos, e os processos sociais, na melhor das hipóteses, têm um efeito marginal. Fatores e processos culturais amplos como instituições sociais, sistemas legais, formas de governo, classe social e ideologias prevalentes não recebem praticamente papel algum na psicologia tradicional.

Embora afirmem ser inspirados por seus escritos, alguns neovigotskianos também compreendem mal e/ou mesmo rejeitam seus conceitos mais importantes. Isso é particularmente verdadeiro quanto à lei da sociogênese dos fenômenos psicológicos (a organização cultural da psicologia) e a distinção entre reações biológicas iniciais, simples, e fenômenos psicológicos complexos, maduros.

Equívocos da sociogênese

Alguns psicólogos culturais neovigotskianos e teóricos da atividade repudiaram a noção de uma cultura organizada que é externa à pessoa e estrutura sua psicologia. Eles glorificam a pessoa como a produtora de sua psicologia e mesmo da cultura em geral. Considera-se que cada pessoa decide como confrontar a cultura, como se comportar nela e o que aceitar e rejeitar dela. Em outras palavras, a pessoa se apropria da cultura (no sentido de tomá-la para si e torná-la sua) em vez de internalizá-la (no sentido de incorporá-la em si e ser formada por ela).

Esses neovigotskianos declaram que estão combinando atividade individual com cultura e, por vezes, empregam o termo "coconstrucionismo" para denotar ambos os elementos. Contudo, seus escritos enfatizam a construção da psicologia e a cultura da pessoa, e negligenciam a influência ou mesmo a existência da cultura organizada[207]. Por exemplo, Valsiner afirma que as pessoas não sintetizam simplesmente material culturalmente fornecido; elas o reconstroem para produzir seu material de um tipo pessoal. Ele vai ao ponto de interpretar a cultura como um meio tóxico que as pessoas evitam para criar seus significados (cf. Ratner, 2002, cap. 2 para documentação e discussão da posição de Valsiner).

Wertsch, outro influente escritor sobre Vigotski, implica similarmente que construímos nossos significados pessoais a respeito das coisas em vez de refletirmos significados sociais. Por exemplo, considere o caso oferecido por Rowe, Wertsch e Kosyaeva (2002) de dois visitantes em um museu, olhando para uma pintura que retrata o Palácio de Inverno e seu entorno:

> K. Vê aqui? É o Palácio de Inverno, e em 1985 vivi em São Petersburgo durante o verão com uma amiga em seu apartamento nessa rua aqui.
>
> S. Você viveu bem aqui?
>
> K. Sim, bem, não exatamente nesse prédio, mas na rua aqui a alguns metros e caminhava até à praça todos os dias.

Dessa mínima conversação, os autores concluem que os dois visitantes imbuíram a pintura pública de significado pessoal (i. é, onde um deles viveu), e desconsideraram qualquer significação histórico-social:

> Em vez de colocar narrativas autobiográficas em contato com a cultura oficial como parte de uma tentativa para enriquecer a última, parece-nos que essa [narrativa] envolve uma fuga da esfera da memória pública...

---

207. O coconstrucionismo, como todas as noções ecléticas, é um conceito nebuloso. Os coconstrucionistas (*i.e.*, neovigotskianos individualistas) nunca estipulam como o domínio pessoal especificamente interage com a cultura, *i.e.*, quanta influência a construção pessoal tem em relação à cultura organizada na geração dos fenômenos psicológicos e sociais. Não há critérios estipulados para distinguir se o ato de alguém resulta de uma escolha pessoal, de uma anormalidade biológica ou de experiências sociais particulares que guiam uma pessoa em uma direção particular. Isso torna pesquisas sobre o tópico vulneráveis a interpretações arbitrárias que são difíceis de validar.

> Esses visitantes estão se recusando a se envolver com o espaço de memória do museu... É a criação de significado do jeito da pessoa (Rowe; Wertsch; Kosyaeva, 2002, p. 106).

Essa conclusão se opõe diametralmente à ênfase de Vigotski na formação social da psicologia. Onde Vigotski enfatizava que a atividade pessoal incorpora fatores culturais, Wertsch *et al.*, como Valsiner, propõe que significados pessoais se recusam e fogem da vida cultural.

A afirmação de que as pessoas continuamente deslocam, negam, escapam ou reconstroem a cultura ao criarem significados pessoais é um exagero, que é refutado pela massiva padronização, monopolização e conformidade na sociedade. É também refutada pela vasta literatura psicológica sobre o poder de modelar e referencializar para moldar o comportamento (cf. Bandura, 1986). É também refutada pelas formas perturbadoras pelas quais a psicologia das crianças recapitula a psicologia dos pais e pela enorme dificuldade de romper esse padrão mesmo com a ajuda de terapeutas. Além disso, coordenação social, continuidade e comunicação exigem que as pessoas aceitem e se conformem às convenções sociais. Internalizar valores e normas sociais é crítico para preservar a vida social. Se convenções sociais estivessem sendo continuamente transformadas em construtos pessoais, isso subverteria a coordenação, continuidade e comunicação sociais. Freud, Hobbes e todos os teóricos atentos reconheceram esse potencial.

Com certeza, os indivíduos têm ideias pessoais que colorem seu sentido da vida. O sentido de escola da criança é colorido por suas necessidades, desejos, expectativas e medos. Trabalhadores de uma fábrica podem suscitar pensamentos eróticos para tornar seu trabalho suportável. Normalmente, essas ideias pessoais são compatíveis com normas sociais comuns e não oferecem ameaça a elas. A experiência pessoal extrema, como o trauma, pode distorcer radicalmente o comportamento de uma pessoa e o pensamento profundo de gênios pode também levar a comportamentos novos. Exceto por essas exceções, pensamentos pessoais usualmente não deslocam, negam, escapam ou transformam a regularidade requerida da vida social.

Para seguir as intenções de Vigotski mais atentamente, podemos observar que grande parte do que parecem ser significados pessoalmente inventados de fato recapitula a experiência social da pessoa (como os outros a trataram diferentemente do modo como trataram outras pessoas) ou experiências sociais e significados amplamente compartilhados que muitas pessoas internalizaram de maneira similar (o *Ap* e o *Ag* na discussão anterior de Lewin e Bronfenbrenner). Nesses casos, não se pode considerar que a pessoa criou significado a seu modo. Quando um aluno ou aluna fracassa na escola, seu comportamento é muitas vezes atribuído ao seu desinteresse. Contudo, seu comportamento é frequentemente característico de muitas crianças que têm históricos e atributos similares (gênero, etnicidade, *status* socioeconômico). Experiências partilhadas com instituições sociais e com infraestruturas físicas similares de seus vizinhos levam esses alunos a adotarem significados sociais comuns sobre educação formal – que, por exemplo, é insignificante para suas vidas – e a perder sua motivação para dominá-la. O fato de que uma pessoa viola um conjunto particular de códigos sociais (*e.g.*, dos professores) não significa que viva em um mundo de significados pessoais autocriados. Sua ação pode ser moldada por outras experiências, normas, significados e expectativas sociais, aquelas de seu grupo social. Os neovigotskianos individualistas desejam tanto interpretar a cultura como um construto pessoal que superstimam a presença e a influência de construtos pessoais e subestimam o efeito da cultura organizada na psicologia.

A observação casual de K. de que vivia em uma rua que aparecia na pintura não implica que tivesse escapado da esfera de memória pública, recusando-se a se envolver na memória pública, ou considerar a pintura inteiramente como uma projeção pessoal. Se tanto, as afirmações limitadas no diálogo de S. e K. parecem ser respostas culturais em vez de espontâneas e idiossincráticas. Fazer observações pessoais sobre um artefato histórico se conforma a uma tendência prevalente na sociedade moderna. O entretenimento e a mídia de notícias muitas vezes glamorizam temas pessoais, como escândalos sexuais em detrimento de temas sociais, políticos, religiosos e artísticos. Quando S. e K. executam esse padrão no museu, estão recapitulando a cultura, não refutando-a (Ratner, 1993, 1999; Rowe; Wertsch; Kosyaeva, 2002, cap. 2). Eles estão introduzindo um conjunto de normas sociais (para personalizar temas sociais) em um domínio social que prescreve outras normas sociais (para apreciar artefatos históricos em museus). Eles não estão realmente criando novos valores a seu modo. Quando neovigotskianos exageram a base individualista e pessoal do comportamento, eles também estão simplesmente introduzindo uma certa ideologia ocidental em seu estudo da psicologia; eles não estão criando um novo ponto de vista.

Funções psicológicas elementares *versus* superiores

A distinção de Vigotski entre reações biológicas iniciais, simples, e fenômenos psicológicos complexos, maduros, também foi negligenciada, mal-compreendida ou rejeitada por psicólogos tradicionais que buscam reduzir funções psíquicas superiores a construtos explicativos inferiores. A distinção também escapou de alguns neovigostkianos.

Rogoff, por exemplo, simpatiza com a abordagem sociocultural de Vigotski. Todavia, ela sustenta que biologia e cultura contribuem igualmente para gerar fenômenos sociopsicológicos. Ela acredita que "papéis de gênero podem ser vistos como simultaneamente formados biológica e culturalmente" (Rogoff, 2003, p. 76). De acordo com Rogoff, algumas características específicas de papéis de gênero provêm da constituição genética de homens e mulheres (que é o resultado da evolução filogenética), e algumas características se originam de fatores culturais contemporâneos. Ela afirma que isso, de fato, concorda com o esquema explicativo de Vigotski.

> Nos termos de Vigotski, a preparação evolucionária (biológica) de papéis de gênero envolve desenvolvimento filogenético, e o aprendizado social de papéis de gênero envolve desenvolvimento microgenético e ontogenético dos papéis de gênero da era atual durante o período do desenvolvimento histórico-cultural (Rogoff, 2003, p. 76).

Rogoff não está simplesmente afirmando que a biologia prepara papéis de gênero de um modo pessoal ao preparar humanos para aprender, falar, usar instrumentos e pensar; ela atribui um papel muito mais específico para a biologia. Rogoff (2003, p. 71-73) afirma que mecanismos biológicos preparam características de papéis de gênero e personalidade como segue: um traço biológico das mulheres, que partilham com muitos animais, é que têm de investir pesadamente em cada criança para reproduzir seus genes, enquanto os homens têm de investir pouco tempo e esforço. As mulheres necessitam passar nove meses grávidas, dois a três meses amamentando, e mais anos protegendo e ensinando a criança a sobreviver. Em contraste, é possível aos homens serem pais de quantas crianças as mulheres permitirem, com pouco tempo investido. Considera-se que processos reprodutivos biológicos de homens e mulheres gerem uma psicologia social na qual mulheres são mais atentas e envolvidas com crianças do que os homens.

Nossa discussão enfatizou que Vigotski se opunha à explicação biológica dos fenômenos sociopsicológicos – mesmo em combinação com explicações culturais. Ele negava que mecanismos biológicos determinem forma e conteúdo de fenômenos psicológicos complexos superiores; somente processos culturais o fazem. Mecanismos biológicos determinam apenas reações simples em animais e bebês humanos. A biologia permite que a psicologia se desenvolva, mas não determina suas características específicas. *Vigotski não era um interacionista* – ele não acreditava que mecanismos biológicos e processos culturais acrescentassem características particulares à psicologia. Acreditava que processos culturais *substituem* determinantes biológicos de comportamento. Ele explica a psicologia em termos completamente socioculturais, não como algo particionado em características biológicas e culturais.

Em *Estudos sobre a história do comportamento: primata, primitivo e infantil* (1993), Vigotski e Luria tratam especificamente da questão dos processos filogenéticos (evolucionários), ontogenéticos e histórico-culturais no desenvolvimento psicológico. Eles argumentam que a cultura humana marca um estágio qualitativamente novo na filogenia. A cultura *substitui* mecanismos biológicos, evolucionários, com determinantes do comportamento:

> O uso e a "invenção" de instrumentos por primatas antropoides *põem fim ao estágio orgânico do desenvolvimento comportamental na sequência evolucionária* e preparam o caminho para uma transição de *todo* desenvolvimento para uma nova senda, criando, com isso, o principal pré-requisito psicológico do desenvolvimento histórico do comportamento (Vigotski; Luria, 1993, p. 37 ênfases minhas).

Todo desenvolvimento psicológico humano depende de processos culturais porque a evolução biológica, orgânica, cessou de determinar o comportamento humano.

Vigotski e Luria adotaram a filosofia dialética de Marx, Engels e Hegel para enfatizar as transformações qualitativas no desenvolvimento histórico. O que vale para um estágio e uma espécie não vale para outros estágios e outras espécies, porque, fundamentalmente, novos processos surgiram. Em transformações qualitativas dialéticas, novos processos não são acrescentados a antecedentes "primitivos". Em vez disso, ocorre uma nova integração na qual os anteriores são subsumidos aos novos e alteram sua função para possibilitá-los. Por exemplo, partes "primitivas" do cérebro humano, que são vestígios de animais, são controladas pelo neocórtex, que transforma seu funcionamento. Eles não mantêm simplesmente seu funcionamento antigo junto a, ou em adição a, processos corticais.

A psicologia humana, de acordo com Vigotski, não consiste em comportamento cultural mais comportamento natural (evolucionário, biológico). O que é comportamento natural em animais (e bebês) é convertido em comportamento cultural em humanos. "O desenvolvimento do comportamento humano é sempre desenvolvimento condicionado, basicamente, não pelas leis da evolução biológica, mas pelas leis do desenvolvimento histórico da sociedade" (Vigotski; Luria, 1993, p. 78). Vigotski e Luria rejeitavam uma combinação eclética de determinantes biológicos e culturais na psicologia, onde ambos tinham uma base igual.

Quando o comportamento se desenvolve do natural para o psicológico-cultural, o papel da biologia muda. Ela determina estritamente o comportamento de bebês e de animais; contudo, relaxa seu controle sobre o comportamento adulto. A biologia fornece um substrato potencializador que permite que uma ampla série de comportamentos seja organizada por processos culturais. A biologia fornece a energia, estrutura anatômica, fisiologia e neuroanatomia que possibilita o funcionamento psicológico, mas não faz o funcionamento psicológico ocorrer, nem determina qual será sua forma específica (cf. Ratner, 1991, caps. 1 e 5, 2000, 2004). Essa perspectiva interpretaria os exemplos de Rogoff como sendo mais culturalmente formados do que ela reconhece. Onde ela acredita que mecanismos biológicos determinam o envolvimento diferencial de pais e mães com filhos, Vigotski argumentaria que quaisquer diferenças assim são devidas a distintos papéis sociais que homens e mulheres ocupam. Assim, a biologia reprodutiva masculina e feminina não determina necessariamente sequer uma porção dos papéis de gênero e personalidade[208].

As teorias do desenvolvimento psicológico de Vigotski são instrumentos poderosos para compreender a psicologia humana. Psicólogos fariam bem em ler suas ideias atentamente e seguir seu argumento de que a psicologia

---

208. Rogoff reconhece diferenças culturais na forma que mães se relacionam com seus bebês, e se apercebe de que essas questionam a ideia de papéis maternais universais inatos (Rogoff, 2003, p. 111-114). Contudo, ela se atém à sua mistura incongruente de explicações biológico-filogenéticas e culturais. Aceita a explicação sociobiológica dos fenômenos psicológicos como tendo algo a oferecer. Isso contradiz um modelo coerente de processos biológicos e culturais no desenvolvimento psicológico (cf. Ratner; Hui, 2003, para exemplos de outras falhas para produzir um modelo coerente). Vigotski rejeitava combinações ecléticas de construtos teóricos. Ele buscava integrações de conceitos logicamente consistentes (cf. Vigotski, 1987a, p. 243–246). Fenômenos psicológicos não podem ser parcialmente conscientes, conceitualmente organizados, intelectualizados, intencionais e culturalmente variáveis, e parcialmente um uma resposta natural automática, estereotipada (determinada), não consciente, imediata, a um estímulo, como o determinismo biológico ditaria.

humana surge de um substrato biológico, mas depois se desenvolve em um fenômeno qualitativamente novo (emergente) que funciona de acordo com princípios distintos.

13

O desenvolvimento do pensamento do adolescente e a formação de conceitos[209]

1

A história do desenvolvimento do pensamento na idade de transição está passando, ela mesma, no presente, por uma espécie de estágio de transição de construções antigas para uma nova compreensão do amadurecimento do intelecto. Essa compreensão surge com base em novas visadas teóricas sobre a natureza psicológica da linguagem e do pensamento, sobre o desenvolvimento e a interação funcional e estrutural dos processos indicados.

Atualmente, no campo dedicado ao estudo do pensamento do adolescente, a pedologia está superando um preconceito fundamental e radical, um erro fatal que se encontra no caminho do desenvolvimento de representações corretas sobre a crise intelectual e o amadurecimento, que constituem o conteúdo do desenvolvimento do pensamento no adolescente. Esse erro costuma ser formulado na afirmação de que no pensamento do adolescente não teria nada essencialmente novo em comparação com o pensamento da criança de menos idade. Alguns autores levam essa afirmação ao extremo, defendendo a ideia de que o período da maturação sexual não assinala o surgimento na esfera do pensamento de qualquer operação intelectual nova que uma criança de 3 anos de idade não seja capaz de realizar.

Segundo esse ponto de vista, o desenvolvimento do pensamento de modo geral não está no centro dos processos de amadurecimento.

---

209. Traduzido a partir do v. 4, "Detskaia psikhloguiia", de *Sobranie Sotchinénii v chesti tomakh* (Vigotski, 1984a, p. 40-110) que também corresponde ao décimo capítulo do manual *Pedologia do adolescente*, que Vigotski publicou entre 1930 e 1931 para ensino a distância [N.T.].

Os deslocamentos essenciais e catastróficos que ocorrem no período de virada em todo o organismo e na personalidade do adolescente, o desnudamento de novas e profundas camadas da personalidade, o amadurecimento de formas superiores de vida orgânica e cultural: nada disso, segundo esses autores, afeta o pensamento do adolescente. Dessa forma, deprecia-se e reduz-se praticamente a zero o papel das transformações intelectuais no processo geral da crise e do amadurecimento do adolescente.

Por um lado, o próprio processo de transformações intelectuais que ocorre nessa idade se reduziria, se formos correntes com esse ponto de vista, a uma simples acumulação quantitativa de particularidades que já podem ser encontradas no pensamento de uma criança de 3 anos de idade, a um crescimento posterior, puramente quantitativo, em relação ao qual, a rigor, a palavra *desenvolvimento* já não se aplica. Esse ponto de vista foi desenvolvido de forma mais coerente por Charlotte Bühler na teoria da idade de transição, em que se constata, entre outras coisas, o posterior desenvolvimento regular do intelecto no período de maturação sexual. No sistema geral de transformações, na estrutura geral dos processos, a partir dos quais forma-se o amadurecimento, Charlotte Bühler atribui ao intelecto um papel totalmente insignificante, sem captar o enorme significado positivo do desenvolvimento intelectual para a reorganização profunda e fundamental de todo o sistema da personalidade do adolescente.

De modo geral, considera a autora, na época do amadurecimento sexual ocorre uma separação mais nítida entre o pensamento dialético e abstrato e o pensamento visual, pois a opinião de que algum dos processos intelectuais aparece novamente apenas no estágio da puberdade é um daqueles contos de fada que a psicologia infantil há muito desmascarou. Em uma criança de 3 ou 4 anos já se fazem presentes todas as possibilidades de pensamento posterior. Ao afirmar seu pensamento, a autora cita a pesquisa de Karl Bühler, que traz o ponto de vista de que o desenvolvimento intelectual, em seus traços mais essenciais, no sentido do amadurecimento dos principais processos intelectuais, forma-se já no início da infância. A diferença entre o pensamento da criança de pouca idade e o pensamento do adolescente, para Charlotre Bühler, consiste no fato de que na criança a percepção e o pensamento visual costumam estar em uma relação muito mais estreita.

A criança, segundo a autora, raramente pensa de forma puramente verbal e abstrata. Mesmo crianças muito tagarelas e habilidosas verbalmente sempre partem de alguma vivência concreta, e quando cedem ao gosto pela linguagem, elas geralmente tagarelam sem pensar. O mecanismo é exercitado sem servir a nenhuma outra função. O fato de que as crianças fazem suas deduções e juízos apenas dentro do círculo de suas vivências concretas, que os objetivos de seus planos estão fechados no estreito círculo da percepção visual é algo bem conhecido e serviu de pretexto para a falsa conclusão de que as crianças não sabem de modo algum pensar abstratamente.

Essa opinião, segundo Charlotte Bühler, foi há muito desmentida, uma vez que se estabeleceu que, desde muito cedo, a criança percebe abstraindo e selecionando, preenche conceitos como "bom" e "mau", entre outros, com algum conteúdo geral e vago, assim como formam outros conceitos por meio da abstração e realizam julgamentos. Contudo, não se pode negar que tudo isso depende fortemente de percepções e representações visuais da criança. No adolescente, ao contrário, o pensamento é mais livre das bases sensíveis, ele é menos concreto.

Dessa forma, vemos que a negação das transformações essenciais que ocorrem no desenvolvimento intelectual do adolescente necessariamente leva ao reconhecimento do simples crescimento do intelecto nos anos de amadurecimento e sua grande independência em relação ao material sensível. A ideia de Charlotte Bühler poderia ser assim formulada: o pensamento do adolescente adquire uma qualidade nova em comparação com o pensamento da criança de pouca idade, ele se torna menos concreto, a seguir ele "se fortalece e se consolida", "cresce e aumenta" em comparação com o pensamento da criança de 3 anos, mas nenhuma operação intelectual surge no decorrer de toda essa passagem, pois o próprio pensamento nesse período não tem um significado essencial e determinante para os processos de desenvolvimento do adolescente como um todo; ele ocupa um lugar bastante modesto no sistema geral da crise e do amadurecimento.

Esse ponto de vista deve ser considerado tradicional e, infelizmente, é o mais difundido e aceito acriticamente pela maioria das teorias contemporâneas sobre a idade de transição. À luz dos dados científicos contemporâneos sobre a psicologia do adolescente, consideramos essa opinião profundamente equivocada: suas raízes remontam à antiga tese de que, entre todas as transformações psíquicas que ocorrem na criança que se torna adolescente, nota-se apenas o traço mais exterior, superficial e que salta aos olhos, isto é, a mudança do estado emocional.

A psicologia tradicional da idade de transição tende a ver nas mudanças emocionais o núcleo central e o principal conteúdo de toda crise e contrapõe o desenvolvimento da vida emocional do adolescente ao desenvolvimento intelectual da criança em idade escolar. Tudo aqui nos parece estar de ponta-cabeça, tudo à luz dessa teoria nos parece virado do avesso: justamente a criança de pouca idade é um ser mais emocional, em cuja estrutura geral a emoção desempenha um papel primordial; já o adolescente aparece, antes de tudo, como um ser pensante.

Esse ponto de vista tradicional é expresso de forma completa e ao mesmo tempo sintética por Giese. Para ele, se o desenvolvimento psíquico da criança até a maturação sexual abarca em primeiro lugar a função da percepção, a reserva da memória, o intelecto e a atenção, o representante da época da maturação sexual é a vida emocional.

O desenvolvimento coerente desse ponto de vista levaria à visão banal que tende a reduzir todo amadurecimento psíquico do adolescente a um elevado caráter emocional, espírito sonhador, arrebatamentos e demais produtos semioníricos da vida emocional. O fato de que o período de amadurecimento sexual é um período de vigoroso incremento do desenvolvimento intelectual e de que pela primeira vez o pensamento avança para o primeiro plano não apenas passa despercebido quando a questão é colocada dessa forma, como permanece um fato completamente enigmático e inexplicável segundo o ponto de vista dessa teoria.

Esse mesmo ponto de vista é expresso também por outros autores, por exemplo, Kroh, que entende, assim como Charlotte Bühler, que toda a diferença entre o pensamento do adolescente e o da criança de pouca idade consiste no fato de que a base visual do pensamento, que desempenha um papel tão importante na infância, recua para o segundo plano no período de amadurecimento. Kroh reduz ainda mais o significado dessa distinção quando aponta de forma absolutamente correta que entre as formas concreta e abstrata de pensamento aparece, com frequência, no processo de desenvolvimento um estágio intermediário, que é característico da idade de transição. Esse autor apresenta uma formulação totalmente positiva da teoria, compartilhada também por Charlotte Bühler, quando afirma que não se deve esperar que a criança de idade escolar passe para formas inteiramente novas no campo do julgamento. A diferenciação, a nuança, o maior grau de certeza e consciência no uso de formas já existentes devem ser vistos como as mais importantes tarefas do desenvolvimento.

Ao generalizar essa mesma tese que reduz o desenvolvimento do pensamento a um crescimento posterior de formas já existentes, Kroh supõe que no campo dos processos elaborados pela percepção (seleção, disposição, percepção categorial e classificação reorganizadora), assim como na esfera das conexões lógicas (conceito, julgamento, dedução, crítica) depois da idade escolar não surgem formas inteiramente novas de funções e atos psíquicos. Todas elas existiam antes, mas no decorrer da idade escolar passam por um desenvolvimento significativo que se manifesta em um uso mais diferenciado e nuançado, não raro mais consciente.

Se fôssemos resumir o conteúdo dessa teoria em uma frase, seria possível dizer que o que distingue o pensamento na idade de transição e o pensamento da criança é o surgimento de novos tons ou nuanças, a maior especialização e consciência na aplicação.

O mesmo ponto de vista é desenvolvido em nossa literatura por Rubinstein, que analisou sucessivamente todas as transformações ocorridas na idade de transição no campo do pensamento como um avanço pelos caminhos já estabelecidos no pensamento da criança de pouca idade. Nesse sentido, as visões de Rubinstein coincidem inteiramente com as de Charlotte Bühler.

Ao rejeitar a tese de Meumann, para quem a capacidade de dedução se forma inteiramente aos 14 anos de idade, Rubinstein aponta que nenhuma forma de atividade intelectual, incluindo a dedução, aparece pela primeira vez na idade de transição. Esse autor aponta para o grande equívoco da ideia de que a infância se distingue da juventude no campo do desenvolvimento intelectual pelo fato de que o ato central do pensamento, isto é, a dedução, surja realmente apenas na juventude. Na realidade, isso é totalmente falso, não resta qualquer dúvida quanto à presença do pensamento em crianças também em seu ato central (a dedução). A diferença entre o pensamento da criança e do adolescente, para Rubinstein, consiste apenas no seguinte: as crianças tomam por sinais essenciais aquilo que, para nós adultos, é objetivamente não essencial, exterior e fortuito. Rubinstein considera que, apenas na adolescência e na juventude, a grande premissa, assim como as definições e julgamentos em geral, são preenchidos por sinais essenciais ou, em todo caso, delineia-se claramente a tendência de encontrar precisamente esses sinais essenciais e não se deixar guiar pelos primeiros sinais exteriores.

Toda diferença se reduz a que as mesmas formas de pensamento, na criança e no adolescente, são preenchidas por conteúdos distintos. Rubinstein diz o seguinte sobre os julgamentos: na criança essas formas são preenchidas por sinais não essenciais, já no adolescente surge a tendência de preenchê-las por sinais essenciais. Dessa forma, toda diferença está no material, no conteúdo, do preenchimento. As formas permanecem as mesmas, na melhor das hipóteses elas passam por um processo de crescimento e consolidação. Entre esses novos tons ou nuanças, Rubinstein identifica a capacidade de pensar pelo essencial, pela maior estabilidade na orientação das ideias, pela maior flexibilidade, amplitude, mobilidade do pensamento, e outros indícios do tipo.

A ideia central dessa teoria pode ser facilmente compreendida a partir da objeção de seu autor a quem tende a negar um aumento brusco e um aprofundamento do desenvolvimento intelectual do adolescente e do jovem. Ao defender a ideia de que o desenvolvimento intelectual do adolescente se caracteriza por um aumento brusco e um aprofundamento, Rubinstein diz que a observação dos fatos e as considerações teóricas corroboram isso, do contrário seríamos obrigados a admitir que o afluxo de novas vivências, de um novo conteúdo, de novas interações, não produzem nada, a causa permanece sem consequência. Dessa forma, os traços típicos de um desenvolvimento intelectual elevado devem ser buscados não apenas nos novos interesses e demandas, mas também no aprofundamento e ampliação dos antigos, em seu diapasão, em toda amplitude de seu interesse vital.

Nessa defesa, Rubinstein revela uma contradição interna, igualmente inerente a todas as teorias que tendem a negar o surgimento de algo essencialmente novo no pensamento durante o período de maturação sexual. Não obstante, todos os autores que negam o surgimento de novas formas de pensamento na idade de transição se aproximam na ideia de que o preenchimento desse pensamento, seu conteúdo, o material pelo qual ele opera, os objetos para os quais eles se direcionam: tudo isso passa por uma verdadeira revolução.

2

A ruptura da evolução das formas e do conteúdo do pensamento é altamente característica de todo sistema dualista e metafísico de psicologia, que não consegue imaginá-los em uma totalidade dialética. Assim, é profundamente sintomático que o sistema idealista mais consequente de psicologia do adolescente, apresentado no livro de Spranger (1924) passe batido pelo desenvolvimento do pensamento na idade de transição. A obra não tem um capítulo dedicado a esse problema e, não obstante, todos os capítulos do livro são atravessados por uma ideia geral, são dedicados à revelação do processo que, segundo Spranger, está na base de todo amadurecimento e que é denominado como integração do adolescente na cultura de seu tempo. Os capítulos se sucedem analisando como o conteúdo do pensamento dos adolescentes se transforma, como o pensamento é preenchido por um material inteiramente novo, como ele se integra em esferas absolutamente novas da cultura. A integração do adolescente na esfera do direito e da política, na vida profissional e na moral, na ciência e na visão de mundo: tudo isso constitui, para Spranger, o núcleo central dos processos de amadurecimento, mas as funções intelectuais do adolescente, as formas de seu pensamento, a composição e estrutura de suas operações intelectuais permanecem inalteradas, eternas.

Se refletirmos mais profundamente sobre todas essas teorias, não podemos nos desfazer da ideia de que na base delas está uma concepção psicológica muito elementar, grosseira e simples sobre as formas e o conteúdo do pensamento. De acordo com essa concepção, a relação entre forma e conteúdo do pensamento lembra a relação entre um recipiente e o líquido que o preenche. Trata-se do mesmo preenchimento mecânico de uma forma oca, da possibilidade de preencher uma mesma forma imutável com conteúdos sempre renovados, a desassociação interna, a contraposição mecânica entre recipiente e líquido, forma e preenchimento.

Segundo essas teorias, a grande reviravolta no conteúdo totalmente renovado do pensamento do adolescente não tem nenhuma ligação com o desenvolvimento das próprias operações intelectuais por meio das quais pode surgir determinado conteúdo do pensamento.

Essa reviravolta, segundo muitos autores, vem de fora, de modo que as mesmas formas de pensamento, imutáveis e sempre iguais a si mesmas, a cada novo estágio do desenvolvimento, a depender do enriquecimento da experiência e da ampliação das ligações com o meio, preenchem-se de conteúdos cada vez mais renovados, ou então a força motriz dessa reviravolta está escondida nos bastidores do pensamento na vida emocional do adolescente. Ela insere mecanicamente os processos de pensamento em um sistema novo e os orienta, como atos simples, para um novo conteúdo.

Em ambos os casos, a evolução do conteúdo do pensamento aparece como um abismo intransponível, separado da evolução das formas intelectuais. Encontra-se em tal contradição com a força dos fatos toda teoria que segue essa orientação de forma consequente. Isso pode ser facilmente mostrado com um exemplo simples: nenhuma das teorias mencionadas nega, e nem poderia negar, a profunda e fundamental reviravolta que ocorre no conteúdo do pensamento do adolescente, a total renovação de toda composição material que preenche as formas vazias. Assim, Charlotte Bühler, que já na criança de 3 anos encontra todas as operações intelectuais básicas, próprias do adolescente, limita sua afirmação exclusivamente ao aspecto formal do problema em foco. A autora, é claro, diria tratar-se de um conto de fadas a afirmação de que, também no conteúdo, o pensamento do adolescente não traz nada de essencialmente novo em comparação com o que se tem em uma criança de 3 anos.

Charlote Bühler não pode negar o fato de que apenas na adolescência ocorre a passagem para o pensamento lógico-formal. Ela cita as investigações precisas de Ormian (1926), que mostrou que apenas perto dos 11 anos delineia-se no pensamento da criança uma virada para o pensamento puramente formal. Quanto ao conteúdo do pensamento, esse autor também, seguindo Spranger, dedica boa parte de seu trabalho a elucidar as novas camadas de conteúdo de representações éticas, religiosas e rudimentos de visão de mundo no desenvolvimento do adolescente.

Exatamente da mesma forma, Kroh, ao lado dos novos tons aos quais eles reduzem o desenvolvimento do pensamento na idade escolar, aponta para o fato de que apenas no adolescente surge a possibilidade de operar logicamente com conceitos. Citando a pesquisa de Berger dedicada ao problema da percepção categorial e seu significado pedagógico, Kroh estabelece que a função de percepção e ordenação de categorias psicológicas aparece pela primeira vez com toda nitidez nas vivências e reminiscências no período da maturação sexual.

Dessa forma, todos os autores se aproximam, pois, ao negarem as neoformações no campo das formas intelectuais, eles necessariamente devem reconhecer a total renovação de todo o conteúdo do pensamento na idade de transição.

Detivemo-nos tão detalhadamente na análise e na crítica desse ponto de vista, pois, sem superá-lo definitivamente, sem revelar suas bases teóricas e sem contrapô-lo a novos pontos de vista, não vemos como seja possível encontrar a chave metodológica e teórica para todo o problema do desenvolvimento do pensamento na idade de transição. Por isso, para nós é importante elaborar em bases teóricas, nas quais foram construídas todas essas teorias distintas nos detalhes, mas próximas em seu núcleo central.

3

Já dissemos que a principal raiz de toda confusão teórica é a ruptura entre a evolução das formas e do conteúdo do pensamento. A ruptura, por sua vez, se deve a outras deficiências básicas da psicologia antiga, em especial da psicóloga infantil, justamente, pois até recentemente era desprovida de uma noção científica correta sobre a natureza das funções psíquicas superiores. O fato de que as funções psíquicas superiores não são apenas uma continuação das funções elementares, tampouco uma combinação mecânica entre elas, mas uma formação psíquica qualitativamente nova que se desenvolve por leis absolutamente particulares e são submetidas a regularidades totalmente diferentes, é algo que ainda não foi assimilado pela psicologia infantil.

Por serem produto do desenvolvimento histórico da humanidade, as funções psíquicas superiores têm uma história particular também na ontogênese. A história do desenvolvimento das formas superiores de comportamento revela uma dependência direta e próxima em relação ao desenvolvimento orgânico e biológico da criança e ao crescimento de funções psicofisiológicas elementares. Contudo, conexão e dependência não significam identidade. Por isso, na investigação devemos, também na ontogênese, identificar a linha do desenvolvimento das formas superiores de comportamento, acompanhando-a em todas as suas regularidades específicas e sem esquecer nem por um minuto de sua ligação com o desenvolvimento orgânico geral da criança. Dissemos no começo do curso que o comportamento da pessoa não é apenas produto da evolução biológica, resultante da emergência do tipo humano com todas as funções psicofisiológicas que lhe são próprias, mas produto do desenvolvimento histórico ou cultural. O desenvolvimento do comportamento não parou com o início da existência histórica da humanidade, tampouco simplesmente continuou pelos mesmos caminhos seguidos pela evolução biológica do comportamento.

O desenvolvimento histórico do comportamento se realiza como parte orgânica do desenvolvimento social, subordinando-se fundamentalmente a todas as regularidades que determinam o curso do desenvolvimento histórico da humanidade como um todo. De forma semelhante, na ontogênese também devemos distinguir as duas linhas do desenvolvimento do comportamento, que são apresentadas de forma entrelaçada, em uma complexa síntese dinâmica. Contudo, um estudo real, que corresponda efetivamente à verdade da complexidade dessa síntese, que não tente simplificá-la a todo custo, deve necessariamente considerar todas as peculiaridades da formação de tipos superiores de comportamento, que são produto do desenvolvimento cultural da criança.

Diferentemente de Spranger, pesquisas científicas aprofundadas mostram que no processo de desenvolvimento cultural do comportamento altera-se não apenas o conteúdo do pensamento, como também suas formas, surgem e formam-se novos mecanismos, novas funções, novas operações, novos modos de atividade, desconhecidos em estágios anteriores do desenvolvimento histórico. Da mesma forma, o processo de desenvolvimento cultural da criança tampouco inclui apenas a integração em determinada esfera da cultura, mas, passo a passo, junto do desenvolvimento do conteúdo, ocorre o desenvolvimento das formas de pensamento, organizam-se as formas e os modos de atividade superiores, surgidos historicamente, cujo desenvolvimento constitui uma condição necessária para a integração na cultura.

Na realidade, qualquer investigação realmente profunda nos ensina a reconhecer a totalidade e indissociabilidade entre forma e conteúdo, estrutura e função, mostrando que todo passo novo no desenvolvimento do conteúdo do pensamento está intimamente ligado à aquisição de novos mecanismos de comportamento, à elevação das operações intelectuais a um nível superior.

Certo conteúdo pode ser adequadamente representado apenas por meio de certas formas. Assim, o conteúdo de nossos sonhos não pode ser adequadamente representado nas formas do pensamento lógico, nas formas das conexões e relações lógicas, ele está indissociavelmente ligado às formas e aos modos de pensamento primitivos, antigos e arcaicos. E o contrário: o conteúdo de determinada ciência, a assimilação de um sistema complexo, o domínio da álgebra contemporânea, por exemplo, pressupõe não apenas o preenchimento das mesmas formas existentes em uma criança de 3 anos por um conteúdo correspondente: o novo conteúdo não pode surgir sem novas formas. A totalidade dialética entre forma e conteúdo na evolução do pensamento são o alfa e o ômega da teoria científica contemporânea da linguagem e do pensamento. Na realidade, se partirmos do ponto de vista das teorias apresentadas anteriormente, que negam o surgimento de novos estágios qualitativos no pensamento do adolescente, não resultará incompreensível o fato de que as pesquisas contemporâneas elaboraram padrões para o desenvolvimento intelectual, que, nos testes de Binet-Simon (editados por Burt e Blónski), por exemplo, exigem que aos 12 anos uma criança descreva e explique um desenho, que aos 13 anos resolva tarefas cotidianas ou, ainda, que aos 14 anos um adolescente defina termos abstratos, aos 15 anos indique a diferença entre termos abstratos, que aos 16 capte o sentido de um raciocínio filosófico? Por acaso esses sintomas do desenvolvimento intelectual estabelecidos empiricamente podem ser compreendidos por uma teoria que admite que surgem apenas novos tons no pensamento do adolescente? Seria, por acaso, possível do ponto de vista das nuanças que a maior parte dos adolescentes de 16 anos atinge um estágio de desenvolvimento intelectual, cujo indicador ou sintoma é a capacidade de captar o sentido de um raciocínio filosófico?

Apenas a não distinção entre a evolução de funções elementares e superiores do pensamento, entre formas condicionadas biologicamente e formas condicionadas historicamente de atividade intelectual, pode levar à negação de um estágio qualitativamente novo no desenvolvimento do intelecto do adolescente. Funções elementares novas, de fato, não surgem na idade de transição. Essa circunstância, como observa corretamente Karl Bühler, condiz inteiramente com os dados biológicos sobre o aumento do peso do cérebro. Edinger (1911), um dos mais profundos conhecedores do cérebro, estabeleceu a seguinte tese geral: aquele que conhece a estrutura do cérebro de um ser vivo, conclui que o surgimento de novas capacidades sempre está ligado ao surgimento de novas partes do cérebro ou com o crescimento de partes já existentes.

Essa tese desenvolvida por Edinger em relação à filogênese do psiquismo tem sido frequentemente aplicada também à ontogênese, numa tentativa de estabelecer um paralelo entre o desenvolvimento do cérebro, comprovado pelo aumento de seu peso, e o surgimento de novas capacidades. Esquece-se, com isso, que o paralelo pode valer apenas em relação a funções e capacidades elementares, que são, assim como o próprio cérebro, produto da evolução biológica do comportamento; mas a essência do desenvolvimento histórico do comportamento consiste justamente no surgimento de novas capacidades que não estão ligadas ao surgimento de novas partes do cérebro ou ao crescimento de partes que ele já tenha.

Há todo um fundamento para se supor que o desenvolvimento histórico do comportamento, desde as formas primitivas até as mais complexas e superiores, não resulta do surgimento de novas partes do cérebro ou do crescimento de partes que ele já tinha. Nisso consiste a essência da idade de transição como idade de desenvolvimento cultural, ou desenvolvimento primordialmente de funções psíquicas superiores. Blónski está correto ao considerar que a infância dos dentes permanentes pode ser vista como época da civilização da criança, época em que ela assimila a ciência contemporânea, começando pela escrita e pela técnica contemporâneas. A civilização é uma aquisição demasiadamente recente da humanidade para que possa ser transmitida hereditariamente.

Dessa forma, seria difícil de se esperar que a evolução de funções psíquicas superiores fosse paralela ao desenvolvimento do cérebro, que ocorre fundamentalmente sob influência da hereditariedade. Segundo os dados de Pfister, nos primeiros ¾ de um ano o peso do cérebro duplica, até o fim do terceiro ano ele triplica; ao todo, durante o processo de desenvolvimento do peso cerebral, ele aumenta em quatro vezes.

Karl Bühler supõe que um dos fenômenos da psicologia infantil está totalmente de acordo com isso. A criança adquire todas as funções psíquicas fundamentais nos primeiros 3 ou 4 anos de vida e, por toda sua vida posterior, não obtém êxitos espirituais tão fundamentais como, por exemplo, na época em que começa a falar.

Esse paralelo, repetimos, pode ser válido apenas para o amadurecimento de funções elementares, que são produto da evolução biológica e que surgem com o crescimento do cérebro e de suas partes. É por isso que devemos limitar a tese de Charlotte Bühler, que espera conseguir encontrar no desenvolvimento da estrutura do cérebro as bases fisiológicas para toda grande mudança na vida mental da criança normal.

Devemos limitar sua tese: ela é aplicável fundamentalmente a mudanças condicionadas hereditariamente no desenvolvimento do psiquismo, mas as sínteses complexas que surgem no processo de desenvolvimento cultural da criança e do adolescente têm seu fundamento também em outros fatores, antes de tudo na vida social, no desenvolvimento cultural e na atividade de trabalho da criança e do adolescente.

De fato, existe a opinião de que, na idade de transição, o cérebro se desenvolve intensamente, e a esse desenvolvimento podem ser atribuídas as importantes mudanças intelectuais observadas na época de transição. Blónski lança a hipótese de que a fase do dente de leite na infância, diferentemente das anteriores e posteriores, não é marcada por um intenso desenvolvimento do pensamento e da linguagem, ela é, antes, uma fase de desenvolvimento de hábitos motores, da coordenação e das emoções. Para Blónski essa circunstância está ligada ao fato de que, durante a fase do dente de leite, ocorre um crescimento intensivo da medula espinhal e do cerebelo, diferentemente da fase sem dentes ou da idade escolar, que são fundamentalmente fases de desenvolvimento cortical (intelectual) intensivo. A observação da transformação intensiva da fronte na infância pré-puberdade leva o autor a pensar que na idade escolar ocorre predominantemente um desenvolvimento da parte dianteira (frontal) do córtex. Contudo, mesmo segundo os dados em que se baseia Blónski e que ele mesmo considera instáveis e pouco confiáveis, podemos concluir sobre o desenvolvimento intensivo do cérebro apenas em relação à pré-puberdade, ou seja, à primeira idade escolar.

Em relação à idade de transição, ao adolescente, essas hipóteses não têm qualquer base em dados factuais. Com efeito, segundo informações de Viázemski, o peso do cérebro aumenta significativamente entre os 14 e os 15 anos, em seguida, depois de certa interrupção e lentificação, ocorre outro aumento sutil entre os 17 e os 19 anos e entre os 10 e os 20 anos. Porém, de acordo com dados mais recentes, o peso do cérebro durante todo o período de desenvolvimento entre os 14 e os 20 anos sofre um aumento desprezível.

Devemos buscar novos caminhos para explicar o intensivo desenvolvimento intelectual que se realiza no período da maturação sexual.

Dessa forma, a passagem de uma investigação que se baseia em manifestações exteriores, na semelhança fenotípica, para uma investigação aprofundada sobre a natureza genética funcional e estrutural do pensamento em diferentes estágios etários necessariamente nos levará a negar a visão tradicional estabelecida, que tende a igualar o pensamento do adolescente ao de uma criança de 3 anos. Além disso, mesmo nos momentos em que essas teorias estão dispostas a reconhecer a diferença qualitativa entre o pensamento da criança de pouca idade e o do adolescente, elas formulam erroneamente a conquista positiva, o que surge de realmente novo nessa época.

Como mostram novas pesquisas, a afirmação de que no pensamento do adolescente o abstrato se separa do concreto, se separa do visual, não é correta: o movimento do pensamento nesse período não se caracteriza pelo fato de que o intelecto rompe a ligação com a base concreta, da qual ele é oriundo, mas pelo surgimento de uma forma totalmente nova de relação entre aspectos abstratos e concretos no pensamento, uma nova forma de fusão ou síntese entre eles, pelo fato de que nessa época aparecem de forma totalmente nova diante de nós aquelas funções elementares que há tempos se formaram, como o pensamento visual, a percepção ou o intelecto prático da criança.

A teoria de Charlotte Bühler, dessa forma, é inconsistente não apenas em relação ao que nega, mas também ao que afirma, não apenas em sua parte negativa, mas também na positiva. E o contrário: no pensamento do adolescente surgem não apenas formas sintéticas complexas absolutamente novas, desconhecidas para a criança de 3 anos, como também as formas elementares primitivas que a criança já adquiriu aos 3 anos, no período de transição, são reorganizadas em novas bases. No período de amadurecimento sexual surgem não apenas novas formas, como, justamente devido a esse surgimento, as antigas também se reorganizam em uma base inteiramente nova.

Assim, resumindo o que foi apresentado, pode-se dizer que o principal problema metodológico da teoria consiste na gritante contradição interna entre o reconhecimento de uma importante reviravolta no conteúdo do pensamento do adolescente e a negação de uma mudança minimamente essencial na evolução de suas operações intelectuais, na incapacidade de relacionar as transformações do desenvolvimento do conteúdo e da forma do pensamento. Como tentamos mostrar, a ruptura, por sua vez, se deve à indistinção entre as duas linhas de comportamento, isto é, o desenvolvimento de funções psíquicas elementares e das superiores. Com base nas conclusões a que chegamos, podemos agora formular também o principal pensamento que todo o tempo orienta nossa investigação crítica.

Seria possível dizer que a ruptura fatal entre forma e conteúdo decorre inevitavelmente do fato de que a evolução do conteúdo do pensamento é sempre analisada como processo de desenvolvimento cultural, condicionado em primeiro lugar histórica e socialmente, já o desenvolvimento das formas de pensamento costuma ser visto como processo biológico, condicionado pelo amadurecimento orgânico da criança e o aumento paralelo do peso do cérebro. Quando falamos do conteúdo do pensamento e de suas transformações, temos em vista uma grandeza historicamente variável, socialmente condicionada, surgida no processo de desenvolvimento cultural; quando falamos das formas de pensamento e de sua dinâmica, geralmente, acompanhando os equívocos da psicologia tradicional, temos em vista ou funções psíquicas metafisicamente imutáveis, ou formas condicionadas biologicamente, surgidas organicamente.

Há um abismo entre elas. O histórico e o biológico no desenvolvimento da criança estão separados, não há entre um e outro qualquer ponte, por meio da qual se possa unir fatos sobre a dinâmica das formas de pensamento com os fatos sobre a dinâmica dos conteúdos que preenchem essas formas. Apenas a introdução de uma teoria sobre as formas superiores de comportamento que são produto da evolução histórica, somente a identificação da linha especial de desenvolvimento histórico, ou de desenvolvimento das funções psíquicas superiores, torna possível, na ontogênese do comportamento, preencher essa lacuna, lançar uma ponte, passar à investigação da dinâmica entre forma e conteúdo do pensamento em sua totalidade dialética. Podemos correlacionar a dinâmica de forma e conteúdo por meio do aspecto comum da historicidade, que distingue igualmente tanto o conteúdo de nosso pensamento como as funções psíquicas superiores.

Partindo dessas visões que, em conjunto, constituem a teoria sobre o desenvolvimento cultural da criança, que apresentamos em outro trabalho, encontramos a chave para uma colocação correta e, por conseguinte, uma resolução exata do problema do desenvolvimento do pensamento na idade de transição.

4

A chave de todo problema do desenvolvimento do pensamento e da linguagem na idade de transição reside no fato, estabelecido por uma série de pesquisas, de que o adolescente domina pela primeira vez o processo de formação de conceitos, de que ele passa para uma forma nova e superior de atividade intelectual, isto é, para o pensamento em conceitos.

Esse é um fenômeno central para toda idade de transição, e o fato de que o significado do desenvolvimento intelectual do adolescente tenha sido subestimado, de que as mudanças de caráter intelectual tenham sido colocadas em segundo plano em comparação com a crise emocional e de outros aspectos, características próprias da maior parte das teorias contemporâneas sobre a idade de transição, pode ser explicado, em primeiro lugar, pois a formação de conceitos é um processo de extrema complexidade, de forma alguma análogo a um simples amadurecimento de funções intelectuais elementares, e por isso não suscetível a uma constatação exterior, a uma definição aproximada evidente. As transformações que se realizam no pensamento do adolescente que domina conceitos são, em grande medida, de caráter estrutural íntimo, interno, que frequentemente não se manifestam exteriormente, não saltam aos olhos do observador.

Se nos limitarmos às transformações de caráter externo, teríamos de concordar com os pesquisadores que supõem que não surge nada de novo no pensamento do adolescente, que ele cresce de forma regular e constante em termos quantitativos, preenchendo-se de conteúdos cada vez mais novos e se tornando cada vez mais correto, lógico e próximo à realidade. Contudo, se passarmos de uma observação puramente exterior para uma investigação interna e profunda, toda essa afirmação se reduz a pó. Como já foi dito, no centro do desenvolvimento do pensamento na época do amadurecimento sexual está a formação de conceitos. Esse processo é marcado por transformações verdadeiramente revolucionárias tanto na esfera do conteúdo quanto das formas do pensamento. Falamos sobre como, do ponto de vista metodológico, é totalmente inconsistente a ruptura entre forma e conteúdo do pensamento, que aparece como pressuposto tácito da maior parte das teorias.

Na realidade, a forma e o conteúdo do pensamento são dois aspectos de um mesmo processo, dois aspectos ligados internamente entre si por uma conexão essencial e não acidental.

Há determinados conteúdos do pensamento que só podem ser adequadamente compreendidos, assimilados, percebidos por determinadas formas de atividade intelectual. Há, ainda, outros conteúdos que não podem ser adequadamente transmitidos por essas mesmas formas, mas que exigem necessariamente formas qualitativamente distintas de pensamento, que constituem com eles um todo indivisível. Assim, o conteúdo de nossos sonhos não pode ser adequadamente transmitido por meio do sistema da linguagem logicamente estruturada, por formas do intelecto verbal, lógico; toda tentativa de transmitir o conteúdo de uma imagem sonhada do pensamento pela forma da linguagem lógica inevitavelmente deturpa esse conteúdo.

Isso vale para o conhecimento científico. Por exemplo, a matemática, as ciências naturais, sociais, não podem ser adequadamente transmitidas e representadas de outro modo senão pela forma do pensamento lógico verbal. O conteúdo se revela intimamente ligado à forma e, quando dizemos que o adolescente se eleva no pensamento a um degrau mais alto e domina conceitos, estamos indicando formas realmente novas de atividade intelectual e para um conteúdo igualmente novo do pensamento que são revelados para o adolescente nessa época.

Assim, no próprio fato da formação de conceitos encontramos a resolução para a contradição entre as transformações agudas do conteúdo do pensamento e a imobilidade de suas formas na época de transição, que inevitavelmente decorre das teorias analisadas anteriormente. Muitas pesquisas contemporâneas nos obrigam a chegar à incontestável conclusão de que justamente a formação de conceitos é o núcleo fundamental em torno do qual se organizam todas as transformações no pensamento do adolescente.

Autor de uma das mais profundas pesquisas sobre a formação de conceitos, cujo livro (1921) marcou época no estudo desse problema, Ach, ao desenvolver o complexo quadro da ontogênese da formação de conceitos, identifica a idade de transição como limiar crítico que assinala uma decisiva reviravolta qualitativa no desenvolvimento do pensamento.

Podemos estabelecer, ainda, segundo as palavras de Ach, uma fase curta no processo de intelectualização do desenvolvimento psíquico. Via de regra, ela ocorre no período limítrofe em relação ao amadurecimento sexual. Antes do início da maturação sexual a criança não tem possibilidade de formar conceitos concretos, como fica claro a partir das observações de Eng (1914), por exemplo, mas graças à influência do processo de ensino-aprendizagem, com a assimilação do material de formação, que em sua maior parte consiste de posições gerais que expressam alguma lei ou regra, a atenção decorrente da influência da linguagem se desvia cada vez mais no sentido das relações abstratas e, dessa forma, leva à formação de conceitos abstratos.

Ach observa a influência do conteúdo dos conhecimentos assimilados, por um lado, e a influência orientadora da linguagem sobre a atenção do adolescente, por outro, como sendo dois fatores fundamentais que levam à formação de conceitos abstratos. Ele cita as pesquisas de Gregor (1915), que mostram o enorme impacto do conhecimento para o desenvolvimento do pensamento abstrato.

Vemos aqui a indicação do papel genético do novo conteúdo, que se revela para o pensamento do adolescente e que necessariamente exige dele uma transição para novas formas, que coloca para ele tarefas que só podem ser resolvidas por meio da formação de conceitos. Ao mesmo tempo, observam-se transformações funcionais no direcionamento da atenção, que se realizam com ajuda da linguagem. A crise no desenvolvimento do pensamento e a passagem para o pensamento em conceitos é preparada, dessa forma, por ambas as frentes: tanto pela transformação das funções quanto das tarefas que são colocadas para o pensamento do adolescente em relação à assimilação de um novo material cognitivo.

Em relação à passagem para um estágio superior, o processo de intelectualização, segundo Ach, assim como a passagem para o pensamento em conceitos, estreita cada vez mais o círculo do pensamento visual em conceitos e o pensamento em representações imagéticas. Isso leva à extinção do modo de pensamento que é próprio da criança, do qual ela deve se despedir, e à construção em seu lugar de uma espécie ou tipo totalmente novo de intelecto. Ach coloca um problema em relação a isso, ao qual voltaremos no próximo capítulo. Ele pergunta se a passagem do pensamento em imagens para o pensamento em conceitos não seria a base para que a tendência eidética, estudada por Jaensch, seja encontrada muito mais raramente nesse estágio etário do que na criança.

5[210]

Assim, como resultado de nossa pesquisa encontramos que, na época do amadurecimento sexual, o adolescente dá um passo importantíssimo para seu desenvolvimento intelectual. Ele passa do pensamento complexo para o pensamento em conceitos. A formação de conceitos e a capacidade de operar a partir deles é a aquisição essencialmente nova dessa idade. Nos conceitos, o intelecto do adolescente encontra não apenas uma continuação das linhas anteriores. O conceito não é apenas um grupo associativo enriquecido internamente conectado. Trata-se de uma formação qualitativamente nova, irredutível aos processos mais elementares que caracterizam o desenvolvimento do intelecto em estágios anteriores. O pensamento em conceitos é uma nova forma de atividade intelectual, um novo modo de comportamento, um novo mecanismo intelectual.

Nessa atividade particular, o intelecto encontra um *modus operandi* novo e até então inexistente. Surge no sistema de funções intelectuais uma nova função que se distingue tanto por sua composição e estrutura quanto por seu modo de atividade.

A visão tradicional, que tende a negar o aparecimento de formações essencialmente novas no intelecto do adolescente e tenta analisar seu pensamento apenas como continuação, ampliação e aprofundamento do pensamento de uma criança de 3 anos, como se vê de forma ainda mais clara em Charlotte Bühler, não nota essencialmente a diferença qualitativa que há entre conceitos, complexos e formas sincréticas. Na base dessa visão está uma concepção puramente quantitativa do desenvolvimento do intelecto, estranhamente próxima da teoria de Thorndike, segundo a qual as formas superiores de pensamento se distinguem das funções elementares apenas quantitativamente, em termos da quantidade de conexões associativas que entram em sua composição. Justamente porque essa visão é predominante na psicologia tradicional da idade de transição, consideramos necessário acompanhar detalhadamente todo curso do desenvolvimento do pensamento e mostrar em toda sua variedade três casos qualitativos distintos por meio dos quais ele ocorre. O objeto imediato de nossa investigação era o pensamento do adolescente. Contudo, utilizamos todo o tempo o método dos cortes genéticos na investigação do pensamento, tal qual o pesquisador anatomista faz

---

210. As seções 5 a 25 reproduzem integralmente o quinto capítulo de *Pensamento e linguagem*. A numeração do original foi mantida aqui [Nota da edição russa].

cortes em diferentes estágios do desenvolvimento de determinado órgão e, ao comparar esses cortes entre si, estabelece o curso do desenvolvimento de um estágio a outro.

Na investigação pedológica contemporânea, como observa corretamente Gesell, o método dos cortes genéticos se tornou uma forma central de investigar o comportamento em seu desenvolvimento. A forma anterior, isto é, a descrição das particularidades etárias do comportamento, costumava se reduzir a uma caracterização estática, à enumeração de uma série de particularidades, sinais, traços distintivos do pensamento em determinado estágio do desenvolvimento. A caracterização estática costumava então substituir a análise dinâmica da idade. O desenvolvimento era perdido de vista, e a forma característica apenas para determinada idade era considerada por sua estabilidade, imutabilidade, por ser sempre igual a si mesma. O pensamento e o comportamento em cada estágio etário eram analisados como coisas, não como processos, em repouso, não em movimento. Entretanto, a essência de cada forma de pensamento só se revela quando começamos a compreendê-la como determinado aspecto organicamente necessário em um processo complexo e unido de desenvolvimento.

O único modo adequado de revelar essa essência é o método de cortes genéticos para o estudo genético comparativo do comportamento em diferentes estágios do desenvolvimento.

Foi assim que buscamos agir ao tentarmos revelar a especificidade do pensamento do adolescente. Interessava-nos não apenas listar as particularidades do pensamento na idade de transição, inventariar os modos de atividade intelectual encontrados no adolescente, enumerar as formas de pensamento em suas relações qualitativas. Em primeiro lugar, tentamos estabelecer o que a idade de transição traz de essencialmente novo para o desenvolvimento do pensamento, interessava-nos o pensamento em seu *vir a ser*. Nosso objetivo era captar o processo de crise e amadurecimento do pensamento, que constitui o principal conteúdo desta idade.

Para isso foi necessário representar o pensamento do adolescente em comparação com estágios anteriores, encontrar a passagem de uma forma de pensamento para outra e, por meio da comparação, estabelecer a mudança decisiva, a reconstrução fundamental, a reorganização radical que ocorre no pensamento do adolescente. Contudo, era necessário realizar cortes no processo de desenvolvimento do pensamento em diferentes etapas e, seguindo sempre a via comparativa genética, tentar ligar esses cortes entre si para restaurar o processo real de movimento que se realiza na passagem do pensamento de um estágio a outro.

A seguir, teremos de fazer exatamente o mesmo, pois o modo comparativo genético de análise, o método dos cortes genéticos é o principal e mais importante método de investigação pedológica.

De fato, ao realizarmos uma verificação funcional dos resultados de nosso estudo comparativo, nós sempre buscávamos não apenas dados da ontogênese do pensamento, como também de seu desenvolvimento filogenético, dados de desagregação e involução do pensamento em processos patológicos. Ao agirmos assim, fomos guiados pelo princípio da totalidade das formas superiores de atividade intelectual, independentemente dos diferentes processos pelos quais essa totalidade se manifestasse. Supomos que as principais leis de estruturação e atividade do pensamento continuam as mesmas, as principais regularidades que as regem são iguais em estados normais e patológicos, só que essas regularidades assumem uma expressão concreta distinta a depender de diferentes condições.

Assim como a patologia contemporânea analisa a doença como vida sob certas condições alteradas, podemos analisar a atividade do pensamento no caso de determinada patologia como uma manifestação de regularidades gerais do pensamento em condições específicas, criadas pela doença.

Na psiconeurologia contemporânea enraizou-se fortemente o pensamento de que o desenvolvimento é a chave para compreensão da desagregação e involução das funções psíquicas, e o estudo da desagregação e desintegração dessas funções é a chave para a compreensão de sua estrutura e desenvolvimento. Assim, a psicologia geral e a psicopatologia se iluminam mutuamente quando construídas sobre uma base genética.

Ao compararmos os dados da ontogênese e da filogênese, não nos baseamos nem por um minuto no ponto de vista do paralelismo biogenético na tentativa de encontrar na história do desenvolvimento da criança a repetição e a reprodução das formas de pensamento que predominavam nos estágios percorridos pela história da humanidade. Guiamo-nos pelo mesmo método comparativo de que falou corretamente Groos, quando afirmou que sua tarefa consistia não apenas em encontrar semelhanças, mas também estabelecer diferenças; a palavra "comparação" indica aqui não apenas a identificação de traços coincidentes, mas principalmente a busca de diferenças na semelhança.

Por isso em nenhum momento identificamos o processo de pensamento concreto da criança com o processo de pensamento concreto na história do desenvolvimento da humanidade. Ocupamo-nos sempre de elucidar da forma mais completa possível a natureza do fenômeno que tomamos como objeto de nossa investigação. É essa natureza que se revela em diversas conexões e formas de manifestação de um mesmo tipo de pensamento. De fato, dizer que o pensamento lógico surge em determinado estágio do desenvolvimento da história da humanidade e em determinado estágio do desenvolvimento da criança significa afirmar uma verdade inquestionável mas, ao mesmo tempo, isso não quer dizer absolutamente que quem afirma isso assume o ponto de vista do paralelismo genético. Da mesma forma, a análise comparativa do pensamento complexo em seus aspectos filogenético e ontogenético não pressupõe em absoluto uma ideia de paralelismo entre esses processos ou de identidade entre essas formas.

Buscamos ressaltar em especial um aspecto do fenômeno que nos interessa, pois ele é o que melhor aparece no estudo comparativo de diferentes manifestações e uma mesma forma de pensamento. Esse aspecto é a totalidade entre forma e conteúdo no conceito. Justamente devido ao fato de que no conceito forma e conteúdo são dados em uma totalidade, a passagem para o pensamento em conceitos significa uma verdadeira revolução no pensamento da criança.

<h1 style="text-align:center">6</h1>

Resta-nos agora analisar em que consistem as principais consequências do fato de que o adolescente passa para o pensamento em conceitos. A circunstância que gostaríamos de apresentar em primeiro lugar são as transformações profundas e fundamentais que ocorrem no conteúdo do pensamento do adolescente. Seria possível dizer, sem exagero, que todo conteúdo do pensamento se renova e se reorganiza devido à formação de conceitos. O conteúdo e a forma do pensamento não se relacionam entre si como a água e o copo. Forma e conteúdo estabelecem uma conexão indissociável e se condicionam mutuamente.

Se por conteúdo do pensamento compreendermos não apenas os dados exteriores que constituem o objeto do pensamento em determinado momento, mas um conteúdo real, veremos como, no processo de desenvolvimento da criança, ele se move constantemente para dentro, torna-se um componente orgânico da própria personalidade e de certos sistemas de seu comportamento. As convicções, interesses, visões de mundo, normas éticas e regras de comportamento, inclinações, ideais, determinados esquemas de pensamento: tudo isso é inicialmente exterior e passa a ser interior justamente porque, com o desenvolvimento do adolescente, devido ao seu amadurecimento e à mudança de seu meio, impõe-se a tarefa de dominar novos conteúdos, criam-se estímulos potentes que impulsionam o adolescente pelo caminho do desenvolvimento e de mecanismos formais de pensamento.

Ao colocar para o pensamento do adolescente uma série de novas tarefas, o novo conteúdo leva a novas formas de atividade, a novas formas de combinação de funções elementares, a novos modos de pensamento. Como veremos adiante, justamente na idade de transição, o novo conteúdo cria, ele mesmo, novas formas de comportamento, mecanismos de um tipo particular, sobre os quais trataremos no último capítulo. Com a passagem para o pensamento em conceitos revela-se para o adolescente o mundo da consciência social objetiva, o mundo da ideologia social.

O conhecimento no verdadeiro sentido do termo, a ciência, a arte, diferentes esferas da vida cultural só podem ser adequadamente assimilados por meio de conceitos. Com efeito, a criança também assimila verdades científicas, também penetra em determinada ideologia, também se integra em certas esferas da vida cultural. Contudo, ela é caracterizada por um domínio inadequado, incompleto de tudo isso, portanto, ao perceber o material cultural produzido, a criança ainda não participa ativamente em sua criação.

O adolescente, ao contrário, ao passar para uma assimilação adequada de tal conteúdo, que pode ser representado em toda sua plenitude e profundidade apenas por meio de conceitos, começa a participar de forma ativa e criadora nas diferentes esferas da vida cultural que se abrem diante dele. Sem o pensamento em conceitos não há compreensão das relações que estão por trás dos fenômenos. Todo o universo de conexões profundas que estão por trás do aspecto visível exterior dos fenômenos, o universo de interdependências e relações complexas dentro de cada esfera de atividade e entre cada uma de suas esferas só pode se revelar para quem o aborda com a chave do conceito.

Esse novo conteúdo não entra mecanicamente no pensamento do adolescente, mas passa por um longo e complexo processo de desenvolvimento. Por isso, a ampliação e o aprofundamento do conteúdo do pensamento revelam para o adolescente todo o universo em seu passado e presente, a natureza, a história e a vida do ser humano. Blónski diz corretamente que toda história da criança consiste em uma gradual ampliação de seu meio, que começa no útero materno e no berço e continua no quarto e na casa com seu meio circundante imediato. Dessa forma, com a ampliação do meio podemos determinar o desenvolvimento da criança em seu curso progressivo. A ampliação do meio na idade de transição faz com que o meio passe a ser o universo para o pensamento do adolescente. Como se sabe, essa mesma ideia foi expressa por Schiller[211] em seu conhecido dístico, no qual ele compara o bebê, para quem o berço é infinito, e o jovem, para quem o mundo inteiro é pequeno.

Antes de tudo, como observa corretamente Blónski, a principal transformação do meio consiste no fato de que ele se amplia até o ponto da participação na produção social. Por isso, no conteúdo do pensamento está representada antes de tudo a ideologia social, ligada a determinado lugar na produção social. Ele diz que também a psicologia de classe deve ser representada não como algo que se forma imediatamente, mas que se desenvolve gradualmente. Seu desenvolvimento completo se dá, evidentemente, na idade juvenil, quando a pessoa já ocupa ou está se preparando para ocupar, em breve, determinada posição na produção social. A história do estudante e do jovem é uma história de intenso desenvolvimento e formação de uma psicologia e ideologia de classe.

Com relação a isso, Blónski indica corretamente um difundido erro quanto ao modo de surgimento e desenvolvimento da ideologia e da psicologia de classe. Em geral, cita-se o instinto de imitação como sendo o principal mecanismo pelo qual o conteúdo do pensamento do adolescente surge e se forma. Entretanto, como observa corretamente o autor, a menção

---

211. Trata-se do dístico "Das Kind in der Wiege" (A criança no berço), escrito por Friedrich Schiller em 1796: "Glücklicher Säugling! Dir ist ein unendlicher Raum noch die Wiege, / Werde Mann, und dir wird eng die unendliche Welt." (Bem-aventurado é o bebê! Para ti o berço é ainda um espaço sem fim, / Torna-te homem e para ti estreito será mesmo o mundo infinito) [N.T.].

ao instinto de imitação sem dúvida atrapalha a compreensão da formação da psicologia de classe da criança.

Blónski indica que mesmo autores que consideram possível falar em psicologia de classe da criança não raro imaginam que ela se forma da seguinte maneira: pela imitação criam-se a psicologia de classe, os ideais de classe, a moral de classe. Se compreendemos a imitação tal como se costuma compreender na psicologia, essa afirmação é totalmente incorreta.

A psicologia de classe não é criada por imitação externa. Seu processo de formação é, sem dúvida, mais profundo. A psicologia de classe da criança é resultado da colaboração com as pessoas ao redor, para dizer de modo mais simples e breve, ela é resultado da vida comum com essas pessoas, da atividade comum, de interesses comuns. Repito: a aderência de classe se forma como resultado não de imitação externa, mas do caráter comum da vida, da atividade e dos interesses.

Estamos totalmente de acordo com o fato de que o processo de formação da psicologia de classe é incomparavelmente mais profundo do que imaginam os autores que citam o instinto de imitação. Acreditamos que já não é mais possível questionar a tese de Blónski de que o caráter comum da vida, da atividade e dos interesses é o fator central e principal nesse processo. Acreditamos, contudo, que falta aqui um elo essencial para explicar o processo como um todo. Por isso, a indicação de Blónski não resolve o problema, que permanece em aberto mesmo depois de termos refutado a menção ao instinto de imitação.

É claro que o caráter comum da vida, da colaboração e dos interesses coloca para o adolescente uma série de tarefas, em cujo processo de resolução ocorre a elaboração e a organização da psicologia de classe. Porém, não se pode perder de vista o mecanismo, os modos de atividade intelectual por meio dos quais esse processo se realiza. Em outras palavras, nunca será possível dar uma explicação genética do fenômeno de que fala Blónski, justamente porque a idade de transição é uma época de desenvolvimento intensivo e formação da psicologia e da ideologia de classe. Se não considerarmos a formação de conceitos como principal função intelectual, cujo desenvolvimento faz com que se revele para o adolescente um novo conteúdo do pensamento, não compreenderemos por que o caráter comum da vida e dos interesses não leva a um desenvolvimento intensivo do campo que nos interessa num período anterior ou na idade pré-escolar. É evidente que, em uma análise genética do desenvolvimento do conteúdo do pensamento, não podemos perder de vista nem por um minuto a conexão entre a evolução do conteúdo e a evolução das formas de pensamento. Em particular, não podemos esquecer nem por um minuto de uma posição fundamental e central de toda psicologia do adolescente: a função da formação de conceitos está na base de todas as transformações intelectuais nessa idade.

Nesse sentido, é de extremo interesse a tentativa de alguns autores de ignorar completamente o momento da formação de conceitos no desenvolvimento das formas de pensamento a partir de uma análise direta do conteúdo. Assim, em seu trabalho dedicado ao desenvolvimento da formação de ideais no jovem em processo de amadurecimento, Stern chega à conclusão de que uma visão de mundo metafísica é instintivamente inerente ao adolescente na época da maturação sexual, que é como se ela fosse fixada hereditariamente nessa idade. Tentativas análogas podem ser encontradas também em outros autores, que dedicam algumas páginas ou algumas linhas ao desenvolvimento do pensamento ou que às vezes passam completamente batidos, mas, em compensação, tentam reconstituir diretamente a estrutura do conteúdo do pensamento em diferentes esferas da consciência. É natural que, nesse caso, a estrutura do pensamento adquira um caráter metafísico. Na própria organização, na caracterização da consciência do adolescente eles recorrem à idealização como principal método de representação; assim, não surpreende que, para autores como Stern e Spranger, o adolescente seja visto como um metafísico nato, pois não se sabe de onde vem a profunda transformação e alteração do conteúdo de seu pensamento, que move o fluxo de suas ideias.

Não obstante, se não acompanharmos esses autores que tomam o caráter metafísico de suas próprias construções como sendo a estrutura metafísica do pensamento do adolescente, teremos de analisar, como já foi dito, a evolução do conteúdo do pensamento a partir da evolução de suas formas; teremos, em particular, que acompanhar qual tipo de mudança do conteúdo do pensamento é suscitada pela formação de conceitos. Veremos que a formação de conceitos faz com que se abra para o adolescente o mundo da consciência social e leva necessariamente a um crescimento intensivo e à formação de uma psicologia e ideologia de classe. Por isso, não surpreende que o adolescente estudado por Stern e Spranger apareça para os pesquisadores como um metafísico. A questão é que esse caráter metafísico do pensamento do adolescente constitui não uma particularidade instintiva, mas um resultado inevitável da formação de conceitos na esfera de determinada ideologia social.

Justamente as formas superiores de pensamento, em particular o pensamento lógico, são reveladas em seu significado para o adolescente. Segundo Blónski, se o intelecto da criança no estágio de troca dos dentes se distingue por um eidetismo ainda não suficientemente forte, o intelecto do adolescente se distingue por uma tentativa de ser lógico. Essa tentativa se manifesta, antes de tudo, no criticismo e na alta demanda para que aquilo que é enunciado seja comprovado. O adolescente tem um alto nível de exigência por evidências.

A mente do adolescente é, antes, sobrecarregada pelo concreto, e o conhecimento natural concreto, a botânica, a zoologia e a mineralogia (algumas das matérias favoritas na escola de primeiro nível) passam ao segundo plano no adolescente, cedendo lugar para questões filosóficas das ciências naturais, a origem do mundo, do ser humano etc. Da mesma forma, passa para o segundo plano o interesse por extensos relatos históricos concretos. O lugar deles passa cada vez mais a ser ocupado pela política, pela qual o adolescente tem grande interesse. Por fim, tudo isso combina com o fato de que há uma grande perda de interesse do adolescente por uma arte muito querida pela criança, bem como na idade pré-puberdade, que é o desenho. A arte mais abstrata, isto é, a música, é a preferida pelo adolescente.

O desenvolvimento da visão de mundo sociopolítica não se esgota com as transformações que ocorrem nessa época no conteúdo do pensamento do adolescente. Trata-se apenas, talvez, da parte mais clara e significativa das transformações ocorridas.

É absolutamente justo que o evento decisivo na vida da maior parte dos adolescentes seja o ingresso na produção social e, com isso, a plena autodefinição de classe. Segundo Blónski, o adolescente não apenas é filho de sua classe social, como é, ele mesmo, um membro ativo dessa classe. De forma correspondente, os anos da adolescência são, em primeiro lugar, os anos de formação da visão de mundo sociopolítica do adolescente. Nessa época elaboram-se os traços fundamentais das visões sobre a vida, as pessoas e a sociedade, forjam-se certas simpatias e antipatias sociais.

Os anos da adolescência são anos em que se quebra a cabeça com problemas da vida, como afirma Blónski (1930, p. 209-210). Os problemas que a própria vida apresenta ao adolescente bem como sua inserção decisiva enquanto participante ativo nessa vida exigem o desenvolvimento de formas superiores de pensamento.

Ao caracterizarmos o adolescente até agora silenciamos sobre um traço essencial, que foi reiteradamente observado por pesquisadores e que dificilmente poderia ser encontrado em outros estágios do desenvolvimento da criança. Ele é típico e característico justamente do adolescente. Estamos falando da contradição como traço fundamental da idade, contradição esta que também é expressa no conteúdo do pensamento do adolescente, isto é, o conteúdo de seu pensamento traz em si aspectos contraditórios.

O intelecto do adolescente, segundo Blónski, se distingue por uma inclinação para a matemática. Ainda que, segundo um ponto de vista bastante difundido, os adolescentes não estejam habituados a assimilar a matemática, o autor cita a experiência escolar para defender sua opinião. Blónski considera que o intervalo entre os 14 e os 17 anos de idade costuma ser, na prática escolar, um estágio de formação matemática intensiva e máxima, e justamente nessa época a pessoa costuma receber a maior parte de sua bagagem matemática. Da mesma forma, essa é uma idade de grande atração pela física. Por fim, essa é a idade dos interesses filosóficos e da coerência lógica nas tendências reflexivas. Porém, como fazer concordar o amor pela matemática, pela física e pela filosofia, o amor pela lógica, a harmonia dos raciocínios e das evidências com, para usar a expressão de Kretschmer, o "romantismo do pensamento", que é igualmente próprio do adolescente? A essa contradição Blónski responde com as palavras de Kretschmer: ambas as constituições do pensamento, apesar da diferença exterior entre elas, estão intimamente ligadas em termos biológicos.

Pensamos que o fato observado por Blónski é absolutamente justificado. Já a explicação que ele tenta dar para a contradição entre as inclinações e interesses intelectuais do adolescente são, em essência, insuficientes para resolver o problema que temos à nossa frente. A inclinação para matemática, física e filosofia é explicada por Blónski a partir de peculiaridades do temperamento esquizotímico, que é caracterizado por certa bipartição entre polos: por um lado um nível extremamente agudo e elevado de impressionabilidade, sensibilidade e perturbação e, por outro, um embotamento, frieza e indiferença emocional.

Acreditamos que o profundo parentesco biológico entre os dois tipos de pensamento citados por Kretschmer dificilmente poderia ser usado como fundamento efetivo para a peculiar combinação entre "romantismo do pensamento" e a demasiada logicização que se observa na idade de transição. Acreditamos que justamente uma explicação genética será a mais correta nesse caso. Se nos atentarmos para a enorme ampliação da realidade, o importante aprofundamento das conexões e relações entre coisas e fenômenos que pela primeira vez toma conta do pensamento do adolescente, compreenderemos também o que fundamenta a intensificação da atividade lógica bem como o "romantismo do pensamento" que lhe é próprio.

O fato da formação de conceitos e a novidade, a juventude, o caráter insuficientemente consolidado, estável e desenvolvido dessa nova forma de pensamento explicam a contradição notada pelo observador. Essa contradição é a contradição do desenvolvimento, das formas transitórias, da idade de transição.

Tendemos a explicar a juventude e o caráter não estabelecido da nova forma de pensamento por outra peculiaridade observada por Blónski: o insuficiente caráter dialético do adolescente, sua tendência a aguçar qualquer questão na forma de alternativa do tipo "ou-ou".

Acreditamos que aqui também se manifesta em primeiro lugar não uma particularidade do temperamento do adolescente, mas à simples circunstância de que o pensamento dialético, por ser a etapa mais elevada do desenvolvimento do pensamento maduro, não pode, evidentemente, ser própria do adolescente, que acabou de chegar à formação de conceitos. Além disso, com a formação de conceitos o adolescente entra no caminho do desenvolvimento que mais cedo ou mais tarde o levará ao domínio do pensamento dialético. Seria, contudo, equivocado esperar que essa etapa final e superior do desenvolvimento já esteja contida nos primeiros passos que dá o adolescente que acaba de dominar novos modos de atividade intelectual.

Uma boa ilustração para a transformação e reorganização radical que acontece no conteúdo do pensamento do adolescente é oferecida pelas pesquisas de Groos (1916), que mostram de forma isolada e pura a influência da idade na orientação do pensamento, em certos conteúdos da atividade intelectual do adolescente. Groos tentou explicar por meio de um experimento que tipo de questões são suscitadas em diferentes estágios etários na pessoa em desenvolvimento no caso de determinados processos de pensamento. Temas para reflexão eram propostos aos sujeitos. Depois da leitura, perguntava-se aos sujeitos: o que você mais gostaria de saber? As questões suscitadas dessa forma eram gravadas, reunidas e classificadas de acordo com o interesse lógico manifestado nelas. As pesquisas permitiram que fossem estabelecidos os interesses lógicos predominantes em sua dinâmica etária, em seu crescimento.

Um dos principais momentos da pesquisa é a explicitação de quando o interesse da pessoa que pensa está voltado à causa ou à consequência. Enquanto nos adultos de quase todas as idades se revela um predomínio do movimento do pensamento adiante, para as consequências, nas crianças predominam questões relativas a outras circunstâncias. Groos chegou à conclusão de que o interesse pelas consequências aumenta com a idade do desenvolvimento intelectual (cf. Tabela 1).

Tabela 1

Idade (anos)	Perguntas	
	Regressivas	Progressivas
12-13	108	11
14-15	365	49
15-16	165	35
16-17	74	19
Universitários	46	36

Groos tem todo fundamento para identificar nos resultados obtidos uma importante indicação do desenvolvimento de interesses pessoais da criança e do jovem, pois o crescimento relativo da posição progressiva ou regressiva em diferentes idades para os mesmos temas sem dúvida diz sobre o papel da idade na transformação na orientação dos interesses lógicos do pensamento.

Outra pesquisa trata da natureza das questões que surgem no pensamento da criança e do adolescente. Groos supõe que o julgamento é sempre precedido por um estado de incerteza, que se une a uma necessidade de conhecimento que, com frequência, expressamos por uma pergunta, ainda que dirigida a nós mesmos (trata-se não de algo expresso em voz alta, mas de uma questão interior).

Groos considera que também quanto à formulação exterior, verbal, há dois tipos de pergunta que correspondem aos nossos motivos de julgamento, isto é, as perguntas-definições e as perguntas-soluções. À simples perplexidade com sua total indefinição corresponde a pergunta-definição. Ela é como um recipiente vazio que só a resposta pode preencher. Por exemplo: O que é isto? De onde vem? Quem foi? Quando, por que, com qual objetivo isso ocorreu? Perguntas assim não podem ser respondidas por um simples "sim" ou "não". As perguntas-soluções, ao contrário, podem ser respondidas por "sim" ou "não", uma vez que na própria pergunta já há uma possibilidade de solução. Por exemplo: Esta planta é rara? Este tapete foi trazido da Pérsia? Essa pergunta, especialmente quando feita a si mesmo, é adequada à expressão do estado de expectativa consciente, do qual em alguns casos surge uma conclusão hipotética.

Uma vez que é evidente que nas questões-soluções se expressa uma atividade mental mais viva do que nas questões-definições e, uma vez que, além disso, por trás dessa distinção se oculta uma diferença profundamente enraizada entre os dois motivos de julgamento, há interesse em se pesquisar os resultados de nossos experimentos orientados a despertar perguntas nos alunos. De acordo com os dados de Groos, conforme as crianças crescem, a quantidade de questões com julgamento aumenta mais do que as vazias. A relação entre elas é mostrada na Tabela 2.

Tabela 2

Idade (anos)	Relação (%)
11-13	2
14-15	13
15-16	12
16-17	42
Universitários	55,5

No crescimento do pensamento progressivo, assim como no desenvolvimento de suposições e conjecturas próprias que são afins a esse tipo de pensamento, manifesta-se, sem dúvida, um traço essencial da idade de transição: não apenas um enorme enriquecimento do conteúdo do pensamento, como também novas formas de movimento, novas formas de operação desse conteúdo. Nesse sentido, consideramos que o que tem significado decisivo aqui é a totalidade entre forma e conteúdo, como sendo um traço fundamental da estrutura do conceito. Há esferas da realidade, há conexões e fenômenos que só podem ser adequadamente representados por conceitos.

Por isso, estão errados aqueles que analisam o pensamento abstrato como distante da realidade. Ao contrário, o pensamento abstrato é o primeiro a refletir de forma mais profunda e verdadeira, mais completa e multilateral a realidade que se revela diante do adolescente. Ao abordarmos as transformações do conteúdo do pensamento do adolescente não podemos ignorar uma esfera que também surge em uma época significativa de reorganização do pensamento como um todo. Trata-se do conhecimento da própria realidade interna.

7

Kroh diz que diante do adolescente em processo de amadurecimento surge pela primeira vez o mundo psíquico, sua influência começa a se orientar para outras pessoas em um grau cada vez mais crescente. O mundo das vivências internas, fechado para a criança de pouca idade, abre-se agora para o adolescente e constitui uma esfera de extrema importância para o conteúdo de seu pensamento.

Para o processo de penetração na realidade interior, no mundo das próprias vivências, desempenha novamente um papel decisivo a função de formação de conceitos, que surge na idade de transição. A palavra é tanto um meio para compreender os outros quanto um meio de compreender a si mesmo. A palavra, desde o nascimento, é para o falante um meio de compreender a si, de aperceber-se de suas próprias percepções. Graças a isso, apenas com a formação de conceitos tem-se um desenvolvimento intensivo da autopercepção, da auto-observação, um conhecimento intensivo da realidade interna, do mundo das próprias vivências. De acordo com a correta observação de Humboldt, o pensamento se torna claro apenas em conceitos; é apenas com a formação de conceitos que o adolescente começa a compreender verdadeiramente a si mesmo, seu mundo interior. Sem isso, o pensamento não pode atingir a clareza, não pode se tornar compreensível.

O conceito, por ser um meio de grande importância para conhecer e compreender, leva às principais transformações no conteúdo do pensamento do adolescente. Em primeiro lugar, o pensamento em conceitos leva à explicitação das profundas conexões que estão na base da realidade, ao conhecimento das regularidades que regem a realidade, à ordenação do mundo percebido por meio de uma rede de relações lógicas que se lança sobre ele. A linguagem é um meio muito poderoso de análise e classificação de fenômenos, um meio para a ordenação e generalização da realidade. A palavra, tornada portadora do conceito, é, segundo a correta observação de um dos autores, uma verdadeira teoria do objeto ao qual ela se refere. O geral, nesse caso, serve de lei para o particular. Ao conhecer a realidade concreta por meio das palavras, que são signos dos conceitos, a pessoa descobre no mundo que ela vê as conexões e regularidades que estão encerradas nesse mundo.

Em nossos experimentos observamos reiteradas vezes uma conexão extremamente interessante entre diferentes conceitos. A transição e conexão mútuas entre conceitos, ao refletirem uma transição e conexão mútuas entre fenômenos da realidade, leva a que cada conceito surja em conexão com todos os demais e, depois de surgir, é como se ele determinasse seu lugar em um sistema de conceitos já conhecidos anteriormente.

Em nossos experimentos o sujeito tinha a tarefa de criar quatro conceitos diferentes. Vimos como a formação de um conceito era a chave para a formação dos outros três, e como esses três últimos eram, em geral, desenvolvidos não pelo caminho de desenvolvimento do primeiro, mas por meio do conceito já elaborado e com sua ajuda. O curso do pensamento na elaboração do segundo, terceiro e quarto conceitos é sempre profundamente distinto do curso do pensamento na elaboração do primeiro, e somente em casos excepcionais os quatro conceitos foram elaborados com ajuda das mesmas operações. A conexão mútua entre os conceitos, a relação interna deles com um mesmo sistema fazem do conceito um dos principais meios de sistematização e conhecimento do mundo exterior. Contudo, o conceito não apenas leva ao sistema e constitui o principal meio de conhecimento da realidade externa. Ele também é o principal meio para a compreensão do outro, para uma assimilação adequada da experiência social constituída socialmente pela humanidade. É somente pelos conceitos que o adolescente consegue, pela primeira vez, sistematizar e conceber o mundo da consciência social. Nesse sentido, é absolutamente justa a definição de Humboldt, que afirmou que pensar em palavras significa juntar o próprio pensamento ao pensamento geral. A total socialização do pensamento está contida na função da formação de conceitos.

Por fim, a terceira esfera que surge novamente no pensamento do adolescente quando da passagem para a formação de conceitos é o mundo das próprias vivências, cuja sistematização, conhecimento e ordenação se tornam possíveis apenas nesse momento. Um dos autores afirma com total fundamento que a consciência é um fenômeno totalmente distinto da autoconsciência, que surge na pessoa mais tarde, ao passo que a consciência é uma propriedade constante de sua vida pessoal.

"A autoconsciência não é dada desde o princípio. Ela surge gradualmente na medida em que a pessoa, por meio da palavra, começa a compreender a si mesma. Compreender a si mesmo é possível em diferentes medidas. Nos estágios iniciais do desenvolvimento, a criança compreende muito pouco a si mesma"[212]. Sua autoconsciência se desenvolve em um ritmo extremamente lento e depende fortemente do desenvolvimento do pensamento. Mas o passo decisivo em direção à compreensão de si mesmo, ao desenvolvimento e à formação da consciência só é dado na idade de transição com a formação de conceitos.

Nesse sentido, é totalmente legítima e justificada a analogia feita por muitos autores entre a compreensão e a ordenação das realidades interna e externa por meio do pensamento em conceitos. "A pessoa submete também todas as suas ações a tais esquemas reguladores. O arbítrio, a rigor, só é possível por atos e não pelo pensamento, não pelas palavras que a pessoa usa para explicar seus desejos. A necessidade de explicar o próprio comportamento, de revelá-los em palavras, de representá-lo em conceitos, querendo ou não, leva à subordinação das próprias ações a esses esquemas reguladores. O déspota, subitamente convocado a responder em que baseia seus desvarios, diz: 'é o que eu quero'; rejeitando qualquer medida contra suas ações, ele cita o 'eu' como se fosse a lei. Contudo, ele mesmo fica insatisfeito com sua resposta e só responde assim por não saber o que dizer. Parece difícil imaginar *sic volo* (assim desejo) dito a sério, mas sem

---

212. Vigotski não indica a fonte desta e da próxima citação. Não foi possível localizar a autoria [Nota da edição russa].

raiva. Junto com isso, a liberdade e a intencionalidade se tornam atributo da autoconsciência."

Esses problemas complexos serão tratados no próximo capítulo, mas agora não nos deteremos neles em detalhe. Diremos apenas que, como veremos a seguir, a divisão entre o mundo das vivências internas e o mundo da realidade objetiva é algo que se desenvolve constantemente na criança e que, quando ela começa a falar, encontramos a separação entre si e o mundo, que existe na pessoa desenvolvida. Para a criança em seus primeiros dias de vida tudo é trazido pelos sentidos, todo conteúdo de sua consciência é ainda uma massa indistinta. A autoconsciência só é adquirida por meio do desenvolvimento, ela não nos é dada junto com a consciência.

Dessa forma, a compreensão da realidade, do outro e de si é o que o pensamento em conceitos traz consigo. Esta é a revolução que se inicia no pensamento e na consciência do adolescente, aquilo de novo que distingue o pensamento do adolescente e o da criança de 3 anos.

Pensamos ser possível expressar de modo absolutamente correto a tarefa de investigar o pensamento em conceitos para o desenvolvimento da personalidade e sua relação com o mundo circundante se a contrapusermos às tarefas que se colocam para a história da língua. Potebniá considerava que a principal tarefa da história da língua é mostrar na realidade a participação da palavra na formação de uma série sucessiva de sistemas que abarcam a relação entre a personalidade e a natureza. Em linhas gerais, compreenderemos corretamente o significado dessa participação se aceitarmos a tese básica de que a língua não é um meio de expressar um pensamento pronto, mas de criá-lo, de que ela não é um reflexo de uma visão de mundo formada, mas uma atividade que a constitui. Para captar seus movimentos mentais, para dar sentido às suas percepções externas, a pessoa deve objetivá-los na palavra, e colocar essa palavra em conexão com outras. Para compreensão da própria natureza e da natureza exterior não é indiferente em absoluto como essa natureza se apresenta para nós, por meio de quais comparações seus elementos são tão perceptíveis para a mente, quão verdadeiras são essas comparações para nós; em uma palavra, Potebniá supunha que para o pensamento não são indiferentes a propriedade inicial e o grau de esquecimento da forma interna da palavra.

Se estamos falando aqui da formação por meio da linguagem de uma série de sistemas, os quais abarcam a relação entre a personalidade e a natureza, não podemos, contudo, nos esquecer nem por um minuto de que tanto o conhecimento da natureza quanto o conhecimento da personalidade se realizam com ajuda da compreensão de outras pessoas, das pessoas ao redor, da experiência social. Essa indissociabilidade entre a linguagem e a compreensão aparece igualmente seja no uso social da linguagem como meio de comunicação, seja em seu uso individual como meio para o pensamento.

8

Nós trabalhamos sobre o material coletado por nossa colaboradora Páchkovska, que abarca algumas centenas de adolescentes que estudam nas escolas de aprendizagem fabril (EAF) e nas escolas da juventude camponesa (EJC). A pesquisa tinha a tarefa de esclarecer o que em pesquisas análogas aplicadas à infância é chamado de estudo da reserva de representações.

Na realidade, a pesquisa de Páchkovska resolveu tarefas ainda mais amplas: interessava-nos aqui não tanto a reserva de representações, o inventário de conhecimentos de que o adolescente dispõe, a enumeração dos aspectos a partir dos quais seu pensamento se forma, isto é, não se tratava tanto do aspecto quantitativo do círculo de representações quanto, em primeiro lugar, da estrutura do próprio conteúdo do pensamento e as complexas conexões e relações estabelecidas no pensamento do sujeito entre diferentes esferas da experiência. Interessava-nos esclarecer o que diferenciava qualitativamente a construção de determinado conteúdo do pensamento do adolescente em comparação com uma representação correspondente na criança e como, no pensamento do adolescente, estão ligadas entre si diferentes esferas da realidade. Em função disso, a palavra "representação" nos parece pouco apropriada. Nesse caso, em essência, não se trata absolutamente de representações. Se essa palavra expressa de forma mais ou menos exata o objeto de pesquisa na época em que ela estava orientada para o pensamento da criança de pouca idade, quando aplicada ao adolescente ela perde quase que qualquer significado ou sentido.

A unidade (o conteúdo do pensamento na idade de transição é formado a partir de um conjunto de unidades), a mais simples ação pela qual opera o intelecto do adolescente é, evidentemente, não a representação, mas o conceito. Dessa forma, a pesquisa de Páchkovska captou a estrutura e a conexão dos conceitos relativos a diferentes aspectos da realidade, externa e interna, e constituiu uma espécie de complemento natural à pesquisa anterior, cujo resultado apresentamos anteriormente. Interessava-nos o pensamento do adolescente em termos de conteúdo, queríamos olhar para o conceito do ponto de vista do conteúdo que está representado nele, e olhar se existe na idade de transição a conexão que supúnhamos existir teoricamente entre o surgimento de uma nova forma de pensamento (a função da formação de conceitos) e a reorganização radical de todo conteúdo da atividade intelectual do adolescente.

A pesquisa abordou diferentes esferas da experiência do adolescente e incluiu o estudo dos conceitos relativos a fenômenos da natureza, processos e instrumentos técnicos, fenômenos da vida social e representações abstratas de caráter psicológico. De modo geral, a investigação confirmou a existência das conexões esperadas e mostrou que além da função de formação de conceitos, o adolescente também adquire um conteúdo totalmente novo em termos de estrutura, do modo de sistematização, do escopo e da profundidade dos aspectos da realidade que ele reflete. Graças à pesquisa pudemos revelar como, em conjunto, o conteúdo de seu pensamento se enriquece e novas formas são adquiridas.

Nisto vemos os resultados centrais e mais importantes de todo trabalho e a confirmação direta da hipótese mencionada anteriormente. Acreditamos que um dos principais equívocos da psicologia contemporânea sobre os conceitos é a desconsideração dessa circunstância, o que leva a um exame puramente formal dos conceitos, que ignora as novas esferas e o novo sistema do conteúdo representado por eles, ou então a uma análise puramente morfológica, fenomenológica do conteúdo do pensamento em termos materiais, sem considerar que a análise morfológica por si mesma é sempre inconsistente e requer a colaboração de uma análise funcional e genética, pois este conteúdo só pode ser adequadamente representado em determinada forma, e apenas mediante o surgimento de funções específicas do pensamento, de determinados modos de atividade intelectual, torna-se possível dominar também certos conteúdos.

Já indicamos que a função da formação de conceitos na idade de transição é uma aquisição jovem e instável do intelecto. Por isso, seria errôneo pensar que o pensamento do adolescente é atravessado por conceitos. Ao contrário, observamos aqui o processo de constituição dos conceitos; até o fim da idade de transição eles ainda não são a forma predominante de pensamento, grande parte da atividade intelectual do adolescente se realiza ainda por outras formas, geneticamente anteriores.

Partindo disso, tentamos explicar o caráter não dialético do pensamento do adolescente e o romantismo desse pensamento, que foram apontados por muitos pesquisadores. Um paralelo pleno a essa posição pode ser encontrado também no conteúdo. É curioso que uma parte significativa dos adolescentes investigados, quando se viam diante da tarefa de definir um conceito abstrato, respondiam com base em definições absolutamente concretas. Assim, quando perguntados sobre o que é o bem, eles respondiam: "comprar o que é bom, isso é o bem" (14 anos, EAF); "o bem é quando uma pessoa faz algo de bom para outra, é isso que se chama o bem" (15 anos, EJC). Com muita frequência definem o significado cotidiano, prático do termo: "bem é uma propriedade, por exemplo, brincos, relógios, calças etc." (13 anos, EJC); "aquilo que você acumula é seu bem" (13 anos, EJC); ainda mais concreto: "roupas em baús, quando uma menina é dada em casamento" (13 anos, EJC); "bem é aquilo que temos, por exemplo, caderno, caneta, lápis etc." (14 anos, EAF), ou, por fim, "coisas de valor" (13 anos, EJC) e assim por diante.

Quando os adolescentes dão outras definições para esse conceito, partindo de seu significado como certa qualidade moral e psicológica, com frequência o caráter dessas definições, em especial no início da idade de transição, permanece igualmente concreto. A palavra é tomada em seu significado cotidiano e explicada a partir do exemplo mais concreto possível. No início da idade de transição, tem caráter análogo a definição de conceitos como "pensamento", "amor" e outros. À pergunta "o que é amor?", eles respondem: "amor é quando uma pessoa ama outra pessoa, que é próxima de seu coração" (14 anos, EJC); "amor é um nome, um homem ama uma mulher" (13 anos, EJC); "amor é quando se quer casar, então vai até a moça e propõe casamento" (13 anos, EJC); "o amor acontece entre pessoas próximas e conhecidas" (13 anos, EJC).

Dessa forma, também em termos do conteúdo do pensamento, no início da idade de transição, encontramos a mesma preponderância do concreto, a mesma tentativa de abordar um conceito abstrato do ponto de vista da situação concreta em que ele se manifesta. As definições apresentadas não se distinguem fundamentalmente em nada das citações apresentadas anteriormente, retiradas do material de Messer, que são típicas para a primeira idade escolar. Contudo, é preciso que se faça aqui uma ressalva importante: aquilo que observamos como sendo um fenômeno frequentemente encontrado na primeira metade da idade de transição não é essencial, não é específico, não é novo e, por isso, não é um traço característico em termos genéticos da idade de transição. Trata-se de um vestígio do antigo. Embora essa forma de pensamento seja predominante agora, conforme o adolescente se desenvolve, ela sofre uma involução, é reduzida e desaparece.

A passagem para um pensamento mais abstrato, embora não seja uma forma quantitativamente dominante, é específica para a idade de transição: conforme o adolescente segue adiante, ela se desenvolve. O pensamento concreto pertence ao passado e à maior parte do presente, já o abstrato pertence à menor parte do presente e a todo o futuro.

Não nos deteremos em detalhe em outras dimensões da pesquisa de Páchkovska. Diremos apenas que dois aspectos avançam para o primeiro plano na análise desse rico material factual. Em primeiro lugar, surgem as conexões e relações existentes entre os conceitos. Cada uma das 60 respostas[213] estão interna e organicamente ligadas às outras. O segundo aspecto consiste em que observamos como o conteúdo entra na composição interna do pensamento, como ele deixa de ser um aspecto orientador externo, como ele começa a se manifestar pelo falante em primeira pessoa.

De acordo com uma conhecida expressão latina *communia proprio dicere* (literalmente: dizer o geral por meio do particular), o conteúdo do pensamento se torna uma convicção interna do falante, a direção de seu pensamento, de seu interesse, a norma de seu comportamento, de seu desejo e de sua intenção. Isso aparece de forma especialmente clara quando se trata das respostas dos adolescentes a questões relevantes da contemporaneidade, da política, da vida social, do plano da vida pessoal etc. É característico que, nas respostas, o conceito e o conteúdo nele refletido não são transmitidos como o são pela criança, como algo assimilado de fora, algo inteiramente objetivo; ele está entrelaçado a aspecto internos complexos da personalidade, e às vezes é difícil definir onde termina o enunciado objetivo e onde começa a manifestação do interesse próprio, a convicção, a direção do comportamento.

---

213. Cada um dos sujeitos respondeu a 60 perguntas, e as respostas foram analisadas [Nota da edição russa].

De modo geral, seria difícil encontrar uma prova mais clara da tese de que o conteúdo não entra no pensamento como algo externo e alheio em relação a ele, que ele não preenche uma determinada forma de atividade intelectual tal qual a água preenche um copo vazio, que ele é organicamente ligado a funções intelectuais, que cada esfera do conteúdo tem suas funções específicas e que o conteúdo, ao se tornar um patrimônio da personalidade, começa a participar do sistema geral de movimento dessa personalidade, do sistema geral de seu desenvolvimento como um de seus aspectos internos.

O pensamento claramente assimilado, tornado um pensamento pessoal do adolescente, além de sua lógica e movimento próprios, começa a se subordinar às regularidades gerais do desenvolvimento do sistema pessoal de pensamento, no qual ele se inclui como uma determinada parte, e a tarefa do psicólogo consiste justamente em acompanhar esse processo e ser capaz de encontrar a estrutura complexa da personalidade e de seu pensamento, na qual está incluído o pensamento claramente assimilado. Da mesma forma que uma bola lançada no convés de um navio se move pela diagonal de um paralelogramo de duas forças, o pensamento assimilado nessa época se move pela diagonal de um complexo paralelogramo que reflete duas forças distintas, dois sistemas distintos de movimento.

9

Chegamos aqui bem perto de estabelecer um dos aspectos centrais, sem cuja explicação jamais poderemos superar uma confusão comum relativa à ruptura entre forma e conteúdo no desenvolvimento do pensamento. A psicologia tradicional assimilou da lógica formal a ideia de que o conceito é uma construção mental abstrata, absolutamente distante de toda riqueza da realidade concreta. Do ponto de vista da lógica formal, o desenvolvimento dos conceitos está subordinado à lei fundamental da proporcionalidade inversa entre volume e conteúdo do conceito. Quanto mais amplo é o volume do conceito, mais estreito será seu conteúdo. Isso quer dizer que quanto maior for a quantidade de objetos aos quais um conceito pode ser aplicado, quanto maior for o círculo de coisas concretas que ele abarca, mais pobre será seu conteúdo, mais vazio ele será. O processo de formação de conceitos, segundo a lógica formal, é extremamente simples. Os momentos de abstração e generalização estão íntima e internamente ligados entre si e, segundo esse ponto de vista, constituem um mesmo processo, vistos em aspectos distintos. Nas palavras de Bühler aquilo que a lógica chama de abstração e generalização é absolutamente simples e compreensível. O conceito que tenha um de seus sinais retirados, torna-se mais pobre em termos de conteúdo e mais abstrato e maior em volume, torna-se geral.

É absolutamente claro que, se o processo de generalização for analisado como consequência direta da abstração de sinais, querendo ou não chegaremos à conclusão de que o pensamento em conceitos está distante da realidade, que o conteúdo que ele representa se torna cada vez mais pobre, exíguo e estreito. Não por acaso, tais conceitos costumam ser chamados de abstrações vazias. Outros disseram que os conceitos surgem no processo de castração da realidade. Fenômenos concretos e diversos devem perder todos os seus sinais para que o conceito possa se formar. Surge, de fato, uma abstração vazia e árida, na qual a diversidade e exuberância da realidade se esvaem e se empobrecem pelo pensamento lógico. Daí surgem as famosas palavras de Goethe: "cinza é toda a teoria, e eternamente verde é a árvore dourada da vida".

Essa abstração vazia, seca e cinza tenta inevitavelmente reduzir o conteúdo a zero, pois quanto mais geral, mais vazio se torna o conceito. O empobrecimento do conteúdo ocorre por uma necessidade fatídica e, por isso, a psicologia que elaborou sua teoria sobre os conceitos a partir da lógica formal viu o pensamento em conceitos como sendo o sistema de pensamento mais pobre, exíguo e vazio em termos de conteúdo.

Contudo, a verdadeira natureza do conceito está profundamente distorcida nessa representação formal. Um conceito verdadeiro é uma imagem de um objeto real em sua complexidade. Apenas quando formos capazes de conhecer o objeto em todas as suas conexões e relações, apenas quando a diversidade for sintetizada na palavra, em uma imagem integral por uma multiplicidade de definições, apenas então surge o conceito. Segundo a teoria da lógica dialética, o conceito traz em si não apenas o geral, mas também o único, o particular.

Diferentemente da contemplação, do conhecimento imediato do objeto, o conceito é repleto de definições do objeto, ele é resultado de uma elaboração racional de nossa experiência, ele é um conhecimento mediado do objeto. Pensar sobre algum objeto com ajuda do conceito quer dizer incluir o tal objeto em um sistema complexo de conexões e relações mediadoras que se revelam nas definições do conceito. Assim, o conceito não surge, de forma alguma, como resultado mecânico da abstração: ele é resultado de um conhecimento prolongado e profundo do objeto.

Além de superar o ponto de vista lógico-formal sobre o conceito, além de revelar o erro da lei da proporcionalidade inversa entre volume e conteúdo, a nova psicologia começa a tatear uma posição correta no estudo dos conceitos. A investigação psicológica revela que no conceito sempre temos um enriquecimento e um aprofundamento do conteúdo contido nele. A esse respeito, é totalmente justa a comparação feita por Marx entre o papel da abstração e o poder do microscópio. Em uma pesquisa verdadeiramente científica temos a possibilidade, com a ajuda do conceito, de penetrar a realidade exterior dos fenômenos, a forma exterior de suas manifestações, ver as conexões e relações ocultas que estão na base dos fenômenos, penetrar em sua essência, da mesma forma como conseguimos revelar, com a ajuda do microscópio, a vida rica e complexa, oculta aos nossos olhos, contida em uma gota d'água, a complexa estrutura interna de uma célula.

De acordo com a conhecida definição de Marx, se a forma de manifestação e a essência das coisas fossem diretamente coincidentes, toda ciência seria supérflua (cf. Marx; Engels, [s. d.], p. 384, v. 25). O pensamento em conceitos é o modo mais adequado de conhecimento da realidade justamente porque ele penetra na essência interior das coisas, já a natureza das coisas se revela não pela contemplação direta de determinado objeto isolado, mas nas conexões e relações que se revelam no movimento, no desenvolvimento do objeto e que o ligam com toda a realidade restante. A ligação interna das coisas se revela por meio do pensamento em conceitos, pois elaborar um conceito sobre determinado objeto significa revelar uma série de conexões e relações entre esse objeto e toda a realidade restante, significa incluí-lo em um complexo sistema de fenômenos.

Com isso altera-se também a noção do próprio mecanismo intelectual que está na base da formação de conceitos. A lógica formal e a psicologia tradicional reduzem o conceito a uma representação geral. De acordo com essa teoria, o conceito se distingue de uma representação concreta tanto quanto a fotografia coletiva de Galton se distingue de um retrato fotográfico individual. Ou então costuma-se fazer outra comparação, isto é, no lugar de representações gerais, pensamos com a ajuda de substitutos, ou seja, de palavras que atuam como bilhetes de crédito que substituem moedas de ouro.

Na forma mais desenvolvida, a investigação psicológica contemporânea entende que, se ambos os pontos de vista apresentados são desprovidos de fundamento, de todo modo deve existir, como diz Bühler, algum equivalente das operações lógicas (abstração e generalização) se não diretamente em cada representação isoladamente, ao menos no fluxo de representações no pensamento abstrato, uma vez que o curso real dos fenômenos psíquicos está estreitamente ligado a tais operações. Em que Bühler identifica o equivalente psicológico dessas operações lógicas? Ele o encontra no pensamento e na percepção ortoscópica, na elaboração da invariante, ou seja, no fato de que nossa percepção e outros processos de reflexão e conhecimento da realidade têm certa constância (estabilidade das impressões percebidas). Segundo Bühler, aquele que puder indicar de modo mais exato como isso ocorre, como, independentemente da alteração da posição do observador e da alteração da distância em relação à impressão da forma e do tamanho, elabora-se um tipo de impressão absoluta, terá feito uma contribuição decisiva para a teoria da formação de conceitos.

Ao citar a percepção ortoscópica, ou absoluta, ou as representações esquemáticas, Bühler não resolve o problema que se coloca diante de nós, mas o desloca para um estágio anterior do desenvolvimento. Com isso, acreditamos que ele completa o círculo lógico da definição, uma vez que o próprio problema da percepção absoluta deve ser resolvido por meio da influência inversa dos conceitos sobre a constância da percepção. Trataremos disso no próximo capítulo. Contudo, a principal deficiência da teoria de Bühler consiste no fato de que ela tenta encontrar um equivalente psicológico das operações lógicas que levam à elaboração do conceito em processo elementares, que são em igual medida próprios tanto da percepção quanto do pensamento. Fica claro, assim, que são apagadas todas as fronteiras, toda distinção qualitativa entre formas elementares e superiores, entre percepção e conceito.

O conceito se revela simplesmente uma percepção corrigida e estável, não uma simples representação, mas um esquema de representação. Compreende-se, portanto, que justamente a teoria de Bühler em seu desenvolvimento lógico levou à negação da peculiaridade qualitativa do pensamento do adolescente e ao reconhecimento de uma identidade fundamental entre esse pensamento e o de uma criança de 3 anos.

Junto com a transformação radical do ponto de vista lógico, da visão lógica sobre o conceito, transforma-se também a orientação das buscas por um equivalente psicológico do conceito. Aqui novamente se confirmam as palavras de Strumpf: o que é verdadeiro na lógica não pode ser falso na psicologia, e vice-versa. A contraposição entre o lógico e o psicológico na pesquisa sobre os conceitos, tão característica do neokantismo, de fato deve ser substituída pelo ponto de vista inverso. Uma análise lógica do conceito, que revele sua essência, oferece a chave para sua investigação psicológica. É absolutamente claro que, quando a lógica formal concebe o processo de formação de conceitos como um processo gradual de estreitamento do conteúdo e ampliação do volume, um processo de simples perda de uma série de sinais por parte do objeto, a investigação psicológica se orienta para encontrar processos análogos, equivalentes a essa abstração lógica na esfera das operações intelectuais.

Daí vem a conhecida comparação com a fotografia coletiva de Galton, daí vem a teoria sobre as representações gerais. Com a nova compreensão do conceito e de sua essência, a psicologia se vê diante de novas tarefas de pesquisa. O conceito começa a ser pensado não como coisa, mas como processo, não como abstração vazia, mas como um reflexo multilateral e profundo do objeto da realidade em sua complexidade e diversidade, em conexões e relações com toda a realidade restante. Naturalmente, a psicologia passa a buscar um equivalente dos conceitos em uma esfera totalmente diferente.

Há muito foi observado que o conceito, em essência, não é outra coisa senão um certo conjunto de juízos, um certo sistema de atos do pensamento. Assim, um dos autores diz que o conceito, analisado psicologicamente, ou seja, não apenas em termos de conteúdo, como na lógica, mas como forma pela qual a realidade emerge, em suma, como atividade, consiste em uma certa quantidade de juízos e, portanto, não um único ato de pensamento, mas uma série de atos. O conceito lógico, ou seja, o conjunto simultâneo de sinais, que difere do agregado de sinais na imagem, é, aliás, uma função absolutamente necessária para a ciência. A despeito de sua duração, o conceito psicológico tem uma totalidade interna.

Vemos, dessa forma, que o conceito é para a psicologia um conjunto de atos de julgamento, de apercepção, de interpretação, de conhecimento. Considerado em ação, em movimento, em atividade, o conceito não perde a totalidade, mas reflete sua natureza verdadeira. De acordo com nossa hipótese, devemos buscar o equivalente psicológico do conceito não nas representações gerais, não em percepções absolutas e em esquemas ortoscópicos, tampouco nos substitutos das representações gerais de imagens verbais concretas; ele deve ser buscado no sistema de julgamentos, nos quais o conceito se revela.

Na realidade, uma vez que rejeitamos a ideia de que o conceito seria um simples conjunto de certo número de sinais concretos, que se distingue de uma representação simples apenas por ser uma imagem mais pobre em termos de conteúdo e mais ampla em termos de volume, como um invólucro amplo e um conteúdo escasso, devemos pressupor já de antemão que o equivalente psicológico do conceito só poderá ser o sistema de atos do pensamento e não determinada combinação e reelaboração de imagens.

Como foi dito, o conceito é um reflexo objetivo do objeto em sua essência e variedade, ele emerge como resultado de uma elaboração racional de representações, como resultado do desvelamento das conexões e relações de determinado objeto com outros, ele encerra em si, portanto, um processo prolongado do pensamento e da cognição, que está concentrado nele. Por isso, é absolutamente correta a indicação da definição citada anteriormente de que o conceito, tomado em seu aspecto psicológico, é uma atividade prolongada, que inclui uma série de atos do pensamento.

Bühler também se aproxima da verdade quando diz que, por meio de uma palavra abstrata (mamífero), nós, adultos educados, estamos associativamente ligados não apenas à representação de todas as formas possíveis de animais, como, o que é muito mais importante, a um rico complexo, mais ou menos inserido em um sistema, de julgamentos, a partir do qual, conforme as circunstâncias, determinado julgamento estará a nosso serviço.

Um grande mérito de Bühler foi ter apontado para o fato de que o conceito surge não de forma mecânica, por meio de uma fotografia coletiva de objetos de nossa memória, que essa tese se mostra justa mesmo para formas isoladas de formação de conceitos e que, por isso, os conceitos não podem ser puramente produtos de associações, mas têm seu lugar nas conexões do conhecimento, ou seja, que os conceitos têm um lugar natural nos julgamentos e nas conclusões, agindo como parte integrante desses últimos. Em nosso ponto de vista, apenas dois aspectos são equivocados aqui. Em primeiro lugar, Bühler considera a conexão do conceito com o complexo de julgamentos introduzidos no sistema como sendo uma ligação associativa que surge fora do pensamento. O processo de julgamento é erroneamente considerado por ele como sendo um simples julgamento reprodutivo. Essa compreensão associativa sobre o caráter da ligação entre o conceito e os atos do pensamento não foi refutada por nenhum dos representantes da teoria de que as representações gerais são a base do conceito. Na realidade, pouco pode ser associado, ligado ao conceito. Com efeito, o círculo de associações possíveis é absolutamente ilimitado e, por isso, a existência de conexões associativas com julgamentos ainda não diz nada sobre a natureza psicológica do conceito, não altera nada em sua compreensão tradicional e pode ser perfeitamente conciliada com a identificação entre conceito e representação geral.

O segundo erro de Bühler é a ideia de que o conceito tem um lugar natural nos atos de julgamento, constituindo uma parte orgânica deles. Esse ponto de vista nos parece equivocado, pois o conceito, como vimos, constitui não apenas uma parte do julgamento, mas surge como resultado de uma complexa atividade do pensamento, ou seja, como resultado da reiterada operação de julgamentos, e se revela numa série de atos de pensamento. Dessa forma, o conceito, segundo nosso ponto de vista, não é parte do julgamento, mas um sistema complexo de julgamentos, introduzido em uma certa totalidade, e uma estrutura psicológica especial no mais pleno e verdadeiro significado da palavra. Isso quer dizer que o sistema de julgamentos nos quais o conceito se revela está contido de forma contraída e abreviada, como que em estado potencial, na estrutura do conceito. Esse sistema de julgamentos, assim como toda estrutura, tem suas peculiaridades, suas propriedades que a caracterizam precisamente como um sistema integral, e apenas a análise desse sistema pode nos levar à compreensão da estrutura do conceito.

Por conseguinte, a estrutura do conceito, segundo o nosso ponto de vista, revela-se no sistema de julgamentos, no complexo de atos do pensamento que aparecem como uma formação integral única que tem suas próprias regularidades. Nessa representação encontramos a realização da ideia principal sobre a totalidade entre forma e conteúdo como base do conceito. Na realidade, o conjunto de julgamentos introduzido no sistema representa certo conteúdo de forma ordenada e coerente, ele é a totalidade de uma série de aspectos do conteúdo. Além disso, o conjunto de atos do pensamento que agem como um todo único é construído como um mecanismo intelectual especial, como uma estrutura psicológica especial, que se organiza a partir de um sistema ou de um complexo de julgamentos. Dessa forma, a combinação específica de atos do pensamento, ao agir sobre certa totalidade, aparece como forma especial de pensamento, como certo modo intelectual de comportamento.

Com isso, podemos encerrar nossa revisão sobre as transformações que ocorrem no conteúdo do pensamento do adolescente. Podemos constatar que todas as transformações do conteúdo, como foi dito reiteradas vezes, necessariamente pressupõem também uma alteração na forma de pensamento. Aqui, mais do que em qualquer outra parte, mostra-se apropriada a lei psicológica geral segundo a qual um novo conteúdo não preenche mecanicamente uma forma vazia, mas forma e conteúdo são aspectos de um único processo de desenvolvimento intelectual. "Não se pode verter vinho novo em odre velho" [cf. Mt 9,14-17; Mc 2,18-22; Lc 5,33-39].

Isso também está totalmente relacionado ao pensamento na idade de transição.

10

Resta-nos analisar as importantes transformações sofridas pela forma do pensamento na idade de transição. Em essência, a resposta a essa questão já foi predeterminada no fluxo do raciocínio anterior. Ela consiste na teoria do conceito que tentamos desenvolver brevemente. Se partirmos da ideia de que o conceito é um certo sistema de julgamentos, iremos necessariamente concordar que a única atividade em que o conceito se revela, e que será a única esfera em que ele se manifesta, é o pensamento lógico.

Em nosso ponto de vista, o pensamento lógico não é formado de conceitos, como se eles fossem elementos isolados; ele não é acrescentado aos conceitos como algo que se encontra acima deles e que surge depois deles: ele é o próprio conceito em ação, em funcionamento. Tal qual a conhecida expressão que define a função como órgão em atividade, poderíamos definir o pensamento lógico como conceito em ação. Segundo esse ponto de vista, seria possível dizer enquanto tese geral que a mais importante virada nas formas do pensamento do adolescente, a virada que ocorre como resultado da formação de conceitos e que é a segunda consequência principal da aquisição dessa função, é o domínio do pensamento lógico.

Apenas na idade de transição o domínio do pensamento lógico se torna um fato real, e apenas graças a ele é que são possíveis as profundas transformações no conteúdo do pensamento, sobre os quais falamos anteriormente. Há numerosas evidências de pesquisadores que assinalam o desenvolvimento do pensamento lógico na idade de transição.

Por exemplo, segundo as palavras de Meumann, a verdadeira dedução lógica na forma usada pelos manuais só se torna facilmente realizável para a criança muito tarde. Aproximadamente no último ano de escolarização alemã, ou seja, aos 14 anos a criança se encontra em condições de ver a relação entre deduções realizadas e compreendê-las. É verdade que a visão de Meumann foi muitas vezes questionada. Apontou-se que o pensamento lógico aparece muito antes da maturação sexual, e a tentativa de refutar a tese de Meumann sempre teve duas orientações.

Alguns autores tentaram simplesmente reduzir o prazo indicado por Meumann e, de modo geral, a divergência deles com Meumann se mostrou apenas aparente. Assim, em uma pesquisa recente, Ormian encontrou que o domínio do pensamento lógico começa aos 11 anos. Outros autores, como vimos anteriormente, também indicam a idade de 11-12 anos, isto é, no fim da primeira idade escolar, como sendo o período de superação das formas pré-lógicas de pensamento da criança e o limiar a partir do qual já tem início o domínio do pensamento lógico.

Essa tentativa de simplesmente reduzir em dois anos o prazo apontado por Meumann para o surgimento do pensamento lógico não diverge, em nossa opinião, da tese defendida por Meumann, pois o que ele tem em vista é o domínio final do pensamento lógico em sua forma desenvolvida. Alguns autores, que acompanharam de forma mais sutil e exata o processo de desenvolvimento dos conceitos, indicam seu início. E todos eles concordam que apenas depois da conclusão da primeira idade escolar e apenas com o início da adolescência ocorre a passagem para o pensamento lógico no sentido próprio e verdadeiro da palavra.

Há autores que divergem com essa tese de forma radical e decisiva. Baseando-se num estudo profundo do pensamento da criança de pouca idade e quase sem se apoiar em uma investigação do pensamento do adolescente, esses autores, como mostramos reiteradas vezes, tendem a negar qualquer diferença entre o pensamento de uma criança de 3 anos e o de um adolescente. Com base em dados puramente exteriores, os pesquisadores atribuem o pensamento lógico desenvolvido à criança de 3 anos, esquecendo-se de que o pensamento lógico é impossível sem conceitos, e os conceitos só surgem comparativamente mais tarde.

A controvérsia criada por essa disputa psicológica só poderá ser resolvida se formos capazes de responder se a criança de pouca idade tem pensamento abstrato e conceitos e em que consiste a diferença qualitativa entre conceitos e pensamento lógico e a generalização e o pensamento da criança de pouca idade. Em essência, em toda apresentação anterior, partimos de uma tentativa de responder a essa pergunta. Justamente por isso não nos limitamos à simples afirmação de que a formação de conceitos começa na idade de transição, mas recorremos ao método de cortes genéticos e à comparação de diferentes estágios no desenvolvimento do pensamento, e tentamos mostrar como o pseudoconceito se distingue do conceito verdadeiro, qual a diferença qualitativa entre o pensamento complexo e o pensamento em conceitos e o que há, portanto, de novo no conteúdo do desenvolvimento do pensamento na idade de transição.

Gostaríamos agora de reforçar a tese descoberta experimentalmente por meio de um exame dos resultados trazidos por pesquisas de outros autores, dedicadas especialmente ao estudo das particularidades do pensamento da criança até a idade de transição. É como se essas pesquisas, realizadas com um objetivo totalmente distinto, tivessem sido feitas especialmente para refutar a ideia de que a criança de pouca idade, de idade pré-escolar e escolar já domina o pensamento lógico.

A principal conclusão que se pode tirar dessas pesquisas consiste na descoberta de que, por trás das formas de pensamento exteriormente parecidas com o pensamento lógico ocultam-se, em essência, operações de pensamento qualitativamente distintas. Estamos nos referindo a três aspectos principais, ligados à descoberta da peculiaridade qualitativa do pensamento da criança e sua diferença fundamental em relação ao pensamento lógico. Novamente, ao analisarmos os resultados de pesquisas de outros autores, devemos recorrer ao método de cortes genéticos, tentar encontrar a particularidade do pensamento em conceitos, comparando-o com outras formas de pensamento, geneticamente anteriores.

Por isso, devemos obviamente abstrairmo-nos do pensamento do adolescente e concentrar nossa atenção no pensamento da criança. Contudo, em essência, teremos sempre no horizonte o pensamento na idade de transição. Queremos apenas encontrar o caminho para conhecer suas peculiaridades por meio do estudo comparativo genético e comparação com formas anteriores de pensamento, pois, como já dissemos, a disputa sobre a formação de conceitos ser ou não uma conquista da idade de transição, em essência, conforme ela se coloca atualmente, leva à seguinte questão: será que a criança domina o pensamento lógico e a formação de conceitos?

11

Como já dissemos, em nossa disposição não há outro meio para se compreender o que surge de novo no pensamento do adolescente em comparação com o pensamento da criança senão pela adoção de um estudo comparativo de cortes genéticos de um intelecto em desenvolvimento. Apenas a comparação do intelecto do adolescente e o da criança de pouca idade, de idade pré-escolar ou escolar, apenas a contraposição de quatro cortes realizados nas etapas iniciais do desenvolvimento permite que se tenha a possibilidade de incluir o pensamento do adolescente em uma corrente genética e compreender o que surge de novo nele.

Dissemos também que a interpretação equivocada dos cortes iniciais do desenvolvimento do intelecto, uma interpretação baseada em uma semelhança exclusivamente aparente, em sinais exteriores, é o que costuma levar à superestimação das possibilidades do pensamento lógico da criança e, portanto, à subestimação do que surge de novo no pensamento do adolescente.

Formulamos a tarefa que temos diante de nós da seguinte forma: devemos analisar se existe pensamento lógico na criança, no sentido próprio da palavra, se a função de formação de conceitos é própria da criança. Para responder a essa questão devemos nos voltar a uma série de pesquisas mais recentes, que não deixam dúvidas quanto ao problema em questão. Nos últimos tempos, foi dedicado a esse problema o trabalho especial de

Uznadze, que, por meio de uma série de experimentos, submeteu a formação de conceitos na idade pré-escolar a uma investigação sistemática. A pesquisa (Uznadze, 1929) envolveu 76 crianças entre 2 e 7 anos de idade. Foram realizados experimentos que exigiam a classificação de diferentes objetos em grupos; em seguida, experimentos que exigiam denominar uma coisa nova com algum nome desconhecido; experimentos de comunicação por meio desses novos nomes, generalização desses nomes e definição de novas palavras. Dessa forma, os experimentos abordaram diferentes aspectos funcionais da formação de conceitos.

O principal problema dessas pesquisas, como já dissemos, é revelar qual é, na idade pré-escolar, o equivalente dos nossos conceitos, por meio dos quais é possível a compreensão mútua entre adulto e criança, ainda que a criança não domine o conceito desenvolvido; por fim, em que consiste a particularidade desses equivalentes nos estágios iniciais do desenvolvimento.

Não podemos nos deter em detalhes no curso da pesquisa, iremos direto para os resultados principais, nos quais encontraremos a resposta para a questão que nos interessa. Como característica geral da criança de 3 anos, Uznadze supõe que se pode dizer que as palavras que ela utiliza despertam imagens visuais integrais e não diferenciadas dos objetos, que são também o significado dessas palavras.

Assim, a criança de 3 anos não emprega conceitos verdadeiros, mas, no melhor dos casos, utiliza apenas determinados equivalentes desses últimos na forma de imagens de representações integrais e não diferenciadas. A criança de 4 anos dá um passo significativo adiante no desenvolvimento dos conceitos, e um dos maiores méritos da pesquisa de Uznadze foi a tentativa de acompanhar passo a passo, ano a ano, o processo interno de transformação da estrutura do significado das palavras infantis.

Não temos a possibilidade de apresentar o curso do desenvolvimento ano a ano. Interessa-nos apenas a conclusão final. Uznadze diz que na criança de 7 anos; enfim, as formas em desenvolvimento do pensamento conquistam uma hegemonia decisiva. 90% dos complexos sonoros se tornam palavras reais, cujo significado é composto não por uma representação integral, mas, antes de tudo, por sinais únicos correspondentes. Isso se mostra de modo especial nos experimentos com generalização, nos quais 84% dos processos ocorrem com base na semelhança de sinais isolados. Em concordância com isso, a criança de 7 anos atinge um estágio de desenvolvimento em que pela primeira vez está apta a compreender adequadamente e elaborar nossos processos de pensamento. Dessa forma, a maturidade escolar verdadeira tem início apenas ao fim do sétimo ano de vida, apenas nessa época a criança se torna capaz de uma compreensão verdadeira e uma elaboração de operações de pensamento, antes disso ela utiliza apenas equivalentes de conceitos relativos a um mesmo círculo de objetos, mas que têm outro significado. O autor não analisa a particularidade dos significados infantis; mas a indicação do caráter integral concerto-imagético e não diferenciado dessas formações permite que as aproximemos das formas complexas de pensamento, que encontramos em nossos experimentos.

Em essência, mediante uma pesquisa mais aprofundada, Uznadze foi capaz de mostrar que as particularidades do pensamento que pesquisas anteriores atribuíam à criança de pouca idade, na verdade são predominantes até o oitavo ano de vida. Esse é o principal mérito do trabalho de Uznadze. Ele foi capaz de mostrar que, quando surge uma aparente hegemonia do pensamento lógico, na realidade, existe, apenas equivalentes dos nossos conceitos, que permitem a troca de ideias, mas não uma aplicação adequada de operações correspondentes.

Há muitos pesquisadores que tomaram consciência sobre esses equivalentes em sua aplicação à criança de pouca idade. Assim, Stern (1926; 1922) em sua pesquisa sobre a língua infantil, cita Ament (1899) ao afirmar que na linguagem infantil, desde o início, não ocorre uma diferenciação dos símbolos em conceitos individuais e genéricos. A criança começa, antes, com protoconceitos, a partir dos quais apenas gradualmente se desenvolvem os dois tipos que nos interessam aqui. Contudo, diferentemente de Ament, Stern dá um passo decisivo adiante e afirma: enquanto falamos de conceitos em geral, interpretamos logicamente os primeiros significados verbais.

Não obstante, é preciso negar isso definitivamente. Apenas por seu aspecto exterior eles parecem ser conceitos. O processo de surgimento psicológico é absolutamente análogo, apoia-se em funções muito mais primitivas do que a função da formação de conceitos. Trata-se de um falso ou pseudoconceito. A análise dos pseudoconceitos permite que Stern conclua que as primeiras palavras são apenas símbolos de familiaridade, ou seja, aquilo que Groos chama de conceito potencial. Stern interpreta a transformação do significado da palavra na criança de pouca idade, sobre a qual já falamos anteriormente. Em sua análise posterior, o autor conclui que na criança pela primeira vez surgem conceitos individuais, que captam um determinado objeto concreto. Para a criança, a boneca é sempre aquela mesma boneca, que é seu brinquedo favorito; a mãe é sempre aquela pessoa que satisfaz seus desejos etc.

Basta olhar os exemplos de Stern para vermos que o que ele chama de conceito individual se apoia exclusivamente na identificação de que dois objetos são idênticos, uma operação que já está presente em animais e que não permite, de forma alguma, falar em conceitos no sentido verdadeiro da palavra.

Quanto aos conceitos genéricos, que captam todo um grupo de objetos, eles requerem, segundo Stern, um prazo um pouco maior de desenvolvimento. Inicialmente eles existem apenas em um estágio preparatório, no qual captam a pluralidade concreta de exemplares idênticos, mas não o caráter comum abstrato dos sinais. Stern os chama de conceitos plurais. Como ele afirma, a criança sabe agora que um cavalo não é apenas um exemplar único, que aparece apenas uma vez, mas que ele pode ser encontrado em muitos exemplares.

Contudo, o enunciado da criança sempre se refere apenas a um determinado exemplar, que constitui naquele momento o objeto de sua percepção, recordação ou expectativa. Ela coloca o novo exemplar ao lado de todos os demais que foram objeto de sua percepção antes, mas ainda não submete todos eles a um conceito geral. Com base em nosso experimento, concluímos que a criança chega a isso apenas aos 4 anos de vida.

Nossas pesquisas nos convenceram de que a função inicial da palavra para a criança é a indicação de um determinado objeto e, por isso, compreendemos esses conceitos múltiplos como gesto indicador verbal da criança, que ela cada vez relaciona a um exemplar concreto de uma determinada coisa. Da mesma forma que, com o gesto indicador, é possível atrair a atenção sempre para um determinado objeto, a criança, por meio das primeiras palavras, sempre tem em vista um exemplar concreto de determinado grupo.

Em que se manifesta aqui um conceito real? Apenas no fato de que a criança identifica a semelhança ou o pertencimento de diferentes exemplares a um mesmo grupo, mas isso, como vimos anteriormente, está presente nos estágios mais primitivos do desenvolvimento, assim como nos animais. O macaco, como lembramos, utiliza como bastão na situação necessária uma variedade de objetos diferentes que ele relaciona a um mesmo grupo de acordo com uma característica semelhante. A afirmação de Stern de que aos 4 anos a criança domina conceitos gerais, que é totalmente refutada pelas pesquisas de Uznadze citadas acima, parece-nos consequência natural da logicização da linguagem infantil, do intelectualismo, da atribuição do pensamento lógico à criança a partir de uma semelhança exterior, aspectos que constituem a deficiência mais fundamental da importante pesquisa de Stern.

O mérito de Uznadze consiste justamente em ele ter mostrado que não há fundamento para se relacionar a formação de conceitos gerais a uma idade precoce. Ele prolongou o prazo indicado por Stern em 3-4 anos. Com isso, acreditamos que ele ainda assim comete um equívoco essencial, análogo ao equívoco de Stern, ao tomar por conceitos verdadeiros formações aparentemente próximas de conceitos. É correto que a criança aos 7 anos dá um passo decisivo no caminho do desenvolvimento de seus conceitos. Seria possível dizer que justamente nessa época ela passa de imagens sincréticas ao pensamento complexo, de formas inferiores de pensamento complexo a pseudoconceitos. Mas a identificação de traços gerais concretos, indicada por Uznadze como sendo o único sintoma da formação de conceitos em crianças de 7 anos, como vimos, não passa de conceitos potenciais ou de pseudoconceitos. A identificação de traços gerais não constitui de modo algum o conceito, ainda que seja um passo muito importante para o seu desenvolvimento. Ao revelarem a complexa variedade genética das formas no desenvolvimento dos conceitos, nossas pesquisas nos permitem afirmar que a análise de Uznadze também é incompleta, ainda que ela represente um passo muito importante para essa conquista.

12

A esse respeito não deixam dúvidas as notáveis pesquisas de Piaget sobre o pensamento e a linguagem da criança, sobre seus julgamentos e deduções. Essas pesquisas (1932a) certamente marcaram época no estudo do pensamento infantil e tiveram para o estudo do pensamento da criança em idade escolar o mesmo papel desempenhado na época pela pesquisa de Stern e de outros autores para o estudo da primeira infância.

Com suas pesquisas extremamente sagazes e profundas, Piaget conseguiu mostrar que as formas do pensamento na primeira idade escolar, apesar da semelhança aparente com o pensamento lógico, na realidade são qualitativamente diferentes da operação do pensamento lógico, em que predominam outras regularidades, essencialmente distintas e termos estruturais, funcionais e genéticos em relação ao pensamento lógico abstrato, cujo desenvolvimento no sentido próprio da palavra começa apenas no fim da primeira idade escolar, ou seja aos 12 anos.

Rousseau gostava de repetir, como diz Piaget, que "a criança não é um adulto pequeno", que ela tem suas próprias necessidades e que sua mente é adaptada a essas necessidades. Toda a pesquisa de Piaget segue por essa linha principal, ao tentar mostrar que também em relação ao pensamento a criança não é um adulto pequeno, e que o desenvolvimento do pensamento na passagem da primeira para a segunda idade escolar não consiste exclusivamente em um crescimento quantitativo, em um enriquecimento e ampliação das mesmas formas que predominam no primeiro estágio.

Ao analisar o pensamento da criança em idade escolar e do adolescente, Piaget estabelece uma série de diferenças qualitativas e mostra que todas essas particularidades representam uma totalidade que decorre de uma mesma causa geral e fundamental.

Nesse sentido, pensamos que Claparède, em prefácio ao livro de Piaget, avalia corretamente seu grande mérito: Piaget colocou o problema do pensamento infantil e seu desenvolvimento como um problema qualitativo. Segundo Claparède, seria possível definir a nova concepção a que nos leva Piaget contrapondo-a a uma opinião geral, que costuma ser tacitamente aceita. Numa época em que o problema do pensamento infantil costumava ser tratado como um problema quantitativo, Piaget trata-o como problema qualitativo. Numa época em que se costumava ver no desenvolvimento da criança o resultado de um certo número de adições e subtrações, aquisição de uma nova experiência e exclusão de determinados erros, foi-nos mostrado agora que o caráter do intelecto da criança se altera gradualmente. Se a mente da criança parece frequentemente confusa em comparação com a do adulto, isso se dá não porque ela tenha mais ou menos de determinados elementos, ou porque ela esteja repleta de lacunas e saliências, mas porque a ela se relaciona outro tipo de pensamento, que há tempos fora deixado para trás pelo adulto em seu desenvolvimento, segundo ressalta Claparède.

Dessa forma, no problema em foco as pesquisas de Piaget dão continuidade ao iniciado por outros autores, e podem ser colocadas em relação direta com o trabalho de Uznadze. Piaget começa onde termina a pesquisa de Uznadze e é como se ele revisasse suas conclusões. Na realidade, a partir dos 7 anos ocorre no pensamento da criança uma profunda elevação, que consiste em que a criança passe de conexões subjetivas sincréticas para conexões objetivas complexas que são muito próximas dos conceitos da pessoa adulta. Por isso, pode-se ter a impressão de que a criança de 7 anos pensa como um adulto, que ela é capaz de aplicar nossas operações cognitivas. Mas isso não passa de ilusão, com mostra Piaget.

Não temos a possiblidade de nos determos em detalhe no percurso de sua pesquisa e temos de nos limitarmos a algumas conclusões principais, que têm relação direta com o nosso tema. A conclusão geral de Piaget é a seguinte: o pensamento formal aparece apenas entre os 11 e 12 anos. Entre 7 e 8 e entre 11 e 12 anos, tem-se o sincretismo; a contradição se encontra apenas no plano do pensamento puramente verbal, sem contato com a observação direta. Somente próximo dos 11 ou 12 anos é possível falar de fato em experiência lógica da criança. Não obstante, a idade entre 7 e 8 anos representa um importante passo adiante. As formas de pensamento lógico aparecem no âmbito do pensamento visual.

Tentaremos apresentar de modo esquemático os principais resultados da pesquisa de Piaget. Seus dados mostram que o desenvolvimento do pensamento da criança passa (se deixarmos de lado o pensamento da criança de pouca idade) por três grandes fases. Na primeira idade escolar o pensamento se estrutura de forma egocêntrica. A criança pensa por meio de impressões integrais, coerentes e figuradas, que costumamos chamar de sincréticas. Em sua lógica predomina a pré-causalidade. Próximo dos 7 ou 8 anos ocorre no pensamento da criança uma importante mudança: essas características do pensamento inicial desaparecem e, em seu lugar, surge uma estrutura do pensamento infantil que é mais próxima da lógica. Elas são apenas transferidas para um novo campo, isto é, para o campo do pensamento puramente verbal.

É como se o pensamento da criança agora se dividisse em duas grandes esferas. No campo do pensamento visual e efetivo, a criança já não apresenta as particularidades que se revelavam em estágios anteriores do desenvolvimento. Contudo, no campo do pensamento puramente verbal, a criança ainda se encontra sob o domínio do sincretismo, ela ainda não dominou as formas lógicas de pensamento. Essa lei fundamental é chamada por Piaget de lei do deslocamento ou da mudança. Com essa lei, o pesquisador tenta explicar as particularidades do pensamento na primeira idade escolar.

A essência dessa lei consiste em que a criança, ao se dar conta das próprias operações, transfere-as do plano da ação para o plano da linguagem. Nessa transferência, quando a criança começa a reproduzir verbalmente suas operações, ela volta a se deparar com as mesmas dificuldades que já havia superado no plano da ação. Aqui ocorrerá um deslocamento entre duas formas de assimilação. As datas serão distintas, mas o ritmo permanecerá análogo. Essa mudança entre o pensamento e a ação é observada incessantemente e representa uma possibilidade capital de compreensão da lógica da criança. Encontramos nela a chave para a explicação de todos os fenômenos encontrados em nossas pesquisas.

Dessa forma, a particularidade do pensamento da criança em idade escolar, para Piaget, consiste em que ela transfere para o plano verbal, para o plano do pensamento verbal, as operações que ela já dominava no plano da ação, e, por isso, todo o curso do desenvolvimento do pensamento não está submetido ao caráter contínuo e gradual que lhe são atribuídos pelos associacionistas Taine e Ribot, mas revela um retorno, uma interferência e passagens de durações variadas. As particularidades do pensamento da criança de pouca idade não desaparecem por completo. Elas desaparecem apenas do plano do pensamento concreto, mas mudam de lugar, se deslocam para o plano do pensamento verbal e ali se manifestam.

A lei do deslocamento poderia ser formulada da seguinte maneira: a criança em idade escolar manifesta no plano do pensamento verbal as mesmas particularidades e as mesmas diferenças em relação ao pensamento lógico do adulto que a criança em idade pré-escolar manifestou no plano do pensamento visual e efetivo. A criança em idade escolar pensa tal qual a criança em idade pré-escolar age e percebe.

Piaget aproxima a lei do deslocamento da lei da tomada de consciência, estabelecida para o desenvolvimento intelectual da criança por Claparède, que, em uma investigação especial, tentou explicar o desenvolvimento da tomada de consciência de semelhanças e diferenças por crianças. Ocorre que as crianças tomam consciência de semelhanças muito mais tarde do que de diferenças. Já no plano da ação, a criança se adapta antes e de forma mais simples a situações parecidas do que distintas. Ao contrário, a diferença de objetos cria um estado de não adaptação, e justamente essa não adaptação faz com que a criança se dê conta do problema. Com base nisso, Claparède chega à lei geral de que tomamos consciência apenas na medida em que a nossa adaptação falha.

A lei do deslocamento explica por que e como ocorre o desenvolvimento do pensamento na passagem da idade pré-escolar para a escolar, e mostra que, apenas quando surge na criança a necessidade de tomar consciência de suas operações e de sua não adaptação, é que ela começa a tomar consciência delas. Em particular, Piaget mostra a partir de um exemplo concreto o enorme papel, segundo duas palavras, desempenhado pelos fatores sociais no desenvolvimento das estruturas e funções do pensamento infantil. Ele mostra como o raciocínio lógico da criança se desenvolve sob influência direta do embate, que aparece no coletivo infantil e, apenas quando surge a necessidade social exterior de mostrar que o próprio raciocínio está correto, a necessidade de argumentar, motivar esse raciocínio, é que a criança começa a aplicar essas mesmas operações também no próprio pensamento. O raciocínio lógico, segundo Piaget, é uma discussão consigo mesmo, que reproduz em seu aspecto interior um embate real. Por isso, é absolutamente natural que a criança domine antes suas operações exteriores, seu pensamento visual e efetivo, torne-se capaz antes de dirigi-los e de tomar consciência deles do que dominar as operações de seu pensamento verbal. Não será exagero, supõe Piaget, dizer, portanto, que o pensamento lógico não existe antes dos 7-8 anos de idade, e mesmo nessa época ele aparece apenas no plano do pensamento concreto, já no plano do pensamento verbal da criança ele continua em um estágio pré-verbal de desenvolvimento.

Para que a criança chegue ao pensamento lógico é necessário um mecanismo psicológico extremamente interessante, cujo desenvolvimento foi descoberto por Piaget em suas pesquisas. O pensamento lógico se torna possível apenas quando a criança domina suas operações cognitivas, submete-as a si mesma, começa a regulá-las e conduzi-las. Para Piaget, é incorreto igualar necessariamente todo pensamento a um pensamento lógico. Este último se distingue por um caráter essencialmente novo em comparação com outras formas de pensamento. Piaget diz que se trata de uma experiência de a pessoa conduzir a si própria como um ser pensante, uma experiência análoga a que a pessoa realiza consigo mesma para dirigir seu comportamento moral. Trata-se, portanto, de um esforço para tomar consciência das próprias operações, e não apenas de seus resultados, bem como para estabelecer se elas concordam entre si ou se contradizem mutuamente. Nesse sentido, o pensamento lógico é diferente de outras formas de pensamento. O pensamento no sentido comum é a percepção de certas realidades e a tomada de consciência delas, já o pensamento lógico pressupõe a tomada de consciência e a condução do próprio mecanismo de construção, segundo Piaget.

Assim, o pensamento lógico é caracterizado antes de tudo pelo domínio, pela regulação. Nesse sentido, Piaget compara a experiência mental e a lógica da seguinte forma: a necessidade de resultados de nossa experiência mental é uma necessidade de fatos. A necessidade decorrente da experiência lógica se deve à concordância das operações entre si. Trata-se de uma necessidade moral, decorrente da obrigação de manter-se fiel a si mesmo. Por isso, o pensamento da criança entre os 8 e os 12 anos de idade revela um caráter duplo.

O pensamento lógico é ligado à realidade imediata, à observação direta, mas o pensamento lógico-formal ainda não é acessível à criança. Perto dos 11-12 anos, ao contrário, o modo de pensamento da criança se torna um pouco mais próximo do pensamento do adulto ou, em todo caso, do adulto não inserido na cultura. Apenas aos 12 anos começa a surgir o pensamento lógico, que pressupõe a tomada de consciência imediata e o domínio das operações do pensamento como tais. Esse é o aspecto mais essencial do ponto de vista psicológico destacado por Piaget no desenvolvimento do pensamento lógico. Ele constata que a nova tomada de consciência está diretamente ligada a fatores sociais e que a incapacidade para o pensamento formal é resultado do egocentrismo infantil.

Próximo dos 12 anos, a vida social assume uma nova direção, que leva a criança a tarefas totalmente novas. Aqui é possível ver muito claramente um exemplo de como a vida que rodeia a criança apresenta mais e mais problemas, que exigem de sua parte uma adaptação mental, de como no processo de resolução desses problemas a criança domina conteúdos mais e mais renovados de seu pensamento e como um novo conteúdo a impulsiona ao desenvolvimento de novas formas.

A melhor e mais evidente prova disso é a dependência que existe entre o desenvolvimento do embate no coletivo infantil, a necessidade de apresentar evidências e argumentar, a necessidade de fundamentar e afirmar suas ideias, e o desenvolvimento do pensamento lógico-formal. Partindo disso, Piaget diz que justamente graças à lei do deslocamento, o teste dos três irmãos de Binet-Simon se torna acessível à criança apenas por volta dos 11 anos de idade, ou seja, na idade de início do pensamento formal. Piaget considera que se esse teste fosse interpretado para a criança ao invés de relatado a ela, se lhe fossem apresentados personagens concretos, a criança não cometeria nenhum erro. Contudo, tão logo ela começa a raciocinar, ela se atrapalha.

A tomada de consciência das próprias operações tem relação direta e muito próxima com a língua. É por isso, observa Piaget, que a linguagem constitui um aspecto tão importante. Ela indica a tomada de consciência. É por isso que devemos estudar com tanto esmero as formas de pensamento verbal da criança.

13

Resta-nos falar sobre um aspecto essencial que nos elucidará o que impede, do ponto de vista psicológico, o surgimento do pensamento abstrato nessa época. As pesquisas que a criança de idade pré-escolar ainda é suficientemente consciente de suas próprias operações cognitivas e, por isso, não pode dominá-las inteiramente. Ela ainda é pouco apta à observação interior, à introspecção. Os experimentos de Piaget mostram isso de forma particularmente evidente. Apenas sob a pressão do embate e de objeções a criança começa a tentar justificar suas ideias aos olhos dos outros e começa a observar seu próprio pensamento, ou seja, a buscar e distinguir mediante a introspecção os motivos que a conduzem e a direção que eles seguem. Ao tentar afirmar seu pensamento aos olhos dos outros, ela começa a afirmá-lo também para si mesma. No processo de adaptação aos outros, ela conhece a si mesma.

Por meio de um conjunto especial de procedimentos, Piaget tentou estabelecer a capacidade para a introspecção da criança de idade escolar. Ele apresentou à criança pequenas tarefas e, em seguida, depois de obter a resposta, perguntou a ela: "como você chegou a isso?" ou "o que você disse para si mesma para chegar a isso?" As tarefas mais adequadas para o experimento foram exercícios aritméticos simples, uma vez que eles permitem, por um lado, acompanhar o caminho percorrido pela criança para chegar à resposta e, por outro, a introspecção se torna extremamente acessível para a criança, uma vez que ela pode facilmente formular o caminho seguido por seu pensamento.

Por meio de pequenas tarefas aritméticas propostas para resolução, Piaget estudou 50 garotos entre 7 e 10 anos de idade. Ele ficou impressionado com a dificuldade que as crianças tinham para responder à pergunta sobre como elas chegaram à resposta, independentemente de ela estar correta ou incorreta. Ocorre como se a criança resolvesse a tarefa da mesma forma que resolvemos uma tarefa empírica por meio da manipulação, ou seja, tendo consciência de cada resultado, mas sem dirigir ou controlar cada operação e, o principal, sem captar pela introspecção toda sucessão do pensamento.

É como se a criança não tivesse consciência de seus próprios pensamentos ou, em todo caso, fosse incapaz de observá-los. Lembremos um exemplo. Pergunta-se para a criança: "quanto será 5 vezes mais rápido do que 50 minutos?" A criança responde: "45 minutos". A pesquisa mostra que a criança entendeu "cinco vezes mais rápido" como "5 minutos antes". Quando se pergunta à criança como ela chegou a esse resultado, ela não consegue nem descrever o percurso de seus pensamentos nem dizer que ela subtraiu 5 de 50. Ela responde: "eu procurei" ou "deu 45". Se continuarmos perguntando, se insistirmos para que ela descreva o percurso de seu pensamento, a criança apresenta alguma outra operação, totalmente arbitrária e antecipadamente aplicada à resposta "45". Um garoto, por exemplo, respondeu "eu peguei 10, 10, 10 e 10 e acrescentei 5".

Temos aqui uma prova direta de que a criança ainda não tem consciência de suas operações internas e, portanto, não é capaz de dirigi-las, daí surge sua incapacidade para o pensamento lógico. A auto-observação, a percepção dos próprios processos internos é, assim, um aspecto necessário para que eles sejam dominados.

Lembremos que todo mecanismo de direção e dominação do comportamento, a começar pelos estímulos proprioceptivos que surgem em determinado movimento, até a auto-observação, está fundamentado na autopercepção, no reflexo dos próprios processos de comportamento. É por isso que o desenvolvimento da introspecção representa um passo tão importante do pensamento lógico; e o pensamento lógico é necessariamente um pensamento consciente e, ademais, baseado na introspecção. Contudo, a própria introspecção se desenvolve tardiamente e fundamentalmente sob influência de fatores sociais, das tarefas que a vida coloca diante da criança, de sua inadequação para resolver tarefas cada vez mais complexas.

14

Não deve surpreender que a criança em idade escolar, que parece dominar externamente os procedimentos do pensamento lógico, não obstante ainda não domine a lógica no verdadeiro sentido da palavra. Observamos aqui um paralelo extremamente interessante com a lei geral do desenvolvimento da criança: via de regra, a criança sempre domina as formas exteriores antes de dominar a estrutura interna de determinada operação cognitiva. A criança começa a contar muito antes de compreender o que é o cálculo, e o emprega de forma dotada de sentido. Na linguagem da criança encontramos conjunções como "porque", "se", "embora" muito antes de surgir em seu pensamento a consciência da causalidade, condicionalidade e da contraposição. Assim como o desenvolvimento gramatical da linguagem infantil é anterior ao desenvolvimento das categorias lógicas correspondentes a essas estruturas verbais, o domínio de formas exteriores do pensamento lógico, especialmente na aplicação a situações concretas exteriores no processo de pensamento verbal e efetivo, é anterior ao domínio interno da lógica. Piaget, por exemplo, em investigações especiais, estabeleceu que as conjunções que expressam contraposição não são totalmente compreendidas por crianças entre 11 e 12 anos, muito embora elas apareçam na linguagem da criança bastante cedo. Ademais, em algumas situações concretas, elas são usadas extremamente cedo e de forma correta pela criança.

Uma pesquisa especial mostrou que conjunções como "embora", "apesar", "mesmo se" etc. são assimiladas muito tardiamente pela criança em seu significado verdadeiro. A pesquisa de frases que exigem um complemento depois de conjunções correspondentes mostrou um resultado positivo em 96% de meninas de 13 anos.

Tendo aplicado o mesmo método de Piaget, Leontiev elaborou frases que a criança devia concluir depois de conjunções correspondentes, que expressam relações de causa, oposição etc. Foram propostas 16 tarefas que as crianças deveriam executar.

Apresentaremos os dados quantitativos da pesquisa de um grupo de escolares. Eles mostram que apenas no 4º grupo a criança domina definitivamente as categorias e relações lógicas que correspondem às conjunções "porque" e "embora". Assim, no 4º grupo da escola investigada 77% das frases que continham "porque" e "embora" foram completadas de forma logicamente correta.

Como se sabe, uma determinada tarefa é considerada exequível para determinada idade quando 75% das crianças são capazes de resolvê-la. É verdade que as crianças do grupo investigado tinham entre 11 e 15 anos. A idade média oscilava entre 12 e 13 anos. Como vemos, apenas nessa idade a maior parte das crianças em uma situação absolutamente concreta domina definitivamente as relações de causa e oposição.

É extremamente interessante a amplitude desses dados. O número mínimo de resoluções observado em crianças desse grupo foi de 20%, e o máximo foi de 100%. Alguns exemplos de resolução incorreta mostram até que ponto a criança ajusta a forma lógica sob pensamentos sincreticamente próximos dela. Assim, a criança que resolveu 55% das tarefas escreveu: "Kólia resolveu ir ao teatro, pois embora ele não tivesse dinheiro"; "se o elefante for picado com uma agulha, ele não sente dor, embora todos os animais sintam dor, porque eles não choram", "a telega caiu e quebrou, embora ela vá ser construída de novo"; "ao som do sino todos foram para a assembleia, porque embora tivesse uma reunião". Outra criança que executou 20% das tarefas escreveu: "se o elefante for picado por uma agulha, ele não sente dor embora sua pele seja grossa"; "a telega caiu e quebrou, embora não toda". A criança que fez 25% das tarefas escreveu: "Kólia resolveu ir ao teatro, porque ele tinha dinheiro"; "o piloto voou no avião e caiu, embora ele não tinha mais gasolina"; "o menino do terceiro ano ainda não conta direito, porque ele ainda não sabe contar"; "quando você alfineta o dedo, você sente dor, porque você o alfinetou"; "a telega caiu e quebrou, embora ela estivesse quebrada" etc. A criança que fez 20% das tarefas escreveu: "a telega caiu e quebrou, embora tenha quebrado uma roda"; "se o elefante for picado com uma agulha, ele não sente dor embora sua pele seja grossa" etc.

Os exemplos mostram até que ponto a criança aproxima associativamente, sincreticamente, segundo sua impressão, duas ideias realmente ligadas entre si: a espessura da pele do elefante e o fato de ele não sentir dor, a roda quebrada e a queda da telega. Mas ela tem dificuldade de qualificar a relação entre esses dois pensamentos como uma relação lógica. Ela troca de lugar o "porque" e o "embora". Com frequência ambos aparecem na mesma frase, como se viu nos exemplos apresentados.

15

Queremos mostrar um exemplo concreto dessa particularidade do pensamento na primeira idade escolar, que é a conservação de deficiências do pensamento da criança de pouca idade e que separa seu pensamento do pensamento do adolescente. Estamos falando do sincretismo verbal, um traço que distingue o pensamento da criança em idade escolar e que foi descrito por Piaget. Por sincretismo, Piaget compreende a unificação não diferenciada das mais diversas impressões obtidas simultaneamente pela criança, que constitui o núcleo primeiro de sua percepção. Por exemplo, quando se pergunta a uma criança de 5 anos porque o sol não cai, ela responde: "porque ele é amarelo"; "por que ele brilha?", "porque está no alto", "porque não tem nuvem perto dele". Todas essas impressões percebidas simultaneamente pela criança são aproximadas em uma imagem sincrética e essas conexões sincréticas iniciais ocupam na criança o lugar de ligações e relações desenvolvidas e diferenciadas, temporais e espaciais, causais e lógicas.

A criança na primeira idade escolar, como já dissemos, esgotou o sincretismo no campo do pensamento visual e prático, mas transferiu essa particularidade para o campo do pensamento abstrato ou verbal. Para pesquisar essa característica, Piaget propôs a crianças de 8 a 11 anos dez provérbios e doze frases. A criança deveria associar cada provérbio a uma frase que expressa a mesma ideia, mas em outras palavras. Das doze frases, duas não tinham relação de sentido com os provérbios, e a criança deveria descartá-las. Ficou claro que as crianças correlacionavam provérbios e frases guiando-se não por uma conexão objetiva com o pensamento, não pelo significado abstrato contido neles, mas por uma ligação sincrética, figurada ou verbal. A criança aproximava dois sentidos diferentes, se eles tivessem ao menos um aspecto figurado em comum, ela construía um novo esquema sincrético no qual ambos os pensamentos pudessem ser incluídos. Assim, a criança de 8 anos e 8 meses associou o provérbio "enquanto o gato está fora os ratos fazem a farra" à frase "algumas pessoas fazem muito alarde, mas não fazem nada". A criança compreende o sentido de cada uma dessas expressões se elas aparecem separadamente, mas agora responde que eles significam a mesma coisa. "Por que essas frases significam a mesma coisa?", "porque aqui tem a mesma palavra", "o que quer dizer a frase 'algumas pessoas...' e assim por diante?"; "significa que algumas pessoas fazem alarde, mas depois não conseguem fazer nada, estão muito cansadas. Há pessoas que fazem alarde; é igual ao gato quando ele corre atrás dos galos e das galinhas. Depois ele descansa na sombra e dorme. Também há muitas pessoas que correm muito, e depois não conseguem mais correr, vão se deitar".

Em vez de aproximar e generalizar dois pensamentos segundo seu significado objetivo, a criança os assimila ou os funde em uma imagem sincrética, distorcendo o significado objetivo de ambas as frases.

Nossos colaboradores, sob orientação de Leontiev, realizaram uma série de pesquisas sistemáticas que abarcaram escolas de primeiro grau para crianças normais e com atraso mental. As pesquisas mostraram que o sincretismo verbal, quando estudado em condições experimentais especiais, realmente aparece como característica do pensamento infantil durante toda idade escolar. Leontiev alterou o teste de Piaget: as frases dadas no teste tinham pegadinhas, isto é, continham palavras ou frases em comum com provérbios com os quais elas não tinham relação de sentido. Por isso, obtivemos no experimento dados como que condensados, que mostram a expressão extremamente elevada do sincretismo da criança em idade escolar. Foi possível estabelecer um aspecto de grande interesse: o sincretismo verbal aparece na criança apenas devido ao fato de que o teste traz uma dificuldade especial para o pensamento infantil. Piaget mostrou que o teste era voltado para a faixa etária de 11 a 16 anos, ou seja, só se torna acessível fundamentalmente para o adolescente. Contudo, justamente ao aplicá-lo em um estágio anterior, tivemos a possibilidade de realizar um corte genético do intelecto no processo de resolução de uma mesma tarefa e analisar o que aparece de novo no intelecto quando passa a ser acessível a ele a resolução de tarefas desse tipo. A dificuldade do teste proposto consiste em que ele exige pensamento abstrato em uma forma concreta.

Se apresentássemos a um estudante tarefas análogas, mas separadas de aproximação de frases de sentido concreto e posições de sentido abstrato, ele resolveria ambas, como mostram pesquisas comparativas. Mas aqui a dificuldade consiste em que o provérbio e a frase são construídos de modo figurativo, concreto, já a ligação ou a conexão que se deve estabelecer entre ambos é abstrata. O provérbio deve ser compreendido simbolicamente; a associação simbólica do sentido com um outro conteúdo concreto exige um entrelaçamento complexo de pensamento abstrato e concreto, que só é acessível para o adolescente.

Deve-se dizer que não se pode generalizar esses dados experimentais, absolutizá-los e transferi-los para o pensamento da criança em idade escolar. Seria um absurdo afirmar que o estudante não é capaz de aproximar dois pensamentos ou reconhecer um mesmo significado em duas expressões verbais diferentes de outro modo senão guiando-se pelo sentido figurado de um e outro. Apenas em condições experimentais especiais, por meio de pegadinhas, apenas mediante um entrelaçamento difícil particular entre pensamento concreto e abstrato essa característica se manifesta como traço predominante do pensamento.

Crianças com atraso mental e na idade de transição ainda fazem as mesmas aproximações que o estudante normal na primeira idade escolar.

Apresentaremos alguns exemplos. Assim, uma criança de 13 anos (I^{214} – 10 anos) associa o provérbio "se cada um der uma linha, o desnudo terá sua veste" com a frase "não se meta a alfaiate se você nunca segurou uma linha", e justifica dizendo que em ambas as frases há a palavra linha. O provérbio "se o trenó não é seu, não se sente nele" é associado à frase "trenó no inverno, telega no verão", explicando: "porque no inverno andamos de trenó e aqui tem a palavra trenó".

Com frequência, na justificativa, a criança explica não o processo de aproximação, mas menciona alguma frase separadamente. É muito característico que cada frase isoladamente seja assimilada pela criança corretamente, mas há muita dificuldade em estabelecer relação entre elas. Evidentemente o pensamento figurado, que continua a predominar no intelecto verbal, não serve para o estabelecimento da relação. Por exemplo, uma criança de 13 anos e 10 meses aproxima o provérbio "nem tudo que reluz é ouro" com a frase "o ouro é mais pesado do que o ferro", explicando: "o ouro reluz, o ferro não". Uma criança de 12 anos associa o provérbio "se cada um der uma linha, o desnudo terá sua veste" à frase "não deixe para amanhã o que pode fazer hoje", explicando: "porque se ele não tem vestes,

---

214. Idade mental [Nota da edição russa].

não pode deixar para amanhã, vai se apressar para fazer logo". Uma criança de 13 anos e 15 meses associa o provérbio "forje o ferro enquanto ele ainda está quente" à frase "o ferreiro que trabalha sem pressa consegue fazer mais do que aquele que se apressa". A semelhança dos temas e das imagens se mostra suficiente para que duas frases essencialmente diferentes sejam aproximadas, frases que afirmam ideias contrárias e que se contradizem mutuamente: uma delas diz que é para ter pressa, a outra diz que não é para se apressar. A criança iguala ambas, sem notar a contradição oculta, guiando-se exclusivamente pelas imagens gerais do ferreiro, que aproxima as duas frases.

Vemos que a dificuldade no estabelecimento da relação, a falta de sensibilidade para a contradição, a aproximação sincrética não por conexões objetivas, mas subjetivas são características próprias do pensamento verbal do estudante, assim como o pensamento visual o é do pré-escolar. Com frequência, essa aproximação associativa tem uma motivação simples: "porque aqui e aqui está falando de outro"; "aqui e aqui está falando de trenó". A mesma criança associa o provérbio "devagar se vai ao longe" à frase "uma coisa que é difícil para uma pessoa, é fácil quando se tem esforços coletivos", explicando: "para uma pessoa é difícil, e o cavalo está só. Ele tem dificuldade, precisa ir devagar".

Outra criança de 13 anos e 9 meses associa o provérbio "devagar se vai ao longe" à frase "trenó no inverno, telega no verão", explicando: "no trenó é mais fácil para levar o cavalo, e ele vai sem pressa, mas rápido". Essa criança dá um ótimo exemplo de como o pensamento supera a contradição, unindo aspectos diferentes de afirmações contrárias. Ao aproximar o conhecido provérbio a uma frase sobre um ferreiro, a criança inclui no esquema sincrético ambos os aspectos que estão em contradição e explica: "o ferreiro que trabalha sem pressa e com o ferro quente tem um resultado melhor".

Outra criança de 13 anos e 5 meses associa o provérbio "se pegou a rédea, não venha dizer que é pesado" com a frase sobre o ferreiro, explicando "talvez a ferradura do cavalo está soltando, e o ferreiro está consertando". Aqui aparece claramente o fato observado por Piaget de que a criança não distingue a motivação lógica e factual na aproximação do pensamento. Ao encontrar uma ligação factual entre o ferreiro, a rédea e o cavalo, a criança se satisfaz e seu pensamento não consegue avançar em relação a isso. Com frequência, a criança aproxima ideias que parecem totalmente não relacionadas entre si. Surge uma relação peculiar que serviu de pretexto para que Blónski chamasse o sincretismo de conexão desconexa do pensamento infantil.

Por exemplo, uma criança de 14 anos e 7 meses associa o provérbio "se o trenó não é seu, não se sente nele" à frase "se já chegou até em algum lugar, é tarde para dar meia-volta", explicando: "se você se senta num trenó que não é seu, o dono pode te alcançar no meio do caminho". Com frequência, o sentido da frase é deturpado e vira o seu oposto. A criança não sente a ligação entre as premissas e as altera para acomodá-las à conclusão.

Vamos nos limitar a dois últimos exemplos. Uma criança de 13 anos e 6 meses associa o provérbio "nem tudo que reluz é ouro" à frase "o ouro é mais pesado que o ferro", explicando: "não é apenas o ouro que reluz, o ferro também". Ou o provérbio "se cada um der uma linha, o desnudo terá sua veste" à frase "não se meta a alfaiate se você nunca segurou uma linha", explicando: "se nunca pegou uma agulha, tem que pegar".

Os exemplos apresentados, como foi dito, caracterizam o pensamento da criança com atraso mental. Aqui vemos apenas a manifestação das características que, de forma oculta, continuam a atuar também na criança normal nos primeiros estágios de desenvolvimento.

Ao fazer sua pesquisa, Leontiev se deparou com um fato de extrema importância: quando se pede à criança que explique por que ela aproxima determinado provérbio de determinada frase, a criança frequentemente revê sua resposta. A necessidade de justificar a aproximação, de expressar em palavras e comunicar ao outro o percurso de seu raciocínio, leva a resultados totalmente diferentes.

Quando a criança, depois de aproximar sincreticamente duas frases, tenta explicar em voz alta a aproximação, ela nota seu erro e começa a dar uma resposta correta. As observações mostraram que a justificativa da criança é apenas um reflexo em palavras daquilo que ela fez, ela reconstrói todo o processo do pensamento infantil em novas bases. A linguagem nunca se junta apenas como uma série paralela, ela sempre reorganiza o processo.

Para verificar esse fato, foi realizada uma pesquisa especial, na qual eram oferecidas à criança duas listas de tarefas construídas segundo o mesmo princípio, mas com diferentes materiais. Na primeira vez, a criança, ao aproximar o provérbio e a frase, pensa para si, baseia-se no processo de linguagem interna; na segunda vez exige-se que ela pense e raciocine em voz alta. Como era de se esperar, a pesquisa mostrou que entre esses dois modos de pensamento (para si e em voz alta) existe uma enorme diferença. A criança que aproxima sincreticamente as frases pensando consigo mesma, começa a aproximar provérbios análogos segundo uma ligação objetiva tão logo passe à explicação em voz alta. Não daremos exemplos. Diremos apenas que todo o processo de resolução muda radicalmente seu caráter assim que a criança passa da linguagem interna para a externa (Leontiev e Chein).

Na pedologia da idade escolar, tentamos estabelecer que a linguagem interna se forma, de modo geral, apenas no início da idade escolar. Trata-se de forma nova, não consolidada e instável, que ainda não cumpre sua função. Por isso, a divergência entre a linguagem interna e a externa na criança em idade escolar é o fato mais característico de seu pensamento. Para pensar, a criança precisa falar em voz alta e na presença de outrem. Sabemos que a linguagem externa, que serve de meio de comunicação, é socializada na criança antes da linguagem interna, que ela ainda não consegue controlar.

Já apresentamos a visão de Piaget de que a criança não tem pleno domínio dos próprios processos de pensamento e de tomada de consciência deles. O embate, a necessidade de justificar, comprovar, argumentar são um dos principais fatores do desenvolvimento do pensamento lógico. Por isso, a linguagem socializada é, além disso, mais intelectual, mais lógica.

Dessa forma, vemos que a linguagem interna não é, na idade escolar, apenas uma linguagem em voz alta que foi transferida para dentro, enraizada, que perdeu sua parte exterior. Não há definição da linguagem interna mais falsa do que a contida na fórmula: "pensamento é fala menos som". Partindo da discrepância entre a linguagem interna e a externa na criança em idade escolar, vemos até que ponto elas se constroem em bases diferentes, uma vez que a linguagem interna ainda preserva as características do pensamento egocêntrico e se move no plano da aproximação sincrética de ideias, ao passo que a linguagem externa já é suficientemente socializada, conscientizada e dirigida para que se mova no plano lógico.

Essa pesquisa foi realizada quando já tínhamos clareza de que, em essência, ao fim chegaríamos a um fato há muito conhecido na prática escolar. Lembremos o costumeiro procedimento de todos os professores que fazem com que seus alunos, depois de darem uma resposta incorreta, pensem e resolvam a tarefa em voz alta. Ao resolver a mesma tarefa para si, o aluno dá uma resposta incorreta. Ao fazê-lo raciocinar em voz alta, o professor o ensina a tomar consciência de suas próprias operações, a acompanhar o curso delas, a dirigi-las de forma coerente, a dominar o fluxo de seus pensamentos. Poderíamos dizer que, ao pedir ao aluno que resolva uma mesma tarefa em voz alta, o professor transfere o pensamento da criança do plano sincrético para o plano lógico.

Lembremos a observação de Piaget sobre a debilidade da introspecção da criança na resolução de tarefas aritméticas. Lembremos que a criança que resolve uma tarefa aritmética simples (seja correta ou incorretamente), com frequência não consegue se dar conta de como ela chegou ao resultado, quais operações ela realizou, a tal ponto que ela não tem consciência do fluxo de seus próprios pensamentos e não os dirige. Assim, com frequência é difícil se dar conta do porquê nos lembramos de determinado acontecimento.

O pensamento da criança, nesse estágio, tem um caráter involuntário. A ausência de arbítrio e consciência sobre as próprias operações é justamente o equivalente psicológico da ausência de pensamento lógico. Com o fim da primeira idade escolar, como mostra a pesquisa, a criança começa a compreender corretamente e a ter consciência de suas próprias operações, que ela realiza por meio da palavra e do significado da palavra como determinado signo ou meio auxiliar do pensamento. Até esse período, como mostrou a pesquisa de Piaget, a criança continua no estágio do realismo nominal, considerando a palavra com uma entre outras das propriedades do objeto.

Sem compreender a convencionalidade da designação verbal, a criança não distingue ainda seu papel no processo do pensamento em relação a determinado objeto, a determinado significado, que se compreende por meio da palavra. Um garoto de 11 anos, à pergunta "por que o sol se chama sol?", responde: "não tem motivo. É um nome". "E a lua?", "também não tem motivo". Pode-se dar qualquer nome. Esse tipo de resposta só aprece aos 11-12 anos. Até essa idade a criança não tem consciência da diferença entre o nome e a coisa por ele designada, e busca uma justificativa para determinado nome nas propriedades da coisa designada.

Essa falta de consciência sobre as próprias operações e o papel da palavra permanece no adolescente primitivo, mesmo no estágio de maturação sexual. Apresentaremos alguns exemplos da pesquisa de Goliakhovskaia, que se dedicou a explicar o círculo de representações e percepções de figuras em crianças cazaques. Uma garota de 14 anos, filha de uma mendiga, analfabeta. Pergunta: "o que é um cachorro?" Resposta: "não é humano, nojento, não é de comer. E como não é humano e é nojento, se chama cachorro". Menina de 14 anos, filha de um camponês médio, semianalfabeta. Pergunta: "o que é um rouxinol?" Resposta: "voa, tem asas. Como é pequeno, chamamos de rouxinol. Em cazaque se chama animal". Pergunta: "o que é um coelho?" Resposta: "um animal. Por ser branco e pequeno, ele se chama coelho". Pergunta: "o que é um cachorro?" Resposta: "Também é um animal. Por ser nojento e não comestível, chamamos de cachorro".

Um garoto de 12 anos, filho de um aristocrata, semianalfabeto. Pergunta: "o que é uma pedra?" Resposta: "sai debaixo da terra como pedra por natureza. É isso que chamamos de pedra". Pergunta: "o que é a estepe?" Resposta: "foi criada desde o princípio. A estepe foi criada. Depois disso chamamos de estepe". Pergunta: "o que é areia?" Resposta: "desde o princípio a areia se formou debaixo da terra. Depois disso chamamos de areia". Pergunta: "o que é um cachorro?" Resposta: "desde o princípio havia o cachorro, e agora nós chamamos de cachorro". Pergunta: "o que é uma marmota?" Resposta: "é um animal especial. Foi criado desde o princípio. Depois começou a cavar um buraco e começou a viver lá. Como eu sei disso? Tinha uma marmota, e ela teve filhotes. Minha conclusão é que assim foi criada a marmota".

Aqui aparece claramente a característica do pensamento de que a palavra é vista como atributo da coisa, como uma de suas propriedades. Apenas com a progressiva socialização do pensamento infantil ocorre sua intelectualização. Ao tomar consciência do fluxo de seus pensamentos e dos pensamentos dos outros no processo de comunicação verbal, a criança começa a se dar conta de seus próprios pensamentos e a dirigir seu curso. A progressiva socialização da linguagem interna, a progressiva socialização do pensamento é o principal fator do desenvolvimento do pensamento lógico na idade de transição, o fator mais importante e central de todas as transformações ocorridas no intelecto do adolescente.

16

Dessa forma, vemos que apenas o pensamento concreto da criança em idade escolar é um pensamento lógico no sentido próprio da palavra, mas no plano do pensamento verbal, do pensamento abstrato, a criança em idade escolar ainda está sujeita ao sincretismo, não é sensível às contradições, não é capaz de captar relações, ela usa transduções, ou seja, conclusões do particular ao particular, como sendo seu procedimento principal de pensamento.

Toda estrutura do pensamento infantil até os 7-8 anos de idade, segundo Piaget, e mesmo, em certa medida, até o surgimento da dedução no sentido próprio da palavra aos 11-12 anos pode ser explicada pelo fato de que a criança pensa sobre casos particulares e especiais, entre os quais ela não estabelece relações gerais. Essa particularidade do pensamento infantil, que Stern chamou de transdução ao aplicar ao pensamento infantil de pouca idade, como mostrou Piaget, se mantém no plano do pensamento abstrato da criança em idade escolar, que ainda não dominou definitivamente as relações entre geral e particular.

Como já foi dito, o desenvolvimento incompleto do pensamento consiste em que a criança não tem consciência do próprio processo de pensamento, não o domina. Piaget diz que a introspecção, na realidade, é um dos tipos de tomada de consciência ou, mais exatamente, uma tomada de consciência de segundo grau. Se o pensamento da criança não se deparasse com os pensamentos de outros e não surgisse a adaptação dos próprios pensamentos aos dos outros, a criança nunca tomaria consciência de si mesma. A afirmação lógica de determinado julgamento em um plano totalmente diferente do da formação desse mesmo julgamento. Se o julgamento pode ser inconsciente e surgir da experiência prévia, a afirmação lógica, por sua vez, surge de raciocínios e buscas, em suma: ela exige certa auto-observação construtiva sobre o próprio pensamento, exige pensamento, o que por si só é adequado às necessidades lógicas, segundo supõe Piaget.

Ao aplicar as conclusões de sua pesquisa à formação de conceitos, Piaget estabelece que aos 11-12 anos a criança não é capaz de oferecer uma definição exaustiva de conceito. Ela sempre julga a partir de um ponto de vista concreto, imediato, egocêntrico, sem dominar as relações entre geral e particular. Nos conceitos da criança de idade escolar há certa generalização e unificação de traços distintos, mas a própria criança não tem consciência dessa generalização, ela não conhece o fundamento de seu conceito. A falta de uma hierarquia lógica e de uma síntese entre elementos distintos de um mesmo conceito é o que caracteriza o conceito da criança.

Nesses equivalentes dos conceitos infantis ainda se conserva o rastro daquilo que Piaget chama de sequencialização, ou seja, uma síntese insuficiente de uma série de indícios. Os conceitos infantis, em sua visão, são sequencializações e não sínteses, ou seja, uma totalidade em que os elementos distintos se fundem em uma imagem sincrética, uma totalidade subjetiva. Daí decorre que, em seu processo de desenvolvimento e utilização, os conceitos infantis revelam profundas contradições. Eles são conceitos-conglomerados, segundo a denominação de Piaget. Eles continuam a predominar nas definições da criança e são prova de que ela ainda não dominou a hierarquia e a síntese dos elementos contidos no conceito, e não retém em seu campo de atenção todos os indícios em sua integralidade, operando ora com um ora com outro indício. Seus conceitos mais parecem, segundo a definição de Piaget, uma esfera metálica que é atraída sucessiva e aleatoriamente por cinco ou seis ímãs, oscilando de um a outro sem qualquer sistema.

Dizendo de modo mais simples, a síntese e a hierarquia dos elementos que predominam no conceito complexo, e relação entre os elementos que constituem a essência do conceito, ainda são inacessíveis à criança, ainda que todos esses elementos e a união deles os sejam. Isso se manifesta nas operações com conceitos. Piaget mostra que a criança não é capaz de fazer operações lógicas e sistemáticas de adição e operações lógicas de multiplicação. Como mostra a pesquisa de Piaget, a criança não é capaz de fixar a atenção ao mesmo tempo em uma série de indícios que integram a totalidade complexa do conceito.

Em seu campo de atenção, esses indícios se alternam e, a cada vez, o conceito se esgota em um de seus aspectos. Ele não acessa a hierarquia dos conceitos e, por isso, embora seu conceito lembre externamente nosso conceito, em essência eles são apenas pseudoconceitos. É nisso que consiste o principal objetivo de toda nossa pesquisa, que tenta mostrar que o pensamento da criança de idade escolar está em outro estágio genético do que o pensamento do adolescente, e a formação de conceitos aparece apenas na idade de transição.

A seguir, teremos de voltar para esse aspecto central, mas agora não podemos deixar de observar uma ideia lançada apenas de passagem por Piaget, que, em nossa opinião, contém a chave para a compreensão de todos as particularidades estabelecidas por ele para o pensamento infantil. Ele diz que a criança nunca estabelece um contato verdadeiro com as coisas, pois ela não trabalha. Essa ligação entre o desenvolvimento de formas superiores de pensamento, em particular o pensamento em conceitos, com o trabalho nos parece central e fundamental, capaz de revelar as particularidades do pensamento infantil e o que aparece de novo no pensamento do adolescente.

Ainda teremos oportunidade de voltar a essa questão em um dos próximos capítulos de nosso curso. Agora gostaríamos de nos deter em uma questão que nos parece intimamente ligada às formas de entrelaçamento entre pensamento abstrato e concreto no adolescente.

17

Em uma pesquisa especial, Graucob analisa as particularidades formais do pensamento e da linguagem na idade de transição. Ele parte da tese correta de que não apenas o volume e o conteúdo, como também o caráter formal do pensamento nessa idade está intimamente ligado com a estrutura geral da personalidade do adolescente. Esse trabalho chama nossa atenção por dois motivos. Em primeiro lugar, ele mostra, ainda que de outro ponto de vista, a mesma ideia que tentamos defender anteriormente. Tentamos mostrar que nem a criança de idade pré-escolar nem a de idade escolar têm pensamentos em conceitos e que, portanto, eles não surgem antes da idade de transição. Contudo, uma série de pesquisas mostra que, na idade de transição, essa forma de pensamento lógico, abstrato, em conceitos ainda não é uma forma predominante, mas uma forma recente e jovem, recém-surgida e ainda não consolidada.

O pensamento consciente de todas as suas partes e formulado verbalmente não é, de modo algum, a forma predominante de pensamento do adolescente. Como observa corretamente Graucob, encontram-se com maior frequência formas de pensamento nas quais apenas os resultados são formulados claramente em conceitos, ao mesmo tempo em que não há consciência dos processos que levam a esses resultados. Segundo sua expressão metafórica, o pensamento do adolescente nessa época lembra uma cadeia de montanhas cujo cume brilha na luz da manhã, enquanto todo o resto fica na sombra. O pensamento tem um caráter de saltos e, se for reproduzido com exatidão, ele às vezes produz a impressão de desconexão e de falta de fundamento.

É claro que nos referimos aqui ao pensamento espontâneo do adolescente. O pensamento ligado ao processo ensino-aprendizagem escolar ocorre de forma muito mais sistematizada e consciente.

Em segundo lugar, a nova forma de pensamento na idade de transição é um entrelaçamento entre pensamento abstrato e concreto, o aparecimento da metáfora, de palavras utilizadas em sentido figurado. Graucob observa corretamente que o pensamento do adolescente ainda ocorre parcialmente de forma pré-verbal. É verdade que o pensamento pré-verbal não é orientado, como na criança, em primeiro lugar por dados isolados e visuais do objeto, mas por imagens visuais internas, evocadas, eidéticas. Ele se distingue do pensamento visual da criança, porém acreditamos que o autor não formula a questão corretamente quando analisa esse pensamento como forma de pensamento metafísico, que em termos formais se aproxima do pensamento dos místicos e dos metafísicos.

Acreditamos que o pensamento pré-verbal e, em parte, o pensamento pós-verbal, que com frequência não se realiza inteiramente com a participação da linguagem, ainda assim, como tentaremos mostrar no próximo capítulo, se realiza com base na linguagem. Potebniá compara o pensamento sem palavra com o jogo de xadrez sem que se olhe para o tabuleiro. Ele diz que, de forma semelhante, é possível pensar sem palavras, limitando-se apenas a indicações mais ou menos claras ou diretas para o conteúdo do que é pensado, e esse pensamento é encontrado com muito mais frequência (p. ex., em particular nas ciências que substituem palavras por fórmulas) justamente em decorrência de sua grande importância e conexões com muitos aspectos da vida humana. Não se deve esquecer, contudo, acrescenta Potebniá, que a capacidade de pensar de forma humana, mas sem palavras, só se dá por meio das palavras, e que os surdos-mudos sem professores falantes (ou que tenham aprendido a falar) permaneceriam eternamente quase como animais.

Esse raciocínio nos parece quase correto. A capacidade de pensar de forma humana, mas sem palavras, só se dá por meio das palavras.

No próximo capítulo tentaremos analisar detidamente a influência que o pensamento verbal tem sobre o pensamento visual e concreto, reorganizando radicalmente essas funções em novas bases. Por isso, acreditamos que o autor está correto ao apontar para o fato de que a união de linguagem e pensamento na idade de transição é muito mais próxima do que na criança, isso se manifesta no crescente domínio da linguagem, no enriquecimento com novos conceitos, e, antes de tudo, na formação do pensamento abstrato e no desaparecimento das tendências eidéticas que o acompanham.

Graucob considera que em nenhum outro estágio da vida humana, exceto talvez pela primeira infância, é possível observar com tanta clareza quanto na idade de transição que, com o desenvolvimento da linguagem, ocorre o desenvolvimento do pensamento, com a formulação verbal do pensamento, torna-se possível produzir distinções sempre renovadas e mais agudas. Segundo a expressão de Goethe, a língua por si mesma é criadora.

Ao investigar o aparecimento da metáfora e de palavras usadas no sentido figurado na idade de transição, o autor aponta corretamente para o fato de que a combinação peculiar de pensamento concreto e abstrato deve ser analisada como uma nova conquista do adolescente. O tecido verbal do adolescente apresenta uma estrutura muito mais complexa. As conjunções coordenadas e subordinadas aparecem em primeiro plano, e essa estrutura verbal mais complexa é expressão, por um lado, de um pensamento mais complexo, ainda que não inteiramente elucidado, e, por outro lado, é um meio para o desenvolvimento posterior do intelecto.

Qual a diferença qualitativa entre a metáfora e o sentido figurado da palavra na idade infantil e na idade de transição? Já na língua infantil encontramos comparações figuradas que são apoiadas pela tendência da criança para o eidetismo. Mas essas comparações ainda não têm em si nada de abstrato. Metáforas no sentido próprio da palavra ainda não existem na criança. Para ela, as metáforas são aproximações reais de impressões. Não é isso que temos no adolescente. Nesse caso, as metáforas são caracterizadas por uma relação peculiar entre concreto e abstrato, que só se torna possível com base em uma linguagem altamente desenvolvida.

Vimos até que ponto é incorreta a habitual oposição entre abstrato e concreto e como, na realidade, essas duas formas de pensamento estão longe de se contradizerem mutuamente, mas estão ligadas entre si. Graucob diz que na adolescência o abstrato é mais facilmente assimilado quando refletido em um exemplo ou uma situação concreta. Dessa forma, chegamos ao que parece ser um resultado contraditório, segundo o qual, a despeito do desenvolvimento do pensamento abstrato e da existência da contemplação eidética que ocorre em paralelo, as comparações imagéticas concretas na língua do adolescente aumentam e chegam ao ápice, depois disso caem, aproximando-se da linguagem do adulto.

As metáforas da criança, continua o autor, produzem a impressão de algo objetivo, natural. No adolescente, elas são frutos de elaboração subjetiva. Na metáfora, os objetos são aproximados não organicamente, mas por meio do intelecto, as metáforas surgem não com base na contemplação sintética, mas em uma reflexão unificadora. Por isso, a aproximação do pensamento concreto e abstrato é um traço distintivo da idade de transição. Mesmo na poesia lírica, o adolescente não está livre da reflexão. Seu destino consiste em que, quando ele deve ser pensador, ele poetiza, e, quando deve agir como poeta, ele filosofa.

Ao ilustrar metáforas na linguagem e no pensamento do adolescente, Graucob estabelece uma série de metáforas altamente específicas, nas quais o significado primário é encontrado de forma invertida. Conceitos abstratos distantes devem explicar o que é próximo, concreto e simples.

No próximo capítulo, analisaremos detidamente uma característica típica da idade de transição de entrelaçamento do pensamento abstrato e concreto. Interessa-nos agora que os aspectos do abstrato e do concreto aparecem no pensamento do adolescente em proporções, em correlações qualitativas, diferentes do que no pensamento da criança em idade escolar.

Kroh, que observou corretamente que o desenvolvimento do pensamento geralmente é subestimado nas teorias sobre a idade de transição, estabeleceu um fato decisivo para a explicação do desenvolvimento do intelecto, isto é, o fato de que com o fim da escola, começa um processo de diferenciação no desenvolvimento do pensamento sob a influência de causas externas.

Em nenhum outro momento a influência do meio sobre o desenvolvimento do pensamento teve tanta importância quanto justamente na idade de transição. Agora, de acordo com os níveis de desenvolvimento do intelecto, é possível distinguir de forma cada vez mais nítida campo e cidade, meninos e meninas, crianças de diferentes camadas sociais e de classes. É evidente que os fatores sociais têm impacto direto sobre o processo de desenvolvimento do pensamento nessa idade. Nisso vemos a confirmação imediata de que os principais êxitos do desenvolvimento do pensamento são alcançados pelo adolescente na forma de desenvolvimento cultural do pensamento.

Não é o desenvolvimento biológico do intelecto, mas o domínio de formas de pensamento sintéticas formadas historicamente que constitui o principal conteúdo dessa idade. É por isso que uma série de trabalhos monográficos citados por Kroh mostra que o processo de amadurecimento intelectual em diferentes camadas sociais apresenta quadros profundamente distintos. Os fatores externos que formam o desenvolvimento intelectual assumem na idade de transição uma importância decisiva: o intelecto adquire modos de ação que são produto da socialização do pensamento e não sua evolução biológica. Kroh, como veremos adiante, estabelece que imagens subjetivas e visuais começam a desaparecer perto dos 15-16 anos. Segundo o autor, o principal motivo para isso é o desenvolvimento da língua do adolescente, a socialização de sua linguagem e o desenvolvimento do pensamento abstrato. As bases visuais da linguagem desaparecem. As representações que estão na base das palavras perdem seu significado determinante. A vivência visual da criança determina o conteúdo e, com frequência, também a forma da expressão verbal. No adulto, a linguagem se baseia muito mais em bases próprias. Nas palavras-conceitos ela tem seu material na gramática e na sintaxe, suas leis normais de formação. A linguagem se separa cada vez mais das representações visuais, tornando-se em grande medida mais autônoma. Esse processo de autonomização da linguagem ocorre predominantemente na idade de transição, supõe Kroh.

Jaensch, autor de pesquisas sobre eidetismo, aponta corretamente para o fato de que também no desenvolvimento histórico da humanidade, na passagem do pensamento primitivo para o desenvolvido, a linguagem teve papel decisivo como meio de libertação em relação a imagens visuais.

Notável nesse sentido é o fato apontado por Kroh de que as imagens eidéticas continuam aparecendo em crianças surdas-mudas, mesmo quando em seus coetâneos ouvintes elas já praticamente sumiram. Isso atesta irrefutavelmente que a extinção das imagens eidéticas ocorre sob efeito do desenvolvimento da linguagem.

Ligado a isso há também outro traço do pensamento na idade de transição, isto é, a transferência da atenção do adolescente em sua vida interior e a passagem do concreto para o abstrato. A gradual introdução da abstração no pensamento do adolescente é um fator central para o desenvolvimento do intelecto na idade de transição. Não obstante, como indica corretamente Kroh, o isolamento de certas particularidades de um complexo de coisas já é acessível à criança de pouca idade. Quando se costuma compreender abstração como atenção que isola, devemos falar de abstração que isola, que é acessível já ao animal; não se deve dizer que esse tipo de abstração é uma aquisição da idade de transição.

A abstração que isola deve ser distinguida da abstração que generaliza. Ela surge quando a criança submete uma série de objetos concretos a um conceito comum. Mas até mesmo esse tipo de conceito é formado e utilizado muito cedo pela criança. É evidente que isso não é uma nova conquista do pensamento do adolescente. A abstração que generaliza leva a criança a pensar sobre conteúdos que são inacessíveis à percepção visual. Quando se diz que o adolescente conquista pela primeira vez o mundo do abstrato, essa afirmação, segundo Kroh, deve ser compreendida no sentido de que apenas nessa idade se torna acessível a forma de abstração indicada acima.

É muito mais importante ressaltar outra coisa: o adolescente, via de regra, passa a acessar as relações mútuas e dotadas de sentido de tais conceitos abstratos. Não tanto os indícios abstratos isolados por si mesmos, mas as ligações, relações e interdependências entre esses indícios são o que se torna acessível nessa idade. O adolescente estabelece relações entre conceitos. Por meio da definição ele chega a novos conceitos.

Consideramos equivocada a opinião de Kroh de que o uso de provérbios e expressões abstratas, dadas em forma visual, seja um estágio intermediário entre o pensamento concreto e o abstrato. Kroh considera que essa forma não costuma ser observada pelos pesquisadores, não obstante ela ser o estágio final do desenvolvimento do pensamento abstrato para muitas pessoas.

Como dissemos e tentaremos explicar adiante, o entrelaçamento entre abstrato e concreto ainda não é acessível à criança e não é, em absoluto, uma forma intermediária entre pensamento concreto e abstrato, mas uma forma peculiar de transformação do pensamento concreto, uma forma que já surge com base no abstrato, assim como, segundo expressão de Potebniá, a capacidade de pensar sem palavras é definida em última instância pela palavra. Isso vale para as deduções lógicas.

Embora, como mostrou Deuchler, elas apareçam em crianças de 4 anos, nelas essas deduções ainda estão inteiramente fundamentadas na combinação visual ou esquemática de premissas e de seus conteúdos. A compreensão da criança ainda não acessa a necessidade lógica do resultado obtido, bem como todo o caminho do raciocínio lógico. A criança normal se torna apta a tais operações apenas no período de maturação sexual. Tal compreensão racional do pensamento lógico-gramatical ocorre apenas nessa época. Na criança, o domínio da gramática se baseia fundamentalmente num senso da língua, e hábitos verbais, na formação de analogias. Kroh tem total fundamento para aproximar esses êxitos do pensamento do adolescente com seus êxitos no campo da matemática. Ele constata que o fluxo realmente dotado de sentido de evidências e a descoberta independente de regras e proposições matemáticas só são possíveis na idade de transição. Essas particularidades do pensamento formal estão associadas a profundas transformações no conteúdo do pensamento do adolescente. A tarefa do autoconhecimento, preparada pela compreensão de outras pessoas e pelo domínio de categorias do psicológico, levam a atenção do adolescente a se orientar cada vez mais no sentido da vida interior. A divisão entre mundo interior e exterior se torna necessária para o adolescente devido a necessidades, a tarefas que o desenvolvimento coloca diante dele. Para Kroh, a tarefa de criação de um plano de vida exige cada vez mais a separação entre essencial e não essencial. Sem uma avaliação lógica, isso é irrealizável. Por isso, compreende-se que o desenvolvimento de formas superiores de atividade intelectual seja tão importante na idade de transição. O pensamento abstrato verdadeiro, correspondente, aparece de forma cada vez mais decisiva.

É claro que ele não surge imediatamente. Antes disso, a criança era capaz de perceber visualmente dados relativamente complexos sobre a relação entre as coisas, os significados e ações. Ela tinha condições de compreender e aplicar um tipo diferente de abstração. A idade de transição traz consigo apenas a capacidade de fazer uma correlação dotada de sentido entre conceitos abstratos e um conteúdo geral. Com isso, desenvolvem-se capacidades lógicas verdadeiras. Kroh repete que para o desenvolvimento desse pensamento tem papel decisivo o meio que circunda a criança. No meio campesino, segundo as observações do autor, encontramos com frequência adultos que não se elevaram acima do nível intelectual de uma criança em idade escolar. O pensamento deles se deslocou ao longo de toda vida pela esfera do visual, sem nunca passar ao pensamento especificamente lógico e às suas formas abstratas.

Na medida em que, ao terminar a escola, o adolescente ingressa em um meio que não se dominam formas superiores de pensamento, é natural que ele mesmo não atinja um nível elevado de desenvolvimento, ainda que tenha boas aptidões. Impossível afirmar de maneira mais decisiva que a formação de conceitos é um produto do desenvolvimento cultural e depende em última instância do meio.

Em diferentes esferas da vida prática encontramos modos totalmente distintos de aplicação da atividade intelectual, que são, por um lado, determinadas pela estrutura predominante da esfera vital e, por outro lado, pelas particularidades do próprio indivíduo.

Consideramos que a conclusão mais importante de Kroh é aquela relativa ao significado central do desenvolvimento intelectual para toda idade de transição. O intelecto desempenha um papel decisivo para o adolescente. Mesmo na escolha de determinada profissão são empregados, em grande medida, processos de natureza tipicamente intelectual. Assim como Lau (1925), Kroh afirma que justamente no adolescente há uma influência extremamente intensa do intelecto sobre a vontade. Decisões pensadas e conscientes desempenham para seu desenvolvimento integral um papel muito maior do que, como se costuma pensar, a influência superestimada da crescente esfera emocional.

Buscaremos explicar em detalhe no próximo capítulo o significado central do desenvolvimento intelectual e seu papel condutor.

Utilizando o método de cortes genéticos e seu estudo comparativo, pudemos estabelecer não apenas aquilo que não existe na primeira idade escolar e o que aparece na idade de transição, como também uma série de mecanismos por meio dos quais se desenvolve uma função central para toda essa fase, isto é, a formação de conceitos.

Vimos o papel decisivo que desempenha nesse processo a introspecção, a tomada de consciência dos próprios processos de comportamento e seu domínio, a transferência de formas de comportamento que surgem na vida coletiva do adolescente para a esfera interior da personalidade e o gradual enraizamento de novos modos de comportamento, a transferência para dentro de uma série de mecanismos e a socialização da linguagem interna e, por fim, o trabalho como fator central de todo desenvolvimento intelectual.

Pudemos, a seguir, estabelecer o significado da aquisição da nova função (formação de conceitos) para todo o pensamento do adolescente. Mostramos que se no pensamento os objetos são apresentados de forma imóvel e isolada, o conceito na realidade une seu conteúdo. Se admitirmos que o objeto se revela em ligações e mediações, em relações com a realidade e em movimento, devemos concluir que o pensamento que domina os conceitos começa a dominar a essência do objeto, a revelar suas ligações e relações com outros objetos, começa pela primeira vez a unir e correlacionar diferentes elementos de sua experiência, e então se revela um quadro coeso e dotado de sentido do mundo como um todo.

Um exemplo bastante simples das transformações que o conceito traz para o pensamento do adolescente pode ser visto no conceito de número.

18

Gostaríamos de usar um exemplo visual para mostrar o que o pensamento em conceitos traz de novo para o conhecimento da realidade em comparação com o pensamento concreto ou visual. Para isso, vale comparar o conceito de número, que costuma ser formado no indivíduo inserido na cultura, e as formações numéricas baseadas em impressões diretas de quantidade, que predominam em povos primitivos. Da mesma forma, na criança de pouca idade a percepção de quantidade se baseia em imagens numéricas, na percepção concreta de forma e grandeza de determinado grupo de objetos. Com a passagem para o pensamento em conceitos, a criança se liberta do pensamento numérico puramente concreto. No lugar da imagem numérica aparece o conceito numérico. Se compararmos o conceito de número com a imagem numérica, pode parecer, à primeira vista, que tem fundamento a tese da lógica formal sobre a grande pobreza de conteúdo contido no conceito em comparação com a riqueza do conteúdo concreto contido na imagem.

Na realidade, não é assim. O conceito não apenas exclui de seu conteúdo uma série de aspectos próprios da percepção concreta, como também, pela primeira vez, revela na percepção concreta uma série de aspectos que para a percepção ou contemplação direta são absolutamente inacessíveis, que são trazidos pelo pensamento, identificados pela reelaboração de dados da experiência e sintetizados em um todo único com elementos da percepção direta.

Assim, todo conceito numérico, por exemplo, o conceito de "7", está inserido em um complexo sistema de numeração, ocupa um determinado lugar nele, e quando esse conceito é encontrado e elaborado, com isso são dadas também todas as complexas ligações e relações existentes entre este conceito e o sistema de conceitos em que ele está inserido. O conceito não apenas reflete a realidade, mas a sistematiza, inclui dados da percepção concreta em um sistema complexo de ligações e relações e revela essas ligações e relações que são inacessíveis à contemplação simples. Por isso, muitas propriedades de grandeza se tornam claras e perceptíveis apenas quando começamos a pensar em conceitos[215].

Via de regra, indicam que mesmo o número tem uma série de particularidades qualitativas. 9 é a raiz quadrada de 3, é divisível por 3, ocupa um lugar determinado e pode ser colocado em uma ligação determinada com qualquer outro número. Todas essas particularidades do número – sua divisibilidade, a relação com outros números, sua construção a partir de números mais simples – são reveladas apenas no conceito do número.

Os pesquisadores, por exemplo, Werner, para explicar as particularidades do pensamento primitivo frequentemente se voltam para os conceitos numéricos que revelam de forma mais evidente essas particularidades. Assim faz Wertheimer, ao tentar penetrar nas peculiaridades do pensamento primitivo pela análise de imagens numéricas. Consideramos esse procedimento inteiramente satisfatório para revelar também a particularidade qualitativa inversa do pensamento em conceitos e para mostrar como o conceito se enriquece infinitamente com elementos do conhecimento mediado sobre o objeto, elevando até mesmo sua contemplação para outro nível.

Iremos nos limitar à análise de um exemplo que mostra claramente a função sistematizadora e ordenadora do pensamento em conceitos para o conhecimento da realidade. Se para a criança de idade escolar a palavra designa o nome da coisa, para o adolescente a palavra designa um conceito da coisa, ou seja, sua essência, as leis de sua construção, sua ligação com todas as demais coisas e seu lugar no sistema da realidade já conhecida e ordenada.

---

215. "Hegel tem *essencialmente* toda razão contra Kant. O pensamento, a ascensão do concreto ao abstrato, não parte (se ele for *correto*) da verdade, mas se aproxima dela. A abstração da *matéria*, da *lei* da natureza, a abstração do *valor* etc., em uma palavra, *todas* as abstrações científicas (corretas, sérias, não absurdas) refletem a natureza de forma mais profunda, fiel, *plena*. Da contemplação viva para o pensamento abstrato e *dele para a prática*: esse é o caminho dialético para o conhecimento da verdade, para o conhecimento da realidade objetiva" (Lenin, [*s. d.*], v. 29, p. 152-153).

19

A passagem para o desenvolvimento sistemático da experiência e do conhecimento é observada por uma série de pesquisadores que usam o método de descrição de um quadro para a definição do caráter do pensamento visual infantil. O caráter do pensamento da criança de idade escolar é referido por Piaget pelo termo "sequencialização", que designa a debilidade do poder de síntese, de unificação, do pensamento da criança. Da mesma forma que a criança não une ao mesmo tempo todos os indícios contidos no conceito, mas pensa alternadamente ora em um ora em outro indício como equivalente do conteúdo do conceito como um todo, ela não ordena, não introduz em um sistema a estrutura de seus pensamentos, mas os coloca lado a lado, sem uni-los.

No pensamento da criança, como diz Piaget, predomina a lógica da ação, não a lógica das ideias. Um pensamento se liga a outro assim como o movimento de uma mão leva a outros movimento e estão ligados a ele, mas não do modo como se constroem ideias, hierarquicamente submetidas a uma principal. Recentemente Piaget e Rossell aplicaram o método de descrição de figuras para investigar o desenvolvimento do pensamento da criança e do adolescente. Essas pesquisas mostram que apenas no começo da adolescência a criança passa do estágio da enumeração de indícios isolados para o estágio da interpretação, ou seja, da união do material percebido visualmente com elementos do pensamento que a criança introduz na figura por conta própria.

As formas do pensamento lógico são o principal meio de descrição das figuras. É como se as formas do pensamento lógico ordenassem o material da percepção. O adolescente começa a pensar percebendo; sua percepção se converte em pensamento concreto, ele se intelectualiza. Burns pesquisou conceitos em 200 crianças entre 6 e 15 anos por meio do método de definição. Os resultados de sua pesquisa estão na Tabela 3, na qual se vê que nesse período a quantidade de definições funcionais e voltadas a um objetivo cai 2,5 vezes, cedendo lugar a definições lógicas dos conceitos.

Vogel (1911) estabeleceu que as relações encontradas pelos adolescentes por meio do pensamento crescem com a chegada da idade de transição. Em particular, os julgamentos relativos a causas e consequências aumentam mais de 11 vezes na passagem da idade escolar para a adolescência. Esses dados são especialmente interessantes em relação ao pensamento pré-causal, estabelecido por Piaget como peculiaridade da primeira idade escolar.

Tabela 3

Idade (em anos)	Conceitos com definições funcionais e voltadas a um objetivo (%)
6	79
7	63
8	67
9	64
10	57
11	44
12	34
13	38
14	38
15	31

Na base do pensamento pré-causal está o caráter egocêntrico do intelecto infantil, que leva a uma confusão entre a causalidade mecânica e a causalidade psicológica. Para Piaget, a pré-causalidade é um estágio intermediário entre a motivação, a fundamentação objetiva dos fenômenos e o pensamento causal no sentido próprio da palavra. Para a criança, as causas do fenômeno se confundem com os propósitos, e acontece, nas palavras de Piaget, como se a natureza fosse produto, ou melhor, duplicação dos pensamentos, nos quais a criança busca a todo momento um sentido e um propósito.

As pesquisas de Roloff mostraram que a função de definição de conceito cresce intensamente na criança entre os 10 e os 12 anos, no início da idade de transição. Isso está ligado ao desenvolvimento do pensamento lógico do adolescente. Já apresentamos a visão de Meumann sobre o surgimento tardio das deduções em crianças (perto dos 14 anos). Schfissler, que questiona a visão de Meumann, identifica o crescimento desse processo aos 11-12 e 16-17 anos. Ormian identifica o início do pensamento formal aos 11 anos.

Independentemente do que dizem as pesquisas, uma coisa é clara: de acordo com todas elas, apesar dos dados ligeiramente díspares externamente, o pensamento em conceitos e o pensamento lógico se desenvolvem relativamente tarde, apenas no início da idade de transição esse desenvolvimento dá seus principais passos.

Recentemente, Monchamps e Moritz investigaram novamente o pensamento da criança e do adolescente por meio da descrição de figuras. Diferentemente dos experimentos habituais, que se limitaram *a* descrição de elementos das figuras que são acessíveis à compreensão da criança já em uma idade precoce, as novas pesquisas estabeleceram como estágio final do pensamento visual uma síntese exata, que é acessível apenas para metade das pessoas adultas inseridas na cultura e que pressupõe não uma habilidade intelectual mediana, mas elevada.

A época da maturação sexual, de acordo com esses dados, é caracterizada pelo fato de que a forma típica de pensamento da criança da idade que nos interessa é a síntese parcial, ou seja, a explicação do sentido geral do quadro, acessível, em geral, no sexto estágio do desenvolvimento. Esses dados mostram em que medida o desenvolvimento da criança e seu avanço pelos estágios é definido por condições sociais e culturais. A comparação de estudantes de escolas populares e estudantes de escolas privilegiadas mostra uma diferença essencial: enquanto 78% das crianças de escolas privilegiadas atingem o sexto estágio já aos 11 anos, aproximadamente a mesma porcentagem de estudantes de escolas populares atinge esse estágio aos 13-14 anos.

As pesquisas de Eng (1914), que tentou explicar o desenvolvimento dos conceitos por meio do método de definições, também mostraram que esse desenvolvimento tem um êxito significativo a partir dos 12 anos. Aos 14 anos a quantidade de respostas corretas aumenta quase 4 vezes em comparação com os 10 anos.

Recentemente, Müller investigou as capacidades lógicas dos adolescentes por meio de dois testes. Pediu-se que os adolescentes estabelecessem a relação entre conceitos e buscassem novos conceitos que estabelecessem determinadas relações com os que foram dados. A distribuição das resoluções dessas tarefas conforme a idade mostrou que o pensamento lógico se torna a forma predominante aos 13 anos em meninos e aos 12 anos em meninas.

20

Na conclusão resta dizer que o desenvolvimento do pensamento foi objeto de nossa pesquisa por tanto tempo, pois não podemos analisá-lo na idade de transição como um dos processos particulares do desenvolvimento ao lado de outros processos também particulares. Nessa idade, o pensamento não é uma função entre outras. O desenvolvimento do pensamento tem um significado central, chave e decisivo para todas as demais funções e processos. Não podemos expressar de modo mais claro e breve o papel condutor do desenvolvimento intelectual em relação a toda personalidade do adolescente e a todas as suas funções psíquicas a não ser dizendo que a aquisição da função de formação de conceitos constitui o elo central e principal de todas as transformações que ocorrem na psicologia do adolescente. Todos os demais elos dessa corrente, todas as demais funções particulares se intelectualizam, se transformam, se reorganizam sob a influência desses êxitos decisivos atingidos pelo pensamento do adolescente.

No próximo capítulo tentaremos mostrar como as funções inferiores, ou elementares – que, em termos genéticos, funcionais e estruturais, são processos mais primitivos, anteriores, mais simples e independentes dos conceitos –, se reorganizam em uma nova base sob influência do pensamento em conceitos, como eles são incluídos como partes componentes, como instâncias subordinadas, em novas combinações complexas criadas pelo pensamento com base nos conceitos, como, enfim, sob influência do pensamento, são lançadas as bases da personalidade e da visão de mundo do adolescente.

14

A dinâmica e a estrutura da personalidade do adolescente[216]

1

Estamos nos aproximando do fim de nossa pesquisa. Começamos pelo exame das transformações que ocorrem na estrutura do organismo e em suas funções mais importantes no período da maturação sexual. Pudemos acompanhar a reorganização completa de todos os sistemas internos e externos de atividade do organismo, a alteração radical de sua estrutura e a nova estrutura da atividade orgânica que surge ligada à maturação sexual. Atravessando vários estágios, passando das inclinações para os interesses, dos interesses para as funções psíquicas e deles para o conteúdo do pensamento e para a imaginação criadora, vimos como se forma a nova estrutura da personalidade do adolescente, que é distinta da estrutura da personalidade infantil.

A seguir, nos detivemos brevemente em alguns problemas especiais da pedologia da idade de transição e pudemos acompanhar como a nova estrutura da personalidade se manifesta em ações vitais complexas, como se transforma e se eleva a um estágio superior o comportamento social do adolescente, como interna e externamente ele chega a um dos aspectos decisivos da vida, isto é, a escolha da vocação ou da profissão, como, por fim, constituem-se formas vitais originais, estruturas originais de personalidade e visão de mundo do adolescente nas três mais importantes classes da socie-

---

216. Traduzido a partir do v. 4, "Detskaia psikhloguiia", de *Sobranie Sotchinénii v chesti tomakh* (Vigotski, 1984a, p. 220-242) que também corresponde ao cap. 16 do manual *Pedologia do adolescente*, que Vigotski publicou entre 1930 e 1931 para ensino a distância [N.T.].

dade contemporânea. Ao longo de nossa pesquisa, deparamo-nos repetidas vezes com elementos isolados para a construção de uma teoria geral sobre a personalidade do adolescente. Resta-nos agora generalizar o que foi dito e tentar produzir uma imagem esquemática da estrutura e da dinâmica da personalidade do adolescente.

Unimos propositalmente essas duas seções da análise da personalidade, pois consideramos que a pedologia tradicional da idade de transição dedicou atenção demasiada a uma representação e a um estudo puramente descritivos da personalidade do adolescente. Por meio da auto-observação, de diários e poesias de adolescentes, a pedologia tentava recriar a estrutura da personalidade com base em certas vivências documentadas. Acreditamos que o caminho mais correto seja o estudo concomitante da personalidade do adolescente no aspecto de sua estrutura e dinâmica. Dito de modo mais simples, para responder à pergunta sobre a estrutura original da personalidade na idade de transição, é preciso determinar como se desenvolve, como se forma essa estrutura, quais as leis mais importantes de sua construção e transformação. Passaremos a isso agora.

A história do desenvolvimento da personalidade pode ser abarcada por algumas regularidades fundamentais, que já foram sugeridas em nossas pesquisas anteriores.

A primeira lei do desenvolvimento e da construção das funções psíquicas superiores, que constitui o principal núcleo da personalidade em formação, pode ser chamada lei da *transição dos modos e formas imediatas, inatas, naturais de comportamento para formas mediadas, artificiais, que surgem no processo de desenvolvimento cultural das funções psíquicas.* Essa transição na ontogênese corresponde ao processo de desenvolvimento histórico do comportamento humano, um processo que, como se sabe, consiste não na aquisição de novas funções psicofisiológicas naturais, mas em uma complexa combinação de funções elementares, no aperfeiçoamento de formas e modos de pensamento, na elaboração de novos modos de pensamento, que se baseiam fundamentalmente na linguagem ou em algum outro sistema de signos.

O exemplo mais simples da transição das funções imediatas para as mediadas é a transição da memória voluntária para a memorização guiada por signos. Quando o homem primitivo fez pela primeira vez algum signo exterior para que pudesse memorizar determinado acontecimento, ele passou, assim, para uma nova forma de memória. Ele introduziu meios artificiais externos, com a ajuda dos quais ele passou a dominar os processos da própria memorização. A pesquisa mostra que o caminho do desenvolvimento histórico do comportamento consiste no aperfeiçoamento constante desses meios, na elaboração de novos procedimentos e formas de domínio das próprias operações psíquicas, além disso, a estrutura interna de determinada operação não permanece imutável, mas passa também por profundas transformações. Não nos deteremos em detalhes na história do comportamento. Diremos apenas que o desenvolvimento cultural do comportamento seja da criança ou do adolescente são fundamentalmente do mesmo tipo.

Assim, vimos que o desenvolvimento cultural do comportamento está intimamente ligado ao desenvolvimento histórico (ou social) da pessoa. Isso nos leva à segunda lei, que também expressa alguns traços comuns tanto à filogênese quanto à ontogênese. A segunda lei pode ser assim formulada: ao analisar a história do desenvolvimento de funções psíquicas superiores, que constituem o núcleo fundamental da estrutura da personalidade, encontramos que *a relação entre as funções psíquicas superiores foram outrora relações reais entre pessoas; o que eram formas coletivas, sociais, de comportamento no processo de desenvolvimento passam a ser um modo de adaptação individual, formas de comportamento e de pensamento da personalidade*. Toda forma superior complexa de comportamento revela justamente esse caminho de desenvolvimento. O que agora está reunido em uma pessoa e que aparece como uma estrutura integral única de funções psíquicas internas superiores e complexas, antes, na história do desenvolvimento, era formado por processos separados, compartilhados entre diferentes pessoas. Em outras palavras, as funções psíquicas superiores surgem de formas sociais e coletivas de comportamento.

Seria possível explicar essa lei fundamental com três exemplos simples. Muitos autores (Baldwin, Rignano e Piaget) mostraram que o pensamento lógico infantil se desenvolve de forma proporcional ao aparecimento e ao desenvolvimento do embate no coletivo infantil. Apenas no processo de colaboração com outras crianças se desenvolve a função do pensamento lógico. Em seus trabalhos, esse autor pode acompanhar passo a passo como, com base na colaboração que se desenvolve e, em particular, com o aparecimento de um verdadeiro embate, de uma verdadeira discussão, a criança passa pela primeira vez a estar diante da necessidade de fundamentar, provar, confirmar e verificar seu pensamento e o pensamento de seu interlocutor. Piaget observou, a seguir, que o embate, a colisão, que surgem no coletivo infantil, são não apenas um estímulo que desperta o pensamento lógico, mas também a forma inicial de seu aparecimento. O desaparecimento das características do pensamento que predominam em estágios anteriores do desenvolvimento e que caracterizam a ausência de sistematização e de conexões coincidem com o surgimento do embate no coletivo infantil. Essa coincidência não é acidental. É justamente o surgimento do embate que leva a criança à sistematização de suas próprias opiniões. Janet mostrou que todo raciocínio é resultado de um embate interno, como se a pessoa repetisse em relação a si mesma as formas e modos de comportamento que antes ela empregava com outros. Piaget conclui que sua pesquisa confirma inteiramente esse ponto de vista.

Dessa forma, vemos que o raciocínio lógico da criança é uma espécie de transferência do embate para dentro da personalidade, uma forma coletiva de comportamento, no processo de desenvolvimento cultural, torna-se uma forma interna de comportamento da personalidade, seu principal modo de pensamento. Isso pode ser dito sobre o desenvolvimento do autocontrole e da condução voluntária das próprias ações, que se desenvolvem no processo das brincadeiras infantis coletivas com regras. A criança que aprende a concordar e coordenar suas ações com as ações de outros, que aprende a superar o impulso imediato e subordina sua atividade a determinada regra da brincadeira, faz isso inicialmente como membro de um coletivo único dentro de todo grupo de crianças que brincam. A subordinação à regra, a superação dos impulsos imediatos, a coordenação de ações pessoais e coletivas inicialmente, assim como o embate, são uma forma de comportamento que surge entre crianças e apenas mais tarde se torna uma forma individual de comportamento da própria criança.

Por fim, para não multiplicar os exemplos, seria possível indicar a função central e condutora do desenvolvimento cultural. O destino dessa função não poderia confirmar de forma mais clara a transição das formas sociais de comportamento para as individuais, o que poderia ser chamado de lei da sociogênese das formas superiores de comportamento: a linguagem, que inicialmente era um meio de ligação, um meio de comunicação, de organização do comportamento coletivo, torna-se depois o principal meio de pensamento e de todas as funções psíquicas superiores, o principal meio de construção da personalidade. A totalidade da linguagem como meio de comportamento social e como meio de pensamento individual não pode ser acidental. Ela indica a principal lei fundamental da construção das funções psíquicas superiores, tal qual nós a apresentamos anteriormente.

No processo de desenvolvimento, como mostrou Janet (1930), a palavra inicialmente era um comando para outros, depois a transformação da função levou a uma separação entre palavra e ação, o que levou a um desenvolvimento independente da palavra como meio de comando e a um desenvolvimento independente da ação subordinada a essa palavra. Bem no início, a palavra era ligada à ação e não podia se separar dela. Ela mesma era apenas uma das formas possíveis de ação. Essa função antiga da palavra, que poderíamos chamar de função volitiva, permanece até hoje. A palavra é um comando. Em todas as suas formas ela é um comando, e é preciso sempre distinguir no comportamento verbal a função de comando que a palavra é dotada da função de subordinação. Esse é um fato fundamental. Justamente pelo fato de que a palavra desempenhou a função de comando em relação a outros, ela começa a desempenhar essa mesma função em relação a si mesma, e se torna um principal meio para dominar o próprio comportamento.

É daí que surge a função volitiva da palavra, é por isso que a palavra se subordina à reação motora, é daí que surge o poder da palavra sobre o comportamento. Atrás de tudo isso está a real função do comando. Atrás do poder psicológico da palavra sobre as outras funções psíquicas está o antigo poder do comandante e do subordinado. Nisso consiste a principal ideia da teoria de Janet. Essa mesma tese pode ser expressa da seguinte forma: no desenvolvimento cultural da criança, toda função aparece em cena duas vezes, em dois planos – primeiramente no social, depois no psíquico; primeiramente como forma de colaboração entre pessoas, como categoria coletiva, interpsíquica, depois como expediente do comportamento individual, como categoria intrapsíquica. Essa é a lei geral da construção de todas as funções psíquicas superiores.

Dessa forma, as estruturas das funções psíquicas superiores representam um molde das relações coletivas e sociais entre as pessoas. Essas estruturas não passam de uma transferência da relação interna de ordem social para a personalidade, que constitui a base da estrutura social da personalidade humana. A natureza da personalidade é social. É por isso que pudemos observar o papel decisivo desempenhado no processo de desenvolvimento do pensamento infantil pela socialização da linguagem interna e externa. O mesmo processo, como vimos, leva à elaboração da moral infantil, cujas leis de construção são idênticas às leis do desenvolvimento da lógica infantil.

Desse ponto de vista, alterando uma conhecida expressão, seria possível dizer que a natureza psíquica do ser humano é um conjunto de relações sociais transferidas para dentro e tornadas funções da personalidade, partes dinâmicas de sua estrutura. A transferência de relações sociais externas entre pessoas para dentro é a principal estrutura da personalidade, como já foi há tempos observado por pesquisadores. Segundo Marx,

> em certos aspectos, a pessoa é como uma mercadoria. Como ela nasce sem um espelho nas mãos e não como um filósofo fichteriano: "eu sou eu", a pessoa inicialmente se olha, como que num espelho, em outra pessoa. Apenas se relacionando com a pessoa Paulo como se fosse consigo mesmo, a pessoa Pedro começa a se relacionar consigo mesma como pessoa. Além disso, o próprio Paulo como tal, em toda sua corporeidade paulínea, se torna para ele uma forma de manifestação da espécie "pessoa" (Marx; Engels, [s. d.], v. 23, p. 62).

A segunda lei está ligada à terceira, que poderia ser formulada como a lei *da transição da função de fora para dentro*.

Agora compreendemos por que o estágio inicial da transferência das formas sociais de comportamento para o sistema de comportamento individual da personalidade é necessariamente ligado ao fato de que toda forma superior de comportamento tem inicialmente o caráter de operação externa. No processo de desenvolvimento, as funções da memória e da atenção são a princípio construídas como operações exteriores, ligadas à utilização de um signo exterior. E é possível compreender por quê. De fato, inicialmente elas eram, como já foi dito, uma forma de comportamento coletivo, uma forma de ligação do social, mas essa ligação social não podia se realizar sem um signo, por meio de comunicação direta, e então o meio social se converte, aqui, em um meio de comportamento individual. Por isso o signo sempre foi, antes, um meio de afetar o outro e só depois se tornou um meio de afetar a si mesmo. Por meio dos outros, tornamo-nos nós mesmos. Daí compreende-se por que necessariamente todas as funções superiores internas foram externas. Contudo, no processo de desenvolvimento toda função externa se interioriza, torna-se interna. Ao se tornar uma forma individual de comportamento, ela perde, no processo prolongado de desenvolvimento, os traços de operação externa e se converte em uma operação interna.

É difícil entender, na opinião de Janet, de que forma a linguagem se torna interior. Ele considera esse problema tão difícil que constitui o principal problema do pensamento e tem sido resolvido apenas muito lentamente. Foi necessário um século de evolução para que se fizesse a transição da linguagem externa para a interna, e se olharmos atentamente, supõe Janet, será possível descobrir que ainda há uma quantidade enorme de pessoas que não dominam a linguagem interna. Janet considera uma grande ilusão a ideia de que todas as pessoas têm uma linguagem interna bem desenvolvida.

A transição para a linguagem interna na idade infantil já foi indicada em um capítulo anterior (v. 2, p. 314-331). Mostramos que a linguagem egocêntrica da criança é uma forma intermediária entre a linguagem externa e a interna, que a linguagem egocêntrica da criança é uma linguagem para si, que desempenha uma função psíquica totalmente diferente do que a linguagem externa. Mostramos, dessa forma, que a linguagem se torna psiquicamente interna antes de se tornar fisiologicamente interna. Sem nos demorarmos no processo posterior de transição da linguagem de fora para dentro, podemos dizer que esse é o destino geral de todas as funções psíquicas superiores. Vimos que justamente a transição para dentro constitui o principal conteúdo do desenvolvimento da função na idade de transição. O longo processo de desenvolvimento da função ocorre da forma externa para a interna, e esse processo se realiza na idade indicada.

À formação do caráter interno dessas funções também está ligado o seguinte aspecto: as funções psíquicas superiores se baseiam, como foi dito repetidas vezes, no domínio do próprio comportamento. Só se pode falar em formação da personalidade quando há o domínio manifesto do próprio comportamento. Contudo, o domínio pressupõe, como pré-requisito, o reflexo na consciência, o reflexo em palavras da estrutura das próprias operações psíquicas, pois, como já foi indicado, a liberdade nesse caso não quer dizer outra coisa senão uma necessidade conhecida. Nesse sentido, podemos concordar com Janet, que fala da metamorfose da língua em vontade. Aquilo que chamamos vontade é um comportamento verbal. Não há vontade sem linguagem. A linguagem entra na ação volitiva ora de forma oculta, ora de forma aberta.

Dessa forma, a vontade, que se encontra na base da estrutura da personalidade, é, no fim das contas, uma forma inicialmente social de comportamento. Janet diz que há linguagem em todo processo volitivo, e que a vontade não é outra coisa senão a conversão da linguagem em execução de uma ação, não importa se ela é para o outro ou para si mesmo.

O comportamento do indivíduo é idêntico ao comportamento social. A lei fundamental superior da psicologia do comportamento consiste em que nos comportamos em relação a nós mesmos da mesma forma como nos comportamos em relação aos outros. Existe um comportamento social em relação a si mesmo e, se assimilamos a função de comando em relação ao outro, a aplicação dessa função em relação a si mesmo representa, em essência, o mesmo processo. Contudo, a subordinação das nossas ações ao nosso próprio poder exige necessariamente, como já foi dito, como pré-requisito, a tomada de consciência dessas ações.

Vimos que a introspecção, a tomada de consciência das próprias operações psíquicas surge relativamente tarde na criança. Se acompanharmos como surge o processo de autoconsciência, veremos que ele ocorre na história do desenvolvimento das formas superiores de comportamento por meio de três estágios fundamentais. No início, toda forma superior de comportamento é assimilada pela criança exclusivamente em seu aspecto exterior. Em seu aspecto objetivo, essa forma de comportamento já contém todos os elementos da função superior, mas subjetivamente, para a própria criança, que ainda não tomou consciência disso, ela é um modo puramente natural e espontâneo de comportamento. Apenas devido ao fato de que outras pessoas preenchem essa forma natural de comportamento com certo conteúdo social, para o outro antes de ser para a própria criança, é que ela adquire o significado de função superior. Por fim, no processo prolongado de desenvolvimento, a criança começa a tomar consciência da estrutura dessa função, começa a dirigir suas operações internas e regulá-las.

É possível acompanhar a sucessão do desenvolvimento das próprias funções da criança a partir de exemplos bastante simples. Tomemos o primeiro gesto indicador da criança. Esse gesto não é outra coisa senão um movimento fracassado de tentar pegar algo. A criança estende o braço na direção de um objeto distante, não consegue alcançá-lo, o braço continua estendido na direção do objeto. Temos diante de nós um gesto indicador no significado objetivo do termo. O movimento da criança não é um

746

movimento de pegar, mas um movimento de apontar. Ele não pode afetar o objeto. Ele só pode influenciar as pessoas ao redor. Em termos objetivos, não se trata de uma ação dirigida para o mundo exterior, mas de um meio de influência social sobre as pessoas ao redor. A própria criança se precipita em direção ao objeto. Seu braço, estendido no ar, mantém-se nessa posição apenas graças à força hipnotizante do objeto. Esse estágio do desenvolvimento do gesto indicador pode ser chamado de estágio do gesto em si.

Depois ocorre o seguinte: a mãe entrega o objeto à criança; para ela antes do que para a criança o movimento fracassado de pegar se converte em gesto indicador. Uma vez que ela compreende o movimento dessa forma, ele se converte objetivamente cada vez mais em um gesto indicador no verdadeiro sentido da palavra. Esse estágio pode ser chamado de gesto indicador para o outro. Apenas muito mais tarde a ação se torna um gesto indicador para si mesmo, ou seja, um movimento consciente e dotado de sentido da própria criança.

Da mesma forma, as primeiras palavras da criança não são outra coisa senão um grito afetivo. Objetivamente elas expressam alguma demanda da criança muito antes de a criança empregá-las conscientemente como meio de expressão. Em seguida, o outro, novamente antes da criança, preenche essas palavras afetivas com certo conteúdo. Assim, as pessoas ao redor, a despeito da vontade da criança, criam o sentido objetivo das primeiras palavras. Apenas depois suas palavras se transformam em linguagem para si, empregada de forma consciente e dotada de sentido.

Na sequência de nossa pesquisa, vimos uma série de exemplos dessa transição das funções por três estágios principais. Vimos como inicialmente a linguagem e o pensamento da criança se intersectam objetivamente, independentemente de suas intenções, em uma situação prática, vimos como de início surge *objetivamente* uma ligação entre essas duas formas de atividade, e como apenas mais tarde ela se torna uma ligação dotada de sentido para a própria criança. Esses três estágios ocorrem no desenvolvimento de toda função psíquica. Apenas quando ela se eleva para um estágio superior, ela se torna uma função da personalidade no próprio sentido da palavra.

Vimos como se manifestam complexas regularidades na estrutura dinâmica da personalidade do adolescente. Aquilo que se costuma chamar de personalidade não é outra coisa senão a autoconsciência da pessoa, que surge justamente nessa época: um novo comportamento da pessoa se torna um comportamento para si, a pessoa se dá conta de si mesma como uma certa totalidade. Esse é o resultado final e o ponto central de toda a idade de transição. De forma figurada, podemos expressar a diferença entre a personalidade da criança e a do adolescente por meio de diferentes designações verbais de atos psíquicos. Muitos pesquisadores perguntavam: Por que atribuímos um caráter pessoal a processos psíquicos? Como se deve dizer: *eu penso* [iá dúmaio] ou *me parece* [mne dúmaetsia]?[217] Por que não analisar processos de comportamento como processos naturais que se realizam por si mesmos em virtude de conexões com todos os demais processos? Por que não falar do pensamento de forma impessoal, da mesma forma que falamos *anoitece*, amanhece? Muitos pesquisadores consideravam essa maneira de se expressar como a única científica, e para um determinado estágio do desenvolvimento de fato é assim. Assim como dizemos *mne snitsia* [eu sonho] a criança pode dizer *mnę dúmaetsia* [me parece][218]. O fluxo de seu pensamento é tão involuntário quanto nossos sonhos. Segundo a expressão de Feuerbach, não é o pensamento que pensa, mas a pessoa.

Isso só pode ser dito pela primeira vez sobre o adolescente. Os atos psíquicos assumem um caráter pessoal apenas com base na autoconsciência da personalidade e com base no domínio deles. É interessante que esse tipo de problema terminológico nunca poderia ter surgido em relação à ação. Não ocorreria a ninguém dizer *mne deistvuetsia* [age-se para mim] e pôr em dúvida a expressão *ia déistvuio* (eu ajo). Quando nos sentimos como fonte do movimento, nós atribuímos um caráter pessoal aos nossos atos, e é justamente nesse estágio de domínio das próprias operações internas que o adolescente chega.

2

Nos últimos tempos, a pedologia da idade de transição dedicou muita atenção ao problema do desenvolvimento da personalidade. Como já

---

217. Em russo é possível usar a construção pessoal e direta "*ia dúmaiu*" (eu penso) ou a impessoal com o verbo na forma reflexiva: *mne dúmaetsia* (pensa-se para mim), aqui foi traduzido como "me parece". Na construção impessoal o "eu" deixa de ser o sujeito gramatical da expressão [N.T.].

218. Em russo o verbo sonhar é reflexivo e é também empregado numa construção impessoal – *mne snitsia* (algo como "sonha-se para mim"). Na medida em que o sujeito da ação não é a pessoa (eu), a expressão russa indica que o *processo de* sonhar ocorre por si mesmo para essa pessoa, isto é, a despeito de sua agência. Esse tipo de construção impessoal é bastante frequente no idioma russo [N.T.].

apontou Spranger, uma das principais características da idade como um todo é a descoberta do próprio "eu". Essa expressão nos parece incorreta, uma vez que Spranger está se referindo à descoberta da personalidade. Parece-nos que seria mais correto dizer que a personalidade se desenvolve e que esse desenvolvimento é concluído na idade de transição. Spranger justifica sua formulação ao dizer que a criança tem seu "ego". Contudo, ele não tem consciência disso: Spranger se refere à peculiar transferência da atenção, à reflexão interna, ou seja, ao pensamento dirigido para si mesmo. A reflexão surge no adolescente, ele é impossível na criança.

Nos últimos tempos, Busemann (1925) dedicou duas pesquisas especiais ao desenvolvimento da reflexão e à autoconsciência a ela ligada na idade de transição. Vamos nos deter brevemente nos resultados de sua pesquisa, pois ela oferece um rico material *factual* para a compreensão da dinâmica e da estrutura da personalidade na idade de transição. Busemann parte da tese absolutamente correta de que a tomada de consciência de si mesmo não é algo inicial. Formas inferiores de organismos estabelecem uma interação com o meio exterior, mas não consigo mesmas. O desenvolvimento da autoconsciência se realiza de forma extremamente lenta, e o embrião desse processo deve ser buscado em formas animais anteriores. Engels observa que na organização do sistema nervoso, em torno do qual todo o restante do corpo se estrutura, aparece o primeiro germe para o surgimento da autoconsciência.

Consideramos que Busemann tem todo fundamento ao analisar as formas mais primitivas de interação com o próprio organismo como sendo as raízes biológicas da autoconsciência. Quando um inseto, por exemplo, um besouro, alisa a própria asa com as patas, suas extremidades, ao se tocarem, estimulam-se mutuamente e são percebidas pelo inseto como um estímulo exterior. A seguir, passando por uma série de formas biológicas de desenvolvimento, esse processo se eleva à reflexão dirigida ao próprio corpo, se com isso compreendermos, como Busemann, toda transferência de vivências do mundo exterior sobre si mesmo.

A psicologia da reflexão, como observa corretamente o autor, requer uma revisão radical de uma série de posições teóricas. A psicologia que analisa a pessoa como um ser natural não coloca para si o problema do desenvolvimento da autoconsciência. Apenas considerando o desenvolvimento histórico da pessoa e da criança, chegamos à colocação correta desse problema.

Busemann estabeleceu como objetivo investigar o desenvolvimento da reflexão e a autoconsciência a ela ligada com base em composições livres de crianças e adolescentes. As composições revelam em que medida os sujeitos dominavam a reflexão e a autoconsciência. O principal resultado da pesquisa foi elucidar a estreita relação existente entre o meio e a autoconsciência do adolescente. Em plena concordância com o que dissemos anteriormente, Busemann descobriu que a forma vital da personalidade do adolescente esboçada por Spranger se aplica apenas a certo tipo médio de adolescente. Sua transferência para outras camadas sociais não encontra fundamento nos fatos. É absolutamente inadmissível a transferência dessa estrutura para a juventude proletária ou campesina. A primeira pesquisa de Busemann mostrou a enorme diferença entre o desenvolvimento e a estrutura da autoconsciência e da personalidade do adolescente conforme o meio social ao qual ele pertence. Crianças e adolescentes escreveram composições sobre o tema: "minhas qualidades e meus defeitos", "que tipo de pessoa eu sou e que tipo eu deveria ser", "será que eu posso estar satisfeito comigo mesmo?" (Estou satisfeito comigo mesmo?) Não interessava ao autor a veracidade das respostas, mas o próprio caráter delas, segundo o qual se pode julgar quão desenvolvida ou não é a autoconsciência do adolescente.

Um dos principais fatos, para usar as palavras de Busemann, consiste na conexão entre a posição social e a reflexão. Outro fato importante é que o processo de autoconsciência não é uma capacidade fixa e constante, que surge de uma vez inteiramente, mas que passa por um longo processo de desenvolvimento, passando por diferentes níveis que permitem identificar os estágios de desenvolvimento e comparar as pessoas nesse sentido. O desenvolvimento das funções de autoconsciência, segundo Busemann, ocorre em seis direções distintas, a partir das quais se constituem os aspectos mais importantes que caracterizam a estrutura da autoconsciência do adolescente.

A primeira direção é o simples crescimento e surgimento da própria imagem. O adolescente começa cada vez mais a reconhecer a si mesmo. Esse conhecimento se torna cada vez mais fundamentado e coerente. Existem aqui muitos graus intermediários entre o desconhecimento mais ingênuo de si mesmo e o conhecimento rico e profundo que só aparece no adolescente ao fim do período de maturação sexual.

A segunda direção do desenvolvimento da autoconsciência leva esse processo de fora para dentro. Busemann diz que, no início, as crianças conhecem apenas o próprio corpo. Apenas aos 12-15 anos surge a consciência de que as outras pessoas também têm um mundo interior. A própria imagem é transferida para dentro. Inicialmente, ela abarca os sonhos e os sentimentos. É importante que o desenvolvimento na segunda direção não é paralelo ao crescimento da autoconsciência na primeira direção. Na Tabela 4 vemos o crescimento da transferência para dentro no início da adolescência e a dependência desse processo em relação ao meio. Vemos o quanto as crianças do campo ficam muito mais tempo no estágio da autoconsciência exterior (cf. Tabela 4).

Tabela 4 – *Frequência de menção a julgamentos morais conforme idade, sexo e meio social em %* (Busemann, 1925)

Idade	Meninos			Meninas		
(em anos)	A	B	C	A	B	C
11	0	0	0	10	25	100
12	5	4	17	40	39	45
13	13	11	22	51	44	73
14	6	7	9	53	83	31

Nota: A – trabalhadores não escolarizados; B – trabalhadores e funcionários baixos escolarizados; C – funcionários médios e oficiais, artesãos independentes, pequenos agricultores e comerciantes.

A terceira direção do desenvolvimento da autoconsciência é sua integração. O adolescente passa cada vez mais a ter consciência de si como um todo único. Em sua autoconsciência, os traços isolados tornam-se cada vez mais traços de seu caráter. Ele começa a perceber a si mesmo como algo íntegro, e cada manifestação particular é vista como parte de um todo. Aqui observamos uma série de estágios distintos entre si, pelos quais a criança passa gradualmente conforme a idade e o meio social.

A quarta direção do desenvolvimento da autoconsciência é a delimitação da própria personalidade em relação ao meio circundante, a consciência da diferença e da particularidade de sua personalidade. O desenvolvimento excessivo da autoconsciência nessa direção leva a um fechamento, a vivências sofridas de isolamento, que com frequência distinguem a idade de transição.

A quinta linha do desenvolvimento consiste na transição para os julgamentos sobre si mesmo em escala espiritual[219]; esses julgamentos começam

---

219. Critérios internos, morais [Nota da edição russa].

a ser aplicados pelo adolescente para avaliar sua própria personalidade, são tomados de empréstimo por eles da cultura objetiva, e não têm um fundamento apenas biológico. Busemann diz que até os 11 anos a criança julga a si mesma segundo a escala: forte/fraco; saudável/doente; bonito/feio. Os adolescentes do campo, aos 14-15 anos, com frequência permanecem nesse estágio de autoavaliação biológica. Mas em relações sociais complexas, o desenvolvimento avança muito rapidamente. O centro de gravidade é transferido para certa capacidade de ação. Depois do estágio da "moral de Siegfried", segundo a qual as virtudes do corpo e a beleza são tudo, no desenvolvimento da criança vem a moral das habilidades. A criança se orgulha de saber fazer algo, o que faz com que ela possa ter o respeito dos adultos, supõe Busemann.

Sob influência de adultos, que cada vez mais promovem a fórmula "você deve nos obedecer", a criança passa para o estágio da avaliação que é definido por aquilo que o adulto quer da criança. Toda criança bem-comportada passa por esse estágio. Muitas crianças, especialmente meninas, permanecem nesse estágio de obediência moral.

O estágio seguinte do desenvolvimento leva à moral coletiva e é alcançado pelo adolescente apenas por volta dos 17 anos, e não por todos.

A sexta e última linha de desenvolvimento da autoconsciência e da personalidade do adolescente consiste no aumento das diferenças entre os indivíduos, no aumento das variações interindividuais. Nesse sentido, a reflexão compartilha o destino das demais funções. Conforme as inclinações se desenvolvam de forma mais madura e a influência do meio seja mais prolongada, as pessoas se tornam cada vez menos parecidas entre si. Até os 10 anos verifica-se uma diferença insignificante na autoconsciência da criança do campo e da cidade, aos 11-12 anos essa diferenciação se torna mais clara, mas apenas na idade de transição a diferença do meio faz com que os diferentes tipos de estrutura de personalidade tenham plena expressão.

3

O resultado mais essencial das pesquisas de Busemann está organizado em três aspectos que caracterizam a reflexão na idade de transição.

O primeiro aspecto: a reflexão e a autoconsciência nela fundamentada são representadas no desenvolvimento. O surgimento da autoconsciência é tomado não apenas como fenômeno na vida da consciência, mas como um aspecto biologicamente muito mais amplo e socialmente fundamentado pela história pregressa do desenvolvimento. Em vez de abordar esse complexo problema apenas fenomenologicamente, a partir das vivências, da análise da consciência, como faz Spranger, nós obtivemos um reflexo objetivo do desenvolvimento real da autoconsciência do adolescente.

Busemann tem todo fundamento quando diz que a raiz da reflexão deve ser buscada nas profundezas do mundo animal e que suas bases biológicas estão onde quer que haja um reflexo não apenas do mundo exterior, mas também um autorreflexo do organismo e a correlação dele resultante do organismo consigo mesmo. Spranger descreve essa transformação na idade de transição como a descoberta do próprio "eu", como um direcionamento do olhar para dentro, como um evento de ordem puramente espiritual. Dessa forma, ele considera a formação da personalidade do adolescente como algo primário, independente e inicial, como se fosse a raiz que dá origem a todas as demais transformações que caracterizam a idade. Na realidade, o que temos não é o elo inicial, primeiro, mas um dos últimos, talvez até o último elo da cadeia de transformações que constituem a caracterização da idade de transição.

Acima apontamos para o fato de que as possibilidades para a autoconsciência já se encontram na organização do sistema nervoso. A seguir tentamos acompanhar o longo caminho de transformações psicológicas e sociais que levam ao surgimento da autoconsciência. Vimos que não ocorre uma descoberta súbita ou instantânea de ordem puramente espiritual. Também observamos como em função de uma necessidade natural toda vida psíquica do adolescente se reorganiza de tal forma que o surgimento da autoconsciência constitui apenas como um produto do processo prévio de desenvolvimento. Isso é o principal, isso é a essência.

A autoconsciência é apenas a última e a mais elevada de todas as reconstruções pelas quais a psicologia do adolescente passa. Repetimos: para nós, a formação da autoconsciência não é outra coisa senão um estágio histórico determinado no desenvolvimento da personalidade, que surge inevitavelmente a partir dos estágios anteriores. A autoconsciência, dessa forma, não é um fato inicial, mas derivado na psicologia do adolescente, que surge não de uma descoberta, mas como resultado de um longo processo de desenvolvimento. Nesse sentido, o surgimento da autoconsciência não é outra coisa senão um momento determinado no processo de desenvolvimento do ser consciente. Esse momento é inerente a todos os processos de desenvolvimento nos quais a consciência passa a desempenhar algum papel distinto.

Esse conceito corresponde ao esquema de desenvolvimento que encontramos já na filosofia de Hegel. Diferentemente de Kant, para quem a coisa em si é uma essência metafísica, não propensa ao desenvolvimento, o próprio conceito de "em si" para Hegel designa um momento ou um estágio inicial do desenvolvimento da coisa. Justamente a partir desse ponto de vista, Hegel analisou o broto como planta em si e a criança como pessoa em si. Todas as coisas são inicialmente em si, diz Hegel. Nessa colocação do problema, Deborin (1923) considera interessante que Hegel estabelece uma ligação indissociável entre a cognoscibilidade da coisa e seu desenvolvimento ou, para usar uma expressão mais geral, seu movimento e transformação. A partir desse ponto de vista, Hegel tem todo fundamento ao indicar que o exemplo mais próximo do "ser para si" é o "eu": "É possível dizer que o ser humano se distingue do animal e, por conseguinte, da natureza fundamentalmente porque ele se conhece como 'eu'".

A compreensão da autoconsciência como algo que se desenvolve definitivamente nos liberta da abordagem metafísica a esse fato central da idade de transição.

O segundo momento que facilita a abordagem real a esse processo é a revelação de Busemann sobre a ligação entre o desenvolvimento da autoconsciência e o desenvolvimento social do adolescente. Busemann traz a descoberta do "eu", que Spranger coloca no início da criação da psicologia do adolescente, do céu para a terra e desloca-a do início para o fim do desenvolvimento psíquico do adolescente, ao indicar que a imagem delineada por Spranger corresponde apenas a um tipo social determinado de adolescente. A transferência dessa imagem para a juventude proletária ou campesina seria, segundo Busemann, um grande equívoco.

Mais recentemente ele realizou uma pesquisa em que tentou explicitar a ligação entre o meio e a autoconsciência do adolescente. Se com base em seus trabalhos anteriores era possível, como considera o próprio autor, explicar a diferença entre a autoconsciência de crianças da cidade e do campo, entre estudantes de escolas superiores, médias e populares não pelo impacto da posição social, mas simplesmente pelo efeito formativo dos tipos de escola, os resultados da nova pesquisa depõem contra isso. O extenso material coletado foi processado. Os enunciados dos adolescentes foram divididos em quatro grupos:

1. Representação das condições em que a criança vive ao invés da representação da própria personalidade. Isso foi tomado como evidência de uma relação totalmente ingênua ao tema "será que eu posso estar satisfeito comigo mesmo?";

2. Descrição do próprio corpo, o que também atesta uma compreensão primitiva dessa questão;

3. Autoavaliação com base na moral das habilidades;

4. Autoavaliação de caráter realmente moral (independentemente de se tratar de uma moral de obediência ou coletiva).

Na Tabela 5, o autor mostra a diferença entre a autoconsciência de crianças de diferentes grupos sociais. Elas não podem ser explicadas exclusivamente pelo tipo de aprendizagem escolar, uma vez que todas as crianças investigadas frequentavam o mesmo tipo de escola.

Tabela 5 – *Distribuição de enunciados ingênuos (primeira e segunda categoria na soma) segundo sexo e grupo social em % (segundo Busemann)*

| Sexo | Grupo social | | |
	A	B	C
M	66	53	43
F	21	15	13

Em si mesmo, o fato estabelecido por Busemann quanto à *estreita ligação* entre a posição social do adolescente e o desenvolvimento de sua autoconsciência nos parece totalmente inquestionável. Contudo, a interpretação dos fatos factuais é tão *falsa* que isso pode ser revelado por meio de uma análise simples.

Se compararmos a diferença entre os estágios de desenvolvimento da autoconsciência dos adolescentes conforme sua posição social com a diferença de acordo com o sexo, veremos o quanto a diferenciação por sexo supera a social (Tabela 6). Por exemplo, ao mesmo tempo em que a quantidade de respostas ingênuas, que comprovam uma autoconsciência não desenvolvida em garotos do grupo A, supera a quantidade desse tipo de resposta no grupo C em apenas uma vez e meia, em comparação com as respostas de meninas pertencentes ao mesmo grupo social, ele é três vezes maior. Isso ocorre com todos os demais grupos sociais. Será que esse fato pode ser considerado acidental? Acreditamos que não. A diferença do desenvolvimento da autoconsciência entre os sexos é muito mais significativa do que entre crianças de diferentes camadas sociais.

Para explicar isso, Busemann constrói uma teoria que consideramos muito malfundamentada: ele supõe que em meninas evidentemente, mesmo em condições socioeconômicas desfavoráveis, a autoconsciência moral amadurece, ao passo que os meninos precisam de melhores condições domésticas ou de uma influência mais forte da escola. Para Busemann, a confirmação desse fato está em algo que há muito se sabe sobre a parte feminina da juventude proletária: em termos psicológicos ela se aproxima evidentemente do tipo de juventude que está em melhores condições sociais.

Tabela 6 – *Distribuição de todos os tipos de julgamento segundo sexo e grupos sociais em % (segundo Busemann)*

Tipo de julgamento	Meninos			Meninas		
	A	B	C	A	B	C
Menção às circunstâncias	40	34	25	18	11	13
Corpo	26	19	18	3	4	0
Habilidades	27	40	42	33	41	33
Caráter moral	7	7	15	46	43	53

Da mesma forma, em tudo que diz respeito à transferência para dentro e à dotação da personalidade de um espírito, a mulher está à frente, e toda influência especial de um meio favorável, por exemplo, frequentar uma escola superior, nesse sentido apenas aproxima os meninos do tipo feminino. Busemann diz que o tipo de pessoa inserida na cultura, especialmente a pessoa que está em um nível cultural elevado, encontra-se em uma linha de transição entre o tipo masculino e feminino de autoconsciência. Busemann supõe que nossa cultura, por sua origem, é masculina e, em termos de sua orientação psicológica, o desenvolvimento se precipita para uma feminização.

É difícil imaginar uma explicação mais sem fundamento, ditada por uma tentativa de encaixar os fatos encontrados em um determinado esquema construído previamente. O erro de Busemann foi não ter conseguido levar até o fim o ponto de vista do desenvolvimento e o ponto de vista do condicionamento social quando se trata do surgimento da autoconsciência do adolescente. Por isso, ele não nota dois fatos de importância capital.

Em primeiro lugar, a menina chega ao período de maturação sexual e, consequentemente, em seu desenvolvimento psíquico, antes do menino. Daí é natural que uma grande porcentagem de meninas atinja um estágio de desenvolvimento elevado antes de meninos. Dessa forma, o que temos aqui não é uma superioridade do tipo feminino sobre o masculino, mas o fato de que a maturação sexual se inicia antes, tem uma cadência e um ritmo diferentes. Está perfeitamente de acordo com isso o fato de que essa mesma diferença quantitativa na cadência e no ritmo existe também entre crianças de diferentes camadas sociais. Na medida em que o desenvolvimento da autoconsciência é resultado fundamentalmente do desenvolvimento sociocultural, compreende-se que a diferença de meio cultural se expressa diretamente também no ritmo do desenvolvimento dessa função superior da personalidade em crianças que vivem em condições socioculturais desfavoráveis. Também é totalmente compreensível que a diferença entre crianças de diferentes grupos sociais seja duas vezes menor do que a diferença entre meninos e meninas.

Contudo, isso não quer dizer absolutamente que a tese de Busemann sobre a ligação interna entre o meio e a autoconsciência deva ser rejeitada. De forma alguma. Porém, a relação deve ser buscada não onde Busemann a procura. Não no atraso quantitativo do crescimento, não no atraso do ritmo de desenvolvimento, não na permanência em estágios anteriores, *a diferença está em haver outro tipo, outra estrutura de autoconsciência*. Essas diferenças quantitativas encontradas por Busemann não são o essencial para a ligação que buscamos entre o meio e a autoconsciência.

O adolescente trabalhador em relação à autoconsciência não fica simplesmente mais tempo em um estágio anterior de desenvolvimento em comparação com um adolescente burguês, mas *é um adolescente com outro tipo de desenvolvimento da personalidade, com outra estrutura e dinâmica de autoconsciência*. Aqui as diferenças não estão no mesmo plano em que aquelas entre meninos e meninas. Por isso a raiz dessas diferenças deve ser procurada no pertencimento de classe desse adolescente, e não no grau de prosperidade material. Por isso, entendemos ser equivocado juntar em um mesmo grupo tipos de adolescentes de diferentes pertencimentos de classe, como faz Busemann.

Tabela 7 – *Menção ao próprio corpo nos enunciados de crianças do campo e da cidade de diferentes idades em % (segundo Busemann)*

Idade (anos)	Campo	Cidade
9-11	63,2	15,5
12-14	40,8	4,7

Tabela 8 – *Menção aos próprios sentimentos nos enunciados de crianças do campo e da cidade de diferentes idades e sexos em % (segundo Busemann)*

Idade (anos)	cidade		campo	
	M	F	M	F
9-11	20	16	28	20
12-14	18	29	38	52

Tabela 9 – *Grau de interiorização de representações sobre si (% de composições dedicadas ao mundo interior da personalidade, em relação à quantidade total de composições, segundo Busemann)*

Idade (anos)	Escolas							
	Todas		Cidade				Campo	
			Superiores		Populares		Populares	
	M	F	M	F	M	F	M	F
9	30	–	36	43	25	80	20	16
10	41	45	23	50	36	67	30	27
11	50	52	19	79	37	53	24	22
12	95	88	26	72	50	69	16	26
13	89	96	30	100	49	52	19	50
14	80	92	58	96	42	60	37	69
15	79	90	50	90	–	–	–	–
16	77	92	60	100	–	–	–	–
17	74	–	61	–	–	–	–	–

Ele comete o mesmo erro quando analisa a influência do meio social sobre o corte etário.

Como mostram as tabelas 8 e 9, a influência correspondente do meio começa a ser sentida muito cedo, mas ela é desprezível se comparada às diferenças existentes entre meninos e meninas. Isso novamente nos convence de que as diferenças encontradas por Busemann são antes de tudo diferenças no ritmo do desenvolvimento, no qual, como sabemos, as meninas estão à frente dos meninos. Esse é o fato capital, à luz do qual devemos compreender todos os resultados obtidos por Busemann.

Contudo, sua conclusão principal nos parece correta. Ele diz que o desenvolvimento da autoconsciência depende do conteúdo cultural do meio em maior medida do que qualquer outro aspecto da vida mental. E quando Busemann tenta deduzir as particularidades da autoconsciência do adolescente a partir das necessidades vitais do grupo social ao qual ele pertence, o psicólogo comete de fato uma omissão monstruosa, mas em termos metodológicos indica um caminho de investigação absolutamente correto. Ele considera que para o adolescente que passou a vida toda em uma atmosfera de trabalho físico e necessidades materiais, que não aprendeu nenhuma habilidade, é natural analisar a si mesmo sob o ponto de vista "corpo + condições exteriores".

Outro ponto de vista predomina em crianças trabalhadoras escolarizadas. Aqui é preciso atentar para o elevado crescimento do percentual de autoavaliação baseado em habilidades. Nesse sentido, as crianças trabalhadoras qualificadas superam até as crianças do próximo grupo: para o trabalhador qualificado, segundo Busemann, a habilidade é o mais importante. Por isso as crianças também assimilam esse aspecto da autoavaliação, transferido de fora para dentro, do critério social tornado individual, do fator coletivo convertido em fator de autoconsciência. Por fim, as crianças do terceiro grupo refletem em suas autoavaliações o nível moral da própria família.

Busemann diz que, em geral, o caráter e o modo pelo qual a criança toma consciência da própria existência e atividade depende em grande medida da análise e avaliação de seus pais. As escalas valorativas dos adultos passam a ser escalas da própria criança. Busemann conclama para que nos livremos do preconceito de que tudo que é bom acontece por meio da consciência e da reflexão. Ele diz que não apenas no campo da ética, aquilo de mais elevado ocorre quando a mão esquerda não sabe o que a direita faz. Existe a perfeição do sujeito inconsciente.

Essa ode à limitação denuncia definitivamente a falsidade da posição fundamental do autor. Ao invés de fazer uma análise qualitativa e revelar a diferença qualitativa entre a consciência do adolescente em diferentes meios sociais, o autor se contenta com a mera constatação do atraso na transição de um estágio a outro. A questão, é evidente, *não está nos estágios, mas nos tipos* de autoconsciência e no curso do próprio processo de desenvolvimento. Em certos sentidos, por exemplo, no sentido da tomada de consciência de sua personalidade em termos de classe social, o adolescente trabalhador evidentemente passa para os estágios mais elevados de autoconsciência mais rápido do que o burguês. Em outros sentidos ele é mais lento. Contudo, não se pode falar em geral sobre atrasos e avanços quando os caminhos do desenvolvimento desenham curvas incomensurável e qualitativamente distintas.

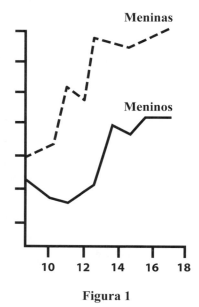

Figura 1

4

O terceiro aspecto apresentado no trabalho de Busemann e que permite que nos livremos da abordagem metafísica da autoconsciência consiste em que a autoconsciência não é tomada como uma essência metafísica não suscetível à análise. Ao lado do aspecto do desenvolvimento e do condicionamento social, é introduzido o aspecto da análise empírica da autoconsciência. Os seis aspectos citados acima, que caracterizam a estrutura da autoconsciência no plano do desenvolvimento, constituem uma primeira tentativa de análise empírica da personalidade. A Figura 1 representa o curso do desenvolvimento da autoconsciência (assimilação de critérios internos de avaliação). Vemos claramente o crescimento da curva e um aumento brusco na época da maturação sexual.

O grande mérito de Busemann foi ter se dado conta desse novo momento, desse novo estágio no desenvolvimento do adolescente como uma época qualitativamente peculiar de seu amadurecimento. O pesquisador tem todo fundamento ao chamar atenção para o fato de que a reflexão, por sua vez, pode influenciar o sujeito de forma reorganizadora (automodelagem). Esse é o grande significado da reflexão para a psicologia das diferenças individuais. Ao lado de condições primárias da constituição individual da personalidade (aptidões, hereditariedade) e das condições secundárias de sua formação (meio circundante, características adquiridas) aparecem aqui *condições terciárias* (reflexão, automodelagem).

Busemann tem toda razão ao fazer a seguinte pergunta: Será que o princípio estabelecido por Stern de convergência também é válido para a relação entre uma dada individualidade e sua consciência que se automodela? Em outras palavras, a questão consiste no grau de independência desse grupo terciário de características que surgem com base na autoconsciência da personalidade. Será possível representar o desenvolvimento desse grupo de características com base no princípio de convergência? Em outras palavras, será que o processo de desenvolvimento nesse campo se dá segundo o mesmo princípio visto na formação das características secundárias com base na interação de aptidões inatas e a influência do meio? Pensamos que basta fazer essa perguntar para que se dê uma resposta negativa a ela. Aqui, no drama do desenvolvimento, surge um novo personagem, um novo fator qualitativamente original: a personalidade do próprio adolescente. Diante de nós, temos a estrutura muito complexa dessa personalidade.

Busemann observa seis diferentes facetas em seu desenvolvimento. Cada uma pode se desenvolver em diferentes ritmos e, por isso, a personalidade pode apresentar em cada estágio de desenvolvimento formas muito diversas, decorrentes das diferentes correlações, das diferentes estruturas desses seis aspectos básicos. Por isso, diz Busemann, são possíveis as mais variadas formas. Por um lado, há pessoas que dominam um rico conhecimento sobre si mesmas, mas cuja autoavaliação, por outro lado, não tem quaisquer escalas espirituais significativas. Por outro lado, uma autoconsciência perturbada pode operar tais escalas. Por isso, Busemann considera que o caso é muito mais confuso do que pode parecer à primeira vista.

Justamente a compreensão da particularidade qualitativa desse nível atingido pelo adolescente que chega à autoconsciência permite a Busemann avaliar corretamente o significado da reflexão no círculo geral do desenvolvimento psíquico nessa idade.

Se olharmos para o significado da reflexão para a vida psíquica como um tudo, veremos claramente a diferença profunda entre, por um lado, uma estrutura de personalidade não reflexiva, ingênua e, por outro, uma reflexiva. É verdade que o processo de autoconsciência é ininterrupto, já que não há fronteiras entre ingenuidade e reflexão.

Uma vez que a palavra "ingênuo" é usada em outro sentido, Busemann introduz um novo termo, "simpsiquismo", para designar uma vida mental encerrada, fechada em si, não dividida por nenhuma reflexão. Com esse termo ele compreende uma disposição e atividade única da vida psíquica, que pode ser exemplificada pela criança totalmente absorta em uma brincadeira. Um exemplo oposto: o adolescente que reprova a si mesmo, que hesita ao tomar decisões, que observa a si mesmo à luz dos próprios sentimentos. O estado dessa dissociação é chamado por Busemann de diapsiquismo. Ele é característico da reflexão de uma consciência desenvolvida. O adolescente, segundo Busemann, é internamente diferenciado entre o "eu" que age e o "eu" que reflete.

A influência da reflexão não se limita apenas a transformações internas da própria personalidade. Com o surgimento da autoconsciência do adolescente, torna-se possível também uma compreensão incomensuravelmente maior e mais ampla de outras pessoas. O desenvolvimento social que leva à formação da personalidade ganha um apoio na autoconsciência para seu desenvolvimento posterior.

Aqui chegamos na última, mais difícil e complexa de todas as questões ligadas à estrutura e à dinâmica da personalidade. Vimos que o surgimento da autoconsciência marca a transição para um novo princípio de desenvolvimento, para a formação das características terciárias. Lembramos que as mudanças que observamos acima como características do desenvolvimento psíquico do adolescente indicam esse novo tipo de desenvolvimento.

Nós o designamos como desenvolvimento cultural do comportamento e do pensamento. Vimos que o desenvolvimento da memória, da atenção e do pensamento nessa idade consiste não apenas no desdobramento de disposições herdadas no processo de sua realização em determinadas condições do meio. Também observamos que a transição para a autoconsciência, para o domínio da regulação interna desses processos constitui o verdadeiro conteúdo do desenvolvimento das funções na idade de transição. Se tentássemos definir mais de perto em que se encerra o novo tipo de desenvolvimento veremos que ele consiste, antes de tudo, na formação de novas ligações, de novas relações, de novos encadeamentos estruturais entre diferentes funções. Se a criança não viu como outros dominam a memória, ela mesma não poderá dominar esse processo.

No processo de sociogênese das funções psíquicas superiores formam-se funções terciárias, fundadas em um novo tipo de ligação e de relação entre os processos. Percebemos, por exemplo, que o desenvolvimento da memória se dá, antes de tudo, em uma nova relação criada entre memória e pensamento. Dissemos que se a criança pensa, isso significa que ela recorda, já para o adolescente recordar significa pensar. Ambas as tarefas de adaptação são resolvidas de diferentes modos. As funções estabelecem relações novas e complexas entre si. Isso vale para percepção, atenção e ação.

Todos esses novos tipos de relação e correlação entre funções pressupõem a reflexão como base, o reflexo dos próprios processos na consciência do adolescente. Lembramos que apenas com base na reflexão é que surge o pensamento lógico. Torna-se característico para as funções psíquicas na idade de transição a participação da personalidade em cada ato separadamente. A criança deve dizer "mne dúmaetsia" [me parece], "mne zapominaetsia" [me vem à cabeça], de forma impessoal, ao passo que o adolescente deve dizer "eu penso", "eu lembro". Segundo a correta expressão de Politzer, quem trabalha não é o músculo, mas a pessoa. Da mesma forma, é possível dizer que quem lembra não é a memória, mas a pessoa. Isso significa que as funções estabelecem uma nova relação com outras por meio da personalidade. Essas novas ligações, essas funções terciárias superiores não têm nada de misterioso ou enigmático, pois, como vimos, a lei de construção delas consiste em que elas são relações psicológicas transferidas para a personalidade, que, outrora, foram relações entre pessoas. É por isso que o diapsiquismo, a diferenciação entre o "eu" que age e o que reflete, de que fala Busemann, não é outra coisa senão a consciência social transferida para dentro.

Um exemplo bastante simples pode explicar como surgem as novas conexões entre diferentes funções, ligações terciárias que são específicas para a personalidade, e como exatamente em conexões desse tipo a personalidade encontra sua plena encarnação, sua caracterização adequada, como em ligações desse tipo se tornam uma categoria removida, uma instância subordinada às disposições que caracterizam a personalidade (características primárias) e a experiência adquirida (características secundárias). No estágio mais primitivo do desenvolvimento, as conexões que caracterizam a personalidade são tão qualitativamente diferentes das conexões habituais para nós que o estudo comparativo delas mostra melhor do que qualquer outra coisa em que consiste a própria natureza dessas conexões, seu tipo de formação. O estudo mostra que as conexões primárias da personalidade, que caracterizam certa relação entre funções e que constituem novos sistemas psicológicos, não são algo constante, existente desde sempre, evidente, mas são uma formação histórica, característica para certo grau e forma de desenvolvimento.

Tomemos um exemplo do livro de Lévy-Bruhl (1930) sobre o psiquismo primitivo. O sonho na vida de uma pessoa primitiva desempenha um papel totalmente diferente do que em nós. A conexão do sonho com outros processos psíquicos e, portanto, seu significado funcional na estrutura geral da personalidade são totalmente diferentes. O sonho inicialmente era quase em toda parte um guia a ser seguido, um conselheiro infalível e, com frequência, até um senhor cujas ordens não podiam ser discutidas. O que pode ser mais natural do que a tentativa de fazer com que esse conselheiro fale, recorrer à ajuda desse senhor, conhecer sua ordem em situações difíceis. Esse é o modelo típico desse caso. Os missionários insistiam em que o chefe da tribo mandasse seu filho para a escola, ele responde: "vou sonhar com isso". Ele explica que os chefes de Mogololo com frequência são guiados pelos sonhos em suas ações. Lévy-Bruhl tem todo fundamento ao dizer que a resposta do cabeça da tribo primitiva expressa plenamente o estado de sua psicologia. O europeu teria dito: "vou pensar nisso", o cabeça dos Mogololo responde: "vou sonhar com isso".

Vemos, dessa forma, que o sonho para essa pessoa primitiva desempenha uma função que em nosso comportamento é desempenhado pelo pensamento. As leis do sonho, é claro, são as mesmas, mas o *papel* do sonho para a pessoa que acredita nele e que se guia por ele, e para a pessoa que não acredita, é diferente. Daí decorrem as diferentes estruturas de personalidade que se realizam em conexões entre diferentes funções. Por isso falamos "*eu sonho*" e o kafir diz "*eu venho no sonho*".

O mecanismo do comportamento que se manifesta nesse exemplo é típico para as características terciárias e aquilo que nesse exemplo diz respeito ao sonho, na realidade está relacionado a todas as funções. Tomemos o pensamento do ser humano contemporâneo. Para alguns, como é o caso de Espinosa, o pensamento é o senhor das paixões; para outros (aqueles descritos por Freud, pessoa de estrutura autista e fechadas em si mesmas) o pensamento é o servo das paixões. O pensamento autista se diferencia do filosófico não por suas leis, mas pelo *papel*, pelo seu significado funcional na estrutura geral da personalidade.

As funções psíquicas alteram sua hierarquia em diferentes esferas da vida social. Por isso a doença da personalidade se manifesta, antes de tudo, na transformação do papel de certas funções, na hierarquia de todo sistema de funções. Não é o delírio que distingue o paciente mental de nós, mas o fato de que ele acredita no delírio, obedece-o, e nós não. A partir da reflexão, da autoconsciência e da compreensão dos próprios processos surgem novos grupos, novas conexões entre as funções, e essas conexões surgem a partir da autoconsciência e que caracterizam a estrutura da personalidade, são chamadas de características terciárias. O protótipo das conexões desse tipo é a ligação do tipo da ilustrada pelo sonho do Kafir. Determinadas convicções internas, normas éticas, princípios de comportamento: tudo isso, no fim das contas, se encarna na personalidade justamente por meio de conexões desse tipo. A pessoa que segue suas convicções se não toma uma atitude complexa e duvidosa antes de analisá-la à luz dessas convicções, em essência coloca em ação um mecanismo de mesmo tipo e estrutura que o Kafir colocou em ação antes de tomar uma decisão sobre a sugestão complexa e duvidosa do missionário. Chamamos esse mecanismo de *sistema psicológico*.

A idade de transição é a época em que se formam as conexões terciárias, os mecanismos como o do sonho do Kafir. Aqui entram em ação duas leis observadas por nós de transição de processos externos para internos. Segundo a definição de Kretschmer, uma das principais leis que revelam a história do desenvolvimento é a lei da transição da reação externa para a interna. Segundo Kretschmer, é de grande importância o fato de que as reações de seres vivos mais elevados, que têm caráter de seleção, passam cada vez mais de fora para dentro. Elas passam a ocorrer cada vez menos em órgãos periféricos de movimento e, ao contrário, passam cada vez mais para o sistema nervoso central. Um novo estímulo, em grande medida, já não suscita turbulências visíveis de movimentos de alerta, mas suscita uma sequência invisível de estados psíquicos dentro do organismo, cujo resultado final é um movimento acabado e dotado de objetivo. Dessa forma, a tentativa já não se realiza na escala dos próprios movimentos, mas como que na escala de embrião do movimento. O processo da consciência está ligado a tais atos fisiológicos de seleção no órgão nervoso central. Nós os chamamos de processos volitivos.

Essa lei permanece válida também em relação a um mecanismo de novo tipo, sobre o qual falamos anteriormente. Eles também surgem inicialmente como operações externas, formas externas de comportamento, que, em seguida, se tornam formas internas de pensamento e de ação da personalidade.

5

Spranger foi o primeiro a chamar atenção para um fato curioso, de importância fundamental para a compreensão da estrutura e da dinâmica da personalidade na idade de transição. Ele diz que nenhuma outra época de nossa vida é tão pouco lembrada como a época da maturação sexual. O ritmo da vida interior é preservado na memória nesses anos em muito menor medida do que a vida interior em outras idades. Esse fato é realmente notável. Sabemos que a memória está na base do que a psicologia costuma chamar de totalidade e identidade da personalidade. A memória constitui a base da autoconsciência. Uma ruptura na memória geralmente indica a transição de um estado para outro, de uma estrutura da personalidade para a outra. É característico, portanto, que lembremos pouco de nossos estados patológicos e de sonho.

A ruptura da memória pode ter uma explicação dupla. Tomemos, por exemplo, a amnésia que afeta a primeira infância. Ela pode ser explicada, por um lado, pelo fato de que a memória nessa época não estava ligada à palavra, à linguagem, e, portanto, agia de um modo diferente do que a nossa. Por outro lado, contudo, vemos que a estrutura totalmente diversa da personalidade do bebê faz com que surja a impossibilidade de separação e hereditariedade no desenvolvimento da personalidade.

Isso ocorre, mas de forma diferente, na idade de transição. Aqui novamente há amnésia. Depois de passar pela idade de transição, esquecemo-nos dela e isso atesta nossa transição para outra estrutura de personalidade, para outro sistema de conexão entre as funções: aqui o desenvolvimento se realiza não de forma direta, mas por uma curva muito complexa e sinuosa. Na estrutura da personalidade do adolescente não há nada de estável, definitivo e imóvel. Tudo nela é *transição, tudo flui*. Isto é o alfa e ômega da estrutura e da dinâmica da personalidade do adolescente. Esse é o alfa e ômega da pedologia da idade de transição.

15
A crise dos 7 anos[220]

A idade escolar, como todas as outras, revela-se como um período crítico, de virada, que foi descrito na literatura antes das demais como crise dos 7 anos. Há muito foi observado que, na passagem da idade pré-escolar para a idade escolar, a criança sofre uma mudança brusca e se torna mais difícil do que antes em relação ao processo educacional. Trata-se de uma espécie de estágio transitório, que já não é mais pré-escolar e ainda não é escolar.

Nos últimos tempos, surgiu uma série de pesquisas dedicadas a essa idade. Os resultados de tais pesquisas podem ser esquematicamente expressos da seguinte forma: a criança de 7 anos se distingue, antes de tudo, pela perda da espontaneidade infantil. A causa mais próxima da espontaneidade infantil é a insuficiente diferenciação entre a vida interior e exterior. As vivências da criança, seus desejos e a expressão desses desejos, ou seja, o comportamento e a atividade geralmente constituem na criança em idade pré-escolar um todo ainda insuficientemente diferenciado. Para o adulto, o grau de diferenciação é alto, por isso o comportamento adulto não produz a impressão de ser tão espontâneo e ingênuo como o da criança.

Quando a criança em idade pré-escolar entra em crise, mesmo o observador mais inexperiente percebe que a criança de repente perde a ingenuidade e a espontaneidade; no comportamento, nas relações com as pessoas ao redor, ela se torna menos compreensível em todas as suas manifestações do que fora até então.

---

220. Traduzido a partir do v. 4, "Detskaia psikhloguiia ", de *Sobranie Sotchinénii v chesti tomakh* (Vigotski, 1984a, p. 376–385) que também corresponde ao estenograma de uma aula proferida por Vigotski no ano letivo de 1933-1934 no Instituto Pedagógico Herzen de Leningrado. Publicado pela primeira vez nas *Obras reunidas* em russo a partir de material de arquivo [N.T.].

Todos sabem que a criança de 7 anos cresce rapidamente e isso indica uma série de transformações no organismo. Essa idade é chamada de idade da troca de dentes, idade do crescimento. De fato, a criança se transforma radicalmente, além disso essas transformações têm um caráter mais profundo e mais complexo do que aquelas que ocorrem na crise dos 3 anos. Seria demasiadamente longa a descrição de toda a sintomatologia da crise ora analisada, uma vez que ela é muito diversa. Basta indicar a impressão geral transmitida por pesquisadores e observadores. Explicarei os dois traços com os quais, em geral, nos deparamos em quase todas as crianças de 7 anos, em especial aquelas que têm uma infância difícil e que passam pela crise de forma intensificada. A criança começa a fazer manha, ter caprichos, caminhar de forma diferente. O comportamento mostra algo de premeditado, despropositado e artificial, uma espécie de inquietação, bufonaria, palhaçada; a criança se faz de palhaça. Uma criança com menos de 7 anos pode ter esse tipo de comportamento, mas ninguém dirá isso que acabo de dizer sobre ela. Por que chama atenção esse tipo de palhaçada imotivada? Quando a criança olha para um samovar, em cuja superfície se vê uma imagem disforme, ou quando faz caretas diante do espelho, ela está apenas se divertindo. Porém, quando entra no quarto andando torto, quando fala com voz fina sem qualquer motivo, isso chama atenção. Não causa surpresa quando uma criança de idade pré-escolar diz uma besteira, faz uma piada, brinca, mas se a criança se faz de palhaça e isso desperta não riso, mas reprovação, tem-se a impressão de que o comportamento é imotivado.

Os traços apontados tratam da perda da espontaneidade e da ingenuidade que eram próprias da criança em idade pré-escolar. Penso que é correta a impressão de que o traço distintivo externo da criança de 7 anos seja a perda da espontaneidade infantil, o surgimento de esquisitices não totalmente compreensíveis; a criança passa a ter um comportamento algo extravagante, artificial, afetado, forçado.

O traço mais essencial da crise dos 7 anos poderia ser chamado de princípio da diferenciação entre os aspectos interno e externo da personalidade da criança.

O que se esconde por trás da impressão de ingenuidade e de espontaneidade do comportamento da criança antes da crise? A ingenuidade e a espontaneidade indicam que a criança é igual por fora e por dentro. Um passa tranquilamente para o outro, um é lido como manifestação direta do outro. Quais atos são chamados de espontâneos? Os adultos têm muito pouca ingenuidade e espontaneidade infantis, e a presença dessas características neles produz uma impressão cômica. Por exemplo, o ator cômico Charles Chaplin, ao interpretar pessoas sérias, se distingue por se comportar com uma incomum ingenuidade e espontaneidade infantis. Essa é a principal condição de sua comicidade.

A perda da espontaneidade indica a introdução de um aspecto intelectual em nossa conduta, que se encrava entre a vivência e a conduta imediata, que é diametralmente oposta à ação ingênua e espontânea, própria da criança. Isso não quer dizer que crise dos 7 anos leve de uma vivência imediata, ingênua, não diferenciada, ao seu extremo oposto, mas, de fato, em cada vivência, em cada manifestação surge certo aspecto intelectual.

Um dos problemas mais complexos da psicologia e da psicopatologia da personalidade contemporâneas, que eu tentarei explicar com um exemplo, pode ser chamado de vivência dotada de sentido.

Tentaremos abordar esse problema pela analogia com o problema da percepção exterior. Então ficará mais claro. A distinção fundamental da percepção humana é seu caráter semântico, objetal. Tomamos consciência do complexo percebido de impressões ao mesmo tempo e junto com as impressões externas. Eu vejo imediatamente que isto é um relógio, por exemplo. Para compreender a particularidade da percepção humana é preciso compará-la com a percepção patológica, que perde essa capacidade devido a uma afetação nervosa cerebral. E se mostrarmos um relógio para o paciente, ele não o reconhece. Ele vê o relógio, mas não sabe o que é. Se você começa a dar corda ou leva até o ouvido para escutar que ele está funcionando, ou quando olha para ele para ver que horas são, o paciente diz que deve ser um relógio. Ele deduz que aquilo que ele viu seja um relógio. Já para nós, aquilo que vemos e o fato de que aquilo é um relógio se encontram em um mesmo ato de consciência.

Dessa forma, a percepção não ocorre de forma separada do pensamento visual. O processo de pensamento visual se realiza em totalidade com a marcação de sentido das coisas. Quando eu digo que uma coisa é um relógio, e depois vejo em uma torre algum outro relógio que em nada se parece com o primeiro, e mesmo assim digo que este também é um relógio, isso quer dizer que eu percebo a coisa como representante de uma determinada classe de coisas, ou seja, eu as generalizo. Em suma: em cada percepção ocorre uma generalização. Dizer que nossa percepção é uma percepção de sentido significa dizer que toda percepção é uma percepção generalizada. Também seria possível explicar da seguinte forma: se eu olhei para um cômodo sem generalizá-lo, ou seja, como um agnóstico ou um animal, as impressões das coisas estabeleceriam relações mútuas da mesma forma como ocorre no campo visual. Contudo, uma vez que eu generalizo, eu percebo o relógio não apenas na estrutura das coisas que estão perto dele, mas também na estrutura do que é um relógio, na estrutura da generalização em que eu o vejo.

O desenvolvimento da percepção do sentido no ser humano pode ser comparado à forma como olham para e jogam em um tabuleiro de xadrez uma criança que sabe jogar e outra que não sabe. Aquela não sabe jogar pode se divertir com as peças, organizá-las por cor etc., mas o movimento não será determinado estruturalmente. A criança que sabe jogar xadrez se comportará de outro modo. Para a primeira, o cavalo preto e o peão branco não estão ligados entre si, já a segunda, que conhece o movimento do cavalo, compreende que um movimento do cavalo adversário ameaça seu peão. Para ela, o cavalo e o peão constituem uma totalidade. Exatamente da mesma forma, um bom jogador se distingue de um mau jogador por olhar de modos distintos para o tabuleiro de xadrez.

Um traço essencial da percepção é o fato de que ela é dotada de estrutura, ou seja, a percepção não se constitui de átomos separados, mas é uma imagem, no interior da qual existem diferentes partes. A depender da posição das figuras no tabuleiro de xadrez, eu o vejo de formas diferentes.

A realidade circundante é percebida tal qual o jogador de xadrez percebe o tabuleiro: percebemos não apenas os objetos vizinhos ou contíguos, mas toda a realidade com suas ligações e relações de sentido. Na linguagem os objetos não têm apenas nome, mas também significado. A criança desde cedo tem de expressar na linguagem não apenas o significado dos objetos, mas suas ações e as dos outros, seus estados internos ("estou com sono", "estou com fome", "estou com frio"). A linguagem como meio de comunicação faz com que nossos estados internos tenham de ser nomeados e conectados com palavras. A conexão com palavras nunca implica na formação de uma conexão associativa simples, mas sempre uma generalização. Toda palavra designa não uma coisa única. Se disser que agora está frio e no dia seguinte disser a mesma coisa, isso quer dizer que cada sensação isolada de frio também foi generalizada. Dessa forma, surge a generalização do processo interno.

O bebê não percebe as cadeiras ou mesas separadamente, ele percebe todas como um todo não desmembrado, diferentemente do adulto, que distingue figuras contra um fundo. Como a criança de pouca idade percebe suas próprias vivências? Ela está alegre, triste, mas não sabe que está alegre, assim como um bebê com fome não sabe que está com fome. Existe uma grande diferença entre a sensação de fome e o conhecimento de que se está com fome. A criança de pouca idade não conhece suas próprias vivências.

Aos 7 anos, tem-se o início do surgimento dessa estrutura de vivências, quando a criança começa a compreender o que significa "estou alegre", "estou triste", "estou bravo", "sou bom", "sou mau", ou seja, surge uma orientação dotada de sentido nas próprias vivências. Da mesma forma que a criança de 3 anos descobre sua relação com outras pessoas, a de 7 anos descobre o próprio fato de suas vivências. Em função disso, aparecem algumas particularidades que caracterizam a crise dos 7 anos.

1. As vivências adquirem sentido (a criança que está brava compreende que está brava); graças a isso a criança passa a estabelecer novas relações consigo mesma que eram impossíveis antes da generalização das vivências. Assim como no tabuleiro de xadrez, quando a cada movimento surgem ligações inteiramente novas entre as peças, aqui também surgem ligações sempre novas entre as vivências, quando elas adquirem certo sentido. Por conseguinte, todo o caráter das vivências de uma criança aos 7 anos se reorganiza, assim como se reorganiza o tabuleiro de xadrez quando a criança aprende a jogar.

2. Na época da crise dos 7 anos surge pela primeira vez a generalização das vivências, ou a generalização afetiva, a lógica dos sentimentos. Há crianças com atraso profundo que a todo momento vivenciam o fracasso: crianças comuns brincam, uma criança anormal tenta se juntar a elas, mas é rejeitada, ela caminha pela rua, e os outros riem dela. Em suma, ela está o tempo todo perdendo. Em cada caso isolado, ela tem uma reação à própria insuficiência, mas quando a vemos no minuto seguinte ela está totalmente satisfeita consigo mesma. Mil fracassos isolados, mas não há um sentimento geral de pouca importância, ela não generaliza aquilo que aconteceu muitas vezes. Na criança

de idade escolar surge a generalização dos sentimentos, ou seja, se uma situação acontece muitas vezes com ela, surge uma formação afetiva, cujo caráter se relaciona a uma vivência ou afeto isolado tal qual um conceito se relaciona com uma percepção ou reminiscência isolada. Por exemplo, a criança de idade pré-escolar não tem autoestima ou amor-próprio verdadeiros. O nível de exigência que temos em relação a nós mesmos, ao nosso sucesso, à nossa posição, surge justamente em conexão com a crise dos 7 anos.

A criança de idade pré-escolar ama a si mesma, mas o amor-próprio como uma relação generalizada para consigo mesma, aquele que permanece o mesmo em diferentes situações, o amor-próprio como tal, relações generalizadas para com as pessoas ao redor e a compreensão de seu próprio valor, a criança dessa idade não tem. Portanto, aos 7 anos surge uma série de formações complexas, que justamente fazem com que as dificuldades de comportamento se transformem de forma brusca e radical, elas são fundamentalmente diferentes das dificuldades da idade pré-escolar.

Tais neoformações, como o amor-próprio e a autoestima, permanecem, já os sintomas da crise (os maneirismos, as afetações) são transitórios. Na crise dos 7 anos, devido ao surgimento da diferenciação entre interior e exterior, surge pela primeira vez a vivência dotada de sentido, surge também a luta árdua entre as vivências. A criança que não sabe qual doce escolher (os maiores ou os mais doces), não se encontra em luta interna, ainda que hesite. Só então se torna possível a luta interna (contradição entre as vivências e a escolha das próprias vivências).

Há formas típicas de dificuldades no processo educacional, que ainda não são vistas na idade pré-escolar. Relacionam-se a isso os conflitos, as contradições entre as vivências, as contradições insolúveis. Em essência, quando se torna possível a bipartição interna das vivências, quando a criança compreende pela primeira vez suas vivências, quando surge uma relação interna, é nesse ponto que se realiza essa transformação das vivências, sem a qual a idade escolar seria impossível. Dizer que na crise dos 7 anos as vivências pré-escolares se transformam em escolares significa dizer que surgiu uma nova totalidade dos aspectos do meio e da personalidade, que tornam possível uma nova etapa do desenvolvimento, isto é, a idade escolar. A transformação da relação com o meio para a criança significa a transformação do próprio meio, a transformação do curso do desenvolvimento da criança, surge uma nova época do desenvolvimento.

774

É preciso que seja introduzido na ciência um conceito pouco utilizado no estudo do desenvolvimento social da criança: não estudamos suficientemente a relação interna da criança com as pessoas ao redor, não analisamos a criança como participante ativa da situação social. Reconhecemos nas palavras que é preciso estudar a personalidade e o meio da criança em uma totalidade. Mas não se deve imaginar que de um lado temos a influência da personalidade e, de outro, a do meio, que ambas influenciam enquanto forças exteriores. Na realidade, contudo, é assim que costumamos agir: com a intenção de estudar a totalidade, nós a rompemos previamente para, depois, tentarmos ligar uma coisa a outra.

Também no estudo da infância difícil não podemos sair dos limites de tal colocação da questão: O que desempenha o papel principal, a constituição ou as condições do meio, as condições psicopáticas de caráter genético ou as condições das circunstâncias exteriores de desenvolvimento? Isso se baseia em dois problemas principais, que devem ser explicados no plano da relação interna entre a criança e o meio no período de crises.

A primeira e principal deficiência do estudo prático e teórico do meio é que nós o estudamos em indicadores absolutos. Quem estuda na prática os casos difíceis sabe bem disso. Recebemos uma investigação social e cotidiana do meio da criança, na qual se tem a metragem do domicílio, se a criança tem uma cama só para ela, quantas vezes ela toma banho, quando a roupa de cama é trocada, se a família lê jornais, qual o nível de instrução dos pais. A investigação é sempre igual, independentemente da criança, de sua idade. Estudamos certos indicadores absolutos do meio como sendo as circunstâncias, supondo que, ao conhecermos tais indicadores, saberemos o papel que eles desempenham no desenvolvimento da criança. Alguns especialistas soviéticos tomam como princípio esse estudo absoluto do meio. Nos manuais editados por Zalkind, encontramos a tese de que o meio social da criança permanece fundamentalmente o mesmo ao longo de todo seu desenvolvimento. Se levarmos em conta os indicadores absolutos do meio, é possível, até certo ponto, concordar com isso. Na realidade, isso é totalmente falso seja do ponto de vista teórico ou prático. De fato, a diferença fundamental entre o meio da criança e o do animal consiste justamente em que o meio humano é social, a criança é parte de um meio vivo, o meio nunca é exterior para a criança. Se a criança é um ser social e seu meio é um meio social, conclui-se que a criança é, ela mesma, parte desse meio social.

Portanto, a virada mais fundamental que deve ocorrer no estudo do meio é a passagem dos indicadores absolutos para relativos, é preciso estudar o meio da criança: antes de tudo deve-se estudar o que ele significa para a criança, qual relação ela estabelece com cada aspecto desse meio. Por exemplo, a criança antes de 1 ano não fala. Depois que ela começa a falar, o meio verbal das pessoas que estão perto permanece o mesmo. Seja antes ou depois de 1 ano, a cultura verbal das pessoas ao redor não sofre nenhuma alteração em seus indicadores absolutos. Contudo, penso que todos hão de concordar: a partir do momento em que a criança começa a compreender as primeiras palavras, quando ela começa a pronunciar as primeiras palavras dotadas de sentido, sua relação com o aspecto verbal do meio, o papel da linguagem na relação com a criança se transforma muito.

Cada passo que a criança dá transforma a influência do meio sobre ela. Do ponto de vista do desenvolvimento, o meio se torna absolutamente outro a partir do momento em que a criança passa de uma idade a outra. Por conseguinte, pode-se dizer que a sensação do meio deve se transformar radicalmente em comparação com o que se tinha até então. É preciso estudar o meio não em seus indicadores absolutos, mas na relação com a criança. Aquele meio que é sempre o mesmo em termos absolutos é totalmente diferente para uma criança de 1, 3, 7 ou 12 anos. A transformação dinâmica do meio, a relação, avança para o primeiro plano. Quando falamos em relações, naturalmente, surge outro aspecto: a relação nunca é uma relação puramente exterior entre a criança e o meio, tomado separadamente. Uma das questões metodológicas mais importantes diz respeito a como se deve abordar realmente o estudo da totalidade na teoria e na pesquisa. Fala-se com frequência da totalidade entre personalidade e meio, da totalidade entre o desenvolvimento psíquico e físico, entre pensamento e linguagem. O que significa abordar realmente na teoria e na pesquisa o estudo de determinada totalidade e de todas as propriedades que são inerentes a essa totalidade como tal? Significa encontrar as principais unidades, ou seja, encontrar as frações nas quais estejam reunidas as propriedades da totalidade como tal. Por exemplo, quando se quer estudar a relação entre pensamento e linguagem, separa-se artificialmente a linguagem do pensamento e o pensamento da linguagem, em seguida pergunta-se o que faz a linguagem para o pensamento e vice-versa. O caso é visto como se fossem dois líquidos diferentes que podem ser misturados. Se quiser saber como surge uma totalidade, como ela se transforma, como ela afeta o curso do desenvolvimento infantil, é importante que a totalidade não seja dividida em suas partes constituintes, pois com isso se perdem as propriedades fundamentais inerentes justamente à totalidade, deve-se tomar a unidade, por exemplo, na relação entre linguagem e pensamento. Recentemente tem-se tentado identificar essa unidade, a partir, por exemplo, do significado. O significado da palavra é parte dela, é uma formação verbal, por isso, uma palavra sem significado não é uma palavra. Uma vez que todo significado é uma generalização, ele é produto da atividade intelectual da criança. Dessa forma, o significado da palavra é a unidade de linguagem e pensamento, ademais indivisível.

É possível indicar também uma unidade para o estudo da personalidade e do meio. Na psicopatologia e na psicologia essa unidade recebeu o nome de vivência. A vivência da criança é a unidade mais simples em relação à qual não se pode dizer que seja influência do meio sobre a criança ou uma particularidade da própria criança; a vivência é, então, a unidade de personalidade e meio, tal qual ele é representado no desenvolvimento. Assim, no desenvolvimento, a totalidade dos aspectos do meio e da personalidade se realiza em uma série de vivências da criança. A vivência deve ser compreendida como relação interna da criança enquanto pessoa com determinado aspecto da realidade. Toda vivência é sempre uma vivência de algo. Não há vivência que não seja vivência de algo, assim como não há ato da consciência que não seja ato da consciência de algo. Mas toda vivência é minha vivência. Na teoria contemporânea, a vivência é apresentada como unidade da consciência, ou seja, uma unidade em que as principais propriedades da consciência são dadas como tais, sendo que, por outro lado, na atenção ou no pensamento tais ligações da consciência não são dadas. A atenção não é uma unidade da consciência, mas um elemento dela, no qual não há uma série de outros elementos, de modo que a totalidade da consciência como tal desaparece; assim, a verdadeira unidade dinâmica da consciência, ou seja, a unidade plena, a partir da qual se forma a consciência, será a vivência.

A vivência tem uma orientação biossocial, ela é algo que se encontra entre a personalidade e o meio, que designa uma relação entre a personalidade e o meio, que mostra o que, em determinado momento, o meio representa para a personalidade. A vivência é determinante do ponto de vista de que certo aspecto do meio influencia o desenvolvimento da criança. Isso pode ser confirmado em todos os momentos, ao menos na teoria sobre a infância difícil. Qualquer análise de uma criança difícil mostra que o essencial não é a situação em si, tomada em seus indicadores absolutos, mas como a criança a vivencia. Em uma mesma família, em uma mesma situação familiar, encontramos diferentes crianças com diferentes alterações do desenvolvimento, pois uma mesma situação não é vivenciada do mesmo modo por crianças diferentes.

Portanto, na vivência, por um lado, é dado o meio em sua relação comigo, na forma como eu o vivencio; por outro lado manifestam-se as particularidades do desenvolvimento de minha personalidade. Manifesta-se em minha vivência o grau em que todas as minhas propriedades e como elas se formaram no curso do desenvolvimento participam em determinado momento.

Se for o caso de elaborar uma tese formal geral, seria correto dizer que o meio determina o desenvolvimento da criança por meio da vivência do meio. O mais importante, portanto, é a rejeição dos indicadores absolutos do meio; a criança é parte da situação social, a relação da criança com o meio e do meio com a criança se dá por meio da vivência e da atividade da própria criança; as forças do meio adquirem um significado orientador graças à vivência da criança. Isso nos obriga a uma profunda análise interna das vivências da criança, ou seja, um estudo do meio que em grande medida se transfere para dentro da própria criança, e não se resume ao estudo das circunstâncias exteriores de sua vida.

A análise se torna muito complexa, deparamo-nos aqui com enormes dificuldades teóricas. Ainda assim, em relação aos problemas do desenvolvimento do caráter, das idades críticas, da infância difícil, certos fatores ligados à análise da vivência são de certa forma esclarecidos, tornam-se visíveis.

O estudo atento das idades críticas mostra que nelas ocorre uma substituição das principais vivências da criança. A crise é, antes de tudo, um momento de virada, que se expressa no fato de que a criança passa de um modo de vivenciar o meio para outro. O meio como tal não se transforma para a criança aos 3 anos. Os pais continuam a ganhar o mesmo salário, gastam o mesmo orçamento mínimo ou máximo para alimentar cada boca;

assinam o mesmo jornal, trocam a roupa de cama com a mesma frequência, o domicílio tem a mesma metragem, os pais não mudaram a relação com a criança. Os observadores que investigam a crise dizem que, sem qualquer motivo, a criança que se comportava bem, era obediente e carinhosa, de repente ficou caprichosa, má e teimosa.

O caráter interno da crise é ressaltado por todos os pesquisadores burgueses. A grande maioria explica o caráter interno da crise por causas biológicas. Uma das teorias mais difundidas para a explicação da crise dos 13 anos consiste na realização de um paralelo entre o amadurecimento sexual e a crise e, com base nessa última, veem um amadurecimento biológico da criança estabelecido internamente.

Outros autores, como Busemann, que desejam ressaltar o significado do meio social, apontam corretamente para o fato de que a crise tem um fluxo totalmente distinto a depender do meio em que ela ocorre. Não obstante, o ponto de vista de Busemann não se distingue fundamentalmente do ponto de vista que entende a crise como um fenômeno suscitado por causas puramente exógenas. A crise, assim como todas as particularidades existentes na criança, é considerada por Busemann não como particularidade biológica, mas como manifestação de transformações de um meio distinto. Surge a ideia de que as investigações burguesas estão totalmente ou, ao menos, parcialmente equivocadas. Comecemos pelo aspecto factual. Parece-me que os pesquisadores burgueses têm um círculo muito limitado de observações, ou seja, a criança é sempre observada no contexto da família burguesa, de um determinado tipo de educação. Os fatos mostram que em outros contextos de educação a crise ocorre de forma diversa. Para crianças que vão da creche para o jardim de infância a crise ocorre de maneira diferente do que em crianças que vão da família para o jardim de infância. A crise ocorre, contudo, em todo desenvolvimento infantil que decorre normalmente; os 3 e os 7 anos de idade são sempre pontos de virada no desenvolvimento: sempre haverá uma tal disposição das coisas, em que o curso interno do desenvolvimento infantil encerra um ciclo e a passagem para o próximo será necessariamente uma virada. Uma idade se reorganiza de certa forma para dar início a uma nova etapa do desenvolvimento.

É correta a impressão geral e ingênua do observador de que a criança de repente ficou irreconhecível: no decorrer de 3-6 meses ela fica diferente do que era antes; a crise ocorre como um processo pouco compreensível para as pessoas ao redor, na medida em que não está ligado a transformações que ocorrem em torno da criança. Dito de modo mais simples, a crise é uma corrente de transformações internas da criança com transformações externas relativamente insignificativas. Por exemplo, quando a criança vai para a escola, ela muda ao longo da idade escolar, ano a ano, e isso não nos impressiona, uma vez que se alterou toda a situação em que a criança cresce, toda circunstância de seu desenvolvimento. Quando a criança passa da creche para o jardim de infância, não nos impressiona que a criança em idade pré-escolar mude, aqui a mudança da criança está ligada às mudanças ocorridas nas condições de seu desenvolvimento. Mas o essencial para toda crise é que as transformações internas ocorrem em medida muito maior do que as transformações do contexto externo, e por isso sempre criam a impressão de crise interna.

Parece-me que as crises realmente têm uma origem interna, consistem em transformações de caráter interno. Aqui não há uma correspondência exata entre transformações internas e externas. A criança entra em crise. O que mudou de tão brusco do lado de fora? Nada. Por que a criança mudou tão bruscamente e em um intervalo tão curto de tempo?

Nossa ideia consiste em que é preciso se colocar não contra as teorias burguesas da idade crítica, não contra o fato de que a crise seja um processo muito profundo e entrelaçado no curso do desenvolvimento infantil, mas contra a compreensão da própria natureza interna do processo de desenvolvimento. Se tudo o que for interno no desenvolvimento for compreendido como biológico, no fim das contas será uma transformação de glândulas de secreção interna. Nesse sentido, eu não chamaria as idades críticas de idades de desenvolvimento interno. Contudo, penso que o desenvolvimento interno sempre se realiza de tal modo que temos a totalidade de aspectos da personalidade e do meio, ou seja, cada passo novo no desenvolvimento é diretamente determinado pelo passo anterior, por tudo o que se formou e surgiu no desenvolvimento no estágio precedente. De fato, isso significa compreender o desenvolvimento como um processo em que todas as transformações posteriores estão ligadas com as precedentes e as atuais, em que as particularidades da personalidade anteriormente constituídas ora se manifestam, ora agem. Se compreendermos corretamente a natureza do processo interno de desenvolvimento, não haverá nenhuma objeção teórica à compreensão da crise como crise interna.

Parece-me que atrás de toda vivência há uma influência dinâmica real do meio em relação à criança. Segundo esse ponto de vista, a essência de toda crise é a reorganização da vivência interna, uma reorganização que se radica na transformação do aspecto principal que determina a relação da criança com o meio, justamente na transformação das necessidades e impulsos que movem o comportamento da criança. O crescimento e a transformação das necessidades e impulsos são a parte menos consciente e menos voluntária da personalidade, e, com a passagem de uma idade a outra, surgem na criança novos impulsos, novos motivos, em outras palavras, os motores de sua atividade sofrem uma revisão de valores. Aquilo que tinha importância vital para a criança, que era orientador, torna-se relativo e desimportante no estágio seguinte.

A reorganização das necessidades e impulsos, a revisão dos valores é um aspecto fundamental na passagem de uma idade a outra. Com isso transforma-se também o meio, ou seja, a relação da criança com o meio. Outras coisas passam a interessar a criança, outras atividades surgem, sua consciência é reorganizada, se por consciência compreendermos a relação da criança com o meio.

Seção VI
Legado científico

INSTRUMENTO E SIGNO NO DESENVOLVIMENTO DA CRIANÇA

Introdução à seção

Anna Stetsenko
Universidade da Cidade de Nova York

Esta seção reproduz os primeiros quatro capítulos do famoso trabalho de Vigotski, *Instrumento e signo* (às vezes traduzido como *Instrumento e símbolo*). Há um número infinito de modos de compreender e interpretar um texto acadêmico. Contudo, é absolutamente indispensável manter uma coisa em mente quando tentamos dar sentido às ideias de autores: um texto, como qualquer outra criação significativa da mente humana, deve ser considerado *vivo*. Está vivo porque nasceu da tentativa dos autores de dar sentido ao mundo e de trazer algo novo a ele, transformando-o e, no processo, simultaneamente, transformando-se. Um texto está vivo de outro modo, na medida em que sempre nasce dos esforços coletivos, não solitários, de muitas pessoas envolvidas no processo de criação de conhecimento em papéis múltiplos: como parceiros imediatos e distantes em diálogos de ideias, como oponentes cujas visões são criticadas, e, usualmente, como colegas que colaboram ombro a ombro na realização do projeto acadêmico. Um texto acadêmico está vivo em outro sentido ainda: sempre necessita ser lido por uma pessoa nova, para se transformar numa parte significativa da vida e do trabalho dessa pessoa, continuando, assim, a existência desse texto nas buscas humanas em desenvolvimento e criativas no mundo.

Na superfície, uma visão assim sobre a origem e significado de textos acadêmicos, e da produção de conhecimento em geral, pode parecer uma descrição muito beletrista. Contudo, essa visão é, de fato, solidamente fundada em princípios inspirados pela teoria histórico-cultural do desenvolvimento humano de Vigotski. Para ilustrar esse ponto, este capítulo discutirá brevemente, primeiro, como as ideias histórico-culturais foram produzidas, a fim de mostrar que sua criação seguiu, de um modo maravilhosamente explícito, o caminho geral que marca a produção de conhecimento como um esforço humano significativo, carregado de valor e colaborativo fundado em buscas sociais práticas no mundo e que visa à sua transformação. Depois, veremos como esses princípios para compreender o conhecimento humano são diretamente incorporados aos principais preceitos da teoria histórico-cultural de Vigotski (com base em *Instrumento e signo*) e como essas ideias podem ser melhor exploradas no uso e no contexto de desafios que se apresentam à psicologia hoje. Deveríamos observar que, embora muito progresso tenha sido recentemente feito na interpretação da teoria de Vigotski (ex.: trabalhos de Cole, Scribner, Rogoff, Wetsch e outros), a compreensão de sua teoria do conhecimento e desenvolvimento humanos ainda está nos primeiros estágios. Portanto, novas gerações de estudantes e estudiosos que recém-começaram sua familiarização com Vigotski podem esperar se unir e contribuir substancialmente ao importante trabalho de desvendar o potencial completo e as implicações de sua abordagem, que contém uma grande promessa para o futuro da disciplina de psicologia e correlatas.

As origens histórico-culturais da teoria histórico-cultural de Vigotski

Que trabalhos acadêmicos sejam criações humanas – essenciais às suas buscas significativas e práticas no mundo – é, talvez, especialmente evidente quando lemos o trabalho de Vigotski, *Instrumento e signo no desenvolvimento infantil*. Na verdade, ele o escreveu em diálogo com inúmeros pesquisadores contemporâneos proeminentes: Bühler e Gesell, Piaget e Köhler, Stern e Werner. De fato, foi escrito em diálogo com, e como uma crítica a, essencialmente, todas as tendências dominantes na psicologia na época, da psicologia da Gestalt ao behaviorismo. É uma característica distintiva de Vigotski criticar e dialogar com um amplo escopo das ideias de outros. Contudo, não é apenas o escopo de referência que marca unicamente seus trabalhos; o que é ainda mais surpreendente é a sua habilidade, como crítico, para expor o núcleo essencial de cada abordagem; ou seja, para revelar os significados por vezes tácitos e ocultos por trás das camadas de ideias expressas, enquanto busca as suposições pivotais que repousam no núcleo de cada teoria ou agenda de pesquisa. Essa habilidade de derivar premissas fundacionais de várias abordagens, muitas vezes concorrentes, permitiu a Vigotski justapor e comparar significativamente várias aborda-gens, derivar suas implicações relevantes, e, mais importante, mover-se para além delas, criativamente, sintetizando, negando e promovendo suas percepções em vista de seus horizontes de ideias e buscas genuinamente novos. Os novos horizontes na agenda de pesquisa de Vigotski formaram estruturas sinteticamente inteiras e verdadeiramente novas, que assimila-ram muitas das ideias desenvolvidas por seus predecessores, fazendo-as adquirirem novas potencialidades e significados. Estruturas sinteticamente inteiras são capazes de lançar nova luz sobre componentes "antigos" que foram atraídos para elas. Esse princípio não foi somente um modo de opera-ção que guiou o pensamento de Vigotski; foi também um princípio teórico sobre o qual refletiu em muitos de seus escritos, incluindo *Instrumento e signo*. Essa característica peculiar de grande parte do trabalho e escritos de Vigotski – a de que ele muitas vezes descreve os princípios que de fato guiam sua pesquisa – será ilustrada por vários exemplos nesta introdução.

Além disso, observe que Vigotski escreveu *Instrumento e signo* em estreita colaboração e em vívidas discussões com inúmeras pessoas: A. Luria, A.N. Leontiev, R.E. Levina, N.G. Morozova, L.S. Slavina, A.V. Zaporozhets e outros. Eles formavam o assim chamado Círculo Vigotski, que incluía várias mulheres brilhantes, e realizavam projetos de pesquisa coletivamente. É muito revelador, a esse respeito, que mesmo a autoria de *Instrumento e signo* seja disputada; há alguma razão para acreditar que Vigotski o escreveu com Luria. Como os registros históricos não são com-pletamente claros, o trabalho foi publicado com autoria variável – ou sob o nome de Vigotski ou sob os nomes tanto dele como de Luria (cf. Vigotski, 1999; Vigotski; Luria, 1994).

Qualquer que seja o caso da autoria desse trabalho particular, a natureza colaborativa onipresente do projeto de Vigotski em geral deve ser enfatiza-da, especialmente porque foi muitas vezes subestimada ou mesmo ignorada em descrições prévias de sua história. Vigotski tem sido retratado – em sintonia com a ultrapassada versão "Grande Humano" da história da ciên-cia (cf. Leahy, 2002) – como o estudioso que criou "sozinho" (Kozulin, 1990, p. 2) a abordagem histórico-cultural em sua busca solitária por princípios teóricos, e sua estreita colaboração com integrantes de seu time é, na maior parte, apenas brevemente mencionada (ex.: Valsiner; Van der Veer, 2000; Van der Veer; Valsiner, 1991). Contudo, qualquer tentativa de compreender a abordagem histórico-cultural é incompleta se desconsiderarmos a dinâmica complexa de como essa abordagem emergiu e se desenvolveu essencialmente como um *projeto investigativo colaborativo* que envolveu os esforços verdadeiramente coletivos de inúmeros estudiosos comprometidos com os mesmos ideais e objetivos, e dedicados à mesma agenda: desenvolver uma psicologia como uma ciência capaz de fazer diferença no mundo real ao contribuir com a criação de uma sociedade justa de base igualitária. Nesse sentido, a teoria histórico-cultural representa um exemplo de uma escola genuína na psicologia, enraizada em um histórico filosófico compartilhado e em um compromisso com ideais e objetivos comuns, ideológicos, morais, teóricos e pragmáticos. Ignorar a natureza colaborativa do trabalho de Vigotski vai contra o espírito de sua teoria, com sua asserção da natureza profundamente social e colaborativa da mente humana em qualquer de suas expressões, incluindo produtos acadêmicos como ideias teóricas e programas de pesquisa.

Talvez, mais importante ainda, Vigotski escreveu seus trabalhos não em uma torre de marfim de buscas puramente acadêmicas, mas em meio a um envolvimento muito ativo com as tarefas práticas da turbulenta, e muitas vezes violenta, mas também revigorante e inovadora, vida social que floresceu após a Revolução Russa, o contexto imediato do trabalho de Vigotski. Seria um erro imaginar Vigotski sentado em sua poltrona, contemplando problemas de psicologia abstrata, e depois colocando suas soluções no papel, a destinação final de seus esforços. De acordo com o que sabemos de memórias e biografias que discutem Vigotski, ele participava e contribuía para o *drama da vida*, não apenas do mundo das ideias, envolvendo-se em iniciativas e buscas práticas: reorganizando o sistema nacional de educação e concebendo programas de reabilitação especial para crianças desabrigadas e com necessidades especiais, consultando essas crianças e outros pacientes, palestrando a professores e trabalhadores, participando de debates políticos e, por outro lado, tentando contribuir para o crescimento da nova sociedade de sua época.

As ideias de Vigotski e seus textos acadêmicos emergiram diretamente de seus envolvimentos práticos, apaixonados e distintamente colaborativos com esses problemas da vida real. Seus escritos não são simplesmente expressões do pensamento abstrato e de percepções que emergiam e existiam separadamente de sua vida e prática; eram incorporações e veículos de seus envolvimentos práticos com sua sociedade e os desafios de sua época. Nesse sentido, os textos de Vigotski representam meios – simultaneamente produtos e instrumentos – de sua busca geral para conceber uma nova psicologia para uma sociedade baseada nos ideais de igualdade social e de oportunidades iguais para todos, mesmo para os mais destituídos, como crianças desabrigadas e incapacitadas. Assim, os textos de Vigotski também estão profundamente imbuídos de valores e compromissos morais claros, que não podem ser ignorados em nenhuma interpretação de sua teoria histórico-cultural. Com certeza Vigotski e muitos outros que, como ele, entusiasticamente acolheram a nova sociedade soviética e contribuíram para ela, mais tarde se desapontaram amargamente com as trágicas falhas desse gigante experimento social, à medida que gradualmente se tornou um regime repressivo e sufocante. Contudo, essas falhas e desapontamentos subsequentes não mudaram o ímpeto moral inicial que motivou Vigotski e seus colegas e formou a base de seu trabalho.

As teorias e os textos de Vigotski, incluindo *Instrumento e signo*, deveriam ser vistos como produtos e veículos, instrumentos para seus envolvimentos práticos profundamente apaixonados e ideologicamente orientados com as realidades de sua época turbulenta. Suas ideias psicológicas e princípios filosóficos resultaram de seus envolvimentos e compromissos práticos, além de tê-los incorporado e simultaneamente ajudado a promover. Assim, a história do projeto de Vigotski na psicologia fornece uma alternativa clara à noção estreitamente mentalista e individualista de conhecimento (como sendo processos somente "na cabeça") à medida que revela que ideias, teorias e conhecimento em geral não são meramente construtos mentais, mas elementos nas atividades transformadoras da vida real no mundo, atividades que servem a propósitos práticos e que mudam o mundo. Essa conceitualização questiona teorias dominantes em psicologia que reduzem o conhecimento ao domínio puramente intelectual e o desenvolvimento do conhecimento à dinâmica de vozes e diálogos intelectuais entre estudiosos. A seguinte discussão mostrará como essa visão do trabalho de Vigotski é consistente com sua importante posição sobre a natureza do desenvolvimento humano, baseando-se em várias ideias inter-relacionadas desenvolvidas especificamente em *Instrumento e signo*.

Princípios centrais do desenvolvimento humano em *Instrumento e signo*

Nesse trabalho importante, Vigotski explica, detalhadamente, ao menos quatro ideias principais sobre o desenvolvimento. O primeiro grande problema, muito consistente com a busca geral do projeto profundamente ideológico de Vigotski na psicologia, é o problema da *liberdade humana*, ou seja, a habilidade de agir com propósito de acordo com objetivos socialmente significativos e com a ajuda de instrumentos socialmente desenvolvidos, superando, assim, as determinações e restrições da natureza e do ambiente. Esse problema é um fio comum que percorre grande parte de seus trabalhos e reflete seu objetivo principal de desenvolver uma abordagem que pode tratar não apenas de princípios abstratos na psicologia, mas que pode avançar e aplicar o conhecimento sobre condições específicas que são necessárias para que as pessoas se tornem integrantes responsáveis, livres e competentes de uma comunidade humana.

Vigotski mutas vezes discutiu o problema da liberdade em termos das diferenças entre funções psicológicas inferiores e superiores. (Cf. Seção IV do presente livro.) Formulando a liberdade humana nesses termos, Vigotski estava dialogando com e criticando as tendências predominantes na psicologia de sua época. Ele sumariza habilmente essas tendências nas primeiras páginas de *Instrumento e signo* quando descreve duas metáforas que sustentavam grande parte das teorias contemporâneas do desenvolvimento infantil: a metáfora de uma planta crescendo (derivada da botânica) e a do desenvolvimento animal (derivada de estudos do comportamento animal ou da psicologia comparativa). De acordo com essas metáforas, o desenvolvimento infantil pode ser visto como o simples desenvolvimento das capacidades que estão presentes na criança desde o nascimento (como no desenvolvimento da semente de uma planta) e que se desdobra de acordo com leis da natureza, predeterminadas e essencialmente imutáveis (como no treinamento direto de hábitos em animais).

Para refutar essas visões e revelar o que constitui o desenvolvimento especificamente humano, Vigotski necessitava introduzir um conceito que se colocasse em contraste claro com os processos na natureza não humana. O conceito de "funções psíquicas superiores" visava, evidentemente, a desempenhar um papel assim. Que Vigotski descrevesse processos psicológicos em crianças muito pequenas como "inferiores" ou "naturais", e não pertencentes, ainda, ao domínio do desenvolvimento cultural, talvez fosse um exagero retórico desse contraste, inevitável nos primeiros estágios de introdução de um novo conceito, quando contrastes acentuados são necessários e úteis. Contudo, a oposição estrita entre os processos mentais inferiores e superiores não deveria ser considerada um princípio absoluto; na verdade, foi muitas vezes questionada por Vigotski, quando afirmava, por exemplo, que a "história do desenvolvimento psíquico da criança nos ensina que, desde os primeiros dias, sua adaptação ao meio é conquistada por meios sociais, por meio das pessoas ao redor" dela (para essa e ideias similares, cf. o trabalho de Vigotski sobre psicologia infantil, descrito na Seção V deste livro). A ideia de uma dicotomia estrita entre processos mentais inferiores e superiores foi mais tarde abandonada pelos colegas de trabalho imediatos e alunos de Vigotski (ex.: El'konin, Zaporozhets), em favor de uma visão de todo o desenvolvimento humano, desde os primeiros dias da vida da criança, como um processo essencialmente sociocultural e mediado por instrumentos. Como a discussão posterior mostrará, essa interpretação é muito consistente com a essência da teoria de Vigotski de que todos os processos psicológicos humanos se desenvolvem em formas de interação sociais e colaborativas.

Como o desenvolvimento psicológico procede para superar as restrições naturais do ambiente, tornando-nos, assim, livres? A resposta de Vigotski é que esse processo envolve o uso de signos, símbolos e outros instrumentos culturais (o mais importante, a linguagem, o instrumento *par excellence*); humanos os usam para transformar em vez de passivamente se adaptarem às condições do mundo. Instrumentos culturais representam a maior invenção da humanidade e formam, possivelmente, a base de um modo de vida especificamente humano, criando tudo o que é humano nos humanos. Instrumentos culturais permitem às pessoas incorporarem suas experiências coletivas (ex.: habilidades, conhecimento, crenças) em formas externas como objetos materiais (ex.: palavras, imagens, livros, casas), padrões de comportamento organizado no espaço e no tempo (ex.: rituais), e modos de agir, pensar e comunicar na vida diária. Essas formas externas (ou reificadas) que incorporam conhecimento e experiência sociais constituem uma dimensão única da existência – *cultura humana*, na qual cada criança nasce e a qual tem de adquirir a fim de participar da vida social. A existência e o crescimento exponencial contínuo da cultura humana, ao longo da história, expande tremendamente os horizontes do desenvolvimento humano porque grandes quantidades de experiência coletivamente acumuladas são passadas de uma geração a outra em processos de ensino-aprendizagem, sem ter de depender de processos mais biologicamente baseados e inflexíveis como os instintos.

Como signos culturais complexos incorporam experiências e habilidades de gerações anteriores, aprender a usá-los leva uma dimensão da história social e da cultura ao desenvolvimento de cada pessoa. Essa capacidade emergente para usar instrumentos e signos, de acordo com Vigotski, gradualmente permite aos humanos – em sua história como espécie biológica (filogenia), como civilização (história social) e como indivíduos (ontogenia) – saltarem das restrições do ambiente natural, definido pelas leis da evolução biológica, e de modos de comportamento estímulo-resposta, para o domínio do desenvolvimento histórico-cultural com seu grau infinito de liberdade.

Essa liberdade, de acordo com a explicação detalhada de Vigotski, deve-se, principalmente, ao papel emancipador da fala, quando as crianças começam a agir através desse meio enquanto resolvem problemas práticos postos pela vida. O papel surpreendentemente poderoso da fala seria impossível se ela fosse simplesmente acrescentada aos processos psicológicos anteriores, mais elementares. Contudo, em vez de ser uma mera adição, o uso da fala muda radicalmente e inclusive cria *todo um novo sistema de comportamento*, permitindo à criança planejar ações futuras, dirigir a atenção a elementos do campo visual que são importantes em vista de certos objetivos e propósitos, selecionar as ações que são mais eficientes em uma dada situação, integrar outros na solução do problema (p. ex., pedindo ajuda e esclarecimento aos adultos), e assim por diante. O resultado é uma habilidade emergente para conduzir ações em uma direção desejada e planejada, transformando essas ações em uma atividade complexa voluntária, autorregulada e intencional planejada ao longo do tempo, de acordo com certos objetivos significativos. Essa habilidade de uma pessoa para planejar conscientemente seu comportamento de antemão e depois executá-lo de acordo com o plano preestabelecido constitui, de acordo com Vigotski, a essência das formas especificamente humanas de comportamento.

Um segundo princípio de *Instrumento e signo* é que as formas colaborativas de comportamento se encontram na raiz do desenvolvimento humano. A criança nunca age sozinha; está intimamente relacionada a outra pessoa e dela depende. Nesse sentido, o bebê humano, de acordo com Vigotski, é paradoxalmente o ente social fundamental devido à sua completa dependência de outras pessoas. Esses comportamentos colaborativos, cuja forma primária é a interação criança-pais, sempre envolve instrumentos e símbolos transferidos de gerações prévias e introduzidos por adultos à criança para facilitar esforços coletivos objetivados na solução de tarefas presentes. A criança se apropria gradualmente desses instrumentos, bem como dos modos de ação neles incorporados, pela internalização, pela qual os instrumentos são convertidos em recursos do comportamento individual de cada criança. Contudo, as formas convertidas internalizadas de comportamento retêm um método de funcionamento social e, então, sempre permanecem essencialmente sociais, mesmo quando, nos últimos estágios do desenvolvimento, pessoas parecem estar agindo sozinhas. Assim, Vigotski desvela o desenvolvimento das funções psicológicas humanas como um processo sócio-histórico. Ou seja, revela o desenvolvimento como o processo de converter recursos de comportamento social – descoberto por gerações de pessoas e reapresentado a cada integrante de uma comunidade humana por meio de atividades colaborativas partilhadas com parceiros mais experientes (i. é, adultos) – nos recursos de funcionamento e comportamento psicológico individuais.

O terceiro, e talvez mais importante, conceito em *Instrumento e signo* não é, de fato, uma ideia separada, mas uma continuação lógica das duas anteriores. Como Vigotski indica em vários lugares, há sempre uma *unidade de processos*, como atenção voluntária, memória lógica, percepção, movimento, bem como intelecto e ação práticos. O desenvolvimento humano envolve a emergência de sistemas unificados que combinam processos simbólicos, afetivos, práticos, sociais, motores e intelectuais – sistemas que constituem, nas palavras de Vigotski, "o único objeto efetivo da psicologia". Essa conclusão, ele afirma, é de "tanta importância teórica" que necessita ser explorada, especialmente porque tem sido insuficientemente enfatizada nas interpretações atuais de sua teoria.

A afirmação notável de Vigotski tem sido muitas vezes interpretada como a unidade de processos *mentais*, por exemplo, como a junção de processos de memória e de pensamento. Na verdade, Vigotski dá muitos exemplos desse tipo, como quando mostra que a memória, em sua forma madura, inclui conceitualização e reflexão ativos sobre o que tem de ser memorizado, constituindo, portanto, os processos complexos unificados da *memória conceitual*. Essa visão, na verdade, indica um afastamento da concepção das funções psíquicas como processos discretos e estreitamente focados que podem ser definidos e estudados separadamente um do outro (compare, p. ex., modelos de cognição informação-processamento).

Contudo, o ponto de Vigotski é mais amplo do que a afirmação sobre processos de unidade mental. O que ele afirma essencialmente, e isso poderia soar como uma ideia paradoxal, é que processos mentais são sempre mais do que simplesmente mentais. Um processo mental é sempre um elemento de uma unidade maior; ou seja, é parte de um sistema de processos que vai além do domínio mental (i. é, de cognição e mente) e une as dimensões mental e prática, interna e externa do funcionamento humano, suavizando, essencialmente, a rígida demarcação entre elas. Para ilustrar essa ideia, Vigotski discute atividades como brincar, ler, escrever, contar e desenhar – processos que se estendem para além dos confins das atividades puramente mentais e solitárias para o domínio das atividades sociais e colaborativas no mundo real. Essas atividades, de acordo com Vigotski, são os verdadeiros objetos da análise psicológica; nessas realidades do desenvolvimento humano, mental e físico estão misturados, porque as pessoas nunca meramente percebem, memorizam, pensam etc., fora de atividades significativas mais amplas que as relacionam ao mundo e a outras pessoas. Essas atividades significativas sempre envolvem a realização de algo fora no mundo, fora da "mente", por exemplo, estabelecer e manter uma amizade, aprender ou simplesmente almoçar. Processos mentais não são faculdades separadas que emergem e se desenvolvem em suas bases, mas são partes ou versões de atividades muito mundanas que humanos buscam durante suas vidas. É em prol dessas atividades, e seguindo a lógica de seu desenvolvimento, que a mente humana evolui e se desenvolve, sempre guiada por necessidades, regularidades, restrições, potencialidades e objetivos de vida significativos.

Essa visão mais ampla da unidade de processos que constituem o desenvolvimento humano tem tremendas implicações para a disciplina de psicologia. Essencialmente, supera a crença secular de que o mental e o físico são dois domínios distintos, que existem por si e se relacionam entre si por meio de algum mecanismo complexo (e igualmente desconhecido). Essa crença, em suas várias formas (ex.: as dicotomias corpo-mente, carne-espírito etc.), está arraigada no vocabulário acadêmico, na linguagem cotidiana e mesmo na cultura popular, continuando a permear grande parte de nosso pensamento, discurso e prática. Como essa crença é tão predominante e profundamente arraigada, é muito difícil conceber uma visão alternativa. Vigotski ocasionalmente incorre em um modo mais tradicional de expressão, desenhando as linhas ultrapassadas entre os dois domínios e falando da unidade dos "processos mentais"[221]. Não surpreende, portanto, que algumas pesquisas atuais inspiradas em Vigotski permaneçam, de fato, dentro da abordagem tradicionalmente dicotômica.

Apesar de alguma oscilação entre visões mais antigas e suas percepções inovadoras, as visões de Vigotski sobre os problemas mais incômodos do desenvolvimento humano são surpreendentes e verdadeiramente revolucionárias em suas consequências. No lugar de limites e dicotomias tradicionais, Vigotski afirma diretamente que processos mentais e físicos (práticos) não pertencem a domínios separados, mas são fundidos para formar um todo unificado – *o processo singular do desenvolvimento cultural de uma criança*. Assim, ele estabelece os fundamentos para estudar sistemas completos de atividades de vida significativas no mundo real, sistemas que permitem às pessoas transformarem esse mundo enquanto se transformam nesse processo, e que também envolvem processos psicológicos como ingredientes e instrumentos inerentes a essas atividades. O significado dessa abordagem é mais bem revelado se considerarmos algumas ocorrências, exemplos e implicações específicos.

Em *Instrumento e signo*, Vigotski faz um esforço considerável para ilustrar e provar essa visão extremamente inovadora, tanto para sua época como para hoje. Essas ilustrações incluem, por exemplo, sua análise da evolução habilidade da fala na criança como a representação de *uma continuação natural de seus contatos práticos com o mundo*. Assim, Vigotski observa que, para uma criança, a primeira vez que dá um nome a uma coisa é simultaneamente um modo inteiramente novo de *lidar* com essa coisa e não menos prático do que tocá-la e/ou fisicamente manuseá-la. Inclusive, a criança

---

221. Aqui, novamente, um dos princípios descritos por Vigotski pode ser visto operando em sua escrita. Em *Instrumento e signo* ele explica como cada novo elemento levado a um sistema antigo (de ideias ou processos psicológicos) não pode se revelar imediatamente com sua força completa, mas, em vez disso, é arrastado para níveis inferiores que são definidos por processos antigos de compreensão. Leva tempo para que a nova ideia supere o conjunto mais amplo de ideias como um todo e as eleve a um novo nível.

inicialmente acredita que os nomes literalmente pertencem às coisas, que se misturam a elas e não podem ser removidos, de modo que a mesa, por exemplo, deve, necessariamente, ser nomeada "uma mesa" e não pode ser conhecida por qualquer outra palavra. Similarmente, mudar o nome de uma coisa, para uma criança, praticamente equivale a mudar a coisa. Em vez de simplesmente refletirem a ingenuidade da criança, essas crenças contêm um sólido grão de verdade. Como Vigotski coloca, as crianças usam a fala não como uma operação que simplesmente acompanha suas tentativas práticas de resolver problemas; em vez disso, elas resolvem problemas *com* e *por meio da fala*, e não somente pelo uso das mãos e dos olhos. Portanto, Vigotski insistia, o principal problema com teorias prévias era exatamente que a "origem e o desenvolvimento da linguagem e qualquer outra atividade simbólica era analisada como algo desconectado da atividade prática da criança, como se ela fosse puramente um sujeito que raciocina". Em contraste, Vigotski considerava a história da fala como "fluindo no processo da atividade prática" e, assim, afirmava a relevância prática da fala na unidade com outras formas de comportamento social que realizam as relações das pessoas consigo, com outras pessoas e com o mundo em torno delas.

Assim, na interpretação de Vigotski, atos de fala e outros processos "mentais" não são fenômenos efêmeros, fugazes, na sombra da ação, mas formas poderosas de mudar o mundo. É isso que ele quer dizer com sua afirmação veemente, no fim de *Instrumento e signo*, de que uma *palavra é em si um feito*. Essa afirmação prevalece e coroa toda essa obra-prima da psicologia de Vigotski.

A ideia de que o desenvolvimento cultural representa um sistema unificado de processos orientados pela lógica das tarefas e contatos da vida real entre a criança e o mundo (incluindo, importantemente, outras pessoas) leva-nos ao quarto tema central de *Instrumento e signo*: transformações da atividade prática constituem a realidade do desenvolvimento humano em todas as suas formas, incluindo a emergência de processos "mentais". Uma leitura cuidadosa revela uma ideia (ironicamente ocultada em interpretações prévias desse trabalho) que Vigotski enfatiza repetidamente ao longo de todo o texto, a saber, que o desenvolvimento "não surge nem pelo caminho que leva à elaboração de um hábito complexo, nem pelo caminho pelo qual a criança chega a uma descoberta ou invenção" (Vigotski, 1999, p. 9). A criança não inventa novas formas de atividade como uma "descoberta intelectual" (aqui, Vigotski critica uma famosa noção de Karl Bühler, de que as crianças descobrem que objetos têm nomes). Tampouco essas formas de atividade resultam de simples memorização e treino, como no desenvolvimento de um hábito.

Como, então, essa nova atividade se desenvolve? Vigotski tenta formular sua resposta a essa questão em várias ocasiões, como se experimentando e de fato desenvolvendo uma solução por meio de sua escrita (e, assim, por meio de sua fala), enquanto pensa em, e por meio de, palavras, dando continuidade a várias implicações de suas conceitualizações para ver como certas ideias funcionam, ou não, para seus propósitos[222]. Vigotski enfatiza que a atividade da criança nunca simplesmente melhora, como no processo do mero treino em animais, mas, em vez disso, experiencia mudanças qualitativas profundas que "devem ser descritas como desenvolvimento no verdadeiro sentido da palavra". O desenvolvimento não pode ser concebido como emergindo de um mero treinamento de habilidades para solver um certo problema, porque mesmo um único e mesmo problema, quando apresentado em diferentes momentos do tempo, nunca é o mesmo. O que parece ser o "mesmo" problema, de fato, apresenta uma nova situação a cada vez, com exigências e condições novas, bem como novos significados e contextos de sua realização. Portanto, habilidades e métodos previamente desenvolvidos terminam sendo insuficientes ou inadequados em uma nova situação, tornando-se, assim, muitas vezes, obstáculos em vez de fatores que contribuem para a solução. Além disso, de acordo com Vigotski, a formação de uma nova atividade, mesmo intelectual, de modo algum se assemelha a uma transformação puramente lógica, na qual a criança obtém mentalmente novas soluções. O processo de desenvolvimento vai além do treino e da descoberta intelectual, e envolve mudanças sequenciais e reorganização nos processos de atividade prática, originando novas formas. Em outras palavras, é o fluxo da atividade e as contradições nas atividades que surgem na vida, que engendram transformações de atividade e constituem o desenvolvimento de suas novas formas, incluindo atividades "mentais".

---

222. Aqui, novamente, o estilo narrativo de Vigotski incorpora os princípios psicológicos que se propôs a desenvolver. Assim, buscando soluções para problemas na forma de pensar diretamente *através da* fala, Vigotski ilustra sua ideia de que o pensamento nunca é simplesmente expresso na fala, mas nasce nela (cf. Seção I deste livro, em "Pensamento e linguagem").

A atividade de uma criança experiencia transformações, essencialmente porque ela enfrenta situações que constantemente mudam seu significado social enquanto se envolve em formas cada vez mais complexas de cooperação com outras pessoas, incluindo formas de cooperação que exigem formas simbólicas complexas de interação. É nesse sentido, de acordo com Vigotski, que as fontes de desenvolvimento repousam no ambiente social da criança. Observe que a centralidade do ambiente social no desenvolvimento não significa que o primeiro diretamente determine caminhos e consequências desenvolvimentais. Em vez disso, o impacto do ambiente social é indireto, tomando força somente por meio da atividade da criança enquanto ela participa em colaboração social compartilhada e culturalmente formada. Poderíamos dizer que o ambiente social impõe importantes traços e parâmetros à atividade da criança (ex.: por meio de apoios culturais na colaboração social), mas, por fim, é a atividade da criança que orienta o desenvolvimento, enquanto a criança gradualmente se transforma em uma participante cada vez mais ativa nessa colaboração.

Talvez, a formulação mais cogente sobre o que é o desenvolvimento humano se encontre no capítulo 1, na seção "Desenvolvimento de formas superiores de atividade prática na criança", em que Vigotski afirma: "a criança não cria novas formas de comportamento e não as deduz logicamente, mas as forma do mesmo jeito que o caminhar suplanta o engatinhar e a linguagem suplanta o balbucio..." Na verdade, como a criança adquire a habilidade de caminhar? O caminhar não emerge do treinamento de uma habilidade previamente existente; nem é descoberto por uma criança: em vez disso, o caminhar se dá por meio do desdobramento de uma atividade cada vez mais completa que se presta ao objetivo de se movimentar livremente no espaço, um objetivo que emerge durante atividades colaborativas partilhadas com adultos, porque se mover em pé é um ingrediente necessário de participação nessas atividades. No processo, as formas iniciais dessa atividade (i. é, engatinhar), quando realizadas em contatos sociais e atividades conjuntas, enfrentam exigências sociais progressivas e uma rede crescente de apoio mediador que produz a mudança e eleva as formas iniciais a novos níveis de complexidade, por fim, substituindo-as.

Essa descrição de Vigotski indica que o desenvolvimento se dá no contexto de atividades da vida real, inicialmente colaborativo, enquanto as atividades sofrem transformações complexas, guiadas por exigências da vida social (que resultam participação da criança em formas cada vez mais complexas de cooperação social) e apoiadas por novos recursos culturais que são apresentados à criança durante a cooperação social. O desenvolvimento é crucialmente dependente do domínio de modos culturalmente definidos de ação (incluindo modos de falar, pensar e inclusive se mover), mas esse domínio pode ocorrer somente nas atividades de cooperação em curso da vida real, levando a pessoa ao domínio de seu comportamento, de tal modo a tornar esse comportamento livre, ou seja, possibilitando a busca dos objetivos das iniciativas humanas. Importantemente, um desenvolvimento especificamente psicológico (ex.: de atenção, memória ou fala) não é um processo separado, mas uma parte intrínseca do processo geral de desenvolvimento cultural e é, portanto, subordinado aos objetivos da participação em formas práticas colaborativas da vida social.

Esse tema final de *Instrumento e signo* é notavelmente congruente ao argumento apresentado no início deste capítulo. Do mesmo modo como Vigotski descreveu o processo de desenvolvimento humano em *Instrumento e signo*, esse trabalho de modo algum foi uma mera descoberta intelectual; tampouco se originou como resultado da simples evolução das capacidades puramente mentais de seu autor para desenvolver ideias e conceitos psicológicos. Esse trabalho, como outras criações de Vigotski, foi um produto de suas atividades e envolvimentos práticos colaborativos em um contexto sociocultural único que se lhe apresentou como um desafio – e uma oportunidade! – sem precedentes para conceber um novo sistema de psicologia que pudesse ajudar a traçar o desenvolvimento da liberdade humana e poderia ser usado para promover e realizar esse desenvolvimento. Esse desafio único se tornou a fundação do projeto da vida inteira de Vigotski com seu comprometimento com a *mudança social* em uma direção muito clara em relação à justiça e à igualdade, em claro contraste com direções tradicionais da psicologia na época em que, em grande parte, estavam buscando conhecimento que pudesse resultar no *controle social* e na preservação do *status quo*. O projeto de Vigotski, importantemente, não se limitou a meras tarefas intelectuais, mas se originou de um sistema único e vivo de suas atividades – um sistema de prática social – no qual componentes práticos e intelectuais, morais e emocionais, individuais e sociais se misturaram em um todo unificado.

Instrumento e signo foi um produto dessas buscas prático-intelectuais ativas, e muitas vezes apaixonadas de Vigotski e seus colegas, e esse trabalho também se tornou um instrumento de suas outras buscas. Assim, as ideias sobre condições e regularidades no desenvolvimento de formas livres e superiores de comportamento humano foram postas em funcionamento por Vigotski em seus envolvimentos práticos cotidianos no campo da educação, incluindo, por exemplo, a educação de crianças com necessidades especiais. Conforme a crença de Vigotski, quando providas do apoio mediacional (i. é, baseado em signos) adequado de adultos na organização de suas atividades em contextos de vida, todas as crianças podem progredir a níveis mais elevados de funcionamento, para se tornarem integrantes competentes da sociedade. Muitos seguidores de Vigotski mais tarde usaram as mesmas ideias em programas de reabilitação e educação altamente bem-sucedidos para crianças com necessidades especiais severas, incluindo cegas e surdas, e em trabalhos similares. Nesse sentido, o trabalho de Vigotski incorpora uma das grandes metáforas de *Instrumento e signo*: no começo de seu trabalho havia seus feitos, que ele transformou em palavras que, no fim, transformaram-se novamente em feitos.

Assim, os escritos de Vigotski podem ser vistos como uma parte essencial – um produto e um instrumento – de um projeto social colaborativo amplo que se estende para além dos confins de uma iniciativa meramente intelectual, em seu disfarce mentalista tradicional, para o domínio da prática social na qual processos intelectuais, cognitivos e práticos são combinados. Nesse sentido, as ideias de Vigotski podem ser vistas não meramente como ideias (na conotação tradicional de ideias sendo realidades fugazes e efêmeras separadas da ação e da prática), mas como *outra forma de um envolvimento ativo com o mundo, com o propósito fundamental último de mudar algo neste mundo e em si*. Numa via similar, o melhor modo de compreender o trabalho de Vigotski é no contexto da busca ativa de alguma tarefa socioprática significativa. Ou seja, o melhor modo de penetrarmos as ideias de Vigotski é transformá-las em um instrumento de nossa prática social, por exemplo, usando-as na solução de problemas relacionados à mudança social e ao desenvolvimento humano. Isso não significa que podemos compreender Vigotski somente quando fazemos, literalmente, em paralelo, algum trabalho prático. Uma visão extrema pressuporia uma demarcação estrita entre as dimensões prática e teórica, indo, assim, contra o espírito da abordagem de Vigostki, na qual teoria e prática eram vistas como extensões uma da outra, como facetas meramente diferentes de um e mesmo processo, o de contribuir significativamente para tarefas práticas apresentadas pela vida. Assim como, de acordo com Vigotski, o mental e o material não são domínios separados e mutuamente exclusivos, os tipos de trabalho teórico e prático são simplesmente aspectos diferentes de uma e mesma realidade da práxis humana e da transformação intencional do mundo. A famosa expressão de Kurt Lewin, segundo a qual nada é mais prático do que uma boa teoria, poderia ser estendida, seguindo a essência da abordagem de Vigotski, pela expressão-espelho segundo a qual nada é teoricamente mais rico do que uma boa prática. Os trabalhos de Vigotski, teoricamente, afirmavam esses princípios (embora não explicitamente dessa forma) e os incorporavam aos modos como esses trabalhos eram realizados e implementados na vida por ele e seus colegas.

Como conclusão, a interdependência inerente entre os principais temas desenvolvidos por Vigotski em *Instrumento e signo* deveria ser enfatizada. Da análise precedente, segue que Vigotski estava buscando um projeto de pesquisa coerente e multifacetado e não uma única ideia, como a da mediação, como muitas vezes se presumiu em interpretações prévias de seu trabalho. Assim, o tema do papel mediador da fala e outros signos está intricadamente conectado à ideia de que processos psicológicos, como fala e pensamento, formam um todo unificado de pensamento verbal e fala conceitual. Essa ideia é vinculada ao tema mais amplo da unidade de processos mentais e práticos, e, por meio do último, à centralidade da participação da criança em atividades colaborativas sociais como um princípio orientador em desenvolvimento. Essas ideias de Vigotski lançam luz uma na outra e fazem sentido quando consideradas como um todo unificado. Incidentalmente, pressagiam grande parte da pesquisa de ponta atual sobre desenvolvimento infantil, pesquisa que representa o melhor antídoto para as falácias individualistas e mentalistas do cognitivismo tradicional. Não seria difícil, se o espaço permitisse, discutir quantas linhas de pesquisa – como cognição distribuída, participação colaborativa, aprendizagem participativa, investigação dialógica e abordagem dinâmica de sistemas – apresentam significativas similaridades com as ideias desenvolvidas na escola de Vigotski. Ao mesmo tempo, essas ideias, com seu potencial emancipatório e humanístico, em sua habilidade de servir como um instrumento de profundas mudanças sociais em como educamos e tratamos crianças, ainda estão na zona de desenvolvimento proximal da psicologia de hoje. Talvez a nova geração de psicólogos venha a assumir as palavras-feitos apaixonados de Vigotski, transformando-os em suas novas ideias e programas, que são urgentemente necessários para dar conta dos desafios enfrentados pela psicologia e pela sociedade hoje.

16

O problema do intelecto prático na psicologia dos animais e na psicologia da criança[223]

Bem no início do desenvolvimento da psicologia infantil como ramo particular da investigação psicológica, Strumpf tentou delinear o caráter desse novo campo científico comparando-o com a botânica. Ele disse que Lineu, como se sabe, chamou a botânica de ciência agradável. Isso pouco se aplica à botânica contemporânea... Se alguma ciência merece ser chamada de agradável, essa seria justamente a psicologia infantil, uma ciência sobre aquilo de mais caro, adorável e agradável que existe no mundo, algo com o que nos preocupamos de modo especial e, justamente por isso, devemos estudar e compreender.

Atrás dessa bela comparação se ocultava algo muito maior do que uma simples transferência do epíteto aplicado por Lineu à botânica para a psicologia. Atrás dela se ocultava toda uma filosofia da psicologia infantil, uma concepção peculiar do desenvolvimento infantil, que em todas as pesquisas partia tacitamente de pressupostos enunciados por Strumpf. O caráter botânico, vegetal do desenvolvimento infantil foi colocado em primeiro plano por essa concepção, e o desenvolvimento psíquico da criança foi compreendido fundamentalmente como um fenômeno de crescimento. Nesse sentido, a psicologia infantil contemporânea tampouco se libertou definitivamente das tendências botânicas que pesam sobre ela e impedem que ela tome consciência das particularidades do desenvolvimento psíquico da criança

---

223. Traduzido a partir do v. 6, "Naútchnoe nasledstvo", de *Sobranie Sotchinénii v chesti tomakh* (Vigotski, 1984b, p. 6-37). Escrito em 1930 por Vigotski. Trata-se do primeiro capítulo de *O instrumento e o signo no desenvolvimento da criança*, que foi publicado pela primeira vez em russo nas *Obras reunidas* a partir do manuscrito [N.T.].

em comparação com o crescimento de uma planta. Por isso tem toda razão Gesell ao mostrar que nossas representações comuns sobre o desenvolvimento infantil ainda são repletas de comparações botânicas. Falamos de *crescimento* da personalidade infantil, chamamos de *jardim* o sistema de educação na primeira infância.

Apenas no processo de uma pesquisa prolongada, ao longo de décadas, a psicologia foi capaz de superar as representações iniciais segundo as quais os processos de desenvolvimento psíquico são estruturados e ocorrem segundo um modelo botânico. Em nossos dias, a psicologia começou a dominar a ideia de que os processos de crescimento não esgotam toda a complexidade do desenvolvimento infantil e que, com frequência, especialmente quando se trata das formas de comportamento mais complexas e específicas do ser humano, o crescimento (no sentido direto da palavra) entra na composição geral dos processos de desenvolvimento, não como uma grandeza determinante, mas subordinada. Os próprios processos de desenvolvimento também apresentam complexas transformações qualitativas de certas formas em outras, e, como diria Hegel, transições de quantidade em qualidade e vice-versa, em relação às quais o conceito de crescimento se mostra inadequado.

Mas se a psicologia contemporânea como um todo se desenvolveu a partir de um protótipo botânico do desenvolvimento infantil, é como se ela estivesse subindo a escadaria das ciências, estando agora repleta de representações de como o desenvolvimento da criança é, em essência, apenas uma variante mais complexa e desenvolvida do surgimento e da evolução das formas de comportamento que observamos já no mundo animal. O cativeiro botânico da psicologia infantil foi substituído pelo zoológico, e muitas orientações, as mais poderosas, da ciência contemporânea procuram uma resposta direta à questão da psicologia do desenvolvimento infantil em experimentos com animais. Esses experimentos, com modificações ínfimas, são transferidos do laboratório de zoopsicologia para a sala das crianças; não por acaso um dos mais importantes pesquisadores desse campo se viu obrigado a reconhecer que os maiores êxitos metodológicos no estudo da criança devem ao experimento da zoopsicologia.

A aproximação da psicologia infantil com a zoopsicologia ofereceu muito para a fundamentação biológica das pesquisas psicológicas. Ela realmente levou ao estabelecimento de muitos aspectos importantes que aproximam o comportamento da criança e do animal no campo dos processos psíquicos inferiores e elementares. Contudo, nos últimos tempos, chegamos a uma etapa absolutamente paradoxal do desenvolvimento da psicologia infantil, quando está sendo escrito diante dos nossos olhos o capítulo do desenvolvimento dos processos intelectuais superiores, característicos precisamente do ser humano, mas que estão sendo escritos como continuação direta dos capítulos correspondentes da zoopsicologia. Em parte alguma essa tentativa paradoxal de deduzir o especificamente humano na psicologia da criança e seu desenvolvimento à luz de formas análogas de comportamento de animais superiores se manifesta com tanta clareza quanto na teoria do intelecto prático da criança, cuja função mais importante é o uso de instrumentos.

Experimentos com o intelecto prático da criança

O princípio de uma nova e fecunda série de pesquisas foi estabelecido pelos conhecidos trabalhos de Köhler com macacos antropoides. Como sabemos, Köhler de tempos em tempos comparava experimentalmente as reações da criança com as reações do chimpanzé em situações análogas. Isso se mostrou fatídico para todos os pesquisadores posteriores. Uma comparação direta do intelecto prático da criança com ações análogas de macacos se tornou a linha condutora de todos os experimentos posteriores nesse campo.

Dessa forma, pode parecer à primeira vista que todas as pesquisas oriundas de Köhler podem ser vistas como continuação direta de ideias desenvolvidas em seu trabalho, que já havia se tornado um clássico. Mas isso é apenas o que parece à primeira vista. Se analisarmos com atenção descobriremos facilmente que, apesar da semelhança externa e aparente, os novos trabalhos representam uma tendência fundamentalmente contrária àquela que guiou Köhler.

Uma das principais ideias de Köhler, como mostra corretamente Lipmann, diz respeito à semelhança entre o comportamento de antropoides e seres humanos no campo do intelecto prático. Ao longo de todos os seus trabalhos, Köhler busca fundamentalmente mostrar a semelhança do comportamento do antropoide com o do humano. Para tanto, na qualidade de pressuposto tácito, ele recorre à suposição de que o comportamento correspondente do ser humano é conhecido de todos a partir da experiência imediata. Já os novos pesquisadores, ao tentarem transferir as descobertas de Köhler sobre as regularidades do intelecto prático dos macacos para a criança, foram guiados por uma tendência oposta, que é perfeitamente representada na interpretação dos experimentos de Bühler feita pelo próprio autor. O pesquisador relata suas observações das manifestações mais precoces do pensamento prático da criança. Em suas palavras, trata-se de ações perfeitamente análogas a ações do chimpanzé. Por isso, a fase indicada da vida infantil pode ser chamada de idade chimpanzoide, a criança faz suas primeiras invenções, evidentemente muito primitivas, mas que, no sentido espiritual, são de extrema importância, segundo Bühler.

Aplicados à criança, naturalmente, os procedimentos de Köhler devem ser alterados em muitos sentidos. Mas o princípio da pesquisa e seu conteúdo psicológico básico permanecem os mesmos. Bühler utilizou a brincadeira de agarrar da criança para investigar sua capacidade de aplicar rotas alternativas para atingir o objetivo e utilizar instrumentos primitivos. Alguns dos experimentos foram diretamente transferidos de experimentos de Köhler para crianças. Assim eram os experimentos que exigiam a resolução de tarefas como a de retirar um anel de um bastão ou com o laço amarrado em um pão seco.

Os experimentos de Bühler levaram-no a uma importante descoberta: as primeiras manifestações do intelecto prático da criança (que depois seriam constatadas também nas pesquisas de Charlotte Bühler e cujos primeiros rudimentos devem ser relacionados a uma idade ainda anterior – 6-7 meses de vida), assim como as ações do chimpanzé são totalmente independentes da linguagem. Bühler estabelece um fato de extrema importância em termos genéticos de que antes da linguagem existe o pensamento instrumental, ou seja, o ato de agarrar engates mecânicos e a invenção de meios mecânicos para objetivos finais mecânicos.

O pensamento real e prático da criança antecede, dessa forma, os primeiros rudimentos de sua linguagem, constituindo evidentemente a fase inicial em termos genéticos no desenvolvimento do intelecto. A principal ideia de Bühler aparece com clareza extrema já nesses experimentos. Se Köhler tenta revelar a semelhança entre as ações dos macacos superiores e a dos humanos, Bühler tenta mostrar a semelhança entre as ações da criança e a dos chimpanzés.

Essa tendência permanece inalterada em todos os pesquisadores posteriores, com raras exceções. Ela mostra claramente o mencionado perigo de zoologização da psicologia infantil, que, como já dissemos, é a característica predominante de todas as pesquisas nesse campo. Contudo, na pesquisa de Bühler esse perigo aparece de forma menos severa. Bühler trata de crianças antes do desenvolvimento da linguagem e, nesse sentido, as principais condições necessárias para a fundamentação do paralelo psicológico entre o chimpanzé e a criança podem ser observadas. De fato, o próprio Bühler subestima o significado da semelhança entre as principais condições, ao dizer que as ações do chimpanzé são totalmente independentes da linguagem e mais tarde na vida do ser humano, o pensamento técnico, instrumental, está muito menos ligado à linguagem e aos conceitos do que outras formas de pensamento.

Dessa forma, Bühler parte da suposição de que a relação entre pensamento prático e linguagem característica para a criança de 10 meses, isto é, a independência entre a ação racional e pensamento verbal, permanece também na vida posterior do ser humano e que, portanto, o desenvolvimento da linguagem não altera nada fundamentalmente na estrutura da operação racional prática da criança. Como veremos adiante, essa suposição de Bühler não é confirmada pelos fatos no processo de pesquisa experimental voltado à elucidação da conexão entre o pensamento verbal em conceitos e o pensamento prático, instrumental. Nossos experimentos mostram que a independência entre a ação prática e a linguagem característica dos macacos não ocorre no desenvolvimento do intelecto prático da criança, que segue um caminho inverso, isto é, o caminho de um entrelaçamento estreito entre pensamento verbal e prático.

Não obstante, o pressuposto incorreto de Bühler, como já observamos, é compartilhado pela maioria dos pesquisadores, cujos experimentos são feitos com crianças de maior idade que já dominam a linguagem. Não temos condições de fazer um exame minimamente completo e detalhado das principais pesquisas sobre esse problema. Iremos nos deter apenas nas principais conclusões, que podem ter significado real para nosso tema principal, isto é, a conexão entre a ação prática e as formas simbólicas de pensamento no desenvolvimento da criança.

Como se sabe, as excelentes pesquisas sistemáticas feitas por Lipmann e Bogen levaram esses autores a uma conclusão que pouco se aproxima das teses de Bühler. Mediante a aplicação de uma metodologia mais complexa de pesquisa, que permitiu abordar o intelecto prático da criança de idade escolar em uma rede de experimentos, os autores confirmaram experimentalmente o dogma de que a ação prática da criança é semelhante a do chimpanzé, ou seja, a identidade fundamental entre a natureza psíquica da operação animal e humana no uso de instrumentos, a união fundamental do caminho seguido pelo desenvolvimento do intelecto prático do macaco e da criança, que, em ambos os casos, avançam à custa da complexificação de aspectos internos, que determinam a operação que nos interessa, mas não à custa de uma alteração radical e fundamental de sua estrutura.

Bühler já havia observado corretamente que a criança é muito mais instável mentalmente, menos formada biologicamente e menos forte do que um chimpanzé de 4 ou 7 anos, isto é, quase adulto. Por essa via seguem também as pesquisas posteriores, avançando diferenças cada vez mais novas entre as operações da criança e as do chimpanzé, mas não fundamentais, isto é, que permanecem no mesmo plano. Lipmann e Bogen veem a principal diferença na dominação da estrutura física no comportamento da criança, mas não da estrutura óptica, predominante no comportamento do macaco. Se o comportamento do macaco em uma situação experimental que exige o uso de instrumentos é, como mostrou Köhler, determinado fundamentalmente pela estrutura do campo visual, no caso da criança avança para o primeiro plano enquanto fator determinante a "física ingênua", ou seja, sua experiência ingênua quanto às propriedades físicas dos objetos que a cercam e quanto ao próprio corpo.

Bogen faz um breve resumo dos resultados da comparação entre ações de crianças e antropoides. Enquanto a ação física revela uma dependência preponderante em relação às estruturas ópticas dos componentes da situação, entre a criança e o macaco existe uma diferença apenas de grau. Se a situação exige a inclusão com sentido das propriedades estruturais físicas das coisas, é preciso reconhecer que as ações de macacos são diferentes das de crianças. Enquanto não se tiver novas interpretações do comportamento do macaco, a diferença, conforme Köhler, pode ser explicada pelo fato de que as ações do macaco são determinadas predominantemente por correlações físicas.

Dessa forma, vemos que toda diferença entre o desenvolvimento do intelecto prático da criança e o do macaco se resume à substituição de estruturas ópticas por físicas, ou seja, é determinada fundamentalmente por aspectos puramente biológicos, cuja raiz é a diferença biológica entre o ser humano e o chimpanzé. Com efeito, o autor admite uma alteração dessa tese a partir de novas pesquisas com as ações de macacos, sem contar, ao que parece, que justamente a ação da criança, em uma análise mais próxima, abre espaço para uma revisão da referida tese.

Portanto, não surpreende que, no fim dos experimentos, Lipmann e Bogen se vejam obrigados a reconhecer que nas descrições de Köhler relativas aos chimpanzés há muita coisa de fundamental em relação ao comportamento da criança. Até certo ponto eles reprovam Köhler ao dizerem que, quanto à descrição da ação prática do ser humano, trata-se de terra incógnita, isto é, de um campo absolutamente não investigado. Por isso, não se pode esperar de antemão que a comparação das ações da criança e as do macaco trarão algo de fundamentalmente novo. Para os autores, o significado de sua pesquisa foi ter permitido mostrar com mais clareza as semelhanças e diferenças apontadas por Köhler. Não surpreende, portanto, a conclusão final dos autores de que, a partir dos experimentos com crianças, eles não puderam chegar a um quadro sobre a aprendizagem da ação racional que fosse fundamentalmente diferente daquele esboçado de forma magnífica e convincente por Köhler a partir de seus experimentos com macacos. Por isso, eles tiveram que concluir que, como mostram seus experimentos, é impossível estabelecer a diferença qualitativa entre o comportamento da criança e o do antropoide na aprendizagem.

Pesquisas posteriores nesse campo pouco se distinguem dos experimentos correspondentes de Bühler e Bogen. Experiências análogas aplicadas a crianças com atraso mental e pouco dotadas são mais próximas dos procedimentos de Köhler. Da mesma forma a aplicação dessas experiências à seleção psicotécnica, a crianças surdas-mudas, o uso de experiências como testes mudos, por fim, sua realização sistemática para o estudo comparativo de crianças de diferentes idades: nenhuma dessas pesquisas trouxe nada de fundamentalmente novo sobre o aspecto que nos interessa aqui.

A título de exemplo apresentaremos uma das pesquisas publicada em 1930. Trata-se do trabalho de Brainard, que reproduziu da forma mais exata possível os experimentos de Köhler. O autor chega à conclusão de que todas as crianças investigadas revelam as mesmas orientações, procedimentos e métodos de resolução de tarefas. Segundo ele, crianças mais velhas resolvem a tarefa de forma mais hábil, mas a partir dos mesmos processos. Uma criança de 3 anos revela mais ou menos as mesmas dificuldades na resolução de tarefas que o macaco de Köhler. A criança tem a vantagem da linguagem e a capacidade de compreender instruções, ao passo que o macaco tem a vantagem de ter braços mais longos e mais experiência de ligar com objetos rústicos.

Vemos, dessa forma, que a reação de uma criança de 3 anos se equipara fundamentalmente à reação do macaco, e a participação da linguagem no processo de resolução de uma tarefa prática – algo que, aliás, foi observado por todos os autores – equivale a um dos aspectos secundários, não fundamentais que constituem uma vantagem à criança em comparação com os braços mais longos do macaco, que são sua vantagem em relação à criança. A maioria dos pesquisadores não reconhece em absoluto o fato de que, com a linguagem, a criança adquire também uma relação fundamentalmente diferente em relação à situação em que ocorre a resolução da tarefa prática, e que sua ação prática seja, do ponto de vista psicológico, totalmente diferente, tenha uma estrutura distinta.

Ao resumir os resultados de seus experimentos, Brainard diz diretamente que a criança de 3 anos apresenta quase que a mesma reação que um macaco adulto em relação a tarefas parecidas.

A primeira tentativa de encontrar não apenas semelhanças, mas também diferenças fundamentais entre o intelecto prático da criança e o do macaco foi feita no laboratório de Basov. Assim, Chapiro e Gerke, na introdução de sua série de experimentos, observam que a experiência social desempenha um papel dominante no ser humano. Ao traçarem um paralelo entre o chimpanzé e a criança, os autores intentaram fazer essa contraposição principalmente a partir desse último fator. Para os autores, a influência da experiência social aparece no fato de que, ao imitar e usar instrumentos ou objetos segundo um modelo dado, a criança não apenas recorre a ações prontas, reproduzidas de forma estereotipada, mas ocorre no fim das contas o domínio do próprio princípio daquela atividade. Segundo os autores, ações repetidas se sobrepõem umas às outras como uma fotografia de exposição múltipla, com a identificação de traços gerais e o disfarce dos não semelhantes. Como resultado o esquema é cristalizado, o princípio de ação é assimilado. Conforme a experiência da criança aumenta, cresce a quantidade de modelos de conceitos que ela aplica. Os autores supõem que os modelos são como um quadro refinado de todas as ações passadas de um mesmo tipo e um desenho de projeto de formas possíveis de comportamento no futuro.

Não entraremos em detalhe sobre como o surgimento de tais esquemas que lembram a fotografia coletiva de Galton faz renascer na teoria sobre o intelecto prático a teoria, há muito abandonada na psicologia, sobre a formação de conceitos ou representações hereditárias que correspondem ao significado verbal. Deixaremos de lado também a questão do quanto, junto com a entrada de tais esquemas na resolução de tarefas, que são formados por vias puramente mecânicas resultantes de repetição, entra em ação um fator absolutamente diferente do intelecto, compreendido com a função de adaptação a novas circunstâncias. Diremos apenas que o significado da experiência social nesse caso é compreendido exclusivamente do ponto de vista da existência de modelos válidos que a criança encontra no meio circundante. Dessa forma, a experiência social, sem alterar nada de essencial na estrutura interna das operações intelectuais da criança, simplesmente preenche essas operações com outro conteúdo, criando uma série de clichês prontos, de fórmulas motoras estereotipadas, de esquemas motores que a criança aplica na resolução de tarefas.

De fato, Chapiro e Gerke, bem como praticamente todos os outros pesquisadores, na descrição factual de seus experimentos foram obrigados a apontar para o papel singular desempenhado pela linguagem na adaptação ativa prática da criança. Contudo, esse papel é realmente singular, uma vez que, segundo os autores, a linguagem substitui e compensa a adaptação genuína, ela não serve de ponte para transpor a experiência passada ou como um tipo puramente social de adaptação que se dá pela mediação do experimentador.

Dessa forma, a linguagem não cria uma estrutura fundamentalmente nova de ação prática da criança, de modo que continua válida a antiga afirmação acerca da prevalência de esquemas prontos em seu comportamento e do uso de clichês prontos retirados do arquivo da experiência antiga. A novidade é que a linguagem é um sucedâneo que substitui a ação malsucedida pela palavra ou pela ação de outrem.

Poderíamos concluir assim nosso exame das mais importantes pesquisas experimentais dedicadas ao problema em foco. Contudo, antes de tirar uma conclusão geral, gostaríamos de tratar ainda de um trabalho publicado, que permite identificar claramente a deficiência geral de todos os trabalhos mencionados e indicar o ponto de partida para uma resolução independente do problema em questão. Estamos nos referindo ao trabalho de Guillaume e Meyerson (1930) , ao qual ainda teremos oportunidade de retornar. Esses autores pesquisaram o uso de instrumentos por macacos. As crianças não participaram de seus experimentos. Contudo, comparando os resultados gerais desses experimentos com as ações correspondentes do humano, chegam à conclusão de que o comportamento do macaco é análogo ao do humano que sofre de afasia, ou seja, ao comportamento de uma pessoa que é desprovida de fala.

Essa indicação nos parece muito significativa e toca o ponto mais central do problema que estamos analisando. Estamos voltando àquilo de que falamos no início de nossa revisão. Se, como estabelecem os experimentos de Bühler, as ações práticas da criança antes do desenvolvimento da linguagem são muito parecidas com as do macaco, então, de acordo com as novas pesquisas de Guillauume e Meyerson, a ação do ser humano que tenha perdido a fala em decorrência de um processo patológico começa novamente a apresentar algo análogo à ação do chimpanzé. Não obstante, seria toda essa variedade de formas de atividade prática do ser humano que se encerra entre dois pontos extremos, seriam todas as ações práticas da criança que fala também fundamentalmente análogas em termos de estrutura e de natureza psicológica a ações de animais não verbais? Essa é a questão fundamental que precisa ser respondida. Para tanto, devemos nos voltar às investigações experimentais que realizei ao lado de colaboradores, partindo de pressupostos fundamentais distintos daqueles que encontramos na base da maioria das pesquisas mencionadas até aqui.

Tentamos, antes de tudo, revelar o que há de especificamente humano no comportamento da criança, bem como a história do desenvolvimento desse comportamento. Quanto ao problema do intelecto prático, em particular, interessava-nos em primeiro lugar a história do surgimento das formas de atividade prática que podem ser reconhecidas como específicas do ser humano. Parece-nos que em muitas pesquisas anteriores, orientadas pelo pressuposto metodológico básico da analogia zoológica, o elemento mais importante está ausente. Não há dúvidas de que todas as pesquisas prévias têm grande importância: elas revelam a ligação entre o desenvolvimento de formas de atividade humanas e suas inclinações biológicas no mundo animal. Contudo, elas não revelam no comportamento da criança nada além daquilo que está nas formas animais anteriores de pensamento. O novo tipo de relação com o meio, característico do ser humano, as novas formas de atividade que levaram ao desenvolvimento do trabalho como forma determinante de relação do ser humano com a natureza, a ligação entre o uso de instrumentos e a linguagem: tudo isso está fora do alcance das investigações anteriores, devido aos pontos de vista básicos dos quais elas partem. Nossa tarefa posterior é justamente a análise desse problema à luz de pesquisas experimentais voltadas à descoberta de formas especificamente humanas de intelecto prático em crianças e as principais linhas de seu desenvolvimento.

O estudo do uso de signos em crianças e o desenvolvimento dessa operação nos levou necessariamente à investigação de como surge, onde tem início a atividade simbólica da criança. A essa questão foram dedicadas pesquisas especiais, desenvolvidas em quatro séries: 1) estudo do surgimento do significado simbólico na brincadeira organizada em experimento da criança com objetos; 2) análise das conexões entre o signo e o significado, entre a palavra e o objeto que ela designa na criança de idade pré--escolar; 3) investigação da motivação dada pela criança ao explicar por que determinado objeto é nomeado com determinada palavra (segundo o método clínico de Piaget); 4) a mesma investigação com uso de teste de seleção (Morózova).

Se generalizarmos os resultados desses trabalhos a partir de seu aspecto negativo, chegaremos à conclusão de que essa atividade não surge nem pelo caminho que leva à elaboração de um hábito complexo, nem pelo caminho pelo qual a criança chega a uma descoberta ou invenção. A atividade simbólica da criança não é criada por ela nem aprendida. Teorias intelectualistas e mecanicistas estão igualmente equivocadas, ainda que momentos de elaboração de hábitos e de descobertas intelectuais se entrelacem reiteradamente na história do uso de signos por crianças, eles não determinam o curso interno desse processo, mas se inserem nele enquanto estruturas subordinadas, auxiliares, secundárias. O signo surge como resultado de um complexo processo de desenvolvimento, no sentido pleno da palavra. No começo do processo tem-se uma forma transitória, mista, que une em si o natural e o cultural no comportamento da criança. Nós a chamamos de estágio de primitivismo infantil ou de história natural do signo. Em oposição às teorias naturalistas da brincadeira, nossos experimentos nos levaram à conclusão de que a brincadeira é a principal via do desenvolvimento cultural da criança e, em particular, do desenvolvimento de sua atividade simbólica.

Os experimentos mostram que, na brincadeira e na linguagem, a criança é alheia à consciência da condicionalidade, da arbitrariedade da união entre signo e significado. Para ser signo de uma coisa, a palavra deve ser um apoio nas propriedades do objeto designado. Não é "tudo que pode ser o que quer se seja" na brincadeira da criança. As propriedades reais da coisa e seu significado simbólico revelam na brincadeira uma complexa interdependência estrutural. Assim, para a criança a palavra também se liga à coisa por meio de sua propriedade, entrelaçando-se em sua estrutura geral. Por isso, em nossos experimentos a criança não concorda que o chão possa ser chamado de copo ("não tem como andar nele"), mas consegue fazer de uma cadeira um trem, alterando na brincadeira sua propriedade, ou seja, tratando-a como se fosse um trem. A criança se recusa a alternar o significado da palavra "mesa" e "luminária", pois "não se pode escrever sobre a luminária, e a mesa vai acender". Para ela, alterar o nome significa alterar a propriedade da coisa.

Impossível explicar mais claramente o fato de que a criança não descobre a ligação entre signo e significado no início do surgimento da linguagem, e leva muito tempo para tomar consciência dessa ligação. Experimentos posteriores mostraram que *a função de nomeação* tampouco surge por uma descoberta única, mas também tem sua própria história natural. Aquilo que surge no início da formação da linguagem da criança não é a descoberta de que cada coisa tem seu nome, mas um novo modo de lidar com as coisas, isto é, por meio da nomeação.

Dessa forma, as ligações entre signo e significado, que por sua aparência exterior e devido ao modo de funcionamento lembram muito cedo ligações correspondentes parecidas em adultos, por sua natureza interior são formações psicológicas de um tipo totalmente distinto. Identificar o domínio da ligação entre signo e significado no início do desenvolvimento cultural da criança significa ignorar a complexa história, que se prolonga por mais de uma década inteira, de construção interna dessa ligação.

No enraizamento[224], ou seja, na passagem da função para dentro, ocorre uma complexa transformação de toda sua estrutura. É preciso considerar os aspectos essenciais que caracterizam essa transformação, como mostra a análise experimental: 1) substituição de funções; 2) transformação de

---

224. Em russo "*vráschivanie*", cf. nota no texto 2 [N.T.].

funções naturais (processo elementares que estão na base de funções superiores e que entram em sua composição); 3) surgimento de novos sistemas psicológicos funcionais (ou sistemas de funções), que assumem na estrutura geral do comportamento o objetivo antes desempenhado por funções particulares.

Para resumir, explicaremos os três aspectos ligados entre si a partir de um exemplo de transformação mediante o enraizamento de funções superiores da memória. Já na mais simples forma de memorização mediada aparece com toda clareza o fato da substituição de funções. Não à toa, Binet chamou a memorização mnemotécnica de uma série de números de estimulação da memória numérica. O experimento mostra que não é a força da memória ou seu nível de desenvolvimento que são fatores decisivos para a memorização dessa série, mas a atividade combinatória, a criação e a mudança da estrutura da percepção de relações, o pensamento no sentido amplo da palavra e outros processos que substituem a memória em dada operação são o que determina o destino de toda atividade. Na passagem da operação para dentro, a substituição de funções leva à verbalização da memória e à memorização em conceitos a ela ligada. Graças à substituição das funções, desloca-se o processo elementar de memorização, mas mesmo agora ele não é inteiramente eliminado da nova operação, ainda que perca seu significado central e ocupe uma nova posição em relação a todo novo sistema de funções que cooperam. Ao entrar no novo sistema, ele começa a funcionar segundo as leis do todo de que agora faz parte.

Como resultado de todas as alterações, a nova função da memória (um processo internamente mediado) só coincide no nome com os processos elementares de memorização; em sua essência interna trata-se de uma neoformação específica com suas próprias leis.

Essa transferência do modo social de comportamento para um sistema de formas individuais de adaptação não é apenas mecânica, não se realiza de forma automática, mas está ligada à aplicação da estrutura e da função de toda a operação e forma, ela própria, todo um estágio no desenvolvimento de formas superiores de comportamento. Uma forma complexa anterior de colaboração começa a funcionar segundo as leis do todo primitivo, do qual ele passa a ser parte orgânica.

Entre a afirmação de que as funções psíquicas superiores, das quais o uso de signos é parte inseparável, surgem no processo de colaboração e de comunicação social, e outra afirmação de que essas funções se desenvolvem de raízes primitivas com base em funções inferiores ou elementares, ou seja, entre a sociogênese das funções superiores e sua história natural existe uma contradição genética e não lógica. A transição da forma coletiva de comportamento para a individual nas primeiras épocas rebaixa o caráter e toda operação, a inclui no sistema de funções primitivas e a coloca em um nível comum a todas essas funções. As formas sociais de comportamento são mais complexas, elas se desenvolvem antes na criança; ao se tornarem individuais, elas se rebaixam a um funcionamento segundo leis mais simples. A linguagem egocêntrica, por exemplo, é baixa enquanto linguagem e elevada enquanto estágio do desenvolvimento do pensamento em relação à linguagem social da criança de mesma idade. Talvez por isso Piaget a entenda como precursora da linguagem social, e não como uma forma derivada dela.

Dessa forma, chegamos à conclusão de que a operação de uso de signos, que está no início do desenvolvimento de cada uma das funções psíquicas superiores, necessariamente tem um caráter de atividade exterior num primeiro momento. Inicialmente, o signo, via de regra, é um estímulo auxiliar externo, um meio externo de autoestimulação. Isso se deve a dois motivos: em primeiro lugar, a origem dessa operação em uma forma coletiva de comportamento, que sempre pertence à esfera da atividade exterior e, em segundo lugar, as leis primitivas da esfera individual do comportamento, que em seu desenvolvimento ainda não se separou da atividade exterior, ainda não se emancipou da percepção visual e da ação exterior (p. ex., o pensamento visual ou prático da criança). As leis do comportamento primitivo determinam que a criança domina antes e com mais facilidade a atividade exterior do que o curso dos processos internos.

Por isso, a operação, ao se converter de interpsíquica em intrapsíquica, não se torna imediatamente um processo interno de comportamento. Por muito tempo ela continua a existir e a se transformar como forma exterior de atividade, antes de definitivamente se mover para dentro. Para uma série de funções, o estágio do signo externo permanece para sempre como o último grau de desenvolvimento que elas atingem. Outras funções seguem adiante no desenvolvimento e gradualmente se tornam funções internas. Elas adquirem o caráter de processos internos no fim de um longo caminho de desenvolvimento. Ao passarem para dentro, elas novamente transformam as leis de sua atividade e terminam novamente em um novo sistema no qual predominam novas regularidades.

Não podemos nos deter agora em detalhes no processo de passagem das funções superiores do sistema de atividade exterior para o sistema de atividade interior, omitiremos muitas peripécias do desenvolvimento relacionadas a esse processo, mas tentaremos transmitir em linhas gerais os aspectos mais importantes ligados à passagem das funções superiores para dentro.

Para um estudo minucioso da estrutura e desenvolvimento da função de percepção, utilizamos como material experimental os testes mudos de Koh, que costumam ser usados para testar atividade combinatória. Na resolução do teste, a criança deve formar, a partir do modelo apresentado, uma figura colorida mais ou menos complexa combinando cubos de faces coloridas. Tem-se, assim, a possibilidade de observar como a criança percebe o modelo e o material, como ela transfere a forma e a cor em diferentes combinações, como ela compara sua construção com o modelo e muitos outros aspectos que caracterizam a atividade de sua percepção. A pesquisa envolveu mais de 200 pessoas e foi realizada no aspecto genético comparativo. Ao lado das crianças (de 4 a 12 anos) foram investigados adultos (normais, pertencentes a diferentes esferas e níveis culturais e pacientes com afetações psíquicas nervosas, como histeria, afasia e esquizofrenia) e crianças surdas-mudas e oligofrênicas (Gechelina).

Se nos detivermos na ligação que nos interessa apenas em seus resultados principais e mais gerais, a pesquisa mostrou que a representação comum sobre a independência dos processos de percepção em relação à linguagem, sobre o caráter espontâneo fundamental das funções psíquicas de percepção, sobre a possibilidade de investigar adequadamente por meio de testes mudos a natureza da função de percepção em todos os níveis do seu desenvolvimento e, além disso, de forma totalmente independente da linguagem não pode ser confirmada pelos dados factuais.

Os fatos indicam o contrário. Assim como em nossos experimentos com a transferência do conteúdo de quadros mediante descrição verbal e interpretação pudemos constatar a profunda transformação produzida pela linguagem no processo de percepção, da mesma forma também nessa investigação especial pudemos observar, comparando a resolução de uma mesma tarefa por crianças surdas-mudas e ouvintes, por pessoas afásicas e normais, por crianças em estágios mais precoces ou mais avançados do desenvolvimento, como o pensamento verbal, em cujo sistema cada vez mais se inserem os processos de percepção, transforma as próprias leis da percepção. Isso é especialmente fácil de se observar, pois as leis de determinada função revelam em estágios precoces tendências de orientações opostas: a percepção é holística, a linguagem é analítica.

Em processos de percepção *direta* e de transmissão de formas percebidas não mediada pela linguagem, a criança capta e fixa a impressão do todo (mancha de cor, traços principais da forma etc.), não importa quão correta ou primitivamente ela o faça. Quando a linguagem entra em ação sua percepção deixa de estar ligada à impressão imediata do todo; no campo visual surgem novos centros fixados pela palavra e ligações de diferentes pontos com esses centros; a percepção deixa de ser "escrava do campo visual" e, independentemente do grau de correção e perfeição da resolução, a criança percebe e transmite a impressão deformada pela palavra.

Conclusões muito importantes decorrem disso em relação aos testes mudos: resolver a tarefa em silêncio não quer dizer, como ensina nossa pesquisa, resolvê-la sem ajuda da linguagem. A capacidade de pensar de forma humana, mas sem palavras, só se dá pela palavra. Essa tese da linguística psicológica (Potebniá) é plenamente confirmada e justificada pelos dados da psicologia genética.

A investigação da função de formação de conceitos, iniciada pelo nosso colaborador Sákharov, que elaborou com esse objetivo um conjunto especial de procedimentos experimentais, mostrou que o uso funcional do signo (palavra) como meio de orientação da atenção, abstração, estabelecimento de ligações, generalização etc. de operações que entram na composição de determinada função é parte central e necessária de todo o processo de surgimento de um novo conceito. Desse processo participam todas as funções psíquicas elementares em uma combinação original e sob a primazia da operação do uso de signos (Sákharov, Kotelova, Páchkovskaia).

A função da linguagem no uso do instrumento – O problema do intelecto prático e verbal

Dois processos de extrema importância, aos quais esse capítulo é dedicado, isto é, o emprego de instrumentos e o uso de símbolos, até hoje foram analisados na psicologia como isolados e mutuamente independentes.

Por muito tempo existiu na ciência a opinião de que a atividade intelectual prática ligada ao uso de instrumentos não tem relação essencial com o desenvolvimento de operações sígnicas, ou simbólicas, por exemplo, a linguagem. Na literatura psicológica quase não se dedicou atenção à questão da ligação estrutural e genética entre essas duas funções. Ao contrário, toda informação de que a ciência contemporânea poderia dispor levou, antes, à compreensão desses processos psíquicos como duas linhas de desenvolvimento totalmente independentes, que talvez pudessem entrar em contato, mas que não tinham fundamentalmente nada em comum.

Na investigação clássica do uso de instrumentos por macacos, Köhler observou uma forma de comportamento que talvez possa ser chamada de intelecto prático cultural puro, suficientemente desenvolvido, mas não ligado ao uso do símbolo. Ao descrever exemplos extraordinários de uso de instrumentos por macacos antropoides, ele mostrou em pesquisas posteriores como foram vãs todas as tentativas de desenvolver em animais operações sígnicas e simbólicas ainda que iniciais.

O comportamento intelectual prático do macaco se revelou totalmente independente da atividade simbólica. Tentativas posteriores de desenvolver linguagem em macacos (cf. trabalhos de Yerkes e Learned) tiveram inclusive resultados negativos, mostrando mais uma vez que o comportamento *ideacional* prático do animal ocorre de forma totalmente autônoma e isolada da atividade verbal e que a linguagem permanece inacessível para o macaco apesar da semelhança do aparato vocal do macaco com o do ser humano.

O reconhecimento do fato de que o início do intelecto prático pode ser observado quase integralmente em períodos pré-humanos e pré-linguagem levou psicólogos a suporem o seguinte: o uso de instrumentos, que surge como operação natural, permanece assim também na criança. Uma série de autores que estudaram operações práticas em crianças de diferentes idades tentaram com a maior exatidão possível estabelecer por quanto tempo o comportamento da criança permanece em todos os sentidos parecido com o do chimpanzé. A adição da linguagem na criança era vista por esses autores como algo totalmente alheio, secundário e não ligado às operações práticas. No melhor dos casos, a linguagem era vista como algo que acompanha a operação, tal qual uma melodia de acompanhamento que segue a principal. Por isso, é natural que no estudo dos signos do intelecto prático tenha se observado a tendência de ignorar a linguagem, e a atividade prática da criança era analisada por meio de simples subtração da linguagem do sistema integral de atividade da criança.

A tendência ao estudo isolado do uso de instrumentos e da atividade simbólica criou raízes suficientes nos trabalhos de autores ocupados do estudo da história natural do intelecto prático; e psicólogos que estudavam o desenvolvimento de processos simbólicos na criança seguiam fundamentalmente a mesma linha. A origem e o desenvolvimento da linguagem e qualquer outra atividade simbólica era analisada como algo desconectado da atividade prática da criança, como se ela fosse puramente uma pessoa que raciocina. Tal abordagem da linguagem levou necessariamente à proclamação de um intelectualismo puro, e os psicólogos que tendiam a estudar o desenvolvimento da atividade simbólica menos como uma história natural, e mais como uma história espiritual do desenvolvimento infantil, com frequência atribuíam o surgimento dessa forma de atividade à descoberta espontânea das relações entre os signos e seus significados pela criança. Esse momento feliz, segundo a famosa expressão de Stern, é a maior descoberta da vida da criança. Segundo muitos autores, isso ocorre entre o primeiro e o segundo ano de vida e é visto como resultado da atividade consciente da criança. O problema do desenvolvimento da linguagem e de outras formas de atividade simbólica foi, dessa forma, eliminado, e o caso era visto como um processo puramente lógico, projetado na primeira infância e que continha em si, de forma acabada, todos os estágios do desenvolvimento ulterior.

Da pesquisa com as formas de linguagem simbólica, por um lado, e com o intelecto prático, por outro, enquanto fenômenos isolados, resultou não apenas que a análise genética dessas funções levou a que elas fossem vistas como processos que têm raízes absolutamente distintas, mas também que a participação deles em uma mesma atividade foi considerado um fato casual, que não tem significado psicológico fundamental. Mesmo quando a linguagem e o uso de instrumentos estavam intimamente ligados em uma mesma atividade, eles eram analisados em separado, como processos pertencentes a duas classes essencialmente distintas de fenômenos independentes, e a causa de sua existência conjunta era, no melhor dos casos, algo exterior.

Se os autores que estudam o intelecto prático em sua história natural chegaram à conclusão de que suas formas naturais não estão minimamente ligadas com a atividade simbólica, a psicologia que estuda a linguagem chegou a uma suposição semelhante partindo de um aspecto oposto. Tendo acompanhado o desenvolvimento psíquico da criança, eles estabeleceram que, durante o longo período de desenvolvimento de processos simbólicos, a linguagem, ao acompanhar a atividade geral da criança, revela um caráter egocêntrico, mas, existindo em princípio de modo separado da ação, não interage com ela, mas segue em paralelo a ela. Piaget descreveu a linguagem egocêntrica da criança a partir desse ponto de vista. Ele não identificou um papel minimamente importante para a linguagem na organização do comportamento da criança, não reconheceu sua função comunicativa, mas foi obrigado a reconhecer sua importância prática.

Uma série de observações nos levou ao pensamento de que esse estudo isolado do intelecto prático e da ação simbólica é absolutamente equivocado. Se elas pudessem existir uma sem a outra em animais superiores, resultaria naturalmente que o conjunto desses dois sistemas fosse precisamente o que deve ser analisado como característico para o comportamento complexo do ser humano. Como resultado disso, a atividade simbólica começa a desempenhar um papel organizador específico, ao penetrar o processo de uso de instrumentos e possibilitar o surgimento de novas formas de comportamento.

Chegamos a essa conclusão a partir do estudo atento da criança e de novas pesquisas que foram capazes de revelar as particularidades funcionais que distinguem seu comportamento do comportamento de animais e, ao mesmo tempo, a especificidade desse comportamento como humano.

Pesquisas posteriores nos convenceram de que nada pode ser mais falso do que os dois pontos de vista que discutimos acima ao analisarmos o intelecto prático e o pensamento verbal como duas linhas de desenvolvimento independentes e isoladas entre si. O primeiro deles, como vimos, expressa uma forma extrema de visões zoológicas, que, uma vez tendo revelado as raízes naturais do comportamento humano no comportamento do macaco, tentaram analisar as formas superiores de trabalho e pensamento humano como continuação direta dessas raízes, ignorando o salto que ocorre na passagem do ser humano para uma forma social de existência. O segundo ponto de vista, ao defender a independência da origem das formas superiores de pensamento verbal e analisá-lo como "a maior descoberta da vida da criança", que se realiza no limiar do segundo ano de vida e consiste na revelação das relações entre signo e significado, expressa em primeiro lugar uma forma extrema de espiritualismo de parte dos psicólogos contemporâneos, que tratam o pensamento como um ato puramente espiritual.

A linguagem e a ação prática no comportamento da criança

Nossas pesquisas nos levaram não apenas à convicção de que tal abordagem é falsa, mas também à conclusão positiva de que o aspecto genético mais importante em todo desenvolvimento intelectual, a partir do qual surgem formas puramente humanas de intelecto prático e cognitivo, consiste na união das duas linhas de desenvolvimento, que inicialmente eram totalmente independentes.

O uso de instrumentos pela criança lembra a atividade com instrumentos do macaco apenas enquanto a criança se encontra no estágio pré-verbal do desenvolvimento. Tão logo a linguagem e o uso de signos simbólicos são incluídos na manipulação, ela se transforma completamente, superando as primeiras leis naturais e, pela primeira vez, dando origem a formas propriamente humanas de uso de instrumentos. A partir do momento que a criança começa a dominar a situação por meio da linguagem, tendo dominado previamente seu próprio comportamento, surge uma organização do comportamento radicalmente nova, e também novas relações com o meio. Presenciamos aqui o nascimento de formas especificamente humanas de comportamento, que se separam das formas animais de comportamento e, a seguir, criam o intelecto e se tornam, então, a base para o trabalho, uma forma especificamente humana de uso de instrumentos.

Essa união se manifesta com total clareza em exemplos genéticos e experimentais de nossas pesquisas. A primeira observação da criança em situação experimental, semelhante à situação em que Köhler observou o uso prático de instrumentos por macacos, mostra que a criança não apenas age tentando atingir o objetivo, mas, ao mesmo tempo, fala. A linguagem, via de regra, surge na criança de forma espontânea e se prolonga quase que ininterruptamente ao longo de todo o experimento. Ela se manifesta com grande constância e se intensifica sempre que a situação se torna mais difícil e o objetivo se mostra não facilmente atingível. As tentativas de atrapalhar (como mostraram os experimentos de nosso colaborador Levina) ou não davam em nada ou detinham a ação, paralisando todo comportamento da criança.

Em tal situação, parece natural e necessário para a criança falar conforme ela age. Os experimentadores em geral têm a impressão de que a linguagem não apenas segue a atividade prática, mas desempenha algum papel específico e não sem importância. As impressões que tivemos no resultado de experimentos similares colocam o pesquisador face a face com dois fatos de grande importância:

> 1. A linguagem é parte inseparável e internamente necessária do processo, ela é tão importante quanto a ação para que o objetivo seja atingido. Segundo a impressão do experimentador, a criança não apenas fala sobre o que está fazendo, mas o falar e a ação nesse caso constituem uma única função psíquica complexa, voltada à resolução da tarefa.

> 2. Quanto mais complexa é a ação exigida pela situação e quanto menos direto é o caminho de resolução, mais importante se torna o papel da linguagem no processo como um todo. Às vezes, a linguagem se torna tão importante que sem ela a criança definitivamente não é capaz de realizar a tarefa.

Essas observações fizeram com que concluíssemos que a criança resolve uma tarefa prática não apenas por meio dos olhos e das mãos, mas por meio da linguagem. A resultante totalidade entre percepção, linguagem e ação, que leva à reconstrução das leis do campo visual, constitui um objeto de análise genuíno e de extrema importância, voltado ao estudo da origem de formas especificamente humanas de comportamento. Ao investigarmos experimentalmente a linguagem egocêntrica da criança que envolve determinada atividade, pudemos estabelecer ainda outro fato de grande importância para a explicação da função psíquica e da descrição genética dessa etapa do desenvolvimento da linguagem para a criança: o coeficiente de linguagem egocêntrica, estimado por Piaget, cresce claramente na medida em que a atividade da criança é dificultada ou obstaculizada. Como mostraram nossos experimentos, para determinado grupo de crianças o coeficiente chega quase a dobrar quando uma dificuldade aparece. Esse fato nos levou a conjecturar que a linguagem egocêntrica da criança começa muito cedo a desempenhar a função de pensamento verbal primitivo, isto é, pensamento em voz alta. A análise posterior do caráter dessa linguagem e de sua ligação com as dificuldades confirmaram inteiramente nossa conjectura.

Com base nos dados dos experimentos, apresentamos a hipótese de que a linguagem egocêntrica da criança deve ser analisada como forma de transição entre linguagem externa e interna. A linguagem egocêntrica, de acordo com a hipótese proposta, é psicologicamente uma linguagem interna, se atentarmos para sua função, mas é externa em sua forma de expressão. A partir desse ponto de vista, tendemos a atribuir à linguagem egocêntrica uma função que, no comportamento desenvolvido do adulto, é desempenhada pela linguagem interna, ou seja, uma função intelectual. Do ponto de vista genético, tendemos a ver a sucessão geral dos estágios básicos de desenvolvimento da linguagem conforme ela foi formulada, por exemplo, por Watson: linguagem externa – sussurro – linguagem interna, ou seja: linguagem externa – linguagem egocêntrica – linguagem interna.

O que é distinto nas ações da criança que domina a linguagem, em comparação com a resolução de tarefas práticas por macacos?

A primeira coisa que impressiona o experimentador é a liberdade incomparavelmente maior nas operações realizadas pelas crianças, a independência incomparavelmente maior em relação à estrutura dada diretamente pela situação visual ou prática, em comparação com o animal. A criança constata por palavras uma quantidade significativamente maior de possibilidades do que o macaco pode realizar na ação. A criança consegue se livrar mais facilmente do vetor que dirige a atenção diretamente para o objetivo, e realiza uma série de ações complementares usando uma cadeia comparativamente longa de métodos instrumentais auxiliares. Ela é capaz de introduzir independentemente no processo de resolução da tarefa objetos que não se encontram nem no campo visual imediato nem no periférico. Criando por meio de palavras determinadas intenções, a criança realiza um círculo significativamente maior de operações utilizando como instrumentos não apenas objetos que estão à mão, mas descobrindo e preparando aquelas que podem se tornar úteis para a resolução da tarefa e planejando a ação posterior.

Entre as transformações sofridas pelas operações práticas em decorrência da inclusão da linguagem, duas são notáveis. Em primeiro lugar, as operações práticas da criança que dominam a linguagem se tornam significativamente menos impulsivas e diretas do que em macacos antropoides, que, para resolver determinada situação, realizam uma série de tentativas não controladas. A atividade da criança que domina a linguagem se divide

824

em duas partes sucessivas: na primeira, o problema é resolvido no plano verbal, com ajuda do planejamento verbal; na segunda, há a simples realização motora da resolução preparada. A manipulação direta é substituída por um processo psíquico complexo, no qual o plano interno e a criação de intenções, adiadas no tempo, estimulam eles mesmos seu desenvolvimento e realização. Essas novas estruturas psicológicas estão absolutamente ausentes em macacos.

Em segundo lugar, e esse fato tem importância decisiva, por meio da linguagem na esfera dos objetos que podem ser transformados pela criança, está também seu próprio comportamento. As palavras dirigidas para resolução de um problema estão relacionadas não apenas com objetos do mundo exterior, mas também com o próprio comportamento da criança, suas ações e intenções. Por meio da linguagem, pela primeira vez a criança se torna capaz de dominar seu próprio comportamento, lidando consigo mesma como que de fora, analisando a si mesma como se fosse um objeto. A linguagem a ajuda a dominar esse objeto pela organização e planejamento prévios de suas próprias ações e comportamento. Os objetos que estavam foram de uma esfera acessível para a atividade prática, agora, graças à linguagem, tornam-se acessíveis para a atividade prática da criança.

O fato descrito não pode ser visto apenas como um aspecto particular do desenvolvimento do comportamento. Aqui vemos uma transformação cardinal na própria relação do indivíduo com o mundo exterior. Em uma análise mais detida, as transformações se revelam extraordinariamente profundas. O comportamento do macaco, descrito por Köhler, era limitado à manipulação do animal no plano visual dado diretamente, ao passo que a resolução de um problema prático pela criança que fala se distancia em grande medida do campo natural. Graças à função de planejamento da linguagem, dirigida para a própria atividade, a criança cria, ao lado dos estímulos que lhe chegam pelo meio, outra série de estímulos auxiliares, que estão entre ela e o meio e que dirigem seu comportamento. Justamente graças a essa segunda série de estímulos, criada por meio da linguagem, o comportamento da criança se eleva a um nível mais alto, adquirindo liberdade relativa em relação à situação que o atrai imediatamente, e tentativas impulsivas se transformam em comportamento planejado, organizado.

Os estímulos auxiliares (nesse caso, a linguagem) que desempenham a função específica de organização do comportamento não são outra coisa senão aqueles signos simbólicos que estamos analisando aqui. Antes de tudo, eles servem à criança como meio de contato social com as pessoas ao redor, mas também começam a ser usados como meio de influenciar a si próprio, como meio de autoestimulação, engendrando, assim, uma forma nova e mais elevada de comportamento.

Um paralelo interessante para os fatos apresentados anteriormente e que dizem respeito ao papel da linguagem na aquisição de formas especificamente humanas de comportamento pode ser encontrado nos experimentos interessantíssimos de Guillaume e Meyerson, que analisam o uso de instrumentos por macacos. Chamaram nossa atenção as conclusões desse trabalho, nas quais as operações intelectuais dos macacos foram comparadas com processos de resolução de tarefas práticas por afásicos (estudados clínica e experimentalmente por Head). Os autores encontraram que os modos de execução da tarefa por afásicos e por macacos antropoides são fundamentalmente semelhantes e coincidem em aspectos essenciais. Esse fato, assim sendo, confirma nosso pensamento de que a linguagem desempenha um papel importante na organização das funções psíquicas superiores.

Se no plano genético vimos a união de operações práticas e verbais e o nascimento de uma nova forma de comportamento, a passagem de formas inferiores de comportamento para superiores, na desagregação da totalidade entre linguagem e ação observamos o movimento inverso; isto é, a passagem de formas superiores para mais inferiores pelo ser humano. Os processos intelectuais do ser humano com funções simbólicas afetadas, ou seja, afásicos, levam não apenas à redução da função do intelecto prático ou a uma dificuldade de sua realização, mas manifestam outro nível de comportamento, mais primitivo, aquela mesma formação genética que encontramos no comportamento do macaco.

O que falta às ações do afásico e que, portanto, se deve ao surgimento da linguagem? Basta analisar o comportamento de um paciente afásico em uma situação nova para ele para vermos o quanto ele se distingue do comportamento de uma pessoa normal, dotada de linguagem, em situação análoga. A primeira coisa que salta aos olhos quando observamos o afásico é seu incomum grau de confusão. Via de regra, não há nem indício de um planejamento minimante complexo para resolver a tarefa. A criação de uma intenção prévia e sua subsequente realização sistemática é absolutamente inacessível para o paciente. Cada estímulo que surge na situação e que chama atenção do afásico leva a uma tentativa impulsiva de responder imediatamente com uma reação correspondente, sem considerar a situação e a resolução como um todo. Uma cadeia complexa de ações que pressupõe a criação de uma intenção e sua sucessiva realização sistemática é inacessível ao paciente, ela se converte em um conjunto de tentativas desconexas e desorganizadas.

Às vezes as ações se detêm e assumem uma forma rudimentar, às vezes se convertem em uma massa complexa e desorganizada de ações práticas. Se a situação é complexa o suficiente e só pode, talvez, ser realizada por um sistema sucessivo de operações previamente planejadas, o afásico fica em um estado de confusão, sentindo-se totalmente desamparado. Em casos mais simples, ele resolve a tarefa por meio de combinações simultâneas simples nos limites do campo visual e os modos de resolução pouco se distinguem fundamentalmente daquilo que observou Köhler em seus experimentos com macacos antropoides. Desprovidos da linguagem, que o libertaria da situação visual e permitiria planejar uma sucessão coerente de ações, o afásico se mostra cem vezes mais um escravo da situação imediata do que a criança que domina a linguagem.

O desenvolvimento das formas superiores de atividade prática na criança

A partir do exposto, conclui-se que tanto no comportamento da criança quanto no comportamento do ser humano adulto inserido na cultura, o uso prático de instrumentos e as formas simbólicas de atividade ligadas à linguagem não são duas cadeias paralelas de reações. Eles formam uma totalidade psicológica complexa, na qual a atividade simbólica é dirigida para a organização de operações práticas por meio da criação de estímulos de segunda ordem e por meio do planejamento do próprio comportamento do sujeito. Em contraposição aos animais superiores, surge no ser humano uma ligação funcional complexa entre linguagem, uso de instrumentos e campo visual natural. Sem uma análise dessa ligação a psicologia da atividade prática humana sempre permanecerá incompreensível. É totalmente equivocado considerar, contudo, como fazem alguns behavioristas, que a totalidade indicada seja simplesmente resultado do processo ensino-aprendizagem e do hábito, e constitua diretamente uma linha de desenvolvimento natural, que parte dos animais e apenas por acaso assume um caráter intelectual.

Igualmente equivocado seria analisar, como fazem muitos psicólogos, o papel da linguagem como resultado de uma descoberta repentina da criança.

A formação da complexa totalidade entre linguagem e operações práticas é produto de um processo de desenvolvimento que se aprofundou muito, no qual a história individual do sujeito está intimamente ligada à sua história social.

Por falta de espaço, somos obrigados a simplificar o problema real e a tomar os fenômenos que nos interessam em suas formas genéticas extremas, comparado apenas o início e o fim do processo de desenvolvimento em foco. O próprio processo de desenvolvimento com suas fases variadas e surgimento de novos fatores permanece fora do escopo. Tomamos conscientemente o fenômeno em sua forma mais desenvolvida, deixando de lado os estágios intermediários mistos. Isso permite mostrar com máxima clareza o resultado final do desenvolvimento e, portanto, avaliar a direção principal de todo o processo. Tal união entre a abordagem lógica e histórica na pesquisa, que omite voluntariamente uma série de estágios do processo estudado, tem seus riscos, que prejudicaram mais de uma teoria que parecia irretocável. O pesquisador deve evitar esses riscos e lembrar-se de que este é apenas um caminho para se pesquisar um fenômeno que tem uma história atrás de si; ele deve inevitavelmente voltar-se para a análise da história.

Não podemos nos deter em todas as transformações sucessivas do processo. Podemos apontar aqui apenas o elo de ligação central, cujo exame é suficiente para tornar claro o caráter geral e a direção de todo processo de desenvolvimento. Devemos, portanto, voltar outra vez aos resultados dos experimentos.

Observamos a atividade da criança em experimentos de estrutura análoga, mas distribuídos ao longo do tempo e que constituem uma série de situações de nível crescente de dificuldade. Estabelecemos um momento importante que foi negligenciado por psicólogos e que permite caracterizar com toda precisão a diferença entre o comportamento do macaco e o da criança no plano genético. Observações anteriores nos permitiram chegar a isso em relação à estrutura da atividade, uma vez que a atividade da criança, investigada por nós, transformava-se ao longo de uma série de experimentos, mas passava por transformações qualitativas tão profundas, que devem ser caracterizadas como desenvolvimento no sentido próprio da palavra.

Logo que passamos ao estudo da atividade do ponto de vista do processo de seu desenvolvimento (em uma série de experimentos realizados ao longo do tempo), imediatamente nos deparamos com o fato de que não estávamos investigando uma mesma atividade em sua expressão concreta, mas ao longo da série de experimentos transformava-se o próprio objeto da pesquisa. Dessa forma, obtivemos no processo de desenvolvimento formas de atividade totalmente distintas em termos de estrutura. Isso representou uma desagradável complicação para os psicólogos que desejavam a todo custo preservar a constância da atividade investigada, mas para nós isso se tornou imediatamente um fato central, e toda nossa atenção se voltou para seu estudo. Isso nos levou à conclusão de que a atividade da criança se distingue em termos de organização, estrutura e modo de ação em relação ao comportamento do macaco, ela não aparece de forma pronta, mas cresce a partir de mudanças sucessivas em estruturas psicológicas ligadas geneticamente e, assim, forma-se o processo histórico integral de desenvolvimento das funções psíquicas superiores.

Esse processo é a chave para a compreensão da organização, da estrutura e dos modos de atividade no desenvolvimento que observamos da criança. Partindo de um novo ponto de vista, tendemos a ver nele uma diferença fundamental que distingue o comportamento complexo da criança e do macaco. O uso de instrumentos por macacos permanece efetivamente o mesmo ao longo de toda série de experimentos, se não levarmos em conta aspectos secundários ligados mais ao gradual aperfeiçoamento das funções decorrente da aprendizagem, do que a mudanças em sua organização. Nem Köhler nem qualquer outro pesquisador do comportamento de animais superiores observaram em experimentos o surgimento de operações qualitativamente novas, que se formam em uma série genética desenvolvida ao longo do tempo. A constância das operações descritas e sua invariabilidade em diferentes situações constituem uma das características mais notáveis de todas essas pesquisas.

Não é nada disso que acontece no caso da criança. Ao combinar no experimento uma série de transformações e criar, assim, uma espécie de modelo de desenvolvimento, nunca seria possível observar (exceto em casos extremos de atraso mental) constância, invariabilidade da atividade. Uma verdadeira reconstrução do processo da atividade era evidente a cada nova etapa do experimento.

Primeiramente vamos descrever o processo de transformação pelo seu negativo.

A primeira coisa que chama nossa atenção e que pode parecer paradoxal é a seguinte: o processo de formação da atividade intelectual superior não parece em nada com um processo desenvolvido de transformações lógicas. Isso quer dizer que o sujeito forma, liga entre si e divide as operações segundo uma lei de conexão diferente daquela pela qual ele deve ligá-las no pensamento lógico. Com frequência o processo psíquico de desenvolvimento do pensamento infantil parece com o processo de descoberta de modos de pensamento lógico. Afirma-se que a criança inicialmente capta o princípio básico do pensamento e, a seguir, formas individuais, variadas e concretas são traçadas por dedução, de modo que a descoberta fundamental da criança decorre de uma consequência lógica e não genética. Aqui o processo de desenvolvimento é compreendido de forma incorreta; nesse caso pode ser factualmente justificada a afirmação de Köhler de que em nenhum lugar o intelectualismo é tão falso quanto na teoria (e, acrescentamos, na história) do intelecto. Esta é uma primeira e fundamental conclusão sugerida por nossa pesquisa. A criança não cria novas formas de comportamentos e não os deduz logicamente, mas os forma do mesmo jeito que o caminhar suplanta o engatinhar e a linguagem suplanta o balbucio, absolutamente não porque ela se convence de suas vantagens.

Outra tese que devemos refutar à luz de nossas pesquisas é a opinião de que funções intelectuais superiores se desenvolvem no processo de aperfeiçoamento de hábitos complexos, no processo de ensino-aprendizagem da criança e que todas as formas qualitativamente diferentes de comportamento são mudanças do mesmo tipo que as mudanças de um texto memorizado quando repetido. Esse tipo de possibilidade foi excluído desde o princípio, pois no experimento sempre acontecia uma nova situação que exigia da criança uma adaptação adequada às novas condições e um novo método para resolução de problemas. Mas o caso não se esgota nisso: conforme a criança se desenvolve, as tarefas que surgem diante dela apresentavam exigências novas e qualitativamente distintas. A complexidade da estrutura da resolução das tarefas aumentava em conformidade com as exigências, de modo que mesmo a resolução que se mostrasse mais forte e que fosse a mais consolidada pela aprendizagem necessariamente se revelava inadequada para as novas exigências e se tornavam mais um obstáculo do que um fator que colaborava com a resolução do novo problema.

À luz dos dados que caracterizam o processo de desenvolvimento em discussão, torna-se claro que não apenas do ponto de vista dos fatos, como do ponto de vista da teoria, as duas teses que inicialmente refutamos se revelaram falsas. De acordo com uma delas a essência do processo deve ser analisada como resultado da ação intelectual; de acordo com a outra ela é produto de um processo automático de aperfeiçoamento de um hábito que surge como *insight* no fim do processo. Ambas as teses ignoram o desenvolvimento em igual medida e se mostram claramente insatisfatórias diante dos fatos.

O caminho do desenvolvimento à luz dos fatos

O processo real de desenvolvimento como visto em nossos experimentos ocorre de outra forma.

Nossos protocolos mostram que já nas etapas iniciais do desenvolvimento da criança um fator que transfere sua atividade de um nível a outro não é nem uma repetição nem uma descoberta. A fonte do desenvolvimento da atividade está no entorno social da criança e se expressa concretamente nas relações específicas com o experimentador, relações que perpassam toda situação que exige aplicação prática de instrumentos e que introduzem um aspecto social nela. Para expressar a essência dessas formas de comportamento da criança que são características do estágio mais inicial do desenvolvimento é preciso dizer que a relação que a criança estabelece com a situação não é direta, mas passa por outra pessoa. Dessa forma, chegamos à conclusão de que o papel da linguagem, que identificamos como um fator especial na organização do comportamento prático da criança, é decisivo para que se compreenda não apenas a estrutura do comportamento, como sua gênese: a linguagem está bem no início do desenvolvimento e se torna seu fator mais importante e decisivo.

A criança que fala enquanto resolve uma tarefa prática ligada ao uso de um instrumento, unindo linguagem e ação em uma estrutura, traz, dessa forma, um elemento social para sua ação e determina o destino dessa ação bem como o caminho futuro do desenvolvimento de seu comportamento. Com isso, o comportamento da criança é transferido pela primeira vez para um plano totalmente novo, ele começa a se dirigir por novos fatores e leva ao aparecimento de estruturas sociais em sua vida psíquica. Seu comportamento se socializa. Este é o principal fator determinante de todo desenvolvimento ulterior de seu intelecto prático. A situação em que as pessoas começam a agir, assim como as coisas, adquire como um todo um significado social para ela. A situação aparece para ela como uma tarefa colocada pelo experimentador, e a criança sente que atrás dessa tarefa sempre está uma pessoa, independentemente de ela estar ou não diretamente presente. A atividade da criança adquire seu significado no sistema de comportamento social e, estando dirigida para um determinado objetivo, é refratada pelo prisma das formas sociais de seu pensamento.

Toda história do desenvolvimento psíquico da criança nos ensina que, desde os primeiros dias, sua adaptação ao meio é conquistada por meios sociais, por meio das pessoas ao redor. O caminho da coisa para a criança e da criança para a coisa passa por outra pessoa. A passagem do caminho biológico de desenvolvimento para o social constitui o elo central no processo de desenvolvimento, um ponto de virada cardinal na história do comportamento da criança. O caminho por meio de outra pessoa é a rota central do desenvolvimento do intelecto prático, como mostram nossos experimentos. A linguagem desempenha aqui um papel primordial.

Diante do pesquisador se revela o seguinte quadro. O comportamento de crianças muito pequenas no processo de resolução de tarefas aparece como uma fusão bastante específica de duas formas de adaptação – à coisa e às pessoas, ao meio e à situação social – que se diferenciam apenas no adulto. As reações ao objeto e à pessoa constituem no comportamento da criança uma totalidade elementar indiferenciada, da qual surgem a seguir tanto ações dirigidas ao mundo exterior quanto formas sociais de comportamento. Nesse momento, o comportamento da criança constitui uma mistura estranha de um e outro – uma mistura caótica (como parece ao adulto) de contatos com pessoas e reações a objetos. A união em uma atividade de diferentes objetos de comportamento que encontram explicação na história pregressa do desenvolvimento da criança a partir dos primeiros dias de sua existência, pode ser observada em todos os experimentos. A criança deixada sozinha e estimulada a agir pela situação começa a agir de acordo com princípios estabelecidos anteriormente em suas relações com o meio. Isso quer dizer que ação e linguagem, a influência psíquica e a física misturam-

-se de forma sincrética. Essa particularidade central do comportamento da criança é chamada de *sincretismo da ação*, em analogia com o sincretismo da percepção e o sincretismo verbal, que foram estudados a fundo pela psicologia contemporânea graças aos trabalhos de Claparède e Piaget.

Os protocolos dos experimentos que realizamos com crianças apresentam um quadro análogo de sincretismo da ação no comportamento. Uma criança pequena, colocada em uma situação em que parece impossível chegar ao resultado diretamente, manifesta uma atividade muito complexa, que pode ser descrita como uma mistura desordenada de tentativas diretas de atingir o objeto desejado, de linguagem emocional, que, às vezes, expressa o desejo da criança e às vezes substitui a satisfação efetiva não foi alcançada por um sucedâneo verbal, tentativas de atingir o objeto por meio de uma formulação verbal de modos de pedir ajuda ao experimentador etc. Essas manifestações são um novelo embaraçado de ações, e no início o experimentador tem dificuldades diante da rica e frequentemente grotesca confusão de formas de atividade que se interceptam mutuamente.

No exame posterior dos experimentos, chamou nossa atenção uma série de ações que à primeira vista estão fora do esquema geral de atividade da criança. Depois que a criança realiza uma série de ações racionais e interligadas que a devem ajudar a ser bem-sucedida na resolução da tarefa proposta, de repente, ao se deparar com dificuldades na realização de seu plano, interrompe bruscamente a tentativa e se volta ao experimentador com o pedido de aproximar o objeto e, dessa forma, permitir que ela consiga realizar a tarefa.

O obstáculo no caminho da criança interrompe sua atividade, e o apelo verbal à outra pessoa representa sua tentativa de preencher essa ruptura. As circunstâncias que desempenham um papel psicológico decisivo aqui são as seguintes: ao pedir ajuda ao experimentador em um momento crítico, a criança mostra, assim, que sabe o que precisa fazer para atingir o objetivo, mas não consegue fazer isso sozinha, ela sabe que o plano de resolução fundamentalmente está pronto, muito embora ele não seja acessível para suas próprias ações. Por isso, tendo separado antes a descrição verbal da ação da própria ação, a criança entra em uma via de colaboração, socializando o pensamento prático por meio do compartilhamento de sua atividade com outro. Justamente por isso, a atividade da criança estabelece uma nova relação com a linguagem. Ao incluir conscientemente a ação de outra pessoa em sua tentativa de resolver a tarefa, a criança começa não apenas a planejar a atividade em sua cabeça, como a organizar o comportamento do adulto de acordo com as exigências da tarefa. Graças a isso, a socialização do intelecto prático leva à necessidade de socialização não apenas dos objetos, como também das ações, criando com isso uma premissa confiável de realização da tarefa. O controle sobre o comportamento da outra pessoa se torna, nesse caso, necessário para toda atividade prática da criança.

Uma nova forma de atividade, voltada ao controle do comportamento de outra pessoa, ainda não se destaca do todo sincrético. Observamos mais de uma vez que, no processo de execução da tarefa, ao misturar grosseiramente a lógica de sua própria ação com a lógica da resolução da tarefa em colaboração, a criança introduz em sua própria atividade as ações de uma outra pessoa. Parece que a criança une duas abordagens em sua própria atividade, misturando-as em um todo sincrético.

Às vezes, o sincretismo da ação se manifesta tendo o pensamento primitivo infantil como pano de fundo e, em muitos experimentos, observamos como a criança, ao ver a inutilidade de suas tentativas, volta-se diretamente ao objeto da atividade, ao objetivo, pedindo que se aproxime ou se afaste dela, a depender das condições da tarefa. Vemos aqui uma confusão entre linguagem e ação da mesma pessoa. Deparamo-nos frequentemente com tal confusão quando a criança, ao realizar a ação, fala com o objeto, utilizando as palavras da mesma forma que utiliza um bastão. Nesses últimos casos, vemos uma demonstração experimental de quão profunda e inseparável é conexão entre linguagem e ação na atividade da criança e quão fortemente essa ligação se distingue daquela que com frequência se observa no adulto.

O comportamento da criança pequena na situação descrita acima constitui, dessa forma, um conjunto complexo no qual estão misturadas tentativas diretas de atingir o objetivo, uso de instrumentos e linguagem dirigida ou a quem conduz o experimento ou simplesmente acompanhando a ação como se aumentasse o esforço que a criança emprega para atingir o objetivo. Por mais paradoxal que possa parecer, às vezes a linguagem é dirigida imediatamente ao objeto da ação. A mistura estranha entre linguagem e ação se mostra sem sentido se a analisarmos fora da dinâmica. Se analisarmos no plano genético, acompanhando as etapas do desenvolvimento da criança, ou de forma condensada em uma série de experimentos sucessivos, essa mistura bizarra de duas formas da atividade revela uma função inteiramente justificada na história do desenvolvimento da criança, bem como a lógica interna de seu desenvolvimento.

Iremos nos deter em dois momentos da dinâmica desse processo complexo. Eles desempenham um papel decisivo no surgimento para a criança de formas superiores de controle sobre o próprio comportamento.

A função da linguagem socializada e egocêntrica

O primeiro dos processos que estudamos (a linguagem egocêntrica) está ligado à formação da *linguagem para si*, que, como foi observado anteriormente, regula a ação da criança e permite que ela realize a tarefa colocada de modo organizado, por meio de um controle prévio de si e de sua atividade.

Se estudarmos com atenção os protocolos de nossos experimentos com crianças pequenas, é possível observar que junto com o apelo ao experimentador por ajuda tem-se uma manifestação rica de linguagem egocêntrica. Já sabemos que situações complexas suscitam um uso abundante da linguagem egocêntrica e que em caso de dificuldades elevadas o coeficiente de linguagem egocêntrica cresce quase duas vezes em comparação com situações não complexas. Em outro caso, na tentativa de estudar mais a fundo a ligação entre a linguagem egocêntrica e as dificuldades enfrentadas pela criança, organizamos complexidades experimentais na atividade da criança.

Estávamos convictos de que a situação que exige o uso de instrumentos, cujo aspecto central era a impossibilidade de ação direta, apresentaria as melhores condições para a emergência da linguagem egocêntrica. Os fatos confirmaram nossas suposições. Ambos os fatores psicológicos ligados às dificuldades – isto é, a reação emocional e a desautomatização da ação, que exige a inclusão do intelecto no processo – determinam fundamentalmente a natureza da linguagem egocêntrica e da situação que nos interessa. Para compreendermos corretamente a natureza da linguagem egocêntrica e a descoberta de suas funções genéticas no processo de socialização do intelecto prático da criança, é importante lembrar um fato que decorre dos experimentos e que foi ressaltado por nós, isto é, o fato de que a linguagem egocêntrica está ligada à linguagem social da criança por milhares de estágios de transição.

Com frequência as formas de transição permaneceram insuficientemente compreendidas por nós para que pudéssemos determinar a que forma de linguagem determinada expressão da criança poderia estar relacionada. A semelhança e a interdependência de ambas as formas de linguagem se manifestam por uma ligação estreita das funções da criança que desempenham essas duas formas de atividade verbal. É equivocado pensar que a linguagem social da criança consiste exclusivamente de pedidos de ajuda ao experimentador; a linguagem da criança invariavelmente contém aspectos emocionais, informações do que ela pretende fazer etc. Durante o experimento bastava conter sua linguagem social (p. ex., o experimentador saía da sala, ignorava as perguntas da criança etc.) para que a linguagem egocêntrica se intensificasse de imediato.

Se nos primeiros estágios do desenvolvimento da criança, a linguagem egocêntrica ainda não contém uma indicação para o modo de resolução da tarefa, isso se expressa na linguagem dirigida ao adulto. A criança, desesperada para atingir o objetivo de modo direto, volta-se ao adulto e formula com palavras um modo que ela não pode aplicar por si mesma. Enormes transformações no desenvolvimento da criança acontecem quando a linguagem é socializada, quando, em vez de se dirigir para o experimentador no plano da resolução da tarefa, ela se dirige a si mesma. Neste último caso, a linguagem, ao participar da resolução da tarefa, converte-se de categoria interpsíquica em função intrapsíquica. Ao organizar seu próprio comportamento segundo um tipo social, a criança aplica a si mesma o modo de comportamento que ela antes aplicava ao outro. A fonte da atividade intelectual e do controle sobre o próprio comportamento na resolução de uma tarefa prática complexa é, portanto, não a criação de um ato puramente lógico, mas a aplicação de uma relação social a si mesmo, a transferência de uma forma social de comportamento à sua própria organização psíquica.

Uma série de observações permitiu que observássemos o complexo caminho percorrido pela criança na passagem para a interiorização da linguagem social. Os casos que descrevemos em que o experimentador, ao qual a criança se dirigira pedindo ajuda, deixa o espaço do experimento, demonstram esse momento decisivo de forma mais clara. Justamente em tais condições, a criança é privada da possibilidade de se dirigir ao adulto e, então, essa função socialmente organizada passa para a linguagem egocêntrica e as indicações do caminho para a resolução da tarefa leva-a gradualmente à sua realização independente.

A série de experimentos sucessivos ao longo do tempo permite identificar muitos estágios desse processo, e a formação do novo sistema de comportamento de modelo social se torna muito mais compreensível. A história desse processo é, portanto, a história da socialização do intelecto prático da criança e, ao mesmo tempo, a história social de suas funções simbólicas.

A mudança da função da linguagem na atividade prática

Gostaríamos de apontar uma segunda, e não menos importante, transformação sofrida pela linguagem da criança em nossos experimentos. Depois de revelar a interação entre linguagem e as ações da criança no tempo e de estudar essa estrutura dinâmica, pudemos estabelecer o seguinte fato: a estrutura é inconstante no decorrer dos experimentos; linguagem e ação alteram suas relações mútuas, formando um sistema móvel de funções com um caráter inconstante de interação.

Se abstrairmos uma série de transformações complexas que nos interessam em outro plano, podemos identificar um deslocamento funcional fundamental nesse sistema, que exerce uma influência decisiva em seu destino e que a leva a uma reconstrução interna: a linguagem da criança, que antes acompanhava sua atividade e refletia suas vicissitudes de uma forma desconexa e caótica, é cada vez mais transferida para os momentos de virada e iniciais do processo, começando a antecipar a ação, iluminando uma ação pensada mas ainda não realizada. Observamos no desenvolvimento do intelecto prático um processo análogo ao que ocorre em outro sistema dinâmico de funções, isto é, no desenho com participação da linguagem. Da mesma forma que inicialmente a criança desenha, e apenas ao ver o resultado de seu trabalho ela reconhece e identifica com palavras o que foi desenhado, na atividade prática ela inicialmente fixa em palavras o resultado da atividade ou cada um de seus momentos. No melhor dos casos, ela não dá nome ao resultado, mas reflete o momento que antecede a ação. Assim como a nomeação do tema do desenho no processo de desenvolvimento do desenho se desloca para o início do processo, em nossos experimentos o *esquema da ação* começa a ser formulado pela criança com palavras imediatamente antes da ação, antecipando seu desenrolar posterior.

Tal deslocamento representa não apenas um deslocamento temporal da linguagem em relação à ação, mas uma mudança do centro funcional de todo o sistema. Na primeira etapa, a linguagem, seguindo-se à ação, refletindo-a e intensificando seus resultados, permanece na relação estrutural como uma ação subordinada, suscitada pela ação; na segunda etapa, ao se deslocar para o início da ação, ela começa a dominar a ação, guiá-la, e determina seu tema e seu curso. Por isso, na segunda etapa surge de fato a função de planejamento da linguagem, e, assim, ela começa a determinar a direção da ação no futuro.

A função de planejamento da linguagem costumava ser analisada de forma isolada de sua função de reflexo e mesmo em contraposição a ela. Contudo, a análise genética mostra que tal contraposição está baseada em uma construção puramente lógica de ambas as funções. Nos experimentos, observamos, ao contrário, que existem diferentes formas de ligação interna entre ambas as funções, e esse fato levou à conclusão de que a passagem de uma função à outra, o surgimento da função de planejamento da linguagem a partir da função de reflexo é justamente o ponto nodal genético que liga as funções inferiores da linguagem às superiores e explica sua verdadeira origem.

Justamente por ela ser, no início, uma cópia verbal da realidade ou de uma parte dela, a linguagem da criança reflete a ação ou intensifica seu resultado, começa em etapas posteriores a se deslocar para o início da ação, a prognosticar e orientar a ação, formando-a de acordo com o modelo da atividade prévia que antes foi fixada pela linguagem.

Esse processo de desenvolvimento não tem nada em comum com o processo de *dedução* lógica, de conclusão lógica de um princípio descoberto pela criança de aplicação prática da linguagem. A pesquisa aponta para fatos que nos obrigam a supor que essa linguagem resumida, que cria uma cópia do caminho percorrido, desempenha um papel importante na formação do processo, graças ao qual a criança tem a possiblidade não apenas de acompanhar suas ações com a linguagem, como de tatear o caminho correto de resolução do problema com sua ajuda. À medida que a linguagem se torna uma função intrapsíquica, ela começa a preparar uma resolução prévia do problema no plano verbal que, no decorrer de nossos experimentos posteriores, é aperfeiçoada, passando de uma linguagem-cópia, que resume o que já foi realizado, e se converte em um planejamento verbal prévio da ação futura.

Essa função de reflexo da linguagem nos ajuda a elucidar o processo de formação de sua função complexa de planejamento, a compreender suas verdadeiras raízes genéticas. Temos a possibilidade de ver a origem dos estágios superiores da atividade intelectual em toda sua complexidade, em todo conjunto de transições sucessivas de uma etapa a outra. O que antes era considerado um processo súbito de *descoberta* da criança aparece como resultado de um desenvolvimento prolongado e complexo, em que as funções emocionais e comunicativas da linguagem inicial e a função de reflexo e de criação de cópias a partir da situação ocupam um lugar em determinado degrau da escada genética. Essa escada começa com as reações primitivas do olhar da criança e termina com uma atividade complexa, planejada ao longo do tempo.

A história da linguagem, que ocorre no processo de atividade prática, está ligada a uma reconstrução profunda de todo o comportamento da criança. Nisso há algo maior que o simples fato que indica que a linguagem, por ser primeiramente um processo interpsíquico, torna-se agora uma função intrapsíquica, que, no começo, ao se desviar da resolução do problema, ela passa, no fim do caminho genético, a desempenhar um papel intelectual, tornando-se instrumento de resolução organizada da tarefa. Tal reconstrução do comportamento tem uma importância incomparavelmente maior. Se, no começo do caminho genético, a criança manipula a situação imediata, dirigindo sua atividade diretamente ao objeto que a atrai, agora a situação é muito mais complexa. Entre o objeto que atrai a criança enquanto objetivo e seu comportamento surgem estímulos de segunda ordem, dirigidos já não ao objeto diretamente, mas à organização e ao planejamento do próprio comportamento. Os estímulos verbais direcionados para a própria criança, ao passarem, no processo de evolução, de meios de estimulação de outra pessoa para estimulação do próprio comportamento, reconstroem radicalmente todo seu comportamento.

A criança mostra estar em condições de se adaptar à situação proposta por um caminho mediado por meio do controle prévio de si mesma e da organização prévia de seu comportamento, e isso é fundamentalmente distinto do comportamento dos animais. O comportamento da criança contém em si, como fatores internos necessários, uma relação social consigo mesmo e com as próprias ações, que se tornam uma atividade social transferidas para dentro de si. Isso ocorre com a criança como resultado do caminho percorrido pelo desenvolvimento, que garante a liberdade do comportamento em relação à situação, a independência em relação aos objetos concretos circundantes, das quais o macaco é desprovido, por ser, segundo a clássica expressão de Köhler, "um escravo do campo visual". Ademais, a criança deixa de agir em um espaço visual, dado diretamente. Ao planejar seu comportamento, ao mobilizar e generalizar sua experiência prévia para a organização da atividade futura, ela passa a operações ativas que se desenvolvem ao longo do tempo.

No momento em que, com auxílio de planejamento da linguagem, a representação de futuro é incluída na atividade da criança enquanto componente ativo, todo campo psíquico em que ela opera se transforma radicalmente e todo seu comportamento se reconstrói de forma também radical. A percepção da criança começa a se estruturar segundo novas leis, diferentes das leis do campo visual natural.

A fusão dos campos sensório e motor é superada, e as ações diretas e impulsivas, por meio das quais a criança reagia a cada objeto que aparecesse em seu campo visual e que a atraísse, são, agora, contidas. A atenção começa a funcionar de outro modo, e sua memória deixa de ser um registrador passivo, tornando-se uma função de seleção ativa e de memorização intelectual ativa.

Com a inclusão do nível mediado complexo das funções psíquicas superiores ocorre uma reconstrução radical do comportamento em novas bases. Depois de estudar o progresso genético que resulta da inclusão dos modos de utilização de instrumentos e de formas simbólicas de atividade no desenvolvimento, devemos agora nos voltar à análise das reconstruções que esse progresso engendra no desenvolvimento de funções psíquicas básicas.

17

A função dos signos no desenvolvimento dos processos psíquicos superiores[225]

Analisamos um corte do comportamento complexo da criança e chegamos à conclusão de que, na situação ligada ao uso de instrumentos, o comportamento da criança pequena se distingue essencial e fundamentalmente do comportamento do macaco antropoide. Seria possível dizer que em muitos aspectos ele se caracteriza por uma estrutura contrária e, em lugar de uma dependência total entre a operação com instrumentos e a estrutura do campo visual (no macaco), observamos na criança uma significativa emancipação em relação a ele. Graças à participação da linguagem na operação, a criança adquire uma liberdade incomparavelmente maior do que aquela que se verifica no comportamento instrumental do macaco; a criança tem a possibilidade de resolver uma situação prática de emprego de instrumento que não se encontra em seu campo imediato de percepção; ela domina a situação externa mediante o domínio prévio de si e da organização prévia do próprio comportamento. Em todas essas operações a própria estrutura do processo psíquico se altera substancialmente; as ações diretas, dirigidas para o meio são substituídas por atos mediados complexos. Ao se inserir na operação, a linguagem constituiu o sistema de signos psicológicos que adquiriu um significado funcional totalmente particular e leva a uma total reorganização do comportamento.

---

225. Traduzido a partir do v. 6, "Naútchnoe nasledstvo", de *Sobranie Sotchinénii v chesti tomakh* (Vigotski, 1984b, p. 37-52) que também corresponde ao segundo capítulo de *O instrumento e o signo no desenvolvimento da criança*, publicado pela primeira vez em russo nas *Obras reunidas* a partir do manuscrito [N.T.].

Uma série de observações nos levou à convicção de que tal reorganização cultural é característica não apenas da forma de comportamento complexo, ligado ao uso de instrumentos, que descrevemos. Ao contrário, mesmo certos processos psíquicos de caráter mais elementar e que são partes constituintes de um ato complexo do intelecto prático são, na criança, profundamente alterados e reconstruídos em comparação com o modo como eles se dão em animais superiores. Essas funções, que costumavam ser consideradas mais elementares, estão subordinadas a leis totalmente diferentes na criança do que em estágios anteriores do desenvolvimento filogenético, e se caracterizam pela mesma estrutura psicológica mediada que acabamos de analisar com base no exemplo do ato complexo de emprego de instrumentos. Uma análise detalhada da estrutura de cada processo psíquico que participa do ato de comportamento infantil por nós descrito permite que nos convençamos disso e mostra que mesmo a teoria sobre a estrutura de cada processo elementar do comportamento infantil precisa ser radicalmente revista.

O desenvolvimento de formas superiores de comportamento

Começaremos pela percepção, um ato que sempre pareceu inteiramente subordinado a leis naturais elementares, e tentaremos mostrar que mesmo esse processo mais dependente da situação dada no momento se reorganiza ao longo do desenvolvimento da criança sobre uma base totalmente nova e, apesar de preservar uma semelhança exterior, *fenotípica*, com a mesma função no animal, em termos de sua composição, estrutura e modo de ação internos, em termos de sua natureza psicológica, já pertence às funções superiores, que se formam no processo de desenvolvimento histórico e que tem uma história particular na ontogênese. Na função superior da percepção, deparamo-nos com regularidades totalmente distintas das que foram reveladas pela análise psicológica em relação às suas formas primitivas, ou naturais. É evidente que as leis que governavam a psicofisiologia da percepção natural não são eliminadas na passagem para as formas superiores que nos interessam aqui, mas como que recuam para o pano de fundo, continuando a existir dentro de novas regularidades de forma abreviada e subordinada. Na história do desenvolvimento da percepção da criança, observamos um processo essencialmente análogo a outro, já bastante estudado na história da construção do aparato nervoso, no qual sistemas inferiores, geneticamente mais antigos, com suas funções mais primitivas, se introduzem em estágios mais novos e superiores, continuando a existir enquanto instâncias subordinadas dentro de um novo todo.

Desde os trabalhos de Köhler (1930), sabe-se que para o processo de operação prática do macaco tem significado decisivo a estrutura do campo visual; todo curso da resolução da tarefa proposta, do início ao fim, é, em essência, uma função da percepção do macaco, e Köhler tem todo fundamento ao dizer que esses animais são escravos do campo sensório em muito maior medida do que os adultos humanos, que os macacos são incapazes de acompanhar a estrutura sensória existente a partir de esforços voluntários. Justamente na subordinação ao campo visual Köhler vê aquilo que aproxima o macaco de outros animais, mesmo aqueles que estão muito distantes quanto à sua organização, como o corvo (experimentos de Herz). De fato, dificilmente nos equivocaremos se apontarmos a dependência servil em relação à estrutura do campo visual como sendo a lei geral que governa a percepção em toda variedade de suas formas naturais.

Esse traço geral é inerente a toda percepção contanto que ela não ultrapasse os limites das formas psicofisiológicas naturais de organização.

Na medida em que se torna humana, a percepção da criança se desenvolve não como continuação direta e aperfeiçoamento ulterior das formas que observamos nos animais, mesmo que sejam aqueles que se encontram mais próximos do ser humano, mas dá um salto de uma forma zoológica para uma forma histórica de evolução psíquica.

As séries especiais de experimentos que fizemos para elucidar esse problema permitem revelar as regularidades fundamentais que caracterizam formas superiores de percepção. Não podemos nos deter aqui nesse problema em toda sua amplitude e complexidade, e iremos nos limitar apenas à análise de um aspecto, ainda que ele tenha um significado central. É mais conveniente fazê-lo em experiências dedicadas ao desenvolvimento da percepção de figuras.

Os experimentos que nos possibilitaram descrever as particularidades específicas da percepção infantil e sua dependência da inclusão de mecanismos psíquicos superiores, foram, em seu fundamento essencial, realizados ainda por Binet e analisados em detalhe por Stern (1922b). Ao observarem a descrição de quadros feita por crianças pequenas, ambos autores estabeleceram que esse processo não é idêntico em diferentes estágios do desenvolvimento infantil. Se, ao descrever o que vê na figura, a criança de 2 anos em geral se limita a apontar objetos isolados, depois de algum tempo ela passa a descrever ações, para em seguida apontar relações complexas entre cada objeto representado. Esses dados levaram Stern a estabelecer o caminho do desenvolvimento da percepção infantil e a descrever os estágios da percepção de objetos isolados, de ações, e das relações como estágios percorridos pela percepção na infância.

Esses dados, considerados pela psicologia contemporânea como solidamente estabelecidos, levam-nos a sérios questionamentos. Na realidade, basta refletir sobre esse material para ver que ele contradiz tudo o que sabemos sobre o desenvolvimento do comportamento infantil e seus mecanismos psicofisiológicos fundamentais. Uma série de fatos incontestáveis mostra que o desenvolvimento de processos psicofisiológicos começa na criança a partir de formas difusas, integrais e, depois, passa a formas mais diferenciadas.

Uma quantidade significativa de observações fisiológicas mostra isso em relação à motricidade; os experimentos de Volkelt, Werner e outros mostram que esse mesmo caminho é percorrido pela percepção visual da criança. A afirmação de Stern de que o estágio da percepção de objetos isolados antecede o estágio da percepção global da situação contradiz diametralmente todos esses dados. Ademais, se levarmos o pensamento de Stern até seu limite lógico, seremos obrigados a supor que, em fases anteriores do desenvolvimento, a percepção da criança tem um caráter ainda mais fragmentado e parcial e que a percepção de objetos isolados antecede o estágio em que a criança tem condições de perceber cada uma de suas partes ou qualidades, que apenas depois une-as no objeto e só em seguida une os objetos a situações reais. Temos diante de nós um quadro do desenvolvimento da percepção infantil que é atravessado pelo racionalismo e contradiz tudo o que sabemos a partir de pesquisas mais recentes.

A contradição que observamos entre a linha principal do desenvolvimento dos processos psicofisiológicos na criança e os fatos descritos por Stern pode ser explicada pelo fato de que o processo de percepção e de descrição de figuras é muito mais complexo do que um ato psicofisiológico simples e natural, ele inclui novos fatores que reorganizam radicalmente o processo de percepção.

Nossa primeira tarefa foi mostrar que o processo de descrição de figuras, estudado por Stern, é inadequado para a percepção direta da criança, cujos estágios o autor tentou revelar em seus experimentos. Um experimento bastante simples permitiu que constatássemos isso. Basta propor a uma criança de 2 anos que transmita o conteúdo da figura apresentada por meio de pantomima, excluindo a linguagem da descrição, para verificarmos que a criança que se encontra no estágio objetal, segundo Stern, percebe perfeitamente toda a situação real da figura e a reproduz facilmente[226].

Por trás da fase de *percepção objetal* se ocultava, na realidade, uma percepção global viva, inteiramente adequada à figura apresentada, eliminando a suposição do caráter elementar das percepções nessa idade. Aquilo que se costumava considerar próprio da percepção natural da criança se revelou, de fato, uma particularidade de sua linguagem ou, em outras palavras, uma particularidade de sua percepção verbalizada.

As observações com crianças mais novas mostraram que a função primordial da palavra empregada pela criança realmente se limita à indicação, à identificação de determinado objeto dentro do todo da situação percebida pela criança. O fato de que as primeiras palavras da criança são acompanhadas de gestos muito expressivos bem como uma série de observações controladas nos convencem disso. Já nos primeiros passos do desenvolvimento da criança, a palavra se imiscui na percepção, identificando certos elementos, superando a estrutura natural do campo sensório e como que formando novos centros estruturais móveis e introduzidos artificialmente. A linguagem não apenas acompanha a percepção infantil, desde as primeiras etapas ela começa a participar ativamente dela; a criança começa a perceber o mundo não apenas por meio dos olhos, mas também pela palavra. É justamente a esse processo que se reduz o aspecto essencial do desenvolvimento da percepção infantil.

Essa estrutura complexa e mediada da percepção se manifesta também no caráter das descrições de crianças obtidas por Stern em seus experimentos com figuras. Ao reportar sobre a figura apresentada, a criança não apenas verbaliza as percepções naturais obtidas por ela, expressando-as em uma forma verbal imperfeita; a linguagem desmembra sua percepção, separa

---

226. Utilizamos em nossos experimentos as figuras originais de Stern; seu caráter dinâmico permitiu revelar na cena pantomímica viva que a criança tem uma percepção suficientemente adequada da figura [N.A.].

pontos de apoio do todo complexo, introduz na percepção um momento de análise e, com isso, substitui a estrutura natural do processo analisado por uma estrutura complexa e psicologicamente mediada.

Mais tarde, quando os mecanismos intelectuais ligados à linguagem se reorganizam, a função de desmembramento da linguagem se transforma em uma nova, de síntese, a percepção verbalizada sofre alterações posteriores, superando o caráter de desmembramento inicial e passando a formas mais complexas de percepção cognoscente. As leis naturais da percepção, especialmente em suas formas visuais, podem ser observadas nos processos receptores de animais superiores, em decorrência da inclusão da linguagem que desmembra, se reorganiza em suas bases e a percepção humana assume um caráter inteiramente novo.

O fato da inclusão da linguagem realmente exerce sobre a percepção natural certa influência reorganizadora, que pode ser vista de modo especialmente claro quando, ao se imiscuir no processo de recepção, a linguagem dificulta e complexifica a percepção adequada e estrutura-a segundo leis totalmente distintas das leis naturais de representação da situação. A reconstrução verbal das percepções em crianças pode ser claramente vista em uma série de experimentos que realizamos[227].

Divisão da totalidade inicial das funções sensório-motoras

A passagem para formas qualitativamente novas de comportamento na criança não se limita, em absoluto, às mudanças descritas por nós dentro da esfera da percepção. Altera-se também, o que é muito mais importante, a relação entre percepção e outras funções que participam de toda operação intelectual, seu lugar e papel no sistema dinâmico de comportamento que está ligado ao uso de instrumentos.

A percepção de animais superiores nunca age de forma independente e isolada, mas sempre constitui parte de um todo mais complexo, apenas em relação ao qual podem ser compreendidas as leis dessa percepção. O macaco não percebe visualmente uma dada situação de modo passivo, mas todo seu comportamento é dirigido para dominar o objeto que o atrai. E a estrutura complexa que constitui um entrelaçamento real de aspectos instintivos, afetivos, motores e intelectuais é o único objeto verdadeiro de investigação

---

227. Mais detalhes no capítulo anterior (16).

psicológica, a partir do qual, apenas por meio da abstração e da análise, é possível isolar a percepção como um sistema relativamente independente e fechado em si. Investigações genético-experimentais da percepção mostram que todo esse sistema dinâmico de ligações e relações entre funções separadas se reorganiza no processo de desenvolvimento da criança de forma não menos radical do que certos aspectos no próprio sistema de percepção.

De todas as mudanças que desempenham papel decisivo no desenvolvimento psíquico da criança, em primeiro lugar quanto ao significado objetivo deve ser colocada a relação fundamental percepção-movimento.

Há muito foi estabelecido na psicologia o fato de que toda percepção tem uma continuação dinâmica no movimento, mas apenas muito recentemente foi definitivamente superada a tese da psicologia antiga segundo a qual percepção e movimento, como elementos separados e independentes, podem estabelecer uma ligação associativa mútua, tal qual duas sílabas sem sentido em experimentos de memorização. A psicologia contemporânea tem cada vez mais assimilado a ideia de que a totalidade inicial dos processos sensórios e motores é uma hipótese muito mais consoante com os fatos do que a teoria de seu isolamento inicial. Já nos reflexos iniciais e nas reações mais simples, observamos uma tal fusão entre percepção e movimento, que mostra de forma convincente que essas duas partes são aspectos indissociáveis de um todo dinâmico único, de um processo psicofisiológico único. Essa acomodação específica da estrutura da resposta motora ao caráter do estímulo, que constituía um enigma indecifrável para as teorias antigas, só pode ser explicada se admitirmos a totalidade inicial e o caráter integral das estruturas sensório-motoras.

A mesma correspondência de estruturas sensórias e motoras dos processos que é explicada pelo caráter dinâmico da percepção pode ser encontrada não apenas nas formas elementares de processos reativos, mas também em estágios superiores do comportamento, em experimentos com operações intelectuais e com o uso de instrumentos em macacos: a observação do experimentador (Köhler) já mostra que é como se os objetos adquirissem vetores e se movessem no campo visual na direção do objetivo mediante a análise da situação que o macaco deve resolver. A insuficiente auto-observação do macaco é inteiramente substituída por uma ótima descrição de seus movimentos, que são como que uma continuação dinâmica direta de suas percepções. Um bom comentário experimental (tivemos oportunidade de verificá-lo em nosso laboratório) é feito por Jaensch em experimentos com eidéticos que resolveram a mesma situação por vias puramente sensórias, no qual o movimento realmente executado pelo macaco foi substituído pelo deslocamento do objeto no campo visual. Dessa forma, a totalidade entre processos sensórios e motores na operação intelectual aparece aqui de forma pura; o movimento já está incluído no campo sensório, e os mecanismos internos que explicam a correspondência entre as partes sensória e motora da operação intelectual no macaco se torna totalmente compreensível.

Em experimentos dedicados ao estudo da motricidade acompanhada de processos afetivos internos, demonstramos que a reação motora é tão ligada e participa de forma tão indissociável do processo afetivo que ela pode servir como um espelho em que se pode ler literalmente a estrutura do processo afetivo, que está oculta para a observação direta. Justamente esse fato de importância crucial permite que se faça do reflexo motor involuntário que acompanha um excelente expediente sintomatológico que permite constatar com objetividade tanto as vivências ocultadas pelo sujeito (experiências com diagnóstico de pistas de um crime) quanto os complexos suplantados ocultos para o indivíduo (sugestão pós-hipnótica, pistas afetivas subconscientes etc.).

A correlação inicial e natural entre percepção e movimento, sua inclusão em um sistema psicológico único, como mostra a pesquisa genético-experimental, se desfaz no processo de desenvolvimento cultural e é substituída por correlações estruturais totalmente diferentes assim que a palavra ou algum outro signo se coloca entre as etapas inicial e final desse processo, de modo que toda operação assume um caráter indireto, mediado.

Precisamente com tal destino das estruturas psicológicas e com a eliminação da correlação inicial entre percepção e movimento, uma eliminação ocorrida com base na inserção na estrutura psicológica de estímulos-signos novos em termos de significado funcional, é que se torna possível a superação das formas primitivas de comportamento, um pressuposto necessário para o desenvolvimento de todas as funções psíquicas superiores específicas do ser humano. Aqui a pesquisa genético-experimental vê esse caminho complexo e sinuoso do desenvolvimento em uma série antiga de experimentos, um dos quais pode servir como exemplo instrutivo.

Ao estudar o movimento da criança durante uma reação complexa de escolha em condições experimentais, pudemos estabelecer que seu movimento não permanece totalmente o mesmo nos diferentes estágios, mas, ao contrário, passa por uma evolução, cujo ponto central e de virada é a alteração radical na correlação entre as partes sensória e motora do processo reativo. Até determinado momento, o movimento da criança está diretamente fundido com a percepção da situação, acompanha cegamente cada deslocamento no campo e também reflete diretamente a estrutura da percepção na dinâmica do movimento, como no conhecido exemplo de Köhler em que a galinha em uma cerca de jardim repete em movimentos a estrutura do campo que percebe.

A situação experimental concreta possibilita acompanhar isso. Por exemplo, propusemos a uma criança de 4-5 anos que, mediante determinado estímulo, aperte uma entre cinco teclas. A tarefa ultrapassa as possibilidades naturais da criança e, por isso, desperta nela dificuldades intensas e tentativas de resolução ainda mais intensas. Temos diante de nós um processo real de escolha, diferente da análise da reação aprendida, que sempre substitui o processo de escolha verdadeira por um hábito de funcionamento estereotipado. O mais significativo é que todo o processo de escolha da criança não é separado do sistema motor, mas levado para fora e concentrado na esfera motora: a criança escolhe realizando diretamente os movimentos possíveis aos quais ela é impelida pela situação de escolha. A estrutura de sua ação não lembra em nada a ação do adulto, que toma uma decisão prévia que é realizada a seguir na forma de um único movimento de execução. A escolha da criança lembra mais uma seleção algo retardada de seus próprios movimentos; a hesitação na estrutura da percepção encontra aqui um reflexo direto na estrutura do movimento; a massa de tentativas difusas, tateantes e retardadas no processo, que se interrompem e se substituem mutuamente, é o que constitui para a criança o próprio processo de escolha.

Não há melhor forma de expressar a essência da distinção dos processos de escolha na criança e no adulto do que dizer que a escolha da criança é substituída por uma série de movimentos de teste. Ela escolhe não o estímulo (a tecla necessária) como ponto direcionador para o movimento subsequente, mas seleciona o movimento, confrontando seu resultado com a instrução. Dessa forma, a criança resolve a tarefa de escolha não na percepção, mas no movimento, quando ele hesita entre dois estímulos e seu dedo se move de um para outro, voltando atrás no meio do caminho; quando ela leva a atenção para um novo ponto, criando um novo centro na estrutura dinâmica da percepção, regulado pela escolha, sua mão, que forma um todo fundido com seu olho, segue obediente para o novo centro. Em suma, o movimento da criança não está separado da percepção: as curvas dinâmicas de ambos os processos coincidem quase que inteiramente nos dois casos.

Não obstante, essa estrutura primitiva e difusa do processo reativo se altera radicalmente assim que, no processo de escolha direta, é introduzida a função psíquica complexa que converte um processo natural, existente inteiramente já nos animais, em uma operação psíquica superior, característica do ser humano.

À criança cujo processo de escolha motora difuso, impulsivo e organicamente fundido com a percepção, propusemos facilitar a tarefa de escolha colocando diante de cada tecla um signo auxiliar correspondente, que servia de estímulo suplementar que orienta e organiza o processo de escolha. A criança de 5-6 anos já tem mais facilidade de realizar a tarefa, assinalando a tecla que ela deve apertar mediante apresentação de determinado estímulo por meio de um signo auxiliar. O uso de um procedimento auxiliar não permanece, contudo, como um fato secundário e suplementar, que apenas complexifica um pouco o caráter da operação de escolha; a estrutura do processo psíquico é radicalmente reorganizada sob efeito do novo ingrediente, a operação primitiva e natural é substituída aqui por uma nova, cultural.

A criança que se volta ao signo auxiliar para encontrar a tecla adequada a determinado estímulo já não apresenta impulsos motores suscitados diretamente pela percepção, aqueles movimentos hesitantes de tentar tatear no ar, que foram observados na reação primitiva de escolha. O uso de um signo orientador rompe a fusão entre o campo sensório e o motor, ele insere entre os momentos inicial e final da reação uma *barreira funcional*, substituindo o escoamento direto de estimulação na esfera motora com fechamentos preliminares realizados por meio de sistemas psíquicos superiores. A criança que antes resolvia a tarefa de modo impulsivo, agora resolve-a pelo restabelecimento interno da ligação entre o estímulo e o sinal auxiliar correspondente, já o movimento, que antes realizava a escolha por conta própria, agora serve apenas aos objetivos da execução. O sistema simbólico reorganiza radicalmente a estrutura dessa operação, e a criança que fala domina os movimentos em bases totalmente novas.

A introdução da barreira funcional transfere os complexos processos reativos da criança para um novo plano: ela exclui tentativas impulsivas cegas, afetivas por natureza e que distinguem o comportamento primitivo do animal do comportamento humano intelectual baseado em combinações simbólicas preliminares. Ao se separar da percepção imediata e se submeter às funções simbólicas introduzidas no ato reativo, o movimento rompe com a história natural do comportamento e abre uma nova página, a página da atividade intelectual superior do ser humano.

O material patológico permite que nos convençamos com particular evidência de que a introdução no comportamento da linguagem e das funções simbólicas superiores a ela ligadas reorganizam a própria motricidade, transferindo-a para um estágio novo e superior. Tivemos oportunidade de observar que em afásicos com queda da fala continuava também a barreira funcional que observamos e o movimento novamente se tornava impulsivo, fundindo-se em um todo com a percepção. Em situação experimental análoga à descrita, observamos em muitos afásicos os impulsos motores precoces e difusos característicos, tentativas de movimentos de tatear, por meio dos quais os pacientes realizavam a escolha. Essas tentativas mostram que os movimentos não estavam mais submetidos ao planejamento prévio em instancias simbólicas que faziam dos movimentos do adulto inserido na cultura um comportamento intelectual verdadeiro.

Analisamos a gênese e o destino de duas funções fundamentais para o comportamento da criança. Vimos que na operação complexa de uso de instrumentos e da ação do intelecto prático essas funções, que desempenham um papel realmente decisivo, não permanecem as mesmas na criança, mas passam no processo de desenvolvimento por uma transformação complexa, não apenas alterando sua estrutura interna, mas estabelecendo novas relações funcionais com outros processos. O uso de instrumentos, tal qual observamos no comportamento da criança, não é, portanto, em termos da composição psicológica, uma simples repetição ou uma continuação direta daquilo que a psicologia comparativa observava no macaco. A análise psicológica revela nesse ato traços essenciais e fundamentalmente novos, e a inclusão de funções simbólicas superiores e historicamente criadas (das quais examinamos aqui a linguagem e o uso de signos) reorganiza o processo primitivo de resolução da tarefa em bases inteiramente novas.

De fato, à primeira vista observa-se certa semelhança exterior no uso de instrumentos por macacos e por crianças, o que serviu de pretexto para que pesquisadores analisassem esses dois casos como fundamentalmente congêneres. A semelhança está ligada exclusivamente ao fato de que nos dois casos entram em ação funções análogas em termos de seu objetivo final. Não obstante, a pesquisa mostra que essas funções exteriormente parecidas se distinguem entre si não menos do que as camadas da crosta terrestre de diferentes eras geológicas. Se no primeiro caso as funções de formação biológica resolvem a tarefa proposta ao animal, no segundo caso funções análogas de formação histórica assumem a dianteira e passam a desempenhar um papel condutor na resolução da tarefa. Essas últimas, que são, no aspecto da filogênese, produto não da evolução biológica do comportamento, mas do desenvolvimento histórico da personalidade humana, no aspecto da ontogênese também têm sua própria história de desenvolvimento, intimamente ligada à formação biológica, mas não coincidente com ela, formando ao seu lado a linha do desenvolvimento psíquico da criança. Chamamos essas funções de superiores, e a história de formação delas, diferentemente da biogênese das funções inferiores, tendemos a chamar de sociogênese das funções psíquicas superiores, tendo em vista em primeiro lugar a natureza social de seu surgimento.

Dessa forma, o aparecimento de novas formações históricas no processo de desenvolvimento da criança, ao lado de camadas de comportamento comparativamente primitivas, constitui a chave, sem a qual o uso de instrumentos e todas as formas superiores de comportamento permanecerão enigmas para o pesquisador.

A reconstrução da memória e da atenção

A brevidade deste capítulo não nos permite analisar em detalhe todas as funções psíquicas fundamentais que participam da operação que estamos estudando. Por isso, iremos nos limitar a uma referência geral sobre o destino das principais funções, sem as quais a estrutura psicológica do uso de instrumentos não poderia ser esclarecida. Em primeiro lugar, segundo o nível de participação nessa operação deve ser colocada a atenção. Todos os pesquisadores, a começar por Köhler, observam que o direcionamento correspondente da atenção ou sua distração são fatores essenciais para o êxito ou não da operação prática. O fato observado por Köhler mantém sua importância também para o comportamento da criança. Contudo, é essencial que, diferentemente do animal, a criança se encontra pela primeira vez em condição de deslocar sua atenção de forma independente e ativa, reconstruindo sua percepção e, com isso, libertando-se em grande medida da sujeição à estrutura do campo visual dado. Em determinada etapa do desenvolvimento que liga o uso de instrumentos com a linguagem (inicialmente de forma sincrética, depois sintética e introduzindo-se nessa operação), a criança transfere a atividade da atenção para um novo plano. Com ajuda da função indicativa da palavra, que já fora observada anteriormente, ela começa a dirigir sua atenção, criando novos centros estruturais da situação percebida, alterando, com isso, segundo a feliz expressão de G. Kafka, não o grau de clareza de determinada parte do campo percebido, mas seu centro de gravidade, a significação de cada um de seus elementos, identificando cada vez mais novas figuras e fundos, de modo a ampliar infinitamente a possiblidade de dirigir a ação de sua atenção.

Tudo isso liberta a atenção da criança do domínio da situação real que age diretamente sobre ela. Ao criar, com ajuda da linguagem ao lado do campo espacial, também um campo temporal para a ação, tão visível e real quanto a situação ótica (ainda que, talvez, mais vago), a criança que fala tem a possibilidade de orientar dinamicamente sua atenção, agindo no presente segundo o ponto de vista do futuro e, com frequência, referindo-se a alterações ativamente criadas na situação presente a partir do ponto de vista de suas ações passadas. Justamente graças à participação da linguagem e da transição para uma distribuição livre da atenção, o campo futuro de ação se converte de uma fórmula verbal abstrata em uma situação ótica real; nele, como uma configuração principal, atuam claramente todos os elementos que entram no plano da ação futura, distinguindo-se, assim, do fundo geral de ações possíveis. O fato de que o campo da atenção, que não coincide com o campo da percepção, seleciona desta última, com ajuda da linguagem, os elementos do *campo futuro* real constitui a diferença específica entre a operação da criança e de animais superiores. O campo da percepção se organiza na criança por meio da função verbalizada da atenção, e se para o macaco a ausência de contato ótico direto com o objeto ou o objetivo basta para tornar a tarefa inexequível, a criança facilmente elimina essa dificuldade pela interferência verbal, reorganizando seu campo sensório.

Graças a essa circunstância, surge a possibilidade de combinar em um único campo da atenção a figura da situação futura, composta a partir de elementos dos campos sensórios presente e passado. E o campo de atenção, dessa forma, abarca não uma percepção, mas uma série de percepções potenciais, que formam uma estrutura dinâmica sucessiva e estendida no tempo. A passagem da estrutura simultânea do campo visual para a estrutura sucessiva do campo dinâmico de atenção é resultado da reconstrução (com base na introdução da linguagem) de todas as ligações fundamentais entre cada uma das funções que participam da operação: o campo da atenção se separa do campo da percepção e se desenvolve no tempo, incluindo uma determinada situação real como um dos aspectos de uma série dinâmica.

O macaco que percebeu o bastão em determinado momento, em um campo visual, já não presta atenção nele no momento seguinte, quando seu campo visual se altera. Ele deve, antes de tudo, ver o bastão para voltar sua atenção para ele; a criança consegue voltar sua atenção para ver.

A possiblidade de colocar num único campo de atenção elementos do campo visual passado e presente (p. ex., o instrumento e o objetivo) leva, por sua vez, a uma reorganização fundamental de outra importante função, que também participa da operação, isto é, a memória. Assim como a ação da atenção, segundo a correta observação de Kafka, se manifesta não na intensificação da clareza de determinada parte do campo sensório, mas na mudança do centro de gravidade, em sua estrutura, na mudança dinâmica dessa estrutura, em uma mudança de figura e fundo, o papel da memória na operação da criança também se manifesta não apenas na ampliação do corte do passado que se funde em um todo único com o presente, mas em uma nova forma de união dos elementos da experiência passada com a presente. Essa nova forma surge com base na inclusão de fórmulas verbais de situações e de ações passadas em um foco único de atenção. Como vimos, a linguagem forma a operação segundo leis distintas do que a ação direta, uma vez que ela funde, une, sintetiza passado e presente de outra forma, libertando a ação da criança do poder a recordação imediata.

A estrutura voluntária das funções psíquicas superiores

Ao submeter a uma análise posterior a operação psíquica do intelecto prático ligado ao uso de instrumentos, vemos que o campo temporal criado para a ação por meio da linguagem se estende não apenas para trás, mas também para frente. A antecipação dos momentos posteriores da operação em uma forma simbólica permite incluir na operação presente estímulos especiais, cuja tarefa se resume a apresentar na situação atual aspectos da ação futura e a concretizar realmente sua influência sobre a organização do comportamento no momento presente.

Aqui também a inclusão de funções simbólicas na operação, como já vimos no exemplo da operação da memória e da atenção, não leva a um simples prolongamento da operação no tempo, mas cria condições para um caráter totalmente novo da ligação, dos elementos do passado e do futuro (elementos realmente percebidos na situação presente são incluídos em um sistema estrutural com elementos simbolicamente representados do futuro), cria um campo psicológico totalmente novo para a ação, levando ao surgimento da função de formação de intenção e da ação previamente planejada dirigida a um objetivo.

Essa mudança na estrutura do comportamento da criança está ligada a uma alteração significativamente mais profunda. Ao comparar a resolução de tarefas por crianças surdas-mudas com os experimentos de Köhler, Lindner chamou atenção para o fato de que os motivos estimulantes, que fazem o macaco e a criança tentarem atingir o objetivo, não podem ser considerados os mesmos. Os impulsos instintivos que dominam o macaco, recuam para o segundo plano na criança frente a motivos novos, de origem social, que não têm análogo natural, mas que, apesar disso, alcançam grande intensidade na criança. Esses motivos, que têm importância decisiva também para o mecanismo do ato volitivo desenvolvido, foram chamados por Lewin de pseudonecessidades[228], ao notar que sua inclusão constrói de um novo modo o sistema afetivo e volitivo do comportamento da criança, alterando em particular sua relação com a organização das ações futuras. Dois aspectos importantíssimos constituem a particularidade dessa nova camada de "motores" do comportamento humano: o mecanismo de execução da intenção no momento de seu surgimento, em primeiro lugar, é separado

---

228. Com a passagem para necessidades artificialmente estabelecidas, o centro emocional da situação é transferido do objetivo para a resolução da tarefa. Em essência, a "situação da tarefa" no experimento com o macaco existe apenas aos olhos do experimentador, para o animal existem apenas o chamariz e o obstáculo que atrapalha seu domínio. Já a criança busca, antes de tudo, resolver a tarefa proposta, inserindo-se em um mundo de relações totalmente novas com o objetivo. Graças à possibilidade de formar pseudonecessidades, a criança tem condições de desmembrar a operação, convertendo cada uma de suas partes em uma tarefa independente, que ela formula para si por meio da linguagem [N.A].

da motricidade e, em segundo lugar, ele contém em si o impulso para a ação, cuja execução é relacionada a um campo futuro. Esses dois aspectos estão ausentes na ação organizada pela necessidade natural, em que a motricidade é inseparável da percepção imediata e toda ação se concentra no campo psíquico presente.

O modo de surgimento da ação ligada ao futuro, que até hoje foi insuficientemente explicado, pode ser revelado a partir de uma pesquisa sobre as funções simbólicas e a participação delas no comportamento. A barreira funcional entre percepção e motricidade, que constatamos acima e cuja origem se deve à introdução da palavra ou de outro símbolo entre os momentos inicial e final da ação, explica a separação entre impulso e realização imediata do ato, separação que, por sua vez, é um mecanismo de preparação da ação deslocada para o futuro. É justamente a inclusão de operações simbólicas que possibilita o surgimento de um campo psicológico de composição inteiramente nova, que não se baseia no que existe no presente, mas que traça um esboço do futuro e, assim, cria uma ação livre, independente da situação imediata.

O estudo dos mecanismos das situações simbólicas, por meio dos quais a ação é retirada das três ligações naturais primordiais, obtidas pela organização natural do comportamento, e é transferida para um sistema psicológico inteiramente novo de funções, permite-nos compreender por que caminhos a pessoa chega à possiblidade de formar "quaisquer intenções", um fato ao qual, até hoje, não se deu suficiente atenção e que, segundo a correta observação de Lewin, distingue o adulto inserido na cultura da criança ou do primitivo.

Se tentarmos resumir os resultados da análise realizada sobre como, sob influência da inserção dos símbolos, alteram-se as funções psíquicas e suas ligações estruturais, e compararmos como um todo a operação não verbal do macaco com a operação verbalizada da criança, encontraremos que uma está ligada a outra, como a ação voluntária à involuntária.

A visão tradicional relaciona à ação voluntária tudo o que não seja ação primária ou secundária e automática (instinto ou hábito). Entretanto, são possíveis ações de terceira ordem, que não são nem automáticas nem voluntárias. Como mostrou Koffka, é o caso das *ações intelectuais* do macaco, que não se resumem a um automatismo pronto, mas que não têm caráter *voluntário*. A pesquisa em que nos baseamos deixa claro justamente o que falta à ação do macaco para que ela se torne *voluntária*: a ação *voluntária* começa apenas quando há domínio do próprio comportamento por meio de estímulos simbólicos.

Ao se elevar a esse estágio do desenvolvimento do comportamento, a criança realiza um salto da ação "racional" do macaco para a ação racional e livre do ser humano.

Dessa forma, à luz da teoria histórica das funções psíquicas superiores, deslocam-se as fronteiras habituais para a psicologia contemporânea que separam alguns processos psíquicos e unem outros. O que antes se relacionava a diferentes campos, mostra-se unido em um, e o que era colocado em uma mesma classe de fenômenos, mostra-se na realidade como pertencente a degraus totalmente diferentes da escada genética, estando submetido a leis distintas. Por isso, as funções psíquicas superiores formam um sistema único por seu caráter genético, ainda que diverso pelas estruturas que as compõem. Ademais, esse sistema é construído sobre bases totalmente diferentes daquelas que estão por trás das funções psíquicas elementares. O fator determinante que cimenta todo o sistema, independentemente de ele se relacionar com este ou aquele processo psíquico concreto, é caráter comum da origem de suas estruturas e do caráter de seu funcionamento.

Geneticamente seu traço fundamental no plano da filogênese é o fato de que elas se formaram como produto não da evolução biológica, mas do desenvolvimento histórico do comportamento e preservam uma história social específica. No plano da ontogênese, do ponto de vista da estrutura, sua particularidade consiste em que, diferentemente das estruturas diretas dos processos psíquicos elementares, que constituem reações imediatas a estímulos, elas são construídas com base no uso de estímulos mediadores (signos) e, em virtude disso, elas têm um caráter mediado. Por fim, em termos funcionais, elas se caracterizam por desempenharem uma função nova e essencialmente distinta em comparação com as funções elementares, e aparecem como produto do desenvolvimento histórico do comportamento.

Tudo isso inclui essas funções no amplo campo da pesquisa genética e, em vez de serem interpretadas como variantes mais estreitas ou mais elevadas das mesmas funções, que aparecem sempre em paralelo uma a outra, elas passam a ser analisadas com estágios de um mesmo processo de formação cultural da personalidade. Segundo esse ponto de vista, com o mesmo fundamento que nos permitiu falar em memória lógica ou atenção voluntária, podemos falar em atenção lógica, em formas lógicas ou voluntárias de percepção, que se distinguem nitidamente das formas naturais desses mesmos processos, que funcionam segundo leis próprias de outro estágio genético.

Como conclusão lógica do reconhecimento da importância decisiva do uso de signos para a história do desenvolvimento de funções psíquicas superiores, incluem-se também no sistema de categorias psicológicas formas simbólicas exteriores de atividade, tais como a comunicação verbal, a leitura, a escrita, o cálculo e o desenho. Esses processos costumavam ser analisados como alheios e auxiliares em relação aos processos psíquicos internos, mas, segundo o novo ponto de vista do qual partimos, eles são inseridos no sistema de funções psíquicas superiores como equivalentes a todos os demais processos psíquicos superiores. Tendemos a analisá-los, antes de tudo, como formas especiais de comportamento, que se formam no processo de desenvolvimento sociocultural da criança e que constituem a linha externa de desenvolvimento da atividade simbólica, existente ao lado da linha interna, representada pelo desenvolvimento cultural de formações como o intelecto prático, a percepção, a memória.

Não apenas a atividade ligada ao intelecto prático, mas também todas as demais funções, igualmente primárias, e frequentemente até mais elementares, que ascendem às formas elaboradas biologicamente de comportamento, exibem, no processo de desenvolvimento, aquelas leis que descobrimos na análise do intelecto prático. O caminho percorrido pelo intelecto prático da criança constitui, assim, a linha geral do desenvolvimento de todas as principais funções psíquicas, cada uma das quais, assim como o intelecto prático, tem uma forma antropoide no mundo animal. Esse caminho é análogo ao analisado nas páginas anteriores: ele também começa com formas naturais de desenvolvimento, logo ultrapassando-as e chegando a uma reconstrução radical das funções elementares com base no emprego de signos como meio de organização do comportamento.

Dessa forma, por mais estranho que possa parecer do ponto de vista da abordagem tradicional, as funções superiores de percepção, memória, atenção, movimento, são internamente ligadas à atividade sígnica da criança, e elas só podem ser compreendidas a partir da análise de suas raízes genéticas e da reconstrução que elas sofrem no processo de sua história cultural.

Estamos agora diante de uma conclusão de extrema importância teórica. Analisaremos brevemente o problema da totalidade das funções psíquicas superiores com base na semelhança fundamental que se manifesta em sua origem e desenvolvimento. Funções como a atenção voluntária, a memória lógica, as formas elevadas de percepção e de movimento, que até então foram estudadas de forma isolada, como fatos psicológicos separados, agora, à luz dos nossos experimentos, aparecem essencialmente como fenômenos de uma mesma ordem: unidos em sua gênese e em sua estrutura psicológica.

18
Operações sígnicas e a organização dos processos psíquicos[229]

O problema do signo na formação das funções psíquicas superiores

Os materiais reunidos nos fizeram chegar a teses psicológicas, cujo significado vai muito além da análise do conjunto estreito e concreto de fenômenos que foi, então, nosso principal objeto de estudo. As regularidades funcionais, estruturais e genéticas que se revelam no estudo dos dados factuais são, em uma análise mais próxima, regularidades de ordem geral, e nos levam à necessidade de submetermos a uma revisão a questão da construção e da gênese em geral de todas as funções psíquicas superiores. Dois caminhos levam a essa revisão e generalização.

Por um lado, um estudo mais amplo de outras formas de atividade simbólica da criança mostra que, não apenas a linguagem, mas todas as operações ligadas ao emprego de signos, apesar de toda diferença entre suas formas concretas, revelam as mesmas regularidades de desenvolvimento, estrutura e funcionamento que a linguagem em seu papel descrito anteriormente. Sua natureza psicológica se mostra a mesma que a natureza que analisamos para a atividade verbal, na qual estão apresentadas de forma desenvolvida e plena propriedades comuns a todos os processos psíquicos superiores. Devemos, portanto, à luz do que descobrimos sobre as funções da linguagem, analisar também outros sistemas psicológicos congêneres, independentemente de estarem ligados a processos simbólicos de segunda ordem (escrita, leitura etc.) ou a formas de comportamento tão fundamentais como a linguagem.

---

229. Traduzido a partir do v. 6, "Naútchnoe nasledstvo", de *Sobranie Sotchinénii v chesti tomakh* (Vigotski, 1984b, p. 53-59) que também corresponde ao terceiro capítulo de *O instrumento e o signo no desenvolvimento da criança*, publicado pela primeira vez em russo nas *Obras reunidas* a partir do manuscrito [N.T.].

Por outro lado, não apenas as operações ligadas ao intelecto prático, mas todas as demais funções, igualmente primárias e com frequência até mais elementares, que pertencem ao inventário de tipos de atividade formados biologicamente, revelam no processo de desenvolvimento regularidades que encontramos na análise do intelecto prático. O caminho percorrido pelo intelecto prático da criança e que analisamos acima é, assim, o caminho comum de desenvolvimento de todas as principais funções psíquicas; elas são ligadas ao intelecto por terem formas antropoides no mundo animal. Esse caminho é análogo ao que percorremos: começando com as formas naturais de desenvolvimento, ele logo as supera e passa por uma reconstrução radical dessas funções com base no uso de signos enquanto meios de organização do comportamento. Dessa forma, por mais estranho que possa parecer do ponto de vista da teoria tradicional, as funções superiores de percepção, memória, atenção, movimento e outras são internamente ligadas ao desenvolvimento da atividade simbólica da criança, e elas só podem ser compreendidas a partir da análise de suas raízes genéticas e da reconstrução que elas sofrem no processo de história cultural.

Estamos diante de uma conclusão de grande importância teórica: revela-se para nós a totalidade das funções psíquicas superiores com base na igualdade de sua origem e mecanismo de desenvolvimento. Funções como a atenção voluntária, a memória lógica, e formas superiores de percepção e movimento, que até então eram analisadas de forma isolada, como fatos psicológicos particulares, à luz dos nossos experimentos, aparecem como fenômenos de uma mesma ordem psicológica, produto de um processo, único em sua base, de desenvolvimento histórico do comportamento. Assim, todas essas funções são introduzidas no amplo aspecto da investigação genética e, em lugar das coexistentes variantes inferiores e superiores das mesmas funções, admite-se aquilo que elas são na realidade, isto é, estágios diferentes de um mesmo processo de formação cultural da personalidade. Segundo esse ponto de vista, assim como há fundamento para se falar em memória lógica ou atenção voluntária, é possível falar em memória voluntária, atenção lógica, em formas voluntárias ou lógicas de percepção que se distinguem nitidamente das formas naturais.

A conclusão lógica do reconhecimento da importância fundamental do uso de signos para a história do desenvolvimento de todas as funções psíquicas superiores é a inclusão de formas simbólicas exteriores de atividade (fala, leitura, escrita, cálculo, desenho) no sistema de conceitos psicológicos, que costumam ser analisadas como alheias e suplementares em relação aos processos psíquicos internos e que, segundo o novo ponto de vista que defendemos, entram no sistema de funções psíquicas superiores em pé de igualdade com todos os demais processos psíquicos superiores. Tendemos a analisá-los, antes de tudo, como formas particulares de comportamento, que se constituem na história do desenvolvimento sociocultural da criança e que formam a linha externa do desenvolvimento da atividade simbólica ao lado da linha interna, representada pelo desenvolvimento cultural de funções como o intelecto prático, a percepção, a memória etc.

Dessa forma, à luz da teoria histórica que desenvolvemos sobre as funções psíquicas superiores, deslocam-se as fronteiras habituais para a psicologia contemporânea que separam e unem os processos; o que antes era colocado em diferentes quadrados de um esquema, na realidade pertencem a um mesmo campo, e o contrário: o que parecia estar relacionado a uma mesma classe de fenômenos, na realidade acontece em degraus totalmente diferentes da escada genética e está subordinado a regularidades totalmente distintas.

As funções superiores se mostram, assim, como um sistema psicológico único em sua natureza genética, embora diverso em sua composição, que se constrói em bases totalmente diferentes do que os sistemas das funções psíquicas elementares. Os aspectos que unem todo esse sistema, que determinam sua relação com determinado processo psíquico particular são sua origem, estrutura e função comuns. Em termos genéticos, eles se distinguem pelo fato de que, no plano da filogênese, eles surgem como produto não da evolução biológica, mas do desenvolvimento histórico do comportamento, e, no plano da ontogênese, eles também têm uma história social particular. Quanto à estrutura, sua particularidade é que, diferentemente das estruturas reativas imediatas dos processos elementares, elas são construídas com base no uso de estímulos-meios (signos) e têm, em decorrência disso, um caráter indireto (mediado). Por fim, em termos funcionais, elas são caracterizadas por desempenharem no comportamento um papel novo e essencialmente diferente em comparação com as funções elementares, realizando uma adaptação organizada à situação com o domínio prévio do próprio comportamento.

Gênese social das funções psíquicas superiores

Se, dessa forma, a organização do signo é o mais importante traço distintivo de todas as funções psíquicas superiores, é natural que a primeira questão que se coloca para a teoria das funções superiores seja sobre a origem desse tipo de organização.

Enquanto a psicologia tradicional buscava a origem da atividade simbólica na série de "descobertas" ou de outras operações intelectuais da criança, nos processos de formação de ligações condicionais comuns, ao ver nelas apenas um produto da invenção ou uma forma complexificada de hábito, fomos levados pelo curso de nossa pesquisa à necessidade de identificar a história independente dos processos sígnicos que constituem uma linha especial na história geral do desenvolvimento psíquico da criança.

Nessa história encontram um lugar subordinado uma variedade de formas de hábitos ligados ao pleno funcionamento de determinado sistema de signos, bem como processos complexos de pensamento, necessários para o uso racional desses hábitos. Uns e outros não apenas são incapazes de explicar por completo a origem das funções superiores, como eles mesmos são explicados apenas em uma conexão mais ampla com os processos dos quais eles são partes acessórias. O processo de origem das operações ligadas ao uso de signos não apenas não pode ser deduzido da formação de hábitos ou de uma invenção, como constitui em geral uma categoria que não pode ser deduzida, permanecendo nos limites da psicologia individual. Por sua própria natureza ele é parte da história da formação social da personalidade da criança, e apenas na composição desse todo, podem ser reveladas as regularidades que o dirigem. O comportamento da pessoa é produto do desenvolvimento de um sistema mais amplo, isto é, o sistema de ligações e relações sociais, de formas coletivas de comportamento e de colaboração social.

A natureza social de toda função psíquica superior até então escapou à atenção dos pesquisadores, que não tiveram a ideia de representar o desenvolvimento da memória lógica ou da atividade voluntária como parte da formação social da criança, pois em seu início biológico e no fim de seu desenvolvimento psíquico, essa função aparece como função individual; e apenas uma análise genética revela o caminho que une os pontos inicial e final. A análise mostra que toda função psíquica superior era antes uma forma peculiar de colaboração psicológica e apenas mais tarde se converte em um modo individual de comportamento, que traz para dentro do sistema psicológico da criança a estrutura que, mesmo na transição, conserva todos os traços principais da estrutura simbólica, alterando apenas sua situação fundamentalmente.

Dessa forma, o signo aparece inicialmente no comportamento da criança como meio de ligação social, como função interpsíquica; ao se tornar, em seguida, um meio de domínio do próprio comportamento, ela apenas transfere a relação social para o sujeito dentro da personalidade. A mais importante e fundamental das leis genéticas a que chegamos pela pesquisa das funções psíquicas superiores diz que toda atividade simbólica da criança foi, outrora, uma forma social de colaboração e preserva ao longo de todo desenvolvimento, inclusive em seus pontos mais elevados, um modo social de funcionamento. A história das funções psíquicas superiores é revelada aqui como a história da transformação dos meios de comportamento social em meios de organização psicológica individual.

Principais regras do desenvolvimento das funções psíquicas superiores

A tese geral que está na base de nossa teoria histórica das funções psíquicas superiores permite tirar algumas conclusões ligadas às regras mais importantes que dirigem o processo de desenvolvimento que nos interessa.

1. A história de cada uma das funções psíquicas superiores não é uma continuação direta ou um aperfeiçoamento posterior de funções elementares correspondentes, mas pressupõe uma transformação radical da direção do desenvolvimento e um movimento ulterior do processo em um plano totalmente novo; toda função psíquica superior é, assim, uma neoformação específica.

No plano da filogênese, a descoberta dessa tese não representa nenhuma dificuldade, pois a formação biológica e a formação histórica de qualquer função são tão delimitadas entre si e pertencem tão claramente a formas diferentes de evolução, que constituem dois processos em uma forma pura e isolada. Na ontogênese ambas as linhas de desenvolvimento são entrelaçadas de forma complexa e, por isso, levaram pesquisadores ao erro, fundindo para o observador em um todo inseparável, o que produziu a ilusão de que os processos superiores são uma simples continuação e desenvolvimento das inferiores. Apresentaremos apenas uma consideração factual que confirma nossa tese a partir de materiais das mais complexas operações psíquicas: vamos nos deter no desenvolvimento do cálculo e dos processos aritméticos.

Em muitas pesquisas psicológicas foi estabelecida a visão de que as operações aritméticas da criança são, desde o início, uma atividade simbólica complexa, que elas se desenvolvem a partir de formas elementares de operações com quantidades em um processo ininterrupto.

Experimentos realizados em nosso laboratório (Kutchurin, Mentchinskaia) mostram de forma convincente que aqui não se pode falar em aperfeiçoamento gradual e direto de processos elementares, e que a substituição das formas de operações de cálculo são uma substituição qualitativa profunda dos processos psíquicos que participam dela. As observações mostram que, se no início do desenvolvimento a operação com quantidades se resume apenas à percepção direta de certos montantes e grupos numéricos, e a criança de modo geral não conta, mas percebe a quantidade, o desenvolvimento posterior se caracteriza pela quebra dessa forma direta e substituição dela por outros processos de que participa uma série de signos auxiliares mediados, em particular a linguagem analítica, o uso dos dedos e de outros objetos auxiliares, que levam a criança ao processo de recálculo. O desenvolvimento ulterior das operações de cálculo novamente se manifesta em uma reconstrução radical das funções psíquicas que participam delas, e a numeração por meio de sistemas contábeis complexos novamente representa uma neoformação psicológica qualitativamente especial.

Chegamos à conclusão de que o desenvolvimento do cálculo se reduz à participação de funções psíquicas fundamentais, à passagem da aritmética pré-escolar para a escolar não é um processo simples e contínuo, mas um processo de superação de regularidades elementares primárias e substituição delas por novas e mais complexas. Mostraremos isso com base em exemplos concretos.

Se para uma criança pequena o processo de cálculo é inteiramente determinado pela percepção da forma, a seguir essa relação se transforma e a própria percepção da forma é determinada pela tarefa de desmembramento do cálculo. Em nossos experimentos, pedimos a uma criança pequena que contasse a figura de uma cruz feita de cones. Como resultado, obtivemos sempre o mesmo erro: a criança, que percebe a figura como um sistema integral de uma cruz, contou duas vezes o elemento do meio, que fazia parte de ambos os sistemas que se entrecruzavam. Apenas muito mais tarde ela se deslocou para outro tipo de processo; desde o início, a percepção foi definida pelas tarefas de cálculo e desmembrada em três grupos separados de elementos que eram contados em sequência. Nesse processo, não podemos deixar de ver a substituição de dois modos psicológicos de comportamento com a emancipação da ligação direta entre os campos sensório e motor e com a reelaboração da percepção por disposições psicológicas complexas.

Todas essas pesquisas mostram de forma convincente que o evolucionismo no estudo do desenvolvimento do comportamento infantil deve ceder lugar a ideias mais adequadas, que consideram o caráter absolutamente particular do processo de constituição de novas formas psíquicas.

2. Funções psíquicas superiores não se edificam, como um segundo andar, sobre os processos elementares, mas constituem novos sistemas psicológicos que incluem um entrelaçamento complexo de funções elementares que, ao serem introduzidas em um novo sistema, começam a agir elas mesmas segundo novas leis; toda função psíquica superior é, assim, uma totalidade de ordem elevada, determinada fundamentalmente pela combinação peculiar de uma série de funções mais elementares em um novo todo.

Essa tese, que tem importância decisiva para a pesquisa sobre a formação e estrutura de funções psíquicas superiores, já foi observada em nossos experimentos com a reorganização da percepção quando da inserção da linguagem e mais amplamente na transformação mútua e profunda das funções na formação do sistema psicológico complexo "linguagem – operação intelectual prática". Nos casos indicados, observamos realmente a formação de sistemas psicológicos complexos com novas relações funcionais entre membros do sistema e transformações correspondentes das próprias funções. Se a percepção ligada à linguagem começa a funcionar já não segundo as leis do campo sensório, mas por leis organizadas pelo sistema da atenção, se o encontro entre a operação simbólica e o uso de instrumentos traz novas formas de domínio mediado do objeto com uma organização prévia do próprio comportamento, aqui devemos falar em certa lei geral do desenvolvimento psíquico e da formação de funções psíquicas superiores.

Em uma série de investigações psicológicas, chegamos à convicção de que tanto as mais primitivas quanto as mais complexas das funções psíquicas superiores passam pela mesma reconstrução; a investigação psicológica sobre a imitação realizada em nosso laboratório sobre Bojóvitch, Slávina mostrou que as formas primitivas de imitação mecânica de reflexo, ao se inserir no sistema de operações sígnicas, constituem um novo todo, começam a ser construídas segundo leis inteiramente novas e recebem outra função. Em outros experimentos dedicados à investigação psicológica do processo de formação de conceitos, segundo o procedimento elaborado por Sákharov, nossas colaboradoras Kotelóva e Páchkovskaia mostraram que, também nos estágios elevados dos processos psíquicos, a inclusão de funções verbais complexas está ligada à criação de formas totalmente novas de comportamento categorial, não observadas em absoluto antes disso.

3. Com a desagregação de processos psíquicos superiores, em caso de processos patológicos, é eliminada primeiramente a ligação entre as funções simbólicas e as naturais, e em decorrência disso ocorre o destacamento de uma série de processos naturais que começam a funcionar segundo leis primitivas, como estruturas psicológicas mais ou menos independentes. Dessa forma, a desagregação das funções psíquicas superiores são um processo inverso em termos qualitativos ao de sua construção.

Talvez seja difícil imaginar uma desagregação geral tão clara das funções psíquicas superiores mediante um distúrbio da simbolização verbal do que o caso da afasia. O prejuízo da linguagem é acompanhado aqui de uma queda (ou prejuízo significativo) de operações sígnicas; contudo, essa queda não ocorre, em absoluto, como um monossintoma isolado, mas acarreta um distúrbio geral e profundo da atividade de todos os sistemas psíquicos superiores. Em séries especiais de pesquisas pudemos estabelecer que o afásico, que tenha perdido as operações sígnicas superiores, está inteiramente subordinado em suas ações práticas a leis elementares do campo ótico. Em outra série, estabelecemos experimentalmente as mudanças claras, características da atividade efetiva do afásico, que retorna à indistinção primitiva entre as esferas sensória e motora: manifestação motora direta dos impulsos com a impossibilidade de retardar sua ação e de formar intenções elaboradas ao longo do tempo, incapacidade de transformar uma imagem surgida por meio da transferência da atenção, total incapacidade de abstrair estruturas habituais e dotadas de sentido no raciocínio e na ação; retorno a formas primitivas de imitação de reflexo – essas são as consequências mais profundas que estão ligadas ao prejuízo dos sistemas simbólicos superiores.

Pesquisas sobre a afasia mostram com excepcional fundamentação que as funções psíquicas superiores não existem apenas ao lado das inferiores ou acima delas; na realidade, as funções superiores penetram tanto as inferiores e reformam a tal ponto todas, mesmo as mais profundas, as camadas do comportamento, que sua desagregação, ligada ao descolamento dos processos inferiores em suas formas elementares, alteram radicalmente a estrutura do comportamento, retrocedendo-o para um tipo mais primitivo, "paleopsicológico", de atividade.

19
Análise das operações sígnicas da criança[230]

Estamos em condições de fechar o círculo do nosso raciocínio e voltar ao que diziam no início deste trabalho as regularidades que guiam o desenvolvimento do intelecto prático da criança, apenas um caso particular das regularidades de construção de todas as funções psíquicas superiores. As conclusões a que chegamos confirmam essa tese e mostram que as funções psíquicas superiores surgem como uma neoformação específica, como um novo todo estrutural, que se caracteriza por novas relações funcionais estabelecidas dentro dele. Já indicamos que essas relações funcionais estão ligadas às operações de uso de signos, como um aspecto central e fundamental da construção de toda função psíquica superior. Essa operação é, dessa forma, o indício geral de todas as funções psíquicas superiores (inclusive o uso de instrumentos, do qual nós sempre partimos), que deve ser retirada de dentro dos parênteses e submetida, na conclusão de nossa pesquisa, a um exame especial.

A série de trabalhos realizados no decorrer dos últimos anos por mim e meus colaboradores foi dedicada ao problema indicado e, podemos agora, com base nos dados obtidos, descrever esquematicamente as principais regularidades que caracterizam a estrutura e o desenvolvimento das operações sígnicas da criança.

O experimento é a única via pela qual podemos penetrar as regularidades dos processos superiores de forma suficientemente aprofundada; é justamente no experimento que podemos despertar em um único processo

---

230. Traduzido a partir do v. 6, "Naútchnoe nasledstvo", de *Sobranie Sotchinénii v chesti tomakh* (Vigotski, 1984b, p. 60-75). Trata-se do quarto capítulo de *O instrumento e o signo no desenvolvimento da criança*, que foi publicado pela primeira vez em russo nas *Obras reunidas* a partir do manuscrito [N.T.].

artificialmente criado as transformações complexas e dispersas no tempo, que, com frequência, ocorrem de forma latente por anos; que, na gênese natural da criança, nunca seriam acessíveis à observação em todo seu conjunto real, tampouco suas correlações mútuas podem ser captadas diretamente em uma visada única. O pesquisador que tenta alcançar as leis do todo e que deseja penetrar nas ligações causais e genéticas desses aspectos por trás dos indícios externos, é obrigado a recorrer a uma forma especial de experimentação, que será caracterizada abaixo em termos procedimentais e cuja essência consiste na criação de processos que revelam o curso real do desenvolvimento das funções de interesse do pesquisador.

É a pesquisa genético-experimental que possibilita estudar o problema em três aspectos interligados: descrevemos a estrutura, a origem e o destino ulterior das operações sígnicas da criança, o que nos leva a uma compreensão abrangente da essência interna dos processos psíquicos superiores.

A estrutura das operações sígnicas

Iremos nos deter na história da memória infantil e, a partir do exemplo de seu desenvolvimento, tentaremos mostrar as características gerais das operações sígnicas nas seções indicadas anteriormente. Para o estudo comparativo da construção e modo de ação das funções elementares e superiores, a memória oferece um material extremamente proveitoso.

O exame da memória humana no plano filogenético mostra que nos estágios mais primitivos do desenvolvimento psicológico podem ser claramente identificados dois modos fundamentalmente distintos entre si de seu funcionamento. Um deles, predominante no comportamento do humano primitivo, se caracteriza por um registro direto do material, uma consequência simples da vivência real, preservação dos vestígios mnemônicos, cujos mecanismos foram acompanhados de forma especialmente clara por Jaensch no fenômeno do eidetismo. Essa memória é tão direta quanto a percepção imediata, da qual ela ainda não se descolou, e surge do efeito direto causado pela impressão exterior sobre a pessoa. Do ponto de vista da estrutura, o caráter imediato é o principal traço do processo como um todo, um traço que liga a memória humana com a do animal, e que nos dá o direito de chamar essa forma de memória natural.

Contudo, essa forma de funcionamento da memória não é a única mesmo no humano mais primitivo; ao contrário, mesmo nele observam-se outras formas de memorização, que, em uma análise mais detida, revelam ser pertencentes a uma série genética totalmente distinta e nos levam a formas totalmente diferentes do psiquismo humano. Já em operações comparativamente simples, como o uso de um nó ou uma marca para memorizar algo, a estrutura psicológica do processo é inteiramente alterada.

Dois aspectos essenciais distinguem essa operação da fixação simples na memória: por um lado, o processo claramente sai dos limites das funções elementares, diretamente ligadas à memória, e é substituído por operações mais complexas que, por si mesmas, nada têm a ver com a memória, mas que executam na estrutura geral da nova operação uma função que antes era desempenhada pela fixação direta. Por outro lado, a operação ultrapassa ainda os limites dos processos naturais e intracorticais, incluindo na estrutura psicológica também os elementos do meio, que começam a ser utilizados com agentes ativos que dirigem de fora o processo psíquico. Ambos os momentos resultam de um tipo totalmente novo de comportamento; se analisarmos sua estrutura interna, podemos chamá-lo de mediado; se avaliarmos sua diferença em relação às formas naturais de comportamento, podemos classificá-lo de cultural.

O aspecto essencial da operação mnemônica é a participação de determinados signos externos. O sujeito não resolve a tarefa por meio da mobilização direta de suas capacidades naturais; ele recorre a certas manipulações de fora, organizando a si mesmo por meio da organização das coisas, criando estímulos artificiais que se distinguem dos outros por dominarem mediante uma ação inversa: eles não são dirigidos a outras pessoas, mas para si mesmos, e permitem, com ajuda de um signo externo, realizar a memorização. Um exemplo desse tipo de operação sígnica, que organiza o processo da memória, pode ser visto muito cedo na história da cultura. O uso de marcas e nós, rudimentos de escrita e signos primitivos: tudo isso constitui um inventário que mostra que, em estágios precoces do desenvolvimento da cultura, o ser humano já havia ultrapassado os limites das funções psíquicas que lhe foram dadas pela natureza e passado a uma organização nova, cultural, de seu comportamento.

É totalmente compreensível que em uma operação simbólica tão elevada como a utilização de signos para memorização, temos um produto de um complexo desenvolvimento histórico; uma análise comparativa mostra que esse tipo de atividade inexiste em todos os tipos de animais, mesmo os superiores, e há todo fundamento para se pensar que ele seja produto de condições específicas do desenvolvimento social. É claro que essa autoestimulação só poderia surgir depois que estímulos semelhantes já tivessem sido criados para estimulação do outro, e que ele tem atrás de si uma longa história. Verifica-se que a operação sígnica percorre o mesmo caminho percorrido pela linguagem na ontogênese, que antes era um meio de estimulação do outro e só depois se torna uma função intrapsíquica.

Com a passagem para a operação sígnica, não apenas passamos para processos psíquicos de maior complexidade, mas deixamos efetivamente o campo da história natural do psiquismo e ingressamos na esfera das formas históricas de comportamento.

A passagem para funções psíquicas superiores por meio da mediação e da construção de operações sígnicas pode ser investigada com sucesso em experimentos com crianças. Para tanto, podemos passar de experimentos elementares com reações diretas em tarefas para aqueles em que a criança realiza a tarefa com ajuda de uma série de estímulos auxiliares, que organizam a operação psicológica. Na tarefa, para a memorização de determinada quantidade de palavras, podemos dar à criança uma série de objetos ou figuras que não repetem a palavra proposta, mas que são capazes de servir de signo condicional, que ajuda a criança a reproduzir a palavra necessária em seguida. O processo que estudamos nesse experimento deve, portanto, distinguir-se nitidamente de uma memorização simples, elementar; a tarefa deve ser resolvida por meio de uma operação mediada, pelo estabelecimento de certa relação entre o estímulo e o signo auxiliar; no lugar da memorização simples, temos aqui um processo integral, que pressupõe um modo significativamente mais complexo de organização do comportamento do que aquele que é inerente a funções psíquicas elementares. Na realidade, se toda forma elementar de comportamento pressupõe, em última instância, certa reação indireta à tarefa colocada diante do organismo e pode ser expressa pela fórmula simples $S - R$, a estrutura da operação sígnica, por sua vez, é muito mais complexa. Entre o estímulo e a reação, que antes eram unidos por uma conexão direta, insere-se aqui um membro intermediário, que desempenha um papel totalmente especial, claramente distinto de tudo o que podemos ver nas formas elementares de comportamento. Esse estímulo de segunda ordem deve ser envolvido na operação com a função especial de servir à sua organização; ele deve ser especialmente estabelecido pela personalidade e dominar uma ação inversa, que suscita uma reação específica; o esquema do ato complexo e mediado, em que o impulso direto à reação é inibido e a operação segue uma rota alternativa, estabelecendo um estímulo auxiliar, que realiza a operação de forma mediada.

Uma investigação atenta mostra que, em formas significativamente mais elevadas em comparação com o esquema elementar apresentado, vemos essa estrutura em processos psíquicos superiores. O membro mediador do esquema, como se pode imaginar, é apenas um modo de melhorar, de aperfeiçoar a operação; ao dominar a função específica da ação inversa, ele transfere a operação psíquica para formas superiores e qualitativamente novas, permitindo que a pessoa, por meio de estímulos externos, domine de fora seu comportamento. O uso de signos, que é, ao mesmo tempo um meio de autoestimulação, leva a pessoa a uma estrutura totalmente nova e específica de comportamento, que rompe com as tradições do desenvolvimento natural e pela primeira vez cria uma nova forma de comportamento psicocultural.

Os experimentos realizados em nosso laboratório (Leontiev, 1930) com a utilização de um signo externo para memorização mostraram que essa forma de operação psíquica não é apenas essencialmente nova em comparação com a memorização direta, mas também ajuda a criança a superar as fronteiras estabelecidas pela memória pelas leis naturais da *mneme*; mais do que isso, ela é predominantemente o mecanismo da memória que é sujeito ao desenvolvimento.

A presença de tais rotas superiores, ou alternativas, para memorização, assim como a possibilidade de tais operações indiretas, não é algo desconhecido. A psicologia experimental foi responsável por tê-las identificado. Contudo, pesquisas clássicas não foram capazes de ver nelas formas novas, específicas e únicas de comportamento, adquiridas no processo de desenvolvimento histórico. Operações desse tipo (p. ex., a memorização mnemotécnica) eram vistas como sendo não outra coisa senão uma combinação artificial de uma série de processos elementares, de cuja coincidência feliz resulta o efeito mnemotécnico; esse procedimento criado na prática não era analisado pela psicologia como uma forma essencialmente nova de memória, como um novo modo de sua atividade.

Nossos experimentos levaram a uma conclusão totalmente oposta. Ao examinarmos a operação de memorização com ajuda de signos externos, ao analisarmos sua estrutura, fomos convencidos de que ela não é um simples "foco psicológico", mas tem todos os traços e todas as propriedades de uma função efetivamente nova e integral, representando uma totalidade de ordem superior, cujas partes individuais são unidas em relações que não se reduzem nem às leis de associação nem às leis da estrutura, já bem-estudadas em operações psíquicas diretas. Definimos essas relações funcionais específicas como a função sígnica dos estímulos auxiliares, com base na qual ocorre uma correlação fundamentalmente nova entre os processos psíquicos incluídos de uma dada operação.

O caráter integral e específico da operação sígnica pode ser claramente observado em experimentos. Eles mostram que, se as ligações a que a criança recorre ao tentar memorizar a palavra dada por meio de um signo fossem formadas segundo as leis da associação ou da estrutura (não entraremos aqui, em essência, na resolução dessa questão), a especificidade da operação sígnica não poderia ser explicada por elas. Na realidade, uma ligação associativa ou estrutural simples ainda não domina a reversibilidade, e o signo associado à palavra não deve necessariamente, ao ser apresentado outra vez, fazer lembrar a palavra dada. Há muitos casos em que o processo que se dá segundo leis estruturais comuns ou ligações associativas não leva a uma operação mediada e a figura apresentada repetidamente desperta novas associações na criança, em vez de fazê-la voltar a uma determinada palavra. É preciso ainda que a criança tome consciência do caráter de direcionamento ao objetivo de toda operação para que surja uma relação sígnica específica ao estímulo auxiliar; apenas então a ligação estrutural ou associativa assume o caráter reversivo necessário e o surgimento reiterado do signo leva necessariamente o sujeito a voltar à palavra fixada por meio desse signo.

Iremos nos deter a seguir nas raízes desses complexos processos psíquicos; gostaríamos apenas de observar aqui que somente nos limites da *operação instrumental* os processos associativos ou estruturais começam a desempenhar um papel auxiliar ou mediado. O que se desenrola diante de nós não é uma combinação aleatória de funções psíquicas, mas uma forma realmente nova e especial de comportamento.

O processo por nós descrito é característico não apenas para a construção de formas superiores de memória. Contudo, estaríamos errados se pensássemos que tais operações trazem apenas melhorias quantitativas para a atividade das funções psíquicas. Experimentos especiais mostram que o esquema descrito é o princípio geral da construção de funções psíquicas superiores; com ajuda deles são criadas novas estruturas psicológicas que não existiam antes e que, evidentemente, são impossíveis sem a operação sígnica.

Ilustraremos essa tese a partir do exemplo da investigação genética da atividade da atenção voluntária da criança.

Ao colocarmos uma criança de 7-8 anos em condições que exigem uma tensão elevada e constante da atenção (p. ex., ao propormos que ela nomeie as cores de objetos mencionados nas questões, sem repetir duas vezes a mesma cor e sem nomear duas cores proibidas), verificamos a total impossibilidade de executar corretamente a tarefa quando a criança tenta resolvê-la diretamente. Contudo, basta que a criança seja colocada no caminho da organização mediada do processo, pela aplicação de certos signos auxiliares, para que a tarefa seja facilmente resolvida.

Nos experimentos realizados em nosso laboratório (Leontiev), demos à criança uma série de cartões coloridos, cuja utilização foi sugerida para facilitar a tarefa. Nos casos em que a criança não se apoiou neles em sua atividade (p. ex., não deixou as cores proibidas de lado e não as removeu do campo fixado), a tarefa permaneceu insolúvel. Não obstante, a criança resolveu-a facilmente quando substituiu a nomeação direta das cores por uma estrutura complexa de respostas, baseando-se nos signos auxiliares: colocou as cores proibidas num campo fixo e levou para lá as cores já nomeadas uma vez, formando, assim, um grupo de estímulos proibidos que controlavam as respostas seguintes. Ao responder sempre por meio dos estímulos-signos auxiliares, a criança organizou de fora sua atenção ativa e adaptou-se a tarefas impossíveis de serem revolvidas por formas diretas, elementares de comportamento.

Análise genética da operação sígnica

Iremos nos deter na mediação das operações psíquicas como marca específica da estrutura das funções psíquicas superiores. Seria, contudo, um grande equívoco supor que esse processo surge por vias puramente lógicas, que ele é produzido e descoberto pela criança na forma de uma conjectura instantânea (vivência do tipo "a-há!"), por meio da qual ela assimila de uma vez por todas a relação entre o signo e o seu modo de utilização, de forma que todo desenvolvimento posterior dessa operação básica flui por um caminho puramente dedutivo. Igualmente equivocado seria pensar que a relação simbólica com certos estímulos é compreendida intuitivamente pela criança, como se fosse haurida das profundezas de seu próprio espírito, que a simbolização é um *a priori* kantiano primordial e não redutível, uma capacidade existente desde o princípio na consciência de criar e compreender o símbolo.

Ambos os pontos de vista, tanto o intelectualista quanto o intuitivista, eliminam em essência a questão da gênese da atividade simbólica, uma vez que para um deles as funções psíquicas superiores são dadas antes de qualquer experiência, como se estivessem depositadas na consciência e esperassem a ocasião de se manifestarem no encontro com o conhecimento empírico da coisa. E esse ponto de vista necessariamente leva a uma concepção apriorística das funções psíquicas superiores. Já para a outra perspectiva, a questão da origem das funções psíquicas superiores não é um problema, uma vez que ela pressupõe que esses signos são criados e a seguir todas as formas correspondentes de comportamento derivam deles como consequências de pressupostos lógicos. Por fim, já mencionamos de passagem a inconsistência, do nosso ponto de vista, das tentativas de reduzir a atividade simbólica complexa de uma simples interferência e somatório de hábitos.

Ao observar no curso de diversas séries experimentais diferentes funções psíquicas e estudar passo a passo o caminho de seu desenvolvimento, chegamos a uma conclusão totalmente oposta àquela das visões que acabamos de apresentar. Os fatos revelaram o significado profundo do processo que chamamos de história natural das operações sígnicas. Estamos convencidos de que as operações sígnicas não surgem de outra forma senão como resultado de um processo muito complexo e prolongado, que revela as principais regularidades da evolução psíquica. Isso significa que as crianças não simplesmente inventam as operações sígnicas ou as copiam dos adultos, mas elas surgem de algo que, inicialmente, não é uma operação sígnica, e que se torna tal apenas depois de uma série de transformações qualitativas, sendo que cada uma condiciona o estágio seguinte e é ela própria condicionada pelo antecessor, ligando-os como estágios de um único processo que é histórico em sua natureza. Nesse sentido, as funções psíquicas superiores não são a exceção da regra geral e não se distinguem dos demais processos elementares: elas são igualmente subordinadas à lei fundamental do desenvolvimento, que não tem exceções; elas surgem não como algo introduzido de fora ou que vem de dentro no processo geral do desenvolvimento psíquico da criança, mas como resultado natural desse mesmo processo.

Com efeito, ao incluir a história das funções psíquicas superiores no contexto gral do desenvolvimento psíquico e tentar compreender o surgimento daquelas a partir das leis deste, devemos necessariamente alterar a compreensão habitual desse processo e de suas leis: já dentro do processo geral de desenvolvimento distinguem-se claramente duas linhas fundamentais qualitativamente distintas, isto é, a linha da formação biológica dos processos elementares e a linha da formação sociocultural das funções psíquicas superiores, a partir do entrelaçamento dos quais surge a verdadeira história do comportamento infantil.

Acostumados a todo percurso de nossas observações e à distinção das duas linhas indicadas, deparamo-nos, contudo, com um fato que nos impressionou, que lança luz sobre a questão da origem das funções sígnicas na ontogênese da criança: foi estabelecido em uma série de pesquisas a existência de uma ligação genética entre ambas as linhas e, com isso, das formas transitórias entre funções psíquicas elementares e superiores. Ocorre que o amadurecimento mais precoce das operações sígnicas complexas se realiza ainda em um sistema de formas puramente naturais de comportamento e que as funções superiores têm, dessa forma, um "período uterino" de desenvolvimento, que as ligam com as bases naturais do psiquismo da criança. Observações objetivas mostraram que entre a camada puramente natural do funcionamento elementar dos processos psíquicos e a camada superior das formas mediadas de comportamento há um enorme campo de sistemas psicológicos transitórios; entre o natural e o cultural, na história do comportamento, já o campo do primitivo. Esses dois momentos (a história do desenvolvimento das funções psíquicas superiores e sua ligação genética com as formas naturais de comportamento) são o que designamos como *história natural do signo*.

A ideia de desenvolvimento é, aqui, ao mesmo tempo a chave para compreensão da totalidade de todas as funções psíquicas e do surgimento de formas superiores qualitativamente distintas; chegamos, portanto, à tese de que as formações psíquicas mais complexas surgem das inferiores por meio do desenvolvimento.

Experimentos com o estudo da memorização mediada permitem acompanhar o processo de desenvolvimento em toda sua plenitude. Para o primeiro estágio do uso do signo é altamente característico certo primitivismo de todas as operações psicológicas. O estudo atento mostra que o signo, aplicado aqui para memorização de certo estímulo, ainda não está inteiramente separado dele; ele entra com o estímulo em certa estrutura sincrética geral, que capta tanto o objeto quanto o signo, e ainda não serve de meio para memorização.

A criança que está no primeiro estágio do desenvolvimento ainda não consegue tomar consciência do direcionamento a um objetivo da operação associada ao uso do signo; se ela se volta às figuras auxiliares para lembrar a palavra dada, isso ainda não quer dizer que o sujeito seja igualmente hábil no caminho inverso, isto é, na reprodução da palavra mediante apresentação do signo. O experimento com esse tipo de reprodução mostra que a criança que está nesse estágio geralmente não recorda o estímulo inicial quando o signo é apresentado, mas reproduz diante de toda a situação sincrética a que o signo a impele, e que pode incluir também o estímulo principal entre outros elementos. Ele deve ser lembrado pelo signo apresentado. O período em que o signo auxiliar deixa de ser um estímulo específico, que faz a criança retornar obrigatoriamente à situação de partida, mas constitui sempre um impulso para o desenvolvimento posterior de toda estrutura sincrética na qual ele se insere, sem dúvida, é típico para o primeiro estágio, primitivo, da história do desenvolvimento das operações sígnicas.

Uma série de fatos nos convence de que nesse estágio do desenvolvimento o signo age como parte de uma situação sincrética geral.

> 1. Não é qualquer signo, em absoluto, que serve à operação da criança, assim como não é qualquer signo que pode se unir a qualquer significado. O uso limitado do signo está ligado à sua inserção obrigatória em um determinado complexo já pronto, que também inclui o significado e que o liga ao signo. Essa tendência se manifesta de forma especialmente clara em crianças de 4-6 anos. A criança busca entre signos apresentados aquele que já tenha uma ligação pronta com a palavra a ser lembrada. Nessa idade são

típicas as declarações de que entre as figuras auxiliares apresentadas "não tem nenhuma que serve" para lembrar o estímulo proposto. Apesar de memorizar facilmente a palavra proposta com ajuda de uma figura entre com a palavra em um complexo pronto, a criança não tem condições de usar qualquer signo, ligá-lo a determinada palavra por meio de uma estrutura verbal auxiliar.

2. Nos experimentos em que foram oferecidas figuras sem sentido como material auxiliar para memorização (Zankov), com muita frequência obtinha-se não a recusa de utilizá-las ou uma tentativa de associá-las a determinada palavra de alguma forma artificial desconhecida, mas tentativas de fazer das figuras um reflexo imediato da palavra dada, um desenho direto dela. Em todos os casos, a figura auxiliar não foi ligada ao significado proposto por meio de alguma ligação mediada, mas eram como um desenho direto, imediato da palavra.

Dessa forma, a introdução de um material sígnico sem sentido no experimento não apenas não estimulou, como se poderia supor, a criança a passar do uso de associações prontas, já formadas, para a criação de novas, levou-a de fato a um resultado diametralmente oposto: a uma busca por ver na figura dada uma representação esquemática de algum objeto e à recusa de memorizar quando isso era impossível.

3. Esse fenômeno apareceu, via de regra, em experimentos com crianças pequenas, em que serviram de estímulos auxiliares figuras dotadas de sentido, não diretamente ligadas à palavra proposta. Nos experimentos de Iússevitch, verificou-se que em um número expressivo de casos a figura auxiliar, em essência, também não foi usada como signo, mas a criança tentou ver diretamente nela o objeto que precisava memorizar. Assim, a criança memorizou facilmente a palavra "sol" com ajuda de uma figura em que estava desenhado um machado, apontando para uma pequena mancha amarela e dizendo "isso aqui é o sol". O caráter mediado complexo da operação é substituído aqui por uma tentativa elementar de criar um reflexo direto "eidético" do conteúdo proposto no signo auxiliar. Dessa forma, em nenhum dos casos se pode dizer que a criança, ao reproduzir a palavra dada, memoriza da mesma forma que, quando, ao olhar uma fotografia, nós nomeamos o original.

Os fatos listados mostram que, nesse estágio do desenvolvimento, a palavra ainda é unida ao signo segundo leis diferentes do que na operação sígnica desenvolvida. Justamente devido a isso, todos os processos psíquicos que compõem as operações mediadas (p. ex., a escolha do signo auxiliar, o processo de memorização e recuperação do significado preenchido) ocorrem de forma essencialmente distinta. Precisamente esse fato é a verificação funcional e a confirmação de que o estágio intermediário do desenvolvimento entre processos elementares e totalmente mediados tem suas próprias leis de associações e correlações, a partir das quais apenas depois se desenvolverá a operação mediada totalmente acabada.

Experimentos especiais permitiram que investigássemos de forma mais detalhada a história natural do signo. Ao estudar o uso do signo pela criança e o desenvolvimento dessa atividade, chegamos inevitavelmente à investigação de como surge a atividade sígnica. A esse problema foram dedicadas pesquisas especiais, que podem ser divididas em quatro séries.

1. A investigação de como o significado do signo surge para a criança no processo da brincadeira experimentalmente organizada com objetos.

2. O estudo das ligações entre signo e significado, entre palavra e objeto.

3. O estudo das enunciações da criança ao explicar o motivo pelo qual determinado objeto é designado por determinada palavra (de acordo com o método clínico de Piaget).

4. A investigação realizada segundo o método de reação de escolha.

Essas pesquisas, se apresentarmos seus resultados negativamente, levam-nos à seguinte conclusão: a atividade sígnica surge na criança de forma diferente do que os hábitos, descobertas ou invenções complexas. A criança não inventa, mas aprende-a. As teorias intelectualistas ou mecanicistas são igualmente falsas. Embora não seja raro que aspectos do desenvolvimento de hábitos ou de "descobertas" intelectuais estejam entrelaçados à história da aplicação de signos por crianças, eles não determinam o desenvolvimento interno desse processo e participam dele apenas como componentes auxiliares, subordinados e secundários de sua estrutura.

As operações sígnicas são resultado de um complexo processo de desenvolvimento. No início dele é possível observar as formas transitórias, mistas, que unem tanto componentes naturais como culturais do comportamento infantil. Chamamos essas formas de estágios do primitivismo infantil, ou de história natural do signo. Em contraposição a teorias naturalistas da brincadeira, nossos experimentos levaram-nos à conclusão de que a brincadeira é a via principal do desenvolvimento cultural da criança, e em particular do desenvolvimento de sua atividade sígnica.

Os experimentos mostram que na brincadeira a linguagem da criança também está longe da consciência do caráter convencional da operação sígnica, da consciência da ligação arbitrariamente estabelecida entre signo e significado. Para se tornar signo de uma coisa (palavra), o estímulo deve ter apoio nas qualidades do objeto designado. Nem todas as coisas são igualmente importantes para a criança nessa brincadeira. As qualidades reais da coisa e seus significados sígnicos atuam na brincadeira em uma interação estrutural complexa. Dessa forma, para a criança a palavra está ligada à coisa por meio de suas qualidades e está inserida em uma estrutura comum com ela. Por isso, em nossos experimentos a criança não concorda em chamar o chão de espelho (ela não consegue caminhar em cima do espelho), mas consegue transformar uma cadeira em trem, empregando suas qualidades na brincadeira, ou seja, manipulando-a como se fosse um trem. A criança se recusa a chamar uma luminária de mesa e vice-versa, uma vez que "não dá para escrever sobre a luminária, e a mesa não acende". Para ela, substituir a designação significa substituir a qualidade das coisas.

Não conhecemos nada que mostra com tamanha clareza que, desde o início do domínio da linguagem, a criança ainda não discerne nenhuma ligação entre signo e significado, que a tomada de consciência dessa ligação ainda leva muito tempo para acontecer. Como mostram experimentos posteriores, *a função de nomeação* não surge de uma descoberta única, mas tem sua própria história natural; ao que parece, no início do desenvolvimento a linguagem da criança não descobre que cada coisa tem seu nome, mas ela domina novos modos de ação sobre as coisas.

Assim, as relações entre signo e significado que, por sua forma análoga de funcionamento, por sua semelhança exterior, logo nos remetem à ligação correspondente em adultos, na realidade, por sua natureza interna são formas psicológicas de um tipo totalmente distinto. Localizar o domínio dessas relações bem no início do desenvolvimento cultural da criança significa ignorar a complexa história de formação interna dessa relação, uma história que se prolonga por mais de dez anos.

O desenvolvimento posterior das operações sígnicas

Descrevemos a estrutura e as raízes genéticas das operações sígnicas da criança. Contudo, seria incorreto pensar que a mediação com ajuda de certos signos externos é uma forma eterna das funções psíquicas superiores; uma análise genética atenta nos convence justamente do contrário, e leva-nos a pensar que essa forma de comportamento também é apenas uma determinada etapa da história do desenvolvimento psíquico, que cresce a partir de sistemas primitivos e que pressupõe a passagem em estágios posteriores para formações psicológicas significativamente mais complexas.

As observações do desenvolvimento da memorização mediada que apresentamos anteriormente já apontam para um fato extraordinariamente peculiar: se inicialmente as operações mediadas ocorriam exclusivamente com ajuda de signos externos, em etapas posteriores do desenvolvimento a mediação externa deixa de ser a única operação por meio da qual mecanismos psicológicos superiores resolvem as tarefas colocadas. O experimento mostra que se alteram aqui não somente as formas de uso dos signos, mas há uma mudança radical da própria estrutura da operação. Essencialmente, podemos expressar essa mudança se dissermos que, de externamente mediada, a operação se torna internamente mediada. Isso pode ser verificado pelo fato de que a criança começa a memorizar o material proposto segundo o modo descrito acima, só que sem recorrer aos signos exteriores que, a partir desse momento, se tornam desnecessários a ela.

Toda operação de memorização mediada ocorre agora como um processo puramente interno, sobre o qual não pode dizer, se julgar pelo seu aspecto externo, que ele se distingue de algum modo da forma inicial de memorização direta. Se avaliarmos apenas os dados exteriores, pode parecer que a criança apenas passou a memorizar mais, melhor, que ela de certa forma aperfeiçoou e desenvolveu sua memória e, o mais importante, voltou ao modo de memorização direta, em relação ao qual nosso experimento a havia afastado. Contudo, esse retorno é apenas aparente: o desenvolvimento, como costuma acontecer, se move não em círculo, mas em espiral, retornando ao ponto percorrido em um nível superior.

Essa passagem da operação para dentro, essa interiorização das funções psíquicas superiores ligada a novas mudanças em sua estrutura, é chamada de *processo de enraizamento*[231], tendo em vista principalmente o seguinte: as funções psíquicas superiores são construídas inicialmente como formas exteriores de comportamento e se apoiam em um signo externo, que de forma alguma é aleatório, mas, ao contrário, é determinado pela natureza psicológica da função superior, que, como dissemos acima, não surge como continuação direta de processos elementares, mas constitui um modo social de comportamento, aplicado a si mesmo.

A transferência de modos de comportamento social para dentro do sistema de formas individuais de adaptação não é em absoluto uma transferência mecânica; ela não se realiza automaticamente, mas está ligada a transformações da estrutura e da função de toda operação e constitui um estágio especial do desenvolvimento de formas superiores de comportamento. Transferidas para a esfera do comportamento individual, formas complexas de colaboração começam a funcionar segundo as leis do todo primitivo, do qual ele agora constitui parte orgânica. Entre a tese de que as funções psíquicas superiores (das quais o uso de signos é parte inseparável) surgem no processo de colaboração e interação social, e a tese de que essas funções se desenvolvem a partir de raízes primitivas com base em funções inferiores e mais elementares, ou seja, entre a sociogênse das funções superiores e sua história natural, existe uma contradição genética, mas não lógica. A passagem da forma coletiva de comportamento para a individual rebaixa inicialmente o nível de toda operação na medida em que ela se insere no sistema de funções primitivas, assumindo qualidades comuns a todas as funções daquele nível. As formas sociais de comportamento são mais complexas e seu desenvolvimento segue adiante na criança; ao se tornarem individuais elas *se rebaixam* e começam a funcionar segundo leis mais simples. Por exemplo, a linguagem egocêntrica como tal é mais simples em sua estrutura do que a linguagem comum, mas como estágio do desenvolvimento do pensamento ela é superior à linguagem social da criança de mesma idade; por isso, talvez, Piaget a tenha analisado como predecessora da linguagem social e não como uma forma produzida a partir dela.

Assim, chegamos à conclusão de que, no início, toda função psíquica superior necessariamente traz um caráter de atividade externa. Inicialmente o signo é, via de regra, um estímulo auxiliar exterior, um meio exterior de autoestimulação. Isso se deve a dois motivos: em primeiro lugar, as raízes

---

231. Em russo "*vráschivanie*", cf. nota no texto 2 [N.T.].

de tal operação estão em formas coletivas de comportamento, que sempre se relacionam à esfera da atividade exterior, e, em segundo lugar, isso ocorre devido às leis primitivas da esfera individual de comportamento, que ainda não se separaram da atividade externa, não se separaram da percepção imediata e da ação externa, por exemplo, do pensamento prático da criança.

O fato da "interiorização" das operações sígnicas foi acompanhado experimentalmente em duas situações: em experimentos de massa com crianças de diferentes idades e em individuais, isto é, em experimentos prolongados com uma criança. No trabalho de Leontiev, para esse objetivo, foi realizado em nosso laboratório um experimento com memorização direta e mediada em uma grande quantidade de crianças a partir de 7 anos de idade até adolescentes. A mudança da quantidade dos elementos preenchidos em ambos os casos constitui as duas linhas que revelam a dinâmica das operações sígnicas no decorrer de todo o processo de desenvolvimento infantil. O desenho mostra a linha de desenvolvimento da memorização direta e mediada em diferentes idades[232].

Uma série de aspectos salta imediatamente aos olhos: as duas linhas não estão dispostas aleatoriamente, mas revelam certa regularidade. É totalmente compreensível que a linha de memorização direta esteja abaixo da linha de memorização mediada, e que ambas revelem certa tendência de crescimento. Trata-se, contudo, de um crescimento desigual em certos segmentos do desenvolvimento infantil: se até os 10-11 anos há um forte crescimento da memorização externamente mediada, deixando a linha de baixo claramente para trás, é justamente nesse período que ocorre a virada e na idade escolar mais avançada o crescimento da memória externamente mediada revela uma dinâmica especial. Em ritmo ela toma a frente da linha do desenvolvimento das operações externamente mediadas.

A análise desse esquema que convencionamos chamar de *paralelogramo de desenvolvimento* e que permanece estável em todos os experimentos mostra que ele é determinado por formas que desempenham um papel primordial no desenvolvimento de processos psíquicos superiores na criança. Se para a primeira etapa do desenvolvimento era característico que a criança tivesse condições de mediar sua memória apenas recorrendo a certos procedimentos externos (daí o forte crescimento da linha superior),

---

232. Para as figuras, cf. Anexo desta edição.

deixando a memorização que não se apoia em signos externos em uma retenção essencial, direta, quase que mecânica na memória, na segunda etapa do desenvolvimento ocorre um salto brusco: as operações sígnicas externas como um todo chegam ao limite e, em seguida, a criança começa a reorganizar seu processo interno de memorização que não se apoia em signos externos; o processo *natural* é mediado, a criança começa a aplicar certos procedimentos internos e um forte aumento da curva de baixo mostra que ocorreu uma virada.

No desenvolvimento de operações mediadas a fase do emprego de signos externos desempenha um papel decisivo. A criança passa aos processos sígnicos internos, pois ela passou pela fase em que esses processos ocorriam do lado de fora. Uma série de experimentos individuais nos convenceram disso: depois de medir o coeficiente de memorização natural da criança, ao longo de certo tempo realizamos experimentos com memorização mediada externamente e, em seguida, novamente verificamos a operação que não se baseia no uso de signos externos. Os resultados mostram que mesmo em experiências com crianças com atraso mental ocorre inicialmente um crescimento significativo da memorização externamente mediada e, a seguir, também da *não mediada*, que depois de uma série intermediária de experimentos tem efeito 2 a 3 vezes melhor, transferindo, como mostra a análise, os procedimentos da operação sígnica externa para processos internos.

Nas operações descritas tem-se um processo de tipo duplo: por um lado, o processo natural sobre uma reconstrução profunda, convertendo-se em um ato alternativo, mediado; por outro, a própria operação sígnica se transforma, deixando de ser externa e tornando-se complexos sistemas psicológicos internos. A transformação dupla está justamente simbolizada em nosso esquema pela virada das duas curvas, que coincidem em um ponto e que indicam a dependência interna desses processos. Estamos diante de um processo de grande importância psicológica: o que antes era uma operação sígnica externa, um modo cultural de domínio de si vindo de fora, transforma-se em uma nova camada intrapsicológica, engendra um novo sistema psicológico, incomparavelmente mais elevado em sua composição e cultural e psicológico em sua gênese.

Esse *processo de enraizamento* de formas culturais de comportamento, no qual acabamos de nos deter está ligado a transformações profundas na atividade de importantes funções psíquicas, com uma reorganização radical da atividade psíquica com base nas operações sígnicas. Por um lado, processos psíquicos naturais, como os vistos em animais, deixam de existir de forma pura, inserindo-se no sistema de comportamento que foi reconstruído em uma base psicológica e cultural em um novo todo. Esse novo todo necessariamente inclui as funções elementares anteriores que, contudo, continuam a existir nelas em uma forma removida, agindo segundo as novas regularidades, características do sistema surgido.

Por outro lado, há uma forte reorganização da própria operação de uso do signo externo. Por ser uma operação importante e decisiva para a criança de pouca idade, ela é substituída por formas essencialmente distintas; o processo internamente mediado começa a se utilizar de ligações e procedimentos totalmente novos, que não se parecem com aqueles que eram característicos da operação sígnica externa. Aqui o processo sofre mudanças que são análogas às observadas quando a criança passa da linguagem externa para a interna. Como resultado do processo de enraizamento das operações psicológicas culturais obtém-se uma nova estrutura, uma nova função dos procedimentos aplicados antes e uma composição inteiramente nova de processos psíquicos complexos.

Seria extremamente primitivo pensar que a reconstrução ulterior de processos psíquicos superiores sob influência do uso de signos ocorra com base na transferência de toda operação sígnica pronta para dentro; seria igualmente equivocado considerar que no sistema desenvolvido de processos psíquicos superiores ocorre uma simples edificação de um andar superior acima dos inferiores e, ao mesmo tempo, a existência de duas formas relativamente independentes de comportamento (a natural e a mediada). Na realidade, como resultado do enraizamento da operação cultural, obtém--se um entrelaçamento qualitativamente novo de sistemas que distinguem claramente a psicologia do ser humano das funções elementares do comportamento animal. Esses complexos entrelaçamentos ainda não foram estudados e podemos indicar apenas alguns de seus aspectos principais mais característicos.

No *enraizamento*, ou seja, na transição das funções para dentro, ocorre uma reconstrução complexa de todas as suas estruturas. Os aspectos essenciais dessa reconstrução, como mostra o experimento, são os seguintes: 1) substituição das funções; 2) transformação das funções naturais (processos elementares que formam a base de funções superiores e de suas partes componentes); 3) surgimento de novos sistemas psicológicos funcionais (ou funções sistêmicas), que assumem na estrutura geral do comportamento o papel realizado até então por funções separadas.

Seria possível explicar brevemente esses três aspectos, ligados internamente entre si, a partir das transformações ocorridas no enraizamento de funções superiores da memória. Mesmo nas formas mais simples de memorização mediada, o fato da substituição de funções se manifesta com total clareza. Não à toa, Binet chama a memorização mnemotécnica de uma série de números de modelo de memória numérica. O experimento mostra que, em tal memorização, tem fator decisivo não a força da memória ou seu nível de desenvolvimento, mas a atividade de combinação, de construção de estruturas, de análise das relações, o pensamento no sentido amplo e outros processos, que substituem a memória e determinam a estrutura dessa atividade. Na passagem da atividade para dentro, a própria substituição das funções leva a uma verbalização da memória e, ligado a isso, à memorização com ajuda de conceitos. Graças à substituição de funções, o processo elementar de memorização se desloca do lugar que ocupava inicialmente, ainda não se separa da nova operação, mas usa sua posição central em toda estrutura psicológica e ocupa uma nova posição em relação a todo novo sistema de ações que atuam em conjunto.

Com resultado de todas essas transformações, a nova função da memória (que agora se torna um processo mediado interno) apenas pelo nome se parece com o processo elementar de memorização; em sua essência interna, trata-se de uma nova formação específica, que tem suas próprias leis.

Anexo

Figuras retiradas de Leontiev, A.N., *Izbrannie psikhologuítcheskie proizvedéniia: v 2-kh t.* [Obras psicológicas selecionadas em 2 volumes], Moscou, 1983, v. 1, p. 55, 56, 58 (Nota da edição russa)

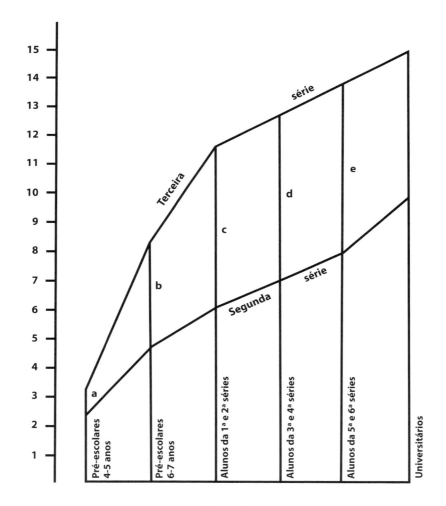

Figura 2

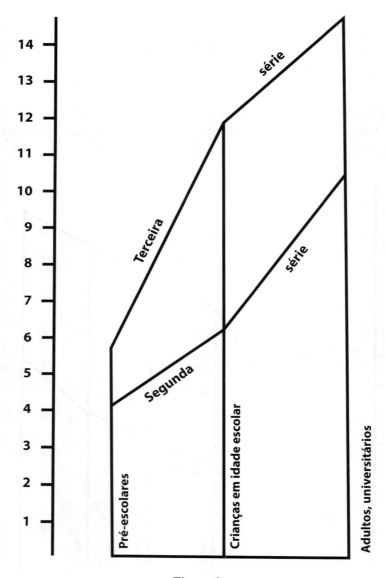

Figura 3

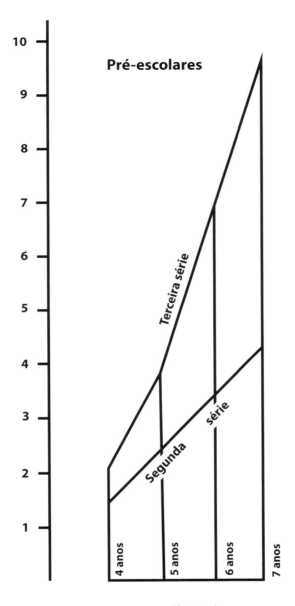

Figura 4

Referências

ACH, M.G. *Gestalt psychology in German culture, 1890-1967: Holism and the queste for objectivity*. Cambridge: Cambridge University Press, 1967.

ACH, M.G. *Über die Begriffsbuldung [Sobre a formação de conceitos]*. Bemberg: [*s. n.*], 1921.

ADLER, A. *Praxis und Theorie der Individualpsychologie [Prática e teoria da psicologia individual]*. Munique: [*s. n.*], 1927.

ADLER, A. *Über den nervösen Charakter*. Munique: [*s. n.*], 1928.

ALLPORT, F.H. *Institutional behavior: Essays toward a re-interpretation of contemporary social organization*. Chapel Hill: University of North Carolina Press, 1933.

ALTHUSSER, L. *Politics and history: Montesquieu, Rousseaus, Hegel, Marx*. Nova York: Schocken, 1978.

AMENT, W. *Die Entwicklung von Sprechen und Denken beim Kinder [O desenvolvimento da linguagem e do pensamento em crianças]*. Leipzig: [*s. n.*], 1899.

AUSTIN, J.L. *How to do things with words*. Oxford: Oxford University Press, 1962.

BACHER. Die Ach'sche Suchmethode in ihrer Verwendung zur Intelligenzprüfung. *Untersuchung zur Philosophie, Psychologie und Pädagogie*, [*s. l.*], n. 3/4, 1925.

BAKAN, D. The crisis in psychology. *Journal of Social Distress and the Homeless*, [*s. l.*], n. 5, p. 335-342, 1998.

BAKHTIN, M.M. *The dialogic imagination*. Austin: University of Texas Press, 1981.

BANDURA, A. *Social foundation of thought and action: A social cognitive theory*. Englewood Cliffs: Prentice Hall, 1986.

BEIN, E.S. *et al*. Afterword. *In*: RIEBER, R.; CARTON, A. (ed.). *Collected works: The fundamentals of defectology (abnormal psychology and learning disabilities)*. Nova York: Kluwer Academic/Plenum, 1993. v. 2.

BÉKHTEREV, V.M. *Kollektívnaia psikhlóguiia [Psicologia coletiva]*. Petrogrado: [*s. n.*], 1921.

BÉKHTEREV, V.M. *Obschie osnóvi refleksológuii tcheloviéka [Fundamentos gerais da reflexologia humana]*. Moscou, Leningrado: [*s. n.*], 1923.

BINET, A. *Psychologie des grands calculaterus et jouers dóeches*. Paris: [*s. n.*], 1894.

BINSWANGER, L. *Einführung in die Probleme der allgemeinen Psychologie [Introdução ao problema da psicologia geral]*. Berlim: [*s. n.*], 1922.

BLÓNSKI, P. *Ótcherk nautchnoi psikhologuii [Ensaio de psicologia científica]*. Moscou: [*s. n.*], 1921.

BLÓNSKI, P. *Pedologuiia [Pedologia]*. Moscou: [*s. n.*], 1925a.

BLÓNSKI, P. Psikhologuiia kak nauka o povediénie [A psicologia como ciência do comportamento]. *Psikhológuiia i marksizm [Psicologia e marxismo]*, [*s. l.*], 1925b.

BLÓNSKI, P. *Vozrastnaia psikhológuiia [Psicologia etária]*. Moscou, Leningrado: [*s. n.*], 1930.

BOROVSKII, V. M. *Vvedenie v sravnitel'nuiu psikhologiiu*. Moscou: [*s. n.*], 1927.

BRONFENBRENNER, U. Ecological systems theory. *Annals of Child Development*, [*s. l.*], n. 6, p. 187-249, 1989.

BÜHLER, K. *Abriss der geistigen Entwicklung des Kindes*. Leipzig: [*s. n.*], 1923.

BÜHLER, K. *Die Krisis in der Psychologie*. Frankfurt: Ullstein, 1927.

BÜHLER, K. *Dukhóvnoe razvítie rebiónka [O desenvolvimento espiritual da criança]*. Moscou: [*s. n.*], 1930.

BUKHÁRIN, N. Entchmeniada (k vopróssu ob ideologuítcheskom virojdenie) [Entchmeniada (sobre a questão da decadência ideológica)]. *In*: ATAKA. SBORNIK TEORETÍTCHESKIKH STATEI [ATAQUE. COLETÂNEA DE ARTIGOS TEÓRICOS]. Moscou: [*s. n.*], 1924.

BÜRKLEN, K. *Blindenpsychologie*. Leipzig: [*s. n.*], 1924.

BUSEMANN, A. Kollektive Selbsterziehung in Kindheit und Jugend [Autoedução coletiva na infância e adolescência]. *Zeitschf. f. pädagogische Psychol. [Revista de psicologia pedagógica]*, [*s. l.*], 1925.

CANNON, W.B. *Bodily changes in pain, hunger, fear and rage*. Cambridge: Harvard University Press, 1929.

CHEN, X. *et al.* Child-rearing attitudes and behavioral inhibition in Chinese and Canadian toddlers: A cross-cultural study. *Development Psychology*, [*s. l.*], n. 34, p. 677-686, 1998.

CHEN, X.; RUBIN, K.; LI, B. Social and school adjustment of shy and aggressive children in China. *Development and Psychopathology*, [*s. l.*], n. 7, p. 337-349, 1995.

CHIF, J.I. *Desenvolvimento dos conceitos científicos no escolar*. Moscou: [*s. n.*], 1935.

CHKLOVSKY, V. Art as techinique. *In*: LEMON, L.T.; REIS, M. (ed.). *Russian formalist criticism: four essays*. Lincoln: University of Nebraska Press, 1965.

CHOMSKY, N. A review of B. F. Skinner's Verbal behavior. *In*: FODOR, J. A.; KATZ, J.J. (ed.). *The structure of language: readings in the philosophy of language*. Englewood Cliffs: Prentice Hall, 1959.

CHPILREIN, I.N. *Professiónálni otbor [Seleção professional]*. Moscou: [*s. n.*], 1924.

COLE, M. *Cultural psychology: A once and future discipline*. Cambridge: Harvard University Press, 1996.

COLE, M. Epilogue. *In*: THE MAKING OF MIND: A PERSONAL ACCOUNT OF SOVIET PSYCHOLOGY. Cambridge: Harvard University Press, 1979. p. 189-225.

COOPER, R.; ASLIN, R. The language environment of the young infant: Implications for early perceptual development. *Canadian Journal of Psychology*, [*s. l.*], n. 43, p. 247–265, 1989.

WERTSCH, JAMES V (ed.). *Culture, communication and cognition: Vygotskian perspectiver*. Cambridge: Cambridge University Press, 1985.

DARWIN, C. *The expression of the emotions in man and animals*. Chicago: University of Chicago Press, 1872.

DEBORIN, A. Marks i Gegel [Marx e Hegel]. *Pod znamenem marksizma [Sob a bandeira do marxismo]*, [*s. l.*], 1924.

DEBORIN, A. *Vvediénie v filossófiiu dialektíthceskogo materializma [Introdução à filosofia do materialismo dialético]*. Moscou: [*s. n.*], 1923.

DELACROIX, H,S. *Le langage et la pensee*. Paris: [*s. n.*], 1924.

DEWEY, J. *Experience and nature*. Nova York: W. W. Norton, 1929.

DILTHEY, W. *Opisatelnaia psikhologuiia [Psicologia descritiva]*. Moscou: [*s. n.*], 1924.

DOSTOIÉVSKI, F,M. Pequenos quadros. *In*: BIANCHI, F. (org.). *Contos reunidos*. Tradução: Priscila Marques. São Paulo: Editora 34, 2017. p. 291-291.

DUMAS, J. *Traité de Psychologie [Tratado de psicologia]*. Paris: [*s. n.*], 1923. v. 1-2

EBBINGHAUS, G. *Osnovi psikhologuii [Fundamentos de psicologia]*. São Petesburgo: [*s. n.*], 1912.

EDINGER, L. *Vorlesungen über den Bau der nervosen Zentralorgane der Menschen und der Tiere [Aulas sobre a estrutura dos órgãos centrais nervosos de humanos e animais]*. Leipzig: [*s. n.*], 1911.

ELIASBERG, W. *Psychologie und Pathologie der Abstraktion [Psicologia e patologia da abstração]*. [*S. l.: s. n.*], 1925.

ENG, H. *Abstrakte Begriffe im Sprechen und Denken des Kindes [Conceitos abstratos na fala e no pensamento de crianças]*. Leipzig: [*s. n.*], 1914.

ENGELS, F. *Dialética da natureza*. Tradução: Nélio Schneider. São Paulo: Boitempo, 2020.

ESPINOSA, B. *Etika [Ética]*. Moscou: [*s. n.*], 1911.

ESPINOSA, B. *Traktat ob otchischenii intellekta [Tratado da correção do intelecto]*. Moscou: [*s. n.*], 1914.

FEUERBACH, L. Protiv dualizma duchi i tela, ploti i dukha [Contra o dualismo corpo-alma, matéria-espírito]. *In*: IZBRANNIE FILOSOFSKIE PROIZVEDENIIA [OBRAS FILOSÓFICAS SELECIONADAS]. Moscou: [*s. n.*], 1955.

FITZPATRICK, S. *The cultural revolution in Russian, 1928-1931*. Bloomington: Indiana University Press, 1978.

FLAVELL, J.H. *The developmental psychology of Jean Piaget*. Princeton: Van Nostrand, 1963.

FLOROV, I. *Fiziologuítcheskaia priróda instínkta [A natureza fisiológica do instinto]*. Leningrado: [*s. n.*], 1952.

FRANK, S.L. *Duchá tcheloviéka [A alma humana]*. Moscou: [*s. n.*], 1917.

FRANKFURT, I. Plekhánov o psikhhofiziologuitcheskoj probleme [G.V. Plekhánov sobre o problema psicofisiológico]. *Pod znamenem marksizma [Sob a bandeira do marxismo]*, [*s. l.*], 1926.

FREUD, S. *Lektsii po vvedeniiu v psikhoanaliz [Aulas de introdução à psicanálise]*. Moscou: [*s. n.*], 1923.

FREUD, S. *Po tu storonu printsip udovolstviia [Além do princípio do prazer]*. Moscou: [*s. n.*], 1925.

FRIDMAN, B.D. Osnovnie psikhologuitcheskie vozzrenia Freida i teoriia istorítcheskogo materializma [Principais concepções psicológicas de Freud e a teoria do materialismo histórico]. *In*: PSIKHOLOGUIIA I MARKSIZM [PSICOLOGIA E MARXISMO]. Moscou, Leningrado: [*s. n.*], 1925.

GEERTZ, C. *The interpretation of cultures*. Nova York: Basic Books, 1973.

GERGEN, K.J. *Reality and relationships: Soudings in social construction*. Cambridge: Harvard University Press, 1994.

GERGEN, KJ.; DAVIS, K.E. *The social construction of the person*. Nova York: Springer-Verlag, 1985.

GORNFELD. *Os suplícios da palavra*. São Petesburgo: [*s. n.*], 1906.

GREGOR, A. Untersuchungen über die Entwicklung einfacher logischer Leistungen [Investigações sobre o desenvolvimento de êxitos lógicos simples]. *Zeitschr. für ang. Psychol*, [*s. l.*], n. 10, 1915.

GRIBOIÉDOV, A.S. Pedologuítcheskaia rabota i vspomogátelaia chkóla [Trabalho pedológico e escola auxiliar]. *In*: NOVAIA CHKOLA [A NOVA ESCOLA]. Moscou, Leningrado: [*s. n.*], 1926.

GRIBOIÉDOV, A.S. Sovremiénnie problemi vspomogágelnogo obutchéniia [Problemas contemporâneos da educação auxiliar]. *In*: BÉKHTEREV, V.M. (ed.). *Vapróssi izutchéniia i vospitániia lítchnosti: pedológuiia i defektológuiia. [Questões do estudo e da educação da personalidade: pedologia e defectologia].* Leningrado: [*s. n.*], 1927.

GRICE, P.H. Utterer's meaning, sentence meaning and word meaning. *Foundations of Language*, [*s. l.*], v. 4, p. 1-18, 1969.

GROOS, K. *Duchevnaia jizn rebiónka [A vida mental da criança]*. Kiev: [*s. n.*], 1916.

GUILLAUME, P.; MEYERSON, I. Recherches sur l'usage de l'instrument chez les singes, I. Le probleme du detour. [Investigações sobre o uso de instrumentos em macacos, I. O problema do desvio]. *J Psychol Norm Pathol [Revista de psicologia normal e patológica]*, [*s. l.*], n. 27, p. 177-236, 1930.

GÜRTLER, R. Das primitive Bewusstsein – Bericht über den dritten Kongress für Heilpädagogik. *München [A consciência primitiva – Relatório do terceiro congresso de pedagogia médica de Munique], 2-4 August, 1925*, [*s. l.*], 1927.

HABERMAS, J. *Knowledge and human interests*. Boston: Beacon Press, 1971.

HARROWER, M. *Kurt Koffka: An unwitting self-portrait*. Gainsville: University of Florida Press, [*s. d.*].

HARTMANN, G.W. *Gestalt psychology: A survey of the facts and principles*. Nova York: Roland Press, 1935.

HEMPELMANN, F. *Tierpsychologie vom Standpunktedes biologen*. [*S. l.: s. n.*], 1926.

HØFFDING, G. *Ótcherki psikhologuii, osnovannoi na opite [Ensaio de psicologia baseada na experiência]*. São Petesburgo: [*s. n.*], 1908.

HUGHES, R. *The shock of the nes*. Nova York: Knopf, 1981.

HUSSERL, E. *Filosofiia kak strogaia nauka [A filosofia como ciência estrita]*. Moscou: [*s. n.*], 1911.

IVANOV, V. *In eulogies to Roman Jackobson*. Haia: Ritter, 1982.

IVANÓVSKI, V.N. *Metodologuítcheskoe vvediénie v nauku i filosofiiu [Introdução metodológica à ciência e à filosofia]*. Minsk: [*s. n.*], 1923.

JACKOBSON, R. *Six lectures on sound and meaning*. Cambridge: MIT Press, 1978.

JAMESON, L. *Ótcherk marksistkoi psikhologuii [Ensaio de psicologia marxista]*. Moscou: [*s. n.*], 1925.

JANET, P. *L'évolution psychologique de la personnalité [A evolução psicológica da personalidade]*. Paris: [*s. n.*], 1930.

JORAVSKY, D. L.S. Vygotsky: The muffied deity of Soviet psychology. *In*: ACH, M.G.; WOODWARD, W.R. (ed.). *Psychology in twentieth-century thought and society*. Cambridge: Cambridge University Press, 1987. p. 189-211.

JORAVSKY, D. *Russian psychology: A critical history*. Oxford: Blackwell, 1989.

KAFKA, G. *Handbuch der vergleichenden Psychologie*. Munique: [*s. n.*], 1922.

KANITZ, O. Volkstümliche individualpsychologische Literatur [A literatura popular psicológica individual]. *In*: DIE SOZIALISTISCHE ERZIEHUNG [A EDUCAÇÃO SOCIALISTA]. Viena: [*s. n.*], 1926.

KENDLER, H.H.; KENDLER, T.S. Vertical and horizontal processes in problem solving. *Psychological Review*, [*s. l.*], n. 69, p. 1-16, 1962.

KERSCHENSTEINER, G. *Das Grundaxiom des Bildungsprozesses [O axioma básico do processo educacional]*. [*S. l.: s. n.*], 1924.

KESSEN, W.; KUHLMAN, C. (org.). Thought in the young child: report of a conference on intellective development with particular attention to the work of Jean Piaget. *Monographs of Society for Research in Child Development*, [*s. l.*], n. 27, 1962.

KOFFKA, K. *Die Grundlagen der psychischen Entwicklung [Fundamentos do desenvolvimento psíquico]*. Osterwieck am Harz: [*s. n.*], 1925.

KOFFKA, K. Die Krisis in der Psychologie. *Die Naturwissenschaften*, [*s. l.*], n. 14, p. 581–586, 1926a.

KOFFKA, K. Samonabliudenie i metod psikhologuii [A auto-observação e o método da psicologia]. *In*: PROBLEMI SOVREMENNOI PSIKHOLOGUII [PROBLEMAS DA PSICOLOGIA CONTEMPORÂNEA]. Leningrado: [*s. n.*], 1926b.

KÖHLER, W. *Gestalt psychology [Psicologia da Gestalt]*. Nova York: [*s. n.*], 1924.

KÖHLER, W. *Intelligenzprüfungen an Anthropoiden [Testes de inteligência em antropoides]*. Leipzig: [*s. n.*], 1917.

KÖHLER, W. *Intelligenzprüfungen an Menschenaffen [Testes de inteligência em hominídeos]*. Berlim: [*s. n.*], 1921.

KÖHLER, W. *Issledovanie intellekta tchelovekopodobnikh obezian [Investigação do intelecto de macacos antropoides]*. Moscou: [*s. n.*], 1930.

KOHLER, W. *Intelligenzprufungen und Menschenaffen*. Berlim: [*s. n.*], 1921.

KORNÍLOV, K.N. Psikhologuiia i marksizm [Psicologia e marxismo]. *In*: PSIKHOLOGUIIA I MARKSIZM. Moscou, Leningrado: [*s. n.*], 1925.

KORNÍLOV, K.N. *Utchenie o reaktsiakh tchelovieka [Teoria das reações humanas]*. Moscou: [*s. n.*], 1922.

KOZULIN, A. *Vygotsky's psychology: A biography of ideas*. Cambridge: Harvard University Press, 1990.

900

KRAVKOV, S.V. *Samonabluidenie [Auto-observação]*. Moscou: [*s. n.*], 1922.

KRETSCHMER, E. *Stroiénie tiéla i kharákter [A construção do corpo e do caráter]*. Moscou, Leningrado: [*s. n.*], 1930.

KRÜNEGEL, M. *Die motorische Befähigung Schwachsinniger Kinder im Lichte des Experiments – Ztschr. f. Kinderforschung [A habilidade motora de crianças com deficiência à luz de experimentos – Escritos sobre pesquisa infantil]*. [*S. l.: s. n.*], 1927.

KRÜNEGEL, M. *Grundfragen der Heilpëdagogik zu ihren Grudlegung und Zielstelung – Ztschr. f. Kinderforschung [Questões fundamentais da pedagogia médica sobre seu estabelecimento e objetivos – Escritos sobre pesquisa infantil]*. [*S. l.: s. n.*], 1926.

KUENNE, M. Experimental investigation of the relation of language to transposition behavior in young children. *Journal of Experimental Psychology*, [*s. l.*], n. 36, p. 471–490, 1946.

KÜLPE, O. Sovremiénnaia psikhológuiia michléniia [A psicologia contemporânea do pensamento]. *In*: NÓVIE IDÉI V FILOSSÓFI [NOVAS IDEIAS EM FILOSOFIA]. [*S. l.: s. n.*], 1914.

LALANDE, A. *Les théories de l'induction et de l'expérimentation [As teorias de indução e de experimentação]*. Paris: [*s. n.*], 1929.

LANGE, N.N. *Psikhologuiia [Psicologia]*. Moscou: [*s. n.*], 1914.

LAU, E. *Beitrage zur Psychologie der Jugendlichen. Moral und sozialpsychologische Untersuchungen auf experimenteller Grundlage [Contribuições para a psicologia do jovem. Investigação moral e socio-psicológica de base experimental]*. Langensalza: [*s. n.*], 1925.

LEAHY, T.H. History without the past. *In*: PICKERN, W.E.; DEWSBURY, D.A. (ed.). *Evolving perspectives on the history of psychology*. Washington: American Psychological Association, 2002. p. 15-20.

LEMAITRE, A. Observations sur le langage interieur des enfants. *Archives de Psychologie*, [*s. l.*], n. 4, 1905.

LENIN, V.I. *Poln. Sobr. sotch [Obra completa reunida]*. [*S. l.: s. n.*], [*s. d.*]. v. 18

LENIN, V.I. *Poln. Sobr. sotch [Obra completa reunida]*. [*S. l.: s. n.*], [*s. d.*]. v. 29

LENTS, A.G. Ob osnóvakh fiziologuítcheskoi teórii tcheloviétchestvogo povediéniia [Sobre as bases da teoria fisiológica do comportamento humano]. *Priróda [Natureza]*, [*s. l.*], 1922.

LEONTIEV, A.N. *Izbrannie psikhologuítcheskie proizvedéniia: v 2-kh t. [Obras psicológicas selecionadas em 2 volumes]*. Moscou: [*s. n.*], 1983. v. 1

LEONTIEV, A.N. *O desenvolvimento da memória*. Moscou: [*s. n.*], 1931.

LÉVY-BRUHL, L. *Les fonctions mentales dans les societes primatives*. Paris: [*s. n.*], 1922.

LÉVY-BRUHL, L. *Pervobitnoe michlênie [O pensamento primitivo]*. Moscou: [*s. n.*], 1930.

LINDWORSKY, L. *Der Wille [A vontade]*. [*S. l.: s. n.*], 1923.

LIPMANN, O. *Über Begriff und Formen der Intelligenz [Sobre o conceito e as formas da inteligência]*. [*S. l.: s. n.*], 1924.

LIPMANN, O.; BOGEN, H. *Naïve Physik [Física ingênua]*. [*S. l.: s. n.*], 1923.

LIPPS, T. *Rukovódstvo k psikhológuii [Manual de psicologia]*. São Petesburgo: [*s. n.*], 1907.

LORENZ. *On Agression*. Nova York: Harcourt Brace Jovanovich, 1966.

LURIA, A.R. *In*: A HISTORY OF PSYCHOLOGY IN AUTO-BIOGRAPHY. Englewook Cliffs: Prentice Hall, 1974. v. 6, p. 251-292.

LURIA, A.R. Afterword to the Russian edition. *In*: RIEBER, R.; CARTON, A. (ed.). *The collected works L. S. Vygotsky: Problems of general psychology, including the volume*. Nova York: Kluwer Academic/Plenum, 1982.

LURIA, A.R. *Cognotive development, its cultural and social foundations*. Cambridge: Harvard University Press, 1976.

LURIA, A.R. Psikhoanaliz kak sistema monistítcheskoi psikhologuii [A psicaná- lise como sistema de psicologia monista]. *In*: PSIKHOLOGUIIA I MARKSIZM [PSICOLOGIA E MARXISMO]. Moscou, Leningrado: [*s. n.*], 1925.

LURIA, A.R. *The making of mind: A personal account of Soviet psychology*. Cambridge: Harvard University Press, 1979.

LURIA, A.R. The new method of expressive motor recreations in studying affective traces. *Ninth Internacional Congress of Psychology*, [*s. l.*], 1930.

LURIA, A.R. *The role of speech in the regulation of normal and abnormal behavior*. Nova York: Liveright, 1961.

LURIA, A.R.; VIGOTSKI, L.S. Tool and symbol. *In*: VAN DER VEER, R.; VALSINER, J. (ed.). *The Vygotsky reader*. Oxford: Blackwell, 1930.

MARX, K. *Grundrisse: Manuscritos econômicos de 1857-1858. Esboços da crítica da economia política*. Tradução: Mario Duayer; Nélio Schneider. São Paulo: Boitempo, 2011.

MARX, K.; ENGELS, F. *Sotchineniia, tchast II [Obra, parte II]*. [*S. l.: s. n.*], [*s. d.*]. v. 25.

MARX, K.; ENGELS, F. *Sotchniniénie [Obras]*. [*S. l.: s. n.*], [*s. d.*]. v. 23.

MARX, K.; ENGELS, F. *Sotchniniénie [Obras]*. [*S. l.: s. n.*], [*s. d.*]. v. 20.

MAX, L.W. An Experimental Study of the Motor Theory of Consciousness. III. Action-current Responses in Deaf-mutes during Sleep, Sensory Stimulation and Dreams. *Journal of Comparative Psychology*, [*s. l.*], v. 1.9, p. 469–486, 1935.

MEUMANN, E. Die Entstehung der ersten Wortbedeutung beim Kinde. *Philosophische Studien*, [*s. l.*], n. XX, 1928.

MILLER, M.A. *Freud and the Bolsheviks: psychoanalysis in imperial Russia and the Soviet Union*. New Haven: Yale University Press, 1998.

MÜNSTERBERG, H. *Osnovi psikhotekhniki [Fundamentos da psicoténica]*. Moscou: [*s. n.*], 1924.

NATORP, P. *Loguika [Lógica]*. São Petesburgo: [*s. n.*], 1909.

NEISSER, U. *Cognotive psychology*. Nova York: Appleton-Century-Crofts, 1967.

NÖLL, H. *Die Bedeutung der Vollendugstendenz im Arbeitsunterricht der Hilfsschule – Ztschr. für d. Behandlung Schwachsinniger [O significado da tendencia à perfeição no trabalho de aula da escola auxiliar – Escritos para o tratamento de deficientes mentais]*. [*S. l.: s. n.*], 1927.

ORMIAN, H. Das Schlußfolgernde Denken des Kindes [O pensamento inferencial da criança]. *Wiener Arbeite zur päd. ps. [Trabalhos vieneses sobre psicologia pedagógica]*, [*s. l.*], n. 4, 1926.

PAULHAN, F. Qu'est-ce que le sens des mots? *Journal de Psychologie Normale et Pathologique*, [*s. l.*], v. 25, n. 4-5, p. 289-329, 1928.

PÁVLOV, I. Dvadtsatiliéntnii opit obiektívnogo izutchéniia vischei nervnoi deiatelnosti (povediéniia jivótnikh [Duas décadas de experiência com o estudo objetivo da atividade nervosa superior (do comportamento) dos animais]. *In*: POL. SOBR. SOTH. [OBRA COMPLETA REUNIDA]. Moscou, Leningrado: [*s. n.*], 1951. v. 3.

PÁVLOV, I. *XX-letni opit obiektivnogo izutcheniia vischei nervnoi deiatelnosti (povedeniia) jivotnikh [Vinte anos de experiência com o estudo objetivo da atividade nervosa superior (do comportamento) de animais]*. Moscou, Leningrado: [*s. n.*], 1950.

PETRÓVA, A. E. Diéti-primitivi [Crianças primitivas]. *In*: GURIÉVITCH, M. O. (org.). *Vopróssi pedologii i diétskoi psikhonevróluii. [Questões de pedologia e de psiconeurologia infantil]*. [*S. l.: s. n.*], 1925.

PIAGET, J. *Comments on Vygotsky's critical remarks concerning the language and thought of the child, and judgment and reasoning in the child*. Cambridge: MIT Press, 1962.

PIAGET, J. *Riétch i michlénie rebiónka [A linguagem e o pensamento da criança]*. Moscou, Leningrado: [*s. n.*], 1932a.

PIAGET, J. *The language and thought of the child*. Tradução: M. Warden. Nova York: Harcourt Brace, 1923.

PIAGET, J. *The moral judgment of the child*. Tradução: M. Warden. Nova York: Harcourt Brace, 1932b.

PILLSBURY, W.B. *The fundamentals of psychology [Os fundamentos da psicologia]*. Nova York: [*s. n.*], 1916.

PLANCK, M. *Otnochenie noveichei fiziki k mekhanitcheskomu mirovozzreniiu [Relação da física moderna com a visão de mundo mecanicista]*. São Petesburgo: [*s. n.*], 1911.

PLEKHÁNOV, G.V. *Iskusstvo: sb. Statei [Arte: coletânea de artigos]*. Moscou: [*s. n.*], 1922a.

PLEKHÁNOV, G.V. *Osnovnie voprossi marksizma [Questões fundamentais do marxismo]*. Moscou: [*s. n.*], 1922b.

PLEKHANOV, G.V. *Izbrannye filosofSkie proizvedeniia v 5-ti tom*. Moscou: [*s. n.*], 1956. v. 1

PORTUGÁLOV, Iu. V. Kak issledovat psikhiku [Como investigar o psiquismo]. *In*: DIÉTSKAIA PSIKHOLOGUIIA I ANTROPOLOGUIIA [PSICOLOGIA E ANTROPOLOGIA INFANTIL]. Samara: [*s. n.*], 1925.

PASSMORE, J.A. (ed.). *Priestley's writing on Phylosophy, Science and Politics*. Nova York: Collier's, 1965.

PROGRAMMA VSPOMOGÁTELNOI CHKÓLI (DLIÁ ÚMSTVENNO OTSTALIKH DETEI) [PROGRAMA DA ESCOLA AUXILIAR (PARA CRIANÇAS COM ATRASO MENTAL]. Moscou, Leningrado: [*s. n.*], 1927.

PROPP, V. *The morphology of the folktale*. Austin: University of Texas Press, 1968.

QUESTÕES DE PEDOLOGIA E PSICONEUROLOGIA INFANTIL. [*S. l.: s. n.*], 1925.

RATNER, C. A cultural-psychological analysis of emotions. *Culture and Psychology*, [*s. l.*], v. 6, p. 5-39, 2000.

RATNER, C. *Cultural psychology and qualitative methodology: Theorical and empirical considerations*. Nova York: Kluwer Academic/Plenum, 1997.

RATNER, C. *Cultural psychology: Theory and method*. Nova York: Kluwer Academic/Plenum, 2002.

RATNER, C. Genes and psychology in the news. *New Ideas in Psychology*, [*s. l.*], 2004.

RATNER, C. Review of D'Andrade & Strauss, human motives and cultural models. *Journal of Mind and Behavior*, [*s. l.*], n. 14, p. 89–94, 1993.

RATNER, C. The unconscious: A perspective from sociohistorical psychology. *Journal of Mind and Behavior*, [*s. l.*], n. 15, p. 323-342, 1994.

RATNER, C. Three approaches to cultural psychology: a critique. *Cultural Dynamics*, [*s. l.*], n. 11, p. 7–31, 1999.

RATNER, C. *Vygotsky's sociohistorical psychology and its contemporary applications*. Nova York: Plenum, 1991.

RATNER, C.; HUI, L. Theoretical and methodological problems in cross-cultural psychology. *Journal for the Theory of Social Behavior*, [*s. l.*], n. 33, p. 67–94, 2003.

CRAFTS, L. W. *et al.* (ed.). *Recent experiments in psychology.* Nova York: McGraw-Hill, 1938.

RIBOT, T. *Psikhológuiia vnimániia [Psicologia da atenção].* Petesburgo: [*s. n.*], 1892.

RIEBER, R. W. *Dialogues on the psychology of language and thought: Conversations with Noam Chomsky, Charles Osgood, Jean Piaget, Ulric Neisser and Marcel Kinsbourne.* Nova York: Kluwer Academic/Plenum, 1983.

RIMAT, F. *Intelligen zu Untersuchungen anschliessend und die Ach'sche Suchmethode.* Leipzig: [*s. n.*], 1925.

ROGOFF, B. *The cultural nature of human development.* Nova York: Oxford University Press, 2003.

ROWE, S.; WERTSCH, J. V.; KOSYAEVA, T. Linking little narratives to big ones: Narrative and public memory in history museums. *Culture and Psychology*, [*s. l.*], v. 8, p. 96–112, 2002.

RÜLE, O. *Psíkhika proletárskogo rebiónka [O psiquismo da criança proletária].* Moscou, Leningrado: [*s. n.*], 1926.

RUSH, J. James Rush and the theory of voice and mind. *In*: PSYCHOLOGY OF LANGUAGE AND THOUGHT: ESSAYS ON THE THEORY AND HISTORY OF PSYCHO LINGUISTICS. Nova York: Plenum, 1980. p. 105–119.

SAKHAROV, L. S. Sobre os métodos de pesquisa dos conceitos. *Psicologia*, [*s. l.*], n. 3, 1930.

SAUSSURE, F. de. *Course in general linguistics.* Nova York: Philosophical Library, 1955.

SCHEERER, E. Gestalt psychology in the Soviet Union: The period of enthusiasm. *Psychological Research*, [*s. l.*], n. 41, p. 113–132, 1980.

SCHELOVÁNOV, N. M. Metodika genetitcheskoi refleksologuii [Metodologia da reflexologia genética]. *In*: NOVOE V REFLEKSOLOGUII I FIZIOLOGUII [ATUALIDADES NA REFLEXOLOGIA E FISIOLOGIA]. Moscou, Leningrado: [*s. n.*], 1929.

SCHERBINA, A. A. *"Slepói muzikánt" V. G. Koroliénko kak popítka zriátchikh proníknut v psikhológuiio slepikh v sviéte moíkh sóbstvennikh nabliudiénii ["O músico cego" de Koroliénko como uma tentativa dos que enxergam de penetrar na psicologia dos cegos à luz de minhas próprias observações],.* Moscou: [*s. n.*], 1916.

SCHERBINA, A. M. Vozmojna li psikhologuiia bez samonabliudeniia? [É possível uma psicologia sem auto-observação?]. *Voprosi filosofii i psikhológuii*, [*s. l.*], 1908.

SCRIBNER, S. Vygotsky's uses of history. *In*: WERTSCH, J. V. (ed.). *Culture, communication and cognition: Vygotskian perspectives.* Cambridge: Harvard University Press, 1985.

SEARLE, J. *Speech acts*. Cambridge: Cambridge University Press, 1969.

SMIDT, B. *Die Sprache und andere Ausdruchformen der Tiere*. Berlin: [*s. n.*], 1923.

SPRANGER, E. *Psychologie des Jugendalters [Psicologia da adolescência]*. Heidelberg: [*s. n.*], 1924.

STERN, W. *Die menschilsche Persönlichkeit [A personalidade humana]*. [*S. l.: s. n.*], 1923.

STERN, W. *Methodensammlung zur Intelligentprüfung von Kinder und Jugendliche [Seleção de métodos para tetagem de inteligencia em criancas e jovens]*. Leipzig: [*s. n.*], 1924.

STERN, W. *Odariónnost detéi i podróstok i metodi eió issliédovaniia [O talento de crianças e adolescentes e os métodos para sua investigação]*. Kharkiv: [*s. n.*], 1926.

STERN, Wilhelm. *Psikhologiia rannego detsrva do shestiletnego vozrasts*. [*S. l.: s. n.*], 1922a.

STERN, Wilhelm. *Psikhológuiia ránnego detstva do chestiliétnego vózrasta [A psicologia da primeira infância até o sexto ano]*. Petrogrado: [*s. n.*], 1922b.

STERN, W. Vom Ichbewusstsein des Jugendlichen [Sobre a autoconsciência do adolescente]. *Zeitschr. f. Pädagogische Psychol. [Revista de psicologia pedagógica]*, [*s. l.*], n. 1, 1922.

STOLIAROV, A. Filosofiia katchestva i katchestvo filosofiia nekotorikh mekhanitsistov [A filosifa da qualidade e a qualiade da filosofia de alguns mecanicistas]. *Pod znamenem marksizma [Sob a bandeira do marxismo]*, [*s. l.*], 1926.

STOUT, G. *Analitítcheskaia psikhológuiia [Psicologia analítica]*. Petrogrado: [*s. n.*], 1923. v. 1

STRUMÍNSKI, V. I. *Marksizm v sovremennoi psikhologuii, Pod znamenem marksizma [Sob a bandeira do marxismo]*. [*S. l.: s. n.*], 1926.

STRUMÍNSKI, V. I. *Psikhologuia [Psicologia]*. Orenburg: [*s. n.*], 1923.

TCHELPÁNOV, G. I. *Obiektivnaia psikhologuiia v Rossii i Amerike [A psicologia objetiva na Rússia e nos Estados Unidos]*. Moscou, Leningrado: [*s. n.*], 1925.

TCHELPÁNOV, G. I. *Psikhologuiia i marksizm [Psicologia e marxismo]*. Moscou, Leningrado: [*s. n.*], 1924.

THORNDIKE, E. L. *Educational psychology [Psicologia educacional]*. Nova York: [*s. n.*], 1913.

THORNDIKE, E. R. *The mental life of monkeys*. Nova York: [*s. n.*], 1901.

TITCHENER, E. *Utchebnik psikhologuii [Manual de psicologia]*. Moscou: [*s. n.*], 1914.

TOLSTOI, L. N. *Pedagogicheskie stat'i*. Moscou: [*s. n.*], 1903.

TOLSTÓI, L. *Sobránie sotchinienii [Obra reunida]*. Moscou: [*s. n.*], 1893a. v. 11

TOLSTÓI, L. *Sobránie sotchinienii [Obra reunida]*. Moscou: [*s. n.*], 1893b. v. 10

TOULMIN, S. The Mozart of psychology. *The New York Review of Books*, [*s. l.*], 1978.

TROCHIN. *Sravnítelnaia psikhlóguiia normálnikh i nenormálnikh detéi [Psicologia comparada de crianças normais e anormais]*. Petrogrado: [*s. n.*], 1915. v. 1

TRÓTSKI, L. Partiinaia politika v iskusstve [A política do partido na arte]. *In*: LITERATURA I REVOLIUTSII [ARTE E REVOLUÇÃO]. Moscou: [*s. n.*], 1923.

USPENSKI, G. *Izbrannye proizvedeniia*. Moscou: [*s. n.*], 1949.

UZNADZE, D. Die Begriffsbildung im Vorschulplichtigen Alter [A formação de conceitos na idade pré-escolar]. *Zeitschr. f. Angew. Psychol*, [*s. l.*], n. 34, 1929.

VALSINER, J.; VAN DER VEER, R. *The social mind: Construction of the idea*. Cambridge: Cambridge University Press, 2000.

VALSINER, J.; VAN DER VEER, R. *The Vygotsky reader*. Oxford: Blackwell, 1994.

VAN DER VEER, R.; VALSINER, J. *Understanding Vygotsky: A quest for synthesis*. Oxford: Blackwell, 1991.

VERESOV, N. Undiscovered Vygotsky: Etudes on the pre-history of cultural--historical psychology. *In*: EUROPEAN STUDIES IN THE HISTORY OF SCIENCE AND IDEAS. Frankfurt: Peter Lang, 1999. v. 8.

VICHNIÉVSKI, V. A. V zaschitu materialistítcheskoi dialektiki [Em defesa do materialismo dialético]. *Pod znamenem marksizma [Sob a bandeira do marxismo]*, [*s. l.*], 1925.

VOGEL, M. *Untersuchungen über die Denkbeziehungen in Urteilen der Kinder [Investigações sobre as relações do pensamento nos julgamentos de crianças]*. [*S. l.: s. n.*], 1911.

VON FRISCH, K. *Die Sprache der Bienen [A língua das abelhas]*. Viena: [*s. n.*], 1928.

VVEDIÉNSKI, A. I. *Psikhologuiia bez vsiakoi metafiziki [Psicologia sem nenhuma metafísica]*. Petrogrado: [*s. n.*], 1917.

VYGODSKAYA, G.; LIFANOVA, T. M. *Lev Semenovich Vygotskii: Zhizn, 'deyatel'noct, 'shtrikhi k portretu*. Moscou: Smysl, 1996.

VIGOTSKI, L. S. *Collected works of L. S. Vygotsky: Child psychology*. Nova York: Kluwer Academic/Plenum, 1998. v. 5

VIGOTSKI, L. S. *Collected works of L. S. Vygotsky: Problems of General Psychology, including the volume Thinking and Speech*. Nova York: Kluwer Academic/Plenum, 1987a. v. 1

VIGOTSKI, L. S. *Collected works of L. S. Vygotsky: Problems of theory and history of psychology, including the chapter on the crisis in psychology*. Nova York: Kluwer Academic/Plenum, 1997a. v. 3

VIGOTSKI, L. S. *Collected works of L. S. Vygotsky: The fundamentals of defectology (abnormal psychology and learning disabilities)*. Nova York: Kluwer Academic/Plenum, 1993. v. 2

VIGOTSKI, L. S. *Collected works of L. S. Vygotsky: The history of the development of higer mental functions*. Nova York: Kluwer Academic/Plenum, 1997b. v. 4

VIGOTSKI, L. S. *Desenvolvimento mental de crianças no processo ensino-aprendizagem*. Moscou, Leningrado: [*s. n.*], 1935.

VIGOTSKI, L. S. Dos materiais não publicados. *In*: PSICOLOGIA DA GRAMÁTICA. Moscou: [*s. n.*], 1968.

VIGOTSKI, L. S. *Educational psychology*. Boca Raton: St. Lucie, 1997c.

VIGOTSKI, L. S. Emoções e seu desenvolvimento na idade infantil. *Questões de psicologia*, [*s. l.*], n. 3, 1959.

VIGOTSKI, L. S. *Mind in society: The development of higer psychological processes*. Cambridge: Harvard University Press, 1978.

VIGOTSKI, L. S. *O desenvolvimento das funções psíquica superiores*. Mosocu: [*s. n.*], 1960.

VIGOTSKI, L. S. O problema do desenvolvimento cultural da criança. *In*: PEDOLOGIA. Moscou: [*s. n.*], 1928.

VIGOTSKI, L. S. *Obra reunida de Vygotsky*. Moscou: Pedagóguika, 1982a.

VIGOTSKI, L. S. Raízes genéticas do pensamento e da linguagem. *Ciências naturais e marxismo*, [*s. l.*], n. 1, 1929a.

VIGOTSKI, L. S. *Sobranie Sochinénii v chesti tomakh - Problemi obschei psikhologuii*. Moscou: Pedagóguika, 1982b. v. 2

VIGOTSKI, L. S. *Sobranie Sotchinénii v chesti tomakh - Osnovi Defktologuii*. Moscou: Pedagóguika, 1983a. v. 5

VIGOTSKI, L. S. *Sobranie Sotchinénii v chesti tomakh – Problemi razvitii psikhiki [Obras reunidas em seis volumes – Problemas do desenvolvimento do psiquismo]*. Moscou: Pedagóguika, 1983b. v. 3

VIGOTSKI, L. S. *Sobranie Sotchinénii v chesti tomakh – Vopróssi teorii i istórii psikhológuii [Obras reunidas em seis volumes – Questões de teoria e história da psicologia]*. Moscou: Pedagóguika, 1982c. v. 1

VIGOTSKI, L. S. *Sobranie Sotchinénii v chesti tomakh. Tom 4 – Detskaia psikhloguiia [Obras reunidas em seis volumes. Volume 4 – Psicologia infantil]*. Moscou: Pedagóguika, 1984a.

VIGOTSKI, L. S. *Sobranie Sotchinénii v chesti tomakh. Tom 6 – Naútchnoe nasledstvo [Obras reunidas em seis volumes. Volume 6 – Legado científico]*. Moscou: Pedagóguika, 1984b.

VIGOTSKI, L. S. Sobre a questão do intelecto dos antropoides em relação ao trabalho da W. Köhler. *Ciências naturais e marxismo*, [*s. l.*], n. 2, 1929b.

VIGOTSKI, L. S. Soznanie kak problema psikhologuii [A consciência como problema da psicologia]. *Psikhologuiia i marksizm [Psicologia e marxismo]*, [*s. l.*], 1925.

VIGOTSKI, L. S. *The collected works of L. S. Vygotsky*. Nova York: Kluwer Academic/Plenum, 1987b.

VIGOTSKI, L. S. *The psychology of art*. Cambridge: MIT Press, 1971.

VIGOTSKI, L. S. *Thought and language*. Cambridge: MIT Press, 1962.

VIGOTSKI, L. S. *Thought and language*. Tradução: Alex Kozulin. Cambridge: MIT Press, 1986.

VIGOTSKI, L. S. Tool and sign in the development of the child. *In*: RIEBER, R. W. (ed.). *Collected works of L. S. Vygotsky: Scientific legacy*. Nova York: Kluwer Academic/Plenum, 1999. v. 6, p. 3–68.

VIGOTSKI, L. S.; LURIA, A. Predislovie k kn.: Freud Po tu storonu printsipa udovolstviia [Prefácio ao livro de Freud Além do princípio do prazer]. *In*: ALÉM DO PRINCÍPIO DO PRAZER. Moscou: [*s. n.*], 1925.

VIGOTSKI, L. S.; LURIA, A. *Studies on the history of behavior: Ape, primitive and child*. Hillsdale: Lawrence Erlbaum, 1993.

VIGOTSKI, L. S.; LURIA, A. Tool and symbol in child development. *In*: VALSINER, J.; VAN DER VEER, R. (ed.). *The Vygotsky reader*. Oxford: Blackwell, 1994. p. 99–175.

WAGNER, V. A. *Biopsikhologuiia i smejnie nauki [Biopsicologia e ciências adjacentes]*. Petrogrado: [*s. n.*], 1923.

WASHBURN, S. L.; HOWELL, F. C. Human evolution and culture. *In*: TAX, S. (ed.). *The evolution of man*. Chicago: University of Chicago Press, 1960.

WATSON, J. *Psikhologuiia kak nauka o povediénii [A psicologia como ciência do comportamento]*. Moscou: [*s. n.*], 1926.

WERTHEIMER, M. *Drei Abhandlungen zur Gestaltheorie [Três tratados de teoria da Gestalt]*. Erlangen: [*s. n.*], 1925.

WERTSCH, J. V. *Culture, communication and cognition: Vygotskian perspectives*. Cambridge: Harvard University Press, 1985.

WERTSCH, J. V. *Voices of the mind: A sociocultural approach to meditated action*. Cambridge: Harvard University Press, 1991.

WHORF, B. L. *Language, thought and reality: collected writings*. Nova York: Wiley, 1956.

YERKES, R. M. *Learned E.W chimpanzee intelligence and its vocal expression*. Baltimore: [*s. n.*], 1925.

YERKES, R. M. The mental life of monkeys and apes. *Behavior Monographs*, [s. l.], n. III–I, 1916.

ZALKIN, A. B. *Ótcherki kulturi revoliutsionnogo vremeni*. Moscou: [s. n.], 1924.

ZALKIND, A. *Vopróssi soviétskoi pedagóguiki [Questões de pedagogia soviética]*. Leningrado: [s. n.], 1926.

ZAVERSHNEVA, E.; OSIPOV, M. Sravnítelni analiz rukopisi '(Istorítcheski) Smisl psikhologuítcheskogo krizisa' e iió versii, opublikovannoi v t. 1 sobraniia sotchiniénii L.S. Vigotskogo (1982) pod redaktsei M. G. Iarochévski. *Dubna Psychological Journal, n. 3*, [s. l.], p. 41–72, 2012.

Conecte-se conosco:

 facebook.com/editoravozes

 @editoravozes

 @editora_vozes

youtube.com/editoravozes

+55 24 2233-9033

www.vozes.com.br

Conheça nossas lojas:
www.livrariavozes.com.br

Belo Horizonte – Brasília – Campinas – Cuiabá – Curitiba
Fortaleza – Juiz de Fora – Petrópolis – Recife – São Paulo

  Vozes de Bolso

EDITORA VOZES LTDA.
Rua Frei Luís, 100 – Centro – Cep 25689-900 – Petrópolis, RJ
Tel.: (24) 2233-9000 – E-mail: vendas@vozes.com.br